Hansen · Metalldeponierungen der Urnenfelderzeit
im Rhein-Main-Gebiet

Universitätsforschungen
zur prähistorischen Archäologie

Band 5

Aus dem Seminar für Ur- und Frühgeschichte
der Freien Universität Berlin
in Verbindung mit dem Landesamt für Denkmalpflege Hessen, Wiesbaden

1991

In Kommission bei Dr. Rudolf Habelt GmbH, Bonn

Studien zu den Metalldeponierungen während der Urnenfelderzeit im Rhein-Main-Gebiet

von

Svend Hansen

1991

In Kommission bei Dr. Rudolf Habelt GmbH, Bonn

Gedruckt u.a. mit Unterstützung des Landesamtes für Denkmalpflege
Hessen, Wiesbaden

Die Deutsche Bibliothek – CIP-Einheitsaufnahme

Hansen, Svend:
Studien zu den Metalldeponierungen während der
Urnenfelderzeit im Rhein-Main-Gebiet/von Svend Hansen. –
Bonn: Habelt, 1991
  (Universitätsforschungen zur prähistorischen Archäologie; Bd. 5: Aus dem
  Seminar für Ur- und Frühgeschichte der Freien Universität Berlin)
  ISBN 3-7749-2438-4
NE: GT

ISBN 3-7749-2438-4

Copyright 1991 by Dr. Rudolf Habelt GmbH, Bonn

Vorwort der Herausgeber

Die neue Reihe "Universitätsforschungen zur Prähistorischen Archäologie" soll Bedürfnissen des Faches Rechnung tragen, die in den letzten Jahren entstanden sind. Die wachsende Zahl an Examensarbeiten und anderer Forschungsleistungen vornehmlich junger Wissenschaftler kann nur in einem begrenzten Maße in den traditionellen und etablierten Publikationsorganen des Faches vorgelegt werden. Es liegt weder im Interesse der Wissenschaft und erst recht nicht der betroffenen Autoren, daß der Überhang an Manuskripten zu einer mitunter mehrjährigen Verzögerung ihrer Bekanntgabe führt. Die Universitäten sind aufgerufen, Abhilfe zu schaffen; sie sollen dies mit den Mitteln der ihnen zur Verfügung stehenden modernen Technik erreichen. Die Institute können - bei einem gewissen redaktionellen Engagement - kostengünstig Manuskriptbearbeitungen bis hin zum Umbruch durchführen, sie haben verschiedene Möglichkeiten, den Druck der selbstständig hergestellten Buchsätze zu finanzieren. Was sie nicht können ist, den Vertrieb und die heute nötige Werbung zu sichern. Dafür ist ein Zusammenschluß und die Zusammenarbeit mit einem Verlag von Nutzen.

Für die einzelnen Bände zeichnen jeweils die Autoren und die Institute ihrer Herkunft, die im Titel deutlich gekennzeichnet sind, verantwortlich. Die gegenseitige Beratung und der Erfahrungsaustausch der beteiligten Partner wird noch zu mancher Verbesserung führen, und sicher wird das gemeinsame Vorgehen in Zukunft auch Früchte bei der Mittelbeschaffung tragen. Es ist unser Ziel, den Preis der Bücher niedrig zu halten, um ihnen so eine möglichst weite Verbreitung zu sichern.

Die unterzeichnenden Herausgeber laden alle interessierten Institutsleiter ein, dem Herausgeberkreis beizutreten und Arbeiten aus ihrem Bereich der Reihe zukommen zu lassen.

Bernhard Hänsel (Berlin) * Harald Hauptmann (Heidelberg) * Albrecht Jockenhövel (Münster)
Andreas Lippert (Innsbruck) * Jens Lüning (Frankfurt/M.) * Michael Müller-Wille (Kiel)

VI

Vorwort

Die vorliegende Untersuchung geht der Frage nach, welche Ursachen zur Niederlegung von Bronzegegenständen in Horten oder ihrer Versenkung in Flüssen und Seen während der späten Bronzezeit führten. Eine Antwort wird durch die Analyse aller verfügbaren Bronzegegenstände in einem Kleinraum an der westlichen Peripherie der Urnenfelderkultur, im Vergleich zwischen den Quellengruppen, d.h. den Horten, den Gräbern und den Einzeldeponierungen, im Ausblick auf Nachbarregionen und endlich durch die Einbeziehung antiker Analogien zu formulieren versucht. Die Bronzen sind absichtlich niedergelegt, der Benützung entzogen worden: es sind Opfer, Weihegaben im besonderen.

Für eine solche Untersuchung bot sich das Rhein-Main-Gebiet deswegen an, weil der urnenfelderzeitliche Fundstoff in vorbildlicher Weise veröffentlicht und wissenschaftlich aufgearbeitet ist. Trotzdem war es unerläßlich, die Bronzen aus eigener Anschauung kennenzulernen und wo möglich bislang Vernachlässigtes zu berücksichtigen. Für die Erlaubnis die Funde bearbeiten zu können und für die freundliche Aufnahme in ihren Institutionen sowie für zahlreiche Informationen danke ich: Prof. D. Baatz (Saalburg), Dr. B. Beckmann (Saalburg), Dr. K. Beinhauer (Mannheim), Dr. G. Bernhard (Bad Kreuznach), Dr. A. Büttner (Darmstadt), Dr. K.P. Decker (Büdingen), Dr. K.-V. Decker (Mainz), Dr. C. Dobiat, Dr. M. Egg (Mainz), Dr. D. Eimert (Düren), W. Erk (Glauburg), Dr. L. Fiedler (Marburg), Dr. R. Gensen (Marburg), M. Graupeter (Weinheim), Dr. M. Grünewald (Worms), Dr.B. Heukemes (Heidelberg), Dr. I. Jensen (Mannheim), Dr. H.-E. Joachim (Bonn), Dr. G. Junghans (Marburg), Dr. I. Kappel (Kassel), W. Kniepert (Lauterbach), Prof. W. Meier-Arendt (Frankfurt), Dr. A. v. Müller (Berlin), M. Müller, M.A. (Fulda), F. Mumme (Hanau), Dr. E. Pachali, Dr. B. Pinsker (Wiesbaden), M. Porzenheimer (Dieburg), Dr. U. Schaaff (Mainz), Dr. I. Zetsche (Frankfurt).
Für Unterstützung, Hinweise und Kritik sowie manch gutes und wichtiges Gespräch möchte ich Dr. R. Bernbeck, Dr. U. Fiedler, F. Innerhofer M.A., S. Hauser M.A., S. Kerner M.A., R. Lamprichs M.A., F. Lang, G. Lehmann M.A., Dr. A. Möller, L. Nebelsick M.A., Dipl.-Chem. A. Sabisch, Dr. U. Sinn, Dr. C. Sommerfeld und Prof. H. Zinser herzlich danken.

Dr. F.- R. Herrmann (Wiesbaden) unterstützte mein Vorhaben von Anfang an, stellte noch unpublizierte Fundberichte zur Verfügung und übernahm schließlich durch einen bedeutenden Zuschuß einen großen Teil der Druckkosten. Dafür bin ich aufrichtig dankbar.

Meinem akademischen Lehrer Prof. B. Hänsel schulde ich für seine beständige Unterstützung und Förderung dieser Arbeit größten Dank. Sie zu schreiben, bereitete im durch Engagement und Liberalität geprägten Klima des Berliner Seminars nicht nur die unerläßliche Mühe sondern auch echtes Vergnügen. Daran hat besonders die geduldige Gesprächsbereitschaft und die ansporende Kritik von Prof. Hänsel, die sich auf andere zu übertragen versteht, den größten Anteil.

Die Arbeit war im Januar 1988 abgeschlossen und wurde am Fachbereich Altertumswissenschaften der Freien Universität Berlin als Magister-Hausarbeit eingereicht.
Das erste Manuskript haben R. Bernbeck, E. Hübner, F. Lang und M. Schaffer in liebenswürdiger Weise Korrektur gelesen. Für die Drucklegung wurde der Text leicht überarbeitet, neuere Literatur aber nur ausnahmsweise bis zum Dezember 1989 eingearbeitet. Die Redaktion lag in den Händen von B. Thode, der ich für ihre Mühe sehr dankbar bin. Dem Können von P. Kunz, dem Zeichner im Institut ist zu verdanken, daß aus den Abbildungsvorlagen des ersten Manuskriptes nun ansehliche Grafiken geworden sind. D. Wolf verdanke ich die photographischen Arbeiten. Die mühsame Herstellung des Umbruchs am Computer besorgte F. Oehler, wofür ich ihm sehr danke.

Meinen Eltern danke ich für ihre beständige Hilfe und Unterstützung herzlich. Ihnen ist diese Arbeit zugeeignet.

Berlin, im Juni 1991
S.H.

Meinen Eltern

Inhaltsverzeichnis

I. Einführung 1

II. Der Fundstoff 5

Schwerter 5
Lanzenspitzen 27
Schutzwaffen 55
Andere Waffen 60
Messer 61
Rasiermesser 73
Sicheln 81
Beile 87
Andere Geräte 99
Nadeln 100
Fibeln 110
Arm- und Beinschmuck 115
Halsringe 124
Gürtelschmuck 126
Anhänger 127
Anderer Schmuck 129
Pferdegeschirrbronzen 130
Wagen 133
Gefäße 137
Zeugnisse der Geräteherstellung 140
Verschiedenes 148

III. Die Hortfunde 149

Quellenkritische Betrachtungen 149
Möglichkeiten der Strukturierung von Hortfunden in der nördlichen
Oberrheinebene und der mittelhessischen Senke 150
Zur Interpretation der Hortfunde 161

IV. Die Einzelfunde 165

Die Flußfunde 165
Die Feuchtbodenfunde 178
Weitere Einzelfunde 179

V. Grabfunde 181

VI. Zur Interpretation der Bronzedeponierung in der Urnenfelderzeit - Eine Skizze 183

VII. Zusammenfassung	193
Resumé	195
Abstract	198
Verzeichnis abgekürzt zitierter Literatur	201
Literaturverzeichnis	203
Fundlisten	231
Liste 1: Schwerter	231
Liste 2: Lanzenspitzen	234
Liste 3: Helme	239
Liste 5: Pfeilspitzen	240
Liste 6: Messer	240
Liste 7: Rasiermesser	246
Liste 8: Sicheln	247
Liste 9: Beile	252
Liste 9a: Lappenquerbeile	259
Liste 11: Nadeln	261
Liste 11a: Eikopfnadeln mit konzentrischer Halbkreiszier	273
Liste 12: Fibeln	274
Liste 13: Arm- und Beinschmuck	274
Liste 14: Halsringe	281
Liste 18: Pferdegeschirr	281
Liste 19: Wagenteile	282
Liste 20: Bronzegefäße	282
Liste 21: Barren	282
Liste 21a: Barren in Gräbern der Bronze- und Urnenfelderzeit	283
Liste 22: Gußformen	283
Liste 22a: Bronzene Gußformen	284

I. Einführung

Das Arbeitsgebiet

Thema der vorliegenden Arbeit ist die Problematik der Metalldeponierung im Rhein-Main-Gebiet. Das Arbeitsgebiet wird gen Westen durch den Rhein zwischen der Lahn- und Naheeinmündung sowie nach Süden fortsetzend durch den Fuß des rheinhessischen Berglandes begrenzt. Den südlichen Abschluß des Arbeitsgebietes markieren zwischen dem Bergland und dem Rhein die Südgrenze des politischen Verwaltungskreises Alzey-Worms, östlich des Rheins der Neckar bis nach Eberbach, gegen Südosten die Höhenzüge des Odenwaldes bis Miltenberg am Main; Spessart und Rhön sowie die Grenze zur DDR sind die östlichen Begrenzungen des Arbeitsgebietes. Im Norden bilden das Knüllgebirge und das Lahnknie die Markierungspunkte. Gegen Nordwesten reicht das hier zu behandelnde Gebiet bis zur Lahn.

Hessen wird im wesentlichen durch drei Landschaftszonen bestimmt: im Westen durch die Mittelgebirgszone mit pfälzischem Bergland, Taunus, rheinischem Schiefergebirge, Burgwald usw.: im Osten der Odenwald, der Spessart, die Rhön und das Basaltmassiv des Vogelsbergs mit seinen nördlichen Ausläufern. Zwischen diese Mittelgebirgsstreifen schiebt sich die Nord-Süd verlaufende, nördliche Oberrheinebene sowie die Hessische Senke mit der fruchtbaren Wetterau, der Gießener Senke, dem Ebsdorfer Grund, dem Amöneburger Becken und dem Schwalmtal bis zum Kasseler Becken.

Zur Forschungsgeschichte

Sich erneut mit Problemen einer geographisch peripher gelegenen Gruppe der Urnenfelderkultur auseinanderzusetzen, muß angesichts vorzüglicher Materialpublikationen begründet werden. Dazu kann am besten eine knappe Darstellung der Forschungsgeschichte[1] dienen.

Die Urnenfelderkultur im Arbeitsgebiet war seit den Anfängen der prähistorischen Forschung, besonders aber in den zwanziger Jahren dieses Jahrhunderts, häufig Gegenstand wissenschaftlicher Untersuchungen[2]. Nicht zuletzt die reichen späturnenfelderzeitlichen Hortfunde zogen das Forschungsinteresse auf diese Landstriche. Heute dürfen Hessen und Rheinhessen, besonders aber das Rhein-Main-Gebiet, als vielleicht bestuntersuchte urnenfelderzeitliche Kulturlandschaft angesehen werden. Die reichen südwestdeutschen Hortfunde dienten der frühen Forschung besonders zur Begründung ökonomiehistorischer Fragestellungen, den Fernhandelsbeziehungen, den eigentlichen Handelsrouten, doch zugleich auch als Indikatoren politischer Unruhezeiten.

Nach den grundlegenden Arbeiten zur chronologischen Gliederung des süddeutschen Urnenfelderfundstoffes durch P. Reinecke, G. Kraft, E. Vogt und F. Holste[3], stellte lange Zeit W. Kimmigs Behandlung der Urnenfelderkultur Badens[4] die einzige umfassende Bearbeitung des Fundstoffes einer Landschaftszone dar. Auch diese Arbeit hatte noch die Basis der chronologischen Gliederung der Urnenfelderkultur in zwei Abschnitte, wie sie von E. Vogt vorgeschlagen war, zu festigen. Mit H. Müller-Karpes Behandlung der Urnenfelderkultur im Hanauer Gebiet[5] folgte kurz nach dem Krieg die Beschreibung einer regional klar faßbaren Gruppe am hessischen Untermain. In diesem Buch entwickelte Müller-Karpe im wesentlichen die chronologische Konzeption, die er dann 1959 mit den "Beiträge(n) zur Chronologie der Urnenfelderzeit nördlich und südlich der Alpen" ausführlich vorstellte[6]. Eine gründliche Gesamtbearbeitung der süd- und mittelhessischen Urnenfelderkultur wurde

---

[1] Forschungsgeschichtliche Überblicke mit anderer Intention finden sich auch bei Herrmann, Urnenfelderkultur 1ff.; Eggert, Urnenfelderkultur 8ff.; Wilbertz, Urnenfelderkultur 12f.

[2] Vgl. K. Schumacher, Westdeutsche Zeitschr. 20, 1901, 192ff.

[3] Reineckes zuerst in AuhV V (1905) erschienene Arbeiten sind zusammengefaßt in: P. Reinecke, Mainzer Aufsätze zur Chronologie der Bronze- und Eisenzeit (1965); G. Kraft, Bonner Jahrb. 131, 1926, 154ff.; E. Vogt, Die spätbronzezeitliche Keramik aus der Schweiz und ihre Chronologie (1930); F. Holste, Prähist. Zeitschr. 26, 1935, 58ff.

[4] Kimmig, Urnenfelderkultur.

[5] Müller-Karpe, Urnenfelderkultur.

[6] Müller-Karpe, Chronologie.

schließlich 1966 von F.-R. Herrmann vorgelegt[7]. Der Fundstoff aus den ober- und nordhessischen Regionen ist bislang noch ungenügend aufgearbeitet. K. Nass nachgelassene Untersuchung zur Urnenfelderkultur im Marburger Raum entspricht nicht mehr den Anforderungen. C. Dobiat wird sich in einer breit angelegten Studie des Fundstoffes annehmen[8]. Für die Beurteilung der Urnenfelderkultur in Rheinhessen ist die Arbeit M.K.-H. Eggerts[9] der Ausgangspunkt. Sie bietet eine umfassende Diskussion vor allem chronologischer Fragestellungen unter Berücksichtigung der seit dem Erscheinen H. Müller-Karpes Chronologiestudie anhaltenden Diskussion über die Möglichkeiten einer Zweiteilung der Stufe Ha A und einer Dreiteilung der Stufe Ha B. Geschmälert wird der Wert der Eggertschen Studie durch die Beschränkung auf Abbildungsvorlagen allein geschlossener Funde, während die Einzel- und Flußfunde im Vertrauen auf die seit den sechziger Jahren von H. Müller-Karpe inaugurierte Edition Prähistorischer Bronzefunde lediglich im Katalog genannt werden. Leider betrifft diese Einschränkung größere Materialgruppen wie die Messer, denen bislang keine monographische Bearbeitung gewidmet wurde. Die katalogische Erfassung des gesamten Fundbestandes einzelner Regionen bleibt auch weiterhin eine wichtige Forschungsstrategie, die die Grundlage für Studien zu weitergehenden Fragestellungen darstellt und erst jüngst durch die Bearbeitung der unterfränkischen Urnenfelderkultur[10] bereichert wurde. Die genannten Arbeiten verbindet, bei jeweils unterschiedlicher Schwerpunktsetzung, das gemeinsame Interesse an siedlungsarchäologischen, sozialgeschichtlichen und kulturhistorischen Fragestellungen. Eine wesentliche Ergänzung dazu bilden die sogenannten Kreisinventare, die kleinräumige Kontinuitäten oder Diskontinuitäten im prähistorischen Siedelbild ebenso wie im Grabritus und Opferzwang sichtbar machen können. Im Arbeitsgebiet liegen für Rheinhessen das Inventar des Kreises Alzey-Worms[11] sowie für Hessen Inventare der Kreise Wetzlar, Gießen, Bergstraße sowie ältere Bearbeitungen der Region Starkenburg vor[12]. Weitere Inventarbearbeitungen sind angekündigt, und man darf hoffen, daß sie bald erscheinen können.

Einen anderen, vornehmlich antiquarischen Forschungsstrang verfolgt die schon genannte Edition Prähistorischer Bronzefunde (PBF), in der die vollständige Erfassung einer Materialgruppe in einer bestimmten Region nach festen Schemata angestrebt wird, wobei der Wert des gesamten Projektes davon abhängen wird, inwieweit für die wichtigsten Materialgruppen in Europa weiträumige Vergleichsebenen geschaffen werden. Dem Wirken H. Müller-Karpes in Frankfurt sind eine Reihe unter seiner Anleitung entstandene Arbeiten, die den Fundstoff des Rhein-Main-Gebietes mitbehandeln, zu verdanken[13].

Eine dritte Forschungsstrategie trägt dem seit einigen Jahren erwachten Interesse an quellenkundlichen Fragestellungen Rechnung[14]. Nach den bahnbrechenden Arbeiten W.A. v. Brunns[15] wurde eine Reihe wichtiger Hortfundcorpora vorgelegt, in denen jedoch vorrangig Fragen der zeitlichen Ordnung des Fundstoffes im Vordergrund standen. Für den Süddeutschen Raum erschien 1976 die Habilitationsschrift F. Steins[16], die einen vollständigen Katalog der bronze- und urnenfelderzeitlichen Horte dieses Raumes bot, und den Versuch unternahm, dieser vielgestaltigen Quellengattung durch Strukturierung und Differenzierung Herr zu werden und damit Ansätze für eine Deutung des "Hortfundphänomens" zu entwickeln. Im folgenden ist - vermutlich auch ein zeitgeistspezifisches Problem - die Diskussion über die Deutung dieser Quellengattung nicht mehr abgerissen.

Obgleich die ungewöhnlich große Menge urnenfelderzeitlicher Bronzefunde aus Flüssen und Feuchtgebieten schon in der älteren Literatur den Gedanken an eine religiöse Motivation für die Versenkungen bronzener Gegenstände aufkommen ließ, war es das Ver-

---

7 Herrmann, Urnenfelderkultur.

8 Vgl. C.Dobiat, in: Marburger Studien zur Vor- und Frühgeschichte 7. Gedenkschrift für G.v. Merhart (1986), 17ff.

9 Eggert, Urnenfelderkultur.

10 Wilbertz, Urnenfelderkultur.

11 E.Pachali, Die vorgeschichtlichen Funde aus dem Kreis Alzey vom Neolithikum bis zur Hallstattzeit (1972).

12 H. Janke, Vor- und frühgeschichtliche Bodenfunde im Kreis Wetzlar (1965); ders. Der Kreis Biedenkopf (1973); W. Meier-Arendt, Inventar der ur- und frühgeschichtlichen Geländedenkmäler und Funde des Kreises Bergstraße (1968); W. Jorns, Neue Bodenurkunden aus Starkenburg (1953).

13 Richter, Arm- und Beinschmuck; Kubach, Nadeln; Jockenhövel, Rasiermesser; Betzler, Fibeln; Schauer, Schwerter; Wels-Weyrauch, Anhänger; Kibbert, Beile.

14 Für Grabfunde steht die unpublizierte Dissertation C. Eibners zur Verfügung.

15 v. Brunn, Hortfunde; ders. 61. Ber. RGK 1980, 91ff.

16 Stein, Hortfunde.

dienst W.H. Zimmermanns und W. Torbrügges[17], die Einzelfunde aus Gewässern als eigene Quellenkategorie in die wissenschaftliche Literatur eingeführt zu haben. Ihnen folgten eine Reihe weiterer Arbeiten, die gewissermaßen Flußinventare zu erstellen suchten; für das Arbeitsgebiet ist G. Wegners Studie[18] über die prähistorischen Funde aus dem Main sowie dem Rhein bei Mainz die maßgebliche Grundlage. Im Zuge der Erkenntnis, daß die Einzelfunde aus Flüssen nicht nur von einer speziellen topographischen Klammer zusammengehalten werden, sondern darüberhinaus spezifische Kompositionsmerkmale aufweisen, gelangten auch andere Einzelfundgruppen mit besonderem topographischem Bezug, so die Moor- und Feuchtboden-, die Paß- und Höhenfunde und nun auch wieder die Höhlenfunde[19] in das Bewußtsein der Forschung.

W.A. v. Brunn hatte bei der Behandlung der mitteldeutschen Hortfunde darauf hingewiesen, daß bei aller notwendigen Trennung der Quellenkategorien voneinander eine Interpretation der einzelnen Quellengruppe nur vor dem Hintergrund des gesamten Quellenbildes möglich ist. J. Driehaus erkannte bei der Analyse von Flußfunden, daß ein Vergleich der Quellenkategorien notwendig ist, um zu weitergehenden Aussagemöglichkeiten zu gelangen[20]. Die im Hinblick auf die Synthese verschiedener Einzelbilder avancierteste Arbeit stammt aus der Feder K.-H. Willroths[21], der auf Grundlage der Fundvorlagen von E. Aner und K. Kersten einen wichtigen Fortschritt in die Beurteilung bronzezeitlicher Metalldeponierung in Südskandinavien bringen konnte.

Fragestellung und Gang der Untersuchung

Mit diesen Arbeiten drängte sich die Frage auf, in welchem Umfang das metallene Fundgut ein Ergebnis willentlicher Veräußerung in der Antike darstellt und ob diese als Teil eines spezifischen kulturellen Gefüges beschrieben werden können. In der vorliegenden Studie wird der Versuch unternommen, möglichst vollständige Fundbilder in Hessen und Rheinhessen miteinander zu vergleichen und damit die urnenfelderzeitlichen Metallfunde in einen gemeinsamen Kontext zu stellen.

Im Hauptteil dieser Arbeit (Kap. II) wird versucht, die spezifischen Deponierungseigentümlichkeiten der Waffen, Geräte und Schmuckgegenstände in Hessen und Rheinhessen anhand statistischer Ordnungen zu beschreiben und - soweit möglich - in ihren überregionalen Kontexten anhand quellenspezifischer Kartierungen zu verfolgen. Letzteres kann nur exemplarisch erfolgen. Je nach Forschungsstand ist es notwendig, die Voraussetzungen der zeitlichen Gliederung zu überprüfen und gegebenenfalls zu korrigieren. Da die Problematik der Chronologie hier nicht vertieft werden kann, wird die Terminologie H. Müller-Karpes verwendet, auch wenn im Arbeitsgebiet der Nachweis für die Zweiteilung der Stufe Ha A mit Schwierigkeiten verbunden ist; wie schon F.-R. Herrmann gesehen hat, kann eine Dreiteilung der Stufe Ha B in Hessen nicht nachgewiesen werden[22]. Dieser Befund deckt sich mit den Ergebnissen der schweizerischen Forschung. In dieser Arbeit ist den chronologischen Problemen in Kap. II (Schwerter) größere Aufmerksamkeit gewidmet.

In einem zweiten Schritt werden die Quellengattungen untersucht. Depot-, Einzel- und Grabfunde (Kap. III-IV) können dabei nur in unterschiedlichem Umfange analysiert werden. Da im Arbeitsgebiet größere Gräberfelder nicht zur Verfügung stehen, muß auf die Untersuchung von Bestattungssitten verzichtet werden. Sie hätte im Rahmen einer Behandlung der gesamten süddeutschen Urnenfelderkultur zu erfolgen. Die Hortfunde werden chronologisch gegliedert und auf ihre Zusammensetzung hin untersucht. Da der methodische Ansatzpunkt der Untersuchung in der Analyse vollständiger Fundbilder liegt, muß auf über-

---

[17] W.H. Zimmermann, Neue Ausgr. u. Forsch. Niedersachsen 6, 1970, 53ff.; W. Torbrügge, Ber. RGK 50-51, 1970-71, 1ff.

[18] Wegner, Flußfunde.

[19] W.H. Zimmermann, Neue Ausgr. u. Forsch. in Niedersachsen 6, 1970, 53ff.; W. Kubach, Jahresber. Inst. Vorgesch. Univ. Frankfurt 1978-79, 189ff; E.F. Mayer, ebd. 179ff.

[20] J. Driehaus, in: H. Jankuhn (Hrsg.): Vorgeschichtliche Heiligtümer und Opferplätze (1970) 54.

[21] Willroth, Hortfunde.

[22] Vgl. Kap. II (Schwerter).

regionale Vergleiche der Hortfunde weitgehend verzichtet werden. Allerdings steht zu vermuten, daß diese für das Verständnis der Hortfundproblematik eine wichtige Rolle spielen könnten[23]. Die Einzelfunde werden ausführlich dargestellt, da sie ein wichtiges, bislang jedoch vernachlässigtes Korrektiv zu den Hortfunden darstellen.

Beide Teile dieser Arbeit, die jeweils für sich, aber nicht unabhängig voneinander, versuchen, die Regeln der Deponierung aufzufinden, sind im wesentlichen deskriptiv angelegt. Es wird danach gefragt, ob die Gegenstände zufällig und wahllos in die Erde gelangten oder ob sich für ihre Niederlegung bestimmte Regeln und Normen erkennen lassen. Die Beantwortung dieser Frage ist für die Beurteilung der Motive, die zur Verbergung bzw. Niederlegung von Metallobjekten führten, wesentlich. Wenn sich regionalspezifische, zeitgebundene oder objektbezogene Regeln der Bronzedeponierung erkennen lassen, dann spricht dies für eine bewußte Veräußerung von Wertgegenständen. Erst in einem abschließenden Teil (Kap. VI) sollen dann die Beobachtungen zur Bronzedeponierung in einen weiteren Interpretationsrahmen gestellt werden. Dabei wird, zumindest skizzenhaft, auf die Eingebettetheit der Bronzedeponierung in einen umfassenderen Kontext eingegangen. Das Thema dieser Studie ist damit nicht abgeschlossen. Ein Versuch, es einzukreisen, liegt vor - weitere werden nötig sein[24].

---

23 Vgl. v. Brunn, Hortfunde 219.

24 Es ist auch Gegenstand meiner Dissertation: Studien zu den Metalldeponierungen der frühen und älteren Urnenfelderzeit zwischen Ostfrankreich und Siebenbürgen, den Mittelgebirgen und der Poebene.

II. Der Fundstoff

Schwerter

Die Schwertfunde nehmen in der Bronzezeitforschung von jeher einen besonderen Rang in der chronologischen Diskussion ein. Ihre typologische Klassifizierung und ihre kulturhistorische Einordnung setzte mit der Begründung der Urgeschichtswissenschaft durch Oskar Montelius ein[1], dessen Untersuchungsergebnisse bis heute weitgehend ihre Gültigkeit bewahrt haben.

Bis um die Jahrhundertwende war durch nachfolgende Arbeiten vor allem I. Undsets[2], J. Naues[3], P. Reineckes[4] und K. Schumachers[5] der Entwicklungsgang bronze- und urnenfelderzeitlicher Schwerter herausgestellt worden. Bis zum zweiten Weltkrieg waren es dann besonders die Schwertstudien F. Holstes[6] und E. Sprockhoffs[7], die sich um eine feinteiligere chronologische Gliederung des Fundstoffs und eine genauere Werkstättenlokalisierung bemühten. An diese Studien konnten J. D. Cowen[8] mit zahlreichen Arbeiten zur Entwicklung der Griffzungenschwerter und H. Müller-Karpe[9] mit seiner Darstellung der urnenfelderzeitlichen Vollgriffschwerter anknüpfen.

In der Nachfolge dieser Arbeiten, denen eine weiträumige Fundbetrachtung eigen ist, bleibt die Forschung im wesentlichen bemüht, den Fundstoff möglichst vollständig zu erfassen und abzubilden sowie systematisch zu klassifizieren[10]. Demgegenüber spielen Untersuchungen zur Stellung und Bedeutung des Schwertes im Deponierungskanon der Bronzezeit[11], zu Problemen des Herstellungsprozesses und der Werkstättenorganisation[12] sowie zur Bewaffnung und Kampftechnik[13] weiterhin eine eher untergeordnete Rolle. Die aus dem Arbeitsgebiet bekannten Schwerter mit metallenem "Voll"griff wurden im wesentlichen in H. Müller-Karpes Schwertbuch[14] mitbehandelt, die Schwerter mit organischem Griff erfuhren zuletzt durch P. Schauer[15] im Rahmen der Edition "Prähistorische Bronzefunde" eine zusammenfassende Bearbeitung, so daß hier eine knappe Übersicht über den Fundstoff genügen mag.

Die für die Frühphase der rheinischschweizerischen Urnenfelderkultur charakteristischen Griffplattenschwerter der Typenfamilie Rixheim-Monza sind im Arbeitsgebiet in einiger Anzahl aus Gräbern und Flüssen bekannt geworden. Nach den grundlegenden Arbeiten E. Sprockhoffs und G. Krafts[16] waren besonders W. Kimmig[17] und H. Reim[18] um eine präzisere chronologische Gliederung und genauere Werkstättenlokalisierung der Rixheimschwerter bemüht. W. Kimmig konnte ihre rheinisch-schweizerische Verbreitung überzeugend gegen das "östliche" bayerisch-tirolische Heimatgebiet der weitgehend zeitgleichen

---

[1] O. Montelius in: Congr. Internat. Anthr. Arch. Préhist. Stockholm (1874), 882ff. Dort vor allem von Interesse seine klare Sicht der Entwicklung vom Dreiwulst- zum Schalenknaufschwert und seine typologischen Reihungen der Mörigen- und Schalenknaufschwerter.

[2] I. Undset, Études sur l'âge du bronze de la Hongrie (1880); ders., Zeitschr. f. Ethn. Anthr. u. Urgesch. 22, 1890, 1ff.

[3] J. Naue, Die vorrömischen Schwerter aus Kupfer, Bronze und Eisen (1903).

[4] P. Reinecke, Germania 15, 1931, 217ff.

[5] K. Schumacher, Fundber. Schwaben 7, 1899, 11ff.; Nachtrag in Fundber. Schwaben 8, 1900, 46f.

[6] F. Holste, Die bronzezeitlichen Vollgriffschwerter Bayerns (1953).

[7] E. Sprockhoff, Die germanischen Griffzungenschwerter der jüngeren Bronzezeit. Röm.-Germ. Forsch. 5 (1931); ders., Die germanischen Vollgriffschwerter der jüngeren Bronzezeit. Röm. Germ. Forsch. 9 (1934).

[8] Ich verweise hier nur auf Cowen, Einführung.

[9] Müller-Karpe, Vollgriffschwerter.

[10] Hier sind besonders in der Reihe "Prähistorische Bronzefunde" erschienene Arbeiten V. Bianco-Peronis zu den italienischen Funden, P. Nováks zu den tschechoslowakischen Schwertern und W. Krämers zu schweizerischen und österreichischen Vollgriffschwertern zu nennen. Weitere zusammenfassende Arbeiten zu Schwertern Rumäniens: A. D. Alexandrescu, Dacia N.F. 10, 1966, 117ff. und Bulgariens: B. Hänsel, Prähist. Zeitschr. 45, 1970, 26ff.

[11] W. Torbrügge, Bayer. Vorgeschbl. 30, 1965, 71ff.; P. Stary in: K. Spindler (Hrsg.), Vorzeit zwischen Main und Donau (1980) 45ff.

[12] Hier sei stellvertretend nur genannt: H.-J. Hundt, Jahrb. RGZM 12, 1965, 41ff.

[13] H. Müller-Karpe, Germania 40, 1962, 255ff.; K. Kristiansen, Jahrb. RGZM 31, 1984, 187ff.

[14] Müller-Karpe, Vollgriffschwerter.

[15] Schauer, Schwerter. Eine Neubearbeitung der süddeutschen Vollgriffschwerter ist im Rahmen der PBF-Reihe angekündigt.

[16] G. Kraft, Anz. Schweiz. Altkde. N.F. 29, 1927, 137ff.; E. Sprockhoff, Mainzer Zeitschr. 29, 1934, 56ff. (mit Verbreitungskarte S. 58).

[17] W. Kimmig, Bayer. Vorgeschbl. 29/30, 1964/65, 222ff.

[18] H. Reim, Die späten Griffplatten- und Griffangelschwerter in Ostfrankreich. PBF IV, 3 (1974).

Riegseeschwerter abgrenzen. Letztere sind im Arbeitsgebiet nicht vertreten, ihr westlichster Fundpunkt ist in Bayerisch-Schwaben gelegen[19]. Dagegen streuen Schwerter des Rixheimtypus mitunter bis in den südostalpinen Raum, ohne dort allerdings größere Bedeutung erlangt zu haben. Es ist bemerkenswert, daß das Phänomen zweier durch die Gestaltung des Griffs charakterisierter Fundprovinzen, eine mehr westliche, die einen organischen Griff bzw. Griffbelag präferiert und eine eher süd - östliche, die den bronzenen "Voll"griff bevorzugt, seit der frühen Bronzezeit geläufig ist und sich verhältnismäßig konstant bis in die späte Urnenfelderzeit erhält[20]. Im Sinne der subtilen Typengliederung H. Reims[21] zählt das Rixheimschwert aus dem Körperdoppelgrab von Frankfurt-Berkersheim (Liste 1 Nr. 2) zur Variante B, für die er eine Werkstatt im Schweizer Mittelland vermutet; die Schwerter von Oppenheim (Liste 1 Nr. 22) und Gau-Odernheim (Liste 1 Nr. 100) gehören zur Variante C, die aus lokaler Fertigung stammen könnte. Der Variante D, die von H. Reim als lokale Sonderausprägung aufgefaßt wird, sind die Schwerter aus dem Main bei Eddersheim (Liste 1 Nr. 56) und einem Grabfund von Freimersheim (Liste 1 Nr. 1) zuzurechnen; das Schwert aus dem Rhein bei Lampertheim (Liste 1 Nr. 23) wird zur Variante E gerechnet. Das Schwert von Ossenheim (Liste 1 Nr. 3) verknüpft H. Reim mit einem Griffplattenschwert aus der Saône bei Tournus und stellt beide Stücke typologisch zwischen Rixheim- und Rosnoënschwerter. Ein weiteres Schwert aus "Hessen" (Liste 1 Nr. 114) ist vermutlich Reims Variante C zuzurechnen, doch läßt die vorhandene Abbildung darüber keine sichere Entscheidung zu. Anhand der Verzierungsmotive auf der Klinge kann H. Reim zwei Verzierungsgruppen benennen, deren erster seine Typvarianten A-C, der zweiten die Varianten D und E angehören und zwischen denen er feine chronologische Differenzen wahrscheinlich machen kann. Während nämlich die Varianten A-C einem älteren Abschnitt der Riegseestufe anzugehören scheinen, tendieren die Fundkomplexe, in denen sich Schwerter der Varianten D und E fanden, schon zum Binninger Typenhorizont, der mit der Stufe Ha A1 zu verknüpfen ist. Da dieser feinchronologischen Einteilung zur besseren Beschreibung kulturhistorischer Entwicklungsprozesse Berechtigung zukommt, darf für die Verhältnisse im Arbeitsgebiet gefolgert werden, daß Rixheimschwerter seit der frühen Stufe Bz D Verwendung fanden[22]. Inwieweit die realen Verhältnisse getroffen sind, wenn, wie H. Reims Vermutungen nahelegen, die lokale Herstellung von Rixheimschwertern (Varianten D und E) erst für die entwickelte bzw. späte Riegseestufe angenommen wird, kann beim gegenwärtigen Materialbestand nicht entschieden werden; wohl fehlen uns auch einschlägige Befunde lokaler Metallproduktion weitgehend. H. Reim konnte, wie andere vor ihm, die Typogenese der Rixheimschwerter aus dem mittelbronzezeitlichen Formenrepertoire des rheinisch-schweizerischen Verbreitungsgebietes wahrscheinlich machen. H. Müller-Karpes Beobachtung, daß Rixheimschwerter gegenüber mittelbronzezeitlichen Typen eine entscheidende Verbesserung der Klingenqualität zeigten und seine Vermutung, diese könne auf den Einfluß des mykenischen Bronzehandwerks zurückgeführt werden[23], wäre anhand detaillierter technischer Untersuchungen und subtiler Formenanalyse erst noch zu beweisen. Kontakte mit dem atlantischen Kulturkreis bezeugen zwei Griffplattenschwerter des Typs Rosnoën aus dem Rhein bei Mainz (Liste 1 Nr. 25, 74a-d), der zu den Leitfossilien des von J. Briard herausgearbeiteten und durch den eponymen Hortfund von Rosnoën, Dép. Finistère definierten ersten spätbronzezeitlichen De-

---

[19] W. Kimmig a.a.O. (Anm. 17) 226 Abb. 3; F. Innerhofer, in Vorbereitung.

[20] Vgl. H.-J. Hundt, Jahrb. RGZM 9, 1962, 20ff., besonders 56. Anschaulich ist auch eine neue Verbreitungskarte spätbronzezeitlicher Schwerttypen bei H. Hennig, Arch. Korrbl. 16, 1986, 297, Abb. 9. Ohne Zweifel hat es auch im Westen Vollgriffe gegeben. Vielleicht vermögen sie uns eine vage Vorstellung vom Aussehen der aus organischen Materialien gefertigten Schwertgriffe zu vermitteln. So der Vollgriffdolch aus dem Kriegergrab von Kressbronn-Hemigkofen (H. Wocher, Germania 43, 1965, 16ff. Abb. 2,2), der verwandte Züge zu einem Schwert aus dem Hortfund von Spandau (W. A. v. Brunn, in: Frühe Burgen und Städte. Festschr. Unverzagt [1954] 54ff.; V. Milojčić, Germania 30, 1954, 322), zu einem Schwert von Wangen bei Cannstatt (H. Müller-Karpe, Bayer. Vorgeschbl. 23, 1958, 20 Abb. 9,4) sowie zu bislang unbeachteten Schwertfragmenten aus der Cher bei Bruère-Allichamps, Dép. Cher (P. Abauzit u. E. Hugoniot, Révue Arch. Centre 6, 1967, 261 Abb.1) aufweist. In diese Gruppe gehört auch ein Schwert aus der Seine bei Bardouville, Dép. Seine-Maritime (Gallia Préhist. 16, 1973, 395 Abb. 44,3), bei dessen Griff allerdings zwei Nieten angegeben sind und das eine Rosnoën-Klinge besitzt.

[21] Zur Beschreibung der einzelnen Varianten vgl. H. Reim a.a.O. (Anm.18).

[22] Nur am Rande sei erwähnt, daß das von Reim der älteren Riegseestufe zugewiesene Schwert von Frankfurt-Berkersheim in einem Körpergrab, das vermutlich jüngere Schwert von Freimersheim hingegen bei einer fortschrittlichen Brandbestattung gefunden wurde.

[23] H. Müller-Karpe, Bayer. Vorgeschbl. 23, 1958, 19.

potfundhorizontes in der Bretagne zählt[24]. H. Reim hatte bereits unter Hinweis auf das bereits erwähnte Schwert aus der Saône bei Tournus auf typologische Mischformen beider Schwertfamilien im östlichen Frankreich aufmerksam gemacht. Rosnoënschwerter wurden östlich des Rheins im fränkischen Depotfund von Windsbach, Kr. Ansbach sowie - für westeuropäische Erzeugnisse ungewöhnlich genug - in einem böhmischen Depot aus Rýdeč, okr. Litoměřice[25] gefunden. W. Kubach konnte darüberhinaus neben dem Schwert auch für eine Anzahl weiterer Gegenstände aus dem Hortfund von Mainz (Liste 1 Nr. 73 a-d), aus den Depots von Windsbach und Stockheim-Enderndorf, Kr. Roth-Nürnberg sowie den böhmischen Depots von Rýdeč und Lhotka Beziehungen zu ost- und westfranzösischen Werkstättenkreisen nachweisen[26].

Besonders interessant ist in diesem Zusammenhang ein neugefundenes Griffplattenschwert aus der Lahn bei Heuchelheim (Liste 1 Nr. 67A Taf. 6, 3). Es handelt sich nämlich offensichtlich um ein sowohl von der Form der Rixheim- als auch der Rosnoënschwerter beeinflußtes Produkt. An Merkmalen, die Rixheim-Einflüsse verraten, sind die längere und trapezförmig gebildete Griffplatte sowie das "Ricasso" zu nennen. Hingegen sind der abgetreppte Klingenquerschnitt sowie die Zahl von vier Nieten für Rixheimschwerter ungewöhnlich und von Rosnoënschwertern abgeleitet. Das nächststehende Vergleichsstück stammt aus einem verlandeten Altarm der Donau bei Schäfstall, Donau-Ries-Kreis[27].

In diesen Erzeugnissen scheint sich gegenüber der Hügelgräberzeit ein vielleicht neuer, sicher aber intensiverer Fernkontakt mit dem westlichen Europa zu spiegeln, der allerdings nach Ausweis der Funde im Wesentlichen auf die Frühphase der Urnenfelderkultur (Bz D) beschränkt bleibt und erst in der späten Urnenfelderzeit eine neuerliche Belebung erfährt. Darüberhinaus deuten Mischformen wie das neue Schwert aus der Lahn sehr nachdrücklich auf einen intensiven handwerklichen Austausch.

Neben den Griffplattenschwertern des Typus Rixheim findet sich unter den Flußfunden aus dem Rhein bei Mainz (Liste 1 Nr. 26) auch ein Exemplar des formal verwandten Griffangelschwerttyps Monza, dessen Verbreitungsgebiet im Seine- und Rhônetal, besonders aber am italischen Südfuß der Alpen, sich mit einiger Deutlichkeit von dem der Rixheimschwerter abhebt. Nach den Untersuchungen H. Reims[28], die sich hinsichtlich seiner Variante C, der das Mainzer Schwert angehört, auf typologische Erwägungen stützen müssen, ist mit der Produktion dieser Variante nicht vor einem mittleren oder späteren Abschnitt der Riegseestufe zu rechnen.

Der Herkunftsangabe "wahrscheinlich Umgegend von Wiesbaden" (Liste 1 Nr. 115) eines nordischen Vollgriffschwerts im Museum Wiesbaden brachte F. Kutsch "allergrößte Bedenken"[29] entgegen, doch bleibt unklar, ob diese seiner Materialkenntnis oder aber Informationen über die Sammlungsaktivitäten des Vorbesitzers dieses Schwertes entsprangen.

Neben Griffplatten- und Griffangelschwertern dürften im Arbeitsgebiet der Stufe Bz D auch einige Griffzungenschwerter zuzuweisen sein. P. Schauer datierte dementsprechend das Griffzungenschwert aus einem Körpergrab von Langsdorf (Liste 1 Nr. 4) sowie ein schlecht erhaltenes Exemplar aus dem Rhein-Main-Gebiet (Liste 1 Nr. 107). Die im genannten Grab von Langsdorf mitgefundene Nadel und die Keramik bestätigen diese Datierung.

Ein dem Typus Nenzingen (Typ Reutlingen nach P. Schauer) zuzuordnendes Griffzungenschwert fand sich in einer Brandbestattung bei Sprendlingen (Liste 1 Nr. 5). Die übrigen sind Fluß- bzw. Einzelfunde

---

[24] J. Briard, Les dépôts bretons 153ff.

[25] Windsbach: Müller-Karpe, Chronologie Taf 155,8; Rýdeč: P. Novák a.a.O. (Anm.10) 11f. Nr. 33-36, Taf. 5, 33-36. Nr. 36 mit Anklängen an Schwerter des Typs Balintober. Zu deren Verhältnis zu den Rosnoënschwertern vgl. B.A. Trump, Proc. Prehist. Soc. 28, 1962, 80ff. bes. 93f.

[26] W. Kubach, Arch. Korrbl. 3, 1973, 299ff.

[27] Fundber. Bayerisch-Schwaben 1979, 20 Abb. 6,6. (Beide Schwerter sind auch etwa 10 cm länger als die Rosnoënschwerter). Ein weiteres Stück aus Bayerisch-Schwaben wird F. Innerhofer publizieren. Nahestehend ist auch ein Schwert von Villeneuve-la-Guyard: H. Reim a.a.O. (Anm. 18) Taf. 5, 27.

[28] H. Reim, Arch. Korrbl. 4, 1974, 17ff.; ders. a.a.O. (Anm.18) 28ff. Neuere Funde: Aus den Grottes de Bize, Dép. Aude (J. Guilaine, A. Tavoso, L'Anthropologie 88, 1984, 99ff.); Seine bei Vezoult, Dép. Seine-et-Marne (C. u. D. Mordant, Bulletin du Groupement Arch. Seine-et-Marne 20, 1979, 45 Abb. 1,4); angebliches Schiffswrack von Moor-Sand an der englischen Kanalküste (K. Muckelroy, Proc. Prehist. Soc. 47, 1981, 287 Abb. 4,1).

[29] F. Kutsch, Nass. Ann. 48, 1927, 46 Abb. 2.2. Zugehörig zu dem im Limfjordgebiet und in Mecklenburg verbreiteten Typ C2 nach H. Ottenjann, Die nordischen Vollgriffschwerter der älteren und mittleren Bronzezeit. Röm.-Germ. Forsch. 30 (1969) 67f. Ein vermutlich moderner Nachguß eines nordischen Vollgriffschwertes aus Kehl.a.Rh. (W. Kimmig, Badische Fundber. 20, 1956, 59ff.).

(Liste 1 Nr. 57, 108). Sie können nicht sicher der Stufe Bz D zugewiesen werden, da Griffzungenschwerter des Typus Nenzingen auch in Fundkontexten - vornehmlich Depots - der Stufe Ha A1 erscheinen. Immerhin fast ebensoviele Griffzungenschwerter des Arbeitsgebietes zählen zu dem von P. Schauer herausgearbeiteten Typus "Riedheim"[30], dessen schmale Griffzunge durch die nur schwache Schulterbildung von der Klinge kaum abgesetzt erscheint. Es handelt sich um Einzelfunde aus Schaafheim und Mainz (Liste 1 Nr. 107, 109). Sowohl die Verbreitung dieser Schwerter als auch ihre Verwandtschaft zu einer westlichen Griffzungenschwertvariante ohne Heftschulterbildung ("Typ Greffern") deuten auf einen linksrheinischen Werkstättenkreis, worauf schon P. Schauer hinwies[31]. Freilich belegen Zwischenformen einen handwerklichen Austausch zwischen diesem Schwertfegerkreis und jenem, dem die Produktion der Nenzingen-Schwerter verdankt wird. Gerne hätte man auch hier zur Präzisierung produktionstechnische und metallkundliche Untersuchungen, auch im Hinblick auf die schon zitierte Hypothese Müller-Karpes eines ägäischen Einflusses auf die Klingenproduktion der Rixheimschwerter, die natürlich unmittelbar mit der umstrittenen Frage nach der Genese der Griffzungenschwerter[32] zusammenhängt; doch lassen sich von der Peripherie des Geschehens hierzu keine weiterführenden Hinweise geben.

---

30 Schauer, Schwerter 155ff.
31 Ebd. 157.
32 Gegenüber der von Müller-Karpe a.a.O (Anm. 13) 261ff. und Schauer, Schwerter 148f. sowie H.W. Catling, Proc. Prehist. Soc. 22, 1956, 102ff. vorgetragenen Auffassung einer ostmediterranen Genese der Griffzungenschwerter sind wohl auch weiterhin das Verbreitungsbild sowie das Fehlen überzeugender Vorformen in der Ägäis anzuführen. Des weiteren hat B. Hänsel a.a.O. (Anm. 10) 40f. auf das Fehlen typologischer Zwischenformen danubischer und ägäischer Schwerter selbst in geographischen Mittlerräumen wie Bulgarien hingewiesen. Vgl. weiterhin: J. Bouzek in: Alasia I (1971) 433ff.; ders.: The Aegean, Anatolia and Europe. Cultural Interrelations in the Second Millenium B.C. (1985) 119ff. jeweils mit ausführlichen Verbreitungskarten. Neuerdings: N. Sandars, Oxford Journal Arch. 2, 1983, 43ff.; B. Hänsel, Illiria 15, 1985, 224. Ungeduldig wartet man auf die Neuvorlage der ägäischen Schwertfunde durch I. Kilian. Nur am Rande sei zu dem bekannten Grab 21 von Langada (L. Morricone, ASAtene 43/44, 1965/66, 136ff. Abb. 122-125) vermerkt, daß neben dem Nenzingenschwert auch eine im ägäischen Milieu ungebräuchliche Lanzenspitze gefunden wurde, an deren Fremdcharakter m.E. nicht zu zweifeln ist. R.A.J. Avila, Bronze Lanzen- und Pfeilspitzen der griechischen Spätbronzezeit PBF V,1 (1983) will eine Konvergenzerscheinung nicht gänzlich ausschließen. O. Höckmann, Jahrb. RGZM 27, 1980, 73f. Anm. 113 nennt allerdings eine Anzahl südost- und mitteleuropäischer Parallelen.

Neben den Griffzungenschwertern südöstlicher Formtradition und westlichen Umformungen lassen sich für den älteren Abschnitt der Stufe Ha A zunächst eine Reihe von Griffangelschwertern namhaft machen. Ihre formale Vielfalt ist beträchtlich, so daß in manchen Fällen auch eine etwas ältere bzw. jüngere Datierung in Betracht gezogen werden muß[33]. Nach der Klingenform zu urteilen, werden ein Griffangel(?)schwert aus einem Grabhügel bei Stammheim (Liste 1 Nr. 7) und ein angeblich aus Seligenstadt (Liste 1 Nr. 101) stammendes Exemplar an den Beginn der Stufe Ha A zu setzen sein, denn die Anklänge an Klingen der Nenzingen-Schwerter sind unverkennbar. Ebenfalls in die Stufe Ha A1 ist das zusammengebogene, fragmentarisch erhaltene Schwert aus dem Brandgrab von Dietzenbach (Liste 1 Nr. 6) zu datieren, wenngleich manche der übrigen Beigaben dieses Grabes, wie die Nadeln, noch in jüngeren Inventaren erscheinen können[34]. Nur allgemein der Stufe Ha A können drei Griffangelschwerter aus dem Rhein, alle unterhalb Bingens (Liste 1 Nr. 27, 28, 30 **Taf. 1,1**), zugewiesen werden; sie besitzen keine charakteristischen Merkmale, die eine typologische Feinansprache erlaubten. Immerhin deuten jedoch die weidenblattförmigen Klingen der Schwerter von Bacharach (Liste 1 Nr. 27) und Bingen (Liste 1 Nr. 30) auf eine Datierung in die fortgeschrittene Stufe Ha A[35], doch darf die Klingenform als chronologisches Kriterium nicht überbewertet werden. Ein Schwertklingenbruchstück aus einem Gewässer in der Umgebung von Mainz (Liste 1 Nr. 29) hat P. Schauer[36] dem norditalienischen Griffangelschwerttyp "Arco" zugerechnet, doch kämen für das Bruchstück nach Form und Querschnitt m.E. auch andere Schwerttypen (z.B. Typ Pepinville) als Vergleichsmaterial in Frage. Sollte es sich tatsächlich um ein Arco-Schwert handeln, würde dies auf eine gewisse Kontinuität der Beziehungen zu jenem Werkstättenkreis hindeuten, aus dem auch das bereits erwähnte "Monza"-Schwert aus dem Rhein bei Mainz stammen dürfte. Die aus dem Steinkistengrab von Bad Nauheim (Liste 1 Nr. 9) geborgenen Fragmente, einige Niete, ein Klingenbruchstück sowie möglicherweise die Reste einer Griffangel müssen

---

33 Schauer, Schwerter 83ff.; H. Reim a.a.O. (Anm. 28).
34 Kubach, Nadeln 439f.
35 Schauer, Schwerter 83.
36 Ebd. 87f.

nach Ausweis der Beifunde in den jüngeren Horizont der Stufe Ha A[37] datiert werden. Es ist anhand der Literatur nicht zu entscheiden, ob das Angelbruchstück schon in der Antike zur besseren Griffbefestigung hakenförmig gebogen war[38] oder im Zuge des Bestattungsrituals gewaltsam verbogen wurde.

H. Reims Kartierung der Griffangelschwerter[39] zeigt deren Hauptverbreitung in Norditalien, im Rhône- und Seinetal, der Schweiz, im nordwestlichen Baden-Württemberg sowie im Rhein-Main-Gebiet. Damit hebt sich das Verbreitungsgebiet dieser Schwerter mit aller Deutlichkeit von dem der Riegsee- und Dreiwulstschwerter der älteren Urnenfelderzeit (Bz D-Ha A) ab.

Während die älteren Riegseeschwerter, wie bereits erwähnt, im Arbeitsgebiet nicht vertreten sind, dokumentieren zwei Dreiwulstschwerter, eines aus einem Grab bei Ockstadt in der Wetterau, ein zweites aus dem Rhein bei Mainz, die auch in anderen Funden dieser Zeit zu belegende Ausstrahlungskraft südostalpiner Bronzeproduktion[40]. Das Schwert von Ockstadt (Liste 1 Nr. 8) stammt aus einer Körperbestattung und ist im Gegensatz zu den meisten anderen Schwertfunden aus Gräbern dieser Zeit unfragmentiert. Die Verzierung des Griffes ist nicht mehr zu erkennen, weswegen das Schwert keiner der von H. Müller-Karpe herausgearbeiteten Dreiwulstschwertvarianten sicher zugeordnet werden kann. Dennoch wird man Vergleiche am ehesten unter den Schwertern des Typs Erlach suchen, wofür die ovale Knaufform spricht[41]. Eine Datierung in den älteren Horizont der Stufe Ha A erlaubt auch das im Ockstädter Grab mitgefundene Messer mit durchlochtem Griffdorn und einfach gebogenem Klingenrücken. Das Schwert aus dem Rhein bei Mainz (Liste 1 Nr. 31) gehört zu Müller-Karpes Typ Illertissen, der in geschlossenen Funden der älteren Ha A-Zeit erscheint[42].

Gegenüber der relativen Formenvielfalt im Fundstoff des älteren Horizontes der Stufe Ha A ist für den jüngeren Abschnitt im Arbeitsgebiet das beschränkte Typenrepertoire herauszustreichen. Für den betreffenden Zeitraum stehen fast nur Griffzungenschwerter der Typen "Hemigkofen" und "Erbenheim" zur Verfügung.

Hemigkofenschwerter[43] sind im Arbeitsgebiet aus fünf Gräbern sowie in gleicher Anzahl aus dem Rhein (Liste 1 Nr. 32-35, 37) bekannt geworden. Die Grabfunde des Arbeitsgebietes legen eine Datierung in die Stufe Ha A2 nahe. Das fragmentierte Schwert aus dem Steinkistengrab 2 von Eschborn (Liste 1 Nr. 10), einer Körperbestattung, wurde zusammen mit guirlandenverzierter Keramik, einer Fuchsstadttasse, einem Messer mit profiliertem Zwischenstück und gleichförmig gekrümmtem Klingenrücken, einem steigbügelförmigen Armring und einer Nadel mit doppelkonischem Kopf geborgen. Eine vergleichbare Nadel stammt aus einem Grab mit Hemigkofenschwert von Mimbach, Kr. Homburg-Saar, das A. Kolling aufgrund der Keramik noch nicht vollgültig nach Ha A2 datieren mochte[44]. Die Eschborner Nadel führt zu einem weiteren Schwertgrab, nämlich dem von Gundelsheim, Ldkr. Bamberg[45], das in seiner Ausstattung mit dem Eschborner Grab in vorzüglicher Weise korrespondiert, jedoch leider nicht vollständig überliefert ist. Statt des Hemigkofenschwertes findet sich hier ein Dreiwulstschwert des Typs Erlach, statt der Fuchsstadttasse eine des Typs Friedrichsruhe; die Form der Messer ist nahezu identisch und die Nadeln unterscheiden sich lediglich in der Art der Kopfverzierung. Die weitgehende Übereinstimmung der Inventare nicht nur in typologischer, sondern auch habitueller Hinsicht macht es notwendig, beide Inventare in eine enge Verbindung zu bringen; chronologisch bedeutet dies, daß eine Datierung des Eschborner Grabes in

---

[37] Herrmann, Urnenfelderkultur 34.

[38] Dann käme ein Zusammenhang mit den französischen Schwertern des Typs Pepinville (Schauer, Schwerter 90f.) in Betracht. Die Vitrine im Mus. Wiesbaden, in der die Fragmente verwahrt werden, ließ sich aus technischen Gründen nicht öffnen.

[39] H. Reim a.a.O. (Anm.28) Taf. 3,1.2.

[40] Ich beschränke mich vorerst, mit Begriffen wie "Ausstrahlungskraft" den Fundstoff zu charakterisieren, ohne mittels Begriffen wie "Import" etc. bestimmte Interpretationen zu präjudizieren. - Eine Verbreitungskarte für Dreiwulstschwerter und jüngere Vollgriffschwerter findet sich jetzt bei P. Brun, C. Mordant (Hrsg.), Le groupe Rhin-Suisse-France orientale et la notion de civilisation des Champs d'Urnes. Coll. Nemours 1986 (1988) Karte 32; Ein neues Dreiwulstschwert vom Typus Erlach aus dem Rheinschotter bei Chur, Kt. Graubünden (Jahrb. Schweiz. Ges. Urgesch. 72, 1989, 307 Abb. 5).

[41] Vgl. Müller-Karpe, Vollgriffschwerter Taf. 4.

[42] Ebd. 19f.

[43] Zur Typographie vgl. Cowen, Einführung 79ff. Bei der Verwendung des Begriffs Typographie beziehe ich mich auf E. Sangmeister, Saeculum 18, 1967, 211.

[44] A. Kolling, 17. Ber. Staatl. Denkmalpflege Saarland 1970, 41ff. Abb.3 u. 50f. zur Nadel.

[45] H. Hennig in: K. Spindler (Hrsg.), Vorzeit zwischen Main und Donau (1980), 98ff. Abb. 13, 1-4; zur Datierung 143.

einen frühen Abschnitt der Phase Ha A2[46] wahrscheinlich ist. In denselben Zeitabschnitt gehört damit auch das Schwertgrab von Uffhofen (Liste 1 Nr. 13), in dem sich neben dem Hemigkofenschwert ein Messer der aus Eschborn und Gundelsheim bekannten Form fand. Auch das Grab aus dem unterfränkischen Elsenfeld (Liste 1 Nr. 12) ist eng mit dem Eschborner Grab zu verknüpfen; neben guirlandenverzierter Keramik ist hier als zweite Waffe ebenfalls Pfeil und Bogen belegt. Die beiden Hemigkofenschwerter aus dem Lorscher Grabhügelfeld (Liste 1 Nr. 11, 14) sind uns ohne Beifunde überliefert.

Nach der zuletzt von P. Schauer gegebenen Kartierung der Hemigkofenschwerter[47] zu urteilen, stellt das Arbeitsgebiet ein Zentrum der Verbreitung des Typus dar. Während die Grabfunde des Arbeitsgebietes in der Literatur übereinstimmend in die Phase Ha A2 datiert werden, deutete schon P. Schauer an, daß einige eher an der Peripherie der Verbreitung gelegene Grabfunde auch einem älteren Abschnitt der Stufe Ha A zugewiesen werden könnten[48]. Dies gilt etwa für Grab 96 von Unterhaching[49], in dem sich neben einer Nadel mit gedrücktem Kugelkopf (der Form Wollmesheim) auch ein Messer mit durchlochtem Griffdorn fand. Letzteres gehört zu den Leitformen der von H. Müller-Karpe herausgearbeiteten Stufe Ha A1. Die Zusammengehörigkeit des Hemigkofenschwertes von Pleidelsheim mit einem frühen Griffplattenmesser[50] ist fraglich und kann daher zur Beweisführung nicht herangezogen werden. Nicht nur geschlossene Funde, auch der enge typologische Zusammenhang mit den Nenzingenschwertern spricht aber dafür, daß mit dem Beginn der Hemigkofenschwerter schon im älteren Abschnitt der Stufe Ha A zu rechnen ist.

Die zweite für die jüngere Phase der Stufe Ha A im Arbeitsgebiet charakteristische Form repräsentiert das Schwert des Typus Erbenheim[51]. Aus Hessen und Rheinhessen sind das Exemplar aus dem eponymen Grabfund (Liste 1 Nr. 13) sowie je ein Stück aus der Nahe bei Bingen (Liste 1 Nr. 68) und dem Rhein bei Mainz (Liste 1 Nr. 36) bekannt geworden. Der Grabfund von Erbenheim findet mit gutem Recht seinen Platz im jüngeren Horizont der Stufe Ha A, wofür neben der guirlandenverzierten Keramik auch das Messer mit umgeschlagenem Griffdorn und das Rasiermesser mit x-förmiger Ringgriffverstrebung sprechen[52]. Bemerkenswert, denn nichts deutet auf eine Doppelbestattung, ist die Beigabe eines Spinnwirtels. Die wenigen anderen bekannten Grabfunde mit Erbenheimschwertern belegen den genannten Zeitansatz ebenfalls. Hier sind die Gräber von Heilbronn und Wollmesheim zu nennen[53].

Das auffälligste Merkmal der Erbenheimschwerter, der rektanguläre Fortsatz an der Griffzunge, der ein echtes typologisches Kriterium und nicht etwa ein gußtechnisches Rudiment[54] darstellt, verbindet die Erbenheimschwerter mit solchen des Typs Letten[55], dem vermutlich ein etwas höheres Alter zuzubilligen ist, sowie vor allem mit dem Schwert von Stätzling[56]. In diesem Sinne stehen die genannten Schwerter unabhängig von regionalen Besonderheiten in einem kommunikativen Bezugsnetz, in dem aber Sender und Empfänger anhand von Kartierungen derzeit nicht zu ermitteln sind[57].

---

[46] Diese Einordnung fasse ich als Versuch einer prozessualen Beschreibung, nicht im traditionellen Sinne als Stufendefinition auf. Zur Schwierigkeit scharfer Grenzziehungen zwischen Ha A1 und Ha A2 vgl. Herrmann, Urnenfelderkultur 32.

[47] Schauer, Schwerter Taf. 120B. Weitere Hemigkofenschwerter: aus der Seine bei Paris (Mohen, L'âge du bronze Nr. 587); aus der Loire bei Sainte Luce-sur-Loire, Dép. Loire-Atlantique (G. Bellancourt, Annales de Bretagne 74, 1967, 81ff. Abb. 1,2,3).

[48] Schauer, Schwerter 159.

[49] Müller-Karpe, Münchner Urnenfelder Taf. 83B.

[50] Schauer, Schwerter 164 Nr. 488 Taf. 72, 488; zum Messer: Beck, Beiträge 149 Taf. 59,1 ("aus dem Neckarschotter").

[51] Zur Typographie: Cowen, Einführung 73ff.

[52] Herrmann, Urnenfelderkultur 34.

[53] Heilbronn (Dehn, Urnenfelderkultur 20ff.; R. Koch, Fundber. Baden-Württemberg 4, 1979, 18ff.); Wollmesheim (Cowen, Einführung Taf. 6,6).

[54] Das zeigt die Gußform von Piverone, Prov. Torino (V. Bianco-Peroni, Die Schwerter in Italien, PBF IV, 1 (1970) 72 Nr. 168-170 Taf. 25, 168-170), in der Schwerter von der Klingenspitze aus gegossen wurden. Bemerkenswert ist, daß sich südlich der Alpen hierzu kein zugehöriges Schwert bislang gefunden hat - nördlich der Alpen fehlen bislang hingegen Gußformen. In diesem Zusammenhang darf auf die Fragwürdigkeit zu feinteiliger typologischer Systeme hingewiesen werden, wie sogenannte "Zwischenformen" (Torbrügge a.a.O [Anm.11] spricht dann von "Bastarden" !?), im Falle der Erbenheimschwerter etwa ein Schwert von der Margaretheninsel bei Budapest (Cowen, Einführung 76), immer wieder zeigen.

[55] Cowen, Einführung 133.

[56] Schauer, Schwerter 144ff.

[57] Vgl. E. Baudou, Medelhavsmuseets Bull. 3, 1962, 41ff.; J. Bouzek, The Aegean, Anatolia and Europe: Cultural Interrelations in the second Millenium B.C. (1985) 130ff.- Für die Erbenheimschwerter kommt ebenfalls nicht ägäische Entstehung in Betracht. Wie labil das Fundbild noch ist, zeigt das überraschende - durch Kiesbaggerungen verursachte - neue Verbreitungszentrum im Rheinland (I. Kiekebusch, Bonner Jahrb.

Während zur chronologischen Bestimmung Ha A-zeitlicher Schwerter eine Reihe von Grabfunden zur Verfügung stehen, ist es um die Datierung der Ha B-zeitlichen Schwerter wesentlich schlechter bestellt. Dies hängt zum einen an dem für die jüngere Urnenfelderzeit zu beobachtenden Umbruch in der Deponierungssitte. Zum anderen hängen manche Datierungsprobleme mit H. Müller-Karpes Postulat einer Dreiteilung der Stufe Ha B[58] zusammen. Dabei ist die Frage des methodisch korrekten Nachweises dieser Stufengliederung in der Forschung weiterhin umstritten; ihre sachliche Berechtigung konnte am Fundmaterial der westlichen Urnenfelderkultur bislang nicht plausibel vorgeführt werden[59]. Praktisch arbeitet die Forschung heute mit einer Zweiteilung der Stufe Ha B, ohne aber zu einer neuen Definition der akzeptierten Stufen Ha B1 und B3 gekommen zu sein und ohne nomenklatorische Klarheit zu schaffen. Das hat erhebliche Konsequenzen: Keineswegs gleichgültig ist nämlich, ob man das von Müller-Karpe als Ha B2 aussortierte Material der Stufe Ha B1 oder der Stufe Ha B3 angliedert, da sich aus der jeweilig anderen Sicht natürlich Konsequenzen für die Beurteilung des historischen Ablaufs ergeben. Offensichtlich scheint die Forschung überwiegend die Definition Ha B2/3 zu benützen, während sich nur wenige für Ha B1/2 aus-

gesprochen haben. Freilich wird, akzeptiert man erstgenannten Rhythmisierungsvorschlag, ein übermäßig scharfer Bruch in das historische Kontinuum gebracht, der typologisch-chronologisch aus dem Material nur schwerlich herausgelesen werden kann. So fällt beispielsweise bei Durchsicht des Schwertbuches von P. Schauer auf, daß dort als Ha B1-spezifische Formen die Schwerttypen "Mainz", "Locras" und "Forel" genannt sind, während der Typ "Großauheim" schon im wesentlichen H. Müller-Karpes Stufe Ha B3 zugeordnet wird. Im Arbeitsgebiet wären demnach für die Stufe Ha B1 nur sechs Griffzungenschwerter und ein Vollgriffschwert nachzuweisen, d.h. nicht einmal die Hälfte des Ha A2-Bestandes, nur etwa ein Fünftel des Bestandes der Stufe Ha B3.

Was die Formen anbelangt, so sind hier zunächst die Griffzungenschwerter des von J.D. Cowen herausgearbeiteten Typus Mainz[60] zu nennen, die im Arbeitsgebiet mit drei Exemplaren vertreten sind, nämlich je einem Flußfund aus dem Main bei Dörnigheim (Liste 1 Nr. 60) und dem Rhein bei Mainz (Liste 1 Nr. 35) sowie dem Steinkistengrab 1 von Eschborn (Liste 1 Nr. 16). Charakteristisch für den Typus ist die in der Mitte stark ausgebauchte Griffzunge und ihr fischschwanzförmiges Ende. Die Griffzungenstege sind wulstartig versteift. Auf dem trapezförmigen Heft finden sich vier, auf der Zunge drei Nietlöcher, wobei kennzeichnend ist, daß zwei von ihnen in der Zungenmitte, die dritte hingegen auf dem Zungenende angebracht ist. Die Klinge baucht breit aus und ist zumeist mit schneidenparallelen Linien verziert. Ohne Zweifel steht der Typ Mainz in älterurnenfelderzeitlicher Tradition, wobei seine Verbindungslinien sowohl zu Hemigkofen- wie zu Letten- und Erbenheimschwertern verfolgbar sind[61]. Unglücklicherweise ist das Schwert aus dem Eschborner Grab stark fragmentiert, vor allem die Griffzungenzone ist nicht vollständig beurteilbar. Dennoch besitzt P. Schauers Zuweisung einige Wahrscheinlichkeit. Die Kontinuität der formalen Gestaltung des Mainz-Typs zu Hemig-

---

162, 1962, 293ff.). Weitere Neufunde: Orsingen-Nenzingen, Kr. Konstanz (Fundber. Baden - Württemberg 9, 1984, 626 Taf. 43 A); Seine bei Melun (C. u. D. Mordant a.a.O. [Anm.29] Abb. 2,1); aus dem Léguer bei Ploulec'h, Dép. Manche (Gallia Préhist. 10, 1977, 336f. Abb. 6 Mitte); Grotte de Rocadour bei Thémines, Dép. Lot (J. Arnal u.a., Prehist. Levantina 12, 1969, 55ff.).

[58] Müller-Karpe, Chronologie.

[59] In diesem Sinne mehr oder minder ausführlich begründet bei: Herrmann, Urnenfelderkultur 47; Wilbertz, Urnenfelderkultur 89f.; Eggert, Urnenfelderkultur 87ff.; Kubach, Nadeln 35; Dehn, Urnenfelderkultur 52ff.; neuerdings bei P. Brun, La civilisation des Champs d'Urnes. Etude critique dans le bassin parisien (1986) 54ff.- Ohne neue Argumente verteidigt zuletzt Kibbert, Beile 66f. die Dreiteilung der Stufe Ha B. Dazu V. Rychner, Germania 64, 1986, 614. E. Gersbach versucht neuerdings, alte Ansichten revidierend, stilistische Argumente für eine Dreiteilung der Stufe Ha B fruchtbar zu machen. Gersbach, Germania 60, 1982, 600ff.; Helvetia Arch. 15, 1984, 43ff.; U. Gross, Jahrb. Schweiz. Ges. Urgesch. 67, 1984, 61ff. deutet den dendrochronologisch datierten Unterbrechungszeitraum der Besiedlungsabfolge in der Uferrandsiedlung Vinelz von ca. 80 Jahren als Stufe Ha B2 (im Sinne Müller-Karpes), was freilich methodisch unzulässig ist. In der schweizerischen Forschung wird von Ha B1 und Ha B2 gesprochen, letzteres umschließt das Ha B3 im Sinne Müller-Karpes. Stein, Hortfunde 75ff. faßt Ha B1 und 2 im Sinne Müller-Karpes als Einheit auf. Wilbertz, Urnenfelderkultur 89, zieht - um nur ein gegenteiliges Beispiel zu geben - die Stufen Ha B2 und B3 im Sinne Müller-Karpes zu einer Einheit zusammen.

[60] Cowen, Einführung 96f.; Schauer, Schwerter 171ff.

[61] Die verhältnismäßig kurze und breite, gebauchte Klinge gemahnt noch an Hemigkofenschwerter, wie sich linienverzierte Klingen schon an diesen, aber auch an Erbenheimschwertern finden, etwa an Exemplaren von Boppard (Schauer, Schwerter Nr. 469 Taf. 69, 469) oder Bingen (Liste 1 Nr. 68). Die gebauchte Zunge und der Heftausschnitt finden sich hingegen schon an Erbenheimschwertern von Heilbronn (Schauer, Schwerter Nr. 508 Taf. 76, 508) und Wiesbaden-Erbenheim (ebd. Nr. 505 Taf. 76, 505).

kofen- und Erbenheimschwertern muß auch chronologische Bedeutung besitzen, wie die übrigen Beigaben des Eschborner Grabes beweisen. Wie in Steinkistengrab 2 fand sich auch in dieser Grablege eine Tasse des Fuchsstadt-Typs, der der Stufe Ha A2 angehört. Weiterhin fand sich ein Griffdornmesser mit profiliertem Zwischenstück. Das eigentliche Zwischenstück ist noch ganz von der Art wie jenes, das sich in Grab 2 fand, doch stellt der sanft geschwungene Klingenrücken ein progressives Element dar[62]. Das Rasiermesser mit ausgeschnittenem Blatt und ovalem Rahmengriff mit liegender H-Verstrebung datierte A. Jockenhövel in die Stufe Ha B1, doch konnte D. Zylmann zeigen, daß für diese Rasiermesser ein früherer Beginn in Betracht zu ziehen ist[63]. Die ausstattungsmäßige Verwandtschaft der beiden Eschborner Gräber sowie der typologische Zusammenhang der Beigaben sprechen dafür, daß zwischen der Anlage beider Grablegen nur ein geringer zeitlicher Abstand bestehen kann, der uns höchstens an den Beginn der Stufe Ha B1 führt. Daß diese Datierung das Richtige trifft, zeigt auch das Grab von Hennef-Geistingen[64], das heute verschiedentlich in die Stufe Ha B1 gestellt wird, doch vertritt nicht zuletzt die Keramik, u.a. der Schulterbecher, noch Ha A-Tradition. P. Schauer hat darauf hingewiesen, daß "Würfelaugenmuster auf dem Rasiermesserblatt (im Eschborner Grab S.H.) ... u.a. auch von Schalenknaufschwertern des Typs Königsdorf bekannt (sind), hauptsächlich von solchen des südöstlichen Mitteleuropas"[65]. Diese Verbindung des Ornamentes läßt sich durch den Vergleich von Steinkistengrab 1 von Eschborn mit den drei Bestattungen von Wörschach[66] verdichten. Bezüglich der Ausstattungsmuster sind die Sicheln im Wörschacher Grab von einiger Bedeutung (vgl. Kap. 2.8). Typologisch-chronologisch bedeutet uns die Wörschacher Fuchsstadttasse einen zeitlichen Verbindungsstrang ebenso wie die in Ha A-Tradition stehende Wörschacher Keramik. So kommt H. Müller-Karpe zu dem Ergebnis, "daß dieses Schwertgrab von Wörschach an den Übergang zu Ha B1 oder sogar bereits in die Stufe Ha B1 gehört[67]. Auch den bereits erwähnten Schwerttyp "Königsdorf" wird man nicht allzuweit vom Beginn der Stufe Ha B1 abrücken wollen, wofür seine häufige Vergesellschaftung mit Dreiwulstschwertern, etwa im Hort von Hajdúböszörmény und anderen ungarischen und slowakischen Depotfunden[68], spricht. Im übrigen tradieren die Schalenknaufschwerter die schon von den älteren Dreiwulstschwertern vorgeführte Ornamentik und auch den Heftausschnitt.

Das einzige Schalenknaufschwert im Arbeitsgebiet stammt aus dem Main bei Stockstadt (Liste 1 Nr. 58). Gegenüber den südostalpinen Schalenknaufschwertern, etwa den Typen Wörschach und Königsdorf, zeichnet sich das unterfränkische Exemplar durch eine andere Konzeption der Griffornamentik aus. Statt der schraffierten Dreieckszier auf den Griffwülsten wird bei dem Stockstädter Stück ein Tannenzweigmuster gegeben, die erwähnte Würfelaugenzier durch konzentrischen Halbkreisdekor ersetzt. Der bei Königsdorf- und Wörschachschwertern herrschenden "Schlaufenverzierung" auf dem Heft[69] wird im Falle unseres Schwertes die Angabe von fünf Nieten entgegengesetzt. Die für die Verzierung beste Parallele, ein Schwert von Gattinara, Prov. Vercellie, Piemont[70] steht ebenfalls vereinzelt da. Neben diesen hat H. Müller-Karpe vier weitere Stücke seinem Typ Stockstadt zugerechnet[71], von denen zunächst nur die drei aus Mitteldeutschland bzw. Brandenburg stammenden Exemplare interessieren sollen. Der Griff des "wahrscheinlich aus Mitteldeutschland" stammenden Exem-

---

62 Vgl. U. Ruoff, Zur Kontinuität zwischen Bronze- und Eisenzeit in der Schweiz (1974) 40ff.

63 Jockenhövel, Rasiermesser 145ff.; D. Zylmann, Bonner Jahrb. 178, 1978, 116ff. Zu weitergehenden Schlußfolgerungen gelangt Eggert, Urnenfelderkultur 115ff. und 118 Anm. 732.

64 R.v. Uslar, Germania 23, 1939, 14ff. Abb. 3. Zur Forschungsgeschichte auch Eggert, Urnenfelderkultur 118 Anm. 732.

65 Schauer, Schwerter 172 Anm. 11.

66 R. Pittioni, Urgeschichte des österreichischen Raumes (1954) 472f. Abb. 338.339.

67 Müller-Karpe, Vollgriffschwerter 34.

68 Horné Ves (M. Novotná, Die Bronzehortfunde in der Slowakei. Spätbronzezeit [1970] Taf. 40); Spisská Bela (ebd. 49 Abb. 15); Hajdúböszörmény (A. Mozsolics, Prähist. Zeitschr. 59, 1984, 81ff.). Eine gleichartige Situla und ein Fuchsstadttassenderivat im Hort von Sig (T. Soroceanu, E. Lakó, Acta Porolissensis 5, 1981, 162 Abb. 6).

69 Tatsächlich handelt es sich, wie das Schwert von Pergine, Prov. Trento (V. Bianco-Peroni, Die Schwerter in Italien. PBF IV, 1 (1970) 104 Nr. 284 Taf. 42, 284) zeigt, um eine stilisierte Vogelbarkendarstellung. In diesem Sinne schon E. Sprockhoff, Jahrb. RGZM 1, 1954, 52.

70 V. Bianco-Peroni a.a.O. (Anm. 69) 104 Nr. 283 Taf. 42, 283.

71 Fundort unbekannt "vermutlich Mitteldeutschland" (Müller-Karpe, Vollgriffschwerter 49 Taf. 49, 5); Döllstadt (ebd. 49 Taf. 49,4); Schmergow (ebd. 49 Taf. 49, 6); Fundort unbekannt "vermutlich Frankreich" (ebd. 49 Taf. 49, 2). Neuerdings ein Exemplar aus der Umgebung von Sinsin (Namur) (E. Warembol, Helinium 24, 1984, 129ff.).

plares wirkt durch seine im Verhältnis zur Knaufschale zierlich gestaltete Griffzone unproportioniert; bei dem Exemplar aus Döllstadt kann über die Formgebung nur wenig ausgesagt werden, da die Knaufscheibe zu ovaler Form umgearbeitet wurde. Bei beiden Stücken ist die Auflösung des streng-omegaförmigen Heftausschnittes und seine Umbildung zur Bogenform zu beobachten, wobei auch hier die Angabe der Nieten, in beiden Fällen sind es sieben, ins Auge fällt; dies stellt eine Eigenart dar, die im Urnenfeldergebiet kaum auftritt, jedoch im Norden durchaus geläufig ist[72]. Die formalen Eigentümlichkeiten dieser Schwerter sowie ihre randliche Verbreitung legen die Vermutung nahe, daß es sich bei den Schalenknaufschwertern des Stockstadt-Typus um westliche Imitationen handelt[73]. Eine zweite Beobachtung an den Schwertern von Döllstadt und Schmergow ist bedeutsam. Ihre ehemals runden Schalenknäufe wurden zu ovaler Form umgearbeitet, bei dem mecklenburgischen Stück sind beide Seiten des Knaufes zudem hochgebogen. H. Müller-Karpe[74] sah darin zurecht einen Reflex auf die frühen Antennenschwerter, von deren Datierung auch die Bestimmung des Umarbeitungszeitpunktes dieses Schwertes abhängig ist.

Bevor weiter auf die Datierung der Vollgriffschwerter eingegangen werden kann, muß zunächst die Datierungsproblematik der Griffzungenschwerter ausgemessen werden. Ich habe darauf hingewiesen, daß Griffzungenschwerter des Typs Mainz nach Ausweis der geschlossenen Funde in den Übergang der Stufen Ha A2/B1 oder ganz an den Anfang der Stufe Ha B1 gesetzt werden müssen.

Aus datierbaren Fundensembles dieser Zeit sind keine weiteren Schwerter bekannt geworden, doch müssen für die Ha B1-Zeit unter den Griffzungenschwertern solche des Forel- und des Großauheim- Typus in Anspruch genommen werden.

Kennzeichnend für die Forelschwerter[75] ist die stark ausgebauchte Griffzunge, deren Seitenstege häufig Kerben aufweisen. Das hörnerartig gebildete Griffzungenende darf wohl als typologische Reminiszenz an die älteren Erbenheimschwerter verstanden werden, bei denen im übrigen auch die Seitenstegkerbung[76] vorgeführt wird. Die Heftschulter der Forelschwerter setzt unmittelbar unter der Griffbauchung an; der Heftausschnitt ist bogenförmig angegeben. Vier Nietlöcher finden sich auf der Heftschulter, zwei, mitunter auch mehr, auf der Griffzunge. Unterhalb des Heftes schließt sich ein langgestrecktes "Ricasso" an, in dessen Bereich Punktverzierung aufgetragen sein kann. Die Klinge selbst ist linienverziert. Im Arbeitsgebiet sind Forelschwerter nur aus Flüssen, aus der Lahn bei Dutenhofen (Liste 1 Nr. 67) und dem Main bei Eddersheim (Liste 1 Nr. 55) bekannt geworden.

Charakteristisch für die Schwerter des Typus Großauheim[77] ist eine stark gebauchte Griffzunge mit fischschwanzförmigem Ende. Die Griffzungenstege sind seitlich mit Linien und Kreuzmustern verziert. Der Heftausschnitt ist parabolisch, zuweilen dreieckig gestaltet. Das darunter anschließende "Ricasso" ist bogenförmig gebildet und in der Regel mit konzentrischer Halbkreiszier geschmückt. Vier Niete sitzen auf der Heftschulter, mindestens ebensoviele im Griffzungenbereich. Aus dem Arbeitsgebiet sind auch Großauheimschwerter nur aus Flüssen bekannt, dem Rhein bei Mainz (Liste 1 Nr. 39-40) und dem Main bei Frankfurt-Höchst, Großauheim und Kesselstadt (Liste 1 Nr. 61-64).

Beide Schwerttypen sind durch verhältnismäßig lange Klingen mit weidenblattförmiger Bauchung gekennzeichnet, beide Schwertformen zeichnen sich auch durch die Verzierung der Klinge - vor allem im Bereich des "Ricassos" - aus. Klingenlänge und -verzierung verbindet diese Schwerter mit anderen verwandten Formen, etwa den von Schauer zum Typ Locras[78] und zur Gruppe Otterstadt[79] gezählten Schwertern.

P. Schauer hat die Forelschwerter, wohl typologischen Erwägungen folgend, der Stufe Ha B1 zugewiesen, ebenso einen Teil der Großauheimschwerter, nämlich jene der Variante Kesselstadt (Liste 1 Nr. 63-64), während er für die Großauheimschwerter insge-

---

[72] Vgl. E. Sprockhoff, Die germanischen Vollgriffschwerter der jüngeren Bronzezeit (1934) Taf. 1,2.5.6-8; 8,5; 9, 4-8.

[73] Diese Vermutung auch bei Müller-Karpe, Vollgriffschwerter 51.

[74] Ebd. 50.

[75] Zur Typographie Cowen, Einführung 94ff.; Schauer, Schwerter 180f.

[76] Säckingen (Schauer, Schwerter 173 Nr. 519 Taf. 78, 519); eine andere technische Variante: Gammertingen (ebd. 177f. Nr. 529 Taf. 79, 529); Pinneboda, Schonen (H. Thrane, Acta Arch. 39, 1968, 151 Abb. 3a).

[77] Zur Typographie Cowen, Einführung 94ff.; Schauer, Schwerter 180f.

[78] Ebd. 180f.

[79] Ebd. 179f.

① = nach Müller-Karpe Typ Lipovka (Weinheim)!

samt eine Gleichzeitigkeit mit den späturnenfelderzeitlichen Schwertern der Typen Auvernier, Tachlovice und Mörigen postulierte[80]. Im Folgenden soll gezeigt werden, daß Großauheimschwerter nicht in die Spätstufe zu datieren sind und die von Schauer erkannten Ähnlichkeiten jener mit späturnenfelderzeitlichen Vollgriffschwertformen, etwa was die Rippung der Klinge, die Griffzungenbauchung und auch die Form des Heftausschnittes anbelangt, darin begründet liegen, daß letztere nicht in toto in die Stufe Ha B3 datiert werden können.

Das einzige Großauheimschwert (Var. Kesselstadt?), das in geschlossenem Fundverband zu Tage kam, stammt aus dem Hortfund von Ehingen[81]. Neben dem Schwert, es handelt sich um ein in zehn Teile zerbrochenes Rohgußstück, fanden sich zwei Lanzenspitzen mit wellenbandverziertem freiem Tüllenteil, für deren Form und Dekor Ha B1-zeitliche Parallelen namhaft gemacht werden können[82], mehrere Sicheln der Typengruppe Pfeffingen[83], Armringe mit Winkeldekor sowie oberständige Lappenbeile ohne Öse. Eine kleine Röhre mit getrepptem Trichterfuß findet im Hort von Pfeffingen eine Parallele[84]. Von großer Bedeutung für die Datierung der zur Rede stehenden Griffzungenschwerter ist des weiteren ein Hortfund von Thalebra, Kr. Sondershausen[85]. Hier fand sich ein ebenfalls in zehn Teile zerbrochenes Griffzungenschwert, von dem mindestens zwei Fragmente fehlen. Unglücklicherweise handelt es sich bei dem einen um den oberen Teil der Griffzunge, so daß eine enge typologische Ansprache des Schwertes nicht mehr möglich ist, doch deutet eine Reihe von Merkmalen die Zugehörigkeit zum Großauheim-Typ an. Es sind dies die mit Strichbündelgruppen und Kreuzmustern verzierten Griffzungenstege und das flach-bogenförmige "Ricasso" mit konzentrischem Halbkreisdekor. Auch die Klingenlänge und -verzierung sprechen für eine solche Zuweisung. An weiteren Gegenständen fanden sich in dem Hort zwei Lanzenspitzen, von denen eine am freien Tüllenteil mit umlaufenden Horizontalstrichbündelgruppen verziert ist. Auf dem Blatt findet sich ein schneidenparalleler Liniendekor, der eine typische Erscheinung der Stufe Ha B1 darstellt[86]. Weiterhin fand sich ein Griffdornmesser mit aufgeschobenem Zwischenstück und Klingenrückendekor, eine Form, die von V. Rychner nach Ha A2/B1 datiert wird[87].

Es sind nun auch einige Schwerter in die Betrachtung einzubeziehen, die P. Schauer, H. Müller-Karpe folgend, als Typ Klentnice ① bezeichnet hat[88]. Es handelt sich um Griffzungenschwerter mit metallenem losem Antennenaufsatz. Aus dem Arbeitsgebiet ist dieser Gruppe das Schwert aus einem Steinkistengrab von Weinheim (Liste 1 Nr. 17) zuzurechnen; leider sind die übrigen Beigaben dieses Grabes nicht erhalten. Zur Erhellung der Datierungsproblematik vermag das Weinheimer Schwert somit nur wenig beizutragen. Darüberhinaus bemerkte P. Schauer[89], daß sich hier unter Verwendung einer älteren Klinge, vielleicht späthügelgräberzeitlichen Alters, und einer im Überfangguß aufgebrachten, zeitgemäßen Griffzunge mit Bauchung ältere und jüngere Herstellungsteile vermengen. Neben der Griffzunge stellen der lose Antennenknauf und das nachträglich angebrachte Ricasso und eine dort angebrachte Bogenzier junge Elemente dar. Bei Durchsicht der von P. Schauer zu seinem Typ Klentnice gezählten Schwerter fällt auf, daß sie bei aller Gemeinsamkeit in gewissen Grundzügen doch unterschiedlich gestaltet sind. Die formale Klammer stellt allein der jeweils mitgefundene lose Antennenknauf dar. Tatsächlich aber werden diese Schwerter durch eine depositionale Klammer verbunden; nur im Grab, im Hort oder im Moor können solche Schwerter gefunden werden. Bezeichnenderweise ist unter dem Material nur ein Antennenknauf aus der

---

[80] Ebd. 185.- Neufunde entsprechender Griffzungenschwerter: aus der Donau bei Schäfstall, Stadt Donauwörth, Ldkr. Donau-Ries (Fundber. Bayer. Schwaben 1980, 29 Abb. 7,1.); vom gleichen Fundort ein weiteres Langschwert, jenen von Port und Otterstadt nahestehend (Fundber. Bayer. Schwaben 1979, 20f. Abb. 6,7); nahestehend: Souain, Dép. Marne (M. u. D. Chossenot, Bull. Soc. Arch. Champenoise 76, 1983, 3ff. Abb. 2, 1-3); Umgebung Speyer, aus dem Rhein (P. Schauer, Arch. Korrbl. 2, 1972, 111ff.); aus dem "Mittelrhein" (J. Kuizenga, Arch. Korrbl. 12, 1982, 332 Abb. 2 Taf. 33 ,3.6).

[81] Schauer, Schwerter 184 Nr. 545 Taf. 147.

[82] Vgl. Kap. II (Lanzenspitzen).

[83] Primas, Sicheln 121f Nr. 1017 (Typ Hallstatt, Var. Montlinger Berg); 126 Nr. 1033; 128 Nr. 1071. 1072; 146 Nr. 1288 (Typ Herrnbaumgarten); 183 Nr. 1844; 184 Nr. 1887. 1890. 1891.

[84] Müller-Karpe, Chronologie Taf. 164, 5.

[85] R. Feustel, H. Schmidt, Ausgr. u. Funde 2, 1957, 120ff.

[86] Vgl. Anselfingen-Hohenhewen, Kr. Konstanz (Müller-Karpe, Chronologie Taf. 175, C5); vgl. Kap. II (Lanzenspitzen).

[87] Rychner, Auvernier Taf. 109, 6-13.

[88] Schauer, Schwerter 174ff.

[89] Ebd. 175.

Marne bei Brasles[90] als Flußfund belegt. Über das zugehörige Schwert wissen wir nichts, doch besteht, wie zu zeigen versucht wird, einige Wahrscheinlichkeit, es unter den Typen "Locras", "Forel" oder "Großauheim"[91] zu finden. Aus methodischen Gründen muß die von Schauer vorgeschlagene Bezeichnung "Typ Klentnice" abgelehnt werden; stattdessen spreche ich im folgenden von Griffzungenschwertern mit losem Antennenknauf[92]. Für die Datierung stehen nur wenige Funde zur Verfügung. Das fragmentierte Schwert aus dem Doppelgrab von Velica Gorica[93] ist nur teilweise erhalten, vor allem die Griffzunge fehlt. Immerhin besitzen wir ein Klingenbruchstück mit konzentrischer Halbkreiszier, die übereinstimmende Parallelen auf einem Griffzungenschwert aus Port, Kt. Bern und einem Klingenfragment aus Granges, Dép. Saône-et-Loire[94] besitzt. Letzteres wurde in einer bronzenen Urne "malheureusement perdu" gefunden. Für die Lanzenspitze aus Velica Gorica ist ähnliches zu bemerken wie für das Stück aus dem Hort von Thalebra. Auch das Beil findet in Ensembles des älteren Abschnittes der jüngeren Urnenfelderzeit Entsprechungen[95]. In Brandgrab 63 des mährischen Gräberfeldes von Klentnice fand sich ein entsprechendes Griffzungenschwert[96] zusammen mit einem Griffdornmesser, einem Rasiermesser, einer Jensovice-Tasse, sowie einer Anzahl von Tongefäßen, die J. Říhovský in den Übergang von Ha A nach Ha B1 datierte. Der Zusammenhang des mehrfach zerbrochenen Schwertes mit den Großauheimschwertern liegt auf der Hand. Gleiches gilt für die beiden dänischen Exemplare von Sønder Lyngby und Fünen[97]. Die wenigen geschlossenen Funde mit Schwertern des Typs Großauheim bzw. verwandten Typen - und auch der Klingendekor - können der Stufe Ha B1 zugewiesen werden. Entsprechende Griffzungenschwerter aus jüngeren Fundkomplexen sind mir nicht bekannt geworden. Die von P. Schauer als Indiz für eine Spätdatierung der Großauheimschwerter herangezogenen rippenverzierten Klingen finden sich zuweilen schon bei Schalenknaufschwertern[98] und scheiden somit als Argument für eine Spätdatierung aus.

Gibt es somit für die Griffzungenschwerter mit Langklinge aus dem Verwandtenkreis der Auheimschwerter und der Griffzungenschwerter mit losem Antennenknauf keine Notwendigkeit für eine Datierung in die Stufe Ha B3, die durch geschlossene Funde bzw. stilistische Erwägungen gestützt würde, so kann auch für eine Reihe von Vollgriffschwertern aus dem Arbeitsgebiet gezeigt werden, daß sie wahrscheinlich in die Stufe Ha B1 gehören[99].

---

90 Jacob-Friesen, Lanzenspitzen 376 Nr. 1664 Taf. 167,2.

91 Zur Problematik des Vergleichens von Vollgriffschwertern und Schwertern mit organischem Griffbelag vgl. Thrane a.a.O. (Anm. 76) 167f.

92 Daß der Knauf nicht allein typendefinierend sein kann, sehen Cowen, Einführung 98 und Thrane a.a.O. (Anm. 76) 158. Schauer, Schwerter 185: die Schwerter des Typs Großauheim/Var. Kesselstadt "stehen aber hinsichtlich der Griffausbauchung den Antennengriffschwertern der Art Klentnice /Sønder Lyngby/Velica Gorica und Weinheim nahe".

93 F. Staré, Inv. Arch. Yugoslavia (1957) Y 6a.b.

94 Port (Schauer, Schwerter 178 Nr. 531 Taf. 80, 531); Granges (L. Bonnamour, L'âge du Bronze au Musée de Châlon-sur-Saône [1969] 74 Nr. 170 Taf. 23, 170). In diesen Zusammenhang gehören ein Fragment aus dem Museum von Langres (P. Mouton, Revue Arch. Est et Centre Est 5, 1954, 46ff.), ein Fragment aus dem Zusammenfluß von Aisne und Oise (Gallia Préhist. 17, 1974, 451 Abb. 38); ein Schwert aus der Saône nördlich von Châlon (L. Bonnamour, Bull. Soc. Préhist. France 69, 1972, 621ff. Abb. 2,7) ist in der Art der Angabe einer Spiraltangentenverzierung mit einem polnischen Auheimschwert von Niewiemko, Kr. Chodziez (E. Sprockhoff, Offa 14, 1955, Abb. 36,8) zu verbinden. Zu südosteuropäischen Vergleichen Anm. 97.

95 Vgl. Mayer, Beile 200f.; Schauer, Schwerter 175.

96 J. Říhovský, Das Urnengräberfeld von Klentnice (1965) 17f. Taf. 17, 18; ders., Památky Arch. 47, 1956, 262ff.; schwerwiegende Abweichungen der Zeichnung bei P. Novák, Die Schwerter in der Tschechoslowakei I, PBF IV,3 (1975) Taf. 18, 122.

97 Fyn (Thrane a.a.O. [Anm. 76] 155 Abb. 5a); Sønder Lyngby (ebd. Abb. 5b). Auf die südöstliche Herkunft des mit der Verzierung der Auheimschwerter verwandten komplizierten Dekors hat Thrane ebd. 161 hingewiesen. Hierher gehören die Schwerter von Curteni (A. D. Alexandrescu a.a.O. [Anm. 10] 188 Nr. 283 Taf. 25,5); Bunești (ebd. 174 Nr. 58 Taf. 25,4); Keltsch (Müller-Karpe, Vollgriffschwerter Taf. 50,11) Podhorany (J. Hampel, Alterthümer der Bronzezeit in Ungarn [1887] Taf. 90, 11 und 92, 4); aus der Donau zwischen Budapest und Vác (A. Moszolics, Arch. Ért. 102, 1975 Abb. 8); nahestehend das Antennenschwert von Kreien, Kr. Parchim (Müller-Karpe, Vollgriffschwerter Taf. 52,5); auch die vogelverzierten Klingen gehören in diesen Zusammenhang: Şimleu Silvaniei (A.D. Alexandrescu a.a.O. 174 Nr. 61 Taf. 12,3a); aus der Saône zw. Tournus und Farges (J. P. Mohen, Antiquités Nationales 3, 1971, 34ff. Abb.4); Podhorany (Hampel a.a.O. Taf. 90,2 u. 92,2)

98 St. Pantaleon (W. Krämer, Die Vollgriffschwerter in der Schweiz und Österreich, PBF IV,10 [1985] Nr. 104 Taf. 17, 104); Au am Leithagebirge (ebd. Nr. 94 Taf. 16, 94)

99 Einige Hinweise auf Funde außerhalb des Arbeitsgebietes: Zur Datierung der Halbvollgriffschwerter und des Forel(?)typs ist der Hort von "La Farigourière" bei Pourières, Dép. Var (Bronze final IIIa) (J.-C. Courtois, Cahiers Rhodaniens 4, 1957, 36ff.) heranzuziehen. Im siebenbürgischen Hort von Bunești, jud. Brașov (Petrescu-Dîmbovița, Sicheln Taf. 255 A) Dreiwulst- Schalenknauf- und Antennenschwert. In Silvașu de Cîmpie, jud. Bistrița-Năsăud (ebd. Taf. 260C) 2 Schalenknauf-, ein Antennenschwert.

Soweit erkennbar besitzen die behandelten Griffzungenschwerter dieser Zeit einen bogen- oder dreiecksförmigen Heftausschnitt. Die wenigen Vollgriffschwerter aus geschlossenen Funden entsprechender Zeitstellung bestätigen, daß die ältere Omegaform des Heftausschnittes nun aufgegeben wird, so das Fragment aus dem Hort von Courdemanges, Dép. Marne[100], einige noch zu behandelnde Antennenschwerter, ein Schwert aus dem Museum Amiens[101] und auch ein Halbvollgriffschwert aus der Seerandsiedlung Zürich-Haumesser[102], das auf dem Heft noch die ältere "Schlaufen"zier trägt, seiner Griffgestaltung nach aber schon zur Auvernier- bzw. Tachlovice-Form führt. Auch der negative Befund stützt die Beobachtung. Fast nie findet sich in Horten der Stufe Ha B3 ein Vollgriffschwert mit bogenförmigem oder dreieckigem Heftausschnitt. Dort dominieren jene Schwerter mit (weit) ausgezogenen horizontal gestellten "Parierflügeln" und kleinem bogen- bzw. dreiecksförmigem, beinahe als Kerbe zu beschreibenden, Heftausschnitt[103].

Für die Datierung der älteren Antennenschwerter ist der Hortfund von Hilgenstein[104] wichtig. Neben dem zum Umkreis des von Müller-Karpe herausgestellten Typus Zürich gehörigen Antennenschwert fanden sich zwei Lanzenspitzen, die in Ha B1-Horten Parallelen besitzen[105]. Zürichschwerter - aus dem Arbeitsgebiet (Liste 1 Nr. 45, 71) bekannt - weisen eine Reihe typologischer Merkmale auf, die eine Datierung in die Stufe Ha B1 nahelegen: der bogenförmige Heftausschnitt, ausgeprägte Ricassobildung nach Art der Großauheimschwerter, Vogelverzierung und Heftschlaufenzier wie bei Schalenknaufschwertern. Eine weitere Stütze für diese Datierung ist auch das Schwert aus dem brandenburgischen Hort von Ketztür, den Sprockhoff in die Periode IV datierte[106].

Für die Antennenschwerter des Typus Flörsheim stehen zur Datierung keine geschlossenen Funde zur Verfügung. Die Stücke aus dem Arbeitsgebiet (Liste 1 Nr. 44, 59) können nur aufgrund formaler Eigentümlichkeiten, dem einfachen bandförmigen Antennenknauf, dem dreieckigen Heftausschnitt und der unorganischen Griffstangengestaltung, dem Komplex Ha B1-zeitlicher Funde zugeordnet werden. In diesem Zusammenhang sind schließlich zwei weitere Funde zu nennen. In einem Grab bei Wien- Leopoldsberg fand sich ein bislang uniques Antennenschwert, dessen unorganische Gliederung der Griffstange durch drei bandförmige Wülste noch in der Tradition der Dreiwulstschwerter steht[107]. Das mitgefundene Griffdornmesser mit reicher Klingenzier findet Parallelen im Hortfund von Hilgenstein und dem Hort von Romand, Kom. Vezsprém[108], in dem ebenfalls ein Antennenschwert lag.

Zwei weitere Schwerter des Arbeitsgebietes können diesem Zeithorizont angeschlossen werden. Das Schwert von Pfungstadt-Eich (Liste 1 Nr. 70) stellte W. Kubach[109] zutreffend zwischend Flörsheim- und Mörigenschwerter. Ein Schwert von Mannheim-Kirschgarthausen (Liste 1 Nr. 73) möchte man ebenfalls noch vor die Stufe Ha B3 datieren[110]. Dafür spricht nicht zuletzt die im Bereich des Ricassos angebrachte konzentrische Halbkreiszier, die in gleichmäßiger Verbreitung vom Seinegebiet bis nach Siebenbürgen besonders auf Klingen der Stufe Ha B1 er-

---

[100] Gaucher, Bassin parisien 200 Abb. 91 L1.

[101] Müller-Karpe, Vollgriffschwerter, Taf. 49, 7.

[102] Ebd. Taf. 49, 8.

[103] Diese Heftgestaltung weisen alle Schwerter des Arbeitsgebietes auf. Weiter: Flachslanden, Kr. Ansbach (Müller-Karpe, Vollgriffschwerter Taf. 64, 5); Erlingshofen, Kr. Eichstätt (ebd. Taf. 61,1); Wallerfangen, Kr. Merzig (Kolling, Späte Bronzezeit 197f. Nr. 125 Taf. 44, 1-2; 45-47); Ribeauville, Dép. Haut-Rhin (H. Zumstein, L'âge du Bronze dans le Département du Haut-Rhin [1966] 145f Abb. 55,355); das Schwert aus dem Hort von Vénat (Coffyn et al., Vénat 80 Taf. 3,1) soll angeblich eine Umarbeitung darstellen; altertümlich wirkt auch ein Schwert von Velké Žernoseky (J. Hrala, Památky Arch. 59, 1958, 413f. Abb. 1.1).

[104] Müller-Karpe, Vollgriffschwerter Taf. 53, 7-10.

[105] Ehingen-Badfeld (Müller-Karpe, Chronologie Taf. 168, 6-7); München-Widenmayerstr. (Müller-Karpe, Vollgriffschwerter Taf. 46, 14- 19). Zur Datierung grundlegend F. Holste, Prähist. Zeitschr. 26, 1935, 69. Vgl. J. Bill, Helvetia Arch. 8, 1977, 56ff.

[106] Sprockhoff, Vollgriffschwerter 54.

[107] Wien-Leopoldsberg (Müller-Karpe, Vollgriffschwerter Taf. 52, 7-8); vgl. Recsk, Kom. Heves (Mozsolics, Bronzefunde Taf. 142, 1.3.); Szíhalom, Kom. Heves (ebd. Taf. 143, 1-3).

[108] P. Nemeth, I. Torma, A Veszprém Megyei. Muz. Közlm. 4, 1965, 59ff.

[109] W. Kubach, Jahresber. Inst. Vorgesch. Univ. Frankfurt 1978-79, 223.

[110] Die Auvernier- bzw. Tachlovice Form ist noch nicht erreicht. Ein Neufund aus dem Elsaß (B. Lambot, Bull. Soc. Préhist. France. 78, 1981, 285 Abb. 6.7) steht den Auheimschwertern nahe und besitzt einen Tachloviceknauf. Die sonderbare, offensichtlich deponierungsbedingte Verbreitung der Tachlovice-Schwerter in Böhmen einerseits, in Frankreich andererseits (D. Vuillat, Bull. Soc. Préhist. France. 66, 1969, 283ff.) läßt keine Entscheidung über die Typengenese zu. In diesem Zusammenhang ist auch ein norwegisches Schwert zu beachten (Ø. Johansen, Univ. Oldsaksaml. Årbok Oslo 1975/76, 29ff).

scheint, wenngleich sich Anklänge an diesen Dekor schon in Ha A erkennen lassen und er in der Periode V im Nordischen Kreis eine letzte Blüte erlebt.

Ein sicher fremdes Produkt stellt das Griffzungenschwert aus dem Hort von Weinheim-Nächstenbach (Liste 1 Nr. 94 a-c) dar; es gehört zur Familie der Schwerter mit schmaler Griffzunge, die im Nordischen Kreis beheimatet ist. Seine nächsten Parallelen findet das Stück jedoch in der von E. Sprockhoff als "märkische Sonderform" beschriebenen Variante. Die Ähnlichkeiten sind so groß, daß schon E. Sprockhoff an einen gemeinsamen Werkstattzusammenhang dachte[111]. Während Sprockhoff diese Schwerter in die Per. V datierte, könnte für einen früheren Zeitansatz die Klingenzier sprechen. Für eine Datierung in die Per. IV spricht auch ein Nierenknaufschwert von Herrnstadt, Kr. Guhrau, das entweder ein märkisches Griffzungenschwert imitiert oder, wie Sprockhoff bemerkt[112], ein umgearbeitetes Griffzungenschwert darstellt, und von Sprockhoff unter Hinweis auf das Antennenschwert von Ketzür in die Per. IV gewiesen wurde. Trifft diese Datierung zu, dann ist das Weinheimer Schwert jener schwachen Importschicht zuzurechnen, der der bekannte Stangentutulus aus dem Hort von Pfeffingen, die Plattenfibeln von Haimbach und ein Rasiermesser von Hadamar (vgl. Kap. II, Fibeln und Rasiermesser) angehören.

Ein Schwert aus dem Rhein bei Mainz (Liste 1 Nr. 42) hat. G. Jacob - Friesen ausführlich behandelt[113] und in die Gruppe der nordischen Schwerter mit aufgeschobenem Rahmengriff gestellt. Während bei diesen der Rahmengriff lose aufgeschoben und durch Nietkonstruktion befestigt ist, wurde bei dem Mainzer Schwert der Rahmen im Überfangguß aufgebracht. So wollte auch Jacob-Friesen eine antike Reparatur, etwa der abgebrochenen Griffangel, nicht ausschließen. Die Form der Klinge ist ohne Parallele: Während sie in der oberen Hälfte durch eine starke Mittelrippe verstärkt ist, weist sie in der unteren einen rhombischen Querschnitt und eine leichte Ausbauchung auf. Weder das technische Konstruktionsprinzip noch die Klingengestalt finden also überzeugende Vergleiche in jenem Raum, in dem Jacob-Friesen die Werkstatt des Mainzer Schwertes lokalisieren zu können glaubte,

Dänemark nämlich. So möchte man den Fremdcharakter des Schwertes doch sehr vorsichtig beurteilen wollen[114].

Mit dem Mörigenschwert tritt uns einer der Standardtypen der späten Urnenfelderzeit entgegen. Dem von Sprockhoff charakterisierten Typus sind die ovale Knaufplatte, die bikonische Griffzone, die ausschwingenden Parierflügel des Heftes und die rippenverzierte Klinge eigen. H. Müller-Karpe unterschied drei Hauptvarianten, indes zeugen eine Anzahl von Schwertern - teilweise handelt es sich um Neufunde - durch den Unterschied im Detail von einer die Einteilung sprengenden Vielfalt. Der ersten Variante im Sinne Müller-Karpes sind aus dem Arbeitsgebiet Schwerter aus den Horten von Weinheim-Nächstenbach, Mannheim, Wallstadt und Hanau (Liste 1 Nr. 91 a-c, 92, 83, 97), einem Grab von Echzell (Liste 1 Nr. 19) sowie dem Rhein bei Mainz (Liste 1 Nr. 47-48), lettigem Moorboden bei Mühlheim-Dietsheim (Liste 1 Nr. 72) und dem Main bei Mühlheim (Liste 1 Nr. 66) zuzurechnen. Variante II, durch die Zugabe runder Knöpfchen in den Freizonen des durch drei Rippen gegliederten Griffes charakterisiert, wird durch ein Schwert aus dem Rhein bei Gernsheim (Liste 1 Nr. 49) vertreten. Mörigenschwerter, die auf der ausgebauchten Mittelzone des Handgriffs ein Linsenmuster tragen, stellte Müller-Karpe zu seiner Variante III zusammen; hierher gehört der Schwertgriff aus dem Hort von Rockenberg (Liste 1 Nr. 79). Mörigenschwerter, die auf der Knaufplatte Aussparungen zur Aufnahme von Eiseneinlagen besitzen, faßte Müller-Karpe zu einer eigenen Gruppe zusammen, wozu im Arbeitsgebiet ein Schwert aus der Umgebung Frankfurts (Liste 1 Nr. 110) zu rechnen ist, doch besitzen auch Schwerter der Variante I (Liste 1 Nr. 92, 66) bisweilen solche Aussparungen[115]. Der Schwertgriff aus dem Hortfund von Wiesbaden (Liste 1 Nr.

---

[111] E. Sprockhoff, Brandenburgia 43, 1934, 34ff. Taf. 1,4.

[112] Sprockhoff, Vollgriffschwerter 21.

[113] G. Jacob-Friesen, Jahrb. RGZM 19, 1972, 55ff.

[114] Ein ebenfalls sehr ungewöhnliches Schwert von Pichl, Ldkr. Aichach-Friedberg (H.-P. Uenze, Das archäologische Jahr in Bayern 1981, 88f. Abb. 76-77), bei dem der Rahmen aufgegossen wurde. Warum sollte im Übrigen ein im Norden technisch unübliches Verfahren an einer fremden (?) Form angewendet worden sein, um es dann nach Hessen zu "exportieren"?

[115] Es ist hier nicht der Ort einer ausführlichen Beschäftigung mit den Mörigenschwertern, doch reicht die bei Müller-Karpe, Vollgriffschwerter 73ff gegebene Übersicht nicht mehr aus. Zuletzt hat W. Krämer a.a.O. (Anm. 98) die Chance zu einer Neubearbeitung ausgelassen. Insbesondere wäre die Frage nach Werkstattkreisen zu behandeln. Krämer verschleiert eher die Problematik, wenn er summarisch auf die Bedeutung der Werkstätten am Lac de Neuchâtel verweist.

81) bleibt vorerst ohne Parallele. In mancher Hinsicht zeigt er jedoch Affinitäten zu der von H. Müller-Karpe herausgestellten norddeutschen Variante mit gestutzten Parierflügeln[116].

Der zweite späturnenfelderzeitliche Standardtyp, das Auvernierschwert, ist im Arbeitsgebiet im Hort von Weinheim-Nächstenbach (Liste 1 Nr. 94) und als Einzelfund mit der Angabe "Hessen" (Liste 1 Nr. 108) vertreten. Mit dem Antennenschwert des Typs Weltenburg ist ein dritter späturnenfelderzeitlicher Schwerttypus genannt. Derartige Schwerter stammen aus dem Rhein bei Gernsheim, dem Neckar bei Mannheim (Liste 1 Nr. 43. 69) und dem Hanauer Depot (Liste 1 Nr. 96). Vielleicht gehört auch das Griffangelbruchstück aus dem Hort von Bad Homburg (Liste 1 Nr. 84) in diesen Zusammenhang. In die späte Urnenfelderzeit ist vermutlich das Knaufdornschwert aus dem Rhein bei Mainz (Liste 1 Nr. 46) zu datieren[117].

Die auffällige Tatsache, daß für die späte Urnenfelderzeit nur wenige Griffzungenschwerter nachweisbar sind, scheint damit zusammenzuhängen, daß sich in dieser Zeit die bereits mehrfach erwähnte Grenzzone des "Vollgriff- und Griffzungenschwertkreises" weiter gen Westen verschiebt, das Arbeitsgebiet sich offenbar vollständig auf metallene Schwertgriffe umstellt und auch in Frankreich nun eine vergleichsweise hohe Zahl entsprechender Schwerter namhaft gemacht werden kann[118]. In höchstem Maße befremdlich ist in diesem Zusammenhang, daß die große, beinahe paneuropäische Verbreitung v.a. der Mörigenschwerter - zumindest in einigen Fällen - nicht mit gesteigerten Qualitätskriterien in eins geht. Vielmehr haben radiologische Untersuchungen an Mörigenschwertern ergeben, daß diese kaum kampftauglich gewesen sein dürften. H.-J. Hundt hat ihr Verarbeitungsprinzip mit den Worten "noch schneller, schlechter, noch mehr" charakterisiert[119]. Interessante wäre zu erfahren, ob sich diese schlechte Verarbeitung nur an bestimmten Varianten oder in bestimmten Quellengattungen nachweisen läßt; entsprechende Reihenuntersuchungen fehlen bislang.

Griffzungenschwerter stammen aus dem Hortfund von Hochstadt (Liste 1 Nr. 88-89): Einmal handelt es sich um ein Rohgußstück, das andere Mal um das Fragment eines westeuropäischen Griffzungenschwertes[120]. Vermutlich aus einem Hort aus der Umgebung von Butzbach stammt das Fragment eines Griffzungenschwertes (Liste 1 Nr. 99 Taf. 1, 4), dessen formale Merkmale auf verschiedene Entstehungsquellen hinweisen. Das Stück, dessen oberste Griffzungenpartie leider fehlt, besitzt eine starke Mittelrippe und ein beinahe rechteckig gestaltetes "Ricasso". Beide Merkmale rücken das Butzbacher Schwert in die Nähe westeuropäischer Karpfenzungenschwerter[121], die teilweise in die späteste Bronzezeit, teilweise jedoch schon in die früheste Eisenzeit zu datieren sind. Mitteleuropäische Merkmale stellen hingegen die Verzierungsrippen und die Kreisaugenzier auf der Klinge dar. Genaue Entsprechungen für das Butzbacher Stück sind mir aus der Literatur nicht bekannt geworden; trotz mancher Unterschiede, etwa die Form des Ricassos und die Motivik der Verzierung betreffend, scheint mir ein Stück aus Meulan, Dép. Essonne[122] der nächste Verwandte zu sein.

Die Präferenzen der Schwertdeponierung können deutlich abgelesen werden. Von den 115 Schwertern im Arbeitsgebiet stammen, wie die Graphik in Abb. 1 verdeutlicht, 21 aus Gräbern, 16 (+9) aus Horten[123],

---

[116] Müller-Karpe, Vollgriffschwerter 77.

[117] Für die genannten Vollgriffschwertformen gilt das in Anm. 115 Gesagte sinngemäß. Das Knaufdornschwert hat eine vorzügliche Parallele in einem Stück aus der Mosel (H.-J. Hundt a.a.O. [Anm.12] 49f. Taf. 10). Ebd. finden sich auch Hinweise zur technologischen Gliederung. Müller-Karpe, Vollgriffschwerter 68ff. Ein weiteres Exemplar aus Auvernier (V. Rychner, Arch. Korrbl. 7, 1977, 107ff. Abb. 1,1 Taf. 19). Die Vermutung von J. Driehaus, Bonner Jahrb. 159, 1959, 16, bei dem Mainzer Schwert handele es sich um ein umgearbeitetes Antennenschwert, müßte nach den Neufunden reexaminiert werden. Die formalen Entsprechungen einiger später Antennenschwerter von Auvernier (Rychner a.a.O. 108 Abb. 1,2) und einem Hort aus dem Münchenrodaer Grund bei Jena (Eichhorn, Zeitschr. f. Ethnol. Anthrop. u. Urgesch. 40, 1908, 194ff. Abb.1) sind verblüffend.

[118] Vgl. die zuletzt von J.-F. Piningre u. D. Vuillat, Bull. Soc. Préhist. France. 80, 1983, 390ff. gegebene Kartierung.

[119] a.a.O (Anm. 12) 54. An der Kampfuntauglichkeit vieler Schwerter besteht kein Zweifel, doch sei vor generalisierenden Aussagen gewarnt. Z.B. gute Griff-Klingenverbindung bei einem Weltenburgschwert (H. Thrane, Nationalmuseets Arbejdsmark 1969, 152 Abb. 33) und einem Mörigenschwert (V. Rychner, Arch. Korrbl. 7, 1977, 110). Der Schwertgriff aus Mannheim-Wallstadt (F.-W. v. Hase , Arch. Nachr. aus Baden 27, 1981, 3ff.) bestätigt Hundts Ergebnisse.

[120] P. Schauer, Arch. Korrbl. 2, 1972, 261ff.

[121] Vgl. A. Coffyn, L'âge du Bronze atlantique dans la Péninsule Ibérique (1986); Vgl. ein Karpfenzungenschwert aus einem Feuchtgebiet bei Wesel, Kr. Rees (H. E. Joachim, Bonner Jahrb. 173, 1973, 263 Abb. 1,2 [mit weiterer Literatur]).

[122] Mohen, L'âge du Bronze 169 Abb. 590.

[123] "(+9)" bezieht sich auf die zusammengehörigen Bruchstücke aus dem Hort von Weinheim-Nächstenbach.

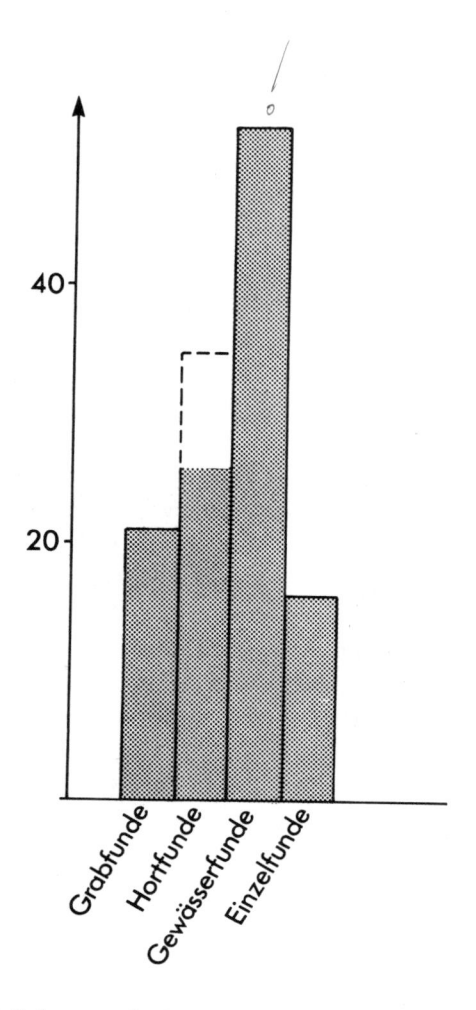

Abb. 1 Schwerter in Quellen (absolute Zahlen)

52 aus Flüssen oder Feuchtbodenmilieus; bei 16 Exemplaren handelt es sich um sog. Einzelfunde. Dieses Verhältnis stimmt mit den Deponierungsvorlieben für Lanzenspitzen überein. Gegenüber den Lanzenspitzen zeigen die Schwerter in ihrer Verbreitung jedoch eine stärkere Konzentration auf das engere Rhein-Main-Gebiet (Taf. 23), die nördliche Oberrheinebene und die fruchtbare Wetterau, während der Odenwald, der Vogelsberg und das Fuldaer Becken sowie Taunus und Westerwald fundleer bleiben.

Als Grabbeigabe kommt dem Schwert nur in den älteren Abschnitten der Urnenfelderkultur (Bz D-Ha A) größere Bedeutung zu. Während der Stufe Bz D vollzieht sich auch in Hessen und Rheinhessen der Wechsel von der hügelgräberbronzezeitlichen Körper- zur urnenfelderzeitlichen Brandbestattung. Die noch ganz mittelbronzezeitlichen Traditionen verpflichteten Grablegen von Frankfurt-Berkersheim und Langsdorf (Liste 1 Nr. 2, 4) weisen auch die charakteristische Behandlung des Schwertes in dieser Zeit auf; es wird dem Toten unversehrt zur Seite gelegt. Mit dem Übergang zur Brandbestattung vollzieht sich auch ein Wandel im Umgang mit dem Schwert. Vor der Mitgabe ins Grab wird es gewaltsam zerstört, absichtlich in mehrere Teile zerbrochen, doch nur selten werden alle Fragmente des Schwertes dem Toten beigelegt[124]. Diese Behandlung darf freilich nicht mit bloßen Praktikabilitätserwägungen, etwa nur zerbrochene Schwerter hätten in der Urne Platz gefunden, erklärt werden. Unklar bliebe dann, warum sich Gleiches auch in Brandschüttungsgräbern und in manchen Körpergräbern findet. Vielmehr kann die weitgehende Bindung von Brandbestattung und Schwertzerstörung als "fiktiv"-funktionale Notwendigkeit interpretiert werden[125]. Wo wir mit der Genese dieser Sitte und der Ausbildung der dahinterstehenden Vorstellungen zu rechnen haben, ist beim gegenwärtigen Forschungsstand nicht zu entscheiden. Unsicher bleibt etwa, ob die wenigen zerbrochenen Schwerter aus hügelgräberzeitlichen Bestattungen intentionell zerstört wurden[126]. Auch das Verhältnis zur Schwertzerstörung im Hort, die spätestens seit der frühen Mittelbronzezeit nachgewiesen werden kann[127], ist vorerst kaum zu definieren. Es ist allerdings eine auffällige Erscheinung, daß in einem frühen Horizont der Stufe Ha B eine Reihe von Horten und auch Gräbern mit 8-10 mal zerbrochenen Schwertern nachgewiesen werden können[128]. Es ist bemerkenswert, daß in keinem Fall

---

[124] Das zeitliche Prior der Schwertzerstörung ergibt sich aus der Verbiegung des Schwertes.

[125] Der Gegenstand muß, um in einem Jenseits funktionstüchtig zu sein, demnach den gleichen Transformationsprozess durchmachen wie der Tote selbst. Meuli, in: Festschr. z. Muehll, 201f. erwähnt die von Herodot überlieferte Geschichte, daß Melissa ihren Gemahl Periander darum bittet, die Gewänder, die er mitbestattet hatte, zu verbrennen, damit sie im Hades endlich angemessen ausgestattet sei.

[126] Vgl. die böhmischen Funde, die P. Novák a.a.O. (Anm. 96) für die Mittelbronzezeit anführt. Nicht unerwähnt sollte der Fund von vier Schwertern aus dem Gräberrund von Pylos (SH II) bleiben (C.W. Blegen, The Palace of Nestor at Pylos in Western Messenia Bd.3 [1973] 151f.;156ff. Abb. 229, 12-15); SH IIIA-zeitlich ist das Schwert aus dem Hort in der MME Tholos bei Nichoria (N. C. Wilkie, Burial Customs at Nichoria: The MME Tholos, in: Thanatos [1987] 127ff.; 132 Taf. 32a).

[127] Exemplarisch sei auf den Hort von Bühl verwiesen (F. K. Rittershofer, Ber. RGK 64, 1983, 139ff.

[128] Thalebra (a.a.O. Anm. 85); Ehingen (a.a.O Anm. 105); Klentnice (a.a.O. Anm. 96); Eschborn (Liste 1 Nr. 35); Cham (Schauer, Schwerter 180 Nr. 535); Saarlouis (Kolling, Späte Bronzezeit 190f. Nr. 90 Taf. 49,1). Auch H.-J. Hundt, Jahrb. RGZM 2, 1955, 112 beobachtet in mecklenburgischen Horten,

alle Bestandteile des Schwertes im Grab oder Hort gefunden wurden.

Die Grabfunde vermitteln uns nur ein unklares Bild über Ausstattungsmuster; gegenüber unmittelbaren Schlußfolgerungen aus dem Fundbild sind Vorbehalte anzumelden. Zu den Unsicherheitsfaktoren zählt die antike Beraubung des Grabes, die nur bei sorgfältigen Fundbergungen nachgewiesen bzw. ausgeschlossen werden kann. Hinzu kommt die Möglichkeit einer bewußten Auswahl des für den Toten im "Jenseits" notwendigen Gerätes und Besitzes und der auf das Diesseits gerichteten Repräsentation im Bestattungszeremoniell. Schließlich ist mit einer differenzierten Behandlung dieser für den Toten notwendigen Gerätschaften, etwa als externe Deponierung, zu rechnen, und eine in der archäologischen Diskussion kaum beachtete und in der Praxis nur schwer durchzuführende Unterscheidung zwischen persönlichem Besitz des Toten und Opfergabe der Hinterbliebenen zu erwägen. Unter Berücksichtigung dieser und einer Reihe weiterer Einschränkungen wird man dem Versuch, die urnenfelderzeitlichen Grabfunde nach Ausstattungsmustern abzufragen, eher approximativen Wert beimessen. P. Schauer gelangt bei seiner Einteilung zu sechs Kombinationsgruppen[129].

1. Gräber mit Schwert, Pfeil, Messer/Nadel.
2. Gräber mit Schwert, Messer/Rasiermesser, Nadel.
3. Gräber mit Schwert, Lanze/Pfeil, Messer, Nadel, Frauenschmuck (Doppelgräber!).
4. Gräber mit Schwert, Lanze, Nadel.
5. Gräber mit Pfeil, Messer/Rasiermesser, Nadel.
6. Gräber mit Lanze, Messer/Rasiermesser, Nadel.

In der in Abb. 2 gebotenen Übersicht[130] wird die von Schauer vorgeschlagene Einteilung im wesentlichen bestätigt. Hinsichtlich der Waffenkombination zeichnen sich zwei Gruppen deutlich ab: eine, in der die Lanze als zweite Waffe, eine andere, in der Pfeil und Bogen hinzutreten. Äußerst selten ist die Kombination von Lanzen mit Pfeil und Bogen. Dies legt den Schluß nahe, daß Lanzen bzw. der Bogen alternativ als Fernwaffen zur Nahkampfwaffe Schwert hinzutreten[131]. Weiterhin geht aus der Übersicht hervor, daß die Dolchbeigabe, die im wesentlichen auf Bz D-zeitliche Gräber beschränkt ist, in Ha A von der Messerbeigabe abgelöst wird (vgl. Kap. II [Messer]); sehr eindrücklich belegen diesen funktionellen Zusammenhang auch die Griffplattenmesser mit zweischneidig angeschliffener Spitze der frühen Urnenfelderzeit. Messer und Nadel können zur Minimalausstattung des Schwertgrabes gerechnet werden. Neben der Fernwaffe treten Sichel und Rasiermesser als beinahe nie miteinander vergesellschaftete Beigaben hinzu. Es wäre vorschnell, anhand dieses Befundes eine differenziertere Sozialstratifikation aufzeigen zu wollen. So bleibt es vorerst bei der allgemeinen Feststellung, daß die Schwertbeigabe einer sozial und politisch führenden Gesellschaftsschicht vorbehalten war, was auch durch die übrigen Beigaben und entsprechend aufwendigen Grabbau unterstrichen wird. Selbst bei der Frage nach der Höhe des prozentualen Anteils der Schwertgräber am Gesamtmaterial bleiben wir auf Vermutungen angewiesen; C. Eibner rechnet mit 7,5-8 %[132].

Die Beobachtung, daß am Ende der Stufe Ha A bzw. am Beginn der Stufe Ha B1 die Sitte der Schwertbeigabe im Grab weitgehend verfällt, besitzt über die Grenzen des Arbeitsgebietes hinaus Gültigkeit. Bezieht man die aus Hessen und Rheinhessen bekannten Doppelknöpfe[133], die als Teil des Schwertgehänges interpretiert werden, in die Betrachtung ein, wird der Bruch der Deponierungssitte deutlicher. Sie sind aus drei Ha A-zeitlichen Gräbern, als Einzelfund von der Ringwallanlage Bleibeskopf und den späturnenfelderzeitlichen Horten von Hanau und Weinheim bekannt geworden.

Mit dem zerbrochenen Rosnoënschwert aus dem Hort von Mainz (Liste 1 Nr. 74) ist die Deponierung für die Stufe Bz D belegt, während Schwerter in Horten der Stufen Ha A und B1 vollständig fehlen; alle übrigen Horte mit Schwertern sind in die Stufe Ha B3 zu

---

daß das Schwert nach Aufkommen der Brandbestattung in bis zu 8 Teile zerbrochen beigegeben wird und häufig nicht alle Bestandteile niedergelegt sind.

[129] P. Schauer, Jahrb. RGZM 31, 1984, 209ff.

[130] Die Auflistung hätte leicht um eine Anzahl von Gräbern mit Standardausstattung Schwert/Messer/Nadel vermehrt werden können. Auf Nachweise wurde verzichtet. Die Originalpublikationen sind jedoch über die Angaben bei Schauer a.a.O. (Anm. 129) und Schauer, Schwerter aufzuschließen.

---

[131] Gleicher Befund auch bei H. Matthäus in: O. Krzyszkowska, C. Nixon (Hrsg.), Minoan Society. Colloquium Cambridge 1981 (1983) 203ff.

[132] Eibner, Bestattungssitten 44.

[133] Niederwalluf, Steinkistengrab (Herrmann, Urnenfelderkultur 84 Nr. 179 Taf. 80 A7); Münzenberg, überhügeltes Steinplattengrab (ebd. 122 Nr. 368 Taf. 114 A7); Langendiebach, Steinkistengrab (Müller-Karpe, Urnenfelderkultur Taf. 26 A5); Wiesbaden-Erbenheim, Steinkistengrab (Liste 1 Nr. 15); Bad Nauheim, Steinkistengrab (Liste 1 Nr. 9); Hanau, Hort (Liste 1 Nr. 96-98); Weinheim, Hort (Liste 1 Nr. 90-95); Bad Homburg, Bleibeskopf (Titzmann, Fundber. Hessen [im Erscheinen]).

	K	B	Schwert	Dolch	Messer	Lanzenspitze	Pfeilspitze	Rasiermesser	Nadel	Ringschmuck	Phalere	Gürtel	Keramik	Wetzstein	Bronzegefäß	Sichel	Gußbrocken	Anderes
Baierdorf 2			x	x	-	x	-	-	-	-	-	?	x	-	-	-	-	-
Barbuise	x		x	-	x	-	-	-	x	-	-	-	x	-	-	-	-	Bronzefrg., Eberzahn.
Saint-Sulpice			x	x	-	x	-	-	-	x	-	-	x	-	-	-	-	Bronzefrg.
Unterhaching U13			x	x	-	x	-	-	-	x+	-	-	x	x	-	-	-	Pfriem, 2 Nadelschäfte.
Innsbruck 37			x	-	x	-	-	-	x	-	-	-	x	-	-	-	-	2 Niete, 2 Zwingen.
Unterradl			x	x	-	x	-	-	-	x	-	-	x	-	-	-	-	-
Richemont			x	-	x	-	-	-	x	?	-	-	-	-	-	-	-	Vogel, Bronzeplättchen, Kegel, Hülsen, Niet.
Unterhaching 92			x	x	-	x	-	-	-	x+	x	-	-	-	-	-	-	Metallklumpen, 3 Nadelschäfte
Gundelsheim	x		x	-	x	-	-	-	x	-	-	-	-	-	x	-	-	-
Unterhaching G30			x	x	-	x	-	-	-	x	-	-	x	-	-	x	x	1 Röhrchen.
Smolin			x	x	-	x	-	-	-	-	-	?	-	-	x	-	-	-
Möckmühl			x	x	-	x	-	-	x	-	x	-	-	-	x	x	-	-
Griesingen	x			x	x	-	-	-	-	x*-	x	x	-	-	-	-	-	Halsreif
Schwabmünchen			xM2x	-	x	-	-	-	-	-	-	-	x	-	-	-	-	Hülse;Ringlein, 2 Halsreife
Milavce H4			x	-	x	x	-	-	x	-	-	-	-	-	-	-	-	Blechfragmente
Pöttsching			x	x	-	x	-	-	-	x	-	-	x	-	-	-	-	-
Kressbronn			x	x	x	-	x	-	-	x	-	-	x	-	-	-	-	Nägel (Schild), Meißel, Spiralen
Singen			x	x	-	-	x	-	-	x	-	-	x	-	-	-	-	Spindelartiges Objekt
Tiengen			x	x	-	x	-	-	-	x	-	-	x	-	-	-	-	Schmelzklümchen.
Wiesloch			x	x	-	-	x	-	-	-	-	-	x	-	-	-	-	-
Riehen			x	x	-	-	-	-	-	-	-	-	-	-	-	-	-	-
Behringersdorf	x	x	x	-	-	x	-	-	-	-	-	-	x	-	-	-	-	Spiralröllchen, Hülse, Beschlagteil, 3 Knöpfe
Velatice			x	x	-	-	x	-	-	-	-	-	x	x	-	-	-	Anhänger, Nägel, Blechhütchen
Kitzbühel			x	x	-	-	x	-	-	-	-	-	x	-	-	-	-	-
Münchingen			x 2x	-	-	x	-	-	-	-	x	-	x	-	-	x	x	Brillenspiralfrg., Bronzenägel
Hart a.d. Alz			x	x	-	x	x	x	-	-	-	-	x	-	x	x	-	Wagen, Doppelknopf, Scheiben
Langengeisling			x	x	-	-	-	x	-	x	-	-	-	-	x	x	-	Pfeilglätter, 12 Knöpfe, Haken, Knebel, Frgte.
Ockstadt	x		x	-	x	-	x	-	-	-	x	-	-	-	-	-	-	Rädchen
Cachtice			x	x	-	x	-	x	-	x	-	-	-	-	-	-	-	-
Reutlingen 12			x	x	-	-	x	-	x	-	-	-	x	-	-	-	-	Bronzefrg.
Memmelsdorf	x		x	-	x	-	x	-	x	-	x	-	x	x	-	-	-	-
Elsenfeld			x	x	-	-	-	x	-	x+	-	x	-	x	-	-	-	3 Nadelfragmente
Eschborn	x		x	-	x	-	x	-	x x	-	-	-	x	-	x	x	-	2 Niete
Behringersdorf	x	-	x	-	x	-	x	-	-	-	-	-	-	-	-	-	-	-
Reutlingen 4			x	x	-	-	x	-	x	-	-	-	x	-	-	-	-	2 Ringlein, 4 Bronzefrgte., 1 Nagel.
Caka			x	x	-	-	x	x	x	-	x x	x	-	-	-	-	-	Panzerfrg.; 2 Lappenbeile, 1 Meißel, Fibel
Innsbruck 54			x	-	-	-	-	x	-	-	-	-	x	-	-	-	-	2 Ringlein
Milavce			x	x	-	x	-	-	x x	x x	-	x	-	-	x	-	-	Kesselwagen, tordierter Stab
Evry			x	x	-	-	-	-	x x	-	-	-	-	-	-	-	-	-
Volders G18			x	-	-	-	-	-	x	-	-	x	-	-	-	-	-	Bronzeblechstreifen
Herlheim	x		x	-	-	-	x	x x	-	-	x	-	-	-	-	-	-	-
Eggolsheim	x		x	-	x	-	-	x x	-	-	x	-	-	-	-	-	-	3 Ringschen, 3 Doppelknöpfe, 15 Nieten
Alteiselfing			x	-	-	-	-	x	-	-	-	-	-	-	-	x	-	*Vollgriffschwert nicht Typus Riegsee
Innsbruck-M. G54b			x	x	-	x	-	-	x x	-	-	-	x	-	-	-	-	Nagel, 4 Doppelknöpfe, Fingerring
Ennsdorf			x	x	-	x	-	-	x x	-	-	-	x	-	-	-	-	2. Nadel unsicher. (Ha A2)

Abb. 2 Ausstattung urnenfelderzeitlicher Schwertgräber

datieren, eine Zeit, aus der in Hessen nur zwei Schwertgräber bekannt sind. Alle Schwerter aus Horten sind fragmentiert überliefert. Vermutlich gehen alle diese Fragmente auf intentionelle Zerstörungen zurück. Ein eindrückliches Beispiel vermitteln die Schwerter aus dem Hortfund von Weinheim (Liste 1 Nr. 91-92), deren Fragmente aneinandergepaßt Halbkreisform beschreiben. Auch in anderen Hortfunden kann die absichtliche Zerstörung am vorhandenen Biegesaum, für den hier eine Auswahl vorgelegt wird (Taf. 1, 2-4.6), erschlossen werden. Bemerkenswert ist, daß die vorhandenen Bruchstücke fast nie aneinander passen und in den meisten Fällen nicht von der

Fundort	absolut	prozentual	erh.	frg.
Hanau	4	6,6%	-	+
Hochstadt	4	8,8%	-	+
Weinheim	6(+7)	9,3%(18,3%)	-	+
Bad Homburg	2 (+)	1,2% (+)	-	+
Gambach	1	4,5%	-	+
Wallstadt	2	5,2%	-	+
Wiesbaden	1	6,2%	-	+
Hangen	1	8,3%	-	+
Dossenheim	1	3,8%	-	+
Niederrad	1	5,0%	-	+

Abb. 3 Übersicht über die quantitativen Anteile von Schwertern in Horten der Stufe Ha B 3.

gleichen Klinge stammen. Im Depot von Mannheim-Wallstadt konnte F.-W. v. Hase mittels Metallanalysen nachweisen, daß die Schwertklingenspitze und der Mörigenschwertgriff von zwei verschiedenen Schwertern stammen müssen[134]. Dieses Ergebnis darf als willkommene Bestätigung des hier geübten Verfahrens der individuellen Zählung von Bruchstücken gelten. Reine Schwerthorte, wie sie in stärkerem Maße aus dem östlichen Urnenfelderbereich aus Böhmen, der Slowakei und Ungarn bekannt sind[135], kennt man aus der westlichen Randzone der Urnenfelderkultur bislang nicht[136]. Schwerter sind nur in etwa jedem dritten späturnenfelderzeitlichen Hort des Arbeitsgebietes repräsentiert. Dort überschreiten sie fast nie einen prozentualen Anteil von 10%. Der hier ermittelte prozentuale Schwertanteil korrespondiert mit Depotkompositionen im übrigen Süddeutschland, der Schweiz und Ostfrankreich.

Beinahe die Hälfte der im Arbeitsgebiet bekannten Schwerter (45%) wurde aus Flüssen oder Feuchtbodengebieten geborgen. Fast immer handelt es sich bei diesen um unfragmentierte, häufig vorzüglich erhaltene Stücke. Die wenigen bekannten Fragmente aus dem Rhein bei Mainz (Liste 1 Nr. 51-53) und Gernsheim (Liste 1 Nr. 47) lassen keine Entscheidung über die Art und Weise der Fragmentierung zu, ob sie also vor der Deponierung gewaltsam zerstört wurden oder ob sie durch die Verlagerung im Fluß und die maschinelle Bergung Schaden litten. Angesichts der vielen kleinen Gegenstände, die aus dem Rhein bei Mainz geborgen wurden, dürfte der Schwertbruchanteil aus Gewässern annähernd erfaßt sein. Im Main und dem Rhein bei Mainz ist die Tradition der Dolch- bzw. Schwertversenkung seit der frühen Bronzezeit belegt; ein deutlicher quantitativer Anstieg ist jedoch in der Stufe Bz D zu verzeichnen. Überraschend war der Neufund eines Schwertes aus der Lahn (Liste 1 Nr. 67), aus der bislang nur wenige urnenfelderzeitliche Funde bekannt waren. Gegenüber G. Wegners Beschreibung der quantitativen Entwicklung der urnenfelderzeitlichen Schwertdeponierung in Rhein und Main, die einen starken Anstieg für die Stufe Ha B3 postuliert, wird hier unter Zugrundelegung einer modifizierten Chronologie das Deponierungsmaximum der Schwerter nach Ha B1 gesetzt. Das bedeutet, daß die von Wegner postulierte synchrone Entwicklung der Schwertdeponierung in Hort und Fluß korrigiert werden muß. Mit dem Ende der Stufe Ha A bzw. dem Beginn von Ha B1 scheint sich im Deponierungskanon ein bedeutsamer Wandel zu vollziehen; die Sitte der Schwertmitgabe im Grabe verfällt und zugleich gewinnt die Versenkung im Fluß an Bedeutung.

Die in Abb. 4 gezeigte Grafik soll die Entwicklung der Schwertdeponierung demonstrieren. Aus ihr wird

---

[134] F.-W. v. Hase, Arch. Nachr. aus Baden 27, 1981, 3ff.

[135] Z.B. Rymán, okr. Kladno, Böhmen (Novák a.a.O. [Anm. 96] 32 Nr. 200, 201 Taf. 26, 200, 201); Tachlovice, okr. Beroun, Böhmen (ebd. 32 Nr. 202, 203 Taf. 27, 202-203); Horná Ves, okr. Ziar nad Hronom (?)(Novotná a.a.O. [Anm. 68] 96, Taf. 40). Vaja, Kom. Szabolcs-Szatmár (Mozsolics, Bronzefunde 209 Taf. 208, 3-5; Taf. 209,4).

[136] Späte Mittelbronzezeit: Oberillau (J. Bill, Helvetia Arch. 15, 1984, 25ff.). Die Schwerter waren sternförmig um einen Stein angeordnet.

Abb. 4 Verteilung der datierbaren Schwertfunde auf Quellen und Zeitstufen (prozentuale Angaben)

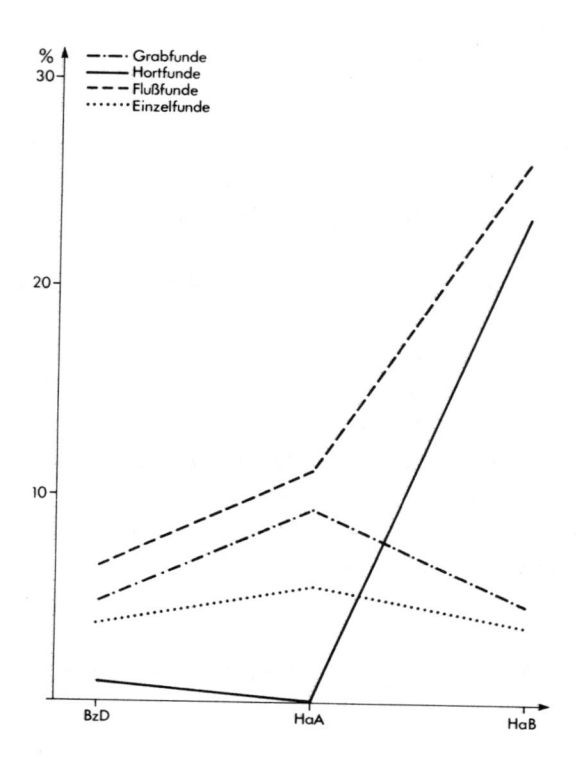

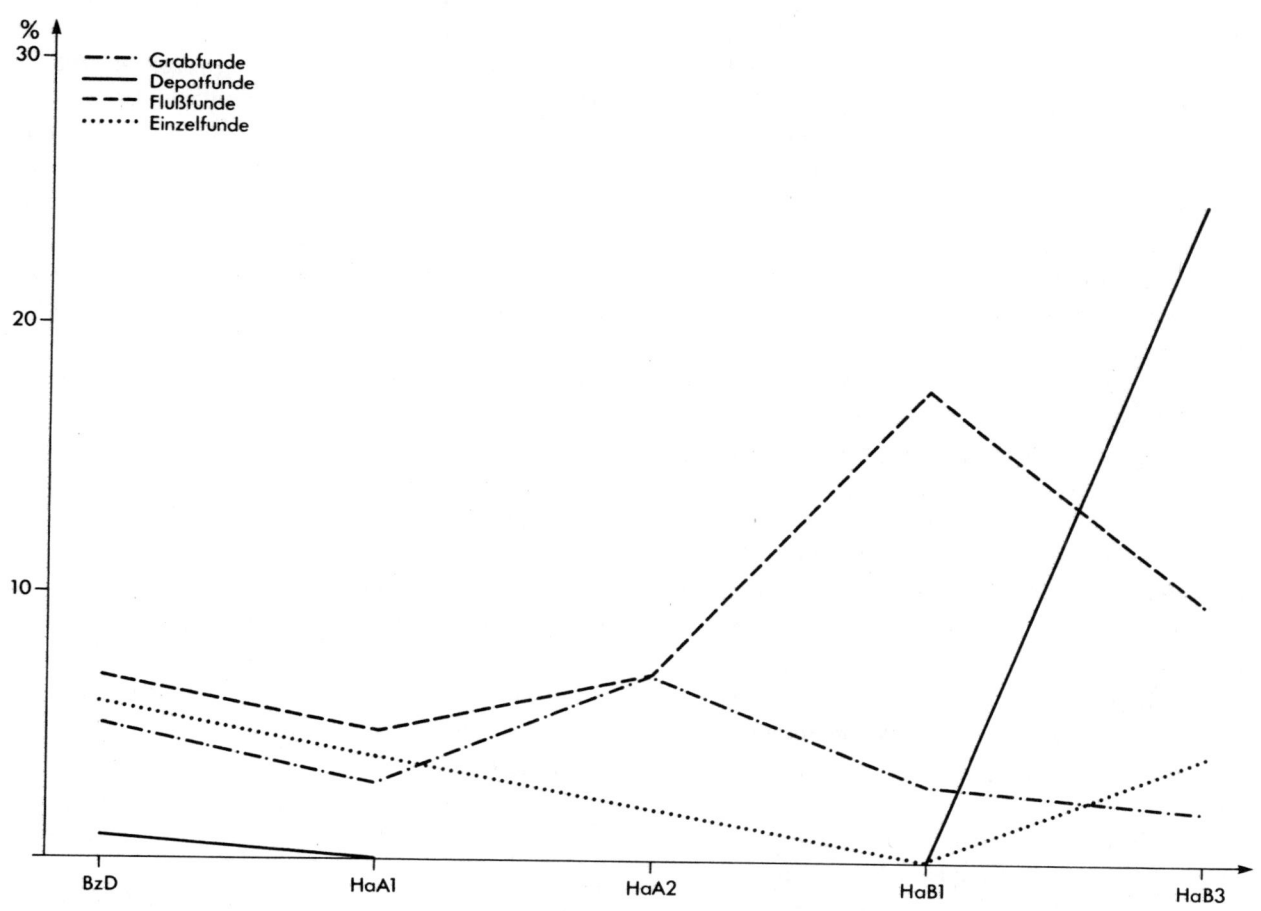

Abb. 5 Verteilung der datierbaren Schwertfunde auf Zeitphasen und Quellen (prozentuale Angaben)

zunächst das prozentual ausgedrückte Mengenverhältnis der Schwertfunde aus den vier archäologischen Quellenkategorien Gräber, Horte, Fluß- und Feuchtbodenfunde und Einzelfunde - bezogen auf den Gesamtfundbestand der jeweiligen Zeitabschnitte - ersichtlich. Gegenüber anderen Darstellungsformen, etwa der Säulenstatistik, hat die gewählte den Vorzug, auf engem Raum mehrere Informationsebenen miteinander zu kombinieren und zugleich Entwicklungstendenzen zu veranschaulichen. Angesichts der Schwierigkeiten, die Masse des Fundstoffs auf eine der gebräuchlichen Stufen und Phasen der Urnenfelderzeit festzulegen, wurde eine grobe Zeitrasterung in Bz D, Ha A und Ha B zu Grunde gelegt. Einer allzu schematischen Sichtweise wird versucht, durch die Diskussion der chronologischen Probleme zu entgehen. Insofern beziehen sich diese und die folgenden Grafiken auf die formale Durchbuchstabierung des Fundstoffs. Angesichts bestehender Datierungsunsicherheiten und der sicher unterschiedlichen Zeitdauer der chronologischen Stufen bedeutet das bloße Ansteigen oder Abfallen der graphischen Kurven noch wenig. Erst dort, wo sie einen scherenförmigen Verlauf beschreiben, deutet sich an den Schnittstellen die Veränderung archäologisch beschreibbarer Deponierungssitten der Urnenfelderleute an. Indem diesen Bruchstellen Signifikanz beigemessen wird, wird in Grundzügen der in jahrzehntelanger Forschung erarbeiteten Chronologie vertraut.

Um wenigstens exemplarisch die Brauchbarkeit der hier verwendeten Zeitrasterung in den Grafiken zu überprüfen, wurde der Schwertfundstoff auf eine feinere chronologische Phasengliederung projiziert. Tatsächlich zeigt die in Abb. 5 gegebene Grafik in wesentlichen Punkten Übereinstimmung. Sie bestätigt den Umbruch des Deponierungsverhaltens am Ende der Stufe Ha A; bis dahin finden Schwerter zu ungefähr gleichen prozentualen Anteilen ihren Weg in das Grab oder den Fluß, während die Niederlegung im Hort keine Rolle spielt. Dies ändert sich in der Stufe Ha B, in der sich kaum noch Gräber mit Schwertern namhaft machen lassen, hingegen wesentlich mehr Schwerter als Fluß- und Depotfunde registriert werden können.

Durch die in Abb. 5 gegebene Grafik läßt sich darüberhinaus präzisieren, daß dieser Prozeß ziemlich am Anfang der Stufe Ha B einsetzt. Zusätzlich wird deutlich, daß die Beigabe des Schwertes im Hort erst während der späten Urnenfelderzeit (Ha B3) an Bedeutung gewinnt, die Frequenz der Versenkung im Fluß jedoch abnimmt. Trotz dieser Präzisierungen, die sich durch eine chronologisch feinteiligere Gliederung erreichen lassen, besitzt die Grundgrafik in Abb. 4 ihren Wert für die Beschreibung der historischen Entwicklung des urnenfelderzeitlichen Deponierungskanons.

In diesem Zusammenhang müssen auch die Einzelfunde angesprochen werden. Die 16 aus dem Arbeitsgebiet bekannten Exemplare repräsentieren einen Anteil von 13,9% am Gesamtmaterial, was sich im Vergleich zu anderen Kulturlandschaften eher bescheiden ausnimmt. So sind z.B. in Niederösterreich, der Steiermark und Kärnten ein Viertel bis ein Drittel aller Schwerter als Einzelfunde überliefert[137]. Für die Einzelfunde aus dem Arbeitsgebiet läßt sich keine intentionelle Einzeldeponierung erschließen, wie man sie für Funde aus Felsspalten, Bergkuppen etc. annehmen möchte. Bei einigen Schwertern dürfte es sich um Reste unerkannt zerstörter Gräber (Liste 1 Nr. 101, 108) oder Horte (Liste 1 Nr. 109, 110) handeln.

Eine erstaunliche Übereinstimmung zeigen die Deponierungspräferenzen bei Schwertern und Lanzenspitzen. 45,2% der Schwerter und 48% der Lanzenspitzen sind Fluß- oder Feuchtbodenfunde, 22,6% der Schwerter und 25% der Lanzen stammen aus Horten, 18,2% der Schwerter, jedoch nur halb so viele Lanzen, nämlich 9,5%, sind aus Gräbern bekannt geworden. 13,9% der Schwerter, aber 21,4% der Lanzenspitzen sind als Einzelfunde oder von Höhensiedlungen überliefert. Beide Waffen scheinen also prinzipiell ähnlichen Deponierungsnormen zu unterliegen; die zeitlichen Veränderungen der Deponierungsregeln von Schwertern und Lanzenspitzen können darüberhinaus ebenfalls parallelisiert werden.

Es ist im Rahmen dieser Arbeit nicht möglich, andere Regionen der Urnenfelderkultur oder gleichzeitiger Kulturgruppen in die Analyse der Deponierungsnormen zureichend einzubeziehen. Der direkte Zugriff auf andere quantitative Analysen scheitert häufig an unterschiedlichen Datierungsvorschlägen, meist jedoch an der verschiedenartigen Strukturierung des

---

[137] Zu berücksichtigen ist allerdings, daß in dieser Arbeit die Feuchtbodenfunde zu den Flußfunden gerechnet werden. Zu Niederöstereich usw.: M.-C. zu Erbach-Schönberg, Arch. Korrbl. 15, 1985, 163ff.

Fundmaterials. So erlauben viele Studien nur, sich ein Bild vom prozentualen Anteil der Schwerter an einer Flußfundstelle oder von der chronologisch undifferenzierten Auszählung der Schwerter auf die Quellenkategorien insgesamt zu machen. Immerhin soll zumindest andeutungsweise auf den europäischen Kontext, ohne den die Problematik im Arbeitsgebiet nicht erhellt werden kann, rekurriert werden.

Im kontinentalen Westeuropa scheinen Schwerter und Lanzenspitzen bevorzugt den Wasserläufen anvertraut worden zu sein; ihr prozentualer Anteil unter den Flußfunden insgesamt scheint etwas höher als im Arbeitsgebiet zu liegen. Wie hoch der prozentuale Anteil von Waffen am Gesamtmaterial ist, läßt sich derzeit nicht übersehen[138]. Grabfunde spielen dort jedenfalls keine Rolle; der Schwertanteil im Hort und die Frequenz von Horten mit Schwertern scheint hingegen den Verhältnissen in Hessen und Rheinhessen zu entsprechen. Dazu scheint das Karpatenbecken einen gewissen Gegenpol darzustellen. Die überwiegende Mehrzahl der Schwerter ist dort aus Horten bekannt. Fluß- und Feuchtbodenfunde spielen im Fundbestand eine wesentlich geringere Rolle. Ob diese quantitativen Relationen allein unterschiedlichen Fundmöglichkeiten, z.B. Flußregulierungen etc. zuzuschreiben sind, sei vorläufig dahingestellt[139].

In einer Studie M.-C. zu Erbach-Schönbergs werden mit teilweise wenigen Funden vielleicht etwas vorschnell anhand der Schwertdeponierung Niederösterreich, Kärnten, Burgenland und Steiermark einerseits und Oberösterreich, Salzburg und Bayern andererseits zusammengeschlossen[140], wodurch sich gewisse Verzeichnungen ergeben mögen. Dennoch wird eindrucksvoll gezeigt, daß in den östlichen Landesteilen die Flußdeponierung der Schwerter bislang nur für die Stufen Bz C und D nachzuweisen ist, während sie im "Westen" seit der Stufe Bz B mit einem prozentualen Anteil zwischen 20% und 60% am Fundbestand vertreten sind. Umgekehrt liegen die Verhältnisse bei den Horten. Im Osten liegt der Anteil der Schwerter aus Horten zwischen 20 und 40%, während er in Oberösterreich, Bayern und Salzburg bis in die Stufe Ha B unter 10% liegt und erst dann auf etwa 20% ansteigt. Von den Regeln der Schwertdeponierung in Norditalien handelt eine Studie von J. Lavrsen[141]. Durch eine differenzierte quantitative Analyse der Funde unter quellenspezifischen und chronologischen Aspekten gelingt es ihr, kleinräumige Verhaltensmuster herauszuarbeiten. Während nämlich in Piemont, der Lombardei, dem Trentino, dem Veneto und der Emilia Romagna Schwerter nur selten in Gräbern, dagegen häufig aus Flüssen, Mooren und anderen Feuchtgebieten bekannt geworden sind, stammen sie in der Toscana, Umbrien, Latium und Apulien vorwiegend aus Gräbern. Diese kleinräumigen Deponierungsmuster sind, wenn sie der Fundkritik standhalten, ein Indiz für differenzierte Adaptionen gewisser Grundvorstellungen und daraus resultierender Verhaltensweisen.

Mit diesen knappen Bemerkungen soll angedeutet werden, daß die in Hessen und Rheinhessen herausgearbeiteten Eigenheiten und Regeln der Schwertdeponierung nicht als für die Urnenfelderkultur insgesamt "typisch" interpretiert werden können. Vielmehr zeigen die vorliegenden Untersuchungen, daß die Deponierungsregeln in einem Spannungsverhältnis verschiedener regionaler Kulturprägungen zu sehen sind. Verlockend scheint die Aussicht, bestimmte Schwerttypen einzelnen Fundgattungen zuzuweisen, wie dies W. Torbrügge und G. Wegner im Zusammenhang mit den Griffzungenschwertern des Typs Erbenheim angedeutet haben und wie dies von G. Wegner für die Großauheimschwerter herauszuarbeiten versucht wurde[142]. Die Mehrzahl der Schwerter dieses Typus stammt jedoch vor allem in der westlichen Peripherie der Urnenfelderkultur aus Flüssen, wie dies oben zu zeigen versucht wurde. W. Torbrügge hat anhand der vielen aus dem Rheinland bekannten Erbenheimschwerter exemplarisch darauf hingewiesen, daß sich in den Verbreitungsbildern archäologischer Typen vor allem der "Filter" der Deponierungssitte[143] spiegele. Diese Folgerung muß jedoch präzisiert werden, wie auch die Verbreitungskarten H. Thranes zeigen. Es

---

[138] Vgl. z.B. Mohen, L'âge du Bronze.

[139] Sowohl aus der österreichischen wie aus der ungarischen Donau sind Schwerter bekannt. Vgl. J. Kuizenga, Arch. Korrbl. 12, 1982, 331ff.; A. Mozsolics, Arch Ért. 102, 1975, 3ff.

[140] M.-C. zu Erbach-Schönberg, Arch. Korrbl. 15, 1985, 167 Abb. 5.

[141] J. Lavrsen, Analecta Romana Instituti Danici 11, 1982, 7ff.

[142] W. Torbrügge, Ber. RGK 50-51, 1970-71, 35f. Wegner, Flußfunde 43.

[143] Zur Definition dieses Begriffs: H.-J. Eggers, Einführung in die Vorgeschichte (1959) 267.

hat nämlich den Anschein, als verändere sich die depositionale Qualität einer bestimmten Form, eines archäologischen Typus, mit der Entfernung aus seiner lokalen Integration[144]. Von einem echten Grabschwert kann beim gegenwärtigen Stand der Forschung ebenso wenig die Rede sein wie von einem Depot- oder Flußschwert.

---

[144] Zur Bestätigung dieser Überlegung sind weitere Kartierungen unter Anwendung strenger typologischer Maßstäbe notwendig. Vgl. auch Kap. II (Fibeln, Nadeln).

Lanzenspitzen

Bronze- und urnenfelderzeitliche Lanzenspitzen haben trotz durchaus beträchtlicher Fundzahlen in der Forschung bislang nicht das ihnen gebührende Interesse gefunden. Allein die nordeuropäischen Lanzenspitzenfunde sind durch G. Jacob-Friesen[1] zusammenfassend behandelt worden. Die Durcharbeitung dieser Fundgattung stellt somit in der europäischen Bronzezeitforschung ein Desideratum dar.

Für eine Gliederung der zahlreichen Lanzenspitzenvarianten in chronologischer und chorologischer Hinsicht hat sich insbesondere der Umstand als hinderlich erwiesen, daß Lanzenspitzen vorwiegend als Einzel- oder Gewässerfunde überliefert sind, während sie in geschlossenen Fundkomplexen, Horten und Gräbern, vergleichsweise selten in Erscheinung treten. Einer methodisch zu fordernden regionalen Durchdringung sind somit enge Grenzen gesetzt. Hinzu kommt das quantitativ diskontinuierliche Erscheinungsbild der Quellengruppen. Sowohl für die Mitgabe im Grab als auch die Deponierung im Hort lassen sich zeitliche und räumliche Schwerpunkte ausmachen. Für jene Zeitabschnitte, in denen Lanzenspitzen aus geschlossenen Funden in nicht ausreichender Zahl zur Verfügung stehen, muß auf Vergleichsmaterial aus entfernteren Kulturlandschaften rekurriert werden. Bei der großen Variabilität der Lanzenspitzen besteht damit die Gefahr, bloße Konvergenzerscheinungen zu treffen; nur dann wird die Datierung Bestand haben, wenn sie von einer ausreichenden, statistisch relevanten Zahl von Vergleichsfunden auszugehen vermag.

Im Arbeitsgebiet sind 168 Lanzenspitzen bekannt geworden, von denen nur 58 Exemplare aus geschlossenen Funden stammen. Bei den übrigen handelt es sich um Einzel- bzw. Flußfunde.

Wie im übrigen Süddeutschland sind früh- und mittelbronzezeitliche Lanzenspitzen auch in Hessen und Rheinhessen eine seltene Erscheinung. Da sich unter den bislang in die Urnenfelderzeit datierten Lanzenspitzen auch einige Exemplare finden, für die ich eine mittelbronzezeitliche Datierung vorschlage, empfiehlt es sich, die chronologische Diskussion mit einem seit längerem als frühbronzezeitlich erkannten Einzelfund von Flonheim (Liste 2, A) einzuleiten. Die Lanzenspitze ist 20,6 cm lang und 187 g schwer. Sie besitzt ein relativ breites Blatt, das zwei Drittel der Tülle einnimmt und sich gleichförmig, ohne Andeutung eines Schneideneinzugs, zur Spitze hin verjüngt. Die Verzierung des Schaftes zwischen Tüllenmund und den niedrig sitzenden Nietlöchern besteht aus geometrischen Strichmustern. Am Tüllenmund sind durch drei horizontale Linien zwei schmale Bänder abgeteilt, die mit gegeneinandergestellten Schrägschraffuren gefüllt sind, wodurch eine Art Tannenzweigmuster entsteht. Darauf stehen gleichschenklige, spitzwinklige Dreiecke, die mit einer Horizontalschraffur ausgefüllt sind. Durch diesen Dekor weist sich die Flonheimer Lanzenspitze als früh- bis ältermittelbronzezeitlich aus. Das "Wolfszahnmuster" findet sich auch auf Beilen, Dolchen und Nadeln gleicher Zeitstellung[2]. Verzierungen dieser Art sind auf Lanzenspitzen im wesentlichen auf den genannten Zeitabschnitt beschränkt; auf urnenfelderzeitlichen Exemplaren herrschen Winkelmuster, einzeln oder ineinandergestellt, vor. Geschlossene und strichgefüllte Dreiecksornamentik erscheint in der Urnenfelderzeit nur selten[3]. Meist unterscheiden sie sich zudem von der früh- und mittelbronzezeitlichen Ornamentik dadurch, daß es nicht spitzwinklige, gleichschenklige, sondern kleine gleichseitige Dreiecke sind, die auf dem freien Tüllenteil gegeben werden.

---

1 Jacob-Friesen, Lanzenspitzen. Vgl. zu den folgenden Ausführungen die Zusammenstellung der hier behandelten Lanzenspitzen auf Taf. 16-22.

2 Z.B. auf einem schon von C. Köster, Prähist. Zeitschr. 43/44, 1965/66 Taf. 4, 16 herangezogenen Beil aus dem Rhein bei Mainz. Zur Datierung vgl. Körpergrab 6 von Ziegenberg, Wetteraukreis, mit geknicktem Randleistenbeil, Sögelklinge und Lochhalsnadel (W. Kubach, Germania 51, 1973, 403ff.). An Dolchen vgl. Lausanne, La Bourdonette (Abels, Randleistenbeile Taf. 57, 5.6); Lausanne, Bois de Vaux (ebd. Taf. 58,3). Ausführlich R. Hachmann, Die frühe Bronzezeit im westlichen Ostseegebiet und ihre mittel- und südosteuropäischen Beziehungen (1957).

3 Vgl. Sudershausen, Jacob-Friesen, Lanzenspitzen Nr. 1081 Taf. 159, 2); Groß-Sachau (ebd. Nr. 988 Taf. 161, 5); Hauterive NE (ebd. Nr. 1787 Taf. 186,4); Saône bei Ormes (Gallia Préhist. 25, 1982, 332 Abb. 22, 3) vermutl. Ha B; Auvernier, NE (Rychner, Auvernier Taf. 105,5); Aubière, Dép. Puy de Dôme (Bull. Soc. Préhist. France 60, 1963 Abb. 1,8); Skocjan (Musja jama) (J. Szombathy, Mitt. Prähist. Komm. Wien II,2 [1912] 137 Abb. 26-28) Ha B1; Porte-Seinte-Foy (A. Coffyn, Le Bronze final atlantique dans la péninsule iberique [1985] 69 Abb. 30,4) Ösenlanzenspitze mit gleichseitigem Dreiecksdekor; Bad Neustadt-Herschfeld (Wilbertz, Urnenfelderkultur Taf. 102,2) gleichseitiger Dreiecksdekor und konzentrische Halbkreisbögen Ha B1; Freltofte Moor, Odense Amt (Jacob-Friesen, Lanzenspitzen Nr. 468 Taf. 160,2).

In ihrer Gesamterscheinung stehen der Flonheimer Lanzenspitze zwei Exemplare aus dem Hort von Rederzhausen, Kr. Friedberg in Schwaben[4] und eines aus dem Hort von Virring, Randers Amt[5] am nächsten, worauf schon G. Jacob-Friesen hinwies. Anhand der Randleistenbeile mit Mittelrast und der Dolchklinge datierte er letztgenannten Hort in seine frühe Periode I[6]. Einige Lanzenspitzen mit Wolfszahnverzierung und breitem Blatt sind auch aus der Schweiz bekannt geworden, so aus Rapperswil, Kt. St. Gallen[7], bei dem wie bei einer weiteren Spitze von Untervaz, Kt. Graubünden[8], hochgestellte rechtwinklige Dreiecke auf der Tülle gegeben werden. Gegenüber diesen Einzelfunden bietet eine Lanzenspitze aus der frühbronzezeitlichen Siedlung Arbon Bleiche, Kt, Thurgau[9] einen gewissen Datierungsanhalt.

Eine ihrer Blattform und Schaftverzierung wegen ebenfalls in diese Gruppe zu stellende Lanzenspitze aus dem Hortfund von Nitriansky Hrádok[10] führt uns in die Mad'arovce-Kultur, in der, wie auch im Karpatenbecken, wolfszahnverzierte Lanzenspitzen Ausnahmeerscheinungen darstellen[11]. Anhand der Keramik, der Schaftlochäxte mit Nackenkamm und der frühen böhmischen Absatzbeile[12] ist der Hort von Nitriansky Hrádok der klassischen Phase der Mad'arovce Kultur zuzuweisen, die mit der süddeutschen Stufe Bz A2 parallelisiert werden kann.

Ihrer Verzierung wegen sei noch eine Lanzenspitze mit breitem Blatt vom Nordufer der Wape bei Varel in Nordfriesland erwähnt[13], bei der die schraffierten Dreiecke über horizontale Strichbündelgruppen gelegt sind, wodurch der Anschein einer Perspektive erzeugt wird.

Im Unterschied zur Flonheimer Spitze besitzen die bisher genannten Vergleichsfunde schrägschraffierten Dreiecksdekor, wohingegen die Horizontalschraffur in diesem Zeithorizont eher die Ausnahme darzustellen scheint. Ein entsprechender Dekor findet sich auf einer sehr schlanken Lanzenspitze aus einem mittelbronzezeitlichen Grab bei Weichering, Brucker Forst, Ldkr. Neuburg a.d. Donau[14]: Die horizontalschraffierten Dreiecke alternieren mit allein halbmondgesäumten, ansonsten jedoch blanken Dreiecken. Die Verzierung mit kleinen Halbmondornamenten findet sich auch auf dem mitgefundenen Rasiermesser mit Griffdorn. Die Nadel mit vierkantigem und gelochtem Schaft und flachem Scheibenkopf, eine der Leitformen des Lochham-Horizontes, datiert das Grab in die beginnende Mittelbronzezeit[15].

Eine weitere Gruppe frühbronzezeitlicher Lanzenspitzen mit Wolfszahndekor zeichnet sich durch ein sehr schlankes Blatt mit konvexem Schneidenverlauf und eine überproportional starke Tülle aus. Bei einem Einzelfund aus Angelsdorf, Kr. Bergheim[16] ist die Dreieckszier oberhalb des breiten Fischgrätenmusters aufgebracht, welches durch seine flächige Anlage den Schaft, dessen Durchmesser am Tüllenmund die größte Blattbreite übertrifft, in besonderer Weise zu betonen scheint. Ein ähnlich verziertes Stück aus einem Hortfund von Neuhof a.d. Zenn[17], dessen Tülle sich unterhalb der Nietlöcher mit leichtem Schwung verbreitert, ist in die Stufe Bz A2 zu datieren. Ein entsprechender Zeitansatz dürfte auch für ein lädiertes Stück aus der Seine bei Paris[18] das Richtige treffen. In diese Gruppe gehört schließlich ein unverziertes Stück aus der Lahn bei Dietkirchen (Liste 2 Nr. 120), dessen spitzkeglig zulaufende, unterhalb des Blattansatzes übermäßig vergrößerte Tülle und sein schlankes Blatt die besten Entsprechungen in den angeführten Vergleichsfunden besitzen. Für die stark verbreitete Tülle lassen sich zwar auch ähnliche Erscheinungen an Lanzenspitzen aus einigen nordeuropäischen Hort-

---

4 Jacob-Friesen, Lanzenspitzen 359 Nr. 1321 Taf. 13, 4.5; Germania 30, 1952, 275 Abb.1.

5 Jacob-Friesen, Lanzenspitzen 320 Nr. 541 Taf. 12,4.

6 Ebd. 106; zur Datierung Hachmann, a.a.O. (Anm. 2) 67f. Zur Dolchklinge vgl. Schauer, Schwerter 19 Nr. 10 Taf. 1,10; Abels, Randleistenbeile Taf. 62 B6.

7 Jacob-Friesen, Lanzenspitzen 383 Nr. 1790 Taf. 23,3.

8 Ebd. 382 Nr. 1775 Taf. 23, 4.

9 Hachmann, a.a.O. (Anm. 2) Taf. 56, 18.

10 A. Točík, Opevnená osada z doby bronzovej vo veselom (1964) 51 Abb. 34,4; M. Novotná, Die Äxte und Beile in der Slowakei. PBF IX,3 (1970) Taf. 49 B5.

11 Eine vorzügliche Parallele aus der Otomani-Siedlung von Barca, okr. Kosice: V. Furmánek, Svedectvo bronzového veku (1979) Nr. 10. Vgl. Liste 63-65 bei Hänsel, Beiträge Bd.2, 196f.

12 Zu Absatzbeilen: B. Hänsel, Mitt. Anthr. Ges. Wien 96-97, 1967, 279f.

13 Jacob-Friesen, Lanzenspitzen 348 Nr. 1089 Taf. 23,3.

---

14 A. Stroh, Germania 30, 1952, 274ff.

15 F. Holste in: Marburger Studien (1938) 98f.

16 Jacob-Friesen, Lanzenspitzen Nr. 1249 Taf. 23,9.

17 Ebd. 1331 Taf. 28,8 ("Markt-Erlbach"); Berger, Bronzezeit Nr. 137 Taf. 45,3.

18 Mohen, L'âge du Bronze Nr. 75-14 Abb. 249.

funden der Perioden V und VI benennen[19], doch unterscheiden sie sich von den frühbronzezeitlichen Exemplaren durch eine gedrungenere Form.

Zu einer weiteren Gruppe früh- bzw. mittelbronzezeitlicher Lanzenspitzen führt uns ein bemerkenswertes Exemplar aus Uetendorf im Kanton Bern[20], vermutlich ein Moorfund. Bemerkenswert ist zunächst die Tüllenbehandlung. Soweit es die vorliegenden Abbildungen erkennen lassen, wird die Tülle im oberen Drittel extrem schmal und dachförmig aufgewölbt; eine technische Behandlung, die überwiegend auf die frühe und mittlere Bronzezeit beschränkt zu sein scheint. Beachtung verdient auch die Verzierung der Lanzenspitze. Am Tüllenmund ist wieder das wohlbekannte Wolfszahnmuster zu finden. An der Schmalseite der Tülle ist zwischen Blattansatz und den tief sitzenden Nietlöchern zusätzlich ein zu den Hauptseiten jeweils durch senkrechte Linien begrenztes Rautenmuster angegeben. Die wiederum durch die Seitenlinien entstandenen flachen Dreiecke sind mit Schrägschraffur gefüllt und bilden einen interessanten Kontrast zu den spitzen Dreiecken am Tüllenmund. Der Blattform nach sind an die Uetendorfer Lanze ein Einzelfund aus Wynau, Kt. Bern[21] und ein Flußfund aus dem Altrhein bei de Zilk in Südholland[22] anzuschließen. In die gleiche Gruppe ist vermutlich auch eine Lanzenspitze aus Koldingen, Kr. Hannover[23] zu stellen, wofür neben dem Dekor auch die dachförmig aufgewölbte Tülle spricht. Die ineinandergestellten Winkel auf der Tülle in Höhe des Blattansatzes sollten, wie auch das bereits genannte Stück von Neuhof a.d. Zenn belegt, nicht als alleiniges Datierungskriterium gelten.

Die Inbesitznahme der Schmalseiten für einen eigenständigen Dekor, wie ihn die Uetendorfer Lanze vorführte, findet sich auch auf einer kleinen Gruppe von Lanzenspitzen, die der beginnenden Mittelbronzezeit zuzurechnen, in ihrer formalen Gestaltung aber noch ganz der frühbronzezeitlichen Tradition verhaftet sind. Charakteristisch für diese Spitzen ist ein ovales Verzierungsfeld auf den Schmalseiten, das mit Halbmonddekor gesäumt oder mit ineinandergestellten Winkelbändern ausgefüllt ist. Häufig ist die Tülle im oberen Drittel gratförmig zugerichtet. Anzuführen sind hier z. B. Lanzenspitzen aus Reuthi, Kr. Ulm, dem Département Meuse[24], aus Beilngries und aus der Seine bei Villeneuve-Saint-Georges, Dép. Essonne[25]. Der Halbmonddekor sowie die vermutliche Zugehörigkeit der Beilngrieser Lanzenspitze zu einer lochhamzeitlichen Bestattung sprechend dafür, diese Lanzenspitze an den Beginn der mittleren Bronzezeit zu stellen.

Typisch für eine Reihe der angeführten früh- und mittelbronzezeitlichen Lanzenspitzen war die Verzierung des freien Tüllenteils mit Wolfszahndekor. Einige Spitzen, die aus jüngeren Fundkomplexen stammen bezeugen möglicherweise ein Nachleben des Dekors. Insbesondere bei Hortfunden ist aber auch mit einem erheblichen Altersunterschied der deponierten Gegenstände zu rechnen[26]. Eine Lanzenspitze aus einem Depotfund von Sitbor, okr. Novy-Kramolin[27] besitzt ein breites birnenförmiges, beinahe plumpes Blatt. Der Tüllenmund ist wie bei der Flonheimer Spitze mit einem Tannenzweigmuster verziert, auf dem spitzwinklige, schrägstrichschraffierte Dreiecke stehen. Der Hort, in dem sich Gußkuchenfragmente, eine Knopfsichel und schwere mittelständige Lappenbeile fanden, wird in die Initialphase der Urnenfelderzeit (Bz C2/D) zu datieren. Gleichalt oder etwas jünger ist der schweizerische Hort von Aesch, Kt. Ba-

---

[19] Ploggenburg, Kr. Aurich (Jacob-Friesen, Lanzenspitzen Nr. 839 Taf. 173,1); Svartarp, Västergotland (ebd. Nr. 233 Taf. 181,6); Härnevi, Uppland (ebd. Nr. 307 Taf. 180,10).

[20] Ebd. Taf. 23,1; Jahresber. Hist. Mus. Bern 1954, 158f Abb.11; Jahrb. Schweiz. Ges. Urgesch. 45, 1956, 39 Taf. 5; davon abhängig die Umzeichnung bei Hachmann, a.a.O (Anm.2) Taf. 56, 16.

[21] Jacob-Friesen, Lanzenspitzen Nr. 1765 Taf. 23,6.

[22] J.-J. Butler, Helinium 3, 1963, 24ff.

[23] Jacob-Friesen, Lanzenspitzen Nr. 985 Taf. 127, 11. Vielleicht auch Rammelsloh, Kr. Harburg (ebd. 13 Nr. 947 Taf. 127, 13).

[24] Mit Vorbehalt ist an die beiden genannten Lanzenspitzen auch das fundortlose Exemplar aus dem LM Mainz (Liste 1 Nr. 165) anzuschließen. Mit seiner breiten Tülle und dem hoch ansetzenden, straffen, konvex geschwungenen Blatt, findet es hier seine besten Parallelen.

[25] Reuthi: Ebd. Nr. 1310 Taf. 22,7.- Dép. Meuse: Ebd. Nr. 1688 Taf. 22,5.- Beilngries: Ebd. Nr. 1314 Taf. 22,6; W. Torbrügge, Die Bronzezeit in der Oberpfalz (1959) Nr. 25 Taf. 10,15; bessere Abb. in ders., Beilngries. Vor und Frühgeschichte einer Fundlandschaft (1964) Taf. 2,11.- Villeneuve-Saint-Georges: Mohen, l'âge du Bronze Nr. 91-123 Abb. 148. Die Seiten der Dreiecke sind zwar leicht eingezogen gegeben, doch unterscheiden sie sich von den typischen Verzierungen der Bagterp Lanzen. Vgl. Jacob - Friesen, Lanzenspitzen Taf. 1-5.- Ausführlicher und mit weiteren Belegen: Verf. im Druck.

[26] Z.B. ein mittelbronzezeitliches Schwert in einem späturnenfelderzeitlichen Hort (G. Cordier u.a., Gallia Préhist. 3, 1960, 124 Abb. 10,8)

[27] O. Kytlicová, Arch. Rozhledy 16, 1964, 525 Abb. 158, B.

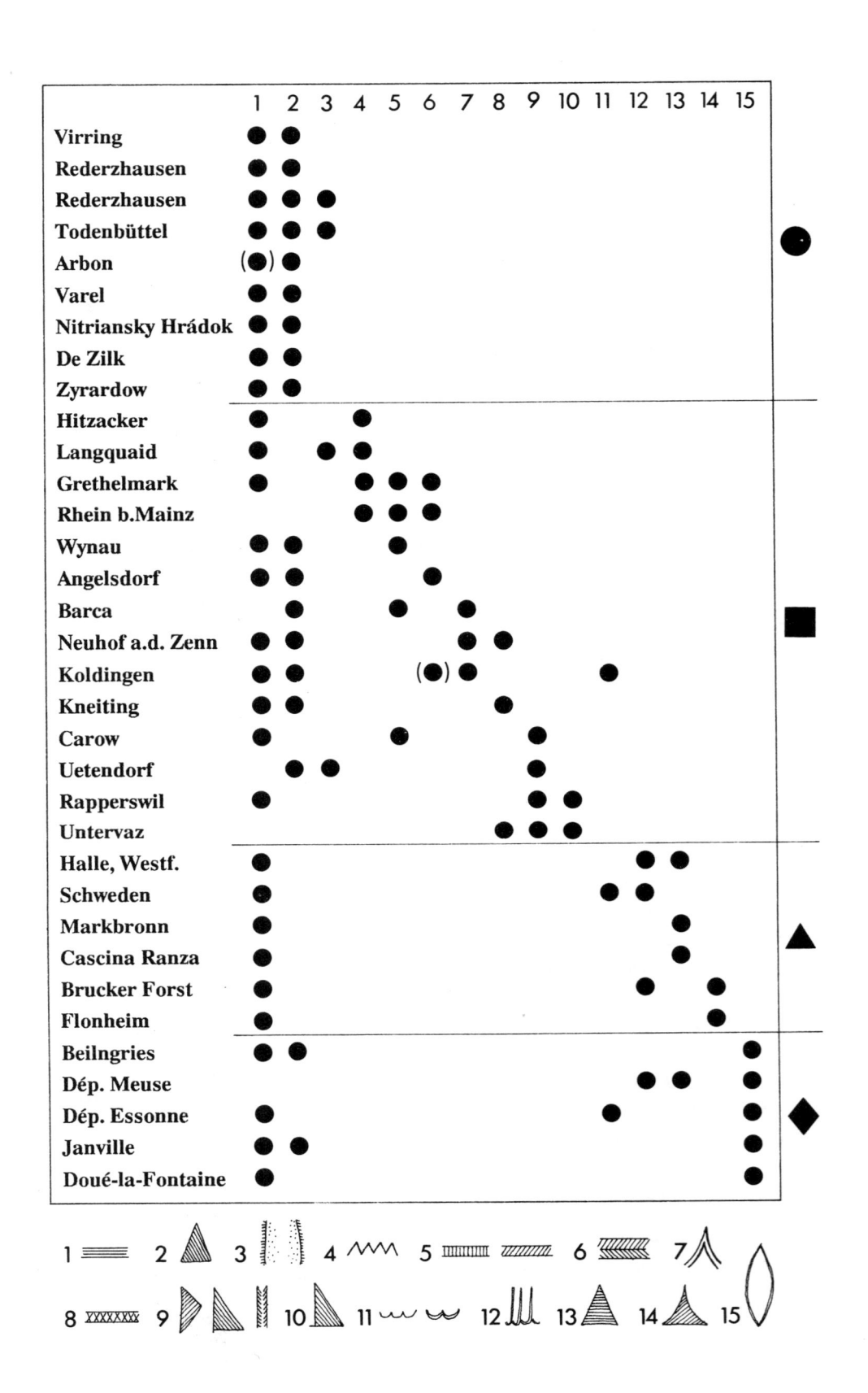

Abb. 6 Kombination von Ziermotiven auf Lanzenspitzen der Frühbronzezeit und frühen Mittelbronzezeit

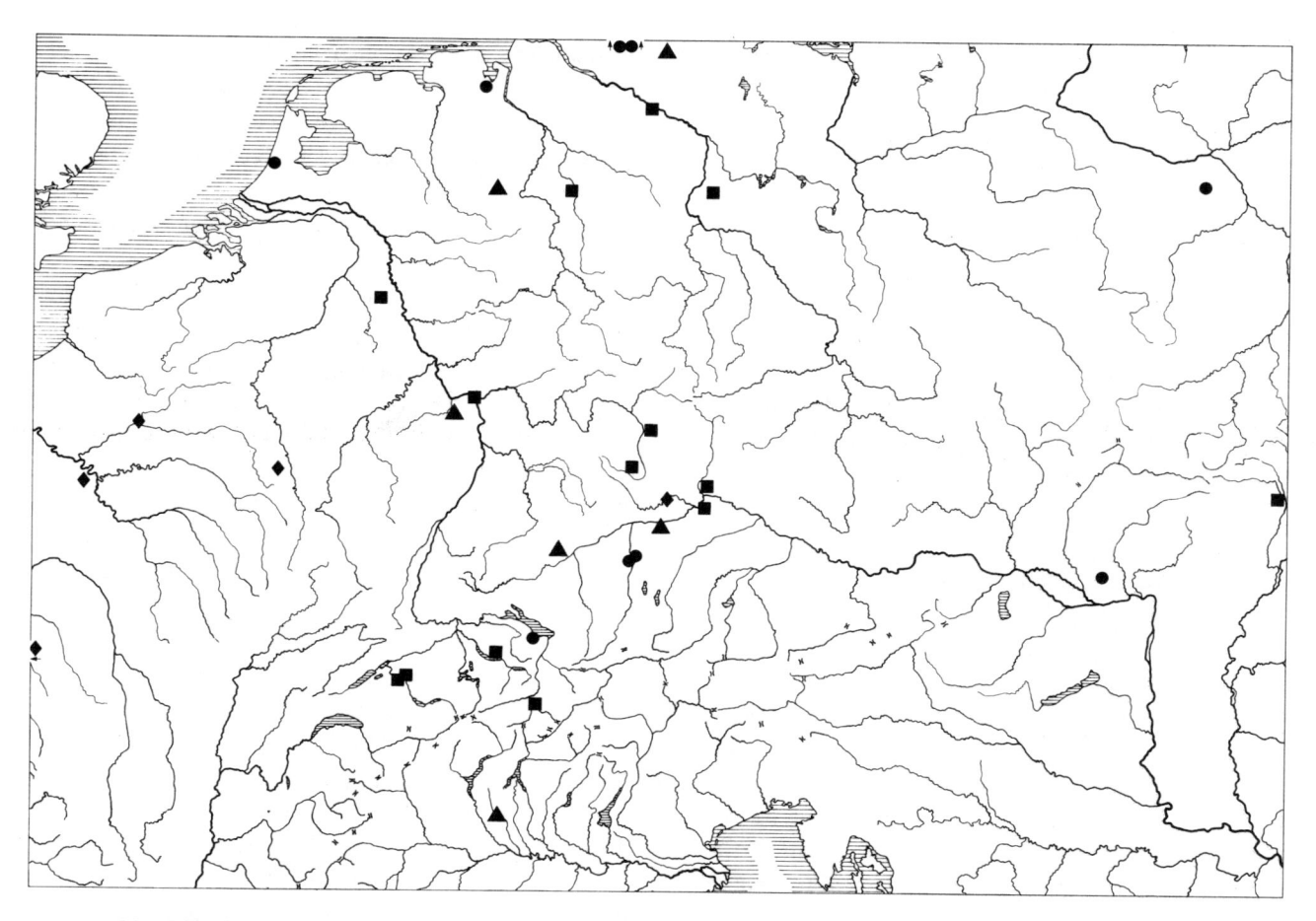

Abb. 7 Verbreitung verzierter Lanzenspitzen der Früh- und Mittelbronzezeit (Signaturen vgl. Abb. 6)

sel[28], in dem sich neben zwei mittelständigen Lappenbeilen, Gußkuchenfragmenten, vier Sicheln und Fragmenten eines spätmittelbronzezeitlichen Knöchelbandes auch zwei Lanzenspitzen fanden. Eine von ihnen ist am Tüllenmund mit Horizontalbändern und schrägstrichgefüllten Dreiecken verziert. Ihrer Form nach gehört sie in die Gruppe um die Lanzenspitze von Neuhof a.d. Zenn. An den Beginn der Urnenfelderzeit ist ein Grabfund von Schirradorf, Lkr. Kulmbach[29] zu stellen, der neben einem kleinen Griffplattenmesser und einer Deinsdorfer Nadel auch eine abgebrochene Lanzenspitze mit Wolfszahndekor und schlankem Blatt enthielt.

Die tabellarische Übersicht über die Kombination von Ziermotiven auf früh- und mittelbronzezeitlichen Lanzenspitzen verdeutlicht den engen Zusammenhang, den diese Lanzen untereinander besitzen (Abb.6). Deutlich wird aber auch, daß sich zwei Gruppen voneinander differenzieren lassen: einmal jene, die ein streng geometrisches Verzierungsmuster trägt, eine zweite, deren Dekor zunehmend durch Bogenlinien gekennzeichnet ist. In beiden Gruppen lassen sich je zwei Varianten unterscheiden. Unter den streng geometrisierenden Stücken sind es jene Spitzen, die den schlichten Wolfszahndekor tragen und jene, bei denen weitere Elemente, Leiterbänder, Zick-Zack-Zier oder Winkel hinzutreten. Bei der zweiten, stärker durch Bogenmuster gekennzeichneten Gruppe können jene Stücke mit Ovalfeldverzierung auf den Schmalseiten zusammengefaßt werden. In den beiden Hauptgruppen drückt sich auch eine chronologische Differenz aus. Ist erstere mehrheitlich der Frühbronzezeit zuzuweisen, so gehören die Lanzenspitzen der zweiten Gruppe vorwiegend in die frühe Mittelbronzezeit. Interessant ist die Ost-West Ausbreitung des Dekors, wie sie in der Kartierung (Abb.7) zum Ausdruck kommt.

---

[28] M. Primas in: Ur- und frühgeschichtliche Archäologie der Schweiz Bd. 3. Die Bronzezeit (1971) 63 Abb.11,5.

[29] Berger, Bronzezeit 107 Nr. 93 Taf. 34,3.

Im Zusammenhang mit den Lanzenspitze aus Reuthi, Beilngries und Villeneuve-Saint-Georges wurde bereits auf die charakteristische Tüllenbehandlung im oberen Drittel der Spitze hingewiesen. Aus dem Rhein bei Mainz (Liste 2 Nr. 67) stammt eine Lanzenspitze, deren Tülle etwa auf der Mitte des Blattes, sechs Zentimeter unterhalb der Spitze, zusammenläuft und als schmaler Grat zur Spitze hinführt. Diese Tüllengestaltung weist die Lanzenspitze aus dem Rhein als eindeutigen Vertreter des zuerst von J. Briard definierten Typ Tréboul[30] aus. Die Mainzer Lanzenspitze gehört zu Briards Form A, die allein die angesprochene Tüllengestaltung besitzt. Diese Form dürfte des weiteren in mindestens zwei Untergruppen, die jeweils durch die Blattformen definiert sind, zu unterscheiden sein. Während bei der einen Form nämlich das Blatt fast rechtwinklig am Schaft ansetzt, um dann relativ abrupt zur Spitze hin umzuknicken, ist die Blattform der zweiten Gruppe gleichförmig geschwungen. Meist besitzen diese Lanzenspitzen, zu der auch das Mainzer Stück zu zählen ist, abgefaßte Schneiden[31]. Das Zentrum der Verbreitung dieser Spitzen liegt in der Bretagne, wo sie vornehmlich in Hortfunden niedergelegt wurden. Einzelne Stücke finden sich in Nordwestfrankreich sowie im weiteren Maasgebiet[32]. Für die Datierung der Tréboul-Lanzen geben die gleichnamigen Horte der Bretagne, zu deren festem Typenrepertoire sie zu zählen sind, den Ausschlag. J. Briard datierte den Depothorizont Tréboul, für den auch Griffplattenschwerter, Randleistenbeile und Absatzbeile mit ausschwingender Schneide charakteristisch sind, an den Beginn der westfranzösischen Mittelbronzezeit[33]. Die Identifizierung der Tréboul-Lanzenspitze aus dem Rhein bei Mainz ist umso erfreulicher, als P. Schauer kürzlich ein Schwert aus dem Main bei Frankfurt-Höchst[34] dem Typus Tréboul-Saint-Brendan zuweisen konnte. In Anbetracht der wenigen aus Süddeutschland bekannten Zeugnisse westeuropäischen Einflusses auf die Hügelgräberkultur kommt diesen Funden eine besondere Bedeutung zu[35].

Die Lanzenspitze aus dem fraglichen Depotfund von Hochborn (Liste 2 Nr. 19 Taf. 2,5) und eine als Einzelfund überlieferte Lanze aus Biblis- Nordheim (Liste 1 Nr. 149) besitzen ein schlankes Blatt, welches etwa zwei Drittel der Tülle einnimmt. Die Schneiden sind konvex geformt, wobei der "Schwerpunkt"[36] des Blattes im unteren Drittel liegt. Die Tülle ist beim Bibliser Stück in ihrer gesamten Länge rund gebildet, während sie bei dem Hochborner Exemplar im Blattbereich einen ovalen Querschnitt aufweist.

Parallelen für die beiden Spitzen kenne ich aus urnenfelderzeitlichen Fundkomplexen nicht. Gute Vergleichsmöglichkeiten finden sich hingegen unter den hügelgräberbronzezeitlichen Lanzenspitzen Süddeutschlands, deren typologische und chronologische Vorläufer jüngst durch K.-F. Rittershofer[37] anhand der für die Horte von Bühl und Ackenbach charakteristischen Lanzenspitzenformen (Typen Bühl und Forchheim) präzise beschrieben wurden. In diesem Zusammenhang wies Rittershofer darauf hin, daß bei der Gliederung mittelbronzezeitlicher Lanzenspitzen strengste typologische Kriterien anzulegen seien[38], jede Abweichung den chronologischen Rahmen erheblich erweitere. Die formale Entwicklung der mittelbronzezeitlichen Lanzenspitzen Süddeutschlands, wie wir sie anhand einiger Grab- und Hortfunde verfolgen können, verläuft sehr konservativ. Dies gilt nicht allein für die Form; auch die Abmessungen weisen kaum signifikante Unterschiede auf, aus denen -

---

30 Briard, Les dépôts bretons 86.

31 Den Begriff der "leicht abgefaßten Schneiden" gebrauche ich im Unterschied zur "gedengelten Schneide" dann, wenn am Original keine für die Dengelung typischen Schlagspuren beobachtet wurden, sondern die abgeflachte Schneidenpartie schon in der Gußform angelegt war.

32 Ausführlich zu diesem Typ: Verf. im Druck.

33 J. Briard, Les dépôts bretons 87. Diese Typenvergesellschaftung setzt sich deutlich von der frühbronzezeitlicher Ensembles ab (vgl. das Dolchdepot aus dem Hügel von Kernoen en Plouvorn: J. Briard, Les tumulus d'Armorique [1984] Abb.56) doch können z.B. die Schwerter trotz mancher zu vermutender mitteleuropäischer Beeinflußung ihre Herkunft aus dem autochtonen frühbronzezeitlichen Metallhandwerk nicht verleugnen. Als beweiskräftiges Argument für eine Parallelisierung der Tréboulgruppe mit der süddeutschen Chronologie hat die Wohlde-Klinge aus dem Hort von Vicomté-sur-Rance (Briard, Les dépôts bretons 107 Abb. 26, 1.6.8-9) zu gelten.

34 P. Schauer, Germania 50, 1972, 16ff. Bessere Verbreitungskarte bei J. Briard, u.a. Arch. Atlantica 2, 1975, 21ff; jetzt auch P. Schauer, Jahrb. RGZM 31, 1984, 177 Abb. 39.

35 Eine fragmentierte Lanzenspitze aus dem Hort von Ackenbach, Bodenseekreis (K.-F. Rittershofer, Ber. RGK 64, 1983, 211 Abb. 10, 5) besitzt ebenfalls eine im Spitzenbereich einziehende Tülle. Unklar bleibt, ob dies im Zusammenhang mit dem Beilngrieser Stück zu sehen ist.

36 Damit bezeichne ich die größte Breite des Blattes.

37 K.-F. Rittershofer, Ber. RGK 64, 1983, 139ff.

38 Ebd. 221.

wie z.B. in der Urnenfelderzeit - Funktionsdifferenzierungen erschlossen werden könnten.

Rittershofers Typus Bühl[39], der durch ein schlankes lorbeerblattförmiges Schneidenteil gekennzeichnet ist, wird durch seine Fundvergesellschaftung an das Ende der Frühbronzezeit datiert. In der beginnenden Mittelbronzezeit finden sich zwar noch einige dem Typus nahestehende Lanzenspitzen, z.B. in einem Hort von Stephanposching[40], doch scheint ihre Produktion zugunsten einer anderen, ebenfalls im Ackenbacher Depot vertretenen Lanzenspitzenform in dieser Zeit aufgegeben worden zu sein.

Nach Rittershofer ist der Typus Forchheim durch ein beinahe geradlinig zur Spitze sich verjüngendes Blatt gekennzeichnet, das an seiner Maximalbreite im unteren Blattdrittel jäh umbricht[41]. In Süddeutschland lassen sich eine Vielzahl mittelbronzezeitlicher Variationen[42] der Ackenbacher Lanzenspitze benennen, die in fließenden Übergängen die Breite des Blattes verändern und die Jähe des Blattumbruchs unterschiedlich stark abmildern. Die Schneide verjüngt sich vielfach nicht mehr geradlinig zur Spitze, sondern erhält einen leichten Schwung. Die beiden Spitzen aus dem Arbeitsgebiet weisen durchaus noch Ähnlichkeiten mit dem Typus Bühl auf, vor allem was die Blattform anbelangt; denn gemeinsam ist ihnen der gleichmäßig gekrümmte Schneidenverlauf, und doch verbindet sie der im unteren Blattdrittel liegende Schwerpunkt eher mit oberpfälzischen Lanzenspitzen aus Parsberg und Grab 1 von Deggerndorf[43]. Diese Grabfunde legen eine Datierung der Lanzenspitzen aus dem Arbeitsgebiet in die Stufe Bz C nahe. Im Falle des Hochborner Exemplares konvenierte dies auch mit dem zeitlichen Ansatz der Arm- und Beinbergen aus diesem Depot[44].

In diesen Zusammenhang gehören auch zwei Flußfunde aus dem Arbeitsgebiet, eine Lanzenspitze unbekannten Fundortes aus dem Rhein (Liste 2 Nr. 102 Taf. 2,4) und ein Stück vom nördlichen Neckarufer in Heidelberg (Liste 2 Nr. 125 Taf. 2,3). Beide Lanzenspitzen sind in die mittlere Bronzezeit zu datieren. Da hier mittelbronzezeitliche Lanzenspitzen nicht ausführlich behandelt werden können, soll nur der chronologische Rahmen, der durch den Hort von Ackenbach[45] einerseits und ein Grab aus Singen[46] andererseits abgesteckt wird, mit einigen Funden gefüllt werden. Ausgehend von der Heidelberger Lanzenspitze sind hier folgende Funde zu nennen: aus einem Hügelgrab bei Oberhochstadt, Ldkr. Weißenburg-Gunzenhausen[47], aus Parsberg[48], aus einem Grab von Gusen, Oberösterreich[49], aus der Mosel bei Atton, Dép. Meurthe-et-Moselle[50]; aus Südwestdeutschland stammen die Funde von Onstmettingen, Zollern-Alb-Kreis, Hügel 2[51], Böttingen, Kr. Reutlingen, "im Mittelbühl" Hügel 1[52], Neufra, Kr. Sigmaringen[53], Ehingen, Kr. Ehingen, aus der Nähe der Schmiedaeinmündung in die Donau[54], Onstmettingen, Zollern-Alb-Kreis, Hügel 1[55]. Lanzenspitzen wie jene von Ehingen mit einem etwas breiteren und gedrungeneren Blatt führen uns zu einem Exemplar aus dem mittelbronzezeitlichen Hortfund von Allschwil, Kt. Basel-Land[56], welcher aufgrund des Absatzbeiles mit halbkreisförmiger Schneide und Nackenkerbe der Stufe Bz B1 zuzuweisen ist. Der enge formale Zusammenhang mit dem fundortlosen Stück aus dem Rhein braucht nicht näher begründet werden; eng sind auch die Beziehungen zu den frühbronzezeitlichen Stücken von Forchheim-Serlbach[57]. Der durch die Stücke von Allschwil und dem Rhein zureichend definierten Variante mit breiterem Blatt sind die süddeutschen Lanzenspit-

---

[39] Ebd. 218ff.

[40] Hochstetter, Hügelgräberbronzezeit 118 Nr. 46 Taf. 15,2.

[41] Rittershofer a.a.O. (Anm. 41) 223ff.

[42] Aus dem engeren Rhein-Main-Gebiet fehlen sie einstweilen. In Nordhessen: Netra, Kr. Eschwege (F. Holste, Die Bronzezeit im nordmainischen Hessen [1939] Taf. 9, 19); Zwergen, St. Liebau, Kr. Kassel, an einem steinigen Hang (O. Uenze, Hirten und Salzsieder [1960] 147, Taf. 71,2).

[43] Parsberg (W. Torbrügge a.a.O. [Anm. 27] 173 Nr. 214 Taf. 41, 15); Deggerndorf (ebd. 156 Nr. 145 Taf. 36, 30).

[44] Richter, Arm- und Beinschmuck 63.

[45] F.-K. Rittershofer, a.a.O. (Anm. 41) 211 Abb. 10,2.

[46] Beck, Beiträge Taf. 25 A4.

[47] Berger, Bronzezeit 147f. Nr. 220 Taf. 76, 10.

[48] Torbrügge, a.a.O. (Anm. 25) 173 Taf. 41,14.

[49] H. Müller-Karpe, Handbuch der Vorgeschichte Bd 4,3 (1980) Taf. 338, B4.

[50] Revue Arch. Est et Centre Est 32, 1981, 124 Abb. 3,1. (L. 22 cm; Gew. 250 g).

[51] R. Pirling u.a., Die mittlere Bronzezeit auf der Schwäbischen Alb. PBF XX 3 (1980) 82 Taf. 39 K.

[52] Ebd. 42 Taf. 4,C.

[53] Zürn/Schiek, Sammlung Edelmann 17. Taf. 11,E.

[54] Ebd. 16 Taf. 11,G.

[55] R. Pirling u.a., a.a.O. (Anm. 51) 82 Taf. 39 I.

[56] F. Müller, Arch. d. Schweiz 5, 1982, 173 Abb. 3,3.

[57] Berger, Bronzezeit 102 Nr. 77 Taf. 26,2.

zen aus Grab 1 von Wilsingen, Kr. Reutlingen[58] und Grab 1, Hügel 1 von Bremelau-Hannenberg, Kr. Reutlingen[59].

Die angeführten Funde repräsentieren einen der süddeutschen Hügelgräberkultur eigenen Typus, der am Ende der Frühbronzezeit, auf karpatenländischen Vorbildern basierend[60], in Süddeutschland erscheint und nur geringfügigen Weiterentwicklungen unterliegt, bis dann am Beginn der Urnenfelderzeit offenbar neue Kampftechniken in einem differenzierteren Formenrepertoire ihren Ausdruck finden.

Für eine weitere Lanzenspitze aus dem Rhein bei Mainz (Liste 2 Nr. 60) ist eine Datierung in die reine Bronzezeit zu vermuten. Die Verzierung auf dem freien Tüllenteil, horizontale Bänder, die mit Leiterband- und Fischgrätenmustern ausgefüllt sind sowie Zick-Zack-Zier, findet die besten Entsprechungen auf einer Lanzenspitze von Grethelmark-Forst[61]. Auch die Form des Blattes, das beinahe rechtwinklig an der Tülle ansetzt, nur etwas mehr als einen Zentimeter ausschwingt, um dann abrupt umzubrechen und mit gerader Schneidenführung sich zur Spitze hin verjüngt, findet unter Lanzenspitzen mit dreieckigem und drachenförmigem Blatt aus der frühen und mittleren Bronzezeit Vergleiche. Die von G. Wegner vorgeschlagene Datierung in die Stufe Ha B1[62] findet bezüglich Blattform und Verzierung keine Stütze.

Mit den hier behandelten früh- bzw. mittelbronzezeitlichen Lanzenspitzen vergrößert sich die Zahl der bekannten Exemplare dieses Zeitabschnitts aus dem Rhein-Main-Gebiet erheblich. Der Eindruck einer "lanzenspitzenfreien Zone" zwischen dem südwestdeutschen Hügelgräbergebiet einerseits und der Mittelgebirgszone mit den angrenzenden nördlichen Regionen andererseits muß demnach korrigiert werden[63].

Die mit dem Beginn der Urnenfelderzeit zahlreicher werdenden Lanzenspitzenfunde im Arbeitsgebiet deuten einen Umschwung in der Bewaffnung an, in der die Lanze nun eine größere Bedeutung erlangt. Der verhältnismäßig hohe Anteil echter nord- und westeuropäischer sowie südosteuropäischer "Importe" und eine Anzahl auf solche Vorbilder zurückgreifender Lanzenspitzenformen im frühurnenfelderzeitlichen Fundgut legen den Schluß nahe, daß der eher konservativen Formenentwicklung der Mittelbronzezeit nun eine Phase experimentellen Suchens nach funktional und ästhetisch befriedigenden Lanzenspitzen folgt. Dabei spielen auswärtige Werkstätten eine wichtige Rolle.

Kontakte mit der westeuropäischen Atlantikregion belegt eine in der Literatur schon mehrfach besprochene Ösenlanzenspitze aus dem Rhein bei Mainz (Liste 2 Nr. 83). Sie gehört zur Familie der "basal-looped-spearheads", d.h. jenen Lanzenspitzen, bei denen die Ösen nicht wie bei den älteren Typen am freien Tüllenteil angebracht sind, sondern in die Basis des Blattes integriert sind. Nach den Untersuchungen M. Rowlands[64] sind basal-looped-spearheads in England nicht vor dem Ende der mittleren Bronzezeit nachweisbar. Brauchbare Vergleiche für das Mainzer Stück finden sich vor allem in Rowlands Gruppe 3 der Ösenlanzenspitzen. Aufgrund der besonderen britischen Quellenlage - Lanzenspitzen sind vor allem aus Flüssen überliefert - mußte Rowlands zur Datierung dieser Spitzen auf den bretonischen Hort von Kergoustance en Plomodiern, Dép. Finistère zurückgreifen, der neben zwei Absatzbeilen und Fragmenten von Rosnoënschwertern auch eine dem Mainzer Exemplar entsprechende Lanzenspitze enthielt[65]. Obgleich in der Forschung unbestritten die Heimat der Ösenlanzenspitzen auf den britischen Inseln lokalisiert wird, belegt eine Gußform aus Frankreich auch ihre kontinentale Herstellung; eine Tatsache, die für die Art der Vermittlung dieser Lanzen in das nördliche Oberrheingebiet von Bedeutung ist[66]. Südlich des Arbeitsgebietes fand sich eine Ösenlanzenspitze - allerdings anderer Form - in einem Grab von Heidelberg-Wiesloch[67] zusammen mit einem Rixheimschwert. Aus ei-

---

[58] R. Pirling u.a., a.a.O (Anm. 51) 94 Taf. 54 I,1.

[59] Ebd. 42 Taf. 4F.

[60] Vgl. Rittershofer, a.a.O. (Anm. 41) 223ff.

[61] Berger, Bronzezeit 103 Nr. 79 Taf. 26, 11.

[62] Wegner, Flußfunde 169 Nr. 884.

[63] So F. Holste, Mannus 26, 1934, 53. Relativierend schon Jacob-Friesen, Lanzenspitzen 115, der auf spezifische Deponierungssitten verweist.

[64] M. Rowlands, The Organisation of Middle Bronze Age Metalworking (1976) 56ff.; vgl auch. E. Sprockhoff, Mainzer Zeitschr. 29, 1934, 56ff. Taf. 10,10; P. Schauer, Arch. Korrbl. 3, 1973, 293ff.

[65] Briard, Les dépôts bretons 30ff. Abb. 1,1; eine gute Parallele aus der Seine bei Paris (G. Bastien, J.-C. Yvard, Bull. Soc. Préhist. France 77, 1980, 246 Abb. 1,4).

[66] J. Briard, L'Anthropologie 67, 1963, 574.

[67] E. Sprockhoff a.a.O. (Anm. 64) Taf. 9, 5-7.

nem Altrheinarm bei Greffern, Lkr. Rastatt stammt eine 49,5 cm lange Ösenlanzenspitze[68]. Mit diesen Fundorten ist die östliche Verbreitungsgrenze der Ösenlanzenspitzen im Urnenfeldergebiet angezeigt[69]. Schwieriger einzuordnen ist eine aus dem Rhein bei Mainz stammende Lanzenspitze (Liste 2 Nr. 70) mit schmalem spitzovalen Blattumriß; das Blatt nimmt etwas mehr als zwei Drittel der Tülle ein. Diese besitzt im Blattbereich einen rautenförmigen Querschnitt, wie dies schon bei früh- und mittelbronzezeitlichen Lanzenspitzen beobachtet werden konnte, was aber, wie die Ösenlanzenspitzen zeigen, ein Merkmal darstellt, das noch in die Stufe Bz D hineinreicht. Die Form des Blattes findet Vergleiche in der Gruppe der Ösenlanzenspitzen mit "leaf shaped blades"[70]. Unverkennbar sind auch die Beziehungen zu Blattformen älterurnenfelderzeitlicher Lanzenspitzen aus Gräbern von Bad Nauheim und Hanau (Liste 2 Nr. 6,3), wenngleich jene nicht die straffe Form des Mainzer Stückes besitzen. Somit kommt für die Mainzer Lanzenspitze[71] am ehesten eine Datierung in die Stufe Bz D in Frage. Entsprechende Zeitstellung ist auch für eine Lanzenspitze aus dem Rhein bei Bingen (Liste 1 Nr. 99) in Anspruch zu nehmen.

Schwierig ist die chronologische Fixierung einer Lanzenspitze aus dem Torfmoor bei Eschollbrücken (Liste 2 Nr. 131). Die annähernd 25 cm lange Spitze besitzt ein verhältnismäßig niedrig ansetzendes Blatt, das seine größte Breite im unteren Drittel erreicht und dann mit elegantem Schwung stark einzieht; die Schneiden werden im oberen Drittel beinahe parallel zur Tülle der Spitze zugeführt. Sie sind deutlich abgefaßt. Im Blattbereich weist die Tülle einen vierkantigen Querschnitt auf. Aus dem Hortfund von Sucy-en-Brie, Dép. Val-de-Marne sind zwei Lanzen ähnlicher Blattform bekannt, allein der wesentlich höhere Ansatz des Blattes unterscheidet die von J.P. Mohen an das Ende der Mittelbronzezeit datierten Spitzen[72] von dem Eschollbrücker Exemplar. W. Kubach machte auf Ähnlichkeiten mit dem skandinavischen Valsömagle-Typus[73] aufmerksam. Bei diesen Lanzenspitzen ist das Blatt in vergleichbarer Manier geschwungen, aber es pflegt höher am Blatt anzusetzen[74]. Auch hier begegnet uns der vierkantige Querschnitt der Tülle des öfteren. Für eine Datierung in die Urnenfelderzeit sprechen hingegen eine Reihe weiterer Vergleichsstücke, so eine Lanzenspitze aus dem Grabfund von Prien, Ldkr. Rosenheim[75], deren Schneiden Strichverzierung tragen, was ansonsten nur aus Italien bekannt ist. Anhand des mitgefundenen Rasiermessers ist die Priener Lanze in die Stufe Ha A1[76] zu datieren. Zum Vergleich ist auch eine Lanzenspitze aus dem Depot von Schmidmühlen, Kr. Amberg[77] heranzuziehen. Hier findet sich das geschweifte Blatt und der vierkantige Tüllenquerschnitt, doch fehlt offenbar die Schneidenschärfung, und auch das Blatt setzt etwas höher an. Leider verloren und nur in einem Foto überliefert, ist eine Lanzenspitze aus dem Inn bei Mittich[78], die mit dem Eschollbrücker Exemplar durch den tiefen Blattansatz und den rhombischen Querschnitt verbunden ist. Dagegen scheint bei dem niederbayerischen Fund der Blatteinzug nicht in elegantem Schwung, sondern beinahe kantig zu verlaufen. Damit findet die Lanzenspitze jedoch gute slowakische Parallelen, z.B. in Vyska Huta, okr. Kosice und kann somit in die Stufe Bz D datiert werden. Schließlich ist auch auf den slowenischen Hort von Gornji Log[79] hinzuweisen, in dem sich eine nach Proportionen und Blattumriß gut vergleichbare Lanze fand.

---

[68] P. Schauer a.a.O (Anm. 64) Abb. 1,2.; K. Eckerle, Arch. Nachr. Baden 13, 1974, 10ff. Abb. 3; P. Schauer, Arch. Korrbl. 4, 1974, 21ff. Das vom gleichen Fundort stammende Schwert kann nicht zur Datierung der Lanze herangezogen werden. Obgleich von stattlicher Größe wiegt die Spitze nur 342 g. Weitere Gewichte von Lanzenspitzen bei M.R. Ehrenberg, Bronze Age Spearheads from Berks, Bucks and Oxon (1977).

[69] Marbach, Kr. Villingen, Einzelfund (Jacob-Friesen, Lanzenspitzen 359 Nr. 1311 Taf. 110,5).

[70] M. Rowlands a.a.O. (Anm. 64).

[71] Holzreste nach Sprockhoff a.a.O. (Anm. 64) 60 Anm. 1 Esche und Rosaceen (Nietstift).

[72] Mohen, L'âge du Bronze 68, Abb. 68-69 Nr. 94-1.

[73] W. Kubach, Jahresber. Inst. Vorgesch. Univ. Frankfurt 1978/79, 225.

[74] Vgl. Dybbøl, Sønderborg Amt (E. Aner, K. Kersten, Die Funde der älteren Bronzezeit des nordischen Kreises in Dänemark, Schleswig-Holstein und Niedersachsen Bd 6 [1981] Taf. 72,1); Süderschmedeby, Kr. Schleswig- Flensburg (dies. Bd. 4 [1978] Taf. 25); Köbenhavn Amt (ebd. Taf. 87, 412); Valsømagle Hort 1, Sorø Amt (ebd. Taf. 130, 1358); Ehestorf, Kr. Bremervörde (F. Laux, Inv. Arch. Deutschl. 17, 1973 D 155,2).

[75] Müller-Karpe, Chronologie Taf. 197C.

[76] Vgl. Jockenhövel, Rasiermesser 92 Nr. 120.

[77] Torbrügge a.a.O. (Anm. 25) Nr. 68 Taf. 17,18.

[78] Hochstetter, Hügelgräberbronzezeit 151 Taf. 94,3 mit weiteren Literaturhinweisen.

[79] Müller-Karpe, Chronologie Taf. 125 A1.

Obwohl sich für das Eschollbrücker Exemplar keine übereinstimmende Parallele anführen läßt, spricht einiges dafür, sie im Kontext südosteuropäischer Lanzenspitzen mit stark geschweiftem Blatt zu behandeln, wie dies auch W. Kubach in Erwägung[80] zog. Die stattliche Anzahl solcher Lanzenspitzen in süddeutschen Fundkomplexen der Stufen Bz D und Ha A bezeugt ihre Beliebtheit, unter deren Einfluß auch eine Reihe süddeutscher Lanzenspitzen lokaler Fertigung zu erklären ist. Berücksichtigt man also den Zusammenhang mit den in der älteren Urnenfelderzeit vorherrschenden Formprinzipien und würdigt man die eher altertümlichen Elemente wie den vierkantigen Querschnitt, der mir aus sicheren Ha A-Komplexen nicht bekannt ist, wird man mit einer Datierung in die Stufe Bz D wohl das Richtige treffen.

Zwei Fragmente von Lanzenspitzen (Liste 2 Nr. 17-18) sind durch die Zugehörigkeit zu einem Depot in die Stufe Bz D zu datieren, doch können sie typologisch nicht mehr zureichend angesprochen werden.

Einige weitere Lanzenspitzen führen in das Gebiet der Lüneburger Bronzezeit. Zunächst ist hier eine Lanzenspitze aus Wallerstädten, Kr. Groß-Gerau (Liste 2 Nr. 10) anzuführen. Sie besitzt eine langschmale Blattform, der Schneidenverlauf ist annähernd konvex geformt, die Schneiden selbst sind gedengelt. Die beiden Nietlöcher sitzen unmittelbar unter dem tief ansetzenden Blatt. Vom Blattansatz bis zur Spitze verläuft auf jeder Seite der Tülle jeweils eine Mittelrippe. In Süddeutschland findet sich in einem Grab von Tremersdorf, Ldkr. Coburg[81] eine gute Parallele, die anhand der mitgefundenen Radnadel mit einfachem Speichenschema allgemein in die Stufe Bz C zu datieren ist. Durch die charakteristische Mittelrippe sind diese Lanzenspitzen mit dem zuerst von K. Tackenberg herausgestellten Lanzenspitzentypus Lüneburg II in Verbindung zu bringen[82]. Zwar unterscheiden sich diese süddeutschen Stücke von den Lüneburger Spitzen durch die Blattform[83], aber andererseits zeigt eine Durchsicht der von F. Laux[84] zusammengetragenen Funde die Variationsbreite der Blattgestaltung im Lüneburger Gebiet. Gleiches gilt auch für die von G. Fröhlich publizierten Lanzenspitzen Thüringens und Sachsens[85]. G. Jacob-Friesen wollte den Typus Lüneburg II nur auf sein engeres Verbreitungsgebiet in der Illmenau beschränkt wissen. Beleg war ihm dafür v.a. das Verbreitungsbild selbst[86] und die Tatsache, daß Verstärkungsrippen zur Typendefinition nicht ausreichen, da sie auf einer Reihe von Lanzenspitzen in verschiedenen Kulturlandschaften nachgewiesen werden können. Gleichwohl möchte man Verstärkungsrippen auf Ösenlanzenspitzen oder Lanzenspitzen mit gestuftem Blatt weniger als bloße Konvergenzerscheinung, sondern vielmehr als auf kommunikativen Bezügen beruhende technische Lösungsversuche eines funktional bedeutenden Problems interpretieren, welches in jeweils eigenen traditionalen Typen umgesetzt wird. Für die Mehrzahl der Lanzenspitzen mit Mittelrippe ergäben sich auch keine chronologischen Differenzen zur Datierung der Lüneburger Lanzenspitzen, die eine Leitform der Zeitgruppe III nach Laux darstellen, vermutlich früher einsetzen und erst später enden[87]. G. Fröhlich, der betont, daß die Genese seiner sächsisch-thüringischen Sonderformen mit Mittelrippe nur im Zusammenhang mit den Lüneburger Lanzen verstehbar sei[88], kommt zu einem vergleichbaren Datierungsansatz. In ihrer Masse seien sie in die Per. III zu stellen, nach süddeutscher Chronologie im wesentlichen in die Stufe Bz D, wobei sie nicht über Ha A1 hinausreichen sollten. Für die Wallerstädter Lanze wird man vielleicht an eine Datierung in die Stufe Ha A1 zu denken haben. Daß Lüneburger Lanzenspitzen des Typus II im Rhein-Main-Gebiet bekannt waren, belegt ein Exemplar aus der Umgebung von Mainz (Liste 2 Nr. 93), vermutlich aus dem Rhein. Leider ist die Tülle scharf unterhalb des Blattansatzes abgebrochen, doch bereitet die Zuord-

---

80 W. Kubach a.a.O (Anm. 73) 224f.

81 Berger, Bronzezeit 98f. Taf. 18,7.

82 K. Tackenberg, Mannus 24, 1932, 63ff.

83 Vgl. Jacob-Friesen, Lanzenspitzen 186.

84 F. Laux, Die Bronzezeit in der Lüneburger Heide (1971). Boltersen, Kr. Lüneburg (ebd. Taf. 77,2); Wolmirstedt (ebd. Taf. 224A); Hagen, Kr. Celle (ebd. Taf. 13, 19); Gollern, Kr. Uelzen (ebd. Taf. 45,8).

85 G. Fröhlich, Studien zur mittleren Bronzezeit zwischen Thüringer Wald und Altmark, Leipziger Tiefland und Oker (1983). Arnstadt (ebd. 136 Nr. 48 Taf. 88B); Beichlingen, Ldkr. Sommerda (ebd. 122 Nr. 145 Taf. 47,9); Rochau, Ldkr. Stendal (ebd. 222 Nr. 864 Taf. 46,7).

86 Jacob-Friesen, Lanzenspitzen Karte 8. Einige Beispiele für das technische Prinzip: Variaş, jud. Timiş (Petrescu-Dîmboviţa, Sicheln 138 f. Nr. 206 Taf. 221,7); Ösenlanzenspitze aus der Themse, M. Rowlands, a.a.O.[Anm.64] Taf. 40, 1523); Nagyhangos, Kom. Tolna (Hänsel, Beiträge II Taf. 4,46); Czabrendek, Kom. Zala (ebd. Taf. 34,4); weitere Beispiele bei Jacob-Friesen, Lanzenspitzen.

87 Vgl. Laux a.a.O. (Anm. 84).

88 Fröhlich, a.a.O (Anm. 85) 39.

nung zum engeren Typus anhand des Blattumrisses keine Schwierigkeiten[89].

Ein Einzelfund aus Hünfeld, Kr. Fulda (Liste 2 Nr. 155 Taf. 4,4) führt uns zunächst wieder in den Norden. Die Lanzenspitze, die durch einen ungewöhnlich langen freien Tüllenteil und ein kurzes schmales Blatt gekennzeichnet ist, findet die beste Entsprechung in einem Körpergrab von Eddelstorf, Kr. Uelzen[90], das Laux wegen des Schwertes mit geschlitzter Griffzunge und des Rahmengriffmessers seiner Zeitgruppe IV, also einem in der Per. III spät anzusetzenden Zeithorizont, zuweist. Beide Lanzenspitzen sind zwar in Zusammenhang mit K.-H. Jacob-Friesens Lüneburger Lanzenspitzen-Typus I[91], der oft ein rhombisches Blatt aufweist, zu verstehen, doch bilden erstere nach den Untersuchungen von F. Laux eine eigene Gruppe. Vergleichbare Lanzenspitzen sind allerdings auch aus Süddeutschland bekannt, nämlich aus dem Hortfund von Windsbach, Kr. Ansbach[92], der im allgemeinen in die Stufe Bz D datiert wird. Daß man für das Hünfelder Stück aber mit einer Datierung in die Stufe Ha A1 das Richtige trifft, belegt eine Gruppe gleichzeitiger Lanzenspitzen mit relativ langem freien Tüllenteil und schmalen Blatt.

Hierher gehört eine Lanzenspitze aus Grab 6 des Friedhofs "Lehrhofer Heide" bei Hanau (Liste 2 Nr. 3), die durch einen langen Schaft und ein schmales Blatt charakterisiert ist. Unter den weiteren Beigaben des Grabes sind ein Messer mit durchlochter Griffangel und Fragmente eines riefenverzierten Bechers zu nennen, anhand derer und wegen des Fehlens eindeutig jüngerer Elemente das Grab in die Stufe Ha A1 zu datieren sein dürfte. Allerdings ist darauf hinzuweisen, daß weder entsprechende Messer noch die Keramik auf den älteren Abschnitt dieser Stufe beschränkt sind[93]. Nicht zuletzt wegen der engen Verwandtschaft der Hanauer zu einer Lanzenspitze aus dem Steinkistengrab von Bad Nauheim (Liste 2 Nr. 6) ist gegenüber einer zu engen Datierung Zurückhaltung geboten. Die heute verlorene Nauheimer Lanze maß 22 cm. Das schlanke ovale Blatt setzt auf derselben Höhe an wie im Falle des Hanauer Stückes, das etwas kleiner wirkt, weil es nach einer Verletzung nachgearbeitet werden mußte. Die übrigen Beigaben des Nauheimer Grabes, darunter Fragmente eines Schwertes, eines Knöchelbandes, mehrere Doppelknöpfe, Goldreste und anderes mehr weisen es als Bestattung eines wohlhabenden Mannes (möglicherweise handelt es sich auch um eine Doppelbestattung) aus. Für die Datierung ist die guirlanden- und buckelverzierte Keramik, die Herrmann als Adelskeramik bezeichnet, ausschlaggebend. Sie ist eine Leitform der jüngeren Phase der Stufe Ha A[94].

Vergleichbare Lanzenspitzen sind aus dem älteren Depotfund von Oberkulm[95] bekannt, der nach Ausweis der breiten mittelständigen Lappenbeile noch der Stufe Bz D zuzuweisen sein dürfte[96]. Aus dem pfälzischen Büchelberg stammt eine als Einzelfund überlieferte Lanzenspitze ähnlicher Form[97].

Den relativ langen freien Tüllenteil finden wir auch auf gleichzeitigen Lanzenspitzen südosteuropäischer Provenienz. Ihrer auffälligen Gestaltung wegen schon früh als eigenständiger Typ erkannt, stand diese Lanzenspitzenform mehrmals im Blickpunkt des Interesses. Es handelt sich um Lanzenspitzen mit stark geschweiftem, "geflammtem" und schneidenparallel abgetrepptem Blatt[98]. Das Blatt dieser Lanzenspitzen setzt zumeist relativ weit oben an der Tülle, etwa in ihrem zweiten Drittel an und schwingt breit aus, um dann in starkem elegantem Schwung zur Tüllenspitze hin einzuziehen. Parallel zu den Schneiden wird diese Formung von einem stufenförmigen Absatz, der die Distanz zwischen Blatt und Tüllenoberseite abmildert, wiederholt. Nach Größe und Gewicht differieren diese Lanzenspitzen in bemerkenswertem Umfang[99], ohne daß beim derzeitigen Forschungsstand daraus Funktionsunterschiede abzuleiten wären. Aus dem Arbeits-

---

[89] Vgl. Jacob-Friesen, Lanzenspitzen Taf. 96,6; 99,6. Eine gute Parallele jetzt aus Ebelsbach, Ldkr. Haßberge aus einer Kiesgrube (Bayer. Vorgeschbl. Beih. 1, 1987, 94ff. Abb. 66,3.).

[90] F. Laux, Inv. Arch. Deutschl. 17, 1973 D, 161,2.

[91] K. H. Jacob-Friesen in: Schumacher-Festschrift (1930) 141ff.

[92] Müller-Karpe, Chronologie 287 Taf. 155 A7.

[93] Vgl. Oberwalluf (Herrmann, Urnenfelderkultur Nr. 180 Taf. 89 B1), wo eine innenverzierte Schale ein jüngeres Element darstellt; Bad Nauheim (ebd. Nr. 295 Taf. 103), dessen Keramik für die Phase Ha A 2 definierend ist.

[94] Herrmann, Urnenfelderkultur 34.

[95] Müller-Karpe, Chronologie Taf. 162 B5.

[96] Vgl. Mayer, Beile 145, Anm. 6-10.

[97] Zylmann, Urnenfelderkultur 92f. Nr. 25 Taf. 16B.

[98] F. Holste, Prähist. Zeitschr. 26, 1935, 69; Müller-Karpe, Urnenfelderkultur 46ff.; Jacob-Friesen, Lanzenspitzen 220ff.; Mozsolics, Bronzefunde 20ff.

[99] Weissenturm, Kr. Koblenz L 15,5 cm, Gew. 63 g. (Jacob-Friesen, Lanzenspitzen Taf. 112,9); Davoser See L. 29 cm Gew. 235 g (J. Rageth, Arch. d. Schweiz 9, 1986, 2ff.). Vgl. auch Liste 2 Nr. 4, 95).

gebiet stammen zwei Exemplare dieses Typus, nämlich aus dem Rhein bei Bingen (Liste 2 Nr. 95) und aus dem Steinkistengrab von Langendiebach (Liste 2 Nr. 4). H. Müller-Karpe datierte das Grab unter Berufung auf die riefenverzierte Keramik in die Stufe Ha A1[100]. Zwei Vergleichsstücke aus hervorragenden Gräbern Süddeutschlands, nämlich Wagenbestattungen von Hader, Ldkr. Hütting und von Königsbronn, Kr. Heidenheim, weisen auf den Prestigewert solcher Lanzenspitzen in Süddeutschland[101] hin.

Ihr Hauptverbreitungsgebiet liegt im gesamten Bereich zwischen Save und Donau sowie an der oberen Theiß; sie streuen aber auch nach Mittel- und Nordeuropa; die Kartierungen H. Müller-Karpes und G. Jacob-Friesens besitzen weiterhin Gültigkeit. Bemerkenswert sind allerdings zwei bezeichnenderweise als Flußfunde bekannt gewordene Lanzenspitzen aus der Seine, die die Verbreitung des Typs bis in die westeuropäische Atlantikregion belegen[102]. In Ungarn werden Lanzenspitzen dieser Form von A. Mozsolics zu den Leitformen ihrer Depothorizonte Aranyos und Kurd gezählt[103], die der älteren Urnenfelderzeit (Bz D-Ha A1) Süddeutschlands entsprechen.

Etwas fraglos Besonderes begegnet uns in der Lanzenspitze aus einem Steinkistengrab bei Gau-Algesheim (Liste 2 Nr. 12). Die etwa 31 cm lange und 320 g schwere Bronzespitze besitzt einen kurzen freien Tüllenteil und ein außerordentlich langes und schmales Blatt, das erst im oberen Drittel seine größte Breite erlangt. Die Schneide, teilweise schartig, ist gedengelt. Die Tülle, an ihrer Mündung rund, erhält im Blattbereich eine flache, gedrückte Form, die den schlanken dynamischen Eindruck dieser Lanzenspitze unterstreicht. Unterhalb des Schneidenansatzes weist sie eine zweifach abgetreppte und sorgfältig gezähnte Zone auf. In diesem Bereich ist sie auch mit umlaufenden Horizontalstrichgruppen, die mit ineinandergestellten Winkelmustern alternieren, verziert, wobei die ganz im Gegensatz zur übrigen Erscheinung nachlässige Ausführung des Dekors ins Auge springt. Die Lanzenspitze fand sich zwischen den Steinen der Grabkammermauerung, "äußerlich nicht sichtbar" aufrecht stehend[104]. Die Spitze war schon in der Antike abgebrochen (worden), fand sich jedoch bei der Ausgrabung. Die Deponierung der Lanzenspitze in der Grabummauerung dürfte beabsichtigt gewesen sein; wenig plausibel scheint mir P. Schauers Vermutung, die Lanzenspitze sei in der Grabkammer auf einem kurzen oder absichtlich zerbrochenen Holzschaft neben dem Toten aufgepflanzt gewesen. Nachdem der Holzschaft vermodert war, sei die Lanzenspitze zwischen die Steine gefallen[105]. Für die chronologische Beurteilung sind zunächst die Beifunde heranzuziehen. Neben einem einfachen Bronzering fand sich ein Kegelhalsgefäß mit durchbrochenem Standfuß, für das sich keine direkten Parallelen nachweisen lassen; seiner Form, der senkrecht gestellten Halszone und der feinen einfachen Riefung nach ist es am ehesten in den älteren Abschnitt der Stufe Ha A zu datieren[106]. Auch die Form der Grabkammer ist im gesamten Süddeutschland unbekannt; sie unterscheidet sich von den allgemein üblichen Formen durch eine ausgemauerte rechteckige Nische an der Schmalseite der Kammer. Dem Ausgrabungsbericht zufolge lagen in dieser Nische Kopf und Oberkörper des Toten[107]. Vergleichbare Kammerformen kennt man allerdings vom Gräberfeld von Morzg im Salzburger Land, worauf schon M. Hell hinwies[108]. Einen genaueren Anhaltspunkt für die Datierung des Grabes erhalten wir dadurch jedoch nicht. Die spärliche, aber qualitätvolle Ausstattung läßt daran denken, daß das Grab in der Antike beraubt wurde[109].

Im nahegelegenen Bad Kreuznach wird im Heimatmuseum das fundortlose Fragment einer etwas kleineren,

---

[100] Müller-Karpe, Urnenfelderkultur 24.

[101] Hader (J. Pätzold, H.P. Uenze, Vorgeschichte im Landkreis Griesbach [1963] 65ff. Taf. 28-31); Königsbronn (Jahrb. staatl. Kunstsamml. Baden-Württemberg 10, 1973, 247f. Abb. 1); die Lanze wurde absichtlich zerstört.

[102] Mohen, L'âge du Bronze 80, Abb. 141, 142 Nr. 91, 242; 91, 249.

[103] Mozsolics, Bronzefunde 20. Als weite Räume überspannende Bronzeform bieten sich diese Lanzenspitzen für eine Spezialstudie an.

[104] H. Biehn, Germania 20, 1936, 88; ders., Mainzer Zeitschr. 31, 1936, 12f.

[105] P. Schauer, Arch. Korrbl. 9, 1979, 69.

[106] Vgl. z.B. ein Körpergrab von Heidelberg (Kimmig, Urnenfelderkultur 146 Taf. 10,1); E. Gersbach, Bodenaltertümer in Nassau 8, 1958, 7 datiert das Gefäß in die Phase Ha A2.

[107] Biehn, Mainzer Zeitschr. 31, 1936, 12. Das Steinmaterial der Kammer steht übrigens in einigen Kilometern Entfernung an.

[108] M. Hell, Wiener Prähist. Zeitschr. 25, 1938, 97. Hell vermutet, der Tote von Gaualgesheim stammte aus dem Ostalpenraum. Schauer, Arch. Korrbl. 9, 1979, 78 vermutet, der Tote habe sich durch seine "fremdländisch beeinflußte Beigabenausstattung" auch nach dem Tode von den Angehörigen seiner engeren landschaftlichen Umgebung abheben wollen.

[109] Die Zweifel P. Schauers, Arch. Korrbl. 9, 1979 69 u.76 sind durch neuere Grabung des LfD Hessen ausgeräumt.

doch sonst sehr ähnlichen Lanzenspitze aufbewahrt (Liste 2 Nr. 168 Taf. 3,2). Auch hier ist die Verzierung der Tülle sehr nachlässig ausgeführt.

Das Hauptverbreitungsgebiet der langschmalen Lanzen liegt im Ostalpengebiet, in Kroatien und Ungarn; einige Exemplare streuen bis Mähren. Die westlichsten Fundpunkte sind mit Lanzen aus dem Hort von Cannes-Ecluse, Dép. Seine-et-Marne und dem Gaualgesheimer Grab bezeichnet. Die Mehrzahl dieser Funde ist dem älteren Horizont der Stufe Ha A zuzurechnen, doch lebt der Typus wahrscheinlich bis in die jüngere Urnenfelderzeit fort[110]. Die getreppte und gezähnte Zone unterhalb des Blattansatzes, die sich auch an den Spitzen von Cannes-Ecluse findet, interpretierte Schauer analog seiner Beobachtungen an Schwertern als "Fehlschärfe"[111]. Diese auch unter der Bezeichnung Ricasso bekannte Erscheinung deutete er als Hilfsmittel, dem Gegner im Kampf die Waffe aus der Hand zu entwinden. Diese Erklärung ist allerdings hypothetisch und gestattet es nicht, aus der Übereinstimmung eines formalen Elementes zwischen Schwert und Lanze auch eine funktionale Identität abzuleiten. Wahrscheinlicher ist es, daß mit dieser Zähnung eine Verschlimmerung der Verletzungen herbeigeführt werden sollte.

Im Zusammenhang mit südosteuropäischen Lanzenspitzen ist auch ein Exemplar aus dem Hortfund von Stadt-Allendorf anzusprechen (Liste 2 Nr. 50). Wenig unterhalb des Blattansatzes ist die Lanzenspitze vermutlich intentionell zerbrochen worden, worauf der an der Tülle erkennbare Biegesaum hindeutet. Trotz ihres fragmentarischen Charakters kann die Verzierung dieser Lanzenspitze sicher rekonstruiert werden.

Auf der Tülle ist 4,5 cm unterhalb der Spitze ein schlankes Dreieck angegeben, welches durch ein wenige Millimeter tiefer gelegtes Feld gebildet wird. Im Bereich des Blattansatzes sind hingegen plastische Leisten aufgetragen, die sich zu einem stehenden Winkel vereinigen. Nach Ausweis vollständig erhaltener Stücke dürften diese Reliefleisten in guirlandenförmigem Schwung auf den Nebenseiten unterhalb des Blattansatzes herumgeführt worden sein. Das Blatt schwingt breit aus, die Spitze verjüngt sich mit kaum merklicher Einziehung zur Spitze hin. O. Uenze datierte in der Erstpublikation den Hortfund mit Recht in die späte Urnenfelderzeit[112]. Er war es auch, der die Ähnlichkeit der Allendorfer Lanzenspitze mit ungarischen und jugoslawischen Funden erkannte. Besonders wies er auf einige aus der Fliegenhöhle bei St. Kanzian stammende Bronzespitzen hin, bei denen die Verzierung in gleicher Weise aufgefaßt ist. Die istrischen Vergleichsstücke interpretierte Uenze allerdings, da sie älter als der Deponierungszeitpunkt des Allendorfer Hortes sind, als typologische Vorläufer. Erfreulich ist in diesem Zusammenhang, daß für ein Armband aus dem Rhein bei Mainz die nächste Parallele ebenfalls in der Fliegenhöhle identifiziert wurde[113]. Die Lanzenspitze hatte vermutlich auch V. Milojčić[114] im Auge, als er den Hortfund einem frühen Abschnitt der Stufe Ha B zuwies. Zur Datierung der Allendorfer Spitze sind zwei Merkmale, die Verzierung und die Form des Blattes, heranzuziehen. Für die Verzierung sind mir nur wenige gute Entsprechungen bekannt. Dies betrifft besonders die Kombination der zum Winkel gestellten Reliefleiste mit dem auf der Tülle ausgesparten tiefer liegenden Kompartiment; isoliert oder mit anderen Dekors nachweisbar findet sich beides häufiger. Die entsprechenden Vergleiche sind vorwiegend in die Stufe Ha A zu datieren[115]; die Allendorfer Lanzenspitze dürfte demnach

---

[110] Der Hort von Cannes-Écluse datiert allgemein in die Stufen Bz D/Ha A. Der mährische Hort von Borotín, okr. Blansko (M. Salaš, Arch. Rozhledy 38, 1986, 139ff.) ist in die Stufe Ha A1 datiert. Die ungarischen Funde datiert Mozsolics vorwiegend in den Horizont Kurd, Vinski-Gasparini die kroatischen Funde in ihre Phase II; beide Autorinnen parallelisieren diese Horizonte mit der Stufe Ha A1 (nach Müller-Karpe). Die jüngste Datierung verlangt der Hort von Alun, nämlich nach Ha B1; in diesem Sinne auch Vinski-Gasparini, Hortfunde 143 Anm. 1072.

[111] Schon Gersbach, a.a.O. (Anm.106) 1ff. Anm. 31 hatte auf die Beziehungen zur Ricassozähnung Ha A2-zeitlicher Schwerter hingewiesen. Schauer, Arch. Korrbl. 9, 1979, 69ff. Unklar bleibt, inwieweit die schwache Zähnung, bei dem fundortlosen Stück aus Bad Kreuznach kann von solcher schon keine Rede mehr sein, in Verbindung mit welcher Handhabung genügend Hebelwirkung erzielt haben könnte, um dem Gegner die Lanze zu entwinden. Schauers interessanter Überlegung zum Lanzenfechten fehlen einstweilen noch die entsprechenden Gebrauchsscharten als Bestätigung.

[112] O. Uenze, Prähist. Zeitschr. 34/35, 1949/50, 202ff.

[113] Vgl. Kap. II (Armringe).

[114] V. Milojčić, Germania 37, 1959, 80.

[115] Mit spitzovalem Blatt: Bükkaranyos, Fund I (Mozsolics, Bronzefunde 113 Taf. 1,9); mit rhombischem Blatt: Bükkaranyos, Fund I (ebd. Taf. 5, 11- 14); mit ovalem Blatt: Uioara de Sus (Petrescu-Dîmboviţa, Depozitele Taf. 251,2); Galospetreu (ebd. Taf. 146, 1-4); mit geschwungenem Blatt, gut vergleichbare Erscheinung: Einzelfund in Cheşereu (T. Bader, Epoca bronzului în nordvestul Transilvaniei [1978] Taf. 83,20). Die Blattformen der Lanzenspitzen aus der Fliegenhöhle (J. Szombathy, Mitt. Prähist. Komm. Wien II,2 [1912] 177ff. Abb. 24.24) sind mit denen aus dem Ha B1 zeitlichen Hort von München-Widenmeyerstr. (Müller-Karpe, Vollgriffschwerter,

als Altstück deponiert worden sein. Die Datierung der Allendorfer Spitze in die Stufe Ha A korrespondiert auch mit einigen Funden aus dem Arbeitsgebiet z.B. mit einer Lanzenspitze aus Dietzenbach (Liste 2 Nr. 1). Sie stammt aus einem Steinkistengrab, das F.-R. Herrmann in seine Stufe Ha A1 datierte, wenngleich er darauf hinwies, daß diese Stufe keineswegs klar und einheitlich erscheine[116]. A. Jockenhövel maß dem Grabinventar Leitfundcharakter bei und definierte mit ihm seine gleichnamige "Dietzenbach-Stufe" (= Ha A1). An typischen Ha A1-Formen nannte er das Schwert, das in einem Grab aus dem unterfränkischen Eßfeld eine Parallele findet, die Lanzenspitze, die er mit jener von Gaualgesheim verglich und das Messer mit durchlochter Griffangel, dem er Stücke von Gemmingen und Säckheim zur Seite stellte[117]. W. Kubach machte gegen eine solch enge Datierung des Dietzenbacher Grabes geltend, die Bronzen fänden Parallelen sowohl in Fundkomplexen der Stufe Ha A1 als auch Ha A2[118]. Die Lanzenspitze besitzt ein breites, fast unmerklich zur Spitze hin einziehendes Blatt, das in seiner Umrißgestaltung dem Allendorfer Exemplar zur Seite gestellt werden kann. Der relativ lange freie Tüllenteil ist reich verziert. Am Tüllenmund ist ein durch Horizontallinien gefaßtes Tannenzweigmuster, welches von einer umlaufenden Punktzier gesäumt wird, gegeben. Zum Blattansatz hin folgen drei gleichfalls punktgesäumte horizontale Strichbündelgruppen, deren Abstand voneinander sich zum Blattansatz hin verkürzt. Dort findet sich schließlich eine einfache Guirlandenzier. Als Relief ausgeführt begegnet uns dieser Dekor, wie bereits angedeutet, auf einer Reihe südosteuropäischer Lanzenspitzen. Häufiger als die leicht geschwungene Guirlanden- findet man jedoch geometrische Winkelzier auf der Tülle, meist in Höhe des Blattansatzes. Der enge Zusammenhang beider Dekors liegt auf der Hand. Zurecht leitete G. Jacob-Friesen die Winkelzier aus Südosteuropa her[119]. Mußten dort die plastischen Verzierungselemente schon in der Gußform angelegt sein, werden die Muster im westlichen Mitteleuropa als feine Gravur angegeben. Für den Dekor der Dietzenbacher Lanzenspitze finden sich Parallelen vor allem unter französischen Flußfunden aus der Seine und der Marne[120], wo sich besonders die punktgesäumte Strichgruppenzier großer Beliebtheit erfreut. Auch ein Einzelfund aus dem niedersächsischen Hassel, Kr. Nienburg[121] ist in diesem Zusammenhang anzuführen; zwar ist die Spitze abgebrochen und auch die Schneiden sind arg in Mitleidenschaft gezogen, doch gibt sich der leicht geschwungene Blattumriß deutlich zu erkennen. Der lange freie Tüllenteil ist mit fünf teilweise punktgesäumten horizontalen Strichbündelgruppen verziert, zwischen denen nachlässig gearbeitete Fischgrätmuster angegeben sind. Die Zone am Blattansatz schmückt ein punktgesäumtes Dreieck. Tackenbergs Versuch[122], die von G. Jacob-Friesen herausgestellten Verbindungen nach Südosteuropa in den Hintergrund zu rücken und die Beziehungen nach Nordfrankreich zu betonen, mag für die Verzierungstechnik zutreffen; Motivik und Gesamtform der Lanzen von Dietzenbach und Hassel sind jedoch Elemente, die unter dem Einfluß südosteuropäischen Metallhandwerkes stehen. Auf eine jüngere Parallele zur Dietzenbacher Lanze aus dem Hortfund von Liptovska-Ondrašová[123], der in die jüngere Urnenfelderzeit zu datieren ist, hat bereits W. Kubach aufmerksam gemacht. Innerhalb der Urnenfelderzeit nicht näher einzugrenzen ist eine Lanzenspitze aus der Seerandsiedlung von Auvernier am Neuenburger See[124].

Taf. 46, 14-19) zu vergleichen. Für die Blattform: Bingula-Divoš (Vinski-Gasparini, Hortfunde Taf. 87,2). Die Lanzenspitzen aus der Fliegenhöhle sind natürlich nicht datiert, da es sich nicht um einen geschlossenen Fund handelt, doch findet die Mehrzahl des publizierten Materials in Komplexen der Stufe Ha B1 seine Vergleiche.

[116] Herrmann, Urnenfelderkultur 38.

[117] Jockenhövel, Rasiermesser 109f. Dort die entsprechenden Nachweise.

[118] Kubach, Nadeln 439f.

[119] Jacob-Friesen, Lanzenspitzen 238.

[120] Mohen, L'âge du Bronze 80, Abb. 146 (Seine); Jacob-Friesen, Lanzenspitzen Nr. 1664 Taf. 167, 3.4 (Marne); weitere Beispiele reicher Verzierung bei: A. Coffyn, Gallia Préhist. 12, 1969, 103 Abb. 5; Blanchet, Picardie 311 Abb. 172, 8. 9. 11.

[121] Tackenberg, Jüngere Bronzezeit Taf. 26,1; Jacob-Friesen Nr. 1075 Taf. 112,6.

[122] Tackenberg, Jüngere Bronzezeit 86. Blanchet, Picardie 311 spricht von den Lanzenspitzen von Brasles als "objets d'inspiration nordique".

[123] V. Furmánek, Slovenská Arch. 28, 1970, 459 Abb. 12.

[124] Rychner, Auvernier Taf. 105, 8; Jacob-Friesen, Lanzenspitzen Taf. 184,7.; älter ist eine Lanzenspitze aus dem Hort von St. Triphon (Chr. Osterwalder, Die mittlere Bronzezeit im Schweizerischen Mittelland und Jura [1971] 79 Taf. 14,13). Das punktgesäumte Guirlandenmotiv reicht für sich genommen noch in die Stufe Ha B: Ottenby, Öland (Jacob-Friesen, Lanzenspitzen Nr. 203 Taf. 160,3); Ruthen, Kr. Lübz (ebd. 362 Nr. 1366 Taf. 160,4).

Eine weitere Gruppe Ha A-zeitlicher Lanzenspitzen sei anhand des Exemplares aus einem Steinkistengrab von Heldenbergen (Liste 2 Nr. 9) umschrieben. Die Lanzenspitze muß heute leider als verloren gelten, doch kann sich die Beschreibung auf eine ältere Zeichnung aus dem Inventarbuch des Mainzer Landesmuseums stützen. Freilich bleiben einige Fragen, z.B. nach den Nietstiftlöchern, dem Gewicht und der Form des Tüllenquerschnitts ungeklärt. An die kräftige Tülle setzt verhältnismäßig niedrig ein breites Blatt an, dessen Umriß fast konvex geformt ist, doch verbleibt der Schwerpunkt im unteren Blattdrittel. Den Beigaben zufolge, einer Wellenbügelfibel, einer Plattenkopfnadel und den Fragmenten einer Ciste (?) ist das Grab in die Stufe Ha A, vermutlich in deren jüngeren Abschnitt zu datieren[125].

Eine etwas kleinere, doch ansonsten der Heldenbergener gut entsprechende Lanzenspitze unbekannten Fundortes (Liste 2 Nr. 163) kann in diesem Zusammenhang genannt werden[126]. In die gleiche Gruppe gehören auch zwei Lanzenspitzen aus dem Rhein bei Mainz (Liste 2 Nr. 69, 77); sie weisen einen entsprechenden Blattumriß auf.

Vergleichsfunde aus geschlossenen Fundkomplexen in Süddeutschland können nicht angeführt werden; dies dürfte damit zusammenhängen, daß entsprechend lange Bronzespitzen, also von mehr als 20 cm Länge, nur selten in Horten niedergelegt werden; in Gräbern sind Lanzenspitzen ohnehin rar. Brauchbare Parallelen finden sich hingegen in dem Hortfund von Bargfeld, Kr. Uelzen[127], der der Periode IV, vermutlich einem älteren Abschnitt, zugewiesen werden kann. Hierher sind dann auch die Lanzenspitzen aus der Weser bei Bremen und Burg Lesum sowie der Umgebung von Papenburg, Kr. Aschendorf[128] zu stellen.

Bei einem im weiteren Sinne dem angedeuteten Kreis zuzurechnenden und gleichfalls in die Stufe Ha A zu datierenden Lanzenspitzenfund aus dem Rhein bei Oppenheim (Liste 2 Nr. 101 Taf. 3,1) lassen sich wiederum Bezüge nach Nordwestfrankreich erkennen. Die mehr als 37 cm lange und über 400 g schwere Lanzenspitze besitzt einen kurzen freien Tüllenteil und ein breites Blatt, das seine größte Breite im unteren Drittel aufweist und sich ohne jedes Einziehen zur Spitze hin verjüngt. Die beiden Nietstiftlöcher sitzen unmittelbar unter dem Blattansatz. Um die eigentliche Durchbohrung herum ist eine im Durchmesser 1 cm messende kreisrunde 1,5 mm tiefe Aussparung angegeben. Nur auf einer Schmalseite der Lanzenspitze finden sich unterhalb des eigentlichen Nietlochs zwei weitere kleinere Löcher, bei denen es sich wahrscheinlich nicht um Gußfehler handelt. Die Oppenheimer Lanzenspitze wurde von der anhaftenden dicken Flußkieselverkrustung befreit. Bei dieser Gelegenheit wurden auch Reste einer nicht näher bestimmbaren organischen Substanz[129] untersucht. Nach der Form dieser halbkugeligen Knöpfchen zu urteilen, dürften diese in den kreisförmigen Vertiefungen um die Nietstiftlöcher herum angebracht gewesen sein. Folglich dienten sie der Sicherung des Nietstiftes. Vergleichbares ist mir nur von französischen Funden bekannt. Zu nennen sind einige Flußfunde aus der Seine, der Loire und ein Einzelfund aus Rennes[130]. Die genannten Exemplare sind ebenfalls durch ein breites Blatt gekennzeichnet, das jedoch etwas tiefer anzusetzen scheint; bei den Nietknöpfen der französischen Lanzen handelt es sich offenbar um bronzene Ausführungen. J.-P. Mohen datiert sie in die Stufe Bronze final II[131].

Noch einmal sei an die Lanzenspitze von Heldenbergen erinnert, wenn für ein weiteres Exemplar angeblich aus der Umgebung von Ebersheim (Liste 2 Nr. 107), offenbar jedoch ein Flußfund (aus dem Rhein?), älterurnenfelderzeitliche Datierung postuliert wird. Die Lanzenspitze besitzt eine sehr kurze und kräftige freie Tüllenpartie und ein langschmales Blatt. Genaue Entsprechungen fehlen bislang, doch stehen dem Ebersheimer Stück Funde von Kleinwenkheim, Kr. Bad Kissingen, Orpund, Kt. Bern und Besenbüren, Kt. Aargau[132] nahe. Diese Lanzenspitzen sind am be-

---

[125] Betzler, Fibeln 36; Kubach, Nadeln 463ff.

[126] Ein Moorfund von Hanau (Liste 2 Nr. 132) findet im weiteren Umkreis ihren Platz. Eine Datierung in die Stufe Ha A wird auch durch die Ähnlichkeit mit einem Stück von Singen (Kimmig, Urnenfelderkultur Taf. 41,9) nahegelegt. Des ovalen Blattes wegen führe ich hier auch eine Lanzenspitze aus dem Rhein bei Mainz an (Liste 2 Nr. 80).

[127] Jacob-Friesen, Lanzenspitzen Taf. 96,1.2.

[128] Bremen (ebd. Nr. 1247 Taf. 178,3); Burg Lesum (ebd. Nr. 1248 Taf. 187,5); Papenburg (ebd. Nr. 836 Taf. 178,4).

[129] Bestimmung nach Laboranalysen durch Prof. Hundt im RGZM; frdl. Mitt. Dr. Egg.

[130] Seine (Mohen, L'âge du Bronze 144 Abb. 465-467); Loire (G. Bastien, Bull. Soc. Préhist. France 63, 1966, 260).

[131] Mohen, L'âge du Bronze 121.

[132] Kleinwenkheim und ein fundortloses Stück im Mus. Würzburg (Pescheck, Katalog Würzburg Taf. 34, 2.4); Orpund (Chr. Osterwalder, Jahrb. Hist. Mus. Bern 59/60, 1979/80, 51 Nr.

sten mit einer kürzlich von O. Höckmann[133] zusammengestellten Gruppe von Lanzenspitzen mit kurzer Tülle, mehrfach auch in Verbindung mit einer abgerundeten Blattspitze, in Zusammenhang zu bringen. Die in Südosteuropa vorwiegend in Ha A-Kontexten belegten Lanzenspitzen führte Höckmann auf Ausstrahlungen ägäischer Vorbilder der SH III B2-Zeit zurück.

Bei einer Lanzenspitze aus dem Rhein bei Mainz (Liste 1 Nr. 65) setzt das Blatt beinahe rechteckig an der Tülle an, bildet dort einen kleinen Absatz und wird vom Umbruch an in leicht konvexem Schwung zur Spitze hin verjüngt. Die Tülle überstreicht im Blattbereich eine leichte Facettierung. Der Ansatz des Blattes führt zunächst zu F. Holstes Auffassung, der rechtwinklige Absatz, wie ihn die Lanzenspitzen aus dem Hort von München Widenmayerstraße[134] besitzen, sei ein typisches Merkmal der jüngeren Urnenfelderzeit (Ha B). Als Vergleiche scheiden diese für das Mainzer Stück der gänzlich anderen Blattform wegen aus. Besser vergleichbar ist eine Lanzenspitze aus einem Brandgrab von Kitzbühel-Lebensberg in Tirol[135]. In ihrer Blattform der Mainzer Lanzenspitze ganz ähnlich, besitzt sie zusätzlich zwei die Schneide parallel begleitende feine Rillen. Dieses Merkmal scheint im wesentlichen auf die Stufe Ha B1 beschränkt zu sein und kann damit als chronologischer Anhaltspunkt gewertet werden[136]. Die Kitzbüheler Lanzenspitze, die auf R. Pittioni "einen geradezu frischen, man möchte fast sagen, einen fabriksneuen Eindruck macht(e)"[137], war mit einem abgenützten Dreiwulstschwert vergesellschaftet, weswegen das Grab am ehesten an den Übergang zur Stufe Ha B zu stellen sein wird. Daß der rechtwinklige Blattansatz keine völlig neue Erfindung der Ha B-Zeit ist, belegen einige Lanzenspitzen aus ungarischen und kroatischen Horten der Stufe Ha A[138], die alle ein unverziertes Blatt besitzen. Für das Mainzer Exemplar scheint mir also eine ebensolche Datierung angemessen zu sein.

Aus einem Grab bei Viernheim (Liste 2 Nr. 8) stammt eine kleine Lanzenspitze mit asymmetrischem Blatt. Die übrigen Beigaben, ein Messer mit umgeschlagener Griffangel, ein Becher mit Guirlandenzier, eine Plattenkopfnadel und eine Bronzetasse sprechen für eine Datierung in den jüngeren Abschnitt der Stufe Ha A. Vorläufig zur Seite zu stellen ist dieser Lanzenspitze ein Stück aus dem Rhein bei Mainz (Liste 2 Nr. 73).

Zu einer weiteren Gruppe Ha A-zeitlicher Lanzenspitzen sind solche Stücke zusammenzuschließen, die ein verhältnismäßig kurzes Blatt und einen langen freien Tüllenteil besitzen. Eine Lanzenspitze aus dem Hortfund von Bad Kreuznach (Liste 2 Nr. 47) ist nach dem zugehörigen Griffdornmesser und dem Beil in die Stufe Ha A1 zu datieren. Unverkennbar sind aber die Ähnlichkeiten mit Formen, wie wir sie bei der Besprechung der Hünfelder Lanzenspitze kennenlernten. Zu bemühen ist hier noch einmal eine Lanzenspitze aus dem Hortfund von Windsbach. Anzuführen sind auch Lanzenspitzen ähnlicher Form aus der Seine[139]. Affinitäten sind auch zu den Lanzenspitzen des Lüneburg I Typus zu erkennen. Besser treffen jedoch Vergleiche mit Lanzenspitzen aus den Depots von Bargfeld, Kr. Uelzen, Preten, Kr. Hagenow und Beckdorf, Kr. Staade[140]. G. Jacob-Friesen erkannte in diesen Lanzenspitzen die Spätform der Lüneburger Lanzen und datierte sie dementsprechend in einen frühen Abschnitt der Periode IV[141]. Die Lanzenspitzen aus dem Hort von Heerde, Prov. Gelderland[142], der nach der

---

21837 Taf. 8,8); Besenbüren (Jahrb. Schweiz. Ges. Urgesch. 57, 1982, 229).

[133] O. Höckmann, Jahrb. RGZM 27, 1980, 72f. Anm. 109. Die Lanzenspitze von Riedhöfl (Torbrügge, a.a.O.[Anm.27] Taf. 59,5) wertet Höckmann als Zeugnis sporadischen Kontaktes mit der Ägäis.

[134] Müller-Karpe, Vollgriffschwerter Taf. 46.

[135] R. Pittioni, Archiv f. Österreichische Bergbauforschung 2, 1952, 53ff.

[136] Ein Neufund aus der Donau bei Zwentendorf (Fundber. Österreich 21, 1982, 251 Abb. 445) mit Blattform wie München-Widenmayerstr. und konzentrischer Halbkreiszier belegt diesen engen Zusammenhang.

[137] Pittioni, a.a.O. (Anm. 135) 55.

[138] Z.B. Tab, Kom. Somogy (Mozsolics, Bronzefunde, Taf. 117,9); Keszthely, Kom. Zala (ebd. 137 Taf. 130,7); Szentgáloskér, Kom. Somogy (ebd. 194 Taf. 113,12); Zagreb (Vinski-Gasparini, Hortfunde 222 Taf. 74 A1); Pekel b. Maribor (V. Pahič, Arch. Vestnik 34, 1983, Taf. 1,7).

[139] Mohen, L'âge du Bronze 107 Abb. 250, 252, 256.

[140] Bargfeld (Jacob-Friesen, Lanzenspitzen 182 Nr. 1120 Taf. 96,3); Preten (ebd. Nr. 1364 Taf. 96,5); Beckdorf (ebd. Nr. 1106 Taf. 96,7).

[141] ebd. 177ff. Taf. 92-96. Zwischen die Lanzenspitzen von Hünfeld und Windsbach möchte man auch ein Stück von Reichenbach (Müller-Karpe, Niederhessische Urgeschichte [1951] Taf. 32,11) stellen. Zur Datierung des Bargfelder Hortes vgl. auch F. Laux, Die Fibeln in Niedersachsen. PBF XIV, 1 (1973) 23f; F. C. Bath, Hammaburg 4, 1953/55, 79ff.

[142] Jacob-Friesen, Lanzenspitzen Nr. 1729 Taf. 176,4; zur Nadel eine Parallele aus einem Grab von Kehring, Kr. Mayen (Desittere, urnenveldenkultuur Taf. 5,8)

großkopfigen Kugelkopfnadel zu urteilen, der Stufe Ha B1 zuzuweisen sein dürfte, sind ebenfalls in diesem Zusammenhang zu nennen. Neben der bereits zitierten Lanzenspitze aus dem Depot von Bad Kreuznach sind aus dem Arbeitsgebiet der hier umschriebenen Gruppe zwei weitere Lanzen aus demselben Hort und zwei Stück aus dem Rhein bei Mainz zuzuweisen (Liste 2 Nr. 49, 62, 75). Nach der vorliegenden Abbildung zu urteilen, wird man auch die Lanzenspitze aus dem (fraglichen) Depot vom Haimberg (Liste 2 Nr. 20) in die Stufe Ha A datieren. Endlich gehört in diesen Zusammenhang eine Lanzenspitze aus einem Hügelgrab im Lorscher Wald (Liste 2 Nr. 7). Sie wurde zusammen mit heute verlorenen Gefäßen und einem buckel- und rippenverzierten Bronzeblech, das in Heldenbergen seine Entsprechung findet, gefunden. Ob die Gegenstände einer oder mehrerer Bestattungen angehörten, kann nicht mehr sicher entschieden werden; immerhin können die Funde aus der Lorscher Nekropole ausnahmslos in die Stufe Ha A datiert werden, was einen gewissen Anhaltspunkt bietet[143]. Einige kleinere Lanzenspitzen, für die ich keine datierenden Parallelen kenne, finden der Form und Proportionierung nach im Umfeld der eben besprochenen Lanzenspitzen ihren Platz. Mit Ausnahme eines Exemplares aus dem Bad Kreuznacher Hort (Liste 2 Nr. 47) handelt es sich um Funde aus dem Rhein (Liste 2 Nr. 72-73, 108).

Die Besprechung Ha A-zeitlicher Lanzenspitzen sei mit zwei osthessischen Exemplaren aus einem Gräberfeld bei Oberbimbach (Liste 2 Nr. 14-15) beschlossen. Beiden ist ein breit ausladendes Blatt eigen, das sich ohne Andeutung eines Schwunges mit geradem Schneidenverlauf zur Spitze hin verjüngt; auch die Proportionierung beider, das Blatt nimmt jeweils zwei Drittel der Tülle ein, ist sehr ähnlich. Die aus Grab C stammende Lanzenspitze besitzt am Tüllenmund drei kräftige Rippen, die in Nachfolge E. Sprockhoffs als ein Charakteristikum sächsisch-thüringischer Provenienz zu verstehen sind[144]. Als Vergleich ziehe man etwa eine Lanzenspitze aus Ladeburg[145] heran. Während sich in Grab C außer der Lanzenspitze nur eine simple konische Tasse fand, erlaubt uns die Keramik aus Grab 1 eine genauere Datierung. Über das Zylinderhalsgefäß und die innenverzierte Schale, für die sich die besten Parallelen im Neuwieder Becken finden[146], gelangt man mühelos in die Stufe Ha A2. Schon G. Jacob-Friesen meinte im Blick auf die Lanzenspitzen, daß diese Gräber eher "in die Stufe Ha A2 als in Ha B1" datiert werden müssen[147]. Für eine Spätdatierung können die Lanzenspitzen jedenfalls nicht herangezogen werden.

F. Holste verdanken wir den ersten Versuch älter- und jüngerurnenfelderzeitliche Lanzenspitzen voneinander unterscheiden zu lernen. Die wesentliche Tendenz der Formenentwicklung demonstrierte er klar an den Lanzenspitzen aus dem Depotfund von München (Widenmayerstraße): "In diese Gesellschaft (endständiger Lappenbeile; S.H.) passen die langen Lanzenspitzen mit plumpen Umriß, die z.T. den rechteckigen Absatz am Blattansatz besitzen, ausgezeichnet. Fehlt dieser, ist die Endigung des Blattes stumpf und keineswegs von jenem eleganten Schwung, der an alturnenfelderzeitlichen Stücken üblich ist. Ebenso fehlt die energische Einziehung des Blattes etwa in dessen Mitte und die Abtreppung des Profils an den Münchener Stücken. Die kleinere Lanzenspitze des Fundes von Velem St. Vid zeigte, daß auch an solchen Stücken der rechteckige Absatz angebracht war, die noch die frühere Schweifung des Blattes voll bewahrt hatten. Wie sehr man die Tradition empfand, lehrt ein Vergleich mit einem weiteren besseren Stück von Puch, das sich außerdem die astragalierte Profilierung der Pfahlbaubronzen am Tüllenmund angeeignet hat"[148].

Es braucht nicht ausdrücklich hervorgehoben werden, daß Holste seine Vorstellungen insbesondere aus der Kenntnis des südostalpinen Fundstoffs bezog. Doch gilt die von ihm formulierte Haupttendenz der Lanzenspitzenentwicklung auch für die westlichen Randgebiete der Urnenfelderkultur. Es ist dies die Rücknahme der starken Schweifung des Blattes und die Tendenz zu schlankeren und spannungslosen Blattformen, bis in der späten Urnenfelderzeit weidenblatt-

---

[143] Die bei Herrmann, Urnenfelderkultur 151 Nr. 519 (oberständiges Lappenbeil) und 520 (mittelständiges Lappenbeil) angeführten Funde sind Mainzer Flußfunde mit gefälschter Fundortangabe. Vgl. W. Meier-Arendt, Fundber. Hessen 17/18, 1977/78, 71.

[144] Sprockhoff, Horte Per. IV, 25f.; Jacob-Friesen, Lanzenspitzen 148f.

[145] v. Brunn, Hortfunde Taf. 109,4.

[146] Urmitz, Jägerhaus (Dohle, Urnenfelderkultur Taf. 39 A5); zur Verbreitung dieser Schalen allgemein Gersbach, Bodenaltertümer Nassau 8, 1958, 15 Abb. 5.

[147] Jacob-Friesen, Lanzenspitzen 239.

[148] F. Holste, Prähist. Zeitschr. 26, 1935, 69f.

förmige Spitzen hergestellt werden; auch sie haben nichts gemein mit den straffen gespannten Formen der frühen Urnenfelderzeit. Gegenüber der für die ältere Urnenfelderzeit charakteristischen Formenvielfalt, die ihre Anregungen vornehmlich südosteuropäischen Quellen verdankte, ist für die jüngere Urnenfelderzeit die Tendenz zur Uniformität des Typenrepertoires zu beobachten, welche als Ergebnis der starken Ausstrahlungskraft des Pfahlbaukreises - im Norden Europas zahlreich durch lokale Adaptionen (z.B Jacob-Friesens "westbaltischer Typ") vertreten - verstanden werden kann.

Als Ausgangspunkt der Betrachtung jüngerurnenfelderzeitlicher Lanzenspitzen mag uns die aus dem Brandgrab von Worms-Westendstraße (Liste 2 Nr. 2) dienen. Das Grab ist der einzige sicher in die Stufe Ha B1 zu datierende Fundkomplex im Arbeitsgebiet, der eine Lanzenspitze enthielt. Für diese Datierung sprechen die übrigen Beigaben aus dem Grab, eine Eikopfnadel, ein Enghalsbecher, ein Trichterrandbecher, zwei Hutschalen. Das Blatt der Lanzenspitze lädt kaum aus, bleibt schmal, besitzt seine größte Breite im unteren Drittel. Die Schneide vermeidet jeden konkaven Einzug, die Schneiden selbst sind deutlich abgefaßt. Glücklicherweise ist das Wormser Exemplar so charakteristisch, daß sich daran eine Reihe weiterer Formen anschließen lassen. Kennzeichnend für die Lanzenspitzen dieser Zeit im süddeutschen Urnenfeldergebiet ist neben den bereits erwähnten Merkmalen auch die reiche Verzierung am freien Tüllenteil, wie sie auch an der Wormser Lanzenspitze angebracht ist.

G. Jacob-Friesen[149] behandelte diese Verzierungsweise unter dem Obertitel "konzentrische Halbkreiszier". Diese aus der Beschäftigung mit den nordeuropäischen Lanzenspitzen erwachsene Bezeichnung trifft jedoch, wie mir scheint, ein Charakteristikum der schweizerischen und südwestdeutschen Lanzenverzierung nur unzureichend. Zwar sind hier wie dort konzentrische Halbbögen und horizontale Strichverzierung die Bausteine der Ornamentik, doch führt die unterschiedliche Anordnung und Kombination zu zwei klar voneinander zu trennenden Ergebnissen. Bei den aus dem Arbeitsgebiet stammenden Lanzenspitzen von Worms und dem Rhein bei Mainz und Gernsheim (Liste 2 Nr. 87, 100) werden die konzentrischen Halbkreisbögen so gegeneinandergestellt, daß ein Wellenbandornament entsteht, welches hinter die umlaufenden Horizontalbänder gelegt zu sein scheint. Auf dem am Tüllenmund angegebenen Band von feinen horizontalen Linien stehen konzentrische Halbbögen, die eine unmittelbare Fortsetzung der Verzierung auf dem hölzernen Schaft verlangen.

Eine andere Auffassung des Ornamentes verrät dagegen die Anordnung der Halbbögen an Lanzenspitzen wie von Kleinheubach und Ober Sorg (Liste 2 Nr. 115, 5). Die konzentrischen Halbkreisbögen sind hier nicht organisch miteinander verbunden, sondern durch eine leicht versetzte Anordnung voneinander isoliert um die Horizontalbänder herum gruppiert. Beide Ziermotive sind auf schweizerisch-süddeutschen Lanzenspitzen anzutreffen, doch überwiegt das einfache Wellenbandmotiv, während das Halbkreismotiv in größerer Zahl nördlich der Mittelgebirgszone nachzuweisen ist. Wie dieses Ziermotiv schließlich im Nordischen Kreis aufgenommen und in eigener Weise umgebildet wird, hat unlängst H.-J. Hundt[150] ausführlich dargelegt. Die Horizontalbänder werden vermehrt, greifen teilweise auf den im Blattbereich liegenden Teil der Tülle über, was in Süddeutschland immer vermieden wird. Auch treten weitere Ziermotive wie Punktreihen, kleine Dreiecke und kleine Bogenreihen zwischen die konzentrische Halbkreiszier.

Die Lanzenspitzen von Ober Sorg und Gernsheim sind durch Größe, Blattform und kräftige Rippung am Tüllenmund miteiander verbunden; letztgenanntes Merkmal identifiziert sie als Vertreter der bereits angesprochenen "sächsischen Variante".

Die einzige bekannte Lanzenspitze mit Vogelornamentik Europas stammt aus dem Rhein bei Mainz (Liste 2 Nr. 82). G. Jacob-Friesen hat ihr einen ausführlichen Aufsatz gewidmet, so daß hier eine kurze Beschreibung und einige ergänzende Anmerkungen genügen mögen. Sie besitzt ein geschweiftes Blatt, dessen Schneiden von zwei feinen gravierten Linien parallel begleitet werden. Die Tülle ist vergleichsweise kräftig und verbreitert sich in ihrem freien Teil leicht trichterförmig zur Mündung hin. Die fast unversehrte Lanzenspitze ist von dunkelgrüner Edelpatina überzogen[151]. Die Verzierung gliedert den freien Teil der Tülle in zwei schmale senkrechte Streifen und

---

[149] Jacob-Friesen, Lanzenspitzen, 101ff.

[150] H.-J. Hundt, Bonner Jahrb. 178, 1978, 146ff.

[151] Zur Sicherung der Fundortangabe "aus dem Rhein" G. Jacob-Friesen, Jahrb. RGZM 19, 1972, 49f.

vier waagrechte Felder. Erstere befinden sich in Verlängerung der Schneiden und rahmen die großen Nietlöcher; zwischen ihnen ist eine schlangenförmige Punktreihe angegeben. In den vier auf den Schauseiten angegebenen Kompartimenten folgt ein am Tüllenmund befindlicher Wasservogelfries, ein Feld mit alternierend angeordneten Schrägstrichbändern, dann eines mit pointilliertem Zick-Zack und schließlich wiederum ein Feld mit nun sieben alternierenden Schrägschraffuren. Am Blattansatz ist die Tülle mit zwei ineinandergestellten spitzen Winkeln verziert, die entlang den Schmalseiten durch Horizontallinien verbunden werden. Beide Blatthälften sind parallel zur Tülle mit einem Fries fünf hintereinander "schwimmender" Wasservögel verziert; auf der linken Blatthälfte sind sie zum Tüllenmund, auf der rechten zur Spitze orientiert. Obgleich keine direkten Parallelen bekannt sind, lassen sich einige, auch den zeitlichen Ansatz sichernde, Vergleiche nennen[152].

Eine schwere Lanzenspitze aus dem Rhein bei Bacharach (Liste 2 Nr. 96) besitzt eine triedrisch abgeplattete Tülle. Das Blatt ist leicht geschwungen, die Schneiden schartig, die Spitze abgebrochen. Am Tüllenmund ist eine einfache unregelmäßige Punktreihe angegeben. Die schon von G. Jacob-Friesen angeführten Vergleiche tragen, da es sich meist um Einzelfunde handelt, nichts zur Datierung bei; triedrisch abgeplattete Tüllen sind aus den Stufen Ha A und Ha B bekannt[153]. Allein die Form des Blattes erlaubt uns, das Stück den bereits zitierten Lanzenspitzen aus dem Rhein bei Mainz und Gernsheim an die Seite zu stellen.

Eine Gruppe von Einzelfunden ist nach Blattform und Proportionierung an die Lanzenspitze von Worms-Westendstraße anzuschließen. Gemeinsam ist ihnen auch die deutlich abgefaßte Schneide. Zu nennen sind hier vor allem die Lanzen von Butzbach und Dortelweil (Liste 2 Nr. 137-138). Nach der Blattform zu urteilen, vermittelt eine Lanzenspitze von Heddernheim zu den behandelten Flußfunden aus dem Rhein bei Mainz und Gernsheim (Liste 2 Nr. 82, 100). Die schneidenparallelen feinen Rippen auf dem Blatt der Heddernheimer Spitze lassen schließlich keinen Zweifel an der Richtigkeit der Datierung in die Stufe Ha B1 zu. Lose anzuschließen ist eine aus einem Grab stammende Lanzenspitze von Höchst (Liste 2 Nr. 11). Eine Lanzenspitze aus dem Rhein bei Mainz (Liste 2 Nr. 87) mit langer Tülle und kurzem Blatt kann aufgrund ihrer Verzierung ebenfalls in die Stufe Ha B1 gestellt werden. Die Form ist relativ selten, doch finden sich Parallelen aus den zeitgleichen Horten von Ehingen-Badfeld, Kr. Augsburg-West und Hilgenstein, Kr. Köthen[154].

Zwei Lanzenspitzen, eine aus dem Rhein bei Mainz (Liste 2 Nr. 64), die andere aus dem Main bei Dörnigheim (Liste 2 Nr. 111), fallen durch eine eigentümliche Tüllengestaltung auf; mit dem Blattansatz verengt sich die Tülle in leisem Schwung. Während die Mainzer Spitze einen runden Querschnitt aufweist, ist er im Falle der Dörnigheimer Lanze muldenförmig gestaltet und an den Seiten scharf gekantet. H. Müller-Karpe brachte die Dörnigheimer Lanzenspitze mit der schon behandelten aus dem Hortfund von Stadt-Allendorf in Verbindung und lokalisierte die Hauptverbreitung dieser Lanzen an der mittleren Donau und der oberen Theiß[155]. Der wesentliche Unterschied zwischen den Lanzen scheint mir aber darin zu liegen, daß beim Allendorfer Exemplar ein Teil der Tülle als tiefergelegtes Kompartiment ausgespart ist und von den Seiten her die Tülle mit Reliefleisten überzogen wird, während bei dem Dörnigheimer Fundstück die Tülle insgesamt tiefer gelegt ist und im Blattbereich an den Seiten scharfkantig aufgezipfelt ist. Diese Erscheinung ist durchaus weit verbreitet; man mag etwa an einen Einzelfund aus dem fränkischen Dennelohe[156] oder an ein Stück aus dem Depotfund von Gabow, Kr. Bad Freienwalde[157] denken. Die Blattform der Dörnigheimer Lanzenspitze findet Vergleichbares am ehesten in Ha B-Zusammenhang.

---

[152] Anselfingen-Hohenhewen (Müller-Karpe, Chronologie Taf. 175 C5); Fliegenhöhle (J.Szombathy, Mitt. Prähist. Komm. Wien II,2, 1912 134 Abb. 9); treffend ein 12,8 cm langes Exemplar aus der Grotte de Rouffignac bei Rouffignac (C. Chevillot, La civilisation de la fin de l'âge du Bronze en Perigord [1981] 51 Taf. 90,1).

[153] Weisweiler, Kr. Düren (Jacob-Friesen, Lanzenspitzen 245 Nr. 1252 Taf. 129,7); Ried, Ldkr. Wasserburg (ebd. 360 Nr. 1335 Taf. 129,8); Oldendorf, Kr. Lüneburg (ebd. 345 Nr. 1031 Taf. 129,5); Fliegenhöhle (J. Szombathy, Mitt. Prähist. Komm. Wien II,2 1912, 140 Abb. 8); Spelvik, Södermanland (Jacob-Friesen, Lanzenspitzen 294 Taf. 160, 10). Bei den italienischen Lanzenspitzen des in Frage kommenden Zeitabschnittes ist die Tülle auf ihrer ganzen Länge sechseckigen Querschnittes.

[154] Ehingen (Schauer, Schwerter Taf. 147,2); Hilgenstein (Müller-Karpe, Vollgriffschwerter Taf. 53,8).

[155] Müller-Karpe, Urnenfelderkultur 46 Abb. 7.

[156] Hennig, Grab und Hort Nr. 80 Taf. 15,6.

[157] Jacob-Friesen, Lanzenspitzen Taf. 141, 1.2.4-7.

Durch ihren Dekor, konzentrische Halbkreiszier, kann eine Lanzenspitze aus Kleinheubach (Liste 2 Nr. 115) in die Gruppe Ha B1-zeitlicher Exemplare gestellt werden. Die Halbkreisbögen auf dem freien Tüllenteil sind unorganisch aneinandergereiht. Die Lanzenspitze ist in zwei Teile zerbrochen, ob rezent oder antik erfahren wir aus der Literatur nicht. Blattform und Proportionierung gestatten es, dieser Lanzenspitze vier weitere, jedoch unverzierte Exemplare zur Seite zu stellen; ausnahmslos handelt es sich um Fluß- oder Einzelfunde (Liste 2 Nr. 79, 135, 121, 148). Eine weitere Lanzenspitze identischer Form aus dem Main bei Steinheim (Liste 2 Nr. 114) ist am Tüllenmund gerippt[158]. Diese Form der Tüllenverzierung, die nicht mit der sächsisch-thüringischen Rippung verwechselt werden darf, wird seit E. Vogt im allgemeinen der späten Urnenfelderkultur zugewiesen. Den hier zu beobachtenden fließenden Übergang zwischen Ha B1- und Ha B3-Formen mag auch eine strichverzierte Lanzenspitze ähnlicher Form mit schneidenparallelen Verzierungslinien auf dem Blatt aus dem Kreis Sinsheim[159] verdeutlichen, für die man noch Ha B1-zeitliche Datierung beanspruchen möchte. Fehlen also spezifische Verzierungselemente, kann nur eine allgemeine Datierung in die Stufe Ha B ausgesprochen werden. Gleiches gilt für eine Gruppe kleinerer Lanzenspitzen aus dem Arbeitsgebiet (Liste 2 Nr. 66, 68, 130, 164). An Vergleichsfunden aus der Schweiz und der Zone nördlich der Mittelgebirge[160] mangelt es nicht, doch vermögen auch sie den allgemeinen Zeitansatz in die Stufe Ha B nicht zu spezifizieren.

Von zwei ehemals in der urnenfelderzeitlichen Ringwallanlage auf dem Glauberg am Ostrand der Wetterau gefundenen Lanzenspitzen ist heute nur noch eine erhalten (Liste 2 Nr. 158). Da sie antik abgebrochen ist und eine sekundäre Nachbearbeitung erfahren hat, lassen sich keine aus Formenvergleichen gewonnenen Datierungsvorschläge ableiten. Die überwiegende Mehrzahl der in Skizzen überlieferten Funde vom Glauberg gehört der jüngeren Urnenfelderzeit (Ha B1-3) an[161]. Bedauerlicherweise ist die zweite Lanzenspitze heute verloren (Liste 2 Nr. 157); sie ist nach ihrer Blattform und des rechteckigen Blattansatzes an der Tülle zu urteilen, ähnlich wie die Lanzenspitzen aus dem Hort von München-Widenmayerstraße, in die Stufe Ha B1 zu datieren. Gerne wüßte man allerdings, ob die Rippen- oder Rillenzier am Tüllenmund als progressives oder regionales (sächsische Variante) Element zu werten ist.

Zu einer gut beschreibbaren Gruppe gehören die Lanzenspitzen von Heidelberg-Neuenheim (Liste 2 Nr. 124 Taf. 7,3), Kleinwallstadt (Liste 2 Nr. 112) und vom Bleibeskopf bei Bad Homburg (Liste 2 Nr. 162). Bei den beiden erstgenannten handelt es sich um Flußfunde aus dem Neckar bzw. dem Main; der letztgenannte ist ein "Detektorfund"[162]. Das diese Lanzenspitzen verbindende Charakteristikum sind die sich zur Spitze hin leicht verjüngenden, parallel der Tülle angefügten wulstartigen Rippen; sie greifen wenige Millimeter über den Blattansatz hinaus und bilden am freien Tüllenteil einen kleinen schildförmigen Absatz in Verlängerung der Schneiden. Die drei Lanzenspitzen besitzen schmale Blätter; das etwa in seiner Mitte mit leichtem Schwung einziehende Blatt der Lanzenspitze aus dem Neckar bei Heidelberg wird man am besten mit Formen der Stufe Ha B1 verbinden können, während die beiden anderen Spitzen sich mühelos in das Formenrepertoire der Stufe Ha B3 einfügen lassen. Vergleichsfunde sind aus Halberstadt, "Ungarn", Auertal, Kt. Graubünden und Estavayer, Kt. Fribourg[163] bekannt geworden. Tüllenbegleitende wulstartige Verdickungen, die der Stabilität fragiler Zonen an der Lanzenspitze gedient haben dürften, finden sich auch an einer Lanzenspitze aus dem Rhein bei Mainz (Liste 2 Nr. 85). Anders als bei den eben besprochenen Exemplaren verbinden sich die über das Blatt auf den freien Teil der Tülle ausgreifenden Rippen nicht zu einem Absatz, sondern werden bis knapp über die Nietstiftlöcher herabgeführt. Das lange, tief ansetzende Blatt und seine leicht geschwungene Form

---

[158] Vgl. eine Parallele aus Hockenheim, Rhein-Neckar-Kreis (L. 14,8 cm) (G. Gropengießer, Neue Ausgrabungen und Funde im Mannheimer Raum 1961-1975. Ausstellungskatalog Reiß Museum [1976] 25 Nr. 24a Taf. 7).

[159] Bad. Fundber. 21, 1958, 247 Taf. 66,4.

[160] Morges, Kt. Vaud (Jacob-Friesen, Lanzenspitze Nr. 1801 Taf. 187, 2); Sutz, Kt. Bern (ebd. Nr. 1762 Taf. 184,5); Mörigen, Kt. Bern (ebd. Nr. 1754 Taf. 184,3); Neuenburger See (ebd. Nr. 1822 Taf. 153,4); Nottendorf, Kr. Stade (ebd. Nr. 1108 Taf. 179,7), Basland, Randers Amt (ebd. Nr. 522 Taf. 169, 3); Schäfstadt, Kr. Merseburg (ebd. Nr. 1461 Taf. 163,9).

[161] Herrmann, Urnenfelderkultur Taf. 41, F.

[162] Die Wortschöpfung "Detektorfund" ist ein im Grunde nicht zu rechtfertigender Euphemismus für systematische Raubgräberei mit technisch entwickelten Hilfsmitteln.

[163] Jacob-Friesen, Lanzenspitzen 276, Nr. 1429 Taf. 177,15; Nr. 1600 Taf. 117, 16; Nr. 1770 Taf. 183, 5; Nr. 1766 Taf. 183,1. Die Fundortangabe der Lanzenspitze aus "Ungarn" scheint mir nicht über jeden Zweifel erhaben.

erinnert noch an die Spitze mit Vogelornamentik aus dem Rhein und ihren Umkreis. Ihre besten Parallelen findet die Spitze aber in Hortfunden Englands und Schottlands[164], die dort der Ewart Park-Stufe zugewiesen werden.

Vermutlich an Lanzenspitzen mit tüllenbegleitenden Rippen sind solche orientiert, deren Blatt leicht abgetreppt ist; diese Treppung ist nun nicht mehr wie bei den älteren ungarischen Lanzenspitzen schneidenparallel, sondern hält sich an den Verlauf der Tülle. Aus dem Arbeitsgebiet sind hier die Lanzen von Heppenheim und Gambach zu nennen (Liste 2 Nr. 136, 46). Beide fügen sich typologisch in die späte Urnenfelderzeit, die Lanzenspitze von Gambach stammt überdies aus einem Ha B3-zeitlichen Hortfund.

Europäisches Interesse beansprucht eine Lanzenspitze aus dem Rhein bei Mainz, die die Formate der bislang besprochenen Stücke bei weitem übertrifft (Liste 2 Nr. 90 Taf. 6,1). Sie mißt annähernd 55 cm in der Länge und erreicht doch nur etwas mehr als 5 cm in der Breite. Der freie Teil der Tülle ist extrem kurz und mißt ebenfalls nur 5 cm. Ihr Gewicht beträgt 764 g, einige Gramm sind abzuziehen, denn die Tülle ist im Inneren sand- und kieselverbacken. Man hat sich zu vergegenwärtigen, daß somit diese Lanzenspitze ihrem Gewicht nach manches Mörigenschwert weit übertrifft. Die harte Flußkieselverkrustung wurde auf einer Seite entfernt; dabei konnten auch Reste einer schneidenparallelen Doppellinie freigelegt werden. Ob ehemals weitere Verzierungselemente vorhanden waren, läßt sich nicht entscheiden. Diese typische Verzierung bezeugt aber, daß unsere Lanzenspitze nicht vor der Ha B-Zeit hergestellt wurde. Die beste Parallele findet sich in einer 65 cm langen und 7 cm breiten Lanze aus Orbe im Kanton Vaud[165]. Das Blatt setzt dort nach Jacob-Friesen in mehrfacher Stufung an der Tülle an. Wie das Mainzer Exemplar trägt auch die schweizerische Lanzenspitze schneidenparallele Rillen; der freie, ebenfalls extrem kurze Tüllenteil ist mit einem aus Strichbändern gebildeten Winkelmuster bedeckt. Jacob-Friesen vermutete, daß es sich bei dieser Lanzenspitze um südöstlichen Import handele, doch nannte er keine Referenzfunde. Vergleichbar lange Lanzenspitzen sind rar, die wenigen bekannten Exemplare stammen ausnahmslos aus Flüssen. Hier sind zu nennen das vermutlich etwas ältere Exemplar von Han-sur-Lesse, Prov. Namur[166], eine Lanzenspitze aus der Themse bei Isleworth[167] und ein etwas kürzeres Exemplar aus dem Hortfund von Wilburton, das wegen seiner Form hier angeführt werden muß[168].

Lanzenspitzen mit ähnlich extremen Maßen, jedoch unterschiedlicher Form sind in Skandinavien aus einem Depotfund von Kirkesöby, Odense Amt und als Einzelfund von Hoddöy, Nord-Tröndelag bekannt[169]; beide Male handelt es sich um mit Mäander- und Wellenbogenmotiven üppig verzierte Exemplare. Einfache Horizontallinien besitzen hingegen die jüngeren Lanzenspitzen von Pederstrup, Viborg Amt und Sarup, Odense Amt[170] sowie aus einem Moor bei Sønderup[171], letztere fanden sich zusammen mit einem Auvernierschwert. Anzuführen sind auch die Lanzenspitzen aus dem Depot von Slättaröd in Schonen[172]; eine von ihnen wird man ebenfalls in den Umkreis der Lanzenspitze aus dem Rhein bei Mainz zu stellen haben. Mit Ausnahme der letztgenannten weisen alle skandinavischen Lanzenspitzen schon auf die eisenzeitliche Lanzenentwicklung[173].

Ob diese "Superspitzen", wie Thrane meint, eine neue Kampfart anzeigen oder, wie Wegner vermutet, "Prunk- oder Votivwaffen" sind, läßt sich derzeit nicht entscheiden. Beispiele großer langschmaler Lanzenspitzen begegneten uns schon in der Gruppe südosteuropäischer Lanzenspitzen, an die das Exemplar von Gaualgesheim angeschlossen werden konnte. P. Schauer hatte schon bei diesem eine Verwendung zum Fechten mit der Lanze vorgeschlagen, doch fehlen

---

[164] Innshoch, Nairnshire (Schmidt/ Burgess, Axes Taf. 140 D1), Auchtertyre, Morayshire (ebd. Taf. 144 C3). Letztere besitzt eine zusätzliche Mittelrippe auf der Tülle.

[165] Jacob-Friesen, Lanzenspitzen Nr. 1804 Taf. 184,1 mit strichverziertem freien Tüllenteil.

[166] M.E. Mariën in: Archeologie en Historie (Festschr. H. Brunsting) (1973) 128 Abb. 1.

[167] W. Greenwell, W.P. Brewis, Archeologia 61, 1909, 439ff. Taf. 67, Abb. 32.

[168] J. Evans, Archeologia 48, 1884, 106ff. Taf. 5,1.- Vermutlich aus der Oise stammt eine bei Compiegne, Dép. Oise gefundene Spitze (J.-C. Blanchet, B. Lambot, Cahiers Arch. Picardie 2, 1975, 41 Nr. 26).

[169] Jacob-Friesen, Lanzenspitzen Nr. 479 Taf. 162,1; Nr. 7 Taf. 162,5.

[170] Ebd. Nr. 586 Taf. 135,4; Nr. 489 Taf. 135,5.

[171] H. Thrane, Årbog Historisk Samfund Sorø Amt 1969, 78ff. m. Abb.

[172] Jacob-Friesen, Lanzenspitzen Nr. 75 Taf. 125,1.

[173] Vgl. U. Schoknecht, Jahrb. Bodendenkmpfl. Mecklenburg 1973, 157ff.

hier wie dort entsprechende Gebrauchsspuren[174]. Älterurnenfelderzeitliche großformatige Lanzenspitzen sind auch aus Westeuropa bekannt, z.B. aus der Loire und der Themse[175]. Auch sie erreichen eine Länge von über 35 cm; schon sie sind gußtechnisch kleine Meisterwerke.

Durch ihr langes, schmales, weidenblattförmiges Blatt gibt sich eine Lanzenspitze aus dem Rhein bei Erbach (Liste 2 Nr. 98) als Ha B-zeitlich zu erkennen. Sie kann gut mit anderen, noch zu behandelnden Lanzenspitzen aus Horten der späten Urnenfelderzeit verknüpft werden. Ein formgleiches Exemplar mit reichem Leiterband und Halbkreisdekor aus der Umgebung von Wiesbaden (Liste 2 Nr. 142) dürfte noch der Stufe Ha B1 - vermutlich darin einem frühen Abschnitt - zuzuweisen sein; für eine an der Tülle abgebrochene Spitze mit ähnlichem Dekor (Liste 2 Nr. 94) schlage ich eine entsprechende Datierung vor[176].

Für die 33,7 cm lange Lanzenspitze mit sehr schmalem Blatt und langer Tülle aus dem Rhein bei Mainz (Liste 2 Nr. 100) sind mir aus der Literatur keine direkten Vergleiche bekannt. Neben einigen schon im Zusammenhang mit den extrem dimensionierten Lanzenspitzen genannten Vergleichen, etwa von Pederstrup, kommt auch eine Lanzenspitze aus dem Per. V-zeitlichen Depot von Breesen, Kr. Köthen zumindest seiner Proportionierung nach an das rheinhessische Exemplar heran[177].

Die mit Strichbündeln zu Winkeln aufgestellte Verzierung der Lanzenspitze aus dem Hortfund von Gambach (Liste 2 Nr. 44) stellt im Formen- und Verzierungsrepertoire der späten Urnenfelderzeit (Ha B3) einen Fremdkörper dar. Leider ist sie zu schlecht erhalten, um eine Herstellung schon in der Stufe Ha B1 glaubhaft machen zu können[178].

Die heute verschollene Lanzenspitze aus Dromersheim (Liste 2 Nr. 13) stammt aus einem Grab, doch sind die bei Behrens abgebildeten Gegenstände Teile vermischter Inventare. Auffälligstes Merkmal der abgebrochenen Lanzenspitze mit langschmalem Blatt ist die Facettierung der Tülle im Blattbereich. Verschiedentlich ist sie deswegen mit den bereits diskutierten Stücken von Oberbimbach[179] in Verbindung gebracht worden; Jacob-Friesen betonte aber zurecht die formalen und chronologischen Unterschiede. Während der Facettierung kein chronologischer Wert zukommt, ist für eine Datierung die Form des Blattes ausschlaggebend. Die Datierung in die Stufe Ha B konveniert im übrigen mit der Zeitstellung der übrigen von diesem Friedhof bekannten Gegenstände[180].

Durch die Vergesellschaftung im Hort ist die Datierung der am freien Tüllenteil facettierten Lanzenspitze von Gambach (Liste 2 Nr. 42) und einer kleineren Spitze mit abgeplatteter Tülle von Bad Homburg (Liste 2 Nr. 38) in die späte Urnenfelderzeit gesichert.

Gleiches gilt für eine weitere Gruppe kleinerer Lanzenspitzen mit ausgehämmerter Schneide aus den Horten von Bad Homburg und Gambach, denen ein Einzelfund von Heddernheim zur Seite zu stellen ist (Liste 2 Nr. 37, 39, 45, 143).

Die überwiegende Zahl der im folgenden zu behandelnden Lanzenspitzen stammt aus Horten der späten Urnenfelderzeit, einige aus Flüssen, nur ausnahmsweise aus einem Grab. Gegenüber der Vielfalt von Form und Dekor der älterurnenfelderzeitlichen Lanzenspitzen ist bei den jüngerurnenfelderzeitlichen Exemplaren ein weitgehend einheitliches Gepräge festzustellen. Das Blatt ist schmal, meist einfach konvex geformt. Die Verzierung beschränkt sich auf umlaufende Horizontalrillen am freien Teil der Tülle, meist unmittelbar am Tüllenmund. Häufig wird die einfache Rillung durch die schon im Guß angelegte Rippung ersetzt. Freilich ist diese Zierweise schon in der Stufe Ha B1 entwickelt worden. Eine Spitze aus Sinsheim wurde schon genannt; ein Exemplar aus dem Depot von Thalebra, Kr. Sondershausen[181] könnte hinzugefügt werden. Zur Datierung vor allem der Einzelfunde

---

[174] Vgl. M. Gebühr in: Beiträge zur Archäologie Norddeutschlands und Mitteleuropas (Festschr. K. Raddatz) (1981) 69ff.- Die dort identifizierten Scharten müssen nicht im Kampf beschädigt worden sein. Denkbar ist auch eine bewußte Unbrauchbarmachung der Lanzenspitzen vor ihrer Deponierung, wie man dies aus keltischen Heiligtümern kennt.

[175] Loire (G. Cordier, Revue Arch. Est et Centre Est 13, 1965, 35ff.); Themse (M.R. Ehrenburg, a.a.O. [Anm. 68] Abb. 14, 42.

[176] Vgl. eine Lanzenspitze im Depot von Epernay, Dép. Haute Marne (L. Lepage, Préhist. et Protohist. Champagne Ardenne 3, 1979, 50, 173. 181.); Beuron, Kr. Sigmaringen, Depot (Müller - Karpe, Chronologie 167 Taf. 163 A).

[177] Sprockhoff, Horte Per .V Taf. 4,1-2.4-5.

[178] Gleiches gilt für ein Stück vom Bleibeskopf bei Bad Homburg (Liste 2 Nr. 160).

[179] Eggert, Urnenfelderkultur 35.

[180] Zum Armring vgl. Richter, Arm- und Beinschmuck 156 Nr. 900.

[181] R. Feustel, H. Schmidt, Ausgr. u. Funde 2, 1957, 120ff. Abb. 2,3.

muß somit immer die Form des Blattes und die gesamte Proportionierung berücksichtigt werden.

Die späturnenfelderzeitlichen Lanzenspitzen aus dem Arbeitsgebiet, die dem schweizerisch-süddeutschen "Standardtyp" zugehörig sind, lassen sich in sieben Gruppen nach Größe, Blattform und Höhe des Blattansatzes differenzieren. Unter Berücksichtigung einer umfangreicheren Materialbasis in einem regional erweiterten Untersuchungsrahmen werden weitere Gruppen hinzukommen, aber auch die fließenden Übergänge besser sichtbar werden. Nur in einem solchen Rahmen wäre auch die seit E. Vogt Postulat gebliebene Kartierung strich- und rippenverzierter Bronzen zu realisieren. Die im folgenden angeführten Referenzfunde dienen nur einer ersten Orientierung über die verschiedenen Varianten; schon jetzt treten die Seeufersiedlungen der Schweiz als wichtige Produktionszentren deutlich hervor, wofür eine Reihe entsprechender Gußformen[182] zeugen. In Bayern ist die schüttere Verbreitung entsprechender Lanzenspitzen auf den langsamen Verfall der Depotsitte zurückzuführen; Neufunde aus der Donau in Bayerisch-Schwaben sowie Lesefunde von Mainfränkischen Höhensiedlungen haben den Bestand jedoch vermehrt.

Gruppe 1: Aus dem Arbeitsgebiet zählt hierzu die kleine schlanke Bronzespitze aus dem Rhein bei Trechtingshausen (Liste 2 Nr. 109), die ihrer Form nach Entsprechungen in den Horten von Gambach und Hanau findet. Vergleichbar kleine schlanke Lanzenspitzen sind aus der Schweiz, Baden-Württemberg und Mainfranken[183] bekannt.

Gruppe 2: Diese Lanzenspitzen besitzen in der Regel ein schmales Blatt mit geradem oder konvexem Schneidenverlauf. Bei Variante A (Liste 2 Nr. 24, 29, 123. 140) setzt das Blatt etwas tiefer an der Tülle an als bei Variante B (Liste 2 Nr. 22, 30, 30, 43, 113).

Vergleichsfunde sind aus der Schweiz, Mainfranken und Baden-Württemberg zu nennen[184].

Gruppe 3: Die hier zusammengefaßten Stücke zeichnen sich durch ein sehr schlankes Blatt aus, das weidenblattförmig genannt werden kann. Variante A (Liste 2 Nr. 34, 58, 78) besitzt ein tiefer, Variante B (Liste 2 Nr. 21, 23, 25, 28, 56) ein etwas höher ansetzendes Blatt. Vergleichsfunde stammen aus der Schweiz und dem Saarland[185].

Gruppe 4: Charakteristisches Merkmal dieser Lanzenspitzen ist ein schlankes, hoch an der Tülle ansetzendes Blatt (Liste 2 Nr. 32, 63, 76). Ein ähnliches Exemplar stammt aus der Seerandsiedlung Auvernier[186]. Für die Spitze mit fein geripptem Tüllenmund aus dem Rhein bei Mainz ist auch ein Zusammenhang mit G. Jacob-Friesens "westbaltischem Typ" in Erwägung zu ziehen[187].

Gruppe 5: Hier handelt es sich um kleine Lanzenspitzen mit breitem Blatt, von denen das Exemplar aus dem Hort von Hanau wegen seines tieferen Blattansatzes mit der heute verschollenen Lanzenspitze von Wolfskehlen zu verbinden ist (Liste 2 Nr. 27, 128). Die übrigen Exemplare (Liste 2 Nr. 16, 31, 36, 71, 122) sind meist rippenverziert. Zum Vergleich stehen wieder schweizerische Funde zur Verfügung[188].

Gruppe 6: Für die Lanzenspitze aus dem Rhein bei Lorch (Liste 2 Nr. 110), die gegenüber der Trechtingshausener Spitze mit einer Länge von 26,4 cm das

---

[182] T. Weidmann, Helvetia Arch. 12, 1981, 218ff.; nach M. Primas in: Festschr. v. Brunn (1981) 369f. sind Lehmgußformen auch für Lanzenspitzen belegt.

[183] Nidau, Kt. Bern, Uferrandsiedlung 14,8 cm (Jacob-Friesen, Lanzenspitzen Nr. 1757 Taf. 183,2); Charpigny, Kt. Vaud, Depot (ebd. Nr. 1793 Taf. 182,6); Corcelettes, Kt. Vaud, Uferrandsiedlung, 16,6 cm (ebd. 1796 Taf. 183,7); Reupelsdorf, Ldkr. Kitzingen, Depot, 16,2 cm (Frankenland N.F. 11, 1971, 224 Abb. 7, 13); Dischingen, Kr. Heidenheim, Einzelfund (Fundber. Baden-Württemberg 5, 1980, 62 Taf. 82,B); Orpund, Kt. Bern, Kiesablagerung L 17,3 cm (C. Osterwalder, Jahrb. Hist. Mus. Bern 59-69, 1979-80, 74 Taf. 8,9).

[184] Variante A: Orpund, Kt. Bern, Kiesablagerungen (C. Osterwalder a.a.O. Taf. 12,7); Mauern, Ldkr. Neuburg a.d. Donau, Grab (Germania 41, 1963, 88ff. Abb. 1,2.); Gehültz, Ldkr. Kronach, Abschnittsbefestigung (Fundber. Oberfranken 4, 1983-84, 47 Abb. 17,7); Variante B: Hürben, Lkr. Heidenheim, vermutlich Grab (Fundber. Baden-Württemberg 2, 1975, 78 Taf. 191,9); Estavayer, Kt. Neuchátel (Naturhist. Mus. Basel).

[185] Variante A: Auvernier, NE, Siedlung (Rychner, Auvernier Taf. 106,3); Brebach, Kr. Saarbrücken, Hort (Kolling, Späte Bronzezeit Taf. 42,3); Auvernier Est, Siedlung (V. Rychner, Jahrb. Schweiz. Ges. Urgesch. 58, 1974, 57 Abb. 12,6); Orpund BE, Kiesablagerungen (C. Osterwalder, Jahrb. Hist. Mus. Bern 59-60, 1979-80 Taf. 12,7). Variante B: Saarlouis, Hort (Kolling, Späte Bronzezeit Taf. 49,8).

[186] Rychner, Auvernier Taf. 105,1.

[187] Vgl z.B. Tetzitz, Kr. Rügen (Jacob-Friesen, Lanzenspitzen Nr. 1348b Taf. 147, 10). Der beinahe geknickte Blattumriß, dessen größte Breite zur Blattmitte hin tendiert, läßt auch Anklänge an den Lanzenspitzentyp Venat vermuten, von dem sich ein Exemplar (mit Rippenzier) in der Siedlung Zürich-Wollishofen "Haumesser" (T. Weidmann, Helvetia Arch. 12, 1981, 219 Abb. 2 links oben) fand.

[188] Auvernier NE, Siedlung (Rychner, Auvernier Taf. 105, 5.6); Orpund BE, Kiesablagerung (Jahrb. Hist. Mus Bern 59-60, 1979-80, 47ff. Taf. 11,9).

andere Ende des Längenspektrums markiert, lassen sich Vergleiche aus den Regionen nördlich der Mittelgebirge anführen[189].

Gruppe 7: Besteht aus Lanzenspitzen, die wegen Fragmentierungen keiner der vorherigen Gruppen sicher zugewiesen werden können, deren Zusammenhang mit diesen aber außer Frage steht (Liste 2 Nr. 144, 117, 40).

Für ein Exemplar aus dem Main bei Mainaschaff (Liste 2 Nr. 116) mit breitem ovalen Blatt ist mir keine Parallele bekannt, doch kann sie der Verzierung wegen der Stufe Ha B zugewiesen werden[190]. Der vom Nordufer des Neckar stammenden Lanzenspitze (Liste 2 Nr. 126) sind entsprechende Stück vom Lac du Bourget in Savoyen und vom Zürichsee[191] zur Seite zu stellen.

Abschließend müssen wir uns einer Reihe späturnenfelderzeitlicher Sonderformen zuwenden. In die Spätstufe der Urnenfelderkultur datierte G. Wegner[192] die beiden Lanzenspitzen aus dem Hort von Frankfurt-Niederrad und dem Rhein bei Mainz (Liste 2 Nr. 54, 61). Letztere rechnete er einem Ensemble 1898 vom Landesmuseum Mainz erworbener Bronzen zu, die er als Hortfund klassifizierte, doch läßt sich für diese Vermutung kein Beleg anführen (vgl. Kap. III). Zur Datierung steht also nur der späturnenfelderzeitliche Hort von Frankfurt-Niederrad zur Verfügung. Ähnliche Exemplare stammen aus Auvernier NE und einem ebenfalls späturnenfelderzeitlichen Hort von Reupelsdorf, Ldkr. Kitzingen[193]. Eine als Einzelfund auf uns gekommene Lanzenspitze aus Dieburg (Liste 1 Nr. 156) mit längerem Blatt und schlanker zierlicher Tülle ist ebenfalls der späten Urnenfelderzeit zuzuweisen. Die besten Entsprechungen finden sich in einem Hortfund von Brebach[194].

Pfeilspitze oder Lanzenspitze, diese Entscheidung ist bei zwei Exemplaren aus dem Hortfund von Ockstadt und der Umgebung von Büdingen (Liste 2 Nr. 51, 167) zu fällen. O.-M. Wilbertz fiel bei der Behandlung des unterfränkischen Fundstoffs die Unterscheidung nicht schwer; "die längste erhaltene Pfeilspitze mißt 7,4 cm, die kürzeste Lanzenspitze 15,0 cm[195] Das Längenmerkmal allein ist jedoch nicht ausreichend. Die Ockstädter Spitze mißt 6,3 cm, die aus Büdingen 7,4 cm, beide fielen somit in die Kategorie Pfeilspitze. Dagegen spricht allerdings das Gewicht (20 bzw. 29 g gegenüber einer Pfeilspitze von Frankfurt-Rödelheim mit 5,5 g), der Tüllendurchmesser (1,3 bzw. 1,4 cm), der einen relativ starken Holzschaft erforderte und die Nietstiftbefestigung, die für Lanzenspitzen unbekannt ist. Daher sind beide Exemplare als Lanzenspitzen anzusprechen. Vielleicht handelt es sich um Miniaturwaffen mit reiner Votivfunktion.

Eine Spitze aus dem Hortfund von Hochstadt (Liste 2 Nr. 57) mit breitem herzförmigem Blatt leitet bereits in die anbrechende Eisenzeit über. Die im Blattbereich sich zusammenziehende Tülle wird vom Blatt kaum mehr abgehoben, vielmehr werden Tülle und Blatt in einen fließenden Übergang gebracht, der Querschnitt nähert sich der Form einer schlanken Raute. Mit der Lanzenspitze aus dem Hortfund von Ockstadt (Liste 2 Nr. 52), die an das Ende der chronologischen Erörterungen gestellt wird, werden wir in die Übergangszone bronze- und eisenzeitlicher Lanzenspitzengestaltung geführt. Die Tülle ist ähnlich derjenigen von Hochstadt gestaltet, fast könnte man von einem Mittelgrat sprechen, wie er bei einer Lanzenspitze von Okriftel (Liste 2 Nr. 145) ausgebildet ist. Die Ockstädter Lanzenspitze wird, geläufiger Chronologievorstellung zufolge, durch die Vergesellschaftung mit entsprechenden Formen in diesem Hort in die Stufe Ha B3 datiert. Bestätigung erfährt diese Datierung zunächst durch eine Lanzenspitze ähnlicher Form aus dem pommerschen Hortfund von Vietkov, Kr. Stolp, die dort mit einem Tüllengriffmesser, oberständigen Lappenbeilen und einem Auvernierschwert vergesellschaftet ist[196]. Die beiden entsprechen ihrer Form nach ganz einer aus Eisen gefertigten Spitze aus

---

[189] Östergarn, Gotland (Jacob-Friesen, Lanzenspitzen Nr. 271 Taf. 161,1); Groß Sachau, Kr. Lüchow-Dannenberg (ebd. Nr. 988 Taf. 161,2).

[190] Bei Pescheck, Katalog Würzburg Taf. 34,5 ist am Tüllenmund neben der Rillenverzierung auch ein Schrägstrichdekor angedeutet.

[191] Station Le Saut (A. Perrin, Etude préhistorique sur la Savoie, spécialment a l'époque lacustre [1870] Taf. 11,13); Meilen ZH, Seerandsiedlung (Jahrb. Schweiz. Ges. Urgesch. 46, 1957, 101f. Abb. 28,1); vgl. auch Mörigen BE (Y. Mottier, Stations littorales. Museumsführer Genève [o.J.] Abb. 10,6).

[192] Wegner, Flußfunde 57.

[193] Auvernier (Rychner, Auvernier Taf. 106, 13); Reupelsdorf (Wilbertz, Urnenfelderkultur 153f. Taf. 98,1).

[194] Kolling, Späte Bronzezeit Taf. 42,1.

[195] Wilbertz, Urnenfelderkultur 43. Eine Parallele aus dem "Marscherwald" (K. Theis, Bull. Soc. Préhist. Luxembourg 5, 1983, 113 Abb. 4,A).

[196] E. Sprockhoff, Ber. RGK 31, 1941 Taf. 49, 13.

einem Hort von Breesen, Kr. Köthen[197], den E. Sprockhoff noch in die Periode V datierte. In der älteren Hallstattzeit Süddeutschlands stellen Lanzenspitzen ähnlicher Form schließlich den Hauptteil des Fundgutes[198]. Noch in engem Zusammenhang mit der Urnenfelderzeit steht die eiserne Lanzenspitze aus dem Hortfund von Alsenborn, Kr. Kaiserslautern, dessen gelegentliche Datierung in die Hallstattzeit[199] der eisernen Lanzenspitze - einem der wenigen typologisch ansprechbaren Eisengegenstände in diesem Hort - wegen nicht zwingend ist. Die zweite, aus Bronze hergestellte Lanzenspitze aus demselben Hort ist ohne Mühe dem Fundmaterial aus den Schweizer Seen zur Seite zu stellen. Eiserne Lanzenspitzen der Stufe Ha B sind sehr selten; neben dem Per. V-zeitlichen Exemplar aus Breesen ist eine Spitze aus Nidau, Kt. Bern[200] zu nennen, deren freier Tüllenteil mit konzentrischem Halbkreisdekor verziert ist. Wichtig ist festzuhalten, daß sich diese Lanzenspitze in das Typenrepertoire der jüngeren Urnenfelderzeit mühelos eingliedert. Dies scheint im Falle der Ockstädter Lanzenspitze anders zu sein. Sie steht den hallstattzeitlichen Lanzenspitzenformen nahe und kann aus der späturnenfelderzeitlichen Standardlanze kaum erklärt werden. Handwerksgeschichtlich war die Lanzenspitze von Nidau natürlich von Bedeutung, da sie den engen Zusammenhang von Bronze- und Eisenverarbeitung belegt. Man kann sie als Übersetzung traditioneller Formen in einen neuen Werkstoff verstehen. Die Lanzenspitzen aus Ockstadt und Vietkov möchte man hingegen eher als Antwort der Bronze- auf die neuen Eisenlanzenspitzen verstehen. Deren reiche Variationsbreite wird uns durch ein früheisenzeitliches Lanzenspitzen"depot" aus dem Malliner Wasser bei Passentin, Kr. Waren[201] vorgeführt. Sind diese Überlegungen richtig, könnten sich Möglichkeiten eröffnen, die Dynamik des Überganges von der Urnenfelder- zur Früheisenzeit besser zu verstehen.

Im vorangehenden wurde versucht, durch Einzelvergleiche die Lanzenspitzen Hessens und Rheinhessens (zur Verbreitung vgl. Taf. 24) hinsichtlich ihrer zeitlichen Stellung und regionalen Herkunft zu bestimmen. Dazu war es notwendig, auf die früh- und mittelbronzezeitlichen Lanzenspitzen auszugreifen, und es konnte gezeigt werden, daß entgegen älteren Auffassungen diese in einiger Zahl in Mainhessen vertreten sind. Bei diesen Exemplaren handelt es sich mehrheitlich um Vertreter der konservativen süddeutschen Normalform, deren Protoypen sich in den Horten von Bühl und Ackenbach, in denen uns eine neue, südosteuropäische Typenfront entgegentritt, finden. Sporadische Fernkontakte, wie sie die bretonische Lanzenspitze aus dem Rhein bei Mainz belegt, bleiben für die süddeutsche Lanzenspitzenproduktion offenbar folgenlos. Erst mit der Urnenfelderzeit werden im Rhein-Main-Gebiet kulturelle Kontakte mit West- und Nordeuropa besser greifbar, doch üben auch sie offenbar keine nennenswerte Wirkung auf die Formenentwicklung aus. Eine wesentlich bedeutsamere Ausstrahlungskraft entfalten dagegen Produkte aus dem Südostalpenraum und Nordungarn. Die Lanzenspitzen mit gestuftem Blatt, die in Süddeutschland ab der Stufe Bz D einsetzen, erfreuen sich, wie die große Fundstreuung zeigt, großer Beliebtheit und regen die lokalen Handwerker zu Imitationen an. Kennzeichnend für die ältere Urnenfelderzeit ist jedoch auch die Typenvielfalt; mit der beginnenden jüngeren Urnenfelderzeit bricht nach Ausweis der Funde der Kontakt mit dem Karpatenraum weitgehend ab. Hessen und Rheinhessen geraten nun in den von H.-J. Hundt als "go west trend" bezeichneten Verschiebungsprozeß der Handelsbeziehungen zwischen dem Süden und dem Norden Europas. Die damit verbundene formale Gleichförmigkeit der Produkte gestattet es vorerst nicht, zwischen lokalen und aus den Werkstätten der schweizerischen Seerandsiedlungen stammenden Produktionsserien zu unterscheiden. Die Verschiebung bzw. Ablösung alter Fernkontakte durch neue erschwert es auch, zwischen älter- und jüngerurnenfelderzeitlichen Lanzenspitzen vermittelnde Formen namhaft machen zu lassen, wie sie Holste für den südostalpinen Fundstoff überzeugend nachweisen konnte. Kennzeichnend ist für die Formen der jüngeren Urnenfelderzeit die Verkürzung des freien Tüllenteiles und die Aufgabe breiter Blattformen. Die in Abb. 8 gegebene Grafik, in der das Verhältnis von Länge zu

---

[197] Sprockhoff, Horte Per. V 82 Taf. 4,3.

[198] Vgl. Bubesheim, Ldkr. Ginzburg (G. Kossack, Südbayern während der Hallstattzeit [1959] 154f. Taf. 35,15); Oberleinach, Ldkr. Würzburg (H. Müller-Karpe, Germania 31, 1953 Abb. 1, 30-33); Dienheim, Kr. Mainz-Bingen (H. Polenz, Ber. RGK 54, 1973, 107ff. Taf. 55,2); Flörsheim, Main-Taunus-Kreis, Grab 1 (ebd. Taf. 61,3).

[199] Vgl. Stein, Hortfunde.

[200] J. Speck, Helvetia Arch. 12, 1981, 271 Abb. 7.

[201] U. Schoknecht, Jahrb. Bodendenkmalpflege Mecklenburg 1973, 157ff.

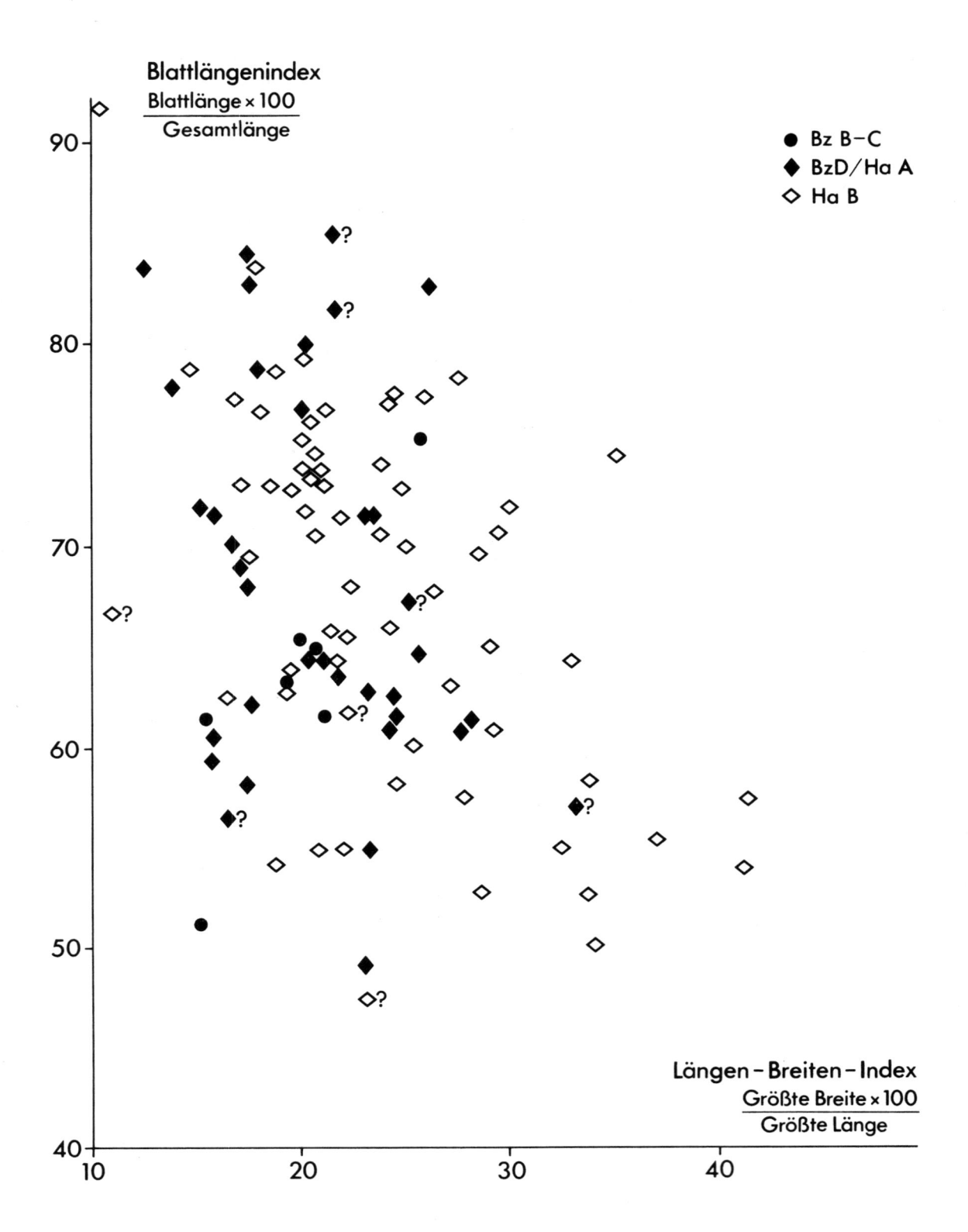

Abb. 8 Längen- und Breitenindices bronze- und urnenfelderzeitlicher Lanzenspitzen

kommt, wo eine größere Zahl einheimischer Produkte zur Verfügung steht.

Ebenso wie für die Schwerter nehmen fließende oder stehende Gewässer für die Deponierung von Lanzenspitzen einen hervorragenden Platz ein, wie aus dem in Abb. 9 gezeigten Histogramm hervorgeht. Auch in der übrigen Verteilung gleichen sich die Deponierungspräferenzen von Lanzenspitzen und Schwertern, allein bei Lanzen liegt der Einzel- und Siedlungsfundanteil etwas höher. Dies wird auch in der in Abb. 10 veranschaulichten zeitlichen Deponierungsentwicklung deutlich. Während die Zahl der Fluß- und Depotfunde für beide Waffengattungen in der Stufe Ha B (auf feinteiligere Differenzierungsmöglichkeiten für Schwerter wurde bereits hingewiesen) gegenüber der Stufe Ha A stark ansteigt und die Sitte der Waffenbeigabe im Grab verfällt, steigt bei den Lanzenspitzen in der Stufe Ha B auch der Anteil einzeln gefundener Stücke, während bei den Schwertern ein leichter Rückgang der "Einzelfunde" zu verzeichnen war. Als Grabbeigabe kommt der Lanzenspitze nur untergeordnete Bedeutung gegenüber anderen Waffen, dem Schwert und dem Bogen, zu. Wir kennen sie überwiegend aus Steinkistengräbern der Stufen Ha A und Ha B1; fast immer wurden sie - im Gegensatz zu den Schwertern - dem Toten unfragmentiert mitgegeben, im Falle der Brandbestattung nicht auf den Scheiterhaufen gelegt. Über die Kombination der Lanzenspitze mit einer zweiten Waffe sind wir durch die Grab-

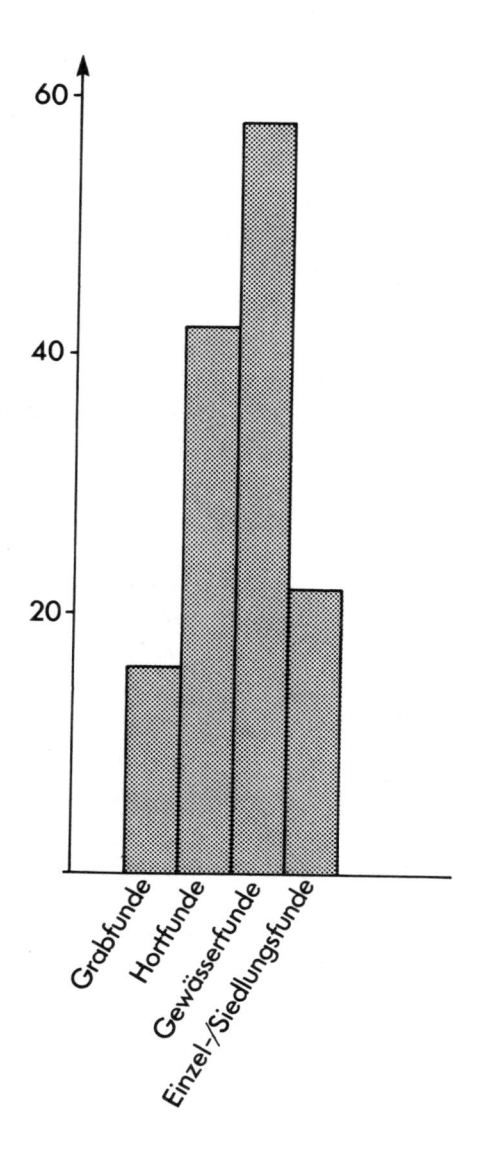

Abb. 9 Verteilung der Lanzenspitzenfunde auf Quellen (absolute Zahlen).

Breite der Lanzenspitze zu dem von Blattlänge zu Gesamtlänge in Beziehung gesetzt wird, läßt die genannten Tendenzen der Lanzenspitzenentwicklung deutlich erkennen. Zugleich ist dieses Bild aber auch ein Beleg für die Schwierigkeiten, bei der funktionalen Gruppenbildung weitergehende Ergebnisse zu erzielen. Die Erwartung, daß sich solche Gruppen auch als Gewichtsklassen abzeichnen könnten, findet im Material leider keine Bestätigung. Der Fundstoff des Arbeitsgebietes ist so heterogen zusammengesetzt, so unterschiedlichen Kultureinflüssen unterworfen, daß man bezüglich dieser Fragestellungen nur dort weiter-

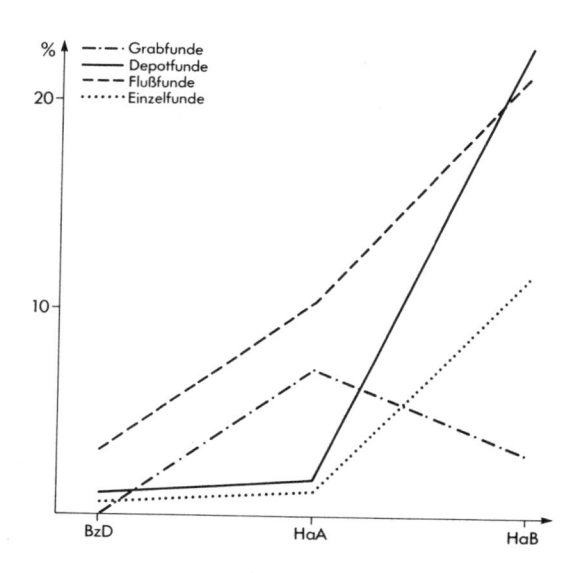

Abb. 10 Verteilung der Lanzenspitzen auf Zeitstufen nach Quellen (prozentuale Anteile).

funde nur unzureichend informiert. Mit Ausnahme der Gräber von Dietzenbach und Bad Nauheim (Liste 2 Nr. 2, 6), in denen sich jeweils auch ein Schwert fand und Heldenbergen (Liste 2 Nr. 9), in dem eine zweite Fernwaffe, Pfeil und Bogen nämlich, vertreten ist, stellen Lanzenspitzen die einzige mitgegebene Waffe dar. Neben dem Heldenbergener Grab ist eine Bestattung von Homburg Schwarzenacker[202] das einzige mir bekannte Beispiel für die Beigabe zweier Fernwaffen. Ansonsten ist die Lanze in den urnenfelderzeitlichen Gräbern mit dem Schwert vergesellschaftet oder die exklusive Waffe.

Auch in den Depotfunden der älteren Urnenfelderzeit spielt die Lanze eine unbedeutende Rolle. Dies gilt für Süddeutschland, in stärkerem Maße allerdings für das Arbeitsgebiet. Aus der Stufe Ha B1 ist bislang im Arbeitsgebiet kein Hort mit Lanzenspitzen bekannt geworden. Der überwiegende Teil der Depotlanzen ist in die späte Urnenfelderzeit (Ha B3) zu datieren.

Fundort	absolut	prozentual	erh.	frg.
Mainz	2	7,1	+	
Bad Kreuznach	3	60,0	+	
Ockstadt	2	2,6	+	+
Haimbach	1	3,0	+	
Allendorf	1	3,5		+
Hochborn	1	4,1	+	
Weinheim	3	4,2	+	+
Ffm- Niederrad	1	5,0	+	
Hochstadt	3	6,6	+	+
Rüdesheim	1	8,3	+	
Hanau	8	13,1	+	+
Heusenstamm	1	20,0	+	
Gambach	5	22,7	+	
Biblis	1	33,3		+
Schotten	1	33,3		+

Abb. 11 Übersicht über die Lanzenspitzen in Horten des Arbeitsgebietes

Charakteristisch für den Erhaltungszustand der Lanzenspitzen in Horten ist der hohe Anteil fragmentierter Stücke; bei einigen ist die Intentionalität der Verbiegung und Zerbrechung sicher nachzuweisen, so bei den Lanzenspitzen von Allendorf und Hanau (Liste 2 Nr. 50, 26 a-b). Eine Lanzenspitze aus dem Hort von Weinheim wurde durch Hitzeeinwirkung deformiert. Im Hort von Schotten wurde der Fehlguß einer Lanze (Liste 2 Nr. 53) mitgegeben, Partien des Blattes sind im Guß nicht gekommen. Interessant ist, daß die Abschrägung der Schneiden deutlich erkennbar ist und mithin schon in der Gußform angegeben war. Anders als bei den Schwertern, die nur in fragmentiertem Zustand "gehortet" wurden, deponierte man auch unversehrte, offenbar recht "neue" Stücke, so in den Horten von Heusenstamm und Rüdesheim (Liste 2 Nr. 58, 29). In Horten konnten auch einige "Altstücke" nachgewiesen werden. Dies betraf die Lanzenspitzen aus den fraglichen Horten von Hochborn und Haimberg (Liste 2 Nr. 19, 20). Älter als die übrigen Bronzen ist auch die Lanzenspitze aus dem Stadt-Allendorfer Hort; den gleichen Sachverhalt vermutete ich bei zwei Lanzenspitzen aus dem Gambacher Hort. Obgleich über 20% aller Lanzenspitzen im Arbeitsgebiet aus Horten der Stufe Ha B3 stammen, sind sie quantitativ in diesen selbst meist nur mit einem Anteil zwischen 5 und 10% vertreten (Abb. 11).

Die aus Flüssen und Mooren bekannt gewordenen Lanzenspitzen sind in der Regel unfragmentiert. Wie die Untersuchung zur chronologischen Ordnung des Fundstoffs gezeigt hat, werden sie seit der frühen bzw. mittleren Bronzezeit dem Flußlauf anvertraut. Die Tradition der Lanzenspitzenversenkung in der nördlichen Oberrheinebene konnte damit erheblich zurückverlegt, der Eindruck von einer erst in der Urnenfelderzeit einsetzenden Sitte korrigiert werden. Ein time-lag der Lanzenspitzendeponierung im Rhein bei Mainz zu anderen Flußfundstellen Europas existiert also nicht. Gleichwohl spielt die Versenkung von Lanzenspitzen, wie Waffen überhaupt, in Westeuropa eine wesentlich größere Rolle als im östlichen Mitteleuropa (vgl. Kap.IV). Beim derzeitigen Forschungs- und Publikationsstand ist vor allem hinsichtlich der Datierungsunsicherheiten von regional übergreifenden Vergleichen Abstand zu nehmen. Immerhin belegt der mecklenburgische Fund von Mallin die Kontinuität der Lanzenversenkung in der Eisenzeit. Ob dies ein nordeuropäisches Phänomen darstellt oder auch andernorts geübt wurde, werden weitere Forschungen zu zeigen haben.

---

[202] Kolling, Späte Bronzezeit Taf. 35.

Schutzwaffen

Helme

Bislang sind aus dem hier behandelten Landschaftsraum fünf vollständig erhaltene Bronzehelme und zwei vermutlich zu einem oder zwei Kammhelmen gehörige Kegelniete bekannt geworden (vgl. Liste 3 Nr. 5 und Taf. 25). Nur einer der Helme stammt aus einem Hort, die übrigen sind Flußfunde. Es handelt sich hier um eine im westlichen Mitteleuropa charakteristische Quellensituation. Damit ist bereits auf die Probleme der Datierung der Materialgattung hingewiesen; die zeitliche Stellung einzelner Helmtypen ist entweder nicht wünschenswert scharf zu umschreiben oder muß insgesamt als problematisch gelten. Im hier interessierenden Zusammenhang kann das Problem der Datierung nur kursorisch behandelt werden.

Der einzige sicher durch die Beifunde datierte Helm des Arbeitsgebietes stammt aus dem Hortfund von Wonsheim (Liste 3 Nr. 6) und ist dort mit vermutlich neun späturnenfelderzeitlichen Bronzebechern vergesellschaftet. Es handelt sich um einen sog. "schlichten Kappenhelm"[1]. Die Lebensdauer dieser Form wird mit dem nicht völlig sicher verbürgten Depot von Oggiono-Ello, Prov. Como (Bz D), sowie den Horten von Szikszó, Kom. Borsod-Abaúj-Zemplén (Ha A/B), Ehingen, Kr. Augsburg (Ha B1) und Wonsheim beschrieben. Mit Ausnahme eines schlichten Kappenhelmes von Iseo, Prov. Brescia, stammen alle bislang bekannten Exemplare aus Hortfunden.

Unsicher ist, ob der Kappenhelm aus dem Rhein bei Mainz (Liste 3 Nr. 1) in die hier beschriebene Gruppe zu stellen ist. Aufgrund seines leichten Sagitalkammes, wie er sich übrigens auch auf dem Helm von Oggiono findet, hat ihn P. Schauer[2] in die typologische Nähe zu den Kammhelmen gerückt und der älteren Urnenfelderzeit zugewiesen. Es sei dahingestellt, ob dieses Merkmal eine solche Trennung rechtfertigt, zumal der Mainzer Kappenhelm im Unterschied zu den Kammhelmen ein einschaliges Treibprodukt darstellt, während letztere bekanntlich zweiteilige Kompositprodukte sind[3].

Die Kammhelme lassen sich den Forschungen G. v. Merharts folgend in mehrere Typen klassifizieren; beide überwiegend in Westeuropa vertretene Kammhelmtypen (CI und CII nach v. Merhart) sind auch im Fundstoff des Arbeitsgebietes vertreten.

Gegenüber der halbkugeligen Haubenform der Kappenhelme besitzen die Kammhelme (CI und CII) kegelförmige Hauben, weswegen sie auch als Spitzhauben bezeichnet worden sind. Die von G. v. Merhart als Kammhelm mit gerundeter Haube beschriebene Form[4] ist im Arbeitsgebiet mit zwei Exemplaren aus einem Altrheinarm bei Biebesheim (Liste 3 Nr. 2-3) repräsentiert. Neben diesen beiden sind über die v. Merhart bekannten Helme hinaus die Neufunde aus dem Main bei Ebing, Kr. Staffelstein[5] und der Saône bei Châlon-sur-Saône, Dép. Saône-et-Loire zu nennen[6]. Für die Datierung der Form steht weiterhin nur das Fundensemble, vermutlich ein Hort, von Le-Theil, Dép. Loir-et-Cher zur Verfügung. Während das aus diesem Depot stammende mittelständige Lappenbeil auf eine älterurnenfelderzeitliche Zeitstellung schließen läßt, könnte das aufwendige Blechgehänge wohl auch in der jüngere Urnenfelderzeit seinen Platz finden[7]. Auch P. Schauer hat sich kürzlich für eine Datierung zumindest einiger Kammhelme, besonders solcher mit Buckeldekor, in die jüngere und späte Urnenfelderzeit ausgesprochen, da sich ähnlicher Dekor auf jüngerurnenfelderzeitlichen Bronzepanzern fände[8]. Doch bleiben wir auch hier weiterhin auf schwankendem Boden.

---

1 G. v. Merhart, Ber. RGK 30, 1940, 5ff. Weitere Literatur: H. Hencken, The earliest European Helmets (1971); P. Schauer in: Festschr. R. Vonwiller I,2 (1982) 701ff.

2 Schauer a.a.O. 719. Dort auch Nachweise der hier genannten Horte; gute Photographien des Helmes bei P.Schauer, Fundber. Hessen 19/20, 1979/80, 526ff. Abb. 4-8.

3 Als typologisch verbindendes Glied der Helm von Weil aus dem Rhein (P. Jud, Arch. d. Schweiz 8, 1985, 62ff.)

4 G. v. Merhart a.a.O. (Anm. 1) 15ff.

5 C. Pescheck, Jahrb. RGZM 13, 1966, 34f.

6 Gallia Préhist. 21, 1978, 586 Abb. 15.

7 Abgebildet ist der Hort z.B. bei Hencken, a.a.O. (Anm. 1) 61 Abb.33; die lanzettförmigen Anhänger sind nach Wels-Weyrauch, Anhänger 115f. nicht in toto einer Stufe zuzuweisen. Vergleichbare Blechgürtel kennt man in Frankreich auch aus den Alpen: z:B. Benevent-en-Champsaur, Dép. Hautes-Alpes (F. Audouze, J.-C. Courtois, Les epingles du Sud-Est de la France, PBF XIII,1 [1970] Taf. 21 u. 22); Champ Collombe bei Réallon, Dép. Hautes-Alpes (J.-C.Courtois, Gallia Préhist. 3, 1960, 90 Abb. 38). Die genannten Exemplare sind in die Stufe Bf III zu datieren.

8 P. Schauer, Fundber. Hessen 19/20, 1979/80, 532ff.

Zwei Kegelniete aus dem Lahnkies zwischen Heuchelheim und Dutenhofen (Liste 3 Nr. 5a/b) werden als Bestandteile eines Kammhelmes angesprochen[9]. Vergleichbare Stücke hatte H. Hencken in seiner breit angelegten Studie zu den ersten europäischen Metallhelmen[10] vorgelegt. Sie stammen aus den jüngerurnenfelderzeitlichen Horten von Larnaud, Dép Jura und Vénat, Dép. Charente-Maritime sowie aus dem bretonischen Depot von Saint-Brieuc-des-Iffs, Dép. Ille-et-Vilaine[11], wodurch ebenfalls eine längere Lebensdauer der hier zur Rede stehenden Helme wahrscheinlich ist. Einschränkend muß jedoch bemerkt werden, daß die Nieten wohl auch zu der zweiten von G. v. Merhart herausgestellten Kammhelmgruppe, den "glatten Kammhelmen mit Spitzhaube"[12], gehören könnten. Für diese Gruppe, die im Arbeitsgebiet durch ein Exemplar aus dem Main bei Mainz-Kostheim (Liste 3 Nr. 4) vertreten ist, lassen sich bislang keine sicheren Datierungshinweise entwickeln. Unglücklicherweise sind die Beifunde der neun Helme von Bernières-d'Ailly, Dép. Calvados, die die nächsten Parallelen zu dem Mainzer Stück darstellen, ein Lappenbeil, zwei Lanzenspitzen und zwei Armringe, verloren.

Für stilistische Vergleiche zu anderen Metallschutzwaffen fehlt es noch an genügend aussagekräftigem Fundmaterial. So ist der auffällige Kontrast zwischen der Schmucklosigkeit der genannten Helme und dem reichen Dekor einiger Bronzepanzer[13] und Beinschienen bemerkenswert[14], aber noch nicht zu deuten.

Zur Datierung bleibt abschließend zu bemerken, daß allzu enge Zeitansätze einzelner Helmtypen bei der gegenwärtigen Quellenlage vermieden werden sollten; einer der wesentlichen Anker zur chronologischen Einstufung der Kammhelme, der Hortfund von Paß Lueg, ist in seiner Geschlossenheit angezweifelt worden[15]. Nach den Beifunden zu urteilen gehört der Helm in die Stufen Bz D/Ha A, doch fehlen weitere Vergleichsstücke. Besonders der Kreisverzierung auf Haube und Wangenschutz wegen steht ihm ein Helm aus dem submykenischen Grab 28 von Tiryns[16] am nächsten. Die räumliche und zeitliche Distanz beider Helme einerseits und ihre formale Nähe andererseits führen uns die Lückenhaftigkeit des Materialbestandes vor Augen und gemahnen somit zur Vorsicht.

Was die Deponierung von Helmen anbelangt, kann nur eine weiträumige Kartierung Aufschluß über regionale Besonderheiten bieten (Abb. 12), ohne daß in ihr eine chronologische Differenzierung zureichend zu berücksichtigen wäre. H. Hencken hatte in seiner Kartierung der europäischen Helmfunde eine "Baltic-Adreatic-North-Italian-Line"[17] als Grenze zwischen einem süd-östlichen Kreis, in dem Helme in Horten deponiert werden, und einem westlichen Kreis, in dem man sie dem Fluß oder See/Moor anvertraute, herausgearbeitet. In der hier vorgelegten Verbreitungskarte, die einige Ergänzungen enthält, werden drei Deponierungskreise sichtbar gemacht. Im französischen Atlantikbereich sind Helme bislang allein aus Horten bekannt geworden, obgleich es im selben Gebiet an Flußfunden nicht mangelt. Östlich der Oise und nördlich der Seine schließt sich im wesentlichen bis zum Rhein eine Fundprovinz an, in der die Deponierung im Fluß präferiert wird, während östlich des Rheins Helme vor allem wieder aus Horten bekannt geworden sind. Aus Südwestdeutschland sind, obwohl andere Blechschutzwaffen nicht fehlen, Helme mit Ausnahme des Exemplares aus dem Rhein bei Weil[18], bisher nicht bekannt geworden. Nur am Rande sei darauf hingewiesen, daß zwei Tüllenfragmente mit getrepptem Fuß aus den Horten von Pfeffingen und Ehingen[19] vielleicht Helmaufsätze sind, wie man sie aus dem Hort von Straßengel kennt. Gelegentlich

---

[9] A. Jockenhövel, Arch. Korrbl. 10, 1980, 45.

[10] Hencken a.a.O. (Anm. 1) 75 Abb. 49 a.b.

[11] J. Briard, Y. Onneé, Le dépot du Bronze final de Saint-Brieuc-des-Iffs (I. et. V) (1972) 25f. Taf. 20.

[12] G. v. Merhart a.a.O. (Anm.1) 19.

[13] Man denke nur an den üppigen Dekor der Panzer von Fillinges, Dép. Haute-Savoie (P. Schauer, Jahrb. RGZM 25, 1978, 92ff.). Sechs ähnliche Bronzepanzer aus einer Kiesgrube bei Marmesse, Dép. Haute-Marne (Jahrb. RGZM 30, 1983, 546 Taf. 108, 2-3).

[14] Es liegt nahe, zwischen Panzern und Helmen eine chronologische Differenz zu vermuten. Es ist aber auch nicht ausgeschlossen, daß wir es in diesem Falle mit einer objektspezifischen Quellenselektion zu tun haben.

[15] Dazu: B.R. Goetze, Bayer. Vorgeschbl. 49, 1984, 38 Anm. 79.

[16] N.M.Verdelis, Athen. Mitt. 78, 1963, 1ff.

[17] Hencken, a.a.O. (Anm.1) Abb.1 (dort auch Nachweise der Helmfunde).

[18] P. Jud, Arch. Schweiz 8, 1985, 62ff.

[19] Pfeffingen, Kr. Balingen (Müller-Karpe, Chronologie Taf. 164,5) Ehingen, Kr. Augsburg (ebd. Taf. 168,4). Beide Tüllen sind etwas kleiner als das Stück von Straßengel (ebd. Taf. 126,1).

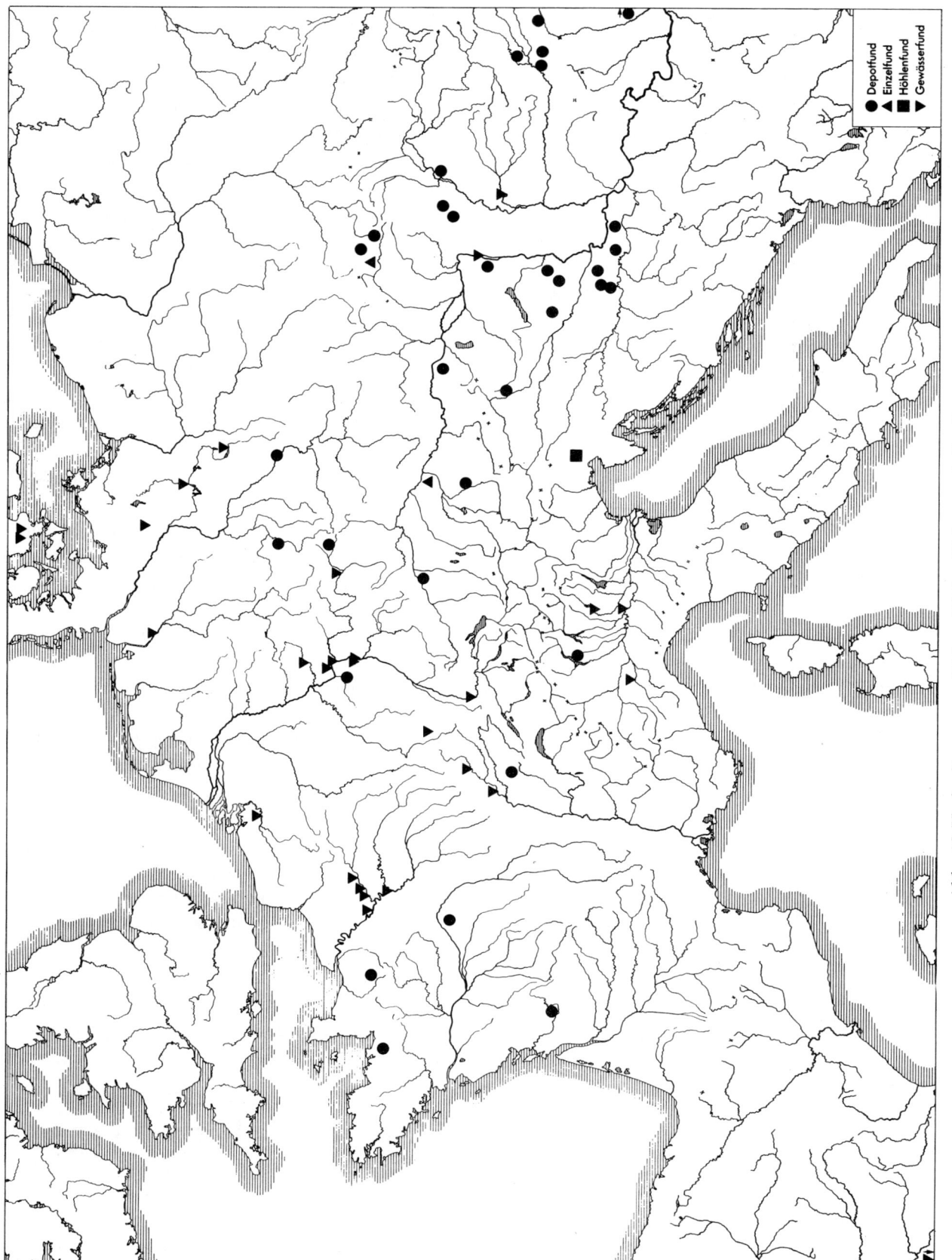

Abb. 12 Verbreitung urnenfelderzeitlicher Helme nach Quellen

sollten beide Tüllen unter diesem Aspekt untersucht werden.

Die italienischen Helmfunde südlich des Po sowie die griechischen Funde wurden nicht mitkartiert. Vor allem in Italien stammen sie überwiegend aus Gräbern, in Griechenland kennt man sie vornehmlich aus Heiligtümern[20].

Was die vor allem durch Horte charakterisierte Fundprovinz Südosteuropas anbelangt, wurde bereits an anderer Stelle darauf hingewiesen, daß der Mangel an Flußfunden möglicherweise dem Fehlen wasserwirtschaftlicher Maßnahmen geschuldet sein könnte. Da jedoch andererseits aus der Donau durchaus eine Reihe von Funden bekannt geworden ist, sollte die Aussage des Kartenbildes in ihrer Tendenz durch die Fundquantitäten als gesichert gelten.

Schilde

Die beiden aus dem Arbeitsgebiet bekannten Bronzeschilde stammen aus dem Rhein bei Bingen[21] und bei Mainz[22]. In beiden Fällen handelt es sich um Vertreter des von E. Sprockhoff herausgestellten Typus Nipperwiese[23], für den drei weitere Exemplare aus Oberfranken, Holstein und Pommern benannt werden

können. Auch bei diesen handelt es sich um Einzel- bzw. Flußfunde.

Die Datierung des Typus Nipperwiese muß daher aus dem Formenvergleich mit anderen Schildtypen gewonnen werden, doch können für die dafür in Frage kommenden "Herzsprungschilde" ebenfalls kaum datierende Fundkomplexe benannt werden. Der für die Datierung der beiden genannten Schildtypen ausschlaggebende Fund stammt von Plzeň-Jíkalka, wo sich ein bislang unikater Schild fand, der formale Gemeinsamkeiten mit Nipperwiese- und Herzsprungschilden besitzt. Umstritten ist seine Zugehörigkeit zu einem in unmittelbarer Nähe gefundenen Hort der späten Mittelbronzezeit bzw. frühen Urnenfelderzeit. Während manche Autoren, wie S. Needham und jüngst B.-R. Goetze für die gleichzeitige Niederlegung von Schild und Hort plädieren, meinen andere, v.a. J. Coles und H. Thrane, die Fundumstände als Hinweis für eine getrennt erfolgte Deponierung werten zu können[24]. O. Kytlicová[25] hat in einer jüngst erschienenen Studie neue Argumente zur Beurteilung des Fundes eingeführt. Neben der Publikation weiterer urnenfelderzeitlicher Funde von der gleichen Ortsflur und der ausführlichen Würdigung der überlieferten Fundberichte weist sie insbesondere auf den unterschiedlich hohen Zinngehalt der Bronzen von Plzen-Jíkalka hin. Bei den Stücken aus dem Depot erreicht er bis zu 10 %, während der Zinngehalt bei den übrigen (Ha B- zeitlichen) Fundstücken von der Flur und dem Schild jedoch etwa doppelt so hoch liegt. Ob dem chronologische Relevanz zukommt, bleibe dahingestellt; O. Kytlicová zieht daraus den Schluß, der Schild von Pilsen sei in das 8. Jh. v. Chr. zu datieren. Tatsächlich sind die Fundverhältnisse von Plzeň-Jíkalka nicht mehr endgültig zu klären. Die Zusammengehörigkeit von Schild und Depot ist zwar möglich, doch gilt weiterhin Bouzeks Bemerkung: "mit diesem Fund kann man auf jeden Fall nicht mehr beweisen, daß die Nipperwiese-Schilde schon im 13. Jh. in Mitteleuropa bekannt waren"[26] auch weiterhin.

---

20 Zur Frage der historischen Kontinuität dieser Deponierungsgepflogenheiten kann jetzt das eisenzeitliche Helmmaterial Italiens und der Alpen überschaut werden bei: M. Egg, Italische Helme. Studien zu den ältereisenzeitlichen Helmen Italiens und der Alpen (1986). In Mittelitalien bleibt in der älteren Eisenzeit die Helmdeponierung im Grabe vorherrschend. Allein im alpinen Bereich sowie in Istrien häufen sich Fluß- und Höhenfunde (ebd. z.B. 150 Nr. 64; 196 Nr. 169; 229 Nr. 332; 234 Nr. 348; 236 Nr. 352; 242 Nr. 363; 247 Nr. 372). Diese Kontinuität läßt es fraglich erscheinen, ob die römischen Helmfunde aus mitteleuropäischen Flüssen im Provinzialgebiet einen von römischen (italischen) Soldaten geübten Brauch reflektieren, wie dies L. Pauli in: ANRW 18,1 (1986) 858ff. vermutet. Eine weiter ausgreifende Behandlung der Schutzwaffen ist in Vorbereitung. Für die Beurteilung der geometrischen Helme in Griechenland sind die Arbeiten von E. Kunze in den Olympiaberichten maßgeblich und H. Pflugs Abhandlungen in: Antike Helme (1988) 1ff. Der Neufund einer vermutlich SH II-zeitlichen Wangenklappe aus dem Aphaia Heiligtum auf Aigina (M. Maas, Arch. Anz. 1984, 275 Abb. 9a) ist für die Kontinuitätsfrage griechischer Heiligtümer wichtig.

21 Beste Vorlage mit weiterer Literatur: S. Needham, Proc. Prehist. Soc. 45, 1979, 115 Abb. 3.

22 Ebd. 115 Abb. 4; Wegner, Flußfunde 160 Nr. 730 Taf. 68.

23 E. Sprockhoff, Zur Handelsgeschichte der Germanischen Bronzezeit (1930).

24 Needham a.a.O. (Anm.21) 130ff.; B.-R. Goetze, Bayer. Vorgeschbl. 49, 1984, 31f.; J. Coles, Germania 45, 1967, 151ff; ders., Proc. Prehist. Soc. 28, 1962, 156ff.; H. Thrane, Europaeiske forbindelser 76f.

25 O. Kytlicová, Památky Arch. 77, 1986, 413ff. Danach soll der Schild 1,4 m unter der Oberfläche in feinem Sand eingeschwemmt (?!) gewesen sein. Läßt dies auf eine Gewässerdeponierung schließen?

26 J. Bouzek, Germania 46, 1968, 316.

Damit verlieren auch typologische Entwicklungsreihen, z.B. von S. Needham[27], der den organischen Schild an den Anfang rückt und über den Pilsen-Schild zu Nipperwiese- und Herzsprungschilden im Sinne chronologischen Fortgangs gelangt, jede Verbindlichkeit; sie sind beinahe beliebig umkehrbar. Fragwürdig bleibt bei diesem Versuch auch die typologische Reihe selbst. Akzeptiert man, daß sich auf dem Pilsen-Schild das typische Herzsprung-Motiv findet, und plädiert man zugleich für eine Datierung in das 13. Jh., dann überrascht, daß für die ältere Urnenfelderzeit (Ha A) Nipperwiese-Schilde und die reichverzierten ungarischen Rundschilde sowie vergleichbare skandinavische Schilde in Anspruch genommen werden, hingegen Herzsprungschilde im Wesentlichen auf die jüngere Urnenfelderzeit (Ha B) beschränkt sein sollen. Für letztere geben immerhin griechische Funde aus dem späten 8. und frühen 7. Jahrhundert[28] eine Datierungsmarke.

Solange nicht glückliche Neufunde zu einer Klärung der Datierungsproblematik beitragen, besteht die erfolgversprechende Forschungsstrategie vermutlich in der detaillierten technischen Untersuchung der europäischen Schilde[29].

Schilde sind einem offensichtlich strengen Deponierungskanon unterworfen. Sind sie in Ungarn und Jugoslawien aus Hortfunden bekannt, so handelt es sich bei den süddeutschen Stücken um Flußfunde; auch die norddeutschen Schilde stammen überwiegend aus Flüssen und Mooren. Hier wie auf den Britischen Inseln handelt es sich zum Teil um Moorhorte. B.-R. Goetze[30] hat auf die befremdlich anmutende Tatsache aufmerksam gemacht, daß Schilde in großer Anzahl von den Britischen Inseln bekannt sind, wohingegen sie im übrigen Westeuropa, besonders in Frankreich, bislang fehlen, andererseits dort urnenfelderzeitliche Bronzehelme und Metallpanzer in nennenswerter Zahl gefunden wurden, während wir aus Irland und England bislang keinen einzigen Helm kennen. Dies deutet auf regionale kulturspezifische Deponierungsnormen hin, an deren antiker Intentionalität kaum Zweifel bestehen kann. Hinzu kommt, daß Schilde in Spanien bislang nur von Grabstelen in Zeichnung bekannt sind[31]. Eine Parallelerscheinung hat K.H. Willroth unlängst bezüglich der regionalen Verbreitung von Horten und Felsbildern der älteren Bronzezeit in Südschweden herausgearbeitet[32]. Er konnte zeigen, daß sich die Niederlegung von Waffen und ihre bildliche Darstellung auf den Felsbildern zwar quantitativ vergleichen lassen - somit wohl ähnliche Wertschätzungsmuster zugrunde liegen -, sich die realen Waffen und die dargestellten Waffen regional deutlich voneinander abgrenzen[33]. Daß hier wohl keine zufälligen Erscheinungen vorliegen, sondern eine gedankliche Verknüpfung von den greifbaren Dingen und den Darstellungen, die offenbar unter bestimmten Bedingungen je substituierbar sind, ist leider noch nicht systematisch erarbeitet worden[34].

G. Wegner hat die von J. Coles herausgestellte Kampfuntauglichkeit vieler Bronzeschilde[35] als Indiz für deren "zeremonielle" oder "rituelle" Funktion gewertet, was durch die Fundumstände der meisten Schilde, nämlich aus Flüssen und Mooren, bestätigt würde. Die hier anklingende Argumentation muß jedoch zurückgewiesen werden, da sie erst zu Erschließendes als Prämisse voraussetzt. Vielmehr ist zwischen der Funktion des Schildes als Gebrauchsgegenstand und als "deponiertem" Gegenstand zu unterscheiden. Die Gebrauchsseite der Dinge braucht damit

---

[27] Needham a.a.O. (Anm. 21) 132 Abb. 12. P. Schauer folgt diesem Datierungsvorschlag in seiner verdienstvollen Studie zum Rundschild der Bronzezeit (Jahrb. RGZM 27, 1980, 230).

[28] L. Lerat, Bull. Corr. Hellénique 104, 1980, 94ff. Dort auch keramische Votive aus Samos. In diesem Zusammenhang von Bedeutung: K. Kilian, Bull. Corr. Hellénique Suppl. 4 (1977) 438ff.; H.V. Herrmann, ASAtene 61, 1984, 271ff. u. 287ff. Hier wird die Problematik der Waffenweihung in griechischen Heiligtümern diskutiert.

[29] Z.B. konnte Needham, a.a.O. (Anm. 21) anhand technischer Details eine Herstellung der beiden englischen Nipperwiese-Schilde auf den britischen Inseln wahrscheinlich machen.

[30] Goetze a.a.O. (Anm. 15) 53.

[31] Vgl. V. Pingel, Hamburger Beitr. Arch. 4, 1974, 1ff. Die Schutzwaffen unterliegen allgemein quellenspezifischer Auswahl. Das scheint auch für die Hallstattzeit zu gelten, wie jüngst von W. Dehn für die eisenzeitlichen Beinschienen ausgeführt wurde: Madrider Mitt. 29, 1988, 174ff. bes. 185 Abb. 9.

[32] K.H. Willroth, Germania 63, 1985, 39ff. Abb. 29-32.

[33] Als weiteres Beispiel seien hier die Remedellodolche und die Dolchdarstellungen auf den südalpinen Felsbildern genannt: Preist. Alpina 18, 1982, 67 Abb. 25.

[34] Beeindruckende Ergebnisse hat A. Bräuning in einer Münchner Magisterarbeit zur Frage der geometrischen Waffenbeigabe und der Waffendarstellung auf Keramik im Grabe geliefert.

[35] Wegner, Flußfunde 67; J. Coles in: Festschr. H. Hencken (1977) 51ff. Die Verallgemeinerbarkeit der Experimente von Coles bestreiten inzwischen Kytlicová a.a.O. (Anm. 25) und Needham a.a.O. (Anm. 21) für den Schild von Pilsen, bzw. die Stücke aus dem Rhein.

keineswegs technisch, hier kampftechnisch, verkürzt werden, sondern umschließt durchaus weitere Bedeutungsinhalte wie Statusinsignie, Repräsentationsmittel u.ä.. Es muß nicht ausdrücklich betont werden, daß beides, Gebrauch und Vernichtung, jeweils bestimmte Funktionen für das gesellschaftliche Ganze, dem sie entspringen, erfüllen. Sie zu ergründen bedarf es zunächst sorgsamer Unterscheidungen.

Andere Waffen

Neben den behandelten Waffen sind des weiteren die Pfeilspitzen zu betrachten. Sie können gegenwärtig nur in geschlossenen Funden genauer datiert werden. Von den ca. 100 Pfeilspitzen im Arbeitsgebiet stammen 74 Exemplare aus 18 Gräbern (Liste 5 Nr. 1-74); eine Pfeilspitze war Teil des Depotfundes von Rödelheim (Liste 5 Nr. 75), 18 Stücke wurden aus Wasserläufen geborgen, davon allein 17 aus dem Rhein bei Mainz.

Wie im übrigen Süddeutschland gelangen Pfeilspitzen also im wesentlichen in das Grab; sind sie dort mit einer zweiten Waffe vergesellschaftet, handelt es sich fast immer um das Schwert. Der Hort von Rödelheim ist das einzige mir bekannte Depotensemble Süddeutschlands, in dem sich eine Pfeilspitze fand. Die vergleichsweise zahlreichen Funde aus dem Rhein stellen eine Besonderheit dar; in anderen Kulturlandschaften sind sie fast nie als Flußfunde belegt, was auf die spezifischen Auffindungsbedingungen zurückzuführen sein dürfte.

Von einer vergleichsweise zahlreich im Umlauf befindlichen Waffe, die zudem für Beschädigungen anfällig ist, wäre - gäben uns die Hortfunde als Gießer- oder Händlerverstecke tatsächlich einen repräsentativen Querschnitt durch die vorhandene Metallkultur - zu erwarten, daß sie in Horten zahlreicher vertreten wären; daß der Metallwert zu gering sei, kann angesichts selbst kleinster Bronzefragmente in den Depots nicht behauptet werden. Im Gegenteil muß vermutet werden, daß auch bronzene Pfeilspitzen einen keineswegs selbstverständlichen Alltagsbesitz darstellten. Dies ergibt sich auch aus neueren Siedlungsuntersuchungen auf der Aldenhovener Platte, wo in urnenfelderzeitlichen Kontexten weidenblattförmige, beidflächig oberflächenretuschierte Silexpfeilspitzen gefunden wurden, die typologisch kaum von spätneolithischen Exemplaren zu unterscheiden sind[36]. Noch läßt sich nicht sicher beurteilen, ob dieser Befund auch für die südwestdeutsche Urnenfelderkultur Gültigkeit beanspruchen kann; immerhin erhalten wir einen wichtigen Hinweis darauf, wie lückenhaft noch unsere Kenntnis von der Bedeutung der Bronze in der Urnenfelderzeit ist.

Dolche der Stufe Bz D sind überwiegend aus Gewässern überliefert. Man kennt sie aus dem Rhein bei Mainz[37] und dem Moor bei Eschollbrücken[38]; ein Fragment aus dem Hortfund von Mainz (aus dem Rhein) stammt vermutlich von einem Griffplattendolch und findet Entsprechungen in Nordwestfrankreich[39]. Aus Gräbern stammen die Dolche von Frankfurt-Stadtwald, Hügel 1, Grab 6[40] und von einem Gräberfeld bei Urberach im Rodgau[41]. Schon in die Stufe Ha A ist ein Grab von Nieder-Mockstadt zu datieren, in dem sich ein Griffdornmesser und ein schlichter zweinietiger Dolch fanden[42]. Unklar ist die Zugehörigkeit eines zweinietigen Dolches von Bingenheim zu einer urnenfelderzeitlichen Lanzenspitze und einer Sichel[43]. Eine Untersuchung der Dolchdeponierung hat in einem größeren geographischen Rahmen zu erfolgen und muß im Zusammenhang mit zeitgleichen Erscheinungen der Schwertdeponierung behandelt werden.

---

[36] A. Surendra-Kumar, Das Rheinische Landesmus. Bonn 3-4, 1986, 33f.

[37] Wegner, Flußfunde 141 Nr. 441 Taf. 18,5; 144 Nr. 480 Taf. 18,6; 158 Nr. 684 Taf. 18,7; 158 Nr. 685 Taf. 18,8; 158 Nr. 686 Taf. 18,9.

[38] Kubach, Stufe Wölfersheim 38 Nr. 68 Taf. 9,76.

[39] Kubach, Arch. Korrbl. 3, 1973, 300f. Abb. 1,18 (mit weiterführender Literatur).

[40] Kubach, Stufe Wölfersheim 34 Nr. 17 Taf. 19 C2.

[41] Ebd. 37 Nr. 56 Taf. 25 B1.

[42] Herrmann, Urnenfelderkultur 108f. Nr. 285 Taf. 101 E.

[43] Herrmann a.a.O. 105f. Nr. 265 Taf. 192 B.

Messer

Mit rund 240 Exemplaren stellen die Messer im Arbeitsgebiet eine quantitativ große und statistisch relevante Materialgruppe dar. Sie gelten als chronologisch empfindlich, weswegen ihnen häufig Leitformcharakter bei der Stufendefinition zugemessen wird. Auf der Grundlage der Forschungen E. Vogts hatte W. Kimmig[1] die Messer anhand der technischen Gestaltung ihrer Griffverbindung in solche mit gelochtem, umgeschlagenem oder einfachem Griffdorn unterschieden und ihren gemeinsamen Ursprung in den gedrungenen Griffzungenmessern der späten Hügelgräberbronzezeit und frühen Urnenfelderzeit vermutet. H. Müller-Karpe[2] beschrieb im Rahmen seiner verfeinerten Chronologie Messer mit gelochtem Griffdorn als typische Erscheinung der von ihm im Hanauer Gebiet herausgearbeiteten Zeit der "Stufenkeramik" (Ha A1), betonte jedoch ihr Fortleben in die nächste Phase, wohingegen Messer mit umgeschlagenem Griffdorn typisch für die folgende Formenvergesellschaftung (Ha A2) seien und auf diese beschränkt blieben.

Während in diesen Ordnungsschemata der technischen Seite, der Griffbefestigung nämlich, eine Vorrangstellung zugebilligt wird, legen neuere Untersuchungen ein stärkeres Gewicht auf die eigentliche Form der Messerklinge bzw. auf deren durch die Benützung kaum zu verändernden Rücken[3]. Vom reichen Fundmaterial der schweizerischen Seeufersiedlungen ausgehend, entwickelte U. Ruoff[4] eine typologische Reihe allein auf Grundlage der Rückenform der Messer, die er mit dem Klingendekor korrelierte. Entsprechend den durch die Belegungsdauer der Seerandsiedlungen gegebenen Einschränkungen ließ er die Entwicklungsreihe mit Messern (mit umgeschlagenem Griffdorn) beginnen, deren Klingenrücken eine einfache Bogenlinie beschreiben, deren höchste Stelle im Verhältnis zu den nachfolgenden jüngeren Stücken relativ weit vom Dornansatz entfernt liegt, sich also in bezug auf die Klinge etwa in deren Mitte befindet. Es folgen im jüngeren Abschnitt der Stufe Ha A und zu Beginn der Stufe Ha B einfache Griffdornmesser, deren Klingenspitzen leicht aufgewippt sind und bei denen der Scheitelpunkt des Klingenrückens näher zum Dornansatz hin verlegt wird, wodurch ein sanfter, später ausgeprägter Schwung in Form einer S-Linie entsteht, bis dann in der späten Urnenfelderzeit dieser Schwung wieder gänzlich zurückgenommen wird. Mit der Entwicklung der Rückenlinie der Klinge ist zudem eine Veränderung des Klingendekors verbunden. Verzierungen finden sich - cum grano salis - weder auf Klingen der Messer mit einfach bogenförmig gekrümmtem Rücken (und umgeschlagenem Griffdorn) noch auf den späturnenfelderzeitlichen Messern mit beinahe geradem Rücken (und einem Griffdorn mit mitgegossenem Zwischenstück), sondern meist auf den Messern mit S-förmig geschwungener Rückenlinie.

In P. Prüssings Bearbeitung der nordwestdeutschen Messer wird für die typologische Ordnung auf der Bedeutung der Dorngestaltung insistiert: "Ausschlaggebend für die exakte Ansprache der jeweiligen Typen aus der Familie der Griffdornmesser ist erst einmal die Ausformung des Griffdorns"[5]. Dem wird meist implizit die Form der Klinge zur Seite gestellt, während der von H. Müller-Karpe herausgearbeiteten Bedeutung des Klingenquerschnitts für die chronologische Beurteilung Skepsis entgegengebracht wird[6].

Die Herstellung von Metallmessern setzt in Mitteleuropa offenbar während der Stufe Bz C2 ein[7]. Von verschiedener Seite wurde auf den typogenetischen Zusammenhang der frühen mitteleuropäischen Messer aus der Oberpfalz und Böhmen mit Knopfsicheln hingewiesen. Neben dem technischen Verfahren der Herstellung im einschaligen Herdguß sowie der zuweilen rippengegliederten Klinge dieser Messer, die an Sichelklingenquerschnitte erinnert, ist darauf hinzuwei-

---

1 Kimmig, Urnenfelderkultur 97f.

2 Müller-Karpe, Urnenfelderkultur 48f

3 Bislang gibt es nur dendritische Typologieansätze. Ruoff, Kontinuität 41 ff. mißt vorwiegend der Rückenform Beweiskraft zu. P. Prüssing, Die Messer im nördlichen Westdeutschland, PBF VII, 3 (1982) 117 nimmt die Klingenform als sekundäres, der Griffbefestigung untergeordnetes Kriterium hinzu.

4 Ruoff, Kontinuität 41ff.

5 P. Prüssing a.a.O. (Anm. 3) 117.

6 Ebd. 124.

7 Vgl. J. Říhovský, Die Messer in Mähren und dem Ostalpengebiet. PBF VII,1 (1972) 3; H. Müller-Karpe, Bayer. Vorgeschbl. 20, 1954, 113ff.; Hänsel, Beiträge 48ff. kann für das Karpatenbecken Messer aus der Stufe MD I belegen. Genauer muß man freilich sagen: Messer werden seit dieser Zeit deponiert.

sen, daß auch an manchen oberpfälzischen und mährischen Messern offenbar die von Sicheln bekannte Gußmarkenzier, die mitunter eine gitterartig gerasterte Struktur annehmen kann, angegeben ist[8]. H. Müller-Karpe hat auf einen zweiten Verbindungsstrang der Entwicklung, nämlich zu den Dolchen hingewiesen. So übernehmen insbesondere Bz D-zeitliche Messer mit zweiseitig angeschliffener Spitze offenbar eine Teilfunktion der Dolche. Wichtiger als der Hinweis auf dieses Detail ist aber die Tatsache, daß im urnenfelderzeitlichen Grab das Messer den Dolch des bronzezeitlichen Grabes substituiert[9].

Die frühesten Messer des Arbeitsgebietes können in die Stufe Bz D datiert werden. Es handelt sich mit wenigen Ausnahmen um Griffplattenmesser; sie weisen einen gleichförmig gebogenen Rücken auf, dessen Scheitelpunkt entweder in der Klingenmitte liegt oder leicht zur Griffplatte hin versetzt ist, wie dies für die jüngerhügelgräberbronzezeitlichen Exemplare charakteristisch zu sein scheint. Nur selten ist die Spitze leicht aufgewippt. Die Schneide ist immer gerade. Der Querschnitt der Klinge ist zumeist einfach keilförmig; nur selten, wie bei dem Messer von Mannheim-Seckenbach (Liste 6 Nr. 130) weist er eine einseitige Profilierung auf. Die Griffplatte trägt überwiegend nur ein Nietloch zur Befestigung der organischen Griffauflagen. In ihrer subtilen Untersuchung der frühen Griffplattenmesser im nordwestlichen Alpenvorland stellte A. Beck heraus, daß einnietige Griffplattenmesser überwiegend eine östliche Verbreitung (d.h. besonders im eigentlichen Riegseegebiet) aufweisen, wohingegen sich im Westen überwiegend zweinietige Griffplattenmesser finden. Gleichwohl sei dies keine strenge Regel, sondern gebe vor allem die Schwerpunkte der Verbreitung an[10]. Es sollte allerdings hervorgehoben werden, daß diese kleinen Griffplattenmesser bei allen Unterschieden im Detail wesentlich gemeinsame Formenmerkmale aufweisen, denn in der Schmuck- und Waffenausstattung lassen sich für das westliche bzw. östliche Urnenfeldergebiet in der Stufe Bz D nicht allzu viele gemeinsame Formen nachweisen. Daß die Verhältnisse bei den Messern anders gelagert sind, muß nicht überraschen, da es für sie noch keine regional entwickelte Formensprache gibt, wie wir sie von anderen in mittelbronzezeitlicher Tradition stehenden Fundgruppen kennen[11]. Im Osten entwickelt, werden die Messer im Westen adaptiert und erhalten erst allmählich ein regionales Gepräge.

Die Funde des Arbeitsgebietes stammen überwiegend aus Gräbern, zwei stellen Einzel- bzw. Feuchtbodenfunde dar (Liste 6 Nr. 55, 111, 130, 179, 195). Ein Neufund aus Büttelborn (Liste 6 Nr. 226) findet ebenfalls am ehesten in dieser Gruppe seinen Platz.

Einige Messer dieses Zeitabschnittes verdienen besondere Erwähnung. Zunächst handelt es sich um zwei Stücke aus einem Grab von Steinheim bei Hanau (Liste 6 Nr. 113, 114). Beide besitzen eine Klinge, deren Form mit den genannten frühen Griffplattenmessern gut vergleichbar ist, die jedoch als Besonderheit eine zweischneidig zugeschliffene Spitze aufweisen. Auf der Rückenseite bildet diese Spitze gegen den stumpfen Rückenteil einen kleinen Absatz, weswegen dieser Bereich zuweilen als "Nase", diese Messer als "Nasenmesser" bezeichnet werden. Bei einem der Exemplare handelt es sich um ein Messer mit umlapptem Ringgriff, einem Typ, der kürzlich von A. Beck ausführlich behandelt worden ist[12]. Das Steinheimer Exemplar gehört demnach zur Form B, die sich gegenüber Becks Form D - zu der etwa das Messer aus dem bekannten Frauengrab von Binningen gehört - durch die "Nase", die gedrungene Klingenform und eine größere Anzahl von Lappenpaaren auf der Griffzunge auszeichnet. Zwischen beiden besteht ein zeitlicher Unterschied; während das Binninger Grab der Stufe Ha A zuzuweisen ist, gehört das Steinheimer Grab in die Stufe Bz D. Beck denkt an einen späten Ansatz in dieser Stufe, was im übrigen mit der Zeitstellung anderer aus dem südwestlichen Alpenvorraum stammender Bronzen des Arbeitsgebietes konveniert[13]. Das zweite Steinheimer Messer besitzt eine gleichartige Klingenform, doch ist es mit einer einfachen Griffzunge ausgestattet; für Messer dieser Form konnte H.-J. Hundt[14] eine eher östliche Verbreitung nachweisen.

---

8 Z.B. Gegend von Eschollbrücken (Primas, Sicheln Taf. 16, 258).

9 Referat A. Friedrich im Hauptseminar des WS 1984/85.

10 Beck, Beiträge 76f.

11 Dies konnte etwa für die Schwerter durch H. Reim herausgestellt werden (Vgl. Kap. II [Schwerter]).

12 Beck, Beiträge 72ff.

13 Vgl. die Ausführungen zu den Rixheimschwertern in Kapitel II.

14 H.-J. Hundt, Germania 34, 1956, 41ff. Abb. 6.

Die Mischung verschiedener Einflußsphären im Arbeitsgebiet läßt sich auch anhand des Beigabeninventars aus einem Körpergrab von Stadecken-Elsheim (Liste 6 Nr. 124) aufzeigen. Es handelt sich um ein Grifftüllenmesser mit Knaufende, für das nur zwei Parallelen aus Frankreich bekannt geworden sind[15]. Das beste Vergleichsstück stammt aus einem Körpergrab von Montgivray; die dort mitgefundene Nadel findet wiederum gute Vergleiche in dem bekannten Hort von Villethierry, Dép. Yonne[16], dessen Vergrabungszeitpunkt schon in der Stufe Bf IIa (etwa Ha A1) liegen muß. Bei den meisten der dort gefundenen Nadeln handelt es sich allerdings um Typen der Stufe BfI (etwa Bz D). A. Becks Datierung der Messer des Stadecken-Typs in einen fortgeschrittenen Horizont der Stufe Bz D scheint somit auch durch die Zeitstellung der Nadel aus Montgivray bestätigt zu werden. Die Verbreitung der Messer dieses Typs überschreitet nach Osten den Rhein nicht. Ein Exemplar aus Etting, Ldkr. Weilheim[17] kann wegen seiner Unvollständigkeit nur unter Vorbehalt diesem Typ zugeordnet werden. Insgesamt scheinen Grifftüllenmesser mit bronzenem Griffende, das als Ring oder getreppter Knauf geformt sein kann, eine Spezialität des westlichen Alpenvorlandes und des Rheintals sowie der nach Westen sich anschließenden Urnenfeldergruppen zu sein[18]. In diesem Zusammenhang sind die übrigen Beigaben des Stadecker Grabes von Interesse. Die "Mainzer (Guntersblumer) Nadel" stellt eine in Rheinhessen gebräuchliche Form dar[19]. Das mitgefundene Rasiermesser besitzt ein zweischneidiges Blatt und einen durch eine Vertikalstrebe gegliederten Rahmengriff mit Endring. A. Jockenhövel, der diese Rasiermesserform als "Typ Stadecken" bezeichnet hat[20], konnte fünf böhmische, vier bayerische und ein baden-württembergisches Exemplar dieses Typs namhaft machen. Die nächstgelegene Parallele stammt aus dem Grabhügel im Frankfurter Stadtwald[21], zwei weitere sind aus Frankreich bekannt: ein Höhlenfund und, ungewöhnlich genug, ein Flußfund aus der Yonne[22]. Mit den beiden Beigaben aus Stadecken, dem Messer, das seine Einbindung im Rheintal und den westlich anschließenden Regionen findet, und dem Rasiermesser, das im böhmisch-bayerischen Gebiet seinen Ursprung besitzt, wird wiederum jene Mittlerfunktion oder zumindest Teilhabe des Arbeitsgebietes in jenem schon mehrfach herausgestellten Ost-West ausgerichteten Kommunikationssystem während der Frühphase der Urnenfelderkultur[23] bestätigt.

Das kleine Messerchen von Bingen (Liste 6 Nr. 208) leitet mit seiner schmalen Griffplatte schon zum Griffdornprinzip über, während die Klingenform wie der gesamte Habitus noch in die Stufe Bz D weisen[24]. Zurecht hat A. Beck vor allzu schematischen Stufenbegrenzungen gewarnt, weil gewisse Merkmale Bz D-zeitlicher Messer, wie die zweischneidig angeschliffene Spitze, noch in der darauffolgenden Stufe vorkommen; Charakteristika Ha A-zeitlicher Messer, wie der Griffdorn, sind auch schon in früheren Kontexten nachweisbar[25].

Es liegt nun nahe - typologischen Entwicklungsvorstellungen folgend - mit jenen Messern fortzufahren, die sich ebenfalls durch einen gleichmäßig gekrümmten Klingenrücken und eine gerade Schneide auszeichnen. Gegenüber den Bz D-zeitlichen Messern sind die jüngeren durch eine Verlängerung der Klinge und die Ersetzung des Griffplatten- durch das Griffdornprinzip charakterisiert.

---

[15] Algolsheim, Dép. Haut-Rhin (Beck, Beiträge 75 Taf. 55, 14); Montgivray, Dép. Indre (G.Gaudron, Bull. Soc. Préhist. France 52, 1955, 174ff. Abb. 1a); zur Chronologie vgl. Beck, Beiträge 98 ("lokale Entwicklung des bodenständigen Bronzehandwerks").

[16] C. u. D. Mordant, J.-C. Prampart, Le dépôt de bronze de Villethierry (Yonne) (1976).

[17] Koschick, Bronzezeit 227 Nr. 211 Taf. 119,1.

[18] Zu Messern mit einfachem Knaufdorn: Beck,Beiträge 75f. Vielleicht gehören auch einige Tüllen, die mitunter als Bestandteile von Wagen angesprochen werden, eher in diesen Zusammenhang, z.B. Orpund, Kt. Bern (G.Jacob-Friesen, Acta Arch. 40, 1969, 122ff. 152, Abb. 11,6). Vgl. auch ein Messer mit tordiertem Ringgriff von Büchelberg, Kr. Germersheim (Mitt. Hist. Ver. Pfalz 69, 1972, 5ff. Abb. 2,1).

[19] Kubach, Nadeln 380.

[20] Jockenhövel, Rasiermesser 68ff.

[21] U. Fischer, Ein Grabhügel der Bronze- und Eisenzeit im Frankfurter Stadtwald (1979) Taf. 3,4.

[22] Zu den westeuropäischen Stücken: A. Jockenhövel, Die Rasiermesser in Westeuropa. PBF VIII,3 (1980) 94f.

[23] Dies wurde bereits mehrfach im Zusammenhang der Waffen angesprochen.

[24] So bezeichnet J. Říhovský a.a.O. (Anm. 7) 46 das Messer von Labuty, okr. Hodonín als ältestes Exemplar des nach Ha A1 zu datierenden Messertyps Jevickoy. Übergangsformen zwischen Griffplatten- und Griffdornmessern: O. Menghin, Die urgeschichtlichen Funde Voralbergs (1937) 53, Abb. 29,1.2.; vergleichbar auch Messer von Erbach (Beck, Beiträge Taf. 59,9) und Rottenburg (ebd. Taf. 59,10).

[25] Beck, Beiträge 81.

Im Zusammenhang mit der Datierung der Griffzungenschwerter des Typs Hemigkofen wurde bereits auf die Stellung des Steinkistengrabes 2 von Eschborn (Liste 6 Nr. 21) hingewiesen, die entsprechenden Vergleichsfunde genannt und die Datierung kurz umrissen. Das Messer aus diesem Grab, das nun interessieren soll, besitzt einen gleichförmig gekrümmten Rücken, allein an der Klingenspitze ist die Tendenz zur Schweifung der Rückenlinie schon erkennbar. Über den abgebrochenen, ehemals aber sicher gelochten Griffdorn ist eine Hülse aufgeschoben - möglicherweise auch mitgegossen -, die den organischen Griff von der Klinge abtrennt. Auf dem Klingenrücken findet sich eine einfache Ritzverzierung, Strichbündelgruppen, liegende Kreuze und eine dichte Zick-Zack-Zier. Beinahe identisch ist ein Messer aus Gundelsheim, Ldkr. Bamberg[26], dem lediglich die leichte Aufwippung im Bereich der Spitze fehlt. Auch die Nadeln beider Gräber sind vorzüglich miteinander zu vergleichen. Wegen der mitgefundenen Tasse (Typ Friedrichsruhe) und dem Dreiwulstschwert (Typ Erlach) wird dieses Grab nach Ha A1, das Eschborner Grab seines Hemigkofenschwertes und der Fuchsstadttasse wegen nach Ha A2 datiert. Akzeptiert man diese Datierung, dann ist die chronologische Empfindlichkeit von Messern selbst elaborierter Form[27] in Frage gestellt; geht man vom konkreten Befund aus, wird die Möglichkeit einer Zweiteilung der Stufe Ha A unterminiert[28]. Die Schwierigkeiten vergrößern sich, wenn Steinkistengrab 1 von Eschborn als typisch für die Stufe Ha B1 in Anspruch genommen wird. Man müßte die unabweisbare ausstattungsmäßige Verwandtschaft der Gräber und die typologisch eng beieinander liegenden Formen mit besonders zähen konservativen Verhaltensweisen erklären. Leichter lösen sich die Verhältnisse auf, wenn man das Steinkistengrab 1 von Eschborn, wie bereits vorgeschlagen, an den Beginn der Stufe Ha B1 setzt, es also

nicht für stufendefinierend[29] erklärt, während das Gundelsheimer Grab in den älteren Abschnitt von Ha A zu setzen wäre. Das Steinkistengrab 2 könnte dann für die jüngere Phase der Stufe Ha A in Anspruch genommen werden, wobei das Messer deutlich für eine am älteren haftende Stellung spricht. Freilich gilt es dabei zu bedenken, daß die Phase Ha A1 gegenüber dem jüngeren Abschnitt weniger gut belegt ist.

Es ist somit schwer, anhand der Messer eine sichere chronologische Beweiskette aufzubauen. An die Klingenform des Eschborner Messers kann eine Anzahl weiterer Exemplare mit gelochtem Griffdorn angeschlossen werden: Sie stammen aus Gräbern von Reichelsheim, Lengfeld, Ockstadt, Oberwalluf, Lorsch, Viernheim, Eschollbrücken, Obernau, Hanau, Heidelberg, Bruchköbel und Langenselbold (Liste 6 Nr. 2, 8, 12, 11, 14, 15, 16, 17, 93, 73, 104, 79, 70) sowie dem Main bei Offenbach (Liste 6 Nr. 190) und einer Siedlung von Wiesbaden-Biebrich (Liste 6 Nr. 229).

Seltener dagegen findet sich diese Klingenform bei Messern mit umgeschlagenem Griffdorn. Der entwickelten Stufe Ha A dürften die Gräber von Lorsch, Hochheim, Bad Nauheim, Langendiebach und Hanau (Liste 6 Nr. 5, 23, 28, 65, 66) zuzuweisen sein. Hierher gehört auch ein Stück aus dem Rhein bei Wiesbaden (Liste 6 Nr. 177).

Bei den genannten Messern ist die Schneide deutlich vom Griffdorn abgesetzt, während der Dorn mit dem Klingenrücken in einer Linie liegt. Bei einigen Messern mit umgeschlagenem Griffdorn von Niedernberg, Wiesbaden, Wisselsheim, Leihgestern (Liste 6 Nr. 91, 24, 118, 199) und aus dem Rhein bei Mainz und Bingerbrück (Liste 6 Nr. 162, 180) bildet dagegen der Dorn mit der Schneide eine horizontale Linie und der Rücken erscheint stärker aufgewölbt. Allein ein Messer von Weyer (Liste 6 Nr. 116) besitzt einen durchlochten Griffdorn.

Eindeutige chronologische Schlußfolgerungen erlaubt dieses Bild nicht. Messer mit umgeschlagenem Griffdorn, deren Schneide nicht abgesetzt ist, also stärker nachgearbeitet worden zu sein scheint, fanden sich in chronologisch wenig aussagekräftigen Grabinventaren und dienen meist selbst zur Datierung der Gräber. Die Nadel aus dem Grab von Niedernberg (Liste 6 Nr. 91) zählt W. Kubach zum Typ Wollmesheim, der für

---

26 H. Hennig in: K. Spindler (Hrsg.): Vorzeit zwischen Main und Donau (1980) 116 Abb. 13,3.

27 Die Messer der genannten Form finden sich nur in reicher ausgestatteten Grablegen. Bei einem gleichartigen Messer aus Hirschknoch, Kr. Bamberg besteht die Zwinge aus Gold (A. Hartmann, Prähistorische Goldfunde aus Europa [1970] Taf. 27, Au 1345).

28 Herrmann, Urnenfelderkultur 30, hat zurecht auf die Schwierigkeiten einer präzisen Stufendefinition für Ha A1 bzw. Ha A2 hingewiesen.

---

29 Als stufendefinierend sollten die klassischen Ha B1-Bronzen mit Wellenbanddekor aufgefaßt werden.

die gesamte Stufe Ha A nachgewiesen ist (vgl. Kap. II Nadeln).

Parallel zu den Messern mit bogenförmigem Rücken, die überwiegend durch einen gelochten Griffdorn gekennzeichnet sind, treten Messer mit geradem Klingenrücken auf. Ebenfalls einen gelochten Griffdorn besitzen Exemplare aus den Gräbern von Frankfurt-Höchst, Arnsburg, Frankfurt, Obbornhofen, Annerod, Mannheim-Wallstadt und aus dem Rhein bei Mainz (Liste 6 Nr. 32, 34, 39, 40, 98, 109, 160). Keines dieser Messer läßt sich innerhalb der Stufe Ha A präziser festlegen. Die Frankfurter Messer besitzen einen profilierten Klingenquerschnitt, doch gibt dieses Merkmal kein sicheres Datierungskriterium ab.

Seltener sind gerader Klingenrücken und umgeschlagener Griffdorn miteinander kombiniert, so bei Messern aus dem Rhein bei Mainz sowie den Gräbern von Oberwiddersheim, Reichelsheim und Viernheim (Liste 6 Nr. 159, 37, 38, 6). Letztgenanntes Grab kann sicher dem jüngeren Abschnitt der Stufe Ha A zugewiesen werden.

Zwischen beiden "Extremformen" der Rückengestaltung lassen sich eine Reihe von Messern mit sanftbogenförmiger Rückenlinie nachweisen, die allerdings noch keine Tendenz zur Schweifung erkennen läßt. Zu ihnen zähle ich die Messer mit gelochtem Griffdorn aus Gräbern von Langenselbold, Hanau, Großkrotzenburg und Großauheim sowie zwei Exemplare aus dem Rhein bei Mainz (Liste 6 Nr. 70, 75, 81, 80, 158, 159). Häufiger sind jedoch Messer mit umgeschlagenem Griffdorn zu finden, so z.B. aus den Gräbern von Gernsheim, Frankfurt-Sindlingen, Wiesbaden-Erbenheim und Wiesbaden-Bierstadt, Bad Nauheim und Nieder-Roßbach und ein Einzelfund von Frankfurt-Heddernheim (Liste 6 Nr. 10, 20, 26, 25, 29, 31, 198). Von den einfachen Griffdornmessern sind zu dieser Gruppe Stücke aus folgenden Gräbern zu rechnen: Friedberg, Watzenborn, Eichen und Bermersheim (Liste 6 Nr. 51, 53, 82, 100). Bei diesen Messern kann nicht sicher entschieden werden, ob es sich ehemals um solche mit gelochtem oder mit eingerolltem Griffdorn gehandelt hat. Hinzu kommt, daß die Messer mit einfachem Griffdorn einen größeren Abnützungsgrad aufweisen als solche mit komplizierterer Griffverbindung; sie scheinen chronologisch weitgehend unempfindlich zu sein.

Ein sanfter S-förmiger Schwung tritt jetzt an Messern mit umgeschlagenem Griffdorn auf, doch bleibt diese Rückenbildung im Arbeitsgebiet eher selten. Am besten läßt sie sich an zwei Messern aus dem Rhein bei Mainz (Liste 6 Nr. 167, 168) ablesen. Die Entwicklung der Messer mit gelochtem oder umgeschlagenem Griffdorn kommt mit diesen Stücken an ihr Ende und scheint in der jüngeren Urnenfelderzeit kaum mehr eine Rolle zu spielen. Die Verbreitungskarten[30] weisen das schweizerisch-südwestdeutsche Urnenfeldergebiet als deutliches Verbreitungszentrum aus. Hingegen herrschen zu dieser Zeit im bayerisch-tirolischen Gebiet Weiterentwicklungen von Griffzungenmessern vor; bemerkenswerterweise hat kein einziges Exemplar dieses Kreises das Arbeitsgebiet erreicht.

Nur wenige aufwendig gestaltete Vollgriffmesser dieser Zeit spiegeln weitläufige Kontakte. Es sind dies die Exemplare aus den Gräbern von Frankfurt-Niederursel und Bruchköbel (Liste 6 Nr. 88, 90). Dabei unterscheiden sie sich in der technischen Konstruktion des Griffs. Während es sich bei dem Frankfurter Messer, das leider durch die zweite Beigabe, ein kleines Töpfchen, nicht präziser zu datieren ist, um ein echtes, in einem Stück gegossenes Vollgriffmesser handelt, stellt das Bruchköbeler Exemplar ein Kompositprodukt dar. Der kunstfertig gestaltete Griff ist über ein Messer mit Griffdorn geschoben und mit einem Niet befestigt[31]. Das Bruchköbeler Messer dürfte einer entwickelten Phase von Ha A zuzuweisen sein. Diese Datierung ergibt sich zum einen aus den übrigen Beigaben dieses Grabes, etwa guirlandenverzierter Keramik und einer innenverzierten Fußschale. Auch das Messer betreffende typologische Gründe erhärten diese Datierung. Der Bruchköbeler Vollgriff ist in drei Zonen gegliedert: ein schmales gerepptes Stück, das den Griff gegen die Klinge abhebt, in der Mitte eine durch zwei "Rosetten" hervorgehobene Zone, in der beidseitig organische Einlagen, etwa Knochenscheiben o.ä. eingelegt waren, und einen gegliederten Knaufabschluß. Die Dreigliederung unterscheidet das Bruchköbeler Messer von jenem aus Frankfurt-Niederursel, das einen ungegliederten, nur gegen die Klinge abgesetzten Griff besitzt. Es vermittelt zu einer späteren Gruppe von "Phantasiegriffmessern"[32]. An das Frankfurter Messer lassen sich ei-

---

[30] H.-J. Hundt, Bonner Jahrb. 178, 1978, 137f. Abb. 9.10.

[31] H. Birkner, Prähist. Zeitschr. 34/35, 1949/50, 266ff. Abb. 2,32.

[32] K. Kromer, Mitt. Anthr. Ges. Wien 84, 1956, 64ff.

ne Reihe von Funden anschließen[33], die vorwiegend nach Ha A2 datiert werden können. Ihr Verbreitungsgebiet liegt in Unter- und Mittelfranken sowie in Bayern und möglicherweise Tirol, der westlichste Fundort liegt im französischen Jura[34]. Trotz unbestrittener Gemeinsamkeiten möchte man das Bruchköbeler Messer aus stilistischen Erwägungen nicht in diese relativ gut definierte Gruppe stellen, sondern eher mit einem vermutlich südwestdeutschen Formenkreis verbinden[35].

Das Produkt eines ostmittel- bzw. südosteuropäischen Werkstattkreises stellt das Ringgriffmesser aus einem Grab von Reinheim (Liste 6 Nr. 89) dar[36].

Die Schweifung der Rückenlinie, der Übergang zum einfachen Griffdornprinzip und die Verzierung der Klinge dürften schon in Ha A2 einsetzen. Das Messer aus Grab 1 von Eschborn (Liste 6 Nr. 125) ist in den Übergang oder den Beginn der Stufe B1 zu datieren. Es vereint die geschwungene Rückenlinie mit dem aus konzentrischen Halbkreisen bestehenden Klingendekor sowie einem einfachen Griffdorn[37]. Unmittelbar davor oder gleichzeitig mit dem Eschborner Messer sind die Stücke von Mannheim-Wallstadt, Worms-Pfeddersheim, Rhein bei Mainz, Lahn bei Dutenhofen und Biebesheim (Liste 6 , 110, 123, 166, 191, 200) anzusetzen. Wohl noch etwas älter sind die Messer aus dem Rhein bei Bingerbrück und Bacharach (Liste 6 Nr. 179, 184). Sie sind ihrer Gesamterscheinung nach in das Umfeld jener Messer mit geschweifter Rückenlinie und zumeist umgeschlagenem Griffdorn zu stellen, denen K. Simon unlängst eine ausführliche Untersuchung widmete[38]. Anders als bei den thüringischen Messern, von denen Simon ausging, besitzen die meisten Parallelen im Arbeitsgebiet keinen deutlich profilierten Klingenquerschnitt. Nur bei den Messern von Wittelsberg, Reichelsheim, Frankfurt und Lörzweiler (Liste 6 Nr. 119, 39, 38, 122) findet sich dieses Merkmal, wobei allerdings zu fragen ist, ob die gleichartige Gestaltung des Klingenprofils die Zusammenstellung formal so unterschiedlicher Messer rechtfertigt[39]. Zu den Datierungsproblemen bieten die Funde des Arbeitsgebiets keinen weiteren Aufschluß, so daß es sinnvoll erscheint, die von Simon vorgeschlagene Datierung in das Übergangsfeld von Ha A2 zu B1 auch für die hessischen und rheinhessischen Einzelfunde zu übernehmen. Dabei wird eine Entscheidung im Einzelfall sicher subjektiven Kriterien bzw. Gewichtungen jeweils "alter" und "fortschrittlicher" Merkmale überlassen bleiben. Als Beispiel hierfür seien die Messer aus dem Depotfund von Pfeffingen, Kr. Balingen[40] angeführt. Sie vertreten teilweise noch reine Ha A-Formen und weisen z.T. schon formal auf die Ha B-Messer-Entwicklung; schon mehrfach wurde auf die chronologische Heterogenität dieses Hortes, in dem sich Ha A- neben Ha B- Formen finden, hingewiesen[41].

Ein charakteristisches Merkmal der Messerentwicklung im Übergang von der älteren zur jüngeren Urnenfelderzeit liegt in der Verbreiterung der Klinge, die sich im Bereich des Dornansatzes deutlich gegen den Dorn absetzt. Als typisches Beispiel für diese Entwicklung kann ein Messer mit umgeschlagenem Griffdorn von Siefersheim (Liste 6 Nr. 121) genannt werden[42]. Hierher gehört auch das Messer von Schwalbach (Liste 6 Nr.49), das F.-R. Herrmann zur Definition der Stufe Ha B1 heranzog. In diesen Zusammenhang sind des weiteren die Messer von Großen Linden, Bischofsheim, Klein-Gerau, Gau-Al-

---

[33] Gernlinden (Müller-Karpe, Münchner Urnenfelder Taf. 44 E7); Großenengsee (Hennig, Grab und Hort 75 Nr.35 Taf.5,1); Aub (Wilbertz, Urnenfelderkultur 202 Nr. 226, Taf. 62,4); Salching (H.-J. Hundt, Katalog Straubing II [1964] Taf. 83,9); vielleicht etwas älter: Rettenbach (A. Stroh, Katalog Günzburg [1952] Taf. 11,9); Trier (Kolling, Späte Bronzezeit Nr.106,Taf.32,14); Bouclans (F. Passard, J.-F. Piningre, Revue Arch. Est et Centre-Est 35, 1984, 92, Abb. 5,1); anzuschließen ein Messer aus Sobotka (M. Gedl, Die Messer in Polen. PBF VII,4 [1984] Nr. 79 Taf.9,79).

[34] Vgl. auch Wilbertz, Urnenfelderkultur 53f.

[35] Genaue Entsprechungen sind mir nicht bekannt geworden, am nächsten stehen Messer von: Ehingen (A. Rieth, Die Urgeschichte auf der Schwäbischen Alb [1938] 76, Abb. 28, 4-5); Roche-Chèvre, Dép. Côte-d'Or (J.P. Nicolardot, G. Gaucher, Typologie des objets de l'âge du bronze en France V. Outils [1975] 75, Abb. 1); Auvernier (Rychner, Auvernier Taf. 113,3); Čeradice u Žatce (J. Filip, Pravěké Československo [1948] Taf. 24,31).

[36] Zu den Parallelen: J. Říhovský a.a.O. (Anm. 7) 43f. Auf weitere Exemplare, wie auf die Beziehungen zu Rasiermessern hat unlängst C. Weber, Savaria 16, 1982, 45ff. bes. 53, Tab. 1 hingewiesen.

[37] Vergleiche für diese Messer: Kornwestheim (Dehn, Urnenfelderkultur, Taf. 13,1);

---

[38] K.Simon, Alt-Thüringen 21, 1986, 136ff.

[39] Vgl. Simon a.a.O. 146 Abb.5

[40] Müller- Karpe, Chronologie Taf. 164, 7-10.

[41] Mayer, Beile 149. Das Messer mit umgeschlagenem Griffdorn (Müller-Karpe, Chronologie Taf. 164, 8) vertritt noch ganz die Stufe Ha A, während sich das klingenrückenverzierte Exemplar (ebd. Taf. 164,7) mit umgeschlagenem Griffdorn durch seine verbreiterte Klinge als progressivere Entwicklung ausweist.

[42] Vgl. dazu auch die Messer im Hort von Pfeffingen.

gesheim und dem Rhein bei Wiesbaden (Liste 6 Nr. 52, 56, 58, 103, 178) zu stellen.

Das weitere Ha B1-zeitliche Messerspektrum, das in den Schweizer Seeufersiedlungen wohl lückenlos vertreten ist[43], läßt sich aus den Materialien des Arbeitsgebietes weniger gut belegen. Immerhin umfaßt die Entwicklung noch die Herausbildung der dann für die späte Urnenfelderzeit (Ha B3) typischen "Krückenklinge". Ein Einzelfund von Niederursel (Liste 6 Nr. 207) mit rückenparalleler Klingenverzierung und abgeflachtem Griffdorn dürfte hierher zu stellen sein[44].

Die Messer mit "Krückenklinge" dominieren eindeutig das Fundbild der späten Urnenfelderzeit, doch existieren neben ihnen auch weiterhin schlichte Griffdornmesser fort, die jedoch nur selten in geschlossenen Fundkomplexen mit weiteren datierenden Bronzen erscheinen, so im Hort von Rüdesheim und als Einzelfund vom Bleibeskopf bei Bad Homburg (Liste 6 Nr. 143, 235); diese werden vermutlich ihrer einfachen Form wegen meist zu alt datiert. Außergewöhnlich dagegen ist das Fragment eines Antennengriffmessers aus dem Rhein bei Mainz (Liste 6 Nr. 170), für das sich keine genauen Parallelen anführen lassen und welches als Einzelfund innerhalb der Stufe Ha B nicht weiter eingrenzbar ist[45].

Aus datierbaren Komplexen der späten Urnenfelderzeit sind im Arbeitsgebiet im wesentlichen zwei Messertypen bekannt geworden, Griffdornmesser mit mitgegossenem und glattem oder profiliertem Zwischenstück[46] sowie Tüllengriffmesser[47]. Griffdornmesser sind im Arbeitsgebiet aus allen Quellengattungen bekannt geworden: (a) aus Gräbern von Langd, Pflaumheim, Mannheim (Liste 6 Nr. 86, 87, 97, 107), (b) aus Horten von Bad Homburg, Gambach, Dossenheim, Hochstadt und Weinheim (Liste 6 Nr. 134-139, 141, 144, 146, 150, 152), (c) aus Gewässern, dem Rhein bei Mainz (Liste 6 Nr. 171) und dem Main bei Kleinwallstadt (Liste 6 Nr. 189), (d) als weitere Einzelfunde von Wallerstädten, Sandbach, Niederursel, Biebesheim (Liste 6,Nr. 204, 206, 207, 203) oder (e) aus Siedlungen von Burgholzhausen sowie vom Bleibeskopf bei Bad Homburg (Liste 6 Nr. 236, 237, 238). Griffdornmesser mit gerripptem Zwischenstück und reicher Klingenzier, die aus Mitteldeutschland bekannt sind[48], finden sich im Arbeitsgebiet nicht. Wie bei den Lanzenspitzen wird auch auf den Messerklingen die "Pfahlbauzier" oder besser der klassische Ha B1-Stil wohl in Thüringen und Sachsen umgebildet und noch in der Stufe Ha B3 (Montelius Per. V) fortgeführt.

Grifftüllenmesser kennt man im Arbeitsgebiet nur aus Hortfunden von Bad Homburg, Gambach, Hochstadt und Weinheim (Liste 6 Nr. 140, 145, 147-149, 151), dem Rhein bei Mainz (Liste 6 Nr. 157) und angeblich aus einem Grab bei Nierstein (Liste 6 Nr. 131). Die weitgehende Beschränkung eines Typs, der im übrigen ein dem Griffdorn entgegengesetztes Schäftungsprinzip besitzt, auf eine Quellengattung ließ es lohnend erscheinen, diese offenbar bewußte Auswahl näher zu untersuchen. Als Illustration mögen hierzu die beiden Verbreitungskarten (Abb. 13-14) dienen.

Über die Verbreitung der Tüllen- und der Griffdornmesser besteht in der Forschung seit langem Klarheit[49]. Die westliche Orientierung der Tüllengriffmesser wurde ebenso herausgearbeitet wie die östlich des Rheins liegende Verbreitung der Griffdornmesser mit glattem oder profiliertem Zwischenstück. Allein aus dieser Feststellung erklärt sich nicht die quellenspezifische Beschränkung der Tüllengriffmesser im Arbeitsgebiet. Sie wird verständlicher durch die Kartierung beider Typen nach Quellengattungen. Dabei zeigt sich, daß der Rhein in etwa die Grenze zweier Formenkreise und zugleich zweier Deponierungskreise darstellt.

Westlich des Rheins stammen Tüllengriffmesser überwiegend aus Horten. Aus der Seine, dem Doubs und der Saône liegen sie auch als Flußdeponierungen vor. Die Schweizer Seerandsiedlungen, besonders aber die Siedlungen um den Lac du Bourget in Savoien, haben diese Messer in großer Anzahl erbracht. Aus Holland, dem nördlichen Westdeutschland sowie dem Gebiet bis zur Elbe überwiegen deutlich die Einzelfunde; ebenso findet sich eine Reihe von Horten. Aus

---

[43] Vgl. Rychner, Auvernier; Ruoff, Kontinuität.

[44] Vgl. ein vermutlich pfälzisches Messer unbekannten Fundortes (Zylmann, Urnenfelderkultur Nr. 279).

[45] Die Antennengriffmesser dürften ebenfalls schon in Ha B1 beginnen (vgl. Kap. II [Schwerter]).

[46] Zur Typographie vgl. Sprockhoff, Horte Per. V 106f. mit Karte 14; Ríhovský a.a.O. (Anm. 7) 64ff.

[47] Zur Typographie, Datierung und Verbreitung vgl. Sprockhoff a.a.O. 105f. mit Karte 14; Tackenberg, Jüngere Bronzezeit 119ff., 275f. Liste 59.

[48] W.A. v. Brunn, Germania 31, 1953, 15ff.

[49] Karten zuletzt bei H.-J. Hundt, Bonner Jahrb. 178, 1978, 139, Abb. 10; 141, Abb. 12.

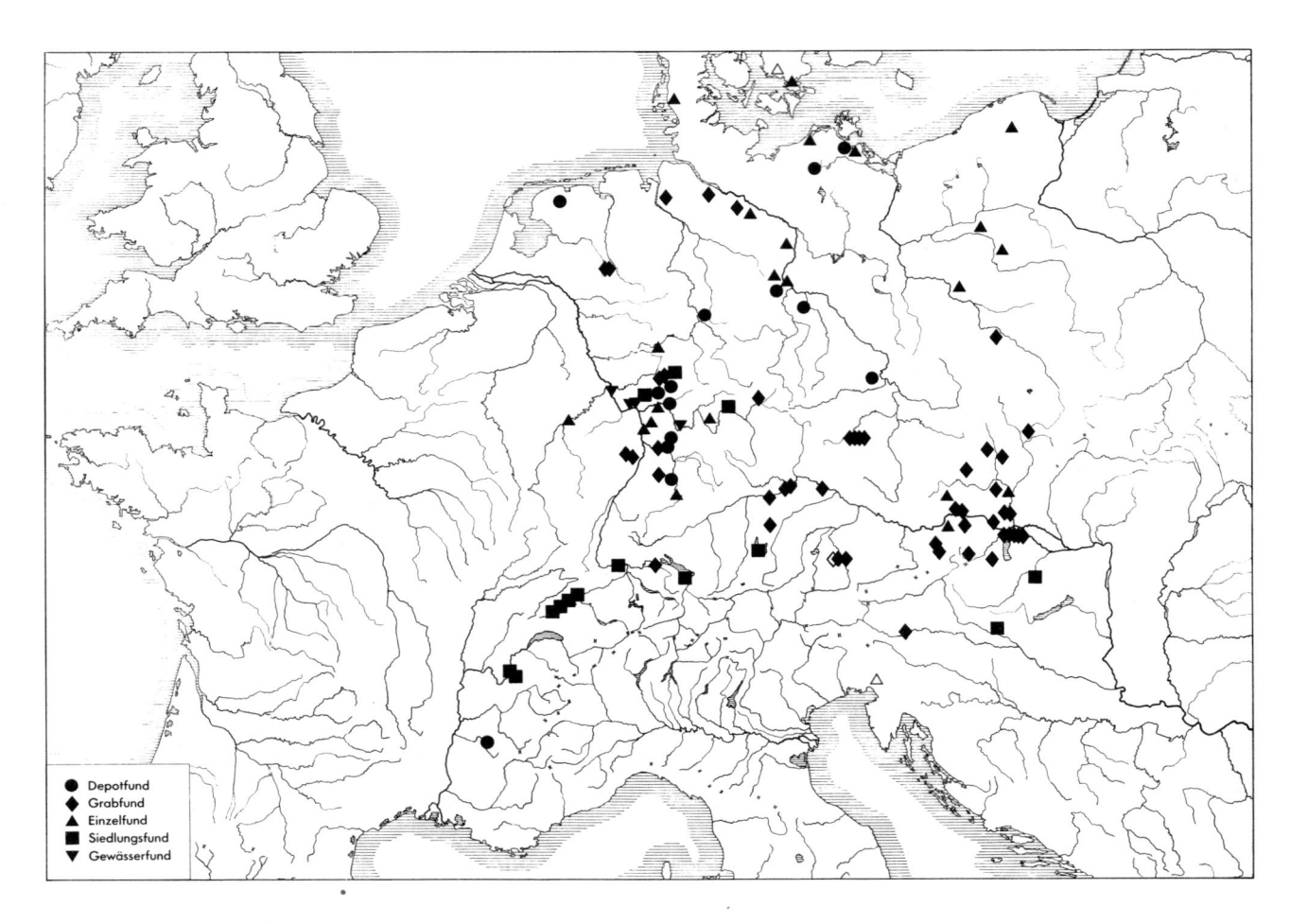

Abb. 13 Verbreitung der Griffdornmesser nach Quellen

Gräbern sind sie nur aus dem westfälischen Münster und zwei Funden nördlich der Elbe bekannt geworden.

Schon diese quellenspezifischen regionalen Schwerpunkte lassen an eine bewußte Selektion des Metallinventars zur Deponierung denken. In der Gegenkartierung der gleichzeitigen Griffdornmesser mit Zwischenstück wird dies augenfällig. Die Karte zeigt, daß sich nicht allein regional gebundene Typen gegeneinander ausschließen, sondern auch Deponierungskreise. Östlich der Rheinebene kennen wir diese Messer nämlich fast nur aus Gräbern. Überschneidungen beider Deponierungskreise finden sich im Arbeitsgebiet und im Elbegebiet. Für die Tüllengriffmesser könnte geltend gemacht werden, daß sie im Westen allein in Depots erschienen, weil dort die Grabsitte wesentlich schwächer faßbar ist als im östlichen Mitteleuropa. Was sich hier scheinbar als Negativauslese darstellt, muß unter Berücksichtigung der Verbreitungskarte der Griffdornmesser jedoch als Deponierungsnorm verstanden werden. Östlich des Rheins sind nämlich neben Gräbern auch eine Anzahl Ha B3-zeitlicher Horte bekannt, in denen diese Messer gerade nicht erscheinen.

Es ist eine bekannte Tatsache, daß Messer eine sogenannte Grabbronze darstellen. Mehr als die Hälfte (55,2 %) aller aus dem Arbeitsgebiet bekannten Messer stammen aus Gräbern; nur ein Zehntel (9, 9%) wurde aus Horten bekannt. Mit jeweils annähernd einem Fünftel stellen Fluß- und Feuchtbodenfunde (16, 6%) sowie Einzel- und Siedlungsfunde (12,5 %) nicht unbeträchtliche Quantitäten dar (vgl. Abb. 15). Die hier gegebenen quantitativen Verhältnisse entsprechen recht gut der von Dehn für Nordwürttemberg heraus-

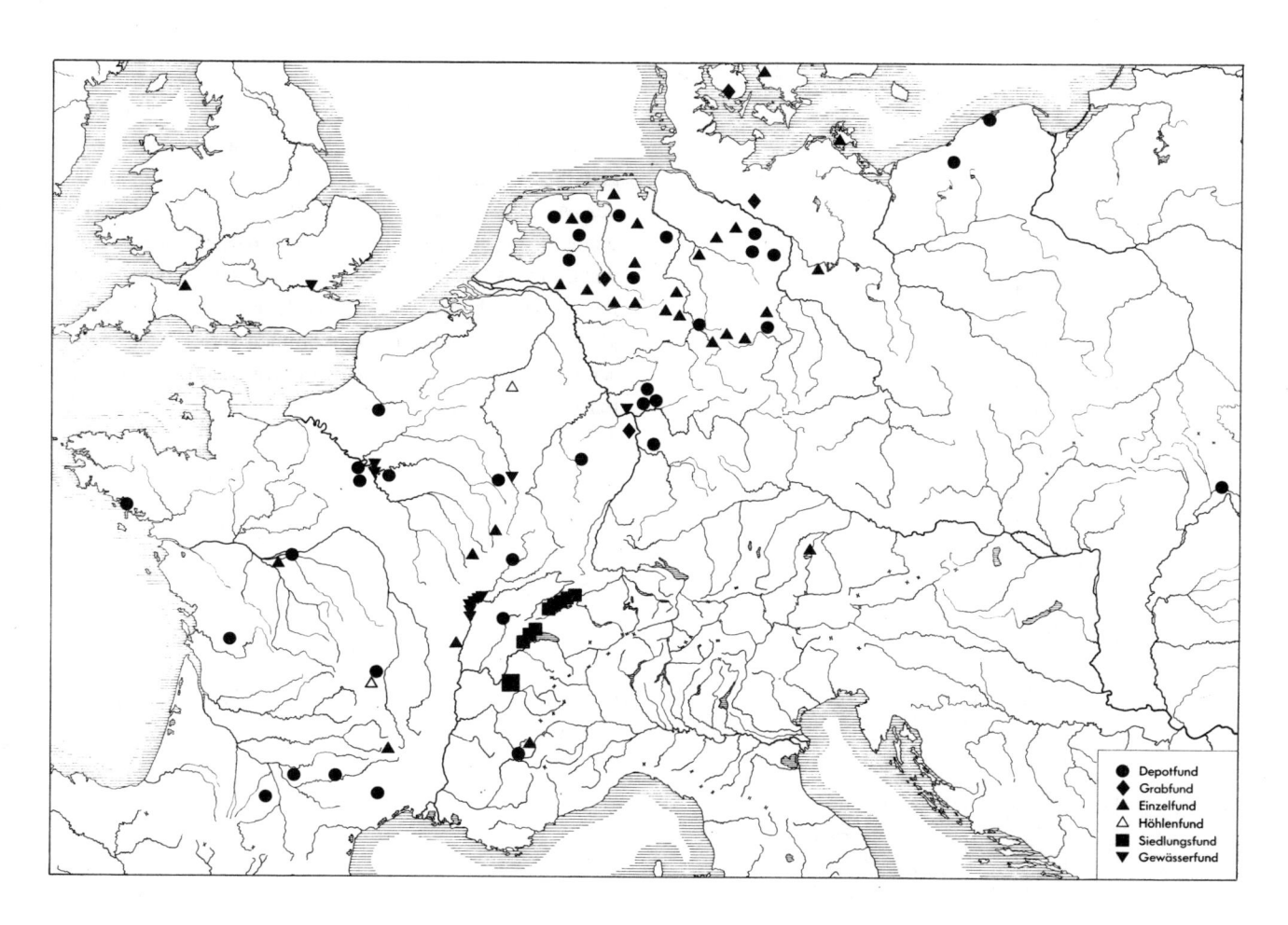

Abb. 14 Verbreitung der Grifftüllenmesser nach Quellen

gearbeiteten Quellensituation[50]. Unterschiede sind vor allem für die Bereiche Hort und Flußfund zu konstatieren, auf die zurückzukommen sein wird.

Entsprechend dem hohen Anteil von Messern aus Grabfunden weist die nach der zeitlichen Verteilung gestaffelte Grafik (Abb. 16) die Klimax der urnenfelderzeitlichen Messerdeponierung in Ha A-zeitlichen Gräbern aus, während Messer in Bz D- und Ha B-Gräbern eine wesentlich unbedeutendere Rolle spielen. Die Kurven für Einzel- und Flußfunde entsprechen diesem Bild in der Tendenz, wohingegen bei den Hortfunden erstmalig mit der Stufe Ha B (d.h. allerdings für das Arbeitsgebiet in der Stufe Ha B3) eine spürbare Zunahme der Messerdeponierung zu verzeichnen ist.

Die Verbreitung der Messer im Arbeitsgebiet greift - anders als wir es von "exklusiveren" Gegenständen wie den Schwertern kennenlernten - auf die Mittelgebirgsregionen Hessens, den Odenwald und den Vogelsberg aus.

Wenn das Messer soeben als Grabbronze bezeichnet wurde, so bedarf dies der Präzisierung. Obwohl Messer überwiegend im Grabe deponiert dem Toten als persönlicher Besitz mitgegeben wurden, muß darauf hingewiesen werden, daß sie keineswegs als obligate Standardausstattung zu verstehen sind, sondern entweder schon zu Lebzeiten oder erst im Bestattungsritual einer sozial kontrollierten Besitzrestriktion unterlegen sein dürften. Als selbstverständlicher Alltagsbesitz dürften Bronzemesser nicht gegolten haben, schon gar nicht aufwendig gegossene und verzierte Exemplare, deren praktische Verwendbarkeit fragwürdig bleibt. Unterstellt man, jeder der

---

50 Dehn, Nordwürttemberg 36. Gräber ca. 50%, Horte ca. 5%, Flußfunde ca. 10%, Einzelfunde ca. 20%, Siedlungsfunde ca. 10%.

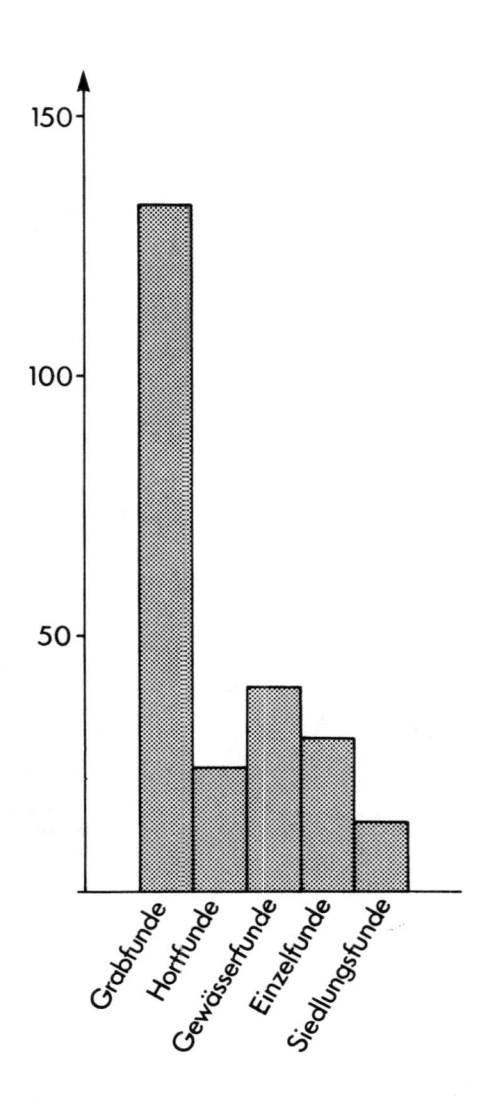

Abb. 15 Verteilung der Messerfunde auf Quellengattungen (absolute Zahlen)

kann auch dem "Messerträger", ähnlich dem mittelbronzezeitlichen "Dolchträger", ein spezifischer Sozialstatus zugekommen sein, der sich allerdings unter der Annahme einer geschlechtsspezifischen Gebundenheit[52] relativiert. Die technisch-funktionale Verwendung der Messer läßt sich nicht gültig beurteilen, ihnen kann ebenso wie den Dolchen sowohl Waffen- als auch Gerätfunktion zugekommen sein. Ein interessantes Detail ist, daß Messer in Grabfunden häufig intentionell fragmentiert sind, oft auch nur als Bruch

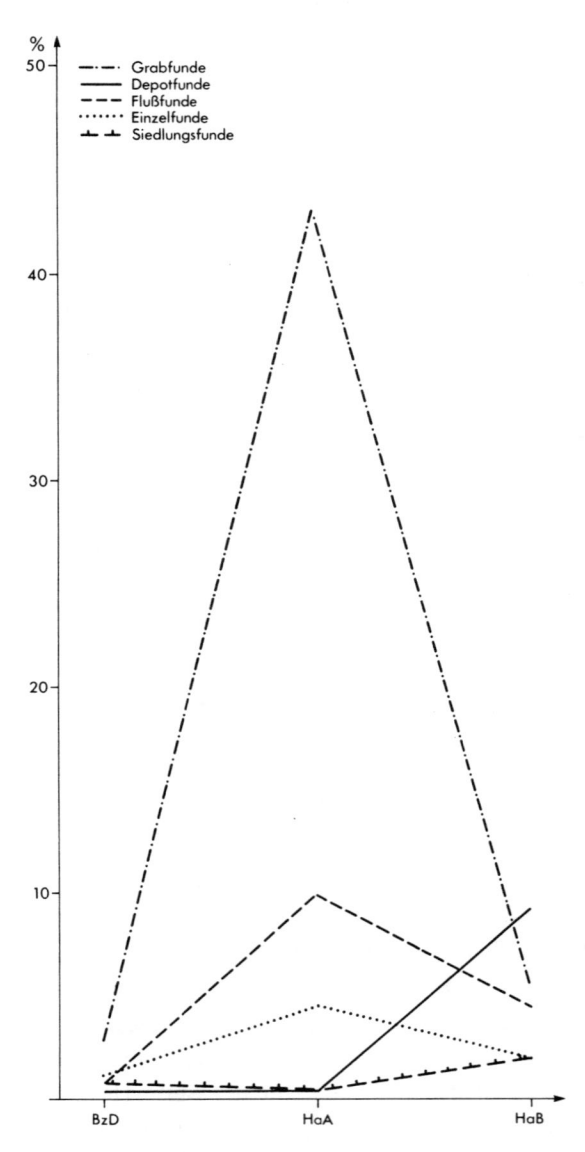

Abb. 16 Verteilung der Messer auf Zeitstufen nach Quellen (prozentuale Anteile)

Urnenfelderleute sei bestattet worden, dann ergäbe sich für die Gräber mit Messerbeigabe ein Anteil von ca. 20 % am Gesamtgräberbestand, wie eine kurze Durchsicht des Materials schnell lehrt[51].

Gesteht man den Bronzemessern damit also eine soziale Exklusivität zu und erinnert sich der eingangs konstatierten Tatsache, daß die Messerbeigabe die mittelbronzezeitliche Dolchbeigabe substituiert, dann

---

[51] Ähnlich sind die Verhältnisse auf größeren Urnenfeldern. In Unterhaching enthielten 27 von 125 Gräbern Messer (=21,6%) (vgl. Müller-Karpe, Münchner Urnenfelder 35ff.), in Aschaffenburg-Strietwald fanden sich in 2 von 50 Gräbern (=0,4%), in Volders 59 von 431 Gräbern (=13,7%) Messer oder Messerfragmente.

[52] Leichenbranduntersuchungen liegen nicht vor, so daß Angaben nur vorläufig zu machen sind.

stücke mitgegeben wurden[53], wie dies auch bei den in den Horten erhaltenen Messern zu beobachten ist. Ob die formal gleichartige Erscheinung mit den Verhältnissen bei den Schwertfunden auch in einen inhaltlichen Kontext gestellt werden darf, sei vorerst dahingestellt. Wichtig scheint also die sozial-funktionale Bedeutung des Messers, die den Besitzer auszuweisen imstande ist[54]. Damit wird die Relation zu den in der Forschung als unumstritten sozial exquisit betrachteten Schwertgräbern relativiert, die Messergräber müssen unter soziologischen Gesichtspunkten neu diskutiert werden[55].

In Horten erscheinen Messer nur selten, worauf schon die in Abb. 15 gegebene Grafik hinwies. Immerhin sind sie seit der frühen Urnenfelderzeit - im Hortfund von Mainz - als Depotbeigabe belegt, doch fehlen sie - ebenso wie die Schwerter - in den Horten der Stufen Ha A und B1. Die einzige Ausnahme bildet hier das Stück aus dem fraglichen Hort von Hochborn (Blödesheim), das in die Stufe Ha A zu datieren ist.

Die meisten Messer aus Hortfunden sind uns fragmentarisch überliefert; es handelt sich in der Regel um intentionelle Brüche, vielfach ist der Biegesaum noch deutlich zu erkennen, wie auf Taf. 9,12 und 10, 1-2 in einigen Beispielen gezeigt wird. Diese Fälle finden wir in den Horten von Bad Homburg, Gambach, Dossenheim und Hochstadt sicher nachgewiesen. Bei den zusammengesetzten Fragmenten aus dem Hort von Weinheim kann nicht entschieden werden, ob es sich um antike oder rezente Brüche handelt.

Aus der in Abb. 17 gegebenen Übersicht geht hervor, daß Messer - sie erscheinen nur in etwa jedem dritten Hort der späten Urnenfelderzeit (Ha B3) - einen prozentualen Anteil zwischen 3 und 9 % vom Hortfundinhalt ausmachen[56]. Dieser prozentuale Anteil korrespondiert mit anderen Landschaftszonen Süddeutschlands.

Fundort	Abs.	Proz.	Erh.	Frg.
Mainz	1	2,4%	+	
Bad Kreuznach	1	20,0%	(+)	
Blödesheim	1	4,1%	+	
Bad Homburg	8	4,8%	(+)	+
Dossenheim	1	3,8%		+
Frankfurt-Niederrad	1	5,0%		+
Gambach	2	9,0%		+
Haimbach	1	3,1%		+
Hochstadt	4	8,8%	+(1)	+(3)
Rüdesheim	1	8,3%	+	
Weinheim	3	4,2%	+(?)	+

Abb. 17 Übersicht über die quantitativen Anteile von Messern in Depotfunden des Arbeitsgebietes

Auffallend groß ist die Zahl der Flußfunde. Sie stellen mit 16 % eine ungewöhnlich große Zahl dar, wobei besonders die Fundstellen Rhein bei Mainz und Bingen-Bingerbrück Messer geliefert haben. Einige bislang unbekannte Messer werden auf Taf. 8, 8-9 und Taf. 9 gezeigt; sie erweitern das Formenspektrum im Arbeitsgebiet nicht. Dagegen entspricht die Fundmenge aus dem hessischen Untermain schon eher den von anderen Flußfundstellen bekannten Verhältnissen[57]. Die Erhaltung der Messer ist vorzüglich, fragmentierte Exemplare sind selten. Gegenüber der zeitlichen Staffelung G. Wegners kann mit dem Messer von Bingerbrück (Liste 6 Nr. 179) ein Einsetzen der Messerdeponierung schon in der Stufe Bz D konstatiert werden. Immerhin würde es sich dann um eine direkte, schon in der späten Bronzezeit erfolgte Ablösung des Dolches durch das Messer in der Wasserdeponierung handeln[58]. Dolche sind mit sechs Exempla-

---

[53] Beispiele für die Fragmentierung von Messern: Dietzenbach, Steinkistengrab 1 (Liste 6 Nr. 35); Bad Nauheim (Liste 6 Nr. 28); vgl. auch Müller-Karpe, Münchner Urnenfelder.

[54] Bei der Funktion ist sicher auch an die sozial verbindende Gelegenheit par excellence, das Schneiden des Fleisches beim gemeinsamen Mahl, zu denken.

[55] C. Eibners (Bestattungssitten) Untersuchung stellt in dieser Richtung bislang den einzigen und wohl auch revidierungsbedürftigen Versuch dar.

[56] Weitere Beispiele späturnenfelderzeitlicher Horte: Reinhardshofen 1 Frg. (4,1%) (Stein, Hortfunde 160f. Nr. 368); Winklsaß 5 Frg. (3,4%) (ebd. 166ff. Nr. 381); Beuron 3 Frg. (3,2%) (ebd. 107ff. Nr. 263); Osterburken 2 Frg. (3,5%) (ebd. 117 Nr. 288); Pfeffingen 4 Frg. (4%) (ebd. 188f. Nr. 290).

[57] Vgl. Wegner, Flußfunde 46f. Donau (Greiner Strudel) nach zu Erbach-Schönfeld, Urnenfelderkultur ca 5% (ebd. Taf.52, 9-11). Nur ein Messer von Orpund-Kiesablagerungen (Chr. Osterwalder, Jahrb. Hist. Mus. Bern 59/60, 1979/80, Taf. 7,9).

[58] Bz D-zeitliche Messer auch in oberösterreichischen Gewässern. Vgl. M. Pollak, Arch. Austr. 70, 1986, 60.

ren im Rhein bei Mainz[59] vertreten, wobei es freilich zu bedenken gilt, daß die chronologische Fixierung der wenig elaborierten Dolche noch Schwierigkeiten bereitet.

Unter den Feuchtbodenfunden verdient die Deponierung des Messers aus einer Neckarschlinge bei Groß-Gerau besondere Erwähnung. Dem Fundbericht zufolge lag das Messer dicht unter der Rasenoberfläche in einer zertrümmerten flachen kleinen Schale. W. Kubach[60] vermutet wohl zu Recht, daß es sich um die Deponierung einer Tonschale mit organischem Material sowie dem Messer gehandelt haben dürfte, da im Fundbericht von Moorboden die Rede ist und Hinweise auf ein Grab völlig fehlen. Das Messer stellt eine singuläre Form dar. Die sichelförmig geschwungene Schneide läßt sich im Arbeitsgebiet am ehesten mit einem Messer aus dem Rhein bei Bingerbrück (Liste 6 Nr. 183 Taf. 9,8) vergleichen. Das Groß-Gerauer Messer dürfte, nach der Griffdornkonstruktion zu urteilen, nach Ha A2 oder spätestens nach Ha B1, das Messer von Bingerbrück nach Ha B1 zu datieren sein. Die Form der Klinge erscheint für den alltäglichen Gebrauch dysfunktional und deutet auf eine besondere Verwendungsweise[61]. Die Messer aus Feuchtbodenmilieu entsprechen in ihrer quantitativen Verteilung den Flußfunden.

B. Heukemes gelang es 1964, nördlich von Ladenburg im Gewann "Links der Hohen Straße", einen bemerkenswerten Fund zu bergen[62], bei dem der Opferkontext unabweisbar ist. Es handelte sich um eine runde, im Durchmesser 2,5 m messende und 2,8 m tiefe trichterförmige Grube, in der sich zahlreiche Keramikfragmente und Griffdornmesserbruchstücke (mit profiliertem Zwischenstück) fanden. Auf der Sohle lagen drei zerschlagene große Mondidole (bis 44 cm breit und 30 cm hoch) neben einem guterhaltenen Griffdornmesser und einer menschlichen Schädelkalotte.

Andere, vermutlich intentionell deponierte Einzelfunde von exponierten Plätzen auf dem festen Land wie Berge, Höhen und Höhlen und Felsspalten, können im Arbeitsgebiet nicht nachgewiesen werden. Messer erscheinen auch außerhalb der engen Grenzen des Arbeitsgebietes nur selten als landfeste "Einstückdeponierungen"[63], wie für einige Mittelgebirgsregionen und den Alpenraum in neueren Aufarbeitungen gezeigt werden konnte. E.F. Mayer listet für den Alpenraum lediglich drei Messer[64] auf, die als Höhenfunde angesprochen werden können. Dem stehen in der gleichen Liste bei einer Gesamtzahl von 81 bronzezeitlichen Funden immerhin 39 Beile, 12 Lanzenspitzen, 8 Schwerter und 10 Dolche gegenüber. Für das ostbayerische Grenzgebirge weist S. Winghart ein urnenfelderzeitliches Griffdornmesser als Einzelfund nach; wiederum dominieren Beile, Schwerter und Lanzenspitzen das bronze- und urnenfelderzeitliche Fundbild[65]. Für die als Einzelfunde überlieferten Messer des Arbeitsgebietes ist es derzeit auf archäologischem Wege nicht möglich, eine nicht-sepulkrale, gleichwohl intentionelle Deponierung nachzuweisen.

Überregionale Vergleiche hinsichtlich der Deponierungsregeln für Messer lassen sich beim gegenwärtigen Forschungsstand kaum vornehmen. Für Oberösterreich liegt eine statistische Untersuchung durch zu Erbach-Schönberg vor[66], derzufolge dort fast 70% der Messer aus Gräbern, etwa 7% aus Horten, ca. 10% aus Flüssen und 14% als Einzelfunde überliefert sind. K.H. Willroths Untersuchung der Deponierungsformen in Schonen und auf den dänischen Inseln erbrachte für die Per. III ähnliche Ergebnisse. 66% stammen aus Gräbern, 9% aus Horten, und den Rest bilden Einzelfunde, die überwiegend aus nicht erkannten Gräbern stammen dürften[67].

Zusammenfassend kann festgestellt werden, daß sich das Typenrepertoire der Messer im Arbeitsgebiet in

---

59 Wegner, Flußfunde 45. Zu Dolchen vgl. auch Kap. II (Andere Waffen).

60 Kubach, Jahresber. Inst. Vorgesch. Frankfurt, 1978/79, 221.

61 Vgl. zur sichelförmigen Klinge auch das Messer von Kukate (P. Prüssing a.a.O. [Anm. 3] Nr. 225 Taf. 11, 225). In diesem Zusammenhang sollte erwähnt werden, daß bei dem nur wenige Kilometer entfernten Riedstadt-Goddelau der Nachweis eines kleinen germanischen Opferplatzes mit Speisebeigaben gelungen ist (P. Wagner, Fornvännen 80, 1985, 221ff.).

62 Herrn Dr. B. Heukemes danke ich herzlich, den noch unveröffentlichten Fund hier erwähnen zu dürfen.

63 Zur Problematik der "Einstückdeponierungen" vgl. Kap. IV.

64 E.F. Mayer, Jahresber. Inst. Vorgesch. Frankfurt 1978-79, 182 Tab. 2. Bei den Messern dürfte es sich um folgende Fundstücke handeln: Münster, GR (Jahrb. Schweiz. Ges. Urgesch. 24, 1932, 29 Taf. 1,1); Mels, SG (Anz. Schweiz. Altkde. 1871, 236).

65 S. Winghart, 67. Ber. RGK 1986, 187 Nr. 80 (Hengersberg).

66 M.C. zu Erbach-Schönberg, Arch. Korrbl. 15, 1985, 163ff. Abb. 1.

67 Willroth, Hortfunde 170f.

das aus dem südwestdeutsch-schweizerischen Gebiet der Urnenfelderkultur bekannte Bild einfügt; gegenüber anderen Materialgattungen spielen - von wenigen Ausnahmen abgesehen - "Importe" keine Rolle. Die Deponierung des Messers erfolgt vorwiegend im Grabe, wobei hervorgehoben werden soll, daß es dort keineswegs als eine Art Standardausstattung aufgefaßt werden kann. In Hort und Fluß spielen Messer nur eine eingeschränkte Rolle, die zudem zeitlich auf bestimmte Phasen beschränkt ist.

Rasiermesser

Ähnlich wie für die Messer dürfte dem böhmisch-oberpfälzischen Raum für die Herausbildung der in der Urnenfelderzeit verbindlichen Rasiermesserformen eine wichtige Mittlerfunktion für die südwestdeutsche Urnenfelderkultur zugekommen sein, doch läßt sich diese allgemeine Feststellung derzeit anhand der Quellenlage nicht weiter präzisieren. Lochamzeitliche Rasiermesser liegen immerhin aus Baden-Württemberg (Onstmettingen, Hilzingen), der Schweiz (Spiez) und Bayern (Weichering "Brucker Forst") vor. Nimmt man hinzu, daß Rasiermesser im Nordischen Kreis spätestens mit der Per. II in Gebrauch sind - auf ihre frühe Verwendung in der Ägäis muß nicht ausdrücklich hingewiesen werden[1], dann wird das Fehlen mittelbronzezeitlicher Rasiermesser im Arbeitsgebiet möglicherweise mit einem festgelegten Grabritus, weniger also mit tatsächlichen Gegebenheiten in Verbindung zu bringen sein[2]. Ein ähnliches Phänomen konnte für die Lanzenspitzen herausgestellt werden; auch sie erscheinen nicht in den mittelbronzezeitlichen Bestattungen, werden allerdings im Gegensatz zu den Rasiermessern dem Fluß anvertraut.

Mit annähernd fünfzig Exemplaren stellt sich das Arbeitsgebiet als eines der Ballungszentren mitteleuropäischer Rasiermesserfunde dar, doch gilt, daß die Mehrzahl der Funde der Stufe Ha A angehören. A. Jockenhövel hat den Fundstoff im Rahmen der Edition "Prähistorische Bronzefunde" ausführlich dargestellt[3], so daß auf chronologische Erörterungen weitgehend verzichtet werden kann. Die ältesten aus dem Arbeitsgebiet bekannten Rasiermesser werden in die Stufe Bz D datiert. Aussagekräftige Beigabeninventare besitzen die Gräber von Worms-Adlerberg, Stadecken und Frankfurt Stadtwald (Liste 7 Nr. 1, 2, 37). Bei diesen Rasiermessern handelt es sich um Formen, deren Produktionsbeginn in Böhmen, der Oberpfalz und Oberbayern noch in die Stufe Bz C fällt[4]; auf die Be-

---

[1] Vgl. Sp. Marinatos, Kleidung - Haar - und Barttracht. Arch. Homerica I (1967), B31ff.

[2] Hänsel, Beiträge 50f. wies auf die Existenz karpatenländischer Rasiermesser seit MD I hin. Jockenhövel, Rasiermesser 24ff.

[3] Jockenhövel, Rasiermesser.

[4] Ebd. 71ff. Allerdings scheinen auch noch ungelöste Probleme der Parallelisierung der böhmischen und bayerischen Spätbronzezeit für diesen Eindruck verantwortlich zu sein.

deutung des Rasiermessers von Stadecken wurde bereits bei der Behandlung der Messer hingewiesen.
Die wenigen Bz D-zeitlichen Rasiermesserfunde des Arbeitsgebietes könnten auf eine gewisse Retardierung in der Übernahme einer verfeinerten Lebensführung, für eine solche das Rasiermesser als Indikator gewertet werden darf, schließen lassen; die spezifische Quellenlage mittelbronzezeitlicher Rasiermesser deutet jedoch eher darauf hin, daß Rasiermesser erst in der Stufe Bz D Eingang in den Grabritus finden, mithin archäologisch nachweisbar werden.

An den Beginn der Stufe Ha A ist ein Brandgrab aus Hanau zu rücken, das ein lausitzisches Rasiermesser mit Hakengriff enthielt (Liste 7 Nr. 35) und von H. Müller-Karpe chronologisch und chorologisch eingeordnet wurde[5]; allerdings ist mit einem auch früheren Auftreten derartiger Rasiermesser zu rechnen[6]. Auch andere Rasiermesser, wie das von Lengfeld (Liste 7 Nr. 6), deuten auf eine Kontinuität der Beziehungen zum östlichen Mitteleuropa[7].
Bei der überwiegenden Zahl der Ha A-zeitlichen Rasiermesser handelt es sich um zweischneidige Stücke mit ausgeschnittenem oder halbmondförmigem Blatt und Rahmengriff, der in unterschiedlicher Weise verstrebt ist und als wesentliches Kriterium der typologischen Ordnung dient. Eine präzise Festlegung der einzelnen Rasiermessertypen auf die ältere oder jüngere Phase der Stufe Ha A ist nicht immer möglich, doch scheint sich für den entwickelten Abschnitt eine gewisse Bedeutungszunahme südwestdeutsch- schweizerischer Lokalerzeugnisse abzuzeichnen, worauf die Verbreitung der von A. Jockenhövel herausgearbeiteten Varianten Dietzenbach, Heilbronn und Alzey hindeuten[8]. Allerdings ist der von A. Jockenhövel gebene Hinweis, "daß alle Rasiermessergußformen etwas peripher zum Vorkommen der entsprechenden Typen gefunden wurden"[9] bei der Beurteilung zu berücksichtigen. Die wichtige Frage nach der Verschiedenheit oder Kongruenz von Produktions- und Konsumtionsgebiet ist beim gegenwärtigen Forschungsstand leider nicht gültig zu beantworten[10].

Spärlich werden die Nachweise Ha B-zeitlicher Rasiermesser im Arbeitsgebiet; dies hängt mit dem rapiden Verfall der Beigabe von Bronzen im Grabe und ihrem weitgehenden Fehlen in Horten und als Flußfunde zusammen.
An den Beginn der Stufe Ha B1 ist das Rasiermesser aus dem Steinkistengrab 1 von Eschborn zu setzen, worauf bereits hingewiesen wurde[11].
Ein Neufund aus Gräbern von Hadamar-Oberzeuzheim (Liste 7 Nr. 36) ist in mehrerlei Hinsicht bedeutsam. Zunächst liegt hier einer der wenigen Nachweise für die Rasiermesserbeigabe in der Stufe Ha B vor; darüberhinaus ist der Fund aber deswegen hervorzuheben, weil es sich um ein nordisches Rasiermesser handelt. A. Jockenhövel hat den Fund vorgelegt und in seinen kulturellen Bezügen beschrieben[12] sowie eine Datierung in die Per. V vorgeschlagen, doch fehlt bei dem Exemplar für eine sichere Datierung unglücklicherweise der chronologisch empfindliche Griff. Nicht auszuschließen ist daher eine Datierung schon in die Per. IV, was auch mit der Verzierung konvenieren würde. Was die Verzierung selbst anbelangt - es handelt sich um eine Schiffsdarstellung mit drei konzentrischen Halbkreisen "an Bord" - so finden sich für diese "Sonnenbarke" zwar nur wenige gute Vergleiche aus dem Nordischen Kreis[13]; es ist aber bemerkenswert, daß das Ornament, obwohl eindeutig im Nordischen Kreis behei-

---

5 H. Müller-Karpe, Germania 26, 1942, 13ff.

6 Vgl. Lehma, Kr. Altenburg, Hügel 1 Grab 10 (K. Kroitzsch, Arbeits- u. Forschber. Sachsen 26, 1983, 31 Abb. 11,4), das in die Stufe Bz D zu datieren ist.

7 Jockenhövel, Rasiermesser, 99.

8 Ebd. 105ff., 117ff., 123ff.

9 Ebd. 8.

10 Zumindest drei Faktoren sind zu berücksichtigen: 1. Siedlungsgrabungen fehlen bislang weitgehend, so daß wir den Umfang lokaler Bronzegeräteproduktion nur ungenügend übersehen. 2. Bestimmte Geräteformen können regional differenzierten Deponierungsnormen in je unterschiedlicher Weise unterliegen; somit sind weiträumigere quellenkundliche Untersuchungen notwendig. 3. Die Mehrzahl metallurgischer Nachweise wird aus Hortfunden bezogen. Ihre direkte Interpretation impliziert die Deutung der Horte als Handwerkerverstecke. Andere Konsequenzen für den Nachweis regionaler Produktion ergäben sich jedoch aus einer Deutung der Horte als Opfer.

11 Zur Zeitstellung des Rasiermessers vgl. die subtile Analyse von D. Zylmann, Bonner Jahrb. 178, 1978, 115ff. Vgl. auch Kap. II (Schwerter).

12 A. Jockenhövel, Fundber. Hessen 15, 1975, 171ff.

13 Schleswig-Holstein (Sprockhoff, Horte Per. V Taf. 16,1), Kemnitz (E. Althin, Studien zu den bronzezeitlichen Felszeichnungen von Skaane [1945] 182 Abb. 93b); Waldhausen bei Lübeck (Sprockhoff, Horte Per. V, 113 Abb. 24,1). Konzentrische Bogenzier: Dänemark (Althin a.a.O, 187 Abb. 99b); Gullev S (H. C. Broholm, Danmarks Bronzealder 3 [1946] 101, Grab 1209); Straerup (ebd. 91, Grab 1113).

matet, auch im Urnenfeldergebiet "gelesen" werden konnte[14].

Späturnenfelderzeitliche Rasiermesser stammen aus Hortfunden von Stadt-Allendorf und Hanau (Liste 7, Nr. 38-40); es handelt sich um einschneidige Rasiermesser mit seitlichem Ringgriff (Allendorf) bzw. seitlicher Griffangel (Hanau), deren Hauptverbreitungsgebiet im Bereich der Schweizer Seerandsiedlungen liegt[15]. Unlängst wurde durch A. Rehbaum eine Gußform für entsprechende Rasiermesser (Liste 7 Nr. 47) nachgewiesen[16].

Grab	Brandgrab	Körpergrab	Rasiermesser	Schwert	Lanzenspitze	Pfeilspitze	Messer	Nadel	Armring	Kl. Ring	Keramik	Div
9	x	-	x	x	x	-	x	x	x	-	x	-
21	x	-	x	x	-	-	x	x	-	x	x	Spinnwirtel
28	x	-	x	x	-	-	x	-	-	-	x	Bronzetasse
35	x	-	x	-	-	x	x	x	-	-	x	Knopf
1	x	-	x	-	-	x	-	x	-	-	x	Fleischbeigabe
36	-	x	x	-	-	-	x*	x	x	-	-	*Dolch
4	-	x	x	-	-	-	x	x	-	x	x	Fleischbeigabe
29	x	-	x	-	-	-	x	x	-	x	x	-
2	x	-	x	-	-	-	x	x	-	-	x	-
6	x	-	x	-	-	-	x	x	-	-	x	-
18	x	-	x	-	-	-	x	x	-	-	x	-
12	x	-	x	-	-	-	x	-	-	-	-	-
19	x	-	x	-	-	-	x	-	-	-	x	-
20	x	-	x	-	-	-	x	-	-	-	x	Pinzette
25	x	-	x	-	-	-	x	-	-	-	x	-
26	x	-	x	-	-	-	x	-	-	-	x	-
27	x	-	x	-	-	-	x	-	-	-	-	-
33	x	-	x	-	-	-	x	-	-	-	-	-
34	x	-	x	-	-	-	x	x?	-	-	x	Schmuckscheibe
11	x	-	x	-	-	-	-	x	x	-	x	Anhänger
13	x	-	x	-	-	-	-	x	-	x	-	Schleifstein
17	x	-	x	-	-	-	-	x	-	x	x	Schleistein, Halsring
3	x	-	x	-	-	-	-	x	-	-	x	-
7	x	-	x	-	-	-	-	x	-	-	x	Abschlag
8	x	-	x	-	-	-	-	-	-	-	x	-
16	x	-	x	-	-	-	-	-	-	-	x	-
22	x	-	x	-	-	-	-	-	-	-	x	-
23	x	-	x	-	-	-	-	-	-	-	x	-
30	x	-	x	-	-	-	-	-	-	-	x	-
31	x	-	x	-	-	-	-	-	-	-	x	Pinzette

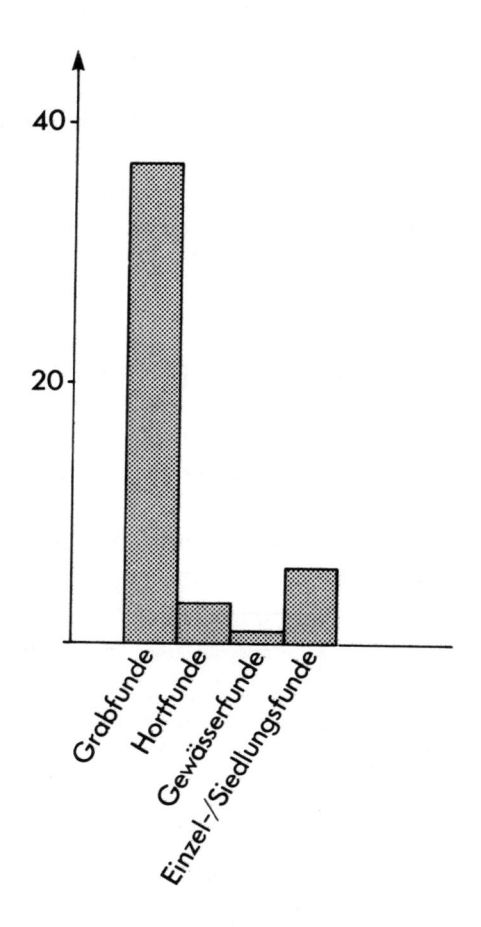

Abb. 18 Verteilung der Rasiermesser auf Quellengattungen (absolute Zahlen)

Abb. 19 Übersicht der Vergesellschaftung von Rasiermessern in Grabfunden Hessens und Rheinhessens

Rasiermesser kennen wir zu mehr als drei Vierteln aus Grabfunden (78,3%). Demgegenüber stellen sie in Horten (6,4%), aus Flüssen (?) (2,2%) sowie als Einzel- und Siedlungsfunde (12,8%) marginale Fundquantitäten dar (Abb. 18). Ähnliche Fundrelationen konnte R. Dehn für Nordwürttemberg herausstellen[17]; K.-H. Willroths Untersuchung[18] der Fundverhältnisse in Südschweden und auf den dänischen Inseln erbrachte für die Per. III ebenfalls vergleichbare Ergebnisse.

---

[14] Sprockhoff, Jahrb. RGZM 1, 1954, 39f.

[15] Zur Typographie und Gesamtverbreitung: Jockenhövel, Rasiermesser 218ff.

[16] Anhand der von ihr in Fundber. Hessen 15, 1975, 188 Abb. 8,12, gegebenen Abbildung ist dies jedoch schwer nachzuvollziehen.

[17] Dehn, Urnenfelderkultur 36 Abb. 7d.

[18] Willroth, Hortfunde 180f.

Sowohl die vergleichsweise geringe Zahl rasiermesserführender Gräber (37 gegenüber 21 Gräbern mit Schwertern, doch 132 Gräber mit Messern) als auch ihre Verbreitung im Arbeitsgebiet, die ähnlich der der Schwerter auf die nördliche Oberrheinebene und die fruchtbare Wetterau beschränkt ist, weisen darauf hin, daß die Beigabe eines bronzenen Rasiermessers einer regional entsprechend begrenzten und sozial führenden Schicht vorbehalten war. Da mittlerweile als gesichert gelten kann, daß die hier zur Rede stehenden Geräte Werkzeuge der Toilette sind[19], könnte der offensichtlich luxuriöse Charakter einer Rasiermesserbeigabe im Grabe als Bestätigung für die aus anderen Zugängen zu erschließende Feststellung gewertet werden, daß die Haupt- und Barttracht jeweils an soziale Schichten, ihre Pflege sozialer Kontrolle unterliegt[20].

Die in Abb. 19 gegebene Übersicht über die Vergesellschaftung der Rasiermesser mit anderen Beigaben in den Gräbern des Arbeitsgebietes zeigt allerdings, daß sie nur selten mit anderen hervorragenden Beigaben kombiniert sind.

Ergänzend kann auf die Zusammenstellung der Vergesellschaftungen der Schwerter mit anderen Beigaben verwiesen werden. Sie zeigte, daß neben einer für Schwertgräber offenbar selbstverständlichen Zugabe von Messern und Trachtbestandteilen sich Kombinationsgruppen herausstellen lassen, die jeweils durch eine zweite Waffe, eine Sichel oder ein Rasiermesser charakterisiert sind. Es ist nun keineswegs zwingend, diejenigen Gräber, in denen die zuletzt genannten Beigaben alleine stehen, als Bestattungen einer "Mittelschicht" anzusprechen, wie dies Cl. Eibner getan hat[21]. Überprüft man diese im wesentlichen auf quantitativen Argumenten beruhende Aussage an urnenfelderzeitlichen Gräberfeldern, so zeigt sich, daß Rasiermessergräber relativ selten sind, was kaum mit den Erhaltungsbedingungen, etwa bei der Leichenverbrennung, zusammenhängen dürfte[22]. Bei der Interpretation tritt als weitere Komplikation hinzu, daß Zweifel an der Geschlechtsspezifität der Rasiermesserbenützung bzw. -beigabe im Grabe bestehen[23].

Die Rasiermesser aus Hortfunden des Arbeitsgebietes spielen quantitativ keine Rolle, ihr Anteil in Allendorf bzw. Hanau liegt bei jeweils 3%. Für die ältere Urnenfelderzeit sind sie in Horten des Arbeitsgebietes nicht nachgewiesen. Im Vergleich zum übrigen Süddeutschland zeichnen sich keine regelhaften Vergesellschaftungen oder quantitativen Anteile der Rasiermesser ab[24]; dies mag mit der fehlenden Kanonisierung der Deponierung im Hort zusammenhängen.

Auch für den Zustand der Rasiermesser lassen sich derzeit keine Regeln erkennen. Die Exemplare aus dem Arbeitsgebiet sind vollständig erhalten[25].

Sichere Flußfunde liegen aus dem Arbeitsgebiet bislang nicht vor, was mit Erhaltungs- und Auffindungsbedingungen für die fragilen Gegenstände nicht erklärt werden kann, denn wir kennen sie aus der Saône, der Seine sowie der Elbe[26]; freilich nehmen sie auch dort unter der Masse des Fundstoffs nur eine marginale Rolle ein.

Die als Einzelfunde überlieferten Stücke können topographisch nicht näher aufgeschlüsselt werden, so daß wir für sie eine intentionelle Deponierung nicht-sepulkraler Art archäologisch nicht erschließen können.

Bevor notwendige Bemerkungen zur Vergleichbarkeit des Befundes aus dem Arbeitsgebiet mit anderen

---

19 Dies ergibt sich aus Analysen anhaftender Haarreste. Experimentelle Untersuchungen (U. Ruoff, Arch. Korrbl. 13, 1983, 459) belegen nur die Möglichkeit entsprechender Verwendung.

20 Vgl. Marinatos a.a.O. (Anm. 1) 36. Vgl. Diodor V,28. Daneben kommen auch andere soziale Unterscheidungsmerkmale hinzu, v.a. die Altersstufe.

21 Eibner, Bestattungssitten 115ff.

22 Auf dem Gräberfeld von Unterhaching fanden sich in 6 Gräbern (4,8%), dem von Gernlinden in 2 Gräbern (0,2%) und dem von Grünwald in 4 Bestattungen (6,7%) Rasiermesser. Vgl. Müller-Karpe, Münchner Urnenfelder.

23 Frauengräber mit Rasiermesserbeigabe: Sovenice (Jockenhövel, Rasiermesser 137); Volders, Grab 263 (ebd.); Imst, Grab 35 (ebd. 159f.); Volders, Grab 398 (ebd.). Hinzukommen einige fragliche, als Doppelgrab gedeutete Befunde, z.B. Alzey (ebd. 124). R. Feger, M. Nadler, Germania 63, 1985, 9f. konnten unlängst das Rasiermessergrab von Schönbrunn als weibliche Bestattung erschließen.

24 Rasiermesser in süddeutschen Horten: Hesselberg (Müller-Karpe, Chronologie 288, Taf. 155 C) 33,3%; Hesselberg, (F.-R. Herrmann, Arch. Korrbl. 3, 1973, 423); Winklsaß (ebd. Taf. 285, 148-149) 0,7%; Beuron (ebd. 290, Nr. 163 A) 1,1%; Jagstzell-Dankoltsweiler (Beck, Beiträge Taf. 2C) 5%; Pfeffingen (Müller-Karpe, Chronologie 291, Taf. 164-165A) 0,9%.

25 Von der Heunischenburg bei Kronach (Fundber. Oberfranken 4, 1983-84, 46 Abb. 16,31) stammen vier Rasiermesser, von denen mindestens eines mehrfach zusammengefaltet deponiert worden war, was deutlich an die Behandlung z.B. von Blechgürteln in südosteuropäischen Hortfunden erinnert.

26 Velke Žernoseky, aus der Elbe (E. Plesl, Lužická Kultura [1961] Taf. 52,2; 55,15.16); Paris, aus der Seine (A. Jockenhövel, Die Rasiermesser in Westeuropa [1980] Nr. 128, 312, 339); Cannes-Écluse, aus der Seine (ebd. Nr. 233); Saint-Georges-de-Reneins, aus der Saône (ebd. Nr. 276), La Truchère, aus der Saône (ebd. Nr. 317); Asnières-sur-Saône (ebd. Nr. 324).

Landschaftszonen gegeben werden, scheinen einige Hinweise zu dem semantischen Spannungsfeld, in dem die Rasiermesser stehen, angemessen. Historische Quellen, religiöse Texte und ethnographische Beobachtungen belegen, daß das Scheren von Haupt- und Barthaar häufig religiös behaftet gewesen sein kann[27].

Von den archäologischen Materialien, die in einem solchen Zusammenhang zu nennen sind, sei zunächst an die Umwandlung in die Amulettform, der sog. Rasiermesseranhänger, erinnert[28]. Ebenso muß ein zweites diesem Bereich zugehöriges Gerät, der spätestens seit dem Neolithikum in Gebrauch befindliche Kamm, hier genannt werden, der in der späten Urnenfelderzeit mit den sog. Kammanhängern ebenfalls in Amulettform ausgebildet erscheint, doch finden sich hierfür schon frühere Belege[29], für deren figürliche Ausbildungen G. Kossack das Vogelbarkenmotiv in Anspruch genommen hat[30]. A. Jockenhövel konnte für die figürliche Darstellung auf einem italischen Rasiermesser Verbindungen zur Ikonographie der Potnia Theron herausarbeiten; möglicherweise wird man in den gleichen Zusammenhang auch einige Kammanhänger stellen dürfen[31].

Angesichts der Schwierigkeiten archäologischer Nachweisbarkeit ist der hallstattzeitliche Befund aus dem älteren Zentralgrab des Hohmichele umso bemerkenswerter, wo nämlich Haupt- und Schamhaare in der Kammer als Sonderdepositum nachgewiesen werden konnten. Der Ausgräber G. Riek hat denn auch mit vollem Recht besonders auf die aus Griechenland überlieferten Zeugnisse des Haaropfers im Zusammenhang mit dem Totenkult aufmerksam gemacht[32]. Diese knappen Hinweise können immerhin schon die Mehrschichtigkeit der Verwendung von Rasiermessern beleuchten und eine alleinige "Alltagsverwendung" dieser Geräte in Frage stellen.

Für das Arbeitsgebiet stellte sich die Frage, ob sich die Ablösung der Ha A-zeitlichen Sitte, Rasiermesser ins Grab mitzugeben, durch den Brauch der Deponierung im Hort nachzeichnen ließe. Für eine gültige Beantwortung dieser Frage ist allerdings die quantitative Ausgangsbasis zu gering, so daß wiederum auf den überregionalen Kontext rekurriert werden muß. Die bisher vorgestellten Kartierungen einiger Waffen bzw. Geräte indizierten jeweils spezifische Deponierungskreise, wobei sich eine kulturelle Zwischenstellung des Arbeitsgebietes herauszukristallisieren schien. Anhand der vorzüglichen Materialvorlagen A. Jockenhövels ist es ein leichtes, die kulturell determinierten Deponierungsnormen, denen offensichtlich Rasiermesser jeweils unterworfen werden, herauszuarbeiten. Die in Abb. 20 gegebene Kartierung zeigt die franzö-

---

27 RE VII, 2 (1912) s.v. Haaropfer, 2105ff. Handwörterbuch des deutschen Aberglaubens III (1931) s.v. "Haar", 1254ff.

28 Oder werden die Rasiermesser der Amulettform nachgebildet? Zu "Rasiermesseranhängern" mit älterer Literatur: Wels-Weyrauch, Anhänger 125ff. Bei einigen Rasiermesser- und lanzettförmigen Anhängern aus Frankreich vermutet Jockenhövel eine Verwendung als Rasiermesser (a.a.O. [Anm. 26] Taf. 13, 240-244; Taf. 29, 557.558).

29 Kammanhänger: Genf (Munro, Les stations lacustres d'Europe [1908] Taf. 12,16); Vallamand (ebd. Abb. 8,11 und 12); Estavayer (ebd. Abb. 6,5); Wollishofen (ebd. Taf. 3,16); Dole (L'Anthropologie 1894, 301, Abb. 125); Corcelettes (Mitt. Anthr. Ges. Zürich 22,2, Taf. 12,20); Petersinsel (Th. Ischer, Die Pfahlbauten des Bielersees [1927] 129 Abb. 124,1). Corcelettes (Mitt. Anthr. Ges. Zürich 22,2, Taf. 12,19); Hüfingen (E. Sangmeister, Bad. Fundber. 22, 1962, 9ff. Taf. 3,6 mit weiterer Literatur). Hauterive-Champreveyres (A. Benkert u.a., Arch. Schweiz 7, 1984, 50, Abb. 12,5); Argentenay, Dép. Yonne (C. Mordant, Bull. Soc. Préhist. France 77, 1980, 212ff. Abb. 2.3). Frühe Kammanhänger Südosteuropas sind zwar, wie Hänsel, Beiträge 120f. bemerkt, zu chronologischen Vergleichen untauglich, doch kann es sich bei dem Motiv nicht um eine Konvergenzerscheinung handeln: Pustasárkanytó (ebd. Taf. 2,14); Lengyel (E. Patek, Die Urnenfelderkultur in Transdanubien [1965] Taf. 78,7.13); Nagy Hangos (V.G. Childe, The Danube in Prehistory [1929] Abb. 149, 28). Tolnanémedi (I. Bona, Die mittlere Bronzezeit Ungarns und ihre südöstlichen Beziehungen [1975] Taf. 267,1.2). Zu latènezeitlichen Kammanhängern jetzt H. Lorenz, Arch. Korrbl. 14, 1984, 169ff.

30 Kossack, Symbolgut 41ff.

31 A. Jockenhövel, in: H. Müller-Karpe (Hrsg.): Beiträge zu italischen und griechischen Bronzefunden. PBF XX,1 (1974) 81ff. Taf. 19,1b. Von den Kammanhängern denke ich besonders an jene von Corcelettes und Hüfingen (Anm.29). Vgl. auch sogenannte "Achsnägel" bei O.W. v. Hase, Jahrb. RGZM 31, 1984, 268 Abb. 12, 1-2. Des weiteren ist natürlich auf die frühen doppeläxtförmigen Rasiermesser, die die Form des ägäischen Opfergerätes par excellence tradieren, hinzuweisen.

32 G. Riek, Der Hohmichele (1962) 129ff. Ein bronzezeitliches Beispiel aus England gibt Jockenhövel a.a.O. (Anm. 26) 198f. Aus dem Holtumer Moor bei Ahausen bei Stade wird folgender Fundbericht gegeben: "Nachdem das Gefäß von Moorerde befreit war, ergab sich Folgendes: Es lag mit der Öffnung nach unten, eine Unterlage von Stein u. dgl. war nicht vorhanden". Darin fanden sich ein Hängebecken, 3 Halsringe, 2 Armspiralen, ein Hohlmeißel, drei Nadeln, ein Hornkamm, "eine weiche, pechschwarze Masse, die bald verhärtete und eine gelbe Farbe annahm, sobald sie trocken war. Dieses alles lag fest gepackt ineinander und ringsum oben im Gefäß befand sich ein dicker geflochtener Kranz von Menschenhaar" (Katalog Ausstellung Berlin [1880] 189ff.). Vgl. die Haaropfer im Kyffhäuser (G. Behm-Blanke, Ausgr. u. Funde 21, 1976, 83). Sieben Zöpfe im Sterbygaard Moor (H.C. Broholm, Danmarks Bronzealder 2 [1944] 362). Vgl. auch K. Meuli in: Festschrift v. Muehll 205f.

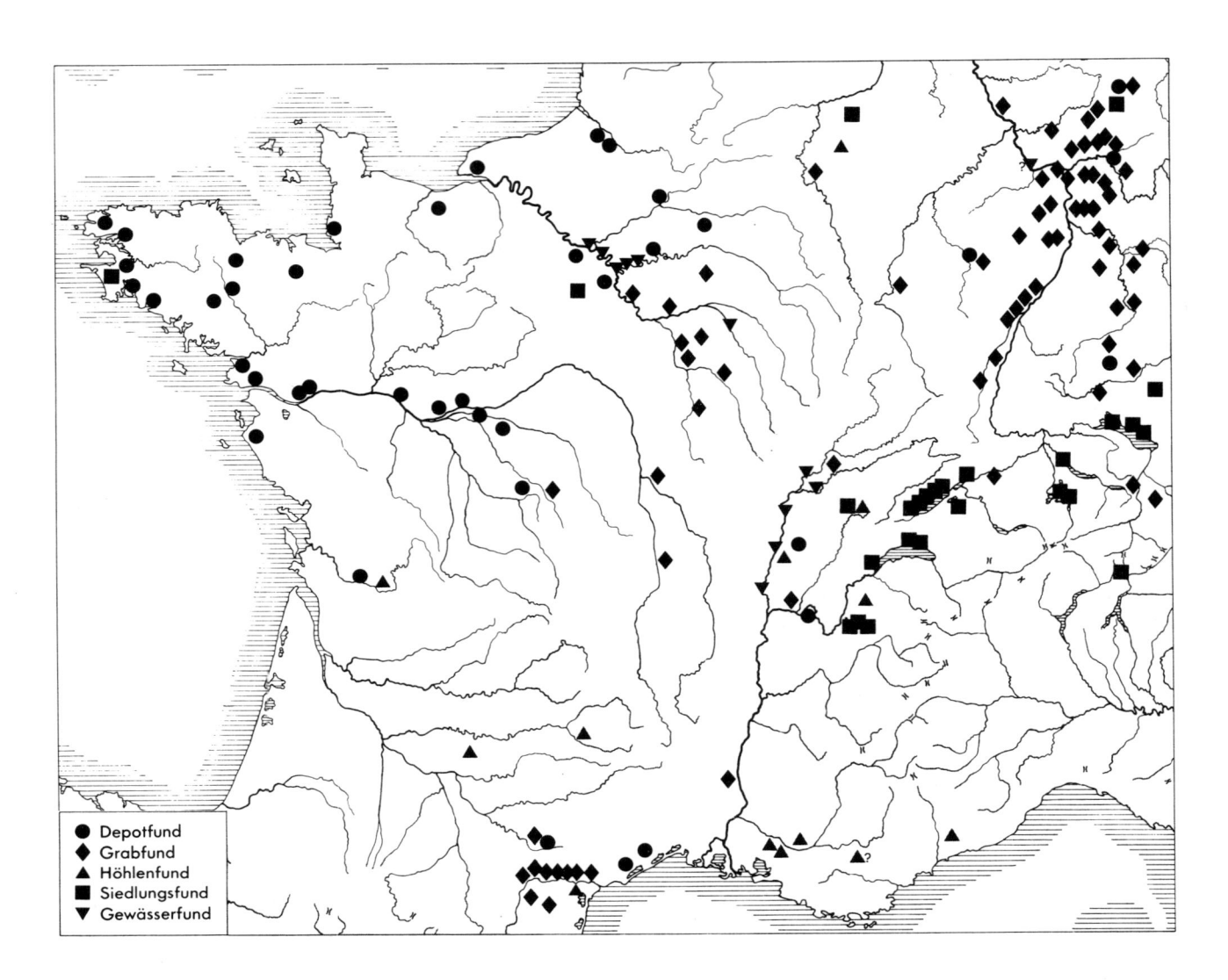

- Depotfund
- Grabfund
- Höhlenfund
- Siedlungsfund
- Gewässerfund

Abb. 20 Rasiermesser in der Oberrheinebene und westlich des Rheins nach Fundarten. Nach Jockenhövel mit Ergänzungen

sischen Rasiermesserfunde differenziert nach Quellengruppen.
Im Arbeitsgebiet (zur Verbreitung vgl. Taf. 26) kennt man demnach Rasiermesser beinahe ausschließlich aus Gräbern. Westlich des Rheins streuen Gräber locker bis zur Seine bzw. der Loire im Südwesten. Deutlich isoliert ist die südwestfranzösische Fundprovinz der großen Urnengräberfelder um den bekannten Fundort von Mailhac, der ein Grab von Grospierres an der Ardèche anzuschließen ist. Hier zeichnet sich sogar eine mikroregionale Differenzierung der Quellenlage ab.
Die dort gefundenen Horte mit Rasiermessern liegen außerhalb des Kernbereichs der Verbreitung der süd

westfranzösischen Urnenfelder, d.h. nördlich der Aude zur Mittelmeerküste orientiert. Östlich der Rhône in der Provence finden sich Rasiermesser v.a. in Höhlen. Auch hier können andere Fundquellen seit der Spätbronzezeit benannt werden.
Aus der Saône und der Seine finden sich eine Reihe von Rasiermessern, während weiter westlich, in der Picardie, der Normandie und der Bretagne sowie dem Loiregebiet und der Charente Rasiermesser ausschließlich in Horten deponiert werden, obwohl aus diesen Regionen Flußfunde durchaus bekannt sind.
Obgleich es sich nicht um vollkommene Ausschließlichkeiten handelt, sind die hier herausgearbeiteten

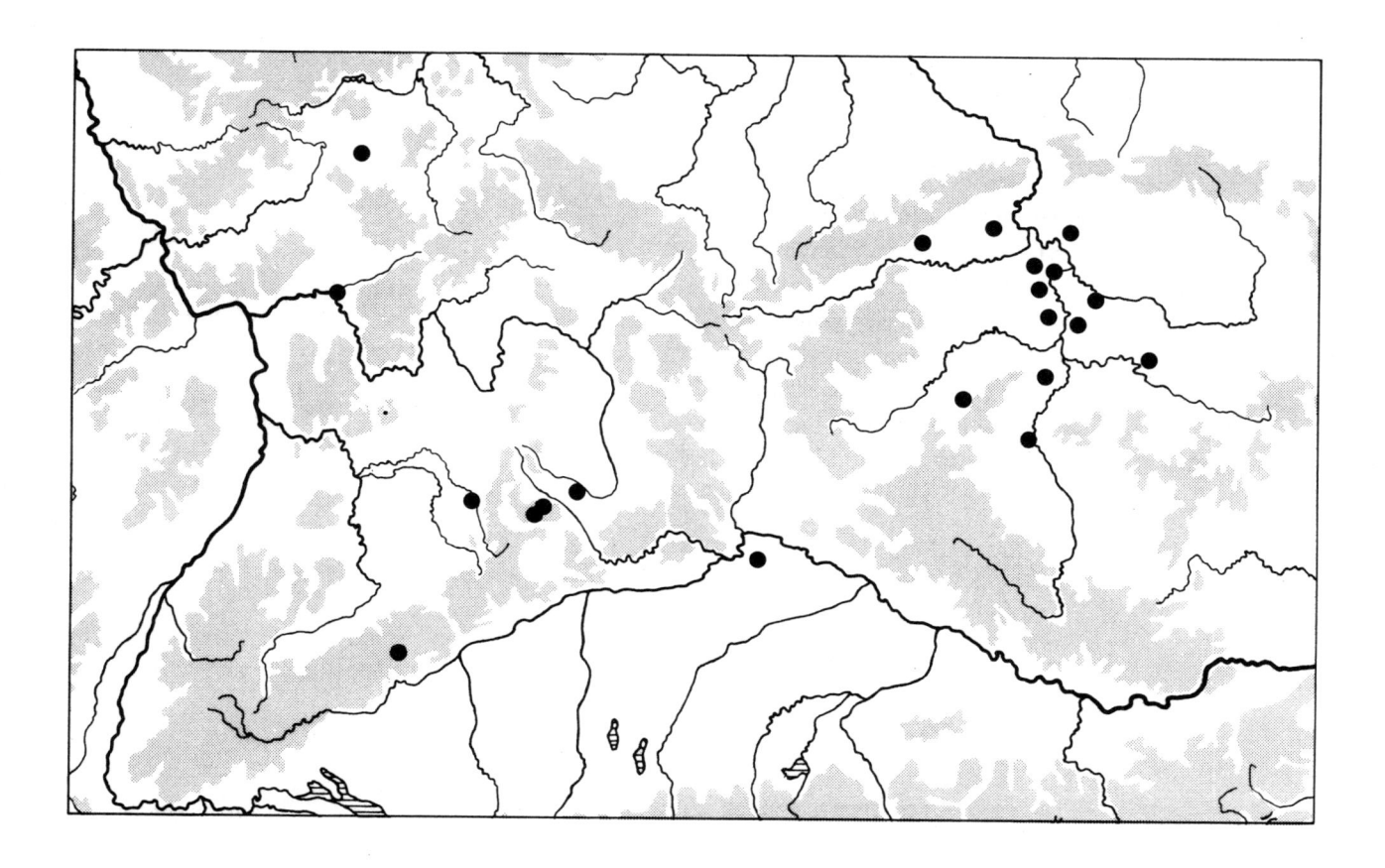

Abb. 21. Urnenfelderzeitliche Rasiermesser in Hortfunden. Nach Jockenhövel mit Ergänzungen

Fundprovinzen deutlich abzulesen - sie können nur das Ergebnis strenger Deponierungsregeln sein.

Zur Überprüfung der Verhältnisse im östlichen Mitteleuropa genügt die Kartierung der Hortfunde (Abb. 21), denn Grabfunde dominieren hier eindeutig. Die wenigen, östlich des Rheins bekannten Horte, die Rasiermesser enthalten, streuen gegen die Erwartung nicht gleichmäßig über die verschiedenen Landschaftszonen, sondern konzentrieren sich deutlich in Böhmen; eine zweite kleinere Fundkonzentration zeichnet sich am oberen Neckar ab. Diese Verbreitung erklärt sich nicht aus möglichen statistischen Erwägungen. Die Konzentrationen der Horte mit Rasiermessern sind keineswegs mit Hortfundkonzentrationen insgesamt kongruent[33].

A. Jockenhövel war der unterschiedliche Bestand an Gräbern und Horten in Frankreich zwar aufgefallen, doch zog er daraus im wesentlichen Konsequenzen für die chronologische Gliederung[34]. Beide Kartenbilder legen den Schluß nahe, daß das Fundbild - abgesehen von der als selbstverständlich vorauszusetzenden conditio der Verfügung über Metall - vornehmlich von "kultischen Faktoren", d.h. regionalspezifischen Deponierungsvorschriften abhängig ist. Die hier herausgearbeiteten Deponierungskreise, die im übrigen eine

---

33 Vgl. die Kartierungen bei Stein, Hortfunde, Karte 5-8.

34 A. Jockenhövel a.a.O. (Anm. 26) 4ff. Auf S. 4 schreibt er "...ist zu beobachten, daß je weiter man nach Westen geht, die Quellen immer schwächer fließen und eine gleichrangige Betrachtung von Siedlung, Grab und Deponierung nicht mehr vorgenommen werden kann. Eine solche ist nur im mittel- und nordeuropäischen Kerngebiet der Bronzezeit möglich, obwohl auch hier in bestimmten Zeiten Einschränkungen zu machen sind. Das Fundbild ist weiterhin abhängig von kultischen Faktoren wie bestimmten Deponierungs-, Bestattungs- und Beigabensitten sowie ökonomischen Verhältnissen, wie die Verfügung über Metalle".

erstaunliche zeitliche Kontinuität besitzen, dürfen versuchsweise als Ergebnis antiker Normierungen der Rasiermesserdeponierung aufgefaßt werden. Die regional begrenzten Konzentrationen bestimmter archäologischer Quellen spiegeln kleinräumig gültige Vorstellungswelten[35], deren gegenseitige Durchdringung spätestens mit der Metallzirkulation, die beinahe ganz Europa erfaßt und miteinander wenigstens auf der Ebene der Eliten vernetzt, evident ist und deren jeweils besondere Differenz gegenüber benachbarten Gebieten dann zugleich intrasoziale Identität und Stabilität ermöglicht haben wird.

---

[35] Man wird also nur sehr eingeschränkt für das Arbeitsgebiet von einer Ablösung der Sitte, das Rasiermesser dem Toten ins Grab mitzugeben, durch die Niederlegung im Hort sprechen wollen.

Sicheln

Die Sicheln des Arbeitsgebietes (vgl. Taf. 27-28) wurden jüngst durch M. Primas im Rahmen der Bearbeitung des süddeutschen, österreichischen und schweizerischen Fundmaterials ausführlich behandelt und in ihrer zeitlichen Stellung beschrieben[1]. Im Rahmen einer Berliner Dissertation wurde die Stellung der Sicheln im Spiegel der Horte untersucht[2]. Da beide Arbeiten weit über den hier gezogenen geographischen Rahmen ausgreifen und somit sowohl die chronologische als auch die depositionelle Charakteristik dieser Materialgattung besser zu beschreiben in der Lage sind als dies hier möglich ist, soll die Darstellung der Sicheln des Arbeitsgebietes auf wenige Bemerkungen beschränkt bleiben.

Während für die frühe und mittlere Bronzezeit Knopfsicheln charakteristisch sind, stellen Zungensicheln die kennzeichnende Form der Urnenfelderzeit dar. Freilich erscheinen noch in Komplexen der jüngeren Urnenfelderzeit Knopfsicheln, so daß eine chronologische Fixierung einzelner Typen schwierig erscheint, zumal wir - wie im Falle der Beile - gänzlich auf die Depotfundchronologie angewiesen sind, da Sicheln in Gräbern nur selten und dann auch beinahe ausschließlich in fragmentiertem Zustand überliefert sind. Somit ist unsere Kenntnis der Sichelentwicklung nur dort zureichend, wo Hortfunde in genügender Zahl zur Verfügung stehen. Darüberhinaus ist es wesentlich, zur Kenntnis zu nehmen, daß westlich des Rheins zu einer Zeit, als sich im Urnenfeldergebiet schon die Zungensichel durchgesetzt hat, offenbar bevorzugt Knopfsicheln weiter Verwendung fanden. Erst in der späten Urnenfelderzeit finden sich in diesem Raum häufiger auch Zungensicheln[3]. Zudem stellen in Mittel- und Westfrankreich und auf den Britischen Inseln Sicheln nur einen quantitativ geringen Anteil an den Hortinhalten dar; sie scheinen nicht zum festen Kanon der Depots zu gehören.

M. Primas hat das Sichelmaterial Süddeutschlands, Österreichs und der Schweiz in Typengruppen zusammengeschlossen. Mit der Reihung: Knopfsicheln - Zungensicheln: Typengruppe Uioara - böhmisch /bayerische Typengruppe - Typengruppe Pfeffingen - Typengruppe Boskovice - Typengruppe Auvernier ist das Formenspektrum der Urnenfelderzeit in chronologischer Folge beschrieben. Die im Donaugebiet verbreitete Typengruppe Uioara ist im Arbeitsgebiet nicht vertreten. Der ebenfalls älterurnenfelderzeitlichen böhmisch-bayerischen Typengruppe sind nur vereinzelte Exemplare aus Flüssen zuzuweisen (Liste 8 Nr. 175, 187, 189, 191). Die älterurnenfelderzeitlichen (Bz D/Ha A) Horte des Arbeitsgebietes enthalten hingegen vorwiegend Knopfsicheln. Hierin kommen auch regionale Unterschiede der Sichelproduktion zum Ausdruck.

Der überwiegende Teil der Sicheln im Arbeitsgebiet stammt aus Horten der jüngeren Urnenfelderzeit (Ha B), für die Primas die Typengruppen Pfeffingen und Auvernier als charakteristisch herausgearbeitet hat. Neben der Zahl der Blattrippen sind vor allem metrische Relationen an den Sicheln Kriterien für die Typenzuweisung.

Die Verbreitungskarten der einzelnen Typen spiegeln möglicherweise Absatzgebiete von Werkstätten wider, vor allem aber reflektieren sie die Ost-West-Verschiebung der Hortdeponierung in der Urnenfelderzeit; Horte stellen - wie erwähnt - die Hauptfundquelle für Sicheln dar.

Aufschlußreich ist, daß das Gewicht der älterurnenfelderzeitlichen Sicheln (bayerisch-böhmische Typengruppe) mit durchschnittlich 145 g gegenüber der mittleren Bronzezeit, in der Sicheln mit einem Durchschnittsgewicht von 116 g in Gebrauch waren, eine deutliche Zunahme aufweist, während in der jüngeren Urnenfelderzeit mit der Typengruppe Pfeffingen (Durchschnittsgewicht 98 g) eine signifikante Gewichtsverringerung der Sicheln zu beobachten ist. In der späten Urnenfelderzeit ist in der Typengruppe Boskovice eine Stabilisierung des Durchschnittsgewichtes zu verzeichnen (Typ Auvernier B), doch werden auch leichtere Sichelserien produziert (Typ Auvernier mit durchschnittlichem Gewicht von 80 g, Typ Reupelsdorf von 60 g)[4]. Diese Tatsache ist umso

---

[1] Primas, Sicheln. Rez. Chr. Sommerfeld, Prähist. Zeitschr. 62, 1987, 240ff.

[2] Chr. Sommerfeld, Diss. Berlin (1990).

[3] Vgl. dazu Verf. in: S. Gerloff, S. Hansen, F. Oehler, Die bronzezeitlichen Funde aus Frankreich im Museum für Vor- und Frühgeschichte zu Berlin. Druck in Vorb.

[4] Primas, Sicheln 30ff.

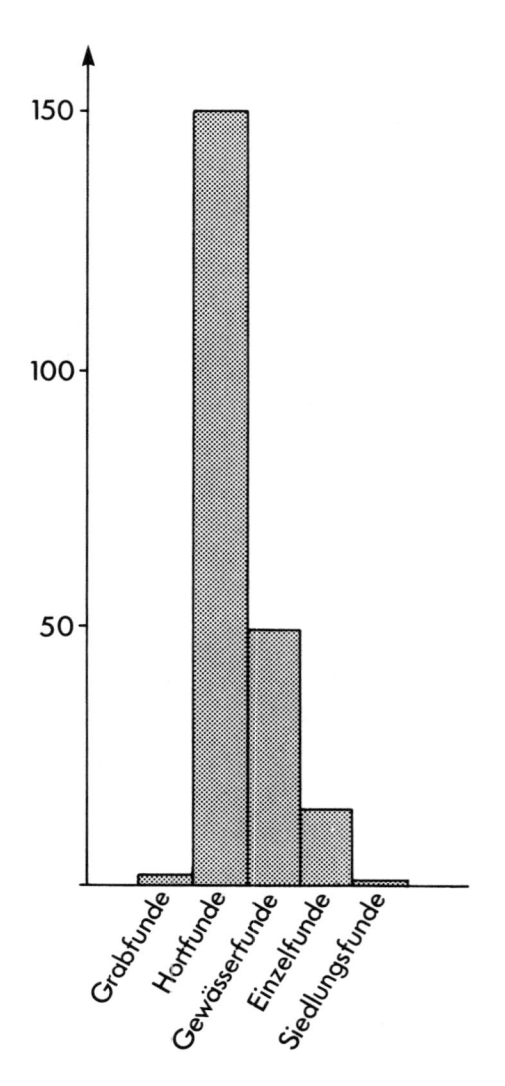

Abb. 22 Verteilung der Sicheln auf Quellen (absolute Zahlen)

bemerkenswerter, als V. Rychner[5] eine gleichartige Tendenz der Gewichtsminimierung bei Beilen aus Schweizer Seerandsiedlungen beobachten konnte, die anhand der Werte aus dem Arbeitsgebiet bestätigt werden kann. Wenn diese Tendenz bei zwei unterschiedlichen Gerätschaften zu beobachten ist, dann dürfte sie kaum mit einem veränderten Gebrauch zusammenhängen. Eher möchte man an eine Verknappung oder regionale Verlagerung der Rohstoffversorgung denken, für die ebenfalls Rychner anhand der Metallanalysen den Nachweis führen kann[6].

Die in Abb. 22 und 23 gegebenen Grafiken verdeutlichen die Quellensituation in Hessen und Rheinhessen. Das starke Übergewicht der in Horten gefundenen Sicheln ist im wesentlichen durch die zahlreichen späturnenfelderzeitlichen Horte (Liste 8 Nr. 26- 152d) bestimmt. Die quantitativen Anteile von Sicheln in anderen Quellen sind demgegenüber unbedeutend.

R. Dehn hat für Nordwürttemberg herausgearbeitet, daß dort etwa 80% der Sicheln aus Horten und 20% aus Gräbern stammen; eine Sichel aus dem Neckar bei Uhingen bildet das nordwürttembergische Flußinventar. Zweifellos wird hier das Bild durch drei Grabfunde (Münchingen, Mockmühl und Blaubeuren "Birkle" [ohne gesicherten Kontext, allerdings mit späturnenfelderzeitlichem Vollgriffschwert]) für Nordwürttemberg[7] verzerrt. Für einen Ausblick über die hier behandelte Region ist auch M.-C. zu Erbach-Schönbergs Zusammenstellung der oberösterreichischen Funde anzuführen. Danach stammen 27,1% der Sicheln aus Flüssen und Mooren, 63,5% aus Hortfunden, 2,1% aus Gräbern und 7,3% sind als Einzelfunde überliefert[8].

Im Arbeitsgebiet fanden sich nur in einem Steinkistengrab bei Eschborn (Liste 8 Nr. 1-2) zwei Sichelfragmente. Interessant ist es, die Stellung der Sicheln im Grab in einem größeren regionalen Kontext zu verfolgen (vgl. Abb. 24). Zunächst ist hervorzuheben, daß Sicheln in Gräbern extrem selten erscheinen. Hier können nur 15 geschlossene Grabinventare der Urnenfelderzeit benannt werden; nimmt man die nicht aussagekräftigen Inventare hinzu, erreicht man etwa 20 Komplexe; M. Primas führt 36 Grabfunde der Bronze- und Urnenfelderzeit mit Sicheln an[9]. Die Wahrscheinlichkeit, ein Grab mit Sichelbeigabe zu finden, ist damit deutlich niedriger, als eines mit Goldgegenständen aufzudecken. Nach dieser Zählung handelt es sich in den 36 Grabkomplexen um 47 Sicheln und Bruchstücke von Sicheln. Vergegenwärtigt man sich weiterhin, daß von den 2063 bei Primas angeführten Sicheln und Gußformen die genannten 47 Stücke da-

---

5 V. Rychner, Jahrb. Schweiz. Ges. Urgesch. 69, 1986, 121 ff.

6 Es dürfte kein Zufall sein, daß diese Tendenz mit dem Ausklingen der Depotfundsitte im Karpatenbecken sowie im übri-

gen Südosteuropa chronologisch zusammenfällt. Man wird aber auch nicht (darauf deuten die Kleinformate) Änderungen in der Votivsitte ausschließen wollen.

7 Dehn, Urnenfelderkultur 36 Abb. 7 (das Histogramm ist von beschränkter Gültigkeit, da es nicht durch überregionale Beobachtungen relativiert ist).

8 M.-C. zu Erbach-Schönberg, Arch. Korrbl. 15, 1985, 163 ff.

9 Primas, Sicheln 17 ff.

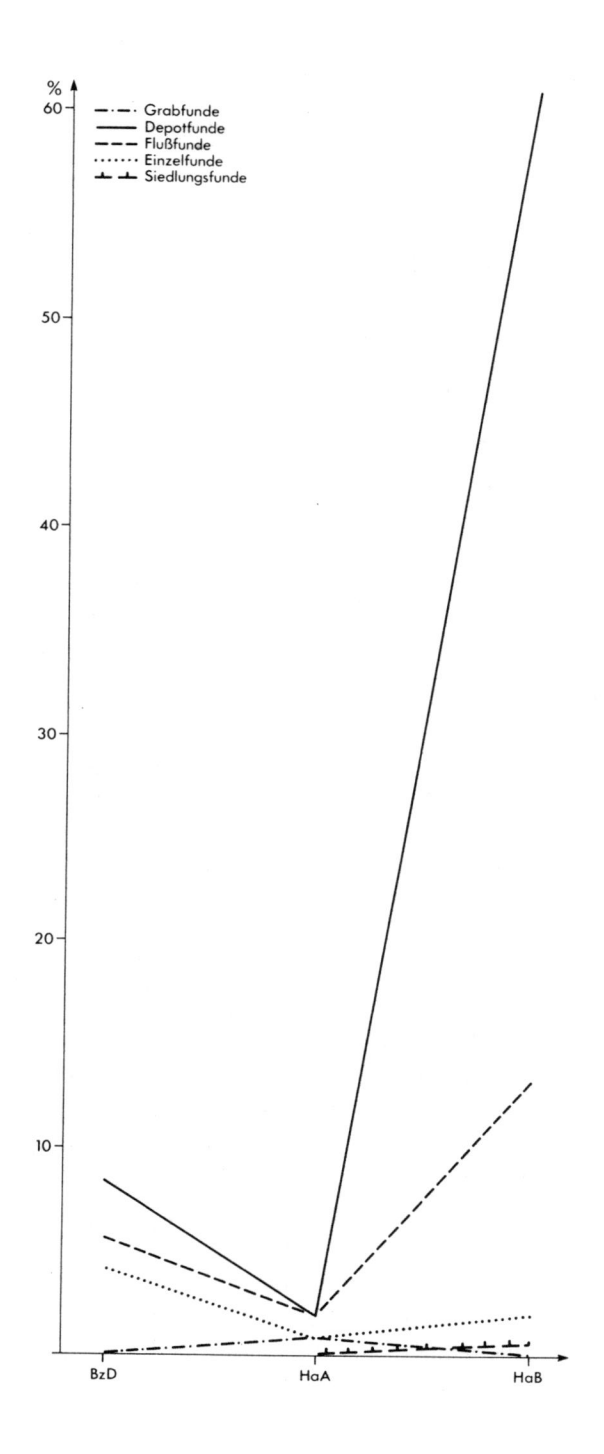

Abb. 23 Verteilung der Sicheln auf Quellen nach Zeitstufen (prozentuale Angaben).

mit gerade oder nicht einmal[10] 2 % des Fundbestandes repräsentieren, kann man ermessen, wie streng während der gesamten Bronzezeit die Selektion der Beigaben bestimmt war. Man könnte diese 2 % des Fundbestandes als intrusives Material oder uncharakteristische Sonderfälle behandeln, wenn sich nicht zeigte, daß die Sicheln in den urnenfelderzeitlichen Grabkontexten[11] an die Ausstattungen sozial privilegierter Personen gebunden sind. Beinahe zwei Drittel dieser Gräber sind durch Schwerter charakterisiert. Die drei Bestattungen von Wörschach werden hier zusammengefaßt, da ihre dichte Anordnung auf einen inneren Zusammenhang verweist, der m.E. die Kombination der jeweiligen Beigaben für den hier interessierenden Zusammenhang gestattet. Das Grab von Ludwigshafen-Rheingönheim enthielt eine Fibel, die ebenfalls zu gehobenen Ausstattungsmustern zu zählen ist, das Grab von Hader barg Reste eines Wagens. In einem Drittel der Sichelgräber fanden sich überdies Gußbrocken, d.h. plankonvexe Barrenfragmente, in einem Falle handelt es sich um zwei Stabbarren. Wie unten ausgeführt werden wird, dürfen diese Barren ebenfalls als an reiche Ausstattungen gebunden interpretiert werden[12]. Insgesamt kenne ich 13 Gräber mit Gußkuchen, die der Urnenfelderzeit (Bz D-Ha B3) zugewiesen werden können. Vergegenwärtigt man sich noch einmal die oben genannten Fundrelationen, ist die häufige Vergesellschaftung dieser beiden seltenen Beigaben bemerkenswert.

M. Primas hat die Kombination von Schwert- und Sichelfragmenten mit Barren als Parallelerscheinung zu den Brucherzdepots interpretiert und an den Metallwert zur Sicherung des Weges in ein Jenseits gedacht[13]. Auffällig ist aber, daß der Zustand der Sichel und des Schwertes aneinander gebunden scheint.

Daß Gußkuchen Werte repräsentieren, steht außer Frage. Ihre Beigabe im Grabe dient also der Repräsentation des Besitzers über den Tode hinaus, als Charonslohn für den Jenseitsweg oder Opfergabe der Hinterbliebenen. Eine genauere Bestimmung ist vielleicht überhaupt nicht zu erreichen. Metallschätze

---

[10] Sicher muß man eine Anzahl von Sicheln zurechnen, die bei Primas nicht berücksichtigt werden konnten.

[11] Für die mittlere Bronzezeit liegen nicht ausreichend geschlossene Fundkomplexe vor.

[12] Bei diesen Gräbern handelt es sich nicht um Handwerkerbestattungen.

[13] Primas, Sicheln 17f.

Fundort	Grabform	Sichel	Schwert	Messer	Lanzenspitze	Pfeilspitze	Nadel	Ringe	Gußkuchen	Bronzegefäß	Keramik	Diverses
Eschborn	B	x	x	x			x	x		x	x	
Langengeisl.	B	x	x	x			x	x				Phaleren, Knebel, Haken, Pfeilglätter
Mockmühl	B	x	x	x			x		x		x	Phalere
Unterhaching	B	x	x	x			x		x		x	Spiralröllchen
Smolin	B	x	x	x				x				
Münchingen	B	x	x		x		x	x			x	Phalere, Spirale
Mauer	B	x	x					x	x			
Alteislfing	?	x	x									Rasiermesser
WörschachI	B	x						x	x			
WörschachII	B										x	Phalere, Knebel
WörschachIII	B	x									x	
Straubing	B	x	x								x	Niet, Bz.fragmente
Frankenthal	?	x	x								x	
Kippenwang	K	x	x		?		x				x	Silex, Ringlein
Volders	B	x	x		x						x	Blech, Ringlein
Hader	?	x		x			x					Phalere, Wagen
Ludwigshafen	B	x					Fi	x			x	Spirale
Unterföhring	K	x									x	

Abb. 24 Sicheln in Grabfunden der Urnenfelderkultur.

stellen die Horte objektiv dar; das sagt jedoch nichts über die Art ihres Zustandekommens und der Intention der Vergrabung/Verbergung/Niederlegung aus. Deswegen können wir nicht aus dem Erscheinungsbild der Hortfunde auf die Interpretation von Grabbeigaben schließen, wenn auch jede Beobachtung über Parallelerscheinungen von Bedeutung ist. Daß die Schwerter in diesen Gräbern fragmentiert sind, wird z.B. in der Forschung keineswegs als Reduktion auf den Metallwert, sondern bewußte Brechung des Macht- und Herrschaftkontextes angesehen. Das Schwert wird unbrauchbar gemacht, weil es persönlich an den Besitzer gebunden ist, jedem anderen, der es an sich nähme, könnte es - so archaische Logik - gefährlich werden. Weiter oben wurde die Möglichkeit in Erwägung gezogen, daß es sich bei der Schwertzerstörung auch um einen Akt des Ähnlichmachens, und zwar analog zur Leichenverbrennung, handeln könnte. In dem hier interessierenden Zusammenhang fällt zwar die Parallelität des Zustandes "fragmentiert" von Schwert und Sichel auf, doch ist meist nur ein Fragment der Sichel beigegeben, während sich vom Schwert mehrere Fragmente finden[14].

Fundort	Schwert		Sichel	
	erh.	frg.	erh.	frg.
Eschborn		+		+
Langengeisling		+	+	+
Mockmühl		+		+
Unterhaching		+		+
Münchingen	+	+	+	+
Alteislfing		+		+
Smolin		+		+
Wörschach		+	+	+

Abb. 25. Zustand von Schwert und Sichel in Gräbern

Während für die spätmittelbronze- und älterurnenfelderzeitlichen Horte Bayerns und Mitteldeutschlands der hohe Fragmentierungsgrad von Sicheln charakteristisch ist, finden sich in den südwestdeutschen Horten der späten Urnenfelderzeit entsprechende Erscheinungen nur bedingt[15]. Feinteiliger Bruch findet sich nur in kleinen Quantitäten, hingegen dominieren erhaltene oder nur einmal zerbrochene Sicheln, für die auch Funktionsbruch in Erwägung zu ziehen ist. Sicher intentionell fragmentierte Sicheln mit deutlichem Biegesaum stammen unter anderem aus den Horten von Osterburken[16] und Wiesbaden (Liste 8 Nr. 90). M. Primas vermutet aufgrund mehrerer Indizien, daß Sichelfragmente in der Metallzirkulation eine ökonomisch dem Geld vergleichbare Funktion besessen haben könnten[17]. Die Histogramme der Sichelfragmentserien aus aussagekräftigen Horten weisen keine "Normalverteilung" der Fragmentgewichte auf, die Bruchstellen sind abgerundet, was auf eine längere

---

14 In diesem Zusammenhang sollte also nicht von einer pars-prototo, sondern von einer symbolischen Beigabe gesprochen werden. Repräsentiert pars schon das totum gänzlich, muß das Symbolon (vgl. Platon, Symposion 189d-193e) erst wieder zusammengefügt werden. In der Realität können sich z.B. Gastfreunde an zwei zusammenpassenden Stücken eines Ringes oder einer Münze wiedererkennen.

15 So im Hortfund von Pfeffingen. Histogramm der Gewichte bei Primas, Sicheln 39 Abb. 9.

16 Müller-Karpe, Chronologie 290 Taf. 162A, 18- 27.30.

17 Primas, Sicheln 40f. Dazu schon B. Laum, Das Eisengeld der Spartaner (1924). Vgl. Kap. III (Horte).

Zirkulation schließen läßt. Bemerkenswert ist auch die von Primas in diesem Zusammenhang angeführte Tüllensichel britischer Provenienz aus der Seerandsiedlung Grandson-Corcelettes[18], die noch vor ihrem Gebrauch - die Schneide ist nicht ausgehämmert - zerbrach.

Als Flußfunde erscheinen Sicheln nur selten[19]. Aus dem gesamten Mainlauf stammen nur drei Sicheln[20]. Der Rhein bei Mainz (Liste 8 Nr. 153-197) scheint mit seinen beachtlichen Fundmengen eine gewisse Sonderstellung einzunehmen. Der überwiegende Teil dieser Sicheln ist vollständig erhalten, wie dies für die Flußfunde insgesamt ein eigentümliches Merkmal ist. Eine bemerkenswerte Ausnahme stellt in dieser Hinsicht der Greiner Donaustrudel[21] dar, wo vorwiegend Sichelfragmente geborgen wurden.

Aus dem Eschollbrücker Moor und dem Gettenauer Moor ist jeweils eine Sichel bekannt geworden (Liste 8 Nr. 200-201). Aus Süddeutschland, vor allem Südbayern, aus dessen Mooren man viele älterurnenfelderzeitliche Nadeln kennt, erscheinen Sicheln nur sporadisch[22].

Einzelfunde (Liste 8 Nr. 202-213a), die aufgrund ihrer Lage in topographisch ausgewählter Position als Einzeldeponierung angesprochen werden können, sind selten. Aus der Schweiz sind einige Paß- und Höhenfunde[23], wenige Funde aus den deutschen Mittelgebirgsregionen[24] bekannt geworden.

Sicheln sind in vergleichsweise großer Zahl aus den Schweizer Seerandsiedlungen bekannt geworden. Weniger stark sind sie auf den in jüngster Zeit durch zahlreiche Bronzefunde neu in den Blickwinkel der Forschung geratenen Höhensiedlungen vertreten[25]. Aus Flachland-Siedlungskontexten sind Sicheln bislang, was für ein "Arbeitsgerät" und "Massenprodukt" verwundert, nur in geringer Zahl geborgen worden. In Fuchsstadt, Lkr. Würzburg wurde eine Siedlungsgrube angeschnitten, die vor allem reichlich Grob- und Feinkeramik enthielt. Desweiteren wurden eine Vasenkopfnadel, vier Spinnwirtel, ein Tonstempel mit Sternmusterzier und eine tönerne Scheibe (Sonnenscheibe-Brotstempel), sowie Gußtiegel, Schlackenreste und der Rohguß einer Bronzesichel geborgen[26].

Während M. Primas die Sicheln als Erntemesser bestimmt - im Grab auch mit "Geld"funktion[27] -, deutete Schauer die Sicheln in Gräbern als Geräte, die möglicherweise mit dem Haaropfer in Verbindung

---

[18] Primas, Sicheln 192 Nr. 2051 Taf. 120, 2051.

[19] Weitere Sicheln aus Feuchtbodenkontexten: Reutlingen-Altenburg, fragmentiert (Fundber. Baden-Württemberg 5, 1980, 68 Abb. 43. vgl. auch ebd. 9, 1984, 624 - identisch?); Scheer-Jakobsthal, Kr. Sigmaringen, Zungensichel im Uferbereich der Donau (Primas, Sicheln 108 Nr. 764 Taf. 45, 746) Schäfstall, Stadt Donauwörth, 2 vollständig erhaltene Sicheln (Fundber. Bayer. Schwaben 1981, 28 Abb. 8, 4-5); Kneiting, Ldkr. Regensburg, Zungensichel aus der Donau (Torbrügge, Bronzezeit 194 Nr. 275 Taf. 58, 5); Sende, Ldkr. Neu Ulm, aus Kiesgrube, Knopfsichel im Einschalenguß hergestellt (Fundber. Bayer. Schwaben 1979, 25 Abb. 2, 4); Orpund, Kt. Bern, vier Sicheln (Chr. Osterwalder, Jahrb. Berner Hist. Mus. 59/60, 1980, 72 Taf. 6, 1-3); Töging, aus dem Inn, Zungensicheln (W. Torbrügge, Bayer. Vorgeschbl. 25, 1960, 16ff. Abb. 17, 11.12); Riedlingen, Lkr. Donauwörth, Zungensichel aus Kiesgrube (Bayer. Vorgeschbl. 25, 1960, 244 Abb. 17, 4); Blindheim, Kr. Dillingen, aus Kiesgrube, Knopfsichel (Primas 63 Nr. 124 Taf. 8, 124); Kirchtellinsfurt, Kr. Tübingen, aus altem Neckarlauf (Primas, Sicheln 146f. Nr. 1298 Taf. 77, 1298); Uhingen, Kr. Göppingen, Zungensichel aus Kiesgrube (Fundber. Schwaben N.F. 14, 1957, 182 Taf. 15,4); aus der Broye, Kt. Fribourg, Zungensichel (Primas, Sicheln 134 Nr. 1187 Taf. 69, 1187); Rhône bei Genf, Zungensichel (Primas, Sicheln 104 Nr. 691 Taf. 40, 691).

[20] Urphaar, Main-Tauber-Kreis (Wegner, Flußfunde 121 Nr. 188); Hergolshausen, Lkr. Schweinfurt, aus altem Mainlauf, Knopfsichel mit Basisrippen (Fundber. Unterfranken 1979, 104f. Abb. 18,2); Untereuerheim, Ldkr. Schweinfurt, aus altem Mainlauf, Knopfsichel (Frankenland N.F. 28, 1976, 274 Abb. 9,8).

[21] Greiner Strudel (M. Pollak, Arch. Austr. 70, 1986, 82 Taf. 6); Steinhaus, Oberösterreich, aus den Traunschottern (Reitinger, Oberösterreich 402f. Abb. 302); Traismauer, BH. St. Pölten, zwei Sicheln im Mündungsbereich der Traisen in die Donau (Primas, Sicheln 94 Nr. 562 Taf. 33, 564; 96 Nr. 594 Taf 36, 594).

[22] Traunstein, angeblich aus Hochmoor, Knopfsichel (Primas, Sicheln 69 Nr. 243 Taf. 15, 243).

[23] Bever, Kt. Graubünden (F. Jecklin, Anz. Schweiz. Altkde. N.F. 22, 1922, 146ff. Abb. 3).

[24] Grabitz, Lkr. Cham, Sichel oberhalb des Paßweges von Bayern nach Böhmen (S. Winghart, Ber. RGK 67, 1986, 163 Nr. 21).

[25] Runder Berg bei Urach (J. Stadelmann, Der Runde Berg bei Urach IV [1981] Taf. 52, 538); Hohenstoffeln, Kr. Engen, Zungensichel mit drei Rippen, astragalierter Armring, drei Spinnwirtel (Bad. Fundber. 3, 1933-36, 363f. Abb. 166); Bullenheimer Berg bei Seinsheim (Depotfund), Lkr. Kitzingen (Primas, Sicheln 110 Nr. 782; 170 Nr. 1622-1630); Großer Knetzberg, Knetzgau, Lkr. Haßgau (Primas, Sicheln 139 Nr. 1762 Taf. 74, 1262); Karlstein, Kr. Reichenhall, zwei Zungensicheln (Depot) (Primas, Sicheln 165 Nr. 1537.1538); fünf Sichelbruchstücke vom Frauenberg, Ldkr. Kelheim (K. Spindler, Die Archäologie des Frauenbergs [1981] 164 Abb. oben); Nagold, Kr. Calw, Höhensiedlung Schloßberg, Sichelzunge (Primas, Sicheln 139 Nr. 1263 Taf. 74, 1263); Oberriet-Montlinger Berg, Zungensichel (Primas, Sicheln 135 Nr. 1204 Taf. 71, 1204).

[26] Frankenland N.F. 34, 1982, 367f. Abb. 49, 1-9; Neubrunn, Lkr. Würzburg, fragmentierte Zungensichel, dabei auch Siedlungskeramik (Frankenland N.F. 34, 1982, 310 Abb. 43, 15).

[27] Primas, Sicheln 17ff.; dies. in: Festschr. v. Brunn (1981) 363ff.

stehen[28]. Die Knopfsicheln vom Brandopferplatz Langacker bei Reichenhall und vom Eggli bei Spiez im Kanton Bern deutete W. Krämer[29] als Opfergeräte, was bislang nur unzureichend beachtet wurde. Vielleicht ist in diesem Zusammenhang auch besonders an die schweren "Laubmesser" des Alpenraumes zu denken[30].

Daß die Fragmentierung der Sichel und auch ihre einstmalige Gebrauchsfähigkeit nicht gegen eine Votivfunktion spricht, wird auch durch einen Hortfund von Tauberbischofsheim-Hochhausen, Main-Tauber-Kreis[31] deutlich. Um einen als Sicherung eines Holzpfahles o.ä. gedeuteten Steinkranz waren je drei unfragmentierte Brillenspiralanhängerpaare sowie zwei Beil- und ein Sichelfragment angeordnet. Dieser Fund ist deswegen so wichtig, weil der Weihecharakter eindeutig belegt ist; damit werden aber Klassifikationsprinzipien für die Hortfunde, die als Kriterium allein "Fertigprodukt" bzw. "Brucherz" wählen, an ihre Grenzen geführt[32].

---

[28] Schauer, Schwerter 162.

[29] W. Krämer in: Helvetia Antiqua. Festschr. E. Vogt (1966) 118.

[30] Vgl. Primas, Sicheln 139f. Diese Messer erinnern fatal an griechische Harpen (vgl. die Schlachtung des Orpheus auf einer Hydria: Jahrb. DAI 29, 1914, 27 Abb.1); vgl. auch W. Schiering, Landwirtschaftliche Geräte in: W. Richter, Die Landwirtschaft im homerischen Zeitalter. Arch. Homerica (1968) H 146ff. dort mit weiteren Hinweisen zu Sichelweihungen.

[31] L. Wamser, Fundber. Baden-Württemberg 9, 1984, 23ff.

[32] Vgl. auch Kap. III.

Beile

Der chronologischen Dimensionen und der gewaltigen Fundmenge von Stein- und Bronzebeilen wegen müßte dem Thema der Beildeponierung billigerweise eine eigene Studie gewidmet werden. Es kann daher von den folgenden Ausführungen weder Vollständigkeit noch eine nur annähernd alle Aspekte ausleuchtende Argumentation erwartet werden. Die bronze- und urnenfelderzeitlichen Beile des mittleren Westdeutschland wurden im Rahmen der Edition Prähistorischer Bronzefunde durch K. Kibbert vorgelegt[1]. Durch die sorgsame Sammlung des Materials fällt es relativ leicht, den Fundstoff weiteren Fragestellungen zugänglich zu machen. Auf eine Auseinandersetzung mit den typologischen und chronologischen Ergebnissen der Arbeit K. Kibberts muß hier weitgehend verzichtet werden[2]. Eine notwendige Neubearbeitung des Fundgutes setzt Materialaufnahmen in südwestdeutschen und schweizerischen Museen voraus.

Bekanntlich fallen in der Urnenfelderzeit Grabfunde zur chronologischen Beurteilung der Beile weitgehend aus, denn das Beil wird ab der frühen Urnenfelderzeit (Bz D) nicht mehr in das Grab mitgegeben; somit ist man in Süddeutschland beinahe vollständig auf die Ergebnisse der Hortfundchronologie angewiesen. Diese Voraussetzung ist für die Beurteilung der zeitlichen Abfolge der Beiltypen von entscheidender Bedeutung, da nur die multivariate Kombination statistisch relevanter Fundensembles zur Klärung chronologischer Fragestellungen erfolgversprechend sein dürfte. Es liegt daher auf der Hand, eine kurze Vorstellung des Fundstoffs auf der Grundlage der Beile aus Hortfunden durchzuführen und die übrigen Einzelfunde jeweils zuzuordnen.

Kennzeichnendes Merkmal des Materialbestandes im Arbeitsgebiet ist das eindeutige Vorherrschen von Lappenbeilen während der gesamten Urnenfelderzeit. Erst in der späten Urnenfelderzeit nimmt das nördliche Oberrheingebiet Tüllenbeile vor allem nordwesteuropäischer Provenienz in verstärktem Maße auf. In dieser Hinsicht bleibt das Arbeitsgebiet gegenüber anderen Regionen, vor allem gegenüber der östlichen Urnenfelderkultur, wo bekanntlich das Tüllenbeil vorherrscht, merkwürdig konservativ.

In der älteren Urnenfelderzeit (Bz D/Ha A) dominieren im westlichen Bereich der Urnenfelderkultur mittelständige Lappenbeile das Fundbild. Das Arbeitsgebiet liegt im Überschneidungsbereich mehrerer Formenkreise, so daß es nicht verwundert höchst unterschiedlichen Beiltypen zu begegnen.

Die Lappenbeilfragmente aus dem Depotfund aus dem Rhein bei Mainz (Liste 9 Nr. 206) sowie eine Reihe weiterer Beile des Arbeitsgebietes wurden bereits von W. Kubach[3] mit ost- und mittelfranzösischen Beilen verbunden, die Kibbert als Typ Grigny[4] bezeichnet hat. Gegen Westen zeigt die Verbreitungskarte mittelständiger Lappenbeile dieses Typus, wie aber auch anderer verwandter Formen, die Ausbreitung im westlichen Alpenvorland, dem Jura, sowie Seine- und Somme-Tal. Einzelfunde in Südfrankreich, der Charente und der Bretagne fallen demgegenüber nicht ins Gewicht[5].

Das mittelständige Lappenbeil aus dem Hort von Niedernberg gehört O.M. Wilbertz zufolge zu einer Gruppe böhmischer, oberfränkischer und thüringischer Beile[6]. In den gleichen Raum führt uns ein Beil

---

[1] K. Kibbert, Die Äxte und Beile im mittleren Westdeutschland I. PBF IX,10 (1980); Kibbert, Beile. Die Beile Unterfrankens sind bei Wilbertz, Urnenfelderkultur zu finden.

[2] Den Fundstoff der älteren Urnenfelderzeit werde ich an anderer Stelle ausführlich behandeln. Da sich in dieser Zeit sehr unterschiedliche Einflüsse aus anderen Regionen bemerkbar machen, muß dazu weiter ausgeholt werden, als dies hier möglich ist.- Widerspruch zu chronologischen Erwägungen Kibberts (Wiederaufnahme der Dreiteilung der Stufe Ha B) sowie Kibberts Spekulationen zur regionalen Rohstoffversorgung wird hier in den entsprechenden Kapiteln formuliert. Zusammenfassend sei auf die Rezension V. Rychners, Germania 64, 1986, 612ff. verwiesen.

[3] W. Kubach, Arch. Korrbl. 3, 1973, 301.

[4] Die Definition der mittelständigen Lappenbeile ist noch nicht befriedigend gelöst. Hier sei nur der Forschungsstand dargelegt. Eine genauere Beschreibung des Fundmaterials ist in Vorbereitung. Zur Typenbeschreibung vgl. Kibbert, Beile ; Einige Neufunde: Broye-les-Pesmes, Dép. Haute-Saone, aus der Saône (Gallia Préhist. 8, 1965, 86 Abb. 3,2.); Reventin-Vaugris, Dép. Isère, Hort (F. Audouze, J.-C. Courtois, Les epingles du Sud- Est de la France PBF XIII,1 [1970] Taf. 24, 49-51); Grigny, Dép. Rhône, aus der Rhône, mit Schulterbildung (G. Chapotat, Revue Arch. Est et Centre Est 22, 1971, 90ff. Abb. 2); Villethierry, Dép. Yonne, Depot II (Gallia Préhist 28, 1985, 219 Abb. 42, 1.7).

[5] Auch hier bestätigt sich die von W. Kimmig beschriebene Westgrenze der Urnenfelderkultur. Vgl. Chapotat, Revue Arch. Est et Centre Est 22, 1971, 90ff.

[6] Wilbertz, Urnenfelderkultur 45f. mit Anm. 108. Die bei Kibbert, Beile 40 genannte "Wahrscheinlichkeit für eine Entste-

aus dem Rhein bei Bingen (Liste 9 Nr. 263), das eine Nackenversteifung in Form schwach ausgebildeter Randleisten aufweist. Solche Beile, die nach einem unterfränkischen Hort als Form Schweinfurt bezeichnet werden[7], sind überwiegend in die Stufe Bz D zu datieren. Das von Kibbert[8] diesem Typ zugerechnete Beilbruchstück aus dem Hortfund von Wöllstein (Liste 9 Nr. 9) ist aber wahrscheinlich kein mittelständiges Lappenbeil, sondern ein Randleistenbeil mit einziehender Taille, das im östlichen Frankreich noch im spätesten Abschnitt der mittleren Bronzezeit und dem Beginn der späten Bronzezeit in Hortfunden erscheint[9].

Aus dem Arbeitsgebiet sind mittelständige Lappenbeile dieser Formen ansonsten nur als Fluß- und Einzelfunde von Langenhain, Griesheim und Mainz (aus dem Rhein) (Liste 9 Nr. 387, 389, 207, 209) vertreten.

Allgemein der älteren Urnenfelderzeit (Bz D/Ha A) sind die reinen Beilhorte von Heldenbergen und Bad Orb (Liste 9 Nr. 5-8, 17-18) zuzuweisen. Die Beile aus dem Hortfund von Bad Orb (Liste 9 Nr.5-8) gehören zum "Typ Zapfendorf", der von F. Stein mit fränkischen, oberpfälzischen und bayerischen Funden umschrieben wurde[10], und dem sie auch zwei Beile von Dornheim, Kr. Groß Gerau (Liste 9 Nr. 306) und der "Wetterau" (Liste 9 Nr. 421) zuwies, die bei Kibbert jedoch den "cxk"- und "Lindenstruthbeilen" zugeordnet werden[11].

Der Stufe Ha B1 gehören die Horte von Lindenstruth, Marburg und Hillesheim an (Liste 9 Nr. 13-15, 19-27). Während Lindenstruth ein reiner Beilhort ist, in dem das Typenspektrum der späten Urnenfelderzeit noch nicht vertreten ist, handelt es sich beim Marburger Depot um einen Beil/Meißel - Hort. Das Depot von Lindenstruth wird, wie der entsprechende Beiltyp insgesamt, durch die darin enthaltenen Steggruppenringe mit reicher Strichzier in der Stufe Ha B1 fest verankert.

Da Kibberts Arbeit das beinahe vollständige Fehlen von Beilen der älteren Urnenfelderzeit suggeriert, muß geprüft werden, ob es sich tatsächlich um eine depositionelle Lücke oder aber um einen Datierungsfehler handelt. Wie bereits erwähnt, werden der älteren Urnenfelderzeit, d.h. besonders der älteren Phase, noch einige mittelständige Lappenbeile (mit Zangennacken) zugewiesen. Kibberts Versuch, die mittel- und oberständigen Lappenbeile mit Zangennacken formal zu gliedern[12], befriedigt nicht. Statt die deutlich unterschiedlichen Ausprägungen in den größeren überregionalen Rahmen, in dem sie zu verstehen sind, zu stellen, werden - typologisch zweifelhafte - Gruppen gebildet, die jedoch in ihrer spezifischen Differenz nicht gewürdigt werden[13]. Der zu enge Blick führt schließlich dazu, daß die Beile an den durch zwei Hortfunde datierten Typ Lindenstruth chronologisch angeschlossen werden (d.h. nach Ha B1 datiert), wenngleich Kibbert "für etliche gedrungenere "axl"-Beile zumindest eine mittelurnenfelderzeitliche Datierung nicht ausschließen (will), was ja auch unsere Wiesbadener Gußform (Nr. 126) nahelegt"[14].

Die Datierung - zumindest eines Teiles- der mittel- bis oberständigen Lappenbeile mit Zangennacken schon in den älteren Abschnitt der Stufe Ha A wird durch ihre Vergesellschaftung in einigen westeuropäischen Depotfunden nahegelegt. Zu nennen sind der Hortfund von Berg-en-Terblijt[15] und das Depot von Caix, Dép. Somme[16]. Letzteres besteht aus atlantischen Griffzungenschwertern mit weidenblattförmiger Klinge, einem Pickel, wie er in älterurnenfelderzeitlichen Horten der Alpen erscheint[17], einem oberständigen Lappenbeil mit Zangennacken[18] sowie zwei mittelständigen Lappenbeilen mit seitlicher Öse, die in Kibberts Gruppe der "Frühformen mittel- und oberständiger Lappenbeile mit Öse" Parallelen fin-

---

hung dieser Form in Nordhessen" kann damit als gegenstandslos betrachtet werden.

7   Vgl. Wilbertz, Urnenfelderkultur 46.

8   Kibbert, Beile 46 Nr. 72.

9   Z.B. Vernaison, Dép. Rhône, Hort (Beck, Beiträge Taf. 5,1-4).

10 Stein, Hortfunde 67.

11 Allein diese typologischen und somit auch chronologischen Differenzen lassen eine Neubearbeitung der Lappenbeile ratsam erscheinen.

12 Kibbert, Beile 56ff.

13 Die bei V. Rychner a.a.O. (Anm. 2) gegebene Übersicht über die Beilentwicklung in der Schweiz ist zwar nützlich, doch kann das Material des Arbeitsgebietes in dieses Schema nicht eingepaßt werden, da unklar ist, wie groß der formale Spielraum einzelner als Typen deutlich hervortretender Beile tatsächlich ist.

14 Kibbert, Beile 69.

15 Vgl. Anm.49.

16 Blanchet, Picardie 246 Abb. 133.

17 Vgl. z.B. auch Hortfund von Miljana (A. Smodić, Arh. Vestnik 7, 1956, 49 Taf. 1, 1-5).

18 Vergleiche finden sich unter Kibberts Typ Lindenstruth-Obernbeck, bes. Taf. 13, 181-183; Taf. 14. 184-185.

den[19]. Über das oberständige Lappenbeil aus dem Hort von Caix findet auch die Datierung des Hortfundes von Heldenbergen in die Stufe Ha A, wie von F.-R. Herrmann vorgeschlagen[20], eine Bestätigung. Das von Kibbert dem "Typ Neuenburg, frühe Variante"[21] zugewiesene Lappenbeil aus der Lahn bei Heuchelheim (Liste 9 Nr. 319) findet Entsprechungen u.a. in der Seerandsiedlung Greifensee - Böschen, Kt. Zürich[22], die überwiegend Ha A2/B1 Material erbrachte und dendrochronologisch in das dritte Viertel des 11.Jh. datiert wird. Weitere schweizerische und süddeutsche Funde tragen zur Datierung nicht wesentlich bei[23]. Dieser Beiltyp muß also dem jüngeren Abschnitt der Stufe Ha A zugewiesen werden[24].

Einen Beginn der Form "Geseke-Biblis" am Ende der Stufe Ha A legt das oberständige Lappenbeil mit Öse und geraden Seiten aus dem Depotfund von Boutigny-sur-Esonne[25] nahe, das zusammen mit einem Griffdornmesser und einem Griffzungenschwertfragment (vermutlich Typ Locras), das man in die Spätstufe von Ha A oder den Beginn von Ha B zu setzen hat, vergesellschaftet war. In dieselbe Zeit gehören Beil und Schwert aus der Grotte de Savalas[26]. Die stratigraphischen Beobachtungen in den Schweizer Seerandsiedlungen bieten weiteren Aufschluß. Aus dem unteren der durch einen Seekreidehorizont voneinander abgetrennten Schichtpakete in der Siedlung Zürich Haumesser stammt ein oberständiges Lappenbeil mit Öse[27], das sich mit Kibberts "Form Geseke-Biblis" verbinden läßt[28]. Das betreffende Schichtpaket enthält Funde der Phase Ha A2 und der Stufe B1, wodurch ein früherer Beginn der oberständigen Lappenbeile (mit Öse) angezeigt wird. Ein vergleichbares Beil findet sich im Hortfund von Anselfingen-Hohenhewen, Kr. Konstanz[29], dessen weitere datierende Bestandteile, nämlich zwei Lanzenspitzen sowie ein oberständiges Lappenbeil mit Zangennacken, eine Einordnung in die Stufe Ha B1 erfordern. Ein gedrungenes Beil mit breit ausladender Schneide aus dem Rhein bei Mainz (Liste 9 Nr. 215) findet gute Entsprechungen in einer Anzahl süddeutscher Hortfunde der Stufe Ha B1[30].

Aus den angeführten geschlossenen Fundkomplexen geht hervor, daß das Einsetzen oberständiger Lappenbeile, vermutlich auch mit Öse[31], schon in der entwickelten Stufe Ha A anzusetzen ist. Die von Kibbert vorgetragenen Datierungsvorschläge sind damit sicher zu jung. Ohne die Aufarbeitung des schweizerischen und ostfranzösischen Beilmaterials ist man allerdings nicht in der Lage, den heterogenen Fundstoff des Arbeitsgebietes anhand einer statistisch relevanten Vergleichsbasis sicher zu datieren. Man geht beim heutigen Stand der Forschung allerdings sicher nicht fehl, den Großteil der mittel- bis oberständigen Lappenbeile mit Zangennacken, auch einen Teil der bei Kibbert "Typ Lindenstruth" genannten Beile, in die ältere

---

[19] Kibbert, Beile 79. Immerhin datiert Kibbert typologischen Erwägungen folgend ein Beil (Nr. 240) in die "mittlere Urnenfelderzeit" (Ha A2).

[20] Herrmann, Urnenfelderkultur 204.

[21] Kibbert, Beile 61 Nr. 147. S. 69 und 107 zur "jüngerurnenfelderzeitlichen" Datierung.

[22] B. Eberschweiler, P.Riethmann, U.Ruoff, Jahrb. Schweiz. Ges. Urgesch. 70, 1987, 94 Taf. 5,17. Nach Rychner, Germania 64, 1986 616f. lassen sich auch in der Beilentwicklung der Schweiz regionale Unterschiede fassen. Das Beil von Greifensee ist demnach ein typischer Vertreter der Zürichseeregion, doch sind die formalen Gemeinsamkeiten zwischen diesen Regionalvarianten so eng, daß man sie zur Datierung des Exemplares aus der Lahn unbedenklich heranziehen darf.

[23] Sternmatt, Kt. Luzern (J. Speck in: Luzern 1178- 1978. Beiträge zur Geschichte der Stadt [1978] 23, Abb. 11 Mitte); Rütschdorf (Badische Fundber. 21, 1958, 246 Taf. 66,2).

[24] Vgl. Rychner, Germania 64, 1986, 616ff. mit Nennung noch unpublizierter stratifizierter Beile aus Seerandsiedlungen.

[25] Mohen, L'âge du bronze 118 Abb. 91-1.

[26] P. Schauer, Germania 53, 1975, 59 Abb. 10B.

[27] Ruoff, Kontinuität Taf. 24, 19. Zur Schichtenabfolge: ders., Helvetia Arch. 12, 1981, 54 Abb. 65.

[28] Kibbert, Beile 80ff. Ebd. S. 83: "Andererseits halten wir speziell für das noch recht archaisch anmutende Rechteckbeil von Geseke (Nr. 249) eine Datierung in die Stufe Obernbeck für möglich, ja, für recht wahrscheinlich - zumal es unmittelbar aus dem Bereich der 'Paderborner Experimentierwerkstatt' dieser Stufe stammt..." Die Bedeutung Ostwestfalens für die Herausbildung der oberständigen Lappenbeile mit Öse scheint mir stark überschätzt.

[29] Müller-Karpe, Chronologie Taf. 175 C2. Bei Kibbert, Beile 68 wird dieser Hort der "Stufe Wallstadt" zugewiesen.

[30] Freiham, Kr. Rosenheim, Hort mit Lanzenspitze (Müller-Karpe, Chronologie Taf. 170 D1); München-Widenmayerstr., Depot (Müller-Karpe, Vollgriffschwerter Taf. 46,8); aus dem Neckar bei Neckarelz (Bad. Fundber. 22, 1962, 254 Taf. 82,1); Merklingen, Alb-Donau-Kreis (Schauer, Schwerter Taf. 145 C1). Das Merklinger Beil führt zu einer weiteren Gruppe von Beilen mit Schulterabsatz und herabgezogenen Lappen sowie breiter trapezoider Schneide: Montlinger Berg, Depot mit Sauroter (Müller-Karpe, Chronologie Taf. 170B); für Österreich: Mayer, Beile 147f.

[31] Die Öse wird bei Kibbert als technische Erfindung gewertet und ihr chronologische Relevanz zugemessen; tatsächlich stellen Ösen keinen wesentlichen Fortschritt für eine sichere Schäftung dar und sind, wie nicht durchstoßene Ösen abgenutzter Beile belegen, nicht notwendig gebraucht worden. Vgl. D.R. Spennemann, Germania 63, 1985, 138. Daß der Westen, wie Kibbert, Beile 113 vermutet, die Öse an Lappenbeilen "lieferte", überrascht angesichts der schon viel älteren Öse im Karpatenbecken.

Urnenfelderzeit (Ha A) zu datieren. Ihr Fortleben in einigen späturnenfelderzeitlichen Horten darf dabei nicht überraschen und nicht zu einer Spätdatierung verleiten.

Die Hortfunde der späten Urnenfelderzeit (Ha B3) beinhalten ein relativ homogenes Material, auffallend schlank und leicht wirkende Formen oberständiger Lappenbeile, die Kibbert als Typ Homburg bezeichnet hat. Die breitere und massivere Form Geseke- Biblis beginnt, wie ausgeführt wurde, sicher schon in der Stufe Ha B1, vermutlich aber schon in Ha A2 und ist auch in späturnenfelderzeitlichen Horten vertreten. Ob Kibberts Rede vom "Bleibeskopf-Dreieck", in dem die Homburg-Beile produziert[32] worden seien, richtig ist, wird man erst nach einer umfassenden Bearbeitung der Lappenbeile entscheiden wollen. Für die Verzierung eines Beiles aus dem Hortfund von Hangen-Weisheim (Liste 9 Nr. 159) finden sich z.B. Entsprechungen im westlichen Alpenraum[33]. Aus dem Alpengebiet stammt auch ein Lappenbeil aus Bingen mit "Ärmchenbildung", wie eine Reihe von Vergleichsfunden zeigen[34].

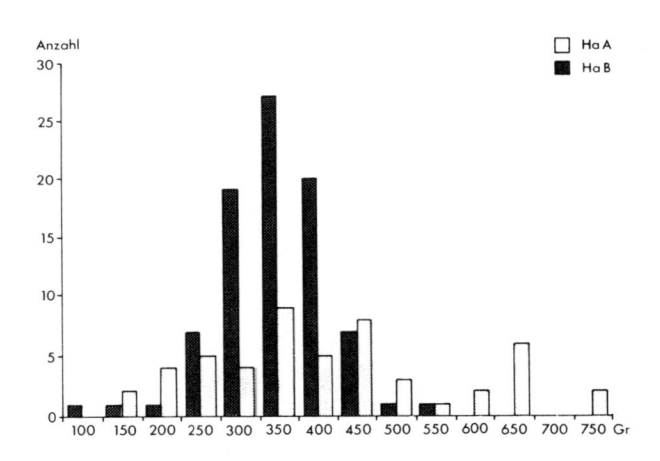

Abb.26 Gewichtsdiagramm urnenfelderzeitlicher Beile aus Morges VD (nach Rychner)

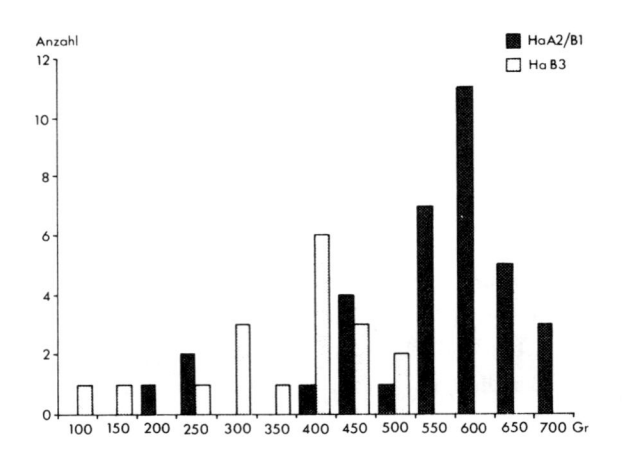

Abb.27 Gewichtsdiagramm der urnenfelderzeitlichen Beile in Hessen und Rheinhessen (Fluß- und Einzelfunde) Signaturen .

Bemerkenswert sind die metallurgischen Ergebnisse V. Rychners[35] an einer Testserie von 142 Beilen aus der Seerandsiedlung Morges am Genfer See. Rychner scheidet auf typologischem Wege die oberständigen Lappenbeile, teilweise mit Zangennacken, als Ha A2/B1-zeitlich, von den späturnenfelderzeitlichen Beilen mit Öse. Dabei zeigen sich zunächst frappante Gewichtsunterschiede; während die Ha A2/B1-Beile bei einer durchschnittlichen Länge von 16,1 cm im Mittel 573 g wiegen, beträgt das Gewichtsmittel der Ha B3-Beile 409 g bei einer durchschnittlichen Länge von 14,3 cm.

---

[32] Kibbert, Beile 113.

[33] Möriken, Kt. Aargau (Ruoff, Kontinuität Taf. 31, 26.); Menthon, Dép. Haute Savoie, Hort (A. Bocquet in: IX. Congr. UISPP Nice 1976. Colloque XXVI (1976) 35ff. Abb. 6, 1.3.6.).

[34] Kibbert leitet das Beil von den Britischen Inseln ab, was jedoch nicht richtig ist.

[35] V. Rychner, Jahrb. Schweiz. Ges. Urgesch. 69, 1986, 121ff.

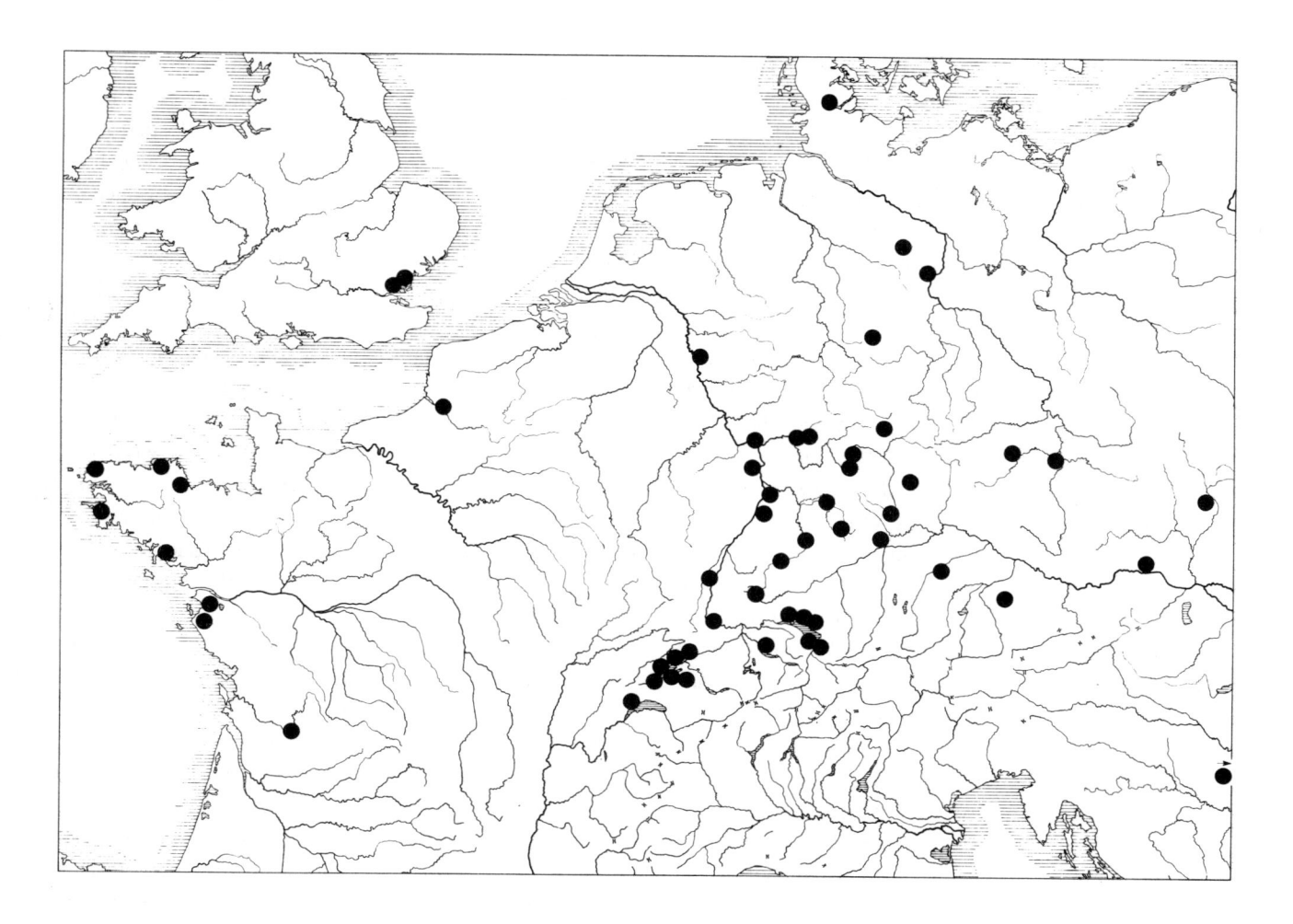

Abb. 28 Verbreitung quergeschäfteter Lappenbeile

In den späturnenfelderzeitlichen Horten des Arbeitsgebietes finden sich meist Beile, die zwischen 300 und 450 g wiegen, nur ausnahmsweise finden sich schwerere bzw. leichtere Exemplare (zwischen 200 und 550 g). Die Beile aus den älteren Horten scheinen schwerer zu sein (zwischen 350 und 500 g), doch ist die Materialbasis zu gering, um sichere Angaben machen zu können. Zieht man allerdings Einzel- und Flußfunde (Abb. 27) heran, dann wiederholt sich die von Rychner in der Schweiz festgestellte Tendenz auch im Arbeitsgebiet.

Schwere Beile über 450-500 g finden sich in den späturnenfelderzeitlichen Hortfunden nur selten, gleiches gilt für die Fluß- und Einzelfunde. Bedeutsam scheint nun, daß mit typologischer Entwicklung und Gewichtsabnahme auch die Veränderung der chemischen Zusammensetzung der Bronze einhergeht. Rychner konnte für die späturnenfelderzeitlichen Beile eine andere chemische Zusammensetzung, vor allem aber einen Bleizuschlag von bis zu 2,5% nachweisen. Für das Phänomen der Gewichtsverminderung, das sich ja, wie Primas nachweisen konnte, auch an der Sichelentwicklung verfolgen läßt[36], fehlen noch schlüssige Erklärungen; immerhin verschlechtern Gewichtsabnahme und Bleizuschlag bei den Beilen die funktionelle Qualität. Unklar bleibt vorerst, ob der nun zu beobachtende Bleizuschlag von bis zu 2,5% auf die Nutzung anderer Rohstoffquellen zurückzuführen ist[37].

---

[36] Primas, Sicheln 30ff.

[37] V. Rychner, Jahrb. Schweiz. Ges. Urgesch. 69, 1986, 124. Eine - allerdings deutlichere - Zunahme des Bleizuschlags ist auch bei den späturnenfelderzeitlichen Horten Westeuropas zu beobachten. Dies scheint dort seine Konsequenz in den stark bleihaltigen Tüllenbeilen Armorikas zu finden.

Quer zur Schneide geschäftete Lappenbeile sind, wie die Horte von Hillesheim (Liste 9 Nr. 22) und Kleedorf[38] zeigen, zumindest seit der Stufe Ha B1 im Fundgut[39] vertreten. Sie dürften, wie z.B. das Grab von Most nahelegt (Liste 9a), das ein Tachloviceschwert mit Eisenklinge enthielt, noch über den Übergangshorizont zur Hallstattzeit reichen. Im Arbeitsgebiet sind Querbeile dreimal aus Horten (Liste 9 Nr. 22, 45, 50) und dreimal aus dem Rhein (Liste 9 Nr. 222-223, 301) bekannt geworden. Die kleinen, relativ leichten Beile werden ihrer Querschäftung wegen bisweilen als Dechsel angesprochen[40], doch gibt es für diese Vermutung keine Anhaltspunkte. Vielmehr scheint mit den Beilen aus den Gräbern von Engelthal und Most (Liste 9a) das Wiedereinsetzen der hallstattzeitlichen Beilbewaffnung bzw. ihres Niederschlages im Grab angedeutet zu werden. Abgesehen von einigen Exemplaren aus den westalpinen Seerandsiedlungen und einigen Fluß- und Einzelfunden stammen diese Beile vorwiegend aus Horten. Die Annahme Kibberts, bei den ösenlosen Querbeilen handele es sich um eine östliche, bei denen mit Öse um eine westliche Erscheinung, kann nach Durchsicht der Funde nicht bestätigt werden (vgl. Liste 9a). Der Schwerpunkt der Verbreitung dieser Beile liegt in der Schweiz und in Südwestdeutschland, Oberfranken und Bayerisch-Schwaben. Vereinzelt findet man sie auch in Böhmen und Oberösterreich. Weit entfernt liegt ein entsprechendes Beil aus dem rumänischen Hort von Zagon. Interessant ist, daß auch westlich des Rheins derartige Beile bislang unbekannt sind. Allein in der Charente und der Bretagne erscheinen sie wieder in geringer Zahl in Horten und als Einzelfunde, der nordwestliche Bereich der Atlantikküste bleibt jedoch ausgespart[41].

Tüllenbeile erreichen das Arbeitsgebiet nach Ausweis der Funde erst in der späten Urnenfelderzeit. Einige älterurnenfelderzeitliche Tüllenbeile südosteuropäischer Herkunft in den Sammlungen des Arbeitsgebietes mit entsprechenden Fundortbezeichnungen dürften überwiegend modernen Import darstellen. Angesichts der bei anderen Materialgattungen wie Schwertern und Lanzenspitzen nachzuweisenden Impulse aus dem Karpatenbecken sowie teilweise echter "Importe" überrascht diese Materiallücke. Aber auch in der späten Urnenfelderzeit handelt es sich bei den im Arbeitsgebiet vorkommenden Tüllenbeilen zumeist um Produkte westlicher Werkstätten. Dort verlieren die uns in Horten überlieferten Tüllenbeile im Ausgang der Bronzezeit ihre funktionell sinnvolle Gestaltung und werden als Miniaturbeil und dünnwandiges Massenprodukt wohl ausschließlich zu Opferzwecken hergestellt[42].

Ein Teil der von Kibbert verschiedenen typologischen Gruppen (Tüllenbeile mit Lappenzier, Tüllenbeile Form Amelsbüren) zugewiesenen Tüllenbeile ist mit der nordwestfranzösischen Plainseau-Gruppe[43] zu verbinden. Das von Kibbert seiner Form Amelsbüren angeschlossene Tüllenbeil von Rüdesheim-Eibingen (Liste 9 Nr. 178) besitzt eine einfache Knopfverzierung unterhalb des Tüllenmundes[44]. Morphologische Gemeinsamkeiten mit in anderer Weise verzierten Tüllenbeilen sind offenkundig, ihre Gleichzeitigkeit und gemeinsame Verbreitung wird durch die vielfache Vergesellschaftung in Hortfunden belegt. Inwieweit unterschiedliche Verzierungselemente möglicherweise mit regionalen, funktionalen oder depositionalen Unterschieden verknüpft werden können, kann beim gegenwärtigen Publikationsstand nicht entschieden wer-

---

38   Müller-Karpe, Chronologie Taf. 140 A4.

39   Der Hortfund von Munderfing (J. Reitinger, Die ur- und frühgeschichtlichen Funde in Oberösterreich 2 [1968] 30ff. Abb. 251) ist der einzige Bz D-zeitliche Kontext, in dem ein quergeschäftetes Lappenbeil erscheint. Mayer, Beile 180 spricht aufgrund des Beiles den Hort als "zeitlich nicht einheitlich" an.

40   Kibbert, Beile 74f. Nicht akzeptabel ist die Argumentation Kibberts, die hohe Zahl quergeschäfteter Beile aus Seerandsiedlungen spreche für den Werkzeugcharakter. Daher seien die Flußfunde "am ehesten" als ("beim Bootsbau?") verlorene Arbeitsgeräte anzusprechen.

41   Auch dieses Kartenbild verweist auf eine intentionelle Auswahl der Deponierungsobjekte. Es besteht kein Zweifel, daß man für das Studium von Fernkontakten, Handelsbeziehungen, kulturellen Beeinflussungen den sog. "Quellenfilter" stärker zu berücksichtigen hat. Ein ähnliches Phänomen findet sich auch bei den Achtkantschwertern. Vgl.

H.-J. Eggers, Einführung in die Vorgeschichte (1959) 289 Abb. 29.

42   An anderer Stelle (Kap. III) versuche ich zu zeigen, daß der beispielsweise von Kibbert stereotyp bemühte Unterschied zwischen Beilgeld und Kultbeil (z.B. ebd. 170) das Problem nicht trifft.

43   Kibberts Beilstudie weist allgemein die Tendenz zu einer räumlich zu kleinteiligen Betrachtungweise des Fundstoffs auf.

4   Glatte Variante mit einfacher Knopfzier: z.B. Amiens-le-Plainseau, Dép. Somme (Blanchet, Picardie 281 Abb.155, 11-12). Eine Auflistung dieser Beile: Verf. in: Gerloff/Hansen/Oehler, Die bronzezeitlichen Funde im Museum für Vor- und Frühgeschichte zu Berlin (Druck in Vorb.). Eine etwas schlankere Variante dieses Typs verkörpert z.B. ein Beil von Pietersheim (H. Heymans, Helinium 25, 1985, 131ff.), wohingegen in der Bretagne etwas gedrungenere, plumpere Formen vorherrschen (Saint-Père-en-Rete, Dép. Loire-Atlantique: Briard, Les dépôts bretons 212 Abb. 74,4).

den. Tüllenbeile mit Lappenzier aus dem Hort von Wiesbaden und dem Main bei Dörnigheim (Liste 9 Nr. 138, 308) sind ebenfalls in diese Gruppe[45] zu stellen. Ein Tüllenbeil aus dem Hortfund von Weinheim-Nächstenbach (Liste 9 Nr. 206) zeigt eine in plastischen Leisten ausgeführte "Lappenzier", was schon für E. Sprockhoff das Unterscheidungsmerkmal zur "flächigen" Darstellung der Lappenzier war und von K. Tackenberg in verschiedene Untervarianten gegliedert wurde[46], ohne daß dies für Chronologie und Verbreitung bedeutsam wäre. Ein Tüllenbeil mit Lappenzier aus dem großen Hort von Bad Homburg (Liste 9 Nr.105) gehört in die gleiche Gruppe, unterscheidet sich aber durch eine "mittelständige" Anbringung des Lappendekors von den oberständig angebrachten Lappen der übrigen Beile dieser Formenfamilie. Es handelt sich nicht um ein Plainseau-Beil, sondern ist J.J. Butlers "Niedermaas-Gruppe" zuzurechnen, für die er einen früheren Beginn als für die "Hunze-Ems-Tüllenbeile" des Nordens, also vermutlich schon in der Periode IV vermutete[47], ohne sich jedoch festzulegen. Diese Vermutung wird m.E. vollkommen durch den von Butler selbst herangezogenen Hortfund von Berg-en-Terblijt[48] gedeckt. Die in diesem Hort enthaltenen Formen wie Spiralschmuck und Knopfsicheln, sind teilweise chronologisch schwer zu fixieren. Gleiches gilt für den Tüllenmeißel. Beide Lanzenspitzen entsprechen hingegen Ha A-zeitlichen Formen[49]. Die beiden mittel- bis oberständigen Lappenbeile widersprechen, wie ausgeführt wurde, ebenfalls nicht einer Datierung dieses Hortes in den jüngeren Abschnitt der Stufe Ha A[50].

Ebenfalls in den Westen führt ein Tüllenbeil mit vertikalen Verzierungsrippen aus dem Hort von Hangen-Weisheim (Liste 9 Nr. 164). Tüllenbeile des Yorkshire Typus - zu dem das Hangener Exemplar zu rechnen ist - sind in Ostengland und in Nordwestfrankreich verbreitet und gegenüber walisischen und bretonischen Tüllenbeilen mit vertikaler Rippenzier abzugrenzen[51].

Für das Tüllenbeil mit glockenförmig abgesetzter Schneide und Schnurverzierung am Hals aus dem Hort von Weinheim-Nächstenbach (Liste 9 Nr.200) sind mir keine genauen Entsprechungen bekannt. Am nächsten steht ihm ein - allerdings ösenloses - Tüllenbeil aus Nieuwe Pekela (Friesland)[52]. Darüberhinaus gibt es einige niedersächsische und niederländische Tüllenbeile mit ausgeprägt glockenförmig abgesetzter Bahn, die eine geringere Zahl umlaufender "Schnüre" Rippen besitzen[53].

Die von Kibbert als Typ Frouard zusammengefaßten Tüllenbeile besitzen nur selten eine Öse. Kibbert spricht sie im Anschluß an Kolling als Breitmeißel an. Angesichts der Gewichts- und Größenverhältnisse zu kleinen und leichten Tüllenbeilen mit Öse, scheint mir diese Benennung einigermaßen willkürlich; das Vorhandensein einer Öse entscheidet nicht über die funktionale Ansprache als Meißel oder Beil. Die Verbreitung der Frouard-Tüllenbeile greift über Lothringen bis nach Savoien aus[54].

Das vermutlich aus einem zerstörten Hort stammende Tüllenbeil von Hattendorf (Liste 9 Nr. 194 Taf. 13,1) ist mit einem Stück aus dem Hortfund von Nieder Olm (Liste 9 Nr. 180) zu verbinden und findet die besten Vergleiche im Mittelelbegebiet[55].

Zwei Tüllenbeile aus dem Main bei Frankfurt und dem Rhein bei Mainz (Liste 9 Nr. 260, 310) gehören dem von J.J. Butler[56] herausgearbeiteten Typ Geistingen an. Es handelt sich um sehr dünnwandige schlanke, sicher keinem praktischen Gebrauch zugedachte Beile, die vor allem zwischen Maas und Rhein verbreitet sind. Ihre Datierung an das Ende der Ur-

---

[45] Variante mit einfacher Lappenzier z.B.: Saint Omer, Dép. Pas-de-Calais (Blanchet, Picardie 195, Abb. 165, 12).

[46] Tackenberg, Jüngere Bronzezeit 259 Liste 15-19.

[47] J.J.Butler, Palaeohistoria 15, 1973, 338.

[48] Ebd. 336f. Abb. 14.

[49] Vgl. Kap. II (Schwerter).

[50] E. Warembol, Helinium 25, 1985, 229f. datiert an den Übergang von Ha A2 zu B1.

[51] Dies hat Chr. Eluère, Bull. Soc. Préhist. France 76, 1979, 119ff. herausgearbeitet.

[52] W. Pleyte, Nederlandsche Oudheden van de vroegste tijden tot op Karel den Groote (o.J.) Taf. 45,3.

[53] Elsener Veen (Overijsel), (W. Pleyte a.a.O. Taf. 51, 3); Haselünne, Kr. Osnabrück (J.H. Müller, Vor- und Frühgeschichtliche Alterthümer der Provinz Hannover [1893] Taf. 6, 52). Nahestehend auch: Merfeld, Kr. Coesfeld (Kibbert, Beile 137 Nr. 651 Taf. 50, 651); Duisburg (ebd. Nr. 652 Taf. 50, 652). Verwandt ist ein Beil von Jerrishoe, Kr. Schleswig-Flensburg (Struwe, Bronzezeit Taf. 52,7).

[54] Kibbert, Beile 134ff.; Jockenhövel in: Festschrift v. Brunn (1981) 138f. Abb.6.

[55] Vgl. Kibbert, Beile 159ff.

[56] J.J. Butler, Palaeohistoria 15, 1973, 339ff.; s.a. Tackenberg, Jüngere Bronzezeit 50ff.; 264 Liste 30, Taf. 19, 2-4; Kibbert, Beile 166ff.

nenfelderzeit oder schon in die frühe Hallstattzeit schloß J.J. Butler aus formalen Ähnlichkeiten zu den armorikanischen Tüllenbeilen[57]. Diese Datierung wird auch dadurch erhärtet, daß die Tüllenbeile des Typs Geistingen - abgesehen von Einzel- und Flußfunden - aus Depotfunden stammen, in denen sich allein Tüllenbeile dieses Typs fanden. Diese Deponierungseigenart teilen sie mit den armorikanischen Beilen.

Aus dem Depotfund von Gambach stammt ein Miniaturtüllenbeil, das wohl als Votivanfertigung anzusprechen ist. Aus dem gleichzeitigen Hort von Reupelsdorf stammt ein Beilanhänger[58]. Miniaturwaffen sind seit der älteren Mittelbronzezeit zwischen Skandinavien und dem Karpatenbecken[59], sowie Italien[60] und der Ägäis[61] nachzuweisen. Eine gewisse Fundhäufung von Miniaturtüllenbeilen am Ende der Spätbronzezeit und dem Beginn der Eisenzeit ist in einer Vielzahl von Kulturlandschaften zu beobachten. Beispiele aus Italien[62], Westfrankreich[63] und den Britischen Inseln[64], aus Hallstatt[65] und Südosteuropa[66]

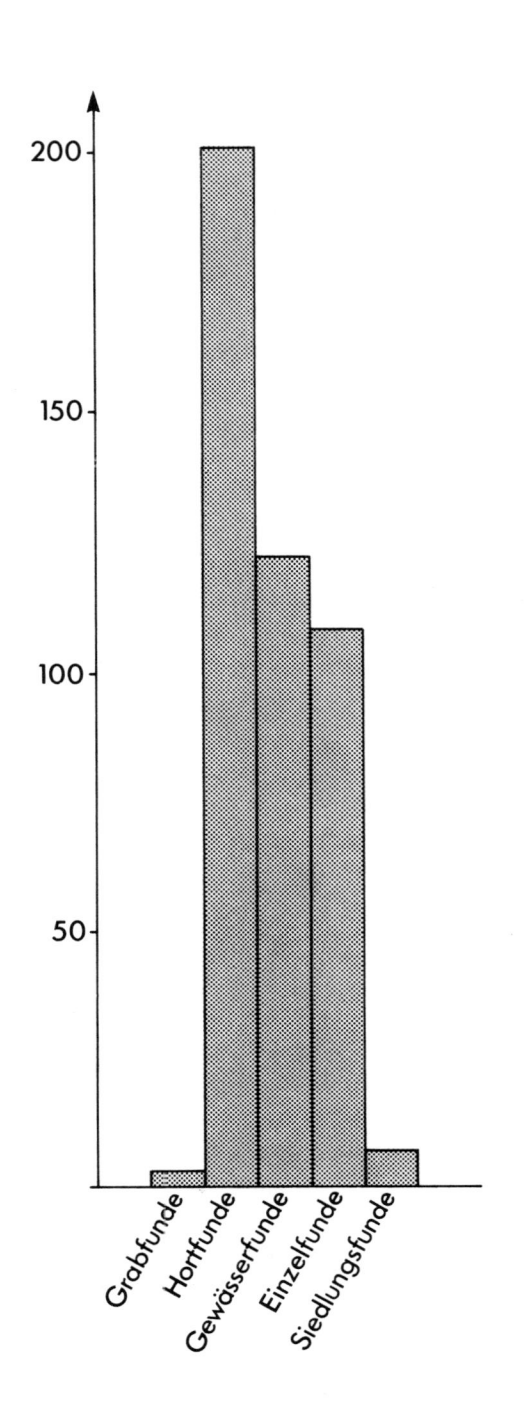

Abb.29 Verteilung der Beile auf Quellen (absolute Zahlen).

---

57 Butler a.a.O. 341.

58 Chr. Pescheck, Frankenland N.F. 11, 1971, 221 Abb. 7.8; Wels-Weyrauch, Anhänger 121 Nr. 719 Taf. 41, 719.

59 Radzovce, okr. Lucenec, Slowakei, Brandgrab (J. Vladár, Die Dolche in der Slowakei. PBF VI, 3 [1974] 45 Nr. 117 Taf. 14 A); Piliny (J. Hampel, Altertümer der Bronzezeit in Ungarn [1887] Taf. 70, 1-10); Velem St.Vid (Miske, Velem Taf. 30,9). Nordische Miniaturschwerter. Per IV (H.C. Broholm, Aarböger 1933, 83).

60 Italien: Pratica di Mare (Lavino), Prov Roma, Grab 21, Miniaturschutzwaffen, Miniaturschwert und Messer (V. Bianco Peroni, I rasoi nell'Italia continentale PBF VIII,2 [1984] 50f. Nr. 238 Taf. 96C). Um eine Miniaturbeinschiene handelt es sich vielleicht bei einem Blech aus dem Hort von Esztergom-Szentgyörgymezö, Kom. Kómarom (Mozsolics, Bronzefunde 117f. Taf. 137,1).

61 J. Bouzek, Graeco-Macedonian Bronzes (1974) 150f. Ein früher korinthischer Helm aus dem Athena-Heiligtum von Philia in Thessalien (Meddelser fra Ny Carlsberg Glyptotek 38, 1982, 92 Abb. 44); ein oder zwei spätgeometrisch/früharchaische Miniaturhelme aus Olympia. Praisos (Kreta), Panzer, Helm, Schild (S. Benton, BSA 40, 1939- 40, 56f. Taf. 31); Miniaturschilde bei M. Maas, Arch. Anz. 1984, 277f.

62 Gräber von Valviscolo (Müller-Karpe in: Beiträge zu italischen und griechischen Bronzefunden. PBF XX,1 (1974) 89ff. Taf. 28 C-E).

63 Zu bretonischen Beilen: J. Rivallain, Contribution à l'Etude du Bronze final en Armorique (o.J.). Saint-Simeon-de-Bressieux, Dép. Isère, zwei Miniaturlappenbeile (A. Bocquet in: Congr. UISPP Nice 1976, Colloque XXVI [1976] 52 Abb. 7, 1.3).

64 Zwei schottische Miniaturtüllenbeile von Muirfield und Stelloch (Schmidt/Burgess, Axes 248 Nr. 1646.1647, Taf. 104, 1646.1647).

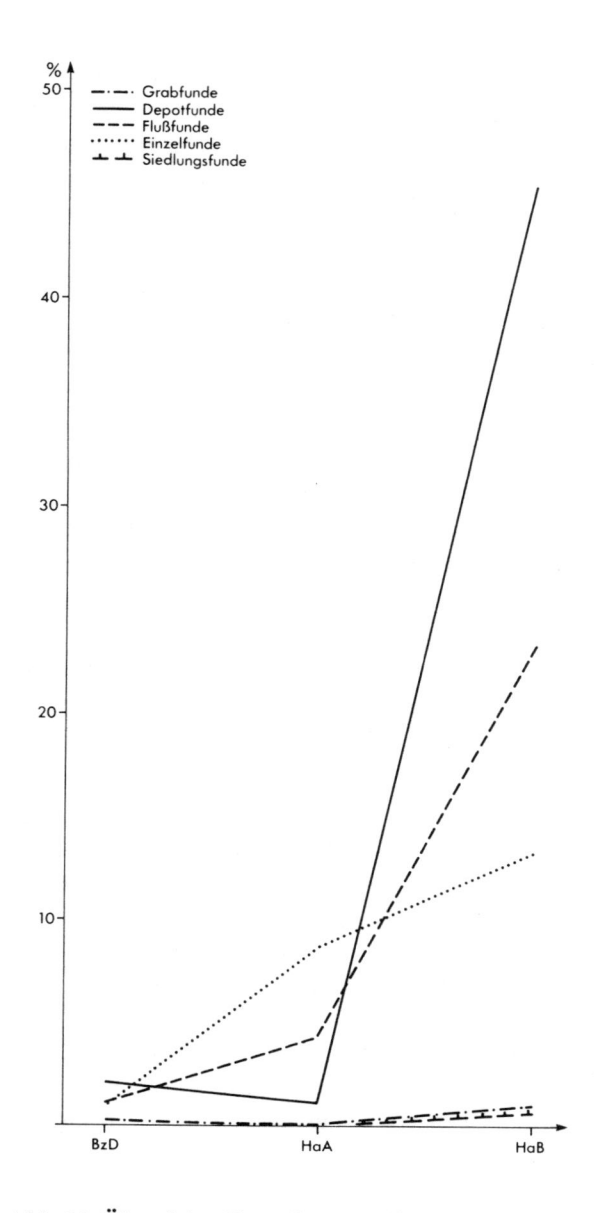

Abb.30 Übersicht über die Verteilung der Beile auf Quellen nach Zeitstufen (prozentuale Zahlen).

Beil von Hillesheim (Liste 9 Nr.21) von Kibbert als Miniaturbeil[67] angesprochen; um was handelt es sich aber bei etwa gleich großen und gleichschweren Tüllenbeilen[68]? Angesichts unterschiedlicher Quellensituationen sind für Miniaturwaffen verschiedene Interpretationsmöglichkeiten in Betracht zu ziehen. Neben den genormten Massenprodukten Westfrankreichs, die zweifellos Votive darstellen, findet sich auch die symbolische Beigabe eines Miniaturbeilchens in Erwachsenen- und Kindergräbern. Schließlich wird für Kleinformen auch eine andere Funktion, etwa als Meißel, erwogen werden müssen.

Von den 445 mir bekannt gewordenen Beilen aus dem Arbeitsgebiet stammen 202 Exemplare (=45,4%) aus Depotfunden, über ein Viertel, nämlich 123 Beile (=27,6%) wurden aus Flüssen und Bächen geborgen, beinahe ebensoviele, 109 Stücke (=24,5%), sind als Einzelfunde auf uns gekommen. Nur 4 Beile (=0,9%) sind als angebliche Grabfunde überliefert, 7 Beile (=1,6%) stammen aus Siedlungskomplexen, meist von Höhenburgen, dem Glauberg und dem Bleibeskopf bei Bad Homburg (vgl. Abb. 29).

Was die zeitliche Gliederung des deponierten Beilmaterials anbelangt, so kann für alle drei relevanten Quellengattungen, Depot-, Fluß- und Einzelfunde, eine deutliche Zunahme in der jüngeren Urnenfelderzeit (Ha B) konstatiert werden, ohne daß für die Einzelfunde eine chronologische Differenzierung in Ha B1- und B3- Formen im einzelnen durchzuführen wäre. Ergänzend zu dieser allgemeinen Tendenz kann jedoch ein relativer Bedeutungsverlust der Einzelbeildeponierung in der Stufe Ha B konstatiert werden, während in der älteren Urnenfelderzeit (Ha A) die Einzelfunde gegenüber Depots und Flußfunden überwiegen (Abb. 30).

Sollte der publizierte Materialbestand vom real vorhandenen annähernd einen repräsentativen Querschnitt vermitteln, dann gilt diese Feststellung auch für das übrige Südwestdeutschland. R. Dehns katalogische Aufarbeitung Nordwürttembergs[69] kann uns hierzu als Stichprobe dienen: Auch hier herrschen die Einzelfunde in der älteren Urnenfelderzeit vor. Aus

seien in diesem Zusammenhang genannt. Die Grenzen zwischen Miniaturtüllenbeil und "Normal"beil sind fließend, exakte Begriffsdefinitionen nur schwer zu erreichen. So wird das 8,8 cm lange und 60 g schwere

---

[65] Hallstatt, Grab 512 (oberständiges Lappenbeil mit Öse und Mehrkopfnadel mit Faltenwehr): Mayer, Beile 166 Nr. 793 Taf. 128,C; Grab 745 (endständiges Lappenbeil mit zwei Armringen): ebd. 169 Nr. 815 Taf. 60, 815; Grab 317 (mit Tongefäß) ebd. 169f Nr. 816 Taf. 60, 816.

[66] Bingula Divoš, Hort (Holste, Hortfunde Taf. 11,30); vgl. auch J. Bouzek, Graeco-Macedonian Bronzes (1974) 148ff. für Miniaturdoppeläxte.

[67] Kibbert, Beile 72.

[68] Z.B. Kibbert, Beile Nr. 759, 766, 768.

[69] Die Tabelle in Abb. 31 steht in Widerspruch zu der bei Dehn, Urnenfelderkultur 30 gegebenen Aufzählung der ihm bekannten Beilfunde, basiert jedoch auf seinem Katalog. Es sind darin nicht berücksichtigt jene Beile ohne präzise Fundortangabe, die allerdings aus der Region stammen dürften.

den bloß quantitativen Verteilungen ergeben sich bekanntlich noch keine sicheren Anhaltspunkte für die Interpretation der Einzelfunde, allerdings darf an dieser Stelle bemerkt werden, daß es sich bei diesen mit großer Wahrscheinlichkeit nicht um verschleifte Grabfunde und ebenfalls nicht in größerem Maße als in der jüngeren Urnenfelderzeit um unerkannte Mehrstückdepots handeln kann. Denn es ist unwahrscheinlich, daß bei landwirtschaftlichen Tätigkeiten überproportional viele Ha A-Horte unerkannt zerstört worden sind. Wir können also bezüglich der Beile die Fragestellung - ebenso wie bei den Flußfunden als Quellengattung - darauf konzentrieren, ob es sich um zufällige Verlustfunde, um verschleifte Mehrstückdepots oder Siedlungshinterlassenschaften oder aber intentionelle Einstückdeponierungen handelt, ohne daß ihr topographischer Bezug eine solche Annahme in jedem Falle stützen könnte.

	Bz D/Ha A	Ha B
Flußfunde	4	2
Einzelfunde	11	9
Depotfunde	3	9

Abb.31 Übersicht über die Verteilung von Beilfunden in Nordwürttemberg (nach R. Dehn).

Regional-komparativen Studien sind aufgrund des Publikationsstandes auf dem Gebiet der Beildeponierung engere Grenzen gesetzt als dies für andere Fundgattungen gilt. Zudem gibt es erhebliche Unterschiede im Fundbestand. R. Dehn kann beispielsweise für sein Arbeitsgebiet Nordwürttemberg nur 45 Beile[70] benennen, also nur etwa ein Zehntel des hier erfaßten Fundbestandes. Fehler der statistisch zu kleinen Zahl sind daher ebenso in Betracht zu ziehen wie kleinräumige Differenzierungen, die darüberhinaus chronologisch zu dekodieren wären. In Nordwürttemberg stammen 20% der Beile aus Horten, 12,5% aus Flüssen und 67,5% sind als Einzelfunde oder ohne nähere Fundangabe überliefert[71]. In Oberösterreich sind nach M.-C. zu Erbach-Schönberg[72] 25,4% der Beile aus Horten, exakt ebensoviele aus Flüssen und immerhin 49,2% als Einzelfunde überliefert. Über regionale Besonderheiten der Typenauswahl in den verschiedenen Quellenkategorien, wie sie K.H. Willroth für das südskandinavische Gebiet herausarbeiten konnte[73], lassen sich anhand des Publikationsstandes derzeit keine weiterführenden Aufschlüsse erarbeiten.

Beile in Gräbern sind im Arbeitsgebiet nur in vier Fällen bekannt geworden. Ohne Ausnahme handelt es sich um ältere, schlecht dokumentierte Funde. Die Beilbeigabe im Grab, auch im übrigen Südwestdeutschland während der mittleren Bronzezeit gut belegt, wird in der Stufe Bz D im süddeutschen Urnenfeldergebiet aufgegeben[74]. In Südwestdeutschland und Ostfrankreich gewinnt die Mitgabe von Beilen in der Hallstattzeit gegenüber dem östlichen Mitteleuropa keine neue Virulenz, wie P. Stary unlängst aufzeigte[75]. Hier besitze das Beil keine Bedeutung für die Bewaffnung; vielmehr stelle die Beilbewaffnung eine typische Erscheinung im östlichen Hallstattgebiet dar[76].

Über 200 Beile stammen aus Horten. Die Beildeponierung im Hort ist seit dem Neolithikum bekannt; es lassen sich aber zeitspezifische Ausprägungen der Beilhortung feststellen. Im Arbeitsgebiet sind seit der frühen Mittelbronzezeit Horte mit Beilen[77] zwar belegt, doch stammt die überwiegende Zahl der Beile dieser Zeit aus Gräbern und Flüssen. Erst in der Stufe Bz D verändern sich die Verhältnisse. Die in Abb.32 gegebene Übersicht veranschaulicht die quantitative Bedeutung der Beile in den Horten.

---

[70] Dehn, Urnenfelderkultur 30.

[71] Dehn, Urnenfelderkultur 36, Abb. 7.

[72] M.-C. zu Erbach-Schönberg, Arch. Korrbl. 15, 1985, 164 Abb. 1.

[73] K.H. Willroth, Germania 63, 1985, 385 Abb. 21 zur Bevorzugung norddeutscher Absatzbeile in südskandinavischen Horten der Per. II.

[74] Vgl. P. Stary in: K. Spindler (Hrsg.), Vorzeit zwischen Main und Donau (1980) 71f.

[75] P. Stary, Ber. RGK 63, 1982, 33 Abb. 1.

[76] P. Stary a.a.O. 70.; vgl. zum Ha D1-Beil aus dem Grab von Babenhausen, das ohne Zweifel aus dem südostalpinen Raum stammt (P. Stary a.a.O. 97 Liste 9), L. Pauli, Fundber. Hessen 15, 1975, 218ff. Aus dem Arbeitsgebiet ist nur ein weiteres hallstattzeitliches Beil (Kibbert, Beile 115 Nr. 551) bekannt. Vgl. aber das hallstattzeitliche Wagengrab von Wijchen in den Niederlanden, das ein Tüllenbeil enthielt (M. Egg, Jahrb. RGZM 33, 1986, 203).

[77] Vgl. Kibbert a.a.O. (Anm. 1) 140 Nr. 211; 166 Nr. 366. Neufund von vier Randleistenbeilen aus Gernsheim (Fundber. Hessen in Vorb.).

Fundort	Abs.	Proz.	Erh.	Frg.
Niedernberg	1	7,1%	+	
Mainz, aus d.Rhein	3	6,8%		+
Wöllstein	1	33,3%	+	
Lindenstruth	1(+1)	25 (50%)	+	
Marburg	1	50%	+	
Haimberg	(1)	3,1%	+	
Stadt Allendorf	2	6,7%	+	(+)
Hanau	5	8,2%	+	
Mannheim Wallstadt	4	10,5%		+
Weinheim-Nächstenbach	8	11,2%	+	+
Frankfurt Grindbrunnen	2	13,0%	+	+
Hochstadt	6	13,4%	+	
Gambach	4	18,1%	+	
Ockstadt	16	19,5%	+	+
Bad Homburg	33	19,8%	+	+
Bad Homburg VII	1	20,0%	+	
Nieder Olm	2	22,2%	+	
Wiesbaden	4	25,0%	+	(+)
Bad Homburg	1	25,0%	+	
Rüdesheim	3	25,0%	+	+
Frankfurt-Niederrad	6	30,0%	+	+
Frankfurt-Niederursel	8	38,1%	+	+
Heusenstamm	2	40,0%	+	(+)
Dossenheim	11	42,3%	+	+
Bad Homburg III	8	50,0%	+	(+)
Bad Homburg IV	1	50,0%	+	
Hangen	6	50,0%	+	+
Rockenberg	5	62,5%	+	+
Biblis	2	66,6%	+	(+)
Schotten	1(+1)	66,6%	+	
Bad Orb	4	100,0%	+	
Heldenbergen	2	100,0%	+	
Hillesheim	9	100,0%	+	+
Frankfurt-Fechenheim	3	100,0%	+	
Mühlheim-Dietesheim	3	100,0%	+	?
Frankfurt-Stadtwald	17	100,0%	+	?
Langenlonsheim	6?	100,0%	+	?

Abb. 32 Übersicht über den prozentualen Anteil von Beilen in Horten des Arbeitsgebietes.

Der quantitative Anteil von Beilen in Horten des Arbeitsgebietes - hier sollen der statistischen Relevanz wegen nur die späturnenfelderzeitlichen Horte behandelt werden - kann zunächst als beliebig beschrieben werden: Zwischen Null und 100% schwankt die Bandbreite ihres Anteils in den Depots. Eine Möglichkeit zur Strukturierung wird in der oben gegebenen Tabelle durch Leerspalten vorgeschlagen. Ich unterscheide zwischen prozentualen Anteilen von 6-24%, 25-49% und 50-75% der Beile sowie reinen Beilhorten. Diese zunächst willkürliche Differenzierung koinzidiert jedoch mit spezifischen Gemeinsamkeiten der jeweils sich ergebenden Depotgruppen, die hier nur stichwortartig angeführt werden können, um späteren Ausführungen nicht vorzugreifen. Die erste Gruppe (Beilanteil zwischen 6 und 24%) zeichnet sich dadurch aus, daß in ihr die relativ großen Hortfunde, also jene, die meist über zwanzig Gegenstände enthalten, zusammengefaßt sind. Zudem zeichnet sich diese Gruppe überproportional durch die Beigabe von Gefäßen, Schmuck, Pferdegeschirr und Anhängerschmuck aus, ist also durch eine relative Diversifikation ihres Inhaltes gekennzeichnet. Die beiden Depotgruppen (zwischen 25 und 75% Beilanteil) sind durch eine geringere Gesamtstückzahl und eine kleinere Bandbreite des Inhaltes charakterisiert. Zweifellos lassen sich im Einzelfall Verknüpfungen und Gemeinsamkeiten zwischen beiden Gruppen darlegen. Dagegen sei aber auf die keineswegs selbstverständlichen Verbindungen von Beilanteil und Depotcharakter hingewiesen. Es ist nicht zwangsläufig, daß große Horte prozentual weniger Beile enthalten als kleine Sammelfunde. Schon dieses Detail verweist darauf, daß es sich bei den Horten nicht um in irgendeiner Weise zufällig zusammengesetzte Ensembles handeln kann[78].

Zur Art der Deponierung von Beilen ist immerhin noch soviel anzumerken, daß sie, wie Horte in Tongefäßen zeigen, ungeschäftet verborgen wurden. Von einer besonderen Anlage, z.B. in kreisförmiger Anordnung, ist aus dem Arbeitsgebiet nichts bekannt.

Auch für die Beildeponierung im Fluß können zahlreiche Beispiele seit dem Neolithikum angeführt werden[79]. Etwa 120 urnenfelderzeitliche Beile stammen

---

[78] Nähme man "Fertigwarenhorte" als Händlerverstecke o.ä., dann muß ihr relativ hoher Beilanteil im Verhältnis zu den "Brucherzhorten" überraschen. Im Sinne einer normalen Gerätezirkulation wäre dieses Verhältnis unlogisch. Schiede man Fertigwarendepots oder auch nur die homogenen Horte als Weihefunde aus, so erscheint mir nicht unverständlich, warum gerade in den "Brucherzhorten" überproportional viel "Kultgerät", "symbolischer" Anhängerschmuck, Herrschaftsinsignien und Prestigeobjekte enthalten sind.

[79] Dazu ausführlich Wegner, Flußfunde 47ff.

aus Flüssen, Bächen und Mooren des Arbeitsgebietes. Damit erreichen die Beile etwa die gleiche Zahl wie die Nadeln, wobei sich quantitative Unterschiede zwischen diesen beiden hauptsächlich deponierten Materialgruppen in chronologischer Hinsicht sowie in bestimmten Fundstellendifferenzen namhaft machen lassen. Während die Nadeln zumeist der älteren Urnenfelderzeit angehören, werden Beile vor allem in der jüngeren Urnenfelderzeit im Fluß deponiert. Es fällt des weiteren auf, daß das Pfungstädter und Escholl- brücker Moor bei gleichen guten Fundbedingungen deutlich mehr Nadeln als Beile erbracht hat. Kubach hat herausgearbeitet, daß in der südhessischen Oberrheinebene Beile nicht während der älteren Urnenfelderzeit, in der die Nadeldeponierung vorherrschend ist, sondern in der jüngeren Urnenfelderzeit, in der Nadeln dort keine Rolle mehr im Fundgut spielen, deponiert werden; dann treten sie als vorherrschende Fundgattung an die Stelle der Nadel[80]. Sollte dies ein Hinweis darauf sein, daß das Inventar der Flußfundstellen so stark verzerrt ist, daß eine Korrektur durch die Moorfundstellen notwendig ist, oder gibt uns die differenzierte Auswahl einen Hinweis auf verschiedene Empfänger der deponierten Gegenstände?

Zweimal fanden sich in Tüllenbeilen aus dem Rhein bei Mainz (Taf. 12, 1-7) und Trechtingshausen (Liste 9 Nr. 254, 278) weitere Gegenstände, die intentionell hineingesteckt wurden, nämlich ein Schneidenbruchstück und ein Pfriem sowie in Trechtingshausen das Fragment eines weiteren Tüllenbeiles. Im Hort von Frankfurt-Niederrad fand sich das vermutliche Beilschneidenbruchstück in der Tülle der Lanzenspitze. Daß es sich bei diesen Befunden nicht um zufällige Erscheinungen handelt, konnte unlängst R.A. Maier[81] anhand einer mit der Lanzenspitze von Gaualgesheim (Liste 2 Nr. 12) verwandten Lanzenspitze, in deren Tülle ein kleiner Metallpfriem eingeschoben war, und unter Verweis auf vergleichbare Funde aus der Fliegenhöhle in Istrien (Nadeln in Lanzenspitzen) als intentionelle Handlung erschließen. Aus dem Arbeitsgebiet kann diesem Komplex der Lanzenspitzenfund vom Bleibeskopf bei Bad Homburg (Liste 2 Nr. 159) zugefügt werden. Weiterere vergleichbare Funde stammen aus der Bretagne[82] und Ungarn[83].

Einen Hinweis - keinen Beweis - für die intentionelle Niederlegung der zahlreichen Einzelfunde des Arbeitsgebietes bieten die Beile in topographisch ausgewiesener Position, wie dies in den letzten Jahren besonders für Paß- und Höhenfunde sowie Höhlenfunde herausgearbeitet wurde. Echte Höhenfunde - hierzu möchte ich die Beile aus den sicher oder möglicherweise urnenfelderzeitlich befestigten "Burgen" aufgrund ihrer noch ungenügend gesicherten Interpretaion nicht rechnen - liegen aus dem Arbeitsgebiet jedoch nicht vor (Liste 9 Nr. 332). Die Einzeldeponierung von Beilen spielt seit dem späten Neolithikum eine gewichtige Rolle. Für das ostbayerische Grenzgebirge und den Schwarzwald hat dies unlängst S. Winghart herausgearbeitet[84]. An den Beildeponaten kann der Strang in das Neolithikum und die Kupferzeit verfolgt werden, wie ihre zusammenfassende Bearbeitung durch R.A. Maier[85] lehrt. Daß grüner und schwarzer (!)[86] Stein vorherrschen, zeugt nicht vom Prinzip der Gestalt und Stoffheiligkeit[87], sondern vom Zwang zur Substituierung knapper Materialien, die im Opfer - wenn denn überhaupt über sie verfügt wird - zurückgehalten werden. Damit stimmt letztlich auch die Überlegung R.A. Maiers überein, daß ein großer Teil der Steingeräte frühbronzezeitlich datiert werden sollte[88]. Allerdings gilt für die Urnenfelderzeit, daß erkennbar aufwendig gearbeitete Beile unter den Einzelfunden keine überproportional große Rolle spielen. Gegenüber der mittleren Bronzezeit ist im Arbeitsgebiet wie in den nördlich anschließenden Mittelgebirgsregionen ein Rückgang der Höhenfunde zu konstatieren[89]. Dies wird auch durch die Untersu-

---

80 W. Kubach, Jahresber. Inst. Vorgesch. Univ. Frankfurt 1978-79, 242f. Abb. 7 u. 8.

81 R.A. Maier, Germania 59, 1981, 393ff.

---

82 Plangouenoual, Dép. Côtes-du-Nord (J. Briard u. a., Annales de Bretagne 1973, 48, Abb. 6,2).

83 Bakóca, Kom. Baranya (Tüllenbeil mit eingesteckter Sichel (?) (Mozsolics, Bronzefunde 89 Taf. 87,2).

84 Winghart, Ber. RGK 67, 1986, 136ff.

85 R.A. Maier, Jahresber. bayer. Bodendenkmalpflege 5, 1964, 118ff. Für neolithische Steinbeileinzelfunde vgl. die wichtigen fundkritischen Bemerkungen bei G. Mildenberger, Bonner Jahrb. 169, 1969, 4ff.

86 Dies könnte u.U. auf die Farbgestaltung kupferner und bronzener Gegenstände hinweisen.

87 Winghart a.a.O. (Anm. 86) 140.

88 R.A. Maier, Zur Jungsteinzeit im Ries. Führer zu vor u. frühgesch. Denkmälern 40 (1979) 58ff., bes. 70ff.

89 Vgl. Kibbert, Beile Taf. 83

chungen Kubachs[90] und Wingharts[91] bestätigt. Der Rückgang der Beildeponierung in diesen Regionen koinzidiert mit der allgemeinen Siedlungsverlagerung im Übergang von der mittleren zur späten Bronzezeit (Urnenfelderzeit) von den Mittelgebirgsregionen in die Ebenen und macht in gewisser Hinsicht deutlich, daß der Untersuchung von Einstückdeponierungen enge - eben durch das Erkennen der "Besonderheit der Lokalität" - Grenzen gesetzt sind. Dies gilt nicht in gleichem Maße für die Paß- und Höhenfunde in den Alpen[92]. Bemerkenswert ist die Kontinuität der Beildeponierung, sei es auf Höhen, in Gewässern oder in Horten[93], vom Neolithikum zur Bronzezeit. Dieses Kontinuum deutet darauf hin, daß sich religiöse Ausdrucksformen, und als solche sind die Beildeponierungen zu verstehen, nicht radikal verändern, sondern in der Bronzezeit sich das neue Material in die durch die Steindeponierung bestimmten Strukturen einpaßt.

Andere Geräte

Andere Bronzegeräte sind nur in geringer Zahl überliefert. Tüllenmeißel sind bisher ausschließlich aus Horten und als Einzelfunde bekannt geworden; schmale Flachmeißel, in Horten unbekannt, kennt man hingegen aus dem Rhein bei Mainz[1]. Auch Tüllenhämmer stammen im Arbeitsgebiet aus Horten und von der Höhensiedlung auf dem Dünsberg bei Gießen[2].

Aus dem Rhein bei Mainz sind 21 Angelhaken bekannt geworden[3]; überwiegend handelt es sich um große bis zu 16,7 cm lange Exemplare, für die eine andere Verwendung nicht ausgeschlossen werden kann. Ein ähnlicher Haken stammt aus dem unterfränkischen Grab von Obernau[4]. Aus den Schweizer Seerandsiedlungen sind entsprechende Stücke sehr selten. Bei den dort gefunden Angelhaken handelt es sich um kleine dünne Haken[5].

Über bronzene Tüllenhaken und Gabeln hat H.J. Hundt gehandelt[6]; O. M. Wilbertz bemerkte, daß diese Haken in der westlichen Urnenfelderkultur bevorzugt in Gräbern im Ostalpenraum hingegen in Hortfunden deponiert werden[7].

---

90 W. Kubach, Jahrb. RGZM 30, 1983, 136ff.

91 S. Wingart a.a.O. 146f. (inwiefern dies als "antizyklisch" bezeichnet werden kann, sollte gelegentlich erläutert werden).

92 E.F. Mayer, Jahresber. Inst. Vorgesch. Frankfurt 1978-79, 179ff.

93 Für den Symbolgehalt von Äxten und Beilen lassen sich geographisch weiträumige und chronologisch umfassende Belege anführen; sie reichen bis in die Gegenwart. Substantielle Erklärungen sind allerdings erst dann zu erwarten, wenn dieser Symbolgehalt in seinem spezifischen ideologischen Beziehungssystem beschrieben werden kann. Zum neolithischen Bergbau und der Verhandlung von Rohstoffen und Fertigprodukten vgl. Chr. Roden, Der Anschnitt 35, 1983, 86ff.

---

1 Kibbert, Beile 180ff. Taf. 68f. Eine quellenkundliche Bearbeitung der Meißel und Hämmer in der Urnenfelderkultur ist wünschenswert. Für den Nordischen Kreis vgl. K.-H. Willroth, Offa 42, 1985, 393ff.

2 Heusenstamm, Kr. Offenbach, Depot (Kibbert, Beile 196 Nr. 985 Taf. 70, 985); Zornheim, Kr. Mainz-Bingen (ebd. Nr. 983 Taf. 70, 983); Dünsberg, Kr. Wetzlar (G. Jacobi, Die Metallfunde vom Dünsberg [1977]) 4f. Taf. 1, 2-3.

3 Wegner, Flußfunde 128 Nr. 268, 272-273 Taf. 42 B1; 141 Nr. 431 Taf. 42 B3; 142 Nr. 447 Taf. 42 B4; 144 Nr. 487-488 Taf. 42 B7; 152 Nr. 587 a-g Taf. 42 A1-A9; 153 Nr. 600 Taf. 42 B5; 163 Nr. 769-733 Taf. 42 B2.6.

4 Wilbertz, Urnenfelderkultur 49 Taf. 32,17.; ein in einen Ring eingehängter Haken in Hanau, Lehrhofer Heide, Grab 6 (Müller-Karpe, Urnenfelderkultur Taf. 12 B3).

5 Vgl. V. Rychner, Auvernier 1968-75. Le mobilier métallique du Bronze final (1987) Taf. 29,14. Ein 7cm langer Haken mit Öse aus dem älterurnenfelderzeitlichen Hort von Pančevo-Gornjovaroška Ciglana (R. Vasić, in: B. Hänsel [Hrsg.]: Südosteuropa zwischen 1600 und 1000 v. Chr. [1982] 275 Abb. 2, 32).

6 H. J. Hundt, Germania 31, 1953, 145ff.; ders., Germania 32, 1954, 214f.

7 Wilbertz, Urnenfelderkultur 57.

Nadeln

Mit der monographischen Bearbeitung der hessischen und rheinhessischen Nadeln durch W. Kubach[1] wurde der Fundstoff den modernen Möglichkeiten entsprechend chronologisch gegliedert und - soweit dies der Publikationsstand erlaubte - in seinen überregionalen Bezügen diskutiert. Darüberhinaus steuerte Kubach in seinem Nadelbuch sowie weiteren Studien[2] wichtige Beiträge zum Verständnis der Deponierungsnormen für diese im Fundstoff zahlenmäßig stark vertretene Schmuckgattung bei. Daher kann die Darstellung trotz der Fülle des Materials auf das für den hier interessierenden Gesamtzusammenhang notwendige Maß beschränkt werden.

Der Fundstoff ist weitgehend homogen: Als typische Formen der frühen Urnenfelderzeit (Bz D) dürfen Nadeln mit strichverziertem Kugelkopf (Typ Urberach) - besonders in Starkenburg und der Wetterau verbreitet - und Schaftknotennadeln (Typ Guntersblum)[3] - im wesentlichen auf Rheinhessen beschränkt - gelten. Des weiteren sind Spinnwirtelkopfnadeln und einige im Arbeitsgebiet seltenere Formen, z.B. Mohnkopfnadeln und gezackte Nadeln, die sich in das Fundspektrum des schweizerisch-südwestdeutschen Raumes einfügen, anzuführen. Zwei Nadeln aus dem Rhein bei Mainz und dem Eschollbrücker Moor (Liste 11 Nr. 970-971), die in den Umkreis der Nadeln aus dem Hortfunde von Villethierry, Dép. Yonne und einigen ostfranzösischen Grabfunden[4] zu stellen sind, belegen Kontakte nach Ostfrankreich. Gleiches gilt für die Hirtenstabnadel mit vierkantiger Krücke, die Scheibenkopfnadel und die Nadel mit doppelkonischem Kopf aus einem Hortfund von Mainz[5].

Für diejenigen Nadeln, die ihre Parallelen in Südwestdeutschland, der Schweiz und Ostfrankreich finden, ist seit den wichtigen Untersuchungen zur frühen Urnenfelderzeit durch A. Beck ihre Herkunft präziser zu beschreiben. Bei dem Fragment einer gezackten Nadel aus einem Grab von Mühlheim-Dietesheim (Liste 11 Nr. 37) wird es sich vermutlich um einen Vertreter der Nadeln mit gruppenweise angeordneten Spulen handeln, die ein eng umgrenztes Verbreitungsbild zwischen Zürichsee und Schwäbischer Alb mit östlichen Ausläufern bis Regensburg umschreiben[6]. Das Fragment einer Spulennadel aus Ilvesheim (Liste 11 Nr. 275a) ist in seiner Typenzugehörigkeit nicht näher zu bestimmen.

Klassische Mohnkopfnadeln[7] liegen aus dem Arbeitsgebiet erstaunlicherweise nicht vor. Ein Exemplar aus einem Steinbruch von Groß-Bieberau (Liste 11 Nr. 476) kann Becks Form II A[8] zugewiesen werden, obgleich bei dieser Nadel die beinahe obligate Zick-Zack-Zier am Hals durch Strichbündel substituiert ist. Diese Form ist ohne erkennbares Zentrum zwischen Lac Neuchâtel und Ammersee verbreitet. Weitere Exemplare, die Kubach als Mohnkopfnadeln bezeichnet, sind lediglich dem weiteren Umkreis dieser Nadelform zuzurechnen. Obgleich die Verbreitung der Mohnkopfnadeln im großen und ganzen mit der der Rixheimschwerter korrespondiert, bleibt das Arbeitsgebiet von der Verbreitung der Mohnkopfnadeln ausgeschlossen. Chronologische Gründe allein dürften für diesen Sachverhalt kaum verantwortlich sein, wenngleich die Rixheimschwerter offenbar erst in einem späten Horizont der Stufe D Eingang in das Arbeitsgebiet finden, also zu einem Zeitpunkt, an dem schon die Entwicklung der Binninger Nadel einsetzt[9]. Für einige weitere Nadeln, so eine des Typus Henfenfeld von Rüsselsheim (Liste 11 Nr. 158), ist eine ostmitteleuropäische Herkunft[10] wahrscheinlich. Die nächsten Vergleiche zu Nadeln aus Angersbach und dem Pfungstädter Moor (Liste 11 Nr. 500, 447-448) finden sich unter bayerischen und österreichischen Nadeln mit Kugelkopf und Schaftrippen.

---

1 Kubach, Nadeln.

2 Kubach, Jahresber. Inst. Vorgesch. Univ. Frankfurt, 1978-79 189ff.; Kubach, Jahrb. RGZM 30, 1983, 113ff.

3 In der Literatur auch als "Mainzer Nadel" eingeführt. Ein vermutlich zugehöriges Stück aus der Grotte Han-sur-Lesse (M. Mariën, Helinium 24, 1984, 32 Abb. 17).

4 Kubach, Nadeln 403 mit entsprechenden Nachweisen; des weiteren: Champs, Dép. Yonne (Gallia Préhist. 5, 1962, 157ff. Abb. 2,3).- Zu Verbindungen zu den gezackten Nadeln vgl. Ourroux, Dép. Saône-et-Loire (Beck, Beiträge Taf. 64).

5 W. Kubach, Arch. Korrbl. 3, 1973, 302f.

6 Beck, Beiträge 4ff. Taf. 60.

7 Form III nach Beck.

8 Beck, Beiträge 27f.Taf. 68.

9 Zur Terminologie der Entwicklungsgeschichte der frühen Urnenfelderzeit vgl. die Ausführungen im Kapitel Schwerter.

10 Vgl. Verbreitungskarte bei H.-J. Hundt, Bonner Jahrb. 178, 1978, 131ff. Abb. 4.

Die Nadel aus dem Hortfund von Rödelheim (Liste 11 Nr. 318) kann am ehesten mit ostmitteleuropäischen Formen in Verbindung gebracht werden[11], die v. Brunn als Typ Dorndorf (mit zwei Halsrippen)[12] bezeichnet hatte. Inwiefern das Rödelheimer Exemplar mit einer Halsrippe als südwestdeutsches Produkt anzusprechen ist, wie dies Kubach vermutungshalber vorschlug[13], kann nicht entschieden werden; doch scheint beim gegenwärtigen Materialbestand eine feste Zuordnung zu dem von Holste und v. Brunn herausgestellten Nadeltyp gerechtfertigt[14]. Mit der Nadel von Rödelheim sowie einem ähnlichen Exemplar aus dem Rhein bei Mainz (Liste 11 Nr. 351) lassen sich damit zwei weitere Zeugen für den in der älteren Urnenfelderzeit (Bz D-Ha A) im Arbeitsgebiet wirksamen ostmitteleuropäischen Einfluß benennen. Unter dem Aspekt der Deponierung verdient es Beachtung, daß die beiden hessischen Exemplare aus einem Hort bzw. dem Fluß stammen, während sie in ihrem vermutlichen Ausgangsgebiet überwiegend in Grabfunden erscheinen.

Der älteren Phase der Stufe Ha A sind die Nadeln des Typus Binningen zuzurechnen Sie sind im Arbeitsgebiet mit immerhin 6 Exemplaren (Liste 11 Nr. 135, 352, 393, 432-433, 502) vertreten[15], von denen vier aus einem Moor oder Fluß geborgen wurden; von zweien sind die Fundumstände nicht bekannt, eine von ihnen könnte aber aus einem Grab stammen. Die nach Fundarten aufgeschlüsselte Verbreitungskarte[16] des gut überschaubaren Nadeltyps zeigt, daß er vor allem in der Schweiz und dem Hochrheingebiet in Grabfunden erscheint, während sich seine durchaus weite Streuung bis in das Moselgebiet und an den nördlichen Oberrhein sowie zur Seine im Westen[17] im wesentlichen in Gewässer-, Höhlen- und Depotfunden niederschlägt. Kubach hat daher zurecht das Produktionsgebiet in der Schweiz identifiziert, die Funde des Arbeitsgebiets dagegen als Importe angesprochen, die "bezeichnenderweise überwiegend aus Fluß- und Moorfunden"[18] stammen.

Umgekehrt sind die Verhältnisse bei den Kugelkopfnadeln mit einer oder mehreren Halsrippen (Typ Wollmesheim) - mit Ausnahme der Variante Eschollbrücken[19] - gelagert: Sie sind im Arbeitsgebiet überwiegend aus Grabfunden bekannt und außerhalb häufiger in anderen Deponierungskontexten gefunden wurden[20]. Nadeln des Typus Wollmesheim sind für die gesamte ältere Urnenfelderzeit (Ha A) kennzeichnend; trotz subtiler Variantengliederung gelingt es nur ausnahmsweise, sie auf einer der beiden von H. Müller-Karpe herausgearbeiteten Phasen der älteren Urnenfelderzeit (Ha A1 u. 2) aufzuteilen.

Eindeutig fremde Nadeltypen der älteren Urnenfelderzeit im Arbeitsgebiet, wie großköpfige Vasenkopfnadeln (Liste 11 Nr. 147-148, 428), verraten Beziehungen zum Obermaingebiet und bis nach Südbayern und Westösterreich[21].

Das Steinkistengrab 2 von Eschborn (Liste 11 Nr. 194) enthielt eine Nadel mit reichverziertem doppelkonischem Kopf (Form Schwabsburg), für die aus dem Arbeitsgebiet ein ähnliches Exemplar vom eponymen Fundort (Liste 11 Nr. 512) angeführt werden kann. W. Kubach benannte einige nahestehende Exemplare aus der Schweiz und Ostfrankreich[22]. Eine weitere eng verwandte Nadel stammt aus dem bereits mehrfach angeführten Grab von Gundelsheim, Lkr. Bamberg, das ein Dreiwulstschwert des Typus Erlach, eine Bronzetasse des Typs Friedrichsruhe und ein Griffdornmesser der Eschborner Form enthielt[23]. Ein

---

[11] Kubach, Nadeln 411ff.

[12] V. Brunn, Germania 37, 1959, 107f.

[13] Kubach a.a.O. (Anm.14).

[14] Vgl. den Neufund von Herlheim, Ldkr. Schweinfurt (B.-U. Abels, Arch. Korrbl. 5, 1975, 27ff. Abb. 2,5).

[15] Dazu kommen vier fundortlose Stücke.

[16] Kubach, Jahresber. Inst. Vorgesch. Univ. Frankfurt, 1978-79, 218 Abb. 2.

[17] Vgl. die Liste bei Kubach a.a.O. 288ff. Ergänzend ein Grabfund von Bad Krozingen, Kr. Breisgau-Hochschwarzwald (B. Grimmer, Arch. Nachr. Baden 37, 1986, 27 Abb. 4); Rarogne, Kt. Wallis, Steinkistengrab mit drei Körperbestattungen verschiedener Zeitstellung (Chr. Pugin, Jahrb. Schweiz. Ges. Urgesch. 63, 1984, 199f. Abb. 36,2); Sion, Kt. Wallis, aus Brandgrab (Pugin a.a.O 194f. Abb. 30,2); vielleicht Marsens, Kt. Fribourg, Brandgrab (H. Schwab, Arch. Fundber. Kanton Freiburg 1980-82, 36 Abb. 47f.); Vinelz, Kt. Bern, Siedlungsschicht 2 (Mus. Bern); wahrscheinlich Luxemburg (R. Waringo, Bull. Soc. Préhist. Luxembourg 4, 1982, 53ff. Abb. 1,1).

[18] Kubach, Nadeln 421.

[19] Kubach a.a.O. (Anm.16) 219 Abb. 3; ders., Nadeln 436. Ein Exemplar aus Grab 40 von Schoonaarde (M. Mariën, Helinium 24, 1984, 27 Abb. 9a); Eschenbach, Kt. Luzern, aus Torfmoor (J. Speck, Jahrb. Schweiz. Ges. Urgesch. 64, 1981, 229 Abb. 7).

[20] Kubach, Nadeln 422ff.

[21] Vgl. Kubach, Nadeln 453f.

[22] Ebd.

[23] H. Hennig in: K.Spindler (Hrsg.), Vorzeit zwischen Main und Donau (1980) 117 Abb. 13,1-4; ein weiteres Vergleichsstück stammt von der Befestigungsanlage bei Ernzen im Trierer Land.

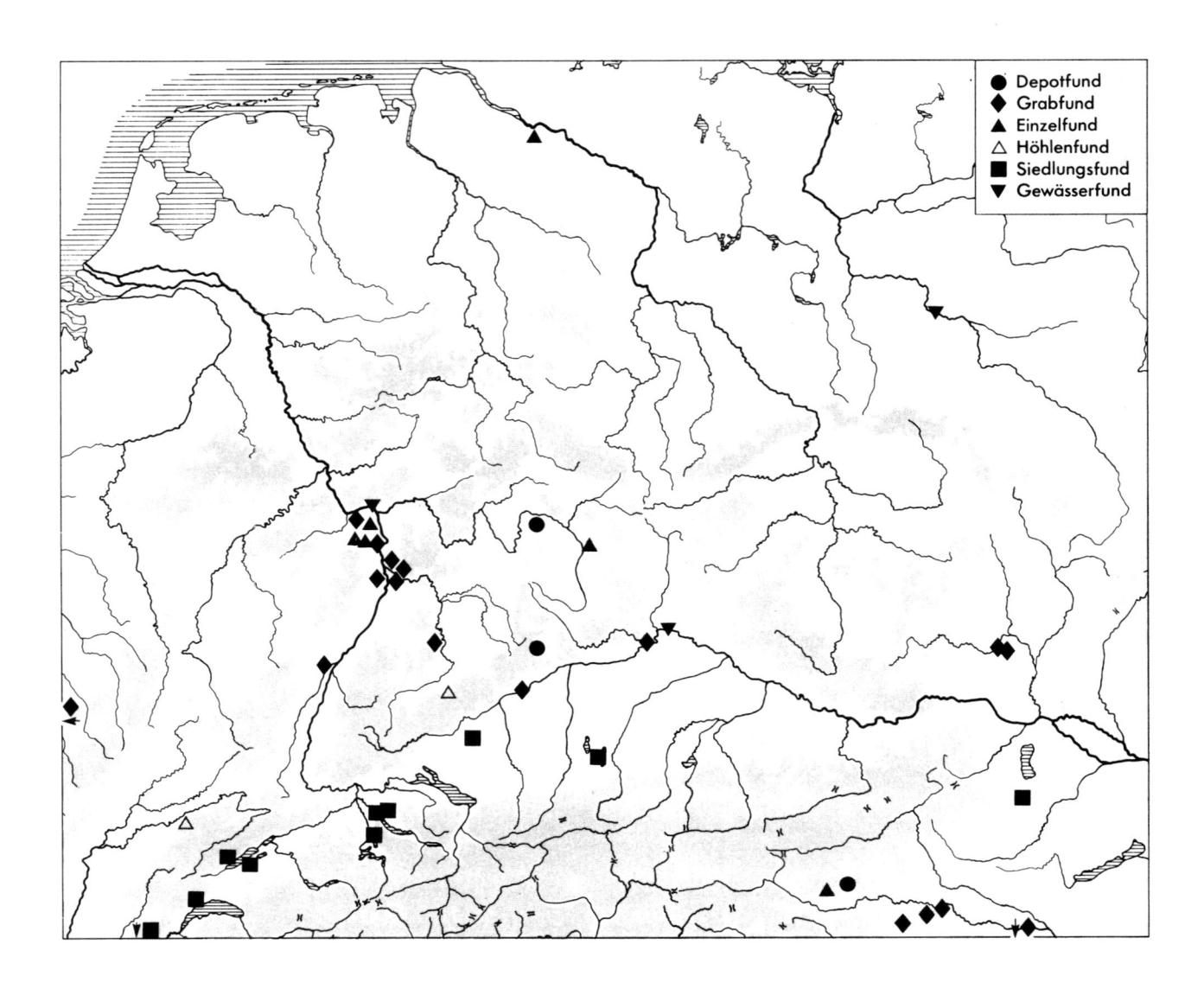

Abb. 33 Verbreitung der Eikopfnadeln mit konzentrischer Halbkreiszier nach Fundarten (Nachweise Liste 11a)

etwas kleineres Exemplar stammt aus einem Schwertgrab von Mimbach, Kr. Homburg-Saar, das schon A. Kolling mit den beiden hier zitierten Nadeln verband[24]. In den genannten Grabfunden zeigt sich ein enger, durch die Ausstattung konstituierter Zusammenhang, in dem auch die Nadelform einen hervorgehobenen Sozialstatus zu indizieren scheint. Obwohl W. Kubach im Sinne einer formal korrekten Typenansprache der Schwabsburg-Nadeln zwar zurecht auf die Unterschiede zwischen dem Eschborner Stück und einer weiteren verwandten Nadel im Schwertgrab von Gammertingen[25] hinwies, sollte der vergleichbaren Fundvergesellschaftung wegen die Nadel aus diesem Grab in den oben genannten Kontext einbezogen werden[26].

---

[24] A. Kolling, 17. Ber. Staatl. Denkmalpfl. Saarland 1970, 50. Abb. 6.

[25] Müller-Karpe, Chronologie Taf. 209,2.

[26] Analog zu (bestimmten) Fibel(forme)n dürften auch verschiedene Nadelformen soziale Statusunterschiede anzeigen.

In der jüngeren Urnenfelderzeit treten Nadeln im Grabritus als Beigabe deutlich in den Hintergrund, so daß wir nur ungenügend über das Formenspektrum informiert sind. Doch können Eikopfnadeln mit charakteristischer "Pfahlbauzier", d.h. konzentrischem Halbkreisdekor, die sich - gegenständig um ein Linienband gruppiert - häufig zu einem Wellenband verbindet, aber auch unverbunden erscheinen kann, nachgewiesen werden. W. Kimmig hat dieses und verwandte Motive kürzlich treffend als "klassischen Ha B1- Stil"[27] bezeichnet. Die Hauptverbreitung entsprechend verzierter Nadeln (Abb. 33) liegt zwischen der Schweiz, wo sie aus Seerandsiedlungen bekannt sind, und der nördlichen Oberrheinebene, wo sie hauptsächlich aus Grabfunden stammen. Locker streuen sie nach Osten bis zur Naabmündung bei Regensburg, vereinzelt bis nach Mähren sowie nach Südosten bis Slowenien - dort allerdings in größeren Fundquantitäten. Hierbei sind keine eindeutigen Präferenzen der Niederlegungsart auszumachen.

Wegen ihres charakteristischen Dekors sind diese Nadeln mit Lanzenspitzen, Schwertern und Messern, die in gleicher Weise verziert sind, zu verbinden. Im Hinblick auf Produktion, Distribution und Deponierungsweise der Eikopfnadeln bedeutsam ist die Tatsache, daß ihre Verbreitung nicht mit der der genannten Sachgruppen identisch ist, obgleich für sie ein gemeinsamer Werkstattzusammenhang vermutet worden ist[28]. Während z.B. nördlich der Mittelgebirge eine Anzahl von Lanzenspitzen mit konzentrischer Halbkreiszier bekannt sind[29], steht die Eikopfnadel von Heimbuch, Kr. Harburg (Liste 11a) vollkommen isoliert. Aus dem Nordischen Kreis ist mir kein einziges Exemplar bekannt; gleichwohl belegen dort eine Reihe von Lanzenspitzen die Adaption und eigenständige Umformung des Ziermotivs. Ähnlich sind die Verhältnisse für die Verbreitung der Schwerter mit konzentrischer Halbkreiszier - besonders im Bereich des Ricasso - gelagert: Sie umschließt ein Gebiet zwischen Theiß und Seine sowie dem westlichen Alpenvorland bis zum nördlichen Mittelgebirgsrand (vgl. Kap. II [Schwerter]). Das bedeutet, daß der Dekor offenbar nicht losgelöst von dem jeweiligen Gegenstand, auf dem er angebracht ist, untersucht werden kann, da seine Adaption von der dem Gegenstand zugeeigneten "Informationsqualität" abhängig zu sein scheint, die wiederum durch spezifische Auswahlkriterien im Deponierungsakt gebrochen wird. So bilden die Nadeln unter den wellenbandverzierten Bronzen hinsichtlich ihrer Verbreitung eine Ausnahme, indem sie auf wenige Zentren beschränkt erscheinen; daraus ergeben sich weitere Fragen hinsichtlich der Art und Weise von Musterschatz-Übertragungen[30], die hier jedoch nicht weiter behandelt werden können.

Für die späte Urnenfelderzeit sind kleinköpfige sog. Vasenkopfnadeln charakteristisch; sie finden sich im Arbeitsgebiet relativ selten[31]. Die Nadel mit leicht gewölbtem Nagelkopf aus dem Depot von Bad Homburg (Liste 11 Nr. 330) verband Kubach mit den Exemplaren aus der Nadeldeponierung von Uffhofen (Liste 11 Nr. 331-333) und aus einem Torfstich von Gettenau (Liste 11 Nr. 457), denen unter anderem auch die Nadel aus einem Hort von Kaiserslautern zu Seite gestellt werden kann[32]. Verwandt ist diesen Nadeln auch ein goldenes Exemplar aus einem Brandgrab von Winzlar, Kr. Nienburg/ Weser[33]. Weitere spätumenfelderzeitliche Formen sind sogenannte "Bombenkopfnadeln" des Typus Ockstadt (Liste 11 Nr. 326, 334); ihre formale Ausbildung vollzieht sich schon in der Stufe Ha B1[34]. Unterschieden werden verzierte und unverzierte Nadeln dieses Typs, doch können bislang keine regionalen Verbreitungsschwerpunkte aufgezeigt werden[35]. Nadeln des Typs finden sich im Deltagebiet von Rhein und Maas, am Mittelrhein und im Neuwieder Becken am nördlichen Oberrhein und in der Wetterau, im Obermaingebiet und an

---

27 Kimmig s.v. Buchau RGA 4, 43.

28 Müller-Karpe, Bayer. Vorgeschbl. 23, 1958, 21f.

29 Vgl. Kap. II (Schwerter).

---

30 Vgl. H.-J. Hundt, Bonner Jahrb. 178, 1978, 148ff.

31 Zu der neuerdings von E. Gersbach, Helv. Arch 15, 1984, 43ff. vorgeschlagenen stilistischen Trennung der Vasenkopfnadeln und der chronologischen Schlußfolgerungen kann aus dem Fundstoff des Arbeitsgebietes nichts beigetragen werden. Vgl. jedoch dazu die Ausführungen im Kap. II (Schwerter).

32 Kubach, Nadeln 521f.; Kaiserslautern (Kolling, Späte Bronzezeit Taf. 53,5).

33 K. Voss, Neue Ausgr. u. Funde in Niedersachsen 7, 1972, 83 Abb. 2,1.

34 Kubach, Nadeln 503ff. Die Form lebt in der älteren vorrömischen Eisenzeit in Norddeutschland weiter: vgl. Geschichte Schleswig-Holsteins Bd. 2,3. H. Hingst, Die vorrömische Eisenzeit (1964) 155, Abb. 3.

35 Vgl. die Verbreitungskarte bei H.E. Joachim, Das Rheinische Landesmuseum 1, 1984, 2f.

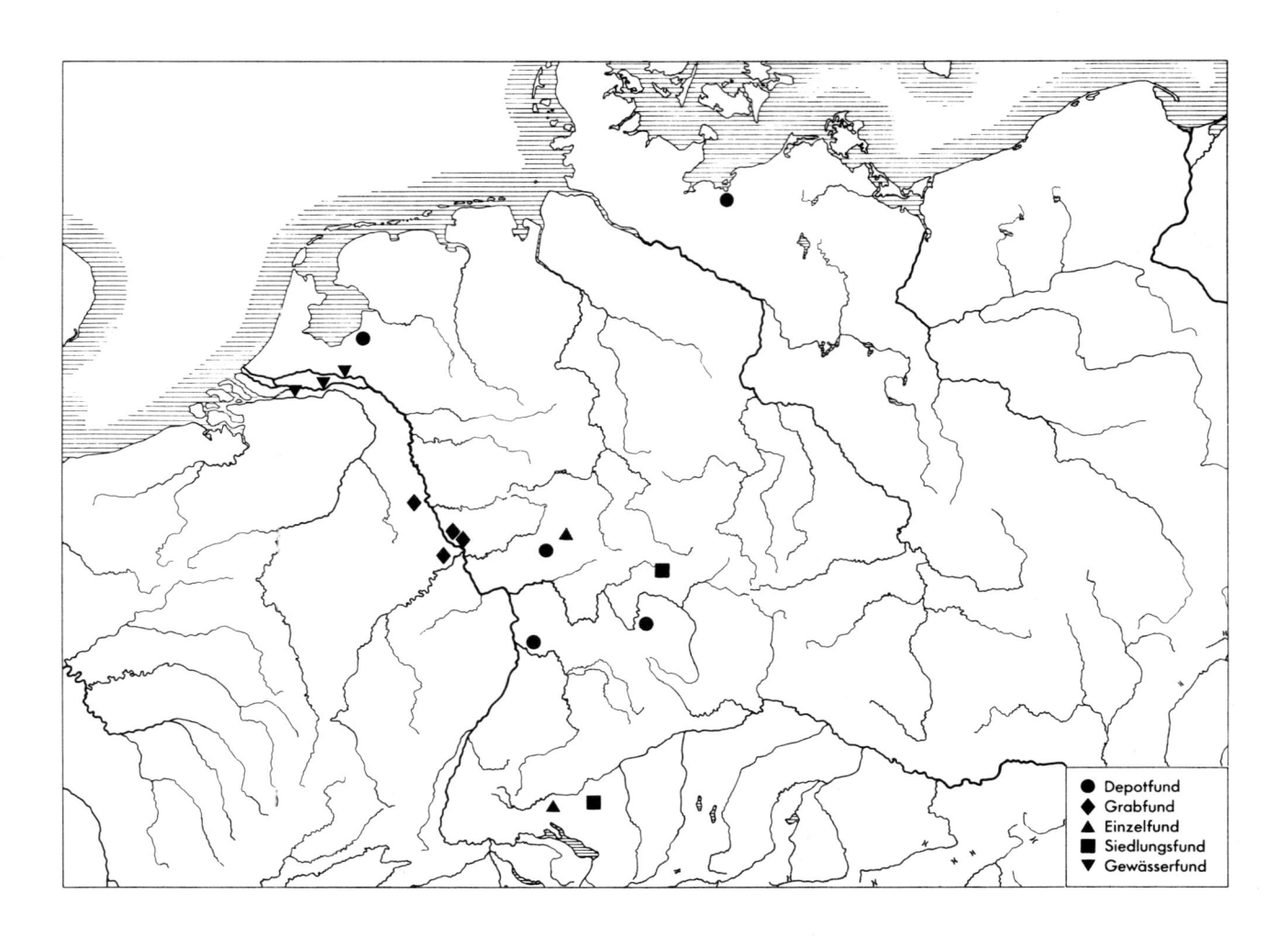

Abb. 34 Verbreitung der Bombenkopfnadeln des Typs Ockstadt nach Fundarten

der oberen Donau (Abb. 34)³⁶. Grabfunde lassen sich vorerst nur im Neuwieder Becken und dem Mittelrheingebiet namhaft machen, während "Bombenkopfnadeln" der Form Ockstadt sonst nur als Einzel-, Fluß-, Hort- oder Siedlungsfunde bekannt geworden sind.

Somit scheinen sich auch diese Nadeln in das bereits für andere Nadeltypen angedeutete quellenspezifische Verbreitungsschema einzufügen, das sich bereits mit den Nadeln der Typen Dorndorf, Binningen und Wollmesheim andeutungsweise zeigte; vielmehr dürfte es sich um eine regelhafte Erscheinung handeln, die

---

[36] Oosterhout, Prov. Gelderland, Feuchtbodenfund? (L. Wassink, Ber. Amersfoort 34, 1984, 339ff. Abb. 1,1.); Nimwegen, aus der Waal (ebd. 339f. Abb. 1,2.); Rhenen, FU unbek. (ebd. 339f. Abb. 1,3). Ein kleineres Exemplar aus der Maas (Nordbrabant) tentativ kartiert, (Ebd 341); Han-sur-Lesse (ebd. 342); Heerde, Prov. Gelderland, Depot (G. Elzinga Ber. Amersfoort 8, 1957-58, 11ff., Abb. 3,1-4); Gering, Kr. Mayen, Grab (Desittere, Urnenveldenkultuur Taf. 5); Wollendorf, Kr.Neuwied (Dohle, Urnenfelderkultur 280 Taf. 19,35); Gladbach, Kr. Neuwied (ebd. 248 Taf. 54,J3); Rheinbach-Flerzheim, aus Brandgräbern (H.-E. Joachim, Das Rheinische Landesmuseum Bonn 1984, 1ff. Abb.1); Tuttlingen, Kr. Tuttlingen, Einzelfund (H. Zürn u. S. Schiek, Die Sammlung Edelmann im Britischen Museum zu London [1969] 19, Taf. 11 C); Bad Buchau, Siedlungsfund (H. Reinerth, Die Wasserburg Buchau [1928] Taf. 17,2); Picardie (A. Opitresco-Dodd u.a., Cahiers Arch. Picardie 5, 1978 Nr. 127); Reupelsdorf, Kr. Kitzingen (C. Peckeck, Frankenland N.F. 23, 1971, 224 Abb. 7,2); Großer Gleichberg (G. Neumann in: Das Gleichberggebiet [1963] 14ff. Abb. 9,1.); Holzendorf, Kr. Wismar (Sprockhoff, Horte Per.V Taf. 19,20); die Nadeln von Dreuil, Dép. Somme und Dieulouard, die in der Literatur angeführt werden rechne ich aus formalen Gründen nicht zum engeren Typ.

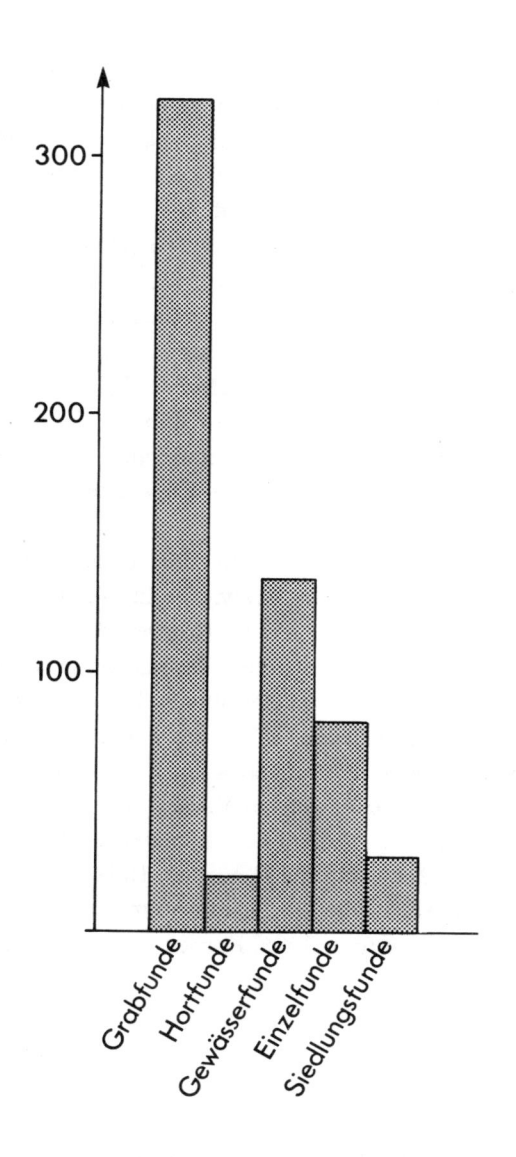

Abb. 35 Verteilung der Nadelfunde auf Quellengattungen (absolute Zahlen)

beim gegenwärtigen Forschungsstand jedoch nur exemplarisch an besonderen, auffälligen und dementsprechend gut publizierten Typen nachvollziehbar ist. Daraus ergeben sich für die Beurteilung der Herkunft und Hauptverbreitung von Nadeltypen, möglicherweise auch von anderen Materialgruppen, bedeutsame Konsequenzen, indem offenbar eine rein quantitativ orientierte Untersuchung der Verbreitung nicht genügt, sondern vielmehr quellenspezifische Zusammenhänge zu berücksichtigen sind. "Import" und lokales Produkt, "Einheimisches" und "Fremdes" werden dann möglicherweise besser zu scheiden

sein[37]. Das dargelegte Schema resultiert offenbar aus dem Umstand - so könnte zumindest vorläufig der Befund interpretiert werden -, daß Nadeln außerhalb ihres engeren Benützungskreises andere depositionelle Qualitäten erlangen, vielleicht weil sie dort nicht zur engeren Trachtausstattung (im Sinne identifikatorischer Bedeutung) gehören. Das muß nicht bedeuten, daß diese Trachtgegenstände bei "Einheimischen" keine Verwendung gefunden hätten, die Fremdformen etwa von auswärtigen Besuchern dem Hort oder Fluß anvertraut wurden; damit ist nur angedeutet, daß diese mutmaßlich fremden Formen nicht zur Totentracht gehören. Umgekehrt wären jene Fremdformen im Grab, die der Trachtausstattung zugehörig sind, nach sorgsamer Prüfung als Indiz für Xenogamie zu werten[38].

Die Verteilung der Nadelfunde auf die einzelnen Fundarten geht aus Abb. 35 hervor, ihre zeitliche Staffelung kann der Grafik in Abb. 36 entnommen werden. Im Arbeitsgebiet stammen über die Hälfte (55,7%) aller bekannten Nadeln aus Gräbern. Beinahe ein Viertel (22,5%) wurde aus Flüssen oder Mooren geborgen. Ein Achtel der bekannten Nadeln (15,5%) ist als Einzelfund bzw. ohne genauere Bezeichnung der Fundumstände überliefert. Nur 3,7% stammen aus Horten und 2,6% wurden aus Siedlungszusammenhängen geborgen.

Nach Zeitstufen entschlüsselt entfallen 31% der Nadeln auf die Stufe Bz D, auf Ha A 46,7% und 14% auf die Stufe Ha B (der Rest ist keiner Stufe eindeutig zuweisbar).

Nach Quellenart unterschieden zeigt sich für beinahe alle Kurven ein quantitatives Maximum in der Stufe Ha A, das bei einer sicheren Differenzierung in die beiden Phasen dieser Stufe weniger ausgeprägt erschiene, doch gelingt eine solche nur für wenige, meist beigabenreiche Gräber. Allein bei der Depotfundkurve ist eine gegenläufige Tendenz zu konstatieren. Ha A-zeitliche Horte mit Nadeln fehlen vollstän-

---

[37] Andererseits muß vor einem schematischen Vorgehen gewarnt werden, denn es darf nicht allein die regionale Verteilung nach Fundarten untersucht werden. Vielmehr muß das gesamte Formenspektrum der Nadeln in bestimmten Zeitabschnitten für einzelne Landschaftsräume einigermaßen gut überschaubar sein, um Änderungen in den Deponierungssitten sowie Bevorzugungen einheimischer bzw. fremder Formen in den entsprechenden Quellengattungen sicher beurteilen zu können. Diese Untersuchungen stellen ein wichtiges Korrektiv zu dem oben gezeigten Verfahren dar.

[38] Vgl. L. Pauli, Fundber. Hessen 15, 1975, 222ff.

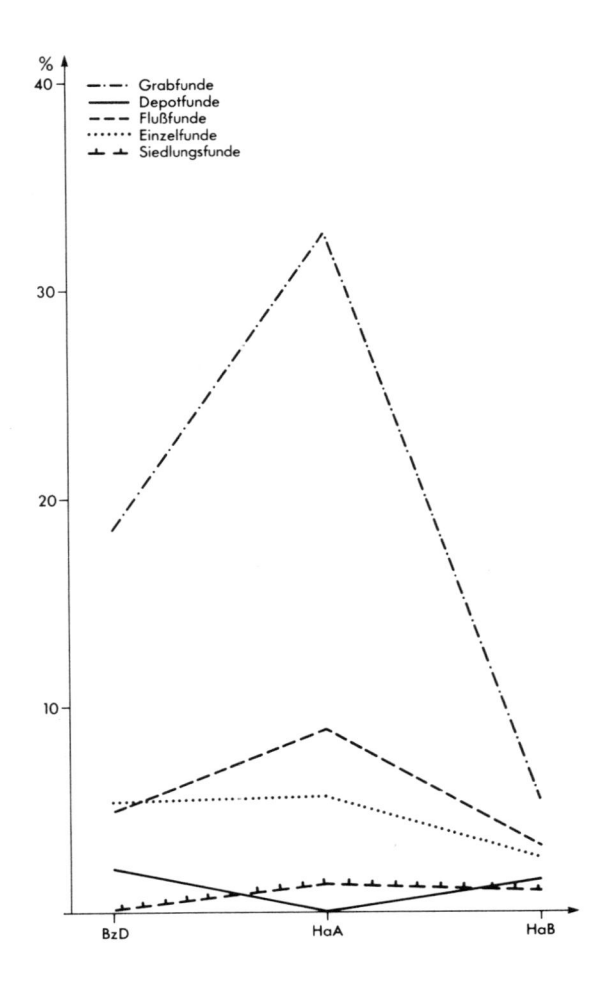

Abb. 36 Verteilung der Nadeln auf Quellengattungen nach Zeitstufen aufgeschlüsselt (prozentuale Angaben).

dig. Weniger deutlich als bei der Gräberkurve erscheinen Differenzen bei der Flußfundkurve, die auf eine gewisse Kontinuität der Deponierung im Fluß hindeutet. Durch alle drei Zeitabschnitte liegt der Flußfundanteil an der Gesamtmenge der jeweils verfügbaren Nadeln bei etwa 20%. Demgegenüber changiert allein der Anteil der Einzel- und Depotfundnadeln.

Vergleichende, das Gesamtbild betreffende Studien zur Nadeldeponierung können derzeit noch nicht herangezogen werden; von den 58 nordwürttembergischen bei R. Dehn[39] genannten Nadeln stammen 46,5% (27 Ex.) aus Gräbern, 12,1% (7 Ex.) aus Flüssen, 1,7% (1 Ex.) aus dem frühurnenfelderzeitlichen Depotfund von Jagstzell-Dankoltsweiler und 12,1% (7 Ex.) sind als Einzelfunde auf uns gekommen; über ein Viertel der Nadeln (27,6% = 16 Ex.) stammt allerdings aus Siedlungen, vor allem auf Höhen gelegenen. Eine Studie von M.-C. zu Erbach-Schönberg gibt Hinweise für Oberösterreich hinsichtlich der prozentualen Verteilung der Nadeln auf Fluß-, Hort-, Grab- und Einzelfunde[40]. Demzufolge sind dort 62% der Nadeln aus Gräbern, 18,5% als Einzelfunde, 11,1% aus Horten und 8,4% aus Flüssen und anderen Feuchtbodengebieten bekannt geworden.

Der größte Teil der Nadeln der Urnenfelderzeit stammt aus Grabfunden. Schwierig ist allerdings die Frage zu beantworten, ob die Bronzenadel obligater Besitz war, worauf die große Fundmenge zu deuten scheint; Grabritus (Brandbestattung, bewußte Beigabenauswahl) und Grabraub könnten einerseits die Ursache dafür sein, daß nur etwa ein Drittel (in Unterfranken ist es nur knapp ein Viertel) der Gräber Nadeln überliefern, andererseits könnten auch Nadeln aus organischem Material (Knochen, Holz) in weitaus stärkerem Maße die Trachtausstattungen dominiert haben, als es aufgrund der Konservierungsbedingungen archäologisch faßbar ist.

Eine konsistente Trennung von Frauen- und Männergräbern anhand der Nadelbeigabe gelingt für die brandbestattende Urnenfelderkultur einstweilen nicht hinreichend, obschon Kubach vermutete, daß Männerbestattungen durch in der Regel eine, aber "in einigen Ausnahmefällen vielleicht auch zwei oder drei Nadeln" charakterisiert sind, während Frauen mit einer oder zwei Nadeln bestattet wurden[41].

Aus dem Arbeitsgebiet liegen drei Depots mit Nadeln aus der Stufe Bz D vor, nämlich von Mainz-Rettebergsaue, Frankfurt-Rödelheim und Ludwigshöhe (Liste 11 Nr. 317-325), in denen der prozentuale Anteil zwischen 14 und 20% liegt. In scharfem Kontrast steht dazu der Nadelanteil in den späturnenfelderzeitlichen Horten von Ockstadt, Haimbach, Bad Homburg und Weinheim (Liste 11 Nr. 326-330, 334), der 6% nicht übersteigt.

---

[39] Dehn, Urnenfelderkultur 32.

[40] M.-C. zu Erbach-Schönberg, Arch. Korrbl. 15, 1985, 164 Abb. 1.

[41] Kubach, Nadeln 565.

Als Tendenz scheint sich dies auch in anderen Regionen der Urnenfelderkultur abzuzeichnen, wie aus den Übersichten von F. Stein zu ersehen ist[42]. Reine Nadeldepots, zu denen auch die Nadeln von Uffhofen (Liste 11 Nr. 331- 333) zu zählen sein dürften, sind vor allem eine Erscheinung der späten Bronze- und frühen Urnenfelderzeit[43].

	Absolut	Prozentual
Mainz	6	14,3%
Rödelheim	1	20,0%
Ludwigshöhe	4	16,6%
Bad Homburg	2	1,3%
Hanau	1	1,6%
Ockstadt	1	1,2%
Weinheim	1	1,4%
Haimbach	2	6,3%

Abb. 37 Nadeln in Horten der Stufe Bz D und Ha B3.

In Süddeutschland enthält beinahe jedes zweite älterurnenfelderzeitliche Depot eine oder mehrere Nadeln[44], aber reine Nadelhorte fehlen bislang. Während in Bz D- und Ha A-zeitlichen Horten Nadeln auch in quantitativ bemerkenswertem Umfange vertreten sind, spielen sie in jüngerurnenfelderzeitlichen Depots eine deutlich untergeordnete Rolle. Die Nadeln von Uffhofen (Liste 11 Nr. 331-333) sollten als Depotfund klassifiziert werden, wogegen die Angabe, sie seien in einer "tiefen Aschenschicht" gefunden worden, nicht spricht; vielmehr können eine Reihe weiterer süddeutscher Horte angeführt werden, die ähnliche Auffindungsumstände aufweisen[45].

Zahlreich sind die Nadelfunde aus dem Rhein bei Mainz, Bingen, Bacharach, Trechtinghausen und Nierstein, wohingegen aus dem Main vergleichsweise wenige Nadeln bekannt geworden sind[46]. Mit 125 nachweisbaren Nadeln aus Rhein und Main (d.i. 22,5%) sind die Flußfundstellen des Arbeitsgebietes ohne gleichwertiges Pendant unter den europäischen Flußfundstellen. Allerdings können angesichts der Publikationslage derzeit keine präziseren quantitativen Angaben zur Bedeutung der Nadeldeponierung in Flüssen anderer Regionen gemacht werden. Die Vergleichsmöglichkeiten sind naturgemäß durch die Art moderner Wasserbaumaßnahmen, die zur Auffindung prähistorischer Flußfunde führen, eingeschränkt. Gerade für kleine Gegenstände wie Nadeln erhöht sich der Fundanfall, wenn manuelle Arbeitstechniken im Vordergrund stehen oder alte Flußläufe systematisch abgesucht werden; so stehen W. Torbrügges Angaben zufolge drei Nadeln aus dem bayerischen Innlauf 40 Exemplaren aus einem trockenen Innabschnitt gegenüber[47]. Ähnlich hoch ist der Nadelanteil in dem Fundkomplex Orpund-Kiesablagerungen[48]. Deutlich niedriger ist hingegen der Nadelanteil im Greiner Donaustrudel[49]. Aus der Elbe scheinen Nadeln bislang noch völlig zu fehlen[50]. Somit ist, anders als bei den Schwertern, im Falle der Nadeln kaum zu entscheiden, ob uns im Fundbild antike Intention oder Ergebnis moderner Baumaßnahmen entgegenscheinen. Zumindest für das Arbeitsgebiet kann jedoch aufgrund der verschiedenen hier angestellten Vergleiche glaubhaft gemacht werden, daß die Versenkung der Nadel im Fluß einen wichtigen Platz im Deponierungskanon der Urnenfelderleute einnahm, dessen Bedeutung vermutlich meist zu gering eingeschätzt wird.

---

[42] Stein, Horte Tab. 5-7.

[43] Die Gruppe der slowakischen und böhmischen reinen Nadelhorte soll hier nur erwähnt werden. Aus der mittleren Bronzezeit ist der Hort aus einer Quelle bei Bad Mergentheim, Tauberkreis (Stein, Horte Nr. 29) zu nennen. Ein von Stein, Horte, genannter Radnadelhort von Unterbimbach, Kr Fulda (ebd. Nr. 156) dürfte eher ein Grabfund sein. Für den westlichen Kreis der Urnenfelderkultur sind folgende Funde zu berücksichtigen: Arinthod, Dép. Jura (Beck, Beiträge Taf. 7 A); Fillinges, Dép. Haute-Savoie (F. Audouze, J.-C. Courtois, Les épingles du Sud-Est de la France, PBF XIII,1 [1970] 13 Nr. 40-41 Taf. 2,40-41); Vers, Dép. Gard (P.Schauer, Germania 53, 1975, 51 Abb. 9.10A); Donzère, Dép. Drôme, Höhle "Baume-des-Anges" (Kongess UISPP Nice 1976, Livret Guide A9 [1976] 34f. Abb. 7,1a-c).

[44] Neuerdings der Hort von Niedernleierndorf, Lkr. Kelheim mit 6 Nadeln 3 Armringen und einem Halsring (Schätze aus Bayerns Erde. Arbeitsheft 17 Bayerisches Landesamt f. Denkmalpflege [1983] 51 Abb. 17).

[45] Horte in "Asche"-"Kohle"-Schicht etc.: Dettingen, Kr. Reutlingen (Stein, Horte 110 Nr. 267); Haßloch, Kr. Bad Dürkheim (ebd. Nr. 423); Ehingen Badfeld, Kr. Augsburg West (ebd. 29 Nr. 310).

[46] Wegner, Flußfunde 72f. Dazu eine Wollmesheimnadel vom "mittleren Main" (Kubach, Nadeln 428 Taf. 108E).

[47] W. Torbrügge, Ber. RGK 50-51, 1970-71, 23 Tab. 1.

[48] C. Osterwalder, Jahrb. Hist. Mus. Bern 59/60, 1979/80, Taf. 2.3, 1-18. (42 bronze- und urnenfelderzeitliche Nadeln = 22,5% des bronze- und urnenfelderzeitlichen Fundstoffs).

[49] Zu Erbach, Urnenfelderkultur Taf. 52, 2-8 (13,8%).

[50] Zápotocký, Památky Arch. 60. 1969, 277ff.

Mit etwa 90 urnenfelderzeitlichen Exemplaren aus dem Rhein stellt diese Schmuckgattung den mengenmäßig bedeutsamsten Anteil unter den Flußfunden[51] dar. Der Deponierungsschwerpunkt liegt auch bei den Flußfundnadeln in der frühen und älteren Urnenfelderzeit (Bz D- Ha A).

Die hier vorgelegten Funde aus dem Rhein unterhalb von Mainz[52] sind teilweise schon in älteren Abbildungen bekannt. Die lange Nadel mit großer flach gewölbter Kopfscheibe aus Trechtingshausen (Liste 11 Nr. 408) wurde schon von Kubach einer kleinen Gruppe (Liste 11 Nr. 68, 157, 456) zugewiesen, die aufgrund entsprechender Grabfunde in die Stufe Wölfersheim (Bz D) zu datieren ist[53]. Die Verbreitung dieses Typs konzentriert sich am nördlichen Oberrhein. Man wird diese außerordentlich langen Prunknadeln möglicherweise als westliches Pendant zu den bayerischen Henfenfeldnadeln verstehen dürfen. Die Kugelkopfnadel mit drei Halsrippen aus Trechtingshausen (Liste 11 Nr. 405) ist an den von Kubach herausgearbeiteten Typ Wollmesheim Var. Plaidt[54] anzuschließen, der nach Ha A zu datieren ist, ohne daß für Einzelstücke eine genauere Festlegung möglich wäre. Zwei weitere Nadeln des gleichen Typs sind aus dem Rhein unterhalb von Mainz (Liste 11 Nr. 415a, 415b) bekannt. Vermutlich der jüngeren Phase der Stufe Ha A ist eine Nadel (Liste 11 Nr. 409) mit abgetrepptem, doppelkonischem Kopf zuzuweisen. Das beste Vergleichsstück aus dem Arbeitsgebiet ist freilich ein Einzelfund aus Pfungstadt (Liste 11 Nr. 485). Kubach konnte weitere Beispiele für verwandte Stücke anführen, ohne daß der Typ heute vollständig zu überschauen wäre[55]. Eine Eikopfnadel (Liste 11 Nr. 410) ist sicher der Stufe Ha B1 zuzuweisen. Von der ursprünglich vielleicht reicheren Kopfverzierung sind nur drei umlaufende feine Linien zu erkennen, wohingegen die auf dem Schaft befindliche Pseudotorsion noch gut erkennbar ist; gleichartige Schaftverzierung ist selten, doch lassen sich einige Beispiele aus Süddeutschland, Österreich, der Schweiz, Italien und Südfrankreich anführen[56], ohne daß dadurch die Herkunft der Nadel zu ermitteln wäre. Bei zwei Nadeln mit eiförmigem Kopf (Liste 11 Nr. 403, 406) kann nur vermutet werden, daß der Kopf ehemals reicher verziert gewesen ist. Eine dritte Nadel (Liste 11 Nr. 411) mit annähernd doppelkonischem Kopf schließe ich hier an[57].

Kaum einer präziseren zeitlichen Einordnung zuzuführen ist die Nadel mit kleinem eiförmigem Kopf aus Trechtingshausen (Liste 11 Nr. 401). Älterurnenfelderzeitliche Vergleiche lassen sich aus dem Arbeitsgebiet anführen (Liste 11 Nr. 1234), doch wies Kubach auch auf jüngerurnenfelderzeitliche Fundstücke hin[58]. Der Spätstufe der jüngeren Urnenfelderzeit ist die Vasenkopfnadel aus Trechtingshausen (Liste 11 Nr. 407) zuzuweisen[59].

Eine zeitliche Eingrenzung der Rollennadeln (Liste 11 Nr. 402, 412) ist nur sehr eingeschränkt möglich. Für sie kommt eine eigenständige Verwendung, wie dies durch eingehängte Ringlein belegt ist[60], ebenso in Betracht wie die Verwendung als Unterlage für Kugelkopfnadeln[61].

Unter den Moorfunden liegt der Nadelanteil prozentual bei etwa 50%[62]. Unterschiedlich gute Auffindungskonditionen scheinen für diese Gewichtung nicht verantwortlich zu sein, vielmehr sollte es sich auch hier um intentionelle Deponierungsvorlieben handeln. Auch andere Moorfundstellen Süddeutschlands weisen einen bemerkenswert hohen Anteil von Nadeln auf. Einige Moore Süddeutschlands und Österreichs bestätigen diesen Befund, so das Zehmemoos bei Lamprechtshausen, das Leopoldskroner Moor im Salzburger Land[63] und das Moor von Ell-

---

[51] Andere Flußfundstellen: J. Driehaus in: H. Jankuhn (Hrsg.), Vorgeschichtliche Heiligtümer und Opferplätze (1970) 46 Abb. 2.- Nadeln machen im Fundgut der Saône etwa 17% aus. Ihr Anteil in der Seine ist beträchtlich niedriger.

[52] Mittelbronzezeitliche Nadeln: Bacharach, Mus. Bonn 16392 (mit zylindrischer Verdickung); Trechtingshausen, Mus. Bonn 15048 (Typ Haitz).

[53] Kubach, Nadeln 395ff.

[54] Ebd. 426ff.

[55] Kubach, Nadeln 473 (Harthausen in der Pfalz; Gegend von Mulhouse, Dép. Haut-Rhin).

[56] Kubach, Nadeln 524f.

[57] Vgl. auch Rhein bei Mainz (Kubach, Nadeln 482 Nr. 1228).

[58] Kubach, Nadeln 486.

[59] Zum Typ, zu Vergleichen und zur Problematik einer durch die Kopfgröße der Vasenkopfnadeln begründeten Zweiteilung der Stufe Ha B2: Kubach, Nadeln 515ff. mit weiterer Literatur.

[60] C. Osterwalder, Jahrb. Hist. Mus. Bern 59/60, 1979/80, Taf. 3, 1-5.

[61] Vgl. die Wollmesheimnadel Liste 11 Nr. 415b. Ausführlich G. Gallay, Germania 60, 1982, 547ff. Die Autorin spricht auch das Problem der organischen, auf den Schaft aufgesteckten Nadelköpfe an.

[62] Kubach a.a.O (Anm.11) 232ff. Tab. 1-2.

[63] M. Hell, Germania 31, 1953, 50ff. mit weiteren Beispielen.

moosen, Ldkr. Aibling[64]. Eine gute Zusammenstellung süddeutscher und österreichischer Nadelfunde aus Mooren bietet F. Stein[65], wobei sich in den nach Zeitstufen differenzierten Verbreitungsbildern eine gewisse Verdichtung für die Stufe Bz D in Bayern zwischen Isar und Inn abzeichnet. Inwieweit die von Stein unter der Rubrik "Urnenfelderzeit" zusammengefaßten Nadelfunde (wie im Arbeitsgebiet) schwerpunktmäßig der Stufe Ha A zuzuweisen sind, kann aufgrund vielfach fehlender Abbildungen nur vermutet werden. Sicher kann von einer Kontinuität der Nadeldeponierung im Moor bzw. stehenden Gewässern für die gesamte Bronze- und Urnenfelderzeit ausgegangen werden, auch wenn lokale Verschiebungen - die Nadeldeponierungen in Eschollbrücken enden mit der älteren Urnenfelderzeit (Ha A) - festzuhalten sind. Kubach wies darauf hin, daß unter den frühurnenfelderzeitlichen Feuchtbodenfunden aus Eschollbrücken und Pfungstadt vor allem der Anteil an Einzelstücken, die Beziehungen zu außerhalb des Arbeitsgebietes verbreiteten Formen erkennen lassen, besonders hoch ist[66]. Sehr wichtig für den hier interessierenden Zusammenhang ist auch die Bemerkung Kubachs, daß Nadeln des gut zu überblickenden Typs Eddersheim am Rande der Gesamtverbreitung dieses Typs vornehmlich als Gewässerfunde bekannt sind, wobei er einschränkend auf die Möglichkeit hinwies, daß wir aus dem Verbreitungskerngebiet - möglicherweise rezenten Auffindungsbedingungen geschuldet - keine Flußfunde kennen. Die im Arbeitsgebiet bekannt gewordenen Fremdformen der älteren Urnenfelderzeit stammen überwiegend aus Flüssen und Mooren.

Kubach konnte zeigen, daß mit der beginnenden Hügelgräberzeit (Lochham) Nadeldeponierungen in Gewässern vergleichsweise häufig und mit einem relativ hohen Fremdformenanteil geübt werden, in der mittleren und jüngeren Hügelgräberzeit die Zahl der Gewässerfunde zurückgeht und das einheimische Formenspektrum dominiert; mit der beginnenden Urnenfelderzeit werden wiederum häufig Nadeln deponiert, unter denen der Fremdformenanteil abermals hoch ist. Schließlich werden mit der fortgeschrittenen Stufe Ha A Nadeldeponierungen vor allem aus dem einheimischen Formenrepertoire bezogen, während in der späten Urnenfelderzeit (Stufe Ha B) ein deutliches Auslaufen dieser Sitte konstatiert werden kann[67].

Leider können wir aus den jeweiligen Nadelformen nicht oder nur sehr beschränkt auf das Geschlecht der Opfernden schließen[68], da sie meist sowohl in Frauen- als auch Männergräbern erscheinen, und somit offenbar keinen geschlechtsspezifischen Trachtbestandteil darstellen.

Offen muß das Problem des hohen Fundanfalls von Nadeln in einigen Schweizer Seerandsiedlungen bleiben. Nadeln machen im Material von Auvernier etwa ein Drittel der Bronzefunde aus[69]; noch weit höher scheint ihr Anteil am unteren Zürichseebecken zu liegen, wo für die Station "Haumesser" von ca. 900 und "Alpenquai" von etwa 300 Nadeln (was sich relativ gesehen zu entsprechen scheint) berichtet wird[70]. Eine Votivfunktion zumindest der älterurnenfelderzeitlichen Nadeln, denen kein keramisches Material an die Seite gestellt werden kann, hat V. Rychner in Erwägung gezogen[71]. Zur Klärung dieser offenen Fragen sind weitere Forschungen, die uns einen detaillierteren Überblick über die reichen schweizerischen Fundbestände verschaffen, notwendig. Gleiches gilt im übrigen für die Höhensiedlungen der Urnenfelderzeit, in denen ebenfalls relativ viele Nadeln aufgesammelt wurden und die in der dort zu findenden spezifischen Objektauswahl eine wichtige Rolle spielen. Der Kontext, in dem diese Nadeln stehen, ist durch einen archäologischen Befund bislang nicht geklärt. Für einige Baustrukturen, z.B. das Rechteckhaus vom Martinsberg bei Bad Kreuznach, kann eine Deutung als Kultbau nicht völlig abgewiesen werden[72].

Der hohe Anteil von Einzelfunden und Nadeln, deren Fundumstände unbekannt sind, kann nicht präziser

---

64 W. Torbrügge, H.-P. Uenze, Bilder zur Vorgeschichte Bayerns (1968) 211f. 238 Bild 207.

65 Stein, Horte 201ff. Karte 9 A-D.

66 Kubach, Nadeln 571.

67 Ebd. 572.

68 Anthropologische Untersuchungen zur Geschlechtsbestimmung liegen nur ausnahmsweise vor. Archäologische Bestimmungen müßten in großräumigem Maßstab regelhafte Erkennungskriterien herausarbeiten. Vielfach scheinen derzeit Zirkelschlüsse vorzuliegen, indem eine häufige Kombination, etwa Rasiermesser-Doppelknopf als Regelkombination interpretiert und auf den gesamten Fundstoff übertragen wird, wobei sowohl die jeweiligen archäologischen Suchkriterien nicht reflektiert und die mögliche antike Selektion nicht in Rechnung gezogen wird.

69 Vgl. Rychner, Auvernier.

70 T. Weidmann, Helvetia Arch. 12, 1981, 218.

71 Rychner, Auvernier 102.

72 Zuletzt Kubach, Nadeln 578.

entschlüsselt werden. Als Einzeldeponierung mit besonderem topographischem Bezug kann im Arbeitsgebiet keine Nadel sicher angesprochen werden. Nadeln scheinen im übrigen als Höhen- oder Paßfunde nur eine untergeordnete Rolle im Fundgut zu spielen[73]. Zusammenfassend kann festgestellt werden, daß Nadeln bevorzugt den Toten ins Grab mitgegeben worden sind. Bemerkenswert ist der verhältnismäßig hohe Anteil unter den Fluß- und Feuchtbodendeponierungen, während Nadeln im Hort nur eine marginale Bedeutung zukommt. Es zeigt sich, daß Nadeln des gleichen Typs in regional verschiedener Weise in den jeweiligen Kanon der Deponierungssitten integriert werden. Ob sie sich in Gräbern oder Opferkontexten finden, liegt - so darf vermutet werden - in der Eingebundenheit in ein regional gültiges Trachtgefüge begründet. Davon unberührt bleiben aber allgemeine Vorstellungen über den Deponierungskanon selbst, d.h. welche Gegenstände z.B. dem Hort oder dem Fluß anvertraut werden.

Fibeln

Die Fibeln des Arbeitsgebietes wurden von P. Betzler in einer den Fundstoff Süddeutschland, der Schweiz und Österreich umfassenden Studie[1] mitbehandelt, so daß hier auf chronologische Erörterungen des Fundstoffs weitgehend verzichtet werden kann. Für die ältere Urnenfelderzeit sind im Arbeitsgebiet zweiteilige Drahtbügelfibeln, zuweilen auch als Wellenbügelfibeln bezeichnet, charakteristisch. Sie erscheinen fast ausschließlich in Gräbern. P. Betzler hat diese Fibeln im Anschluß an Forschungen W. Kimmigs und H. Müller-Karpes in zwei vor allem durch Größe und Ausprägung der Bügelschleifen unterschiedene Typen gegliedert und in ihrer Verbreitung festgelegt. Die größeren Fibeln des Typs Burladingen sind überwiegend an den Unterläufen von Neckar und Main konzentriert, während die kleineren Fibeln des Typs Hanau allein am Unterlauf des Mains anzutreffen sind. Im engeren Rhein-Main-Gebiet überschneidet sich die Verbreitung beider.

Für die jüngere Urnenfelderzeit (Ha B) sind nur wenige Fibeln aus dem Arbeitsgebiet nachzuweisen; bei ihnen handelt es sich um echte und imitierte nordische Plattenfibeln. Grabfunde fallen als Quelle vollständig aus, an ihre Stelle treten nun die Horte (vgl. Abb. 38 u.39)

Bei der Interpretation der Verbreitungsbilder der verschiedenen Fibeltypen hat P. Betzler besonders auf die handwerksgeschichtlichen Zusammenhänge aufmerksam gemacht, durch die die mitteleuropäische Fibelentwicklung in vielfältiger Weise miteinander verknüpft werden kann[2]. Hier soll vor allem betont werden, daß die engen Verbreitungsbilder einzelner Fibeltypen deutliche Indikatoren für Trachtprovinzen sind[3]. Bronzefibeln stellen einen, archäologisch faßbaren, da unvergänglichen Teil einer komplexeren Trachtausstattung dar, die jeweils einer gesellschaft-

---

[73] E.F. Mayer, Jahresber. Inst. Vorgesch. Frankfurt 1978-79, 182; S. Winghart, Ber. RGK 67, 1986, 147f.; W. Kubach, Jahrb. RGZM 30, 1983, 139ff. kann für Nordhessen, Weser- und Leinebergland ebenfalls nur Beile und Lanzenspitzen als Höhenfunde anführen.

---

[1] Betzler, Fibeln.

[2] Dabei sollte der Werkstattbegriff ("Werkstätten", "Werkstattkreise") bewußt als Hilfskonstruktion verwendet werden; zu begrenzt nämlich ist noch unsere Kenntnis zur Handwerksorganisation der Bronzezeit, als daß mit diesem der Kunstarchäologie entlehnten, dort durchaus sinnvollen Begriff die bronzezeitliche Realität voll zu erfassen wäre.

[3] Betzler, Fibeln 4.

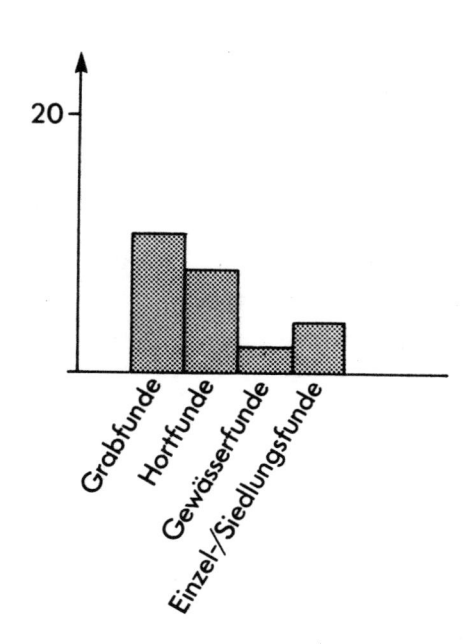

Abb. 38 Verteilung der Fibeln auf Quellen

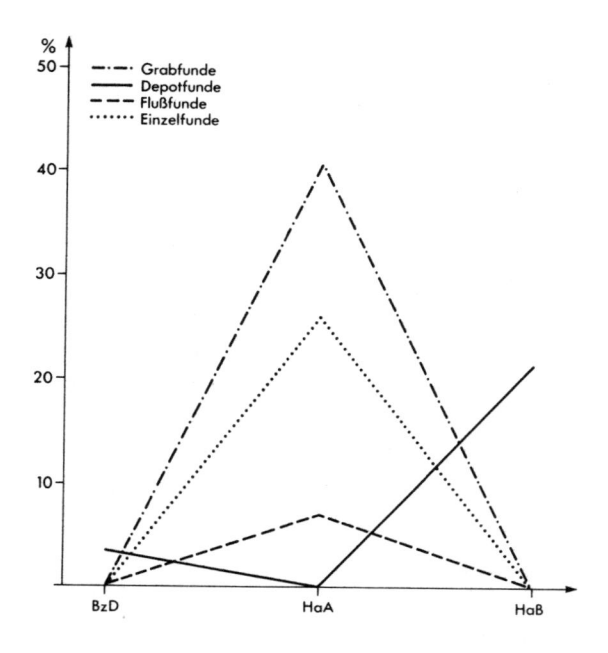

Abb. 39 Verteilung der Fibelfunde auf Quellen und Zeitstufen

lich bestimmten Reglementierung unterworfen ist. Trachten können somit als Erkennungszeichen der sie tragenden Gruppen verstanden werden, sei es im Hinblick auf die Abgrenzung einer lokalen Gruppe gegen eine andere, sei es unter sozialen Kriterien, z.B. Reichtums- oder Geschlechtsunterschieden. Traditionalen Gesellschaften ist über solche Reglementierungen hinaus das Festhalten an bestimmten Trachtmerkmalen eigentümlich, ohne daß damit Mode- und Handwerksentwicklungen nicht möglich wären[4]. Naturgemäß fällt der Nachweis kompletter Trachtgarnituren in der brandbestattenden Urnenfelderkultur schwer[5]; dennoch sollten die anhand subtiler Typengliederung gewonnenen Verbreitungsbilder auf ihre Aussagemöglichkeiten für trachtgeschichtliche Fragestellungen hin befragt werden[6].

Aus Gräbern stammen annähernd 40% der Fibeln des Arbeitsgebietes; sie gehören in ihrer Gesamtheit der Stufe Ha A an; für die jüngere Urnenfelderkultur läßt sich im Arbeitsgebiet kein Grab mit Fibeln nachweisen. Wie die Verbreitungskarten der älterurnenfelderzeitlichen Fibeltypen nahelegen, handelt es sich um regional gebräuchliche Bestandteile der Tracht[7]. Im Falle der Wellenbügelfibeln des Typs Burladingen deutet ihre Bindung an reichere Ausstattungen, die durch Waffen, Bronzegefäße, umfangreiche Schmuckbeigabe und Goldfunde gekennzeichnet sind, darauf hin, daß diese Fibeln soziale Statusdifferenzen markieren; darüberhinaus hat Betzler vermutet, daß sie zur Männertracht zu zählen seien, während die im wesentlichen gleichzeitigen Wellenbügelfibeln des Hanauer Typs zur Frauenaustattung zu rechnen seien[8]. Allerdings dürfen auch die Gräber mit Wellenbügelfibeln des Typs Hanau als sozial hervorgehoben bezeichnet werden (vgl. Liste 12 Nr. 3,5).

Das in Taf. 29 gegebene Verbreitungsbild weist die Wetterau, den Rodgau sowie das Hanauer Land als

---

4   Schumacher-Matthäus, Schmucktrachten, konnte dies für das Karpatenbecken über lange Zeiträume nachweisen.

5   Darüberhinaus ist eine Unterscheidung von Lebenden- und Totentracht in Betracht zu ziehen.

6   Einen guten Gesamtüberblick über älterurnenfelderzeitliche Fibeltrachtkreise bietet jetzt H. Hennig, Arch. Korrbl. 16, 1986, 299 Abb. 11.

7   Vgl. Betzler, Fibeln Taf. 78 A.

8   Betzler, Fibeln 31ff.

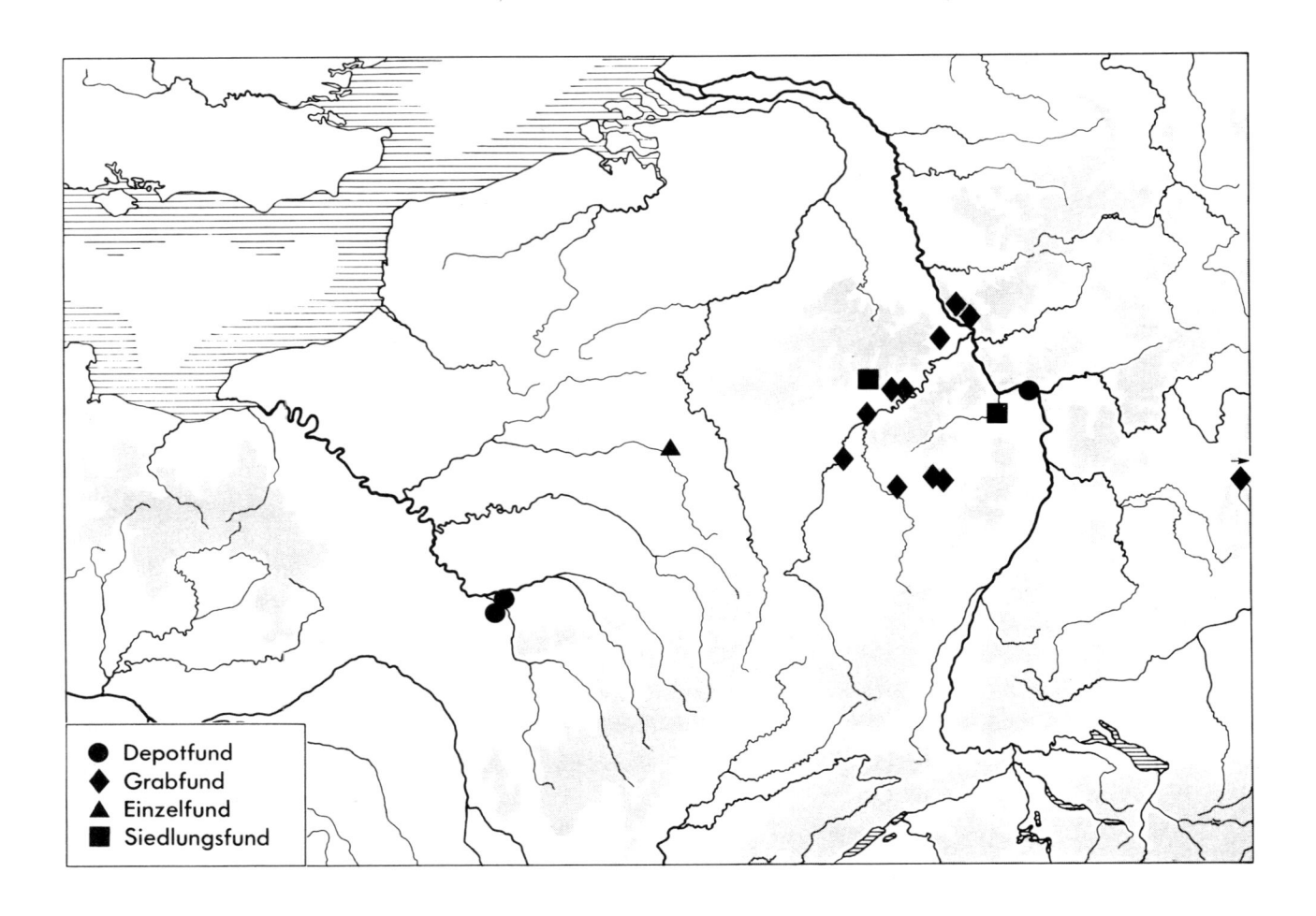

Abb. 40 Verbreitung der Fibeln des Typs Kreuznach (nach Betzler)

Verbreitungsschwerpunkte aus, während Rheinhessen verhältnismäßig fundleer bleibt.

Mit dem Fund aus dem Rhein bei Mainz (Liste 12 Nr. 18) ist für die Stufe Bz D nur einmal die Deponierung von Fibeln im Hort belegt; dies überrascht, denn gerade die Horte der Stufe Bz D (und Ha A1?) sind durch einen relativ hohen Schmuckanteil charakterisiert. Für die folgenden Stufen (Ha A-B1) sind keine entsprechenden Funde nachzuweisen. Es handelt sich bei dem Mainzer Stück um eine fragmentierte, vermutlich einteilige Blattbügelfibel, deren Verbreitung in Abb. 40 dargestellt ist. Neben dem Mainzer Hort sowie den Fibeln aus dem Rechteckhaus vom Martinsberg bei Bad Kreuznach (Liste 12 Nr. 23-26) sind zwei weitere französische Depotfunde zu nennen, doch die Mehrzahl der Funde stammt aus Gräbern des Moselgebietes, vom nördlichen Oberrhein und vom Mittelrhein[9], eine Region, die bezüglich der Fibelmode als relativ geschlossene Trachtprovinz angesprochen werden darf. Die weitab liegende Fibel aus dem Grabfund von Illmitz[10] könnte infolge einer Heirat ins Burgenland gelangt sein, doch sind Handelsbeziehungen nicht gänzlich auszuschließen[11].

---

9 Dehn, Katalog Kreuznach 60ff. wies auf den "nicht alltäglichen Charakter des Martinsberger Viereckhauses" hin. Funde u.a.: Feinkeramik, Turbanrandschüssel, Miniaturgefäße, Saugfläschchen, Tonfiguren, Tonrädchen, Feuerböcke, Spinnwirtel, Gußklumpen, Messer mit durchlochtem Griffdorn, Wollmesheimnadel, Armring, Nähnadel, Punze, Steinbeile, durchlochte Bärenkralle.- Vgl. auch Kubach, Arch. Korrbl. 3, 1973, 302; Betzler, Fibeln, 44ff. Taf. 78 A.; K. Kilian, Prähist. Zeitschr. 60, 1985, 181f.

10 Betzler, Fibeln 44 Nr.97 Taf. 6,97.

11 Für den Nachweis von Xenogamie werden Trachtbestandteile in der Frühgeschichtsforschung weitaus selbstverständlicher herangezogen als in der Vorgeschichtsforschung. Vgl. L.

- Depotfund
- Grabfund
- Einzelfund
- Siedlungsfund

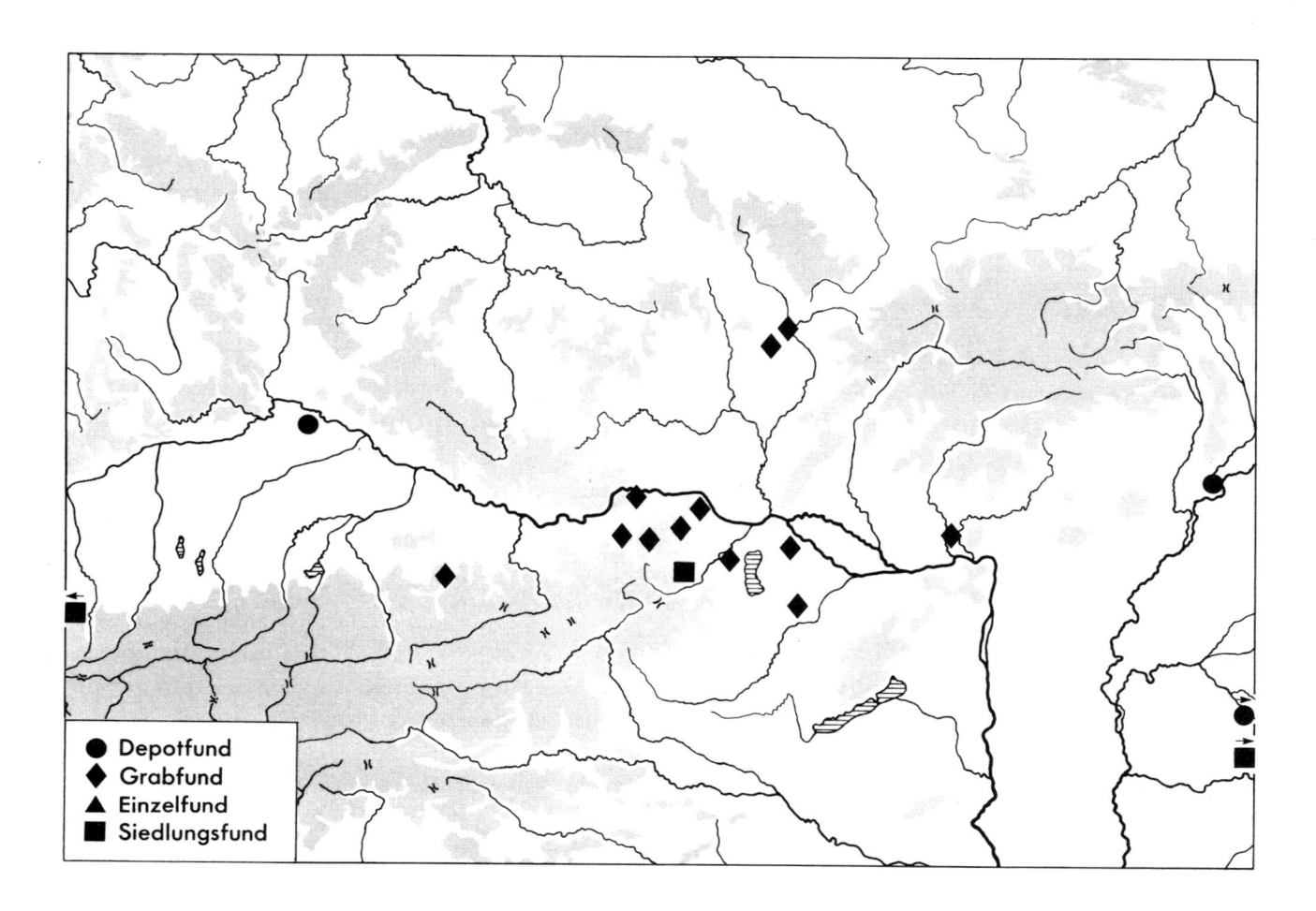

Abb. 41 Verbreitung der Fibeln des Typs Unterradl (nach Betzler mit Ergänzungen)

Es fällt nun ins Auge, daß die Horte mit einteiligen Blattbügelfibeln peripher oder gar weitab zu der durch die Grabfunde bezeichneten Verbreitungskonzentration liegen, was im übrigen auch für die Funde aus (Höhen)Siedlungen gilt. Ein ähnliches Deponierungsphänomen läßt sich für die von P. Betzler herausgestellten Drahtbügelfibeln vom Typ Unterradl (vgl. Abb. 41) und vom Typ Čaka nachzeichnen[12].

Vorerst wirft dieser bemerkenswerte Befund mehr Fragen auf, als es auf den ersten Blick erscheinen mag. Nur soviel ist hier festzuhalten: Definiert man die durch die Grabfunde bezeichnete Verbreitung eines Trachtgegenstandes als die eigentliche Trachtprovinz, so gewinnt dieser Gegenstand außerhalb dieser Provinz offenbar eine differente Deponierungsqualität. Im Falle der persönlichen Trachtausstattung scheint es notwendig, Einzeltypen präzise zu umschreiben und auf ihre Deponierungsformen hin zu untersuchen. In diesem Zusammenhang muß auch die von W. Kubach vorgelegte - nach Deponierungsarten aufgeschlüsselte - Kartierung der Binninger Nadeln angeführt werden[13], bei der sich zeigt, daß um das Kerngebiet der durch Grabfunde definierten Hauptverbreitung in der Schweiz sich in den angrenzenden

---

Pauli, Fundber. Hessen 15, 1975, 222f. Anm. 27f. mit vielfältigen Nachweisen.

[12] Betzler, Fibeln 16ff. Taf. 77A (Typ Unterradl); 23ff. Taf. 77B (Typ Čaka). Interessant ist, daß vom Martinsberg auch eine zweiteilige Blattbügelfibel (Typ Gemeinlebarn: Betzler, Fibeln 49ff.) vorliegt. Ihre engsten Parallelen finden sich in Niederösterreich, Mähren und dem Burgenland, worauf schon Dehn a.a.O. (Anm 9) 64f. hinwies. Vgl. einen Neufund: D. Zylmann, Mainzer Zeitschr. 82, 1987, 200 Abb. 5 A,3.

[13] Kubach, Jahresber. Inst. Vorgesch. Univ. Frankfurt, 1978-79, 218 Abb. 2.

Regionen Ostfrankreichs und Südwestdeutschlands Binninger Nadeln hauptsächlich in Deponierungssituationen wie dem Moor, dem Fluß, der Höhle oder dem Hort finden. Weitere Beispiele wurden in Kap. II (Nadeln) vorgestellt. Trotz dieser frappanten Übereinstimmung ist vorerst von Verallgemeinerungen Abstand zu nehmen, bis Materialeditionen dieser umfänglichen Schmuckgattung eine ausreichende Beurteilungsgrundlage ermöglichen.

Neben dem aufgezeigten Deponierungsphänomen einiger Fibel- und Nadeltypen kommen nämlich weitere Besonderheiten in Betracht. Für die zweiteiligen Blattbügelfibeln des Typs Reisen[14] z.B. vermutete P. Betzler bei den sich durch die größere Dimensionierung auszeichnenden Stücken Sonderanfertigungen für den eponymen Hortfund. Hinzuweisen ist auch auf die variantenreichen Posamenteriefibeln, die bislang fast ausschließlich aus Horten bekannt geworden sind[15].

Die späturnenfelderzeitlichen Horte des Arbeitsgebietes enthalten ausschließlich nordische Plattenfibeln und entsprechende Imitationen (Liste 12 Nr. 12-17). Sie sind, anders als die Fibeln in Horten des Nordischen Kreises, fragmentiert. Ihr Anteil in den entsprechenden Horten liegt zwischen 3 und 9%. Über ihre chronologische Beurteilung existieren in der Forschung kontroverse Auffassungen seit G. v. Merharts Publikation des Urnengrabes von Grossenritte[16]. Bei den Exemplaren aus dem Arbeitsgebiet handelt es sich um vier Stücke mit getriebenen und zwei mit gegossenen Platten, nämlich vom Haimberg und von Gambach (Liste 12 Nr. 14-15). Die Gambacher Fibel besitzt einen schlichten C-förmigen, das gegossene Haimberger Exemplar einen mondsichelförmigen Rippendekor. Wie bei den übrigen Plattenfibeln nordischer Provenienz wird die Geschlossenheit des Dekors angestrebt, die Einzelelemente greifen oder umschließen einander. Demgegenüber ist bemerkenswert, daß sich die getriebenen Nachbildungen durch die Unverbundenheit und Isolation der Einzeldekors auszeichnen, wie dies auch bei anderen toreutischen Erzeugnissen der Urnenfelderkultur beobachtet werden kann. P. Betzler datierte die Fibeln entsprechend den Begleitinventaren in den jeweiligen Depots in die sogenannte Wallstadt-Stufe (Ha B3) und parallelisierte diese mit der Nordischen Per. V[17]. Demgegenüber konnte W. Kimmig in einer subtilen Formenanalyse der getriebenen Haimberger Plattenfibeln eine Datierung in die Per. IV wahrscheinlich machen[18]. Diese Datierung[19] mag zwar zunächst befremdlich erscheinen, wenn man sich an die gegossene Plattenfibel aus demselben Hort erinnert, denn sie gehört in die Per. V; nach archäologisch-methodischen Kriterien sollte das Vorbild älter als die lokale Imitation sein. Weniger überraschend erscheint dies jedoch dann, wenn man sich die wenigen echten nordischen Bronzen im Urnenfeldergebiet vergegenwärtigt, ja sie gewinnt dann erst volle Plausibilität. Aus dem Arbeitsgebiet wurde schon auf das nordische Griffzungenschwert aus dem Hort von Weinheim-Nächstenbach hingewiesen, das ebenfalls schon Per. IV-zeitlich sein kann; zu nennen ist auch das Rasiermesser von Hadamar-Oberzeuzheim, das nicht zwingend in die Per. V datiert werden muß. Darüberhinaus ist der Stangentutulus aus dem Hortfund von Pfeffingen[20], der eindeutig in die Stufe Ha B1 datiert werden kann sowie ein älterer Doppelknopf aus Frankenthal[21] anzuführen. Diese Bronzen erscheinen bezeichnenderweise in Südwest-

---

[14] Betzler, Fibeln 55ff. Ein Neufund einer entsprechenden Fibel (L. etwa 35 cm) in einem Depot vom "Großen Knetzberg", Forstbezirk Neuhaus, Lkr. Haßberge (M. Brooks, Frankenland N.F. 34, 1982, 371 Abb. 46). In diesem Zusammenhang ist auch an überdimensionierte Fibeln aus griechischen Heiligtümern zu erinnern: K. Kilian, Fibeln in Thessalien von der mykenischen bis zur archaischen Zeit. PBF XIV, 2 (1975) 54 Nr. 546 (Artemis Enodia in Pherai); E. Sapouna Sakellarakis, Die Fibeln der griechischen Inseln PBF XIV, 4 (1978) 57, 308.9 (Apollon in Phana/Chios), 61 Nr. 409 (Athena in Lindos).

[15] T. Bader, Die Fibeln in Rumänien. PBF XIV,6 (1983) 41ff. mit weiterer Literatur; westlichster Fundpunkt jetzt der Hort von Fridolfing, Ldkr. Traunstein (H. Koschick, Bayer. Vorgeschbl. 46, 1981, 44ff.).

[16] G. v. Merhart, Germania 23, 1939, 149ff.

[17] Betzler, Fibeln 61ff.

[18] W. Kimmig, Germania, 59, 1981, 261ff. (Abb.2 seitenverkehrt !). Dabei ist ihre Paarigkeit hervorzuheben, Kimmig wies sie sogar derselben Hand zu; sollte es sich bei den Fragmenten aus dem Weinheimer Hort tatsächlich auch dort um eine zweite getriebene Fibel dieses Typus handeln, läge hier eine interessante Koinzidenz zwischen zwei Horten vor. Vgl. zur Datierung auch T. Ruppel, Arch. Korrbl. 11, 1981, 209ff.

[19] Auch P. Betzler, Fibeln 63 zog, auf den Grabfund von Klein-Englis hinweisend, einen Ha B1-zeitlichen Beginn der Fibeln in Betracht; vgl. auch die Datierungsansätze für die niedersächsischen Exemplare bei F. Laux, Die Fibeln in Niedersachsen PBF XIV,1 (1973) 48ff. und die Plattenfibel von Corcelettes bei E. Sprockhoff in: Helvetia Antiqua (Festschr. E. Vogt, 108f. Vermutlich zu Recht scheidet T. Ruppel, Arch. Korrbl 11, 1981, 209ff. die Klein-Englisser Fibel als eigenen Typ von den Plattenfibeln ab. Dennoch bleiben formale, für die Chronologie wesentliche Gemeinsamkeiten zwischen beiden Typen.

[20] Müller-Karpe, Chronologie Taf. 164,6.

[21] Zylmann, Urnenfelderkultur, Taf. 18 E,7 (Per. III).

deutschland und der Schweiz, Gebieten, mit denen der Norden gerade zu Beginn der jüngeren Urnenfelderkultur in stärkeren Kontakt kommt, wie dies zuletzt H.-J. Hundt ausführlich demonstriert hat[22]. Dem Arbeitsgebiet kommt dabei in zweifacher Weise eine bedeutende Mittlerstellung zu, nämlich als Durchgangsetappe und im nördlichen Bereich als Kontaktzone. Welcher Möglichkeit im Falle der Plattenfibeln der Vorzug zu geben ist, ist derzeit nicht zu entscheiden. Ich möchte nur darauf aufmerksam machen, daß es sich fast nur um Bestandteile der Trachtausstattung handelt, die zudem beinahe ausnahmslos in Horten auf uns gekommen sind[23].

Als einziger Flußfund aus dem Arbeitsgebiet ist die zweiteilige Wellenbügelfibel aus dem Main bei Frankfurt zu nennen, die sich durch die eingehängten Dreiecksanhänger auszeichnet[24]. Der Fundort der Fibel gleichen Typs aus dem Moor bei Eschollbrücken ist nicht gesichert[25]. Der reiche Anhängerschmuck der Frankfurter Fibel verbindet diese u.a. mit den prächtigen Posamenteriefibeln aus der Elbe an der Porta Bohemica[26]. Insgesamt darf konstatiert werden, daß Fibeln als Fluß- und Feuchtbodendeponierung unüblich sind, was sie deutlich von den Nadeln unterscheidet.

---

[22] H.-J. Hundt, Bonner Jahrb. 178, 1978, 125ff.

[23] Dies könnte als Indiz für eine Funktion dieser Gegenstände als Weihegaben sprechen. In einigen nordgriechischen Heiligtümern handelt es sich bei fremden Weihungen überwiegend um Trachtbestandteile (vermutlich als Teile gestifteter Gewänder); vgl. I. Kilian-Dirlmeier, Jahrb. RGZM 32, 1985, 45ff.

[24] Vgl. auch Wels-Weyrauch, Anhänger 116ff.

[25] Kubach, Jahresber. Inst. Vorgesch. Univ. Frankfurt 1978-79, 220.

[26] E. Plesl, Lužická Kultura (1961) Taf. 53,1. Weitere Beispiele für Fibeln mit eingehängtem Anhängerschmuck bei Paulík, Slovenská Arch. 7, 1959, 346 Abb. 12; 347 Abb. 13,1-4; 350 Abb. 14 4-5. Kreuzbalkenfibel aus Lützkendorf, Kr. Querfurt (Sprockhoff, Horte Per. IV, Taf. 11,12). Anhängerschmuck auch bei einer gewellten Nadel mit Spiralkopf aus dem Hort von Esslingen, Kr. Weißenburg (Müller-Karpe, Chronologie Taf. 159 C3).

Arm- und Beinschmuck

Durch I. Richters Bearbeitung des Arm- und Beinschmucks[1] großer Teile des hier behandelten Gebietes wurde gewissermaßen Pionierarbeit geleistet, der bislang allein K. Pászthory mit der Bearbeitung des schweizerischen Fundstoffes nachfolgte[2]. Aufgrund des Publikationsstandes sind somit überregionalen Vergleichsmöglichkeiten enge Grenzen gesetzt, so daß im Nachfolgenden im wesentlichen der Fundstoff aus dem Arbeitsgebiet behandelt wird. Neben den hier zusammengestellten Arm- und Beinringen werden auch die sogenannten Bergen in die Untersuchung einbezogen. Der Spiralschmuck, der in der Urnenfelderzeit weiterlebt, kann aufgrund der oftmals schwierigen Identifizierung hier nicht behandelt werden; gleichwohl sind die sicheren Stücke in Liste 13 ebenfalls aufgeführt. Als bronzener Arm- und Beinschmuck kommen darüber hinaus Spiralröllchen in Frage, doch bedarf ihre Aussparung im folgenden keiner näheren Begründung.

Über die einstige Trageweise der Ringe, - am Arm oder am Bein, einzeln oder in Sätzen - ist aufgrund der Quellensituation kein sicherer Aufschluß zu erwarten. Die Durchmesser der Ringe weisen eine beträchtliche Variationsbreite auf; aus ihnen Rückschlüsse auf die Gestalt der einstmaligen Besitzer zu ziehen, verbietet sich solange, wie anthropologische Untersuchungen noch weitgehend ausstehen. Im folgenden wird daher zwischen Arm- und Beinschmuck nicht differenziert.

Ein beträchtlicher Teil des Arm- und Beinschmuckes kann - anhand morphologischer und dekorativer Kriterien - innerhalb der Bronze- und Urnenfelderzeit zeitlich bislang nicht genauer festgelegt werden. Unverzierte oder mit einfachen Mustern verzierte Ringe sind somit häufig nur als Teil geschlossener Fundverbände chronologisch zu fixieren. Aufgrund der Langlebigkeit einfacher Formen kann somit die Datierung vieler Einzelfunde, jedoch auch manchen Ringes aus nicht mehr rekonstruierbaren Grabkontexten, nur tentativen Charakter besitzen.

---

[1] Richter, Arm- und Beinschmuck.

[2] K. Pászthory, Der bronzezeitliche Arm- und Beinschmuck in der Schweiz. PBF X,3 (1985).

Das Formenrepertoire der älterurnenfelderzeitlichen Ringe (Bz D-Ha A) steht noch ganz in der Tradition des mittelbronzezeitlichen Schmucks. Besonders augenfällig ist dies an den schönen Arm- und Beinbergen. Ihre Lebensdauer reicht von der Stufe Bz C bis in den jüngeren Abschnitt der Stufe Ha A, vereinzelt auch in die jüngere Urnenfelderzeit (Ha B1). Freilich verändern sich die Ziermotive, auch werden die Bänder verbreitert, doch erscheinen diese Veränderungen des Dekors keineswegs abrupt. Der Stufe Bz D dürften aufgrund der mitgefundenen Nadel des Typus Urberach zwei Bergen aus einem Hügel von Kelsterbach sowie die sehr nahe verwandte fragmentierte Berge aus dem Hortfund von Bad Kreuznach (Liste 13 Nr. 80, 283) zuzuweisen sein[3]. Gleiches gilt für die Berge aus Nierstein (Liste 13 Nr. 169), die mit einer Nadel des Typus Guntersblum vergesellschaftet war. Unsicher ist die Datierung der Bergen aus dem Hortfund von Hochborn (Blödesheim) (Liste 13 Nr. 233ff.). Seine Geschlossenheit ist aufgrund der chronologischen Heterogenität des Materials zuweilen bezweifelt worden. Die älterurnenfelderzeitlichen Grabfunde des Arbeitsgebietes sowie der südlich anschließenden Pfalz[4], in denen sich Bergen fanden, sind durch besonderen Reichtum gekennzeichnet. Das Grab von Bad Nauheim (Liste 13 Nr. 13)[5], vermutlich eine Doppelbestattung, enthielt neben Bergenfragmenten u.a. eine Zierscheibe, eine Lanzenspitze, Doppelknöpfe, Schwertfragmente sowie "Adelskeramik", Beigaben also, für die bereits mehrfach ihr sozial exklusiver Charakter betont worden ist. Gleiches gilt für die Bestattung von Dietzenbach[6], in der sich neben einer Wellenbügelfibel Fingerringe, Knöpfe, Besatzbuckelchen sowie zwei Goldblechanhänger mit konzentrischen Radialrippen und fünf gerippte Goldblechröllchen[7] fanden. Ungewöhnlich reich ist der Ringschmuck des Grabes von Dienheim[8]. Gleichfalls als reiche Bestattung hat das Grab von Groß-Rohrheim[9] mit mehreren Glasperlen, kleinen Schmuckscheiben, einer größeren Phalere sowie mehreren funktional nicht sicher bestimmbaren Bronzegegenständen und einer bronzenen Zierscheibe mit konzentrischer Kreiszier[10] zu gelten. Die Datierung der hier angeführten Inventare ist unproblematisch; sie gehören in die Stufe Ha A, vermutlich in einen jüngeren Abschnitt. Im östlichen Frankreich und der Schweiz[11] sind Bergen der Art "Wollmesheim"[12] sowohl aus älteren als auch aus jüngeren Zusammenhängen bekannt geworden. Das Körperflachgrab von Veuxhalles, Dép. Côte-d'Or[13] ist noch der Stufe Bz D zuzuweisen, wohingegen die Bergen aus dem Depotfund von Blanot, Dép. Côte-d'Or, aufgrund des reichen buckelverzierten Bronzegeschirrs und des Kreuzattaschenkessels der Stufe Bf IIIa (= Ha B1) zuzuweisen sind[14]. Die glei-

---

[3] Eine neue vergleichbare Berge stammt von der Ehrenbürg bei Kirchehrenbach, Ldkr. Forchheim (Ausgr. u. Funde in Oberfranken 5, 1986, 17f. u. 56 Abb. 17, 1), was mit dem von Richter, Arm- und Beinschmuck 59 angedeuteten Verbreitungsschwerpunkt dieser Bergen übereinstimmt.

[4] Wollmesheim, Grab 1 mit Fibel, Pfeilspitzen, Schwert, Holzschild (Cowen, Einführung Taf. 19); Homburg-Schwarzenacker mit Schwert, Lanze, reichem Ringschmuck, Pfeilspitze (Kolling, Späte Bronzezeit Taf. 35).

[5] Herrmann, Urnenfelderkultur 109f. Nr. 295 Taf. 103.

[6] Richter, Arm- und Beinschmuck 58 Nr. 329. Leider sind diese Gräber noch nicht in Abbildung vorgelegt.

[7] Goldfunde sind in Gräbern der Urnenfelderzeit bekanntlich außerordentlich selten. Vgl. Kimmig, Urnenfelderkultur 207 Liste 27.

[8] Eggert, Urnenfelderkultur 145 Nr. 35. Richter, Arm- und Beinschmuck Taf. 89, 13.

[9] Herrmann, Urnenfelderkultur 148f. Nr. 508 Taf. 137f.

[10] Die Scheibe, die leider nur fragmentiert überliefert ist, muß in einem größeren Rahmen behandelt werden. Aus der näheren Umgebung sind zunächst zwei Goldscheiben mit ähnlicher Verzierung aus Goldbach, Kr. Aschaffenburg (A. Hartmann, Prähistorische Goldfunde in Europa. SAM 3 [1970] Taf. 27 Au 1334) und Worms (ebd. Taf. 27 Au1259/1260) zu nennen. Ein guter Vergleich jetzt in Grab 3, Hügel 2 von Deggendorf-Fischerdorf (K. Schmotz, Arch. Korrbl. 15, 1985, 321 Abb. 9). Dürfen diese Scheiben schon wegen ihres Metallwertes als extraordinär gelten, so unterstreichen die weitreichenden formalen Verbindungen derartiger Scheiben ihren Zeichenwert für die soziale Repräsentation. Zwei älterurnenfelderzeitliche Scheiben aus Mühlau (G. v. Merhart in: Schumacher Festschrift [1930] 116ff.; Wagner, Nordtiroler Urnenfelder Taf. 9,6) und aus Matrei (ebd. 83 Taf. 1, 17.18), bei denen zwischen den Kreisaugenmustern ein schraffiertes Wellenbanddekor eingefügt ist, führen chronologisch in die Tiefe und regional in den böhmischen Raum, wo z.B. aus einem Hügelgrab von Milínov-Javor, okr. Plzen-jih, eine gleichartig ornamentierte Goldscheibe geborgen wurde (E. Čujanová-Jílková, Památky Arch. 66, 1975, 74ff.). H. Matthäus (Marburger Winckelmannprogramm 1979, 3ff.) hat anläßlich der Vorlage von Goldblechfragmenten aus Delos, die ebenfalls in diesem Zusammenhang von Bedeutung sind, die Verbindungen der Dekorentwicklung zwischen Mad'arovce/Füzesabony und ägäisch-mykenischem Kulturgebiet angedeutet und die spätbronze- und urnenfelderzeitlichen Exemplare in diesen Traditionsstrang gestellt.

[11] Genève, Depotfund (K. Pászthory a.a.O. [Anm. 2] 29 Nr. 39-41 Taf. 7, 39-41).

[12] Richter, Arm- und Beinschmuck 64ff.

[13] Beck, Beiträge Taf. 9A.

[14] Gallia Préhist. 28, 1985, 171ff. Abb. 1-2. Der mitgefundene Steggruppenring, dessen Verzierung bedauerlicherweise nicht zu erkennen ist, bestätigt diesen Zeitansatz.

che Datierung gilt für das Grab von Champigny-sur-Aube, Dép. Aube[15].

Die durch Bein- oder Armbergen gekennzeichneten Gräber der älteren Urnenfelderzeit bergen Bestattungen sozial hervorgehobener Persönlichkeiten. Daß gerade sie eine Schmuckform verwenden, die ihre Wurzeln in der mittleren Bronzezeit besitzt, darf als Zeugnis für den Traditionsbezug der sozial führenden Schichten und letztlich als Indiz für die Autochthonie der urnenfelderzeitlichen Bevölkerung des Arbeitsgebietes gewertet werden, wie dies schon W. Kimmig, allerdings aus formenkundlichen Erwägungen heraus, formulierte[16].

Die Analyse der Deponierungsregeln für diese hervorragend gearbeiteten Schmuckgegenstände hat in größerem Rahmen zu erfolgen. Hier sei nur bemerkt, daß sich offenbar auch für die Bergen eine regional differenzierte Deponierungsnorm abzeichnet[17]. Im Rhein-Main-Gebiet, sowie zwischen Yonne und Aube sind sie aus Grabfunden bekannt geworden. Östlich dieser beiden Verbreitungsschwerpunkte erscheinen sie in den Horten von Stockheim und Zehusic (Böhmen), südlich in den Depots von Genf, Beaujeau, Larnaud und Blanot, westlich in den Sammelfunden von Villethierry, Cannes-Écluse und Longueville sowie der Opferhöhle von Han-sur-Lesse. Dies entspricht dem bereits für Nadeln und Fibeln herausgearbeiteten Deponierungsschema.

Für die Stufe Wölfersheim (Bz D) charakteristische Ringformen stellen die von I. Richter herausgearbeiteten Typen Mainflingen und Wallertheim[18] dar; bei ihnen dürfte es sich um regionale Prägungen des Rhein-Main-Gebietes handeln[19]. Die Ringe des von I. Richter beschriebenen Typus Nieder-Flörsheim[20], dessen Vertreter eine gewisse Variationsbreite in Querschnittgestaltung, Größe und Dekor vorführen, sind ebenfalls eine im Rhein-Main-Gebiet heimische Ringform während der Stufe Bz D.

Zu nennen sind im Fundgut des Arbeitsgebietes auch Armringe des Typus Allendorf, die eine im Oberrheintal offenbar gebräuchliche Ringform darstellen, allerdings einen deutlichen Verbreitungsschwerpunkt im Hochrheingebiet besitzen und nur vereinzelt das Riegseegebiet erreichen[21]. Der Ring aus dem Grab von Nauheim (Liste 13 Nr. 81) gehört zum Typus Leibersberg, dessen Vertreter während der Riegseezeit in Südbayern getragen wurden[22]. Ein Armring des Typus Publy aus dem Rhein bei Mainz (Liste 13 Nr. 459) vertritt jene schon mehrfach angesprochene Gruppe von Gegenständen der Stufe Bz D, deren Heimatgebiet in Mittel- und Ostfrankreich zu vermuten ist und die vereinzelt in fränkischen und böhmischen Horten erscheinen[23]. Neben dem Publy-Armring aus dem Rhein bei Mainz stammt ein weiteres Exemplar aus der Saône bei Thoissey, Dép. Ain[24]; zwei Exemplare sind aus einem westschweizerischen Grab bekannt geworden[25]. Alle übrigen Ringe dieses Typs stammen aus Horten.

Das Formenspektrum der älteren Urnenfelderzeit (Bz D – Ha A) ist, wie bereits erwähnt, vielgestaltig und typologisch nur schwer eingrenzbar. Gegenüber den gerippten Armringen der jüngeren Urnenfelderzeit zeichnen sich die älteren vor allem durch eine reiche Variationsbreite von Strichverzierungen aus. Tannenzweig, Leiterband, Schrägstrich, Querstrichgruppendekor und ihre Kombination miteinander werden unter chronologischen und chorologischen Gesichtspunkten erst nach der Aufarbeitung des bayerisch-österreichischen und des tschechoslowakischen Ringmaterials sicherer abzuschätzen sein, als dies gegenwärtig möglich ist.

Eine weitere für die ältere Urnenfelderzeit kennzeichnende Form sind Zwillings- und Drillingsringe[26], die ebenfalls keine Neuschöpfung der Urnenfelderzeit zu sein scheinen. Der vermutlich älteste Zwillingsring im

---

[15] Nicaise, Mat. Hist. Prim. et Nat. Homme 16, 1881, 114ff.

[16] Kimmig, Germania 35, 1957, 115.

[17] Vgl. M. Mariën, Helinium 24, 1984, 29 Abb. 11. Dort auch der Nachweis der genannten Hortfunde.

[18] Richter, Arm- und Beinschmuck 115ff.

[19] Beim gegenwärtigen Forschungsstand über strichverzierte Armringe sollte allerdings von vorschnellen Lokalisierungen Abstand genommen werden.- Ringe Typ Wallertheim: Aunham, Ldkr, Griesbach (J. Pätzold, H.-P. Uenze, Vor- und Frühgeschichte im Landkreis Griesbach [1963] 127ff. Nr. 118 Taf 21, 5).

[20] Richter, Arm- und Beinschmuck 107ff.

[21] Richter, Arm- und Beinschmuck 102ff. Beck, Beiträge 57ff.

[22] Richter, Arm- und Beinschmuck 105.

[23] Zur Typographie und Verbreitung: Richter, Arm- und Beinschmuck 105ff.; Beck, Beiträge 63ff.; K. Pászthory a.a.O. (Anm. 2) 89ff.

[24] Bonnamour, L'âge du Bronze 62 Nr. 142 Taf. 20, 142.

[25] K. Pászthory a.a.O. (Anm. 2) 90 Nr. 402-403.

[26] Richter, Arm- und Beinschmuck 129ff.

Arbeitsgebiet stammt aus einer Siedlungsgrube der Stufe Ha A bei Gambach (Liste 13 Nr. 475) und gehört typologisch zu einer bayerischen Ringgruppe, die aus Gräbern der Stufe Bz D bekannt ist[27]. Auch der Zwillingsring aus dem Rhein bei Mainz (Liste 13 Nr. 462) findet im Arbeitsgebiet kein Pendant aus Grabfunden. Seine Parallelen liegen im Hoch- und Oberrheingebiet sowie westlich angrenzenden Regionen[28]. Hingegen zeigt die Zahl der aus dem Arbeitsgebiet bekannten Drillingsringe vom Typus Framersheim (Liste 13 Nr. 9, 16, 17-18, 20, 23-24, 37, 42, 69, 93, 95, 104, 113, 115-116, 120, 125, 128, 131, 153, 168, 199), daß diese im Rhein-Main-Gebiet heimisch sind, wenngleich die tatsächliche Ausdehnung der Verbreitung noch nicht sicher zu beschreiben ist. Allerdings scheinen sie einen eher östlichen, in das südbayerische Urnenfeldergebiet reichenden Verbreitungskern aufzuweisen[29].

Mit den Ringen des Typus Hanau, sowie verwandten Formen im süddeutschen Urnenfeldergebiet setzt die Entwicklung zum sog. Ring in Steigbügelform ein, die schon in der ausgehenden älteren Urnenfelderzeit zugleich zum Steggruppenring überleitet, der in Weiterentwicklungen eine charakteristische Form der jüngeren Urnenfelderzeit, besonders der Stufe Ha B1, sein wird. Ringe des Typs Hanau, von I. Richter als Leitform des jüngeren Abschnittes der Stufe Ha A bezeichnet[30], sind vorwiegend im Rhein-Main-Gebiet verbreitet, finden aber auch den Weg ins Niederrheingebiet[31].

Die Datierung des Steggruppenringes aus dem Grab von Worms-Pfeddersheim (Liste 13 Nr. 187) ist noch strittig. Während I. Richter das Inventar zur Definition der Stufe Ha B1 benützte, insistierte Eggert[32] auf die älter- bis mittelurnenfelderzeitliche Datierung des Ringes wie des Grabes insgesamt. Geht man die von Eggert für eine mögliche älterurnenfelderzeitliche Datierung des Pfeddersheimer Grabes angeführten Belege geschlossener Funde durch, so kann festgestellt werden: Unabweisbar sind die Bezüge der Keramik des Pfeddersheimer Grabes zu Formen der älteren Urnenfelderzeit[33]. Eggerts Zweifel an der Geschlossenheit des Schwalbacher Grabes (Liste 13 Nr. 61) scheinen mir hingegen nicht begründet. An einer Ha B1-zeitlichen Datierung des Messers wird überdies wohl kein Zweifel bestehen. Die Beinbergen aus dem Grab von Champigny-sur-Aube dürften weniger ein Indiz für eine älterurnenfelderzeitliche Zeitstellung des Grabes (und damit auch des Pfeddersheimer Grabfundes) abgeben, als vielmehr ein Beleg für die Langlebigkeit dieser Schmuckgattung (s.o.) darstellen[34]. Dies bestätigt jetzt auch der bereits erwähnte Hortfund von Blanot. Was Eggerts Beurteilung der Hortfunde von Kleedorf und Groß-Bieberau anbelangt, so ist zwar sein Hinweis auf die häufig in Horten anzutreffende chronologische Heterogenität des deponierten Materials im allgemeinen zutreffend, doch sind die Steggruppenringe aus dem Groß-Bieberauer Hort mit einer Anzahl weiterer zweifelsfrei Ha B1-zeitlicher Hortfunde verzahnt. Die hier zutage tretende Differenz entspricht den Datierungsproblemen des Steinkistengrabes 1 von Eschborn, auf die bereits eingegangen wurde (vgl. Kap. II [Schwerter]).

Die formale Weiterentwicklung der Steggruppenringe wird durch die unverzierten Exemplare des Typus Haimberg, wie sie aus dem Arbeitsgebiet neben dem eponymen Fundort auch im Hortfund von Mannheim-Wallstadt (Liste 13 Nr. 404, 431-432) erscheinen, angezeigt.

Das Typenrepertoire der späten Urnenfelderzeit orientiert sich beinahe ausschließlich an Südwestdeutschland und dem östlichen Frankreich. Die vorherrschenden Ringformen der späten Urnenfelderzeit

---

[27] Vgl. Richter, Arm- und Beinschmuck 131. Unter depositionalen Aspekten verdient ihr Hinweis Beachtung, daß vier der sieben bekannten Ringe dieses Typs aus Gräbern des mittleren Bayern stammen, während die übrigen in jüngeren Depot- und Siedlungskontexten erscheinen.

[28] Richter, Arm- und Beinschmuck 131f.

[29] Richter, Arm- und Beinschmuck 136 Taf. 71A.

[30] Richter, Arm- und Beinschmuck 141.

[31] Vettweiß, Kr. Düren (Desittere, Urnenveldenkultuur Abb. 20, 14); Han-sur-Lesse (M. Mariën, Helinium 24, 1984, 30f. Abb. 14).

[32] Eggert, Urnenfelderkultur 117ff.

---

[33] Rychner, Auvernier setzt das Pfeddersheimer Grab zu Recht an den Übergang von Ha A zu Ha B. Welches Gewicht der Keramikanalyse für die Datierung zukommt, wird im übrigen nach Vorlage des dendrochronologisch datierten Materials aus den schweizerischen Seerandsiedlungen neu zu überdenken sein. Vgl. einstweilen: Cortaillod-Est, Un village du Bronze final, Bd. 2, M. A. Borello, La ceramique (1986) 84f.

[34] Zwar wird in der Veröffentlichung dieses Grabfundes (Nicaise, Mat. Hist. Prim. et Nat. Homme 16, 1881, 114ff) von Gold-, nicht aber Eisengegenständen gesprochen. Unter dem Aspekt, daß auch Champigny-sur-Aube in den skizzierten Rahmen reicher Bestattungen mit Beinbergen zu stellen sein dürfte, wären aber selbst Eisenbeigaben nicht zwingend für einen jüngeren Zeitansatz, bzw. als Zweifel an der Geschlossenheit heranzuziehen, da Eisengegenstände in der Stufe Ha B1 schon vertreten sind.

(Ha B3) sind die sogenannten astragalierten Ringe - die von I. Richter beschriebenen Typen Homburg und Balingen[35], - Stücke, die E. Vogt schon zur Umschreibung des "Rippenstils" benützte[36]. An ihrer Datierung in die späte Urnenfelderzeit besteht ebensowenig Zweifel wie an ihrer Beheimatung im südwestdeutsch-schweizerischen Urnenfeldergebiet[37]. Ob allerdings das Fehlen astragalierter Ringe im bayerischen Gebiet nicht vorwiegend auf das Ausfallen der Hortfunde[38] als Fundquelle zurückzuführen ist, die durch die quellenspezifische Selektion nicht wie Objektgattungen durch Höhenfunde und Flußbaggerungen[39] zu kompensieren ist, kann gegenwärtig nicht sicher entschieden werden.

Ausschließlich aus Horten oder als Einzelfunde sind reichverzierte Blechringe mit Netzmusterdekor bekannt geworden. Die drei Ringe aus dem Hortfund von Rüdesheim-Eibingen bilden, nach Größe, Abnützungsspuren und korrespondierender Verzierung zu urteilen, einen Beinringsatz. Die Vorlage des schweizerischen Ringmaterials durch K. Pászthory ermöglicht es inzwischen, anhand der Verzierung verschiedene Werkstattgruppen zu differenzieren[40]. Demnach sind aufgrund der Anordnung der Mustergruppen sowie der Art und Weise, wie die zu Rauten gefaßten Strichbündelgruppen, an deren Schnittstellen jeweils Kreisaugenmuster angegeben werden, angeordnet sind, regionale Differenzen im Gebiet der westschweizerischen Seen zu beobachten. Die Ringe des Typus Corcelettes[41] verbindet bei allen Unterschieden im Detail einzelner Muster die querliegende Anordnung der Rauten, d.h. in der Aufsicht sind vor allem die Strichbündel, in der Seitenansicht die Kreisaugenmuster vorherrschend. Bei den Ringen von Rüdesheim-Eibingen (Liste 13 Nr. 448-450) sind die Rauten hingegen längsliegend angegeben, so daß ein umgekehrter Effekt entsteht. Ebensowenig wie für die Ringe von Rüdesheim lassen sich für die Exemplare von Mannheim-Wallstadt und Hanau (Dunlopgelände) (Liste 13 Nr. 403, 424), die eine identische, sicher von gleicher Hand stammende Verzierung tragen, Entsprechungen aus der Schweiz namhaft machen. Punktgesäumte Strichbündelgruppen, wie sie die beiden letztgenannten Ringe tragen, sind aus der Schweiz nur in Hauterive[42] sowie mit den Ringen des Typs Boiron[43] belegt, doch weisen diese eine ansonsten gänzlich andere Auffassung des Dekors auf. Der Dekor der Ringe von Hochstadt und Wiesbaden, der durch die teilweise fehlenden Kreisaugenmuster und die Abkehr von der symmetrischen Anordnung der Liniengruppen ungelenk wirkt, könnte am ehesten mit Ringen aus dem Hort von Basel-Elisabethenschanze und den Seerandstationen von Grandson-Corcelettes und Cortaillod[44], die ebenfalls eine konzentrische Halbkreiszier tragen, verglichen werden; für letztere vermutete Pászthory einen Wanderhandwerker als Produzenten[45]. Für den einfachen Dekor des Ringes aus dem Rhein bei Mainz-Kastel (Liste 13 Nr. 469) sind aus der Schweiz bislang keine Entsprechungen bekannt geworden.

Aus der Analyse der Muster ergibt sich, daß die Ringe mit Netzmusterdekor mit großer Wahrscheinlichkeit keine Importe aus dem Bereich der Uferrandsiedlungen von Neuenburger-, Bieler- und Murtensee, sondern lokale Imitationen darstellen. Dies Exempel läßt nur erahnen, wie facettenreich der handwerkliche Austausch gewesen sein muß.

Blecharmringe mit omega-förmigem Querschnitt, von I. Richter als Typ Wallerfangen[46] bezeichnet, stammen im Arbeitsgebiet aus dem Hortfund von Hanau-Dunlopgelände und der Umgebung von Mainz (Liste 13 Nr. 424, 596). Mit einer Ausnahme (Seerandsied-

---

[35] Richter, Arm- und Beinschmuck 155ff.

[36] E. Vogt, Zeitschr. Schweiz. Arch. und Kunstgesch. 4, 1942, 195f.

[37] Parallelfundnennung bei K. Pászthory a.a.O. (Anm. 2) 172 (für die Ringe des Typs Balingen) 176 (für Homburgringe).

[38] Ringe der Formen Homburg und Balingen: Altusried-Ottenstall, Kr. Oberallgäu (Müller-Karpe, Chronologie Taf. 173 A 6); Bullenheimer Berg (? nach vorliegenden Abb. nicht zu entscheiden) (Frankenland N.F. 30, 1978, 328 Abb. 16); Karlskron-Mändfeld, Kr. Neuburg-Schrobenhausen (Müller-Karpe, Chronologie Taf. 175A 4); Reinhardshofen, Kr. Neustadt a.d. Aisch (Müller-Karpe, Chronologie Taf. 172 A, 17-19); Reupelsdorf, Kr. Kitzingen (C. Pescheck, Frankenland N.F. 23, 1971, 224 Abb. 7,7).

[39] Besonders aus fränkischen Höhensiedlungen sowie einigen Flußfundstellen an der Donau werden neuerdings eine Anzahl von Bronzen, besonders Schwerter und Lanzen typisch südwestdeutscher Prägung geborgen.

[40] K. Pászthory a.a.O. (Anm. 2) 186ff. Weitere Beiträge zum Thema: V. Rychner in: Festschrift Milotte (1986) 399ff. Ders., Auvernier 1968-1975, 46ff. (50f. Abb. 15-16 Detailfotografien des Dekors).

[41] Zur Typographie vgl. K. Pászthory ebd.

[42] K. Pászthory a.a.O (Anm. 2) Nr. 1309 Taf. 114, 1309.

[43] K. Pászthory a.a.O.(Anm. 2) 200f.

[44] K. Pászthory a.a.O.(Anm. 2) 193 Nr. 1338-1340, 1342, 1343.

[45] K. Pászthory a.a.O.(Anm. 2) 193.

[46] Richter, Arm- und Beinschmuck 169.

lung von Corcelettes am Neuenburger See) sind Parallelfunde bislang ausschließlich aus Depots vornehmlich des Saar-Mosel-Gebietes, dem Seine- und Sommetal, sowie dem Loiregebiet bekannt geworden[47]. Armringe aus dem Hortfund von Vénat, Dép. Charente, stellen den westlichsten, einer aus dem Hort von Darsekau, Kr. Salzwedel den östlichsten Fundpunkt dar.

Der Ring aus dem Hortfund von Gambach (Liste 13 Nr. 453) ist geschlossen und besitzt gegeneinander versetzte zusammengegossene Endscheiben, die auf beiden Seiten mit gepunzten Kreisaugen verziert sind. Auf eine Parallele aus dem belgischen Hortfund von Jemeppe-sur-Sambre[48] wies bereits I. Richter hin.

Die beiden Nierenringe aus dem Hortfund von Nieder-Olm (Liste 13 Nr. 316-317) sind seit langem als Produkte des nord-westdeutschen Raumes erkannt[49], ohne daß die Datierung dieser Ringe seit den Studien E. Sprockhoffs überzeugend vorgeführt worden wäre. Die zur Rede stehenden Nierenringe erscheinen nämlich in Hortfunden, deren Inventare sich durch eine Reihe unspezifischer, stilistisch schwer differenzierbarer Formen auszeichnen. Dazu gehören im Nieder-Olmer Hortfund der Tüllenmeißel, die beiden ineinandergegossenen Ringe, die Sichel und die beiden unverzierten Armreifen. Gerade spezifische Formen sind allerdings notwendig, will man die Chronologiesysteme in den Zonen nördlich und südlich der Mittelgebirge miteinander verzahnen. Es kann nur soviel gesagt werden, daß eine Datierung in die Periode IV besonders des dort gefunden Beiles wegen nicht gänzlich ausgeschlossen werden kann[50].

Ringschmuck wird während der Bronze- und Urnenfelderzeit fast ausschließlich im Grab und im Hort deponiert. Fluß- und Einzelfunde spielen eine marginale Rolle, wenngleich zu betonen ist, daß an der intentionellen Versenkung der Ringe im Fluß trotz der geringen Quantitäten kaum gezweifelt werden kann.

Wie die in Abb. 42 gegebene Grafik zeigt, stammen 232 (= 45,8%) der insgesamt 506 Ringe des Arbeitsgebietes aus Gräbern, 223 (= 44,1%) aus Horten und nur 17 (=3,4%) stellen Fluß-, 32 (= 6,3%) Einzelfunde dar. 2 Ringe stammen aus Siedlungsgruben bzw. aus Siedlungsarealen (=0,4%).

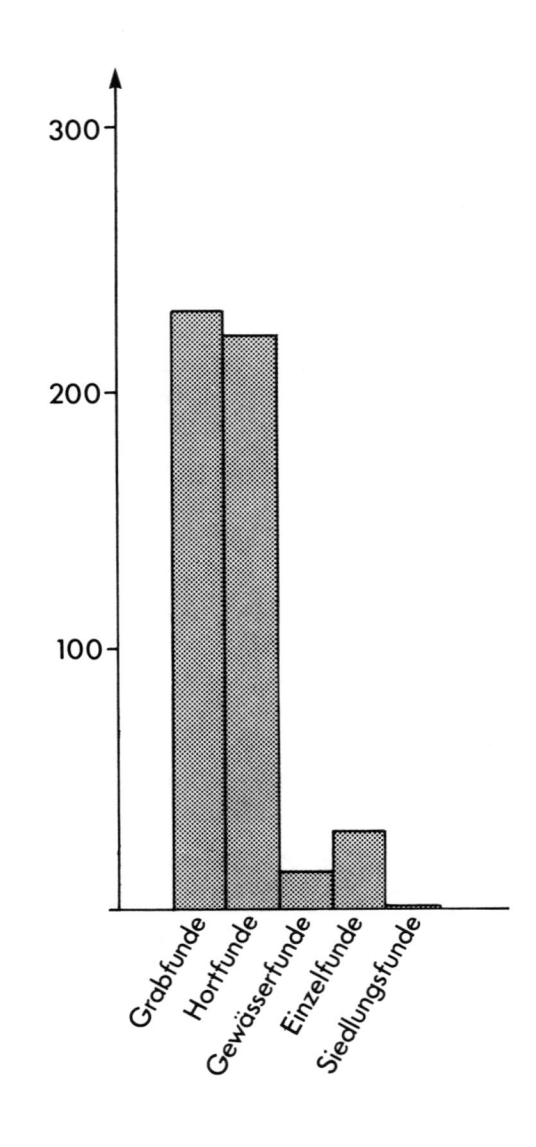

Abb. 42. Verteilung der Armringfunde auf Quellen (absolute Zahlen).

Beim gegenwärtigen Forschungsstand ist es kaum möglich, hierzu Vergleichszahlen zu ermitteln. In Nordwürttemberg[51] ist der Flußfundanteil mit 3,1% (= 1 Ring) vergleichbar niedrig. Wesentlich höher ist hingegen der prozentuale Anteil der aus Gräbern

---

[47] Coffyn et al., Vénat 136 Taf. 31, 1-15; 208 Karte 10 (mit Fundliste). Dazu: Altwies, Großherzogtum Luxemburg (R. Waringo, Arch. Korrbl. 15, 1985, 32f. Abb. 1, 4; Abb. 2, 7-8).

[48] M.-E. Mariën, Inv. Arch. Belgique, Fasc. 1, 1956, B2.

[49] Richter, Arm- und Beinschmuck 172f. Tackenberg, Jüngere Bronzezeit 214ff.

[50] Herrmann, Urnenfelderkultur datiert den Hort, allerdings ohne Begründung, in die Stufe Ha B2 nach Müller-Karpe.

[51] Dehn, Urnenfelderkultur 34ff.

stammenden Ringe, nämlich 71,8% (= 23 Exemplare) und der Einzelfunde (21,8% = 7 Exemplare). Deutlich schwächer fällt mit 3,1% (= 1 Exemplar) auch der Anteil der in Horten gefundenen Ringe ins Gewicht. Freilich ist die quantitative Ausgangsbasis (32 Ringe) wohl zu niedrig, um aus diesem Bild sichere Schlüsse ziehen zu können.

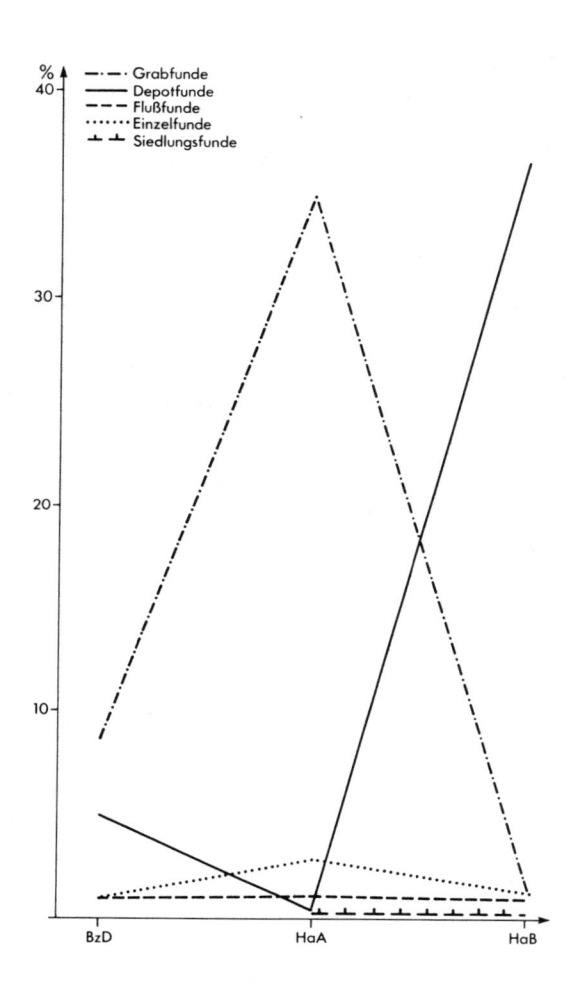

Abb.43 Verteilung der Ringe auf Zeitstufen nach Quellengattungen. Prozentuale Anteile.

In der zeitlich differenzierten Grafik in Abb. 43 wird die Aufgabe der Armringbeigabe im Grabe am Ende der Stufe Ha A und die allgemeine Zunahme der Hortniederlegung deutlich. Es gilt dabei, den schon in der älteren Urnenfelderzeit auffallend hohen Anteil von in Horten deponierten Ringen zu berücksichtigen.

Aus den Grabfunden lassen sich, da es mehrheitlich Brandbestattungen sind, keine Rückschlüsse auf die Trageweise ziehen; es ist also nicht zu entscheiden, ob nur ein Teil der Ringe mitgegeben wurde. Wie darüberhinaus in den Gräbern das Verhältnis von Fremdformen und Regionalformen zu beurteilen ist, wird erst die Bearbeitung des übrigen süddeutschen Fundstoffs erweisen. Es soll hier nur auf die Beobachtung hingewiesen werden, derzufolge in einem Frauengrab in der Riegseenekropole einheimische Armringe mitverbrannt, zusätzlich je ein Armringpaar westlicher und östlicher Herkunft unverbrannt im Grabe niedergelegt wurden[52].

Armringe stellen einen bedeutenden Anteil am Hortfundinhalt. Daß dies zum regional spezifischen Gepräge der Hortfunde der westlichen Urnenfelderkultur der entwickelten Stufe Ha B gehört, hat W.A. v. Brunn herausgestellt. Seine Vermutung allerdings, daß die Armringe in den süddeutschen Horten gewissermaßen Substitut für die Halsringe darstellen[53], die hier fast vollständig fehlen, im nordöstlichen Mitteleuropa zu jener Zeit jedoch in großer Zahl in Depotfunden erscheinen, kann nur auf einer allgemeinen Strukturvergleichsebene der Hortinhalte Wahrscheinlichkeit beanspruchen.

Die Bedeutung der Ringe im Hort wird auch dadurch unterstrichen, daß sie in drei Vierteln aller späturnenfelderzeitlichen gemischten Horte erscheinen (vgl. Abb. 44).

Während in den späturnenfelderzeitlichen gemischten Horten ein großer Teil der Ringe fragmentiert - bei einigen Beispielen ist die intentionelle Zerstörung sicher - dem Hort anvertraut wurde, zeichnen sich die älterurnenfelderzeitlichen Horte des Arbeitsgebietes durch die Mitgabe unversehrten Ringschmucks aus.

Die Ringe aus den beiden Armringhorten von der Ringwallanlage Bleibeskopf bei Bad Homburg (Liste 13 Nr. 383-389) besitzen auf ihren Innenseiten Strichmarkierungen, die auf eine Trageweise als Ringsatz hindeuten. A. Müller-Karpe konnte aus der Kombination dieser "Marken" mit den Durchmesserwerten und den Abnützungsspuren nicht nur eine gemeinsame Trageweise, sondern auch mindestens einen weiteren, nicht dem Hort anvertrauten Ring erschlie-

---

52 I. Richter, Dissertation; zitiert nach W. Kubach, Jahresber. Inst. Vorgesch. Univ. Frankfurt 1978-79, 262. Weitere vergleichbare Funde sind besonders aus der Stufe Bz D bekannt.

53 W. A. v. Brunn, Ber. RGK 61, 1980, 134.

	Absolut	Prozent	Erh.	Frg.
Mainz	1	2,4%	+	
Niedernberg	2	14,3%	+	
Ludwigshöhe	8	33,3%	+	
Zornheim	2	50,0%	+	
Nieder-Flörsheim	12	63,1%	+	
Maar	8	88,9%	+	?
Lindenstruth	2	50,0%	+	
Groß-Bieberau	10	83,3%	+	
Dossenheim	1	3,8%	+	
Frankfurt Grindbrunnen	1	4,0%	+	
Stadt Allendorf	2	6,7%	+	
Hangen-Weisheim	1	8,3%		+
Gambach	2	9,1%	+	
Frankfurt-Niederrad	2	10,0%	+	+
Hanau	9	14,7%	+	+
Weinheim-Nächstenbach	13	18,3%	+	+
Wiesbaden	3	18,8%	+	+
Bad Homburg VII	1	20,0%	+	
Bad Homburg	43	25,7%	+	+
Hochstadt	14	31,1%	+	+
Rüdesheim	4	33,3%	+	
Ockstadt	29	35,4%	+	+
Bad Homburg Bleibeskopf	6	37,5%	+	+
Mannheim-Wallstadt	14	37,8%	+	+
Nieder Olm	4	44,4%	+	
Haimbach	9	46,0%	+	+
Blödesheim	15	60,0%	+	+

Abb. 44 Übersicht über die in Horten vertretenen Armringe.

ßen[54]. Erinnerungsmarken zur Kombination der Ringe sind auch auf einigen Exemplaren im Hortfund von Weinheim-Nächstenbach und von Haimbach (Liste 13 Nr. 392-398, 436-439) angebracht. In der Zusammenstellung der Ringfunde mit gleichartigen Marken durch H. Thrane[55] findet sich bezeichnenderweise kein einziges Beispiel eines kompletten Satzes.

Unter den in Horten niedergelegten Ringen lassen sich mitunter auch Arm- oder Beinringsätze ohne entsprechende Marken erschließen, so im Hort von Rüdesheim-Eibingen (Liste 13 Nr. 448-451)[56]. Vice versa muß für eine Anzahl der in Horten deponierten Armringe die Zugehörigkeit zu einem Satz vermutet werden, ohne daß der Grad der Fragmentierung, wie sie durch den Hort überliefert wird, zu erschließen wäre. Die Grabfunde geben über eventuelle Regeln in der Anzahl der zusammen getragenen Ringe keinen Aufschluß, vielmehr ist auch hier mit einer nur teilweisen Mitgabe zu rechnen.

Daraus ergibt sich, daß der Zusammenstellung von Schmuckkombinationen, wie sie von W.A. v. Brunn vorgenommen wurde, enge Grenzen gesetzt sind, da, wie v. Brunn ausführt, "die Verbergung vollständiger Garnituren nicht stattgefunden hat" und auf Vollständigkeit kein Wert gelegt oder sie sogar vermieden wurde[57].

Reine Armringhorte, wie sie im Arbeitsgebiet mit den Funden von Bad Homburg und Eberstadt (Liste 13 Nr. 383-389, 281-282) vertreten sind, sind eine in der Bronze- und Urnenfelderzeit geläufige Erscheinung. Der größte mir bekannte Armringhort von Wabern im Kanton Bern besteht aus 136 Stücken und dürfte der ausgehenden mittleren Bronzezeit zuzurechnen sein[58]. Die Ringe waren ineinander geschoben, offenbar zu einer Kette. Weitere Beispiele dieses Depottyps stammen aus einem Moor von Obererding[59], Möhringen-Asphalgerhof[60] und Saint Babel, Dép. Puy-de-Dôme[61]; Chiemsee-Herrenchiemsee, Kr. Rosenheim[62]; Dittenheim-Gelbe Bürg, Kr. Weißenburg[63]; Bullenheimer Berg, Depot 1[64]; Gauting-Stockdorf,

---

[54] A. Müller-Karpe, Fundber. Hessen 14, 1974, 204ff.

[55] H. Thrane, Acta Arch. 33, 1962, 92ff. Ergänzungen bei A. Müller-Karpe a.a.O. 204f. Anm. 5. Die Unvollständigkeit der Garnituren wurde auch von v. Brunn (Anm. 53) thematisiert.

[56] Wohl zusammengehörende Armringsätze auch im Hort von Karlstein, Kr. Reichenhall (Müller-Karpe, Chronologie Taf. 167, A 1-24); Oberneukirchen-Zehenthof, Kr. Mühldorf (Müller-Karpe Vollgriffschwerter Taf. 47, B 1-12).

[57] W.A. v. Brunn, Ber. RGK 61, 1980, 115.

[58] Chr. Osterwalder, Die mittlere Bronzezeit im schweizerischen Mittelland und Jura (1971) Taf. 15.

[59] 13 zu einer Kette zusammengefügte Ringe (Stein, Hortfunde 157f. Nr. 359).

[60] 11 steigbügelförmige Ringe (Ebd. 116 Nr. 284 Taf. 86,2).

[61] J.-P. Daugas in: La Préhistoire France II (1976) 506ff. Taf. 5, 3.

[62] Drei Ringe (Stein, Horte Nr. 304).

[63] Sechs gleichartige und ein weiterer Ring (Stein, Horte 127f. Nr. 306).

[64] G. Diemer, Arch. Korrbl. 15, 1985, 58 Abb. 2 (dazu einen Tonknopf und eine Gagatperle).

Kr. Starnberg[65]; Reichersbeuern, Kr. Bad Tölz[66]; Pfedelbach, Hohenlohekreis[67]. Neun Armringe verschiedenen Typs bilden den Depotfund von Bad Friedrichshall, Kr. Heilbronn[68], der in einem Grabhügel gefunden wurde.

Dem Fluß wurden Arm- und Beinringe nur selten anvertraut, obzwar die geringen Fundmengen auf den ersten Blick keinen Anlaß geben, auch hier eine intentionelle Versenkung zu vermuten. Beachtenswert ist freilich, daß das einzige bekannte Goldarmband des Arbeitsgebiets, das vermutlich der mittleren Bronzezeit zuzuweisen ist, aus dem Rhein bei Mainz[69] stammt. Nicht eben wahrscheinlich ist auch, daß der einzige Publy-Armring des Arbeitsgebietes aus dem Rhein bei Mainz (Liste 13 Nr. 459) zufällig verloren wurde oder einem fortgespülten Grab oder Depot entstammt. Gleiches gilt für zwei Armringe des Typs Allendorf (Liste 13 Nr. 471.472). Ein gegossenes Bronzearmband (Liste 13 Nr. 470), für das noch keine Parallele angeführt werden konnte, ist am besten mit einem Armbandfragment aus der Fliegenhöhle in Istrien bei St. Kanzian zu vergleichen[70] und stellt somit ebenfalls eine Fremdform dar. Wertvolle und "importierte" Ringe sind also überproportional häufig im Fluß vertreten und legen somit eine intentionelle Versenkung nahe. Andere europäische Flußfundstellen haben ebenfalls eine geringe Menge an Ringen erbracht. Aus dem Greiner Donaustrudel ist nur ein nicht exakt zu datierender Ring bekannt geworden[71]. Erwähnt sei noch ein Armring aus dem Rhein bei Wesel[72], der in einem Hortfunde bei Schmon, Kr. Querfurt seine nächste Parallele findet. Bemerkenswert ist schließlich, daß die Armringe eine der wenigen Materialkategorien sind, für die ein Fortlaufen der Versenkung in Gewässern während der Hallstattzeit nachgewiesen werden kann[73].

Bei den als Einzelfunde auf uns gekommenen Ringen dürfte es sich vorwiegend um Teile unerkannt zerstörter Gräber oder Horte handeln. Untersuchungen zu den durch ihre besondere topographische Fundsituation als Einzeldeponierung, sei es nun im feuchten Gelände, sei es auf Anhöhen, zu bestimmenden Funden[74] haben gezeigt, daß Armringe in dieser Quellengattung fehlen oder extrem unterrepräsentiert sind.

---

[65] Vier Armringfragmente (Stein, Horte Nr. 328).

[66] Stein, Hortfunde Nr. 367.

[67] Neun Ringe (Stein, Hortfunde 117 Nr. 289 Taf. 87, 1-4).

[68] J. Biel, Fundber. Baden-Württemberg 3, 1977, 162ff.

[69] A. Hartmann a.a.O. (Anm. 10) Taf. 27, Au 1253. Ein Goldring stammt auch aus der Schelde bei Wichelen (ebd. Taf. 27 Au 1305); M.E. Mariën, Oud Belgie (1952) 186 Abb. 174. Dieser Ring dürfte in die jüngere Bronzezeit zu datieren sein. Vgl. W.H. Zimmermann, Germania 54, 1976, 14.

[70] Szombathy, Mitt. Prähist. Komm. Wien 2, 1912, 160 Abb. 159.

[71] Vgl. jetzt M. Pollak, Arch. Austr. 70, 1986, 63.

[72] H.-E. Joachim, Bonner Jahrb. 173, 1973, 263 Abb. 4, 3.

[73] Wegner, Flußfunde 134ff. Nr. 345-347, 361, 461, 501, 560, 797-798, 803, 805, 910. Die gleiche Tendenz ist auch im Pfungstädter Moor erkennbar. Vgl. Kubach a.a.O. (Anm. 74), 246f.

[74] W. Kubach, Jahresber. Inst. Vorgesch. Univ. Frankfurt, 1978-79, 246f.; E.F. Mayer, ebd. 179ff.

Halsringe

Halsringe sind im Arbeitsgebiet in nur geringer Anzahl bekannt geworden. Wie im übrigen Südwestdeutschland und im östlichen Frankreich sind sie offenbar kein obligater Bestandteil der (weiblichen) Tracht. In diesem Raum läßt sich für ihre Verwendung auch keine mittelbronzezeitliche Tradition nachweisen[1].

In Rheinhessen sind Halsringe in Gräbern von Alzey, Gundersheim, Osthofen und Gundheim (Liste 14 Nr. 8, 3, 6, 1) belegt. Mit Ausnahme des Halsringes von Alzey, bei dem es sich um ein glattes Exemplar handelt, gehören sie zur Typenfamilie der tordierten Halsringe mit glatten Enden oder Ösenenden.

Die Zusammengehörigkeit des Osthofener Ringes mit zwei Nadeln des Typs Wollmesheim ist wegen des zum gleichen Komplex gezählten La Tène-Gefäßes nicht gesichert. Sicher in die Stufe Ha A ist hingegen der tordierte Halsring mit Ösenenden aus dem Gundheimer Grab zu datieren; auch hier fand sich eine Wollmesheim-Nadel. Gleiche Zeitstellung ist wegen eines Rasiermessers mit X-förmiger Griffverstrebung und der Keramik für den glatten Halsring aus dem Grab von Alzey zu beanspruchen.

Schon in die Stufe Ha B1 weist die Keramik, darunter zwei Sauggefäße aus dem Grab von Gundersheim.

Drei Halsringe stammen aus unterfränkischen Gräbern. Der heute verschollene Halsring aus einem Hügelgrab von Kahl (Liste 14 Nr. 9) ist - nach den ebenfalls nur in Berichten überlieferten Beifunden zu urteilen - vermutlich in die Stufe Bz D zu datieren. Das Grab von Niedernberg (Liste 14 Nr. 5) enthielt zwei Wollmesheimnadeln und ein Messer mit umgeschlagenem Griffdorn und ist daher in die Stufe Ha A zu datieren; gleiche Zeitstellung möchte ich für den glatten Halsring aus dem Brandgrab von Kahl (Liste 14 Nr. 2) in Anspruch nehmen.

Ein weiterer tordierter Halsring mit glattem Ende stammt aus zerstörten Gräbern von Reichelsheim (Liste 14 Nr. 4) und wird vermutlich, den übrigen Funden vom gleichen Gräberfeld nach zu urteilen, ebenfalls in die Stufe Ha A zu setzen sein. Bz D-zeitlich ist ein als Halsring verwendeter Beinring aus einem Kindergrab von Offenbach-Rumpenheim (Liste 14 Nr. 7).

Mit Ausnahme des Halsrings von Gundersheim sind somit alle aus Gräbern überlieferten Halsringe im Arbeitsgebiet in die Stufen Bz D und Ha A zu datieren. In größerem Untersuchungsrahmen machte C. Eibner[2] auf diesen Sachverhalt aufmerksam.

Ein Vergleich der aussagekräftigen Grabfunde aus dem Rhein-Main-Gebiet mit den reichen Gräbern Ober- und Mittelfrankens zeigt, daß Halsringe dort zu einer kanonischen Schmuckausstattung gehören, zu der weiterhin meist paarweise getragene Nadeln, seltener Fibeln, Armringe, reicher Kopfschmuck - neben den "Haarblechen" auch eine Zahl von auf Tüchern oder Hauben aufgenähten Tutuli, Spiralröllchen und Scheibchen - zu zählen sind. Die Halsringtracht verbindet, wie schon H. Hennig[3] herausstellte, das Obermaingebiet kulturell stärker mit Böhmen als mit dem südwestdeutschen Urnenfeldergebiet. Auch in Sachsen und Thüringen sowie in Nordosteuropa bilden die Halsringe einen festen Bestandteil der femininen Schmuckgarnitur.

Im Arbeitsgebiet wirken die Halsringe hingegen eher fremd. Freilich geben Brandbestattungen, um die es sich im Arbeitsgebiet im wesentlichen handelt, nur einen unvollständigen Einblick in die Trachtausstattung, doch ist auf das Fehlen der Halsringe auch in Körpergräbern des Arbeitsgebietes hinzuweisen. Im rheinhessischen Grab von Gundernheim war der Halsring zweckentfremdet und zu einem Armring zusammengebogen[4]. Das Grab von Alzey enthielt ein Rasiermesser, weswegen A. Jockenhövel hier eine Doppelbestattung vermutete. Der Grabfund von Herlheim, Kr. Schweinfurt belegt indes, daß auch Halsringe zur Männerausstattung gehören können, was im Hinblick auf die Eisenzeit nicht zu verwundern braucht. Wie kompliziert die Verhältnisse sind, lehrt das Frauengrab von Schönbrunn, Ldkr. Lichtenfels, das ein Rasiermesser enthielt[5].

---

1 Vgl. Wels-Weyrauch, Anhänger.

2 Eibner, Bestattungssitten 212ff.

3 Hennig, Grab und Hort 45f.

4 Nicht auszuschließen ist aber die intentionelle Zerstörung des Halsringes am Grab.

5 Alzey: Jockenhövel, Rasiermesser, 123f. Nr. 201; Herlheim: B.-U. Abels, Arch. Korrbl. 5, 1975, 30; Schönbrunn: H. Hennig in: K. Spindler (Hrsg.), Vorzeit zwischen Main und Donau (1980) 125f. Abb. 18,20; R. Feger, M. Nadler, Germania 63, 1985, 1ff.

Von den Halsringgräbern des Arbeitsgebiets zeigt allein das Grab von Niedernberg in seiner Ausstattung Affinitäten zu den ober und mittelfränkischen Funden, was der geographischen Nähe wegen nicht verwunderlich ist.

Die marginale Rolle der Halsringe im Rhein-Main-Gebiet wird durch die Hortfunde unterstrichen. Sie sind allein aus Horten der Stufe Ha B bekannt[6] und fehlen in den älterurnenfelderzeitlichen, besonders durch reiche Schmuckgarnituren gekennzeichneten Horten. Bei den beiden Bruchstücken aus dem Hort von Planig (Liste 14 Nr. 18, 19) ist die Ansprache als Halsringe nicht völlig gesichert; es könnten auch Bruchstücke eines Armringes sein. Im Hortfund von Wiesbaden (Liste 14 Nr. 13) war der Halsring fragmentiert und (zu einem Armring?) zusammengebogen, wie dies schon für das Gundersheimer Stück festgehalten wurde.

Die beiden tordierten Halsringe aus dem Hort von Bad Homburg (Liste 14 Nr. 10, 11) stellte U. Wels-Weyrauch formal vergleichbaren Stücken der Stufe Bz D und Ha an die Seite; für den dritten tordierten Ring mit Ösenenden (Liste 14 Nr. 12) ist beim derzeitigen Forschungsstand keine sichere chronologische Bestimmung möglich. Denkbar ist eine älterurnenfelderzeitliche Datierung, aber auch eine Zuweisung in die jüngere Urnenfelderzeit, wie Parallelen in der Schweiz und Südostfrankreich andeuten[7]. Tordierte Halsringe sind auch aus einer Reihe spätbronzezeitlicher Hortfunde Nordosteuropas bekannt geworden[8]. Eine neuere Verbreitungskarte[9] legt die Vermutung nahe, daß es sich bei den Halsringfunden im Arbeitsgebiet, wie auch in Belgien und den britischen Inseln um Abstrahlungsprodukte ostmitteleuropäischen Einflusses handelt.

Für die beiden Halsringe mit leicht verdickten Enden aus dem Hort von Haimbach sind bislang keine Parallelen bekannt.

Mit Ausnahme der Hortes von Planig sind Halsringe in Depotfunden mit einem quantitativen Anteil von höchstens 5% vertreten, wobei weiter zu berücksichtigen ist, daß sie überhaupt nur in fünf Horten des Rhein-Main-Gebietes vertreten sind. Ein vergleichbares Bild bieten die schweizerischen und französischen Horte. W.A. v. Brunn wies darauf hin, daß die Halsringbeigabe in Horten als wesentliches Unterscheidungsmerkmal gegenüber den nordosteuropäischen Horten der Spätbronzezeit gelten kann[10]. Im Westen erscheinen sie nach v. Brunn durch Armringe substituiert. Ergänzend zu den Deponierungsnormen von Halsringen sei in diesem Zusammenhang auf die Beobachtungen T. Malinowskis[11] zu den lausitzischen Zwillingshalsringen hingewiesen; während sie in Gräbern eine gewisse regionale Konzentration beschreiben, liegen die Horte meist weit abseits dieses Verbreitungsschwerpunktes.

Aus Flüssen sind im Arbeitsgebiet bislang keine Halsringe bekannt geworden; allein aus dem Rhein stammen zwei frühbronzezeitliche Ösenringe[12]. Hingegen lassen sich im östlichen Mitteleuropa einige urnenfelderzeitliche Halsringe aus Flüssen namhaft machen[13].

---

6 Halsringe in bayerischen Hortfunden der älteren Urnenfelderzeit: Unterharthof, Ldkr. Straubing (Bayer. Vorgeschbl. 24, 1959, 212 Abb. 18); Feldkirchen (Müller-Karpe, Chronologie Taf. 147 B, 6); Dachau (ebd. Taf. 146 C, 2).

7 Bénévent-en-Champsaur, Dép. Hautes Alpes, Depot: F. Audouze u. J.-C. Courtois, Les Epingles du Sud Est de la France. PBF XIII,1 (1970) Taf. 21, 3; Sion, Kt. Valais, Körpergrab: Betzler, Fibeln Taf. 89 A.

8 W.A. v.Brunn, Ber. RGK 61, 1980, 91ff. (mit weiteren Literaturhinweisen); T. Capelle, Acta Arch. 38, 1967, 209ff.

9 F. Vermeeren, Ann. Soc. Arch. Namur 63, 1984, 133ff. Abb. 5.

10 v. Brunn a.a.O.

11 T. Malinowski, Prähist. Zeitschr. 59, 1984, 236f. Abb. 4; vgl. auch M. Novotná, Halsringe und Diademe in der Slowakei. PBF XI,4 (1984) 45ff.

12 Wegner, Flußfunde 156 Nr. 646. Vgl. auch R.A. Maier, Germania 54, 1976, 199ff.

13 Aus der Elbe: E. Plesl, Die Lausitzer Kultur in Nordwestböhmen (1961) Taf. 55, 3. 4; H. Lies, Jahresschr. Halle 47, 1963, 101ff. Abb. 6 c, e, f. Vermutlich aus der Rusava bei Pravcice, okr. Kroměříž: V. Podborský, Mähren in der Spätbronzezeit und an der Schwelle zur Eisenzeit (1970) 29 Taf. 32, 1-11.

Gürtelschmuck

Der bronzene Gürtelhaken - in der bayerischen und österreichischen Urnenfelderkultur beliebt - findet im Arbeitsgebiet kaum archäologischen Niederschlag, wie die großräumige Behandlung des Fundgutes durch I. Kilian-Dirlmeier deutlich zeigt[1]. Auch für die mittlere Bronzezeit können für das Arbeitsgebiet nur wenige Gürtel namhaft gemacht werden[2].

Auch bronzene Gürtelbestandteile lassen regelhafte Deponierungsmuster erkennen, was demnächst in einer geographisch ausgreifenden Studie gezeigt werden soll.

Ein lanzettförmiger Gürtelhaken aus dem Hortfund von Mainz (aus dem Rhein) ist in die Stufe Bf I (Bz D) zu datieren und gehört zu jenen ost- und mittelfranzösischen Bronzegegenständen, die in der frühen Urnenfelderzeit im Arbeitsgebiet relativ zahlreich vertreten sind und zu böhmischen Fundorten vermitteln[3]. Das Hauptverbreitungsgebiet dieser Gürtelhaken liegt im östlichen Mittelfrankreich, wo sie ausnahmslos aus Gräbern bekannt geworden sind[4], obwohl zeitgleiche Hortfunde aus dieser Region durchaus zur Verfügung stehen[5]. An der Peripherie der durch die Gräber angezeigten Konzentration kennt man sie nur aus Horten; zeitgleiche, reich mit Bronzebeigaben ausgestattete Gräber der Stufe Bz D sind im Arbeitsgebiet zahlreich vertreten.

Ihrer formalen und technischen Gestaltung nach lassen sich die späturnenfelderzeitlichen Gürtelhaken des Typus Mörigen, wie er sich in einem Exemplar im Hortfund von Bad Homburg (Ferdinandsplatz) erhalten hat, aus den älteren lanzettförmigen Gürteln zwar verstehen, doch fehlen einstweilen chronologisch lückenlose und regional stabile Reihen. Die Mörigen-Gürtel greifen in ihrer Verbreitung über das Ostfranzösische Gebiet aus und finden sich zwischen Charente und Rhein-Main-Gebiet - ein bretonischer Fund ist ganz isoliert[6] - fast ausnahmslos in Hortfunden und Seerandsiedlungen[7]. Grabfunde sind nur von Thonon-les-Bains am Genfer See und Verzé, Dép. Saône-et-Loire[8] bekannt. Dagegen scheinen die vielleicht etwas älteren verwandten Gürtel des Larnaud-Typus eng auf Südostfrankreich beschränkt zu sein.

Ein verziertes Blech aus dem Hortfund von Stadt Allendorf wurde als Gürtelblech[9], vermutungshalber auch als Fibelplatte angesprochen[10]. O. Uenze hatte bereits auf die Mischung verschiedener Einflüsse für die Gestaltung des Gürtelblechs hingewiesen, vor allem kommen Inspirationen des Nordischen Kreises für den Dekor, allgemein die Urnenfelderkultur für die Blechtechnik und "einheimisches" (nordwesthessisch-westfälisches) für die Form selbst in Betracht[11].

---

1 Kilian-Dirlmeier, Gürtel.

2 Ebd. 38 Nr. 49. 53; 99, 396.

3 Vgl. Ausführungen im Kap. II. zu Rosnoënschwertern und Rasiermessern des Typus Stadecken. Kilian-Dirlmeier, Gürtel 75. Kubach, Arch. Korrbl. 3, 1973, 299ff.

4 Zu den französischen Gürteln vgl. F. Audouze, Gallia Préhist. 17, 1974, 219ff.; Kilian-Dirlmeier, Gürtel 73 Nr. 255-270, Taf. 22, 255-270); eine quellenspezifische Verbreitungskarte bietet W. Kubach, Arch. Korrbl. 3, 1973, 302 Abb. 3.

5 Vgl. C. u. D. Mordant, J.-C. Pramport, Le dépôt de bronze de Villethierry (Yonne) (1976).

6 Briard, Dépôts 53ff. Abb. 4, 38.

7 Eine Steingußform aus einer Seerandsiedlung am Lac du Bourget, Dép. Savoie (J. Briard, u.a., Antiquités Nationales 14/15, 1982/83, 46 Abb. 9,7).- Mörigengürtel: "Luxemburg" (R. Waringo, Arch. Korrbl. 15, 1985, 38 Abb. 3, 14; ders., Hémecht 36, 1984, 96ff. Abb. 1). Zwei fragmentierte Exemplare aus Fleury-sur-Ouche, Dép. Côte d'Or im Berliner Museum für Vor- und Frühgeschichte (dazu: Verf. in: S. Gerloff, S. Hansen, F. Oehler, Die bronzezeitlichen Funde aus Frankreich im Museum für Vor- und Frühgeschichte zu Berlin, Druck in Vorb.).

8 Kilian-Dirlmeier, Gürtel 80 Nr. 309. 316. Der Grabfund von Verzé leitet sicher schon in die Hallstattzeit über. Kilian-Dirlmeier schlug aufgrund der Tremolierstichverzierung auf diesem Gürtel eine entsprechende Datierung vor. Formal steht der Gürtelhaken zwischen den klassischen Mörigengürteln und einem glatten Haken aus einer Körperbestattung von Raron, Kt. Wallis (ebd. 82 Nr. 317), dessen frühhallstättische Datierung durch einen Grabfund von Soyria, Dép. Jura (L. Caix et al., Revue Arch. Est et Centre-Est 31, 1980, 137ff. Abb. 11) bestätigt wird. Hierhin gehören auch Gürtel von Lesmenils, Dép. Meurthe-et-Moselle, Grabfund (Gallia Préhist. 22, 1979, 592, Abb. 7, 7) und Brion, Dép. Indre (Buchsenschutz et al., Bull. Soc. Préhist. France 76, 1979, 408ff. Abb. 7, 2). Der Grabfund von Soyria belegt die Kombination von Gürtelhaken und rechteckigen Blechbeschlägen, wie sie auch für die urnenfelderzeitlichen Exemplare zu vermuten ist (Kilian-Dirlmeier, Gürtel 83ff.; M. Mariën, Helinium 22, 1982, 40ff.; R. Waringo, Hémecht 36, 1984, 99 Abb. 3 [Rekonstruktionsversuch]).

9 Kilian-Dirlmeier, Gürtel 98f.

10 Ebd. Die Ähnlichkeit zu Fibeln, z.B. einem einem Stück von Geissenau, Kr. Goldberg (Alt-Schlesien 6, 1936, 151 Abb. 80) ist groß. Ein Zusammenhang zwischen dem Allendorfer Blech und diesen Fibeln scheint auf der Hand zu liegen, auch wenn das Allendorfer Exemplar als Gürtelblech fungiert haben sollte. Die Rekonstruktion der Blechfragmente im Mus. Marburg und in den verschiedenen Abbildungen in der Literatur vermag nicht zu überzeugen. Vielleicht handelt es sich um kleinere Fragmente eines zweiten Bleches.

11 O. Uenze, Prähist. Zeitschr. 34-35, 1949-50, 210ff.

Was die Deponierungsformen für Gürtel anbelangt, so sind anhand des geringen Fundbestandes im Arbeitsgebiet Aussagen nur begrenzt möglich. In wenigen Fällen nur sind Gürtelhaken oder -bleche Bestandteile von Horten[12]; in Flüssen fehlen sie vollständig. Bei weitem überwiegt das Grab als Deponierungsort für diese Trachtbestandteile und damit auch für die Gürtel; dabei ist bemerkenswert, daß das Arbeitsgebiet sich gegenüber dem übrigen Süddeutschland[13] durch das weitgehende Fehlen bronzener Gürtelschließen, sei dies durch Trachtsitte oder aber durch die Beigabenauswahl bedingt, unterscheidet. Möglich ist, daß im Arbeitsgebiet bronzene Ringketten, die wahrscheinlich um die Hüfte getragen wurden, als Ersatz anzusehen sind[14]. Als Substitut für die im übrigen Süddeutschland gebräuchlichen Schließen mit Schauqualität kommen des weiteren Phaleren in Betracht.

Anhänger

Die bronzenen Anhänger des Arbeitsgebietes wurden durch U. Wels-Weyrauch zusammen mit dem übrigen südwestdeutschen Fundmaterial behandelt[1]. G. Kossack hatte 1954 eine erste Synthese zum "Symbolgut" der Urnenfelder- und Hallstattzeit, zu dem auch die Anhänger gerechnet werden, vorgelegt[2]; es besteht kein Zweifel, daß eine Neuuntersuchung dieses umfangreichen Komplexes wünschenswert wäre. Insbesondere dürfte eine weiträumig angelegte quellenkritische Würdigung des Fundstoffes neue Ergebnisse erbringen.

Anhänger sind im Arbeitsgebiet aus allen Quellengattungen bekannt geworden. Ein lanzettförmiger Anhänger stammt aus dem Rhein bei Mainz; ein zweites Exemplar wurde in einem Kindergrab bei Offenbach-Rumpenheim gefunden[3]. Weitere süddeutsche Exemplare stammen aus einem versumpften Niederungsgebiet bei Malsch, Kr. Karlsruhe[4]; einzeln deponiert dürfte der Kettenschmuck von der Ruine Hohenneuffen bei Neuffen, Kr. Eßlingen[5] worden sein. Die bislang vorliegenden Zusammenstellungen der lanzettförmigen Anhänger zeigen, daß sie im westlichen Mitteleuropa erstaunlich häufig aus Flüssen und Feuchtbodenmilieu bekannt geworden sind, während sie im östlichen und südöstlichen Teil Europas vorwiegend in Horten, aber auch in Gräbern belegt sind[6]. Bei den im Hort von Weinheim-Nächstenbach gefundenen Anhängern handelt es sich um aus Blech geschnittene stilisierte anthropomorphe Darstellungen (einer männlichen und einer weiblichen Figur ?). U. Wels-Weyrauch[7] verwies bei der Besprechung dieser Stücke auf die Anhänger an einer Wellennadel aus

---

12 Regionale Schwerpunkte ergeben sich für die Deponierung von Gürteln im Hort nicht. Beispiele: Stredokluky, Böhmen (Kilian-Dirlmeier 54 Nr. 138); Linz-Freinberg, Ober-Österreich (ebd. 55 Nr. 140); Winklsaß, Bayern (ebd. 59 Nr. 166); Trencianské Bohuslavice, Slowakei (ebd 64 Nr. 188); Maškovice, Böhmen (ebd. Nr. 189); Janíky, Slowakei (ebd 67 Nr. 206-207); Tiszaszentimre, Ungarn (ebd. 67 Nr. 216); Románd, Ungarn (ebd. 68 Nr. 220-221).

13 Zu den südwestdeutsch-schweizerischen Funden der frühen Urnenfelderzeit vgl. Beck, Beiträge.

14 Ringkettenschmuck ist für das Arbeitsgebiet seit der späten Hügelgräberbronzezeit belegt und wird bis in die späte Urnenfelderzeit hinein getragen. Im frühurnenfelderzeitlichen Depot von Nieder-Flörsheim mit eingehängten kleinen Brillenspiralen (Richter, Arm- und Beinschmuck Taf. 84, 16-21). Eine Ringkette aus einem Ha B1-zeitlichen Grab von Mainz Bretzenheim (Eggert, Urnenfelderkultur 46 Taf. 8 D, 4); Neuffen, Kr. Eßlingen (Wels-Weyrauch, Anhänger 115 Nr. 663 Taf. 103D); als Vergleich kommen auch die reichen Blechgürtel Frankreichs in Betracht. Weitere Belege Kimmig, Urnenfelderkultur 114.

---

1 Wels-Weyrauch, Anhänger.

2 G. Kossack, Studien zum Symbolgut der Urnenfelder- und Hallstattzeit Mitteleuropas. Röm. Germ. Forsch. 20 (1954).

3 W. Kubach, I. Kubach-Richter, Fundber. Hessen 14, 1974, 129ff.

4 Wels-Weyrauch, Anhänger 114f. Nr. 662 Taf. 39, 662.

5 Ebd. 115 Nr. 663 Taf. 39, 663.

6 Inwiefern diese Deponierungskoinzidenz zu den Schwertern als Bestätigung für die von Kossack, Symbolgut 18, vermutete Herleitung der Anhängerform von den Dolchen aufgefaßt werden darf, bleibe vorerst dahingestellt.

7 Wels-Weyrauch, Anhänger 121.

Eßlingen[8]. Vier neugefundene Anhänger aus einem spätumenfelderzeitlichen Brandgrab von Raunheim[9] stellen nun die nächsten Parallelen[10] zu den Weinheimer Stücken dar. Für einen zweiten anthropomorphen Anhänger aus dem Hort von Dornholzhausen ist bereits auf eine Parallele aus der Seerandsiedlung von Auvernier[11] hingewiesen worden; eine neuerdings bekannt gewordene Parallele stammt aus einem Hortfund vom Bullenheimer Berg[12]; dort waren zwei Anhänger an einer Phalere befestigt.

Acht spatelförmige Anhänger dienten als Klapperbleche an einem gabelförmigen Klappergerät, das U. Schaaff[13] unlängst als Sistrum angesprochen hat.

Ringscheibenanhänger gehören zu mehreren Depotinventaren des Arbeitsgebiets, nämlich von Mannheim-Wallstadt, Ockstadt und Gambach[14]. Formale Ähnlichkeiten verbinden diese Anhänger einerseits mit den sog. Tintinnabula (vgl. Kap. II [Pferd und Wagen]), andererseits mit rasiermesserförmigen Anhängern[15]. Ringscheibenanhänger sind beinahe ausschließlich aus Horten und den Seerandsiedlungen bekannt geworden und weisen eine strikt west-mitteleuropäische Verbreitung auf[16].

Von den kleinen rasiermesserförmigen Anhängern aus dem Hortfund von Stadt-Allendorf ist es formal nicht weit zu einem Anhänger aus dem Rhein bei Bingerbrück, dem zweiten aus einem Fluß stammenden Anhänger im Arbeitsgebiet, der von Wels-Weyrauch als "schwalbenschwanzförmiger Anhänger" angesprochen wurde[17]. Stücke dieser Form wurden in Südwestdeutschland in Gräbern, Siedlungen und als vermutliche Einzeldeponierung gefunden. Im Grabfund von Mainz-Bretzenheim waren die mit konzentrischer Halbkreiszier versehenen Anhänger in ein sog. "Mittelstück"[18] eingehängt und an einer Bronzeblechkette befestigt.

Schwalbenschwanzförmig sind auch jene Anhänger, die zu einer Wellenbügelfibel aus dem Main bei Frankfurt gehören[19], denen zwei Exemplare aus der "Umgebung Mainz" und eines aus einem Brandgrab von Lampertheim[20] anzuschließen sind.

Der halbkreisförmige Anhänger von der Ringwallanlage Bleibeskopf bei Bad Homburg findet seine nächsten Parallelen in Depotfunden Nordfrankreichs[21].

Schließlich sind die sog. Brillenspiralen im Zusammenhang mit den Anhängern zu behandeln. Sie stehen in mittelbronzezeitlicher Tradition und werden bis zum Beginn der Urnenfelderzeit hergestellt[22]. Nach Ausweis der Fundlage in Gräbern wurden die kleinen Spiralanhänger vorzugsweise im Hüftbereich getragen, vermutlich an einer Blechkette, oder direkt auf einer Schürze o.ä. aufgenäht; andere Verwendungsweisen sind nicht auszuschließen[23]. Die kleinen Anhänger kennt man - zumeist paarweise - aus Gräbern und Horten der Stufe Bz D. Sie dürften vorwiegend dem Frauenschmuck zuzurechnen sein[24]. So finden sie sich beispielsweise in den Gräbern von Ober-Olm, Wölfersheim und Stockstadt mit einer oder zwei Nadeln, diversem Armschmuck und Perlen vergesellschaftet. In den Horten von Nieder-Flörsheim und Ludwigshöhe sowie Niedernberg fanden sich ebenfalls Brillenspiralen; während die Ausstattungen der beiden

---

[8] Müller-Karpe, Chronologie 289 Taf. 159 C.

[9] S. Flettner, Arch. Korrbl. 19, 1989, 55 Abb. 2 A-D.

[10] Wie langlebig aber solche Anhänger sind, belegt ein Stück aus dem spätbronzezeitlichen Hortfund von Felsödobsza, Kom. Borsod-Abaúj-Zemplén: A. Mozsolics, Die Bronze- und Goldfunde im Karpatenbecken (1967) Taf. 47, 22.

[11] Dornholzhausen (Wels-Weyrauch, Anhänger 121 Nr. 720 Taf. 41,720); Auvernier (Jahrb. Schweiz. Ges. Urgesch. 4, 1912, 76 Abb. 20,16).

[12] Frankenland N.F. 34, 1982, 372f. Abb. 47.

[13] U. Schaaff, Jahrb. RGZM 31, 1984, 237ff.

[14] Vgl. Wels-Weyrauch, Anhänger 126f.

[15] Wels-Weyrauch, Anhänger 125ff.; Kossack, Symbolgut 96f.

[16] G. Jacob-Friesen, Acta Arch. 40, 1969, 136 Abb. 7 (Verbreitungskarte). Ähnlichkeiten bestehen allerdings mit kreisscheibenförmigen Anhängern aus Jugoslawien (die Form reicht sicher in die Eisenzeit hinein): Veliko Nabrde, Kr. Osijek, (Vinski-Gasparini, Horte 221 Taf. 44,18); Brodski Varoš, Kr. Slavonski Brod (ebd. 212 Taf. 56, 35); Pričac, Kr. Slavonski Brod (ebd. 217 Taf. 71,1).

[17] Wels-Weyrauch, Anhänger 118 Nr. 685.

[18] Wels-Weyrauch, Anhänger 118 Nr. 687-689 Taf. 40, 687-689. Ein weiteres im Hortfund von Hochstadt (ebd. 130 Nr. 764 Taf. 46, 764). Zu Mittelstücken: Kossack, Symbolgut 98f.

[19] Vgl. Kossack, Symbolgut 93f.; Wels-Weyrauch, Anhänger 116f. Nr. 672-677 ("Dreiecksanhänger"); G. Gallay, Vorgeschichtlicher Schmuck aus Mitteleuropa im Frankfurter Museum für Vor- und Frühgeschichte. Auswahlkatalog (1987) 64f. mit Abb.

[20] Wels-Weyrauch, Anhänger 117 Nr. 678-680.

[21] Verbreitungskarte und Liste bei A. Jockenhövel in Festschr. v. Brunn (1981) 133 Abb. 1; 144.

[22] Dies gilt freilich nur für das Arbeitsgebiet. Vgl. zusammenfassend Wels-Weyrauch, Anhänger 77ff. und W. Kubach und I. Kubach-Richter, a.a.O. (Anm. 3) 22f.

[23] Brillenspiralen z.B. an einem etruskischen Dreifuß (Greek and Roman Metalware. Ausstellungskatalog Walters Art Gallery, Baltimore, Maryland [1976] Nr. 1) und einer Situla aus Vulci (ebd. Nr. 4).

[24] Wels-Weyrauch, Anhänger 79.

erstgenannten Depots sich vorzüglich mit den entsprechenden Gräberinventaren vergleichen lassen, überwiegen in Niedernberg Werkzeuge und Gerät.
Auffällig ist neben den Ausstattungskoinzidenzen Bz D-zeitlicher Gräber und Horte im Arbeitsgebiet auch die Tatsache, daß große Brillenspiralen bislang ausschließlich aus Horten bekannt geworden sind[25].
Die hier behandelten Anhänger können beim gegenwärtigen Stand der Forschung nur als Schmuckstücke bezeichnet werden. Reine Votiv-Anhänger, also solche, die speziell zur Weihung hergestellt wurden, können nicht nachgewiesen werden. Für die meisten Formen ist die Zugehörigkeit zur Tracht durch Grabfunde gesichert. Daß bei vielen Anhängerformen symbolische Ausdrucksformen mitschwingen, wird andererseits kaum bezweifelt werden wollen[26]. Die knappen Ausführungen zu den im Arbeitsgebiet vertretenen Anhängerformen sollten jedoch den nahezu nahtlosen formalen Übergang der einen Form in eine andere verdeutlichen. Von einer strikten Typenfestlegung kann bei den urnenfelderzeitlichen Anhängern nicht gesprochen werden. Dies deutet darauf hin, daß mit einer Mehrdeutigkeit der Amulette zu rechnen ist[27]. Motivische Festlegungen wie Sonne, Mond, Vogel, Lanzette, Dreieck etc.[28] sind anhand des Materials nicht in gewünschter Weise durchzuführen; in ihrer Allgemeinheit sind sie darüberhinaus auch wenig aussagekräftig[29].

Anderer Schmuck

Unter den sonstigen Schmuckformen, die nur in geringer Zahl im Fundgut des Arbeitsgebietes vertreten sind, ist besonders das Fragment eines Bronzebeckens aus dem Hortfund von Dossenheim hervorzuheben. O. Höckmann beurteilte es als lokale Imitation nordischer Vorbilder. Grundsätzlich sei zwar das Fragment schwedischen oder mitteldeutschen Funden ähnlich, wie sich an der Zierrippe in halber Höhe des Halses zeigen lasse, doch spreche die Wandstärkenschwankung zwischen 0,9mm und 2mm und die nicht parallele Führung der Halsrippen in Bezug zum Rand, verstanden als "Achtlosigkeit des Gießers", gegen ein echtes nordisches Produkt[1].

"Faleren"[2] sind in allen Quellengattungen des Arbeitsgebietes vertreten; am häufigsten finden sie sich jedoch in Horten, in Flüssen hingegen nur sehr selten[3]. Die formale Vielfalt der Faleren ist beträchtlich und man wird für sie auch unterschiedliche Verwendungsweisen in Erwägung zu ziehen haben. Allein die Grabfunde können, sofern die Beigaben geordnet niedergelegt wurden, über die Verwendung von Zierscheiben Auskunft geben. Die landläufige Ansprache solcher Scheiben als Pferdeschmuck steht in deutlichem Widerspruch zur tatsächlichen Zahl von Grabfunden, die eine solche Überlegung bestätigen könnten. P. Schauer[4] erwog, daß manche Scheiben auf Lederharnischen befestigt waren, wofür die Verzierung von Kompositpanzern und figürliche Darstellungen die besten Argumente darstellen.
Daß man sich einige Scheiben auch als Teile von Ledergürteln vorzustellen haben wird, könnten die Verzierungen auf manchen Cinturoni andeuten[5].

---

25 Große Brillenspiralen finden sich des öfteren alleine oder mit Beinbergen vergesellschaftet. Bayreuth-Saas: 2 Beinbergen, 4 Brillenspiralen (Müller-Karpe, Chronologie Taf. 159 A); Heglau- Dürrnhof, Kr. Ansbach: 1 Beinberge, 3 Brillenpiralen (ebd. 289 Taf. 160A); Eitting, Kr. Straubing (Stein, Horte Nr. 313 Taf. 96); Großenweingarten-Wasserzell, Kr. Roth b. Nürnberg (ebd. 145 Nr. 333); Tauberbischofsheim, Main-Tauber-Kreis: 6 Brillenspiralen (L. Wamser, Fundber. Baden-Württemberg 9, 1984, 23ff.).

26 Vgl. die Ausführungen zu Rasiermessern und Kammanhängern in Kap.II. mit ausführlichen Anmerkungen.

27 Strukturell dürfte diese Mehrdeutigkeit mit jener mythischer Stoffe vergleichbar sein, deren einzelne Stränge jeweils mehrere Bedeutungskomplexe verbinden. Ein gutes Beispiel ist in der griechischen Mythologie der durch Literatur und Darstellungen erschließbare Zusammenhang zwischen Potnia Theron, Gorgo und Artemis.

28 Vgl. in diesem Sinne H. Müller-Karpe, Jahresber. Inst. Vorgesch. Univ. Frankfurt 1978-79, 23.

29 Vgl. Kossack, Symbolgut 5 Anm.2.

---

1 O. Höckmann, Germania 51, 1973, 430 Abb.2. Zur Verwendung als Aufbewahrungsbehältnis für Schmuck, aber auch "Zaubergerätschaften" vgl. F. Just, Jahrb. Bodendenkmalpfl. Mecklenburg 1968, 195ff.

2 G. v. Merhart, Jahrb. RGZM 3, 1956, 28ff.

3 Vgl. Wegner, Flußfunde 152 Nr. 592, 593 Taf. 72, 6.5; 164 Nr. 792 Taf. 72,4).

4 P. Schauer, Arch. Korrbl. 12, 1982, 335ff.

5 Z.B. die Scheibe von Hochborn (G. v. Merhart, Jahrb. RGZM 3, 1956, Abb. 11,14), deren Muster sich auf dem Gürtel aus Bologna Benacci Grab 543 (G. Kossack, Prähist. Zeitschr. 34/35, 1949/50, 136 Taf. 2,4) findet.

Pferdegeschirrbronzen

Die eindeutige Identifizierung von Bestandteilen des Pferdegeschirrs ist aufgrund der Quellenlage nicht immer einfach; allein die Anordnung im Grabe ließe zu den nachgewiesenen Bestandteilen - besonders Knebel und Gebißstücke - weitere Identifizierungen zu. Die Vergesellschaftung anderer Typen, besonders Phaleren, Tintinnabula und "Vasenkopfröhren" mit sicheren Bestandteilen des Pferdegeschirrs kann nicht als Argument für eine entsprechende Verwendung dieser Typen herangezogen werden. Zu diskutieren sind also besonders jene Funde, deren Ansprache als Bestandteil des Pferdegeschirrs außer Frage steht.

Zunächst sind die Trensenmittelstücke zu nennen. Sie erscheinen in glatter oder tordierter Form. Erstere finden sich in dem Bz D-zeitlichen Hortfund von Niedernberg (Liste 18 Nr. 2) in paariger Zusammenstellung, ein Einzelstück aus dem Main bei Frankfurt. Die tordierten Exemplare sind aus dem späturnenfelderzeitlichen Hortfund von Hanau (Liste 18 Nr. 3a-c) überliefert. C.J. Balkwill[1] hat die west- und mitteleuropäischen Trensenfunde typologisch gegliedert und in ihrer zeitlichen Einordnung bestimmt. Demnach gehören die Niedernberger Mundstücke zur Gruppe 1, die vorwiegend in die Stufe Bz D zu datieren ist, während die tordierten Gebisse (Balkwill Gruppe 2) auf die späte Urnenfelderzeit beschränkt sind[2]. Schwer zu beurteilen ist der Fundausfall für die Stufen Ha A-B1, wobei in erster Linie an eine Selektion durch Deponierungsnormen zu denken ist, die im übrigen mit den Wagenfunden der Urnenfelderzeit weitgehend parallelisiert werden kann. Ob darüberhinaus die Ausschließlichkeit der Datierung glatter bzw. tordierter Trensen aufrecht erhalten werden kann, müssen Neufunde zeigen.

Daß bronzene Gebißstücke wohl kaum zum geläufigen Inventar des Pferdegeschirrs gehört haben dürften, hat H.-G. Hüttel herausgearbeitet[3]; sie besitzen nämlich funktionale Nachteile: Starre Gebisse erlauben eine weniger sichere Führung des Pferdes als bewegliche Gebisse.

Die urnenfelderzeitlichen Knebel sind chronologisch und chorologisch nicht eng zu bestimmen. Formen, die in älterurnenfelderzeitlichen Hortfunden Südosteuropas erscheinen, sind in der jüngeren Urnenfelderzeit aus Depots des westlichen Mitteleuropa belegt. Der bronzene Knebel aus dem Hortfund von Ockstadt (Liste 18 Nr. 5) ist verwandt mit Stücken aus Schweizer Seeufersiedlungen[4]. Ein einfacher Knebel aus dem Hort von Hanau (Liste 18 Nr. 3b) findet Entsprechungen im Hort von Saarlouis[5] und in der Schweizer Seerandsiedlung Corcelettes, wo er mit einer tordierten Trense verbunden ist[6].

Einige Gegenstände aus Gräbern und Horten können durch einen hallstattzeitlichen Neufund nun relativ sicher als Bestandteile des Pferdegeschirrs identifiziert werden. Aus einem Grab in Hügel 114 von Szazhalombatta, Kom. Pest stammt nämlich eine Trense, die aus zwei Eberhauern gebildet wird. An ihren Innenseiten sind drei (freischwingende) Zwingen eingelassen, in die wiederum Ringe eingehängt sind, von denen der mittlere ein zweiteiliges Gebißstück hält. Beide Eberhauer sind an ihren Breitenden in Metallspulen gefaßt[7]. Für zwei Eberhauer aus dem Steinkistengrab von Niederwalluf (Liste 18 Nr. 1), das in die ältere Urnenfelderzeit zu datieren ist, liegt somit eine gleichartige Verwendung nahe. Im gleichen Grab fanden sich zwei bronzene Bügelschlaufen, für die ich Stücke aus den rumänischen Horten von Ungureni (II)[8] und Sant, Jud. Bistriţa-Năsăud[9] als Parallelen in Anspruch nehme. In diesem Zusammenhang ist auch an die aus Horten des Karpfenzungenhorizontes Westfrankreichs und auch aus Frankfurt-Heddernheim bekannten "bugleshaped objects"[10] zu erinnern. Die Eberzahnform wird auch in Metall ausgebildet, wie

---

1 C.J. Balkwill, Proc. Prehist. Soc. 39, 1973, 425ff.

2 Süddeutsche Horte: Friedingen, Kr. Tuttlingen (Zürn/Schiek, Sammlung Edelmann Taf. 10,7-8); Wallerfangen, Kr. Saarlouis (Kibbert, Beile Taf. 97,10-11).

3 H.-G. Hüttel, Bronzezeitliche Trensen in Mittel- und Osteuropa. PBF XVI, 2 (1981) 181.

---

4 Mörigen: V. Groß, Les Protohelvètes (1883) Taf. 24.

5 Kolling, Späte Bronzezeit Taf. 50,12.

6 Groß a.a.O. (Anm 4) Taf. 24,17.

7 A. Holport, Studia Comitatensia 17, 1985, 74 Abb. 6.

8 Petrescu-Dîmbovita, Sicheln 135 Nr. 184A Taf. 139,10.

9 A. Vulpe, Die Äxte und Beile in Rumänien I. PBF IX, 2 (1970) 58 Nr. 249 Taf. 79 A 12-13.

10 Liste und Verbreitungskarte bei A. Jockenhövel, Arch. Korrbl. 2, 1972, 106f. Abb. 3.(in Frankreich und England fast ausschließlich aus Hortfunden bekannt).

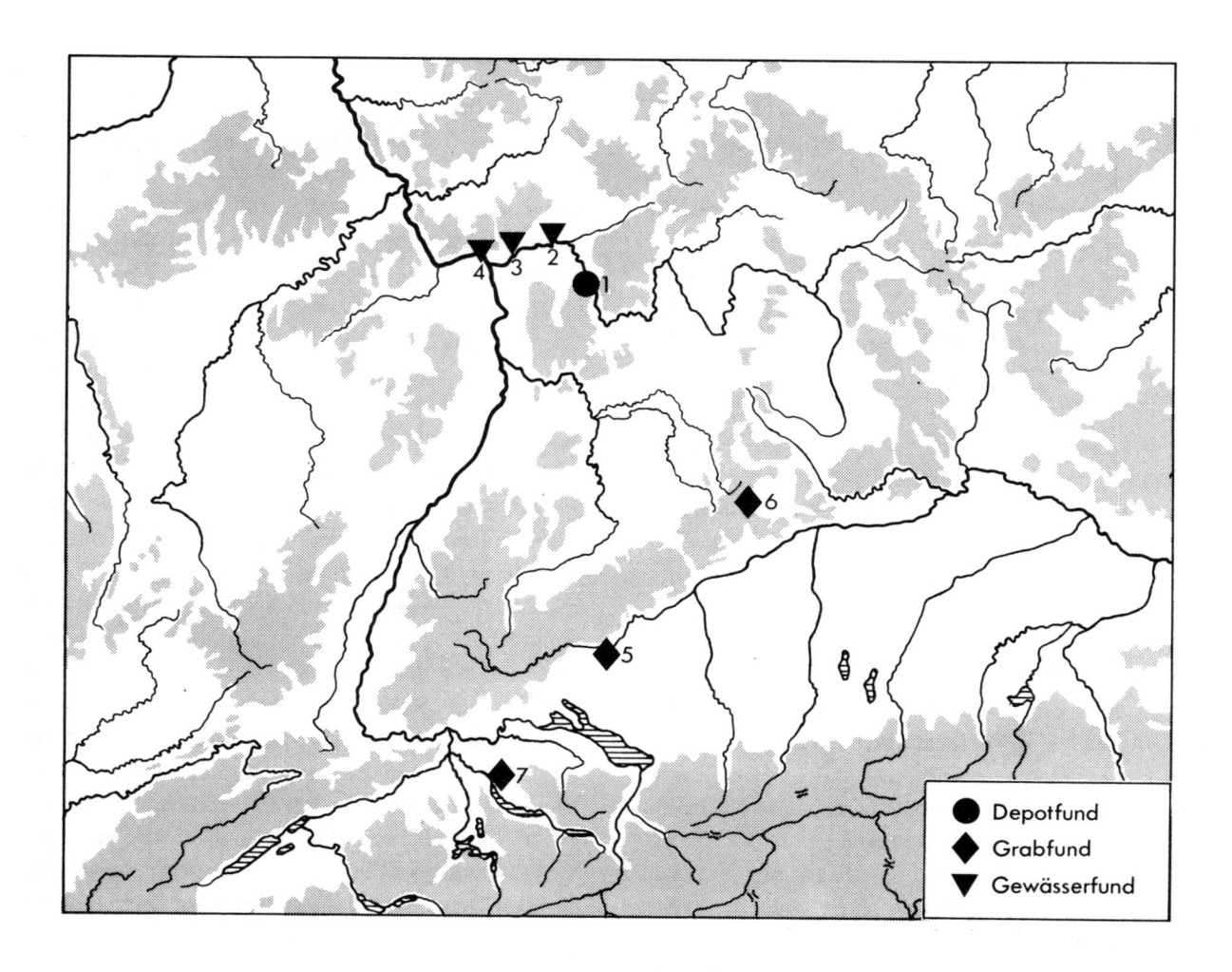

Abb. 45 Verbreitung glatter Trensenmittelstücke (nach Quellen)

● Depotfund
◆ Grabfund
▼ Gewässerfund

ein Stück von Batina zeigt[11]. Wie andere süddeutsche Funde mit Eberhauern zu beurteilen sind, sei vorerst dahingestellt[12]. Am ehesten wäre eine gleichartige Verwendung für die Stücke aus dem späturnenfelderzeitlichen Grab von Mauern, Ldkr. Neuburg a.d. Donau in Betracht zu ziehen[13].
Dementsprechend können eine Zwinge mit eingehängten Ringlein und ein weiteres Blechstück mit eingehängtem Ring und einfachem Stangenknebel aus dem Hortfund von Hanau (Liste 18 Nr. 3g) als Bestandteile einer oder mehrerer Komposittrensen interpretiert werden. Die beiden gerippten Manschetten (Liste 18 Nr. 3d-e) aus demselben Hort spreche ich als Abschlußhülsen einer solchen Trense an.
Im Hortfund von Hanau sind die Trensen absichtlich zerstört worden; in einem Fall passen die Fragmente aneinander.
Flußfunde sind bei Pferdegeschirrteilen relativ häufig vertreten. Im Gegensatz zu nordostmitteleuropäischen Horten desselben Zeithorizontes[14] können Pferdegeschirrbronzen in den Horten des Arbeitsgebietes nur als "Spurenelemente" bezeichnet werden.
Drei glatte Trensenmittelstücke stammen aus dem Main und dem Rhein bei Mainz (Liste 18 Nr. 6-7, 9).

---

[11] S. Gallus, T. Horváth, Un peuple cavalier préscythique en Hongrie (1939) Taf. 8,4.

[12] Heilbronn, zweifach durchbohrter Eberzahn (Fundber. Schwaben N.F. 14, 1957, Taf. 15 B5). Sicher zum Pferdegeschirr gehören Eberhauer aus der hallstattzeitlichen Nekropole von Chavéria, Dép. Jura (P. Buvor, D. Vuillat, Bull. Soc. Préhist. France 81, 1984, 157ff. Abb. 2).

[13] Mauern (M. Eckstein, Germania 41, 1963, 88ff. Abb. 1,5). Möglich auch Altensittenbach, Lkr. Hersbruck, Grab 3 (Hennig, Grab und Hort 119 Nr. 113 Taf. 48,7-8).

[14] Vgl. W.A. v. Brunn, Ber. RGK 61, 1980, 115ff.; 123ff.

Sie stellen damit die einzigen Belege für die Versenkung von Perdegeschirr in der Stufe Bz D in Süddeutschland dar. Alle übrigen stammen aus Gräbern[15] (vgl. Abb. 45).

Bei aller Vorsicht, die bei zeitlichen Verlängerungen bestimmter Fundphänomene geboten ist, sei in diesem Zusammenhang auf die ausführliche Behandlung einer frühkeltischen Prunktrense aus der Donau durch L. Pauli hingewiesen[16]; daß Zaumzeug in Böhmen und der Champagne aus Gräbern, ansonsten jedoch aus Flüssen und Horten bekannt geworden ist, deutet auch für die Latènezeit auf regional gebundene Deponierungssitten.

Einige relativ gut überschaubare Typengruppen, die mit dem Pferdegeschirr in Verbindung gebracht werden, waren wiederholt Gegenstand der Forschung. Als erstes sind in diesem Zusammenhang die sogenannten Vasenkopfröhren, die in den Horten von Mannheim-Wallstadt (2 Exemplare) und Bad Homburg (1 Exemplar) erhalten sind, zu nennen. Allgemein werden sie in der deutschen Forschung in Analogie zu vergleichbaren Röhren aus dem späthallstattzeitlichen Fürstinnengrab von Vix als Bestandteile des Wagenkastens gedeutet[17]; hingegen glaubt die französische Forschung seit J. Dechelette an eine Verwendung im Bereich des Pferdegeschirrs. Für die zweite Möglichkeit spricht der Befund aus einem hallstattzeitlichen Wagengrab von Helpfau-Uttendorf, wo Kugelkopftüllen vor dem Wagen bei den Trensen gefunden wurden[18].

Anzuführen sind auch die sog. Tintinnabula[19]. Die Funde des Arbeitsgebiets hat U. Wels-Weyrauch[20] behandelt. Ein vollständig erhaltenes Exemplar stammt aus einem am Mainufer gefundenen Depot(?) bei Frankfurt-Höchst und Fragmente aus den Depotfunden von Ockstadt, Bad Homburg[21] und Hochstadt. Eine Gußform, die vermutlich der Herstellung entsprechender Scheiben diente, stellt zusammen mit dem Klapperblech von Hochstadt den östlichsten Fundpunkt dieser vor allem im Saar-Mosel-Gebiet und (süd-)westlich der Loire verbreiteten Scheiben[22] dar.

Ebenfalls der Pferdeschirrung werden Ringgehänge zugerechnet, wie sie im Arbeitsgebiet aus den Depots von Gambach, Stadt-Allendorf und Haimberg bekannt geworden sind. Vergleichbare Ringegehänge sind aus Norddeutschland, Süddänemark und Böhmen bekannt, worauf schon F.-R. Herrmann[23] hinwies. Die Querschnitte dieser Ringe sind T-förmig; Ringe mit vergleichbaren Querschnitten, jedoch kleiner und nicht ineinander gegossen, stammen aus dem Hortfund von Mannheim-Wallstadt[24]. Ein Ringgehänge mit runden Querschnitten wurde aus dem Rhein bei Mainz[25] geborgen. Ein Ringgehänge mit dreieckigem Querschnitt kennt man schließlich aus dem Hortfund von Nieder-Olm[26], für das vor allem norddeutsche Parallelen namhaft gemacht werden können. Vermutlich gehören die hier angeführten Ringgehänge mehreren Verwendungsbereichen an. In ein Dreierringgehänge aus dem Depot von Plonéour-Lanvern, Dép. Finistère waren allerdings Anhänger ("rattle pendants") integriert[27], für die der Zusammenhang mit dem Pferdegeschirr hinreichend belegt erscheint[28].

Dem Pferdegeschirr sind des weiteren vermutlich eine Anzahl von Ring- oder Ankerknebeln[29] zuzuweisen, für die aber auch andere Funktionen in Frage kom-

---

15 1- Niedernberg (Liste 18 Nr. 2). 2- Hochheim (Liste 18 Nr. 7). 3- Frankfurt (Liste 18 Nr. 6). 4- Mainz (Liste 18 Nr. 9). 5- Mengen, Kr. Saulgau, Flachbrandgrab (Hüttel a.a.O. [Anm. 3] 127f. Nr. 170-173 Taf. 30 A6). 6- Königsbronn, Heidenheim a.d. Brenz (Ebd. 128 Nr. 182-183 Taf. 17, 182-183). 7- Burgwies-Hirslanden, Kt. Zürich, vermutlich Grab (Balkwill a.a.O. [Anm. 1] 426 Abb. 1,3).

16 L. Pauli, Germania 63, 1981, 459ff.

17 Zuletzt A. Jockenhövel in: Festschrift v. Brunn 138f. Dort auch eine Verbreitungskarte. Leicht abweichend eine Verbreitungskarte bei Coffyn et al., Vénat 232 Karte 22.

18 M. Egg, Jahrb. RGZM 32, 1985, 361ff.; ders. Jahrb. RGZM 33, 1986, 215ff.

19 Zur Bedeutungsvielfalt des Tintinnabulums vgl. Der Kleine Pauly Bd. 5, s.v. Tintinnabulum 858. In der deutschen Forschung sind sie auch als "Ringscheiben mit Stielösen" bezeichnet worden (vgl. A. Jockenhövel a.a.O. [Anm. 17] 132ff.).

20 Wels-Weyrauch, Anhänger 123ff.

21 Kibbert, Beile 88 Nr. 300 Taf. 92 A3.

22 Nach der bei Jockenhövel a.a.O. (Anm. 17) 137 Abb.5 gegebenen Verbreitungskarte besteht m.E. kein Grund, die Tintinnabula als "auffälligste Leitform des hessisch-mosel-saarländischen Gebietes" (ebd. 132) zu definieren.

23 Herrmann, Wetterauer Geschichtsblätter 16, 1967, 13; Thrane, Europaeiske forbindelser 125f.

24 Kimmig, Germania 19, 1935, Taf. 6, 1-5.

25 Wegner, Flußfunde Nr. 781 Taf. 72,1.

26 Richter, Arm- und Beinschmuck Taf. 92 C8.

27 R.-R. Giot, J. Briard, L. Pape, Protohistoire de la Bretagne (1979) 159 mit Abb.

28 Vgl. Thrane, Europaeiske forbindelser 123ff.; W. Lampe, Ückeritz, Ein jungbronzezeitlicher Hortfund von der Insel Usedom (1982) 31ff. Taf. 28.

29 Grundlegend: G. Kossack, Jahrb. RGZM 1, 1954, 111ff.

men[30]. Interessant ist die Verbreitung dieser überwiegend aus Horten, zuweilen auch von Höhensiedlungen bekannten Knebel[31], die sich vor allem in Hessen, Franken und der Oberpfalz konzentrieren. Einige Funde sind in lockerer Streuung aus Ostfrankreich, aus Mecklenburg und Dänemark bekannt.

Schließlich dürften einige Phaleren als Schmuckscheiben für Pferde verwendet worden sein, doch ist dies im Arbeitsgebiet am Einzelfall nicht sicher nachzuweisen.

Wagen

Bronze- und urnenfelderzeitliche Wagen waren im Rahmen handwerkshistorischer und sozialgeschichtlicher Fragestellungen wiederholt Gegenstand der Forschung. C.F.E. Pare hat in einem unlängst erschienenen Beitrag[1] die heutigen Kenntnisse über die bronze- und urnenfelderzeitlichen Wagen zusammengefaßt, so daß hier nur in aller Kürze auf den Fundstoff einzugehen ist.

Während urnenfelderzeitliche Wagenbestattungen in Süddeutschland und der Schweiz seit der Stufe Bz D bekannt sind, kann im Arbeitsgebiet erst mit der entwickelten Ha A-Stufe ein Wagengrab nachgewiesen werden. Es handelt sich um ein überhügeltes Grab aus dem Lorscher Wald (Liste 19 Nr. 1), von dem wir leider weder den genauen Grabaufbau noch die weiteren Beigaben kennen. Die aus dem Hügel stammende Doppeltülle kann anhand entsprechender Vergleichsfunde dem Wagenkomplex zugerechnet werden[2].

Zylinderförmige Beschlagreste aus den Gräbern von Groß-Rohrheim und Viernheim[3] könnten Miniaturwagennabenbeschläge darstellen, doch ist ebensogut an eine Verwendung als Möbelbeschläge zu denken, ein Bereich, der uns immer noch weitgehend verschlossen ist[4].

---

30 Jockenhövel, Fundber. Hessen 14, 1974, 58f. unterscheidet zwischen Knebeln runder Form, die dem Pferdegeschirr zugewiesen werden, und solchen "gedrückter" Form, die als Bestandteile des Waffengurtes interpretiert werden.

31 Vgl. R. Waringo, Hémecht 36, 1984, 114f. Abb. 6.

---

1 C.F.E. Pare in: Vierrädrige Wagen der Hallstattzeit (1987) 25ff. Dort ein umfassendes Verzeichnis der Literatur zum Thema.

2 Vergleichbare Tüllen fanden sich in Hader, Kr. Griesbach; Hart a.d. Alz, Kr. Altötting; Königsbronn, Kr. Heidenheim a.d. Brenz; Rýdeč, okr. Litoměřice; St.-Sulpice (Pare a.a.O. [Anm.1] 38f. Liste 3, 4. 6. 11. 12). Auf der Winkeltülle von Königsbronn sind plastische Vogeldarstellungen angebracht (vgl. Jahrb. staatl. Kunstsammlungen Baden-Württemberg 10, 1973, 247f. Abb. 1). Eine ähnliche Verwendung wird man für die kleinen Bronzevögel aus dem Wagengrab von Hart a.d. Alz (H. Müller-Karpe a.a.O. [Anm.7] 63 Abb. 5, 1.3) vermuten dürfen.

3 Groß-Rohrheim (Herrmann, Urnenfelderkultur 148f. Nr. 508 Taf. 138, 15); Viernheim (ebd. 153 Nr. 535 Taf. 144 A).

4 Es sei bemerkt, daß die Beschläge der nordischen Klappschemel (Werner, Germania 65, 1987, 29ff.) nur aufgrund vorzüglicher Erhaltungsbedingungen und Fundbeobachtungen interpretierbar sind. Um so erstaunlicher ist, daß Möbel bislang im Fundgut der Schweizer Seeufersiedlungen vollständig zu fehlen scheinen - sofern man nicht einige von G.Jacob-Friesen (a.a.O. [Anm. 23]) zusammengestellte Tüllen mit Möbeln in Verbindung bringen will. Eine Funktion als Möbelbeschlagstücke zieht auch Pare a.a.O. (Anm. 1) 43 in Betracht.

Einer sicheren Beurteilung entzieht sich der heute verlorene Fund aus Hanau-Bischofsheim, wo einem mündlichen Bericht zufolge in den zwanziger Jahren dieses Jahrhunderts bei einer Raubgrabung in einem Hügelgrab ein bronzener vierrädriger Wagen von etwa Halbmetergröße gefunden worden ist[5].

Für die jüngere Urnenfelderzeit sind Wagenbestandteile nur aus Hortfunden überliefert. Die beiden Nabenfragmente aus den Horten von Weinheim-Nächstenbach und Bad Homburg (Liste 19 Nr. 2, 3) sind dem in der Literatur als "Staader Räder" bekannten Typus - C. Pare faßt sie neuerdings unter "Coulon-Gruppe" zusammen - zuzuweisen[6] und damit von einer zweiten urnenfelderzeitlichen Nabenform konischer Gestalt, wie sie im Grabfund von Hart a.d. Alz[7] überliefert ist, zu unterscheiden. Die nächstgelegenen Parallelen stammen aus Hortfunden von Saarlouis[8], der zeitgleich mit Weinheim und Bad Homburg ist, und von Haßloch in der Pfalz, wo sich ohne weitere Beifunde zwei Räder fanden[9]; sie waren vor ihrer Deponierung intentionell zerstört worden.

H.J. Hundt hat bei der Besprechung der Bronzeräder von Haßloch[10] auf technische Unterschiede der Räder dieser Gruppe aufmerksam gemacht. Einige Exemplare (Staade; Fa, Dép. Aude; Nimes, Dép. Gard; La Côte-Saint-André, Dép. Isère; Langres, Dép. Haute-Marne, Cortaillod, NE; "Westeuropa") bezeichnete er als Ganzmetallräder, die in einem Zuge gegossen worden seien, während die Fragmente aus den Horten von Bad Homburg, Weinheim, Vénat, Dép. Charente u.a. als Beschlagteile eines Holzkernes aufzufassen seien. In dieser technologischen Unterschiedlichkeit verberge sich auch eine chronologische Differenz; bei dem Haßlocher Rad Nr. 1 hatte Hundt nämlich eine Flickung durch Kalt-Plattierung festgestellt, eine Technik, die die Verwendung von Stahlmeißeln und Feilen voraussetze, mithin Werkzeugen, die erst für die Stufe Ha C belegt seien[11]. Während die mögliche Verwendung von Eisenwerkzeugen kein zwingendes Argument für eine hallstattzeitliche Datierung dieser Räder darstellt[12], gibt das Grab von La Côte-Saint-André, Dép. Isère[13] einen Hinweis für das Hineinreichen entsprechender Räder in die Hallstattzeit. Das in der Seerandsiedlung von Cortaillod[14] gefundene Rad sowie die Fragmente aus den Horten von Triou, Dép. Deux-Sèvres und Amboise, Dép. Indre-et-Loire[15] sind jedoch durch ihre Fundkontexte gut in der späten Urnenfelderzeit verankert. Sicher ist bei den Nabenfragmenten aus dem Arbeitsgebiet nicht zu entscheiden, ob sie ehemals Teile von Ganzmetallrädern oder aber Bronzeummantelungen für Holzkerne darstellten. Der formale Zusammenhang der bekannten Räder mit den aus späturnenfelderzeitlichen Horten stammenden Bruchstücken von Metallnaben ist allerdings offensichtlich.

Die 19 bekannten Exemplare[16] weisen eine strikt westmitteleuropäische Verbreitung auf. Man kennt sie aus der Charente, der südwestfranzösischen Mittelmeerregion, aus dem Schweizer Seengebiet, dem nördlichen Oberrheintal und von der Elbemündung.

Fast alle diese Räder stammen aus Hortfunden, nur eines kam im Bereich einer Seerandsiedlung zutage. Dabei schließen sich die von Hundt und Pare zum engeren Typus Staade bzw. Coulon gezählten Räder durch die Art und Weise ihrer Deponierung zusammen. Sie fanden sich entweder einzeln oder mit gleichartigen Rädern vergesellschaftet[17], in Haßloch waren die intentionell zerschlagenen Räder etwa 1 m tief in der Erde verborgen, die vier Räder von Staade fanden sich 40-60 cm tief im Heidesand, das Rad von Coulon stammt aus einem Torfmoor[18]. Hingegen

---

[5] Hanau-Bischofsheim 5818: 84570/57180 (Nachweis Ortsakten Landesamt f. Denkmalpflege Hessen). Schon aufgrund der geographischen Nähe ist es natürlich verlockend, einen Zusammenhang zu den Gräbern von Milavec und Acholzhausen herzustellen.

[6] K.-H. Jacob-Friesen, Prähist. Zeitschr. 18, 1927, 154ff.; H.-J. Hundt u. D. Ankner, Mitt. Hist. Ver. Pfalz 67, 1969, 14ff.

[7] H. Müller-Karpe, Bayer. Vorgeschbl. 21, 1956, 46ff.

[8] Kolling, Späte Bronzezeit Taf. 51,8.

[9] H.J. Hundt u. D. Ankner a.a.O. (Anm. 6) 19.

[10] Ebd.

[11] Ebd. 29.

[12] Vgl. auch Pare a.a.O. (Anm. 1) 55.

[13] G. Chapotat, Gallia 20, 1962, 34ff.

[14] Mitt. Antiqu. Ges. Zürich 14, 1863 (5. Pfahlbaubericht) Taf. 14, 7-8.

[15] Pautreau et al.: L'âge du Bronze en Deux-Sèvres. La cachette de Triou (1984) Abb. 32-33; G. Cordier in: Eléments de pré- et protohistoire européenne: Hommages à J.-P. Milotte (1985) 316 Abb. 1, 20.

[16] Vgl. Pare a.a.O. (Anm. 1) 49f. Liste 5 und Verbreitungskarte Abb. 28.

[17] Die Fragmente aus den Horten von Triou und Amboise schließt Pare a.a.O. 52, da sie nicht sicher zu Ganzmetallrädern gehören, der Coulongruppe lediglich an.

[18] Vgl. Pare a.a.O. (Anm. 1) 55. Man fühlt sich an die Niederlegung etwa des Wagens von Dejberg erinnert.

fanden sich Bruchstücke der Naben[19] vergleichbarer Räder allein in Brucherzhorten. Die anhand typologisch-konstruktiver Überlegungen von Hundt und Pare getroffene Unterscheidung zwischen Ganzmetallrädern und bronzenen Nabenbeschlägen deckt sich also mit zwei unterschiedlichen Deponierungsformen. Unabhängig von den technischen Unterschieden bestehen formal enge Gemeinsamkeiten; die angeführten Räder besitzen zylindrische Naben, die durch Rippen und Rippenbündel gegliedert werden. Dadurch unterscheiden sie sich von den östlichen Naben konischer Form, wie sie aus dem östlichen Alpenvorland, Ungarn und Siebenbürgen bekannt sind[20]. Zwar dürfen wir bezüglich der westmitteleuropäischen Bronzeräder mit Anregungen aus diesem Bereich rechnen, wie übereinstimmende formale Details der Verzierung nahelegen. Ich nenne hier nur die Torsionsverzierung der Rippen auf den Naben von Vistea, jud. Cojocna[21] und Haßloch oder die den Speichenausschnitten folgende Rippenzier der Naben von Náduvar-Halomzug und Triou[22]. Der unterschiedliche Duktus dieser Naben ist aber augenfällig[23].

Die vier zu einem Hort zusammengestellten Achskappen vom Bullenheimer Berg bereichern unsere Kenntnis vom Wagenbau[24], doch kann ihnen bislang kein entsprechendes Exemplar zur Seite gestellt werden. Ob sie mit den älterurnenfelderzeitlichen Achskappen der Slowakei[25], Ungarns[26] und Süddeutschlands[27] in Verbindung gebracht werden können oder ob nicht besser westeuropäische Parallelen in Anspruch genommen werden sollten[28], kann aufgrund der geringen Fundmenge nicht gültig beantwortet werden. Jedenfalls ist auch für sie eine Tradition bis in die jüngere Hallstattzeit nachzuweisen[29].

Bei allen verbindenden technischen und ornamentalen Details zwischen der westmitteleuropäischen Coulon-Gruppe und der südostmitteleuropäischen Tarcal-Gruppe[30] scheint doch eine gewisse, bis in die Hallstattzeit reichende, jeweils regionalspezifische Übereinstimmung in der Gestaltung der Nabe festzustellen zu sein. Dies kommt besonders in den zylindrischen Naben mit Rippengliederung der späten Hallstattzeit zum Ausdruck, die sich deutlich von den konischen Nabenformen unterscheiden lassen[31] und in ihrer Verbreitung im wesentlichen auf Südwestdeutschland

---

[19] Einen guten Überblick bietet jetzt Pare a.a.O. (Anm. 1) 54 Abb. 22.

[20] Hart a.d. Alz (Müller-Karpe, a.a.O. [Anm.7] 67 Abb. 7); Tarcal, Kom. Borsod-Abaúj-Zemplén (A. Mozsolics, Acta Arch. Hung. 7, 1956, 7 Abb. 3,1); Náduvar-Halomzug, Kom. Hajdú-Bihar (M. Máthé, Acta. Arch. Hung. 24, 1972, 412 Abb. 6,1-2).

[21] M. Roska, Eurasia Septentrionalis Antiqua 11, 1937, 185 Abb. 26.

[22] Vgl. Anm. 15.

[23] G. Jacob-Friesen, Acta Arch. 40, 1969, 152 Abb. 11, 7-8 hat einige Bronzefragmente aus Schweizer Seerandsiedlungen mit diesen Naben in Verbindung gebracht.

[24] G. Diemer, Arch. Korrbl. 15, 1985, 59 Abb. 3,2.

[25] Bobrovec (Komjatná) (Novotná, Hortfunde, Taf. 28); Trenčianske Bohuslavice (ebd. Taf. 15).

[26] A. Mozsolics in: O.H. Frey, H. Roth (Hrsg.), Festschrift zum fünfzigjährigen Bestehen des vorgeschichtlichen Seminars Marburg (1977) 165ff.

[27] Hart a.d.Alz (Müller-Karpe a.a.O. [Anm.7] 64 Abb. 6,4).

[28] Mus. Nantes. Aus dem Hort von Questembert, Dép.Morbihan (vgl. L. Marsille, Bull. Soc. Préhist. Morb. 1913, 107f. Nr.26).

[29] Vilsingen (S. Schiek, Das Hallstattgrab von Vilsingen. In: Festschr. P. Goessler [1954] 150ff. Taf. 24, 1-6); Ca'Morta (E. Woytowitsch, Die Wagen der Bronze- und frühen Eisenzeit in Italien. PBF XVII 1 [1978] Taf. 61 B1); Wijchen (S. de Laet, De Voorgeschiedenis der Lage Landen [1959] 165f. Abb. 190).

[30] Von den frühurnenfelderzeitlichen Wagenfunden konnte allein die Nabe von Hart a.d. Alz rekonstruiert werden. Es handelt sich um ein rippenverziertes Beschlagblech, das auf einem konisch endenden Nabenhals angebracht war.

[31] Zylindrische Naben: Bad Cannstatt (O. Paret, Fundber. Schwaben N.F. 8, 1935, Anhang 1 Taf. 6); Ludwigsburg (ebd. Taf. 9); Asperg, Kr. Ludwigsburg (H. Zürn, Hallstattforschungen in Nordwürttemberg [1970] Taf. 16); Hochdorf, Kr. Ludwigsburg (J. Biel in: Vierrädrige Wagen der Hallstattzeit [1987] 121ff. mit Farbtafel 8); Allenlüften, Kanton Bern (W. Drack, Zeitschr. Schweiz. Arch. u. Kunstgesch. 18, 1968, 1ff. Abb. 23 u. 29,1b); Wohlen, Kt. Aargau (ebd. Abb. 29, 1a); St. Colombe, Dép Côte d'Or (R. Joffroy, Revue Arch. Est et Centre Est 8, 1957, 67 Abb.16); Veuxhalles, Dép. Côte d'Or (ders., Les sépultures à char du premier âge du fer en France [1957] 119 Abb. 29); Savigne, Dép. Vienne (ebd. 139 Abb. 36). Stark fragmentiert sind Nabenbeschlagreste aus Bergheim, Kr. Augsburg (G. Kossack, Südbayern während der Hallstattzeit. Röm. Germ. Forsch. 24 [1959] 135 Taf. 57, 2-8) und Leutstetten-Mühltal, Kr. Starnberg (ebd. 222 Taf. 89, 1.2.6-9). Interessant sind die ebenfalls zum Typ gehörenden Nabenfragmente aus Grabhügel 5 von Helpfau-Uttendorf, Oberösterreich (M. Egg, Jahrb. RGZM 32, 1985, 351 Abb. 21,2). Der dort mitgegebene Wagen muß Naben unterschiedlicher Form besessen haben (ebd. 357f.). Da das Grab auch durch einen Goldhalsreif mit den südwestdeutschen "Fürstengräbern" verbunden ist, gewinnen die von S. Schiek (Fundber. Baden- Württemberg 6, 1981, 288) angestellten Überlegungen zur Produktion und Distribution komplizierter Einzelbestandteile von Wagen neue Aktualität. Die Nabenfunde aus der Býčí skála-Höhle, okr. Blansko, dem östlichsten Fundpunkt dieses Wagentyps, dürften aus den Werkstätten stammen, in denen die Naben von Bad Cannstatt gefertigt wurden (vgl. F.E. Barth in: Vierrädrige Wagen der Hallstattzeit [1987] 103ff.). Daß sie weitab vom eigentlichen Herstellungsgebiet in einem Opferkontext - für die Hallstattzeit ungewöhnlich genug - erscheinen, verdient unter depositionalem Aspekt besondere Beachtung.

und Ostfrankreich beschränkt sind. Ungeachtet zeitgebundener technischer Weiterentwicklungen scheint mir der Zusammenhang dieser Naben mit den urnenfelderzeitlichen Bronzerädern so eng und die Differenz zu den konischen Naben so deutlich, zumal chorologisch stabil, daß mir das Postulat von über die Urnenfelderzeit hinausreichenden Werkstattzusammenhängen angezeigt erscheint.

Die formale Übereinstimmung urnenfelderzeitlicher und hallstattzeitlicher Naben verweist, bei allen technologischen Unterschieden, darauf, daß die "Gebrauchsfähigkeit" eines Gegenstandes von dessen formaler Bekanntheit und Vertrautheit mit abhängig zu sein scheint. Daß zwischen den urnenfelderzeitlichen und späthallstattzeitlichen Naben kaum verbindende typologische Zwischenglieder[32] namhaft gemacht werden können, spricht nicht gegen die hier geäußerten Überlegungen, da die Überlieferung der Wagen prinzipiell lückenhaft ist; sie ist abhängig von sozial- und religionsgeschichtlich relevanten gesellschaftlichen Umordnungsprozessen.

Die hier angeführten urnenfelderzeitlichen Wagen sind, dies bedarf keiner näheren Ausführung, nicht dem täglichen Gebrauch zugehörig. Es handelt sich um Gefährte, die in irgendeiner Form als Zeremonialwagen dem Kultus bzw. "Prunkwagen" sozialer Repräsentation gedient haben dürften. Die vielschichtigen Zusammenhänge zwischen urnenfelderzeitlichen Wagen, Vogelbarke und Kesselwagen auch in ihren Beziehungen zur mediterranen Welt haben unlängst P. Schauer[33], J. Gomez[34] und C. Pare[35] dargelegt.

Vermutlich dem Wagen zuzurechnen sind kleine getreppte Muffen aus den Horten von Weinheim und Bad Homburg (Liste 19 Nr. 4.5). Seit dem Wagenfund von Hart a.d. Alz werden diese mit dem Wagenkastenaufbau in Verbindung gebracht[36].

Als Beschlagteile hölzerner Stäbe bzw. allgemein des Wagenkastens können die Bronzescheiben aus den Horten von Bad Homburg und Weinheim (Liste 19 Nr. 6-25) angesprochen werden[37], doch gilt auch für ihre Verwendung die Möglichkeit als Möbelbeschlag in Erwägung zu ziehen.

Die sog. Vasenkopftüllen, die im Arbeitsgebiet aus den Hortfunden von Bad Homburg und Mannheim - Wallstadt bekannt geworden sind, dürften dem Pferdegeschirr zuzurechnen sein und werden in Kap. II (Pferdegeschirrbronzen) behandelt.

Zusammenfassend kann zur Deponierung von Wagenbestandteilen festgehalten werden: Das Arbeitsgebiet hat an jener auf einen schmalen Zeithorizont der frühurnenfelderzeitlichen Wagenbestattungen des übrigen Süddeutschland nicht teilgehabt. Die Doppeltülle aus einem Hügelgrab bei Lorsch ist den Beifunden zufolge schon in die fortgeschrittene Stufe Ha A zu datieren. In Horten erscheinen Wagenbestandteile erst in der späten Urnenfelderzeit, in der wir einen chronologisch wiederum engen Deponierungshorizont von Wagenbestandteilen im westlichen Mitteleuropa fassen können. Bei diesen Depots handelt es sich um zahlenmäßig umfangreiche Ensembles. Wagenteile aus Flüssen sind bislang m.W. in Europa nicht bekannt geworden[38], doch scheint die Versenkung im Moor den Deponierungskanon nicht zu sprengen.

---

[32] Vgl. jetzt einen Nabenzylinder aus Hügelgrab 8 von Wehringen, Kr. Augsburg (C. Pare in: Vierrädrige Wagen der Hallstattzeit [1987] 191 Abb. 2,1).

[33] P. Schauer in: Vierrädrige Wagen der Hallstattzeit (1987) 1ff.

[34] J. Gomez in: Eléments de pré- et protohistoire européenne. Hommages à J.-P. Milotte (1985) 605ff.

[35] Pare a.a.O. (Anm. 1) 56ff.; ders. Oxford Journal Arch. 6, 1987, 43ff.; ders. Antiquity 63, 1989, 80ff.

[36] Hart a.d. Alz (Müller-Karpe a.a.O. [Anm.7] Abb. 5,10); Saalfelden, Depot (Arch. Korrbl. 12, 1982, 465); Pfullingen, Grab (Fundber. Schwaben N.F. 7, 1933-35, 62); Anselfingen-Hohenhewen, Kr. Konstanz, Depot (Müller-Karpe, Chronologie 295 Taf. 175 C1); Cortaillod, Kt. Neuchâtel (G. Jacob-Friesen, Acta Arch. 40, 1969, 152 Abb. 11,10); dort weitere ähnliche Stücke.

[37] Die Scheiben von Bad Homburg weisen auf der Innenseite holzmaserungsartige Patinierungsspuren auf. Die Verwendung wird jetzt auch durch die Beschläge aus dem Wagengrab von Wehringen, Kr. Augsburg (Pare a.a.O. [Anm. 32] 191f. Abb. 2,3; ders. Arch. Korrbl. 17, 1987, 467ff.) nahegelegt.

[38] Eine Vogelkopftülle stammt aus der Maas bei Charleville (H. Reim, Fundber. Baden-Württemberg 6, 1981, 136 Abb. 11,3), ein hakenförmiger Bronzestab aus der Saône bei Ouroux, Dép. Saône-et-Loire (J. Gomez a.a.O. [Anm. 34] 614 Abb. 2, 13).

Gefäße

Der Publikationsstand urnenfelderzeitlichen Blechgeschirrs kann als zufriedenstellend bezeichnet werden. Bis auf kaum zu identifizierende Fragmente dürfte die Publikationsfrequenz derjenigen der blechernen Schutzwaffen vergleichbar sein. Wie bei diesen gilt auch für die Bronzegefäße G. v. Merharts Studie über einige Gattungen von Bronzegefäßen[1] als Grundlage und Ausgangspunkt jeder Beschäftigung mit ihnen. Auf Vorarbeiten E. Sprockhoffs[2], V.G. Childes[3] und F. Holstes[4] aufbauend, arbeitete G. v. Merhart die südosteuropäische Genese des Blechgeschirrs heraus und korrigierte damit die ältere Auffassung vom angeblich italischen Ursprung der Bronzegefäße.

Neuere Arbeiten überregionalen Charakters wurden von H. Thrane[5] und P. Patay[6] angefertigt. Erst unlängst sind die süddeutschen Bronzeblechgefäße Gegenstand der Dissertation von C. Jacob gewesen[7]. Im Rahmen der Edition Prähistorischer Bronzefunde sind weiterhin eine Anzahl entsprechender Materialvorlagen angezeigt.

Bronzenes Blechgeschirr ist archäologisch nachweisbar für die frühe Bronzezeit in Griechenland. Auf dem Balkan erscheint Bronzegeschirr im wesentlichen erst ab der Stufe Bz D[8]. Spuren ägäischen Einflusses manifestieren sich vorerst nur in echten Importstücken, wie z.B. der Bronzetasse von Dohnsen[9], die streiflichtartig die Form der Beziehungen zwischen dem nördlichen Mitteleuropa und dem Bereich der ägäischen Hochkultur zu erhellen vermögen[10]. Weitere toreutische Erzeugnisse aus dem Bereich des Nordischen Kreises, die in die Periode II zu datieren sind, können nur sehr bedingt[11] mit mykenischen Produkten in Verbindung gebracht werden. Daß Bronzegefäße im Norden schon in der Periode II, also vor dem Erscheinen in mittel- und südosteuropäischen Kontexten, auftreten, verweist vermutlich auf eine durch die Quellenüberlieferung bedingte Fundselektion in der Mittelbronzezeit[12].

Zu den vermutlich ältesten Zeugnissen bronzener Gefäße im Arbeitsgebiet sind zwei sehr ähnliche buckelverzierte Blechfragmente aus Grabfunden von Lorsch und Heldenbergen (Liste 20 Nr. 1-2) zu rechnen. O. Kytlicová konnte gegenüber der älteren Deutung dieser Fragmente als Blechgürtel ihre Zugehörigkeit zu Cisten wahrscheinlich machen[13]. Tatsächlich findet sich unter den von I. Kilian-Dirlmeier zusammengetragenen Blechgürteln der Bronze- und Urnenfelderzeit nur ein in der Ornamentik vergleichbares Stück[14]. Anhand der Beifunde in den genannten Gräbern ist die Datierung der Bleche innerhalb der Stufe Ha A nicht näher einzugrenzen[15], allerdings kommt Kytlicová aus

---

[1] G. v. Merhart in: Hallstatt und Italien (1969) 280ff.

[2] E. Sprockhoff, Zur Handelsgeschichte der Germanischen Bronzezeit (1930).

[3] V.G. Childe, The Danube in Prehistory (1929) 338.

[4] F. Holste, Der hallstattzeitliche Bronzegefäßfund von Ehingen. Praehistorica 5 (1939).

[5] H. Thrane, Acta Arch. 36, 1965, 157ff.

[6] P. Patay, Arch. Ért. 95, 1968, 66ff.; ders. Acta Arch. Hung. 21, 1969, 167ff; ders. Folia Arch. 20, 1969, 11ff.

[7] C. Jacob, Dissertation Berlin 1985. Erscheint als PBF-Band.

[8] Zu mykenisch-donauländischen Beziehungen für die Gestaltung von Edelmetallgefäßen: H. Matthäus, Die Kunde 28/29, 1977/78, 64ff. Zurückhaltend beurteilt der Autor das Randfragment einer vermutlich Otomani-zeitlichen Bronzeschale von Velká Lomnica (M. Novotná, Sborník Česk. Spol. Arch. 3, 1963, 137ff. Abb.1). Der Zusammenhang ägäischer und balkanischer Toreutikerzeugnisse bleibt einstweilen Postulat; vgl. J. Bouzek, The Aegean, Anatolia and Europe. Cultural Interrelations in the Second Millenium B.C. (1985) 175.

[9] H. Matthäus, Die Kunde 28/29, 1977/78, 51ff. (mit älterer Literatur).

[10] An einen förmlichen Handel wird man kaum zu denken haben. Plausibler scheint eine Deutung als (Gast)geschenk zwischen "Adligen". Matthäus a.a.O. 67 verweist auf Odyssee 1,180ff., um den Metallhandel zu beschreiben. Für die Rolle von Gefäßen als Gastgeschenke und Wettkampfpreise wären etwa Ilias XXIII, 270 und 616ff.; Odyssee 4, 615ff. heranzuziehen. Des weiteren vgl. die Ausführungen von F. Fischer zum Krater von Vix als Geschenk (Germania 51, 1973, 436ff.).

[11] So eine Bronzetasse von Ramsdorf, Kr. Rendsburg-Eckernförde (K.W. Struwe, Offa 40, 1983, 241ff. Abb.1). Zum Kannenoberteil von Vinding Folkehöj, Skanderborg Amt zieht Schauer, Jahrb. RGZM 32, 1985, 174 Abb. 45,1 eine Bronzeblechamphora aus Kammergrab 2 von Dendra als Vergleich heran. Wesentlich problematischer allerdings ist die Beurteilung des mit einer Sternmusterzier versehenen Gefäßes von Gyldensgaard, Bornholms Øster, wie die unterschiedliche Rekonstruktion des Schalenprofils bei H. Thrane, Acta Arch. 33, 1962, 114 Abb. 6 und Aner/Kersten, Ältere Bronzezeit Bd. III 52 Nr. 1548 Taf. 30 bezeugt.

[12] Darauf verweist auch Müller-Karpe, Chronologie 115.

[13] O. Kytlicová, Památky Arch. 50, 1952, 135ff. Nicht völlig auszuschließen ist aber auch eine Verwendung als Panzerteil. Vgl. J. Paulík, Ber. RGK. 49, 1968, 41ff.

[14] Fiad-Ker Puzta, Kom. Somogy, Depot (Kilian-Dirlmeier, Gürtel 115 Nr. 472 Taf. 48/49,472).

[15] Vgl. Betzler, Fibeln 36; Kubach, Nadeln 463ff.

typologischen Erwägungen zu einem Zeitansatz in den den älteren Abschnitt der Stufe Ha A.

Die übrigen sechs älterurnenfelderzeitlichen Bronzegefäße stammen vermutlich alle aus Gräbern; es handelt sich durchgängig um Tassen, meist der Typus Fuchsstadt[16], dessen Datierungsschwerpunkt in den jüngeren Abschnitt der Stufe Ha A fällt. Hierher gehören die Tassen aus den Gräbern von Eschborn, Nierstein und Dexheim (Liste 20 Nr. 5-7); verwandte Gefäße erbrachten Gräber von Eschborn und Viernheim (Liste 20 Nr. 3-4). Im Sinne der Typengliederung Chr. Jacobs zählen die Tassen von Nierstein und Dexheim zu einer Gruppe mit Standring und verbreiterten Henkelenden, deren Verbreitung hauptsächlich auf Süddeutschland, Thüringen und Sachsen beschränkt ist[17]. Die Tasse von Mainz-Kastel (Liste 20 Nr. 8) - vermutlich ebenfalls ein Grabfund- besitzt einen hohen Gefäßkörper und einfache Bandhenkel und findet die besten Parallelen im Kesselwagengrab von Acholzhausen, sowie in ungarischen und tschechoslowakischen Hortfunden[18].

Für die Viernheimer Tasse (Liste 20 Nr. 3) mit Sternmusterverzierung finden sich nur zwei Parallelen in Osternienburg und Dresden[19]. Zu Recht hat W. Coblenz auf die Verbindung zu einem in gleicher Weise ornamentierten Helm aus Ungarn[20] hingewiesen. Das Eschborner Stück mit fliehendem Gefäßunterteil wird von Jacob mit Tassen von Braunsbedra, Osternienburg, Ergolding und Aggtelek[21] verbunden.

Älterurnenfelderzeitliches Blechgeschirr fehlt westlich der Oberrheinebene bislang weitgehend. Eine Ausnahme bildet eine Fuchsstadttasse aus dem Gefäßfund von Saint-Chely-du-Tarn, Dép. Lozère, der allerdings schon in die Stufe Bf IIIa zu datieren ist und über die Schweizer Seerandsiedlungen vermittelt sein dürfte[22] sowie ein Neufund aus der Saône bei Lux, Dép. Saône-et-Loire[23].

Welche Rolle die Friedrichsruhe- bzw. Fuchsstadt-Tassen in einem (Blech)geschirrservice spielten, läßt sich aus den Grabfunden in Umrissen, aus den Hortfunden hingegen aus methodischen Erwägungen heraus überhaupt nicht rekonstruieren. Die Gräber, in denen mehr als ein Bronzegefäß erscheint, weisen keine regelhafte Kombination auf, auch die Einbeziehung des Tongeschirrs führt zu keinen festen Geschirrsatzkombinationen. Es ist zudem bemerkenswert, daß in den hessischen Gräbern, ebenso wie in Rheinhessen und Unterfranken, echte tönerne Nachbildungen bronzener Tassen unbekannt sind; selbst ähnliche und somit in der Funktion substituierbare keramische Tassen fehlen weitgehend. Einzig zwei Tontassen aus den Gräbern von Oberwalluf und Bad Nauheim können in diesem Zusammenhang namhaft gemacht werden[24]. Statt der flachen weitmundigen Tassen erscheinen relativ häufig tiefe, kleine, einfach konische Tassen aus Ton. In der Tendenz gilt diese Beobachtung auch für das übrige Süddeutschland[25]. Stärkere Bedeutung scheinen flache weitmundige Tontassen hingegen im sächsisch-thüringischen Bereich der Lausitzer Kultur zu spielen[26].

In süddeutschen Hortfunden der gleichen Zeit fehlen Bronzetassen fast vollständig, während sie in Depots der Tschechoslowakei, Ungarns und Rumäniens zahlreich bekannt sind. Der Hort von Winklsaß markiert den westlichsten Fundpunkt zu dieser Zeit, in dem sich Blechgefäße finden.

---

16   Im Zusammenhang der Besprechung des eponymen Fundplatzes hat zuletzt Wilbertz, Urnenfelderkultur 57, auf die unbefriedigende Situation aufmerksam gemacht, daß das namengebende Fundstück fragmentiert überliefert und an der Peripherie der Hauptverbreitung des Typs gelegen ist. C. Jacob hat das Tassenmaterial dementsprechend typologisch strenger gegliedert.

17   C. Jacob a.a.O. (Anm. 7).

18   Ebd.

19   W. Coblenz, Arbeits- u. Forschber. Sachsen 2, 1951, 135ff.

20   G. v. Merhart in: Hallstatt und Italien (1969) 111ff. Abb. 1,12. Sowie ein neuerdings bekanntgegebener Altfund aus "Ungarn" (T. Kemenczei, Folia Arch. 30, 1979, 79ff. Abb. 80. 81). Coblenz verweist auch auf Nackenscheibenäxte.

21   C. Jacob a.a.O (Anm. 7).

22   J. Despirée, Revue Arch. Centre 1978, 23 Abb. 12, 4-5.

23   Gallia Préhist. 25, 1982, 331 Abb. 21.

24   Herrmann, Urnenfelderkultur 109f. Nr. 295 Taf. 103,7; 84f. Nr. 180 Taf. 89, 18.

25   Den Bronzetassen stehen Tontassen u.a. von folgenden Fundorten nahe: München Englschalking, Grab 13: Müller-Karpe, Münchner Urnenfelder Taf. 3 F4; Bruck, Ldkr. Mühlau a.d. Donau, Grab 1 und 2: Bayer. Vorgeschbl. 80, Abb. 2 A3.B1; Widdersdorf-Pörndorf, Ldkr. Landshut: Bayer. Vorgeschbl. 33, 1968, 177 Abb. 23,6; Marzoll, Ldkr. Berchtesgaden, Urnengrab 1: M. Hell, Bayer. Vorgeschbl. 17, 1948, 30 Abb. 5, C6; Wilten, Tirol: Wagner, Nordtiroler Urnenfelder Taf. 4,2.

26   Königswartha, Kr. Bautzen: W. Coblenz, Arbeits- u. Forschber. Sachsen 14/15, 1966, 108 Abb. 7; Lehma, Kr. Altenburg, Hügel 1 Grab 1: K. Kroitzsch, Arbeits- u. Forschber. Sachsen 26, 1983, 17ff. Abb. 3,8; Hügel 1 Grab 3b: ebd. Abb. 5,2; Hügel 1 Grab 5: ebd. Abb. 6,8; Hügel 1 Grab 7: ebd. Abb. 7,2; Hügel 10 Grab 10 mit Fragmenten einer Bronzetasse (?): ebd. Abb. 11,5-6.

Der Neufund einer Bronzetasse aus einem Grabhügel von den Lahnbergen bei Marburg (Liste 20 Nr. 9) erweitert das Fundspektrum des Arbeitsgebietes in erfreulicher Weise und schließt chronologisch die Lücke zwischen den Ha A- und Ha B3-zeitlichen Tassen des Arbeitsgebietes. Es handelt sich um eine Tasse des Typs Jenisovice-Kirkendrup, die hauptsächlich in Rumänien, Ungarn, der Slowakei, Mähren, Böhmen, Thüringen und Mecklenburg verbreitet sind. Süddeutschland ist von der Verbreitung völlig ausgeschlossen, wohingegen sich eine gewisse Fundkonzentration um den Lac de Neuchâtel findet[27]. Locker streuen sie nach Mittel- und Südfrankreich[28]. Der Marburger Neufund steht einstweilen völlig isoliert da. Im übrigen überrascht seine Entdeckung, weil die mittelhessischen Urnengräber sich nicht durch ein reiches Metallinventar auszeichnen. Die Lokalisierung des Herstellungsortes ist kompliziert, insbesondere ob sie tatsächlich im west-schweizerischen Seengebiet produziert wurden, muß mit einem Fragezeichen versehen werden[29]. Auch die Häufung von Tassen dieses Typs ohne Henkel stimmt in bezug auf Bedeutung und Verwendungsweise bronzenen Blechgeschirrs in der westlichen Urnenfelderkultur insofern nachdenklich, als damit jeweils unterschiedliche Funktionen verbunden gewesen sein dürften.

Erst mit der späten Stufe Ha B sind Bronzegefäße auch aus Süddeutschlands Hortfunden bekannt. Für das Arbeitsgebiet sind Becher und Fragmente aus den Horten von Bad Homburg und Hanau-Dunlopgelände (Liste 20 Nr. 22-23) belegt. Der Depotfund von Wonsheim (Liste 20 Nr. 12-20) enthielt neben dem bereits besprochenen Kappenhelm etwa 10 Blechgefäße gleicher Art. Die kleinen Becher (noch ohne Henkel) besitzen einen Omphalosboden und einen Standring. Die Wandung ist entweder doppelkonisch oder sanft S-förmig ausgebildet. Am Rand der kleinen Gefäße sind horizontale Linienzier und Dreiecke mit Strichschraffur angebracht. Höchstwahrscheinlich stammen die Wonsheimer Gefäße aus der gleichen Werkstatt, in der auch die Bronzebecher aus dem Hortfunde von Ehingen-Badfeld[30] hergestellt wurden. F. Holste, der den Fund publizierte, beschrieb einzelne technische Details, die sich entsprechend auf den Wonsheimer Tassen wiederfinden. Er datierte diese Tassen in den spätesten Abschnitt der Urnenfelderzeit. Dafür spricht die Form der Ehinger Kreuzattasche, die sich auch in Exemplaren aus dem Rhein bei Mainz (Liste 20 Nr. 10-11) wiederfindet, sowie der innere Zusammenhang der Wonsheimer und Ehinger Becher mit den Tassen des Typus Stillfried-Hostomice, die überwiegend dem gleichen Zeithorizont angehören[31], was besonders in der gleichartigen Auffassung des Dekors zum Ausdruck kommt.

Einheitlich ist die Art der Deponierung. Bis zur Stufe Ha B1 werden Tassen im Arbeitsgebiet den Toten mit ins Grab gegeben. Erst in der späten Urnenfelderzeit (Ha B3) ist die Niederlegung im Hortfund und die Deponierung im Fluß nachgewiesen. Ob das weitgehende Fehlen von Flußfunden allein in der Fragilität des Blechgeschirrs begründet liegt, bleibe dahingestellt. Aus der Saône bei Lux, Dép. Saône-et-Loire sowie dem Ljubljanica in Slowenien sind Bronzetassen bekannt geworden[32]. Häufiger scheinen indes hallstattzeitliche Bronzegefäße in Flüssen deponiert worden zu sein[33]. In großem Umfang sind dann römische Bronzegefäße aus dem Rhein bei Mainz belegt[34]. Und selbst bis in das Mittelalter hinein kann die Sitte der Gefäßopferung im Fluß nachgewiesen werden[35].

---

27 Vgl. Verbreitungskarte und Fundliste bei H. Thrane, a.a.O (Anm.5) 171 Abb.9 und 206f. Neufund aus einem Grab in Franzhausen (OG Nußdorf ob der Traisen) (J.-W.Neugebauer, Antike Welt 18, 1987, 12 Abb. 15.

28 Zusammenstellung der Funde bei J. Despirée a.a.O (Anm. 22) 7ff.

29 W. Ebel in: Beiträge zur Bronzezeit. Kleine Schriften aus dem vorgeschichtlichen Seminar der Philipps Universität Marburg 21 (1987) 28, vermutet für die Marburger Tasse eine Herstellung ebenda.

30 Vgl. Anm. 4.

31 M. Strohschneider, Forschungen in Stillfried 1, 1974, 61ff.; H. Koschick, Bayer. Vorgeschbl. 46, 1981, 38ff.

32 Gallia Préhist. 25, 1985, 334 Abb. 21.; Bronasta doba na Slovenskem. Narodni muzej Ljubljana ([Ausstellungsführer] 1987) 74 Abb. 51.

33 Miniaturrippenziste aus dem Rhein bei Mainz (Wegner, Flußfunde 85 Nr. 601 Taf. 74,3). Vgl. zu eisenzeitlichen Gefäßen aus Flüssen auch Kap. IV.

34 In Mainz wird bei Prof. Ament eine Magisterarbeit zu diesem Komplex angefertigt. Die umfangreichste Zusammenstellung der teilweise relativ seltenen Typen (z.B. Tintenfäßchen) bei Wegner, Flußfunde 85f. Anm. 577. Auch unterhalb von Mainz findet sich Bronzegeschirr aus dem Rhein, vgl. J. Driehaus, Urgeschichtliche Opferfunde 50, Abb. 3. Zu römischen Geschirrfunden aus der Donau: Pauli, Gewässerfunde 295 Anm. 56.

35 M. Schulze, Frühmittelalterl. Stud. 18, 1984, 222ff.

Zeugnisse der Geräteherstellung

Zeugnisse der Bronzegerätproduktion sind aus dem Arbeitsgebiet in allen Fundgattungen bezeugt, wenngleich in unterschiedlicher Intensität und in verschiedener Auswahl. Unzureichend ist noch unser Wissen von den Werkplätzen, Schmelzstellen etc. und ihrem Verhältnis zu den Siedlungen[1]. Auch unsere Kenntnis über die Herkunft des Kupfers ist noch sehr eingeschränkt. Die Nutzung nordhessischer Kupferlagerstätten wird zwar mitunter schon für die ältere Bronzezeit als möglich erachtet, doch fehlen solchen Überlegungen noch die notwendigen Beweise[2]. Die aus Horten bekannten Zeugnisse der Gießertechnologie, Barren und Gußformen, können jedenfalls nicht für eine entsprechende Nutzung lokaler Lagerstätten in Anspruch genommen werden.

Barren

Die aus dem Arbeitsgebiet bekannten Barren lassen sich morphologisch überwiegend dem weit verbreiteten spätbronzezeitlichen plankonvexen Typ, der in der Literatur häufig auch als Gußkuchen angesprochen wird[3], zuordnen; Unterschiede lassen sich vor allem hinsichtlich ihrer Größe feststellen. Inwieweit diese mit dem Material koinzidieren, läßt sich vorerst nur vermuten[4] - mit einiger Sicherheit handelt es sich bei manchen Stücken um Kuchen aus wiedereingeschmolzenem Altmetall (Liste 21 Nr. 28). Andere sind vermutlich Rohkupferstücke (Liste 21 Nr. 34-35, 36, 40).

Eine zweite gebräuchliche Form stellen im Arbeitsgebiet Stangenbarren[5] mit dreieckigem oder D-förmigem Querschnitt dar, wie in den Horten von Rockenberg und dem Rhein bei Mainz (Liste 21 Nr. 1, 2) überliefert.

Barren sind für das Arbeitsgebiet beinahe ausschließlich aus Hortfunden bezeugt; die Beschränkung auf diese Quellengattung ist ein gesamteuropäisches Phänomen. Ihr beinahe regelhaftes Erscheinen in Hortfunden der späten Bronzezeit war, neben dem "Brucherzcharakter" der Fertigwaren in diesen Horten, eines der wesentlichen Indizien für die Deutung der Hortfunde als Gießer- oder Händlerverstecke, ohne daß in der Forschung die (keineswegs begründeten) Prämissen einer solchen Annahme überprüft worden sind.

Um mehr über die Gußkuchen und Barren, über ihre Besitzer und die Deponierenden in Erfahrung zu bringen, lohnt es, zunächst den Blick auf die wenigen bekannten Gräber mit solchen Beigaben zu richten; es sollte möglich sein, im Laufe der Zeit einen vollständigen Überblick über diese beschränkte Fundgattung zu gewinnen[6].

Die hier gegebene Zusammenstellung bronze- und urnenfelderzeitlicher Grabfunde mit Gußkuchen und Formbarren (Abb. 46) umfaßt den Zeitraum zwischen Bz B und Ha A. Sie zeigt, daß Gußkuchenfragmente besonders häufig in reicher ausgestatteten Grablegen gefunden werden. Dreimal enthalten diese Gräber

---

1 A. Pietzsch, Arbeits- u. Forschber. Sachsen 19, 1971, 35ff.

2 A. Jockenhövel, Arch. Korrbl. 13, 1983, 65ff.; Kibbert, Beile 6ff. Einige Vermutungen, besonders durch die Untersuchungen von H.-D. Schulz und B. Hänsel zum Helgoländer Kupfer angeregt, besitzen gewisse Plausibilität, doch stehen die notwendigen Nachweise noch aus; zudem ist der Abbau des Helgoländer Kupfers, der von Kibbert als Referenz angeführt wird, erst für das Mittelalter belegt. Dazu und zur Problematik einer Verknüpfung von Bronzegegenständen mit Ausgangserzen: B. Hänsel, Arch. Polski 27, 1982, 319ff.

3 H.-G. Buchholz, Prähist. Zeitschr. 37, 1959, 14ff.; A. Mozsolics, Ber. RGK 65, 1984, 31ff.

4 Metallkundliche Analysen liegen für ein Gußkuchenfragment von Hochstadt (Liste 21 Nr. 36) und eines von Gudensberg vor. Bei beiden handelt es sich um Kupfer (H. Otto, W. Witter, Handbuch der ältesten Metallurgie in Mitteleuropa [1952] 204 Nr. 1253-54).

5 Formbarren sind allgemein in urnenfelderzeitlichen Horten weniger zahlreich belegt; in Süddeutschland z.B. Friedingen, Kr. Tuttlingen (Zürn/Schiek, Sammlung Edelmann 16 Nr. 27 Taf. 10. 11); Pfeffingen, Kr. Balingen (Müller-Karpe, Chronologie, Taf. 164, 37); Unadingen (ebd. Taf. 177,2); Villingen (ebd. Taf. 175 B2). Eine entsprechende Sandsteingußform aus Zürich-Wollishofen, Station Haumesser (T. Weidmann, Helvetia Arch. 12, 1981, 224f. Abb. 15) für drei Stabbarren mit rekonstruiertem Gewichtsverhältnis 4:2:1. Zu Grabfunden: A. Jockenhövel, Arch. Korrbl.3, 1973, 23ff.

6 Nachweise für die angeführten Gräber Liste 21A. Den unansehnlichen Gußkuchenfragmenten dürfte v.a. bei älteren Grabungen wenig Aufmerksamkeit geschenkt worden sein; in Abbildung werden sie auch heute nur ausnahmsweise vorgelegt. Vgl. A. Jockenhövel, Arch. Polski 27, 1982, 293ff. Den hallstattzeitlichen Funden kann hier nicht nachgegangen werden, da die Bewertung der Barren in Gräbern die Ersetzung der Bronze durch das Eisen zu berücksichtigen hat. Wenigstens erwähnt sei ein Zinnbarren aus einem Ha C-zeitlichen Schwertgrab von Sémoutiers, Dép. Haute-Marne (H. Gerdsen, Studien zu den Schwertgräbern der älteren Hallstattzeit [1986] 164 Nr. 267).

Fundort	Grabform	Gußkuchen	Formbarren	Schwert	Lanze	Sichel	Messer	Nadel	Arm/Beinring	Phalere/Knopf	Keramik	Diverses
Feldmoching Hügel 9		x										
Königswieser Forst Hügel 24		x					x					
Ederheim	B/H	x							x			2 Spiralanhänger
Ilvesheim	K	x					x		x			Hirschgeweihhacke Spiralfingerring, 3 Bügel, 8 Plättchen.
Rothenstein	?/H	x				x	2x	5x		x		Silex, Blechband
Ederheim	K/H	x				4x						Pinzette
Weischau		x			x	4x	x	x	2x			
Königswieser Forst Hügel 24	K/H	x					2x	x		x		Bernstein Blechhülse
Straubing G 26	B/U	x					x?	x?	x			2 Klammern Fleischhaken
Volders G 256	B/S	2x					x	x			x	"Bügel"
Volders G 390	B/S	x					x	x			x	
Marzoll	B	5x					x	2x	x		x	Anhänger, Halbkugel
Eberfing	B/H	x			Px		x	2x	2x	x	x	Röhrchen 6 Ringlein
Kippenwang	K/H	x					x	x	x?		x	Silex, 3 Ringlein
Möckmühl	B/S	3x				2x	2x	x		2x	x	
Unterhaching G 30	B/U	5x		x			x	x	2x		x	Röhrchen
Münchingen	B/S		x	2x	x	x			x	x	x	Spirale
Kobern	B/U	x								x		Doppelknopf
Königsbronn	K/?	x	x		x				x			Wagen, Trensen, Knebel
Lachen	B/U	x					2x	x				2 Rasiermesser
Hütting-Hader	B	x?		x	x					x		Wagen

Abb. 46 Übersicht über die Vergesellschaftung von Barren in Gräbern der Bronze- und Urnenfelderzeit

Schwerter, bei einem vierten (Kobern) weist der Doppelknopf auf einen Schwertträger hin. Im Grabe von Eberfing fanden sich Pfeilspitzen, im Grab von Königsbronn neben den Wagenteilen eine importierte Lanzenspitze. Zweifellos sozial exklusive Beigaben stellen auch Wagen und Pferdegeschirrteile dar, wie sie aus Königsbronn und Hader vorliegen. Die Ausstattung der übrigen Gräber ist durch die Mitgabe eines Messers und von Trachtbestandteilen charakterisiert. Im Brandgrab von Lachen fanden sich zwei Rasiermesser, was Zweifel an seiner Geschlossenheit hervorgerufen hat[7]. Auch diese Gräber können in ihrer Ausstattung als gehoben bezeichnet werden.

Bemerkenswert ist ein weiteres Detail, nämlich die häufige Vergesellschaftung mit Sicheln und -fragmenten, was bei der geringen Zahl urnenfelderzeitlicher Gräber mit Sichelbeigabe umso stärker in's Gewicht fällt[8]. Im übrigen scheint auch die Sichelbeigabe an reichere Grabausstattungen gebunden.

Leider sind die mittelbronzezeitlichen Belege für eine derartige Kombination nicht ausreichend dokumentiert. In Weischau konnten die Funde nur einem gemeinsamen Steinkranz zugewiesen werden. Bei dem Fund von Ederheim werden die 4 Sicheln, der Gußbrocken und die Pinzette als Depotfund klassifiziert; allerdings muß hier ein unmittelbarer Zusammenhang zur Bestattung vorliegen. Ansonsten zeigen die mittelbronzezeitlichen Funde ein den urnenfelderzeitlichen vergleichbares Bild. Auch hier scheinen die Gußbrocken an besser ausgestattete Grablegen gebunden, doch ist die Materialbasis noch sehr schmal. Die Verbreitungskarte (Abb. 47) zeigt hingegen deutlich, daß keine Konzentrationen um Bergbaureviere festzustellen sind.

Bei der geringen Zahl der zur Verfügung stehenden Gräber verbieten sich weitreichende Aussagen. Nur soviel darf festgehalten werden: Die überlieferten Inventare sprechen eher dafür, daß die betreffenden Gußkuchen als Teil einer insgesamt aufwendigeren Grabausstattung zu verstehen sind und nicht eine bestimmte Berufsgruppe charakterisieren. Demgegenüber enthalten die überlieferten Bestattungen mit

---

[7] D. Zylmann, Bonner Jahrb. 178, 1978, 122ff. Hier ist auch an eine Doppelbestattung zu denken.

[8] Vgl. Primas, Sicheln 17ff. Dort wird diese Kombination als Parallelerscheinung zu den Horten gewertet und als Unterstützung der Hypothese, Metallwerte seien für die Sicherung des Weges in ein Jenseits beigegeben worden, aufgefaßt (ebd. Anm. 49).

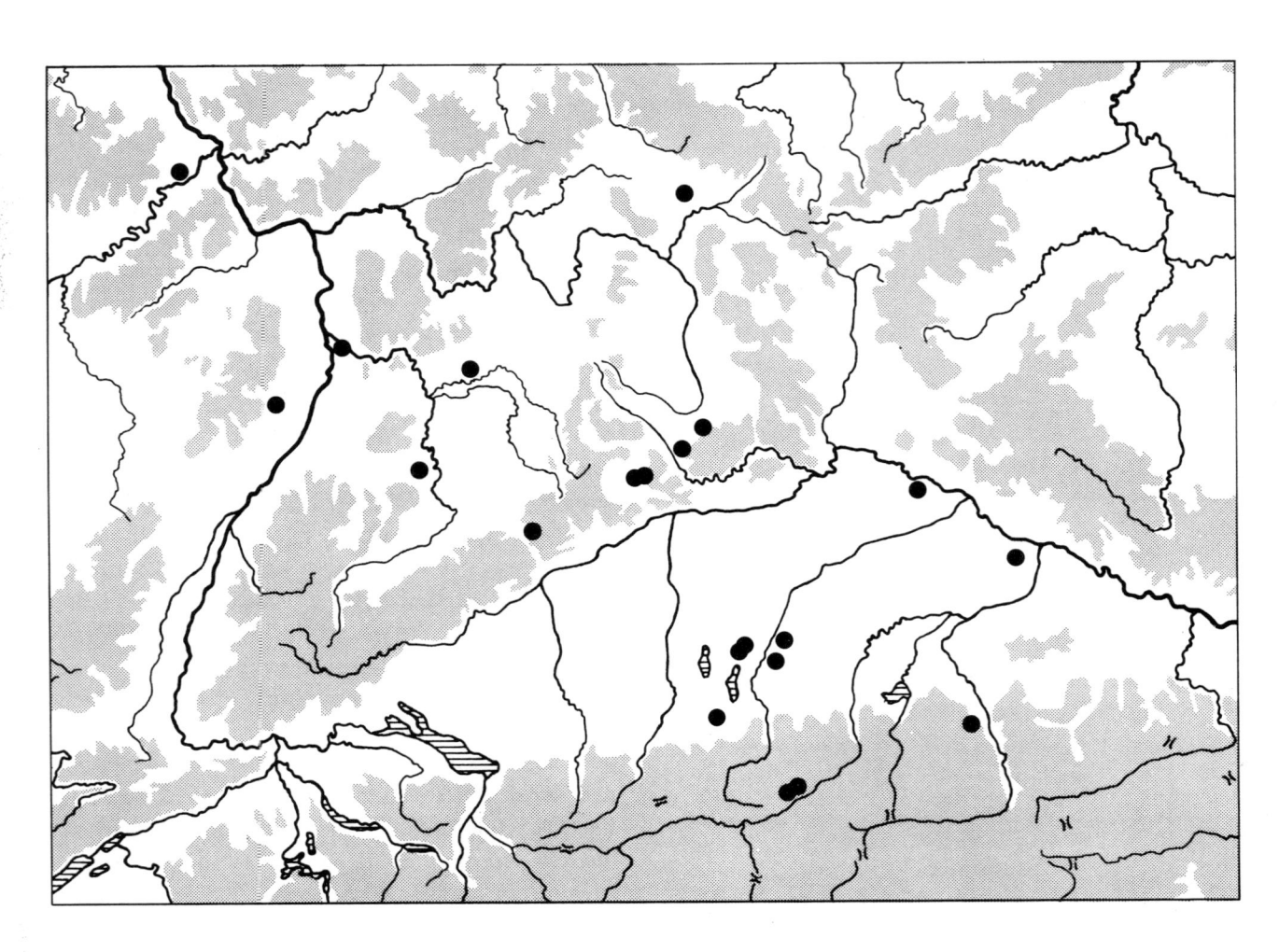

Abb. 47 Verbreitung bronze- und urnenfelderzeitlicher Gräber mit Gußkuchen und Formbarren

echtem Handwerksgerät, Gußutensilien im weiteren Sinne[9], Gußformen[10] oder Metallbearbeitungswerkzeugen[11] keine Waffen oder andere eine sozial herausragende Stellung anzeigende Beigaben.

Die Barren in den Schwertgräbern sind also Teil einer gehobenen Grabausstattung. Im jüngeren homerischen Epos wird davon berichtet, daß in den Schatzkammern der Fürsten neben den KEIMELIA auch Gold und Bronze in unbearbeiteter Form aufbewahrt wird, jene des Odysseus barg auch CHALKOS[12]. W. Janssen hat bezüglich der Horte unlängst auf das interpretatorische Dilemma "Weihefund oder Handwerkerfund" aufmerksam gemacht und ein "Sowohl als Auch", Weihefund und Handwerkerfund, vorgeschlagen. Er schreibt: "Den engen Zusammenhang der urnenfelderzeitlichen Hortfunde mit dauerhaft besiedelten Höhenbefestigungen und Flachlandsiedlungen einmal als erwiesen vorausgesetzt, erscheinen die urnenfelderzeitlichen Horte als Besitz jenes Bevölkerungsteils in den Siedlungen, der mit der Bronzever-

---

[9] Zusammenstellung der Gräber mit Tondüsen und Gußtiegeln A. Jockenhövel, Arch. Polski 27, 1982, 295ff. (Das Grab von Sanskimost dürfte aus der Liste zu streichen sein, da es über einer Werkstätte errichtet wurde. Aus der unmittelbaren Umgebung der Sachsenburg in Thüringen stammen aus einem Grabhügel 300 Tondüsen, zuletzt: Fröhlich, Mittlere Bronzezeit 46 Taf. 65B mit weiterer Literatur).

[10] Z.B. Kobern (Bonner Jahrb. 106, 1901, 221 Abb. 33, 11); Battaune (F. Winkler, W. Baumann, Ausgr. u. Funde 20, 1975, 80ff.).

[11] Steinkirchen (H. Müller-Karpe, Germania 47, 1969, 86ff.).

[12] Od. 2,339. Bemerkenswert ist auch, daß die Beschaffung des Erzes im Epos offenbar nicht mit der gleichen Geringschätzung belegt ist wie der PREKTER (Od. 8, 154ff.), der Händler. Mentes (Athena) berichtet freimütig, auf der Fahrt nach Temesa (Tamassos?) zu sein, um CHALKOS einzutauschen (Od. 1,184).

arbeitung und Metallurgie im weitesten Sinne zu tun hatte. Dies sind die sozial führenden Schichten innerhalb der urnenfelderzeitlichen Bevölkerung: die Metallhandwerker, ebenso aber auch ihre sicher nicht minder wohlhabenden Auftraggeber, also vielleicht sozial führende Einzelpersonen oder Familien oder gar politisch führende Leute in den Höhensiedlungen"[13]. Doch auch dieser Vorschlag führt nicht aus der schwierigen Interpretationslage. Hebt man nämlich auf den Besitz am Metall ab, dann wird die Unterscheidung zwischen Rohkupfer/-bronze, Brucherz und intaktem Fertigprodukt unscharf bzw. bedeutungslos. Hebt man auf das Prestige der Produkte, also die ihnen zugemessene individuelle und gesellschaftliche Wertschätzung ab, dann müßten konsequenterweise weitere Gegenstandshierarchisierungen in den Hortfunden vorgenommen werden. Für beide Vorgehensweisen lassen sich gute Begründungen entwickeln. Für die erste Möglichkeit ist der Wert des Kupfers bzw. der Bronze als Ware anzuführen, d.h. die zur Herstellung notwendig aufgewendete Arbeit. In dieser Weise argumentiert F. Stein: "... Brucherz ist nur als Metall wertvoll, welche Form die Gegenstände hatten, d.h. wie alt sie uns heute erscheinen, muß vollkommen nebensächlich gewesen sein"[14]. Für die zweite Alternative spricht die aus der frühgriechischen Literatur und aus ethnographischen Berichten zu gewinnende Erkenntnis, daß der bloße Metallwert hinter den Prestigewert zurücktreten, Wertschätzung denjenigen Gegenständen beigemessen werden kann, die als Vehikel freundschaftlicher Verbindungen (Gastgeschenke, Brautpreise etc.) fungieren können. Beide Argumentationsfiguren bedienen sich der Analogie, keine ist somit a priori auszuschließen; analytisch sollte nur die Vermengung beider vermieden werden. Gußkuchenfragmente sind kein Indikator für den handwerklichen Charakter der Horte, bronzenes Kultgerät nicht als Indiz für eine Interpretation als Weihefund[15] zugleich, wie Janssen vorschlägt, heranzuziehen.

Wenn den oben gemachten Beobachtungen Beweiskraft zukommt, gibt es m.E. keinen zwingenden Grund, die Gußkuchenfragmente in den Horten in jedem Falle als Besitz eines Schmiedes oder Gießers zu verstehen. Insgesamt scheint es wenig wahrscheinlich, daß der Gießer über die Rohmaterialien wie die Fertigprodukte verfügen konnte[16].

Eine direkte Abhängigkeit der Quantität und Qualität der in den Horten gefunden Kupfergußkuchen zur Entfernung von Bergbaurevieren kann derzeit nicht in der gewünschten Weise präzisiert werden[17], doch ist zu bemerken, daß Gußkuchen im südostalpinen Raum und im Alpenvorland sowohl nach Stückzahl als auch nach Gewicht einen bedeutenden Anteil im Hortinventar ausmachen; aus diesen Gebieten sind auch reine Gußkuchenhorte bekannt[18], deren Datierung freilich unsicher ist. Demgegenüber fehlen Gußkuchen nördlich der Mittelgebirgszone und westlich des Rheins in den Horten weitgehend, meist handelt es sich lediglich um kleine Fragmente[19]. W.A. v. Brunn hat in diesem Zusammenhang darauf hingewiesen, daß Gießerverstecke eine größere Menge von Rohgußstücken enthalten sollten und für die in geringen Quantitäten erscheinenden Gußkuchen eine Deutung als symbolische Zugabe vorgeschlagen[20]. Interessant wäre hier eine Differenzierung von Kupfer- und Bronzegußfladen, doch ist dies aus der Literatur noch

---

Weihung dürfte dementsprechend auch der Miniaturbarren aus dem kroatischen Hort von Kloštar Ivancić (Vinski-Gasparini, Hortfunde 215 Taf. 96, 29) zu interpretieren sein.- Für das 5. Jh. v. Chr. sind Metallbarren mit der Aufschrift DIOS als Weihegaben in Olympia nachgewiesen: vgl. P.C. Bol, Antike Bronzetechnik (1985) 22. Unklar bleibt vorläufig, ob ein Teil der Werkzeuge und Werkzeugabfälle in den großen Heiligtümern nicht ebenfalls Weihecharakter besitzt, wie Bol a.a.O. vermutet. Anders: K. Kilian in: R. Hägg (Hrsg.), The Greek Renaissance in the 8th Century (1983) 146. Davon unberührt bleibt natürlich der Nachweis von Werkstätten in Heiligtümern.

[13] W. Janssen, Arch. Korrbl. 15, 1985, 52.

[14] Stein, Hortfunde 66.

[15] Aus dem mediterranen Raum sind auch Barren als Opfergaben sicher nachgewiesen. Vgl. D. Achilles in: Länder der Bibel. Ausstellungskatalog Frankfurt (1982) 271ff. Dabei werden sowohl große Barren als auch speziell als Votive gefertigte Miniaturbarren geweiht. Vgl. zu Miniaturbarren in ägyptischen Bauopfern: D. O'Connor in: G.F. Bass, Cape Gelidonya (1967) 172ff. Zu Barren in Bulgarien: H.-G.Buchholz in: Ancient Bulgaria. Symposion Nottingham 1981 (1983) 54. Als

[16] Vgl. zur sozialen Stellung des Schmiedes Kap. III. Zur religiösen Seite: M. Eliade, Schmiede und Alchemisten (^{2}1980).

[17] Vgl. R. v. Uslar, Prähist. Zeitschr. 34/35, 1949/50, 153 Anm. 60.

[18] Stein, Hortfunde 22 führt vier reine Gußkuchenhorte an; zwei von ihnen stammen aus dem Moor bzw. einer nassen Wiese, zwei sind Erdfunde. Dazu: Karlstein (ebd. 151 Nr.345), Fischach, Kr. Augsburg-West (ebd. 137, Nr. 371)

[19] Dieses Fundbild ist damit seit dem Übergang von früher zu mittlerer Bronzezeit, d.h. mit dem Auftreten von Gußkuchen in den süddeutschen und karpatenländischen Horten stabil. Vgl. Rittershofer, Ber. RGK 64, 1983, 302ff.; Menke, Jahresber. Bayer. Bodendenkmalpflege 19/20, 1978/79, 140f.

[20] W.A. v. Brunn, Ber. RGK 61, 1980, 128f. Dort findet sich auch eine Zusammenstellung der Gußkuchen enthaltenden Horte.

nicht zu leisten, da zureichende Materialvorlagen für eine genaue, auch quantifizierende Beschreibung dieser Tendenz bislang fehlen[21].

Der Fund aus dem Rhein bei Mainz (Liste 21, Nr. 1-7) belegt im Arbeitsgebiet für die Stufe Bz D die Mitgabe von Bronzegußkuchen in den Hort, und zwar mit einem relativ hohen Stückanteil von 28,5%. Für die nachfolgenden Zeitstufen fehlen Gußkuchen in Hortfunden gänzlich und werden erst in der Stufe Ha B3 wieder zu einem festen Bestandteil der Ensembles, wo sie mit prozentualen Anteilen zwischen 5 und 10 sowie 15 und 25% vertreten sind. Demgegenüber liegt der Barrenanteil vor allem nach Stückzahl in vielen bayerischen Horten wesentlich höher, so in Winklsaß (24,3%), München-Widenmayerstr. (22,2%) und Henfenfeld (43,1%), um nur einige größere Inventare anzuführen.

	Anz.	%
Weinheim	3	4,2%
Bad Homburg	6	4,8%
Ockstadt	2	4,8%
Bad Homburg	2	6,2%
Hochstadt	2	6,6%
Mannheim	3	7,8%
Ffm-Grindbrunnen	2	8,6%
Hanau	6	9,8%
Hangen	2	16,6%
Dossenheim	5	19,2%
Bad Homburg III	1	20,0%
Rockenberg	1	22,2%
Bad Homburg V	1	25,0%

Abb. 48 Übersicht über den prozentualen Anteil von Gußkuchen und Barren in den späturnenfelderzeitlichen Horten des Arbeitsgebietes

Aus dem Rhein bei Mainz wurden zwei Gußkuchen, davon sicher einer aus Kupfer, geborgen (Liste 23, Nr. 47-48), über deren Verbleib nichts bekannt ist; somit kann über ihr mögliches Alter nichts ausgesagt werden. Die geringe Zahl der aus Flüssen stammenden Gußkuchen und deren Fragmente dürfte auch ein überlieferungsbedingtes Phänomen darstellen, denn die häufig amorph daherkommenden Fragmente werden schlecht erkannt und in ihrer Bedeutung nur unzureichend gewürdigt. G. Wegner deutet die Gußkuchenfunde aus Wasserläufen im Anschluß an W. Torbrügge als möglichen Transportverlust[22], worin eine heimliche Bewertungsdifferenz zwischen einem bronzenen Schild und einem Gußbrocken zum Ausdruck kommt, die jedoch bei der Beschreibung quellenspezifischer Eigenheiten unzulässig ist. Bezeichnenderweise sind Gußkuchen in Flüssen bislang nur aus dem südöstlichen Mitteleuropa bekannt geworden. Aus der Donau bei Ulm stammt ein Arsenbronzegußkuchen[23], vom Greiner Strudel werden "sechs Kupfererzknollen von verschiedener Größe" vermeldet[24]. A. Mozsolics führt einen 10 kg schweren, vermutlich aus der Donau bei Nyergesújfalu, Kom. Komárom stammenden Gußkuchen an, der zusammen mit einem Dreiwulstschwert und Schwertrohlingen ins Museum eingeliefert wurde[25]. Immerhin lassen sich seit der Frühbronzezeit Barrendeponierungen im Fluß namhaft machen[26].

Aus Siedlungen des Arbeitsgebiets sind Bronzegußkuchen praktisch unbekannt. Bei den Funden aus der Ringwallanlage Bleibeskopf bei Bad Homburg besteht zumeist ein fester Bezug zu Depotfunden (Liste 21 Nr. 8-10), bei einem Stück handelt es sich um einen Einzelfund (Liste 21 Nr. 49). Interessanterweise fehlen Gußkuchen auch in den Schweizer Seerandsiedlungen, für deren Relikte vorzügliche Erhaltungs- und Überlieferungsbedingungen herrschen, die sich durch reiches Metallinventar auszeichnen und für die eine lokale Metallproduktion als gesichert gelten darf. V. Rychner, der seit einigen Jahren durch metallurgische Reihenuntersuchungen an Bronzen der Schweizer Seeufersiedlungen wichtige Beiträge zum ökonomi-

---

21 Ein Modell für die frühbronzezeitliche Metallproduktion und Metalldistribution bietet Menke a.a.O. 210ff. (Anm. 19). Seine Vorstellung zyklischer Metallproduktion als Folge des jeweiligen Bedarfs zur Deponierung (Opferung) mißinterpretiert jedoch m.E. das Fundbild als Wiedergabe der im Umlauf befindlichen Metallmenge, die durch die Zeiten konstant, wenn auch quellenspezifisch in differenzierter Weise erscheinen müsse.

22 Wegner, Flußfunde 89.
23 H. Otto, W. Witter a.a.O. (Anm.4) 204 Nr. 1286.
24 J. Kneidinger, Mitt. Anthr. Ges. Wien 72, 1942, 290 Nr. 73.
25 A. Mozsolics, Arch. Ért 102, 1975, 16; Ber. RGK 65, 1984, 61, Nr. 55.
26 Remshart, aus der Günz, Spangenbarren 118,2 g (A. Stroh, Katalog Günzburg 13 Nr. 36 Taf. 9,3); Ösenhalsringe aus dem Rhein bei Mainz (Wegner, Flußfunde 156 Nr. 646); aus dem Inn bei Rosenheim-Fürstatt (R.A. Maier, Germania 54, 1976, 199f.).

schen Verständnis einer Mikroregion, der "trois lacs", liefert, bezeichnet das Vorkommen von Kupferbarren in den Siedlungen als äußerst selten, "quasi absence", woraus er das Wiedereinschmelzen von Altmetall ("recyclage") als Hauptquelle zur Deckung des Metallbedarfs ableitet[27]. Nicht auszuschließen ist allerdings die Möglichkeit, daß die eigentlichen Gießerwerkstätten außerhalb der eng bebauten Siedlungsareale an z.B. belüftungstechnisch günstigen Plätzen gelegen haben. Darauf deutet auch die Lage des in der Befestigungsanlage von Dresden-Coschütz gefundenen Schmelzofens hin; dort stammen im übrigen Gußkuchen allein aus den in derselben Siedlung gefunden Horten[28]. Tatsächlich ist in der gesamten süddeutschen und schweizerischen Urnenfelderkultur bislang kein Schmelzofen innerhalb einer Siedlung bekannt geworden. Überlegungen zur Trennung von "production and user settlement" bleiben daher weitgehend Spekulation[29], solange nicht durch neue Grabungen zu Tage kommende entsprechende Befunde uns "indirekte Belege", d.h. Fundobjekte aus Siedlungsarealen, die sich in irgendeiner Weise mit dem Gießereibetrieb in Verbindung bringen lassen, besser verstehen lehren[30].

Aus den hier zusammengestellten Beobachtungen ergeben sich zwei wesentliche Schlußfolgerungen. Es gibt keinen zwingenden Grund, Gußkuchen als Besitz von Handwerkern aufzufassen, Horte mit Gußkuchen als Gießerbesitz zu charakterisieren. Damit aber werden Differenzierungen in Handwerker- und Weihehorte, wie sie von F. Stein und J. Levy[31] vorgeschlagen wurden, hinfällig.

Gußformen

Steingußformen sind in Depotfunden nur ausnahmsweise belegt[32]. Man kennt sie im wesentlichen aus Siedlungen und als Einzelfunde. Aus dem Arbeitsgebiet sind Sandsteingußformen für Beile, Hämmer, Sicheln, Tintinnabula, Radanhänger (oder Nadeln?) und Rasiermesser (Liste 22) anzuführen, was in keinem Verhältnis zum real überlieferten Fundstoff der Fertigprodukte steht. Eine Lappenbeilgußform wurde 1979 bei Eltville (Liste 22 Nr. 12) in einer 11 m langen und mindestens 1,7 m tiefen Grube gefunden, aus der des weiteren ein Gußlöffel, eine Reibplatte, Keramik, Tierknochen, Hüttenlehm, ein drahtförmiger Bronzerest und eine durchbohrte Muschel geborgen werden konnten[33]. Ob zu dem Gußformenhort aus Windeckens Felsenkeller bei Friedberg (Liste 22 Nr. 4) Bronzegegenstände gehört haben, ist nicht gesichert. Auch Horte allein mit Steingußformen sind bekannt[34]. Ein Gußformenfragment vermutlich aus dem Eschollbrücker Moor (Liste 24 Nr. 6) stellt bezüglich der Deponierung im Bereich der Urnenfelderkultur eine Besonderheit dar, doch ist die Herkunft nicht sicher genug verbürgt, um daran weitergehende Fragestellungen anzuschließen[35].

Tongußformen sind für das Arbeitsgebiet noch nicht belegt, doch steht außer Frage, daß dies einem Forschungsdesiderat, planmäßigen Siedlungsuntersuchungen nämlich, geschuldet ist[36].

---

[27] V. Rychner. Arch. d. Schweiz 7, 1984, 73ff.

[28] Vgl. Anm. 1.

[29] A. Jockenhövel, Germania 64, 1986, 565ff. Es handelt sich hier im übrigen um nichts anderes als die von Max Weber getroffene Unterscheidung zwischen Produzenten- und Konsumentenstadt.

[30] Die Spannbreite dieser indirekten Nachweise reicht vom Gußtröpfchen (wie von Bad Kreuznach, Martinsberg) bis zum Fertigprodukt (wie vom Hesselberg).

[31] Levy, Social and Religious Organization 22, gibt als ein Kriterium für den nicht-rituellen Hort "presence of raw ressources of metal..." an, das Arrangement der Gegenstände eines Hortes hingegen wird "in a specific order" als Kriterium für einen rituellen Hort gewertet. Vgl. dazu allerdings die bei Stein, Hortfunde 22, genannten Fundumstände der Gußkuchenhorte.

---

[32] W. Coblenz, Arch. Polski 27, 1982, 331 bestätigt diese Beobachtung für Sachsen und folgert daraus unterschiedliche Aufbewahrungsorte für Metallschrott und Gußformen. Beispiele für diese Vergesellschaftung: Depot von Nechranice mit steinerner Rasiermesserform (Jockenhövel, Rasiermesser 129 Nr. 217 Taf. 18,217).

[33] Fundber. Hessen (Fundchronik 1975-80) im Erscheinen. (Die Gußform besteht nach Analyse aus serpentinisiertem Pyroxenit, der möglicherweise aus dem Alpengebiet stammt).

[34] Neckargartach (O. Paret, Germania 32, 1954, 7ff. Taf. 6-8); Meckenheim (F. Sprater, Urgeschichte der Pfalz [1928] 96 Abb. 33).

[35] In diesem Sinne auch Kubach, Deponierungen 230.

[36] Einen Eindruck von der möglichen Fülle tönerner Gußformen vermittelt T. Weidmann, Jahrb. Schweiz. Ges. Urgesch. 65, 1982, 165ff. Selbst in kleineren Siedlungen dürfte eine - vielleicht auch nur bescheidene Metallproduktion stattgefunden haben (vgl. R. Busch, Göttinger Jahrb. 16, 1968, 29ff.; O. Reichold, Arch. Korrbl. 16, 1986, 57ff.), die eine vorschnelle Unterscheidung zwischen "user" und "production settlement" verbieten.

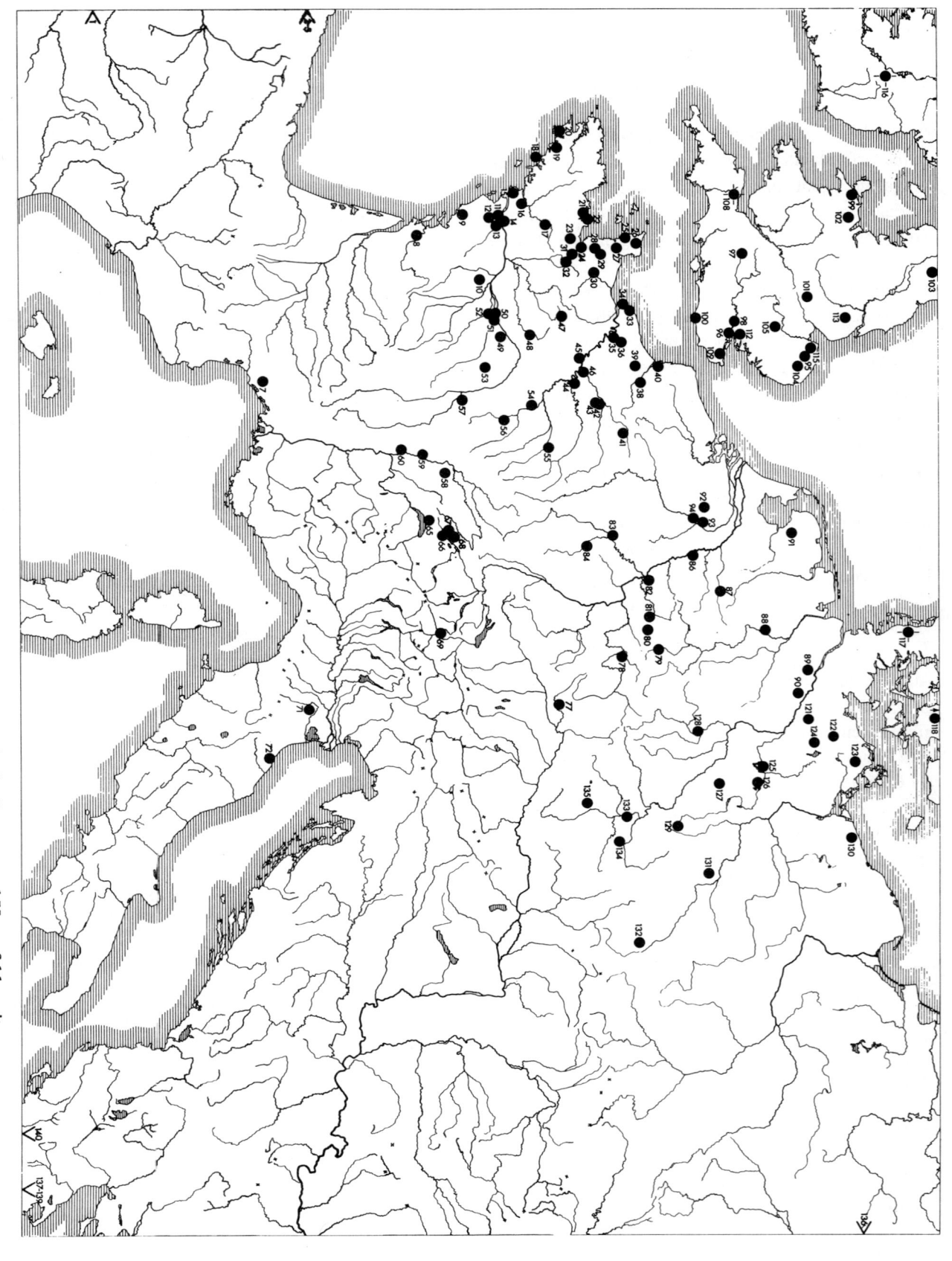

Abb. 49 Verbreitung der Gußformen aus Bronze (Vgl. Liste 22a) in der Bronze- und Urnenfelderzeit

Metallgußformen sind bislang im Arbeitsgebiet nur aus Horten[37] bekannt, nämlich von Lindenstruth, Haimberg und Schotten (Liste 22 Nr. 1-3); in allen drei Fällen handelt es sich um Beilgußformen[38]. Der Hort von Lindenstruth gehört der Stufe Ha B1, die beiden übrigen der Stufe Ha B3 an. An dieser Stelle sei hervorgehoben, daß in den Horten, aus denen wir metallene Gußformen kennen, nie Gußkuchenfragmente beigegeben wurden. Entsprechende Erscheinungen lassen sich auch für Regionen der Atlantikküste aufzeigen. Bronzene Gußformen sind seit der mittleren Bronzezeit[39] überwiegend aus den Niederlanden, England und dem nordwestlichen Frankreich bekannt geworden[40], wobei Gußformen für Beile eindeutig dominieren. Wenige Formen für Lanzenspitzen, eine für Meißel, vier für Schmuck (Armringe, Gürtel, Nadeln), je eine für Sicheln und Schwertgriffe sind ebenfalls bekannt. Bronzene Gußformen sind vorwiegend aus Horten, seltener als Einzelfunde und Flußfunde bekannt geworden. Bemerkenswert ist ihr ornamentaler Dekor, der Umschnürungen nachzubilden scheint, seltener aber, wie im Falle der Form von Schinna, auch anthropomorphe Elemente vorführen kann. Ihre Verbreitung ist in Frankreich an die Loire, Teile der Normandie und die Seine gebunden. Auffällig ist die Fundleere in der Bretagne, obgleich entsprechende Fertigprodukte gerade dort in Hortfunden erscheinen. Locker streuen sie über die holländische Küstenregion nach Dänemark und bis nach Brandenburg und Pommern. Die Streuung der bronzenen Gußformen reicht in Zentraleuropa bis in die Slowakei[41].

Die in Abb. 49 gegebene Verbreitungskarte verdeutlicht auch auf der Ebene technologischer Verfahren die engen Verbindungslinien des westlichen Urnenfeldergebietes mit den nordwestlichen Atlantikregionen und bestätigt die anhand typologischer (beispielsweise bei den Tüllenbeilen) und depositionaler Kriterien gewonnenen Untersuchungsergebnisse.

Für die Deutung der Horte ist es weiterhin nicht unerheblich, daß gerade metallene Gußformen, keineswegs jedoch solche aus Stein oder Ton, mit den Fertigprodukten deponiert werden. Der vielzitierte "handwerkliche Charakter" der Horte wird durch diese Beobachtungen erheblich in Zweifel gezogen. Die Metallgußformen unterliegen nämlich offenbar ebenso bestimmten Deponierungsregeln wie dies bereits für Fertigprodukte aufgezeigt werden konnte. Ob hierfür allein der Metallwert zur Begründung herangezogen werden kann, darf folglich bezweifelt werden, denn schon ihre sorgfältige Herstellung und Verzierung, die von Steingußformen ja nicht bekannt ist, deuten auf eine besondere Wertschätzung, die man diesen Gußformen entgegenbrachte.

Darüberhinaus ist in diesem Zusammenhang darauf hinzuweisen, daß Gußform und Fertigprodukt nicht selten unterschiedliche depositionelle Qualitäten aufweisen. Dies legt eine Anzahl von Beobachtungen, die im Zusammenhang von Materialbearbeitungen gemacht wurden, nahe. Besonders die geographisch peripher oder exzentrisch zur Hauptkonzentration entsprechender Fertigprodukte liegende Fundsituation vieler Gußformen wird häufig erwähnt[42]. Beim gegenwärtigen Forschungsstand läßt sich für diese Erscheinung keine plausible Begründung anführen, allerdings spricht manches für eine quellenspezifische Auswahl des uns zur Verfügung stehenden Fundstoffs, der auch Gußformen, insbesondere jene aus Bronze unterliegen.

---

[37] Vgl. Liste 22a.

[38] Zur Verwendung: H. Drescher, Die Kunde N.F.8, 1957, 52ff.

[39] Eine bronzene Flachbeilgußform vom Bodensee (Liste 22a Nr. 70).

[40] J.-P. Mohen, Antiquités Nationales 10, 1978, 23ff.

[41] Neben den in der Liste 22a angegebenen Nachweisen sei darauf verwiesen, daß Mayer, Beile 166 glaubt, an einem Beil von Schönberg bei Niederwölz in der Steiermark eine Herstellung in einer Metallgußform erkennen zu können.

[42] Z.B. die zur Verbreitung der Fertigprodukte periphere Fundlage der Form von Los Oscos (R.J. Harrison, Madrider Mitt. 21, 1980, 136 Abb. 4); vgl. die Ausführungen in den Kap. II zu Schwertern, Rasiermessern und Beilen.

Verschiedenes

Ein Klappergerät aus dem Hortfund von Hochborn (Blödesheim) wurde unlängst von U. Schaaff als Sistrum angesprochen und mit orientalischen Entsprechungen konfrontiert[1].

Die in der französischen Forschungsliteratur als "Spheroide" angesprochenen "Bronzepfeifchen" sind in den Hortfunden von Wiesbaden[2] und vom Bleibeskopf bei Bad Homburg[3] bekannt geworden. Ihre Verbreitung ist im wesentlichen auf Südost- und Mittelfrankreich beschränkt[4]. Über ihre einstmalige Verwendung konnte noch keine Klarheit erzielt werden.

---

[1] U. Schaaff, Jahrb. RGZM 31, 1984, 237ff.
[2] Herrmann, Urnenfelderkultur 94 Nr. 225 Taf. 193,7.
[3] Kibbert, Beile Taf. 91 C3
[4] Vgl. Verbreitungskarte bei Coffyn u.a., Venat 228 Karte 20.

III. Die Hortfunde

In den folgenden Abschnitten werden Aspekte der Hortfunde in der nördlichen Oberrheinebene und der mittelhessischen Senke behandelt. Obgleich die Hortniederlegung ein gesamteuropäisches Phänomen darstellt und letztlich nur in einem ebensolchen Kontext verstanden werden kann, muß - dies liegt in der Anlage dieser Studie begründet - auf eine stoffliche Ausweitung in geographischer Hinsicht verzichtet werden. Nach einer fundkritischen Musterung des Fundstoffes werden die Depotfunde nach ihrer inneren Struktur befragt. Von diesen Ergebnissen ausgehend, wird die Problematik der Deutung zu skizzieren versucht[1].

Quellenkritische Betrachtungen

Ein besonderes Problem stellen für die Beschäftigung mit Hortfunden die häufig schlechten Überlieferungsbedingungen dar. Die meisten Hortfunde wurden bei landwirtschaftlichen Tätigkeiten oder bei Baumaßnahmen unterschiedlicher Art aufgedeckt. Entsprechend der Art und Weise in der diese Eingriffe in die Natur vor sich gingen, wurden bekanntlich mehr oder auch weniger Horte aufgedeckt. Die in vielen Studien vorgelegten Frequenzkurven der Auffindungsjahre bronzezeitlicher Hortfunde zeigen eine deutlich fallende Tendenz an[2]. So konnte der Eindruck entstehen, als sei die Quelle im wesentlichen erschöpft. Wenn dies auch für bestimmte Gebiete zutreffend ist[3], so haben neue technische Hilfsmittel dazu geführt, daß in manchen Regionen Süddeutschlands neue "Hortfundlandschaften" entstanden sind: Ich meine die gezielte Suche nach Metallgegenständen mit Hilfe von Sonden; diese Art der "Quellenbeschaffung" hat dazu geführt, daß in den letzten Jahren besonders von abgelegenen Höhenplätzen, auf denen keine agrikulturellen Maßnahmen zu erwarten sind, eine große Zahl von Hortfunden bekannt geworden ist[4]. Freilich muß man aber damit rechnen, daß dies nur ein Bruchteil dessen darstellt, was tatsächlich aufgespürt wird. Sammelleidenschaft, falsch verstandenes Geschichtsinteresse und Habgier könnten nun tatsächlich zu einer weitgehenden Erschöpfung der Quelle führen. Die einzige Chance, die diese Geräte bieten, wäre allerdings bedeutsam: nämlich ausgehend von einem Hortfund ein größeres Areal flächig aufzudecken und dahingehend zu untersuchen, ob weitere Befunde zu diesem Hortfund gehören; eine solche Untersuchung findet gegenwärtig auf dem Bullenheimer Berg[5] statt, und man wird die dort erarbeiteten Ergebnisse abzuwarten haben.

Mit dem Einsatz dieser Metallsonden verändert sich auch das Gepräge der Hortfunde. Kleinere Gegenstände, früher möglicherweise übersehen, werden zahlreicher, auch kann bei sorgfältiger Bergung feines Blech u.ä. unter günstigen Bedingungen bewahrt werden[6]. Diese neuen Funde, die uns nun ein größeres Spektrum an Gegenständen vorführen, dürfen jedoch nicht als Argument gegen den Versuch einer Analyse der Hortinhalte gewendet werden. Der gut geborgene Einzelbefund kann immer nur als Korrektiv zum archäologischen Regelbefund dienen.

Die im folgenden behandelten Horte sind überwiegend auch in der Studie F. Steins[7] enthalten. Mit hoher Wahrscheinlichkeit geschlossen und vollständig überliefert sind die Depotfunde von Dossenheim (ebd. Nr. 269), Frankfurt-Fechenheim (ebd. Nr. 394), Groß-Bieberau (ebd. Nr. 404) Hanau (ebd. Nr. 406), Hangen (ebd. Nr. 427), Heldenbergen (ebd. Nr. 412), Heusenstamm (ebd. Nr. 413), Langenlonsheim (ebd. Nr. 427), Mühlheim (ebd. Nr. 411),

---

[1] Forschungsgeschichtliche Überblicke haben zuletzt Stein, Hortfunde 9ff. und Willroth, Hortfunde 9ff. geboten, so daß hier auf Wiederholungen verzichtet werden kann. Für die ausführliche Diskussion der Deutungsvorschläge für Hortfunde ist auch auf die Ausführungen bei Willroth, Hortfunde 219ff. hinzuweisen, die hier ebenfalls nicht wiederholt werden sollen. Neuerdings ablehnend: A. Mozsolics, Acta Arch. Hung. 34, 1987, 93ff.

[2] Willroth, Hortfunde 31. Stein, Hortfunde 83ff.

[3] Man denke etwa an die Ausdehnung von Stadtgebieten, Straßenbau etc.

[4] In der Ringwallanlage Bleibeskopf bei Bad Homburg sind inzwischen sieben Horte und eine Anzahl von Einzelfunden (vgl. Taf. 15, 6-12) bekannt geworden. Vgl. A. Müller-Karpe, Fundber. Hessen 14, 1974, 203ff.

[5] W. Janssen, Arch. Korrbl. 15, 1985, 45ff; G. Diemer, Arch. Korrbl. 15, 1985, 55ff.

[6] Vgl. Fundber. Unterfranken 1979, 113.

[7] Stein, Hortfunde.

Niedernberg (ebd. Nr. 355), Nieder-Flörsheim (ebd. Nr. 431), Rockenberg (ebd. Nr. 415), Rüdesheim (ebd. Nr. 416), Mannheim-Wallstadt (ebd. Nr. 280), Weinheim ebd. Nr. 295) und Wonsheim (ebd. Nr. 439). Die Horte von Frankfurt-Niederrad (ebd. Nr. 397), Froschhausen (ebd. Nr. 402), Ockstadt (ebd. Nr. 401), Marburg (ebd. Nr. 410) und Allendorf (ebd. Nr. 388) dürften weitgehend vollständig sein. Der Hortfund von Bad Homburg, Ferdinandsplatz (ebd. Nr. 389) war ursprünglich in zwei etwa 1 m voneinander entfernten Gefäßen deponiert, deren Inhalt vermischt wurde und heute nicht mehr zu trennen ist. Bei den Horten von Biblis (ebd. Nr. 391), Eschwege (ebd. Nr. 072), Hillesheim (ebd. Nr. 422), Hochstadt (ebd. Nr. 407), Rümmelsheim (ebd. Nr. 428), Lindenstruth (ebd. Nr. 408), Ludwigshöhe (ebd. 053), Maar (ebd. Nr. 409), Nieder-Olm (ebd. Nr. 433), Planig (ebd. Nr. 419), Schotten (ebd. Nr. 417), Wiesbaden (ebd. Nr. 418) und Wöllstein (ebd. Nr. 438) sind die Fundumstände unbekannt, was freilich nicht bedeuten muß, diese Horte seien unvollständig oder mit anderen vermischt.

Einige Horte im Arbeitsgebiet sah F. Stein als vermischte Inventare an. Der Depotfund von Hochborn (Blödesheim) (ebd. Nr. 044) enthält Schmuck und Gerätetypen der mittleren Bronzezeit (Bz C) und der Urnenfelderzeit. Anhand dieses zeitlichen Unterschiedes, die Patinaunterschiede[8] sind keineswegs gravierend, kann jedoch die Geschlossenheit des Fundes nicht angezweifelt werden.

Der Hortfund von Gambach (ebd. Nr. 038) wird von F. Stein als Metallsammlung in einer Siedlung angesprochen. Im originalen Fundbericht ist davon die Rede, daß man neben den Bronzen auch eine Menge Asche, Schlacken, Töpfe, Schüsseln und Teller sowie Reste von Hirsch- und Rindshörnern und Gebeine kleinerer Tiere fand. Weder die Keramikreste noch die Aschenschicht sprechen jedoch gegen die Annahme, es handele sich um einen Depotfund. So fand sich über den in einem Keramikgefäß gesammelten Bronzen von Mannheim-Wallstadt ein Scherbennest in einer rundlichen Grube von 80 cm im Durchmesser und 50 cm in der Tiefe. Beispiele für Hortfunde in Asche- oder Holzkohleschichten wurden bereits genannt[9]. Andere Materialien als Bronze erscheinen durchaus in Horten oder wurden in näherem Zusammenhang mit ihnen aufgedeckt.

Die Bronzen vom Haimberg (ebd. Nr. 034) wurden beim Abbau eines Schlackenwalles gefunden und zwischen 1907 und 1928 in das Museum eingeliefert. Unklar ist, ob es sich um einen Hort handelt, der peu à peu abgeliefert wurde, oder ob es sich nicht um Einzelfunde handelt. Unberücksichtigt bleiben im folgenden die Funde, die in der Literatur mitunter als Flußhorte bezeichnet werden[10]. Die übrigen bei Stein genannten Hortfunde Hessens und Rheinhessens können nicht berücksichtigt werden, da sie nur in Berichten oder in minimalen Bestandteilen überliefert sind.

Trotz der unterschiedlich guten Überlieferungsbedingungen scheint es dann gerechtfertigt, eine Inhaltsanalyse der Hortfunde des Arbeitsgebietes vorzunehmen, wenn man sich der daraus resultierenden Unsicherheiten bewußt bleibt und die daraus sich ergebenden Konsequenzen für die Deutung des Phänomens vor dem Hintergrund des gesamten Quellenbildes diskutiert.

Möglichkeiten der Strukturierung von Hortfunden in der nördlichen Oberrheinebene und der mittelhessischen Senke

Für die Beurteilung des Charakters der Depotfunde ist es notwendig, eine Analyse der Quellengruppe insgesamt vorzunehmen, d.h. von individuellen Ausprägungen zunächst zu abstrahieren und nach regelhaften Wiederholungen, z.B. von Kompositionsmustern, zu fragen. Sollte sich herausstellen, daß mehr oder minder normierte Ausstattungen in den Horten vorliegen, dann dürfte die Vielzahl möglicher Entstehungsursachen für die Anlage bzw. Verbergung von Horten auf wenige plausible Gründe zu reduzieren sein. Freilich sind dabei keine gleichsam naturgesetzlichen Regelhaftigkeiten zu erwarten, was sich aus dem Gegenstand der Untersuchung, nämlich menschlicher Tätigkeit, von selbst erklärt.

---

8 Farbunterschiede der Patina können auch mit verschiedenen Legierungen koinzidieren, was jedoch ebensowenig, wie chronologische Divergenzen gegen die Geschlossenheit eines Fundes spricht. Vgl. Kap. IV (Flußfunde).

9 Kap. II (Nadeln) Anm. 45.
10 Vgl. Kap. IV.

Möglichkeiten, die Vielzahl der Funde in ein sinnvolles Ordnungsgefüge zu bringen und damit der Interpretation zugänglich zu machen, gibt es manche. F. Stein hat in ihrer Habilitationsschrift, die die bislang avancierteste Analyse süddeutscher Hortfunde darstellt, wohl im Bewußtsein der Vielfalt von Klassifikationsmöglichkeiten, sich für eine Analyse der Depots entschieden, die auf "inhaltlichen Kriterien", nämlich der Fundzusammensetzung und der "Benutzung der im Hort enthaltenen Gegenstände"[11] beruht. Primär von der Untersuchung des Benützungsgrades der Gegenstände ausgehend, arbeitet sie drei Hauptklassen von Horten heraus, die durch die Verknüpfung mit der Inhaltsanalyse, also den in den Horten enthaltenen Materialgattungen, weiter untergliedert werden.

Steins erste Gruppe stellen die Rohmaterial-, also Barren- bzw. Gußkuchendepots dar. Diese braucht in dem hier behandelten Zusammenhang nicht weiter zu interessieren, da sie nur schwer zu datieren sind und im Arbeitsgebiet auch kein entsprechendes Beispiel anzuführen ist[12]. Die zweite Kategorie, die Fertigwarenhorte, enthalten Gegenstände, die "benutzbar, d.h. neu, fast neu, gebraucht, aber noch nicht unbrauchbar sind. Zu solchen Gegenständen treten häufig noch Rohmaterialien oder Halbfertigprodukte"[13]. Untergliedert werden diese Horte in Beil-, Sichel-, Waffen-, Schmuck- und Bronzegefäßdepots, solche gemischten Inhaltes sowie Sonderfälle[14]. Steins dritte Klasse, die sogenannten "Brucherzhorte", ist gekennzeichnet durch vollständige und benutzbare Gegenstände und beigemischte Fragmente von Gegenständen. Häufig treten in dieser Klasse Gußkuchenfragmente hinzu. Selten sind hingegen Barren und Teile von Halbfertigprodukten vertreten. Selten sind aber solche Horte, die allein aus "Brucherz" zusammengestellt sind[15].

Diese Depotkategorien konfrontiert F. Stein schließlich mit den Auffindungsumständen, soweit sich diese rekonstruieren lassen. Dabei gelangt sie zu dem Ergebnis, daß die Fertigwarenhorte häufig in Mooren, Feuchtarealen, Felsspalten oder unter großen Steinen, seltener dagegen in Tongefäßen oder ähnlichen Behältnissen und häufig in besonderer Anordnung (Armringketten, kreisförmig ausgelegte Beile, Schwerter etc.). Hingegen fanden sich Brucherzhorte meist in trockenem Gelände in einer Tiefe zwischen 0,4 und 1,0 m. Aufgrund dieser Unterscheidung weist F. Stein die Fertigwarenhorte in den Bereich religiöser Weihegaben, die Brucherzdepots bezeichnet sie hingegen als "Verwahrfunde".

Einen ähnlichen Ansatz verfolgt J.E. Levy in einer Studie zu den bronzezeitlichen Horten Dänemarks, die dem Ziel dient, "ritual"- und "non-ritual" - Deponierungen zu unterscheiden. Sie geht dabei von zwei Schlüsselfunden aus, die jeweils als ideale Protagonisten der einen oder anderen Deponierungsursache gelten, nämlich den Horten von Budsene (ritual) und Sageby (non-ritual)[16]. Zunächst bezieht sie sich auf die seit S. Müller gültige opinio communis, die in Mooren niedergelegten Horte seien aus religiösen Motiven verborgen worden. Hingegen werden Argumente für die profanen Entstehungsursachen von Brucherzhorten wie Sageby vom Zustand der enthaltenen Gegenstände bezogen. Verallgemeinerbare Kriterien, die zur Stützung dieser Unterscheidung in "sakrale" und "profane" Horte beitragen und schließlich als Basis für die Übertragung auf das prähistorische Material in seiner Gesamtheit dienen sollen, entwickelt sie ethnographischen Parallelen insbesondere aus Ozeanien, Afrika und den beiden Amerika. In den Opferriten der außereuropäischen Stammesgesellschaften, die sie als spezifische, das gesellschaftliche Naturverhältnis vermittelnde, aber gar nicht interessieren, extrahiert sie folgende Regelhaftigkeiten: Für das Opfer ist ein besonderer Platz vorgesehen, der bestimmten Bevölkerungsteilen vorbehalten ist und außerhalb der häuslichen Aktivitäten liegt. Es gibt eine bestimmte Auswahl der für "rituelle" Deponierungen vorgesehenen Gegenstände, eine Auswahl nach Art, Farbe und Geschlecht der Opfertiere, sowie Stücke aus dem persönlichen Besitz und der individuellen Wertschätzung[17]. Diese Kriterien, die man ebensogut auch durch das Studium antiker Opferrituale

---

[11] Stein, Hortfunde 19.

[12] Vgl. aber Kap. II (Barren).

[13] Stein, Hortfunde 19.

[14] Nur am Rande sei auf die Inkonsistenz der Untergliederung, die allerdings in der Sache begründet liegt, hingewiesen. Stein bezeichnet nämlich all die Horte als Waffendepots, in denen ausschließlich oder *überwiegend* Waffen enthalten sind. Daß dies aber eine u.U. wichtige Differenz darstellt, wird bei Stein übergangen.

[15] Stein, Hortfunde 19.

[16] J.E. Levy, Social and Religious Organization in Bronze Age Denmark. BAR 124 (1982) 17.

[17] Levy a.a.O. 19.

hätte gewinnen können, verknüpft sie mit einschlägigen Textstellen in Tacitus' Germania[18], um eine Rückbindung zum europäischen Norden zu gewinnen. Aus all dem definiert sie als Kriterien ritueller Deponierungen:
- Anlage in feuchtem Milieu (Moor, See, Brunnen)
- in beträchtlicher Tiefe
- in Grabhügel ohne Bestattung - von:
- überwiegend Schmuck und Waffen, Gegenständen, die den sozialen Status repräsentieren, persönlichen Besitz darstellen und symbolische Bedeutung aufweisen
- Objekten mit "kosmologischem Bezug" (Äxte, Pferdegeschirr, Hörnerhelme, Gefäße)
- vorwiegend kompletten Gegenständen in Verbindung mit Knochen, Gefäßen mit Speiseopfern und Sicheln sowie möglicherweise in besonderer Anordnung angelegt (Parallelität, Kreis, Stapel, etc.).

Profane Niederlegungen sind, genau genommen, im Ausschluß dieser Kriterien:
- angelegt in trockenem Milieu
- in geringer Tiefe
- neben einem Stein oder einer anderen Markierung mit einem breiten Spektrum von Artefakt-Typen
- kleineren Objekten
- vornehmlich Werkzeugen von beträchtlicher "predeposition fragmentation" und der Präsenz von Rohmaterialien und Gußresten[19].

In den beiden genannten Arbeiten spielt die Beschreibung der Topographie des Fundortes eines Depots eine gewichtige Rolle, wobei insbesondere die Möglichkeit der reversiblen bzw. irreversiblen Verbergung als Schlüssel für die Deutung angesehen wird. Neben dem Moor bzw. einem Feuchtareal im allgemeinen hat die Forschung in den letzten Jahren weitere "besondere Orte", Felsspalten, Pässe, Höhen als Stellen herausgearbeitet, an denen Gegenstände niedergelegt wurden[20].
Es versteht sich von selbst, daß nur ein Teil der Horte, die vielfach ohne genaue Fundortangabe überliefert sind, ein (auch heute noch) "numinos" empfundener Fundplatz namhaft gemacht werden kann, da wir über das Maß der Landschaftsveränderung letztlich nur unzureichend informiert sind. Und wie soll schließlich ein heiliger Hain, zweifellos ein besonderer Platz, archäologisch nachweisbar sein? Die Analyse der Fundumstände ist also nur begrenzt einsetzbar und vielfach von individuellen Erfahrungen und Impressionen abhängig.

W.A. v. Brunns Arbeiten zur Problematik der Hortfunde tragen diesem Umstand Rechnung. Ihn interessieren die Ausstattungsmuster der Horte; er selbst arbeitete Regelhaftigkeiten der Komposition älterurnenfelderzeitlicher Horte in Mitteldeutschland und spätbronzezeitlicher (Periode V) Depots im Gebiet zwischen Elbe und Weichsel heraus[21]. Von diesen Untersuchungen angeregt, hat G. Schumacher-Matthäus die Ausstattungen bronzezeitlicher Depotfunde im Karpatenbecken analysiert[22]. Ziel ist es, durch einen Vergleich mit den Grabfunden, in denen Schmuck- und Waffenausstattung des Individuums überliefert sind, entsprechende Ausstattungen auch in den Horten wiederzuerkennen, um dadurch Aufschlüsse über die Art und Weise des Zustandekommens der Hortfunde zu erlangen, z.B. wie viele Personen an der Zusammenstellung des Hortes beteiligt waren, ob männliche oder weibliche Ausstattungen die Horte dominieren, ob es regelhafte "Zutaten" zu diesen Ausstattungen gibt. Wichtig ist, daß v. Brunn die Horte einer Landschaft immer als kulturspezifische Erscheinung begreift. Nicht nur die formale Gestaltung der Gegenstände unterscheidet sich von Kulturlandschaft zu Kulturlandschaft, sondern auch der Inhalt der Horte divergiert jeweils; in manchen Gebieten gelangen Gegenstände in den Hort, die andernorts nicht für deponierungswürdig gehalten werden[23].

Mit den genannten Arbeiten ist der Rahmen bisheriger Strukturierungsversuche der bronze- und urnenfelderzeitlichen Horte weitgehend abgesteckt. Sie haben bereits wichtige Erkenntnisse über den Charakter dieser Quellenkategorie erbracht. Im folgenden sollen einige ergänzende Beobachtungen zu den Hortfunden der nördlichen Oberrheinebene und der mittelhessischen Senke mitgeteilt werden.

Die Horte des Arbeitsgebietes sind im wesentlichen drei Zeithorizonten zuzuweisen: Gut vertreten sind

---

18 Vgl. Tacitus, Germania 40 und 7,10.30.
19 Levy a.a.O. (Anm. 16) 22.
20 Vgl. J. Bill, Arch. Korrbl. 15, 1985, 25ff. und Kap. IV.

21 V. Brunn, Hortfunde; ders., Ber. RGK 61, 1980, 91ff.
22 Schumacher-Matthäus, Schmucktrachten.
23 Vgl. v. Brunn, Ber. RGK 61, 1981, 134.

Depots in der älteren Urnenfelderzeit, vornehmlich der Stufe Bz D, schwächer in der älteren Phase der Stufe Ha A. Für den jüngeren Abschnitt der Stufe Ha A lassen sich bislang keine Horte namhaft machen. Eine zweite Gruppe von Horten vertritt das klassische Ha B1 (im Sinne W. Kimmigs). Die dritte und größte Gruppe ist der Endstufe der Urnenfelderzeit zuzurechnen. Da diese drei Gruppen bei verschiedenen Gemeinsamkeiten jeweils charakteristische Spezifika, die sie voneinander unterscheiden, aufweisen, werden sie zunächst getrennt behandelt.

Bei den 14 Horten, die in die Stufen Bz D und Ha A1 zu datieren sind, handelt es sich um relativ kleine Ensembles, die Mehrzahl besteht aus 2-9 Objekten, nur vier Depots enthalten mehr Gegenstände, das größte 42 Stücke (vgl. Abb. 50). Insgesamt sind es 139 Gegenstände, durchschnittlich enthält jeder Hort 9 Objekte. Wesentlich größere Horte erscheinen zur gleichen Zeit hingegen in Südbayern, dem Ostalpenraum und dem Karpatenbecken. Die Ausstattungen einiger Bz D-zeitlicher Depots lassen sich, wie bereits bei der Behandlung der Brillenspiralanhänger erwähnt, mit den Ausstattungen von Frauengräbern verbinden. Die dort vertretenen Kombinationen finden sich auch in den Horten. Die in Abb. 51 gegebene Tabelle vermittelt einen Überblick über die absoluten Fundzahlen verschiedener Gegenstandsgruppen in den Horten.

Die Übersicht läßt, ebenso wie die Kombinationstabelle in Abb. 52, drei wichtige Aspekte der älterurnenfelderzeitlichen Horte Hessens und Rheinhessens erkennen. Zu erkennen ist zunächst, daß es auf der einen Seite Schmuckhorte und auf der anderen Seite Gerätehorte mit jeweils homogener Ausstattung gibt. Nur die beiden Depots von Niedernberg und Mainz, der eine ein "Fertigwaren-", der andere ein "Brucherzdepot", enthalten sowohl Schmuckgegenstände als auch Geräte und Waffen. Der zweite Aspekt ist die "Scharnierfunktion" der Sichel, die in Horten mit Schmuckgegenständen und solchen mit Waffen und anderen Geräten enthalten ist. Schließlich kann man in den Schmuckhorten feminine Trachtausstattungen erkennen; "Männerinventare" lassen sich hingegen mit entsprechenden Grabfunden nicht korrelieren, da Geräte beinahe nie dem Grab anvertraut werden. In vier Horten fanden sich Brillenspiralen, Sicheln oder Beile ohne weitere Beifunde; Waffen werden fast nie im Hort niedergelegt, in Mainz ein Schwert und eine Lanze, in Rödelheim eine Pfeilspitze und in Kreuznach drei Lanzenspitzen. Gußkuchenfragmente sind nur aus einem Hort, jenem von Mainz, bekannt geworden.

Von einem annähernd repräsentativen Querschnitt durch das einst vorhandene Metallinventar und zufälligen Kompositionsprinzipien, wie man dies für "Sammelfunde" erwarten sollte, kann demzufolge nicht gesprochen werden.

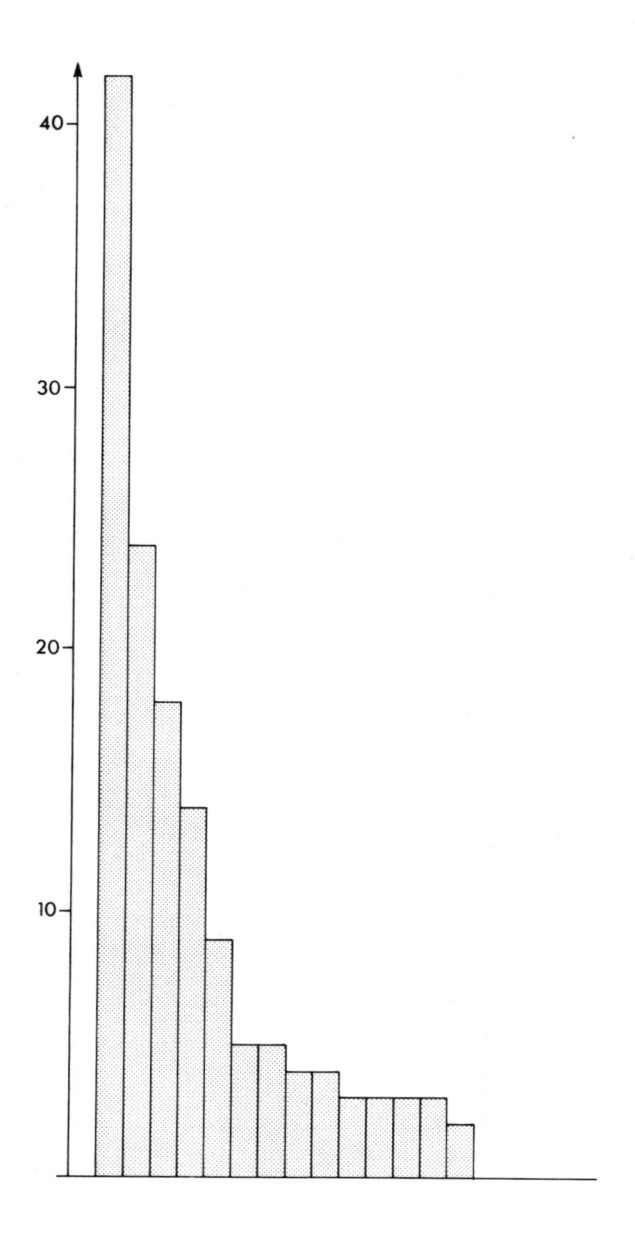

Abb. 50 Anzahl der Fundstücke in Horten der Stufen Bz D und Ha A (eine Säule entspricht einem Depotfund)

Fundort	Großer Spiralanhänger	Kleiner Spiralanhänger	Kette/Gürtel	Armschmuck	Phalere/Tutulus	Spiralröllchen	Spiraldraht	Anhänger	Nadel	Fibel	Sichel	Beil/Meißel	Trense	Messer/Dolch	Lanzenspitze	Pfeilspitze	Schwert	Barren
Froschhausen	3																	
N.-Flörshm.	1	4	1	12														
Ludwigshöhe	2	8		8			51	4										
Maar				8							1							
Kreuznach				1							2							
Grenzebach				2		1					2							
Niedernberg			2	1		1	2	2			3	1	2					
Mainz			1	1			1		6	1	5	5		2	2		3	15
Rödelheim									1		1				1			
Bessenbach											3							
Wöllstein											2	1						
Kreuznach											1			1	3			
Bad Orb											4							
Heldenbergen											2							

Abb. 51 Übersicht über den Inhalt Bz D/Ha A-zeitlicher Horte

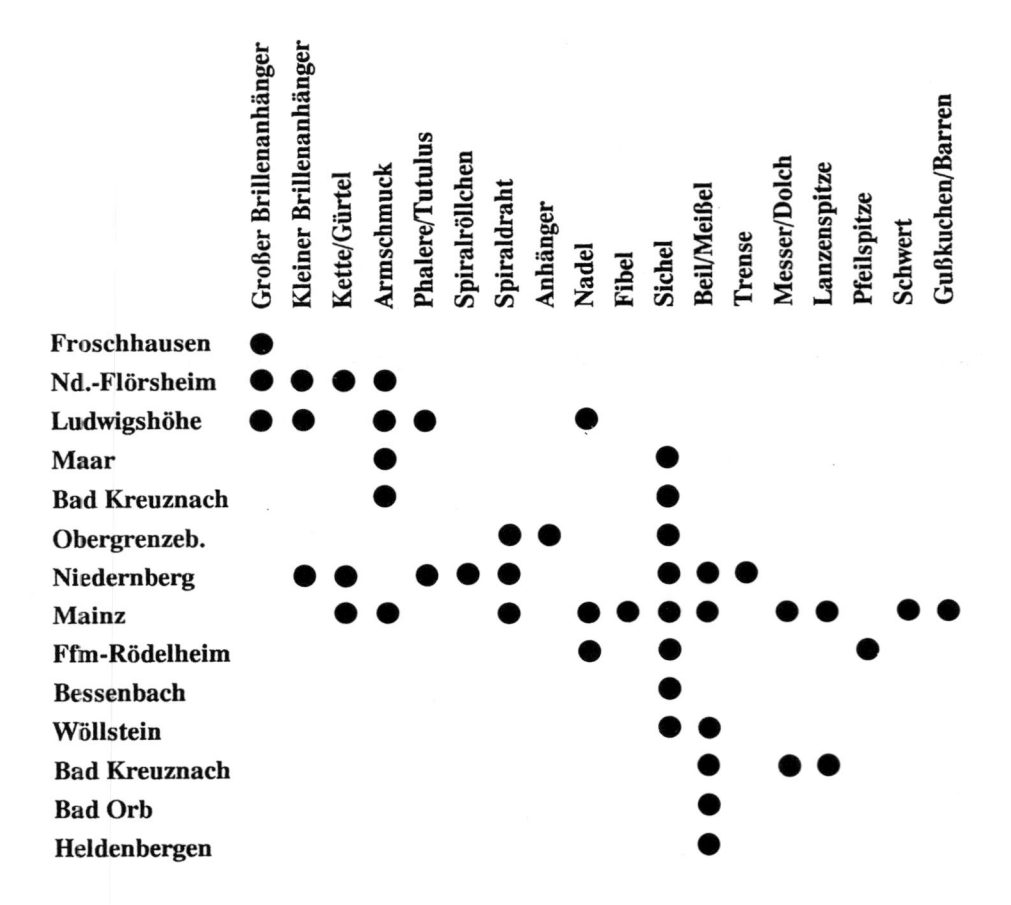

Fundort	Großer Brillenanhänger	Kleiner Brillenanhänger	Kette/Gürtel	Armschmuck	Phalere/Tutulus	Spiralröllchen	Spiraldraht	Anhänger	Nadel	Fibel	Sichel	Beil/Meißel	Trense	Messer/Dolch	Lanzenspitze	Pfeilspitze	Schwert	Gußkuchen/Barren
Froschhausen	●																	
Nd.-Flörsheim	●	●	●	●														
Ludwigshöhe	●	●		●			●											
Maar				●							●							
Bad Kreuznach				●							●							
Obergrenzeb.				●		●					●							
Niedernberg			●	●		●	●	●			●	●	●					
Mainz			●	●			●		●	●	●	●		●	●		●	●
Ffm-Rödelheim									●		●				●			
Bessenbach											●							
Wöllstein											●	●						
Bad Kreuznach											●			●	●			
Bad Orb											●							
Heldenbergen											●							

Abb. 52 Typenkombination in Horten der Stufen BzD und Ha A

Über die Fundumstände sind wir in den wenigsten Fällen unterrichtet. Die Brillenspiralen aus Froschhausen stammen aus einem Moor; um einen Feuchtbodenfund handelt es sich bei dem Hort aus dem Rhein bei Mainz. Nicht ganz sicher ist der Feuchtbodenkontext bei dem Depot von Frankfurt-Rödelheim, das aus den Niddawiesen stammen soll[24].

Aus der von H. Müller-Karpe definierten Stufe Ha A2 sind im Arbeitsgebiet bislang keine Hortfunde bekannt geworden. Nur fünf Horte sind der klassischen Stufe Ha B1 zuzurechnen. Die Anzahl der in ihnen enthaltenen Stücke schwankt zwischen 2 und 12.

Die Gegenstände in Ha B 1-zeitlichen Horten sind im wesentlichen intakt. Der Typenvorrat dieser Depots im Arbeitsgebiet ist sehr begrenzt und auf die Kategorien Armring, Sichel und Beil/Meißel beschränkt, also jene Gegenstände, die in der späten Urnenfelder-

Fundort	Armring	Sichel	Beil	Meißel
Eberstadt	2			
Groß-Bieberau	10	2		
Lindenstruth	2		2*	
Marburg			1	1
Hillesheim			9	

Abb. 54 Übersicht über die Zusammensetzung Ha B1-zeitlicher Horte in Hessen und Rheinhessen (*-Gußform)

zeit (Ha B3) gleichsam den Kern eines jeden Hortes bilden werden. Waffen sind in den Horten des Arbeitsgebietes nicht vertreten; Schwerter und Lanzenspitzen sind allerdings im übrigen Südwestdeutschland zur gleichen Zeit, wenn auch in beschränkter Zahl, den Horten anvertraut worden. Schwerter werden gegenüber der späten Urnenfelderzeit, wie gezeigt werden konnte, in der Stufe Ha B1 vorwiegend den Wasserläufen anvertraut. Für die Lanzenspitzen dürfte die gleiche Tendenz festzustellen sein, auch wenn dies auf statistisch relevanter Basis noch nicht sicher zu entscheiden ist; eine Reihe von Exemplaren aus Gewässern im Arbeitsgebiet konnte jedoch fest in der Stufe Ha B1 verankert werden. Bei den Beilen ist die gleiche Tendenz vorerst nur zu vermuten, da hier der Forschungsstand noch ungenügend ist.

Man erkennt also auch bei den Horten der Stufe Ha B1, daß sie in keinem Fall "repräsentativ" für das Fundinventar Hessens und Rheinhessens sind. Allein bei dem Hortfund von Groß-Bieberau sind die Fundumstände bekannt: Er lag in einer mächtigen Felsgruppe in einem Spalt zwischen zwei Steinblöcken und war von einem dritten bedeckt.

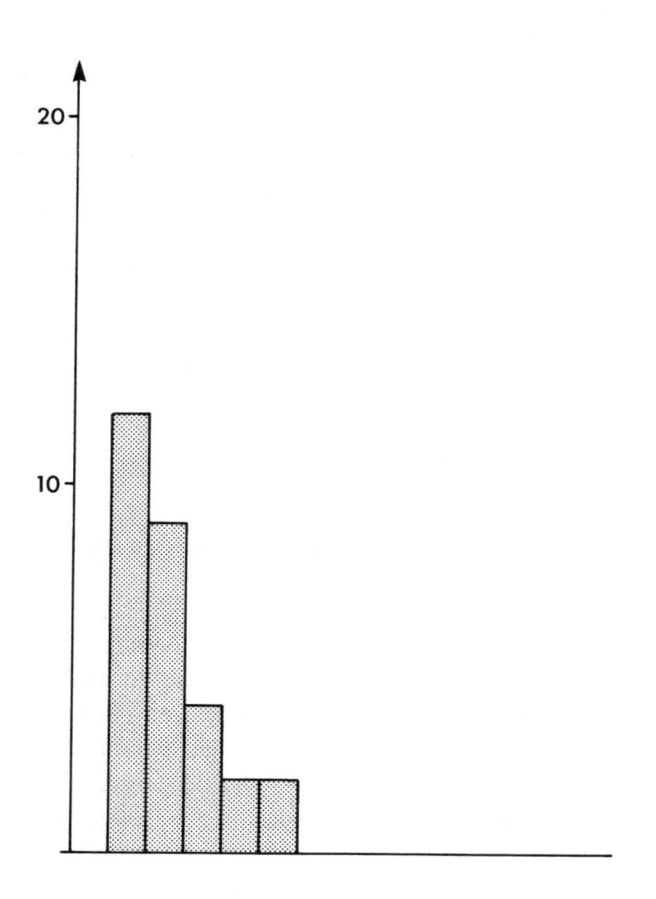

Abb. 53 Anzahl der Objekte in Ha B1- zeitlichen Depots (eine Säule entspricht einem Hortfund)

In der späten Urnenfelderzeit (Ha B3) bilden Hessen und Rheinhessen - gemeinsam mit dem Saar-Mosel-Gebiet - das Zentrum der Hortverbergung in Süddeutschland. Aus Bayern und dem Ostalpenraum sind Hortfunde aus jener Zeit in kaum nennenswerter Zahl zum Vorschein gekommen[25]; ein neues Verbreitungszentrum deutet sich "dank" des Einsatzes von Metall-

---

[24] Vgl. Kubach, Stufe Wölfersheim 3 Nr. 73.

[25] Vgl. Verbreitungskarten bei Stein, Hortfunde, Karte 5-8.

Fundort	Schwert H	Lanzenspitze N	Beil I	Sichel C	Messer S	Armring M	Rasiermesser S	Meißel I	Nadel D	Ankerknebel E	Phalere A	Tintinnabulum N	Anhänger H	Vasenkopftülle S	Gürtel R	Nabe B	Gefäß F	Halsring L	Fibel B	Trense E	Gürteldose R
Hanau	100	88	20	0	--	43	0	0	100	0	40	--	--	--	--	--	100	--	--	67	--
Homburg	100	38	33	34	71	19	--	--	-50	--	100	--	0	0	0	100	100	0	--	--	--
Hochstadt	100	35	17	25	75	36	--	--	--	0-	--	100	--	--	0	--	--	100	--	--	--
Weinheim	100	33	25	43	67	25	--	--	100	0-	--	--	0	--	--	100	--	--	100	--	--
Ockstadt	--	50	25	10	--	33	--	0	100	0-	0	100	0	--	--	--	--	--	--	--	--
Wallstadt	100	--	75	100	--	64	--	--	--	-0	--	--	--	--	--	--	--	--	--	--	--
Gambach	100	0	0	0	100	0	--	--	--	--	0	--	--	--	--	--	--	100	--	--	--
Allendorf	--	100	0	--	--	0	100	0	--	--	50	--	0	--	100	--	--	--	--	--	--
Wiesbaden	100	--	33	100	--	50	--	0	--	0	--	--	--	--	--	--	--	100	--	--	--
Hangen	100	--	67	50	--	100	--	--	--	--	--	--	--	--	--	--	--	--	--	--	--
Dossenheim	100	--	23	25	100	100	--	--	--	--	--	--	--	--	--	--	--	--	--	--	100
Niederrad	100	0	33	80	100	50	--	--	--	--	--	--	--	--	--	--	--	--	--	--	--
Planig	100	--	--	--	--	67	--	--	--	--	--	--	--	--	--	--	--	--	--	--	--
Rockenberg	100	--	13	--	--	--	--	--	--	--	--	--	--	--	--	--	--	--	--	--	--
Schotten	--	100	-0	--	--	--	--	--	--	--	--	--	--	--	--	--	--	--	--	--	--
Rüdesheim	--	0	0	0	-0	-0	--	--	--	0	--	--	--	--	--	--	--	--	--	--	--
Nieder-Olm	--	--	0	0	--	0	--	0	--	--	--	--	--	--	--	--	--	--	--	--	--
Heusenstamm	--	0	0	--	--	--	--	0	--	--	--	--	--	--	--	--	--	--	--	--	--
Haimberg	--	0	-0	0	--	13	--	--	50	--	100	--	--	--	--	--	0	100	--	--	--
N.-ursel	--	--	67	42	--	--	--	--	--	--	--	--	--	--	--	--	--	--	--	--	--
Grindbrunn.	--	--	33	27	--	0	--	--	--	--	--	--	--	--	--	--	--	--	--	--	--
B.HomburgIV	--	--	0	--	--	--	--	--	--	--	--	--	--	--	--	--	--	--	--	--	--
B.HomburgVII	--	--	0	100	--	0	--	--	--	--	0	100	--	--	--	--	--	--	--	--	--
B.HomburgIII	--	--	50	100	--	80	--	--	--	--	--	--	--	--	--	--	--	--	--	--	--
Biblis	--	100	0	--	--	--	--	--	--	--	--	--	--	--	--	--	--	--	--	--	--
B.HomburgII	--	--	--	--	--	0	--	--	--	--	--	--	--	--	--	--	--	--	--	--	--
B.HomburgI	--	--	--	--	--	0	--	--	--	--	--	--	--	--	--	--	--	--	--	--	--
B.HomburgV	--	--	0	0	--	--	--	--	--	--	--	--	--	--	--	--	--	--	--	--	--

Abb. 55 Prozentuale Anteile zerbrochener Gegenstände an ihrer jeweilig im Hort enthaltenen Gesamtmenge

suchgeräten auf abgelegenen, vermutlich späturnenfelderzeitlich befestigten Höhenburgen an. Südbayern und die Oberpfalz, in der älteren Urnenfelderzeit Zentren der Depotniederlegung, weisen nurmehr wenige Funde auf, aber die Sitte der Hortverbergung bricht nicht ab.

Gegenüber denen der älteren Urnenfelderzeit und der Stufe Ha B1 besitzen die Horte der späten Urnenfelderzeit ein neues Gepräge. Viele der Gegenstände sind fragmentiert; vergleichbares fand sich bisher nur in dem Bz D-zeitlichen Hort aus dem Rhein bei Mainz. Allerdings wechselt in den späturnenfelderzeitlichen Horten der Grad der Fragmentierung. Nicht alle Gegenstände sind zerbrochen oder in anderer Weise unbrauchbar. Darüber hinaus sind nicht alle Materialkategorien in gleicher Häufigkeit zerbrochen; manche häufiger, manche nie, wie die Übersicht in Abb. 55 zeigt[26]. Über diese spezifischen Divergenzen täuscht der Terminus "Brucherzhort" hinweg.

---

[26] Die Entscheidung, ob ein Gegenstand so stark beschädigt ist, daß er unbrauchbar ist, fällt nicht immer leicht. Schwierig ist zu beurteilen, ob ein ausgebrochener Schäftungslappen bei einem Beil oder ein ausgebrochener Klingenrücken einer Sichel die Gebrauchsfähigkeit beeinträchtigt. Ab- und ausgebrochene Schneiden wurden immer als Fragmentierung gewertet.

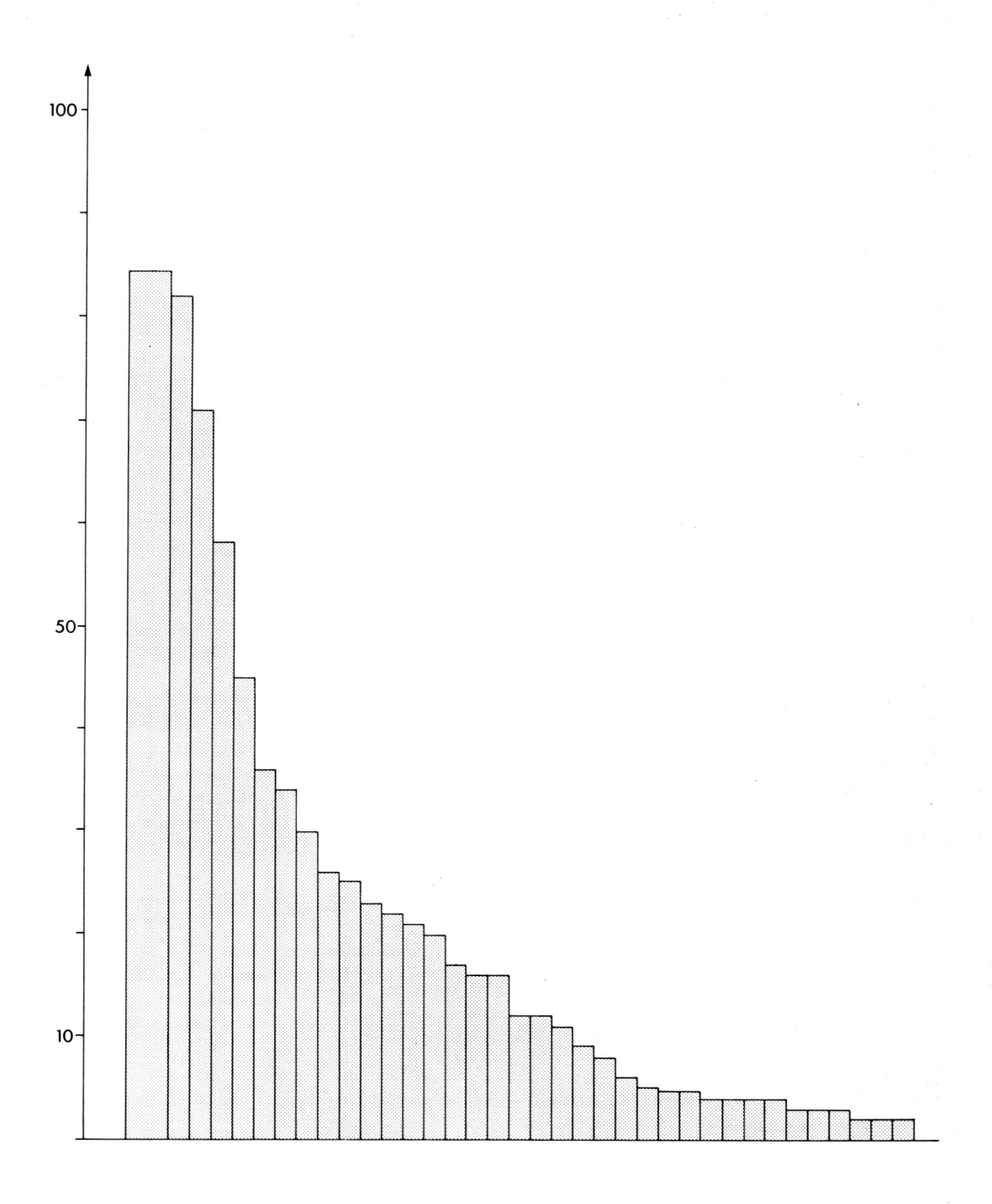

Abb. 56 Anzahl der Gegenstände in Ha B3- zeitlichen Horten (eine Säule entspricht einem Hort)

Schwerter werden in den Ha B3-Horten Hessens und Rheinhessens ausschließlich in fragmentiertem Zustand dem Hort mitgegeben. Gleiches gilt für Wagennaben, Fibeln, Tintinnabula. Nadeln sind ebenso wie Messer beinahe immer fragmentiert überliefert. Häufig, aber keineswegs immer zerbrochen sind Beile, Sicheln und Armringe; meist erscheinen neben fragmentierten Stücken auch solche, die F. Stein als "Fertigwaren" bezeichnen würde. Neben Beilen und Sicheln sind die Trensenmittelstücke, Lanzenspitzen, Phaleren, Armringe und Halsringe häufig, aber nicht immer zerbrochen. Einige Gegenstände sind immer in intaktem Zustand in die Horte verbracht worden, nämlich Tüllenmeißel, Knebel, Anhänger und "Vasenkopftüllen".

Daß bestimmte Gegenstände bevorzugt zerbrochen dem Hort beigegeben wurden, hängt sicher nicht mit bei diesen Gegenständen häufiger zu erwartenden Funktionsbrüchen zusammen. Intentionelle Zerstörungen, also solche, die nicht durch die "normale" Benützung entstehen, konnten bei den Schwertern, Lanzenspitzen, Messern, Sicheln und Armringen nachgewiesen werden[27]. Interessant ist - und bei der relativen Fülle des Materials wohl nicht auf den Zufall zurückzuführen -, daß Fertigwarenhorte solche Gegenstände enthalten, die auch in "Brucherzhorten" unfragmentiert mitgegeben werden können, aber nie solche Gegenstände, die in Brucherzhorten immer fragmentiert beigegeben wurden. Auch diese Beobachtung spricht gegen die Vermutung, bei den Horten mit hohem Brucherzanteil handele es sich um Gießerverstecke, denn die offenbar systematische Fragmentierung bestimmter Gegenstände läßt sich mit dem Prozeß des Wiedereinschmelzens nicht erklären. Gegen eine profane Erklärung der "Brucherzhorte" spricht überdies, daß gerade in jenen Gegenstände enthalten sind, von denen allgemein angenommen wird, daß sie symbolische Bedeutung - der Anhängerschmuck und "Tintinnabula" - oder Funktionen im Ritualgeschehen - Prunkwagen des Typus Coulon - innehatten.

In der späten Urnenfelderzeit werden die Hortfunde im Arbeitsgebiet umfangreicher ausgestattet, wie die in Abb. 56 gegebene Übersicht zeigt.

Allerdings täuscht dieser scheinbare Bronzereichtum über die tatsächlichen Verhältnisse. Der größte Hort im Arbeitsgebiet, von Bad Homburg wiegt ca. 25 kg. Das ist vergleichbar mit der Bronzemenge (22,5 kg) aus dem Bz D-zeitlichen Depot von Henfenfeld[28], das jedoch in seinem zeitlichen und geographischen Milieu nicht als außergewöhnlich umfangreich ausgestattet zu gelten hat. Daß diese Bronzemengen gegenüber den in den älterurnenfelderzeitlichen Horten Rumäniens niedergelegten Metallwerten sich sehr gering ausnehmen, muß nicht besonders hervorgehoben werden[29].

Die Kombinationstabelle in Abb. 57 gewährt Einblick in die Kompositionsmuster der späturnenfelderzeitlichen Horte. In beinahe der Hälfte der Hortfunde ist die Kombination Beil-Sichel-Armring vertreten; mit einer Ausnahme (Tassen-/Helm-Depot von Wonsheim) ist in allen Horten des Arbeitsgebietes ein entsprechender Gegenstand enthalten.

Dieses Grundmuster der Zusammensetzung war schon in den Ha B1-Horten vertreten. Erkennbar sind in der Tabelle (Abb. 57) auch zwei Gruppen: zum einen Horte, deren Typenrepertoire auf Beil-Sichel-Armring im wesentlichen beschränkt ist; eine zweite Gruppe ist dadurch charakterisiert, daß zu dieser "Grundausstattung" Waffen, Anhänger, Pferdegeschirr, Wagenteile und weitere Schmuckgegenstände hinzutreten. In der in Abb. 58 gegebenen Übersicht über die prozentualen Anteile der verschiedenen Gegenstandsgruppen in den Horten wird deutlich, daß die beiden durch die Kombination der Gegenstände unterschiedenen Gruppen auch nach der Quantität der jeweils im Hort mitgegebenen Objekte differenziert werden können[30]. In denjenigen Horten, die durch Beil-Armring-Sichel gekennzeichnet sind, überwiegt regelmäßig der Geräteanteil. Beile und Sicheln stellen quantitativ die bedeutendsten Gegenstandsgruppen dar. Armringe sind hingegen in geringeren Mengen dem Hort anvertraut worden. In den Horten mit einem breiteren Typenspektrum ist hingegen das Verhältnis zwischen Geräten, Waffen und Schmuck ausgeglichen. In keinem Fall erreicht eine dieser Gruppen einen Anteil von

---

[27] Unter den Schwertbruchstücken dominieren übrigens, wie schon Mandera, Fundber. Hessen 12, 1972, 102 gesehen hat, die Griffe und die Spitzen.

[28] F.-R. Herrmann, Jahresber. Bayer. Bodendenkmalpflege 11/12, 1970/71, 75ff.

[29] Vgl. M. Rusu in: Festschrift W.A. v. Brunn (1981) 379 mit Gewichtsangaben für einige Horte.

[30] Zum Verfahren: G. Verron in: Festschrift A. Leroi-Gourhan (1975) 609ff.

Abb. 57 Typenkombination in Ha B3-Horten Hessens und Rheinhessens

Fundort	Schwert	Lanzenspitze	Messer	Meißel	Rasiermesser	Sichel	Beil	Armring	Knopf	Perle	Nadel	Fibel	Spirale	Halsring	Anhänger	Becken	Gürtel	Phalere	Pferdegeschirr	Wagen	Vasenkopftülle	Tintinnabulum	Ringgehänge	Spheroid	Ringchen	Diverses	Barren	Gefäß
Hanau	9,8	13,1	-	3,2	3,2	1,6	8,2	14,8	3,2	-	1,6	-	-	-	-	-	-	8,1	9,8	-	-	-	4,9	-	3,2	3,2	9,8	1,6
Ockstadt	-	2,4	-	1,2	-	24,3	19,5	35,3	1,2	-	1,2	-	-	-	2,4	-	4,8	1,2	-	-	1,2	-	-	-	-	4,8	-
Hochstadt	8,8	6,6	8,8	-	-	8,8	13,4	31,1	-	-	-	-	4,5	4,5	-	-	2,2	-	2,2	-	-	2,2	-	-	-	-	6,6	-
Bad Homburg	0,5	4,8	4,8	-	-	20,9	19,8	25,1	-	0,6	1,2	-	-	1,8	0,6	-	0,6	9,6	-	1,2	0,8	-	-	-	0,6	1,8	4,8	0,6
Nieder Olm	-	-	11,1	-	-	11,1	22,2	44,4	-	-	-	-	-	-	-	-	-	-	-	-	-	-	-	11,1	-	-	-	-
Bad Homburg 7	-	-	-	-	-	20,0	20,0	20,0	-	-	-	-	-	-	-	-	-	20,0	-	-	-	20,0	-	-	-	-	-	-
Weinheim	18,3*	4,2	4,2	1,4	-	9,8	11,2	16,9	2,8	-	1,4	2,8	-	-	2,8	-	8,4	4,2	2,8	-	-	-	-	-	1,4	2,8	4,2	-
Gambach	4,5	22,7	9,1	-	-	13,6	18,1	9,1	-	-	-	4,5	-	-	13,6	-	-	-	-	-	-	-	-	4,5	-	-	-	-
Wallstadt	5,2	-	-	-	-	2,8	10,5	36,8	2,6	-	-	-	-	-	5,2	-	-	-	-	-	5,2	-	-	-	-	13,1	7,8	7,8
Allendorf	-	3,3	-	3,3	6,7	-	6,7	6,7	6,7	3,3	-	-	26,6	-	13,3	-	3,3	-	-	-	-	-	13,3	-	3,3	-	-	-
Haimberg	-	3,1	3,1	-	-	12,5	3,1	43,7	-	-	9,3	9,3	-	6,2	-	-	-	3,1	-	-	-	-	3,1	-	3,1	3,1	-	-
Hochborn	-	4,1	4,1	-	-	8,3	-	58,3	4,1	-	-	-	-	-	4,1	-	-	12,5	-	-	-	-	-	-	-	4,1	-	-
Wiesbaden	6,2	-	-	6,2	-	6,2	37,5	18,7	-	-	-	-	-	-	-	-	-	-	12,5	-	-	-	-	-	6,2	6,2	-	-
Homburg 5	-	-	-	-	-	25,0	25,0	-	-	-	-	-	-	-	-	-	-	-	-	-	-	-	-	25,0	-	-	25,0	-
Rüdesheim	-	8,3	8,3	-	-	16,6	25,0	33,3	-	-	-	-	-	-	-	-	-	8,3	-	-	-	-	-	-	-	-	-	-
Hangen	8,3	-	-	-	-	16,6	50,0	8,3	-	-	-	-	-	-	-	-	-	-	-	-	-	-	-	-	-	-	16,6	-
Dossenheim	3,8	-	3,8	7,6	-	15,3	42,3	3,8	-	-	-	-	-	-	-	-	-	3,8	-	-	-	-	-	-	-	-	19,2	-
Ffm. Niederrad	5,0	5,0	5,0	-	-	25,0	30,0	10,0	-	-	-	-	-	-	-	-	-	-	-	-	-	-	-	-	-	-	20,0	-
Homburg 3	-	-	-	-	-	6,2	50,0	37,5	-	-	-	-	-	-	-	-	-	-	-	-	-	-	-	-	-	-	6,2	-
Homburg 4	-	-	-	-	-	-	50,0	-	-	-	-	-	-	-	-	-	-	-	-	-	-	-	-	-	50,0	-	-	-
Eschwege	-	-	-	-	-	60,0	20,0	20,0	-	-	-	-	-	-	-	-	-	-	-	-	-	-	-	-	-	-	-	-
Ffm. Grindbrunnen-	-	-	-	-	-	73,9	13,0	4,3	-	-	-	-	-	-	-	-	-	-	-	-	-	-	-	-	-	-	8,6	-
Heusenstamm	-	20,0	-	40,0	-	-	40,0	-	-	-	-	-	-	-	-	-	-	-	-	-	-	-	-	-	-	-	-	-
Schotten	-	33,3	-	-	-	-	66,6	-	-	-	-	-	-	-	-	-	-	-	-	-	-	-	-	-	-	-	-	-
Biblis	-	33,3	-	-	-	-	66,6	-	-	-	-	-	-	-	-	-	-	-	-	-	-	-	-	-	-	-	-	-
Rockenberg	11,1	-	-	-	-	-	66,6	-	-	-	-	-	-	-	-	-	-	-	-	-	-	-	-	-	-	-	22,2	-
Ffm. Niederursel	-	-	-	-	-	61,9	38,1	-	-	-	-	-	-	-	-	-	-	-	-	-	-	-	-	-	-	-	-	-
Ffm Fechenheim	-	-	-	-	-	-	100	-	-	-	-	-	-	-	-	-	-	-	-	-	-	-	-	-	-	-	-	-
Ffm. Sandhofen	-	-	-	-	-	-	100	-	-	-	-	-	-	-	-	-	-	-	-	-	-	-	-	-	-	-	-	-
Langenlonsheim	-	-	-	-	-	-	100	-	-	-	-	-	-	-	-	-	-	-	-	-	-	-	-	-	-	-	-	-
Mühlheim	-	-	-	-	-	-	100	-	-	-	-	-	-	-	-	-	-	-	-	-	-	-	-	-	-	-	-	-
Bad Homburg 1	-	-	-	-	-	-	100	-	-	-	-	-	-	-	-	-	-	-	-	-	-	-	-	-	-	-	-	-
Bad Homburg 2	-	-	-	-	-	-	100	-	-	-	-	-	-	-	-	-	-	-	-	-	-	-	-	-	-	-	-	-
Rümmelsheim	-	-	-	-	-	100	-	-	-	-	-	-	-	-	-	-	-	-	-	-	-	-	-	-	-	-	-	-
Wonsheim	-	-	-	-	-	-	-	-	-	-	-	-	-	-	-	-	-	-	-	-	-	-	-	-	-	10,0	-	90,0

Abb. 58 Übersicht über die prozentualen Mengenanteile verschiedener Bronzeartefakte in Hortfunden der Stufe HaB3 in Hessen und Rheinhessen

über 50% an der Gesamtmenge der Gegenstände im Hort. Darüberhinaus ist für einige dieser Objekte, wie in Kap. II dargelegt, eine erstaunliche Einheitlichkeit bezüglich der mengenmäßigen Beigabe festzustellen. Schwerter erreichen fast nie mehr als 10%, Messer nie mehr als 5% an der Gesamtmenge. Nadeln, Anhänger, Pferdegeschirr, Wagenteile und andere Schmuckgegenstände werden nur in sehr geringen Mengen dem Hort anvertraut.

Nimmt man schließlich die in Kap.II ausführlich dargestellten Unterschiede bezüglich der Auswahl dessen, was man im Grab, dem Gewässer oder einem Hort niederlegt, hinzu, dann können diese Homogenitäten kaum mit den Sammelaktivitäten eines Gießers zu erklären sein. Auch als Hausschätze wird man diese Funde, nicht zuletzt der intentionellen Fragmentierung eines Teiles der Gegenstände wegen nicht interpretieren wollen. Für die drei "Depothorizonte" im Arbeitsgebiet lassen sich jeweils spezifische Kompositionsschemata herausarbeiten. Diese Regelhaftigkeiten müssen eine antike Absicht spiegeln.

Mit der beginnenden Hallstattzeit bricht die jahrhundertealte Tradition der Deponierung von Bronzegegenständen ab. Daß dies kein Überlieferungsproblem ist, bezeugt das Weiterleben der Sitte in den westeuropäischen Atlantikregionen, wo genormte Tüllenbeile vermutlich bis weit in die Eisenzeit hinein deponiert wurden. Schon diese Tatsache ist ein untrüglicher Hinweis darauf, daß die Interpretation der Horte als verborgene Schätze keineswegs zureichend ist. Die Fürstengräber der Hallstattzeit geben einen Einblick in die Fülle verbergungswürdiger Gegenstände. Daß man sie in unruhigen Zeiten hätte verbergen sollen, haben die Grabungen auf der Heuneburg gezeigt[31]. In einer weiteren Perspektive wird man zudem darauf hinzuweisen haben, daß in der späten Hallstattzeit und der frühen Latènezeit in Mitteleuropa die Depotsitte wieder einsetzt[32].

Zur Interpretation der Hortfunde

Hortfunde stellen für die Bronzezeitforschung eine so wichtige Quelle dar, daß es notwendig ist, Anstrengungen zur Deutung dieser Quelle zu unternehmen. Welche Fragen nämlich an Depotfunde herangetragen werden, unter welchen wissenschaftlichen Zielstellungen sie ausgewertet werden sollen, hängt entscheidend von der Deutung der Verbergungsmotive ab[33].

Seit den Anfängen der prähistorischen Forschung ist die Deutung der Motive, die zur Anlage und zur Niederlegung von Horten führten, kontrovers diskutiert worden. Sophus Müller nahm beispielsweise für die meisten Hortfunde Dänemarks eine in religiösen Handlungen begründete Ursache für ihre Verbergung an. In anderen Regionen Europas, in denen aufgrund anderer landschaftlicher Gegebenheiten, dem weitgehenden Fehlen von Mooren, die irreversible Verbergung, d.h. die bewußte Veräußerung weniger offensichtlich ist als im moorreichen Norden, wurde diese Annahme nicht akzeptiert. Paul Reinecke und Friedrich Holste sahen in kriegerischen Auseinandersetzungen den Grund für die Verbergung der Metallschätze. Weder Müller noch Reinecke gewannen ihre Vorstellungen aus der Analyse der Quellengruppe insgesamt. Im Bemühen um den Aufbau tragfähiger Chronologiegerüste interessierten die Gegenstände vornehmlich unter dem Gesichtspunkt der Typologie; daraus erklärt sich auch, daß in vielen Hortcorpora nicht jedes Stück in seiner konkreten Überlieferung zeichnerisch wiedergegeben wird, sondern vor allem jene Objekte in den Vordergrund gerückt werden, die typologisch ansprechbar sind.

Es war zuerst W.A. v. Brunn, der die corpusartige Vorlage der Horte in ausgewählten Regionen anstrebte und aus der Ansehung ihrer vollständigen Zusammensetzung und der Fundumstände Hinweise auf die Verbergungsmotive zu erschließen suchte[34]; damit war ein wesentlicher Schritt getan, das Für und Wider von "sakraler" und "profaner" Deutung der Quelle von der Ebene der Betrachtung des Einzelbefundes auf die des Regelbefundes zu führen.

---

31 So jedenfalls, wenn man die Brandhorizonte als Zerstörungshorizonte interpretiert.

32 Vgl. hierzu auch die Bemerkungen in Kap. VI.

33 Vgl. B. Hänsel, Beiträge zur regionalen und chronologischen Gliederung der älteren Hallstattzeit an der unteren Donau (1976) 27.

34 v. Brunn, Hortfunde.

In der Hortfundforschung stehen weiterhin die zwei von Müller und Reinecke alternativ formulierten Deutungsvorschläge einander gegenüber. H. Geißlinger hat unlängst beide Positionen und das breite Spektrum von Versuchen, die "Extrempositionen" miteinander zu vermitteln, dargestellt[35].

Für die Interpretation des Phänomens ist es notwendig, zwischen der Funktion der in den Horten niedergelegten Dinge und den Ursachen, die zu ihrer Verbergung führten, zu trennen. Das kann am Problem des "Handwerkerhortes" exemplifiziert werden. In den eingangs zitierten Studien von F. Stein und J.E. Levy wird zwischen "Brucherz- und Fertigwarendepots" unterschieden. Während letztere als Votivgaben aufgefaßt werden, wird bei ersteren aus der Existenz von Rohmaterialien (Barren) und zerbrochenen Gegenständen geschlossen, es müsse sich um Materiallager von Gießern oder Händlern gehandelt haben, die aus welchen Gründen auch immer ihren verborgenen Metallschatz nicht mehr bergen konnten.

In Kap. II wurde bereits dargestellt, daß für die plankonvexen Barren aus Kupfer oder Bronze kein archäologischer Nachweis zu führen ist, es handele sich bei ihnen um den Besitz von Schmieden und Gießern. Insgesamt müßte einmal der Nachweis geführt werden, in einer antiken Epoche habe der Metallhandwerker so große Metallschätze anhäufen können, wie sie die Horte offensichtlich darstellen. Aus der Ägäis wissen wir, daß dort die Dienste des Handwerkers in Anspruch genommen wurden und ihm die notwendigen Rohmaterialien zur Verfügung gestellt wurden[36]. Daß auch das sogenannte "Brucherz" nicht als Hinweis auf Handwerksbesitz gewertet werden muß, wurde bereits in der Forschung mehrfach bemerkt. Gegen die Vorstellung von F. Stein[37], die Gegenstände seien zerkleinert worden, um sie leichter einschmelzen zu können, hat zuletzt M. Primas unter Hinweis auf einen zusammengeschmolzenen "Fertigwaren"klumpen aus der Seerandsiedlung Grandson-Corcelettes[38] eingewendet, die Fragmentierung der Gegenstände sei zum Wiedereinschmelzen nicht notwendig. Mit technischen Erfordernissen kann nicht erklärt werden, warum gewisse Gegenstandsgruppen in den Horten des Arbeitsgebietes immer (Schwerter), fast immer (Messer, Wagennaben, Nadeln) zerbrochen worden sind, andere hingegen nie (Anhänger, Meißel, Vasenkopftüllen) oder selten (Halsringe) fragmentiert sind. Weder sind diese Zerstörungen auf den praktischen Gebrauch zurückzuführen noch koinzidieren die zerbrochenen Stücke mit bestimmten Normgrößen[39]. Es besteht m.E. keine Notwendigkeit, die in eindeutigen oder wahrscheinlichen Opferkontexten gefundenen Rohmaterialien und zerbrochenen Gegenstände weiterhin mit dem Gießer zu verknüpfen. Die Funde aus Höhle 4 des Kyffhäuser Gebirges, eine Radnabe, ein Gußkuchen und die Lehmgußform für ein Messer, müssen somit ebensowenig ausgewählte Versenkungsgaben aus dem Sachbesitz eines Bronzegießers[40] darstellen, wie der Hort aus der Paulushöhle bei Beuron, Kr. Sigmaringen, in dem sich u.a. die Fragmente einer bronzenen Beinschiene fanden, nicht als Besitz mehrerer Bronzegießer und Toreuten[41] verstanden werden muß. Die Beigabe von Barren in den Horten, die z.B. auch G. Schumacher-Matthäus bezüglich der Horte aus dem Karpatenbecken und H. Matthäus und G. Schumacher-Matthäus hinsichtlich der zyprischen Depotfunde trotz ihrer überzeugenden Deutung der Horte als Opfer dazu führten, weiterhin an der Bindung an den Schmied festzuhalten, muß nach dem Dargelegten nicht mehr zwingend mit dem Gießer als Akteur verknüpft werden. W.A. v. Brunn hatte aufgrund der geringen Menge von Barren in Horten Nordosteuropas diese als symbolische Beigaben interpretiert.

Bei der Behandlung der Schwert- und Messerfunde konnten hinsichtlich ihrer intentionellen Zerstörung Parallelitäten zwischen Grab und Hort herausgearbei-

---

[35] H. Geißlinger in: RGA 5 (1984) 320ff.

[36] Odyssee 3, 425ff. berichtet, daß Nestor den Schmied zur Vergoldung von Rinderhörnern bestellt; er bringt allein sein Werkzeug mit, das Gold wird ihm von Nestor gegeben. Einige Linear B-Täfelchen aus Pylos geben Auskunft über die den Handwerkern zugeteilte Menge Kupfer: Drei bis vier Kilogramm scheinen im Rahmen des üblichen zu liegen. Vgl. J. Chadwick, Die mykenische Welt (1979) 186f.; zum Wanderhandwerker des 7. Jh. v. Chr. vgl. W. Burkert, Die orientalisierende Epoche in der griechischen Religion und Literatur (1984) 25ff.

[37] Stein, Hortfunde 97f.

[38] Primas, Sicheln Taf. 106, 1733.

[39] In diesem Sinne auch F.K. Rittershofer, Ber. RGK 64, 1983, 364f. Im Depot von Sokol ist allein das mykenische Rapier gewaltsam beschädigt (B. Hänsel, Prähist. Zeitschr. 48, 1973, 20ff.). In Olympia sind Helme, Lanzenspitzen und Schwerter intentionell zerstört (H. Weber in: Olympische Forsch. I (1944) 149f.

[40] P. Schauer in: Festschrift W.A. v. Brunn (1981) 409. Zum Kyffhäuser: G. Behm-Blanke, Ausgr. und Funde 21, 1976, 80ff.

[41] P. Schauer a.a.O. 410.

tet werden. Neben einer gleichartigen Behandlung der Gegenstände ist als Bindeglied zwischen beiden Quellengruppen auf gemeinsame Kompositionsmuster einiger Gräber und Horte z.B. mit Brillenanhängern hinzuweisen. In der Nachfolge der Interpretation H.-J. Hundts, der in den Horten Mecklenburgs Totenschätze vermutete[42], ist mit unterschiedlichen Argumentationen diesem Zusammenhang nachgegangen worden. So stellte F.-K. Rittershofer die Frage, ob es sich bei den Horten von Bühl und Ackenbach nicht um ein "Grab ohne Beisetzungsspuren, ein Denkmal zu Ehren eines weit von seinem Heimatland gefallenen oder gestorbenen Kriegers oder Händlers, um Gaben für einen andernorts bestatteten Toten"[43] handeln könne. Wahrscheinlichkeit kommt für Rittershofer dieser Theorie auch deswegen zu, "wenn es sich bei den gefundenen Gegenständen um Formen handelt, die sich nicht oder nur schwer in den Formenkreis der Kulturlandschaft einordnen lassen, in der das Fundgut geborgen wurde"[44].

In den Untersuchungen zur zeitlichen Staffelung der urnenfelderzeitlichen Metallfunde in Hessen und Rheinhessen konnte eine gegenläufige zwischen Grab und Hort konstatiert werden. Allerdings zeigte sich auch, daß unabhängig von diesen Veränderungen die Reglementierung dessen, was als Beigabe in das Grab gelangen darf, relativ konstant ist. Barren, Helme, Tintinnabula, Vasenkopftüllen, Trensen, Beile und Sicheln wurden nie oder fast nie ins Grab gegeben, wohingegen Pfeilspitzen, Nadeln, Rasiermesser fast nie dem Hort anvertraut wurden.

Bezüglich der Totenschatztheorie läßt die geringe Zahl wirklich gut vergleichbarer Grab- und Hortausstattungen an einer direkten inhaltlichen Verbindung Zweifel aufkommen. H.-J. Hundt mußte daher, um seine Theorie zu stützen, für die Verhältnisse in der Periode V, in der nicht mehr von einer gleichen Auswahl in Grab und Hort deponierter Gegenstände gesprochen werden kann, auf den Metallwert des in den Horten deponierten "Brucherzes" rekurrieren[45]. Aber der Widerspruch, der sich hier aufzutun scheint, existiert in Wirklichkeit nicht: denn die Bronzegerätschaften sind beides, als Produkt gesellschaftlicher Arbeit, Wertgegenstand und als Vehikel sozialer Beziehungen, Prestigeobjekt. Eine historische Entwicklung vom einen zum anderen ist anhand der bronzezeitlichen Hortfunde nicht festzustellen, will man mit Wert und Prestige, Brucherz und Fertigware verknüpfen. Schon im Arbeitsgebiet zeigte sich, daß Brucherzhorte für die Stufe Bz D nachweisbar sind, also nicht erst in der späten Urnenfelderzeit angelegt wurden. Die von L. Pauli neuerdings vorgetragene Hypothese von der Geldfunktion der "gehorteten" Gegenstände kann für das Arbeitsgebiet nicht begründet werden. Die Gewichtsanalyse der Gegenstände aus den Horten, besonders der Fragmente, erbrachte keine zureichenden Hinweise auf feste Gewichtseinheiten, mithin Voraussetzung für die Begründung prämonetärer Geldsysteme[46]. Freilich würde es, wie Pauli treffend bemerkt, nicht überraschen, daß Gegenstände mit Geldfunktion in Weihefunden und in "Verwahrfunden" besonders häufig erschienen; aber damit ist für die Interpretation der Quellengruppe noch nichts gesagt. Selbst in protomonetären Systemen, also solchen, in denen der Warenverkehr nur in sehr geringem Umfange über die Münze abgewickelt wird, liegen die Verhältnisse offenbar komplizierter. Bei der Besprechung des latènezeitlichen Goldfundes von Saint-Louis bei Basel und ähnlicher Weihefunde hat A. Furger-Gunti herausgearbeitet, daß in diesen Funden eine auffallend große Zahl ortsfremder Münzen vertreten ist, bestimmte Münztypen vorherrschen und manche Münztypen überwiegend aus solchen Schatzfunden stammen. Er hat daraus gefolgert, daß "gewisse Münztypen als Opfermünzen bevorzugt und diese dafür aus dem normalen Geldverkehr herausgezogen oder gar speziell im Hinblick auf die Opferung herausgegeben resp. nachgebildet (wurden)"[47]. Man könnte gar vermuten, daß die "Regeln", die für die Auswahl der Gegenstände, die man dem Hort anvertraute, verantwortlich sind, und die dazu führen, daß in den urnenfelderzeitlichen Horten relativ viele "Fremdformen" vertreten sind und bestimmte Gerät-, Waffen- und Schmucktypen vorherrschen, später auch auf die Münzen bezogen werden.

---

[42] H.-J. Hundt, Jahrb. RGZM 2, 1955, 108ff.

[43] F.K. Rittershofer, Ber. RGK. 64, 1983, 343f.

[44] Ebd.

[45] H.-J. Hundt, Jahrb. RGZM 2, 1955, 124.

[46] Mehr als 1000 Daten wurden computergestützt unter vier Gesichtspunkten (alle Gegenstände, alle Fragmente, nach Horten und nach Objektklassen) ausgewertet. Dipl.Chem. A. Sabisch danke ich herzlich für die Erstellung eines geeigneten Programms im Rechenzentrum der FU Berlin.

[47] A. Furger-Gunti, Zeitschr. Arch. und Kunstgesch. 39, 1982, 37.

Wie eine Reihe anderer Studien gezeigt haben, enthalten Horte keinen repräsentativen Querschnitt durch die vorhandene materielle Kultur, sondern stellen eine bewußt vorgenommene Auswahl aus dieser dar. Die Fundumstände können zwar zur Interpretation im Einzelfall beitragen, doch muß die Mehrzahl der Funde als "topographische Einzelfunde" gelten, also solche, die sich heute nicht mehr mit landschaftlichen Besonderheiten, Wasserläufen, Quellen, Seen, Bergen, Höhen, Höhlen etc. in Verbindung bringen lassen. Deswegen wird man nicht solche Funde z.B. mit Feuchtbodenbezug von landfesten Funden absondern wollen[48], zumal wir über die Landschaftsentwicklung nur unzureichend informiert sind. Wenn also sowohl für die Horte mit Feuchtbodenkontext als auch die Funde vom festen Land dieselben Kompositionsschemata angewendet wurden, dann wird man für die Horte auch eine einheitliche Deutung postulieren dürfen. Eine Deutung der Horte als Opfer im weitesten Sinne wird ihnen am ehesten gerecht. Wenn auch die Betrachtung der Horte als Gesamtheit[49] zu fordern ist, weil nur daraus die Erklärung der Quellengattung insgesamt möglich ist, folgert daraus noch nicht, daß jeder Hort aus religiösen Motiven der Erde anvertraut wurde. Sicher findet sich unter den vielen tausend Hortfunden auch in Krisenzeiten verborgenes Gut[50], doch lassen sich diese Fälle derzeit nicht mit archäologischen Methoden nachweisen.

Das Ergebnis, zu dem die Analyse der hessischen und rheinhessischen Horte vor dem Hintergrund eines vollständigen Quellenbildes geführt hat, entspricht in wesentlichen Zügen den Ergebnissen einer Reihe von Studien zu bronzezeitlichen Horten[51]. Die in verschiedenen Kulturlandschaften zu beobachtende Gleichartigkeit der Hortmuster spricht dafür, daß bei der Adaption gleicher Grundvorstellungen diese in jeweils spezifischer Form ausgebildet werden. Wenn also der Umgang mit den Bronzegegenständen, d.h. die Auswahl dessen, was als Grabbeigabe oder Weihegabe Verwendung finden kann, jeweils bestimmten Regeln und Normen unterworfen ist, die sich als regionale Verbreitungsmuster oder Kompositionsschemata in den Funden abbilden, dann scheint es zwingend, zur Beschreibung dieser kulturellen Eigenheiten räumlich möglichst umfassende Verbreitungsbilder anzufertigen. W.A. v. Brunn erkannte, daß der regionalen Analyse angesichts eines paneuropäischen Phänomens Grenzen gesetzt sind[52]. Bei einer großräumig angelegten Studie zu den Horten ist zu erwarten, daß die verwirrende Vielfalt der Erscheinungen sich auflösen läßt. Vermutlich dürfte dabei die Behandlung der Gegenstände - ob fragmentiert oder nicht - hinter die Auswahl der Gegenstände für den Hort zurücktreten.

Angesichts dieser noch ausstehenden Untersuchungen scheint es mir verfrüht, aus der Art und Weise der Deponierungen auf Spender und Empfänger sowie den konkreten Sinn der Weihegaben[53] schließen zu wollen, also Fragen, zu denen wir teilweise vorzudringen hoffen; die Art und Weise des Zustandekommens dessen, was wir einen Hort nennen, also ob die Gegenstände im Zuge mehrerer Akte oder im Zuge einer Handlung niedergelegt, ob sie sofort "verborgen" wurden oder in Hainen aufgehängt oder auf den Boden gelegt waren, ob dazu eine Baukonstruktion gehörte, ob nur ein Teil der Weihegaben verborgen wurde, all dies erschließt sich aus der Zusammensetzung der Funde und der Topographie des Fundortes nicht. Diese Fragen werden sich nur im Zuge von sorgfältigen Fundbeobachtungen und Grabungsbefunden beantworten lassen. Ein solcher Glücksfall stellt der Hort von Tauberbischofsheim, Main-Tauber-Kreis dar. Dort waren sechs Brillenspiralen, ein Sichel- und zwei Beilfragmente vermutlich um einen Holzpfahl oder ein Xoanon gruppiert[54].

---

[48] Die von Stein getroffene Unterscheidung berücksichtigt im übrigen auch nicht die schlechteren Erhaltungsbedingungen für Keramik in feuchten Gebieten. So muß es kaum verwundern, wenn Horte in Gefäßen meist vom festen Land stammen.

[49] Die in Kap. II vorgestellten quellenkundlichen Untersuchungen zur Verbreitung von Metallgegenständen und bestimmten Bronzetypen legen den Schluß nahe, daß Aufschlüsse über das paneuropäische Phänomen der Horte nicht allein vor dem Hintergrund regionaler Fundbilder zu erhalten sind, sondern gerade durch weiträumige Kartierungen Ergebnisse zu erwarten sind.

[50] Hiermit ist der "Hausschatz" o.ä. angesprochen. Davon unberührt bleibt die offene Frage, ob das unter bestimmten Regeln zusammengetragene Opfergut in ruhigen oder kritischen Zeiten unter die Erde gekommen ist.

[51] Schumacher-Matthäus, Schmucktrachten 189ff.; v. Brunn, Ber. RGK 61, 1980, 122ff.; Willroth, Hortfunde 219ff.; ablehnend zu den Interpretationsvorschlägen Willroths hat sich unlängst A. Mozsolics, Acta Arch. Hung. 34, 1987, 93ff. geäußert.

[52] V. Brunn, Hortfunde 219.

[53] Vgl. zu entsprechenden Interpretationsversuchen Willroth, Hortfunde 219ff.; H. Matthäus u. G. Schumacher-Matthäus in: Marburger Beitr. Vor- und Frühgesch. 7. Gedenkschrift für Gero v. Merhart (1986) 161ff.

[54] L. Wamser, Fundber. Baden-Württemberg 9, 1984, 23ff. Abb. 3.

IV. Die Einzelfunde

Obwohl der Begriff Einzelfund in der archäologischen Forschung seit ihren Anfängen gebräuchlich ist, sucht man beispielsweise in Eberts Reallexikon oder Filips Enzyklopädischem Handbuch vergeblich nach diesem Stichwort. Dies hängt damit zusammen, daß in der Forschung lange Zeit Einzelfunde als Reste zerstörter Fundensembles oder als Zufallsverluste gewertet wurden. Damit aber galten sie der Archäologie als unbrauchbares Quellenmaterial, denn chronologische und sozialhistorische Fragestellungen ließen sich nur mittels des "geschlossenen Fundes" behandeln. So schreibt Oskar Montelius 1903: " Die zufällig verloren gegangenen Gegenstände kommen hier (für chronologische Untersuchungen S.H.) kaum in Betracht, weil sie meistens nur einzeln angetroffen wurden"[1].

Daher überrascht es kaum, daß noch bis in die jüngste Zeit viele regionale Materialeditionen der Bronze- und Urnenfelderzeit Einzelfunde zwar im Katalog anführten, auf eine Abbildung jedoch verzichteten[2].

Vielfältiges verbirgt sich hinter dem Stichwort Einzelfund: Dinge, die beim Pflügen oder bei Meliorationsmaßnahmen zu Tage kommen und nicht als Reste zerstörter Gräber, Depots oder Siedlungen erkannt werden, Dinge, die im Laufe ihrer Odyssee durch private Sammlerhände schließlich als Einzelfunde erscheinen (oder auch umgekehrt zu geschlossenen Inventaren zusammengestellt werden) und endlich echte Einzeldeponierungen.

Erst die neuere Forschung hat von der Topographie der Fundorte ausgehend die absichtliche Niederlegung eines Teiles der Einzelfunde plausibel machen und damit einen Teil der in den Museumsmagazinen lagernden Gegenstände als archäologisch verwertbare Quelle erschließen können.

---

[1] O. Montelius, Die typologische Methode (1903) 3.

[2] Vgl. Dehn, Urnenfelderkultur; Eggert, Urnenfelderkultur (letzterer im Hinblick auf die PBF-Edition).

Die Flußfunde

Diejenigen Einzelfunde, die durch die Klammer der gemeinsamen topographischen Fundsituation, nämlich in Wasserläufen, zusammengehalten werden, bezeichnet die neuere Forschung als Flußfunde[1].

Sofern die Fundumstände dieser Gegenstände überhaupt besonderes Interesse auf sich zogen und sie nicht vornehmlich unter chronologischen und chorologischen Gesichtspunkten behandelt wurden, fanden sie zunächst als Relikte fortgeschwemmter Gräber, havarierter Handelsschiffe, kriegerischer Auseinandersetzungen (Schlachten) oder als Siedlungsmaterial (Pfahlbaufunde) und zufällig verlorene Dinge Eingang in die wissenschaftliche Literatur. Diese Deutungen wurden nicht aus der Analyse des Fundstoffes unter dem Gesichtspunkt seiner gemeinsamen Fundverhältnisse entwickelt, sondern entstanden vor dem Hintergrund der für einzelne Forschungssparten beinahe paradigmenartig wirkenden Fundplätze oder schlicht anhand der unmittelbaren Anschauung[2].

So wurde für die zahlreichen bronze- und urnenfelderzeitlichen Funde aus dem Rhein bei Mainz, der Seine bei Paris und der Themse bei London analog zu den vielen Tausend Gegenständen, die seit Mitte des letzten Jahrhunderts aus den Schweizer Seeufersiedlungen gehoben wurden und das Interesse der Fachwelt erregten, eine Deutung als Pfahlbaufunde vorgeschlagen[3]. Die latènezeitlichen Funde konnte man dementsprechend mit der Station La Tène verbinden, deren Deutung als Warenlager oder als Kultzentrum weiterhin umstritten bleibt[4]. Die Funde der römischen Zeit interpretierte man gerne als Verkehrsverluste, vor allem das Handwerksgerät als Verluste beim Brückenbau u.ä.

---

[1] In Eberts Reallexikon werden s.v. Stromfunde allein die Funde aus dem Greiner Donaustrudel behandelt.

[2] Vgl. dazu allgemein G. Smolla in: Studien aus Alteuropa 1 (1964) 31f.

[3] Zur Deutung: Behrens, Katalog Bingen 14; K. Schumacher in: Festschrift RGZM (1902) 23. Zur Fundgeschichte der Pfahlbaubronzen J. Speck, Helvetia Arch. 12, 1981, 98ff. Eine Untersuchung der Auswirkungen der Pfahlbaufunde, dieses "Bel âge du Bronze", wie damals ein Buchtitel lautete, auf Kunst, Wissenschaft und Philosophie der Zeit steht noch aus.

[4] E. Vouga, La Tène (1923); H. Schwab, Arch. Korrbl. 2, 1972, 289ff.; dies., Germania 52, 1974, 348ff.

Daß es sich bei den Flußfunden um weggeschwemmtes Siedlungsmaterial handeln könnte, ist nicht auszuschließen. An den Flußufern haben in der Urnenfelderzeit Siedlungen und Produktionsanlagen existiert[5]. Zweierlei ist jedoch einschränkend zu vermerken: Siedlungen werden in der Regel außerhalb des normalen Überschwemmungsbereiches angelegt[6] und die archäologische Erfahrung lehrt, daß planmäßig aufgelassene Siedlungen beinahe keine Metallfunde liefern. Allein plötzliche Hochwasserkatastrophen könnten somit den Metallreichtum in mitteleuropäischen Flüssen erklären helfen[7].

Die Funde aus dem gefährlichen Donaustrudel bei Grein galten J. Kneidinger als Zeugnisse für Unglücksfälle, wenngleich er die Annahme, manches stelle Bitt- oder Dankopfer an eine Flußgottheit dar, nicht gänzlich ausschließen mochte[8]. Zeugnisse für die Gefahren der See- und Flußschiffahrt finden sich durch alle Zeiten[9] in genügender Zahl, seien sie nun bronzezeitlich, eisenzeitlich oder neuzeitlich. Zuweilen können Schiffsunglücke, wie jenes der Titanic, sogar die kulturelle Balance erschüttern. Gleichermaßen katastrophisch wurden die Funde im Bereich historisch bezeugter Furten oder alter Brücken als Zufallsverluste oder als Verkehrsunglücke gedeutet.

Auch die Objekte selbst dienten zur Interpretation der Fundsituation. Waffen galten demnach als Zeugnis kriegerischer Auseinandersetzungen an Flußübergängen oder als auf der Flucht verlorene Ausrüstungen[10]. Werkzeuge wurden hingegen als beim Boots- oder Brückenbau verloren gegangen interpretiert[11]. Angelhaken scheinen untrügliche Zeichen für die Flußfischerei[12], unansehnliche Gußkuchen Zeugnisse versunkener Handelsschiffe[13], "Kultgegenstände", aber auch manche Paradewaffe werden hingegen bevorzugt als Opfer an eine Gottheit verstanden.

All diesen Deutungsversuchen kommt, indem sie begründete Analogien aus Archäologie und Historie anzuführen vermögen, ein gewisser Wert zu, und es wäre zweifellos falsch, eine der hier genannten Möglichkeiten als Ursache für den Fundanfall aus Flüssen gänzlich auszuschließen.

Indes haben erst die Arbeiten W. Torbrügges[14], J. Driehaus'[15] und W.-H. Zimmermanns[16] den Blick auf das Phänomen der Flußfunde insgesamt zu lenken und chronologische oder objektbezogene Betrachtungsweisen zu überwinden versucht. Der Fluß wird nunmehr als verbindendes Band der herausgebaggerten oder zufällig aufgelesenen Funde verschiedenen Alters aufgefaßt. Sein "Fundinventar" wird nach funktionellen und chronologischen Kriterien analysiert und statistisch ausgewertet. Dieses Verfahren, dem immer wieder fundkritische Überlegungen zur Seite gestellt werden (müssen), soll dazu dienen, regelhafte Erscheinungen herauszuarbeiten. Gelten nämlich festgelegte Regeln der Zusammensetzung, die sich an Flußinventaren tendenziell wiederholen und anhand einer ausreichenden, d.h. statistisch relevanten Fundmenge nachvollzogen werden können, dann muß hinter den scheinbar akzidentiell und aus unterschied-

---

5 Beispiele bei W. Torbrügge, Ber. RGK 50-51, 1970-1971, 25ff.; zu Produktionsanlagen: L. Bonnamour, Arch. Korrbl. 6, 1976, 123ff.

6 Torbrügge a.a.O (Anm. 7) 27 verweist darauf, daß z.B. bei Magdeburg-Sabke, einer nicht unbedeutenden Flußfundstelle, alle bekannten prähistorischen Siedelstellen oberhalb der hochwassersicheren 45 m Isohypse liegen. Hier besteht im übrigen noch heute die Chance, im Frühjahr eine überschwemmte Flußlandschaft zu erleben. Für die Hochwasserfrage sind die Untersuchungen der Baumstammablagerungen in den Auenterrassen wichtig. Hochwasserstände sind nach Zahl der Baumstämme zu urteilen vor allem zwischen 2300 und 1800 v. Chr. anzusetzen. B. Becker, Dendrochronologie und Paläoökologie (1982) 109 .

7 Über den tatsächlichen Bestand an Metallgeräten und Waffen in Siedlungen fehlen uns für die mitteleuropäische Bronzezeit einstweilen jegliche Anhaltspunkte, mit denen eine solche "Normalsituation" zu erschließen wäre. Vgl. die Aufzählung des Eiseninventares eines fränkischen Königsgutes in Belgien bei G. Duby: Krieger und Bauern. Die Entwicklung der mittelalterlichen Wirtschaft und Gesellschaft um 1200 (1980) 23. Zitiert nach Pauli, Gewässerfunde 296.

8 J. Kneidinger, Mitt. Anthr. Ges. Wien 72, 1942, 278f.; vgl auch M. Pollak, Arch Austriaca 70, 1986, 2ff; ablehnend zum religiösen Motiv der Versenkung von Flußfunden immer noch R. Pittioni, RGA 6 (1986) s.v. Donau 47.

9 vgl. RGA 3 (1978) s.v. Binnenschiffahrt 10f.; O. Höckmann, Antike Seefahrt (1985). Bronzezeitlich: F. Bass, Cape Gelidonya. A Bronze Age Shipwreck (1967); ders., Internat. Journ. Nautical Arch. 13, 1984, 271ff.; ders., AJA 90, 1986, 269ff.- Latènezeitlich: R. Koch, Fundber. Baden-Württemberg 4, 1979, 18.- Griechisch: R. Rolle, RGA 5 s.v. Dnjepr 519ff.; R. Hampe, Die Gleichnisse Homers und die Bildkunst seiner Zeit (1952).

10 vgl. Pauli, Gewässerfunde.

11 Wegner, Flußfunde 13.

12 In diesem Sinne Torbrügge und Wegner.

13 So die Deutung Torbrügges und Wegners.

14 W. Torbrügge, Bayer. Vorgeschbl. 25, 1960, 16ff.

15 J. Driehaus in: H. Jankuhn (Hrsg.): Vorgeschichtliche Heiligtümer und Opferplätze (1970) 40ff.

16 W.-H. Zimmermann, Neue Ausgr. u. Forsch. Niedersachsen 6, 1970, 53ff.

lichem Anlaß in den Fluß geratenen Dingen die Versenkungsintention der einstmaligen Besitzer stehen[17]. Doch die Untersuchung der chronologischen und funktionellen Zusammensetzung des Inventars stellt nur einen Schritt zur Deutung der Flußfunde dar. W. Torbrügges Habilitationsschrift[18], die der "Ordnung und Bestimmung einer Denkmälergruppe" dienen soll, führt kaleidoskopartig die Vielfalt der Erscheinungen und eine Reihe methodischer Zugänge zu ihrer Erhellung vor. Nicht allein das Flußinventar selbst, auch bestimmte Gegenstände, die im Gesamtinventar statistisch marginal sind, wie z.B. die blechernen Schutzwaffen, können durch Vergleich mit den Landfunden (Torbrügge nennt dies "Gegenproben") dann allerdings über die engere Flußlandschaft regional weit ausgreifend über die Intentionalität der Versenkung Aufschluß geben. J. Driehaus schrieb: "Die interessantesten Aufschlüsse ergeben sich aber vermutlich, wenn jeweils komplette Fundbilder miteinander verglichen werden"[19].

An die genannten Arbeiten schlossen sich eine Reihe weiterer Untersuchungen an, die das Bild zwar in Details erweitert, jedoch nicht grundsätzlich verändert haben[20]. Für das Rhein-Main-Gebiet ist G. Wegners Bearbeitung der Funde aus dem Main und dem Rhein bei Mainz heranzuziehen[21].

In weit höherem Maße als bei Landfunden ist bei Flußfunden die Entdeckung von denkmalpflegerischem Bewußtsein einerseits und wirtschaftlichen Großprojekten andererseits abhängig. Nur selten erbrachte bis zur Mitte des letzten Jahrhunderts die Flußfischerei einen im Netz festgehangenen Metallfund[22]. Erst als im Zuge der Industrialisierung die Flußläufe als Verkehrswege für die (Groß)schiffahrt erschlossen und dazu Begradigungen und Fahrrinnenausbaggerungen durchgeführt wurden, erhöhte sich die Fundmenge erheblich[23]. Daß ihr Bekanntwerden zunächst mit Sammlerinteresse, später mit denkmalpflegerischer Sensibilisierung zusammenhängt, muß nicht eigens hervorgehoben werden[24].

Welche Funde jedoch beachtet werden können, hängt von der Art und Weise des technischen Eingriffs in den Flußlauf ab. Zweifellos am besten sind zunächst die Fundbedingungen dort, wo in dauerhaft oder mindestens teilweise trocken liegenden Flußabschnitten regelmäßige Begehungen unternommen werden. Bekanntes Beispiel ist die sog. Trockenstelle des Inn bei Töging, wo dadurch überproportional viele kleine Fundstücke aufgesammelt wurden, darunter Nadeln, Angelhaken, ein Aufsteckvögelchen[25]. In die gleiche Kategorie fällt das Fundensemble "Orpund-Kiesablagerungen", sekundär verbrachtes Material aus der Zihl, das regelmäßig abgesucht wurde[26]. Hier ist besonders der relativ hohe Anteil von Schwert- und Sichelfragmenten zu erwähnen.

Dort, wo bei Arbeiten zur Uferbefestigung oder agrikulturellen Maßnahmen in mittlerweile verlandeten Flußläufen keine Maschinen eingesetzt werden, erhöht sich der Fundanfall ebenfalls beträchtlich, wie J. Driehaus für die älteren Funde aus dem Mittelrhein herausstellte[27].

Mit dem Einsatz von Baggerschiffen u.ä. sinkt die Fundmenge nicht zwangsläufig, doch ändert sich zumeist die Auswahl der Funde. Kleinere Gegenstände entgehen leichter der Aufmerksamkeit der Arbeiter als Schwerter und Schilde. Insgesamt gilt, daß, je weniger das ausgebaggerte Material im Zuge effizienten Maschineneinsatzes überwacht werden kann, desto geringer ist die Chance Funde zu erkennen und zu bergen[28].

Während der Ausbau der Wasserstraßen heute für die Gewinnung von Flußfunden nurmehr eine unterge-

---

[17] Zu der Erkenntnisnotwendigkeit, daß diese Regeln nicht der statistischen Normalverteilung entsprechen dürfen, s.u. den Vergleich zu den Seerandsiedlungen.

[18] W. Torbrügge a.a.O. (Anm. 7).

[19] J. Driehaus a.a.O (Anm. 17) 54.

[20] J.-C. Blanchet, B. Lambot, Cahiers Arch. Picardie 4, 1977, 61ff.; J.-C. Blanchet, u.a., Cahiers Arch. Picardie 5, 1978, 89ff; C. Osterwalder, Jahrb. Hist. Mus. Bern 59/60, 1980, 47ff.; G. Chapotat, Revue Arch. Est et Centre-Est 24, 1973, 341ff.; K. Spindler, Gewässerfunde, in: Führer arch. Denkmäler Deutschland 5. Regensburg, Kelheim, Straubing I (1984) 212ff.; R. Bradley, Internat. Journ. Nautical Arch. 8, 1979, 3ff.; M. Zápotocký, Památky Arch. 60, 1969, 277ff.; M. Pollak, Arch. Austriaca 70, 1986, 1ff.; J. Lavrsen, Analecta Romana Instituti Danici 11, 1982, 7ff.

[21] Wegner, Flußfunde.

[22] Ein augusteischer Bronzehelm aus der Donau bei Straubing (P. Reinecke, Germania 29, 1951, 37ff.). Weitere Beispiele bei Torbrügge a.a.O (Anm. 7) 9f.

---

[23] Z.B. häufen sich die Funde aus dem Neckar bei Plochingen, weil ab dort der Fluß schiffbar ist. Vgl. Zimmermann, Neue Ausgr. u. Forsch. in Niedersachsen 6, 1970, 55.

[24] Beispielhaft ist sicher die frühe Bewußtseinsschärfung für prähistorische Funde (oldsager) in Dänemark.

[25] W. Torbrügge, Bayer. Vorgeschbl. 25, 1960, 50f.

[26] C. Osterwalder, Jahresber. Hist. Mus. Bern 59/60, 1980, 47ff.

[27] J. Driehaus a.a.O (Anm. 17) 44.

[28] Vgl. Torbrügge a.a.O. (Anm. 7) 22, 102.

ordnete Rolle spielt, ist im Zuge der ökonomisch forcierten Ausbeutung der Kieslager wiederum ein Anstieg der Fundfrequenz zu beobachten. Beigetragen hat dazu sicher auch quellenkritisch geschärftes Bewußtsein bei den zuständigen Denkmalämtern. Entscheidend ist aber v.a. der Einsatz von Minensuchgeräten, die die Maschinen vor Beschädigungen durch Blindgänger des 2. Weltkriegs bewahren sollen. Solche Suchgeräte erhöhen nun vor allem den Fundanfall kleinerer Gegenstände und bieten überdies eine recht verläßliche Kontrolle über die Vollständigkeit der Aufsammlungen. Im Arbeitsgebiet werden solche Geräte beim Abbau des Lahnkies zwischen Heuchelheim und Dutenhofen eingesetzt[29]. G. Wegner hat, soweit rekonstruierbar, Organisation und Art und Weise der wasserbaulichen Maßnahmen in Rhein und Main beschrieben[30], doch lassen sich daran keine weitergehenden Vermutungen über das Maß der Vollständigkeit des vorhandenen Materials anschließen. Nur soviel steht fest, daß Funde nur dort geborgen wurden, wo am oder im Fluß gearbeitet wurde; eine Kontrolle durch den Negativbefund besitzen wir nicht.

An vielen Stellen ist der moderne Flußlauf mit dem prähistorischen nicht mehr identisch, doch fehlen einstweilen noch zureichende Karten und geologische Untersuchungen, die eine Identifizierung - und chronologische Bestimmung - der alten Strecken gestatten. Wichtig für die Beurteilung der Flußlandschaften sind die in den letzten Jahren durchgeführten Untersuchungen prähistorischer Baumstammablagerungen[31]. Schließlich ist es möglich, daß die jeweiligen Baumaßnahmen nicht die fundführenden Schichten erreichten. Mancherorts scheint die Tiefe, in der die Funde geborgen werden, beträchtlich zu sein[32].

Aufgrund der unterschiedlichen Fundumstände, unter denen archäologische Relikte bewahrt werden, sind regionalen und funktionalen Vergleichen verschiedener Flußinventare Grenzen gesetzt. Art und Weise sowie Umfang und Ausmaß wasserbaulicher Maßnahmen, dazu denkmalpflegerische Betreuung und Bewußtsein über den Charakter der Quellengattung sind theoretisch in den Vergleich regionalspezifischer Selektionskriterien für die Versenkung von Gegenständen einzubeziehen. Schließlich kann sich auch der Publikationsstand verzeichnend auswirken. Die bereits mehrfach konstatierte geringe Menge von Flußfunden aus dem Karpatenbecken muß nicht zwangsläufig mit den tatsächlichen Gegebenheiten in Einklang stehen. Noch ist die Publikation der Einzelfunde in der südosteuropäischen Archäologie nicht über Anfänge hinausgelangt.

Praktisch können für die genannten Faktoren keine nachprüfbaren Parameter angegeben werden. Ob beispielsweise Flußfunde eine geläufige Erscheinung über die gesamte Länge des Wasserlaufes darstellen oder aber sich an bestimmten Stellen konzentrieren, könnte erst dann präzisiert werden, wenn in Fundchroniken auch das Ausbleiben von Funden bei Kiesbaggerungen u.ä. Erwähnung fände. Somit ist auch über die Versenkungsstellen nur unzureichend Aufschluß zu erwarten. Gewisse Konzentrationen deuten sich aber an der Donaufundstelle bei Schäfstall an, wo bislang allein bronze- und urnenfelderzeitliches Material geborgen wurde[33].

Eine Typologie der Flußfundstellen ist vor allem eine Typologie ökonomisch interessanter Flußabschnitte des Industrialismus und eine Übersicht über Strömungskunde und Flußlaufverschiebung; denn der Ort, an dem die Dinge geborgen wurden, ist nicht zwangsläufig identisch mit ihrem Versenkungsort. Die gemeinsame Versenkung gemeinsam geborgener Gegenstände ist zwar nicht auszuschließen, kann jedoch auch nicht bewiesen werden[34]. Folglich werden in vorliegender Arbeit die in der Literatur mitunter als Horte bezeichneten Ensembles als Einzelfunde behandelt. Einzige Ausnahme stellt der Bz D- zeitliche Brucherzhort aus dem Rhein bei Mainz dar, für den W. Kubach die gemeinsame Deponierung der Gegen-

---

[29] Vgl. K. Kunter, Fundber. Hessen (im Erscheinen).

[30] Wegner, Flußfunde 18f.

[31] B. Becker a.a.O. (Anm. 8) 82 verweist z.B. darauf, daß die Eschenauewälder des Rhein-Main-Gebietes den forstwirtschaftlichen Maßnahmen der letzten 150 Jahre zugeschrieben werden müssen, während die natürliche Waldgesellschaft hauptsächlich aus Stieleiche und Flatterulme und in geringerem Umfange aus Pappel, Feldahorn und Schwarzerle bestand.

[32] Vgl. Wegner, Flußfunde 136 Nr. 374. 375; aus dem Moorboden unterhalb des Flußgrundes eine Lanzenspitze von Lorch (vgl. Liste 2 Nr. 110).

[33] Soweit dies nach den Fundberichten zu beurteilen ist: Ausgr. und Funde Bayerisch Schwaben 1980, 30ff.; 1979, 20ff.; 1981, 29f. Der Schwerpunkt der Versenkung scheint nach dem publizierten Material in der Stufe Ha B1 zu liegen.

[34] Vgl. sog. "Flußhorte": Inn bei Froschau, 1 Schwert, 2 Lappen-, 1 Randleistenbeil, 1 Gußkuchen (Torbrügge a.a.O. [Anm.7] 20); Main bei Eddersheim, 2 Schwerter, 1 Lappenbeil, 1 Spirale (Herrmann, Urnenfelderkultur Taf. 179C); Rhein bei Mainz, Sicheln, Beile, Pfeilspitze, Schwert (Wegner, Flußfunde 138 Nr. 398).

stände wahrscheinlich machen konnte. Nicht mehr zu ermitteln ist freilich, ob alle Objekte des Hortes geborgen wurden[35].

Am stärksten regen die Phantasie jene Stellen des Flußlaufes an, deren Gepräge auch heute noch eindrücklich die Kraft des Stromes vorführen[36]. Gefahrenstellen, Strudel und Untiefen gehören zu solchen Orten; als Beispiel möge der Greiner Strudel genügen. Die Felskulisse am Rhein bei Bingen gehört wohl ebenfalls zu den "besonderen Stellen"; des weiteren natürlich die böhmische Pforte[37]. Vielfach mag auch die Färbung des Wassers eine Rolle spielen[38]. Mündungen und Zusammenflüsse sind gleichfalls Stellen, an denen prähistorische Gegenstände geborgen werden, so die Mündungen des Mains in den Rhein, der Marne in die Seine, der Saône in die Rhône; doch liegt hier die Vermutung nahe, daß die Konzentrationen an solchen Orten dem wirtschaftlichen Interesse an ihnen geschuldet sind. Dennoch sind auch von solchen Mündungssituationen, die kein modernes Interesse auf sich ziehen, Funde zutage gekommen; so an der Illermündung in die Donau bei Burlafingen[39] und an der Naabmündung in die Donau bei Kneiting[40].

Die Mündung des Mains in den Rhein bestand ursprünglich aus einem Delta mit drei Armen[41]. Bemerkenswert ist, daß aus dem nördlichen, d.h. modernen Mündungsarm des Mains nur wenige Funde bekannt geworden sind. Die Hauptmasse der in dieser Arbeit behandelten Flußfunde aus dem "Rhein bei Mainz" stammt vom Laubenheimer Grund oberhalb von Mainz-Weisenau bis zum unteren Ende der Rettbergsaue bei Wiesbaden-Schierstein, einer Strecke von ca. 15 km. Dieser Abschnitt ist reich an Sandbänken und Inseln; der moderne Ausbau des Rheins zur Großschiffahrtsstraße erforderte hier umfangreiche Erdbewegungen. Dennoch stellt dieser Bereich vermutlich auch eine echte prähistorische Fundkonzentration dar. Sollten die Fundortangaben nicht allzu lückenhaft sein, dann lassen sich zwei Konzentrationen erkennen: eine oberhalb der Mainmündung zwischen Flußkilometer 492 und 496 und eine unterhalb zwischen Flußkilometer 498 und 506. Dazwischen ist der Fundanfall bemerkenswert niedrig[42]. Oberhalb und unterhalb der Fundstellen "Rhein bei Mainz" entspricht das Fundbild weitgehend den von anderen Flußläufen bekannten Verhältnissen.

Als Fundstellen bieten sich auch die Furten und die Brückenübergänge an. Bei den Furten ist die Stauung verlagerten Materials an diesen höherliegenden Übergängen nicht auszuschließen. Man muß weiterhin berücksichtigen, daß der Main, wie auch die Lahn, an den meisten Stellen kaum über einen Meter tief gewesen ist, so daß der Übergang selbst mit Wagen größtenteils kein Problem dargestellt haben dürfte. G. Wegner hat den wichtigen Hinweis gegeben, daß die Flußübergänge wahrscheinlich von den Zugangsmöglichkeiten durch die Auen und Bruchwälder des Flußtales abhängig gewesen sind[43].

Der überwiegende Teil der hier behandelten Bronzefunde aus Wasserläufen ist unversehrt. Beschädigungen und Brüche sowie Verbiegungen finden sich verhältnismäßig selten. Bei diesen ist selbstverständlich nicht mehr zu entscheiden, ob sie schon fragmentiert dem Fluß anvertraut wurden, ob Beschädigungen auf die mechanischen Kräfte bei der Verlagerung im Fluß zurückzuführen sind oder ob die Gegenstände erst bei der Bergung (durch die Baggerschaufel) zerstört wurden. Die Relationen von zerbrochenen und unfragmentierten Gegenständen aus Flüssen können nicht sicher bestimmt werden. Manche Flußensembles, wie das vom Greiner Donaustrudel, weisen einen hohen "Brucherzanteil" auf, andere - ebenfalls sorgfältig abgesuchte Stellen wie die "Trockenstrecke" des Inn bei Töging - bestätigen die allgemeine Beobachtung, daß die meisten Gegenstände wohl unversehrt dem Fluß anvertraut wurden[44]. In aller Regel ist der Zustand der Bronzen vorzüglich, selten finden sich Deforma-

---

[35] Kubach, Arch. Korrbl. 3, 1973, 403ff.

[36] Von der alten topographischen Situation ist nach der Kanalisierung selbst kleiner Rinnsale meist kein rechter Eindruck mehr zu gewinnen. Man muß sich dazu zu den Altarmen oder in weniger industrialisierte Regionen begeben.

[37] M. Zápotocký, Památky Arch. 60, 1969, 285.

[38] R.A. Maier, Germania 54, 1976, 199 berichtet über den Fundpunkt eines außergewöhnlich schweren Ösenhalsringes, daß sich dort moorrostbraunes und helles klares Wasser zweier Bäche vereint.

[39] Pauli, Gewässerfunde 281ff.

[40] A. Stroh, Germania 30, 1952, 274ff.; ders. Germania 29, 1951, 141ff.; K. Spindler, Germania 58, 1980, 105ff.

[41] Aus einem dieser Mündungsarme ein noch nicht reidentifiziertes Schwert in den Ortsakten des LAD Darmstadt.

[42] Vgl. Wegner, Flußfunde 40.

[43] Wegner, Flußfunde 23.

[44] Greiner Strudel (M. Pollak, Arch. Austr. 70, 1986, Taf. 6 [Sichelbruch]); Inn b. Töging (W. Torbrügge, Bayer. Vorgeschbl. 25, 1960, 16ff.). Die Lahnfundstelle zwischen Heuchelheim und Dutenhofen, die mit Metallsonden kontrolliert wird, hat bislang nur unfragmentierte Gegenstände erbracht.

tionen, selbst die Schneiden von Schwertern[45] und Lanzenspitzen sind unversehrt; daß fragile Nadeln den Weg ins Museum gefunden haben, verdient hervorgehoben zu werden.

Über die Art der Patinierung kann Verbindliches nicht ausgesagt werden. Die Bronzen aus Wasserläufen sind häufig entweder nicht oder bräunlich patiniert. Bei vielen Funden aus dem Rhein bei Mainz zeugen angesinterte Flußkiesel für die Herkunftsangabe. Anders steht es freilich um jene Gegenstände, die eine glatte grüne Patina besitzen wie z.B. eine Lanzenspitze aus dem Rhein bei Mainz, für die zuweilen Zweifel an der Herkunftsangabe geäußert werden[46]. Die in der neueren Forschungsliteratur häufig geübte Praxis, die Fundstelle eines Bronzegegenstandes anhand der Patinafarbe zu bestimmen oder in Zweifel zu ziehen, ist noch mit vielen Unsicherheiten behaftet. Einem derartigen Verfahren kommt nur dort eine gewisse Berechtigung zu, wo landschaftskundliche Untersuchungen vorliegen, die die Verhältnisse am Fundplatz zum Zeitpunkt der Niederlegung des Gegenstandes zu erhellen vermögen[47]. Wie sich spätere Versumpfung bzw. Austrocknung (neuerdings auch die chemische Düngung) eines Geländes auf Patinierungsprozesse auswirken, wie schnell dies vonstatten geht und wie dies endlich im Labor nachvollzogen werden könnte, ist m.W. noch überhaupt nicht untersucht worden. Darüberhinaus wäre es wünschenswert, die Art der Legierung in diese Untersuchungen einzubeziehen, da auch sie für die Farberscheinung der Patina verantwortlich ist. Demnach erscheint es fragwürdig, geschlossene Fundkomplexe anhand der Patina zusammenzustellen bzw. aus geschlossenen Funden einzelne Stücke auszusondern[48].

Zunächst ist nach der Zusammensetzung der Flußinventare zu fragen. Dabei werden alle Fluß- und Feuchtbodenfunde des Arbeitsgebietes zusammengefaßt. Aus den Ausführungen zur Fundkritik folgt nämlich, daß mikroregionale Unterschiede in der Auswahl dessen, was dem Fluß bzw. einem stehenden Gewässer anvertraut wurde, bestanden haben mögen, doch diese beim derzeitigen Forschungsstand noch nicht sicher genug beurteilt werden können (vgl. unten). Daß alle Fluß- und Feuchtbodenfunde des Arbeitsgebietes zusammengefaßt werden und nicht etwa nach Flußläufen gesondert behandelt werden, erscheint auch deswegen berechtigt, weil kulturelle Regionalisierungen ("Gruppenbildungen") nicht mit wünschenswerter Klarheit bestimmt werden können[49]. Schließlich bietet die Zusammenfassung der Funde eine statistisch sichere Arbeitsbasis[50].

Das in Abb. 59 gegebene Histogramm gibt einen ersten Überblick über die absoluten Fundzahlen. Insgesamt wurden 560 urnenfelderzeitliche Bronzefunde erfaßt. Mit 128 und 123 Exemplaren (23 bzw. 22%) dominieren darunter die Nadeln und Beile. Mit 71 Exemplaren (13%) sind die Lanzenspitzen vertreten. Die 52 Schwerter (9%), 49 Sicheln (9%) und 41 Messer (7%) bilden das "Mittelfeld". Dem folgen mit Abstand 17 Arm- und Beinringe (3%). Alle anderen Materialgattungen, Helme, Schilde, Dolche, Pferdegeschirr, Fibeln, Gefäße, Amulette und Schmuckscheiben sind mit bis zu 0,9% unter den Flußfunden vertreten. 49 Gegenstände wurden als "Diverses" (= 8,75%) zusammengefaßt. Darunter finden sich v.a. schwer zu datierende Gegenstände wie (Angel)haken, Pfeilspitzen, Streitkolben und Gußkuchen. Es ist wahrscheinlich, daß in dieser Rubrik eine Reihe mittelbronzezeitlicher Funde erfaßt ist. Die Gruppe "Diverses" deutet also die Vielfalt des Fundspektrums an.

Dieses Histogramm ist vor allem unter dem Gesichtspunkt der Fundkritik auszuwerten, wenn auch schon gewisse Kompositionsprinzipien erkennbar werden. Sie lassen sich jedoch vorerst nur bedingt mit anderen

---

[45] Vgl. aber Schauer, Arch. Korrbl. 2, 1972, 111ff.

[46] Dazu G. Jacob-Friesen, Jahrb. RGZM 19, 1972, 45ff. Grüne Patina auch auf vielen Funden aus dem Greiner Strudel, vgl. M. Pollak, Arch. Austr. 70, 1986, 6f. Nr. 1, 4, 6-8, 19, 15-18).

[47] Vgl. Willroth, Hortfunde 28ff.

[48] Mit der Patinafarbe arbeitet Willroth, Hortfunde 24f. Vgl. dazu den Hinweis von J. Jensen, Acta Arch. 43, 1972, 126 demzufolge auch in mit Wasser getränkten Baumsärgen Moorpatina gebildet werden kann. Ehemals trocken deponiert wurden wohl die 100 Ringbarren von Ufering, Kr. Berchtesgadener Land, die an einer später vermoorten Stelle gefunden wurden (M. Menke, Jahresber. Bayer. Bodendenkmalpflege 19/20, 1978/79, 65). Richter, Arm- und Beinschmuck, unterscheidet Grab- und Depotpatina. Kibbert, Beile konstruiert des öfteren anhand gemeinsamer Fundortangaben und ähnlicher Patina "Horte". Bezeichnend ist der Hinweis von Primas, Sicheln 146, daß die von Stein, Horte 129 Nr. 309 aus dem Hort von Ehingen-Badfeld wegen abweichender Patina ausgeschiedene Sichel im Museum entpatiniert wurde.

[49] Die anhand der Analyse der keramischen Formen gewonnenen Ergebnisse bei Herrmann, Urnenfelderkultur 36ff. lassen sich weder mit den Metallformen noch mit Deponierungssitten verbinden.

[50] Für kleinräumige Unterscheidungen vgl. Wegner, Flußfunde 21f., 29ff.; Kubach, Jahresber. Inst. Vorgesch. Frankfurt, 1978-79, 231ff.

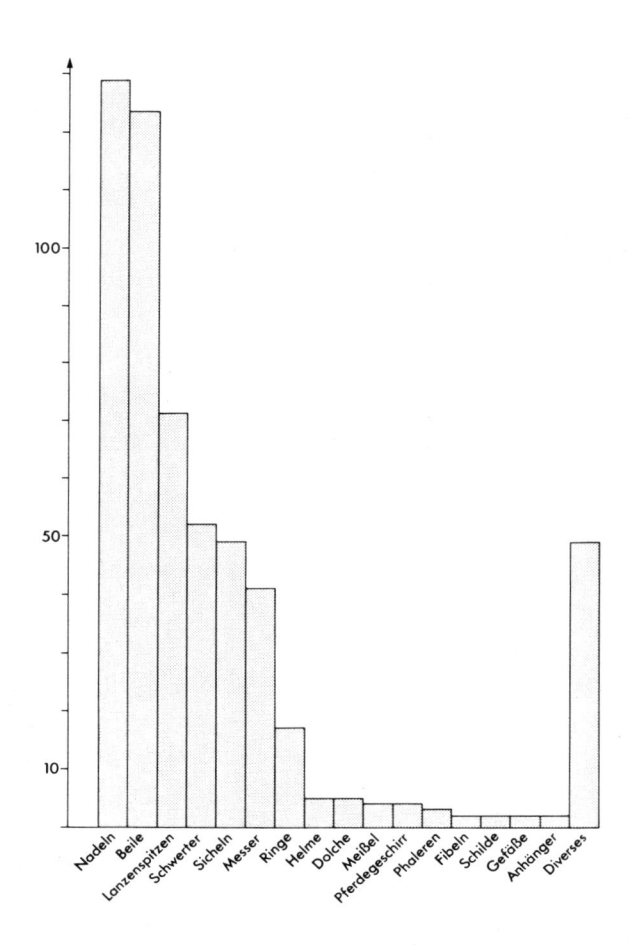

Abb. 59 Fluß- und Feuchtbodenfunde Hessens und Rheinhessens. Absolute Fundzahlen.

Regionen vergleichen. Vollständige Flußinventare fehlen noch weitgehend; Datierungsunsicherheiten vor allem bei Sicheln und Lanzenspitzen verwischen das Bild, indem zwischen bronze- und urnenfelderzeitlichen Funden nur ungenügend unterschieden wird. Die folgenden Ausführungen sind daher notwendigerweise vorläufig. Die hier gegebenen Zahlenrelationen und prozentualen Angaben sollen, außer für das Arbeitsgebiet, keine präzisen Beschreibungen liefern, sondern Tendenzen andeuten.

Die Zusammenstellung der Fundmengen im Arbeitsgebiet verweist zunächst auf den Charakter der wasserbaulichen Maßnahmen, bei denen nämlich viele kleine und zerbrechliche Gegenstände bemerkt wurden, Pfeilspitzen, Nadeln, Angelhaken, worauf bereits G. Wegner hinwies[51]. Zwar scheint die Tatsache, daß fast ebensoviele Nadeln wie Beile aus Flüssen nachzuweisen sind, eine gute Beurteilungsgrundlage für die Verhältnisse im Arbeitsgebiet darzustellen, doch schränkt dies die Vergleichsmöglichkeiten auf allen Ebenen ein. Dies gilt selbstverständlich nicht allein für die Nadeln, sondern folgerichtig auch für alle anderen Materialgattungen. Die zur Beurteilung des Phänomens der Flußfunde notwendigen überregionalen Vergleiche müssen daher exemplarisch durchgeführt werden.

Mit 74 Exemplaren (13%) sind Lanzenspitzen im Fundstoff vertreten. Aufgrund etwa gleicher Größe und gleichen Erhaltungs- und Auffindungsbedingungen kann das Verhältnis zwischen ihnen und den Beilen als ein Parameter für regionalspezifische Eigentümlichkeiten der Objektversenkung im Fluß dienen.

Die hier angeführten Zahlenrelationen[52] geben einen Hinweis auf ein Ost-West-Gefälle des Lanzenspitzenanteils unter den Flußfunden, den man als kulturspezifische Schattierung gleicher Grundvorstellungen deuten könnte; einschränkend muß aber darauf hingewiesen werden, daß offenbar für Inn und Letten die Fundzahlen noch zu niedrig sind. Gegenüber dem von

Fundort	Beile : Lanzen	Beile : Lanzen
Greiner Strudel	5 : 1	25 : 5
Donau	3,5 : 1	43 : 12
Inn	1,4 : 1	13 : 9
Arbeitsgebiet	1,6 : 1	123 : 74
Letten	3,5 : 1	7 : 2
Zihl	0,1 : 1	2 : 28
Seine	0,1 : 1	10 : 67

Abb. 60 Verhältnis von Beilen zu Lanzenspitzen in Flüssen

G. Wegner gezogenen Vergleich zwischen Schwert- und Lanzenspitzenanteilen[53] hat die hier vorgenommene Gegenüberstellung den Vorteil, von den jeweiligen Fundbedingungen relativ unabhängig zu sein. Zwar dominieren im Osten gegenüber den Lanzenspitzen auch die Schwerter, wohingegen, wie Wegner

---

51 Wegner, Flußfunde 18.

52 Zahlen nach Pollak a.a.O. (Anm. 22) 1ff.; Torbrügge a.a.O. (Anm. 7) 59.

53 Wegner, Flußfunde 56.

meint, in Süddeutschland das Verhältnis ausgeglichen sei, während im Westen wiederum die Lanzenspitzen vorherrschten. Dies berücksichtigt jedoch nur unzureichend die Faktoren Fundbedingung und Publikationsstand. Bei den teilweise zu niedrigen Fundmengen[54] ist die Beurteilungsgrundlage überdies noch zu schwach. Es empfiehlt sich daher solche Objektgruppen in Beziehung zueinander zu setzen, die sich durch eine annährend gleiche Größe und Robustheit auszeichnen sowie sich in ihrer Attraktivität für eine Publikation ähneln.

Relativiert werden muß aber das auf absoluten Fundzahlen beruhende Bild durch die Bestimmung des auf den Gesamtfundbestand einer Region bezogenen relativen Anteil von Beilen und Lanzenspitzen. Im Vergleich zu Oberösterreich zeigt sich nämlich (Abb. 63), daß die Versenkung von Lanzenspitzen im Arbeitsgebiet wesentlich stärker geübt wurde als im Alpengebiet, was die absoluten Fundzahlen nur unzureichend auszudrücken vermögen.

Die absoluten Zahlen bleiben weitgehend bedeutungslos und beliebig interpretierbar, wenn keine Klarheit darüber zu erlangen ist, in welchen quantitativen und qualitativen Relationen die Güter aus den Flüssen zu den Landfunden stehen. Wer vermag zu bestimmen, ob 119 Beile im Verhältnis zu 125 Nadeln oder 74 Lanzenspitzen viel oder wenig ist, denn eine Normalsituation, anhand derer diese Relationen zu überprüfen wären, fehlt. Urnenfelderzeitliche Siedlungen sind durch das weitgehende Fehlen von Bronzegegenständen gekennzeichnet. Eine Ausnahme bilden die Seerandsiedlungen der Schweiz und Süddeutschlands. Mit Ausnahme des Bestandes der Station Auvernier fehlen vollständige Übersichten, doch bieten immerhin ältere summarische Fundangaben die Möglichkeit des Vergleiches.

In dem in Abb. 61 gegebenen Histogramm sind die prozentualen Anteile von Nadeln, Beilen, Lanzenspitzen, Schwertern, Sicheln, Messern und Armringen der Stationen Genève und Cité de Morges am Genfer See sowie die Fluß- und Feuchtbodenfunde des Arbeitsgebietes eingetragen[55].

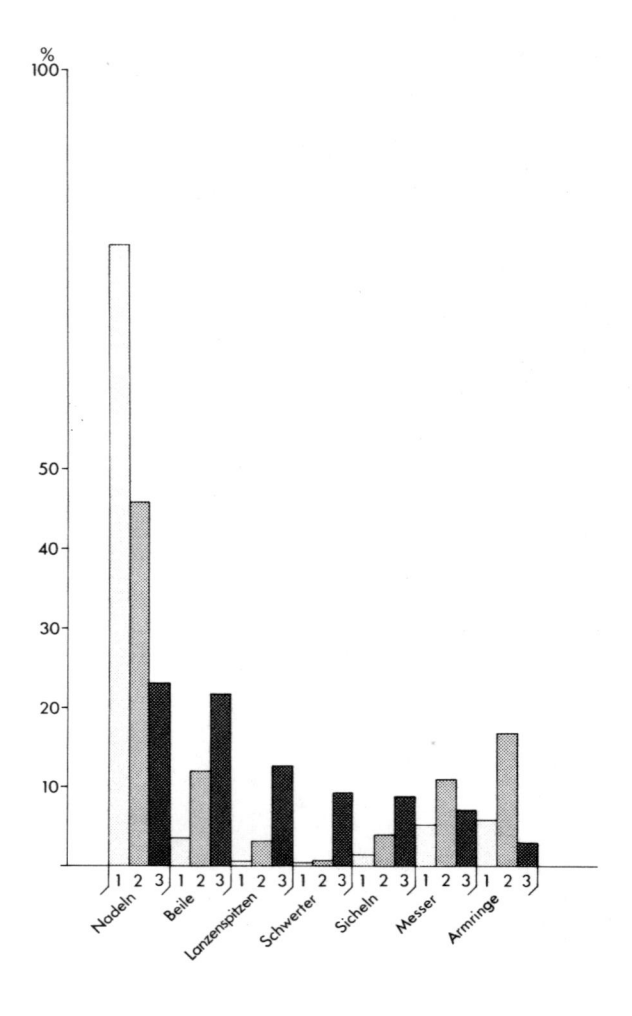

Abb. 61 Fundzahlen der Seerandsiedlungen "Genève" (1) und "Cité de Morges" (2) sowie Flußfunde Hessens und Rheinhessens (3). (prozentuale Anteile).

Nadeln dominieren den Fundstoff der Seerandsiedlungen[56] deutlich, dies ist eine auch von anderen Stationen wohlbekannte Tatsache. Daneben sind Messer und Armringe gut vertreten, während sich nur verhältnismäßig wenige Sicheln, Beile, Schwerter und Lanzenspitzen finden. Nach der hier gegebenen Übersicht widerspricht der Meinung, Flußfunde seien Relikte abgeschwemmter Flußrandsiedlungen, einzig der Schwert- und Lanzenspitzenanteil. In Cité de Morges

---

[54] Unter den 200 rumänischen Schwertern findet sich nur ein Flußfund: Portile de Fier (D. Alexandrescu, Dacia 10, 1966, 177 Nr. 11).

[55] Angaben für die Seerandstationen nach 9. Pfahlbaubericht, 87. Cité de Morges bzw. Genf (in Klammer): Nadeln: 256 (ca. 1000); Beile: 67 (48); Lanzenspitzen: 19 (7); Schwerter: 4 (4); Sicheln: 23 (22); Messer: 61 (872); Armringe: 95 (ca. 75).

[56] Ein vergleichbares Bild bietet die Seerandsiedlung Auvernier. Vgl. Rychner, Auvernier Taf. 71ff.: 364 Nadeln (52%); ca. 145 Ringe (21%); 21 Lanzen (3%); 9 Schwerter (1,3%); 86 Messer (12,3%); 31 Sicheln (4,4%); 44 Beile (6,3%), total: 700.

stehen 256 Nadeln nur 4 Schwertern, in Wasserläufen des Arbeitsgebietes 123 Nadeln immerhin 52 Schwertern gegenüber. Wollte man die Verhältnisse in den Seerandstationen auf das Arbeitsgebiet übertragen, müßte man dort mit etwa 3000 - nimmt man Genève als Maßstab sogar mit ca. 12000 - Nadeln rechnen. Hierin liegt die entscheidende Differenz zwischen Pfahlbau-[57] und Flußfunden.

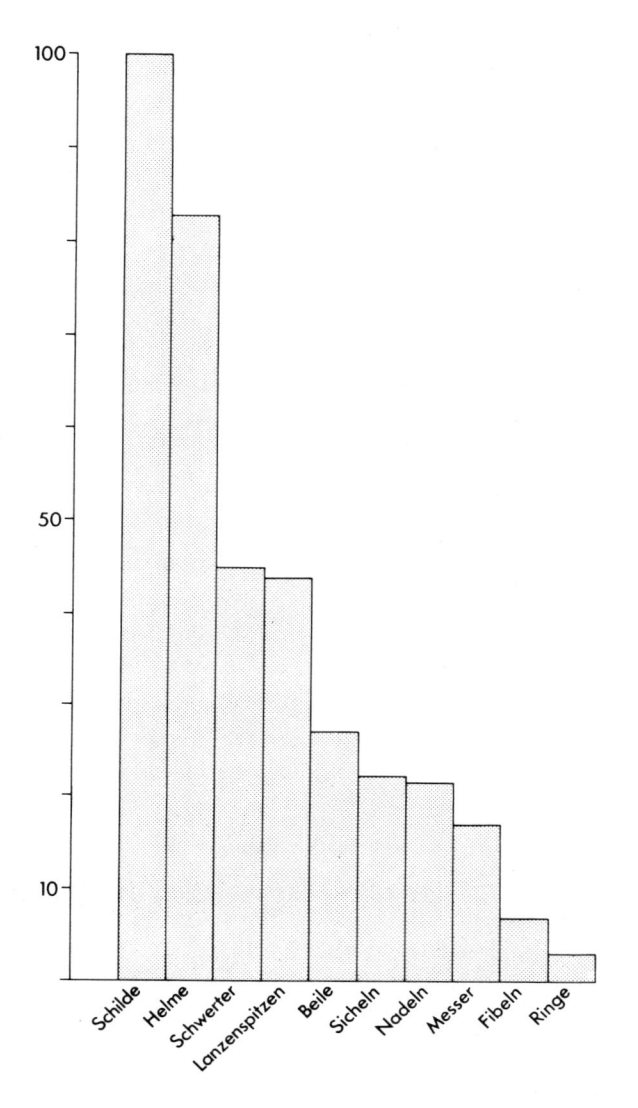

Abb. 62 Prozentuale Anteile der Flußfunde am jeweiligen Gesamtbestand im Arbeitsgebiet.

Ein weiterer Schritt, den Ursachen für den Fundanfall aus Flüssen auf die Spur zu kommen, besteht darin, die Flußfunde nach den prozentualen Anteilen am jeweiligen Gesamtbestand der Bronzefunde einer Region (Abb. 62) zu ordnen. Jetzt verändert sich das Bild entscheidend. Waren Schutzwaffen zahlenmäßig nur marginal unter den Flußfunden vertreten, erhalten sie nun dadurch ein besonderes Gewicht, daß sie fast ausschließlich aus Wasserläufen stammen. Stellten Lanzenspitzen- und Schwertfunde mit jeweils nur 13 bzw. 9% scheinbar unbedeutende Fundquantitäten dar, so sind dies nun etwa die Hälfte aller überlieferten Stücke. Beile und Nadeln bildeten beinahe die Hälfte des gesamten Flußfundinventares, doch bezogen auf die Gesamtmenge der gefundenen Stücke stellt dies nur jeweils ein Viertel des überlieferten Bestandes dar.

Mit dieser Grafik, in der erstmals die Relationen von Flußfunden zum Gesamtinventar der Bronzefunde in einer Region vollständig erfaßt sind, stellt sich zum ersten Mal ernsthaft die Frage nach der intentionellen Versenkung der Gegenstände. Daß beinahe alle Schutzwaffen und die Hälfte der Schwerter und Lanzenspitzen im Arbeitsgebiet aus Flüssen stammen, ist bemerkenswert. Daß sie das Opfer von Unglücksfällen oder von Unachtsamkeit sein sollen, scheint wenig plausibel. Ausgeschlossen ist freilich nicht, daß diese Helme und Schilde und die übrigen Waffen die "normale Verlustrate" darstellen, während auf dem Land die antike Auswahl im Grab oder Hort niedergelegter Gegenstände dazu führt, daß sie in diesen Quellengattungen nicht vertreten sind. So mag man auch über die Beile und Sicheln denken, die fast nie dem Toten mitgegeben wurden.

Der einzige überregionale Vergleich ist aufgrund des Publikationsstandes mit Oberösterreich möglich[58]. In der in Abb. 63 gegebenen, nach den Angaben zu Erbach-Schönbergs erstellten[59] Grafik werden deutliche Unterschiede zu den Verhältnissen im Arbeitsgebiet sichtbar. Manches läßt sich dabei, anders als bei der Sichtung der Relationen in einem Flußinventar, auf

---

[57] Die Frage nach dem Verhältnis zwischen Flußfunden und den Funden aus den "Pfahlbauten" ist für die Beurteilung des Phänomens Gewässerfunde von Bedeutung. Freilich sei einschränkend bemerkt, daß für einen Teil der Pfahlbaubronzen intentionelle Versenkung vermutet wurde und daß die Fundrelationen dort den für süddeutsche Moore erarbeiteten Verhältnissen weitgehend entsprechen (vgl. Kubach, Jahresber. Inst. Vorgesch. Univ. Frankfurt 1978-79, 232f. Taf. 1 u. 2).

[58] In Nordwürttemberg, für das die Arbeit R. Dehns (Urnenfelderkultur) zur Verfügung steht, wiederholen sich in der Tendenz die Verhältnisse des Arbeitsgebietes, was hier nicht repetiert zu werden braucht.

[59] M. zu Erbach-Schönberg, Arch. Korrbl. 15, 1985, 164.

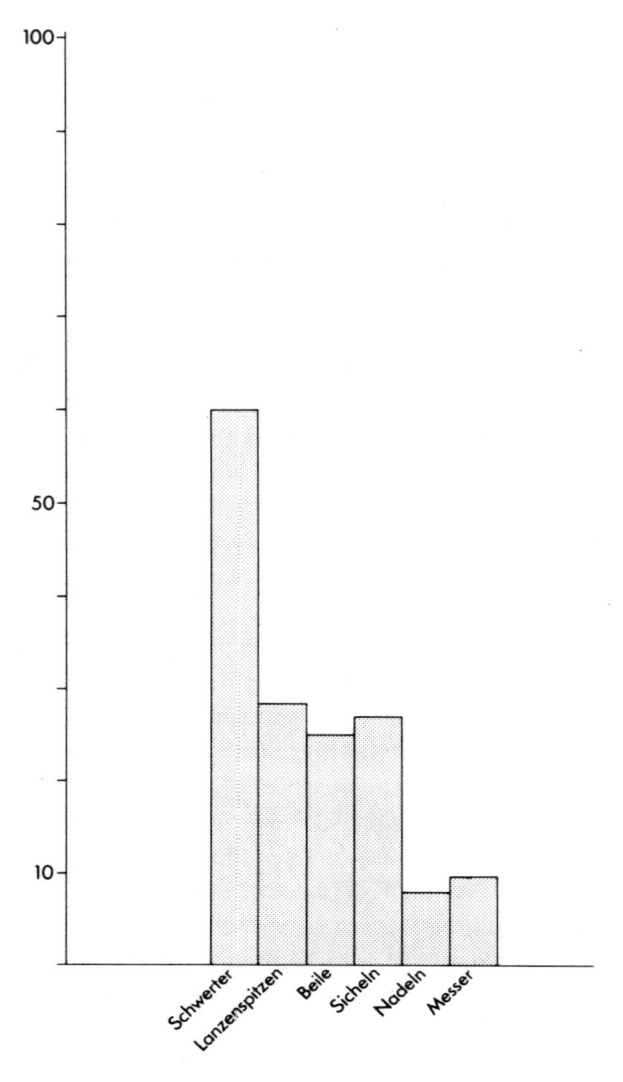

Abb. 63 Prozentuale Anteile von Flußfunden am jeweiligen Gesamtbestand in Oberösterreich (nach zu Erbach).

antike Auswahl, anderes auf die Fundbedingungen zurückführen. Schutzwaffen fehlen in den Flüssen Oberösterreichs, was bei diesen auffälligen Gegenständen auf antike Intention zurückzuführen sein dürfte. Daß aus Oberösterreich - gemessen am Arbeitsgebiet - mehr Schwerter aus Wasserläufen stammen, mag auf Fundbedingungen zurückzuführen sein; gleiches gilt für die Nadeln. Interessant ist hingegen der deutlich niedrigere Lanzenspitzenanteil, der, anders als im Arbeitsgebiet, sich mit Beilen und Sicheln die Waage hält.

Hinsichtlich der chronologischen Verteilung des Fundstoffs gibt die in Abb. 64 gegebene Grafik Aufschluß. Hier sollen allein die Flußfunde interessieren, das Verhältnis zu den übrigen Quellenkategorien wurde in Kap. II behandelt. Die hier benützten quantitativen Angaben beziehen sich konsequenterweise auf die übrigen Quellengattungen und nicht auf die Gesamtmenge der Flußfunde[60].

Demnach zeigt sich, daß die Deponierung im Fluß zeitspezifischen Vorlieben unterliegt. So gewinnen Schwert, Lanze, Beil und Sichel in der späten Urnenfelderzeit als Flußdeponat größere Bedeutung, während für Nadeln, Fibeln und Messer ein deutlicher Rückgang zu verzeichnen ist. Von einer Konstanz des Phänomens kann, abgesehen von den Ringen, damit keine Rede sein. Wünschenswert wäre eine feinteiligere chronologische Gliederung, doch stößt dies beim derzeitigen Forschungsstand an Grenzen. Bezüglich der Schwerter, die sich chronologisch deutlicher fassen lassen als z.B. Beile, konnte allerdings herausgearbeitet werden, daß das relative Versenkungsmaximum in Ha B1 und nicht, wie G. Wegner meint, in der Stufe Ha B3 liegt[61].

Will man die hier behandelten Flußfunde verstehen, muß man einen Blick auf das Gesamtphänomen der Versenkung von Gegenständen in Gewässern richten. Sichere Belege für die Versenkung von Gegenständen in Flüssen besitzen wir zuerst für das Neolithikum[62], d.h. mit der Ablösung aneignender durch produzierende Subsistenzweise. Ob die Sitte bis in das frühe

---

[60] Zu den Gefahren und Schematisierungen solcher Grafiken verweise ich auf die Ausführungen in Kap. II (Schwerter). Zur Beurteilung des für die Datierung maßgeblichen Forschungsstandes Kap. II.

[61] Wegner, Flußfunde 41f., 98f.

[62] Das Hinabreichen der Sitte in das Paläolithikum ist nicht völlig auszuschließen. Vgl. Acheuléen-zeitliche Steingeräte aus der Oise (Blanchet u.a., Cahiers Arch. Picardie 5, 1978, 89f.). Mesolithisch eine maglemosezeitliche Knochenaxt aus der Oise (Blanchet, Lambot, Cahiers Arch. Picardie 4, 1977, 75 Abb. 16). Wenig hilfreich sind Spekulationen, wie sie J. Maringer, Saeculum 24, 1973, 396ff. anstellt (Funde von Stellmoor werden unter der Kategorie der Flußfunde subsumiert); vgl. ders., Germania 54, 1974, 311ff. Allgemein geht jene Forschungsrichtung fehl, die Phänomene ungeachtet ihrer zeitspezifischen Ausformungen zeitlich und räumlich universalisiert und damit für die Analyse der jeweils unterschiedlichen Funktion der dahinter stehenden menschlichen Handlungen entwertet. Vergleichbares ließe sich zu vielen Arbeiten zum Schamanismus (z.B. M. Eliade, Schamanismus und archaische Ekstasetechnik [1957]; J. Ozols, Kölner Jahrb. Vor- und Frühgesch. 11, 1970, 9ff.) bemerken. Wenig hilfreich sind auch Meinungen, die "von der grundsätzlichen Konstanz menschlicher Verhaltensweisen auf religiös-kultischem (?!) Gebiet zumindest bis in die Zeit der beginnenden Industrialisierung, als sich vor allem in den Städten die alten Beziehungen zur natürlichen Umwelt stark lockerten, überzeugt" sind (Pauli, Gewässerfunde 309).

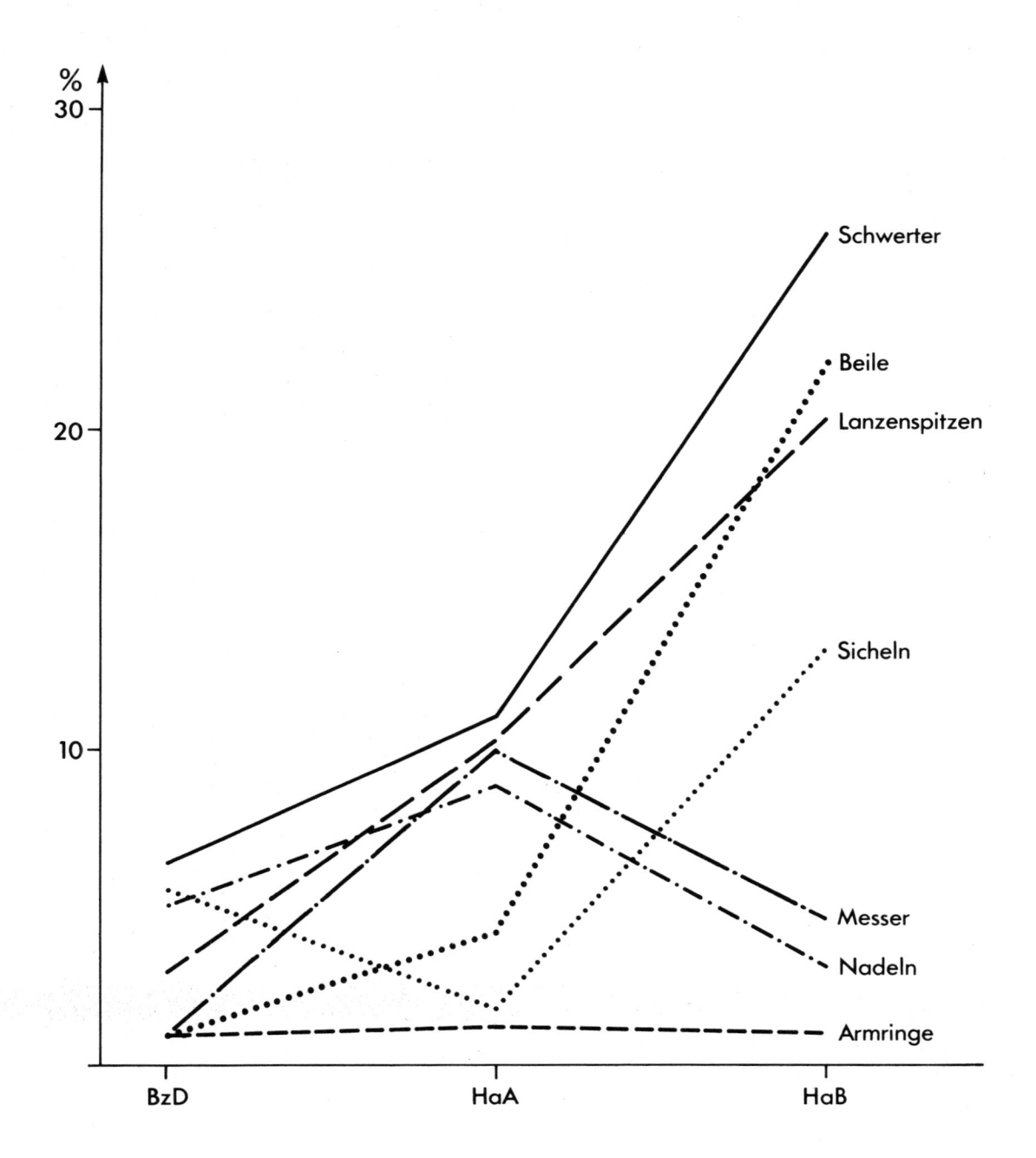

Abb. 64 Zeitliche Staffelung der Flußfunde (prozentuale Anteile auf den jeweiligen Gesamtbestand bezogen)

Neolithikum hinabreicht, wie G. Wegner anhand der Analyse der "Schuhleistenkeile" vorsichtig vermutete[63], oder im Arbeitsgebiet erst mit der Hinkelsteingruppe einsetzt, kann noch nicht abschließend beurteilt werden. In einer bemerkenswerten Einheitlichkeit präsentieren sich die europäischen Flußfundstellen hinsichtlich ihrer chronologischen Staffelung. Einem freilich nicht immer genügend zu differenzierenden Höhepunkt während des Neolithikums folgt eine deutliche Zäsur am Beginn der Bronzezeit (Bz A1); in der Stufe Bz A2 setzen Flußdeponierungen wieder stärker ein und erreichen in der mittleren Bronzezeit (Bz C) einen vorläufigen Höhepunkt, bis dann die Urnenfelderzeit die höchste Fundfrequenz aufzuwei-

---

[63] Wegner, Flußfunde 38.

setzen Flußfunde wieder in stärkerem Maße ein, doch muß eine spezielle Untersuchung Aufschluß über den genauen Zeitpunkt des Wiedereinsetzens und über das Kompositionsmuster der Ensembles Aufschluß geben[65]. Noch ungenügend ist die Beurteilungsgrundlage für die römischen Flußfunde, solange die stadtrömischen Verhältnisse nicht besser überschaubar sind. Dies betrifft vor allem die Interpretation römischer Schutzwaffen[66]. Bemerkenswert ist schließlich der relativ hohe Anteil mittelalterlicher Funde, die erst neuerdings mit dem älteren Phänomen in Verbindung gebracht werden[67]. Die Fundfrequenzen für den Rhein bei Mainz können bei G. Wegner für die prähistorischen Epochen überprüft werden[68]. In großen Zügen decken sich diese Ergebnisse mit den Untersuchungen H.W. Zimmermanns[69]. Das in Abb. 65 gegebene Histogramm bezieht sich auf die oberösterreichische Donau, deren Fundinventar jüngst von M. Pollak vollständig vorgelegt wurde[70].

Die bislang angestellten Überlegungen zur Strukturierung des Fundmaterials aus Wasserläufen legen eine intentionelle Versenkung der Güter nahe. Die qualitative Analyse, die im einzelnen in Kap. II durchgeführt

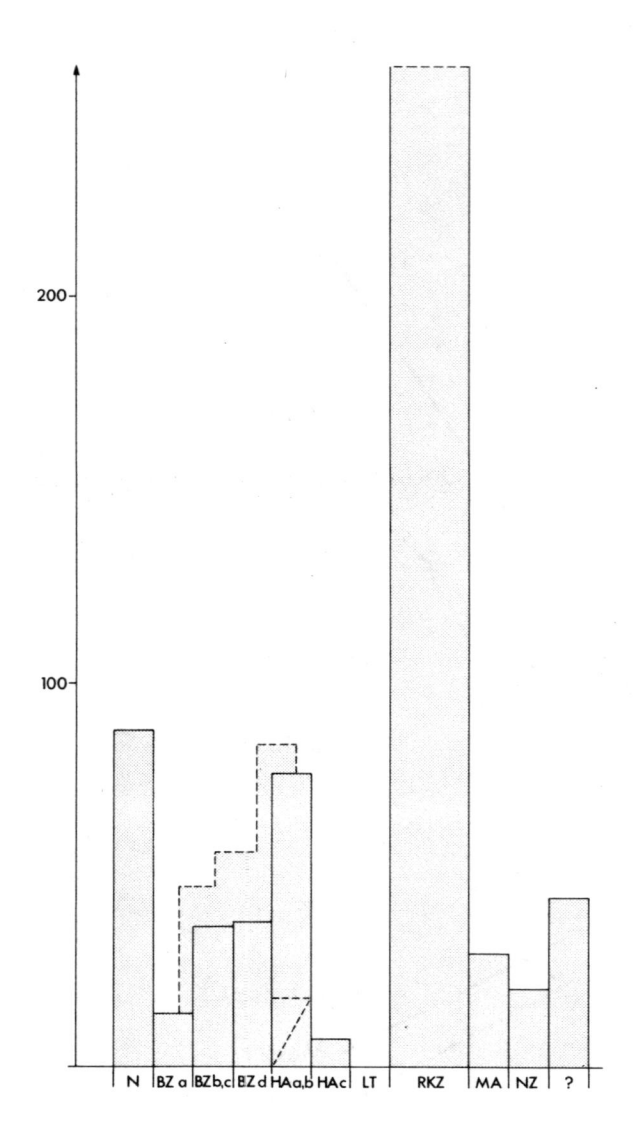

Abb. 65 Zeitliche Staffelung der Funde aus der Donau (nach M. Pollak) N=Neolithikum, BZ=Bronzezeit, HA=Hallstattzeit, LT=Latènezeit, RKZ=Römische Kaiserzeit; MA=Mittelalter; NZ=Neuzeit; ?=Datierung fraglich.

sen hat. Ein beinahe gesamteuropäisches Phänomen ist dann das fast völlige Erliegen der Sitte in der Hallstattzeit. Die wenigen Deponierungen konzentrieren sich auf Ringe und Bronzegefäße[64]. In der Latènezeit

---

[64] Ringe vgl. Wegner, Flußfunde 134ff. Nr. 345-347, 361, 461, 501, 560, 797, 798, 803, 805, 910. Gleiche Tendenz im Pfungstädter Moor vgl. Kubach a.a.O. (Anm. 59) 246f.- Von den 70 bei Schauer, Schwerter behandelten Stücken stammen 5 aus Flüssen: Vilshofen, aus der Vils (ebd. 195 Nr. 615), Steinheim, aus der Donau (ebd. 210 Nr. 650), Bacharach, aus dem Rhein (ebd. 215 Nr. 665), Göppingen (ebd. 216 Nr. 670), Kanton Neuenburg, aus der Zihl (ebd. 216 Nr. 672); bei den drei zuletzt genannten handelt es sich bezeichnenderweise um westeuropäische Schwerter.- Gefäße: Situla aus der Donau bei Hartkirchen (M. Pollak, Arch. Austr. 70, 1986, 23 Nr. 8); Rippenziste aus der Salzach b. Laufen (N. Heger, Bayer. Vorgeschbl. 38, 1973, 52ff.), Rippenziste aus dem Rhein (Wegner, Flußfunde 153 Nr. 60). Ein allgemeiner Fundrückgang ist in der Per. VI auch in dänischen Mooren zu beobachten, allein Nadeln und Halsringe werden weiter deponiert (J. Jensen, Acta Arch. 43, 1972, 115ff.).

[65] Vgl. vorerst K. Spindler, Arch. Korrbl. 2, 1972, 151 Abb. 2 (Helme); ders. Germania 58, 1980, 105ff. (Knollenknaufschwerter - dort allerdings methodisch unzulässig in die Spätlatènezeit datiert, da die spezielle Zeitbestimmung aus dem Wiedereinsetzen der Flußfunde gewonnen wird); L. Pauli, Germania 61, 1983, 459ff. (Trense); R. Wyss, Jahrb. Hist. Mus. Bern 34, 1954, 201ff. (Korisiosschwert); Revue Arch Est et Centre Est 21, 1970, 411ff. (Situla aus der Saone).

[66] Dabei stellt sich vor allem die Frage, ob römische Soldaten ihre Waffen dem Fluß anvertraut haben, was an den Verhältnissen in Mittelitalien nachzuprüfen wäre. Vgl. vorerst Pauli, Gewässerfunde 298ff. mit weiterer Literatur; ders. in: ANRW 18,1, 818 Anm. 7 verweist auf einen großen Weihefund von Fibeln aus dem Tiber.

[67] Pauli, Gewässerfunde 303ff.; ders., Germania 61, 1983, 466 (burgundische Spangenhelme); M. Schulze, Frühmittelalterliche Stud. 18, 1984, 222ff. (Bronzegefäße); R.A. Maier, Germania 64, 1986, 180ff. (slawische Äxte aus dem Inn). Daß der heidnische Brauch unter der Christianisierung nicht abbrach, belegen Konzilsbeschlüsse der Jahre 452, 567 und 578; vgl. RGA 4 (1981) s.v. Brunnen 12f.

[68] Wegner, Flußfunde 32f.

[69] H.W. Zimmermann a.a.O. [Anm. 18] 58f.

[70] M. Pollak, Arch. Austr. 70, 1986, 1ff.

wurde, und großräumige Vergleiche lassen daran kaum Zweifel. Drei Aspekte, unter denen der "Wert" eines Gegenstandes behandelt werden kann, sind dabei von Bedeutung:

Zum ersten handelt es sich um goldene Gegenstände, metallene Schutzwaffen, gut und aufwendig gearbeitete Bronzewaffen, Geräte und Schmuck sowie Kultgerät; sie können als "Wertgegenstände" im gemeinhin verstandenen Sinne angesprochen werden. Es sind Wertgegenstände im materiellen Sinne, aber auch Statusanzeiger und Prestigeobjekte. Diese Gegenstände sind in Flüssen zahlreich vertreten, Goldfunde ebenso wie Schutzwaffen, die beinahe ausschließlich aus Gewässern bekannt geworden sind; Waffen insgesamt sind zu einem großen Teil aus Flüssen geborgen worden, als Waffen mit hohem Symbol- und Prestigewert wurden zwei exzeptionelle Lanzenspitzen aus dem Rhein bei Mainz (Liste 2 Nr. 82, 90) angesprochen.

Der zweite Aspekt ist der regional gebundene "Wert" eines Gegenstandes. Die Einzeluntersuchung verschiedener Artefakttypen hat gezeigt, daß die Art und Weise ihrer Deponierung wohl mit ihrer Stellung im jeweiligen Wertesystem der sie verwendenden Gesellschaft in Verbindung gebracht werden muß. Insbesondere Trachtbestandteile werden vielfach außerhalb des durch die Grabfunde, die jeweils regional deutlich konzentriert sind, zu erschließenden Verwendungsgebietes in Flüssen, aber auch in Höhlen sowie in Horten deponiert. Dies konnte für verschiedene Nadel- und Fibeltypen, die lanzettförmigen Gürtelhaken u.a. ausgeprägte Formen gezeigt werden. Gleiches gilt in eingeschränktem Umfang auch für Schwerter. Bei den quergeschäfteten Lappenbeilen kann ihr Fehlen in Mittel- und Ostfrankreich nur als Deponierungslücke verstanden werden. Im Zusammenhang mit der Besprechung einer Reihe von Artefakttypen wurde mehrfach auf die periphere Lage der Gußformen für diese Gegenstände hingewiesen; auch dies scheint nicht ökonomische Verteilungsprinzipien, sondern Deponierungsnormen wiederzuspiegeln.

Schließlich kommt ein überregionaler quellenspezifischer Wert eines Gegenstandes hinzu. Verschiedene Artefakttypen sind bislang überhaupt nur aus Flüssen bekannt oder werden in einigen Regionen ausschließlich Gewässern anvertraut. In manchen Regionen scheint also ein Gegenstand, z.B. ein Helm oder ein Rasiermesser, nur im Wasser deponierungswürdig zu sein.

Diese drei Aspekte zusammengenommen machen deutlich, daß es sich bei dem Phänomen der Flußfunde nur um das Ergebnis willentlicher Gegenstandsversenkung handeln kann.

Für die Systematisierung der Flußfunde sind somit folgende analytische Schritte von besonderer Bedeutung.

(1) Zunächst wurde nach der Gestalt der Dinge gefragt. Sie sind überwiegend gut erhalten, unfragmentiert, "fast fabrikneu". Somit scheiden Abfall, vergessene Siedlungsreste, Brandgrabbeigaben als Erklärung aus.

(2) Die Fundinventare mitteleuropäischer Flußläufe weisen hinsichtlich ihrer funktionellen Zusammensetzung bemerkenswerte Koinzidenzen auf. Unterschiede lassen sich in einem größeren geographischen Rahmen möglicherweise als kulturspezifische Eigenheiten verstehen. Dies spricht gegen Händlerunglücke, abgeschwemmtes Siedlungsmaterial, zufällige Verluste.

(3) Hinsichtlich ihrer zeitlichen Verteilung kann für die urnenfelderzeitlichen Funde eine unterschiedliche Intensität der Deponierung verschiedener Materialkategorien konstatiert werden. Auf die Gesamtdauer des Phänomens bezogen, gelten im Arbeitsgebiet ähnliche Regeln, wie sie bereits für andere Flußläufe in der Literatur herausgearbeitet wurden. Besonders beachtenswert ist das Erliegen der Deponierungssitte in der Hallstattzeit. Dieser zeitspezifische Wechsel widerspricht den Hypothesen, bei Flußfunden handele es sich um zufälligen Verlust, Ergebnisse kriegerischer Auseinandersetzungen oder Unglücke der Flußschiffahrt.

(4) Die beschreibbare qualitative Auswahl der den Flüssen anvertrauten Güter - neben regional geläufigen Formen finden sich relativ viele "Fremdformen" -, die von Kulturlandschaft zu Kulturlandschaft unterschiedliche, aber dennoch spezifische Auswahl der Güter und eine überproportionale Bevorzugung bestimmter Materialkategorien sprechen gegen Zufallsverluste und Abschwemmungen.

Das aus diesen Analyseschritten gewonnene Bild des Phänomens "Flußfunde" läßt m.E. keinen anderen Schluß als den zu, daß die Gegenstände intentionell versenkt wurden. Wie hoch dabei der Anteil derjenigen Fundstücke ist, die tatsächlich doch zufällig verloren wurden oder wirklich das Produkt von Schiffsunglücken sind, läßt sich nicht näher bestimmen. Archäologische Aussagemöglichkeiten ergeben sich meist nur aus der wiederholten Beobachtung der Erscheinungen und aus ihrer Zusammenschau. Für jeden der hier behandelten Gegenstände ließe sich bei isolierter Betrachtung eine quasi individuelle und durchaus glaubhafte "Geschichte" anführen. Dies führt jedoch in den Bereich intersubjektiv nicht mehr nachprüfbarer Überlegungen. Um so erstaunlicher ist, daß gerade in den "systematischen" Versuchen, das Problem einzukreisen, vor den Konsequenzen zurückgeschreckt wird. Warum sollen Gußkuchen denn doch Transportverluste sein, wie Wegner und Torbrügge vermuten, Helme hingegen eindeutig "Versenkungsopfer" ? Unzulässig ist auch Torbrügges Verfahren, die Funde aus der Saône bei Chalon in eine "natürliche Hafen- oder Abfallschicht" und eine "Versenkungsschicht" zu trennen, wobei alle Metallgegenstände letzterer, 24000 Amphorenscherben und 50000 Scherben anderer Gefäße hingegen der gallorömischen Abfallschicht zugewiesen werden[71].

Nach den derzeitigen Untersuchungsergebnissen kann nur gesagt werden, daß die Flußgüter insgesamt intentionell versenkt wurden, auch wenn manches Stück ohne absichtliches Zutun seines Besitzers den Weg auf den Flußgrund genommen haben mag. Man könnte auch formulieren: Flußfunde sind eine eigene Quellengattung intentionell versenkter Gegenstände, aber nicht jedes Objekt kann mit völliger Sicherheit als absichtlich deponiert bestimmt werden.

Handelt es sich um intentionelle Versenkung, also absichtliche Weggabe, so sollte diese aus religiösen Motiven erfolgen; dann sind die Flußfunde in einem weiteren Sinne den Opfern zuzurechnen. G. Wegners Studie zu den Flußfunden schließt mit einer knappen Betrachtung der antiken Flußverehrung[72]. Damit sind Funde und Fundorte jedoch in einen kausalen Zusammenhang gebracht. Die Opferfunde aus dem Fluß seien somit auch diesem bzw. der Flußgottheit geweiht. Hingegen zeigt die Untersuchung Wasers[73], auf die sich Wegner weitgehend stützt, daß zwar auch den Flußgöttern Opfer dargebracht wurden, diese eigene Priester besitzen konnten, Dank z.B. für die gelungene Überquerung ausgedrückt wurde; wichtig ist jedoch festzuhalten, daß den Flußgöttern im allgemeinen dieselben Opfer dargebracht wurden wie den übrigen Göttern und daß viele Heiligtümer anderer Gottheiten entweder am Fluß liegen oder zumindest eine eigene Quelle besitzen[74]; somit erschließt sich aus der Topographie des Fundortes keineswegs schon unmittelbar das Wesen der verehrten Gottheit. Die bezüglich ihrer Lage gleichartig erscheinenden Heiligtümer können unterschiedlichen Göttern geweiht sein[75]. Wir wissen auch nicht, ob es sich um eine männliche oder weibliche Gottheit handelt: Der Rhein wird in römischer Zeit bekanntlich als Rhenus, die Marne aber auch als dea matrona[76] verehrt. Die geweihten Gegenstände geben nur einen Hinweis auf den oder die Weihenden, nicht aber auf das Wesen der Gottheiten. Darüberhinaus stellen die bronzenen Votive ja nur einen Teilausschnitt der Weihegaben dar. Solche aus organischem Material, Kuchen, Rinder, Pferde, Strohpuppen, Haare etc., die nach den Schriftquellen der Antike als Flußopfer bezeugt sind, entziehen sich vollständig dem archäologischen Nachweis; schwer zu beurteilen sind Funde wie ein trepanierter Schädel aus der Peene bei Pätschow, Kr. Anklam[77].

Die Feuchtbodenfunde

In dieser Arbeit wird bisweilen der Begriff "Feuchtbodenfund" verwendet. Diese Bezeichnung trägt der Tatsache Rechnung, daß bei manchen Funden nicht mehr zu entscheiden ist, ob sie ehemals in fließendem oder stehendem bzw. vermoortem Gelände niederge-

---

[71] Torbrügge a.a.O (Anm. 7) 54 Tab. 8.

[72] Wegner, Flußfunde 100f.

[73] Waser, RE 6 (1909) s.v. Flußgötter 2774ff.

[74] Vgl. Burkert, Griechische Religion 271ff.; F. Muthmann, Mutter und Quelle (1975); Quellheiligtum des Apoll und der Sirona in Hochscheid: W. Dehn, Germania 25, 1941, 104ff.

[75] Dies kann man an den griechischen Heiligtümern von Kap Sounion (Poseidon), Brauron (Artemis) und Perachora (Hera), die unmittelbar am Meer liegen, verstehen. Zu den Schwierigkeiten der Identifizierung der verehrten Gottheit auch H. W. Dämmer, San Pietro Montagnon (1986) 49ff.

[76] E. C. Polomé in: Matronen und verwandte Gottheiten (1987) 204.

[77] H. Grimm, Ausgr. und Funde 2, 1957, 89ff.; vgl. zur Trepanation auch L. Pauli, G. Glowatzki, Germania 57, 1979, 143ff.

legt wurden. Besonders W. Kubach hat sich in einer gründlichen Untersuchung der südhessischen Funde dieses Terminus bedient. Was dort zusammengefaßt wird, beschreibt Kubach folgendermaßen: "Zum Teil handelt es sich um eindeutige Torfmoorfunde, bei anderen ist nur bekannt, daß sie aus alten Neckarschlingen stammen oder derartige Herkunft kann nur vermutet werden"[78]. Eine sichere Trennung zwischen Moor- und Flußfund ist also im Einzelfall nicht immer möglich, Feuchtbodenfunde bilden demgemäß eine archäologische Mischgruppe. Antiker Niederlegung zufolge kann es sich um Flußfunde handeln, modernen Auffindungsbedingungen zufolge sind es Moorfunde.

Im Arbeitsgebiet sind urnenfelderzeitliche Funde aus dem Pfungstädter und dem Gettenauer Moor zu nennen. Das Fundmaterial anderer süddeutscher Funde ist bislang nur summarisch bekannt; seine zusammenfassende Bearbeitung stellt ein Desideratum der Forschung dar. Eine Differenzierung von Fluß- und Moorfunden anhand der Kompositionsschemata ist daher im einzelnen noch nicht möglich. Während die Moorfunde in dieser Arbeit unter die Flußfunde subsumiert werden, hat Kubach seine Untersuchungen auf Differenzen zwischen den Funden aus dem Pfungstädter und Eschollbrücker Moor - sie bilden den Kern seines Fundstoffs und dem Rhein bei Mainz konzentriert. Er stellte heraus, daß sich bei Nadeln und Beilen deutliche Unterschiede zwischen den Feuchtboden- und Flußfunden abzeichnen. In der älteren Urnenfelderzeit werden in den Mooren des Rieds vor allem Nadeln deponiert, während es in der jüngeren Urnenfelderzeit eine Bevorzugung von Beilen und Meißeln zu geben scheint[79]. In diesen wie auch in anderen süddeutschen Mooren wurden vor allem in der älteren Urnenfelderzeit Gegenstände niedergelegt, die jüngere Urnenfelderzeit ist in diesen Fundzusammenhängen geringer vertreten. Kubach sah auch darin einen deutlichen Unterschied zu dem Deponierungsgeschehen am Rhein bei Mainz, wo ein Anstieg der Fundfrequenz in der jüngeren Urnenfelderzeit zu beobachten ist. Die entscheidende Differenz zwischen Fluß- und Moorfunden[80] ist jedoch der Anteil der Schwerter unter ihnen. Aus Mooren des Arbeitsgebietes stammen keine Schwerter[81]; gleiches scheint sich für Süddeutschland anzudeuten. Schon aufgrund der unterschiedlichen Auffindungsbedingungen für Moor- und Flußfunde (vgl. oben) muß man den größten Gegenstand, nämlich das Schwert, einem Vergleich zugrunde legen.

Fluß- und Moorfunde sind also in Süddeutschland relativ klar beschreibbare Fundgruppen; die Grenzfälle zwischen beiden, die Feuchtbodenfunde, sind jedoch nicht als eigene Fundkategorie zu betrachten.

Davon unberührt bleiben Versuche, zeitliche Schwerpunkte der Deponierungen und funktionelle Eigenheiten derselben an verschiedenen Plätzen herauszuarbeiten; auch dazu wäre eine komparative Moorfundstudie notwendig.

Weitere Einzelfunde

Neben den Flußfunden konnte in den vergangenen Jahren eine weitere Gruppe von Einzelfunden aufgrund der ihnen gemeinsamen topographischen Fundsituation als intentionale Einstückdeponierungen erschlossen werden. Es sind dies die Paß- und Höhenfunde in den Alpen[82]. Auch für Niederlegungen auf Höhen und Pässen wurden bestimmte Gegenstände bevorzugt, Beile und Lanzenspitzen. In Anlehnung an spätere eisenzeitliche und römische Paßheiligtümer werden diese Funde zumeist als Wegeopfer[83] inter-

---

[78] W. Kubach, Jahresber. Inst. Vorgesch. Univ. Frankfurt 1978-79, 198.

[79] Ebd. 242f. Abb. 7. 8.

[80] W.-H. Zimmermann, Neue Ausgr. u. Forsch. Niedersachsen 6, 1970, 53ff.

[81] Die bei Kubach a.a.O. (Anm. 80) 258 genannten Schwerter (Liste 1 Nr. 70, 73) stammen wie er selbst einschränkend bemerkt, aus Fließgewässern.

[82] J. Bill, Helvetia Arch. 8, 1977, 56ff.; E. Vonbank, Arch. Austr. 29/30, 1966, 80ff.; R. Wyss, Helvetia Arch. 9, 1978, 137ff.; ders., Zeitschr. Schweiz. Arch. u. Kunstgesch. 28, 1971, 130ff.; V. Bianco-Peroni, Jahresber. Inst. Vorgesch. Univ. Frankfurt 1978-79, 321ff. E. F. Mayer, ebd. 179ff.; L. Pauli, Die Alpen in Frühzeit und Mittelalter (1980) 181ff. 220ff. Für Frankreich vgl. vorerst A. Bocquet, Gallia Préhist. 12, 1969, 121ff.; J.-C. Courtois, Gallia Préhist. 3, 1960, 47ff.; ders. Bull. Soc. Préhist. France 57, 1960, 164ff.; ders., Bull. Soc. Préhist. France 63, 1966, 139ff.

[83] Andere Möglichkeiten kommen natürlich in Betracht. Unklar ist das Verhältnis zu den Brandopferplätzen; noch ganz im Dunkeln liegen Verbindungslinien zu kretischen und griechischen Bergheiligtümern: B. Rutkowski, Germania 63, 1985, 345ff. Vgl. auch R. Hägg, Op. Ath. 8, 1968, 52f.; B. C. Dietrich, Tradition in Greek Religion (1986) 25; M. K. Langdon, A Sanctuary of Zeus on Mount Hymettos. Hesperia

pretiert; damit stellen sie aber auch indirekte Belege für die ökonomische Erschließung der Alpen in der Bronzezeit dar.

Die quellenkritische Würdigung der vielen Einzelfunde, die, aus welchen Gründen auch immer, ohne Angabe der genauen Fundlage überliefert sind, steht für die meisten Kulturlandschaften noch aus. Nur begrenzt ist nämlich die Zuordbarkeit der Funde zu den topographisch "besonderen" Stellen, den Höhen und Pässen, den Höhlen und Spalten, den Flüssen und Mooren. Diese Funde sind keine Zufallsverluste oder verborgene Gegenstände, die man später wieder benützen wollte, sondern unbestreitbar intentionelle Niederlegungen, die im weiteren Sinne unter den Opferbegriff zu subsumieren sind. Es ist keineswegs einsichtig, warum nur diese Stellen für eine Deponierung ausgewählt worden sein sollen; ein heiliger Hain, um nur ein Beispiel zu nennen, kommt ebenfalls in Betracht, doch versagen zum Nachweis archäologische Methoden. Der Ausweg aus diesem interpretatorischen Dilemma, den einige Forscher neuerdings wählen[84], alle oder die meisten Einzelfunde als Einstückhorte zu bezeichnen, sollte aus methodischen Gründen nicht beschritten werden. S. Winghart schlägt in seiner unlängst publizierten Dissertation vor, analog zu den Flußfunden vorzugehen und Einzelfunde in jenen "Gebieten, die nach allgemeiner Wahrscheinlichkeit von vorzeitlicher Besiedlung frei waren", zu untersuchen. "Erst hier präsentiert sich das einzeln gefundene Stück auch als einzeln niedergelegtes Stück, also absichtliche Deponierung, wobei potentielle Verlustfunde wie Pfeilspitzen und Angelhaken natürlich ausgenommen werden"[85]. Dieses Verfahren, so problematisch es mit der Prämisse der Besiedlungsleere überdies ist, verlängert praktisch die im Alpenraum gewonnenen Ergebnisse in die Mittelgebirgsregionen; für die Masse der Einzelfunde ist damit jedoch keine Präzisierung erreicht. Auch W. Kubach kann nur die Topoi Quelle, Feuchtgebiet, Höhe und Höhle als Deponierungsorte wahrscheinlich machen[86].

Fraglich ist auch, ob wir für das in verschiedenen Landschaftsräumen beschreibbare Phänomen der Einstückdeponierung einen auf diese erweiterten Hortbegriff anwenden dürfen. K. H. Willroth weitet ihn beispielsweise auf all jene Funde aus, die nicht als Beigaben einer Bestattung, Reste von Siedlungen, landwirtschaftlicher Produktion, der Rohstoffgewinnung oder -verarbeitung anzusehen sind[87]; er selbst fügt jedoch einschränkend hinzu, daß sich durch die Einbeziehung der Einstückhorte Probleme bei der Zuweisung von Einzelfunden zu den verschiedenen Quellenkategorien ergeben. Auf die Problematik der Zuordnung anhand der Patina wurde bereits hingewiesen. Daß in Willroths Analyse die Deponierungen aus Feuchtgebieten ein Übergewicht gegenüber den Deponierungen vom festen Land gewinnen, ist ein weiterer Nebeneffekt des Verfahrens.

Mißverständlich ist in diesem Zusammenhang auch M. Menkes Beobachtung zur Deponierung der frühbronzezeitlichen Ringhalskragen im Alpenvorland. Viermal kennt man sie aus Mehrstückhorten vom trockenen Land, viermal einzeln aus Flüssen und Mooren. Daraus folgt freilich nicht, wie M. Menke schreibt, die Unterscheidung "einzeln in feuchtem Milieu, mit anderen Gegenständen zusammen auf festem Boden"[88], denn dann wüßten wir ja darüber Bescheid, wie Gegenstände in Gewässern deponiert wurden, einzeln oder mit mehreren anderen zusammen.

Auf die Objektebene bezogen hat W. Kubach die interessante Frage gestellt: "Ist nicht der qualitative Unterschied zwischen der Deponierung eines, zweier oder dreier intakter Beile geringer als der Abstand zwischen einem solchen Depot auf der einen Seite und einem Massenfund aus zahlreichen beschädigten oder fragmentierten Gegenständen auf der anderen Seite?"[89]. Zwar wird hier noch an der Erscheinung der

---

Suppl. 16 (1976) 100ff. Ob des weiteren in der Literatur nicht zu schnell Berg-Berggott, Paß-Wegegott assoziiert wird, sei dahingestellt. Jedenfalls besteht vielfach der Bezug zu einer Quelle. Vgl. das Quellheiligtum von Calalzo im Piavetal (L. Pauli in: ANRW 18, 1 [1986] 825).

84 Vgl. J. Bergmann, Die metallzeitliche Revolution (1987) 64ff.; F. Horst in: Mitteleuropäische Bronzezeit (1981) 159, 168.

85 S. Winghart, Ber. RGK 67, 1986, 95. Für die neolithischen Steinbeile müssen die Einwände G. Mildenbergers, Bonner Jahrb. 169, 1969, 4ff. berücksichtigt werden. Vgl. R. Bradley, Oxford Journ. Arch. 5, 1986, 119ff.

---

86 W. Kubach, Jahrb. RGZM 30, 1983, 113ff.; ders. Arch. Korrbl. 15, 1985, 179ff. Die Topoi Höhe/Quelle und Höhle/Quelle und See sind häufig nicht voneinander zu trennen. Vgl. F. Muthmann, Mutter und Quelle (1975) 255ff.; B. Hänsel in: Festschrift K. Schauenburg (1986) 7ff.

87 K. H. Willroth, Germania 63, 1985, 362; in diesem Sinne auch H.-J. Hundt, Jahrb. RGZM 2, 1955, 96.

88 M. Menke, Jahresber. Bayer. Bodendenkmalpflege 19/20, 1978/79, 92.

89 W. Kubach, Arch. Korrbl. 15, 1985, 179.

Gegenstände, ob zerbrochen oder unversehrt, festgehalten, doch kommt die Frage an das Problem heran. W.A. v. Brunn hat es klar formuliert. Die Trennung zwischen Einzelfund und Depot ist "quellenkritisch gesehen willkürlich", wenn man das Hortproblem im Rahmen des gesamten Quellenbildes umreißen will[90]. Für die Erklärung des Phänomens ist jedoch dieser Abstand zwischen beiden, Einzelfund und Hort, notwendig. Eine saubere Trennung der Quellen ist daher Voraussetzung für das Erzielen von Ergebnissen[91]. Schließlich setzt die Verknüpfung von Einzel- und Hortfunden schon die Interpretation der Hortfunde als Quellengattung voraus.

Für viele Objekte, zumal jene, die beinahe überwiegend als Einzelfunde bekannt geworden sind oder unter den Einzelfunden insgesamt eine dominierende Rolle spielen[92], liegt eine Deutung als Einzeldeponierung nahe, Zufallsverluste dürften ohnehin die Ausnahme darstellen. V. Brunn sagt über die zahlreichen mitteldeutschen Beile: "Wären die Beile in Mooren gefunden, dann hätte man sie längst zu einer bestimmten Fundkategorie zugerechnet"[93].

Jene Einzelfunde, die aufgrund der Topographie des Fundortes nicht als Einzeldeponierung bestimmt werden können, müssen speziellen Einzeluntersuchungen unterzogen werden. Dies kann nur anhand weiträumiger Kartierungen bestimmter Metalltypen unter quellenspezifischen Aspekten erfolgversprechend sein. Einige Beispiele mögen in diesem Zusammenhang genügen. Depotfunde mit Lanzenspitzen des Typus Tréboul finden sich bislang nur in der Bretagne, alle außerhalb dieser Region gefundenen Lanzenspitzen dieses Typs stammen aus Flüssen oder einzeln gefunden vom festen Land. Auch wenn man diese Beobachtung noch einmal vor der gesamteuropäischen Verbreitung der zeitgleichen Horte nachprüfen muß, kann schon jetzt gesagt werden, daß die Wahrscheinlichkeit, daß es sich bei den Einzelfunden um Reste zerstörter Horte handeln soll, gering ist; es liegt nahe, sie als einzeln deponierte Gegenstände aufzufassen. Gleiches gilt für die bayerischen Stabdolchklingen und Vollgriffdolche, die bislang ausschließlich aus Flüssen oder als einzelne Landfunde bekannt wurden[94]. Mit wenigen unsicheren Ausnahmen sind auch die französischen Stabdolche Fluß- und Einzelfunde[95]. Daß solche Ergebnisse stark regional gebunden sind, haben verschiedene Kartenbilder für Nadeln, Halsringe, Fibeln und Gürtelhaken gezeigt[96]. Als weiteres Beispiel können auch die Messer dienen. Die Tüllenmesser sind in Nordwestdeutschland überwiegend als Einzelfunde, in Frankreich meist in Horten überliefert. Dies könnte näherungsweise auch die antike Deponierungsform treffen.

Diese Verbreitungsbilder, die eine Entscheidung über den Charakter des als "Einzelfund" überlieferten Objektes zwar nicht in jedem Falle vollkommen abzusichern vermögen - ebensowenig wie jeder einzelne Fund aus einem Fluß als Votivgabe anzusehen ist -, aber doch Näherungswerte bieten, die über das bislang Erreichte hinausgehen, sind zukünftig vermehrt zu erstellen. Sie sind der methodisch vielversprechende Weg, eine größere Zahl der Einzelfunde als Einzeldeponierung anzusprechen und damit als archäologische Quelle zu erschließen.

V. Grabfunde

Gräber bilden zwar auch im Arbeitsgebiet die zahlenmäßig stärkste Quellengattung, die systematische Ausgrabung und Publikation größerer Gräberfelder stellt jedoch immer noch die Ausnahme dar[97]. Der größte bekannte Friedhof der Urnenfelderzeit im Arbeitsgebiet wurde Anfang der fünfziger und Ende der sechziger Jahre bei Aschaffenburg-Strietwald freigelegt[98], wo insgesamt 48 Gräber aufgedeckt werden konnten. Dieser Friedhof wurde in den Stufen Bz D und Ha A belegt. W. Kubach konnte im Rahmen ei-

---

[90] V. Brunn, Horte 236.

[91] W. A. v. Brunn, Ber. RGK 61, 1980, 138 Anm. 148.

[92] 90% aller bulgarischen Einzelfunde sind Beile. Vgl. B. Hänsel, Beiträge zur regionalen und chronologischen Gliederung der älteren Hallstattzeit an der unteren Donau (1976) 44.

[93] V. Brunn, Horte 236.

[94] M. Menke, Jahresber. Bayer. Bodendenkmalpflege 19/20, 1978/79, 89f.

[95] G. Gallay, Arch. Korrbl. 11, 1981, 197ff.

[96] Vgl. Kap. II (Schmuck).

[97] Unpubliziert sind Gräberfelder von Steinheim am Main und Wiesbaden-Erbenheim (Grabung 1986). Die Gräberfelder von Oberbimbach und Künzell "Lanneshof" wurden von M. Müller im Rahmen einer Magisterarbeit neu bearbeitet. Über unlängst ausgegrabene Teile eines Gräberfeldes im Marburger Raum hat C. Dobiat in Vorberichten gehandelt.

[98] H.-G. Rau, Das urnenfelderzeitliche Gräberfeld von Aschaffenburg-Strietwald (1972).

ner ausführlichen Besprechung der Grabungspublikation anhand der Horizontalstratigraphie des Gräberfeldes die weitgehende Gültigkeit des geläufigen Chronologieschemas aufzeigen[99]. Ob die Anlage kleinerer Nekropolen eine Eigenart der westlichen Urnenfelderkultur ist oder ob auch größere Friedhöfe, wie z.B. in Bayern, bestanden haben, muß durch Ausgrabungen entschieden werden[100]. Mit dem Übergang von der Stufe Bz D zur Stufe Ha A setzt sich auch im Arbeitsgebiet die Brandbestattung in der Urne - frei im Boden stehend oder von Steinen geschützt -, die mit einer Schale oder Steinplatte abgedeckt ist, durch. Dieser Wandel scheint sich, wie birituelle Nekropolen andeuten, in einem fließenden Prozeß vollzogen zu haben[101]. Eine Reihe weiterer Grabformen, neben der Brandbestattung tritt auch noch die Körperbestattung gelegentlich auf, Brandschüttungsgräber, Doliengräber, Steinkistengräber, Hügelgräber usw. kommen parallel zu den charakteristischen Flachbrandgräbern auf und werden zum Teil als Traditionsgut aus der Hügelgräberzeit fortgeführt, wie dies bereits mehrfach ausführlich dargestellt wurde. Ob diese jeweils regional spezifische, sozial gebundene oder chronologisch veränderte Grabformen darstellen, läßt sich anhand der Quellenlage in Hessen und Rheinhessen nicht sicher genug entscheiden[102]. Allein die Steinkistengräber - teilweise überhügelt -, die sich durch einen besonderen Grabbau und Beigabenreichtum auszeichnen, können als Bestattungen sozial führender Personen angesprochen werden[103]. Den überregionalen Mustern ihrer Beigabenausstattungen wurde in den letzten Jahren mehrfach nachgegangen[104]. Anthropologische Untersuchungen, die auch wichtige Beiträge zu den Details des Bestattungsrituals erbringen können[105], fehlen für die urnenfelderzeitlichen Grabfunde des Arbeitsgebietes. Der Vielfalt der Grabformen entspricht auch ein differenzierter Umgang mit den Bronze- und Keramikbeigaben. Während in der Marburger Gegend die Bronzen auf dem Scheiterhaufen vollständig zerschmolzen und in den Gräbern nur geringe Bronzereste festzustellen sind, werden in der Wetterau und in Südhessen auch unverbrannte Bronzen ins Grab gelegt. Mitunter treten unverbrannte neben verbrannten Beigaben auf. Ob sich darin eine unterschiedliche Bewertung der verschiedenen Bronzebeigaben ausdrückt, kann vorerst nur als Frage formuliert werden. Gegenüber der mittleren Bronzezeit ist in der Stufe Bz D ein Rückgang der Bronzebeigaben und die Auflösung kanonisierter Ausstattungsmuster in den Gräbern zu beobachten[106]. Obgleich die meisten der uns in der Stufe Ha A im Arbeitsgebiet überlieferten Bronzegegenstände aus Gräbern stammen, werden die Gräber im Vergleich zur vorangegangenen Bz D-Zeit nicht reicher ausgestattet. Abgesehen von den herausragenden Inventaren der Steinkistengräber der Wetterau und des Untermaingebietes sowie einiger reicher Inventare aus dem südhessischen Ried, sind in vielen Gräbern meist nur Nadeln, Armringe oder Messer vertreten. Auch sie dürften, wie für die Messer bereits ausgeführt wurde, nicht eine Standardausstattung repräsentieren. In der späten Urnenfelderzeit werden schließlich die Gräber beinahe ohne Bronzebeigaben ausgestattet.

Über sehr allgemeine Feststellungen zum Bestattungsritual, zur sozialen Organisation der urnenfelderzeitlichen Gesellschaft und der damit verbundenen Verwendung von Bronzegegenständen als Beigabe im Grab sowie möglicher regionaler Unterschiede ist anhand der derzeitigen Quellensituation kaum hinauszugelangen. Die angesprochenen Fragestellungen angemessen behandeln zu können, bedürfte es einer umfassenden Untersuchung der Bestattungssitten in der süddeutschen Urnenfelderkultur, die hier nicht geleistet werden kann. Über die im Kapitel II vorgetragenen Ausführungen zur Bronzedeponierung im Grabe, lassen sich weitergehende Fragen nur durch regional ausgreifende Spezialuntersuchungen und durch neue Grabungen beantworten[107].

---

[99] W. Kubach, Fundber. Hessen 13, 1973, 416ff.

[100] Zu dieser Frage vgl. Herrmann, Urnenfelderkultur 18; Dehn, Urnenfelderkultur 40.

[101] Vgl. Kubach, Stufe Wölfersheim 21.

[102] Vgl. Herrmann, Urnenfelderkultur 18ff.; Eggert, Urnenfelderkultur 53ff.; Wilbertz, Urnenfelderkultur 98ff.

[103] Herrmann, Urnenfelderkultur 22ff.

[104] Eibner, Bestattungssitten; P. Schauer, Jahrb. RGZM 31, 1984, 209ff.; P. Stary in: K. Spindler (Hrsg.), Vorzeit zwischen Main und Donau (1980) 45ff.; vgl. auch Kap. II (Schwerter, Sicheln, Barren).

[105] Vgl. z.B. J. Wahl, Prähist. Zeitschr. 57, 1982, 40ff.; 86.

[106] Vgl. Kubach, Stufe Wölfersheim 20f.

[107] Vgl. die wichtigen Ergebnisse J. Bergmanns auf dem Gräberfeld von Vollmarshausen (J. Bergmann, Ein Gräberfeld der jüngeren Bronze- und älteren Eisenzeit bei Vollmarshausen, Kr. Kassel [1982]) und C. Dobiats in der Grabhügelnekropole auf den Marburger Lahnbergen (C. Dobiat, Grabhügel der Urnenfelderzeit auf den Lahnbergen bei Marburg [1986]; mündl. Mitt.).

VI. Zur Interpretation der Bronzedeponierung in der Urnenfelderzeit - Eine Skizze

In den Untersuchungen zu den urnenfelderzeitlichen Waffen, Geräten und dem Schmuck konnte von den Funden Hessens und Rheinhessens ausgehend die intentionelle Niederlegung des größten Teiles dieser Gegenstände wahrscheinlich gemacht werden. Erkennbar sind regional spezifische und objektbezogene Deponierungsnormen. Auch Hort- und Flußfunde konnten durch die Herausarbeitung regelhafter Kompositionsmerkmale als intentionelle Versenkungen, als Opfer im weiteren Sinne wahrscheinlich gemacht werden. Die Einzelfunde, wenigstens viele von ihnen, stehen ebenfalls in Verdacht, intentionelle Einstückdeponierungen darzustellen, doch ist dies für das Gros der Funde methodisch befriedigend noch nicht beweisbar. Allein daß es sich um Zufallsfunde handelt, sollte ausgeschlossen werden. Daß die Grabbeigaben einer religiösen Sphäre, eben dem Totenritual, angehören, stand immer außer Frage[1]. Das Ergebnis mutet überraschend an. Beinahe alle uns zur Verfügung stehenden Bronzefunde der Urnenfelderzeit im Arbeitsgebiet - ich dehne diesen Befund vorsichtig auf das gesamte Süddeutschland aus - gelangten aus religiösen Motiven in den Boden. Damit scheidet das Metallinventar der Bronzezeit als Quelle für politische und sozialökonomische Fragestellungen aus; diese Probleme lassen sich nurmehr indirekt aus dem zur Verfügung stehenden Quellenmaterial erschließen.

Man kann aus dem bis hierher Dargelegten erkennen, daß der Einzelbefund, das einzelne Objekt nur in den seltensten Fällen einen unmittelbaren Hinweis auf den Kontext gibt, in dem es niedergelegt wurde. Nicht zuletzt aus diesem Grunde scheiden Systematisierungsversuche urgeschichtlicher Opferfunde aus der Diskussion aus. Sie gehen nämlich von der Prämisse aus, Profanes und Sakrales ließe sich am Fundstoff unmittelbar erkennen. Abgesehen von dem prinzipiellen Mißverständnis über das Wesen archaischer Gesellschaften (Stammesgesellschaften)[2], greifen sie für die hier behandelte Problematik zu kurz[3].

Die Intentionalität der Niederlegung bronzezeitlicher Objekte wurde über verschiedene methodische Zugänge als solche entschlüsselt. In den Kapiteln III und IV, in denen die Fluß- und Depotfunde aufgrund strukturanalytischer Untersuchungen als Opfer bestimmt wurden, wurde versucht, die vorschnelle Identifizierung eines Fundes mit einem möglichen Sinngehalt zu vermeiden. Weder fanden sich beispielsweise genügend Hinweise, die Flußfunde als Relikte von "Wasserbestattungen" zu erklären, noch konnte die These, bei den Horten handele es sich um vergrabene Selbstausstattungen für ein Jenseits, erhärtet werden.

Ziel der folgenden Ausführungen ist es demnach nicht, alternative Opferzwecke zu beschreiben. Derer finden sich eine Reihe von Beispielen in der Literatur; je nach Klassifikationsprinzip kann auf der Objektebene eines Opfers, zwischen dem spezifischen Umgang mit diesem Objekt, den Intentionen des Opfers oder den Spendern unterschieden werden; es geht also nicht um Spezialfälle des Opfers, um Initiationsfeste, Eidopfer, Totenopfer, Sphagia, Thusia, Ernteopfer u.ä. und eine hypothetische Zuweisung der Objekte zu diesen Spezialfällen, die scheinbar auf der Hand liegen[4]. Sind aber Sicheln einzig Objekte für Ernteopfer, Ringe vielleicht solche für Eidopfer und Waffen Dankesopfer für gewonnene Schlachten? Die religionswissenschaftliche Forschung lehrt anderes.

Religionswissenschaftliche Kategorien werden in der archäologischen Literatur meist unreflektiert verwendet. Regelmäßig synonym werden die Begriffe 'kultisch' - 'rituell' und 'spirituell' - 'religiös' - 'magisch' - 'sakral'- 'numinos' oder 'Schamane' - 'Priester' - 'Zauberer' in verschiedensten Kombinationen verwendet. Es kann nicht Aufgabe dieser Arbeit sein, diese Begriffe im einzelnen theoretisch zu explizieren. Diejenigen Begriffe, von denen ich meine, daß sie im Bereich der bronzezeitlichen Religion Mitteleuropas sinnvoll anzuwenden sind, werden erläutert, auf an-

---

[1] Vgl. W. Burkert, Homo Necans (1972) 60ff.

[2] Vgl. K.-H. Kohl in: H. Zinser (Hrsg.), Der Untergang von Religionen (1986) 194f.

[3] Auch H.G. Hüttel in: AVA Koll. 1 (1981) 158 unterliegt bezüglich des auf der Objektebene liegenden archäologischen Interesses einem Mißverständnis.

[4] Zur Kritik an entsprechenden Versuchen von P. Stengel, Die griechischen Kultusaltertümer (1920) und F. Heiler, Erscheinungsformen und Wesen der Religion (1951) vgl. W. Burkert in: J. Rudhardt, O. Reverdin (Hrsg.), Le sacrifice dans l'Antiquité (1980) 92f. Zu weiterführenden theoretischen Aspekten: ders., Anthropologie des religiösen Opfers: Die Sakralisierung der Gewalt (1983) 15ff. 36.

dere kann nur in Anmerkungen eingegangen werden. Im Folgenden werden vielmehr einige Elemente der bronzezeitlichen Religion, die Kernbereiche darstellen, benannt und in Analogien weiterverfolgt. Die Richtung dieser Analogien führt in den ostmediterranen Raum zur gleichen Zeit. Aus verschiedenen sachlichen Gründen, die teilweise im folgenden deutlich werden, wird die spätere Religion der Germanen nur am Rande in die Untersuchung einbezogen.

Über bronzezeitliche Religion sind wir denkbar schlecht unterrichtet[5]: Gab es ausgeprägte Gottesvorstellungen, Tempel, Kultbilder, Priester, welcher Art waren die Opfer? Diese Fragen müssen behandelt werden. Der Faden soll uns aus dem Labyrinth herausführen und man muß versuchen seinen Anfang zu finden. Die bisherigen Versuche haben, indem sie schon einen "Sinn" erkennen wollten, auf der Strecke den Faden ergriffen. Entsprechend der allgemeinen Renaissance, die gegenwärtig die Beschäftigung mit "Naturreligionen" erlebt, und die als "sanfte" und "naturfreundliche" Gegenbilder zu unserer eigenen Zivilisation rezipiert werden, haben vergleichbare Deutungsmuster auch Einzug in die prähistorische Forschung gefunden. S. Winghart versucht beispielsweise dem Phänomen der "Einzeldeponate" inhaltlich näher zu kommen, indem er den Blick auf die in Europa mittlerweile berühmt gewordene, 1855 gehaltene Rede eines nordamerikanischen Indianerhäuptlings namens Seattle zu lenken versucht[6]. So sympathisch das dort über die Möglichkeiten eines Miteinanders von Mensch und Natur Gesagte auch sein mag, so problematisch ist auf der anderen Seite die Unverbindlichkeit in der man steckenbleibt, wenn man es einfach auf jedwede prähistorische Gesellschaft zu übertragen sucht. Es macht ja gerade das Studium von Stammesgesellschaften so wichtig, daß es verschiedene Vermittlungen des "gesellschaftlichen Naturverhältnisses" gibt, die jeweils in spezifischer Weise das soziale Leben und den Umgang mit der Natur reflektieren.

Die materiellen Hinterlassenschaften sind stumm. Sie zum Sprechen zu bringen, haben sich in den letzten Jahrzehnten viele Autoren bemüht. Sie haben dafür den Weg in das mykenische Griechenland gesucht, dorthin also, wo Bild- und Schriftüberlieferung uns Teile des antiken Lebens besser verstehen lehren. Anlaß dazu boten mitteleuropäische Fremdlinge in Griechenland und Spuren mykenischen Einflusses in Mitteleuropa[7]. Von einer katastrophalen Zerstörung der mykenischen Zivilisation möchte man heute nicht mehr sprechen, statt eines materiell greifbaren Einflusses mykenischer Zivilisation auf die mitteleuropäische Urnenfelderkultur spricht man heute besser von einer mykenischen Faszination[8]. Von einem wirksamen Einfluß zu sprechen, gestattet der einzelne Fund, die punktuelle Analogie freilich nicht. Um von ähnlichen Vorstellungen und Verhaltensweisen zu sprechen (um gleich auf den religionshistorischen Aspekt einzugehen), müssen typische Verbindungen von Einzelelementen, im allgemeinen als Strukturen bezeichnet, nachgewiesen werden können[9]. Bezogen auf die Religionsphänomene muß also nach den internen Strukturen religiöser Äußerungen und ihrer Funktionen für die Gesellschaft, in der sie stattfinden, gefragt werden. Letztere bleiben uns verborgen, nur darf angenommen werden, daß in den bürokratisch organisierten Palastwirtschaften des mykenischen Griechenlands und des Vorderen Orients Religionsäußerungen eine andere Funktion erfüllt haben dürften als in Mitteleuropa. Jene Trennung zwischen Herrschafts- und Volksreligion beispielsweise, die man heute für das mykenische Griechenland anzunehmen bereit ist, läßt sich für Mitteleuropa keineswegs nachvollziehen und werden hier frühestens im Zuge der Bekehrung zum Christentum aktuell.

Die im Folgenden herangezogenen Analogien aus dem ostmediterranen Bereich können somit die in dieser Arbeit vorgestellten Phänomene nicht erklären, aber doch illustrieren helfen[10]. Dabei muß im Auge behalten werden, daß eine Reihe von Erscheinungen mykenischer Religion noch im unklaren liegen; man-

---

5 Eine ausführliche Behandlung bietet H. Müller-Karpe, Handbuch der Vorgeschichte Bd. IV,2 (1980) 682ff.

6 S. Winghart, Ber. RGK 67, 1986, 154. Dazu K.H. Kohl, Naturreligion. Zur Transformationsgeschichte eines Begriffs. In: Abwehr und Verlangen (1987) 103ff.; W. Burkert, Anthropologie des religiösen Opfers: Die Sakralisierung der Gewalt (1983) 41.

7 V. Milojčić, Jahrb. RGZM 2, 1955, 153ff.; W. Kimmig in: Studien aus Alteuropa I (1964) 220ff.; H. Müller-Karpe, Germania 40, 1962, 255ff.; K. Randsborg, Acta Arch. 38, 1967, 1ff.; H.-G. Buchholz, Arch. Anz. 89, 1974, 325ff.; H. Matthäus, JdI 95, 1980, 109ff.; J. Bouzek, The Aegean, Anatolia and Europe. Cultural Interrelations in the Second Millenium BC (1985); P. A. Mountjoy, Op. Ath. 15, 1984, 135ff.

7 Vgl. B. Hänsel, Illiria 15,2, 1985, 223f.

9 B. Gladigow, Frühmittelalterliche Studien 18, 1984, 19.

10 Hüttel a.a.O. (Anm. 3) 165f. zu Analogie.

ches, was seinerzeit M.P. Nilsson in seinen bahnbrechenden Arbeiten[11] behandelte, muß heute in der Folge umfangreicher Grabungen neu beurteilt werden. Zuletzt haben dies vor allem W. Burkert[12] und B.C. Dietrich[13] in Synthesen versucht. In zwei wesentlichen Bereichen ist die Forschung zu neuen Ergebnissen gelangt, nämlich in der Kontinuitätsfrage mykenisch-"frühgriechischer" Religionsübung und den Formen und Orten (Tempel) der Kulthandlungen. Damit unmittelbar verknüpft ist natürlich die Beurteilung der sogenannten "dark ages"[14]. Über die zypriotischen Horte haben jüngst H. Matthäus und G. Schumacher-Matthäus gehandelt[15].

Welcher Art die Gottesvorstellungen[16] der mitteleuropäischen Bronzezeit waren, läßt sich derzeit kaum schlüssig beantworten. Ob die jüngerbronzezeitlichen Frauenstatuetten Nordeuropas und der Votivwagen von Dupljaja als Indizien für anthropomorph, vielleicht auch theriomorph gedachte Gottheiten gewertet werden können, bleibt zunächst fraglich. Ein Indiz ist immerhin, daß Zeus eine anerkanntermaßen indoeuropäische Gottheit ist und der dodonäische Zeus, darauf hat E. Simon[17] hingewiesen, besondere Verbindungen mit dem mitteleuropäischen Raum besitzt. Daraus freilich auf Namen und Funktion einer mitteleuropäischen Gottheit zurückschließen zu wollen, wäre sicher verfehlt[18], denn die Götter sind nicht ewig; sie sind bloß unsterblich[19], was auch für ihre Gestalt[20] gilt.

Auch feste Kultbauten sind aus der Bronzezeit Mitteleuropas im Gegensatz zum ägäischen Raum[21] bislang nur ausnahmsweise nachgewiesen. Immerhin deuten einige Befunde, z.B. ein kleiner hölzerner Bau aus einem holländischen Moor[22] und ein kleines Gebäude bei Dornholzhausen, Kr. Wetzlar[23] ihre einstige Existenz an. Bei anderen Gebäuden, etwa dem sog. Rechteckhaus vom Martinsberg bei Bad Kreuznach, wird eine Nutzung im Rahmen des Kultes vorläufig nur vermutet[24]. Vorherrschend sind aber wohl Freilufheiligtümer, etwa heilige Haine oder Opferplätze auf Höhen, ohne daß diese selbst oder eventuell zugehörige architektonische Strukturen bislang nachgewiesen sind[25]. Ähnlich ungewiß ist, ob wir schon in der jüngeren Bronzezeit z.B. mit der Existenz hölzerner Kultbilder rechnen dürfen. Wohl deutet ein bislang ohne Parallele gebliebener Befund aus Tauberbischofsheim[26], der als ein Holzmal rekonstruiert wird, um den die Weihegaben niedergelegt wurden, darauf hin, daß bestimmte Plätze markiert waren und wiederholt aufgesucht werden konnten. Insgesamt gewinnt man den Eindruck, als hätten offene Plätze, etwa an Seen oder Mooren Heiligtumsfunktionen erfüllt, wofür die chronologische Spannbreite der Niederlegungen in verschiedenen Mooren (z.B. Pfungstadt) oder Flußlaufstellen (z.B. Schäfstall bei Donau-

---

[11] M.P. Nilsson, Griechische Religion.

[12] Burkert, Griechische Religion.

[13] B. C. Dietrich, Tradition in Greek Religion (1986).

[14] K. Kilian, Jahrb. RGZM 27, 1980, 166ff.

[15] H. Matthäus, G. Schumacher-Matthäus in: Marburger Stud. Vor- und Frühgesch. 7. Gedenkschr. f. Gero v. Merhart (1986), 129ff. Zu griechischen Horten: G.Th. Spyropoulos, Hysteromykenaikoi helladikoi thesauroi (1972).

[16] Verschiedene Autoren (z.B. J.F. Thiel, Religionsethnologie [1984] 151ff.) vermeiden im Zusammenhang mit den Religionen schriftloser Völker den Gottesbegriff und sprechen von "Höchstem Wesen". Dies schafft allerdings nur scheinbar begriffliche Klarheit. Man verharrt mit beiden Benennungen natürlich in der eigenen kulturspezifischen Begrifflichkeit. Diese Begriffe müssen Hilfskonstruktionen bleiben, da ein adäquater Begriff kaum zu entwickeln ist.

[17] E. Simon in: Acta 2nd international Colloquium on Aegean Prehist. (1972) 157ff; vgl. Burkert, Griechische Religion 42ff. (zu indoeuropäischen Wurzeln), 200f. (zu Zeus). Zeus ist nicht der erste Gott, er hat sich diese Stellung erkämpft und seine Machtinsignien, vor allem den "unwiderstehlichen Blitz", hat er denn auch von einer Frau, der Medusa erhalten. Vgl. K. Heinrich, in: R. Schlesier (Hrsg.), Faszination des Mythos (1985) 166ff.; vgl. K. Heinrich, Anthropomorphe. Zum Problem des Anthropomorphismus in der Religionsphilosophie. Dahlemer Vorlesungen Bd. 2 (1986) 43ff. Zu Aspekten neolithischer Religionszeugnisse (z.B. Große Göttin) vgl. Burkert, Griechische Religion 34ff.

[18] Polytheistische Religionen - und mit diesen sollte man wohl rechnen - zeigen allerdings das Phänomen der Wechselhaftigkeit der Götter, worauf schon die Genealogien hindeuten. Vgl. B. Gladigow, Saeculum 34, 1983, 292ff.

[19] J.P. Vernant, Mythos und Gesellschaft im alten Griechenland (1987) 104.

[20] Es wäre zudem auch kaum zu erwarten, die Götter in hesiodischer Ordnung erkennen zu können. Im übrigen mag man sich bei der Beurteilung dieser Frage auch kaum auf die bildlichen Darstellungen allein verlassen; so sind anikonische Darstellungen in Griechenland neben anthropomorphen Darstellungen geläufig. Vgl. D. Metzler, Visible Religion 4-5, 1985-86, 96ff.

[21] Vgl. G.E. Mylonas, Mycenean Religion. Temples Altars and Temena (1977); C. Renfrew, The Archeology of Cult (1985).

[22] H. T. Waterbolk, W. van Zeist, Helinium 1, 1960, 5ff.

[23] H. Janke, Antike Welt 7, 1976, 36ff.

[24] Dehn, Katalog Kreuznach 51ff.

[25] Eine Ausnahme stellen natürlich die Brandopferplätze dar (s.u.). Heilige Bezirke müssen nicht architektonisch (wie etwa die keltischen Viereckschanzen) eingefaßt sein. Tacitus, Germania 39f. [zu Hainen]; in diesem Zusammenhang sind auch Epiphanieerscheinungen in Rechnung zu stellen: R. Hägg, Athen. Mitt. 101, 1986, 41ff.

[26] L. Wamser, Fundber. Baden-Württemberg 9, 1984, 23ff.

wörth) spricht. Welcher Gestalt und welchen Wesens aber die Gottheiten waren, die in diesen Plätzen Verehrung genossen oder auf deren Erscheinen man hoffte, läßt sich aus der Topographie des Heiligtums oder dem Charakter der Weihegaben nicht erschließen[27]. Auch in Griechenland ist, soweit erkennbar, kein prinzipieller Zusammenhang zwischen der speziellen Gottheit und der Topographie ihres Tempels auszumachen. Zeus wird zwar gerne auf Höhen verehrt, doch das gilt auch für Artemis, die wiederum gerne auch in Niederungen und sumpfigen Gebieten verehrt wird[28]. Plätze sind nicht eo ipso "heilig"; die Orte können durch verschiedene Ereignisse geheiligt werden, z. B. den Blitzeinschlag[29], doch das ist ohne schriftliche Überlieferung nicht mehr zu erschließen.

Daß für das Verständnis antiker Religionen die Rituale wichtiger sind als die vielschimmernden Mythen, ist eine Einsicht, die in der Religionswissenschaft sich weitgehend durchgesetzt hat[30], doch nimmt dieser Bereich in der Bronzezeitforschung, obwohl auf der Objektebene wesentlich besser nachweisbar, gegenüber Forschungen zum Symbolgehalt von Darstellungen eine untergeordnete Stellung ein.

Als erstes ist die Frage nach den Opfern zu stellen. Hesiod weiß um die Funktion des Opfers, wenn er sagt, sie seien eingeführt worden, als die Götter und die sterblichen Menschen sich trennten[31], denn das Opfer dient als Abschlagszahlung, als Preisgabe eines Teiles zur Reproduktion des Ganzen, das bei seinem Ausbleiben abermals zu zerbrechen droht. Prinzipiell kann alles, was im zwischenmenschlichen Bereich als Gabe fungiert der Klasse möglicher Opfergaben an die Götter angehören. Die Spanne der Gaben reicht von vegetabilen Nahrungsgaben, über Tiere und Menschen zu wertvollen Geschenken und symbolischen Gaben[32].

Das zweifellos skandalöseste Opfer ist das Menschenopfer. Im Arbeitsgebiet kann als Beleg für ein solches Opfer der Befund von Ladenburg genannt werden. Neben Messern, Keramik und Feuerböcken fand sich auch die bearbeitete Schädelkalotte eines Menschen. Sichere Belege für Menschenopfer in Mitteleuropa sind aus den Felsspalten des Kyffhäusergebirges[33], der Fliegenhöhle (Musja Jama) bei Skocjan in Istrien[34] und der Býčí skála-Höhle in Mähren[35], um nur einige wichtige Fundstellen[36] zu nennen, bekannt. Ob mit diesen Menschenopfern auch Anthropophagie verbunden war, wie dies häufig in der Literatur vermutet wird, sei freilich dahingestellt. Schnittspuren an Menschenknochen zeugen lediglich vom Zerteilen des Körpers, keineswegs vom anthropophagen Akt selbst[37]. Von einem Menschenopfer berichtet uns Titus Livius (VII, 6, 1-6). Demnach hat sich auf dem römischen Forum ein tiefer Spalt aufgetan, der die Bürger beunruhigt. Zweifellos ist dieser Spalt nichts anderes als ein tiefer Riß durch die römische Gesellschaft, der ein Opfer verlangt. Marcus Curtius, ein junger Patrizier, ist es, der schließlich mit der Erklärung, nur die Besinnung auf römische Waffen und Virtus könne es sein, was die Götter verlangen, mit seinem (als Opfertier geschmückten) Pferd in diesen Spalt hineinprescht. Dann heißt es bei Livius, die Menge habe Gaben (dona) und Früchte (fruges) in diesen Spalt hineingeworfen. Dies wird später auch weiterhin genügen. Man kann diese Schilderung, die alle Grundzüge eines Opfers darlegt, auch in dem Sinne verstehen, daß jedem blutigen Tieropfer, einem Gabenopfer schon ein Menschenopfer vorangegangen ist. Daß Menschenopfer substituiert werden, bezeugt

---

27 Man bleibt für beide Problembereiche auf Vermutungen angewiesen, deren Anregungen aus dem mediterranen Raum stammen. So vermutet beispielshalber U. Kron (Jahrb. DAI 86, 1971, 130f.) in den Freilufttheiligtümern besondere Orte der Nymphenverehrung.

28 Vgl. H. Philipp, Ol. Forsch. 13 (1981) 24.

29 Burkert, Griechische Religion 201 Anm. 10.

30 Vgl. Burkert, Griechische Religion 99. Zur Ritualdefinition vgl. W. Burkert in: J. Rudhardt, O. Reverdin (Hrsg.), Le Sacrifice dans l'Antiquité (1980) 93ff.

31 Hesiod, Theogonie 535; Plato, Symposion 190cff.

32 Vgl. B. Gladigow, Frühmittelalterliche Stud. 18, 1984, 33.

---

33 G. Behm-Blanke, Ausgr. und Funde 21, 1976, 80ff.

34 J. Szombathy, Mitt. Prähist. Komm. Wien II,2, 1912, 170ff.

35 H. Wankel, Bilder aus der mährischen Schweiz und ihrer Vergangenheit (1882), 369ff.; ders., Mitt. Anthr. Ges. Wien 1, 1871, 101.

36 Historisch bezeugt Tacitus, Annalen 1,61, daß in den zum Schlachtfeld im Teutoburger Wald benachbarten Hainen die Altäre standen, auf denen die Barbaren die Tribunen und Zenturiones höheren Ranges geschlachtet hatten.

37 Trotz weitverbreiteter Ansichten findet sich auch in der ethnographischen Literatur kaum ein ernst zu nehmender Hinweis auf tatsächliche Anthropophagie. Vgl. W. Arens, The Man Eating Myth (1979); der Begriff des Kannibalismus, der erst seit dem 16. Jh. in Europa gebräuchlich ist, leitet sich von den Kariben ab, die ihren Entdeckern zufolge Menschenfleisch gegessen haben sollen; man muß dabei allerdings berücksichtigen, daß sich die Entdecker selbst gegenseitig des Kannibalismus im Zusammenhang mit dem Abendmahl beschuldigten. Wie ähnlich sind auch die Schilderungen in der Odyssee 9, 107ff. und bei Amerigo Vespucci in: E.R. Monegal (Hrsg.), Die neue Welt (1982) 81ff.

auch die alttestamentliche Überlieferung: Abraham muß seinen Sohn Isaak nicht real opfern, aber im Fast-Vollzug ist das Opfer verinnerlicht[38].

Die von Livius genannten fruges gehören als Nahrungsgaben in den Bereich des Opfers. Archäologisch sind sie kaum nachzuweisen; allein günstige Umstände, wie z.B. die Erhaltungsbedingungen in Höhlen, etwa im Kyffhäusergebirge, wo Getreidereste geborgen werden konnten, erlauben hin und wieder den Nachweis solcher Opfer. Auf eine Nahrungsgabe aus dem Arbeitsgebiet wurde in Kap. II (Messer) hingewiesen.

Livius' Schilderung verweist darüberhinaus auf eine wichtige Funktion des Opfers. Es dient dazu, gesellschaftliche und individuelle Krisen zu überwinden, nach deren Schwere sich jeweils auch Art und Weise sowie Umfang des Opfers richtet[39]. Opfer müssen dargebracht werden, sie sind nicht eine Frage des individuellen Ermessensspielraums, denn sie dienen der Reproduktion der kosmischen und gesellschaftlichen Ordnung. Daher sind sie in den verschiedensten gesellschaftlichen Systemen, so auch in der Antike, durch Festkalender genau festgelegt.

Die wichtigste Rolle spielt in den antiken Kulturen dabei das blutige Tieropfer. Nach K. Meuli geht das olympische Opfer auf paläolithische Jagdrituale zurück, bei denen es um die Möglichkeit der Restituierung des Jagdwildes bzw. Opfertieres geht. Am eindrücklichsten hat dies Meuli am Beispiel der attischen Buphonien gezeigt[40]. In diesem Zusammenhang ist auch die Teilung des Opfers verstehbar. Das betrügerische Moment des Opfers, das darin besteht, daß die Menschen das Fleisch, die Götter hingegen die Knochen und das Fett erhalten, ist demnach dahingehend zu relativieren, daß das zur Restituierung des Opfertieres Notwendige geopfert wird. Daß dies aber den Opferbetrug nicht aus der Welt schafft, zeigt schon, daß ihn die Götter nur protestierend hinnehmen[41].

Für das Urnenfeldergebiet sind diese Opfer von den alpinen Brandopferplätzen nachgewiesen. W. Krämer hat diese Opferstätten zusammengetragen und mit entsprechenden Erscheinungen in Griechenland, besonders im samischen Heraheiligtum und im Zeusheiligtum in Olympia in Verbindung gebracht[42]. Dem hat die religionswissenschaftliche Forschung zugestimmt und zugleich auch auf Kreuzungslinien zum semitischen Kulturraum hingewiesen[43]. Ob es sich bei dem Hortfund von Gambach um Reste eines entsprechenden Opferplatzes handelt, wie K. Kibbert vermutet[44], ist nicht mehr sicher zu entscheiden. Immerhin fanden sich neben den Bronzen auch eine "Menge Asche, Schlacken, Stücken von thonenen Schmelztiegeln, Töpfen, Schüsseln und Tellern, so wie Resten von Hirsch und Rindshörnern, auch Zähnen und Gebeinen kleinerer Thiere"[45]. Man wird vermuten dürfen, daß es entsprechende Opferplätze nicht nur im alpinen Bereich, also weitab von den Siedlungszentren gegeben hat, doch dürften die spätere landwirtschaftliche Nutzung und die Unkenntnis entsprechender Befunde ihre Entdeckung entscheidend behindern.

Im alpinen Bereich wurden regelmäßig Rind, Schaf und Ziege, auch Schwein als Opfertiere festgestellt[46], eine Auswahl, die sich mit den in Griechenland bevorzugten Opfertieren deckt[47]. In Feldkirch (Vorarlberg) wurden in einem alten Bachbett der Ill Trockenmauerfluchten, unterbrochen von Steinkreisen und Feuerstellen beobachtet; diese waren gefüllt mit kohliger Erde, kalzinierten Knochen und Scherben. Die architektonische Einfassung des Opferplatzes findet sich ebenfalls im mediterranen Raum. Sie soll das Anwachsen des Altars fördern, seine Höhe gibt von der Opferbereitschaft seiner Benützer Zeugnis. Neben den Knochen findet man auch häufig Tausende zerschlagener Gefäße, wie auf dem Eggli bei Spiez im Kanton

---

38 Ähnlich finden wir dies bei Agamemnon, der seine Tochter Iphigenie dem Wohle der griechischen Flotte opfert.

39 Zu Nordafrika: E.E. Evans-Pritchard, Nuer Religion (1956). Zu Griechenland: Burkert, Griechische Religion 396ff.

40 K. Meuli in: Festschr. v.d. Muehll (1946), 189ff., 196ff.; zum Ablauf der Zeremonien auch Burkert, Griechische Religion 101ff.; zum anthropologischen Aspekt, ders. a.a.O (Anm. 1) 8ff.; ders., Anthropologie des religiösen Opfers: Die Sakralisierung der Gewalt (1983) 22ff.

41 K. Heinrich, Versuch über die Schwierigkeit Nein zu sagen (1985) 180; Burkert a.a.O. 23f.

42 W. Krämer in: Festschr. E. Vogt (1966) 111ff.; M. Menke, Germania 48, 1970, 115ff. (vgl. dort besonders zum Zusammenhang von Brandopferplatz und Depotfunden auf dem Jenzig in Thüringen).

43 Burkert, Griechische Religion 95.

44 Kibbert, Beile 88.

45 J. Chr. Schaum, Die fürstliche Alterthümer-Sammlung zu Braunfels (1819) 79ff. zitiert nach F.R. Herrmann, Wetterauer Geschichtsbl. 16, 1967, 2.

46 Krämer a.a.O. (Anm. 42) 112. Zum Knochenmaterial vgl. A. van den Driesch, Bayer. Vorgeschbl. 44, 1979, 149ff.; v. Chlingensperg, Mitt. Anthr. Ges. Wien 34, 1904, 55.

47 Vgl. F. van Straten in: Gifts to the Gods. Symposion Uppsala 1985 (1987) 159ff.

Bern⁴⁸. Meist sind auch Bronzegegenstände vertreten. Aus Reichenhall bildet Chlingensperg drei Knopfsicheln, davon zwei fragmentiert, einen Griffzungendolch, zwei Knebel, einen Angelhaken, vier Pfeilspitzen, sieben Nadeln und zwei Armringe, dazu Knochenknebel ab⁴⁹. Tongeschirr, Messer und Sicheln interpretierte Krämer meistenteils als Opferbehältnis bzw. -gerät, während er in Trachtzubehör und Schmuck Votivgaben sah⁵⁰. Auch für den Dolch ist eine Deutung als Opfergerät in diesem Zusammenhang naheliegend⁵¹. Bemerkenswert ist auch die historische Kontinuität dieser Opferplätze, die bis in die römische Kaiserzeit reicht. Vielleicht darf man mit solchen Brandopferplätzen Caesars Bemerkung, die Gallier schichteten die Opferreste der (bei Kriegszügen) erbeuteten Tiere und die übrige Beute zu Hügeln auf⁵² verbinden. Die Bevorzugung von Rindern und Schafen unterscheidet dabei den Urnenfelderbereich offensichtlich vom Nordischen Kreis, in dem Pferde und Hunde eine wichtige Rolle als Opfertier spielen⁵³. Schon Meuli wies darauf hin, "wie ganz für sich die rosseopfernden, das Fleisch siedenden Germanen dastehen"⁵⁴. Als W. Krämer die alpinen Brandopferplätze mit Zeugnissen der griechischen Antike zusammenbrachte, wußte man noch nichts über Brandopfer aus mykenischer Zeit, die nun in Kition, Epidauros und Kalapodi nachgewiesen sind⁵⁵. W. Burkert hat auf die Kontinuität des mykenischen Opferrituals, wie es durch pylische Linear B-Listen erschließbar ist, mit dem späteren griechischen Ritual hingewiesen⁵⁶. Im Apollon Maleatas-Heiligtum in Epidauros wurden unter dem Altar archaische, spätgeometrische und mykenische Opferreste nachgewiesen. Bei den mykenischen Relikten handelt es sich um einen Brandopferplatz (v.a. Rinder und Ziegen/Schafe). Keramik fand sich in kleinste Teile zerbrochen, daneben Miniaturdoppeläxte, Schwerter, Miniaturschwerter, Dolche und Lanzenspitzen⁵⁷. Auch unter dem Apollonheiligtum in Kalapodi fand sich ein mykenisches "Freiluftheiligtum"⁵⁸. Die Kontinuität der Kultausübung scheint hier durch die "dark ages" hindurch nachgewiesen zu sein. Auch in Samos ist eine Kultkontinuität⁵⁹ für die dunklen Jahrhunderte gesichert⁶⁰. Über die bereits angesprochenen Verbindungslinien zum Vorderen Orient hat vor allem W. Burkert gehandelt⁶¹. Mit den Brandopfern fassen wir den zentralen Teil ritueller Kultpraxis, der Verbindungen zwischen mediterranem und mitteleuropäischem Raum herstellt.

Für die überwiegende Zahl der bronzezeitlichen Metallfunde wurde in vorliegender Untersuchung vorgeschlagen, sie als Opfer zu verstehen⁶². Präziser ge-

---

⁴⁸ H. Sarbach, Jahrb. Schweiz. Ges. Urgesch. 49, 1962, 46f; ders. Jahrb. Berner Hist. Mus. 41/42, 1961/62, 478ff.

⁴⁹ v. Chlingensperg a.a.O. (Anm. 46)

⁵⁰ Krämer a.a.O. (Anm. 42) 118.

⁵¹ Daß der Dolch Opfergerät sein kann, zeigen entsprechende Stieropferszenen in der mykenischen Glyptik. Vgl. dazu und zum Stieropfer: J.A. Sakellarakis, Prähist. Zeitschr. 45, 1970, 135ff.

⁵² De bello gallico VI,17. Grammatikalisch kann sich an dieser Stelle "aufschichten" auf beides, Opferreste und Beute beziehen.

⁵³ Vgl. B. Stjernquist, Acta Arch. 44, 1973, 47f.; G. Behm-Blanke, Ausgr. u. Funde 10, 1965, 233ff. Der Autor berichtet über die Behandlung der Extremitätenknochen in Oberdorla, daß sie sorgsam zusammengelegt wurden und bringt dies mit der von Meuli a.a.O. herausgearbeiteten Intention der Restituierung des Tieres in Zusammenhang.

⁵⁴ Meuli a.a.O. (Anm. 40) 281.

⁵⁵ Vgl. B.C. Dietrich, Tradition in Greek Religion (1986). 14; Chr. Boulotis, Arch. Korrbl. 12, 1982, 160 mit weiteren Nachweisen.

⁵⁶ Burkert, Griechische Religion 87. Poseidon ist in Linear B namentlich bekannt; vgl. auch die Schilderung des Opfers für Poseidon in Pylos in der Odyssee 3, 418ff.; vgl. auch S. Hiller u. O. Panagl, Die frühgriechischen Texte aus mykenischer Zeit (1976) 309ff.

⁵⁷ V. Lambrinudakis in: R. Hägg u. N. Marinatos (Hrsg.), Sanctuaries and Cults in the Aegean Bronze Age. Symposium Athen 1980 (1981) 59ff.

⁵⁸ R.C. Felsch in: a.a.O. (Anm. 57) 88; ders., Arch. Anz. 1987, 26ff.

⁵⁹ Die Forschung hat dem Aspekt der Kultkontinuität in den letzten Jahren verstärkt Aufmerksamkeit gewidmet. Dabei kommen mehrere Varianten in Betracht: eine durch die "dark ages" durchlaufende Kultkontinuität, eine architektonische Kontinuität oder eine Reaktivierung alter Kultstätten; für diese drei Möglichkeiten können mittlerweile Beispiele angeführt werden. Vgl. R. Hägg, Op. Ath. 8, 1968, 39ff.; B.C. Dietrich, Tradition in Greek Religion (1986) 30 Anm. 190; Burkert, Griechische Religion 55ff.; H.V. Herrmann in: Forschungen zur ägäischen Vorgeschichte. Das Ende der mykenischen Welt. Akten Koll. Köln 1984 (1987) 151ff.- Daß man freilich die im ganzen doch noch spärlichen Befunde sehr genau zu prüfen und auch andere Ursachen für mykenische Funde in Heiligtümern in Erwägung zu ziehen hat, sei ausdrücklich betont. Für entsprechende Aufklärungen bedanke ich mich bei U. Sinn.

⁶⁰ Vgl. K. Kilian, Jahrb. RGZM 27, 1980, 187.

⁶¹ W. Burkert, Grazer Beitr. 4, 1975, 52ff. Vgl. den dort S.77 gegebenen Hinweis auf 2. Könige 23, 5, wonach der Götzendienst darin besteht, daß "man auf Höhen räuchert".

⁶² Der Bronze und ausgewählten Bronzegegenständen wird eine besondere Bedeutung beigemessen, die sie als Geschenk an die Gottheit prädestiniert. In diesem Zusammenhang ist allerdings für manche Funde auch nicht auszuschließen, daß sie Funktionen im Rahmen von Zeremonien und Festen besessen haben

sprochen handelt es sich bei ihnen um Gabenopfer[63], Preisgabeopfer[64] oder Votive[65]. Der wesentliche Unterschied zwischen den Gabenopfern (Votive) und anderen Opfern besteht darin, daß sie nicht ritualisiert sind. Bestimmte Tieropfer *müssen regelmäßig* stattfinden, darin sind sich griechische Festkalender mit Opferfestlegungen nomadischer Rinderzüchter Nordafrikas ähnlich[66]. Das Metallvotiv hingegen wird *aus gegebenem Anlaß* niedergelegt. Verschiedene Gründe kommen in Frage, eine glückliche Niederkunft[67], eine siegreiche Kriegsschlacht[68], als Dank für eine erfolgreiche Handelsfahrt[69], eine gewonnene Frau[70]. Dementsprechend vielfältig ist auch das Spektrum der Weihegaben. Neben den Staatsgeschenken findet sich einfaches Arbeitsgerät, Beile, Angelhaken, Meißel ebenso persönliche Dinge wie Spielzeug oder Kränze[71].
Der Unterschied zwischen ritualisiertem und nicht ritualisiertem Opfer ist die entscheidende Differenz, deren interpretatorische Konsequenzen für die Metalldeponierungen Mitteleuropas noch ungenügend beachtet wurden. Akzeptiert man die hier vorgeschlagene Deutung, dann braucht das Ausbleiben geweihter Votive keineswegs einen völligen Umschlag der "Opfersitte" zu bedeuten, eine neue gesellschaftliche Struktur oder ein neues ethnisches Element zu repräsentieren, wie dies im Zusammenhang mit dem Abbruch der Bronzedeponierung in der beginnenden Eisenzeit vermutet worden ist. Daß dies keine theoretische Überlegung ist, sondern am Material abgelesen werden kann, lehrt wiederum ein Blick auf die Verhältnisse in griechischen Heiligtümern. Einen umfangreichen Komplex von Gabenopfern stellen auch dort die Metallvotive dar. Regeln über die Art der Weihegabe sind auch hier bislang nicht zu erkennen. Wer die Gebenden waren, ob Frauen oder auch Männer Schmuck weihten, ist nicht sicher bestimmt, obwohl in Olympia im 5. Jh. die Schmuckweihungen vorwiegend von Frauen herrühren dürften[72]. Es gibt keine Gottheit, der ausschließlich und wohl auch keine, der niemals Schmuck geweiht wurde. Zwar sind in Hera-, Athena- und Artemisheiligtümern die Fundzahlen z. B. archaischer Nadeln beträchtlich[73], doch finden sich Schmuckstücke auch in Apollonheiligtümern. Eine sichere Zuweisung von Votiv und Votivempfänger läßt sich nur anhand von Weihinschriften bzw. der in situ-Fundlage am Altar vornehmen. Der Zustand der Weihungen in Heiligtümern Griechenlands unterscheidet sich beträchtlich. Neben neuen, vermutlich auch im Bereich des Heiligtums hergestellten Votiven, finden sich benützte und auch reparierte Stücke[74]. Zu beobachten ist mitunter auch die bewußte Zerstörung bzw. Unbrauchbarmachung der Gegenstände[75]. Bei genauer Betrachtung stellt man jedoch fest, daß auch in der Ägäis die Votivsitte starken Veränderungen unterworfen ist. In Olympia wurde ab dem 4. Jh. praktisch kein Schmuckstück mehr geweiht[76], ohne daß der Opferbetrieb zum Erliegen gekommen wäre. Die große Zahl der bronzenen Tiervotive ist in geometrische Zeit zu datieren, nur wenige Stücke stammen aus archaischer Zeit. Gleiches gilt für die Waffenweihungen, die in Olympia im 5. Jh. langsam auslaufen. Es ändert sich im 5. Jh. also die Art des Geschenkes an die Götter, nicht aber die Form des Tieropfers.

---

und nicht mehr vollständig oder nur teilweise profanisiert werden konnten.

63 Zu den indoeuropäischen Wurzeln des Gabenopfers: W. Burkert, Offerings in Perspective: Surrender, Distribution, Exchange in: Gifts to the Gods. Colloquium Uppsala (1987) 43.

64 Bei wertvollen Gegenständen möchte W. Burkert versuchsweise von Preisgabeopfern (von Eigentum) sprechen, die auch gewissen Substitutionswert besitzen. In: J. Rudhardt u. O. Reverdin (Hrsg.), Le sacrifice dans l'Antiquité (1980) 106.

65 D. Wachsmuth, Der Kleine Pauly 5 (1975) 1355ff. s.v. Weihungen; W. Eisenhut, RE Suppl. XIV (1974) 963ff.

66 Vgl. H.W. Parke, Festivals of the Athenians (1977) 29ff.

67 Eine der Eilytheia geweihte Nadel aus dem Orthia-Heiligtum in Sparta. I. Kilian, Zeitschr. f. Papyrologie und Epigraphik 31, 1978, 219ff.

68 Vgl. H.-V. Herrmann, ASAtene 61, 1984, 285f. Hektor gelobt die Rüstung des Gegners dem Apoll zu weihen (Hom.Il. 7, 81- 83); Odysseus weiht die Waffen des Dolon der Athena (Hom.Il. 10, 458-64); vgl. auch die neuerliche Interpretation der Opferplätze von Illerup A-dal (J. Ilkjaer u. J.Lonstrup, Germania 61, 1983, 95ff.)

69 Kolaios weiht nach einer Spanienreise einen großen Kessel im samischen Heraion (Herodot, IV, 152).

70 Vgl. Hom. Od. 3, 273ff.

71 Burkert, Griechische Religion 121. Vgl. insgesamt. W.H.D. Rouse, Greek Votive Offerings (1902). W. Burkert, Offerings in Perspective: Surrender, Distribution, Exchange in: Gifts to the Gods. Colloquium Uppsala 1985 (1987) 45. Eine umfangreiche Zusammenstellung: F. Brommer, Griechische Weihgaben und Opfer in Listen (o.J.).

72 Vgl. H. Philipp, Ol. Forsch. 13 (1981) 19f.

73 Etwa 3000 im argivischen Heraion, 1400 im spartanischen Orthiaheiligtum, aber nur eine verschwindend geringe Zahl im samischen Heraion!

74 Vgl. H. Philipp a.a.O. (Anm. 72) 19.

75 Ineinander verhakte und verbogene Armringe (ebd. 20 mit weiteren Nachweisen); verbogene Waffen (H. Weber, Ol. Forsch 1 [1944] 149f.).

76 H. Philipp a.a.O. (Anm.72) 25.

Ist der Blick derart geschärft, fällt im übrigen auf, daß das Ende der (Bronze)deponierung am Beginn der Hallstattzeit in Mitteleuropa offenbar nur eine temporäre Unterbrechung darstellt, da in der späten Hallstattzeit und der frühen Latènezeit die Depotfunde - ebenso wie die Flußfunde - offensichtlich in nicht geringer Zahl wieder einsetzen[77].

Differenzen zwischen zwei unterschiedlichen kulturellen Systemen in der Auswahl dessen, was geweiht wird, können als Ausdruck verschiedener Wertungen der Objekte verstanden werden, worauf W.A. v. Brunn im Zusammenhang mit der Beildeponierung im Ostseeraum hinwies[78]. Innerhalb ein und desselben kulturellen Systemes können aber auch unterschiedliche Funktionen von Heiligtümern für die Verschiedenartigkeit der Weihungen verantwortlich gemacht werden. F. Felten hat in einer Analyse der Weihungen in Delphi und Olympia deutliche Unterschiede herausgestellt[79]: Während in Olympia die Zeusbilder durchlaufen, werden Apollonbilder in Delphi nur bis zum 4. Jh. geweiht; gibt es in Olympia eine Reihe anderer Götterbilder, so in Delphi kaum. Sind in Olympia die Bildinhalte von Reliefs etc. allgemein (griechisch) verstehbar, so spiegeln sich in Delphi die Lokalhistorien der sie Weihenden. In Olympia brechen Waffenweihungen im Verlauf der klassischen Zeit ab, während sie in Delphi weiterhin erscheinen.

Diese wichtigen Beobachtungen helfen uns, die Unterschiede in den Metalldeponierungen der Bronzezeit besser zu begreifen. Die Unterschiede zwischen den Horten, auch ihr chronologisches und geographisches Oszillieren ist im Rahmen dieses Modells zu verstehen. Wenn man die Einzelfunde mit in die Untersuchung einbezieht, worauf schon W.A. v. Brunn gedrängt hatte[80], erscheinen im übrigen die Brüche der Hortsitte nicht mehr so abrupt[81]. Die Unterschiede in der Objektauswahl für den Hort, die Einzeldeponierungen in Flüssen und die Beigabe in das Grab sowie die differenzierte Behandlung der Gegenstände reflektieren sicherlich verschiedene Situationen, in denen Weihegaben dargebracht wurden. Man mag auch an eher private Anlässe, an Familien- oder Stammesweihungen denken. Dies ist jedoch gegenwärtig nicht näher zu entschlüsseln[82].

Der fragmentarische Charakter der in Horten verborgenen Gegenstände ließ den Gedanken aufkommen, möglicherweise sei nur ein Teil der Gegenstände geopfert, vielleicht auch nur ein Teil deponiert worden. Einer derartigen Überlegung, wie sie zuletzt v. Brunn vorgetragen hat[83], steht im Prinzip die "OUK EKPHORA" Regel entgegen. Geweihtes darf dem Heiligtum in der Regel nicht entnommen werden; so wie dies für Griechenland gut bekannt ist, berichtet es Caesar auch für Gallien. Demnach sei für denjenigen, der etwas von den Opferhügeln entwendet, was kaum vorkomme, die schlimmste Strafe angedroht[84]; daß das einmal Geweihte trotz allgemeiner Goldgier nicht wieder entnommen wird, berichtet auch Diodor[85]. Freilich gelten diese "OUK EKPHORA" Regeln ins-

---

[77] Es wäre eine durchaus lohnende Arbeit, die hallstattzeitlichen Hortfunde systematisch zu gliedern. Das Material ist zahlreich. Einige willkürlich herausgegriffene Beispiele für Südfrankreich: Mat. Hist. Prim. et Nat. Homme 17, 1882-83, 212ff. und Riv. Stud. Liguri 3, 1966, 161ff.; Ungarn: Acta Arch. Hung. 25, 1973, 341ff.; Jugoslawien: Jahrb. Altkde. 3, 1909, 194f.; Polen: Schles. Vorzeit 7, 1899, 195ff. und Rumänien: Apulum 5, 1965, 51ff.; Apulum 24, 1987, 79ff. Vgl. auch diesbezügliche Hinweise in Kap. III und IV.

[78] V. Brunn, Hortfunde 234.

[79] F. Felten, Athen. Mitt. 97, 1982, 79ff.

[80] V. Brunn, Hortfunde 235.

[81] Man vergleiche die Deponierungen von Schwertern, Beilen während der Stufe Ha A/B1 in Flüssen und als Einzeldeponierungen auf festem Land gegenüber den Horten der späten Urnenfelderzeit. W.A. v. Brunn ebd. hat auf die Möglichkeit hingewiesen, daß ein Teil der Gegenstände an der Oberfläche niedergelegt war: "Dies könnte bedeuten, daß gewisse Zeitstufen, Fundarten und Fundkombinationen überhaupt nicht mehr im heutigen Quellenbild überliefert sind. Man bedenke, daß männliche Attribute im Nordischen Kreis weitgehend in Einzelfunden entgegentreten".

[82] Freilich sind auch Weihegaben nicht völlig willkürlich ausgewählt worden. Eine stringente Zuweisung von Spender, Anlaß, Weihegabe und Empfänger setzte allerdings voraus, daß wir das jeweilige Klassifikationsmodell einer Gesellschaft durchschaut hätten. Religion ist ein solches Klassifikationsmodell, in dem auf eine bestimmte Weise das Universum geordnet und in Begriffe gefaßt wird. Die - keineswegs strikten - Unterscheidungen dienen der Vermittlung verschiedener Ebenen: das menschliche Individuum in soziale Gruppen mit ihren Hierarchien zu integrieren und schließlich den Lauf der Natur an eine heilige Ordnung zu binden. Eine wesentliche Leistung der Forschungen von C. Lévi-Strauss ist es, die innere Notwendigkeit solcher Klassifikationsmodelle in Stammesgesellschaften beschrieben zu haben, auch wenn sie unserem Denken vollkommen fremd zu sein scheinen. Vgl. u.a. C. Lévi-Strauss, Das Ende des Totemismus (1985); ders. Mythos und Bedeutung (1980) 27ff.

[83] W.A. v. Brunn, Ber. RGK 61, 1980, 137. Die Zerstörung der Gegenstände bezeichnet B. Gladigow, Frühmittelalterliche Stud. 18, 1984, 38 ein auf der Objektebene gut erkennbares Zeichen für die irreversible Übereignung. H. Geißlinger hat zur Frage reversibler bzw. irreversibler Verbergung Stellung genommen: RGA 5 (1984) s.v. Depotfund, Hortfund 325.

[84] Caesar, de bello gallico 6,17. Sueton, de vita Caesarum 1,54 berichtet, daß Caesar in Gallien die mit Weihegeschenken gefüllten Heiligtümer und Tempel ausraubte.

[85] Diodor V, 27. Vgl. auch Strabo IV, 1.13 zu Weihungen in Seen.

besondere für Privatpersonen; in Wirklichkeit beginnen in Griechenland die Tempel sehr bald, mit den geweihten Gütern den Reichtum des Heiligtums zu mehren, indem die Häute des Opfervieh verkauft werden; auch Bronzevotive dürften wieder eingeschmolzen worden sein[86]. Diese Tempelökonomie, die auf Redistribution und Wiederzugriff auf das Opfer beruht[87], mündet später in die Funktion des Tempels als Bank ein. In dieser Sphäre ist auch die Ausbildung der griechischen Geldform erfolgt[88]. Hinweise für die Bedeutung von Religion und Opfersphäre bei der Einführung des Geldes in der Latène-Kultur hat unlängst A. Furger-Gunti gegeben[89].

Schließlich sei auf eine kleine Gruppe von Horten aufmerksam gemacht, die in Grabhügeln gefunden wurden. Wem wurden hier Opfer gebracht? Es ist zunächst festzuhalten, daß auf gut untersuchten Gräberfeldern der Nachweis von über die eigentlichen Bestattungsfeierlichkeiten hinausgehender Totenfürsorge erbracht werden konnte[90]. Diese Totenverehrung ist die Fortsetzung sozialer Pflichten und Gewohnheiten über den Tod hinaus[91]. Auch hier können Metallgegenstände als Opfergabe verwendet worden sein[92]. Daß diese Überlegung jedoch nur im Einzelfall durch gute Befunde erhärtet werden kann, ergibt sich schon aus der von K. Meuli festgestellten Ähnlichkeit der Totenfeiern für Menschen mit den Opfern an Heroen und Götter[93]. Im Zusammenhang mit dem Totenritual hatte Meuli auf die Zerstörung von Besitztum in Stammesgesellschaften hingewiesen; Waffen, Werkzeuge, Schmuck werden zerbrochen, Kleider zerrissen, Fruchtbäume gefällt, Häuser niedergerissen, Lebensmittelvorräte vernichtet. Es gibt Völker, berichtet Meuli, wo diese Sitte zu wirtschaftlichen Katastrophen führt; weitgehend werden dadurch Ansammlungen von Reichtum verhindert[94]. Es wird darüberhinaus Aufgabe einer weiteren Studie sein müssen, die möglichen Verbindungslinien zwischen den Veränderungen von Deponierungs- und Bestattungssitte genauer herauszuarbeiten[95].

Warum werden, um auf die Metalldeponierung zurückzukommen, Gegenstände Votivgaben. Religiöse Rituale sind, daran besteht kein Zweifel, nach dem Modell von Sozialbeziehungen konzipiert[96], in denen das Opfer als Spezialfall identifiziert werden kann[97]. Daß die Gaben, die man den Göttern darbringt, diejenigen sind, die man auch dem Fremden als Gastgeschenk geben könnte, erkannte bereits Stengel[98]. Nun sind wir seit den grundlegenden Arbeiten von M. Mauss und F. Stenzler[99] über die Rolle und die Funktion des Gabentauschs in archaischen Gesellschaften gut unterrichtet. Demnach fungieren Gaben als Vehikel sozialer Bindung und Gegenbindung und zur Definition des sozialen Status. Auf allen Ebenen durchzieht diesen Tausch die Opfersphäre.

Die Mechanismen dieses Tauschs wurden in den vergangenen Jahren auch mit archäologischen Funden konfrontiert[100]. Demnach ist für viele Importe die Rolle eines Gast- oder Ehrengeschenkes in Erwägung zu ziehen. Daß man nicht unbedingt daran zu denken braucht, daß der Besitzer der Dohnsener Tasse sie vielleicht auf Kreta als Gastgeschenk empfangen hat,

---

[86] Vgl. Nilsson, Griechische Religion 84f. und 88f.

[87] B. Gladigow, Frühmittelalterliche Stud. 18, 1984, 29.

[88] Vgl. B. Laum, Heiliges Geld (1924). Das Rind ist Wertmesser geworden, weil es das typische Opfertier war, der Obolos war, bevor er Münzname wurde, der Spieß an dem das Opferfleisch gebraten wurde; das Doppelbeil ist die Opferaxt. Diese Geldarten kann man, schreibt Laum, Gerätegeld nennen, aber man muß sich bewußt bleiben, daß ihre Geldeigenschaften nicht in ihrer profanen oder allgemeinen Gebrauchsfähigkeit begründet sind, die hohe Wertschätzung ist vielmehr auf ihre Verwendung als sakrales Gerät begründet (B. Laum, Das Eisengeld der Spartaner [1924] 4).

[89] A. Furger-Gunti, Zeitschr. Schweiz. Arch. und Kunstgesch. 39, 1982, 37ff.

[90] Vgl. J. Bergmann, Germania 51, 1973, 54ff.; vergleichbare Nachweise gelangen C. Dobiat unlängst auf einem Grabhügelfeld auf den Marburger Lahnbergen.

[91] Meuli a.a.O.(Anm. 40) 189; vgl. auch Burkert a.a.O. (Anm.1).

[92] Vgl. J. Biel, Fundber. Baden-Württemberg 3, 1977, 162ff. In diesem Zusammenhang darf auch an Heroenverehrung gedacht werden. Vgl. J. Coldstream, JHS 96, 1976, 8ff.; C. Berard, L'Heroon a la port de l'ouest. Eretria III (1970). Zur Speisung von Heroen Meuli a.a.O. (Anm. 40) 194f.

[93] Meuli a.a.O.(Anm.40) 196. Die Totenverehrung sichert das Band zwischen Lebenden und Toten, und somit die Reproduktion der Gesellschaft als Ganzes. Vgl. F. Stentzler, Versuch über den Tausch (1979) 68.

[94] Meuli a.a.O. (Anm. 40) 202.

[95] G. Schumacher-Matthäus, Schmucktrachten 126f. sieht einen Zusammenhang zwischen Brandgrabritus und Hortsitte.

[96] B. Gladigow, Frühmittelalterliche Stud. 18, 1984, 19ff.

[97] Burkert, Griechische Religion 115; Nilsson, Griechische Religion 136.

[98] Stengel, Die griechischen Kultusaltertümer HdA V,3 (1920) 89.

[99] M. Mauss, Die Gabe. Form und Funktion des Austauschs in archaischen Gesellschaften (1923/24, dt. 1968); F. Stenzler, Versuch über den Tausch (1979).

[100] F. Fischer, Germania 51, 1973, 436ff. I. Morris, Man N.S. 21, 1986, 1ff.

lehrt das Geschenk, das Menelaos Telemachos überreicht[101]. Immerhin deuten die weitgereisten "Importgegenstände" in Europa, darauf hat B. Hänsel hingewiesen[102], auf eine gewisse Stabilität der politischen Beziehungen, auf sichere Verkehrsverbindungen und auf Gastlichkeit. Die "do ut des" Formel dieses Tausches, der Zwang zu Gabe und Gegengabe, unterscheidet allerdings das Opfer von der intrasozialen Gabe. Allein die Götter dürfen Gaben zurückweisen, sozial Gleiche jedoch niemals. Gladigow hat dies als Asymmetrie bezeichnet und damit auf das Risiko des Opfers aufmerksam gemacht[103]. Das Risiko lohnt scheinbar. Denn der im Opfer eingesetzte Wert ist immer geringer als das durch ihn bewahrte Gut. Vor allem aber braucht der Opfernde nicht sich selbst, sondern lediglich Ersatzstoffe einzusetzen. Durch die Gabe hofft man den von Mauss in der sozialen Wirklichkeit beschriebenen Kreislauf der Gaben und Gegengaben in Gang zu halten; in Ackerbaugesellschaften ist dieser Kreislauf der Jahreszeitenzyklus[104].
Reinecke hatte einst bemerkt, daß der Verlust an nicht mehr gehobenen Bronzegegenständen gewaltig gewesen sei, die betroffenen Völkern ihn ohne die äußerste Not niemals ertragen hätten[105]. Diese Beobachtung ist richtig. Aber sie erfährt im Opfer ihre Erklärung, denn Opfer ist nicht fromme Hingabe, sondern von Zwang durchherrscht: davon zeugen die "Menschenopfer, unerhört".

---

[101] Der Silberkrater, ein Werk des Hephaistos, wurde Menelaos vom Sidonischen König Phaidimos überreicht. Auf diese Gastgeschenke besteht Anspruch. Die Odyssee beispielsweise kann auch als Irrfahrt des Protagonisten durch die Welt des verweigerten Gastgeschenks und der daraus resultierenden Probleme gelesen werden. Vgl. zum Gabentausch bei Homer: W. Donlan, The Classical World 75, 1982, 137ff.

[102] B. Hänsel in: ders. Südosteuropa zwischen 1600-1000 v. Chr. PAS 1 (1982) 20.

[103] B. Gladigow, Frühmittelalterliche Stud. 18, 1984, 22.

[104] Vgl. W. Burkert in: J. Rudhardt, O. Reverdin (Hrsg.), Le Sacrifice dans l'Antiquité (1980) 113.

[105] P. Reinecke in: Festschrift K. Schumacher (1930) 115 Anm. 15.

VII. Zusammenfassung

Ziel dieser Studie war es, darüber Aufschluß zu gewinnen, ob das aus der Urnenfelderzeit im Rhein-Main-Gebiet überlieferte Bronzegerätinventar als ein Ergebnis zufälliger Ereignisse oder aber intentioneller Veräußerung aufzufassen ist. Durch den Vergleich annähernd vollständiger Fundbilder in dieser Kulturlandschaft, einem Gebiet an der westlichen Peripherie der Urnenfelderkultur, konnte gezeigt werden, daß in dem scheinbar zufälligen Fundbild regelhafte Muster zu erkennen sind. Dies legt den Schluß nahe, daß die uns überlieferten Funde in der Antike absichtlich niedergelegt und somit dem ökonomischen Kreislauf der Metallgerätverwendung entzogen wurden.

Im Hauptteil dieser Arbeit (Kapitel II) wurden die Gegenstandgruppen im einzelnen behandelt und versucht jeweils ihre charakteristische Deponierungsweise zu beschreiben.

Schwerter und Lanzen wurden überwiegend in Flüssen und Horten deponiert. Nur selten gelangen sie in das Grab. Anhand eingehender chronologischer Erörterungen konnte darüber hinaus festgestellt werden, daß sie vorwiegend in der älteren Urnenfelderzeit als Grabbeigabe verwendet wurden, während sie in der jüngeren Urnenfelderzeit häufiger in Wasserläufe oder Depots gelangten. Für die Schwerter konnte gezeigt werden, daß auch die Deponierung im Wasser, bzw. auf dem festen Land von zeitspezifischen Vorlieben abhängig war. Der Höhepunkt der Schwertversenkung im Fluß liegt, anders als bisher angenommen wurde, im Arbeitsgebiet in der Stufe Ha B1. Gleiches kann gegenwärtig für die Lanzenspitzen nur vermutet werden.

Helme und Schilde, im Arbeitsgebiet beinahe ausschließlich aus Gewässern bekannt, lassen sich in ein überregionales Deponierungsschema einfügen. Während Helme im östlichen Urnenfelderbereich bevorzugt in Horten deponiert wurden, wurden sie im westlichen Mitteleuropa überwiegend dem Fluß anvertraut. Gleiches gilt für die Schilde. Wie stark antike Vorstellungen von der "Deponierungswürdigkeit" auf das moderne Fundbild Einfluß nehmen, konnte anhand der bronzenen Schutzwaffen gezeigt werden. Während von den britischen Inseln, Schilde, aber keine Helme und Panzer bekannt sind, fanden sich in Frankreich bislang Helme und Panzer, aber keine Schilde, in Spanien sind Schilde nur durch ihre Darstellung auf steinernen (Grab)monumenten belegt. Offenbar konnte die reale Deponierung eines Gegenstandes auch durch seine Abbildung substituiert werden.

Messer sind hingegen im Arbeitsgebiet eine Geräteform, die bevorzugt als Grabbeigabe verwendet wurde und nur in geringem Maße in Horte und Flüsse gelangte. Daß aber auch sie überregional greifbaren Deponierungsvorstellungen unterliegen, konnte am Beispiel der späturnenfelderzeitlichen Grifftüllen- und Griffdornmesser gezeigt werden. Auch Rasiermesser fanden ab der Stufe Bz D in Hessen und Rheinhessen beinahe ausschließlich Eingang in das Grab. Die großräumige Kartierung dieser Gegenstände zeigte, daß ihre Deponierung in Horten nur auf bestimmte Kulturlandschaften beschränkt ist. Beile und Sicheln sind uns beinahe ausschließlich durch Hort- und Einzelfunde überliefert. Noch gestattet es der Forschungsstand nicht, für bestimmte Formen und Typen regionalspezifische Deponierungsnormen herauszuarbeiten. Allein für die Lappenquerbeile stellte sich anhand einer Kartierung heraus, daß in Ost- und Mittelfrankreich diese Geräte offenbar als nicht deponierungswürdig angesehen wurden, während sie aus den westeuropäischen Atlantikregionen und östlich des Rheins in stattlicher Zahl vertreten sind. Eine ähnliche Erscheinung bei den Achtkantschwertern der mittleren Bronzezeit interpretierte schon H.J. Eggers als Ergebnis antiker Auswahlprinzipien der Niederlegung.

Bei den Schmuckgegenständen konnte für einige typologisch eng gefaßte Formen ein - jeweils durch die Mitgabe im Grab dokumentiertes - primäres Verbreitungsgebiet erschlossen werden, in dem diese Schmuckgegenstände, so wurde vermutet, die soziale Stellung ihrer Besitzer zu kennzeichnen vermögen. In einem sekundären, darüber hinausgehenden, Verbreitungsgebiet gelangen diese Schmuckformen überwiegend als Einzeldeponierungen oder in Mehrstückhorten in die Erde. Dort, so wurde vermutet, werden diese Gegenstände zwar benützt, aber besitzen keinen identifikatorischen Wert.

Bei der Untersuchung der dem Produktionsprozess zugerechneten Materialien, also Barren und Gußformen wurde anhand der Vergesellschaftung von Barren in Gräbern herausgearbeitet, daß sie nicht als Besitz eines Handwerkers, sondern der sozial führenden Schicht zu interpretieren sind. Damit entfällt die Notwendigkeit Horte, die Barren beinhalten, mit dem Metallverarbeitungsprozess in Verbindung zu bringen. Die Bronzegußformen, fast immer in Horten deponiert, wurden als eine typisch westmitteleuropäische Erscheinung beschrieben. Daß darüber hinaus für Gußformen allgemein häufiger festgestellt werden kann, daß sie peripher oder gar weitab zur Verbreitung der entsprechenden Fertigprodukte gefunden wurden, ist ein weiterer Hinweis auf die bewußte Niederlegung der Bronzegegenstände, mitunter aber sicher auch der Gußformen.

Ein wichtiges Ergebnis dieser Analysen ist, daß die Anlage von Hortfunden, die Beigaben in Gräbern und die Einzeldeponierungen in Flüssen, Seen, Höhen und Höhlen nicht mehr ohne ihren Kontext im Gesamtzusammenhang der Bronzedeponierung verstanden werden können. Dies betrifft sowohl die Auswahl der jeweils zur Niederlegung verwendeten Gegenstände als auch die Frage nach der zeitlichen Kontinuität bestimmter Niederlegungsformen. Die Anlage von Hortfunden ist zwar auch im Arbeitsgebiet auf bestimmte Zeithorizonte konzentriert, also offensichtlich kein kontinuierliches Phänomen; es kann jedoch festgestellt werden, daß in jenen Phasen, in denen keine Horte angelegt werden, in stärkerem Maße Einzeldeponierungen in Flüssen oder auf dem festen Land vorgenommen werden. Die Weihung von Bronzegegenständen ist somit zwar von zeitspezifischen Schwankungen abhängig, aber insgesamt ein relativ konstantes Phänomen.

In den ergänzenden Kapiteln III-V wurde anhand einiger Strukturierungen der Materialien zu zeigen versucht, daß die interne Zusammensetzung von Flußfunden und von Horten gewissen Kompositionsschemata unterworfen ist. Dabei handelt es sich nicht um exakt bemessene Regeln in der Zusammensetzung des jeweiligen Hortfundes, sondern eine offenbar durch allgemeine, die einzelnen Gegenstände betreffende, Vorstellungen hervorgerufene Wiederholung, die sich uns als Muster abbildet. Verschiedene Ebenen der "Wertschätzung", die einem Gegenstand beigemessen werden kann, wurden in Kapitel IV ausführlich dargelegt. Diese Vorstellungen sind auch zeitlichen Veränderungen unterworfen, wie die Analyse der drei "Hortfundhorizonte" im Arbeitsgebiet belegen konnte.

Aufgrund der Einbeziehung aller Funde einer ausgewählten Kulturlandschaft konnten zum ersten Mal für die Flußfunde bestimmte Kompositionsmuster als signifikant herausgearbeitet werden. Vor dem Hintergrund des vollständigen Fundbildes läßt sich nun die intentionelle Versenkung von Gegenständen in Flüssen besser begründen.

Die Untersuchungen zeigten, soweit sie auf überregionale Vergleiche ausgreifen konnten, daß die Metalldeponierung offensichtlich in starkem Maße regionalen Vorstellungen über die Auswahl der zur Deponierung im Grab oder Hort geeigneten Gegenstände unterworfen ist. Offensichtlich ist die Niederlegung bronzener Gegenstände und ihre spezifische Auswahl Teil des kulturellen Gefüges der verschiedenen Urnenfeldergruppen in Mitteleuropa.

Da aufgrund der Materialfülle und des gegenwärtigen Publikationsstandes nur eine exemplarische Behandlung von Bronzegerättypen möglich war, konnte das durch die Regeln der Deponierung möglicherweise zu gewinnende Netz kultureller Ausdrucksformen nur unzureichend beschrieben werden. Dies zu tun bedarf es weiterer Studien, in denen durch die Beschränkung auf einen engeren Zeithorizont und einer Ausweitung des geographischen Untersuchungsrahmens die Interdependenzen zwischen Grab- Hort- und Einzeldeponierung auf der einen Seite und ihre jeweils spezifischen regionalen Ausprägungen auf der anderen Seite besser verstanden werden können.

Der Vergleich der Fundbilder in Hessen und Rheinhessen sowie der exemplarische Vergleich mit anderen Kulturlandschaften anhand von Kartierungen erbrachte als wichtigstes Ergebnis, daß die Deponierung von Bronzegegenständen Normen und Regeln unterworfen sind, die am plausibelsten in der jeweiligen religiösen Vorstellungswelt angesiedelt werden können.

Eine Besonderheit, die überhaupt erst zu geographisch ausgreifenden Untersuchungen anregte, war die Tatsache, daß in Horten und unter den Einzelfunden, seltener auch in Gräbern, "Importe" aus unterschiedlichen Gebieten vertreten sind. Dabei konnte mehrfach gezeigt werden, daß sich die depositionale Qualität eines Gegenstandes mit der Entfernung aus seinem vermutlich heimischen Herstellungs- und Verwendungsgebiet verändert. Auch hier gilt es, regionalen Interdependenzen zukünftig stärker, als dies hier möglich war, nachzugehen.

Da die zur Herstellung von Bronzegeräten notwendigen Rohstoffe in Europa nicht überall zur Verfügung stehen, sind seit der Frühbronzezeit weitreichende Handelsbeziehungen etabliert. In diesem Zusammenhang wird es weiterhin interessant sein zu untersuchen, ob der in vorliegender Studie entstandene Eindruck zutreffend ist, daß verschiedene Gerätschaften unterschiedliche "Aktionsradien" besitzen. Während Waffen, Gefäße und manche Schmuckformen, also Prestigegegenstände, eine erstaunlich weite Verbreitung besitzen, scheinen Beile, Sicheln und Messer in stärkerem Maße ein regionales Gepräge zu tragen. Dies könnte auch ein Hinweis darauf sein, daß die Vernetzung der meisten europäischen Kulturlandschaften während der Urnenfelderzeit durch die Bronzegegenstände in einem komplizierten, sozial differenzierten, Prozeß vonstatten ging.

Wenn die hier herausgearbeiteten Regelhaftigkeiten des Fundbildes zutreffend als Regeln der bewußten Bronzegerätniederlegung, also der willentlichen Wertveräußerung, beschrieben wurden, dann - so wurde gefolgert - dürfte es sich bei diesen Gegenständen um Opfer im weiteren Sinne handeln. Opfer aber, die nicht rituell gebunden sind, bezeichnet man als Votive. Durch einen Ausblick auf die urnenfelderzeitlichen Religionszeugnisse und (mit dem Wissen: simile non idem) ihre Verbindungen zum östlichen Mittelmeer wurde versucht, das Wesen dieser Votive darzustellen und damit für die religionsarchäologische Forschung *begrifflich* zu fassen. Die Deponierung von Bronzegegenständen wurde als eine Facette antiken Opferzwanges beschrieben.

Resumé

But de cette étude était d'obtenir un éclaircissement sur le fait si l'inventaire en objets de bronze transmis de l'époque des champs d'urnes dans la région du Rhin-Main doit être compris comme un résultat d'évènements fortuits ou même d'aliénation intentionnelle. Par la comparaison de configurations de découvertes presque complètes dans un paysage choisi, dans une région à la périphérie occidentale de la civilisation des champs d'urnes, on a pu rendre vraisemblable le fait que dans cette configuration de découvertes, apparemment fortuite, on a pu reconnaître des types réguliers qui émanent dans la conclusion que les découvertes transmises ont été déposées dans l'antiquité intentionnellement et ainsi dérobées au circuit économique de réutilisation des objets en bronze.

Dans la partie principale de cette étude (Chap. II) les groupes d'objets ont été traités pièce par pièce et il fut essayé de décrire leur façon caractéristique de dépot respective.

Les épées et les lances ont été déposées principalement dans des fleuves et des dépots. Elles ont très rarement été mises dans la tombe. A l'aide de discussion chronologique approfondie, on a pu en outre constater qu'elles étaient utilisées comme mobilier funéraire surtout à l'ancienne phase des champs d'urnes tandis qu'à l'âge des champs d'urnes plus récent elles étaient mises plus souvent dans les fleuves ou les dépots. En ce qui concerne les épées, on a pu montrer que de même le dépot dans l'eau resp. sur terre ferme dépendait des préférences spécifiques du temps. L'apogée de l'immersion des épées dans le fleuve se situe dans la zone de cette étude, différemment de ce qu'on supposait jusqu'alors, au degrè Ha B1. Une similarité pour les pointes de lances ne peut actuellement qu'être supposée.

Les casques et les boucliers, connus dans la zone de cette étude presque uniquement venant des eaux, se laissent insérer dans un schéma de dépot surrégional. Tandis que dans la région orientale des champs d'urnes, les casques étaient déposés de préférence dans des dépots, en Europe centrale occidentale on les confiait en majorité au fleuve. Cela est similaire pour les boucliers. A l'aide des armes défensives en bronze, on a pu montrer avec quelle ardeur les notions antiques de la dignité des dépôts influencaient la configuration moderne des découvertes. Tandis que sur les Iles Britanniques les boucliers, mais pas les casques ni les cuirasses, sont connus, on retrouvait en France jusqu' à présent des casques et des cuirasses mais pas des boucliers. En Espagne, les boucliers ne sont documentés que par leur représentation sur des stèles funéraires en pierre. Apparemment, le dépôt réel d'un objet pouvait être substitué également par sa reproduction. Les couteaux par contre étaient dans la zone d'étude une forme d'outil qui était utilisé de préférence comme mobilier funéraire et qui n'était déposé qu'en partie dans les fleuves et les dépôts. Mais que le dépôt de ces couteaux était également soumis aux notions de dépôts surrégionaux tangibles, cela pu être démontré par l'exemple des couteaux à douille et des couteaux à soie de l'âge ancien des champs d'urnes. A partir du degrè Bz D en Hesse et Rhin-Hesse, les rasoirs également ont trouvé presque exclusivement accès à la tombe. Le dressement d'une carte topographique de grande espace pour ces objets élucide le fait que leur dépot est seulement limité à des paysages de civilisation définis. Les haches et les faucilles nous sont presque exclusivement transmis des dépots et des découvertes isolées. Le niveau de recherche ne permet pas encore de mettre en relief des normes de déposition spécifiques à fait une region pour des formes et des types donnés. Rien que pour les herminettes, il s'est démontré à partir du dressage d'une carte topographique le fait que dans le centre et à l'est de la France, ces objets étaient apparemment considérés comme indigne d'être déposés, tandis qu'ils sont représentés en quantité considérable de provenance des régions européennes occidentales de la Côte Atlantique et à l'est du Rhin. Un phénomène semblable pour les épèes à fusée octogonale (Achtkantschwerter) de l'âge du Bronze moyen fut déjà interprêté par H.J. Eggers comme résultat des principes de sélection pour les dépositions dans l'Antiquité.

En ce qui concerne les objets d'ornements, on a pu reconstituer pour quelques formes étroitement serties typologiquement une région de diffusion primaire, documentée resp. par la remise dans la tombe, région pour laquelle on a supposé que ces objets d'ornement pouvaient caractériser le rang social de leurs propriétaires. Dans une région secondaire de diffusion plus large, ces formes d'ornement étaient mis dans la terre en majorité dans des dépots unitaires ou des dépots pour plusieurs pièces. On a supposé que là-bas ces pièces étaient il est vrai utilisées, mais ne possèdaient pas de valeur identificatrice pour le rang social.

En examinant les matériaux, donc lingots et moules, attribués au processus de production, il fut ressorti au moyen de l'association des barres avec autres objets dans les tombes qu'on les interprète appartenant à la classe dirigeante et non aux artisans. Par conséquent il n'est plus nécessaire de mettre en rapport les dépôts qui contiennent des lingots avec le processus d'usinage des métaux. Les moules pour bronze, presque toujours gisés dans des dépôts, ont été décrits comme un phénomène typique à l'Europe occidentale centrale. Le fait que en plus pour les moules on ait pu plus souvent constater qu'on les trouvait en périphérie ou même loin, en vue de propagation des produits finis correspondants, est un renseignement supplémentaire pour le dépôt connu des objets en bronze, mais de temps en temps surement également pour le dépôt des moules.

Un résultat important de cette étude est que l'aménagement de dépôts de découvertes, l'adjonction de mobiliers funéraires dans les tombes et les gisements individuels dans les fleuves, lacs, collines et grottes ne peuvent plus être compris sans leur contexte dans la liaison globale des dépôts de bronze. Cela concerne aussi bien le choix des objets utilisés chaque fois pour dépot que la question concernant la continuité temporelle des modes de déposition déterminés. La création de découvertes déposées est, il est vrai, aussi concentrée dans la zone de cette étude à certaines périodes et ainsi apparemment pas un phénomène continuel. On peut pourtant constater qu'aux périodes pendant lesquelles des dépôts ne furent pas aménagés, des dépôts individuels subaquatiques ou sur terre ferme sont effectués abondamment. Ainsi l'offrande d'objets en bronze est ainsi certes dépendante des variations spécifiques temporales mais en tout un phénomène relativement constant.

Aux chapitres complémentaires III-IV, on a essayé à l'aide de quelques structurations des matériaux de montrer que la constitution interne des découvertes fluviales et des dépôts sont soumis à certains schémas de composition. Il ne s'agit pas là de règles exactement définies dans la composition des dépôts de découvertes correspondants, mais une répétition provoquée apparemment par des notions générales concernant les objets individuels. Cet aspect répétitif se représente à nous comme un motif. Au Chap. IV on expose en détail différents niveaux d'estimation de la valeur qu'on peut attribuer à un objet. Ces idées sont également soumises aux variations d'époques comme l'analyse des trois horizons dépositaires de la zone de cette étude a pu le prouver.

En associant toutes les découvertes faites dans un paysage de civilisation choisi, on a pu pour la première fois élaborer comme significatrice certains modèles de composition pour les découvertes fluviales. A l'ombre d'une configuration complète de découverte, on peut à présent mieux justifier la déposition volontaire d'objets dans les fleuves. Autant qu'ils avaient pu s'étendre sur des comparaisons surrégionales, les recherches ont montré que la déposition de métaux est soumise évidemment à un grand degrè à des notions régionales sur le choix des objets convenants à une déposition dans une tombe ou un dépôt. Ainsi est montré que la déposition d'objets en bronze fait partie de la structure culturelle des groupes sociaux pendant l'époque des champs d'urne.

Vu l'abondance de matériel trouvé et le degré des publications actuelles, uniquement une étude exemplaire des types d'objets en bronze a été possible, ainsi le réseau des formes d'expansion culturelle à acquérir éventuellement par les règles de dépositions n'a pu être décrit qu'insufisamment. Pour faire cela, des études supplémentaires sont nécessaires dans lesquelles, en les limitant à un horizon chronologique étroit et un élargissement du cadre géographique d'étude, les interdépendances entre la tombe, le dépôt et la déposition individuelle d'un côté et ses empreintes régionales spécifiques de l'autre côté peuvent être mieux comprises.

La comparaison des structures de découvertes en Hesse et Rhin-Hesse ainsi que la comparaison exemplaire avec d'autres paysages de civilisation à partir du dressage de cartes topographiques a fourni comme résultat le plus important que la déposition d'objets en bronze est soumise à des normes et des règles qui peuvent être le plus plausiblement établies dans le monde de croyance religieux correspondant. Une particularité qui a surtout poussé a des études étendues géographiquement est le fait que dans les dépositions et parmi les dépots individuels, moins souvent aussi dans les tombes, des "importations" de différentes régions sont re-

présentées. Par cela on a pu plusieurs fois montrer que la qualité dépositionnelle d'un objet change avec la distance de sa région de fabrication et d'utilisation probablement familière. Là aussi, il s'agit de s'occuper dans le futur des interdépendances entre les régions plus fortement qu'il n'a été possible de le faire dans cette étude. Etant donné que les matières premières nécessaire dans la fabrication des objets en bronze ne sont pas à disposition partout en Europe, des relations commerciales éloignées sont établies depuis l'Age de Bronze primaire. A ce propos, il serait en outre intéressant de rechercher si l'impression résultant de cette présente étude est juste, que différent outillage possède des rayons d'action distingués. Tandis que les armes, les récipients et certaines formes d'ornement, donc les objets de prestige, possèdent une diffusion extraordinairement grande, il semble que les haches, faucilles et couteaux présentent un caractère régional de plus forte proportion. Cela pourrait également donner la preuve que la formation d'un réseau de la plupart des paysages européens de civilisation pendant l'époque des champs d'urnes à l'aide des objets en bronze a subi un processus compliqué, différencié socialement. Si la régularité de la configuration des découvertes mise en relief ici ont été décrites d'une facon exacte comme règles pour les dépositions des objets en bronze en question, donc des aliénations volontaires de valeur, donc on en a déduit qu'il devrait s'agir pour ces objets de sacrifices dans le sens le plus large du terme. Mais les sacrifices qui ne sont pas liés rituellement sont qualifiés d'offrande votive. En regardant les témoignages religieux de l'âge des champs d'urnes et (connaissant le terme: simile non idem) leurs liaisons avec les régions de la mer méditerrannée orientale, on a essayé d'interpréter la nature de ces votives et de les capter abstraitement ainsi pour la recherche archéologique des religions. La déposition des objets en bronze a été décrite comme une facette du sacrifice coercitif antique.

Traduction par Jürgen O. Hansen

Abstract

It was the aim of this study to ascertain, whether the surviving bronze inventory of the Urnfield Period in the Rhine - Main region accumulated as the result of random activities or intentional deposition. The comparison between relatively complete find contexts in a selected cultural landscape on the western periphery of the Urnfield Culture makes the conclusion plausible that a regulated patterned structure lies beneath the seemingly random picture presented by finds and their contexts. Such patterns give credence to the proposition that the surviving Late Bronze Age metal inventory was intentionally consigned to the earth and thus purposely withdrawn from economic and metallurgical circulation.

In the main part of this study (chapter. II) the various type groups are discussed in turn and an attempt is made to describe their characteristic deposition practice.

Swords and lanceheads were mainly placed in rivers and hoards. Rarely do they serve as grave goods. A detailed chronological analysis demonstrates that this latter function was largely confined to the early Urnfield period whereas the deposition of these weapons in hoards and rivers increases in the in the late Urnfield Period. An analysis of the swords leads to the conclusion that the practice of deposition in mainly wet or dry contexts underwent temporal fluctuations i.e. that the choice of depositional context reflects changes in taste through time. A further consequence of the study of sword deposition patterns is the observation that contrary to previously held assumptions the climax of water deposition in the Hesse region lies in Hallstatt B1 a similar pattern can be assumed but as yet not proven for the lanceheads.

The region's Helmets and shields have almost been exclusively recovered from watery contexts. Where as helmets were usually consigned to hoards in the eastern Urnfield province, contemporary west central Europeans tended to sink them in rivers. The same is true for shields. Defensive weapons illustrate the vast impact that prehistoric concepts of "depositional value" have on the pattern of present find discovery. Where as shields have been recovered from the British Isles, helmets and corslets have eluded discovery, the French have recovered helmets and corselets but no shields and in Spain, where shields are likewise absent from the find spectrum, their representations are known from stelae. It seems that the depiction of an object could replace its physical deposition.

Unlike weapons, knives from the Rhine-Main area have mainly been recovered from graves and rarely from rivers and hoards. Yet late Urnfield socketed and spike tanged knives show that these implements also responded to regional variations in depositionary traditions. Razors are all but exclusively restricted to graves from the Reinecke Bronze D period onwards in Hesse and Rhinehesse, yet wide scale mapping shows that they too are placed in hoards in specific cultural landscapes. Axes and sickles are almost entirely restricted to hoards and the present state of research does not allow for a definition of regional depositionary practices for certain forms. In the case of winged axes with vertical blades however, mapping has demonstrated that these artifacts were not considered fit for deposition in east and central France, where as large numbers are known from both the west European Atlantic region and east of the Rhine. A similar distribution gap can be observed when Middle Bronze Age octagonal cast solid hilted swords are mapped, a circumstance which H.J. Eggers had interpreted as being the result of prehistoric selective deposition practice.

A compact primary distribution of certain clearly defined ornaments, which occur in graves, is demonstrated and they are seen to reflect and display the social station of their wearers. In the secondary peripheral area of the distribution of these types the ornaments are mainly consigned to the earth singly, or as part of a hoard. It seems, that although these forms were also current in these regions, they did not have identifactory value there.

One result of the study of materials which are involved in metal production, i.e. ingots and casting molds, was derived from an analysis of the association of ingots found in graves. The grave good combinations show that ingots are associated with a leading social group and not with craftsmen. Thus it is unnecessary to consider hoards which contain ingots as being related to the metal production process. Casting moulds made of bronze which are all but exclusively found in hoards are shown to be a typically west Central European phenomena. The fact that moulds tend to be discovered on the periphery or indeed outwith the distribution of the objects which they were made to produce gives further support to the thesis that bronze objects and moulds in particular were intentionally deposited.

An important result of these analysis is that it is not possible to understand the deposition of hoards, the composition of grave goods and the placement of isolated finds in rivers, seas, high places and caves outside of the context of the bronze deposition phenomenon as a whole. This includes the objects selected in this process as well as temporal continuities in depositional practice. Hoarding is concentrated in specific time spans in the area dealt with in this study so that it in itself is not a continual Phenomena. It can, however, be shown that in those phases where there is no hoarding single finds are deposited in rivers or on dry land with increased frequency. Thus the manor in which bronzes were consecrated was subject to temporal variations, yet bronze deposition remained a continuous phenomenon.

In the following chapters III-V a structural analysis of the bronzes served as the basis for an attempt to show that patterns can be seen in the internal composition of hoards and riverine bronzes. This is not to say that strictly applied rules governed the composition of every specific hoard find but that the repetitions caused by general concepts relating to the individual objects make patterns apparent. Different levels of "evaluation" which can be applied to objects were discussed exhaustively in chapter IV These concepts of worth were subject to temporal variation as could be seen in the analysis of the three "hoard find horizons" in the study area.

For the first time significant patterns in the composition of riverine finds in a distinct cultural landscape could be demonstrated. The intentional sinking of finds in rivers can now be better understood against the background of the complete find spectrum.

These investigations have shown that in cases where wide scale comparisons are forthcoming that metal deposition is obviously governed by regional concepts relating to the selection of those objects deemed to be worthy of deposition in a grave or hoard context. This shows that the deposition of bronze objects was integrated in the cultural structure of social groups during the Urnfield Period.

Due to the mass of the material and the present state of publication it was only possible to deal with exemplary bronze artifact types. Thus the complex web of cultural expression which one could hope to recover could only be inadequately sketched. Further studies are needed to do this properly. These would involve reducing the temporal horizon and expanding the geographical scope of the investigation in order to define the interdependence of hoard, grave and single find deposition on the one hand and their specific regional character on the other.

The comparison between the find patterns in Hesse and Rhinehesse as well as the exemplary comparison with other cultural landscapes through mapping, demonstrated that the deposition of bronze objects was subject to norms and rules which may be most plausibly linked to the religious world of the regions involved.

A peculiarity, which indeed stimulated the geographical widening of this investigations scope, was the fact that so called imports from disparate areas occur in the hoard, grave and isolated find assemblages. It could be shown that the depositional quality of an object changed with the distance from the putative original area of its manufacture and usage. Further study of this phenomenon may reveal regional interdependence on a larger scale than that which this investigation was able to do.

Since the raw materials needed for the production of bronze artifacts are not readily available over the whole of Europe, wide scale exchange systems were established since the Early Bronze Age. It will be interesting if the thesis which emerges in this study, i.e. that certain artifact types have differing "operative spheres", can be confirmed against this background. Where as weapons, metal vessels and certain jewelry forms, i.e. prestige goods, have an astonishingly wide distribution it seems that the distribution of axes, sickles and knives have a more regional character. This may be seen as evidence that a complex socially differentiated process lies behind the interactions that formed a network between most of the Urnfield cultural landscapes in Europe.

If the principles affecting the find spectrum, which have emerged in this study, are correctly interpreted as rules governing the willful deposition of bronze artifacts, i.e. purposeful distruction of value, then, it was concluded, that these objects must be considered as sacrifices in the broadest sense of the word. Sacrifices, which are not bound by ritual, are defined as votives. A consideration of the evidence for Urnfield Period religion (with in the bounds of: simile non idem) and its connections to the eastern Mediterranean formed the basis of an attempt to ascertain the nature of these votives and thus arrive at their *conceptual* definition with in the bounds of achaeoreligious studies. The deposition of bronze artifacts was considered to be a facet of ancient sacrificial compulsion.

Translation: Louis D. Nebelsick

Verzeichnis abgekürzt zitierter Literatur

Abels, Randleistenbeile: B. U. Abels, Die Randleistenbeile in Baden-Württemberg, dem Elsaß, der Franche Comte und der Schweiz. PBF IX,4 (1972).

Beck, Beiträge: A. Beck, Beiträge zur frühen und älteren Urnenfelderkultur im nordwestlichen Alpenvorland. PBF XX, 2 (1980).

Berger, Bronzezeit: A. Berger, Die Bronzezeit in Ober- und Mittelfranken (1984).

Betzler, Fibeln: P. Betzler, Die Fibeln in Süddeutschland, Österreich und der Schweiz 1. PBF XIV, 3 (1974).

Blanchet, Picardie: J.-C. Blanchet, Les premier metallurgistes en Picardie et dans le Nord de la France (1984).

Briard, les dépôts bretons: J. Briard, Les dépôts bretons et l'âge du Bronze atlantique (1965).

v. Brunn, Hortfunde: W. A. v. Brunn, Mitteldeutsche Hortfunde der jüngeren Bronzezeit. Röm.-Germ. Forsch. 29 (1968).

Coffyn et al., Venat: A. Coffyn, J. Gomez, J.-P. Mohen, L'Apogée du Bronze Atlantique. Le dépot de Vénat (1981).

Cowen, Einführung: J. D. Cowen, Eine Einführung in die Geschichte der bronzenen Griffzungenschwerter in Süddeutschland und den angrenzenden Gebieten. Ber. RGK 36, 1955, 52-155.

Dehn, Urnenfelderkultur: R. Dehn, Die Urnenfelderkultur in Nordwürttemberg (1972).

Dehn, Katalog Kreuznach: W. Dehn, Kreuznach 2. Vorgeschichtliche Funde, Denkmäler und Ortskunde. Kataloge West- und Süddeutscher Altertumssammlungen 7 (1941).

Desittere, Urnenveldenkultuur: M. Desittere, De urnenveldenkultuur in het gebied tussen Neder-Rijn en Noordzee (1968)

Dohle, Urnenfelderkultur: Die Urnenfelderkultur im Neuwieder Becken (1970).

Eggert, Urnenfelderkultur: M.K.H. Eggert, Die Urnenfelderkultur in Rheinhessen (1976).

Eibner, Bestattungssitten: C. Eibner, Beigaben und Bestattungssitten der frühen Urnenfelderzeit in Süddeutschland und Österreich. Diss. Wien (1966).

zu Erbach-Schönberg, Urnenfelderkultur: M. C. zu Erbach-Schönberg, Die spätbronzezeit- und urnenfelderzeitlichen Funde aus Linz und Oberösterreich (1985 u. 1986).

Gaucher, bassin parisien: G. Gaucher, Sites et cultures de l'âge du bronze dans le bassin parisien. Gallia Préhist.Suppl.15 (1981).

Hänsel, Beiträge: B. Hänsel, Beiträge zur Chronologie der mittleren Bronzezeit im Karpatenbecken (1968).

Hennig, Grab und Hort: H. Hennig, Die Grab und Hortfunde der Urnenfelderkultur aus Ober und Mittelfranken (1970).

Herrmann, Urnenfelderkultur: F.-R. Herrmann, Die Funde der Urnenfelderkultur in Mittel und Südhessen. Röm.-Germ. Forsch. 27 (1966).

Hochstetter, Hügelgräberbronzezeit: A. Hochstetter, Die Hügelgräberbronzezeit in Niederbayern (1980).

Holste, Hortfunde: F. Holste, Hortfunde Südosteuropas (1951).

Jacob-Friesen, Lanzenspitzen: G. Jacob-Friesen, Bronzezeitliche Lanzenspitzen Norddeutschlands und Skandinaviens (1967).

Jockenhövel, Rasiermesser: A. Jockenhövel, Die Rasiermesser in Mitteleuropa (Süddeutschland, Tschechoslowakei, Österreich, Schweiz) PBF VIII, 1 (1971).

Kibbert, Beile: K. Kibbert, Die Äxte und Beile im mittleren Westdeutschland II, PBF IX, 13 (1984).

Kilian-Dirlmeier, Gürtel: I. Kilian-Dirlmeier, Gürtelhaken, Gürtelbleche und Blechgürtel der Bronzezeit in Mitteleuropa. PBF XII,2 (1975).

Kimmig, Urnenfelderkultur: W. Kimmig, Die Urnenfelderkultur in Baden - untersucht auf Grund der Gräberfunde. Röm.-Germ. Forsch. 14 (1940).

Kolling, Späte Bronzezeit: A. Kolling, Späte Bronzezeit an Saar und Mosel (1968).

Koschick, Bronzezeit: H. Koschick, Die Bronzezeit im südwestlichen Oberbayern (1981).

Kubach, Nadeln: W. Kubach, Die Nadeln in Hessen und Rheinhessen. PBF XIII, 3 (1977).

Kubach, Stufe Wölfersheim: W. Kubach, Die Stufe Wölfersheim im Rhein-Main-Gebiet. PBF XXI, 1 (1984).

Mayer, Beile: E. F. Mayer: Die Äxte und Beile in Österreich. PBF IX, 9 (1972).

Miske, Velem: K. Miske: Die prähistorische Ansiedelung Velem St. Vid (1908).

Mohen, l'âge du Bronze: J.-P. Mohen: L'âge du Bronze dans la region de Paris (1977).

Mozsolics, Bronzefunde: A. Mozsolics: Bronzefunde aus Ungarn. Depotfundhorizonte von Aranyos, Kurd und Gyermely (1985).

Müller-Karpe, Münchner Urnenfelder: H. Müller-Karpe, Münchner Urnenfelder (1957).

Müller-Karpe, Urnenfelderkultur: H. Müller-Karpe, Die Urnenfelderkultur im Hanauer Land (1948).

Müller-Karpe, Chronologie: H. Müller-Karpe, Beiträge zur Chronologie der Urnenfelderzeit nördlich und südlich der Alpen. Röm.-Germ. Forsch. 22 (1959).

Müller-Karpe, Vollgriffschwerter: Die Vollgriffschwerter der Urnenfelderzeit aus Bayern (1951).

O'Connor, Cross Channel Relations: B. O'Connor, Cross Channel Relations in the Later Bronze Age (1980).

Pauli, Gewässerfunde: L. Pauli, Gewässerfunde aus Nersingen und Burlafingen. in: M. Mackensen, Frühkaiserzeitliche Kleinkastelle bei Nersingen und Burlafingen an der oberen Donau. (1987) 281-312.

Pescheck, Katalog Würzburg: C. Pescheck, Katalog Würzburg 1. Die Funde von der Steinzeit bis zur Urnenfelderzeit im Mainfränkischen Museum (1958).

Petrescu-Dîmbovița, Depozitele: M. Petrescu-Dîmbovița, Depozitele de bronzuri din România (1977).

Petrescu-Dîmbovița, Sicheln: M. Petrescu-Dîmbovița, Die Sicheln in Rumänien mit Corpus der jung- und spätbronzezeitlichen Horte Rumäniens. PBF XVIII, 1 (1978).

Primas, Sicheln: M. Primas, Die Sicheln in Mitteleuropa I (Österreich, Schweiz, Süddeutschland) PBF XVIII, 2 (1986).

Richter, Arm und Beinschmuck: I. Richter, Der Arm- und Beinschmuck der Bronze und Urnenfelderzeit in Hessen und Rheinhessen. PBF X,1 (1970).

Ruoff, Kontinuität: U. Ruoff, Zur Frage der Kontinuität zwischen Bronze- und Eisenzeit in der Schweiz (1974).

Rychner, Auvernier: V. Rychner, L'âge du Bronze final a Auvernier (1979).

Schauer, Schwerter: P. Schauer, Die Schwerter in Süddeutschland, Österreich und der Schweiz I. PBF IV, 2 (1971).

Schmidt/Burgess, Axes: P.K. Schmidt, C.B. Burgess, The Axes of Scotland and Northern England. PBF IX, 7 (1981).

Schumacher-Matthäus, Schmucktrachten: G. Schumacher-Matthäus, Studien zu den bronzezeitlichen Schmucktrachten im Karpatenbecken. Ein Beitrag zur Deutung der Hortfunde im Karpatenbecken (1985).

Sprockhoff, Horte Per. V: E. Sprockhoff, Jungbronzezeitliche Hortfunde der Südzone des Nordischen Kreises (Periode V) (1956).

Sprockhoff, Horte Per. IV: E. Sprockhoff. Jungbronzezeitliche Hortfunde Norddeutschlands. Periode IV (1937).

Stein, Hortfunde: F. Stein, Bronzezeitliche Hortfunde in Süddeutschland. Beiträge zur Interpretation einer Quellengattung (1976).

Struwe, Bronzezeit: K. W. Struwe, die jüngere Bronzezeit. Geschichte Schleswig Holsteins 2, II (1979).

Tackenberg, Jüngere Bronzezeit: K. Tackenberg, Die jüngere Bronzezeit in Nordwestdeutschland I. Die Bronzen (1971).

Thrane, Europaeiske forbindelser: H. Thrane, Europaeiske forbindelser (1975).

Vinski-Gasparini, Hortfunde: K. Vinski-Gasparini, Die Urnenfelderkultur in Nordkroatien (1973).

Vogt, Zierstil: E. Vogt, Der Zierstil der späten Pfahlbaubronzen. Zeitschr. Schweiz. Arch. u. Kunstgesch. 1942, 139ff.

Wagner, Nordtiroler Urnenfelder: K. Wagner, Nordtiroler Urnenfelder. Röm. Germ. Forsch. 15 (1934).

Wegner, Flußfunde: G. Wegner: Die vorgeschichtlichen Flußfunde aus dem Main und dem Rhein bei Mainz (1976).

Wels-Weyrauch, Anhänger: U. Wels-Weyrauch, Die Anhänger und Halsringe in Süddeutschland und Nordbayern. PBF XI, 1 (1978).

Wilbertz, Urnenfelderkultur: O. M. Wilbertz, Die Urnenfelderkultur in Unterfranken (1982).

Willroth, Hortfunde: K. H. Willroth, Die Hortfunde der älteren Bronzezeit in Südschweden und auf den dänischen Inseln (1985).

Zürn/Schiek, Sammlung Edelmann: H. Zürn, S. Schiek, Die Sammlung Edelmann im British Museum zu London (1969).

Zylmann, Urnenfelderkultur: D. Zylmann, Die Urnenfelderkultur in der Pfalz. Grab- und Depotfunde; Einzelfunde aus Metall (1983).

Literaturverzeichnis

N. ÅBERG: Bronzezeitliche und früheisenzeitliche Chronologie, Teil 5 (1935).

P. ABAUZIT u. E. HUGONIOT: Fragments d'epée dragues dans le Cher à Bruère-Allichamps (Cher). Revue Arch. Centre 6, 1967, 260-265.

B.U. ABELS: Die Randleistenbeile in Baden-Württemberg, dem Elsaß, der Franche Comté und der Schweiz. PBF IX,4 (1972).

DERS.: Ein urnenfelderzeitlicher Grabfund aus Herlheim, Ldkr. Schweinfurt. Arch. Korrbl. 5, 1975, 27-34.

A.D. ALEXANDRESCU: Die Bronzeschwerter aus Rumänien. Dacia N.F. 10, 1966, 117-189.

E. ALTHIN, Studien zu den bronzezeitlichen Felszeichnungen von Skane (1945).

E. ANER: Grab und Hort. Offa 15, 1956, 31-42.

ANTIKE HELME. Sammlung Lipperheide und andere Bestände des Antikenmuseums Berlin. Mit Beiträgen von A. Bottini, M. Egg, F.W. v. Hase, H. Pflug, U. Schaaff, P. Schauer, G. Waurick (1988).

F. AUDOUZE: Les ceintures et ornament de ceinture de l'âge du Bronze en France. Gallia Préhist. 17, 1974, 219-283; 19, 1976, 69-172.

DIES., J.-C. COURTOIS: Les epingles du Sud-Est de la France. PBF XIII,1 (1970).

R.A.J. AVILA: Bronzene Lanzen- und Pfeilspitzen der griechischen Spätbronzezeit. PBF V,1 (1983).

H.-G. BACHMANN, A. JOCKENHÖVEL: Zu den Stabbarren aus dem Rhein bei Mainz. Arch. Korrbl. 4, 1974, 139-144.

T. BADER: Epoca bronzului în nord-vestul Transilvaniei (1978).

DERS.: Die Fibeln in Rumänien. PBF XIV,6 (1983).

B. BAGOLINI, M.G. FERRARI, G. GIACOBINI, M. GOLDONI: Materiali inediti dalla necropoli dell'eneolitico italiano. Preist. Alpina 18, 1982, 39-78.

C.J. BALKWILL: The earliest horse-bits of western Europe. Proc. Prehist. Soc. 39, 1973, 425-452.

G.F. BASS: Cape Gelidonya. A Bronze Age Shipwreck (1967).

DERS.: A Bronze Age Shipwreck at Ulu Burun (Kas). 1984 Campaign. Am. Journal Arch 90, 1986, 269-296.

DERS.: A Late Bronze Age Shipwreck at Kas, Turkey. International Journal of Nautical Arch. 13, 1984, 171-179.

A. BASTIAN u. A. VOSS: Die Bronzeschwerter des Königlichen Museums zu Berlin (1878).

G. BASTIEN: Quelques objets inédits de l'âge du Bronze provenant des dragages de la Loire à la Ville-aux-Dames et à Amboise (I. et. V.). Bull. Soc. Préhist. France 63, 1966, CCLX-CCLXVI.

DERS., J.-C. YVARD, Objets en bronze de la Seine Parisienne. Bull. Soc. Préhist. France 77, 1980, 245-250.

F.C. BATH: Der bronzezeitliche Hortfund von Bargfeld, Kr. Uelzen. Hammaburg 4, 1953/55, 79-104.

E. BAUDOU: Kreta, Tiber und Stora Mellösa. Bemerkungen zu zwei Bronzeschwertern aus dem Tiber. Medelhavsmuseets Bull. 3, 1962, 41-53.

A. BECK: Beiträge zur frühen und älteren Urnenfelderkultur im nordwestlichen Alpenvorland. PBF XX,2 (1980).

B. BECKER: Dendrochronologie und Paläoökologie subfossiler Baumstämme aus Flußablagerungen. Ein Beitrag zur nacheiszeitlichen Auenentwicklung im südlichen Mitteleuropa. Mitt. Komm. für Quartärforsch. Österreich. Akad. Wiss. 5 (1982).

G. BEHM-BLANKE: Höhlen, Heiligtümer, Kannibalen. Archäologische Forschungen im Kyffhäuser (1962).

DERS.: Das germanische Tieropfer und sein Ursprung. Ausgr. u. Funde 10, 1965, 233 - 239.

DERS.: Zur Funktion bronze- und früheisenzeitlicher Kulthöhlen im Mittelgebirgsraum. Ausgr. u. Funde 21, 1976, 80 - 88.

G. BEHRENS: Bronzezeit Süddeutschlands. Katalog RGZM 6 (1916).

DERS.: Bodenurkunden aus Rheinhessen. 1. Die vorrömische Zeit (1927).

DERS.: Bingen. Städtische Altertumssammlung. Kataloge West- und Süddeutscher Altertumssammlungen 4 (1920).

G. BELLANCOURT: Nouvelles épées de l'âge du bronze draguées en Loire dans la region Nantaise. Annales de Bretagne 74, 1967, 81ff.

A. BENKERT, J. REINHARD, F. SCHIFFERDECKER: Chasseurs de rennes et paysans des temps lacustres dans la baie de Champréveyres. Arch. d. Schweiz 7, 1984, 42- 53.

S. BENTON: Bronzes from Praisos, Annu. British School Athens 40-41, 1939-40, 56-59f.

A. BERGER: Die Bronzezeit in Ober- und Mittelfranken (1984).

J. BERGMANN: Baggerfunde aus dem Fuldatal bei Kassel. Germania 38, 1960, 213-217.

DERS.: Ethnosoziologische Untersuchungen an Grab- und Hortfundgruppen der älteren Bronzezeit in Nordwestdeutschland. Germania 46, 1968, 223ff.

DERS.: Jungbronzezeitlicher Totenkult und die Entstehung und Bedeutung der europäischen Hausurnensitte. Germania 51, 1973, 54-72.

DERS.: Ein Gräberfeld der jüngeren Bronzezeit und älteren Eisenzeit bei Vollmarshausen, Kr. Kassel (1982).

Rez. Prähist. Zeitschr. 60, 1985, 111ff. (G. Mildenberger).

DERS.: Die metallzeitliche Revolution. Zur Entstehung von Herrschaft, Krieg und Umweltzerstörung (1987).

K. BERNJAKOVIC: Bronzezeitliche Hortfunde vom rechten Ufergebiet des oberen Theisstales (Karpatoukraine USSR). Slov. Arch. 8, 1960, 325-392.

P. BETZLER: Die Fibeln in Süddeutschland, Österreich und der Schweiz 1. PBF XIV,3 (1974).

V. BIANCO PERONI: Die Schwerter in Italien. PBF IV,1 (1970)

DIES.: Bronzene Gewässer- und Höhenfunde aus Italien. Jahresber. Inst. Vorgesch. Univ. Frankfurt 1978-79, 321-325.

DIES.: I rasoi nell'Italia continentale. PBF VIII,2 (1979).

H. BIEHN: Urnenfeldergrab aus Gau-Algesheim (Rhh.). Mainzer Zeitschr. 31, 1936, 12f.

DERS.: Urnenfeldergrab von Gau-Algesheim, Rheinhessen. Germania 20, 1936, 87-89.

J. BIEL: Untersuchung eines urnenfelderzeitlichen Grabhügels bei Bad Friedrichshall, Kr. Heilbronn. Fundber. Baden-Württemberg 3, 1977, 162-172.

DERS.: Die bronze- und urnenfelderzeitlichen Höhensiedlungen in Südwürttemberg. Arch. Korrbl. 10, 1980, 23-32.

J. BILL: Eine Lanzenspitze aus Riom. Helvetia Arch. 8, 1977, 56f.

DERS.: Das Schwertdepot von Oberillau. Helvetia Arch. 15, 1984, 25-32.

DERS.: Zur Fundsituation der frühbronzezeitlichen Horte Mels-Rossheld, Gams-Gasenzen und Salez im Kanton St. Gallen. Arch Korrbl. 15, 1985, 25-29.

H. BIRKNER: Spätbronzezeitliches Schwert aus dem Main bei Hanau. Germania 10, 1926, 102-104.

DERS.: Ein urnenfelderzeitliches Steinkammergrab von Bruchköbel bei Hanau. Prähist. Zeitschr. 34-35, 1949-50, 266-272.

J.-C. BLANCHET: Les premier metallurgistes en Picardie et dans le Nord de la France (1984).

DERS., B. LAMBOT: L'âge du Bronze dans les musées de l'Oise. Cahiers Arch. Picardie 2, 1975, 28-70.

DERS., B. LAMBOT: Les dragages de l'Oise de 1973 à 1976. Cahiers Arch. Picardie 4, 1977, 61- 88.

M. BLECHSCHMIDT, F.-R. HERRMANN: Vorbericht über die Ausgrabungen auf dem Schiffenberg bei Gießen 1973-1976. Fundber. Hessen 15, 1975, 79-86.

C.W. BLEGEN u.a.: The Palace of Nestor at Pylos in Western Messenia Bd. 3 (1973).

O.J. BOCKSBERGER: Age du Bronze en Valais et dans le Chablais Vaudois (1964).

A. BOCQUET: L'Isère préhistorique et protohistorique. Gallia Préhistoire 12, 1969, 121ff.

DERS.: Les dépots et la chronologie du Bronze Final dans les Alpes du Nord. In: IX. Congrès de L'Union Internationale des Sciences Préhistoriques et Protohistoriques, Nice 1976. Colloque 26. Prétirage (1976) 35ff.

P.C. BOL: Antike Bronzetechnik. Kunst und Handwerk antiker Erzbildner (1985).

I. BÓNA: Die mittlere Bronzezeit Ungarns und ihre südöstlichen Beziehungen (1975).

L. BONNAMOUR: L'Age du Bronze au Musée de Chalon-sur-Saône (1969).

DERS.: Une situle en Bronze trouvée dans la Saône à Damery (Saône-et-Loire). Rev. Arch. Est et Centre Est 21, 1970, 411-420.

DERS.: Nouvelles épées protohistoriques en bronze. Bull. Soc. Préhist. France 69, 1972, 618-625.

DERS.: Siedlungen der Spätbronzezeit (Bronze final III) im Saône-Tal südlich von Chalon-sur-Saône. Arch. Korrbl. 6, 1976, 123-130.

A.M. BORELLO: Cortaillod-Est, un village de bronze final. Bd.2: La ceramique (1986).

C. BOULOTIS: Ein Gründungsdepositum im minoischen Palast von Kato Zakros. Minoisch-mykenische Bauopfer. Arch. Korrbl. 12, 1982, 153-166.

DERS.: Nochmals zum Prozessionsfresko von Knossos. Palast und Darbringung von Prestige-Objekten. In: R. Hägg, N. Marinatos (Hrsg.): The Function of the Minoan Palaces. Symposium Athen 1984 (1987) 145-156.

J. BOUZEK: Einige Bemerkungen zum Beginn der Nipperwiese Schilde. Germania 46, 1968, 313-316.

DERS.: Die Beziehungen zum vorgeschichtlichen Europa der neugefundenen Griffzungenschwerter von Enkomi-Alasia, Zypern. In: Alasia 1 (1971) 433-448.

DERS.: Graeco-Macedonian Bronzes (1974).

DERS.: The Aegean, Anatolia and Europe. Cultural interrelations in the second millenium BC (1985).

R. BRADLEY: The Interpretation of Later Bronze Age Metalwork from British Rivers. International Journal of Nautical Arch. 8, 1979, 3-6.

DERS.: The destruction of wealth in later prehistory. Man 17, 1982, 108ff.

DERS.: Exchange and social distance. The structure of bronze artefact distributions. Man 20, 1985, 692ff.

DERS.: Neolithic Axes in Roman Britain. An Exercise in Archaeological Source Criticism. Oxford Journal Arch. 5, 1986, 119-120.

A. BREUIL: L'âge du Bronze dans le bassin de Paris. L'Anthropologie 16, 1905, 149-171.

J. BRIARD: Les dépôts bretons et l'âge du Bronze atlantique (1965).

DERS.: Pointes de lance de type britannique découvertes en Bretagne. Leur repartition en France. L'Anthropologie 67, 1963, 571-578.

DERS.: Les tumulus d'Armorique (1984).

DERS.: L'outilage des fondeurs de l'âge du Bronze en Armorique, in: Paléometallurgie de la France Atlantique. Age du Bronze 1 (1984).

DERS., Y. ONNÉE, Le dépot du Bronze final de Saint-Brieuc-des Iffs (I.et. V.). Travaux du Laboratoire Anthropologie, Préhistoire, Protohistoire - Quaternaire Armoricains. Rennes (1972).

DERS., Y. ONNÉE, J.-Y. VEILLARD: L'Age du Bronze au Musée de Bretagne (1977).

DERS., J. PEUZIAT, Y. ONNÉE: Dépôts inédits du groupe de Tréboul. Saint Nic et Plouvorn (Bronze moyen Armorique). Arch. Atlantica 2, 1976, 21-36.

DERS., G. VERRON: Typologie des objets de l'âge du Bronze en France. Fasc. IV: haches (2), herminettes (1976).

DERS., C. ELUERE, J.-P. MOHEN, G. VERRON, Missions au British Museum: Objets de l'âge du bronze trouvés en France I. Les ensembles. Antiqu. Nationales 14/15, 1982/83, 34-58.

H.C. BROHOLM, Danmarks Bronzealder 3 (1946).

F. BROMMER, Griechische Weihegaben und Opfer in Listen (o.J.).

P. BRUN: La civilisation des Champs d'Urnes. Etude critique dans le Bassin parisien (1986).

DERS., C. MORDANT (Hrsg.): Le groupe Rhin-Suisse-France orientale et la notion de la civilisation des Champs d'Urnes. Coll. Nemours 1986 (1988).

W.A. v. BRUNN, Reichverzierte Ha B-Messer aus Mitteldeutschland. Germania 31, 1953, 15-24.

DERS.: Bemerkungen zum Waffenfund von Spandau. In: Frühe Burgen und Städte. Festschr. Unverzagt (1954) 54-56.

DERS.: Bronzezeitliche Scheibenkopfnadeln aus Thüringen. Germania 37, 1959, 95-116.

DERS.: Mitteldeutsche Hortfunde der jüngeren Bronzezeit. Röm.-Germ. Forsch. 29 (1968).

DERS.: Eine Deutung spätbronzezeitlicher Hortfunde zwischen Elbe und Weichsel. Ber. RGK. 61, 1980, 91-150.

FESTSCHRIFT W.A. v. BRUNN siehe H. LORENZ.

H.-G. BUCHHOLZ: Keftiubarren und Erzhandel im zweiten vorchristlichen Jahrtausend. Prähist. Zeitschr. 37, 1959, 1-40.

DERS.: Ägäische Funde und Kultureinflüsse in den Randgebieten des Mittelmeers. Arch. Anz. 1974, 325-462.

DERS.: Doppeläxte und die Frage der Balkanbeziehungen des ägäischen Kulturkreises. In: Ancient Bulgaria. Symposium Nottingham 1981, Bd. 1 (1983) 43-134.

C. BURGESS, D. COOMBS (Hrsg.): Bronze Age Hoards. Some Finds Old and New. British Arch. Reports 67 (1979).

W. BURKERT: Homo Necans. Interpretationen altgriechischer Opferriten und Mythen (1972).

DERS.: Re Sep Figuren, Apollon von Amyklai und die "Erfindung" des Opfers auf Cypern. Grazer Beitr. 4, 1975, 52ff.

DERS.: Griechische Religion der archaischen und klassischen Epoche (1977).

DERS.: Glaube und Verhalten: Zeichengehalt und Wirkungsmacht von Opferritualen. In: J. Rudhardt, O. Reverdin (Hrsg.): Le sacrifice dans l'Antiquité (1980) 91-125.

DERS.: Anthropologie des religiösen Opfers: Die Sakralisierung der Gewalt. Carl-Friedrich v. Siemens Stiftung. Themen 40 (1983).

DERS.: Die orientalisierende Epoche in der griechischen Religion und Literatur (1984).

DERS.: Offerings in Perspective: Surrender, Distribution, Exchange. In: Gifts to the Gods. Colloquium Uppsala 1986 (1987) 43-50.

R. BUSCH: Bericht über die Siedlungsgrabung an der Walkenmühle in Göttingen im Jahr 1967. Göttinger Jahrb. 16, 1968, 29-31.

DERS.: Zur Gliederung und Interpretation mitteldeutscher Hortfunde der jüngeren Bronzezeit. In: H. Jankuhn (Hrsg.), Vorgeschichtliche Heiligtümer und Opferplätze in Mittel-und Nordeuropa (1970) 26ff.

J.J. BUTLER: Bronze Age Connections across the North Sea. Palaeohistoria 9, 1963, 1-286.

DERS.: De Nordnederlandse Fabrikanten van Bijlen in de Late Bronstijd en hun Produkten. Nieuwe Drentse Volksalmanak 79, 1961, 199-230.

DERS.: An Early Spearhead from De Zilk (South Holland). Helinium 3, 1963, 241-245.

DERS.: Einheimische Bronzebeilproduktion im Niederrhein-Maasgebiet. Palaeohistoria 15, 1973, 319-343.

T. CAPELLE: Zu den Halsringopfern der jüngeren Bronzezeit im westlichen Ostseegebiet. Acta Arch. 38, 1965, 209-214.

H.W. CATLING: Bronze Cut-and-Thrust swords in the Eastern Mediterranean. Proc. Prehist. Soc. 22, 1956, 102-125.

H.W. CATLING: Cypriot Bronzework in the Mycenean World (1964).

E. CHANTRE: Études paléthnologiques dans le Bassin du Rhône - Recherches sur l'origine de la métallurgie en France (1875)

H. CHAPELET: Moule en bronze de hache à douille. L'Homme Préhist. 7, 1909, 354-364.

G. CHAPOTAT: La hache à aillerons medians de Grigny (Rhône). Revue Arch. Est et Centre Est 22, 1971, 90-96.

DERS.: Le char processionel de la Côte-Saint-André (Isère). Gallia 20, 1962, 34-78.

M.-B. CHARDENOUX, J.-C. COURTOIS: Les haches dans la France Méridionale. PBF IX, 11 (1979).

B. CHAUME: Les anneaux réniformes à côtes transversales du bronze final. Revue Arch. Est et Centre Est 40, 1989, 11-30.

C. CHEVILLOT: La civilisation de la fin de l'Age du Bronze en Périgord (1981).

V.G. CHILDE: The Danube in Prehistory (1929).

M.v. CHLINGENSPERG AUF BERG: Der Knochenhügel am Langacker und die vorgeschichtliche Herdstelle am Eisenbichl bei Reichenhall in Oberbayern. Mitt. Anthr. Ges. Wien 34, 1904, 53-70.

M.u.D. CHOSSENOT: Objets de l'âge du Bronze provenant de Souain (Marne). Bull de la Soc. Arch. Champenoise 76, 1983, 3ff.

W. COBLENZ: Der Bronzegefäßfund von Dresden-Dobritz. Arbeits- u. Forschber. Sachsen 2, 1951, 135-161.

DERS.: Böhmisch- sächsische Kontakte während der Lausitzer Kultur. Památky Arch. 52, 1961, 362-373.

DERS.: Die befestigte Siedlung der Lausitzer Kultur auf dem Schafberg bei Löbau. Arbeits- u. Forschber. Sachsen 14/15, 1966, 95-132.

DERS.: Bronzebeschaffung und -verarbeitung während der Aunjetitzer und Lausitzer Kultur in Sachsen. Arch. Polski 27, 1982, 323-334.

A. COFFYN, L'âge du Bronze au Musée du Périgord. Gallia Préhist. 12, 1969, 83-120.

DERS.: Le bronze final atlantique dans la Péninsule Ibérique (1985).

DERS., J. GOMEZ, J.-P. MOHEN: L'Apogée du Bronze Atlantique. Le Dépôt de Vénat (1981).

J. COLDSTREAM: Hero Cults in the Age of Homer. Journal Hellenic Stud. 96, 1976, 8-17.

J.M. COLES: European Bronze Age Shields. Proc. Prehist. Soc. 28, 1962, 156-190.

DERS.: The Plzen Shield: A problem in Nordic and East Mediterranean Relations. Germania 45, 1967, 151-153.

DERS.: Parade and Display: Experiments in Bronze Age Europe. In: Ancient Europe and the Mediterranean. Festschr. H. Hencken (1977) 51-58.

C. COLPE: Theoretische Möglichkeiten zur Identifizierung von Heiligtümern und Interpretation von Opfern in ur- und parahistorischen Epochen. In: H. Jankuhn (Hrsg.), Vorgeschichtliche Heiligtümer und Opferplätze in Mittel-und Nordeuropa (1970) 18-39.

J.A. COLQHOUN: The Late Bronze Age Hoard from Blackmoor, Hampshire. In: C. Burgess u. D. Coombs, Bronze Age Hoards. Some finds old and new. British Arch Reports 67 (1979) 99-115.

G. CORDIER: Quelques moules de l'âge du Bronze provenant de la Touraine et du Berry. Bull. Soc. Préhist. France 59, 1962, 838-849.

DERS.: Les civilisations de l'âge du Bronze dans le Centre-Ouest et les pays de la Loire moyenne. In: La préhistoire francaise 2 (1976) 543-560.

DERS.: L'âge du Bronze en Touraine, nouveaux documents. In: Élements de pré-et-protohistoire européenne (Festschr. Milotte) (1985) 305-321.

DERS. u. M. GRUET: L'âge du Bronze et premier âge du fer en Anjou. Gallia Préhist. 18, 1975, 157-287.

DERS., J.-P. MILOTTE, R. RIQUET: Trois cachettes de bronze de l'Indre-et-Loire. Gallia Préhist. 3, 1960, 109-128.

J.-C. COURTOIS: Le dépôt de fondeur de "La Farrigourière" à Pourrières (Var), Cahiers Rhodaniens 4, 1957, 36-48.

J.D. COWEN: Eine Einführung in die Geschichte der bronzenen Griffzungenschwerter in Süddeutschland und den angrenzenden Gebieten. Ber. RGK 36, 1955, 52-155.

E. ČUJANOVÁ-JÍLKOVÁ: Zlaté předméty v hrobech českofalcké mohylové kultury. Památky Arch. 66, 1975, 74-132.

H.-W. DÄMMER: San Pietro Montagnon (Montegrotto). Ein vorgeschichtliches Heiligtum in Venetien (1986).

J.P. DAUGAS: Les civilisations de l'âge du Bronze dans le Massiv Central. in: La Préhistoire Francaise 2 (1976) 506-521.

J. DÉCHELETTE: Manuel d'Archéologie Préhistoriques Celtique et Gallo Romain. II: Age du Bronze (1910).

R. DEHN: Die Urnenfelderkultur in Nordwürttemberg (1972).

W. DEHN: Kreuznach 1. Urgeschichte des Kreises. 2. Urgeschichtliche Funde, Denkmäler und Ortskunde. Kat. West- und Süddeutscher Altertumssammlungen 7 (1941).

DERS.: Ein Quellheiligtum des Apollo und der Sirona bei Hochscheid, Kr. Bernkastel. Germania 25, 1941, 104-111.

DERS.: "Heilige" Felsen und Felsheiligtümer. in: Beitr. zur Ur- und Frühgesch. Bd. I (Festschr. W. Coblenz). Arbeits- u. Forschber. Sachsen, Beiheft 16 (1981) 373-384.

DERS.: Eisenzeitliche Beinschienen in Südwesteuropa. Eine Ausstrahlung griechischer Hoplitenrüstung. Madrider Mitt. 29, 1988, 174-188.

M. DESITTERE: De urnenveldenkultuur in het gebied tussen Neder-Rijn en Noordzee (1968).

E. DESOR, Die Pfahlbauten des Neuenburger Sees (1865).

DERS., L. FAVRE: Le bel âge du Bronze lacustre en Suisse (1876).

G. DIEMER: Urnenfelderzeitliche Depotfunde und neue Grabungsbefunde vom Bullenheimer Berg: Ein Vorbericht. Arch Korrbl. 15, 1985, 55-65.

DERS.: "Tonstempel" und "Sonnenscheiben" der Urnenfelderkultur in Süddeutschland. In: Festschr. P. Endrich = Mainfränkische Stud. 37 (1986) 37-63.

DERS., W. JANSSEN, L. WAMSER: Ausgrabungen und Funde auf dem Bullenheimer Berg, Gemeinde Ippesheim, Mittelfranken und Gemeinde Seinsheim, Unterfranken. Das archäologische Jahr in Bayern 1981, 94f.

B.C. DIETRICH: Tradition in Greek Religion (1986).

C. DOBIAT: Grabhügel der Urnenfelderzeit auf den Lahnbergen bei Marburg. Arch. Denkmäler in Hessen 52 (1986).

DERS.: Eine Grabhügelgruppe der Urnenfelderzeit bei Marburg-Kappel. Fundber. Hessen 23, 1983 (in Vorbereitung).

DERS.: Die "Marburger Gruppe". Zum Stand der urnenfelderzeitlichen Forschung in Mittelhessen. In: Marburger Studien zur Ur- und Frühgeschichte 7 (Gedenkschrift für G. v. Merhart) (1986) 17ff.

G. DOHLE: Die Urnenfelderkultur im Neuwieder Becken (1970).

W. DONLAN: Reciprocities in Homer. The Classical World 75, 1982, 137-175.

DOROW: Opferstätte und Grabhügel der Germanen und Römer am Rhein, 1. Bd. (1819), 2. Bd. (1821).

W. DRACK: Spuren von urnenfelderzeitlichen Wagengräbern aus der Schweiz. Jahrb. Schweiz. Ges. Urgesch. 48, 1960/61, 74-77.

DERS.: Wagengräber und Wagenbestandteile aus Hallstattgrabhügeln der Schweiz. Zeitschr. Arch. Kunstgesch. Schweiz 18, 1958, 1-67.

H. DRESCHER: Der Bronzeguß in Formen aus Bronze. Die Kunde 8, 1957, 52-75.

DERS.: Der Überfangguß (1958).

J. DRIEHAUS, Das Ergebnis der Röntgenuntersuchung der Vollgriff-Bronzeschwerter des Rheinischen Landesmuseums Bonn. Bonner Jahrb. 159, 1959, 12-17.

DERS.: Urgeschichtliche Opferfunde aus dem Mittel- und Niederrhein. In: H. Jankuhn (Hrsg.), Vorgeschichtliche Heiligtümer und Opferplätze (1970), 40-54.

A. von den DRIESCH: Tierknochenfunde aus Karlstein, Ldkr. Berchtesgadener Land. Bayer. Vorgeschbl. 44, 1979, 149-159.

DUBUS: Objets en bronze trouvés à differentes époques à Gonfreville-'Orcher, près Harfleur (Seine-Inferieure). Bull. Soc. Normande et préhist. 7, 1899, 32ff.

W. EBEL, Eine Bronzetasse vom Typ Kirkendrup-Jenisovice aus Mittelhessen. In: Beiträge zur Bronzezeit. Kleine Schriften aus dem Vorgesch. Seminar Univ. Marburg 21 (1987) 15-34.

B. EBERSCHWEILER, P. RIETHMANN, U. RUOFF: Greifensee-Böschen, ZH: Ein spätbronzezeitliches Dorf. Ein Vorbericht. Jahrb. Schweiz. Ges. Urgesch. 70, 1987, 77-100.

K. ECKERLE: Zu einer auffälligen Lanzenspitze aus Bronze. Arch. Nachr. aus Baden 13, 1974, 10-13.

M. EGG: Die hallstattzeitlichen Hügelgräber bei Helpfau-Uttendorf in Oberösterreich. Jahrb. RGZM 32, 1985, 323-393.

DERS.: Italische Helme. Studien zu den ältereisenzeitlichen Helmen Italiens und der Alpen (1986).

DERS.: Zu den hallstattzeitlichen "Tüllenaufsätzen". Jahrb. RGZM 33, 1986, 215-220.

H.-J. EGGERS: Einführung in die Vorgeschichte (1959).

M.K.H. EGGERT: Die Urnenfelderkultur in Rheinhessen. Geschichtliche Landeskunde XIII (1976).

Rez. in Fundber. Hessen 17/18, 1977/78, 378-385 (W. Kubach).

M.R. EHRENBERG: Bronze Age Spearheads from Berkshire, Buckshire and Oxfordshire. British Arch. Reports 34 (1977).

C. EIBNER: Beigaben und Bestattungssitten der frühen Urnenfelderkultur in Süddeutschland und Österreich. Diss. Wien (1966).

DERS.: Die urnenfelderzeitlichen Sauggefäße. Ein Beitrag zur morphologischen und ergologischen Umschreibung. Prähist. Zeitschr. 48, 1973, 144-199.

EICHHORN: Depotfund im Münchenrodaer Grund bei Jena. Zeitschr. Ethn. 40, 1908, 194-200.

M. ELIADE, Schmanismus und archaische Ekstasetechnik (1957).

DERS.: Schmiede und Alchemisten (1980).

D. ELLMERS: Frühe Schiffahrt in West- und Nordeuropa. In: H. Müller-Karpe (Hrsg.), Zur geschichtlichen Bedeutung der frühen Seefahrt. Komm. Allg. u. Vergleichende Arch. Koll. 2 (1982) 163-190.

C. ELUERE: Le dépôt de bronzes de Maintenon (Eure-et-Loire) et les haches à douille à décor de nervures verticales de types britanniques. Bull. Soc. Préhist. France 76, 1979, 119-127.

G. ELZINGA: Een bronsdepot op de Veluwe in de gemeente Heerde, Gelderland. Ber. Amersfoort 8, 1957-58, 11-25.

M.-C. zu ERBACH-SCHÖNBERG: Bemerkungen zu urnenfelderzeitlichen Deponierungen in Oberösterreich. Arch. Korrbl. 15, 1985, 163-178.

DIES.: Die spätbronze- und urnenfelderzeitlichen Funde aus Linz und Oberösterreich (Tafeln 1985, Katalog 1986).

J. EVANS: On a Hoard of Bronze Objects found in Wilburton Fenn near Ely. Archaeologia 48, 1884, 106-120.

E.E. EVANS-PRITCHARD: Nuer Religion (1956).

F. EYGUN: Une cachette de fondeur de la fin de l'âge du Bronze à Challans (Vendée). Gallia 15,3, 1957, 79-85.

R.FEGER, M.NADLER: Beobachtungen zur urnenfelderzeitlichen Frauentracht. Germania 63, 1985, 1-16.

R.C. FELSCH: Mykenischer Kult im Heiligtum bei Kalapodi. In: R. Hägg, N. Marinatos (Hrsg.): Sanctuaries and Cult in the Aegean Bronze Age. Symp. Athen 1980 (1981) 81-89.

DERS.: Kalapodi. Arch. Anz. 1987, 1ff.

F. FELTEN: Weihungen in Olympia und Delphi. Athen. Mitt. 97, 1982, 79-97.

R. FEUSTEL, H. SCHMIDT: Ein Depotfund der jüngeren Urnenfelderkultur. Ausgr. u. Funde 2, 1957, 120-125.

J.FILIP: Pravěké Československo (1948).

F. FISCHER: KEIMHΛIA. Bemerkungen zur kulturgeschichtlichen Interpretation des sogenannten Südimportes in der späten Hallstatt- und frühen Latènekultur des westlichen Mitteleuropa. Germania 51, 1973, 436-459.

U. FISCHER: Hügelgräber auf Dünen. Abschluß der Frankfurter Waldaufnahmen. Fundber. Hessen 15, 1975, 63-78.

DERS.: Ein Grabhügel der Bronze- und Eisenzeit im Franfurter Stadtwald. Schr. Frankfurter Mus. Vor- und Frühgesch. 4 (1979).

S. FLETTNER: Ein Brandgrab mit Eisenarmring aus dem Übergang der Urnenfelder- zur Hallstattzeit vom unteren Main. Arch. Korrbl. 19, 1989, 53-61.

R. FORRER: Reallexikon der prähistorischen, klassischen und frühchristlichen Altertümer (1908)

B. FREI: Die späte Bronzezeit im alpinen Raum. In: Ur- und Frühgeschichtliche Archäologie der Schweiz III: Die Bronzezeit (1971) 87-102.

S. FRÖHLICH: Studien zur mittleren Bronzezeit zwischen Thüringer Wald und Altmark, Leipziger Tiefland und Oker. Veröffentl. Braunschweiger Landesmus. 34 (1983).

A. FURGER-GUNTI: Der "Goldfund von Saint-Louis" bei Basel und ähnliche keltische Schatzfunde. Zeitschr. Arch. Kunstgesch. 39, 1982, 1-47.

V. FURMÁNEK: Hromadný nález bronzovych predmetu v Liptovské Ondrašové. Slovenská Arch. 28, 1970, 451-468.

DERS.: Svedectvo Bronzovékho veku (1979).

G. GALLAY: Bemerkungen zu in Frankreich gefundenen Stabdolchen. Arch. Korrbl. 11, 1981, 197-204.

DIES.: Bemerkungen zu den mitteleuropäischen Rollennadeln. Germania 60, 1982, 547-553.

DIES.: Metallzeitliche Steingerätefunde aus Südwestdeutschland und dem Elsaß. Antike Welt 15, H. 2, 1984, 33ff.

DIES.: Vorgeschichtlicher Schmuck aus Mitteleuropa im Frankfurter Museum für Vor-und Frühgeschichte. Auswahlkatalog (1987).

DIES., B. HUBERT: Nouveaux objets de l'âge du Bronze et du Fer de la Saone. Revue Arch. Est et Centre Est 23, 1972, 295-329.

M.V. GARAŠANIN: Contributions à l'interpretation historique des depôts de l' âge du fer en Serbie. Arch. Jugoslavica 5, 1964, 17-24.

G. GAUCHER: Sites et cultures de l'âge du bronze dans le bassin parisien. Gallia Préhist. Suppl. 15 (1981).

DERS., J.-P. MOHEN: L'âge du Bronze dans le Nord de la France (1974).

G. GAUDRON: Inhumation de l'âge du bronze final à Montgivray (Indre). Bull. Soc. Préhist. France 52, 1955, 174-176.

M. GEBÜHR: Kampfspuren an Waffen des Nydam-Fundes. In: Beitr. zur Arch. Nordwestdeutschlands u. Mitteleuropas (Festschr. K. Raddatz) (1979) 69-84.

M. GEDL: Die Rasiermesser in Polen. PBF VIII,4 (1981).

DERS.: Die Messer in Polen. PBF VII,4 (1984).

H. GEIßLINGER: s.v. "Depotfund, Hortfund" in RGA 5 (1984) 320-338.

H. GERDSEN: Studien zu den Schwertgräbern der Älteren Hallstattzeit (1986).

G. GERMOND, J. GOMEZ, G. VERRON, J.-R. BOURHIS: Nouvelles recherches sur le dépôt d'Auvers, Manche (Bronze final III). Bull. Soc. Préhist. France 85, 1988, 15-31

E. GERSBACH: Ein Beitrag zur Untergliederung der jüngeren Urnenfelderzeit (Hallstatt B) im Raume der süddeutsch-schweizerischen Gruppe. Jahrb. Schweiz. Ges. Urgesch. 41, 1951, 175-191.

DERS: Zwei Brandgräber der Urnenfelderzeit von Dauborn, Kr. Limburg. Bodenaltertümer Nassau 8, 1958, 1-19.

DERS.: Siedlungserzeugnisse der Urnenfelderkultur aus dem Limburger Becken und ihre Bedeutung für die Untergliederung der jüngeren Urnenfelderzeit in Südwestdeutschland. Fundber. Hessen 1, 1961, 45-62.

DERS.: Urgeschichte des Hochrheins. Funde und Fundstellen in den Landkreisen Säckingen und Waldshut (1968-69).

DERS.: Die urnenfelderzeitliche Höhensiedlung auf dem Kestenberg ob Möriken, Kanton Aargau/Schweiz. Arch. Korrbl. 12, 1982, 179-186.

DERS.: Zwei Nadelformen aus der Ufersiedlung Zug-Sumpf. Bemerkungen zu einer Übergangsphase Ha B2 im südwestdeutsch-schweizerisch-ostfranzösischen Urnenfelderraum. Helvetia Arch. 15, 1984, 43-50.

R.-R. GIOT et. al.: Protohistoire de la Bretagne (1979).

B. GLADIGOW, Strukturprobleme polytheistischer Religionen. Saeculum 34, 1983, 292-383.

DERS.: Die Teilung des Opfers. Zur Interpretation von Opfern in vor- und frühgeschichtlichen Epochen. Frühmittelalterl. Stud. 18, 1984, 19-43.

B.-R. GOETZE: Die frühesten europäischen Schutzwaffen. Anmerkungen zum Zusammenhang einer Fundgattung. Bayer. Vorgeschbl. 49, 1984, 25ff.

K. GOLDMANN: Guß in verlorener Sandform-Das Hauptverfahren alteuropäischer Bronzegießer? Arch. Korrbl. 11, 1981, 109-116.

S. GOLLUB: Neue Funde der Urnenfelderkultur im Bitburger Land. Trierer Zeitschr. 32, 1969, 7-29.

DERS.: Bronzezeitliche Funde aus der Mosel. Kur-Trier. Jahrb. 1970, 199ff.

J. GOMEZ: Les cultures de l'âge du Bronze dans le bassin de la Charente (1980).

DERS.: Chars funéraires, chars rituels ou chars de combat. In: Eléments de pré- et protohistoire européenne. (Festschr. J.- P. Milotte) (1985) 605-612.

P. de GOY: L'industrie du Bronze en Berry, la cachette de fondeur du Petit Vilatte. Mem. Soc. Ant. Centre 1885, 1-73.

W. GREENWELL, W.P. BREWIS: The Origin, Evolution, and Classification of the Bronze Spear-Head in Great Britain and Ireland. Archeologia 61, 1909, 439-472.

H. GRIMM: Ein Baggerfund aus der Peene: Schädel mit Trepanation der Stirnpartie. Ausgr. u. Funde 2, 1957, 89-93.

B. GRIMMER, Frühurnenfelderzeitliche Grabfunde aus dem Breisgau. Arch. Nachr. Baden 37, 1986, 22-30.

G. GROPENGIEßER: Neue Ausgrabungen und Funde im Mannheimer Raum 1961-1975. Ausstellungskatalog Reiß-Musuem (1976).

E. GROSS: Die Stratigraphie von Vinelz und ihre Ergebnisse für die Chronologie der westschweizerischen Spätbronzezeit. Jahrb. Schweiz. Ges. Urgesch. 67, 1984, 61-72.

V. GROSS: Les Protohelvètes (1883).

J. GUILAINE, A. TAVOSO: Une épée du type Monza en Languedoc. L'Anthropologie 88, 1984, 19-107.

R. HACHMANN: Die frühe Bronzezeit im westlichen Ostseegebiet und ihre mittel- und südosteuropäischen Beziehungen (1957).

R. HÄGG: Mykenische Kultstätten im archäologischen Material. Opusc. Athen. 8, 1968, 39-60.

DERS. (Hrsg.): The Greek Renaissance of the Eighth Century B.C.: Tradition and Innovation. Symposium Athen 1981 (1983).

DERS.: Die göttliche Epiphanie im minoischen Ritual. Athen. Mitt. 101, 1986, 41-62.

DERS., N. MARINATOS (Hrsg.): Sanctuaries and Cults in the Aegean Bronze Age. Symposium Athen 1980 (1981).

B. HÄNSEL: Ein Hortfund der älteren Mittelbronzezeit aus Hodonín. Mitt. Anthr. Ges. Wien 96-97, 1967, 275-289.

DERS.: Beiträge zur Chronologie der mittleren Bronzezeit im Karpatenbecken (1968).

DERS.: Eine datierte Rapierklinge mykenischen Typs von der unteren Donau. Prähist. Zeitschr. 48, 1973, 200-206.

DERS.: Bronzene Griffzungenschwerter aus Bulgarien. Prähist. Zeitschr. 45, 1976, 26-41.

DERS.: Beiträge zur regionalen und chronologischen Gliederung der älteren Hallstattzeit an der unteren Donau (1976)

DERS.: Südosteuropa zwischen 1600 und 1000 v. Chr. In: Ders. (Hrsg.): Südosteuropa zwischen 1600 und 1000 v. Chr. Prähist. Arch. Südosteuropa (PAS) 1 (1982) 1-38.

DERS.: Frühe Kupferverhüttung auf Helgoland. Arch. Polski, 27, 1982, 319-322.

DERS.: Wanderungen in Südosteuropa während der späten Bronzezeit und ihr Verhältnis zum Territorium Albaniens. Illiria 15, 1985, 223-229.

DERS.: Orpheus in der Unterwelt. In: Studien zur Mythologie und Vasenmalerei (Festschr. K. Schauenburg) (1986) 7-12.

J. HAMAL-NANDRIN u. J. SERVAIS, Quelques armes et outils intéressants des âges de la Pierre et du Bronze faisant partie des collections. Bull. Soc. Préhist. France 25, 1928, 65-75.

Th.E. HAEVERNICK: Bemerkungen zu hessischen Grabhügeln. Germania 32, 1954, 318-322.

DIES.: Urnenfelderzeitliche Glasperlen. Eine Bestandsaufnahme. Zeitschr. Schweiz. Arch. u. Kunstgesch. 35, 1978, 145ff.

H. HAHN: Ein urnenfelderzeitlicher Grabhügel von Finkenberg bei Oberbimbach (Kr. Fulda). Hess. Jahrb. Landesgesch. 1, 1951, 1ff.

J. HAMPEL: Alterthümer der Bronzezeit in Ungarn (1887).

R.J. HARRISON: A late Bronze Age Mould from Los Oscos (Prov. Oviedo). Madrider Mitt. 21, 1980, 131-139.

A. HARTMANN: Prähistorische Goldfunde in Europa. SAM 3 (1970).

F.W. v. HASE: Der urnenfelderzeitliche Bronzeschwertgriff aus dem Hortfund von Mannheim-Wallstadt. Arch. Nachr. Baden 27, 1981, 3-12.

DERS.: Die goldene Prunkfibel aus Vulci, Ponte Sodo. Jahrb. RGZM 31, 1984, 247-304.

N. HEGER: Ein etruskischer Bronzeeimer aus der Salzach. Bayer. Vorgeschbl. 38, 1973, 52-56.

J. HEIERLI: Urgeschichte der Schweiz (1901).

F. HEILER: Erscheinungsformen und Wesen der Religion (1951).

K. HEINRICH: Versuch über die Schwierigkeit Nein zu sagen (1982).

DERS.: Anthropomorphe. Zum Problem des Anthropomorphismus in der Religionsphilosophie. Dahlemer Vorlesungen Bd. 2 (1986).

DERS.: Das Floß der Medusa. In: R. Schlesier (Hrsg.), Faszination des Mythos. Studien zu antiken und modernen Interpretationen (1985) 335-398.

M. HELL: Ein Paßfund der Urnenfelderzeit aus dem Gau Salzburg. Wiener Prähist. Zeitschr. 26, 1939, 148-156.

DERS.: Funde der Bronzezeit und Urnenfelderkultur aus Marzoll, Ldkr. Berchtesgaden. Bayer. Vorgeschbl. 17, 1948, 23-36.

DERS.: Bronzenadeln als Weihegaben in salzburgischen Mooren. Germania 31, 1953, 50-54.

DERS.: Salzburgs Urnenfelderkulur in Grabfunden. Wiener Prähist. Zeitschr. 25, 1938, 84-108.

H. HENCKEN: The Earliest European Helmets. Bronze Age and Early Iron Age (1971).

H. HENNIG: Die Grab und Hortfunde der Urnenfelderkultur aus Ober- und Mittelfranken. Materialh. bayer. Vorgesch. 23 (1970).

DIES.: Urnenfelderzeitliche Grabfunde aus dem Obermaingebiet. In: K. Spindler (Hrsg.): Vorzeit zwischen Main und Donau (1984) 98-155.

DIES.: Einige Bemerkungen zu den Urnenfeldern im Regensburger Raum. Arch. Korrbl. 16, 1986, 289-301.

R. HENNING: Denkmäler der Elsässischen Altertums-Sammlung zu Straßburg im Elsaß (1912).

F.R. HERRMANN: Die Funde der Urnenfelderkultur in Mittel- und Südhessen. Röm.-Germ. Forsch. 27 (1966).

DERS.: Die vorgeschichtlichen Funde und die Geländedenkmäler der Kreise Obertaunus und Usingen. Saalburg Jahrb. 17, 1958, 13-46.

DERS.: Zur Geschichte des Hortfundes von Gambach. Wetterauer Geschbl. 16, 1967, 1ff.

DERS.: Der spätbronzezeitliche Hortfund von Henfenfeld in Mittelfranken. Jahresber. Bayer. Bodendenkmalpflege 11/12, 1970/71, 75-96.

DERS.: Der Hortfund von Münchzell, Ldkr. Ansbach. Arch. Korrbl. 4, 1974, 147-149.

DERS.: Der Johannisberg bei Bad Nauheim in vor- und frühgeschichtlicher Zeit. Wetterauer Geschbl. 26, 1977, 1ff.

DERS., A. JOCKENHÖVEL: Bronzezeitliche Grabhügel mit Pfostenringen bei Edelsberg, Kr. Limburg-Weilburg. Fundber. Hessen 15, 1975, 87-127.

H.-V. HERRMANN: Altitalisches und Etruskisches in Olympia. ASAtene 61, 1984, 271ff.

H. HEYMANNS: A la recherche des cinq haches en Bronzes de Pietersheim. Helinium 25, 1985, 131ff.

A. HOCHSTETTER: Die Hügelgräber-Bronzezeit in Niederbayern. Materialh. bayer. Vorgesch. A, Bd. 41 (1980).

O. HÖCKMANN: Zu dem gegossenen Bronzebecken von Corcelettes. Germania 51, 1973, 417-436.

DERS.: Zu einem Bruchstück eines nordischen gegossenen Bronzebeckens aus Corcelettes in der Schweiz. Arch. Korrbl. 6, 1976, 131-136.

DERS.: Zwei Bruchstücke von gegossenen Bronzebecken aus der Umgebung von Kaiserslautern. Arch. Korrbl. 8, 1978, 31-36.

DERS.: Lanze und Speer im spätminoischen und mykenischen Griechenland. Jahrb. RGZM 27, 1980, 13-158.

DERS.: Antike Seefahrt (1985).

F. HOLSTE: Zur älteren Bronzezeit Südhannovers. Mannus 26, 1934, 46-54.

DERS.: Die Bronzezeit im nordmainischen Hessen. Vorgeschichtl. Forsch. 12 (1939).

DERS.: Der frühhallstattzeitliche Bronzegefäßfund von Ehingen. Praehistorica 5 (1939).

DERS.: Der Bronzefund von Winklsaß, B.-A. Mallersdorf, Niederbayern. Bayer. Vorgeschbl. 13, 1936, 1-23.

DERS.: Ein Prunkbeil von Lignières. Germania 25, 1941, 158-162.

DERS.: Hügelgräber von Lochham, B.-A. München. In: Marburger Studien. Festschr. G. v. Merhart (1938) 95-104.

DERS.: Zur jüngeren Urnenfelderzeit im Ostalpengebiet. Prähist. Zeitschr. 26, 1935, 58-78.

DERS.: Hortfunde Südosteuropas (1951).

DERS.: Die bronzezeitlichen Vollgriffschwerter Bayerns (1953).

DERS.: Die Bronzezeit in Süd- und Westdeutschland. Handb. Urgesch. Deutschlands 1 (1953).

M. HOPF: Verbreitung von Kulturpflanzen im Rhein-Main-Gebiet. Arch. Korrbl. 2, 1972, 355-357.

F. HORST: Jungbronzezeitliche Griffangelschwerter aus dem Elb-Havel-Gebiet. In: J. Herrmann (Hrsg.), Archäologie als Geschichtswissenschaft. Schr. Ur- und Frühgesch. 30 (Festschrift Otto) (1977) 165-175.

DERS.: Die jungbronzezeitlichen Stämme im nördlichen Teil der DDR. In: W. Coblenz, F. Horst (Hrsg.), Mitteleuropäische Bronzezeit (1978) 137-187.

J. HRALA, K datování ceskych nálezu mecu auvernierského typu. Památky Arch. 59, 1958, 412-421 (frz. Resumée S.421).

H.-G. HÜTTEL: Bronzezeitliche Trensen in Mittel- und Osteuropa. PBF XVI,2 (1981).

DERS.: Religionsarchäologische Kategorien. In: Allgemeine und vergleichende Archäologie als Forschungsgegenstand. AVA Koll. 1 (1981) 157-173.

H.-J. HUNDT: Jungbronzezeitliches Skelettgrab von Steinheim, Kr. Offenbach. Germania 34, 1956, 41-58.

DERS.: Über Tüllenhaken und-gabeln. Germania 31, 1953, 145-155.

DERS.: Versuch zur Deutung der Depotfunde der nordischen jüngeren Bronzezeit. Jahrb. RGZM 2, 1955, 95-140.

DERS.: Spätbronzezeitliches Doppelgrab in Frankfurt-Berkersheim. Germania 36, 1958, 344-361.

DERS.: Zu einigen westeuropäischen Vollgriffschwertern. Jahrb. RGZM 9, 1962, 20-57.

DERS.: Katalog Straubing II. Die Funde der Hügelgräberzeit und der Urnenfelderzeit. Materialh. bayer. Vorgesch. 19 (1964).

DERS.: Produktionsgeschichtliche Untersuchungen über den bronzezeitlichen Schwertguß. Jahrb. RGZM 12, 1965, 41-58.

DERS.: Die Rohstoffquellen des europäischen Nordens und ihr Einfluß auf die Entwicklung des nordischen Stils. Bonner Jahrb. 178, 1978, 125-162.

DERS., D. ANKNER: Die Bronzeräder von Hassloch. Mitt. Hist. Ver. Pfalz 67, 1969, 14ff.

J. ILKJAER, J. LØNSTRUP: Der Moorfund im Tal der Illerup-A bei Skanderborg in Ostjütland (Dänemark). Germania 61, 1983, 95-116.

G.M. ILLERT: Das vorgeschichtliche Siedlungsbild des Wormser Rheinübergangs. Der Wormsgau Beih. 12 (1952)

Th. ISCHER: Die Pfahlbauten des Bielersees (1928).

G. JACOB-FRIESEN: Eine jungurnenfelderzeitliche Siedlung bei Werschau, Kr. Limburg a.d.Lahn. Fundber. Hessen 1, 1961, 62-70.

DERS.: Bronzezeitliche Lanzenspitzen Norddeutschlands und Skandinaviens. Veröffentl. urgeschichtl. Slg. Landesmus. Hannover 17 (1967).

DERS.: Skjerne und Egemose. Wagenteile südlicher Provenienz in skandinavischen Funden. Acta Arch. 40, 1969, 122-158.

DERS.: Zwei bemerkenswerte Bronzen der Urnenfelderzeit aus dem "Rhein bei Mainz". Jahrb. RGZM 19, 1972, 45-62.

K.-H. JACOB-FRIESEN: Der Bronzeräderfund von Stade. Prähist. Zeitschr. 18, 1927, 154-186.

DERS.: Die Lanzenspitzen vom Lüneburger Typus. In: Festschr. K. Schumacher (1930) 141-145.

H. JANKE: Brandgräber der späten Urnenfelderzeit bei Wetzlar. Nass. Heimatbl. 50, 1960, 4-8.

DERS.: Vor-und frühgeschichtliche Bodenfunde im Kreis Wetzlar. Sonderh. Mitt. Wetzlarer Geschichtsver. (1965).

DERS.: Siedlungsplatz der Urnenfelderzeit bei Dornholzhausen, Kreis Wetzlar. Fundber. Hessen 9/10, 1969/70, 104f.

DERS.: Eine Siedlungsstelle der Urnenfelderzeit bei Dornholzhausen, Kreis Wetzlar. Fundber. Hessen 11, 1971, 12-30.

DERS.: Der Kreis Biedenkopf. Inventar vor- und frühgeschichtl Denkmäler Hessen 2 (1973).

DERS.: Vorgeschichte des Kreises Wetzlar, H.4. Die Urnenfelderzeit. Sonderh. Mitt. Wetzlaer Geschichtsver. (1975).

DERS.: Ein Kultplatz der jüngsten Bronzezeit bei Dornholzhausen, Kr. Wetzlar. Antike Welt 7, 1976, H. 4, 36ff.

W. JANSSEN: Hortfunde der jüngeren Bronzezeit aus Nordbayern. Einführung in die Problematik. Arch. Korrbl. 15, 1985, 45-54.

F. JECKLIN: Die neuesten bronzezeitlichen Funde in Graubünden. Anz. Schweiz. Altkde. N.F. 22, 1922, 146-156.

I. JENSEN: Der spätbronzezeitliche Grabfund von Ilvesheim, Rhein-Neckar-Kreis. Fundber. Baden-Württemberg 8, 1983, 1-19.

J. JENSEN: Ein neues Hallstattschwert aus Dänemark. Beitrag zur Problematik der jungbronzezeitlichen Votivfunde. Acta Arch. 43, 1972, 115-164.

H.E. JOACHIM: Neue Metallfunde der Bronze- und Urnenfelderzeit vom Niederrhein. Bonner Jahrb. 173, 1973, 257-266.

DERS.: Erneut eine Bronze aus Rheinbach-Flerzheim. Das Rheinische Landesmus. 1984, H. 1, 1-3.

A. JOCKENHÖVEL: Die Rasiermesser in Mitteleuropa (Süddeutschland, Tschechoslowakei, Österreich, Schweiz) PBF VIII,1 (1971).

DERS.: Westeuropäische Bronzen aus der späten Urnenfelderzeit in Südwestdeutschland. Arch. Korrbl. 2, 1972, 103-109.

DERS.: Urnenfelderzeitliche Barren als Grabbeigaben. Arch. Korrbl. 3, 1973, 23-28.

DERS.: Zu befestigten Siedlungen der Urnenfelderzeit aus Süddeutschland. Fundber. Hessen 14, 1974, 19-62.

DERS.: Ein reich verziertes Protovillanova-Rasiermesser (ein Beitrag zu urnenfelderzeitlichen Symbolgut). In: H.Müller-Karpe (Hrsg.), Beiträge zu italienischen und griechischen Bronzefunden. PBF XX,1 (1974) 81-88.

DERS.: Ein reich verziertes nordisches Rasiermesser aus dem Limburger Becken. Fundber. Hessen 15, 1975, 171-174.

DERS.: Ein neues frühurnenfelderzeitliches Griffzungenschwert aus Unterfranken. Arch. Korrbl. 6, 1976, 25-27.

DERS.: Bronzezeitliche Höhensiedlungen in Hessen. Arch. Korrbl. 10, 1980, 39-47.

DERS.: Die Rasiermesser in Westeuropa (Westdeutschland, Niederlande, Belgien, Luxemburg, Frankreich, Großbritannien und Irland) PBF VIII,3 (1980).

DERS.: Zu einigen späturnenfelderzeitlichen Bronzen des Rhein-Main-Gebietes. In: Studien zur Bronzezeit (Festschrift W.A. v. Brunn) (1981) 131-149.

DERS.: Zeugnisse der primären Metallurgie in Gräbern der Bronze- und Alteisenzeit Mitteleuropas. Arch. Polski 27, 1982, 293-301.

DERS.: Zu den ältesten Tüllenhämmern aus Bronze. Germania 60, 1982, 459-467.

DERS.: Ein bemerkenswerter späturnenfelderzeitlicher Amboß. Germania 61, 1983, 586-588.

DERS.: Kupferlagerstätten und prähistorische Metallverarbeitung in Nordhessen. Zum Stand der Forschung. Arch. Korrbl. 13, 1983, 65-73.

DERS.: Zum Beginn der Urnenfelderkultur in Niederhessen. Arch. Korrbl. 13, 1983, 209-218.

DERS.: Struktur und Organisation der Metallverarbeitung in urnenfelderzeitlichen Siedlungen Süddeutschlands. Veröff. Mus. Ur- und Frühgesch. Potsdam 20, 1986, 213-234.

DERS.: Bemerkungen zur Frage der Metallverarbeitung in der "Wasserburg" Buchau. Germania 64, 1986, 565-572.

R. JOFFROY: Les sépultures à char du Premier âge du fer en France (1958)

DERS.: Les sépultures à char du Premier âge du fer en France. Revue Arch. Est et Centre Est 8, 1957, 7-73.

F. JOHANSEN: Graeske geometriske bronzer. Medd. Ny Carlsberg Glyptotek 38, 1982, 73-98.

Ö. JOHANSEN: En revurdering av Sörumsverdets type og proveniens. Univ. Oldsaksaml. Aarbok Oslo 1975/76, 29ff.

W. JORNS: Zur jüngsten Hügelgräberbronzezeit der Wetterau. Wetterauer Geschbl. 22, 1973, 1ff.

DERS.: Die Hallstattzeit in Kurhessen. Prähist. Zeitschr. 28/29, 1937/38, 15-80.

DERS.: Ein jungbronzezeitliches Körpergrab von Butzbach, Kr. Friedberg. Germania 38, 1960, 165-168.

DERS.: Ein Hallstatt A-Grab mit Bronzetasse von Viernheim, Kr. Bergstraße. Germania 38, 1960, 168-173.

DERS.(Hrsg.): Neue Bodenurkunden aus Starkenburg. Veröffentl. Amt Bodendenkmalpflege Reg.-Bez. Darmstadt 2 (1953).

P. JUD: Neues zum Helm von Weil. Arch. Schweiz 8, 1985, 62-66.

P. JÜNGLING: Das bronzezeitliche Gräberfeld im Bruchköbler Wald bei Hanau. Arch. Denkmäler Hessen 24 (1982).

DERS.: Zwei bronzezeitliche Funde aus dem Main. Hanauer Geschbl. 30, 1988, 55ff.

F. JUST: Das Hügelgrab von Neu-Grebs, Kr. Ludwigslust. Jahrb. Bodendenkmalpflege Mecklenburg 1968, 195-210.

A. KASSEROLER: Das Urnenfeld von Volders (1959).

H. KEILING: Die Kulturen der mecklenburgischen Bronzezeit (1987)

T. KEMENCZEI: Neuer Bronzehelmfund in der Prähistorischen Sammlung des Ungarischen Nationalmuseums. Folia Arch. 30, 1979, 79-89.

K. KERSTEN: Die Funde der älteren Bronzezeit in Pommern (1958).

P.T. KEßLER: Merkwürdiger Fund im Innern eines Beiles der Bronzezeit, in: Feschr. E. Neeb (1936) 18-20.

K. KIBBERT: Die Äxte und Beile im mittleren Westdeutschland I. PBF IX, 10 (1980).

DERS.: Die Äxte und Beile im mittleren Westdeutschland II. PBF IX,13 (1984).

I. KIEKEBUSCH: Neue Bronzeschwert-Funde aus dem Rheinland (Nachtrag). Bonner Jahrb. 162, 1962, 293-298.

I. KILIAN-DIRLMEIER: Gürtelhaken, Gürtelbleche und Blechgürtel der Bronzezeit in Mitteleuropa (Ostfrankreich, Schweiz, Süddeutschland, Österreich, Tschechoslowakei, Ungarn, Nordwest-Jugoslawien). PBF XII,2 (1975).

DIES.: Weihungen an Eilytheia und Artemis Orthia. Zeitschr. Papyrologie und Epigraphik 31, 1978, 219-222.

DIES.: Fremde Weihungen in griechischen Heiligtümern vom 8. bis zum Beginn des 7. Jahrhunderts. v. Chr. Jahrb. RGZM 32, 1985, 215-254.

K. KILIAN: Fibeln in Thessalien der mykenischen bis zur archaischen Zeit. PBF XIV,2 (1975).

DERS.: Nordgrenze des ägäischen Kulturbereiches in mykenischer und nachmykenischer Zeit. Jahresber Inst. Vorgesch. Univ. Frankfurt 1976, 112-129.

DERS.: Zwei italische Kammhelme aus Griechenland. BCH Suppl. 4 (1977) 429ff.

DERS.: Zum Ende der mykenischen Epoche in der Argolis. Jahrb. RGZM 27, 1980, 166-195.

DERS.: Weihungen aus Eisen und Eisenverarbeitung im Heiligtum zu Philia (Thessalien). In: R.Hägg (Hrsg.) The Greek Renaissance of the Eighth Century B.C. (Symp. Athen 1981) (1983), 131-147.

DERS.: Violinbogenfibeln und Blattbügelfibeln des griechischen Festlandes aus mykenischer Zeit. Prähist. Zeitschr. 60, 1985, 145-203.

W. KIMMIG: Das Bronzedepot von Wallstadt. Germania 19, 1935, 116-123.

DERS.: Beiträge zur älteren Urnenfelderzeit im Trierer Land. Trierer Zeitschr. 13, 1938, 157-184.

DERS.: Die Urnenfelderkultur in Baden. Untersucht auf Grund der Gräberfunde. Röm.-Germ. Forsch. 14 (1940).

DERS.: Beiträge zur Frühphase der Urnenfelderkultur am Oberrhein. Bad. Fundber. 17, 1941-47, 148-176.

DERS.: Ou en est l'étude de la civilisation des Champs d'Urnes en France, principalement dans l'est? Revue Arch. Est et Centre Est 2, 1951, 65-81.

DERS.: Ein Bronzeschwert von Kehl a. Rh., Ldkrs. Offenburg. Bad. Fundber. 20, 1956, 59-68.

DERS.: Zu einem Knöchelband aus der "Rheinpfalz". Germania 35, 1957, 113-115.

DERS.: Seevölkerbewegungen und Urnenfelderkultur. ein archäologisch-historischer Versuch. In: Studien aus Alteuropa I (1964) 220-283.

DERS.: Ein neues Riegsee-Schwert aus der Iller. Bayer. Vorgeschbl. 29, 1964, 222-228.

DERS.: S.v. Buchau, RGA 4 (1981) 37-55.

DERS.: Bemerkungen zu den Plattenfibeln vom Haimberg bei Fulda. Germania 59, 1981, 261-285.

DERS.: Feuchtbodensiedlungen in Mitteleuropa. Ein forschungsgeschichtlicher Überblick. Arch. Korrbl. 11, 1981, 1-14.

DERS.: Bemerkungen zur Terminologie der Urnenfelderkultur im Raum nordwestlich der Alpen. Arch. Korrbl. 12, 1982, 33-45.

DERS., S. SCHIEK: Ein neuer Grabfund der Urnenfelderkultur von Gammertingen, Kr. Sigmaringen. Fundber. Schwaben N.F. 14, 1957, 50-77.

H. KIRCHNER: Bemerkungen zu einer systematischen Opferfundforschung. In: M. Claus u.a.(Hrsg.), Studien zur europäischen Vor- und Frühgeschichte (Festschrift Jankuhn) (1968) 379-389.

J. KLUG, W. STRUCK: Ein Grabhügelfeld der jüngsten Urnenfelderkultur bei Echzell, Wetteraukreis. Fundber. Hessen 14, 1974, 83-121.

J. KNEIDINGER: Der Greiner Strudel als urgeschichtliche Fundstätte. Mitt. Anthr. Ges. Wien 72, 1942, 278-290.

A. KOCH: Vor- und Frühgeschichte Starkenburgs (1937).

R. KOCH: Zwei Griffzungenschwerter von Bad Wimpfen und Heilbronn. Fundber. Baden-Württemberg 4, 1979, 18-28.

H. KÖSTER: Die mittlere Bronzezeit im nördlichen Rheintalgraben (1968).

C. KÖSTER: Beiträge zum Endneolithikum und zur frühen Bronzezeit am nördlichen Oberrhein. Prähist. Zeitschr. 43/44, 1965/66, 2-95.

K.-H. KOHL: Religiöser Partikularismus und kulturelle Transzendenz. Über den Untergang von Stammesreligionen in Indonesien, in: H. Zinser, Der Untergang von Religionen (1986) 193-220.

DERS.: Abwehr und Verlangen. Zur Geschichte der Ethnologie (1987).

A. KOLLING: Späte Bronzezeit an Saar und Mosel. Saarbrücker Beitr. Altkde. 6 (1968).

DERS.: Ein neues Schwertgrab der späten Bronzezeit von Mimbach (Kr. Homburg-Saar). Ber. Staatl. Denkmalpflege Saarland 17, 1970, 41-55.

H. KOSCHICK: Die Bronzezeit im südwestlichen Oberbayern. Materialh. bayer. Vorgesch. A, 50 (1981).

DERS.: Ein Hortfund der späten Urnenfelderzeit von Fridolfing, Ldkr. Traunstein, Oberbayern. Bayer. Vorgeschbl. 46, 1981, 38ff.

M. KOSORIC: Bronzezeitliche und früheisenzeitliche Hortfunde im mittleren Teil der serbischen Donaugegend. Arch. Jugoslavica 13, 1972, 3-25.

G. KOSSACK: Über italische Cinturoni. Prähist. Zeitschr. 34/35, 1949/50, 132-147.

DERS.: Zur Ausdeutung frühurnenfelderzeitlicher Kultgegenstände. Arch. Geogr. 1, 1950-51, 4-8.

DERS.: Studien zum Symbolgut der Urnenfelder- und Hallstattzeit Mitteleuropas. Röm.-Germ. Forsch. 20 (1954).

DERS.: Pferdegeschirr aus Gräbern der älteren Hallstattzeit Bayerns. Jahrb. RGZM 1, 1954, 111-178.

DERS.: Südbayern während der Hallstattzeit. Röm.-Germ. Forsch. 24 (1959).

T. KOVÁCS: Jungbronzezeitliche Gußformen und Gießereien in Ungarn. Veröffentl. Mus. Ur- und Frühgesch. Potsdam 20, 1986, 189-196.

W. KRÄMER: Prähistorische Brandopferplätze. In: Helvetia Antiqua (Festschrift E. Vogt) (1966) 111ff.

W. KRÄMER: Die Vollgriffschwerter in Österreich und der Schweiz. PBF IV,10 (1985).

G. KRAFT: Die Kultur der Bronzezeit in Süddeutschland (1926).

DERS.: Beiträge zur Kenntnis der Urnenfelderkultur in Süddeutschland ("Hallstatt A"). Bonner Jahrb. 131, 1926, 154-212.

DERS.: Die Stellung der Schweiz innerhalb der bronzezeitlichen Kulturgruppen Mitteleuropas. Anz. Schweiz. Altkde. N.F. 29, 1927, H. 2, 74-90; H. 3, 137-148; H. 4, 209-216; N.F. 30, 1928 H. 1, 1-17; H. 2, 78-89.

G. KRAHE: Ein Grabfund der Urnenfelderkultur von Speyer. Mitt. Hist. Verein Pfalz 58, 1960, 1ff.

K. KRISTIANSEN: En kildekritisk analyse af depotfund fra Danmarks yngre bronzealder (periode IV-V). Aarbøger 1974, 119-160.

DERS.: Krieger und Häuptlinge in der Bronzezeit Dänemarks. Ein Beitrag zur Geschichte des bronzezeitlichen Schwertes. Jahrb. RGZM 31, 1984, 187-208.

K. KROITZSCH, Ein bronzezeitlicher Grabhügel aus dem Kammerforst, Gemeindebezirk Lehma, Kreis Altenburg. Arbeits- u. Forschber. Sachsen 26, 1983, 17-43.

K. KROMER: Ein Bronzemesser aus Hallstatt in Oberösterreich. Mitt. Anthr. Ges. Wien 84, 1956, 64-70.

U. KRON: Zum Hypogäum von Paestum. Jahrb. DAI 86, 1971, 117-148.

W. KUBACH: Westeuropäische Formen in einem frühurnenfelderzeitlichen Depotfund aus dem Rhein bei Mainz. Arch. Korrbl. 3, 1973, 299-307.

DERS.: Zwei Gräber mit "Sögeler" Ausstattung aus der deutschen Mittelgebirgszone. Germania 51, 1973, 403-417.

DERS.: Zur Gruppierung bronzezeitlicher Kulturerscheinungen im hessischen Raum. Jahresber. Inst. Vorgesch. Frankfurt, 1974, 29-50.

DERS.: Der Übergang von der Hügelgräberkultur zur Urnenfelderzeit im Rhein-Main-Gebiet (Stufe Wölfersheim). Fundber. Hessen 15, 1975, 129ff.

DERS.: Zum Beginn der bronzezeitlichen Hügelgräberkultur in Südwestdeutschland. Jahresber. Inst. Vorgesch. Univ. Frankfurt 1977, 119-163.

DERS.: Die Nadeln in Hessen und Rheinhessen. PBF XIII,3 (1977).

DERS.: Deponierungen in Mooren der südhessischen Oberrheinebene. Jahresber. Inst. Vorgesch. Univ. Frankfurt 1978/79, 189-310.

DERS.: Bronzezeit und ältere Eisenzeit in Niederhessen. Kassel - Hofgeismar - Fritzlar - Melsungen - Ziegenhain. In: Führer vor- und frühgesch. Denkmälern 50 (1982) 79-135.

DERS.: Bronzezeitliche Deponierungen im Nordhessischen sowie im Weser- und Leinebergland. Jahrb. RGZM 30, 1983, 113-159.

DERS.: Die Stufe Wölfersheim im Rhein-Main-Gebiet. PBF XXI,1 (1984).

DERS.: Einzel- und Mehrstückdeponierungen und ihre Fundplätze. Arch. Korrbl. 15, 1985, 179ff.

DERS., I.KUBACH-RICHTER: Bronze und eisenzeitliche Gräber von Langen, Kr. Offenbach a.M. Stud. u. Forsch. 10 (1983).

DIES.: Ein frühurnenfelderzeitliches Mädchengrab von Offenbach-Rumpenheim. Stud. u. Forsch 5 (1972) 47ff.

DIES.: Fremdformen in einem frühurnenfelderzeitlichen Kindergrab von Offenbach-Rumpenheim. Fundber. Hessen 14, 1974, 129-152.

I. KUBACH-RICHTER: Amulettbeigaben in bronzezeitlichen Kindergräbern. Jahresber. Inst. Vorgesch. Univ. Frankfurt 1978/79, 127-178.

J. KUIZENGA: Drei mitteleuropäische Bronzeschwerter in holländischem Privatbesitz. Arch. Korrbl. 12, 1982, 331-333.

O. KUNKEL: Oberhessens vorgeschichtliche Altertümer (1926).

DERS.: Ein verzierter bronzezeitlicher Streitkolben aus der Oder bei Stettin. IPEK 1926, 294

K. KUNTER: Die Urnenfelderbronzezeit im Kreis Gießen. In: W. Jorns (Hrsg.): Inventar der urgeschichtlichen Geländedenkmäler und Funde des Stadt- und Landkreises Gießen. Inventar der Bodendenkmäler 5 (1976) 97ff.

Dies.: Zur Verteilung der bronzezeitlichen Funde im Gießener Raum. In: Studien zur Bronzezeit (Festschrift W. A. v. Brunn) (1981) 179-211.

F. KUTSCH: Hanau. Katal. West- und Süddeutscher Altertumsslg. 5 (1926).

DERS: Ein jüngstbronzezeitliches Skelettgrab aus Erbenheim. Nass. Ann. 48, 1927, 37-43.

DERS.: Bronzezeitliche Schwerter im Landesmuseum Nassauischer Altertümer. Nass. Ann. 48, 1927, 44-49.

H. KYRIELEIS: Neue Holzfunde aus dem Heraion von Samos. ASAtene 61, 1984, 295-302.

O. KYTLICOVÁ: Die Chronologie und Funktion der Depots. Actes du VIIe Congrès International des Sciences Préhist. et Protohist. Prag 1966 (1970) 681-684.

DIES.: Der Schild und der Depotfund von Plzen-Jíkalka. Památky Arch. 77, 1986, 413-454.

LÄNDER DER BIBEL. Archäologische Funde aus dem Vorderen Orient. Ausstellungskatalog Frankfurt (1982).

S. DE LAET: De voorgeschiedenis der Lage Landen (1959).

B. LAMBOT: Quatre armes de l'âge du Bronze final découvertes anciennement en Alsace. Bull. Soc. Préhist. France 78, 1981, 281-288.

V. LAMBRINUDAKIS: Remains of the Mycenaean Period in the Sanctuary of Apollon Maleatas. In: R. Hägg, N. Marinatos (Hrsg.), Sanctuaries and Cults in the Aegean Bronze Age (1981) 59-65.

W. LAMPE: Ückeritz. Ein jungbronzezeitlicher Hortfund von der Insel Usedom (1982).

B. LAUM: Das Eisengeld der Spartaner (1924).

DERS.: Heiliges Geld. Eine historische Untersuchung über den sakralen Ursprung des Geldes (1924).

F. LAUX: Die Bronzezeit in der Lüneburger Heide. Veröff. Urgeschichtl. Slg. Landesmus. Hannover 18 (1971).

DERS.: Die Fibeln in Niedersachsen. PBF XIV,1 (1973).

DERS.: Die Nadeln in Niedersachsen. PBF XIII,4 (1976).

J. LAVRSEN: Weapons in Water. A European sacrificial rite in Italy. Analecta Romana Instituti Danici 11, 1982, 7ff.

L. LERAT: Trois boucliers archaiques de Delphes. Bull. Corr. Hellénique 104, 1980, 94ff.

C.-T. LE ROUX u. J. BRIARD: Dépôts de l'âge du Bronze inédits ou mal connus du Finistère. Ann. Bretagne 73, 1970, 37-55.

C. LEVI-STRAUSS: Das Ende des Totemismus (1981). Frz. Originalausg.: Le Totemisme aujourd'hui (1962).

DERS.: Mythos und Bedeutung (1980).

J.E. LEVY: Social and Religious Organization in Bronze Age Denmark. The analysis of ritual hoard finds. British Arch. Reports 124 (1982).

H. LIES: Baggerfunde aus dem Elbkieswerk Magdeburg-Salbke. Jahresschr. Halle 47, 1963, 101-120.

H. LORENZ (Hrsg.): Studien zur Bronzezeit. Festschrift W.A. v. Brunn (1981).

DERS.: Der bronzene Kammanhänger von Bargstedt, Kr. Stade. Arch. Korrbl. 14, 1984, 169-174.

M. MAAS: Aigina, Aphaia Tempel. Neue Funde von Waffenweihungen. Arch. Anz. 1984, 263-286.

F. MAIER: Der späturnenfelderzeitliche Ringwall auf dem Bleibeskopf im Taunus. Arch. Denkmäler. Hessen 27 (1983).

R.A. MAIER: Die jüngere Steinzeit in Bayern. Jahresber. Bayer. Bodendenkmalpflege 5, 1964, 9-197.

DERS.: Frühbronzezeitliches Ösenhalsring-Opfer aus dem bayerischen Inn-Oberland. Germania 54, 1976, 199-202.

DERS.: Nadeln und kleine Spitzen in Schäftungstüllen von urgeschichtlichen Bronzewaffen oder Bronzegeräten. Germania 59, 1981, 393-395.

DERS.: Eisenäxte von altslawisch-großmährischen Typ aus dem Inn bei Töging im Museum Altötting (Oberbayern). Germania 64, 1986, 180-183.

T. MALINOWSKI: Bronzene Zwillingshalsringe der Lausitzer Kultur in Polen. Prähist. Zeitschr. 59, 1984, 230-245.

H.E. MANDERA: Eine spätbronzezeitliche Tasse aus "Bad Weilbach" (Main-Taunus-Kreis). Germania 35, 1957, 454ff.

DERS.: Ein urnenfelderzeitlicher "Feuerbock" mit Tierkopfende aus Wiesbaden-Erbenheim. Germania 40, 1962, 287-292.

DERS.: Zur Deutung der späturnenfelderzeitlichen Hortfunde in Hessen. Fundber. Hessen 12, 1972, 97-103.

DERS.: Vorgeschichtliche Befestigungen zwischen Rhein, Main und Westerwald. Mit einem Beitrag von F.R. Herrmann über den Dünsberg. Schriftenr. Mus. Wiesbaden 18 (1982).

DERS.: Einige Bemerkungen zur Deutung bronzezeitlicher Horte. Arch. Korrbl. 15, 1985, 187-193.

M.E. MARIEN: Oud Belgie (1952).

DERS.: Large Bronze Spearhead and Ferrule Found in the Cave of Han-sur-Lesse. In: Archeologie en Historie (Festschr. H. Brunsting) (1973) 127-130.

DERS.: Han-sur-Lesse: Bronzes de récupération de la civilisation des Champs d'Urnes. Helinium 24, 1984, 18-43.

S. MARINATOS: Kleidung- Haar- und Barttracht. Arch. Homerica I (1967) B 31ff.

J. MARINGER: See- und Mooropfer in vorgeschichtlicher Zeit. Saeculum 24, 1973, 396-417.

DERS.: Flußopfer und Flußverehrung in vorgeschichtlicher Zeit. Germania 52, 1974, 310-318.

L. MARSILLE: Les dépots de l'âge du Bronze dans le Morbihan. Bull. Soc. Préhist. Morbihan 1913, 49-109.

DERS.: Le dépôt de Pont-er-Vil en Locmariaquer. Bull. Soc. Préhist. Morbihan 1936, 1-8.

H. MARYON: Early Near Eastern Steel Swords, Am. Arch. Journ. 65, 1961, 173-184.

M. MATHÉ: Früheisenzeitlicher Bronze-Depotfund von Náduvar. Acta Arch. Hung. 24, 1972, 399-414.

H. MATTHÄUS: Neues zur Bronzetasse aus Dohnsen, Kr. Celle. Die Kunde 28/29, 1977/78, 51-69.

DERS.: Protovillanovazeitliche Goldbleche in Delos. Marburger Winckelmannprogramm 1979, 3-12.

DERS.: Mykenische Vogelbarken. Antithetische Tierprotomen in der Kunst des östlichen Mittelmeerraumes. Arch. Korrbl. 10, 1980, 319-330.

DERS.: Minoische Kriegergräber. In: O. Krzyszkowska, L. Nixon (Hrsg.), Minoan Society. Proc. Coll. Cambridge 1981 (1983) 203-215.

DERS.: Italien und Griechenland in der ausgehenden Bronzezeit. Studien zu einigen Formen der Metallindustrie beider Gebiete. Jahrb. DAI 95, 1980, 109-139.

DERS.: ΚΥΚΝΟΙ ΔΕ ΗΣΑΝ ΤΟ ΑΡΜΑ Spätmykenische und urnenfelderzeitliche Vogelplastik. In: Studien zur

Bronzezeit (Festschr. W.A. v. Brunn) (1981) 277-297.

DERS., G. SCHUMACHER-MATTHÄUS: Zyprische Hortfunde. Kult und Metallhandwerk in der späten Bronzezeit. In: Marburger Stud. zur Vor- und Frühgesch. 7. Gedenkschr. f. G. v. Merhart (1986) 129-191.

M. MAUSS: Die Gabe. Form und Funktion des Austauschs in archaischen Gesellschaften (1923/24, dt. 1968).

E.F. MAYER: Die Äxte und Beile in Österreich. PBF IX,9 (1972).

DERS.: Bronzezeitliche Paßfunde im Alpenraum. Jahresber. Inst. Vorgesch. Univ. Frankfurt 1978/79, 179-187.

W. MEIER-ARENDT: Ein urnenfelderzeitliches Brandgräberfeld bei Bürstadt, Kr. Bergstraße. Fundber. Hessen 7, 1967, 43-55.

DERS.: Inventar der ur- und frühgeschichtlichen Geländedenkmäler und Funde des Kreises Bergstraße (1968).

DERS.: Zu vor- und frühgeschichtlichen Funden mit der falschen Fundortangabe "Lorsch, Kr. Bergstraße". Fundber. Hessen 17/18, 1977/78, 69-76.

O. MENGHIN: Die vorgeschichtlichen Funde Vorarlbergs (1937).

M. MENKE: Brandopferplatz auf der Kastelliernekropole von Pula, Istrien. Germania 48, 1970, 115-123.

DERS.: Studien zu den frühbronzezeitlichen Metalldepots Bayerns. Jahresber. Bayer. Bodendenkmalpflege 19/20, 1978/79, 5-305.

G. v. MERHART: Urnengrab mit Peschierafibel aus Nordtirol. In: Schumacher-Festschr. (1930) 116-121.

DERS.: Ein Steinkistengrab von Großenritte in Hessen. Germania 23, 1939, 149-158.

DERS.: Zu den ersten Metallhelmen Europas. Ber. RGK 30, 1940, 5-42.

DERS.: Über blecherne Zierbuckel (Faleren). Jahrb. RGZM 3, 1956, 28-116.

DERS.: Hallstatt und Italien (1969) (Hrsg. von G. Kossack).

L. MERTIG: Eine Bronzelanzenspitze vom Stephansjoch, Ldkr. Berchtesgaden. Bayer. Vorgeschbl. 32, 1967, 158-160.

K. MEULI: Griechische Opferbräuche. In: O. Gigon u.a. (Hrsg.): Phyllobolia (Festschr. P. v.d. Muehll) (1946) 185-288.

G. MILDENBERGER: Verschleppte Bodenfunde. Ein Beitrag zur Fundkritik. Bonner Jahrb. 169, 1969, 1-28.

J.P. MILLOTTE: Le Jura et les plaines de Saône aux âges des metaux (1963).

V. MILOČIĆ: Einige "mitteleuropäische" Fremdlinge auf Kreta. Jahrb. RGZM 2, 1955, 153-169.

DERS.: Zur Chrononologie der jüngeren Stein- und Bronzezeit Südost- und Mitteleuropas. Germania 37, 1959, 65-84.

K. v. MISKE: Die prähistorische Ansiedelung Velem St. Vid (1908).

J.P. MOHEN: Les moules en terre cuite des bronziers protohistoriques. Antiqu. Nationales 5, 1973, 33ff.

DERS.: Quelques épées a poigneé métallique de l'âge du bronze conservées au Musée des Antiquités Nationales. Antiqu. Nationales 3, 1971, 34ff.

DERS.: L'âge du Bronze dans la Région de Paris (1977).

DERS.: Moules en bronze de l'âge du Bronze. Antiqu. Nationales 10, 1978, 23-32.

E.R. MONEGAL (Hrsg.): Die neue Welt (1982).

L. MONTEAGUDO: Die Beile auf der Iberischen Halbinsel. PBF IX,6 (1977)

O. MONTELIUS: Sur les poignées des épées et des poignards en bronze. In: Congrès International Anthr. et Arch. préhist. Stockholm 1874, 882-923.

DERS.: La Civilisation primitive en Italie depuis l'Introduction des Métaux I (1895).

DERS.: Die älteren Kulturperioden im Orient und in Europa I. Die Methode (1903).

C.u.D. MORDANT, J.-Y. PRAMPART: Le dépôt de bronze de Villethierry (Yonne). Gallia Préhist. Suppl. 9 (1976).

L. MORRICONE: Eleona e Langada. Sepolcreti della tarda Etá del Bronze a Coo. ASAtene 43/44, 1965/66, 5-311.

G. u. A. de MORTILLET: Musée Préhistorique (1903).

E. MOSKOVSZKY: Deutungsmöglichkeiten von sogenannten Opferfunden. Acta Arch. Hung. 27, 1975, 5-12.

P.A. MOUNTJOY: The bronze greaves from Athens. A case for a LH IIIC Date. Opusc. Athen. 15, 1984, 135-146.

P. MOUTON: Musée de Langres. Armes et outils de l'âge du Bronze. Revue Arch. Est et Centre-Est 5, 1954, 46-55.

Y. MOTTIER, Stations littorales. Museumsführer Genf (o.J.).

A. MOZSOLICS: Bronzkori kardok folyókból-Bronzezeitliche Schwertfunde aus Flüssen. Arch Ért. 102, 1975, 3-24.

DIES.: Achsenkappen mit Splint aus dem Karpatenbecken. Marburger Stud. zur Vor- und Frühgesch. 1 (1977) 165-173.

DIES.: Ein Beitrag zum Metallhandwerk der ungarischen Bronzezeit. Ber. RGK 65, 1984, 19-72.

DIES.: Rekonstruktion des Depots von Hajdúböszörmény. Prähist. Zeitschr. 59, 1984, 81-93.

DIES.: Bronzefunde aus Ungarn. Depotfundhorizonte von Aranyos, Kurd und Gyermely (1985).

DIES.: Verwahr- oder Opferfunde? Bemerkungen zur Arbeit von K.H. Willroth. Acta Arch. Hung. 34, 1987, 93-98.

K. MUCKELROY: Middle Bronze Age Trade between Britain and Europe: a Maritime Perspective. Proc. Prehist. Soc. 47, 1981, 275-297.

F. MÜLLER: Ein mittelbronzezeitlicher Hortfund aus Allschwil BL. Arch. Schweiz 5, 1982, 170-177.

J.H. MÜLLER: Vor- und frühgeschichtliche Alterthümer der Provinz Hannover (1893).

M. MÜLLER: Die Urnenfelderkultur im Fuldaer Becken. Arch. Informationen 6, 1983, 55-57.

DERS.: Zwei Flachbrandgräber aus der Gemarkung Großenlüder-Uffhausen, Kr. Fulda. Fuldaer Geschbl. 59, 1983, 111ff.

DERS.: Bemerkungen zu den Grabformen und Bestattungssitten auf dem urnenfelderzeitlichen Friedhof vom Finkenberg bei Oberbimbach (Kr. Fulda). Fuldaer Geschbl.60, 1984, 25ff.

A. MÜLLER-KARPE: Neue Bronzefunde der späten Urnenfelderzeit vom Bleibeskopf im Taunus. Fundber. Hessen 14, 1974, 203-214.

H. MÜLLER-KARPE: Ein Brandgrab der Urnenfelderkultur aus Hanau mit einem lausitzischen Rasiermesser. Germania 26, 1942, 13-17.

DERS.: Die Urnenfelderkultur im Hanauer Land. Schr. Urgesch. 1 (1948).

DERS.: Gräber der Urnenfelderkultur und Frühhallstattkultur in der Marburger Gegend. In: Hessische Funde von der Altsteinzeit bis zum frühen Mittelalter. Schr. Urgesch. 2 (1949) 29ff.

DERS.: Niederhessische Urgeschichte (1951).

DERS.: Das Urnenfeld von Kelheim. Materialh. bayer. Vorgesch.1 (1952).

DERS.: Das späthallstattzeitliche Wagengrab von Oberleinach, Ldkr. Würzburg. Germania 31, 1953, 56-59.

DERS.: Zu einigen frühen Bronzemessern aus Bayern. Bayer. Vorgeschbl. 20, 1954, 113-119.

DERS.: Münchener Urnenfelder (1957).

DERS.: Neues zur Urnenfelderkultur Bayerns. Bayer. Vorgeschbl. 23, 1958, 4-34.

DERS.: Beiträge zur Chronologie der Urnenfelderzeit nördlich und südlich der Alpen. Röm.-Germ. Forsch. 22 (1959).

DERS.: Die Vollgriffschwerter der Urnenfelderzeit aus Bayern. Münchner Beitr. Vor- und Frühgesch. 6 (1951).

DERS.: Zur spätbronzezeitlichen Bewaffnung in Mitteleuropa und Griechenland. Germania 40, 1962, 255-287.

DERS.: Das urnenfelderzeitliche Toreutengrab von Steinkirchen, Niederbayern. Germania 47, 1969, 86-91.

DERS.: Das Grab 871 von Veji, Grotta Gramiccia, in: Ders. (Hrsg.): Beiträge zu italienischen und griechischen Bronzefunden. PBF XX,1 (1974) 89-97.

DERS.: Zur Definition und Bennennung chronologischer Stufen der Kupferzeit, Bronzezeit und älteren Eisenzeit. Jahresber. Inst. Vorgesch. Univ. Frankfurt 1974, 7-18.

DERS.: Bronzezeitliche Heilszeichen. Jahresber. Inst. Vorgesch. Univ. Frankfurt 1978-79, 9-28.

R. MUNRO: Les stations lacustres d'Europe aux âges de la pierre et du bronze (1908).

F. MUTHMANN: Mutter und Quelle. Studien zur Quellenverehrung im Altertum und im Mittelalter (1975).

K. NAHRGANG: Ein vorgeschichtlicher Weg zwischen Raunheim und Erzhausen. Mainzer Zeitschr. 35, 1940, 41f.

DERS.: Die Bodenfunde der Ur- und Frühgeschichte im Stadt-und Landkreis Offenbach am Main (1967).

K. NASS: Die Nordgrenze der Urnenfelderkultur in Hessen. Kurhess. Bodenaltert. 2 (1952).

J. NAUE: Die vorrömischen Schwerter aus Kupfer, Bronze und Eisen (1903).

S. NAULI: Eine bronzezeitliche Anlage in Cunter, Caschlings. Helvetia Arch. 8, 1977, 25-34.

S. NEEDHAM: Two Recent British Shield Finds an their Continental Parallels. Proc. Prehist. Soc. 45, 1979, 111-134.

P. NEMETH, I. TORMA, A romándi késöbronzkori raktárlelet (Le dépôt de l'âge du Bronze final de Románd). A Veszprém Megyei Muz. Közleményei 4, 1965, 59-89.

J.-W. NEUGEBAUER: St. Pölten - Wegkreuz der Urzeit. Antike Welt 18, 2, 1987, 3-18.

G. NEUMANN, D.ZÜHLKE, Das Gleichberggebiet. Ergebnisse der heimatkundlichen Bestandsaufnahme im Gebiet von Haina und Römhild/Thüringen (1963).

A. NICAISE, La sépulture de Champigny (Aube). Mat. Hist. Prim et Nat. Homme 16, 1881, 113-177.

J.-P. NICOLARDOT, G. GAUCHER: Typologie des objets de l'âge du Bronze en France 5, outils (1975).

A. NICOLAS, A. DUVAL, C. ELUERE, J.-P. MOHEN: L'âge du Bronze au musée d'Auxerre. Revue Arch. Est et Centre Est 26, 1975, 135-209.

M.P. NILSSON: The Minoan-Mycenean Religion and its survival in Greek Religion (1950).

DERS.: Geschichte der Griechischen Religion. HdA V,2.1 (1967).

A. NOUEL: Inventaire pour le Sud de l'Eure-et-Loir. Rev. Arch. Centre 1967, 49-61.

P. NOVÁK: Die Schwerter in der Tschechoslowakei I. PBF IV,4 (1975).

M. NOVOTNÁ: Die Äxte und Beile in der Slowakei. PBF IX,3 (1970).

DIES.: Die Bronzehortfunde in der Slowakei. Spätbronzezeit (1970).

DIES.: Halsringe und Diademe in der Slowakei. PBF XI, 4 (1984).

B. O'CONNOR: Cross Channel Relations in the Later Bronze Age. British Arch. Reports. International Ser. 91 (1980).

A. OPITRESCO-DODD, J-C. BLANCHET, J.-P. MILLOTTE: Catalogue des objets metalliques des âges du bronze et du fer au musée de Picardie à Amiens (Somme). Cahiers Arch. Picardie 5, 1978, 6-87.

C. OSTERWALDER: Die mittlere Bronzezeit im schweizerischen Mittelland und Jura (1971).

DIES.: Orpund Kiesablagerungen. Katalog der Funde im Bernischen Historischen Musuem. Jahrb. Hist. Mus. Bern 59/60, 1980, 47-82.

H. OTTENJANN: Die nordischen Vollgriffschwerter der älteren und mittleren Bronzezeit. Röm.-Germ. Forsch. 30 (1969).

H. OTTO, W. WITTER: Handbuch der ältesten Metallurgie in Mitteleuropa (1952).

E. PACHALI: Die vorgeschichtlichen Funde aus dem Kreis Alzey vom Neolithikum bis zur Hallstattzeit (1972).

J. PÄTZOLD, H.-P. UENZE: Vor- und Frühgeschichte im Landkreis Griesbach (1963).

V. PAHIC: Zakopna najdba iz Pekla pri Mariboru (Vergrabungsfund aus Pekel bei Maribor). Arh. Vestnik 34, 1983, 106-128.

C.F.E. PARE: Der Zeremonialwagen der Bronze- und Urnenfelderzeit: Seine Entstehung, Form und Verbreitung. In: Vierrädrige Wagen der Hallstattzeit. Untersuchungen zu Geschichte und Technik (1987) 25-67.

DERS.: From Dupljaja to Delphi: the ceremonial use of the wagon in later prehistory. Antiquity 63, 1989, 80-100.

O. PARET: Ein Sammelfund von steinernen Gußformen aus der späten Bronzezeit. Germania 32, 1954, 7-10.

H.W. PARKE: Festivals of the Athenians (1977).

F. PASSARD, J.-F. PINNINGRE: Un dépôt de l'âge du Bronze final à Bouclans (Doubs). Revue Arch. Est et Centre-Est 35, 1984, 85-111.

K. PASZTHORY: Der bronzezeitliche Arm- und Beinschmuck in der Schweiz. PBF X,3 (1985).

P. PATAY: Der Bronzefund von Mezőkövesd. Acta Arch. Hung. 21, 1969, 168-216.

DERS.: Bronz szitula a Magyar Nemzeti Múzeum gyüjteményében. Bronzesitula aus der Sammlung des Ungarischen Nationalmuseums. Folia Arch. 20, 1969, 11-24.

E. PATEK: Die Urnenfelderkultur in Transdanubien (1968).

L. PAULI: Zur Hallstattkultur im Rhein-Main-Gebiet. Fundber. Hessen 15, 1975, 213-227.

DERS.: Eine frühkeltische Prunktrense aus der Donau. Germania 61, 1983, 459-486.

DERS.: Einige Anmerkungen zum Problem der Hortfunde. Arch. Korrbl. 15, 1985, 195-206.

DERS.: Gewässerfunde aus Nersingen und Burlafingen. In: M. Mackensen: Frühkaiserzeitliche Kleinkastelle bei Nersingen und Burlafingen an der oberen Donau. Münchener Beitr. Vor- und Frühgesch. 41 (1987) 281-312.

DERS., G. GLOWATZKI: Frühgeschichtlicher Volksglaube und seine Opfer. Germania 57, 1979, 143-152.

DERS., S. WILBERS: Eine Trense der Römischen Kaiserzeit aus der Donau. Germania 63, 1985, 87-105.

J. PAULÍK: Ruzicové spony zo Slovenská. Posamenteriefibeln in der Slowakei. Slovenská Arch. 7, 1959, 328-362.

P. PAUTREAU et.al.: La Cachette de Triou. L'âge du Bronze en Deux-Sèvres (1984).

R. PERONI: Considerazioni ed ipotesi sul ripostiglio di Ardea. Bull. Paletn. Ital. 17, 1966, 175-197.

A. PERRIN: Etude préhistorique sur la Savoie, spécialment a l'époque lacustre (1870).

C. PESCHECK: Katalog Würzburg 1. Die Funde von der Steinzeit bis zur Urnenfelderzeit im Mainfränkischen Museum. Materialh. Bayer. Vorgesch. 12 (1958).

DERS.: Ein Kammhelm aus dem oberen Maintal. Jahrb. RGZM 13, 1966, 34-36.

DERS.: Ein reicher Grabfund mit Kesselwagen aus Unterfranken. Germania 50, 1972, 29-56.

M. PETRESCU-DÎMBOVITA: Depozitele de bronzuri din România (1977).

DERS.: Die Sicheln in Rumänien mit Corpus der jung- und spätbronzezeitlichen Horte Rumäniens. PBF XVIII,1 (1978).

H. PHILIPP: Bronzeschmuck aus Olympia. Olympische Forsch. 13 (1981).

A. PIETZSCH: Bronzeschmelzstätte auf der Heidenschanze in Dresden-Coschütz. Arbeits- und Forschber. Sachsen 19, 1971, 35-68.

L. PIGORINI: Antichità picene rinvenute nel commune di Sivolo in provincia di Ancona. Bull. Paletn. Ital. 22, 1896, 105-108.

E. PINDER: Bericht über die heidnischen Alterthümer der ehemals kurhessischen Provinzen Fulda, Oberhessen, Niederhessen, Herrschaft Schmalkalden und Grafschaft Schaumburg. Zeitschr. Ver. hess. Gesch. und Landeskunde Suppl. 6 (1878).

J.F. PININGRE, D. VUILLAT: Un dépôt d'objets de bronze et une nouvelle épée d'Auvernier à Coquelles (Pas-de-Calais). Bull. Soc. Préhist. France 80, 1983, 390-396.

R. PIRLING, U. WELS-WEYRAUCH, H. ZÜRN: Die mittlere Bronzezeit auf der schwäbischen Alb. PBF XX,3 (1980).

R.PITTIONI: Urgeschichte des österreichischen Raumes (1954).

E.PLESL: Lužická Kultura v severozápadních Čechách (1961).

W.PLEYTE: Nederlandsche Oudheden van de vroegste tijden tot op Karel den groote (o.J.).

V. PODBORSKÝ: Mähren in der Spätbronzezeit und an der Schwelle der Eisenzeit (1970).

H.POLENZ: Zu den Grabfunden der Späthallstattzeit im Rhein-Main-Gebiet. Ber. RGK 54, 1973, 107-204.

M. POLLAK: Flußfunde aus der Donau bei Grein und den österreichischen Zuflüssen der Donau. Arch. Austriaca 70, 1986, 1-86.

E.C. POLOMÉ: Muttergottheiten im alten Westeuropa. In: Matronen und verwandte Gottheiten. Göttinger Kolloqium (1987) 201-212.

H. PREIDEL: Heimatkunde des Bezirkes Komotau (1935).

M. PRIMAS: Der Beginn der Spätbronzezeit im Mittelland und Jura. In: Ur- und Frühgeschichtliche Archäologie der Schweiz Bd. 3. Die Bronzezeit (1971) 55-70.

DIES.: Frühe Metallverarbeitung und -verwendung im alpinen und zirkumalpinen Bereich. In: 9. Congrès UISPP Nice 1976, Colloque 23, 81-109.

DIES.: Beobachtungen zu den spätbronzezeitlichen Siedlungs- und Depotfunden der Schweiz. In: Festschr. W. Drack (1977) 44-55.

DIES.: Erntemesser der jüngeren und späten Bronzezeit. In: Studien zur Bronzezeit (Festschr. W.A. v. Brunn) (1981) 363-374.

DIES.: Neue Untersuchungen urnenfelderzeitlicher Siedlungsfunde in der Nordostschweiz. Arch. Korrbl. 12, 1982, 47-54.

DIES.: Die Sicheln in Mitteleuropa I (Österreich, Schweiz, Süddeutschland). PBF XVIII,2 (1986).

DIES., U. RUOFF: Die urnenfelderzeitliche Inselsiedlung "Großer Hafner" im Zürichsee (Schweiz). Germania 59, 1981, 31-50.

P. PRÜSSING: Die Messer im nördlichen Westdeutschland (Schleswig-Holstein, Hamburg und Niedersachsen). PBF VII,3 (1982).

J. RAGETH: Eine Lanzenspitze aus dem Davoser See. Arch. Schweiz 9, 1986, 2-5.

K. RANDSBORG: "Aegean" Bronzes in a Grave in Jutland. Acta Arch. 38, 1967, 1-27.

H.G. RAU: Das urnenfelderzeitliche Gräberfeld von Aschaffenburg-Strietwald. Materialh. Bayer. Vorgesch. 26 (1972).

C. REDLICH: Über die Herkunft figürlicher Darstellungen in der nordischen Bronzezeit. In: Stud. europäisch. Vor- und Frühgesch. (Festschr. Jankuhn) (1968) 54-65.

A. REHBAUM-KELLER: Archäologisch-ökologische Studien zur vorgeschichtlichen Besiedlung von Wetterau und Vogelsberg (o.J.).

DIES.: Siedlungsfunde der späten Urnenfelderzeit vom Eltersberg bei Alten-Buseck, Kr. Gießen. Fundber. Hessen 15, 1975, 175-205.

O. REICHOLD: Keramische Gußformenfragmente aus einer urnenfelderzeitlichen Siedlungsgrube bei Alteglofsheim, Ldkr. Regensburg. Arch. Korrbl. 16, 1986, 57-68.

H. REIM: Die spätbronzezeitlichen Griffplatten-, Griffdorn- und Griffangelschwerter in Ostfrankreich. PBF IV,3 (1974).

DERS.: Bronze- und urnenfelderzeitliche Griffangelschwerter im nordwestlichen Voralpenraum und in Oberitalien. Arch. Korrbl. 4, 1974, 17-26.

DERS.: Ein Brandgrab der älteren Urnenfelderkultur von Gammertingen, Kr. Sigmaringen. Fundber. Baden-Württemberg 6, 1981, 121-140.

G. REIN: Mineralogische Untersuchung einer Glasperle aus dem Schatzfund von Allendorf (Hessen). Germania 35, 1957, 23-28.

P. REINECKE: Die Bedeutung der Kupferbergwerke der Ostalpen für die Bronzezeit Mitteleuropas. In: Schumacher Festschrift (1930) 107-115.

DERS.: Zur Geschichte der Griffzungenschwerter. Germania 15, 1931, 217-221.

DERS.: Ein Helm der Negauer Form aus Oberkrain. Germania 29, 1951, 34-37.

DERS.: Zu den Glasperlen des Schatzfundes von Allendorf. Germania 35, 1957, 18-22.

DERS.: Mainzer Aufsätze zur Chronologie der Bronze- und Eisenzeit (1965).

J. REITINGER: Die ur- und frühgeschichtlichen Funde in Oberösterreich (1968).

J. RENCK: Depotfund aus der Bronzezeit bei Offenbach a. Main. Prähist. Zeitschr. 17, 1926, 176-178.

C. RENFREW: The Archaeology of Cult. The sanctuary at Phylakopi (1985).

H. RICHLY: Die Bronzezeit in Böhmen (1894).

G. RIEK: Der Hohmichele (1962).

A. RIETH: Die Urgeschichte auf der schwäbischen Alb (1938).

I. RICHTER: Der Arm- und Beinschmuck der Bronze- und Urnenfelderzeit in Hessen und Rheinhessen. PBF X,1 (1970).

J. ŘÍHOVSKÝ: K datováni anténového mece s jazykovitou rukojetí. Zur Datierung des Antennenschwertes mit Griffzungen. Památky Arch. 47, 1956, 262-286.

DERS.: Das Urnengräberfeld von Klentnice (1965).

DERS.: Die Messer in Mähren und dem Ostalpengebiet. PBF VII,1 (1972).

K.F. RITTERSHOFER: Der Hortfund von Bühl und seine Beziehungen. Ber. RGK 64, 1983, 193-415.

J. RIVALLAIN: Contribution à l'étude du Bronze Final en Armorique. Elaboration d'une méthodologie apliquée aux dépôts de haches à douilles armoricaines (o.J.).

C. RODEN: Der jungsteinzeitliche Doleritbergbau von Sélédin (Côtes-du-Nord) in der Bretagne. Der Anschnitt 3, 1983, 86-94.

H. ROTH: Ein Ledermesser der atlantischen Bronzezeit aus Mittelfranken. Arch. Korrbl. 4, 1974, 37-47.

J.-L. ROUDIL: L'âge du Bronze en Languedoc oriental (1972).

M.J. ROWLANDS: The organisation of middle bronze age metalworking. British Arch. Reports 31 (1976).

U. RUOFF: Die Phase der entwickelten und ausgehenden Spätbronzezeit im Mittelland und Jura. In: Ur- und frühgeschichtl. Arch. Schweiz 3. Die Bronzezeit (1971) 71-86.

DERS.: Die Ufersiedlungen an Zürich- und Greifensee. Helvetia Arch. 12, 1981, 19-61.

DERS.: Zur Frage der Kontinuität zwischen Bronze- und Eisenzeit in der Schweiz (1974).

DERS.: Von der Schärfe bronzezeitlicher "Rasiermesser". Arch. Korrbl. 13, 1983, 459.

T. RUPPEL: Zur Bügelplattenfibel aus Braschoss-Franzhäuschen, Gem. Siegburg, Rhein-Sieg-Kreis. Arch. Korrbl. 11, 1981, 209-216.

M. RUSU: Bemerkungen zu den großen Werkstätten- und Gießereifunden aus Siebenbürgen. In: Studien zur Bronzezeit (Festschrift W.A. v. Brunn) (1981) 375-402.

B. RUTKOWSKI: Untersuchungen zu bronzezeitlichen Bergheiligtümern auf Kreta. Germania 63, 1985, 345-359.

V. RYCHNER: L'âge du bronze final à Auvernier NE. Notes preliminaires sur le matériel des fouilles de 1969 à 1973. Jahrb. Schweiz. Ges. Urgesch. 58, 1974/75, 43-65.

DERS.: Drei Vollgriffschwerter aus Auvernier. Arch. Korrbl. 7, 1977, 107-113.

DERS: L'âge du Bronze final à Auvernier (1979).

DERS.: Le cuivre et les alliages du Bronze Final en Suisse occidentale. Musée Neuchâtelois 3, 1981, 97ff.

DERS.: Le cuivre et les alliages du Bronze final en Suisse occidental II. Corcelettes. Jahrb. Schweiz. Ges. Urgesch. 66, 1983, 75-85.

DERS.: La matière première des bronziers lacustres. Arch. Schweiz 7, 1984, 73-78.

DERS.: Précisions sur les bracelets gravés lacustres du dépôt de Ray-sur-Saône. In: Elements de pré-et-protohistoire européenne (Festschr. Millotte) (1985) 399-406.

DERS.: De l'âge du Bronze à l'âge du Fer: le dépôt d'Echallens (Canton de Vaud, Suisse. Bull. Soc. Préhist. France 81, 1984, 357-370.

DERS.: Eaux-Vives à Genève. Aspects de la métallurgie lémanique à l'âge du bronze final. Genava N.F. 1986, 69ff.

DERS.: Rezension zu Kibbert, Beile. Germania 64, 1986, 612-619.

DERS.: L'évolution du cuivre à l'âge du Bronze final: le cas de Morges VD. Jahrb. Schweiz. Ges. Urgesch. 69, 1986, 121-132.

DERS.: Auvernier 1968-1975. Le mobilier métallique du Bronze final (1987).

J.A. SAKELLARAKIS: Das Kuppelgrab A von Archanes und das kretisch-mykenische Tieropferritual. Prähist. Zeitschr. 45, 1970, 135-219.

M. SALAŠ: Hromadný nález Bronzové industrie z Borotína, okr. Blansko. Arch. Rozhledy 38, 1986, 139-164.

N.K. SANDARS: Bronze Age Cultures in France (1957).

DIES.: North and South at the End of the Myceanean Age: Aspects of an Old Problem. Oxford Journal of Arch. 2, 1983, 43-68.

E. SANGMEISTER: Gräber der Urnenfelderkultur von Hüfingen, Ldkr. Donaueschingen. Bad. Fundber. 22, 1962, 9-23.

DERS.: Methoden der Urgeschichtswissenschaft. Saeculum 18, 1967, 199-244.

E. SAPOUNA-SAKELLARAKIS: Die Fibeln der griechischen Inseln. PBF XIV,4 (1978).

R. SARBACH: Das Eggli bei Spiez (Berner Oberland), eine Kultstätte der Urnenfelder- und Hallstattzeit. Jahrb. Hist. Mus. Bern 41/42, 1961/62, 478-487.

B. SASSE: Versuch einer statistischen Systematik der jungbronzezeitlichen Hortfunde im Mittelelbe-Saale-Gebiet. Jahresschr. Mitteldeutsche Vorgesch. 61, 1977, 53-84.

U. SCHAAFF: Ein bronzenes Griffzungenschwert aus dem Rhein bei Mainz. Jahrb. RGZM 12, 1965, 193-195.

DERS.: Ein bronzezeitliches Sistrum aus Rheinhessen. Jahrb. RGZM 31, 1984, 237-246.

P. SCHAUER: Die Schwerter in Süddeutschland, Österreich und der Schweiz I. PBF IV,2 (1971).

DERS.: Ein westeuropäisches Bronzeschwert aus dem Main bei Frankfurt-Höchst. Germania 50, 1972, 16-29.

DERS.: Ein späturnenfelderzeitliches Griffzungenschwert aus der Umgebung von Speyer. Arch. Korrbl. 2, 1972, 111-114.

DERS.: Zur Herkunft der bronzenen Hallstatt-Schwerter. Arch. Korrbl. 2, 1972, 261-270.

DERS.: Kontinentaleuropäische Bronzelanzenspitzen vom Typ Enfield. Arch. Korrbl. 3, 1973, 293-298.

DERS.: Neues zu der Bronzelanzenspitze vom Typ Enfield aus Baden-Württemberg. Arch. Korrbl. 4, 1974, 27-29.

DERS.: Der urnenfelderzeitliche Depotfund von Dolina, Gde. und Kr. Nova Gradiska, Kroatien. Jahrb. RGZM 21, 1974, 93-124.

DERS.: Beginn und Dauer der Urnenfelderkultur in Südfrankreich. Germania 53, 1975, 47-63.

DERS.: Die Bewaffnung der "Adelskrieger" während der späten Bronze- und frühen Eisenzeit. In: Ausgrabungen in Deutschland 3 (1975) 306-311.

DERS.: Die urnenfelderzeitlichen Bronzepanzer von Fillinges, Dép. Haute-Savoie, Frankreich. Jahrb. RGZM 25, 1978, 92-130.

DERS.: Der Rundschild der Bronze- und frühen Eisenzeit. Jahrb. RGZM 27, 1980, 196-248.

DERS.: Eine urnenfelderzeitliche Kampfweise. Arch. Korrbl. 9, 1979, 69-80.

DERS.: Urnenfelderzeitliche Helmformen und ihre Vorbilder. Fundber. Hessen 19/20, 1979/80, 521-543.

DERS.: Urnenfelderzeitliche Opferplätze in Höhlen und Felsspalten. In: Studien zur Bronzezeit (Festschr. W.A.v. Brunn) (1981) 403-418.

DERS.: Urnenfelderzeitliche Kappenhelme, in: Festschr. F. Rittatore Vonwiller II (1982) 701-728.

DERS.: Deutungs- und Rekonstruktionsversuche bronzezeitlicher Kompositpanzer. Arch. Korrbl. 12, 1982, 335-349.

DERS.: Überregionale Gemeinsamkeiten bei Waffengräbern der ausgehenden Bronzezeit und älteren Urnenfelderzeit des Voralpenraumes. Jahrb. RGZM 31, 1984, 209-235.

DERS.: Spuren minoisch-mykenischen und orientalischen Einflusses im atlantischen Westeuropa. Jahrb. RGZM 31, 1984, 137-186.

DERS.: Spuren orientalischen und ägäischen Einflusses im bronzezeitlichen Nordischen Kreis. Jahrb. RGZM 32, 1985, 123-195.

DERS.: Der vierrädrige Wagen im Zeremonialgeschehen und Bestattungsbrauch der orientalisch-ägäischen Hochkulturen und ihrer Randgebiete. In: Vierrädrige Wagen der Hallstattzeit (1987) 1-23.

DERS., P. BETZLER: Katalog Höchst. Die Funde von der Steinzeit bis zum frühen Mittelalter. Höchster Geschichtsbl. 11/12 (1967).

S. SCHIEK: Der "Heiligenbuck" bei Hügelsheim. Ein Fürstengrabhügel der jüngeren Hallstattkultur. Fundber. Baden-Württemberg 6, 1981, 273-310.

P.K. SCHMIDT, C.B. BURGESS: The Axes of Scotland and Northern England. PBF IX,7 (1981).

R.H. SCHMIDT: Ein Frauengrab von Nieder-Ramstadt, Kr. Darmstadt-Dieburg, und fünf andere Neufund-Komplexe der Stufe Wölfersheim an einem Altweg vom Main zum Pfungstädter und zum Eschollbrücker Moor. Ober-Ramstädter Hefte 7 (1979).

K. SCHMOTZ: Zum Stand der Forschung im bronzezeitlichen Gräberfeld von Deggendorf-Fischerdorf. Arch. Korrbl. 15, 1985, 313-323.

U. SCHOKNECHT: Ein früheisenzeitlicher Lanzenhort aus dem Malliner Wasser bei Passentin, Kr. Waren. Jahrb. Bodendenkmalpflege Mecklenburg 1973, 157-173.

H. SCHUBART: Ein Griffzungenschwert aus der Ostsee vor Usedom. Ausgr. und Funde 2, 1957, 70-72.

E. SCHUBERT: Die vor- und frühgeschichtlichen Wallburgen Südtirols. Ber. RGK 65, 1984, 5-17.

C. SCHUCHARDT: Der Goldfund vom Messingwerk bei Eberswalde (1914).

W. SCHULZ: Vor- und Frühgeschichte Mitteldeutschlands (1939)

M. SCHULZE: Diskussionsbeitrag zur Interpretation früh- und hochmittelalterlicher Flußfunde. Frühmittelalterliche Stud. 18, 1984, 222-248.

G. SCHUMACHER-MATTHÄUS: Studien zu bronzezeitlichen Schmucktrachten im Karpatenbecken. Ein Beitrag zur Deutung der Hortfunde im Karpatenbecken. Marburger Stud. Vor- und Frühgesch. 6 (1985).

K. SCHUMACHER: Die Schwertformen Südwestdeutschlands. Fundber. Schwaben 7, 1899, 11-25. Nachtrag in Fundber. Schwaben 8, 1900, 46f.

DERS.: Kultur- und Handelsbeziehungen des Mittelrheingebietes und insbesondere Hessens während der Bronzezeit. Westdeutsche Zeitschr. 20, 1901, 192-209.

DERS.: Die bronzezeitlichen Depotfunde Südwestdeutschlands. Correspondenzbl. Dt. Ges. Anthr. Ethn. und Urgesch. 34, 1903, 90-101.

DERS.: Spätbronzezeitliche Depotfunde von Homburg v.d. Höhe. In: AuhV 5 (1911).

DERS.: Stand und Aufgaben der bronzezeitlichen Forschung in Deutschland. Ber. RGK 10, 1917, 7-85.

DERS.: Siedelungs- und Kulturgeschichte der Rheinlande. 1Bd.: Die vorrömische Zeit (1921).

H. SCHWAB: Entdeckung einer keltischen Brücke an der Zihl und ihre Bedeutung für La Tène. Arch. Korrbl. 2, 1972, 289-294.

DIES.: Neue Ergebnisse zur Topographie von La Tène. Germania 52, 1974, 348-367.

E. SIMON: Der frühe Zeus. In: Acta of the 2nd international Colloquium on Aegean Prehist. (1972) 157-165.

K. SIMON: Der Hortfund von Rudolstadt. Zu Bronzemessern der mittleren Urnenfelderzeit in Thüringen. Alt-Thüringen 21, 1986, 136-163.

A. SMODIC: Bronasti depo iz Miljane. Arh. Vestnik 7, 1956, 43-50.

F. SMOLLA: Analogie und Polaritäten, in: Studien aus Alteuropa 1 (1964), 30-35.

T. SOROCEANU, E. LAKÓ: Depozitul de bronzuri de la Sîg. Acta Mus. Porolissensis 5, 1981, 145-156.

J. SPECK: Schloss und Schlüssel zur späten Pfahlbauzeit. Helvetia Arch. 12, 1981, 230-241.

DERS.: Frühes Eisen in den Ufersiedlungen der Spätbronzezeit. Helvetia Arch. 12, 1981, 265-271.

DERS.: Pfahlbauten: Dichtung oder Wahrheit? Ein Querschnitt durch 125 Jahre Forschungsgeschichte. Helvetia Arch. 12, 1981, 98-138.

D.R. SPENNEMANN: Einige Bemerkungen zur Schäftung von Lappen- und Tüllenbeilem. Germania 63, 1985, 129-138

K. SPINDLER: Ein keltischer Helm aus der Saône bei Belleville. Arch. Korrbl. 2, 1972, 149-154.

DERS.: Ein neues Knollenknaufschwert aus der Donau bei Regensburg. Germania 58, 1980, 105-116.

DERS.: Die Archäologie des Frauenberges von den Anfängen bis zur Gründung des Klosters Weltenburg (1981).

DERS.: Gewässerfunde. In: Führer arch. Denkmäler Deutschland 5. Regensburg, Kelheim, Straubing I (1984) 212-223.

F. SPRATER: Urgeschichte der Pfalz (2. Aufl. 1928).

E. SPROCKHOFF: Zur Handelsgeschichte der Germanischen Bronzezeit. Vorgesch. Forsch. 7 (1930).

DERS.: Die germanischen Griffzungenschwerter der jüngeren Bronzezeit. Röm.-Germ. Forsch. 5 (1931).

DERS.: Niedersächsische Depotfunde der jüngeren Bronzezeit (1932).

DERS.: Die germanischen Vollgriffschwerter der jüngeren Bronzezeit. Röm.-Germ. Forsch. 9 (1934).

DERS.: Die Bronzeschwerter des Heimatmuseums zu Schwedt a.d. Oder. Brandenburgia 43, 1934, 32-38.

DERS.: Zur Schäftung bronzezeitlicher Lanzenspitzen. Mainzer Zeitschr. 29, 1934, 56-62.

DERS.: Jungbronzezeitliche Hortfunde Norddeutschlands. Periode IV (1937).

DERS.: Niedersachsens Bedeutung für die Bronzezeit Westeuropas. Zur Verankerung einer neuen Kulturprovinz. Ber. RGK 31, 1941, 1-138.

DERS.: Nordische Bronzezeit und frühes Griechentum. Jahrb. RGZM 1, 1954, 28-110.

DERS.: Das bronzene Zierband von Kronshagen bei Kiel. Eine Ornamentstudie zur Vorgeschichte der Vogelsonnenbarke. Offa 14, 1955, 5-120.

DERS.: Jungbronzezeitliche Hortfunde der Südzone des Nordischen Kreises (Periode V) (1956).

DERS.: Ein Geschenk aus dem Norden. In: Helvetia Antiqua (Festschr. E. Vogt) (1966) 101-110.

DERS., O. HÖCKMANN: Die gegossenen Bronzebecken der jüngeren nordischen Bronzezeit. Kat. RGZM 19 (1979).

T.G. SPYROPULOS: Hysteromykenaikoi helladikoi thesauroi (1972).

J. STADELMANN: Der Runde Berg bei Urach IV (1981).

R.STAMPFUß: Zur Herkunft der Nordgruppe der Urnenfelderkultur. Mannus 24, 1932, 563-568

P. STARY: Das spätbronzezeitliche Häuptlingsgrab von Hagenau, Kr. Regensburg. In: K. Spindler (Hrsg.): Vorzeit zwischen Main und Donau (1980) 45-97

DERS.: Zur hallstattzeitlichen Beilbewaffnung des circum-alpinen Raumes. Ber. RGK 63, 1982, 18-104.

F. STEIN: Bronzezeitliche Hortfunde in Süddeutschland. Beiträge zur Interpretation einer Quellengattung (1976).

P. STENGEL: Die griechischen Kultusaltertümer. H.d.A. V,3 (1920).

B. STJERNQUIST: Präliminarien zu einer Untersuchung von Opferfunden. Meddel. Lund 1962-63, 5-64.

DIES.: Das Opfermoor in Hassle Bösarp, Schweden. Acta Arch. 44, 1973, 19-62.

F.T. van STRATEN: Gifts for the Gods. In: H.S. Versnel (Hrsg.): Faith, Hope and Worship (1981) 65-105.

DERS.: Greek sacrificial representations: livestock prices and religious mentality. In: . T. Linders u. G. Nordquist. (Hrsg.): Gifts to the Gods. Proc. Symposium Uppsala 1985 (1987) 159-170.

A. STROH: Baggerfunde aus der Donau bei Regensburg. Germania 29, 1951, 141-146.

DERS: Katalog Günzburg (1952).

DERS.: Neue Baggerfunde aus der Donau bei Regensburg. Germania 33, 1955, 407-410.

M. STROHSCHNEIDER: Die Bronzetasse aus Stillfried. Forschungen in Stillfried 1 (1974) 61-68.

K.-W. STRUVE: Die jüngere Bronzezeit. Geschichte Schleswig-Holsteins 2,II (1979).

DERS.: Zwei getriebene Bronzetassen der älteren Bronzezeit aus Schleswig-Holstein. Offa 40, 1983, 241-256.

A. SURENDRA KUMAR: Metallzeitliche Flintindustrie II. Formenkundliche Aspekte einiger metallzeitlicher Steingeräte. Das Rheinische Landesmus. Bonn 3-4, 1986, 33-35.

J. SZOMBATHY: Altertumsfunde aus Höhlen bei St. Kanzian im österreichischen Küstenlande. Mitt. Prähist. Komm. Wien II,2, 1912, 127-190.

K. TACKENBERG: Die jüngere Bronzezeit in Nordwestdeutschland I. Die Bronzen (1971).

K. THEIS: Une pointe de lance en bronze trouvée en 1983 au Poteau de Kaye près d'Esch-sur-Alzette et quelques autres bronzes inédits du Musée de l'État à Luxembourg. Bull. Soc. Préhist. Luxembourg 5, 1983, 91-117.

J.-F. THIEL: Religionsethnologie. Grundbegriffe der Religionen schriftloser Völker (1984).

H.THRANE: Counting Marks on Urnfield Culture Armrings. Acta Arch. 33, 1962, 92-99.

DERS.: The earliest bronze vessels in Denmark's Bronze Age. Acta Arch. 33, 1962, 109-163.

DERS.: Dänische Funde fremder Bronzegefäße der jüngeren Bronzezeit (Periode IV). Acta Arch. 36, 1965, 157-207.

DERS.: Broncealdersvaerd gennemlyst og belyst. Nationalmus. Arbejdsmark 1969, 150-156

DERS.: Eingeführte Bronzeschwerter aus Dänemarks jüngerer Bronzezeit. Acta Arch. 39, 1968, 143-218.

DERS.: Et vabenoffer fra den yngre broncealder. Årbog Historisk Samfund Sorø Amt 1969, 78ff.

DERS.: Et nyt depotfund fra Sønderjylland og danske fund af skaftlapøkser fra yngre broncealder. Aarbøger 1972, 71-125.

DERS: Europaeiske forbindelser (1975).

A. TOČÍK: Opevnená osada z doby bronzovej vo veselom (1964).

V. TOEPFER: Eine zweiteilige doppelseitige Gußform für Ringscheiben der Urnenfelderkultur aus Hessen. Germania 26, 1942, 206-208.

W. TORBRÜGGE: Die Bronzezeit in der Oberpfalz (1959).

DERS.: Die bayerischen Inn-Funde. Bayer. Vorgeschbl. 25, 1960, 16-69.

DERS.: Beilngries. Vor- und Frühgeschichte einer Fundlandschaft (1964).

DERS.: Vollgriffschwerter der Urnenfelderzeit. Bayer. Vorgeschbl. 30, 1965, 71-105.

DERS.: Vor- und frühgeschichtliche Flußfunde. Zur Ordnung und Bestimmung einer Denkmälergruppe. Ber. RGK 50-51, 1970-71, 1-146.

DERS.: Über Horte und Hortdeutung. Arch. Korrbl. 15, 1985, 17-23.

DERS., H.P. UENZE: Bilder zur Vorgeschichte Bayerns (1968).

E.v. TRÖLTSCH: Die Fundstatistik der vorrömischen Metallzeit im Rheingebiet (1884).

DERS.: Die Pfahlbauten des Bodenseegebietes (1902).

F. TROYON: Habitations Lacustres des Temps Anciens et Modernes (1860)

B.A.V. TRUMP: The origin and development of British Middle Bronze Age Rapiers. Proc. Prehist. Soc. 28, 1962, 80-102.

H.-P. UENZE: Ein spätbronzezeitlicher Grabfund von Pichl, Gemeinde Aindling, Landkreis Aichach-Friedberg, Schwaben. Das archäologische Jahr in Bayern 1981, 88f.

O. UENZE: Der Hortfund von Allendorf. Prähist. Zeitschr. 34/35, 1949/50, 202-220.

DERS.: Vorgeschichte der hessischen Senke in Karten (1953).

DERS.: Der Hortfund von Calden, Kr. Hofgeismar. Kurhess. Bodenaltert. 3 (1954) 49ff.

DERS.: Hirten und Salzsieder. Vorgeschichte von Nordhessen. 3. Teil (Bronzezeit) (1960).

DERS.: Zum Urnenfeldergrab von Borken, Kr. Fritzlar-Homberg. Fundber. Hessen 2, 1962, 122-129.

I. UNDSET: Études sur l'âge du bronze de la Hongrie (1880).

DERS.: Die ältesten Schwertformen. Zeitschr. Enthn. Anthr. und Urgesch. 22, 1890, 1-29.

C. UNZ: Die spätbronzezeitliche Keramik in Südwestdeutschland in der Schweiz und in Ostfrankreich. Prähist. Zeitschr. 48, 1973, 1-124.

R. v. USLAR: Zwei neue Gräber der ältere Unbrnenfelderkultur aus dem Rheinland. Germania 23, 1939, 13-18.

DERS.: Der Musterkoffer von Koppenow. Prähist. Zeitschr. 34/35, 1949/50, 147-158.

DERS.: Tönerne Menschenfigürchen der Urnenfelderkultur. Jahrb. RGZM 11, 1964, 132-137.

L. VANDEN-BERGHE: Luristan, een verdvenen bronskunst uit West Iran. Ausstellungskatalog Gent (1982).

R. VASIC: Spätbronzezeitliche und älterhallstattzeitliche Hortfunde im östlichen Jugoslawien. In: B. Hänsel (Hrsg.): Südosteuropa zwischen 1600 und 1000 v. Chr. Prähist. Arch. Südosteuropa (1982) 267-285.

N. VERDELIS: Neue geometrische Gräber in Tiryns. Athen. Mitt. 78, 1963, 1-62.

J.-P. VERNANT: Mythos und Gesellschaft im alten Griechenland (1987).

G. VERRON: Antiquités préhistoriques et protohistoriques. Musée départemental des antiquités de la Seine-Maritime (1971)

DERS.: Méthodes statistiques et étude de cachettes complexes de l'âge du Bronze. In: L'homme, hier et aujourd'hui. (Festschr. A. Leroi-Gourhan) (1975) 609-624.

DERS.: Les activités métallurgiques en Normandie durant l'âge du Bronze. In: Paleométallurgie de la France atlantique. Age du Bronze (2) (1985) 137-164.

K. VINSKI-GASPARINI: Kultura polja sa žarama u sjevernoj Hrvatskoj. Die Urnenfelderkultur in Nordkroatien (1973).

M.D. VIOLLIER: Observations sur l'art du fondeur à l'âge du Bronze. In: Congrès Préhist. France 1931 Nimes-Avigon (1933-34) 230-244.

J. VLADÁR: Die Dolche in der Slowakei. PBF VI,3 (1974).

E. VOGT: Die spätbronzezeitliche Keramik aus der Schweiz und ihre Chronologie (1930).

DERS.: Der Zierstil der späten Pfahlbaubronzen. Zeitschr. Schweiz. Arch. und Kunstgesch. 4, 1942, 193-206.

E. VONBANK: Höhenfunde aus Vorarlberg und Liechtenstein. Arch. Austr. 40, 1966, 80-92.

J. VONDERAU: Das Gräberfeld bei dem Lanneshof im Kreise Fulda (1909).

DERS.: Bronzen vom Haimberg bei Fulda (1923).

DERS.: Neuere Untersuchungen und Funde am Haimberg bei Fulda. Germania 13, 1929, 19-26.

DERS.: Denkmäler aus vor- und frühgeschichtlicher Zeit im Fuldaer Land (1931).

D. VORLAUF: Bibliographie und Fundortkarten zur Urnenfelderzeit im Bundesland Hessen. Kleine Schriften aus dem vorgeschichtlichen Seminar Marburg 20 (1986).

K.L. VOSS: Eine reiche Brandbestattung der Jüngeren Bronzezeit von Winzlar, Kr. Nienburg/Weser. Neue Ausgrabungen und Funde in Niedersachsen 7, 1972, 81-90.

E. VOUGA: La Tène (1923).

D. VUILLAT: Les epées d'Auvernier et Tachlovice, leur répartition en France. Bull. Soc. Préhist. France. 66, 1969, 283ff.

A. VULPE: Die Äxte und Beile in Rumänien I. PBF IX,2 (1970).

E. WAGNER: Fundstätten und Funde aus vorgeschichtlicher, römischer und alamannisch-fränkischer Zeit im Großherzogtum Baden I (1908) II (1911).

K. WAGNER: Nordtiroler Urnenfelder. Röm.-Germ. Forsch. 15 (1934).

J. WAHL: Leichenbranduntersuchungen. Ein Überblick über die Bearbeitungs- und Aussagemöglichkeiten von Brandgräbern. Prähist. Zeitschr. 57, 1982, 1-125.

E. WAHLE: Die Vor- und Frühgeschichte des unteren Neckarlandes (1925).

L. WAMSER: Ein bemerkenswerter Hortfund der Spätbronzezeit von Tauberbischofsheim-Hochhausen, Main-Tauber-Kreis. Fundber. Baden-Württemberg 9, 1984, 23-40.

H. WANKEL: Bilder aus der mährischen Schweiz und ihrer Vergangenheit (1882)

E. WAREMBOL: Un fragment d'épée à poignée coupe trouvé au trou del Leuve à Sinsin (Namur). Helinium 24, 1984, 129-135.

DERS.: Des faucilles venues de l'Est quelques reflexions à propos des faucilles et quelques autrès objets du Bronze final trouvés dans les bassin mosan moyen. Helinium 25, 1985, 212-237.

R. WARINGO: Eine Nadel vom Typ Binningen aus den Beständen des Luxemburger Museums. Bull. Soc. Préhist. Luxembourg 4, 1982, 53-56.

DERS.: Ein Hortfund von Altwies (Großherzogtum Luxemburg) und weitere späturnenfelderzeitliche Bronzen aus dem Luxemburger Museum. Arch. Korrbl. 15, 1985, 31-44.

WASER: s.v. Flußgötter, in: RE Bd. 6 (1909) 2774-2815.

L. WASSINK: Eine bronzene "Bombenkopfnadel" vom Typus Ockstadt. Provinz Gelderland. Ber. Amersfoort 34, 1984, 339-345.

H.T. WATERBOLK, W. van ZEIST: A bronze age sanctuary in the raised bog at Bargoosterveld (Dr.). Helinium 1, 1961, 5-19.

C. WEBER: Die einschneidigen Rasiermesser im östlichen Mitteleuropa in der ausgehenden Bronzezeit. Savaria 16, 1982, 45-56.

G. WEGNER: Die vorgeschichtlichen Flußfunde aus dem Main und dem Rhein bei Mainz (1976).

T. WEIDMANN: Bronzegußformen des unteren Zürichseebeckens. Helvetia Arch. 12, 1981, 218ff.

DERS.: Keramische Gußformen aus der spätbronzezeitlichen Seerandsiedlung Zug "Sumpf". Jahrb. Schweiz. Ges. Urgesch. 65, 1982, 69-81.

U. WELS-WEYRAUCH: Die Anhänger und Halsringe in Süddeutschland und Nordbayern. PBF XI,1 (1978).

W.M. WERNER: Klappschemel der Bronzezeit. Germania 65, 1987, 29-65.

O.M. WILBERTZ: Die Urnenfelderkultur in Unterfranken (1982).

N.C. WILKIE, Burial Customs at Nichoria: The MME Tholos, in Thanatos. Les coutumes funeraires en Égee à l'âge du Bronze. Actes Coll. Liège 21-23.4. 1986 (1987) 127-136.

K.H. WILLROTH: Die Opferhorte der älteren Bronzezeit in Südskandinavien. Frühmittelalterl. Stud. 18, 1984, 48-72.

DERS.: Die Hortfunde der älteren Bronzezeit in Südschweden und auf den dänischen Inseln (1985).

DERS.: Aspekte älterbronzezeitlicher Deponierungen im südlichen Skandinavien. Germania 63, 1985, 361-400.

S. WINGHART: Vorgeschichtliche Deponate im ostbayerischen Grenzgebirge und im Schwarzwald. Zu Horten und Einzelfunden in den Mittelgebirgslandschaften. Ber. RGK 67, 1986, 90-201.

F. WINKLER, W. BAUMANN: Jüngstbronzezeitliches Grab mit Gußformen von Battaune, Kr. Eilenburg. Ausgr.u. Funde 20, 1975, 80-87.

H. WOCHER: Ein spätbronzezeitlicher Grabfund von Kressbronn, Kr. Tettnang. Germania 43, 1965, 16-32.

G. WOLFF: Die südliche Wetterau in vor- und frühgeschichtlicher Zeit (1913).

E. WOYTOWITSCH: Die Wagen der Bronze- und frühen Eisenzeit in Italien. PBF XVII,1 (1978).

K. WURM: Zwei neuentdeckte Brandgräber der Urnenfelderzeit vom Ostrand des Limburger Beckens (Weyer, Oberlahnkreis). Fundber. Hessen 4, 1964, 87-98.

DERS.: Der Oberlahnkreis. Inventar der vor- und frühgeschichtlichen Denkmäler im Reg.-Bez. Wiesbaden 1 (1965).

R. WYSS: Das Schwert des Korisios. Jahrb. Hist. Mus. Bern 34, 1954, 201-222.

DERS.: Funde aus der alten Zihl und ihre Deutung. Germania 33, 1955, 349-354.

DERS.: Bronzezeitliche Gußtechnik (1967).

DERS.: Bronzezeitliches Metallhandwerk (1967).

DERS.: Die Eroberung der Alpen durch den Bronzezeitmenschen. Zeitschr. Schweiz. Arch. Kunstgesch. 28, 1971, 130-145.

DERS.: Höhenfunde aus dem Fürstentum Liechtenstein. Helvetia Arch. 9, 1978, 137-144.

ZÁPOTOCKÝ: K významu labe jako spojovací a dopravni cesty (Zur Bedeutung der Elbe als Verkehrs- und Transportweg. Pam. Arch. 60, 1969, 277-366.

W.H. ZIMMERMANN: Urgeschichtliche Opferfunde aus Flüssen, Mooren, Quellen und Brunnen Südwestdeutschlands. Ein Beitrag zu den in Opferfunden vorherrschenden Fundkategorien. Neue Ausgr. und Forsch. Niedersachsen 6, 1970, 53-92.

DERS.: Ein Hortfund mit goldblechbelegter Plattenfibel und Goldarmreif vom Eekhöltjen bei Flögeln (Niedersachsen). Germania 54, 1976, 1-16.

H. ZINSER (Hrsg.): Der Untergang von Religionen (1986).

H. ZÜRN: Katalog Schwäbisch Hall. Die vor- und frühgeschichtlichen Funde im Keckenbergmuseum (1965).

DERS., S. SCHIEK: Die Sammlung Edelmann im British Museum zu London (1969).

H. ZUMSTEIN: L'âge du bronze dans le département du Haut-Rhin (1966).

D. ZYLMANN: Zur Problematik der "Stufe Eschborn". Bonner Jahrb. 178, 1978, 115-124.

DERS.: Die Urnenfelderkultur in der Pfalz. Grab- und Depotfunde; Einzelfunde aus Metall (1983).

DERS.: Ein Bestattungsplatz der Urnenfelderkultur von Undenheim, Ldkr. Mainz-Bingen. Mainzer. Zeitschr. 82, 1987, 199-210.

FUNDLISTEN:

LISTE 1: SCHWERTER

1. FREIMERSHEIM, Kr. Alzey-Worms.- Brandbestattung.- Griffplattenschwert Typ Rixheim.- Schauer, Schwerter 66 Nr. 215 Taf. 30, 215.

2. FRANKFURT-BERKERSHEIM.- Körperdoppelgrab.- Schwert mit schmaler Griffplatte und seitlichen Nietkerben.- Schauer, Schwerter 77 Nr. 245 Taf. 35, 245.

3. OSSENHEIM, Wetteraukreis.- Verschleiftes Grab (?).- Schwert mit schmaler Griffplatte und seitlichen Nietkerben.- Schauer, Schwerter 77 Nr. 248 Taf. 35, 248.

4. LANGSDORF, Kr. Gießen.- Körpergrab.- Griffzungenschwert Typ Nenzingen.- Schauer, Schwerter 139 Nr. 415 Taf. 61, 415.

5. SPRENDLINGEN, Kr. Offenbach.- Brandbestattung.- Fragment eines Nenzingen(?)-Schwertes.- Herrmann, Urnenfelderkultur 191 Nr. 748 Taf. 174 B 1.2; Schauer, Schwerter 147 Nr. 422 Taf. 64, 422.

6. DIETZENBACH, Kr. Offenbach.- Brandgrab 1.- Griffangelschwert Typ Unterhaching.- Schauer, Schwerter 83 Nr. 281 Taf. 41, 281.

7. STAMMHEIM, Wetteraukreis.- Aus Grabhügel.- Griffangelschwert.- Herrmann, Urnenfelderkultur 132 Nr. 414 Taf. 121 C2; Schauer, Schwerter 94 Nr. 318.

8. OCKSTADT, Wetteraukreis.- Körpergrab.- Dreiwulstschwert.- Herrmann, Urnenfelderkultur 124 Nr. 382 Taf. 115, 1; Müller-Karpe, Vollgriffschwerter 44 Taf. 16, 6.

9. BAD NAUHEIM, Wetteraukreis.- Körpergrab 2.- Griffangelschwertfrg.- Herrmann, Urnenfelderkultur 109 Nr. 295 Taf. 103, 14; Schauer, Schwerter 93 Nr. 313 Taf. 46, 313.313A.

10. ESCHBORN, Main-Taunus-Kreis.- Körpergrab 2.- Griffzungenschwert Typ Hemigkofen.- Herrmann, Urnenfelderkultur 73 Nr. 117 Taf. 84, 1; Schauer, Schwerter 160 Nr. 471 Taf. 69, 471.

11. LORSCH, Kr. Bergstraße; Lorscher Wald.- Grabhügel.- Griffzungenschwert Typ Hemigkofen.- Herrmann, Urnenfelderkultur 151 Nr. 523 Taf 142 B; Schauer, Schwerter 161 Nr. 473 Taf. 69, 473.

12. ELSENFELD Ldkr. Miltenberg.- Brandgrab.- Griffzungenschwert Typ Hemigkofen.- Wilbertz, Urnenfelderkultur 161f. Nr. 131 Taf. 36, 1.

13. UFFHOFEN, Kr. Alzey-Worms.- Grab.- Griffzungenschwert Typ Hemigkofen.- Schauer, Schwerter 161 Nr. 477 Taf. 70, 477.

14. LORSCH, Kr. Bergstraße; Lorscher Wald.- Grabhügel.- Griffzungenschwert Ty Hemigkofen.- Herrmann, Urnenfelderkultur 152 Nr. 526 Taf. 142 A; Schauer, Schwerter 163f. Nr. 485 Taf. 72, 485.

15. WIESBADEN-ERBENHEIM.- Körpergrab.- Griffzungenschwert Typ Erbenheim.- Herrmann, Urnenfelderkultur 101 Nr. 255 Taf. 99, 28; Schauer, Schwerter 168 Nr. 508.

16. ESCHBORN, Main-Taunus-Kreis.- Brandgrab 1.- Griffzungenschwert Typ Mainz (?).- Herrmann, Urnenfelderkultur 73 Nr. 116 Taf. 83, 3; Schauer, Schwerter 171 Nr. 511 Taf. 77, 511.

17. WEINHEIM, Rhein-Neckar-Kreis.- Brandbestattung.- Griffzungenschwert mit losem Antennenknauf.- Schauer, Schwerter 174 Nr. 520 Taf. 78, 520.

18. PFEDDERSHEIM, Kr. Alzey-Worms.- Grab.- Halbvollgriffschwert.- Schauer, Schwerter 174 Nr. 520 Taf. 78, 520.

19. ECHZELL, Wetteraukreis.- Hügelgrab.- Vollgriffschwert Typ Mörigen.- Herrmann, Urnenfelderkultur 106f. Nr. 272 Taf. 102, 1; Müller-Karpe, Vollgriffschwerter 73 Nr. 16 Taf. 63, 10.

20. KLEINHEUBACH, Ldkr. Miltenberg.- Grab.- Fragmentiertes Schwert mit Vollgriff Typ Mörigen (?).- Wilbertz, Urnenfelderkultur 168 Nr. 139.

21. WESTHOFEN, Kr. Alzey-Worms.- Brandgrab.- Schwert unbekannter Form.- Eggert, Urnenfelderkultur 299 Nr. 549.

22. OPPENHEIM, Kr. Mainz-Bingen.- Aus dem Rhein.- Griffplattenschwert Typ Rixheim.- Schauer, Schwerter 62 Nr. 186 Taf. 25, 186; Wegner, Flußfunde 130 Nr. 287 Taf. 10, 1.

23. LAMPERTHEIM, Kr. Bergstraße.- Aus dem Rhein.- Griffplattenschwert Typ Rixheim.- Schauer, Schwerter 67 Nr. 223 Taf. 31, 223.

24. MAINZ.- Angeblich aus dem Rhein; Brandpatina.- Griffplattenschwert Typ Rixheim (nahestehend).- Schauer, Schwerter 787 Nr. 255 Taf. 36, 255.

25. Vermutlich MAINZ.- Aus dem Mainmündungsgebiet.- Griffplattenschwert Typ Rosnoën.- Schauer, Schwerter 81 Nr. 270 Taf. 40, 270; Wegner, Flußfunde 169 Nr. 872 Taf. 10,5.

26. MAINZ.- Aus dem Rhein.- Griffangelschwert Typ Monza.- Schauer, Schwerter 82 Nr. 276 Taf. 40, 276; Wegner, Flußfunde 142 Nr. 445 Taf. 10,6.

27. BACHARACH.- Aus dem Rhein.- Griffangelschwert.- Schauer, Schwerter 84 Nr. 288 Taf. 42, 288.

28. BINGERBRÜCK.- Aus dem Rhein.- Griffangelschwert.- Schauer, Schwerter 85 Nr. 289 Taf. 42, 289.

29. Bei MAINZ.- "Aus einem Gewässer".- Griffangelschwert (Typ Arco ?).- Schauer, Schwerter 87 Nr. 294 Taf. 43, 294; Wegner, Flußfunde 169 Nr. 877 Taf. 10, 4.

30. BINGEN.- Aus dem Rhein.- Griffangelschwert. L. 47, 8 cm; Gew. 367 g. RGZM Inv. O 17253.- Unpubliziert.- Taf. 1,1.

31. MAINZ.- Aus dem Rhein.- Vollgriffschwert mit Dreiwulstgriff.- Müller-Karpe, Vollgriffschwerter 18 Taf. 15, 6.

32. MAINZ-WEISENAU.- Aus dem Rhein.- Griffzungenschwert Typ Hemigkofen.- Schauer, Schwerter 157 Nr. 462 Taf. 67, 462; Wegner, Flußfunde 158 Nr. 695 Taf. 11, 3.

33. MAINZ-WEISENAU.- Aus dem Rhein.- Griffzungenschwert Typ Hemigkofen.- Schauer, Schwerter 158 Nr. 463 Taf. 67, 463; Wegner, Flußfunde 158 Nr. 696 Taf. 11, 4.

34. MAINZ.- Aus dem Rhein.- Griffzungenschwert Typ Hemigkofen.- Schauer, Schwerter 164 Nr. 686 Taf. 72, 486.

35. MAINZ.- Aus dem Rhein.- Griffzungenschwert Typ Hemigkofen.- Schauer, Schwerter 164 Nr. 687 Taf. 72, 487.

36. Vermutlich MAINZ.- Aus dem Rhein.- Griffzungenschwert Typ Erbenheim.- Schauer, Schwerter 168 Nr. 501 Taf. 75, 501.

37. MAINZ/WIESBADEN.- Flußfund (?).- Griffzungenschwert Typ Hemigkofen.- Schauer, Schwerter 226 Nr. 473 A Taf. 153, 473 A.

38. MAINZ.- Aus dem Rhein.- Griffzungenschwert Typ Mainz.- Schauer, Schwerter 171 Nr. 513 Taf. 77, 513.

39. MAINZ.- Aus dem Rhein.- Griffzungenschwert Typ Groß-Auheim.- Schauer, Schwerter 182f. Nr. 543 Taf. 82, 543.

40. MAINZ.- Aus dem Rhein.- Griffzungenschwert Typ Groß-Auheim.- Schauer, Schwerter 183 Nr. 544 Taf. 82, 544.

41. MAINZ.- Aus dem Rhein.- Schwert mit geschlitzter Griffzunge.- Schauer, Schwerter 189 Nr. 584.

42. MAINZ.- Aus dem Rhein.- Rhamnegriffschwert (?).- Schauer, Schwerter 190 Nr. 589 Taf. 90, 589; Wegner, Flußfunde 159 Nr. 705 Taf. 14, 4.

43. GERNSHEIM (?).- Aus dem Rhein (sekundär in Roßdorf).- Antennenschwert Typ Weltenburg.- Herrmann, Urnenfelderkultur 193 Taf. 758 Taf. 208A.

44. MAINZ.- Aus dem Rhein.- Antennenschwert Typ Flörsheim.- Müller-Karpe, Vollgriffschwerter 55 Taf. 52, 1; Wegner, Flußfunde 159 Nr. 701 Taf. 15, 4.

45. MAINZ.- Aus dem Rhein.- Antennenschwert Typ Zürich.- Müller-Karpe, Vollgriffschwerter 56 Taf. 53, 2.

46. MAINZ.- Aus dem Rhein.- Knaufdornschwert.- Müller-Karpe, Vollgriffschwerter 68 Taf. 66, 6.

47. MAINZ-WEISENAU.- Aus dem Rhein.- Vollgriffschwert Typ Mörigen.- Müller-Karpe, Vollgriffschwerter 73 Taf. 63, 6; Wegner, Flußfunde 134 Nr. 338.

48. MAINZ.- Aus dem Rhein.- Vollgriffschwert Typ Mörigen.- Müller-Karpe, Vollgriffschwerter 73; Wegner, Flußfunde 138 Nr. 398 Taf. 5, 1 (hier als "Depot").

49. GERNSHEIM, Kr. Groß-Gerau.- Aus dem Rhein.- Vollgriffschwert Typ Mörigen.- Müller-Karpe, Vollgriffschwerter 75 Taf. 65, 3; Wegner, Flußfunde Nr. 294; Herrmann, Urnenfelderkultur 178 Nr. 647 Taf. 207 F.

50. MAINZ.- Aus dem Rhein.- Antennenschwert (genauere Angaben unbekannt; "nach Berlin verkauft"; Nachforschungen in Berlin ergebnislos).- Eggert, Urnenfelderkultur 180 Nr. 200.

51. MAINZ.- Aus dem Rhein.- Schwertklingenspitze.- Wegner, Flußfunde Nr. 706.

52. MAINZ.- Aus dem Rhein.- Schwertklinge.- Wegner, Flußfunde Nr. 707.

53. MAINZ.- Aus dem Rhein.- Schwertgriff.- Wegner, Flußfunde Nr. 876.

54. MAINZ.- Aus dem Rhein.- Griffzungenschwert Typ Forel (Verbleib unbekannt).- Eggert, Urnenfelderkultur 172 Nr. 152.

55. EDDERSHEIM, Main-Taunus-Kreis.- Aus dem Main.- Griffzungenschwert Typ Forel.- Herrmann, Urnenfelderkultur 73 Nr. 115 Taf. 206 C; Schauer, Schwerter 181 Nr. 526 Taf. 80, 536.

56. EDDERSHEIM, Main-Taunus-Kreis.- Aus dem Main.- Rixheimschwert.- Schauer, Schwerter 66 Nr. 214 Taf. 30, 214; Wegner, Flußfunde 126 Nr. 244a Taf. 10, 2; Herrmann, Urnenfelderkultur 73 Nr. 114 Taf. 179, 5.

57. EDDERSHEIM, Main-Taunus-Kreis.- Aus dem Main.- Griffzungenschwert Typ Nenzingen.- Schauer, Schwerter 132 Nr. 396 Taf. 58, 396; Wegner, Flußfunde 126 Nr. 244b Taf. 11, 2; Herrmann, Urnenfelderkultur 73 Nr. 114 Taf. 179, 4.

58. STOCKSTADT, Kr. Aschaffenburg.- Aus dem Main.- Schalenknaufschwert Typ Stockstadt.- Müller-Karpe, Vollgriffschwerter 49 Taf. 49, 1 und 79, 1.

59. FLÖRSHEIM, Main-Taunus-Kreis.- Aus dem Main.- Antennenschwert Typ Flörsheim.- Müller-Karpe, Vollgriffschwerter 55 Taf. 52, 2; Herrmann, Urnenfelderkultur 74 Nr. 121 Taf. 206D; Wegner, Flußfunde Nr. 256.

60. DÖRNIGHEIM, Main-Kinzig-Kreis.- Aus dem Main.- Griffzungenschwert Typ Mainz.- Schauer, Schwerter 171 Nr. 510 Taf. 56, 510.

61. FRANKFURT-HÖCHST.- Aus dem Main.- Griffzungenschwert Typ Groß-Auheim.- Schauer, Schwerter 182 Nr. 540 Taf. 81, 540.

62. GROSS-AUHEIM, Main-Kinzig-Kreis.- Aus dem Main.- Griffzungenschwert Typ Groß-Auheim.- Schauer, Schwerter 182 Nr. 541 Taf. 82, 541.

63. GROSS-AUHEIM, Main-Kinzig-Kreis.- Aus dem Main.- Griffzungenschwert Typ Groß-Auheim.- Schauer, Schwerter 184 Nr. 546 Taf. 82, 546.

64. KESSELSTADT, Main-Kinzig-Kreis.- Aus dem Main.- Griffzungenschwert Typ Groß-Auheim.- Schauer, Schwerter 184 Nr. 547 Taf. 82, 547.

65. HOCHHEIM, Main-Taunus-Kreis.- Aus dem Main.- Unikat oder Fälschung.- Herrmann, Urnenfelderkultur 175 Nr. 127 Taf. 206 E; Wegner, Flußfunde Nr. 264.

65A. SELIGENSTADT, Kr. Offenbach.- Aus dem Main.- Griffplattenschwert Typ Rixheim, Gew. 673,7 g.- P. Jüngling, Hanauer Geschbl. 30, 1988, 56 Abb. 1,1; hier Taf. 6,2.

66. MÜHLHEIM, Kr. Offenbach.- Aus dem Main.- Vollgriffschwert Typ Mörigen.- Müller-Karpe, Vollgriffschwerter 73 Taf. 63, 1; Herrmann, Urnenfelderkultur 190 Nr. 732 Taf. 207 A; Wegner, Flußfunde Nr. 194.

67. Zwischen HEUCHELHEIM und Dutenhofen, Kr. Limburg-Weilburg.- Aus der Lahn.- Griffzungenschwert Typ Forel.- A. Jockenhövel, Arch. Korrbl. 10, 1980, 44 Abb. 3, 1.

67A. HEUCHELHEIM, Gießen.- Aus der Lahn.- Griffplattenschwert (1984).- Unpubliziert (Veröffentlichung für Fundber. Hessen vorgesehen). Zeichnung Landesamt f. Denkmalpflege Hessen.- Taf. 6, 3.

68. BINGEN.- Aus der Nahe.- Griffzungenschwert Typ Erbenheim.- Schauer, Schwerter 168 Nr. 499 Taf. 74, 499.

69. MANNHEIM.- Aus dem Neckar.- Antennenschwert Typ Weltenburg.- Müller-Karpe, Vollgriffschwerter 59 Taf. 59, 1.

70. PFUNGSTADT-EICH, Kr. Darmstadt-Dieburg.- Aus alter Neckarschlinge.- Vollgriffschwert- Fundber. Hessen 15, 1975, 482 Abb. 22, 1; Kubach, Deponierungen 272 Nr. 14 Abb. 18, 3.

71. Fundort unbekannt (vermutlich UNTERFRANKEN).- Nach anhaftendem Kies zu urteilen Gewässerfund.- Antennenschwert Typ Zürich.- Müller-Karpe, Vollgriffschwerter 57 Taf. 53, 5.

72. MÜHLHEIM-DIETESHEIM, Kr. Offenbach.- In lettigem Moorboden.- Vollgriffschwert Typ Mörigen.- Herrmann, Urnenfelderkultur 190 Nr. 735 Taf. 207 B.

73. MANNHEIM-SANDHOFEN (Kirschgarthausen).- Aus Rheinschlinge.- Vollgriffschwert.- Kubach, Deponierungen 282 Nr. 96 A Abb. 18, 4.

74a. MAINZ-RETTBERGSAUE.- Hortfund aus dem Rhein.- Fragment eines Griffplattenschwertes Typ Rosnoën (Gew. 130, 9 g).- Schauer Schwerter 81 Nr. 272 Taf. 40, 272.

74b. MAINZ-RETTBERGSAUE.- Hortfund aus dem Rhein.- Fragment eines Griffplattenschwertes Typ Rosnoën (Gew. 138, 2 g).- Schauer, Schwerter 81 Nr. 272 Taf. 40, 272.

74c. MAINZ-RETTBERGSAUE.- Hortfund aus dem Rhein.- Fragment eines Griffplattenschwertes Typ Rosnoën (Gew. 31, 3g).- Schauer, Schwerter 81 Nr. 272 Taf. 40, 272.

75. DOSSENHEIM, Rhein-Neckar-Kreis.- Hortfund.- Schwertklingenspitze.- Stein, Hortfunde Taf. 79,3.

76. FRANKFURT-NIEDERRAD.- Hortfund.- Schwertklingenfrg. (Gew. 82,6 g), intentionell verbogen.- Herrmann, Urnenfelderkultur 57 Nr. 43 Taf. 177, 7.

77. HANGEN, Kr. Alzey-Worms.- Hortfund.- Schwertklingenfrg. (Gew. 50 g), intentionell zerbrochen.- Richter, Arm- und Beinschmuck Taf. 93 C.

78. PLANIG, Kr. Alzey-Worms.- Hortfund.- Schwertklingenfrg. mit Hämmerspuren (Gew. 125 g).- Richter, Arm- und Beinschmuck Taf. 92 D4; hier Taf. 1, 5.

79. ROCKENBERG, Wetteraukreis.- Hortfund.- Mörigenschwertgriff (232 g).- Herrmann, Urnenfelderkultur 130 Nr. 400 Taf. 200 B1.

80. GAMBACH, Wetteraukreis.- Hortfund.- Schwertklingenfrg. (44, 2 g).- Herrmann, Urnenfelderkultur 119 Nr. 351 Taf. 195, 4; hier Taf. 1, 6.

81. WIESBADEN.- Hortfund.- Griff eines Vollgriffschwertes Typ Mörigen (Gew. 115, 5 g).- Herrmann, Urnenfelderkultur 93 Nr. 225 Taf. 193, 8.

82. MANNHEIM-WALLSTADT.- Hortfund.- Schwertklingenfrg. (Gew. 23, 3 g).- Müller-Karpe, Chronologie Taf. 176, 12; hier Taf. 1, 7.

83. MANNHEIM-WALLSTADT.- Hortfund.- Griff eines Vollgriffschwertes Typus Mörigen (Gew. 305 g).- Müller-Karpe, Vollgriffschwerter 73 Taf. 63, 7.

84. BAD HOMBURG, Hochtaunuskreis.- Hortfund.- Griffangelfrg. eines Vollgriffschwertes (Gew. 130 g).- Herrmann, Urnenfelderkultur 78ff. Nr. 149 Taf. 180, 1.

85. BAD HOMBURG, Hochtaunuskreis.- Hortfund.- Schwertklingenfrg. (Gew. 71,4 g). Saalburgmuseum Nr. 463.- Herrmann 78 Nr. 149; hier Taf. 1, 8.

86. HOCHSTADT, Main-Kinzig-Kreis.- Hortfund.- Schwertklingenfrg. (Gew. 62 g).- Müller-Karpe, Urnenfelderkultur Taf. 34, 14.

87. HOCHSTADT, Main-Kinzig-Kreis.- Hortfund.- Schwertklingenfrg. (Gew. 144, 7 g).- Müller-Karpe, Urnenfelderkultur Taf. 34, 13.

88. HOCHSTADT Main-Kinzig-Kreis.- Hortfund.- Griffzungenfrg. (Gew. 103, 5 g).- Müller-Karpe, Urnenfelderkultur Taf. 34, 11.

89. HOCHSTADT, Main-Kinzig-Kreis.- Hortfund.- Schwertgriff (Rohgußstück; Gew. 110g).- Müller-Karpe, Urnenfelderku ltur Taf. 34, 12.

90a. WEINHEIM-NÄCHSTENBACH, Rhein-Neckar-Kreis.- Hortfund.- Schwertklingenfrg. (Gew.140, 9 g).- P.H. Stemmermann, Bad. Fundber. 2, 1933, 1ff. Taf. 1, 5a.

90b. WEINHEIM-NÄCHSTENBACH, Rhein-Neckar-Kreis.- Hortfund.- Schwertklingenfrg. (Gew.216 g).- P.H. Stemmermann, Bad. Fundber. 2, 1933, 1ff. Taf. 1, 5b.

90c. WEINHEIM-NÄCHSTENBACH, Rhein-Neckar-Kreis.- Hortfund.- Schwertklingenfrg. (Spitze) (Gew. 148,3 g).- P.H. Stemmermann, Bad. Fundber. 2, 1933, 1ff. Taf. 1, 5c.

91a. WEINHEIM-NÄCHSTENBACH, Rhein-Neckar-Kreis.- Hortfund.- Frg. eines Vollgriffschwertes Typus Mörigen (Gew. 426 g).- P.H. Stemmermann, Bad. Fundber. 2, 1933, 1ff. Taf. 1, 6.

91b. WEINHEIM-NÄCHSTENBACH, Rhein-Neckar-Kreis.- Hortfund.- Schwertklingenfrg. (Gew.128,9 g).- P.H. Stemmermann, Bad. Fundber. 2, 1933, 1ff.

91c. WEINHEIM-NÄCHSTENBACH, Rhein-Neckar-Kreis.- Hortfund.- Schwertklingenfrg. (Spitze) (Gew.102,8g).- P.H. Stemmermann, Bad. Fundber. 2, 1933, 1ff.

92. WEINHEIM-NÄCHSTENBACH, Rhein-Neckar-Kreis.- Hortfund.- Griff eines Vollgriffschwertes Typus Mörigen (Gew.200,9 g).- P.H. Stemmermann, Bad. Fundber. 2, 1933, 1ff. Taf. 1, 4.

93a. WEINHEIM-NÄCHSTENBACH, Rhein-Neckar-Kreis.- Hortfund.- Frg. eines Nordischen Griffzungenschwertes (Gew. 163 g).- P.H. Stemmermann, Bad. Fundber. 2, 1933, 1ff. Taf. 1, 7.

93b. WEINHEIM-NÄCHSTENBACH, Rhein-Neckar-Kreis.- Hortfund.- Schwertklingenfrg. (Gew. 164 g).- P.H. Stemmermann, Bad. Fundber. 2, 1933, 1ff.

93c. WEINHEIM-NÄCHSTENBACH, Rhein-Neckar-Kreis.- Hortfund.- Schwertklingenfrg. (Gew. 37, 3 g).- P.H. Stemmermann, Bad. Fundber. 2, 1933, 1ff.

94. WEINHEIM-NÄCHSTENBACH, Rhein-Neckar-Kreis.- Hortfund.- Griff eines Vollgriffschwertes Typus Auvernier (Gew. 94, 6 g).- P.H. Stemmermann, Bad. Fundber. 2, 1933, 1ff. Taf. 1,2.

95. WEINHEIM-NÄCHSTENBACH, Rhein-Neckar-Kreis.- Hortfund.- Schwertklingenfrg.- P.H. Stemmermann, Bad. Fundber. 2, 1933, 1ff. Taf. 1, 2.

96. HANAU, Main-Kinzig-Kreis.- Hortfund.- Griff eines Antennenschwertes Typus Weltenburg (Gew. 160, 8 g).- Müller-Karpe, Urnenfelderkultur Taf. 36, 17.

97. HANAU, Main-Kinzig-Kreis.- Hortfund.- Griff eines Vollgriffschwertes Typus Mörigen (Gew. 257, 5 g).- Müller-Karpe, Urnenfelderkultur Taf. 36, 19.

98. HANAU, Main-Kinzig-Kreis.- Hortfund.- Schwertklingenfrg. (Gew. 160, 8 g).- Müller-Karpe, Urnenfelderkultur Taf. 36, 18.

99. BUTZBACH, Wetteraukreis.- Hort (?).- Griffzungenschwertfrg. L. 9,9 cm.- Gew. 130,5 g. Mus Butzbach A79-314.- Unpubliziert.- Taf. 1,4.

100. GAU-ODERNHEIM, Kr. Alzey-Worms.- Einzelfund.- Griffplattenschwert Typus Rixheim (sekundär verbrannt).- Schauer, Schwerter 63 Nr. 195 Taf. 27, 195.

101. SELIGENSTADT, Kr. Offenbach.- Kunsthandel.- Griffangelschwert in 5 Teile zerschlagen.- Schauer, Schwerter 94 Nr. 317 Taf. 46, 317.

102. WIESBADEN (Umgebung).- Einzel- oder Gewässerfund.- Griffzungenschwert Typus Erbenheim.- Schauer, Schwerter 169 Nr. 503 Taf. 75, 503.

103. FLÖRSHEIM, Main-Taunus-Kreis.- Einzelfund.- Griffzungenschwert Typus Erbenheim.- Schauer, Schwerter 168 Nr. 504 Taf. 75, 504.

104. SCHAAFHEIM, Kr. Darmstadt-Dieburg.- Einzelfund.- Griffzungenschwert Typus Riedheim.- Schauer, Schwerter 156 Nr. 458 Taf. 67, 458.

105. WIESBADEN.- Griffzungenschwert.- Schauer, Schwerter 147 Nr. 444.

106. MAINZ.- Einzelfund.- Griffzungenschwert Tyus Riedheim.- Schauer, Schwerter 155 Nr. 453 Taf. 66, 453.

107. Zwischen RHEIN und Main.- Einzelfund.- Griffzungenschwert Typus Nenzingen.- Schauer, Schwerter 139 Nr. 416 Taf. 61, 416.

108. HESSEN.- Vollgriffschwert Typus Auvernier.- Müller-Karpe, Vollgriffschwerter 79 Taf. 67,7; Herrmann, Urnenfelderkultur 193 Nr. 757 Taf. 207 C.

109. HOCHWEISEL, Wetteraukreis.- 2 Frg. einer rippenverzierten Schwertklinge.- Herrmann, Urnenfelderkultur 121 Nr. 361 Taf. 207 D.

110. FRANKFURT (Umgebung).- Vollgriffschwertgriff Typus Mörigen.- Herrmann, Urnenfelderkultur 53 Nr. 16 Taf. 207 E.

111. SELIGENSTADT (?).- Vollgriffschwert mit Rundknauf.- Herrmann, Urnenfelderkultur 191 Nr. 747.

112. SELIGENSTADT (?).- Griffzungenschwert.- Herrmann, Urnenfelderkultur 191 Nr. 747.

113. BABENHAUSEN, Kr. Darmstadt-Dieburg.- Auf einem Acker.- Griffzungenschwert L. 68 cm.- Fundber. Hessen (im Erscheinen).

114. HESSEN.- Griffplattenschwert Typus Rixheim.- L. Lindenschmidt, Das Römisch-Germanische Central-Museum (1899) Taf. 47, 6.

115. WIESBADEN (?).- Griff eines nordischen Vollgriffschwertes.- F. Kutsch, Nassauische Ann. 48, 1927, 46 Abb. 2, 2.

116. BAD HOMBURG, Rheingaukreis.- "Detektorfund" auf Ringwallanlage Bleibeskopf.- Intentionell verbogenes Schwertklingenfrg.- A. Müller-Karpe, Fundber. Hessen 14, 1974, 211 Abb. 6, 5.

Außerhalb des engeren Arbeitsgebietes:

117. GUDENSBERG, Kr. Fritzlar-Homberg.- Hortfund (?).- Schwertklingenfrg. L. 17 cm, Gew. 156,9 g.- O. Uenze, Hirten und Salzsieder (1960) 184f. Taf. 112 b 10; hier Taf. 1,2.

118. GUDENSBERG, Kr. Fritzlar-Homberg.- Hortfund (?).- Schwertklingenfrg. L. 27 cm, Gew. 245,4 g.- Unpubliziert; Taf. 1, 3.

es fehlen:
Leimen, Nußloch, Altrip, Ludwigshafen, Waldsee

LISTE 2: LANZENSPITZEN

1. DIETZENBACH, Kr. Offenbach, Steinkistengrab. Lanzenspitze, Tülle verziert, L. 22,6 cm, Gew. 170 g. LM Darmstadt II A 132. Herrmann, Urnenfelderkultur 185 Nr. 705 Taf. 171, 8.

2. WORMS, Westendstr. Brandgrab. Lanzenspitze, Tülle verziert. L. 18,8 cm, Gew. 154 g. Mus. Worms BE 616. Kubach, Nadeln Taf. 127 C9.

3. HANAU, Main-Kinzig-Kreis, Lehrhofer Heide Grab 6. Lanzenspitze. L. 16 cm, Gew. 113 g. Mus. Hanau A 210. Müller-Karpe, Urnenfelderkultur 66 Taf. 12B.

4. LANGENDIEBACH, Main-Kinzig-Kreis, Steinkistengrab. Lanzenspitze mit gestuftem Blatt. L. 21,5 cm, Gew. 172 g. Mus. Hanau A 3058. Müller-Karpe, Urnenfelderkultur Taf. 225 C1.

5. OBER-SORG, Vogelsbergkreis, vermutl. Brandgrab. Lanzenspitze, Tülle verziert. L. 17,9 cm. Mus. Alsfeld 28. Herrmann, Urnenfelderkultur 105 Nr. 262 Taf. 101B.

6. BAD NAUHEIM, Wetteraukreis, Steinkistengrab. Brandbestattung. Lanzenspitze. L. 22 cm. Mus. Frankfurt 13043-72. Herrmann, Urnenfelderkultur 110 Nr. 295 Taf. 103, 13.

7. LORSCH, Kr. Bergstraße, Lorscher Wald, Grabhügel. Lanzenspitze. L. 13, 7 cm. LM Darmstadt IIA 45. Herrmann, Urnenfelderkultur 151f Nr. 524 Taf. 141 D1.

8. VIERNHEIM, Kr. Bergstraße, Brandgrab 2. Lanzenspitze; in der Tülle Reste des Holzschaftes, asymetrisches Blatt. L. 13, 7 cm. LM Darmstadt A 1957:8. Herrmann, Urnenfelderkultur 153 Nr. 535 Taf. 144 A 13, 14.

9. HELDENBERGEN, Main-Kinzig-Kreis, Steinkistengrab. Lanzenspitze. L. 21, 5 cm. LM Mainz (verloren). Herrmann, Urnenfelderkultur 120f. Nr. 358 Taf. 111B4.

10. WALLERSTÄDTEN, Kr. Groß-Gerau, Grab (?). Lanzenspitze, Mittelrippe auf der Tülle, L. 21, 4 cm. Verbleib Privatbesitz. Herrmann, Urnenfelderkultur 184 Nr. 694 Taf. 214B.

11. HÖCHST, Wetteraukreis, angebl. Grab. Lanzenspitze. L. 13 cm. Mus. Friedberg 80b. Herrmann, Urnenfelderkultur Nr. 283 Taf. 102F.

12. GAUALGESHEIM, Kr. Mainz-Bingen, Steinkistengrab, wohl Körperbestattung. Lanzenspitze mit langschmalem Blatt und Zähnung am Schneidenansatz, verzierte Tülle. L. 31, 2 cm, Gew. 320 g. LM Mainz. Eggert, Urnenfelderkultur 148 Nr. 47 Taf. 1 C1.

13. DROMERSHEIM, Kr. Mainz-Bingen, aus Grab. Lanzenspitze, Tülle facettiert, fragmentiert. Mus. Worms (verloren). Behrens, Rheinhessen 34 Nr. 125 Abb. 125, 1.

14. OBERBIMBACH, Kr. Fulda, Grab C. Lanzenspitze, Tülle rippenverziert. L. 22, 4 cm. Mus Fulda. Müller, Fuldaer Geschbl. 60, 1984 Abb. 12, 1.

15. OBERBIMBACH, Kr. Fulda, Grab 1. Lanzenspitze, Tülle im Blattbereich facettiert, L. 26 cm. Mus Fulda. Müller, Fuldaer Geschbl. 60, 1984 Abb.14,1.

16. KÜNZELL, Kr. Fulda, Gräberfeld "Lanneshof", Steinkistengrab, Körperbestattung. Lanzenspitze, Tülle rippenverziert. Mus. Fulda. J. Vonderau, Das Gräberfeld auf dem Lanneshof im Kreise Fulda (1909) 21 Taf. 6, 10.

17. MAINZ, aus dem Rhein. Hortfund. Lanzenspitzenfragment. L. 6,0 cm, Gew. 13, 3 g. LM Mainz 2198b. Wegner, Flußfunde 150 Nr. 565z Taf. 4, 8a.

18. MAINZ, aus dem Rhein, Hortfund. Fragment der Tülle. L. 4,2 cm, Gew. 11, 5 g. LM Mainz V 2190. Ebd. Nr. 565s Taf. 4, 8.

19. HOCHBORN (Blödesheim), Kr. Alzey-Worms, Hortfund(?). Lanzenspitze. L. 16, 2 cm, Gew. 120 g. LM Mainz V 2230. G. Behrens, Bodenurkunden aus Rheinhessen (1927) 31 Abb. 112, 12. Taf. 2, 5.

20. HAIMBERG b. Haimbach, Stadt Fulda, Hortfund (?). Lanzenspitze. Mus. Fulda. Richter, Arm-und Beinschmuck Taf. 95, 14.

21. HANAU, Main-Kinzig-Kreis, Hortfund. Lanzenspitze mit verzierter Tülle und abgebrochener Spitze. L. noch 8, 6 cm, Gew. 65 g; Mus. Hanau A 5970. Müller-Karpe, Urnenfelderkultur 78 Taf. 36, 9.

22. HANAU, Main-Kinzig-Kreis, Hortfund. Lanzenspitze mit verzierter Tülle und abgebrochener Spitze. L. noch 10, 4 cm; Gew. 97 g; Mus. Hanau. Müller-Karpe, Urnenfelderkultur 78 Taf. 36, 2.

23. HANAU, Main-Kinzig-Kreis, Hortfund. Lanzenspitze mit kerbverziertem Tüllenmund und abgebrochener Spitze. L. noch 10,9 cm; Gew. 91, 3 g; Mus. Hanau A 5973. Müller-Karpe, Urnenfelderkultur 78 Taf. 36, 3.

24. HANAU, Main-Kinzig-Kreis, Hortfund. Lanzenspitze mit verzierter Tülle und abgebrochener Spitze. L. noch 18, 7 cm; Gew. 168, 2 g; Mus. Hanau A 5967. Müller-Karpe, Urnenfelderkultur 78 Taf. 36, 6.

25. HANAU, Main-Kinzig-Kreis, Hortfund. Lanzenspitze mit kerbverziertem Tüllenmund. L. 14, 2 cm; Gew. 106, 2 g; Mus. Hanau A 5972. Müller-Karpe, Urnenfelderkultur 78 Taf. 36, 5.

26a. HANAU, Main-Kinzig-Kreis, Hortfund. Lanzenspitze mit verzierter Tülle und abgebrochener Spitze. L.noch 14, 1 cm; Gew. 152, 4 g; Mus. Hanau A 5968g. Müller-Karpe, Urnenfelderkultur 78 Taf. 36, 7.

26b. HANAU, Main-Kinzig-Kreis, Hortfund. Lanzenspitzenfrg. an 26 a anpassend. L. 8 cm; Gew. 90, 5 g; Mus. Hanau A 5968g. Müller-Karpe, Urnenfelderkultur 78 Taf. 36, 7.

27. HANAU, Main-Kinzig-Kreis, Hortfund. Lanzenspitze mit verzierter Tülle. L. 9, 4 cm; Gew. 56, 7 g. Mus. Hanau A 5971. Müller-Karpe, Urnenfelderkultur 78 Taf. 36, 4.

28. HANAU, Main-Kinzig-Kreis, Hortfund. Lanzenspitzenfrg. (Tülle). L. 4, 1 cm; Gew. 31, 2 g; Mus. Hanau A 5975. Müller-Karpe, Urnenfelderkultur 78 Taf. 36, 8.

29. RÜDESHEIM-EIBINGEN, Rheingau-Taunus-Kreis, Hortfund. Lanzenspitze mit rippenverzierter Tülle. L. 18, 4 cm, Gew. 142 g. Mus. Düren 3265. Herrmann, Urnenfelderkultur 86 Nr. 186 Taf. 192 A1.

30. WEINHEIM-NÄCHSTENBACH, Rhein-Neckar-Kreis, Hortfund. Lanzenspitze (durch Hitzeeinwirkung verzogen). L. 13, 3 cm, Gew. 82 g. Mus. Weinheim. Stemmermann, Bad. Fundber. 2, 1933 Taf. 4, 50.

31. WEINHEIM-NÄCHSTENBACH, Rhein-Neckar-Kreis, Hortfund. Lanzenspitze (mit Gußfehlern auf der Tülle). L. 10, 6 cm, Gew. 79, 5 g. Mus. Weinheim. Stemmermann, Bad. Fundber. 2, 1933 Taf. 4, 46.

32. WEINHEIM-NÄCHSTENBACH, Rhein-Neckar-Kreis, Hortfund. Lanzenspitze (am Tüllenmund ausgebrochen). L. 17, 5 cm, Gew. 100, 3 g. Mus. Weinheim. Stemmermann, Bad. Fundber. 2, 1933 Taf. 4, 48.

33. BAD HOMBURG, Hochtaunuskreis, Hortfund. Lanzenspitze mit verzierter Tülle. L. 17, 9 cm, Gew. 129, 5 g. Mus. Saalburg V 322. Herrmann, Urnenfelderkultur 79 Nr. 149 Taf. 186, 1.

34. BAD HOMBURG, Hochtaunuskreis, Hortfund. Lanzenspitze mit verzierter Tülle; Spitze abgebrochen. L. noch 12, 5 cm, Gew. 88, 9 g. Mus. Saalburg V 324. Herrmann, Urnenfelderkultur 79 Nr. 149 Taf. 186, 1.

35. BAD HOMBURG, Hochtaunuskreis, Hortfund. Lanzenspitze; Spitze abgebrochen. L. noch 8, 1 cm, Gew. 38, 6 g. Mus. Saalburg V 325. Herrmann, Urnenfelderkultur 79 Nr. 149 Taf. 186, 7.

36. BAD HOMBURG, Hochtaunuskreis, Hortfund. Lanzenspitze mit verzierter Tülle. L. 11, 2 cm, Gew. 107, 5 g. Mus. Saalburg V 327. Herrmann, Urnenfelderkultur 79 Nr. 149 Taf. 186, 3.

37. BAD HOMBURG, Hochtaunuskreis, Hortfund. Lanzenspitze. L. 10, 8 cm, Gew. 43, 5 g. Mus. Saalburg V 328. Herrmann, Urnenfelderkultur 79 Nr. 149 Taf. 186, 4.

38. BAD HOMBURG, Hochtaunuskreis, Hortfund. Lanzenspitze mit facettierter Tülle. L. 12, 2 cm, Gew. 45, 9 g. Mus. Saalburg V 329. Herrmann, Urnenfelderkultur 79 Nr. 149 Taf. 186, 5.

39. BAD HOMBURG, Hochtaunuskreis, Hortfund. Abgebrochene Lanzenspitze, sekundär nachgearbeitet. L. 8, 8 cm, Gew. 46, 4 g. Mus. Saalburg. Herrmann, Urnenfelderkultur 79 Nr. 149 Taf. 186, 2.

40. BAD HOMBURG, Hochtaunuskreis, Hortfund. "Lanzenspitze an der Tülle in neuerer Zeit abgebrochen, noch 12, 5 cm lang. Der Mittelgrat wenig flacher als bei Nr. 410". Mus. Saalburg (verschollen. K. Schumacher, Spätbronzezeitliche Depotfunde von Homburg v.d. Höhe, in: AuhV 5 (1911) 134 Nr. 411 Taf. 25, 411; erwähnt bei Herrmann, Urnenfelderkultur 79 Nr. 149.

41. BIBLIS, Kr. Bergstraße, Hortfund. Lanzenspitzenfragment. L. noch 14, 4 cm, Gew. 95, 5 cm. Mus. Worms B 104. Herrmann, Urnenfelderkultur 147 Nr. 501 Taf. 192 C3.

42. GAMBACH, Wetteraukreis, Hortfund. Lanzenspitze mit facettierter Tülle. L. 16, 4 cm, Gew. 97, 5 g. Mus. Wiesbaden 1305. Herrmann, Urnenfelderkultur 119 Nr. 351 Taf. 194, 10.

43. GAMBACH, Wetteraukreis, Hortfund. Lanzenspitze mit verzierter Tülle. L. 17, 2 cm, Gew. 129, 6 g. Mus. Wiesbaden 1304. Herrmann, Urnenfelderkultur 119 Nr. 351 Taf. 194, 9.

44. GAMBACH, Wetteraukreis, Hortfund. Lanzenspitze mit verzierter Tülle. L. 13, 7 cm, Gew. 97, 5 g. Mus. Gießen 596. Herrmann, Urnenfelderkultur 119 Nr. 351 Taf. 194, 13.

45. GAMBACH, Wetteraukreis, Hortfund. Lanzenspitze. L. 11, 3 cm. Fürstliche Slg. Braunfels 183. Herrmann, Urnenfelderkultur 119 Nr. 351 Taf. 194, 12.

46. GAMBACH, Wetteraukreis, Hortfund. Lanzenspitze. L. 16, 2 cm. Fürstliche Slg. Braunfels 182. Herrmann, Urnenfelderkultur 119 Nr. 351 Taf. 194, 11.

47. BAD KREUZNACH, Hortfund. Lanzenspitze. L. 13 cm. Gew. 87 g. LM Mainz V 2168. Kibbert, Beile Taf. 90 B2.

48. BAD KREUZNACH, Hortfund. Lanzenspitze. L.16, 1 cm Gew. 142 g. Landesmus. Mainz V 2169. Kibbert, Beile Taf. 90 B3.

49. BAD KREUZNACH, Hortfund. Lanzenspitze. LM Mainz (verschollen). Kibbert, Beile Taf. 90 B4.

50. STADT ALLENDORF, Kr. Marburg-Biedenkopf, Hortfund. Lanzenspitze, Tülle abgebrochen. L. noch 17, 4 cm, Gew. 161, 7 g. Mus. Marburg 18506. O. Uenze, Prähist. Zeitschr. 34/35, 1949/50, 205f. Taf. 13, 5.

51. OCKSTADT, Wetteraukreis, Hortfund. Kleine Lanzen- oder Pfeilspitze. L. 6, 3 cm, Gew. 20 g. Landesmus. Darmstadt. Herrmann, Urnenfedlerkultur 125 Nr. 383 Taf. 198, 7.

52. OCKSTADT, Wetteraukreis, Hortfund. Lanzenspitze; abgebrochene Spitze. L. 12, 4 cm, Gew. 75, 5 g. Landesmus. Darmstadt. Herrmann, Urnenfedlerkultur 125 Nr. 383 Taf. 198, 9.

53. SCHOTTEN, Vogelsbergkreis, Hortfund. Lanzenspitzenfehlguß. L. 16, 2 cm, Gew. 102 g. Landesmus. Darmstadt A 1905:39. Herrmann, Urnenfelderkultur 109 Nr. 291 Taf. 202, 3.

54. FRANKFURT-NIEDERRAD, Hortfund. Lanzenspitze L. 15, 1 cm, Gew. 134, 6 g. Mus Frankfurt alpha 20138F. Herrmann, Urnenfelderkultur 57 Nr. 43 Taf. 177, 6.

55. HOCHSTADT, Main-Kinzig-Kreis, Hortfund. Lanzenspitzenfrg. L 8, 1 cm, Gew. 59, 4 g. LM Kassel. Müller-Karpe, Urnenfelderkultur 78 Taf. 33, 10.

56. HOCHSTADT, Main-Kinzig-Kreis, Hortfund. Lanzenspitze mit verzierter Tülle, L.14, 9 cm, Gew. 81, 7 cm. LM Kassel. H. Müller-Karpe, Urnenfelderkultur 78 Taf. 33, 8.

57. HOCHSTADT, Main-Kinzig-Kreis, Hortfund. Lanzenspitze L. 9, 2 cm, Gew. 58 g. LM Kassel. Müller-Karpe, Urnenfelderkultur 78 Taf. 33, 7.

58. HEUSENSTAMM, Kr. Offenbach, Hortfund. Lanzenspitze mit verzierter Tülle. L. 17, 2 cm, Gew. 89, 6 g. LM Darmstadt A 1921. Herrmann, Urnenfelderkultur 188 Nr. 719 Taf. 191 B1.

59. MAINZ, aus dem Rhein. Lanzenspitze (Spitze abgebrochen). L. noch 12, 4 cm, Gew. 92, 2 g. LM Mainz V 2320. Wegner, Flußfunde 160 Nr. 714 Taf. 22, 2.

60. Vermutlich MAINZ, aus dem Rhein. Lanzenspitze mit verzierter Tülle. L. 19, 4 cm, Gew. 117, 5 g. LM Mainz 17,34. Wegner, Flußfunde 169 Nr. 884 Taf. 21, 5.

61. MAINZ, aus dem Rhein. Lanzenspitze. L. 11, 5 cm, Gew. 93, 8 g. LM Mainz V 1955. Wegner, Flußfunde 138 Nr. 398b (dort zu einem "Depotfund" gerechnet) Taf. 5, 2.

62. vermutlich MAINZ, aus dem Rhein. Lanzenspitze. L. 17, 1 cm, Gew. 158, 2 g. LM Mainz 17/36. Wegner, Flußfunde 169 Nr. 881 Taf. 22, 5.

63. MAINZ, aus dem Rhein. Lanzenspitze mit fein geripptem Tüllenmund. L. 19, 5 cm, Gew. 153, 7 g. Mus. Worms BE 131. Wegner, Flußfunde 160 Nr. 720 Taf. 23, 3.

64. MAINZ, aus dem Rhein. Lanzenspitze. L. 13, 5 cm, Gew. 80, 7 g. Mus. Worms BE 133. Wegner, Flußfunde 160 Nr. 719 Taf. 20, 5.

65. MAINZ, aus dem Rhein. Lanzenspitze. L. 19, 4 cm, Gew. 175, 7 g. Mus. Worms BE 131. Wegner, Flußfunde 160 Nr. 717 Taf. 20, 7.- Taf. 4, 1.

66. MAINZ, aus dem Rhein. Lanzenspitze. L. 10, 7 cm, Gew. 58 g. LM Mainz V 1846. Eggert, Urnenfelderkultur 173 Nr. 157 (gedrungene Lanzenspitze mit kurzer Tülle, bräunlich-grüne Patina).

67. MAINZ, aus dem Rhein. Lanzenspitze. L. 17, 0 cm, Gew. 170 g. LM Mainz V 1956. Wegner, Flußfunde 136 Nr. 373 Taf. 19, 5.

68. Vermutlich MAINZ, aus dem Rhein. Lanzenspitze. L. 7, 9 cm, Gew. 29, 6 g. LM Mainz V 17,41. Wegner, Flußfunde 169 Nr. 883 Taf. 19, 6.

69. MAINZ, aus dem Rhein. Lanzenspitze. L. 26, 2 cm, Gew. 214, 4 g. In der Tülle Reste des Holzschaftes. LM Mainz 1862. Wegner, Flußfunde 159 Nr. 709; Eggert, Urnenfelderkultur 173 Nr. 158.

70. MAINZ, aus dem Rhein. Lanzenspitze. L. 25, 5 cm, Gew. 164 g. LM Mainz V 2315. Wegner, Flußfunde 160 Nr. 713 Taf. 21, 3.

71. Vermutlich MAINZ, aus dem Rhein. Lanzenspitze mit verzierter Tülle. L. 12, 1 cm, Gew. 72, 4 g. LM Mainz V 2135 (im Inventarbuch wird vermutet, es handele sich eher um einen Erdfund). Eggert, Urnenfelderkultur 176 Nr. 175.

72. Vermutlich MAINZ, aus dem Rhein. Lanzenspitze mit verzierter Tülle. L. 11, 4 cm, Gew. 64 g. LM Mainz V 17/38. Wegner, Flußfunde 169 Nr. 885 Taf. 21, 5.

73. MAINZ, aus dem Rhein. Lanzenspitze. L 12, 3 cm, Gew. 68 g. LM Mainz 1865. Wegner, Flußfunde 159 Nr. 711 Taf. 20, 4.

74. Vermutlich MAINZ, aus dem Rhein. Lanzenspitzenfragment; Tülle und unteres Blattdrittel verloren. L. 14, 3 cm, Gew. 74 g. LM Mainz 2321. Wegner, Flußfunde 169 Nr. 878 Taf. 22, 1.

75. MAINZ, aus dem Rhein. Lanzenspitze. L. 17, 9 cm, Gew. 126, 2 g. LM Mainz V 17,35. Wegner, Flußfunde 169 Nr. 880 Taf. 22, 4.

76. MAINZ, aus dem Rhein. Lanzenspitze. L. 14, 4 cm, Gew. 116, 4 g. LM Mainz V 2319. Wegner, Flußfunde 133 Nr. 327 Taf. 19, 4.

77. MAINZ, aus dem Rhein. Lanzenspitze mit abgebrochener Tülle, die heute verschollen ist. Ehem. L. 25 cm; L.n 17 cm, Gew. 138, 5 g. LM Mainz V 2317. Wegner, Flußfunde 142 Nr. 459 Taf. 19, 2.

78. MAINZ, aus dem Rhein. Lanzenspitze mit verzierter Tülle. L. 16 cm, Gew. 106 g. LM Mainz V 1861. Wegner, Flußfunde 160 Nr. 721 Taf. 23, 4.

79. MAINZ, aus dem Rhein. Lanzenspitze. L. 13, 4 cm, Gew. 100 g. LM Mainz V 1860. Wegner, Flußfunde 159 Nr. 708 Taf. 20, 1.

80. Vermutlich MAINZ, aus dem Rhein. Lanzenspitze mit verkrustetem Bronzenietstift. L. 13, 1 cm, Gew. 104 g. LM Mainz 17, 37. Wegner, Flußfunde 169 Nr. 882 Taf. 20, 2.

81. MAINZ, aus dem Rhein. Lanzenspitze. L. 14, 4 cm, Gew. 95 g. LM Mainz V 1863. Wegner, Flußfunde 159 Nr. 710 Taf. 20, 3.

82. MAINZ, aus dem Rhein. Lanzenspitze mit figural verzierter Tülle. L. 23, 0 cm, Gew. 261 g. Mus. Worms 122b. Wegner, Flußfunde 160 Nr. 716; G.Jacob-Friesen, Jahrb. RGZM 19, 1972, 45ff. Abb.1; Taf. 1-2.

83. MAINZ, aus dem Rhein. Ösenlanzenspitze. L. 27, 1 cm, Gew. 196, 8 g. LM Mainz V 2316. Wegner, Flußfunde 133 Nr. 326 Taf. 19, 1.

84. MAINZ, aus dem Rhein. Lanzenspitze. L. 24, 3 cm, Gew. 131 g. LM Mainz V 2314. Wegner, Flußfunde 152 Nr. 583 Taf. 21, 2.

85. MAINZ, aus dem Rhein (dem moorigen Untergrund des Rheinbettes). Lanzenspitze. L. 20, 2 cm, Gew. 148, 4 g. LM Mainz V 2313. Wegner, Flußfunde 133 Nr. 328; L. Lindenschmit, Westdeutsche Zeitschr. 20, 1901, 352 Taf. 27, 12.

86. MAINZ, aus dem Rhein. Lanzenspitze. L. 33, 7 cm, Gew. 279 g. LM Mainz V 2318. Wegner, Flußfunde 152 Nr. 584 Taf. 19, 3.

87. vermutlich MAINZ, aus dem Rhein. Lanzenspitze mit verzierter Tülle. L. 11, 2 cm, Gew. 60 g. LM Mainz 17/39. Wegner, Flußfunde 169 Nr. 886 Taf. 21, 6.

88. MAINZ, aus dem Rhein. Spitze einer Lanzenspitze. L. noch 5 cm. LM Mainz V 2322. Wegner, Flußfunde 169 Nr. 879.

89. MAINZ, aus dem Rhein. Lanzenspitze. L. 13, 7 cm. LM Mainz V 1866 (Kriegsverlust). Wegner, Flußfunde 160 Nr. 712; L. Lindenschmit, Westdeutsche Zeitschr. 12, 1893, 393 Taf. 7, 4.

90. MAINZ, aus dem Rhein. Lanzenspitze. L. 54, 9 cm, Gew. 764 g. LM Mainz 17, 162. Wegner, Flußfunde 142 Nr. 451.- Taf. 6.

91. MAINZ, aus dem Rhein. Lanzenspitze. L. 14, 2 cm. Mus. Worms BE 124b (z.Zt. nicht auffindbar). Wegner, Flußfunde 160 Nr. 715; Eggert, Urnenfelderkultur Nr. 165.

92. MAINZ, aus dem Rhein. Lanzenspitze (Tülle abgebrochen). L. noch 15, 8 cm. Mus. Worms BE 131 (nicht aufzufinden). Wegner, Flußfunde 160 Nr. 718; Eggert, Urnenfelderkultur 92.

93. Umgebung MAINZ, vermutlich aus dem Rhein. Lanzenspitze mit abgebrochener Tülle. L. noch 13, 5 cm, Gew. 106 g. LM Mainz V 2312. Unpubliziert. Taf. 2,6.

94. Vermutlich MAINZ, aus dem Rhein. Lanzenspitze. L. 10, 4 cm, Gew. 66, 5g. LM Mainz 17, 40. Unpubliziert. Taf. 5, 2.

95. BINGERBRÜCK, Kr. Mainz-Bingen, aus dem Rhein. Lanzenspitze L. 18, 7 cm, Gew. 99, 6 g. MRLM Bonn 15062.

96. BACHARACH, Kr. Mainz-Bingen, aus dem Rhein. Lanzenspitze mit facettierter und verzierter Tülle; Spitze abgebrochen. L. noch 22, 1 cm; Gew. 250, 7 g. MRLM Bonn A 1466e. Jacob-Friesen, Lanzenspitzen 357 Nr. 1285.- Taf. 5, 6.

97. BACHARACH, Kr. Mainz-Bingen, aus dem Rhein. Lanzenspitze. L. noch 22, 5 cm; Gew. 165, 7 g. MRLM Bonn A 1466m. Unpubliziert. Taf. 4, 3.

98. ERBACH, Rheingau-Taunus-Kreis, aus dem Rhein. Lanzenspitze L. 21, 1 cm, Gew. 166 g. LM Mainz 2590. Herrmann, Urnenfelderkultur 23 Nr. 167 Taf. 213 B.

99. BINGEN, aus dem Rhein. Lanzenspitze. L. 27, 9 cm, Gew. 160 g. LM Mainz V 2442. Behrens, Katalog Bingen 14 Nr. 3 Taf. 1, 13.

100. GERNSHEIM, aus dem Rhein. Lanzenspitze mit verzierter Tülle. L. 23, 2 cm; Gew. 174 g. LM Darmstadt. Herrmann, Urnenfelderkultur 178 Nr. 646 Taf. 213M.

101. OPPENHEIM, Kr. Mainz-Bingen, aus dem Rhein. Lanzenspitze, Gew. 406g, Holzschaft in der Tülle, Gew. 13 g. RGZM Mainz O 25547. Wegner, Flußfunde 130 Nr. 288.- Taf. 3, 1.

102. Fundort unbekannt, aus dem Rhein (sekundär in Bad Kreuznach). Lanzenspitze, Gew. 123, 7 g. Mus. Kreuznach 1266. Mainzer Zeitschr. 64, 1969, 94 Abb.6. Taf. 2, 4.

103. BINGEN (?), Kr. Mainz-Bingen, aus dem Rhein. Lanzenspitzenfrg. mit anhaftenden Flußkieseln. L. 6, 3 cm, Gew. 29, 9 g. Heimatmus. Bingen ohne Nr.- Taf. 5, 3.

104. BINGEN, Kr. Mainz-Bingen, aus dem Rhein. Lanzenspitze. G. Behrens, Bingen. Städtische Altertumssammlung (1920) 15 Nr. 15.

105. BINGEN, Kr. Mainz-Bingen, aus dem Rhein. Lanzenspitze. Ebd. Nr. 18.

106. GUNTERSBLUM, Kr. Mainz-Bingen, wohl Flußfund aus dem Rhein. Lanzenspitze. Eggert, Urnenfelderkultur 149 Nr. 50.

107. EBERSHEIM, Stadt Mainz, offenbar Flußfund (aus dem Rhein?). Lanzenspitze L. 18, 0 cm, Gew. 172 g. LM. Mainz 2453. Eggert, Urnenfelderkultur 188 Nr. 241 (vermutet falsche Fundortangabe); Westdeutsche Zeitschr. 20, 1901, 353f. Taf. 12, 13.- Taf. 4, 2.

108. EBERSHEIM, Stadt Mainz, offenbar Flußfund. Lanzenspitze L. 12, 3 cm; Gew. 89 g. LM Mainz 2454.

109. TRECHTINGSHAUSEN, Kr. Mainz-Bingen, vermutlich aus dem Rhein. Lanzenspitze L. 13, 6 cm, Gew. 60 g. MRLM Bonn 9038.- Taf. 7, 5.

110. LORCH, Rheingau-Taunus-Kreis, aus dem Rhein (Baggerfund am Ufer). Lanzenspitze L. 26, 4 cm; Gew. 128, 9 g. Holzschaft teilweise erhalten; weitere Bronzereste in der Tülle; am Blattansatz gebrochen. Mus. Rüdesheim I/3051. Herrmann, Urnenfelderkultur 84 Nr. 177 Taf. 213A.

111. DÖRNIGHEIM, Main-Kinzig-Kreis, aus dem Main. Lanzenspitze L 15, 9 cm, Gew. 95 g. Mus. Hanau A7038a. Wegner, Flußfunde 123 Nr. 204 Taf. 22, 6.

112. KLEINWALLSTADT, Ldkr. Miltenberg, angeblich aus dem Main. Lanzenspitze mit verzierter Tülle. L. 15 cm, Gew. 92 g. LM Mainz V 1769. Wilbertz, Urnenfelderkultur 170 Nr. 145 Taf. 87, 2.

113. STEINHEIM, Main-Kinzig-Kreis, aus dem Main. Lanzenspitze mit verzierter Tülle L. 19, 8 cm. Mus. Steinheim o. Nr. Herrmann, Urnenfelderkultur 192 Nr. 753 Taf. 214 A.

114. STEINHEIM, Main-Kinzig-Kreis, aus dem Main. Lanzenspitze mit geripptem Tüllenmund. L. 15, 2 cm. Mus. Steinheim o. Nr. Herrmann, Urnenfelderkultur 192 Nr. 753 Taf. 214 F.

114A. Bei GROSSKROTZENBURG, Main-Kinzig-Kreis, aus dem Main. Lanzenspitze mit schneidenparalleler Rillung. Hanauer Geschbl. 30, 1988, 56 Abb. 1,2.- Taf. 4, 5.

115. KLEINHEUBACH, Ldkr. Miltenberg, am Mainufer. Lanzenspitze mit verzierter Tülle. Mus. Würzburg Nr. 51654. Wilbertz, Urnenfelderkultur 169 Nr. 143 Taf. 87, 4.

116. MAINASCHAFF, Kr. Aschaffenburg, aus dem Main. Lanzenspitze mit verzierter Tülle. L. 16, 4 cm. Mus. Würzburg 1528. Wilbertz, Urnenfelderkultur 125 Nr. 37 Taf. 87, 3.

117. STOCKSTADT, Kr. Aschaffenburg, aus dem Main. Lanzenspitzenfragment. Mus. Aschaffenburg. Frankenland N.F. 34, 1982, 374 Abb. 43, 11.

118. FRANKFURT, aus dem Main. Lanzenspitzenfragment L. noch 7, 8 cm. Mus. Frankfurt 9390. Herrmann, Urnenfelderkultur 51 Nr. 8 Taf. 208 E.

119. DORFPROZELTEN, Ldkr. Miltenberg, aus dem Main. Lanzenspitze. Mus. Miltenberg (verschollen). Wegner, Flußfunde Nr. 125.

120. DIETKIRCHEN, Stadt Limburg, aus der Lahn. Lanzenspitze L. 14, 3 cm, Gew. 100, 3 g. Depot des Landesarchäologen von Hessen L 1955/46. Fundber. Hessen 4, 1964, 89 Abb. 2.

121. WETZLAR, aus der Lahn. Lanzenspitze L. 14, 1 cm. Mus. Wetzlar Fg127. Herrmann, Urnenfelderkultur 90 Nr. 205 Taf. 213 H.

122. NAUNHEIM, Stadt Wetzlar, Kiesgrube. Lanzenspitze mit verzierter Tülle. L. 11, 6 cm. Mus. Wetzlar Fg 126. Herrmann, Urnenfelderkultur 88 Nr. 195 Taf. 214 G.

123. WIESBADEN, aus einem alten Bachbett. Lanzenspitze mit verzierter Tülle. L. 18, 1 cm. Depot des Landesarchäologen v. Hessen 56/29. Herrmann, Urnenfelderkultur 93 Nr. 221 Taf. 213 K.

124. HEIDELBERG-NEUENHEIM, am Nordufer des heutigen Neckars (Uferstr. in Höhe der Theodor-Heuss-Brücke.- Die Notiz von Wahle, die Lanzenspitze sei in Ablagerungen des Neckars gefunden, muß nach frdl. Auskunft von B. Heukemes nicht bedeuten, die Lanzenspitze stamme aus dem Neckar). Lanzenspitze mit verzierter Tülle L. 16 cm, Gew. 128 g. Kurpfälzisches Museum Heidelberg. E. Wahle, Unteres Neckarland 17.- Taf. 7, 3 (nach Zeichnung B. Heukemes).

125. HEIDELBERG-NEUENHEIM, am Nordufer des heutigen Neckars (zur Fundsituation vgl. Nr. 124). Lanzenspitze L. 19, 2 cm, Gew. 157, 5 g. Kurpfälzisches Mus. Heidelberg (ehem. Privatbes. O. Paret). Taf. 2, 3.

126. LADENBURG, Flur Ziegelscheuer I, am Nordufer des alten Neckarbettes (im Bereich der villa rustica 1978 bei Grabung B. Heukemes gefunden; es ließ sich kein Bezug zu einem Befund herstellen.- Vgl. zur Topographie: B. Heukemes, Lopodunum. Archäologischer Plan des römischen Ladenburg (1986). Lanzenspitze L. 12, 5 cm. Mus. Ladenburg (z.Zt. nicht aufzufinden). Taf. 7, 4 (nach Zeichnung B. Heukemes).

127. WOLFSKEHLEN, Kr. Groß-Gerau, im alten Neckarbett. Lanzenspitze L. ca. 15, 5 cm. Mus. Groß-Gerau (verloren). Herrmann, Urnenfelderkultur 185 Nr. 699 Taf. 212 N.

128. WOLFSKEHLEN, Kr. Groß-Gerau, "gefunden im Torfe". Lanzenspitze. L. ca. 13 cm. Mus. Darmstadt (verloren?). AuhV 2, H4 Taf. 1, 4.

129. WOLFSKEHLEN, Kr. Groß-Gerau, Flur Bürgelbruch. Große Bronzelanzenspitze. Verbleib unbekannt. Herrmann, Urnenfelderkultur 185 Nr. 703.

130. WOLFSKEHLEN, Kr. Groß-Gerau, Moorfund ("aus dem Ried"). Lanzenspitze. L. 11,5 cm. Mus. Darmstadt II A 36. Herrmann, Urnenfelderkultur 185 Nr. 702 Taf. 212 M.

131. ESCHOLLBRÜCKEN, Kr. Darmstadt-Dieburg, aus dem Torfmoor. Lanzenspitze L. 24, 8 cm; 181 g. LM Mainz 2487. Herrmann, Urnenfelderkultur 158 Nr. 556 Taf. 216 A3.

132. HANAU, Main-Kinzig-Kreis, in 5 m Tiefe im Moor. Lanzenspitze L 16 cm. Mus. Hanau A 4050. Müller-Karpe, Urnenfelderkultur Taf. 33, 5.

133. WORMS, aus der Umgebung. Lanzenspitze (Spitze abgebrochen). L. noch 11 cm, Gew. 104 g. Mus. Worms BE 132. Eggert, Urnenfelderkultur 310 Nr. 573.- Taf. 5, 5.

134. STOCKHAUSEN, Vogelsbergkreis, aus der Umgebung. Lanzenspitze L. 16, 1 cm. Gew. 93 g. Mus. Lauterbach ohne Nr. Herrmann, Urnenfelderkultur 147 Nr. 495 Taf. 210, O.

135. FRISCHBORN, Vogelsbergkreis. Lanzenspitze am Tüllenmund abgebrochen. L. noch 14, 8 cm; Gew. 100 g. Mus. Lauterbach 2459. Herrmann, Urnenfelderkultur 146 Nr. 490 Taf. 212 P.

136. HEPPENHEIM, Kr. Bergstraße. Lanzenspitze. L. 19, 9 cm, Gew. 203, 6 g. LM Mainz V 2032. Herrmann, Urnenfelderkultur 149 Nr. 510 Taf. 213C.

137. BUTZBACH, Wetteraukreis. Lanzenspitze L. 15, 8 cm, Gew. 140, 5 g. Mus. Butzbach C 19. Herrmann, Urnenfelderkultur 113 Nr. 319 Taf. 213 E.

138. DORTELWEIL, Wetteraukreis. Lanzenspitze L. 16,6 cm, Gew. 132, 4 g. Mus. Frankfurt alpha 381. Herrmann, Urnenfelderkultur 115 Nr. 330 Taf. 213 D.

139. HEDDERNHEIM, Stadt Frankfurt. Lanzenspitze L. 18, 4 cm, Gew. 135, 5 g. Mus. Frankfurt alpha 6315. Herrmann, Urnenfelderkultur 56 Nr. 33 Taf. 214C.

140. KRONBERG, Hochtaunuskreis, am Abhang des Altkönigs. Lanzenspitze mit verzierter Tülle. L. 17, 4 cm, Gew. 133 g. Mus. Frankfurt alpha 5195. Herrmann, Urnenfelderkultur 82 Nr. 162 Taf. 214 D.

141. NIEDER-ERLENBACH, Stadt Frankfurt. Lanzenspitze L. 13 cm, Gew. 54 g. Saalburg Mus. H 210. Herrmann, Urnenfelderkultur 123 Nr. 369 Taf. 212 L.

142. WIESBADEN, Lanzenspitze mit verzierter Tülle. L. 20, 1 cm, Gew. 151, 7 g. LM Mainz V 2712. Herrmann, Urnenfelderkultur 94 Nr. 227 Taf. 213 L.

143. HEDDERNHEIM, Stadt Frankfurt. Lanzenspitze L. 14, 0 cm, Gew. 100 g. Mus. Frankfurt alpha 4863. Herrmann, Urnenfelderkultur 55 Nr. 30 Taf. 213 F.

144. BAD ORB, Main-Kinzig-Kreis. Lanzenspitze mit rippenverzierter Tülle. L. 14, 4 cm. Mus. Würzburg H 60. Herrmann, Urnenfelderkultur 66 Nr. 78 Taf. 214 E.

145. OKRIFTEL, Main-Taunus-Kreis. Lanzenspitze L. 13, 8 cm. Verbleib unbekannt. Herrmann, Urnenfelderkultur 77 Nr. 140 Taf. 213 G.

146. ECHZELL, Wetteraukreis. Lanzenspitze mit facettierter Tülle. L. 15, 7 cm. Verbleib Privatbesitz (v. Harnier, Echzell). Herrmann, Urnenfelderkultur 107 Nr. 273 Taf. 213.

147. KIRCHBEERFURTH, Odenwaldkreis. Lanzenspitze 13, 8 cm. Mus. Erbach. Herrmann, Urnenfelderkultur 174 Nr. 618 Taf. 212 K.

148. HANAU, Main-Kinzig-Kreis. Lanzenspitze. Mus. Hanau (?). Müller-Karpe, Urnenfelderkultur Taf. 33, 6 (ohne nähere Angaben).

149. BIBLIS-NORDHEIM, Kr. Bergstraße. Lanzenspitze L. 16, 5 cm. Privatbesitz. Fundber. Hessen 15, 1975, 479 Abb. 22, 2.

150. LANGENHAIN. Lanzenspitze. Verbleib unbek. Herrmann, Urnenfelderkultur 76 Nr. 132.

151. LAMPERTHEIM, Kr. Bergstraße. Lanzenspitze. L. 15 cm. Mus. Darmstadt A 1938:81 (verloren). Herrmann, Urnenfelderkultur 15.

152. MARDORF, Kr. Marburg-Biedenkopf. Einzelfund. Lanzenspitze, Blatt stark beschädigt. L. 15, 1 cm Gew. 80 g. Univ. Mus. Marburg Ue 575.

153. ELLENBERG, Kr. Melsungen, Flur Rohleiber. Einzelfund (1923/24). Lanzenspitze, (vielleicht rezent) in zwei Teile zerbrochen; geklebt. Hellgrüne bröselige Patina. L. noch 12, 9 cm. Gew. 47 g. Mus. Kassel 1869. Müller-Karpe, Niederhessische Urgeschichte (1951) Taf. 32, 10.

154. HAINRODE, Kr. Hersfeld-Rotenburg. Einzelfund. Lanzenspitze mit verzierter Tülle. Spitze abgebrochen. L. 10, 6 cm, Gew. 78 g. Mus. Kassel 1885. H. Müller-Karpe, Niederhessische Urgeschichte (1951) Taf. 23, 9.

155. HÜNFELD, Kr. Fulda, Einzelfund (Flur 15 Nr. 29-30, "auf dem Mühlenberg" 1980). Lanzenspitze; in der Tülle ist ein mit grünem Kupferoxyd imprägniertes Schäftungsteil aus Haselnußholz erhalten. Der Schaft war in der Tülle mit einem Holzstift befestigt. L. 21 cm. Verbleib Privatbesitz. Fundber. Hessen 21, 1981 (im Erscheinen).- Taf. 4, 4 (nach Zeichnung LfD).

156. DIEBURG, Kr. Darmstadt-Dieburg (im Burgweg als Einzelfund. Aus der Nähe sind weitere urnenfelderzeitliche Siedlungs(?)-hinterlassenschaften bekannt. Lanzenspitze L. 16, 2 cm, Gew. 96, 4 g. Dunkelgrüne Edelpatina. Kreismus. Dieburg. Unpubliziert.- Taf. 7, 2.

157. GLAUBURG-GLAUBERG, Wetteraukreis, auf dem Glauberg. Lanzenspitze mit verzierter Tülle. Mus. Glauburg (verloren). Müller-Karpe, Urnenfelderkultur Taf. 51, 1; Herrmann, Urnenfelderkultur 109 Nr. 280 Taf. 41 F3.

158. GLAUBURG-GLAUBERG, Wetteraukreis, auf dem Glauberg. Lanzenspitze. L. 15, 1 cm, Gew. 118, 9 g. Mus. Glauburg 77, 1/26 (aus den Ruinen des alten Museums). Müller-Karpe, Urnenfelderkultur Taf. 51, 2; Herrmann, Urnenfelderkultur 109 Nr. 280 Taf. 41 F4.- Taf. 5, 4.

159. BAD HOMBURG, Hochtaunuskreis, auf dem Bleibeskopf ("Detektorfund"). Ineinandergesteckte Lanzenspitzenfragmente. Mus. Oberursel. A. Müller-Karpe, Fundber. Hessen 14, 1974, 211 Abb. 6, 3.

160. BAD HOMBURG, Hochtaunuskreis, Bleibeskopf ("Detektorfund"). Lanzenspitze mit Tüllenverzierung. Mus. Oberursel. A. Müller-Karpe, Fundber. Hessen 14, 1974, 211 Abb. 6, 2.

161. BAD HOMBURG, Hochtaunuskreis, Bleibeskopf ("Detektorfund"). Lanzenspitze mit Rippenverzierung. Mus. Ober-ursel. A. Müller-Karpe, Fundber. Hessen 14, 1974, 211 Abb. 6, 1.

162. BAD HOMBURG, Hochtaunuskreis, Bleibeskopf ("Detektorfund"). Lanzenspitze mit L. 14, 8 cm. Verbleib privat. Titzmann, Fundber. Hessen 21, 1982 (im Erscheinen). Taf. 15, 9.

163. Fundort unbekannt. Vielleicht zu den Funden aus dem Rhein bei Mainz zu rechnen. Lanzenspitze. L. 14,4 cm, Gew. 119g. LM Mainz (aus dem Vermächtnis eines Architekten). unpubliziert.- Taf. 7, 1.

164. Fundort unbekannt. Lanzenspitze. L. 10, 2 cm. Gew. 57 g. LM Mainz 2132 (Leihgabe des Dr. Winterhelt, Miltenberg). unpubliziert.- Taf. 7, 7.

165. Fundort unbekannt. Lanzenspitze (Spitze abgebrochen). L. 15, 3 cm, Gew. 90, 9 g. LM Mainz 2134. Unpubliziert.- Taf. 2, 1.

166. Fundort unbekannt. Lanzenspitze (Spitze abgebrochen). L. noch 11, 5 cm. Gew. noch 119 g. LM Mainz 2133. Upubliziert.- Taf. 3, 3.

167. Fundort unbekannt (wahrscheinlich aus der Büdinger Gegend). Lanzenspitze mit bräunlich-goldener Patina. L. 7, 4 cm, Gew. 28, 6 g. Fürstlich Ysenburgsche Sammlung Büdingen YB 285. Herrmann, Urnenfelderkultur 106 Nr. 271.- Taf. 7, 6.

168. Fundort unbekannt. Lanzenspitze (gräulich-grüne Patina) mit Zähnung am Schneidenansatz. Spitze abgebrochen. Gew. 140, 8 g. Mus. Kreuznach 1018. Taf. 3, 2.

Weitere abgebildete Lanzenspitzen:

169. "RHEINPFALZ". L. 16, 7 cm, Gew. 77 g. MVF Berlin IIc 1612.- Taf. 2, 2.

170. OSTERBURKEN, Odenwald-Neckar-Kreis, Hortfund. L. 14, 4 cm, Gew. 97, 7 g. Mus. Mannheim. Ein zweites Stück ist heute verloren.- Taf. 5, 1.

171. WANFRIED, Werra-Meißner-Kreis.- Taf. 7, 8 (Zeichnung nach Ortsakten LfD Marburg).

172. STÄRKLOS, Kr. Hersfeld-Rothenburg. 1934 auf einem Acker unter einem Stein. L. 16, 4 cm. Mus. Hersfeld.- Taf. 8, 1 (Zeichnung nach Ortsakten LFD Marburg).

173. Bei GITTERSDORF, Kr. Hersfeld-Rothenburg. Auf einem Waldweg nördlich vom Geistal. Städt. Mus. Hersfeld. Jacob-Friesen, Lanzenspitzen 358.- Taf. 8, 2 (Zeichnung nach Ortsakten LfD Marburg).

174. DATTERODE, Werra-Meißner-Kreis. Taf. 8, 3 (Zeichnung n. Ortsakten LfD Marburg).

175. ALBERODE, Werra-Meißner-Kreis. 1937 gefunden, offenbar zusammen mit Wetzstein.- Taf.8, 4-5 (Zeichnung nach O. Uenze in den Ortsakten LfD Marburg).

176. MICHELSBERG, Schwalm-Eder-Kreis, Bilstein. E. Pinder, Zeitschr. Verein hess. Gesch. u. Landesk. 6. Suppl. (1878) Taf. 3, 48a.- Taf. 8, 6

177. DATTERODE, Werra-Meißner-Kreis.- Taf.8.7 (Zeichnung nach Ortsakten LFD Marburg).

178. FLONHEIM, Kr. Alzey-Worms. Lanzenspitze mit verzierter Tülle. L. 20, 6 cm, Gew. 186, 8 g. LM Mainz V 2000. Pachali, Kreis Alzey-Worms 133 Taf. 34 A1.

es fehlen: St. Leon

LISTE 3: HELME

1. MAINZ, aus dem Rhein. Kappenhelm. Wegner, Flußfunde 100 Nr. 729 Taf. 66, 1.

2-3. BIEBESHEIM, Kr. Groß-Gerau, aus dem Rhein. Zwei Kammhelme. W. Jorns, Fundber. Hessen 12, 1972, 76ff.; Wegner, Flußfunde 130 Nr. 290A Taf. 64.

4. MAINZ-Kostheim, aus dem Main. Kammhelm. Wegner, Flußfunde 128 Nr. 271 Taf. 65, 2. Herrmann, Urnenfelderkultur 92 Nr. 214 Taf. 205B.

5a.-5b. Zwischen HEUCHELHEIM und DUTENHOFEN, aus der Lahn. Zwei Kegelniete. A. Jockenhövel, Arch. Korrbl. 10, 1980, 44 Abb. 3, 7.

6. WONSHEIM, Kr. Alzey-Worms, Depot. Kappenhelm. Schauer a.a.O. (Anm. 1) 704 Abb. 6.

Liste 4 enfällt. Fundnachweise vgl. im Text.

LISTE 5: PFEILSPITZEN

1.-3. FRANKFURT-FECHENHEIM, Grab. Drei Tüllenpfeilspitzen. Herrmann, Urnenfelderkultur 55 Nr. 25 Taf. 69 D 1-3.

4.-11. FRANKFURT-STADTWALD, Holzhecke, Grab. 8 Zungenpfeilspitzen. Herrmann, Urnenfelderkultur 64 Nr. 70 Taf. 76, 1-8.

12.-13. LANGENSELBOLD, Main-Kinzig-Kreis, Grab. 2 Tüllenpfeilspitzen. Herrmann, Urnenfelderkultur 69 Nr. 96 Taf. 81 B 1-2.

14. BRUCHKÖBEL, Main-Kinzig-Kreis, Grab. 1 Tüllenpfeilspitze. Müller-Karpe, Urnenfelderkultur Taf. 17 C9.

15.-19. LANGENDIEBACH, Main-Kinzig-Kreis, Grab. 1 Dorn- 4 Tüllenpfeilspitzen. Müller-Karpe, Urnenfelderkultur Taf. 31 D 4-8.

20.-25. ESCHBORN, Main-Taunus-Kreis, Grab 2. 6 Tüllenpfeilspitzen. Herrmann, Urnenfelderkultur 73f. Nr. 117 Taf. 84, 11-16.

26.-31. OBERWALLUF, Rheingau-Taunus-Kreis, Steinkistengrab B. 5 Tüllen-, eine Dornpfeilspitze. Herrmann, Urnenfelderkultur 85 Nr. 180 Taf. 89 B 1-7.

32.-33. OBERWALLUF, Rheingau-Taunus-Kreis, Grab. 1 Tüllen-, 1 Dornpfeilspitze. Herrmann, Urnenfelderkultur Nr. 181 Taf. 90 A 12-13.

34.-36. HELDENBERGEN, Wetteraukreis, Steinkistengrab. 3 Tüllenpfeilspitzen. Herrmann, Urnenfelderkultur 121 Nr. 358 Taf. 111, 1-3.

37.-46. OCKSTADT, Wetteraukreis, Grab 1. 11 Tüllenpfeilspitzen. Herrmann, Urnenfelderkultur 124f. Nr. 382 Taf. 115 E 3-13.

47. LAMPERTHEIM, Kr. Bergstraße, Grab von 1954. Pfeilglätter. Herrmann, Urnenfelderkultur 150 Nr. 513 Taf. 139 C1.

48.-49. DARMSTADT, Grab. 2 Tüllenpfeilspitzen. Herrmann, Urnenfelderkultur 154f. Nr. 544 Taf. 146 A 4-5.

50. SPRENDLINGEN, Kr. Offenbach, Grabhügel. 1 Tüllenpfeilspitze. Herrmann, Urnenfelderkultur 191f. Nr. 748 Taf. 174 B3.

51.-55. ELSENFELD, Ldkr. Miltenberg, Grab 1. 6 Tüllenpfeilspitzen. Wilbertz, Urnenfelderkultur 161f. Nr. 131 Taf. 36, 2-6.

56. ELSENFELD, Ldkr. Miltenberg, Grab 2. 1 Tüllenpfeilspitze. Wilbertz, Urnenfelderkultur 161f. Taf. 36, 16.

57. OBERNAU, Kr. Aschaffenburg, Grab 10. 1 Tüllenpfeilspitze. Wilbertz, Urnenfelderkultur 125ff. Taf. 32, 12-20.

58.-69. ASCHAFFENBURG-STRIETWALD Grab 27. 12 Tüllenpfeilspitzen. Rau, Aschaffenburg-Strietwald 36f. Taf. 15, 11-20.

70.-74. WORMS, Brandgrab. Drei Dorn-, zwei Tüllenpfeilspitzen. Eggert, Urnenfelderkultur 314f. Nr. 590 Taf. 26 B 3-6.8.

75. FRANKFURT-RÖDELHEIM, Depot. 1 Tüllenpfeilspitze, Gew. 5,5 g. Herrmann, Urnenfelderkultur Nr. 54 Taf. 179 A4.

76. ERBACH, Rheingau-Taunus-Kreis, aus dem Rhein. Herrmann, Urnenfelderkultur 83 Nr. 168 Taf. 208 Q; Wegner, Flußfunde 172 Nr. 924.

77.-93. MAINZ, aus dem Rhein. Wegner, Flußfunde 138 Nr. 398c. Taf. 5, 3; 143 Nr. 464 Taf. 23, 6; 144 Nr. 485; 144 Nr. 486 Taf. 23, 7; 146 Nr. 511 Taf. 23, 8; 146 Nr. 512; 147 Nr. 533 Taf. 23, 15; 148 Nr. 546 Taf. 23, 16; 152 Nr. 585 Taf. 23, 9; 152 Nr. 586 Taf. 23, 10; 160 Nr. 722 Taf. 23, 5; 160 Nr. 723 Taf. 23, 11; 160 Nr. 724 Taf. 23, 12.; 160 Nr. 725 Taf. 23, 13; 160 Nr. 726 Taf. 23, 14; 160 Nr. 727; 169 Nr. 887 Taf. 23, 17.

94. STEEDEN, Kr. Limburg-Weilburg, aus der Wildhaus-Höhle. 1 Zungenpfeilspitze. Herrmann, Urnenfelderkultur 78 Nr. 146 Taf. 208 M.

95. GLAUBERG, Wetteraukreis, Tüllenpfeilspitze. Herrmann, Urnenfelderkultur 107f. Nr. 280 Taf. 41 F7.

96. BAD HOMBURG-GONZENHEIM, Hochtaunuskreis, Siedlungsgrube (?). Dornpfeilspitze. Herrmann, Urnenfelderkultur 81 Nr. 158 Taf. 13 B4.

97. BICKENBACH, Kr. Darmstadt-Dieburg, in den Torfgruben (?). Pfeilspitze. Herrmann, Urnenfelderkultur 154 Nr. 541.

98. LAMPERTHEIM, Kr. Bergstraße, aus Torfbruch. Pfeilspitze. Herrmann, Urnenfelderkultur 150 Nr. 515.

99. MANNHEIM-SANDHOFEN, Pfeilspitze. Bad. Fundber. 14, 1937, 14f.

100. TREBUR, Kr. Groß-Gerau, Dornpfeilspitze. Herrmann, Urnenfelderkultur 184 Nr. 691 Taf. 208 N.

101. MAINZ-KASTEL, Kr. Wiesbaden, Tüllenpfeilspitze. Herrmann, Urnenfelderkultur 90 Nr. 208 Taf. 208 O.

102. KLEIN-KROTZENBURG, Main-Kinzig-Kreis, Tüllenpfeilspitze. Herrmann, Urnenfelderkultur 188 Nr. 723 Taf. 208 P.

103. WIESBADEN, "auf dem Heidenberg" Tüllenpfeilspitze. Herrmann, Urnenfelderkultur 92 Nr. 217 Taf. 208 R.

104. RAINROD, Wetteraukreis. Tüllenpfeilspitze. Herrmann, Urnenfelderkultur 109 Nr. 290 Taf. 208 S.

105. FRANKFURT-HEDDERNHEIM, Tüllenpfeilspitze. Herrmann, Urnenfelderkultur 55 Nr. 29 Taf. 208 T.

106. WAHLHEIM, Kr. Alzey-Worms. Tüllenpfeilspitze. Pachali, Kr. Alzey 157 Taf. 55 C.

es fehlen: Heidelberg-Neuenheim

LISTE 6: MESSER

1. REICHELSHEIM, Wetteraukreis, Brandgrab. Mit umgeschlagenem Griffdorn. Herrmann, Urnenfelderkultur 129 Nr. 395 Taf. 119 B5.

2. REICHELSHEIM, Wetteraukreis, aus Gräbern. Mit durchlochtem Griffdorn. Herrmann, Urnenfelderkultur 129 Nr. 397 Taf. 120 A4.

3. SCHWALHEIM, Wetteraukreis, Brandgrab. Mit umgeschlagenem Griffdorn. Herrmann, Urnenfelderkultur 130 Nr. 405 Taf. 121 A3.

4. LORSCHER WALD, Kr. Bergstraße, aus Grabhügel. Mit umgeschlagenem Griffdorn. Herrmann, Urnenfelderkultur 152 Nr. 525 Taf. 141 E3.

5. Bei LORSCH, Kr. Bergstraße, aus Brandgrab. Mit umgeschlagenem Griffdorn. Herrmann, Urnenfelderkultur 150 Nr. 518 Taf. 141 B.

6. VIERNHEIM, Kr. Bergstraße, Brandgrab. Mit umgeschlagenem Griffdorn. Herrmann, Urnenfelderkultur 153 Nr. 535 Taf. 144 A22.

7. DARMSTADT, aus Grabhügel. Mit umgeschlagenem Griffdorn. Herrmann, Urnenfelderkultur 154f. Nr. 544 Taf. 146 A8.

8. LENGFELD, Kr. Darmstadt-Dieburg, Brandgrab. Mit einfachem Griffdorn. Herrmann, Urnenfelderkultur 166 Nr. 593 Taf. 157 C3.

9. SPRACHBRÜCKEN, Kr. Darmstadt-Dieburg, aus Brandgräbern. Mit umgeschlagenem Griffdorn. Herrmann, Urnenfelderkultur 173 Nr. 613 Taf. 160 A3.

10. GERNSHEIM, Kr. Groß-Gerau, Brandgrab. Mit umgeschlagenem Griffdorn. Herrmann, Urnenfelderkultur 178 Nr. 645 Taf. 162 B1.

11. OBERWALLUF, Rheingau-Taunus-Kreis, Steinkistengrab B. Mit durchlochtem Griffdorn. Herrmann, Urnenfelderkultur 84 Nr. 180 Taf. 89 B1.

12. OCKSTADT, Wetteraukreis. Steinkistengrab 2. Mit durchlochtem Griffdorn. Herrmann, Urnenfelderkultur 124f. Nr. 382 Taf. 115 E2.

13. WISSELSHEIM, Wetteraukreis, Brandgrab. Mit durchlochtem Griffdorn. Herrmann, Urnenfelderkultur 134 Nr. 420 Taf. 125 A6.

14. LORSCH, Kr. Bergstraße, aus Grabhügel. Mit durchlochtem Griffdorn. Herrmann, Urnenfelderkultur 152 Nr. 527 Taf. 142 D2.

15. LORSCH, Kr. Bergstraße, aus Grabhügel. Mit Griffdorn. Herrmann, Urnenfelderkultur 152 Nr. 528 Taf. 142 E.

16. VIERNHEIM, Kr. Bergstraße, Brandgrab. Mit durchlochtem Griffdorn. Herrmann, Urnenfelderkultur 153 Nr. 532 Taf. 143 A8.

17. ESCHOLLBRÜCKEN, Kr. Darmstadt-Dieburg, aus Brandgrab. Mit durchlochtem Griffdorn. Herrmann, Urnenfelderkultur 157 Nr. 554 Taf. 149 C1.

18. PFUNGSTADT, Kr. Darmstadt-Dieburg, Grab 3. Mit durchlochtem Griffdorn. Herrmann, Urnenfelderkultur 162 Nr. 571 Taf. 154 B1.

19. FRANKFURT-Osthafen, Grab 14. Mit einfachem Griffdorn. Herrmann, Urnenfelderkultur 52 Nr. 10 Taf. 67 G.

20. FRANKFURT-Sindlingen, Brandgrab. Mit einfachem Griffdorn. Herrmann, Urnenfelderkultur 61f. Nr. 61 Taf. 74 B3.

21. ESCHBORN, Main-Taunus-Kreis. Steinkistengrab 2. Mit durchlochtem Griffdorn und aufgeschobenem Zwischenstück. Herrmann, Urnenfelderkultur 73f. Nr. 117 Taf. 84,2.

22. HOCHHEIM, Main-Taunus-Kreis, aus Gräbern. Mit umgeschlagenem Griffdorn. Herrmann, Urnenfelderkultur 75 Nr. 126 Taf. 85 B4.

23. HOCHHEIM, Main-Taunus-Kreis, aus Gräbern. Mit umgeschlagenem Griffdorn. Herrmann, Urnenfelderkultur 75 Nr. 126 Taf. 85 B3.

24. WIESBADEN-Bierstadt, Brandgrab 2. Mit umgeschlagenem Griffdorn. Herrmann, Urnenfelderkultur 99 Nr. 245 Taf. 97 E2.

25. WIESBADEN-Bierstadt, Körpergrab 1. Mit umgeschlagenem Griffdorn. Herrmann, Urnenfelderkultur 99 Nr. 245 Taf. 97 D1.

26. WIESBADEN-Erbenheim, Grab 1. Mit umgeschlagenem Griffdorn. Herrmann, Urnenfelderkultur 101 Nr. 255 Taf. 99 C7.

27. NIEDER-MOCKSTADT, Wetteraukreis, Grab. Mit durchlochtem Griffdorn. Herrmann, Urnenfelderkultur 108f. Nr. 285 Taf. 101 E2.

28. BAD NAUHEIM, Wetteraukreis, Steinkistengrab. Mit durchlochtem Griffdorn. Herrmann, Urnenfelderkultur 110 Nr. 295 Taf. 103,21.

29. BAD NAUHEIM, Wetteraukreis, aus Gräbern. Mit umgeschlagenem Griffdorn. Herrmann, Urnenfelderkultur 111 Nr. 296 Taf. 104 E.

30. BAD NAUHEIM, Wetteraukreis, aus Gräbern. Mit umgeschlagenem Griffdorn. Herrmann, Urnenfelderkultur 111 Nr. 296 Taf. 104 D.

31. NIEDER-ROSSBACH, Wetteraukreis, aus Brandgrab. Griffdorn mit aufgeschobenem Zwischenstück. Herrmann, Urnenfelderkultur 123 Nr. 373 Taf. 115 C1.

32. FRANKFURT-Höchst, Brandgrab. Mit durchlochtem Griffdorn. Herrmann, Urnenfelderkultur 56 Nr. 38 Taf. 70 C1.

33. WIESBADEN-Erbenheim, Doliengrab. Mit durchlochtem Griffdorn. Herrmann, Urnenfelderkultur 101 Nr. 252 Taf. 98 B1.

34. ARNSBURG, Lahn-Dill-Kreis, aus Hügel. Mit durchlochtem Griffdorn. Herrmann, Urnenfelderkultur 134 Nr. 426 Taf. 125D.

35. DIETZENBACH, Kr. Offenbach, Steinkistengrab 1. Mit durchlochtem Griffdorn. Herrmann, Urnenfelderkultur 185 Nr. 705 Taf. 171,2.

36. FRANKFURT-Sindlingen, Brandgrab. Mit umgeschlagenem Griffdorn. Herrmann, Urnenfelderkultur 62 Nr. 62 Taf. 74 A7.

37. OBER-WIDDERSHEIM, Wetteraukreis, Brandgrab. Mit umgeschlagenem Griffdorn. Herrmann, Urnenfelderkultur 109 Nr. 289 Taf. 101 D2.

38. REICHELSHEIM, Wetteraukreis, Brandgrab 1. Mit umgeschlagenem Griffdorn. Herrmann, Urnenfelderkultur 129 Nr. 396 Taf. 119 A1.

39. FRANKFURT-Stadtwald, aus Hügel. Mit durchlochtem Griffdorn. Herrmann, Urnenfelderkultur 63 Nr. 68 Taf. 75 G.

40. OBBORNHOFEN, Lahn-Dill-Kreis, Brandgrab. Mit durchlochtem Griffdorn. Herrmann, Urnenfelderkultur 145 Nr. 479 Taf. 135 D.

41. GAMBACH, Wetteraukreis, aus Gräbern. Verbogene Klinge. Herrmann, Urnenfelderkultur 118 Nr. 349 Taf. 109 D1.

42. STAMMHEIM, Wetteraukreis, aus Hügel. Mit Griffdorn. Herrmann, Urnenfelderkultur 132 Nr. 414 Taf. 121 C1.

43. GIESSEN-Trieb, Brandgrab. Klingenbruchstück. Herrmann, Urnenfelderkultur 138 Nr. 445 Taf. 128 E2.

44. LEIHGESTERN, Lahn-Dill-Kreis, Brandgrab. Griffdornmesser. Herrmann, Urnenfelderkultur 142 Nr. 462 Taf. 132 F1.

45. FRANKFURT-Nied, aus Gräbern, Griffdornmesser. Herrmann, Urnenfelderkultur 57 Nr. 42 Taf. 71,35.

46. FRANKFURT-Nied, aus Gräbern. Mit umgeschlagenem Griffdorn. Herrmann, Urnenfelderkultur 57 Nr. 42 Taf. 71,34.

47. OBER-LIEDERBACH, Main-Taunus-Kreis, aus Brandgrab(?). Mit umgeschlagenem Griffdorn. Herrmann, Urnenfelderkultur 76 Nr. 135 Taf. 86 D1.

48. HOMBURG-GONZENHEIM, Hochtaunuskreis, Brandgrab. Griffdornmesser. Herrmann, Urnenfelderkultur 81 Nr. 157 Taf. 87 C1.

49. SCHWALBACH, Main-Taunus-Kreis, Brandgrab. Griffdornmesser. Herrmann, Urnenfelderkultur 89 Nr. 198 Taf. 92 B1.

50. ULFA, Wetteraukreis, aus Hügel. Mit umgeschlagenem Griffdorn. Herrmann, Urnenfelderkultur 109 Nr. 292 Taf. 102 G.

51. FRIEDBERG-Fauerbach, Wetteraukreis, Brandgrab. Mit umgeschlagenem Griffdorn. Herrmann, Urnenfelderkultur 118 Nr. 345 Taf. 109 C1.

52. GROSSEN-LINDEN, Lahn-Dill-Kreis. Grab 3. Griffdornmesser. Herrmann, Urnenfelderkultur 140 Nr. 449 Taf. 132 B2.

53. WATZENBORN, Kr. Gießen, aus Brandgrab. Herrmann, Urnenfelderkultur 146 Nr. 448 Taf. 135 C.

54. LORSCH, Kr. Bergstraße, aus Hügel, mit flachem Griffdorn. Herrmann, Urnenfelderkultur 152 Nr. 529 Taf. 142 C.

55. DARMSTADT-Eberstadt, Grab. Griffplattenmesser. Herrmann, Urnenfelderkultur 156 Nr. 547 Taf. 147 A1.

56. BISCHOFSHEIM, Kr. Groß-Gerau, Brandgrab. Griffdornmesser. Herrmann, Urnenfelderkultur 176 Nr. 631 Taf. 162 D3.

57. BÜTTELBORN, Kr. Groß-Gerau. Grab 3. Griffdornmesser. Herrmann, Urnenfelderkultur 177 Nr. 634 Taf. 163 B6.

58. KLEIN-GERAU, Kr. Groß-Gerau, Brandgrab. Griffdornmesser. Herrmann, Urnenfelderkultur 181 Nr. 667 Taf. 164 C1.

59. RÜSSELSHEIM, Kr. Groß-Gerau, Brandgrab. Griffplatten(?)messer. Herrmann, Urnenfelderkultur 182 Nr. 680 Taf. 168 A2.

60. HANAU, Main-Kinzig-Kreis, Garnisionslazarett, Brandgrab 1. Mit umgeschlagenem Griffdorn. Müller-Karpe, Urnenfelderkultur 62 Taf. 3 A7.

61. HANAU, Main-Kinzig-Kreis, Töngesfeld, Brandgrab 5. Mit umgeschlagenem Griffdorn. Müller-Karpe, Urnenfelderkultur 64 Taf. 8 C3.

62. HANAU, Main-Kinzig-Kreis, Lehrhofer Heide, Grab 7. Mit umgeschlagenem Griffdorn. Müller-Karpe, Urnenfelderkultur 67 Taf. 13 A10.

63. GROSSKROTZENBURG, Main-Kinzig-Kreis, Grab. Mit umgeschlagenem Griffdorn. Müller-Karpe, Urnenfelderkultur 70 Taf. 21 A4.

64. MITTELBUCHEN, Main-Kinzig-Kreis, aus Hügel. Mit umgeschlagenem Griffdorn. Müller-Karpe, Urnenfelderkultur 72 Taf. 24 B3.

65. LANGENDIEBACH, Main-Kinzig-Kreis, Grab 1. Mit umgeschlagenem Griffdorn. Müller-Karpen, Urnenfelderkultur 74 Taf. 27 C3.

66. HANAU, Main-Kinzig-Kreis, Lehrhofer Heide, Grab 8. Mit umgeschlagenem Griffdorn. Müller-Karpe, Urnenfelderkultur 67 Taf. 13 B7.

67. LANGENDIEBACH, Main-Kinzig-Kreis, aus Gräbern. Mit umgeschlagenem Griffdorn. Müller-Karpe, Urnenfelderkultur 76 Taf. 30 D4.

68. LANGENDIEBACH, Main-Kinzig-Kreis, Hügelgrab. Klinge. Müller-Karpe, Urnenfelderkultur 76 Taf. 31 D11.

69. KARBEN-BORNMÜHLE, Wetteraukreis, Grab. Griffdornmesser. Müller-Karpe, Urnenfelderkultur 81 Taf. 44 D2.

70. LANGENSELBOLD, Main-Kinzig-Kreis, Grab 2. Mit durchlochtem Griffdorn. Müller-Karpe, Urnenfelderkultur 73 Taf. 25 B1.

71. LANGENDIEBACH, Main-Kinzig-Kreis, Grab 4. Griffdornmesser. Müller-Karpe, Urnenfelderkultur 75 Taf. 28 B3.

72. HANAU, Main-Kinzig-Kreis. Bebraer Bahnhofstr., Grab 1. Griffdornmesserfragment. Müller-Karpe, Urnenfelderkultur 62 Taf. 4 A14.

73. HANAU, Main-Kinzig-Kreis, Puppenwald, Grab. Mit durchlochtem Griffdorn. Müller-Karpe, Urnenfelderkultur 62 Taf. 4 B3.

74. HANAU, Main-Kinzig-Kreis, Töngesfeld, aus Gräbern. Mit durchlochter Griffplatte. Müller-Karpe, Urnenfelderkultur 64 Taf. 7 B3.

75. HANAU, Main-Kinzig-Kreis, Töngesfeld, Grab 2. Mit durchlochtem Griffdorn. Müller-Karpe, Urnenfelderkultur 64 Taf. 7 A1.

76. HANAU, Main-Kinzig-Kreis, Töngesfeld, G 5. Mit umgeschlagenem (?) Griffdorn. Müller-Karpe, Urnenfelderkultur 64 Taf. 8 C3.

77. HANAU, Main-Kinzig-Kreis, Lehrhofer Heide, Grab 4. Mit durchlochtem Griffdorn. Müller-Karpe, Urnenfelderkultur 66 Taf. 12 B8.

78. HANAU, Main-Kinzig-Kreis, Lehrhofer Heide, Grab 18. Griffplattenmesser. Müller-Karpe, Urnenfelderkultur 67 Taf. 14 B4.

79. BRUCHKÖBEL, Main-Kinzig-Kreis, Grab. Mit durchlochtem Griffdorn. Zusammen mit Nr. 90. Müller-Karpe, Urnenfelderkultur 69 Taf. 18, 32.

80. GROSSAUHEIM, Main-Kinzig-Kreis, aus Gräbern. Mit durchlochtem Griffdorn. Müller-Karpe, Urnenfelderkultur 70 Taf. 20 C6.

81. GROSSKROTZENBURG, Main-Kinzig-Kreis, Steinplattengrab. Mit durch-lochtem Griffdorn. Müller-Karpe, Urnenfelderkultur 71 Taf. 21 A8.

82. EICHEN, Main-Kinzig-Kreis, aus Grabhügel. Griffdornmesser. Müller-Karpe, Urnenfelderkultur 72 Taf. 24 F4.

83. EDDERSHEIM, Main-Taunus-Kreis, Brandgrab. Mit durchlochter Griffplatte. Herrmann, Urnenfelderkultur 73 Nr. 113 Taf. 82 E2.

84. FRANKFURT-Zeilsheim, aus Gräbern. Griffdornmesser. Herrmann, Urnenfelderkultur 65 Nr. 75 Taf. 77 B1.

85. HANAU, Main-Kinzig-Kreis, Bruchköbeler Wald, Grab. Fragment. Müller-Karpe, Urnenfelderkultur 69 Taf. 17 C10.

86. LANGD, Lahn-Dill-Kreis, aus Hügeln. Griffdornmesser mit geripptem Zwischenstück. Herrmann, Urnenfelderkultur 141 Nr. 457 Taf. 132 C6.

87. LANGD, Lahn-Dill-Kreis, aus Hügeln. Griffdornmesser mit geripptem Zwischenstück. Herrmann, Urnenfelderkultur 141 Nr. 457 Taf. 132 C5.

88. FRANKFURT-Niederursel, vermutl. Grab. Vollgriffmesser. Herrmann, Urnenfelderkultur 59 Nr. 48 Taf. 72 A1.

89. REINHEIM, Kr. Darmstadt-Dieburg, Brandgrab. Ringgriffmesser. Herrmann, Urnenfelderkultur 169 Nr. 603 Taf. 158 B3.

90. BRUCHKÖBEL, Main-Kinzig-Kreis, Steinplattengrab. Vollgriffmesser. Zusammen mit Nr. 79. Müller-Karpe, Urnenfelderkultur 69 Taf. 18, 33.

91. NIEDERNBERG, Ldkr. Miltenberg, Brandgrab 1. Mit umgeschlagenem Griffdorn. Wilbertz, Urnenfelderkultur 172 Nr. 153 Taf. 33, 14.

92. GROSSHEUBACH, Ldkr. Miltenberg, Brandgrab 1. Mit umgeschlagenem Griffdorn. Wilbertz, Urnenfelderkultur 167 Nr. 138 Taf. 45, 8.

93. OBERNAU, Ldkr. Aschaffenburg, Grab 10. Mit durchlochtem Griffdorn. Wilbertz, Urnenfelderkultur 126 Nr. 39 Taf. 32, 20.

94. GROSSHEUBACH, Ldkr. Miltenberg, Grab 4. Mit durchlochtem Griffdorn. Wilbertz, Urnenfelderkultur 164 Nr. 135 Taf. 41, 15.

95. KAHL, Ldkr. Aschaffenburg, Grab ? Griffdornmesser. Wilbertz, Urnenfelderkultur 123 Nr. 29 Taf. 24, 1.

96. SULZBACH, Ldkr. Miltenberg, Körpergrab 1. Mit durchlochtem Griffdorn. Wilbertz, Urnenfelderkultur 174 Nr. 157 Taf. 34, 1.

97. PFLAUMHEIM, Ldkr. Aschaffenburg, Grabhügel. Griffdornmesser mit Zwischenstück. Wilbertz, Urnenfelderkultur 127 Nr. 40 Taf. 20, 16.

98. ANNEROD, Lahn-Dill-Kreis. Grabhügel 18. Mit durchlochtem Griffdorn. Zusammengehörigkeit mit Nr. 99 nicht gesichert. Kunter, Gießen 104 Taf. 28, 7.

99. ANNEROD, Lahn-Dill-Kreis, Grabhügel 18. Griffdornmesser. Zusammengehörigkeit mit Nr. 98 nicht gesichert. Kunter, Gießen 104 Taf. 28, 8.

100. BERMERSHEIM, Kr. Alzey-Worms, Grab. Griffdornmesser. Pachali, Kreis Alzey 142 Taf. 38 A1.

101. ELSENFELD, Ldkr. Miltenberg, Kammergrab. Mit umgeschlagenem Griffdorn. Frankenland N.F. 28, 1976 Abb. 14.

102. FRANKFURT-Osthafen, Grab 3. Mit umgeschlagenem Griffdorn, fragmentiert. Herrmann, Urnenfelderkultur 52 Nr. 10 Taf. 67 E8.

103. GAUALGESHEIM, Kr. Mainz-Bingen, aus Brandgräbern. Griffdornmesser. Behrens, Rheinhessen 28 Nr. 104b.

104. HEIDELBERG, Körpergrab. Mit durchlochtem Griffdorn. Kimmig, Urnenfelderkultur 146 Taf. 10 H5.

105. KLEINSEELHEIM, Kr. Marburg-Biedenkopf. Brandgrab 2. Griffdornmesser. Fundber. Hessen 4, 1974, 207f. Abb. 11, 8.

106. LEIHGESTERN, Lahn-Dill-Kreis, Brandgrab. Fragment eines Griffdornmessers. Kunter, Gießen 112 Taf. 29, 16.

107. MANNHEIM-Straßenheimer Hof, aus Flachbrandgräbern. Griffdornmesser mit zylindrischem Zwischenstück. Kimmig, Urnenfelderkultur 152 Taf. 19 C1.

108. MANNHEIM-Wallstadt, aus Flachbrandgräbern. Griffdornmesser. Kimmig, Urnenfelderkultur 255f. Taf. 16 B6.

109. MANNHEIM-Wallstadt, aus Flachbrandgräbern. Mit durchlochtem Griffdorn. Kimmig, Urnenfelderkultur 255f. Taf. 16 B9.

110. MANNHEIM-Wallstadt, aus Flachbrandgräbern. Mit durchlochtem Griffdorn. Kimmig, Urnenfelderkultur 255f. Taf. 16 B10.

111. NIEDER-RAMSTADT, Kr. Darmstadt-Dieburg, Brandgrab. Griffplattenmesser. Kubach, Wölfersheim 36 Nr. 42 Taf. 27 A5.

112. OCKSTADT, Wetteraukreis, Brandgrab 1. Bronzemesser verloren. Herrmann, Urnenfelderkultur 124 Nr. 382.

113. STEINHEIM, Main-Kinzig-Kreis, Körperdoppelgrab. Mit Lappenringgriff. Kubach, Wölfersheim 36f. Nr. 50 Taf. 22 D4.

114. STEINHEIM, Main-Kinzig-Kreis, Körperdoppelgrab. Griffplattenmesser. Kubach, Wölfersheim 36f. Nr. 50 Taf. 22 D5.

115. WETZLAR-Scheib, aus Gräbern. Mit durchlochtem Griffdorn. Janke, Wetzlar 34f. Taf. 20, 19.

116. WEYER, Kr. Limburg-Weilburg, Grab 1. Griffdornmesser. Fundber. Hessen 4, 1964, 87ff. Taf. 34, 6.

117. WEYER, Kr. Limburg-Weilburg, Brandgrab 2. Klinge. Fundber. Hessen 4, 1964, 87f. Taf. 35, 7.

118. WISSELSHEIM, Wetteraukreis, Brandgrab. Mit umgeschlagenem Griffdorn. Richter, Arm und Beinschmuck 139 Nr. 848 Taf. 87 B1.

119. WITTELSBERG, Kr. Marburg-Biedenkopf. Griffdornmesser Gew. 24 g. Nass, Urnenfelderkultur 52 Nr. 15, 5 Taf. IX, 3.

120. MAINZ-Bretzenheim, Urnengrab. Mit durchlochtem Griffdorn. Eggert, Urnenfelderkultur 186 Nr. 233f. Taf. 7 D3.

121. SIEFERSHEIM, Kr. Alzey-Worms, Urnenflachgrab. Mit eingerolltem Griffdorn. Eggert, Urnenfelderkultur 289 Nr. 524 Taf. 21, 1.

122. LÖRZWEILER, Kr. Mainz-Bingen, Urnengrab. Griffdornmesser. Eggert 162 Nr. 89 Taf. 6, 13.

123. WORMS-Pfeddersheim, Brandgrab. Griffdornmesser. Eggert 326f. Nr. 619 Taf. 30, 13.

124. STADECKEN, Kr. Mainz-Bingen, Tüllenmesser. Eggert, Urnenfelderkultur 225 Nr. 354 Taf. 13 B3.

125. ESCHBORN, Main-Taunus-Kreis, Steinkistengrab 1. Griffdornmesser mit Zwischenstück. Herrmann, Urnenfelderkultur 73 Nr. 116 Taf. 83 B6.

126. UFFHOFEN, Kr. Alzey-Worms, Grabhügel. Mit gelochtem Griffdorn. Eggert, Urnenfelderkultur 256 Nr. 421 Taf. 13 A3.

127. HEIDESHEIM-Uhlerborn, Kr. Mainz-Bingen, aus Gräbern. Mit durchlochtem Griffdorn. Mainzer Zeitschr. 8/9, 1913/14, 135 Abb. 17, 2.3; Eggert, Urnenfelderkultur 153 Nr. 63.

128. NIERSTEIN, Kr. Mainz-Bingen, aus zerstörtem Grab. Mit umgeschlagenem Griffdorn. Westdeutsche Zeitschr. 19, 1900, 396, Taf. 16, 4; Eggert, Urnenfelderkultur 220 Nr. 332.

129. BUTZBACH, Wetteraukreis, Körpergrab. Griffplattenmesser. Kubach, Wölfersheim 33, IX,4 Taf. 17, 1.

130. MANNHEIM-Seckenbach, Steinkistengrab. Griffplattenmesser. Kimmig, Urnenfelderkultur 152 Taf. 2 A5.

131. NIERSTEIN, Kr. Mainz-Bingen, Grab?. Tüllengriffmesser. Westdeutsche Zeitschr. 23, 1904, 361 Taf. 2, 5; Eggert, Urnenfelderkultur 220 Nr. 333.

132. ASCHAFFENBURG-Strietwald, Grab 2. Mit umgeschlagenem Griffdorn. Rau, Aschaffenburg-Strietwald Taf. 4, 1.

133. ASCHAFFENBURG-Strietwald, Grab 27. Griffdornmesser. Rau, Aschaffenburg-Strietwald Taf. 15, 8.

134.-141. BAD HOMBURG v.d.H., Hochtaunuskreis. Hort. Herrmann, Urnenfelderkultur 79 Nr. 149.

134. Griffdornmesser mit profiliertem Zwischenstück. Gew. 33 g. Ebd. Taf. 185, 3

135. Griffdornmesser mit profiliertem Zwischenstück. Gew. 59 g. Ebd. Taf. 185, 4

136. Griffdornmesser mit profiliertem Zwischenstück. In zwei Teile zerbrochen und geklebt. Gew. 66 g. Ebd. Taf. 185, 5

137. Zwei aneinanderpassende Fragmente eines gewaltsam zerbrochenen Griffdornmessers mit glattem Zwischenstück. Gew. 25 u. 45 g. Ebd. Taf. 185, 6; Taf. 10, 1.

138. Zwei aneinanderpassende Fragmente eines gewaltsam zerbrochenen Griffdornmessers mit glattem Zwischenstück. Gew. 30 u. 47 g. Ebd. Taf. 185, 7; Taf. 10, 2.

139. Fragment eines Griffdornmessers mit glattem Zwischenstück. Die Schneide weist Dengelspuren auf, die Gußnaht auf dem Klingenrücken ist hingegen nicht abgearbeitet. Gew. 62 g. Ebd. Taf. 185, 8.

140. Tüllenmesser, fragmentiert, Gew. 76 g. Ebd. Taf. 185, 2.

141. Zwei aneinander passende Fragmente eines Messers Gew. 20 u. 23 g. Ursprünglich dürfte es sich um ein Griffdornmesser gehandelt haben, das, nachdem der Dorn abgebrochen war, zu einem Griffplattenmesser umgearbeitet wurde. Ebd. Taf. 185, 1.

142. FRANKFURT-Niederrad, Hort. Klingenfragment, Gew. 3 g. Herrmann, Urnenfelderkultur 57 Nr. 43 Taf. 177, 19.

143. RÜDESHEIM, Rheingau-Taunus-Kreis, Hort. Griffdornmesser. Herrmann, Urnenfelderkultur 86 Nr. 186 Taf. 192, 9.

144. GAMBACH, Wetteraukreis, Hort. Griffdornmesser mit profiliertem Zwischenstück. Alt fragmentiert, Biegesaum an der Klinge deutlich erkennbar, Gew. 46 g. Herrmann, Urnenfelderkultur 119 Nr. 351 Taf. 195, 1.

145. GAMBACH, Wetteraukreis, Hort, Tüllengriffmesser. Alt fragmentiert, Biegesaum an der Klinge deutlich erkennbar, Gew. 48 g. Herrmann, Urnenfelderkultur 119 Nr. 351 Taf. 195, 2.

146. DOSSENHEIM, Rhein-Neckar-Kreis, Hort. Griffdornmesser mit profiliertem Zwischenstück. Stein, Hortfunde 110 Nr. 269 Taf. 80, 9.

147.-150. HOCHSTADT, Main-Kinzig Kreis. Hort. Müller-Karpe, Urnenfelderkultur 78.

147. Tüllengriffmesser. Fragmentiert. Gew. 47 g. Ebd. Taf. 33 D1.

148. Tüllengriffmesser. Gew. 40 g. Ebd. Taf. 33 D2.

149. Tüllengriffmesser. Fragmentiert, deutlicher Biegesaum. Gew. 25 g. Ebd. Taf. 33 D4.

150. Griffdornmesser mit profiliertem Zwischenstück. Fragmentiert. Gew. 37 g. Ebd. Taf. 33 D3.

151. WEINHEIM, Rhein-Neckar-Kreis, Hort. Tüllengriffmesserbruchstück, alt gebrochen. Gew. 46 g. Stemmermann, Badische Fundber. 3, 1933, Taf. 2, 27.

152. WEINHEIM, Rhein-Neckar-Kreis, Hort, Messer mit profiliertem Zwischenstück. Gew. 71g; fragmentiert, Bruchstücke passen aneinander. Stemmermann, Badische Fundber. 3, 1933, Taf. 2, 28.

152a. WEINHEIM, Rhein-Neckar-Kreis, Hort. Bruchstück einer Klinge; alter Bruch. Gew. 33 g. Stemmermann, Badische Fundber. 3, 1933, Taf. 2, 26.

153. BAD KREUZNACH, Hort. Griffdornmesser, Gew. 20 g. Kibbert, Beile Taf. 90 B5

154. HAIMBERG, Kr. Fulda, vermutlich Hort. Klingenfragment. Kibbert, Beile 90 Nr. 322.

155. BLÖDESHEIM (Hochborn), Kr. Alzey-Worms, vermutlich Hort. Mit durchlochtem Griffdorn, Gew. 32 g. Pachali, Alzey 142 Taf. 54, 8.

156. MAINZ, Rettbergsaue. Hortfund aus dem Rhein. Klinge. Gew. 17 g. Wegner, Flußfunde 150 Nr. 565x Taf. 4, 17.

157. MAINZ, aus dem Rhein. Tüllengriffmesser. Wegner, Flußfunde 138 Nr. 398f. Taf. 5, 5 ("Depotfund").

158. MAINZ, aus dem Rhein. Mit durchlochtem Griffdorn. Wegner, Flußfunde 134 Nr. 337 Taf. 38, 2.

159. MAINZ, aus dem Rhein. Mit durchlochtem Griffdorn. Wegner, Flußfunde 144 Nr. 489 Taf. 38, 3.

160. MAINZ, aus dem Rhein. Mit durchlochtem Griffdorn. Wegner, Flußfunde 162 Nr. 751 Taf. 38, 4.

161. MAINZ, aus dem Rhein. Mit umgeschlagenem Griffdorn. Wegner, Flußfunde 162 Nr. 754 Taf. 38, 6.

162. MAINZ, aus dem Rhein. Mit umgeschlagenem Griffdorn. Wegner, Flußfunde 162 Nr. 755 Taf. 38, 7.

163. MAINZ, aus dem Rhein. Griffdornmesser. Wegner, Flußfunde 132 Nr. 303 Taf. 39, 1.

164. MAINZ, aus dem Rhein. Griffdornmesser. Wegner, Flußfunde 162 Nr. 756 Taf. 39, 2.

165. MAINZ-Kastel, aus dem Rhein, Griffdornmesser. Wegner, Flußfunde 140 Nr. 420 Taf. 39, 3.

166. MAINZ, aus dem Rhein, Griffdornmesser. Wegner, Flußfunde 162 Nr. 758 Taf. 39, 4.

167. MAINZ, aus dem Rhein. Mit umgeschlagenem Griffdorn. Wegner, Flußfunde 162 Nr. 752 Taf. 62, 2. Taf. 9, 4.

168. MAINZ, aus dem Rhein. Mit umgeschlagenem Griffdorn. Wegner, Flußfunde 162 Nr. 753 Taf. 62, 1. Taf. 9, 3.

169. MAINZ, aus dem Rhein. Griffdornmesser mit profiliertem Zwischenstück. Wegner, Flußfunde 162 Nr. 760 Taf. 62, 8. Taf.9, 11.

170. Vermutl. MAINZ, aus dem Rhein. Messer mit Antennengriff. Wegner, Flußfunde 170 Nr. 894 Taf. 39, 6.

171. Vermutl. MAINZ, aus dem Rhein. Griffdornmesser mit profiliertem Zwischenstück. Wegner, Flußfunde 170 Nr. 893 Taf. 39,5.

172. MAINZ, aus dem Rhein. Mit durchlochtem Griffdorn. Wegner, Flußfunde 142 Nr. 450.

173. MAINZ, aus dem Rhein. "Messer". Wegner, Flußfunde 135 Nr. 360.

174. Vermutl. MAINZ, aus dem Rhein. Griffdornmesser. Wegner 162 Nr. 757.

175. Vermutl. MAINZ, aus dem Rhein. "Bronzemesser". Wegner 162 Nr. 762.

176. GINSHEIM-GUSTAVSBURG, Kr. Groß-Gerau, Griffdornmesser mit profiliertem Zwischenstück. Wegner, Flußfunde 135 Nr. 363 Taf. 62, 10.

177. WIESBADEN, aus dem Rhein. Mit umgeschlagenem Griffdorn. Wegner, Flußfunde 151 Nr. 581 Taf. 38, 5.

178. WIESBADEN, aus dem Rhein. Griffdornmesser. Wegner, Flußfunde 151 Nr. 582 Taf. 62, 4. Taf. 9, 7.

179. BINGERBRÜCK, Kr. Mainz-Bingen, aus dem Rhein. Griffplattenmesser L. 13, 7cm, Gew. 28 g. dunkelgrün-bläulich patiniert. Mus. Bonn 15070. Behrens, Katalog Bingen 16; Bonner Jahrb. 113, 1905, 57f. Abb. 29, 5. Taf. 8, 9.

180. BINGERBRÜCK, Kr. Mainz-Bingen, aus dem Rhein. Mit umgeschlagenem Griffdorn. L. 16, 8cm, Gew. 29 g. Mus. Bonn 15071. Behrens, Katalog Bingen 16; Bonner Jahrb. 113, 1905, 57f. Abb.29, 4. Taf.9, 2.

181. BINGERBRÜCK, Kr. Mainz-Bingen, aus dem Rhein. Mit gelochtem Griffdorn. Mus. Bonn 15074. Behrens, Katalog Bingen 16; Bonner Jahrb. 113, 1905, 57f. Abb. 29, 1.

182. BINGERBRÜCK, Kr. Mainz-Bingen, aus dem Rhein, Griffdornmesser. L. 15, 5cm, Gew. 18 g. Mus. Bonn 15073. Dunkelgrün-bläulich patiniert. Behrens, Katalog Bingen 16; Bonner Jahrb. 113, 1905, 57f. Abb. 29, 3. Taf. 9, 5.

183. BINGERBRÜCK, Kr. Mainz-Bingen, aus dem Rhein. Mus Bonn 16389. Messer mit glattem Zwischenstück und sichelförmiger Schneide. Gew. 45 g. unpubliziert. Taf. 9, 8.

184. BACHARACH, Kr. Mainz-Bingen, aus dem Rhein. Griffdornmesser. L. 18, 3cm, Gew. 35 g. Mus Bonn A 1466n. Lindenschmidt, Westdeutsche Zeitschr. 14, 1895, 388, Taf. 14, 19. Wegner 162 Nr. 759 Taf. 4, 19 (falsche Fundortangabe); Taf. 9, 6.

185. BACHARACH, Kr. Mainz-Bingen, aus dem Rhein. Griffdornmesser mit profiliertem Zwischenstück, Gew. n. 18, 9 g. Mus Bonn A1466p. Lindenschmidt, Westdeutsche Zeitschr. 14, 1895, 388, Taf. 14, 20; Wegner, Flußfunde 162 Nr. 761. Bonner Jahrb. 142, 1937, 265. Taf. 9, 10.

186. BACHARACH, Kr. Mainz-Bingen, aus dem Rhein. Mit durchlochtem Griffdorn, Gew. 27g. Mus Bonn A 1466g. Bonner Jahrb. 142, 1937, 265. Taf. 9, 1.

187. BINGEN-KEMPTEN, Kr. Mainz-Bingen, aus dem Rhein. Mit umgeschla-genem Griffdorn. Behrens, Katalog Bingen (?) 18,

Nr. 43 Taf. 1, 15. Wegner, Flußfunde 172 Nr. 919. Eggert, Urnenfelderkultur 142f. Nr. 22.

188. NACKENHEIM, Kr. Mainz-Bingen, aus dem Rhein ?; sicher Flußfund. "Leicht gebogen, mit vierkantigem Griffdorn L. 16, 1cm". Eggert, Urnenfelderkultur 203 Nr. 296.

189. KLEINWALLSTADT, Ldkr. Miltenberg, aus dem Main. Griffdornmesser mit profiliertem Zwischenstück. Wegner, Flußfunde 116 Nr. 134 Taf. 62, 9.

190. OFFENBACH, aus dem Main. Mit durchlochtem Griffdorn. Herrmann, Urnenfelderkultur 190 Nr. 738 Taf. 215 M; Wegner, Flußfunde 121 Nr. 191 Taf. 38, 1.

191. Zwischen HEUCHELHEIM u. DUTENHOFEN, aus der Lahn. Griffdornmesser. Jockenhövel, Arch. Korrbl. 10, 1980, 44 Abb. 3, 11.

192. ERFELDEN, Kr. Groß-Gerau, bei Riedentwässerungsarbeiten. Mit umgeschlagenem Griffdorn. Herrmann, Urnenfelderkultur 178 Nr. 642 Taf. 215 F; Kubach, Deponierungen 273 Nr. 18 Abb. 17, 5.

193. GROSS-GERAU, mit umgeschlagenem Griffdorn. Herrmann, Urnenfelderkultur 179 Nr. 653 Taf. 164 E; Kubach, Deponierungen 280 Nr. 80 Abb. 17, 6.

194. PFUNGSTADT, Kr. Darmstadt-Dieburg, Torfgrube. Mit durchlochtem Griffdorn. Herrmann, Urnenfelderkultur 162f. Nr. 572 Taf. 215 T6; Kubach, Deponierungen 284 Nr. 104 Abb. 17, 4.

195. PFUNGSTADT, Kr. Darmstadt-Dieburg, Torfgrube. Griffplattenmesser. Herrmann, Urnenfelderkultur 162f. Nr. 572 Taf. 215 T7; Kubach, Deponierungen 283f. Nr.103 Abb. 17, 1.

196. ESCHOLLBRÜCKEN, Kr. Darmstadt Dieburg, Torfgrube. Mit durchlochtem Griffdorn. Herrmann, Urnenfelderkultur 158 Nr. 556 Taf. 216A1.

197. ESCHOLLBRÜCKEN, Kr. Darmstadt-Dieburg, Torfgrube. Mit durcklochtem Griffdorn. Herrmann, Urnenfelderkultur 158 Nr. 556 Taf. 216 A2.

198. FRANKFURT-Heddernheim. Mit umgeschlagenem Griffdorn. Herrmann, Urnenfelderkultur 56 Nr. 35 Taf. 215C.

199. LEIHGESTERN, Lahn-Dill-Kreis. Griffdornmesser. Herrmann, Urnenfelderkultur 142 Nr. 465 Taf. 215 A.

200. WORFELDEN, Kr. Groß-Gerau. Mit durchlochtem Griffdorn. Herrmann, Urnenfelderkultur 185 Nr. 704 Taf. 215D.

201. ASCHAFFENBURG-Strietwald. Griffdornmesser. Wilbertz, Urnenfelderkultur 114 Nr. 8 Taf. 87, 5.

202. BIEBESHEIM, Kr. Groß-Gerau. Griffdornmesser. Herrmann, Urnenfelderkultur 175 Nr. 627 Taf. 215K.

203. BIEBESHEIM, Kr. Groß-Gerau. Griffdornmesser mit Zwischenstück. Herrmann, Urnenfelderkultur 175 Nr. 627 Taf. 215L.

204. WALLERSTÄDTEN, Kr. Groß-Gerau. Griffdornmesser mit profiliertem Zwischenstück. Herrmann, Urnenfelderkultur 184 Nr. 696 Taf. 215 G.

205. Bei TREBUR, Kr. Groß-Gerau. Mit umgeschlagenem(?) Griffdorn. Herrmann, Urnenfelderkultur 184 Nr. 691 Taf. 215E.

206. SANDBACH, Odenwaldkreis, Griffdornmesser mit Zwischenstück. Herrmann, Urnenfelderkultur 174 Nr. 621 Taf. 215 F.

207. Wohl FRANKFURT-Niederursel. Griffdornmesser mit Zwischenstück. Herrmann, Urnenfelderkultur 59 Nr. 49 Taf. 215I.

208. BINGEN, Kr. Mainz-Bingen, aus der Umgebung. Griffplattenmesser. Behrens Katalog Bingen 16 Nr. 29 Taf. 1, 16; Eggert, Urnenfelderkultur 139 Nr. 2; Taf. 8, 8.

209-212. BINGEN-Dietersheim, Kr. Mainz-Bingen. Vier Messer wurden zusammen aufgekauft. Behrens, Katalog Bingen 18f. Nr. 50; Eggert, Urnenfelderkultur 142 Nr. 19.

212a. Umgebung BINGEN? Griffdornmesser mit glattem Zwischenstück. Mus. Bingen. Taf. 9, 9.

213. MAINZ, Griffdornmesser L. 13, 3cm. Eggert, Urnenfelderkultur 164 Nr. 98.

214. MAINZ. Mit durchlochtem Griffdorn. L. 11, 2cm. Eggert, Urnenfelderkultur 164 Nr. 98.

215. MAINZ. Griffdornmesser mit profiliertem Zwischenstück. AuhV 2, 1870 H. 8 Taf. 2, 12. Eggert, Urnenfelderkultur 165 Nr. 106.

216. MAINZ, unter dem Estrich einer römischen Villa. Griffdornmesser. Westdeutsche Zeitschr. 19, 1900, 396 Taf. 16, 7; Eggert, Urnenfelderkultur 167 Nr. 123.

217. MAINZ-Ebersheim. Griffdornmesser mit aufgeschobenem Zwischenstück. Eggert, Urnenfelderkultur 188 Nr. 240.

218. MAINZ-Weisenau, Griffplattenmesser. Eggert, Urnenfelderkultur 194 Nr. 259.

219. NACKENHEIM, Kr. Mainz-Bingen. Griffdornmesser mit profiliertem Zwischenstück. Mainzer Zeitschr. 8/9, 1913/14, 134 Abb. 17, 1; Eggert, Urnenfelderkultur 203 Nr. 297.

220. SPONSHEIM, Kr. Mainz-Bingen. Mit durchlochtem Griffdorn. Eggert, Urnenfelderkultur 223 Nr. 342.

221. SPRENDLINGEN, Kr. Mainz-Bingen. Mit durchlochtem Griffdorn. Eggert, Urnenfelderkultur 224 Nr. 349.

222. ARMSHEIM, Kr. Alzey-Worms. Griffdornmesser. Eggert, Urnenfelderkultur 234 Nr. 382.

223. BECHTHEIM, Kr. Alzey-Worms. "Ein schönes Bronzemesser". Eggert, Urnenfelderkultur 243 Nr. 391.

224. RHEINHESSEN. Ein geschweiftes Bronzemesser. Eggert, Urnenfelderkultur 336 Nr. 647.

225. FRANKFURT-Griesheim. Griffdornmesser. Herrmann, Urnenfelderkultur 55 Nr. 26 Taf. 215B.

226. BÜTTELBORN, Kr. Groß-Gerau. Griffzungenmesser mit geschwungenem Rücken. Fundber. Hessen 13, 1973, 260 Abb. 5, 6.

227. WIESBADEN-Biebrich. Siedlungsgrube. Klingenfragment. Herrmann, Urnenfelderkultur 98 Nr. 239 Taf. 19, 8.

228. WIESBADEN-Biebrich. Siedlungsgrube. Griffdornmesser. Herrmann, Urnenfelderkultur 98 Nr. 239 Taf. 19, 4.

229. WIESBADEN-Biebrich, Siedlungsgrube. Mit durchlochtem Griffdorn. Herrmann, Urnenfelderkultur 98 Nr. 239 Taf. 19, 5.

230. FLÖRSHEIM, Main-Taunus-Kreis, aus Grube. Klinge mit verziertem Rücken. Herrmann, Urnenfelderkultur 74f. Nr. 123 Taf. 11 D3.

231. ELSENFELD, Ldkr. Miltenberg, Siedlungsgrube oder Grab. Griffdornmesser. Wilbertz, Urnenfelderkultur 161 Nr. 129 Taf. 35, 15.

232. KRONBERG-OBERHÖCHSTADT, Hochtaunuskreis, Ringwall Hünerberg. Frg. eines Messers mit profiliertem Zwischenstück. Fundber. Hessen 15, 1975, 488 Abb. 22, 4.

233. MILTENBERG, Ringwall Greinberg. Griffdornmesserfrg. Frankenland N.F. 34, 1982, Abb. 39, 2.

234. MILTENBERG, Ringwall Greinberg. Griffdornmesserfrg. Frankenland N.F. 31, 1979 Abb. 38, 6.

235. BAD HOMBURG v.d.H., Hochtaunuskreis, Ringwall Bleibeskopf. Griffdornmesser. A. Müller-Karpe, Fundber. Hessen 14, 1974, Abb. 6, 4.

236. BAD HOMBURG, v.d.H., Hochtaunuskreis, Ringwall Bleibeskopf. Griffdornmesser mit profiliertem Zwischenstück. Herrmann, Urnenfelderkultur 80 Nr. 150 Taf. 12 C1.

236A. BAD HOMBURG, v.d.H., Hochtaunuskreis, Ringwall Bleibeskopf. Griffdornmesser mit profiliertem Zwischenstück. Titzmann, Fundber. Hessen (im Erscheinen) Abb. 4, 1.

236B. BURGHOLZHAUSEN, Hochtaunuskreis, aus Gruben. Griffdornmesser mit profiliertem Zwischenstück. Herrmann, Urnenfelderkultur 112 Nr. 308 Taf. 42 F4.

239. FLÖRSHEIM, Main-Taunuskreis, Grube. Klinge. Herrmann, Urnenfelderkultur 75f. Nr. 123 Taf. 11 D1.

240. ALTENSTADT, Wetteraukreis, aus Grube (?) Klingenfragment. Herrmann, Urnenfelderkultur 105 Nr. 263 Taf. 41 A.

241. MARDORF, Kr. Marburg-Biedenkopf. Siedlungsgrube. Griffdornmesser mit leicht aufgewippter Schneide. Gew. 17 g. Uenze, Hirten und Salzsieder 180, Taf. 104.

es fehlen: Heddesheim, St. Ilgen, Weinheim, Wiesloch

LISTE 7: RASIERMESSER

1. WORMS-ADLERBERG.- Brandgrab VIII.- Jockenhövel, Rasiermesser 56 Nr. 48 Taf. 57D.

2. STADECKEN, Kr. Mainz-Bingen.- Brandgrab.- Ebd. 69 Nr. 69 Taf. 7, 69.

3. LAMPERTHEIM, Kr. Bergstraße.- Brandgrab 9.- Ebd. 97 Nr. 123 Taf. 11, 123.

4. HEIDELBERG.- Körpergrab.- Ebd. 97 Nr. 124 Taf. 11, 124.

5. EBERSTADT, Kr. Gießen.- Ebd. 97 Nr. 125 Taf. 11, 125.

6. LENGFELD, Kr. Darmstadt-Dieburg.- Brandgrab.- Ebd. 98 Nr. 131 Taf. 11, 131.

7. RÜSSELSHEIM, Kr. Groß-Gerau.- Brandgrab.- Ebd. 100 Nr. 135 Taf. 12, 135.

8. EBERSTADT, Kr. Gießen.- Grab 5.- Ebd. 100 Nr. 137 Taf. 12, 137.

9. DIETZENBACH, Kr. Offenbach.- Brandbestattung in Steinkiste.- Ebd. 106 Nr. 148 Taf. 12, 148.

10. WETTERAUKREIS.- Brandgrab.- Ebd. 106 Nr. 152 Taf. 13, 152.

11. SÖDEL, Wetteraukreis.- Brandgrab.- Ebd. 107 Nr. 157 Taf. 13, 157.

12. LORSCH, Kr. Bergstraße.- Urnengrab.- Ebd. 119 Nr. 184 Taf. 15, 184.

13. WORMS.- Urnengrab 8.- Ebd. 119 Nr. 185 Taf. 185.

14. SPRACHBRÜCKEN, Kr. Darmstadt-Dieburg.- Aus Grab.- Ebd. 119 Nr. 186 Taf. 15, 186.

15. GAUALGESHEIM, Kr. Mainz-Bingen.- Aus Grab.- Ebd. 119 Nr. 187 Taf. 15, 187.

16. HOCHWEISEL, Wetteraukreis.- Urnengrab.- Ebd. 119 Nr. 188 Taf. 15, 188.

17. ALZEY, Kr. Alzey-Worms.- Urnengrab.- Ebd. Nr. 201 Taf. 16, 201.

18. BÜTTELBORN, Kr. Groß-Gerau.- (Urnen-) Grab 3.- Ebd. 124 Nr. 205 Taf. 17, 205.

19. FRANKFURT-Sindlingen.- Urnengrab.- Ebd. 135 Nr. 233 Taf. 20, 233.

20. HANAU, Main-Kinzig-Kreis.- "Lehrhofer Heide" (Brand)grab 8.- Ebd. 135 Nr. 234 Taf. 20, 234.

21. WIESBADEN-Erbenheim.- (Körper)grab 1 in Steinkiste.- Ebd. 135 Nr. 235 Taf. 20, 235.

22. KLEINSEELHEIM, Kr. Marburg-Biedenkopf.- Urnengrab.- Ebd. 140 Nr. 257 Taf. 21, 257.

23. LANGENDIEBACH, Main-Kinzig-Kreis.- (Urnen)grab 6.- Ebd. 140 Nr. 259 Taf. 21, 259.

24. LANGENDIEBACH, Main-Kinzig-Kreis.- Aus Brandgrab.- Ebd. 140 Nr. 262 Taf. 22, 262.

25. LANGENDIEBACH, Main-Kinzig-Kreis.- (Urnen)grab 4.- Ebd. 142 Nr. 264 Taf 22, 264.

26. WEYER, Kr. Limburg-Weilburg.- Grab 2.- Ebd. 142 Nr. 269 Taf. 22, 269.

27. GIESSEN-Trieb.- Brandgrab.- Ebd. 144f. Nr. 271 Taf. 22, 271.

28. ESCHBORN, Main-Taunus-Kreis.- Brandbestattung 1 in Steinkiste.- Ebd. 146 Nr. 273 Taf. 22, 273.

29. LÖRZWEILER, Kr. Mainz-Bingen.- Urnengrab.- Ebd. 146 Nr. 274 A Taf. 22, 274 A.

30. BRUCHKÖBEL, Main-Kinzig-Kreis.- Urnengrab.- Ebd. 149 Nr. 275 Taf. 23, 275.

31. HANAU, Main-Kinzig-Kreis.- Urnengrab.- Ebd. 149 Nr. 276 Taf. 23, 276.

32. ESCHOLLBRÜCKEN, Kr. Darmstadt-Dieburg.- Aus Brandgräbern.- Ebd. 153 Nr. 289 Taf. 23, 289.

33. GERNSHEIM, Kr. Groß-Gerau.- Brandbestattung.- Ebd. 153 Nr. 292 Taf. 24, 292.

34. FRIEDBERG, Wetteraukreis.- (Urnen)grab 4.- Ebd 176 Nr. 348 Taf. 27, 348.

35. HANAU, Main-Kinzig-Kreis.- Brandgrab.- Ebd. 191f. Nr. 378 Taf. 29, 378.

36. HADAMAR-Oberzeuzheim, Kr-Limburg-Weilburg.- Aus Grab.- Jockenhövel, Fundber. Hessen 15, 1975, 171ff. Abb. 1.

37. FRANKFURT- Stadtwald.- Hügelgrab.-U. Fischer, Ein Grabhügel der Bronze und Eisenzeit im Frankfurter Stadtwald (1979) Taf. 3, 4.

38. STADT-ALLENDORF, Kr. Marburg-Biedenkopf.- Depot.- Jockenhövel, Rasiermesser 222 Nr. 454 Taf. 33, 454.

39. HANAU, Main-Kinzig-Kreis.- Depot.- Ebd. 227 Nr. 499 Taf. 35, 499.

40. HANAU, Main-Kinzig-Kreis.- Depot.- Ebd. 227 Nr. 500 Taf. 35, 500.

41. BINGERBRÜCK, Kr. Mainz-Bingen.- Aus dem Rhein(?).- Ebd. 123f. Nr. 204 Taf. 17, 204.

42. OBERLAHNSTEIN, Rhein-Lahn-Kreis.- Am Hafen.- Ebd. 49 Nr. 25 Taf. 3, 25.

43. SELIGENSTADT, Kr. Offenbach.- Ebd. 54 Nr. 37 Taf. 4, 37.

44. STEEDEN, Kr. Limburg-Weilburg.- Ebd. 107 Nr. 160 Taf. 13, 160.

45. KLEIN-WINTERNHEIM, Kr. Mainz- Bingen.- Ebd. 140 Nr. 260 Taf. 21, 260.

46. HESSEN.- Ebd. 127 Nr. 213 Taf. 17, 213.

47. GIESSEN-Buseck.- Siedlung.- Gußform f. einschneidiges Rasiermesser.- A. Rehbaum, Fundber. Hessen 15, 1975, 188 Abb. 8, 12.

LISTE 8: SICHELN

1.-2. ESCHBORN, Main-Taunus-Kreis.- Steinkistengrab 2.- Zwei nicht aneinanderpassende Sichelfragmente.- Herrmann, Urnenfelderkultur 74 Nr. 117 Taf. 84, 3-4.

3.-5. NIEDERNBERG, Ldkr. Miltenberg.- Depot.- 1 Zungen-, 2 Knopfsicheln.- Wilbertz, Urnenfelderkultur 171 Nr. 152 Taf. 88, 2-5.

6.-7. GRENZEBACH-OBERGRENZEBACH, Vogelsbergkreis.- Depot.- 2 Knopfsicheln.- O. Uenze, Hirten und Salzsieder (1960) 185 Taf. 112, 3-4.

8. MAAR, Vogelsbergkreis.- Depot.- 1 Knopfsichel.- Richter, Arm- und Beinschmuck 122 Nr. 735f. Taf. 93 A1.

9.-10. BAD KREUZNACH, Kastellgelände.- Depot.- 2 fragmentierte Knopfsicheln mit zwei Knöpfen. Gew. 63 g und 118 g. Bei einer Sichel ist die Schneide aufgebogen (Taf. 10, 3).- Dehn, Katalog Kreuznach 68 Abb. 24.

11.-12. WÖLLSTEIN, Kr. Alzey-Worms.- Depot.- 2 Knopfsicheln, davon eine fragmentiert.- Pachali, Kr. Alzey 160 Taf. 56 B2-3.

13.-14. HOCHBORN (Blödesheim), Kr. Alzey-Worms.- Depot.- 1 Knopf-, 1 Zungensichel.- G. Behrens, Bodenurkunden aus Rheinhessen 1 (1927) Abb. 112.

15. FRANKFURT-RÖDELHEIM.- Depot.- Knopfsichel.- Herrmann, Urnenfelderkultur 60 Nr. 54 Taf. 170 A1; Primas, Sicheln 65 Nr. 175 Taf. 11, 175.

16.-17. GROSS-BIEBERAU, Kr. Darmstadt-Dieburg.- Depot.- 2 Zungensicheln.- Herrmann, Urnenfelderkultur 165 Nr. 587 Taf. 203 A9-10; Primas, Sicheln 135 Nr. 1198-1199 Taf. 70, 1198-1199.

18.-20. BESSENBACH, Kr. Aschaffenburg.- Depot.- 3 Knopfsicheln.- Wilbertz, Urnenfelderkultur 114 Nr. 9 Taf. 89, 8-10.

21.-25. MAINZ.- Depot aus dem Rhein.- 5 Sichelfragmente: Gew. 15 g, 18 g, 24 g, 26 g, 33 g.- Primas, Sicheln 184 Nr. 1882-1884 Taf. 114, 1182-1884; 189 Nr. 2021 Taf. 118, 2021; 114 Nr. 824 Taf. 50, 824.

26.27. RÜDESHEIM-EIBINGEN, Rheingat-Taunus-Kreis.- Depot.- 2 Zungensicheln.- Herrmann, Urnenfelderkultur 86 Nr. 186 Taf. 192, 11-12; Primas, Sicheln 151 Nr. 1385 Taf. 83, 1385; 172 Nr. 1506 Taf. 91, 1506.

28. MANNHEIM-WALLSTADT.- Depot.- Fragmentierte Zungensichel.- Primas, Sicheln 132 Nr. 1143 Taf. 66, 1143.

29. NIEDER-OLM, Kr. Mainz-Bingen.- Depot.- Zungensichel.- Eggert, Urnenfelderkultur 207f. Nr. 305 Taf. 11 C6.

30. BUTZBACH, Wetteraukreis.- Vermutlich Depot.- Zungensichel mit drei Verstärkungsrippen; glänzend graugrün patiniert. Schneide ausgehämmert. L. 14, 2 cm; Gew. 119 g.- Mus. Butzbach A79/313.- Unveröffentlicht.- Taf. 11, 6.

31.-33. GAMBACH, Wetteraukreis.- Depot.- 3 Zungensicheln.- Herrmann, Urnenfelderkultur 119 Nr. 351 Taf. 196, 4-6.

34.-37. HOCHSTADT, Main-Kinzig-Kreis.- Depot.- 3 Zungensicheln.- Primas, Sicheln 159 Nr. 1513 Taf. 91, 1513; 153 Nr. 1419-1420 Taf. 85, 1419-1420.- 1 Sichelfragment L. 4 cm, Gew. 13 g.- Taf. 11, 5.

38.-40. ESCHWEGE, Werra-Meißner-Kreis.- Depot.- 2 Knopf-, 1 Zungensichel.- Richter, Arm- und Beinschmuck 164 Nr. 21026 Taf. 92, B3-5.

41.-76. BAD HOMBURG, Hochtaunuskreis.- Depot.
41. Knopfsichel, Schneide nicht ausgehämmert. L. 14,5 cm; Gew. 68 g.- Herrmann, Urnenfelderkultur 78ff. Nr. 149 Taf. 184, 6; Primas, Sicheln 78 Nr. 302 Taf. 19, 302.

42. Knopfsichel, Schneide stumpf. L. 14,5 cm, Gew. 71 g.- Herrmann a.a.O. Taf. 184, 5; Primas a.a.O. 79 Nr. 307 Taf. 79, 307.

43. Knopfsichel, Schneide stumpf. L. 13 cm, Gew. 71 g.- Herrmann a.a.O. Taf. 184, 13; Primas a.a.O. Taf. 79, 300.

44. Knopfsichel, Schneide ausgehämmmert. L. 13,5 cm, Gew. 48 g.- Herrmann a.a.O. Taf. 184, 7; Primas a.a.O. Taf. 79, 301.

45. Knopfsichelfragment, Schneide stumpf. L. 12 cm, Gew. 68 g.- Herrmann a.a.O. Taf. 184, 14; Primas a.a.O. Taf. 79, 303.

46. Zungensichel, Schneide stumpf. L. 11,2 cm, Gew. 68 g.- Herrmann a.a.O. Taf. 184, 14; Primas a.a.O. Taf. 86, 1433.

47. Zungensichel, Schneide ausgehämmert. L. 12,7cm; Gew. 58 g.- Herrmann a.a.O. Taf. 182, 16; Primas a.a.O. Taf. 88, 1472.

48. Zungensichel, Schneide stumpf, L. 12,4 cm, Gew. 83 g.- Herrmann a.a.O. Taf. 184, 8; Primas a.a.O. Taf. 78, 1316.

49. Zungensichel, Schneide stumpf. L. 13,7 cm, Gew. 68 g.- Herrmann a.a.O. Taf. 183, 6; Primas a.a.O. Taf. 78, 1317.

50. Zungensichel, Schneide stumpf. L. 14,2 cm, Gew. 127 g.- Herrmann a.a.O. Taf. 183, 1; Primas a.a.O. Taf. 92, 1515.

51. Zungensichel, Schneide stumpf. L. 13,8 cm, Gew. 76 g.- Herrmann a.a.O. Taf. 184, 12; Primas a.a.O. Taf. 96, 1583.

52. Zungensichel, Schneide ausgehämmert. L. 12 cm, Gew. 57 g.- Herrmann a.a.O. Taf. 184, 11; Primas a.a.O. Taf. 96, 1584.

53. Zungensichel, Schneide stumpf. L. 12,5 cm, Gew. 65 g.- Herrmann a.a.O. Taf. 184, 10; Primas a.a.O. Taf. 96, 1585.

54. Zungensichel, Schneide schartig. L. 13 cm, Gew. 57 g.- Herrmann a.a.O. Taf. 184, 9; Primas a.a.O. Taf. 96, 1586.

55. Zungensichel, Gußhaut nicht entfernt. L. 11,5 cm, Gew. 74 g. Primas a.a.O. Taf. 86, 1431.

56. Zungensichel, Schneide stumpf. L. 12, 3 cm, Gew. 59 g.- Herrmann a.a.O. Taf. 183, 13; Primas a.a.O. Taf. 86, 1432.

57. Zungensichel, am Rücken ausgebrochen, Schneide ausgehämmert. L. 13,5 cm, Gew. 86 g.- Herrmann a.a.O. Taf. 183, 5.

58. Zungensichel, L. 13,7 cm, Gew. 91 g.- Herrmann a.a.O. Taf. 183, 9; Primas a.a.O. Taf. 81, 1355.

59. Zungensichel, Fehlguß. L. 13,7 cm, Gew. 59 g.- Herrmann a.a.O. Taf. 183, 11; Primas a.a.O. Taf. 84, 1399.

60. Zungensichel, Spitze abgebrochen. L. 11,8 cm, Gew. 75 g.- Herrmann a.a.O. Taf. 184, 4; Primas a.a.O. Taf. 84, 1402.

61. Zungensichel, Spitze abgebrochen, Schneide stumpf. L. 12 cm, Gew. 55 g.- Herrmann a.a.O. Taf. 1834, 7; Primas a.a.O. Taf. 86, 1435.

62. Zungensichel, Schneide ausgehämmert. L. 12,5 cm, Gew. 85 g.- Herrmann a.a.O. Taf. 183, 3; Primas a.a.O. Taf. 91, 1514.

63. Zungensichel, Schneide stumpf, in zwei Stücke zerbrochen. L. 12,7 cm, Gew. 43 und 41 g.- Herrmann a.a.O. Taf. 183, 2; Primas a.a.O. Taf. 83, 1478.

64. Zungensichel, Fehlguß, Schneide stumpf. L 12,9 cm, Gew. 51 g.- Herrmann a.a.O. Taf. 184, 2; Primas a.a.O. Taf. 86, 1434.

65. Zungensichel, L. 13,5 cm, Gew. 27 g.- Herrmann a.a.O. Taf. 184, 14; Primas a.a.O. Taf. 112, 1528.

66. Zungensichel, Schneide stumpf. L. 13,5 cm, Gew. 68 g.- Herrmann a.a.O. Taf. 183, 12; Primas a.a.O. Taf. 84, 1401.

67. Zungensichel, im Blatt Gußfehler, L. 13,3 cm, Gew. 64 g.- Herrmann a.a.O. Taf. 184, 3; Primas a.a.O. Taf. 78, 1319.

68. Zungensichel, Gußfehler im Blatt, L. 13,7 cm, Gew. 86 g.- Herrmann a.a.O. Taf. 183, 10; Primas a.a.O. Taf. 84, 1400.

69. Zungensichel, Schneide stumpf. L. 13 cm, Gew. 75 g.- Herrmann a.a.O. Taf. 183, 4; Primas a.a.O. Taf. 89, 1477.

70. Zungensichelffragment. Schneide stumpf. L. 9,8 cm, Gew. 51 g.- Herrmann a.a.O. Taf. 182, 10; Primas a.a.O. Taf. 84, 1404.

71. Zungensichelfragment, Schneide stumpf, L. 9,8 cm, Gew. 37 g.- Herrmann a.a.O. Taf. 182, 11; Primas a.a.O. Taf. 74, 1258.

72. a-b. Zungensichelfragmente, L. 13,9 cm, Gew. 43 und 50 g.- Herrmann a.a.O. Taf. 183, 8; Primas a.a.O. Taf. 84, 1403.

73. Sichelfragment L. 12,5 cm, Gew. 46 g.- Herrmann a.a.O. Taf. 182, 13; Primas a.a.O. Taf. 111, 1827.

74. Zungensichelfragment L. 12,3 cm, Gew. 61 g.- Herrmann a.a.O. Taf. 182, 15; Primas a.a.O. Taf. 92, 1530.

75. Zungensichelfragment. L. 11,3 cm.- Verschollen.

76. Sichelfragment L. 7,5 cm, Gew. 31 g.- Herrmann a.a.O. Taf. 182, 12; Primas a.a.O. Taf. 112, 1827.

77.-80. DOSSENHEIM, Rhein-Neckar-Kreis.- Depot.
77. Zungensichel. L. 12,8 cm, Gew. 82 g. Stein, Hortfunde 110f. Nr. 269 Taf. 81, 1; Primas, Sicheln 150 Nr. 1361 Taf. 81, 1361.

78. Zungensichel, L. 14,1 cm, Gew. 77 g.- Stein a.a.O. Taf. 81, 2; Primas a.a.O. 150 Nr. 1362 Taf. 81, 1362.

79. Zungensichel, L. 14,2 cm, Gew. 77 g.- Stein a.a.O. Taf. 81, 3; Primas a.a.O. 152 Nr. 1398 Taf. 83, 1398.

80. Zungensichel, L. 12,1 cm, Gew. 67 g.- Stein a.a.O. Taf. 81, 4; Primas a.a.O. 152f. Nr. 1405 Taf. 84, 1405.

81.-82. HANGEN-WEISHEIM, Kr. Alzey-Worms.- Depot.- 2 Zungensicheln, davon eine mit ausgehämmerter Schneide: L. 15,1 cm, Gew. 100 g. Die andere nicht überarbeitet L. 12,5 cm, Gew. 120 g.- Richter, Arm- und Beinschmuck Taf. 93 C, 1-2.

83.-89. WEINHEIM-NÄCHSTENBACH, Rhein-Neckar-Kreis.- Depot.
83. Zungensichel, Schneide nicht ausgehämmert, L. 13,1 cm, Gew. 92 g.- P.H. Stemmermann, Bad. Fundber. 2, 1933, 1ff. Taf. 2, 20; Primas, Sicheln 154 Nr. 1429 Taf. 86, 1429.

84. Zungensichelfragment, L. 10,1 cm, Gew. 42 g.- Stemmermann a.a.O. Taf. 2, 16; Primas a.a.O. Taf. 88, 1471.

85. Zungensichel, L. 14,4 cm, Gew. 86 g.- Stemmermann a.a.O. Taf. 2, 17; Primas a.a.O. Taf. 97, 1592.

86. Zungensichelfragment, Schneide ausgehämmert, L. 11,3 cm, Gew. 50 g.- Stemmermann a.a.O. Taf. 2, 19; Primas a.a.O. Taf. 113, 1880.

87. Zungensichelfragment, L. 11,9 cm, Gew. 44 g.- Stemmermann a.a.O. Taf. 2, 18; Primas a.a.O. Taf. 113, 1881.

88. Knopfsichel, L. 9,6cm, Gew. 23 g.- Stemmermann a.a.O. Taf. 2, 22; Primas a.a.O. Taf. 19, 306.

89. Zungensichel, Schneide stumpf, L. 12,4 cm, Gew. 105 g.- Stemmermann a.a.O. Taf. 2, 21; Primas a.a.O. Taf. 92, 1519.

90. WIESBADEN.- Depot.- Sichelfragment, verbogen. L. 10,8 cm, Gew. 63 g.- Herrmann, Urnenfelderkultur 93f. Nr. 225 Taf. 193, 11; Primas, Sicheln 189 Nr. 2022 Taf. 118, 2022.

91.-105. FRANKFURT-GRINDBRUNNEN.- Depot.
91. Zungensichel, Spitze abgebrochen. L. 12,6 cm, Gew. 85 g.- Primas, Sicheln 140 Nr. 1276 Taf. 75, 1276.

92. Zungensichel L. 14,0 cm, Gew. 72 g.- Primas a.a.O. Taf. 84, 1409.

93. Zungensichel L. 13,9 cm, Gew. 74 g.- Primas a.a.O. Taf. 79, 1324.

94. Zungensichel, Spitze abgebrochen L. 12,8 cm, Gew. 78 g.- Primas a.a.O. Taf. 86, 1143.

95. Zungensichel, Spitze abgebrochen L. 13,2 cm, Gew. 52 g.- Primas a.a.O. Taf. 81, 1365.

96. Zungensichel L. 13,4 cm, Gew. 72 g.- Primas a.a.O. Taf. 79, 1326.

97. Zungensichel L. 13,2 cm, Gew. 73 g.- Primas a.a.O. Taf. 89, 1481.

98. Zungensichel L. 13,1 cm, Gew. 71 g.- Primas a.a.O. Taf. 79, 1327.

99. Zungensichel L. 12,0 cm, Gew. 77 g.- Primas a.a.O. Taf. 86, 1442.

100. Zungensichel L. 13,6 cm, Gew. 92 g.- Primas a.a.O. Taf. 84, 1410.

101. Zungensichel L. 12,6 cm, Gew. 77 g.- Primas a.a.O. Taf. 86, 1441.

102. Zungensichel, Spitze abgebrochen L. 13,2 cm, Gew. 74 g.- Primas a.a.O. Taf. 79, 1325.

103. Zungensichel L. 13,4 cm, Gew. 57 g.- Primas a.a.O. Taf. 84, 1408.

104. Zungensichel L. 12,4 cm, Gew. 77 g.- Primas a.a.O. Taf. 84, 1407.

105. Zungensichel L. 14,1 cm, Gew. 75 g.- Primas a.a.O. Taf. 78, 1323.

106.-118. FRANKFURT-NIEDERURSEL.- Depot.

106. Zungensichel, Spitze abgebrochen, L. 13,1 cm, Gew. 71g.- Herrmann, Urnenfelderkultur 57f. Nr. 44 Taf. 178, 6.

107. Zungensichel, Spitze abgebrochen, Schneide gedengelt L. 11,7 cm, Gew. 59 g.- Primas, Sicheln 168 Nr. 1587 Taf. 96, 1587.

108. Zungensichel, Spitze abgebrochen, Schneide gedengelt L. 10,4 cm, Gew. 68 g.- Primas a.a.O. Taf. 87, 1444.

109. Zungensichel, aus der gleichen Gußform wie Nr. 113, Schneide gedengelt L. 12,5 cm, Gew. 68 g.- Primas a.a.O. Taf. 93, 1534.

110. Zungensichel, Schneide stumpf L. 12,0 cm, Gew. 66 g.- Primas a.a.O. Taf. 98, 1609.

111. Zungensichel, Spitze abgebrochen, Schneide stumpf L. 12,0 cm, Gew. 72 g.- Primas a.a.O. Taf. 100, 1655.

112. Zungensichel, Spitze abgebrochen, Schneide gedengelt L. 12,0 cm, Gew. 53 g.- Primas a.a.O. Taf. 98, 1610.

113. Zungensichel, Schneide gedengelt (Vgl. Nr. 109).- Primas a.a.O. Taf. 93, 1535.

114. Zungensichel, L. 14,0 cm, Gew. 82 g.- Primas a.a.O. Taf. 84, 1412.

115. Zungensichel, L. 13,3 cm, Gew. 73 g.- Primas a.a.O. Taf. 84, 1413.

116. Zungensichel, Spitze abgebrochen, L. 13,2 cm, Gew. 77 g.- Primas a.a.O. Taf. 84, 1414.

117. Zungensichel, L. 14,8 cm, Gew. 75 g.- Primas a.a.O. Taf. 90, 1502.

118. Zungensichel, L. 12,5 cm, Gew. 85 g.- Primas a.a.O. Taf. 92, 1520.

119. HANAU, Main-Kinzig-Kreis.- Depot.- Zungensichel L. 12,9 cm, Gew. 119g, Schneide ausgehämmert.- Primas, Sicheln Taf. 90, 1489.

120. BAD HOMBURG, Hochtaunuskreis, Ringwallanlage Bleibeskopf.- Depot VI.- Zungensichel.- Titzmann, Fundber. Hessen (Druck in Vorb.).

121. BAD HOMBURG, Hochtaunuskreis, Ringwallanlage Bleibeskopf.- Depot V.- Zungensichel.- Kibbert, Beile Taf. 91 C1.

122. BAD HOMBURG, Hochtaunuskreis, Ringwallanlage Bleibeskopf.- Depot III.- Zungensichelfragment.- A. Müller-Karpe, Fundber. Hessen 14, 1974, 207f. Abb. 4 A9.

123. BAD HOMBURG, Hochtaunuskreis, Ringwallanlage Bleibeskopf.- Depot VII.- Sichelfragment.- Kibbert, Beile Taf. 92 A5.

124.-127. HAIMBACH, Kr. Fulda.- Vermutlich Depot.- 4 Knopfsicheln.- Richter, Arm- und Beinschmuck 152 Nr. 893 Taf. 95, 9-10.

128.-132. FRANKFURT-NIEDERAD.- Depot.

128. Sichelfragment, Schneide gedengelt. L. 4,2 cm, Gew. 12 g.- Herrmann, Urnenfelderkultur 57 Nr. 43 Taf. 177, 14; Primas, Sicheln 183 Nr. 1849 Taf. 112, 1849.

129. Zungensichel, Schneide ausgehämmert. L. 12,4 cm, Gew. 86 g.- Herrmann a.a.O. Taf. 117, 18; Primas a.a.O. Taf. 81, 1411.

130. Zungensichelfrg., Schneide ausgehämmert. L. 12,2 cm, Gew. 63 g.- Herrmann a.a.O. Taf. 117, 17; Primas a.a.O. Taf. 81, 1366.

131. Sichelfrg., Schneide ausgehämmert. L. 13,2 cm, Gew. 54 g.- Herrmann a.a.O. Taf. 117, 16; Primas a.a.O. Taf. 112, 1848.

132. Zungensichelfrg., Schneide ausgehämmert. L. 12,7 cm, Gew. 74 g.- Herrmann a.a.O. Taf. 117, 15; Primas a.a.O. Taf. 93, 1531.

133.-152. OCKSTADT, Wetteraukreis.- Depot.

133. Zungensichelfrg. (Fehlguß) L. 10,4 cm, Gew. 57 g.- Herrmann, Urnenfelderkultur 125 Nr. 383 Taf. 197, 5; Primas, Sicheln 167 Nr. 1565 Taf. 93, 1565.

134. Zungensichelfrg. L. 10,0 cm, Gew. 40 g.- Herrmann a.a.O. Taf. 197, 6; Primas a.a.O. Taf. 79, 1328.

135. Zungensichel L. 13,2 cm, Gew. 74 g.- Herrmann a.a.O. Taf. 197, 10; Primas a.a.O. Taf. 87, 1449.

136. Zungensichel. L. 13,4 cm, Gew. 76 g.- Herrmann a.a.O. Taf. 197, 15; Primas a.a.O. Taf. 86, 1451.

137. Zungensichel, Schneide ausgehämmert, L. 13,2 cm, Gew. 68 g.- Herrmann a.a.O. Taf. 197, 9; Primas a.a.O. Taf. 85, 1417.

138. Zungensichel L. 13,2 cm, Gew. 72 g.- Herrmann a.a.O. Taf. 197, 14; Primas a.a.O. Taf. 85, 1416.

139. Zungensichel L. 13,2 cm, Gew. 104 g.- Herrmann a.a.O. Taf. 197, 13; Primas a.a.O. Taf. 92, 1521.

140. Zungensichel L. 12,5 cm, Gew. 67 g.- Herrmann a.a.O. Taf. 197, 12; Primas a.a.O. Taf. 97, 1588.

141. Zungensichel. L. 14,1 cm, Gew. 64 g.- Herrmann a.a.O. Taf. 197, 8.

142. Zungensichel L. 11,7 cm, Gew. 59 g.- Herrmann a.a.O. Taf. 197, 11; Primas a.a.O. Taf. 87, 1450.

143. Zungensichel. L. 12,7 cm, Gew. 69 g.- Herrmann a.a.O. Taf. 197, 16; Primas a.a.O. Taf. 87, 1446.

144. Zungensichel, Schneide ausgehämmert. L. 13,0 cm, Gew. 73 g.- Herrmann a.a.O. Taf. 197, 17; Primas a.a.O. Taf. 76, 1294.

145. Zungensichel, L. 12,2 cm, Gew. 59 g.- Herrmann a.a.O. Taf. 197, 18; Primas a.a.O. Taf. 87, 1447.

146. Zungensichel, Schneide ausgehämmert. L. 13,8 cm, Gew. 84 g.- Herrmann a.a.O. Taf. 197, 7; Primas a.a.O. Taf. 92, 1516.

147. Zungensichel L. 12,3 cm, Gew. 70 g.- Herrmann a.a.O. Taf. 198, 1; Primas a.a.O. Taf. 87, 1448.

148. Zungensichel, Schneide ausgehämmert. L. 12,9 cm, Gew. 87 g.- Herrmann a.a.O. Taf. 198, 2; Primas a.a.O. Taf. 87, 1445.

149. Zungensichel, Schneide ausgehämmert. L. 13,7 cm, Gew. 72 g.- Herrmann a.a.O. Taf. 198, 4; Primas a.a.O. Taf. 85, 1415.

150. Knopfsichel L. 12,8 cm, Gew. 74 g.- Herrmann a.a.O. Taf. 198, 5; Primas a.a.O. Taf. 19, 305.

151. Knopfsichel L. 12,8 cm, Gew. 57 g.- Herrmann a.a.O. Taf. 198, 3; Primas a.a.O. Taf. 19, 304.

152. Knopfsichelfrg. L. 14,1 cm, Gew. 65 g.- Herrmann a.a.O. Taf. 198, 6; Primas a.a.O. Taf. 19, 299.

152 a-d. RÜMMELSHEIM-LANGENLONSHEIM, Kr. Bad Kreuznach.- Depot.- 4 Zungensicheln.- Taf. 15, 1-4 (nach Inventarbuch RGZM).

153. MAINZ, aus dem Rhein.- Zungensichel, Spitze alt abgebrochen, L. 13,0 cm, Gew. 78 g.- Wegner, Flußfunde 138 Nr. 398, g4 Taf. 7, 6; Primas, Sicheln 155 Nr. 1464 Taf. 88, 1464.

154. MAINZ, aus dem Rhein.- Zungensichel, Schneide ausgehämmert. L. 13,0 cm, Gew. 63 g.- Wegner, Flußfunde 138 Nr. 398, g12 Taf. 8, 8; Primas, Sicheln 155 Nr. 1462 Taf. 88, 1462.

155. MAINZ, aus dem Rhein.- Zungensichel, Schneide ausgehämmert. L. 12,3 cm, Gew. 72 g.- Wegner, Flußfunde 138 Nr. 398, g11 Taf. 8, 7; Primas, Sicheln 155 Nr. 1463 Taf. 88, 1463.

156. MAINZ, aus dem Rhein.- Zungensichel, Schneide ausgehämmert. L. 12,4 cm, Gew. 59 g.- Wegner, Flußfunde 138 Nr. 398, g 9 Taf. 8, 5; Primas, Sicheln 155 Nr. 1461 Taf. 88, 1461.

157. MAINZ, aus dem Rhein.- Zungensichel, Schneide nicht ausgehämmert. L. 13,0 cm, Gew. 80 g.- Wegner, Flußfunde 138 Nr. 398, g 3 Taf. 7, 5; Primas, Sicheln 149 Nr. 1339 Taf. 80, 1339.

158. MAINZ, aus dem Rhein.- Zungensichel, Schneide ausgehämmert. L. 12,5 cm, Gew. 68 g.- Wegner, Flußfunde 138 Nr. 398, g 1 Taf. 7, 3; Primas, Sicheln 155 Nr. 1459 Taf. 88, 1459.

159. MAINZ, aus dem Rhein.- Zungensichel, Schneide ausgehämmert. L. 12,5 cm, Gew. 70 g.- Wegner, Flußfunde 138 Nr. 398, g 6 Taf. 8, 2; Primas, Sicheln 155 Nr. 1460 Taf. 88, 1460.

160. MAINZ, aus dem Rhein.- Zungensichel, Schneide ausgehämmert. L. 13,3 cm, Gew. 77 g.- Wegner, Flußfunde 138 Nr. 398, g 8 Taf. 8, 4.

161. MAINZ, aus dem Rhein.- Zungensichel, Schneide ausgehämmert. L. 13,5 cm, Gew. 75 g.- Wegner, Flußfunde 138 Nr. 398, g 7 Taf. 8, 83; Primas, Sicheln 168 Nr. 1589 Taf. 97, 1589.

162. MAINZ, aus dem Rhein.- Zungensichel, Schneide ausgehämmert. L. 13,2 cm, Gew. 68 g.- Wegner, Flußfunde 138 Nr. 398, g 5 Taf. 8, 1; Primas, Sicheln 153 Nr. 1421 Taf. 85, 1421.

163. MAINZ, aus dem Rhein.- Zungensichel, Schneide ausgehämmert. L. 11,8 cm, Gew. 75 g.- Wegner, Flußfunde 138 Nr. 398, g10 Taf. 8, 6; Primas, Sicheln 155 Nr. 1465 Taf. 88, 1465.

164. MAINZ, aus dem Rhein.- Zungensichel, Schneide ausgehämmert. L. 12,2 cm, Gew. 76 g.- Wegner, Flußfunde 138 Nr. 398, g 2 Taf. 7, 4; Primas, Sicheln 149 Nr. 1338 Taf. 79, 1338.

165. MAINZ, aus dem Rhein.- Zungensichel. L. 15,8 cm, Gew. 98 g.- Wegner, Flußfunde 142 Nr. 442 Taf. 41, 1; Primas, Sicheln 126 Nr. 1041 Taf. 59, 1041.

166. Vermutlich MAINZ, aus dem Rhein.- Zungensichel. L. 12,5 cm, Gew. 72 g.- Wegner, Flußfunde 170 Nr. 901 Taf. 41, 11; Primas, Sicheln 153 Nr. 1422 Taf. 85, 1422.

167. Vermutlich MAINZ, aus dem Rhein.- Zungensichel. L. 12,7 cm.- Wegner, Flußfunde 170 Nr. 899 Taf. 41, 9.

168. MAINZ, aus dem Rhein.- Zungensichel. L. 11, 8 cm, Gew. 31 g.- Wegner, Flußfunde 163 Nr. 768 Taf. 41, 8; Primas, Sicheln 134 Nr. 1430 Taf. 86, 1430.

169. MAINZ, aus dem Rhein.- Zungensichel. L. 13,3 cm, Gew. 62 g.- Wegner, Flußfunde 149 Nr. 562 Taf. 41,6; Primas, Sicheln 155 Nr. 1466 Taf. 88, 1466.

170. Vermutlich MAINZ, aus dem Rhein.- Zungensichel. L. 14,5 cm.- Wegner, Flußfunde 170 Nr. 897 Taf. 41, 4.

171. MAINZ, aus dem Rhein.- Zungensichel. L. 12,8 cm, Gew. 69 g.- Wegner, Flußfunde 162 Nr. 766 Taf. 41,2; Primas, Sicheln 135 Nr. 1202 Taf. 70, 1202.

172. MAINZ, aus dem Rhein.- Zungensichel. L. 13,4 cm.- Wegner, Flußfunde 170 Nr. 900 Taf. 41, 10.

173. MAINZ, aus dem Rhein.- Zungensichel. L. 13,6 cm, Gew. 75 g.- Wegner, Flußfunde 163 Nr. 767 Taf. 41, 7; Primas, Sicheln 149 Nr. 1337 Taf. 79, 1337.

174. Vermutlich MAINZ, aus dem Rhein.- Zungensichel. L. 15,7 cm, Gew. 64 g.- Wegner, Flußfunde 170 Nr. 898 Taf. 41,5; Primas, Sicheln 126 Nr. 1042 Taf. 59, 1042.

175. Vermutlich MAINZ, aus dem Rhein.- Zungensichel. L. 13,2 cm, Gew. 122 g.- Wegner, Flußfunde 170 Nr. 896 Taf. 41, 3; Primas, Sicheln 107 Nr. 730 Taf. 43, 730.

176. MAINZ, aus dem Rhein.- Knopfsichel. L. 19,6 cm, Gew. 102 g.- Wegner, Flußfunde 162 Nr. 763 Taf. 40, 1; Primas, Sicheln 70 Nr. 254 Taf. 16, 254.

177. MAINZ, aus dem Rhein.- Knopfsichel. L. 15,2 cm, Gew. 77 g.- Wegner, Flußfunde 162 Nr. 764 Taf. 40,2; Primas, Sicheln 55 Nr. 76 Taf. 4, 76 (mittelbronzezeitlich).

178. Vermutlich MAINZ, aus dem Rhein.- Knopfsichel. L. 14,1 cm, Gew. 68 g.- Wegner, Flußfunde 170 Nr. 895 Taf. 40, 3; Primas, Sicheln 69 Nr. 246 Taf. 15, 246.

179. MAINZ, aus dem Rhein.- Knopfsichel. L. 16,4cm, Gew. 72 g.- Wegner, Flußfunde 162 Nr. 765 Taf. 40, 4; Primas, Sicheln 68 Nr. 208 Taf. 13, 208.

180. MAINZ, aus dem Rhein.- Zungensichelfragment. L. 9,0 cm.- Wegner, Flußfunde 132 Nr. 304.

181. MAINZ, aus dem Rhein.- Zungensichel. L. 11,8 cm.- Wegner, Flußfunde 152 Nr. 589; L. Lindenschmit, Westdeutsche Zeitschr. 17, 1898, 374 Taf. 5, 10.

182. MAINZ, aus dem Rhein.- Knopfsichel. L. 18,7 cm, Gew. 125g.- Wegner, Flußfunde 133 Nr. 329 Taf. 40, 6; Primas, Sicheln 66 Nr. 184 Taf. 11, 184.

183. MAINZ, aus dem Rhein.- Knopfsichel. L. 17,4 cm, Gew. 88 g.- Wegner, Flußfunde 145 Nr. 490 Taf. 40,7; Primas, Sicheln 71 Nr. 262 Taf. 16, 262.

184. GINSHEIM-GUSTAVSBURG, Kr. Groß-Gerau, aus dem Rhein.- Knopfsichel L. 18,4 cm, Gew. 73 g.- Wegner, Flußfunde 137 Nr. 383 Taf. 40, 5; Primas, Sicheln 64 Nr. 158 Taf. 10, 158.

185. WIESBADEN-BIEBRICH, aus dem Rhein.- Knopfsichel. L. 15,5 cm.- Wegner, Flußfunde 152 Nr. 588 Taf. 40, 8.

186. MAINZ, aus dem Rhein.- Zungensichel L. 13,0 cm.- Eggert, Urnenfelderkultur 178 Nr. 185; Westdeutsche Zeitschr. 14, 1895, 388 Taf. 14, 18.

187. MAINZ, aus dem Rhein.- Zungensichel. L. 15,8 cm, Gew. 98 g.- Wegner, Flußfunde 144 Nr. 422 Taf. 41, 1; Primas, Sicheln 126 Nr. 1041 Taf. 59, 1041.

188. BINGEN, Kr. Mainz-Bingen, aus dem Rhein.- Zungensichel, Gew. 44 g.- Primas, Sicheln 131 Nr. 1118 Taf. 64, 1118.

189. BINGEN, Kr. Mainz-Bingen, aus dem Rhein.- Zungensichel, Gew. 42 g.- Primas, Sicheln 106 Nr. 722 Taf. 43, 722.

190. BINGEN, Kr. Mainz-Bingen, aus dem Rhein.- Sichelfragment, Schneide ausgehämmert. L. 12, 4 cm, Gew. 32 g.- Primas, Sicheln 183 Nr. 1843 Taf. 112, 1843.

191. BINGEN, Kr. Mainz-Bingen, aus dem Rhein.- Zungensichel Gew. 47 g.- Primas, Sicheln 109 Nr. 758 Taf. 45, 758.

192. BINGEN, Kr. Mainz-Bingen, aus dem Rhein.- Zungensichel L. 13 cm, Gew. 60g.- Primas, Sicheln 168 Nr. 1594 Taf. 97, 1594.

193. BINGEN, Kr. Mainz-Bingen, aus dem Rhein.- Zungensichel L. 14 cm, Gew. 57 g.- Primas, Sicheln 106 Nr. 721 Taf. 42, 721.

194. TRECHTINGSHAUSEN, Kr. Mainz-Bingen, aus dem Rhein (?).- Zungensichel, Schneide ausgehämmert. L. 14,2 cm, Gew. 74 g.- Mus. Bonn 15041.- Bonner Jahrb. 113, 1905, 57.- Taf. 10, 8.

195. TRECHTINGSHAUSEN, Kr. Mainz-Bingen, aus dem Rhein (?).- Zungensichel mit aufgewippter Spitze. L. 12,6 cm, Gew. 47 g.- Mus. Bonn 15040.- Bonner Jahrb. 113, 1905, 57.- Taf. 11, 2.

196. TRECHTINGSHAUSEN, Kr. Mainz-Bingen, aus dem Rhein (?).- Knopfsichel. L. 15,4 cm, Gew. 72 g.- Mus. Bonn 15038.- Bonner Jahrb. 113, 1905, 57.- Taf. 10, 6.

197. TRECHTINGSHAUSEN, Kr. Mainz-Bingen, aus dem Rhein (?).- Zungensichel. L. 14,4 cm, Gew. 70 g.- Mus. Bonn 15039.- Bonner Jahrb. 113, 1905, 57.- Taf. 11, 3.

198. HEIDELBERG, aus dem Neckar.- Knopfsichel L. 17,9 cm, Gew. 96 g.- B. Heukemes, Fundber. Baden-Württemberg 2, 1975, 66 Taf. 173 D; Primas, Sicheln 64 Nr. 159 Taf. 10, 159.

199. BIEBESHEIM, Kr. Groß-Gerau, aus einer Kiesgrube.- Knopfsichel 19,5 cm. Verbleich Privatbesitz.- Zeichnung U. Schaaf.- Fundber. Hessen (Druck in Vorb.).- Taf. 15, 5.

200. GETTENAU, Wetteraukreis.- Aus dem Moor.- Knopfsichel.- Herrmann, Urnenfelderkultur 197 Nr. 277 Taf. 211 N.

201. ESCHOLLBRÜCKEN, Kr. Darmstadt-Dieburg, aus dem Moor.- Knopfsichel L. 18,9 cm.- Primas, Sicheln 70 Nr. 258 Taf. 16, 258; W.Kubach, Jahresber. Inst. Vorgesch. Univ. Frankfurt 1978-79, 189ff. Abb. 14, 5.

202. SELIGENSTADT, Kr. Offenbach.- Einzelfund.- Zungensichel. L 14,4 cm, Gew. 68 g.- Herrmann, Urnenfelderkultur 191 Nr. 746 Taf. 212 I; Primas, Sicheln 135 Nr. 1205 Taf. 71, 1205.

202A. GROSSKROTZENBURG, Main-Kinzig-Kreis.- Fundumstände unbekannt.- Knopfsichel.- Hanauer Geschbl. 30, 1988, 62 Abb. 2, 7.- Taf. 11, 9.

203. LAUTERBACH, Vogelsbergkreis, aus einem mittelbronzezeitlichen Grabhügel.- Knopfsichel mit drei Rippen und Gußmarkenzier. Dunkelgrüne Edelpatina. Schneide nicht ausgehämmert.- L. 15,5 cm, Gew. 95,4 g.- Mus. Lauterbach 2451.- Taf 10,4.

204. LAUTERBACH, Vogelsbergkreis, Einzelfund.- Zungensichel, Gew. 181,5 g.- Herrmann, Urnenfelderkultur 146 Nr. 492 Taf. 212, G.

205. LAUTERBACH, Vogelsbergkreis, Einzelfund.- Knopfsichel, Gew. 57 g.- Herrmann, Urnenfelderkultur 146 Nr. 492 Taf. 212, F.

206. Umgebung BÜDINGEN (?).- Knopfsichel mit drei Rippen, dunkelgrüne Patina, Schneide ausgehämmert. L. 15,4 cm, Gew. 77 g.- Fürstl. Sammlung Ysenburg (Büdingen).- Taf. 10,5.

207. Umgebung GROSS-BIEBERAU.- Zungensichel.- Angeblich auf einem Acker, doch hellgrün kiesverkrustet (Gewässerfund ?). Schneide ausgehämmert. L. 11,8 cm, Gew. 87, 4 g.- Mus. Dieburg 281.- Unpubliziert.- Taf. 10, 7.

208. WATTENHEIM, Kr. Bergstraße, Einzelfund.- Knopfsichel alt in zwei Teile zerbrochen. L. 17,2 cm, Gew. 70 g.- Herrmann, Urnenfelderkultur 154 Nr. 539 Taf. 212, D; Primas, Sicheln 65 Nr. 172 Taf. 11, 172.

209. OFFENBACH, Einzelfund.- Knopfsichel. L 16,4 cm.- Herrmann, Urnenfelderkultur 190 Nr. 737 Taf. 212 E; Primas, Sicheln 69 Nr. 242 Taf. 15, 242.

210. EICHELSDORF, Vogelsbergkreis.- Einzelfund.- Zungensichel.- Herrmann, Urnenfelderkultur 107 Nr. 274 Taf. 212, H.

211. WEINHEIM, Rhein-Neckar-Kreis, Einzelfund.- Knopfsichel L. 18 cm.- Primas, Sicheln 69 Nr. 241 Taf. 15, 241.

212 MAINZ, Einzelfund (?).- Zungensichel, Schneide ausgedengelt. L. 16,5 cm.- Primas, Sicheln 107 Nr. 742 Taf. 44, 742.

213. MAINZ, Einzelfund (?).- Zungensichel, L. 13,1 cm.- Primas, Sicheln 155 Nr. 1467 Taf. 88, 1467.

213a. MAINZ, Einzelfund (?).- Zungensichel L. 12,6 cm, Spitze abgebrochen. Mus. Vor- und Frühgeschichte Berlin (West). Taf. 11,1.

214. RIEDRODE, Kr. Bergstraße.- Einzelfund.- Zweiseitige Gußform für Zungensicheln.- Sandstein.- Herrmann, Urnenfelderkultur 152 Nr. 530 Taf. 205 A.

215. BAD NAUHEIM, Wetteraukreis, Johannisberg-Siedlung (?).- Zungensichel.- Herrmann, Urnenfelderkultur 111 Nr. 297 Taf. 42 A4.

216. ALLENDORF, Lahn-Dill-Kreis, Einzelfund.- Knopfsichel.- Herrmann, Urnenfelderkultur 77, 142 Taf. 211 O.

217. BINGENHEIM, Wetteraukreis. Mit anderen Gegenständen, aber nach Herrmann, Urnenfelderkultur 105f. Nr. 265 Taf. 192 B3, kein Depot.

es fehlen: Leutershausen, Mannheim-Seckenheim,

LISTE 9: BEILE

1. BÖCKELS, Kr Fulda, angeblich aus Grabhügel (od. Siedlungsfund?). Mittelständiges Lappenbeil, Gew. 606g. Kibbert, Beile 45 Nr. 65 Taf. 5, 65.

2. ALSFELD-ALTENBURG, Vogelsbergkreis, angeblich aus Grabhügel. Mittelständiges Lappenbeil, Gew. 477g. Kibbert, Beile 64f Nr. 193 Taf. 14, 193.

3. FRANKFURT-STADTWALD, angeblich aus Hügel. Oberständiges Lappenbeil, Gew. 319g. Kibbert, Beile 95 Nr. 407 Taf. 32, 407.

4. LAUFDORF, Kr. Wetzlar. Hügelgräberfeld. Frouardtüllenbeil, Gew. 140g. Kibbert, Beile 133 Nr. 641 Taf. 49, 641.

5.-8. BAD ORB, Main-Kinzig-Kreis, Hort. Vier mittelständige Lappenbeile, Gew. 441 g, 452 g, 418 g. Kibbert, Beile 41 Nr. 45-48 Taf. 3, 45-47.

9. WÖLLSTEIN, Kr. Alzey-Worms, Hort. Beiloberteil, Gew. 332g. Kibbert, Beile 46 Nr. 72 Taf. 5, 72.

10. Umgebung BAD KREUZNACH, Hort. Fragment eines mittelständigen Lappenbeils, Gew. 468g. Kibbert, Beile 50f. Nr. 99 Taf. 7, 99.

11.-12. "HATTENHEIM", Rheingaukreis, Hort? Mittelständiges Lappenbeil, Gew. 710g; Tüllenbeil mit konkavem Tüllenrand, 132g. Kibbert, Beile 46 Nr. 75 Taf. 5, 75; 124 Nr. 564 Taf. 43, 564.

13 a-b.-14. LINDENSTRUTH, Kr. Gießen, Hort. Zweiteilige Gußform für Lindenstruthbeile Gew. 1030 und 1165g, Lindenstruthbeil Gew. 434g. Kibbert, Beile 62 Nr. 168. 169 Taf. 12, 168. 169.

15. MARBURG, Kr. Marburg-Biedenkopf, Hort. Lindenstruthbeil Gew. 484g. Kibbert, Beile 63 Nr. 179 Taf. 13, 179.

16. NIEDERNBERG, Kr. Miltenberg, Hort. Mittelständiges Lappenbeil. Wilbertz, Urnenfelderkultur 171f. Nr. 152 Taf. 88, 1.

17.-18. HELDENBERGEN, Main-Kinzig-Kreis, Hort. Zwei mittelständige Lappenbeile, Gew. 394g, 398g. Kibbert, Beile 64 Nr. 182-183 Taf. 13, 182-183.

19.-27. HILLESHEIM, Kr. Mainz-Bingen, Hort. Fragmentiertes Lindenstruth(?)beil, Gew. 205g. Kibbert, Beile 64 Nr. 187 Taf. 13, 187. Hillesheimbeil, Gew. 472g. Ebd. 72 Nr. 220 Taf. 17, 220. Miniaturbeil, Gew. 60g. Ebd. 72 Nr. 221 Taf. 17, 221 Lappenquerbeil, Gew. 302g. Ebd. 75 Nr. 239 Taf. 18, 239. Zwei Tüllenbeile, Gew. 113g, 221g. Ebd. 126 Nr. 577. 578. Taf. 44, 577. 578. Frouardtüllenbeil, Gew. 135g. Ebd. 134 Nr. 642 Taf. 49, 642. Tüllenbeil, Gew. 220g. Ebd. 137 Nr. 646 Taf. 49, 646. Tüllenbeil mit Lappenzier, Gew. 384g. Ebd. 147 Nr. 716 Taf. 55, 716.

28.-30. FRANKFURT-FECHENHEIM, Hort. Oberständiges Lappenbeil ohne Öse, Gew. 320g; Kibbert, Beile 70 Nr. 206 Taf. 15, 206. Oberständiges Lappenbeil, Gew. 380g. Ebd. 95 Nr. 409 Taf.

32, 409. Oberständiges Lappenbeil, Gew. 370g. Ebd. 100 Nr. 474 Taf. 37, 474.

31-38. FRANKFURT-NIEDERURSEL, Hort. Oberständiges Lappenbeil ohne Öse, Gew. 350g. Kibbert, Beile 72 Nr. 223 Taf. 17, 223. Oberständiges Lappenbeil, Gew. 290g; ebd. 95 Nr. 404 Taf. 31, 404. Schneidenbrst., Gew. 156g ;ebd. 102 Nr. 516 Taf. 41, 516. Fünf weitere verschollene Beile.

39.-44. FRANKFURT-NIEDERRAD, Hort. Oberständiges Lappenbeil, Gew. 400g; Kibbert, Beile 72 Nr. 224 Taf. 17, 224. Schneidenbrst., Gew. 5g. Ebd. 72 Nr. 224 A. Oberständiges Lappenbeil mit Öse, Gew. 548g. Ebd. Nr. 273 Taf. 21, 273. Oberständiges Lappenbeil mit Öse, Gew. 394g. Ebd. 89 Nr. 317 Taf. 24, 317. Oberständiges Lappenbeil mit Öse, Gew. 416g. Ebd. 93 Nr. 381 Taf. 30, 381. Oberständiges Lappenbeil mit Öse, Gew. 398g. Ebd. 101 Nr. 505 Taf. 40, 505.

45.-49. HANAU, Main-Kinzig-Kreis, Hort. Lappenquerbeil, Gew. 198g; Kibbert, Beile 74 Nr. 233 Taf. 18, 233. Drei oberständige Lappenbeile mit Öse, Gew. 352, 522, 527g. Ebd. 93 Nr. 373-375 Taf. 29, 373-375. Frouardtüllenbeil, an der Tülle ausgebrochen, Gew. 104g. Ebd. 132 Nr. 622 Taf. 48, 622.

50.-55. HOCHSTADT, Main-Kinzig-Kreis, Hort. Lappenquerbeil, ein Lappen ausgebrochen, Gew. 182g. Kibbert, Beile 74 Nr. 232 Taf. 18, 232. Zwei oberständige Lappenbeile mit Öse, Gew. 438 und 368g. Ebd. 87 Nr. 294. 295 Taf. 23, 294. 295. Beilrohling f. oberständiges Lappenbeil, Gew. 602g. Ebd. 90 Nr. 323 Taf. 25, 323. Tüllenbeil Gew. 312g. Ebd. 141 Nr. 670 Taf. 52, 670. Tüllenbeil Gew. 200g. Ebd. 169 Nr. 815 Taf. 61, 815.

56.-71. OCKSTADT, Wetteraukreis, Hort. Oberständiges Lappenbeil, Gew. 450g. Kibbert, Beile 81 Nr. 254 Taf. 19, 254; Oberständiges Lappenbeil, Gew. 410g; Oberteil Oberständiges Lappenbeil. Ebd. 87 Nr. 292. 292A Taf. 22, 292. 292A. Vier oberständige Lappenbeile, Gew. 425g, 335g, 365g, 156g. Ebd. 95 Nr. 393-396 Taf. 31, 393-396; vier weitere Oberständiges Lappenbeile, Gew. 380g, 308g, 240g, 350g. Ebd. 101 Nr. 497-500 Taf. 39, 497-500. Schneidenbrst. Ebd. 102 Nr. 518 Taf. 41, 518. Frouardtüllenbeil, Gew. 175g. Ebd. 133 Nr. 630 Taf. 48, 630. Lövskaltüllenbeil, Gew. 340g. Ebd. 138 Nr. 654 Taf. 50, 654. Kirchhoventüllenbeil, Gew. 387g. Ebd. 140 Nr. 667 Taf. 51, 667. Tüllenbeil, Gew. 168g. Ebd. 176 Nr. 869 Taf. 65, 869.

72.-73. BIBLIS, Kr. Bergstraße, Hort. Oberständiges Lappenbeil, Gew. 422g. Kibbert, Beile 81 Nr. 264 Taf. 20, 264. Oberständiges Lappenbeil, Gew. 290g. Ebd. 101 Nr. 492 Taf. 39, 492.

74.-107. BAD HOMBURG, Hochtaunuskreis, Hort. Frg. eines oberständiges Lappenbeils, Gew. 418g. Ebd. 82 Nr. 275 Taf. 21, 275; Frg. zweier oberständiger Lappenbeile, Gew. 256g, 174g. Ebd. 87 Nr. 293. 293a Taf. 23, 293. 293A. Fünfzehn oberständige Lappenbeile: Gew. 214g (Rohling); 538g (Öse nicht durchstossen); 353g (erh.); 350g (erh.); 365g (erh.); 366 g (erh.); 378g (frg.); 324g (Lappen ausgebrochen); 382g (erh.); 335g (erh.); 330g (erh.); 377g (Lappen ausgebrochen); 375g (Lappen ausgebrochen); 332g (Öse untauglich). Ebd. 96 Nr. 417-431 Taf. 33-34, 417-431. Sieben oberständige Lappenbeile: Gew. 256g (Lappen ausgebrochen); 272g (erh.); 298g (Lappen ausgebrochen); 383g (erh.); 388g (erh.); 390g (erh.); 276g (ohne Öse). Ebd. 100 Nr. 482-488 Taf. 38, 482-488. Vier Beilfrg., Gew. 200 g; 141g; 174g; 67g. Ebd. 102 Nr. 510-514 Taf. 40, 510-514. Frouardtüllenbeil, Gew. 124g. Ebd. 132 Nr. 619 Taf. 48, 619. Frouardtüllenbeil, Gew. 147g. Ebd. 132 Nr. 625 Taf. 48, 625. Tüllenbeil mit Lappenzier, Gew. 174g. Ebd. 144 Nr. 690 Taf. 53, 690. Tüllenbeil mit Lappenzier, Gew. 149g. Ebd. 146 Nr. 702 Taf. 54, 702. Zugehörigkeit fraglich: Tüllenbeil Typ Tréhou, Gew. 269g. Ebd. 172 Nr. 836 Taf. 63, 836.

108.-110. FRANKFURT-GRINDBRUNNEN, Hort. Oberständiges Lappenbeil (Öse ausgebrochen), Gew. 360g. Frg. eines oberständigen Lappenbeils, Gew. 254g. Ebd. 82 Nr. 277-278 Taf. 21, 277- 278. Lövskaltüllenbeil, Gew. 304g. Ebd. 140 Nr. 664 Taf. 51, 644.

111.-127. FRANKFURT-STADTWALD, Hort mit 16 anderen Beilen. Lövskaltüllenbeil, Gew. 410g. Ebd. 140 Nr. 659 Taf. 51, 659.

128.-132. ROCKENBERG, Wetteraukreis, Hortfund. Oberständiges Lappenbeil, Gew. 436g. Ebd. 82 Nr. 281 Taf. 21, 281. Desgl., Gew. 364g. Ebd. 89 Nr. 315 Taf. 24, 315. Oberständiges Lappenbeil, Lappen ausgebrochen, Gew. 402g. Ebd. 95 Nr. 409 Taf. 32, 410. Frg. oberständiges Lappenbeil, Gew. 293g. Ebd. 102 Nr. 508 Taf. 40, 508. Schneidenbrst., Gew. 282g. Ebd. 102 Nr. 509 Taf. 40, 509.

133.-138. Umgebung WIESBADEN, Hort. Zwei oberständige Lappenbeile, Gew. 423g, 405g. Ebd. 87 Nr. 289. 290 Taf. 22, 289. 290. Desgl., Gew. 408g. Ebd. 97 Nr. 432 Taf. 34, 432. Desgl. mit ausgebrochenen Lappen, Gew. 320g. Ebd. 100 Nr. 489 Taf. 39, 489. Tüllenbeil mit Lappenzier, Gew. 320g. Ebd. 144 Nr. 680 Taf. 52, 680. Tüllenbeil mit Knopfverzierung, Schneide ausgebrochen, Gew. 227g. Ebd. 169f. Nr. 819 Taf. 62, 819.

139.-146. BAD HOMBURG, Hochtaunuskreis, Ringwallanlage Bleibeskopf, Hort III. Acht oberständige Lappenbeile, Gew. 389g, 363g, 414g, 391g, 344g, 363g, 403g, 398g. Ebd. 88 Nr. 302-304, Taf. 23, 302-304; 91 Nr. 340-343A Taf. 26, 340.

147. BAD HOMBURG, Hochtaunuskeis, Ringwallanlage Bleibeskopf, Hort IV. Oberständiges Lappenbeil, Gew. 304g. Ebd. 91 Nr. 344 Taf. 27, 344.

148. BAD HOMBURG, Hochtaunuskreis, Ringwallanlage Bleibeskopf, Hort V. Mittelelbe-Tüllenbeil, Gew. 183g. Ebd. 160 Nr. 754 Taf. 57, 754.

149. BAD HOMBURG, Hochtaunsuskreis, Ringwallanlage Bleibeskopf, Hort VII. Oberständiges Lappenbeil, Gew. 332g. Ebd. 87f. Nr. 300 Taf. 23, 300.

150-151. HEUSENSTAMM, Kr. Offenbach. Hort. Zwei oberständige Lappenbeile, davon eines (Gew. 360g) mit ausgebrochenen Lappen, das andere (Gew. 301g) erhalten. Ebd. 88 Nr. 309 Taf. 24, 309; 101 Nr. 496 Taf. 39, 496.

152.-155. GAMBACH, Wetteraukreis, Hortfund. Drei oberständige Lappenbeile, Gew. 353g, 401g, 345g. Ebd. 88 Nr. 310.311, Taf. 24, 310.311; 92, Nr. 363 Taf. 28, 363. Miniaturtüllenbeil, Gew. 29g. Ebd. 178 Nr. 899 Taf. 66, 899.

156a/b.-157. SCHOTTEN, Vogelsbergkreis, Hortfund. Zweiteilige Bronzegußform für oberständige Lappenbeile, Gew. 900 und 908g. Ebd. 89 Nr. 321 Taf. 25, 321. Oberständiges Lappenbeil, Gew. 426g. Ebd. 98 Nr. 448 Taf. 35, 448.

158a/b. HAIMBACH, Haimberg, Kr. Fulda, Hort. Zweiteilige Bronzegußform für oberständige Lappenbeile, Gew. 822 und 802g. Ebd. 89 Nr. 322 Taf. 25, 322.

159.-164. HANGEN-WEISHEIM, Kr. Alzey-Worms, Hortfund. Drei oberständige Lappenbeile, Gew. 434g, 482g (Schneide alt ausgebrochen), 287g. Ebd. 93f. Nr. 385.386 Taf. 30, 385.386; 99 Nr. 460 Taf. 36, 460. Schneidenbrst., 166g. Ebd. 102 Nr. 520 Taf. 41, 520. Frouard-Tüllenbeil (Schneide ausgebrochen), Gew. 85g. Ebd. 132 Nr. 621 Taf. 48, 621. Tüllenbeil mit vertikalen Rippen, Gew. 460g. Ebd. 154 Nr. 730 Taf. 65, 730.

165.-166. STADT ALLENDORF, Kr. Marburg-Biedenkopf, Hort. Zwei oberständige Lappenbeile jeweils mit ausgebrochenen Lappen, Gew. 352g, 278g. Ebd. 94 Nr. 391. 392 Taf. 30, 391. 392.

167.-169. MÜHLHEIM-DIETESHEIM, Kr. Offenbach, Flußhort (?). Oberständiges Lappenbeil, Gew. 363g. Zwei weitere vermutlich typengleiche Beile verschollen. Ebd. 98 Nr. 447 Taf. 35, 447.

170.-175. LANGENLONSHEIM, Kr. Bad Kreuznach, Hort. Sechs Lappenbeile. Ebd. 98 Nr. 451 Taf. 35, 451.

176.-178. RÜDESHEIM-Eibingen, Rheingaukreis, Hort. Zwei oberständige Lappenbeile, Gew. 503 g (Öse nicht durchstoßen), 279g (Frg.). Ebd. 99f. Nr. 467. 468 Taf. 37, 467. 468. Tüllenbeil mit Lappenzier, Gew. 205g. Ebd. 170 Nr. 820 Taf. 62, 820.

178a. GUDENSBERG, Kr. Fritzlar-Homburg, Hortfund. Oberständiges Lappenbeil, ausgebrochene Lappen, Gew. 277g; ebd. 101 Nr. 493 Taf. 39, 493.

178b. ESCHWEGE, Werra-Meißner-Kreis, Hort. Tüllenbeil, Gew. 322g. Ebd. 141 Nr. 671 Taf. 52, 671.

179.-180. NIEDER-OLM, Kr. Mainz-Bingen, Hort. Tüllenbeil mit Lappenzier, Gew. 233g. Mittelelbe-Lappenbeil, Gew. 288g. Ebd. 144 Nr. 685 Taf. 53, 685; 159 Nr. 753 Taf. 57, 753.

180A. OBBORNHOFEN, Kr. Gießen, Hortfund ? Urnenfelderzeitlich? Tüllenrandbeil? Ebd. 178 Nr. 908.

181.-193. DOSSENHEIM, Rhein-Neckar-Kreis, Hortfund. Acht oberständige Lappenbeile (zwei von ihnen fragmentiert); Tüllenbeil mit Lappenzier; zwei Tüllenbeile (Typ Frouard), Lappenbeil. Stein, Horte Taf. 79, 4-80, 7.

194. HATTENDORF, Vogelsbergkreis, Hortfund?Tüllenbeil L. 9, 2 cm, Tüllendm. 2, 5-2, 8 cm, Gew. 163g; dunkelgrüne bis braune Patina. Univ. Mus. Marburg 15819. Unpubliziert. Taf. 13, 1.

195-198. MANNHEIM-WALLSTADT, Hort. Drei oberständige Lappenbeile, teilweise fragmentiert, Gew. 267g, 251g, 446g; Schneidenbruchstück, 222g. Müller-Karpe, Chronologie Taf. 176, 2. 3. 19.- Taf. 12, 8-11.

199.-206. WEINHEIM-NÄCHSTENBACH, Rhein-Neckar-Kreis, Hort. Zwei Bruchstücke eines Oberständiges Lappenbeiles, alt zerbrochen, Gew. 132 u. 155g; Lappenbeil, 370g, Tüllenbeil mit schnurverziertem Hals, Gew. 170g; Tüllenbeil, Gew. 342g; Lappenbeil, Öse nicht durchstoßen, Gew. 296g; Tüllenbeilfrg. mit Lappenzier, Gew. 249g; Tüllenbeil, Gew. 416g; Lappenbeil mit ausgebrochenem Lappen, Gew. 360g. Stemmermann, Bad. Fundber. 2, 1933, 1ff. Taf. 2, 8-15.

206a.-c. MAINZ, aus dem Rhein, Hort. Mittelständiges Lappenbeil, Gew. 530g; zwei Bruchstücke weiterer mittelständiger Lappenbeile, Gew. 455g, 236g. Kibbert, Beile 49 Nr. 82 Taf. 6, 82; 50 Nr. 97 Taf. 7, 97; 50 Nr. 98 Taf. 7, 98.

207. MAINZ, aus dem Rhein. Mittelständiges Lappenbeil, Gew. 338g; Ebd. 50 Nr. 88 Taf. 7, 88.

208. MAINZ, aus dem Rhein. Mittelständiges Lappenbeil. Gew. 191g; Kibbert, Beile 34 Nr. 9 Taf. 1, 9; Wegner, Flußfunde 157 Nr. 672 Taf. 31, 7.

209. MAINZ, aus dem Rhein. Mittelständiges Lappenbeil, Gew. 430g. Kibbert, Beile 39 Nr. 40 Taf. 3, 40; Wegner, Flußfunde 168 Nr. 865 Taf. 31, 8.

210. MAINZ, aus dem Rhein. Mittelständiges Lappenbeil, Gew. 564g. Kibbert, Beile 41 Nr. 49 Taf. 3, 49; Wegner, Flußfunde 138 Nr. 396 Taf. 33, 2.

211. MAINZ, aus dem Rhein. Mittelständiges Lappenbeil, Gew. 255g. Wegner, Flußfunde 161 Nr. 734; Kibbert, Beile 51 Nr. 100 Taf. 8, 100.

212. MAINZ, aus dem Rhein. Mittelständiges Lappenbeil, Gew. 688g. Wegner, Flußfunde 161 Nr. 735 Taf. 32, 5; Kibbert, Beile 51 Nr. 103 Taf. 8, 103.

213. MAINZ, aus dem Rhein. Mittelständiges Lappenbeil mit Zangennacken, Gew. 315g. Wegner, Flußfunde 161 Nr. 731 Taf. 32, 1; Kibbert, Beile 56 Nr. 120 Taf. 9, 120.

214. MAINZ, aus dem Rhein. Mittelständiges Lappenbeil, Gew. 316g. Wegner, Flußfunde 145 Nr. 498 Taf. 39, 1; Kibbert, Beile 61 Nr. 150 Taf. 11, 150.

215. MAINZ, aus dem Rhein. Mittelständiges Lappenbeil, Gew. 410g. Kibbert, Beile 61f. Nr. 160 Taf. 12, 160.

216. MAINZ, aus dem Rhein. Lindenstruthbeil. Kibbert, Beile 63 Nr. 178 Taf. 13, 178.

217. MAINZ, aus dem Rhein. Lappenbeil Typ Buchau, Gew. 513 g. Wegner, Flußfunde 161 Nr. 739 Taf. 33, 4; Kibbert, Beile 64 Nr. 190 Taf. 14, 190.

218. MAINZ, aus dem Rhein. Lappenbeil Typ Buchau, Gew. 475 g. Wegner, Flußfunde 161 Nr. 740 Taf. 60, 6; Kibbert, Beile 64 Nr. 192 Taf. 14, 192.

219. MAINZ, aus dem Rhein. Lappenbeil Typ Buchau, Gew. 361 g. Wegner, Flußfunde 161 Nr. 738 Taf. 60, 4; Kibbert, Beile 65 Nr. 194 Taf. 14, 194.

220. MAINZ, aus dem Rhein. Brst. eines oberständigen Lappenbeils, Gew. 255g. Wegner, Flußfunde 161 Nr. 737 Taf. 32, 4 ; Kibbert, Beile 69 Nr. 203A Taf. 15, 203A.

221. MAINZ, aus dem Rhein. Oberständiges. Lappenbeil Gew. 293g. Wegner, Flußfunde 161 Nr. 741 Taf. 33, 3; Kibbert, Beile 70 Nr. 208 Taf. 15, 208.

222. MAINZ, aus dem Rhein. Lappenquerbeil Gew. 150g. Wegner, Flußfunde 134 Nr. 342 Taf. 36, 1; Kibbert, Beile 74 Nr. 234 Taf. 18, 234.

223. MAINZ, aus dem Rhein. Lappenquerbeil Gew. 187g. Wegner, Flußfunde 161 Nr. 746 Taf. 36, 6; Kibbert, Beile 75 Nr. 238 Taf. 18, 238.

224. MAINZ, aus dem Rhein. Beilrohling? Kibbert, Beile 83 Nr. 286 Taf. 22, 286.

225. MAINZ, aus dem Rhein. Oberständiges Lappenbeil, Gew. 421g. Wegner, Flußfunde 161 Nr. 745 Taf. 61, 5. Kibbert, Beile 87 Nr. 291 Taf. 22, 291.

226. MAINZ, aus dem Rhein. Oberständiges Lappenbeil, Gew. 397g. Kibbert, Beile 88 Nr. 307. Taf. 24, 307.

227. MAINZ, aus dem Rhein. Oberständiges Lappenbeil, Gew. 398g. Kibbert, Beile 88 Nr. 308 Taf. 24, 308.

228. MAINZ, aus dem Rhein. Oberständiges Lappenbeil, Gew. 404g. Wegner, Flußfunde 142 Nr. 443 Taf. 34, 3; Kibbert, Beile 89 Nr. 314 Taf. 24, 314.

229. MAINZ, aus dem Rhein. Oberständiges Lappenbeil, Gew. 407g. Wegner, Flußfunde 140 Nr. 425 Taf. 33, 6; Kibbert, Beile 89 Nr. 316 Taf. 24, 216.

230. MAINZ, aus dem Rhein. Oberständiges Lappenbeil, Gew. 392g. Wegner, Flußfunde 170 Nr. 890 Taf. 35, 6; Kibbert, Beile 89 Nr. 313 Taf. 24, 313.

231. MAINZ, aus dem Rhein. Oberständiges Lappenbeil, Gew. 443g. Wegner, Flußfunde 145 Nr. 499 Taf. 34, 4; Kibbert, Beile 92 Nr. 358 Taf. 28, 358.

232. MAINZ, aus dem Rhein. Oberständiges Lappenbeil, Gew. 580g. Wegner, Flußfunde 152 Nr. 590 Taf. 34, 5; Kibbert, Beile 93 Nr. 371 Taf. 29, 371.

233. MAINZ, aus dem Rhein. Oberständiges Lappenbeil, Gew. 443g. Wegner, Flußfunde 161 Nr. 742 Taf. 35, 1; Kibbert, Beile 93 Nr. 372 Taf. 29, 372.

234. MAINZ, aus dem Rhein. Oberständiges Lappenbeil, Gew. 310g. Wegner, Flußfunde 161 Nr. 743 Taf. 35, 2; Kibbert, Beile 97 Nr. 433 Taf. 34, 433.

235. MAINZ, aus dem Rhein. Oberständiges Lappenbeil, Gew. 447g. Kibbert, Beile 97 Nr. 435 Taf. 34, 435.

236. MAINZ, aus dem Rhein. Oberständiges Lappenbeil, Gew. 370g. Kibbert 97 Nr. 436 Taf. 34, 436.

237. MAINZ, aus dem Rhein. Oberständiges Lappenbeil, Gew. 415g. Kibbbert, Beile 97 Nr. 437 Taf. 34, 437.

238. MAINZ, aus dem Rhein. Oberständiges Lappenbeil, Gew. 306g. Kibbert, Beile 97 Nr. 438 Taf. 34, 438.

239. MAINZ, aus dem Rhein. Oberständiges Lappenbeil, Gew. 306g. Kibbert Beile 97 Nr. 439 Taf. 34, 439.

240. MAINZ, aus dem Rhein. Beiloberteil, Gew. 124g. Wegner, Flußfunde 161 Nr. 744 Taf. 36, 2; Kibbert, Beile 98 Nr. 442 Taf. 35, 442.

241. MAINZ, aus dem Rhein. Oberständiges Lappenbeil, Gew. 468g. Wegner, Flußfunde 134 Nr. 339 Taf. 35, 5; Kibbert, Beile 98 Nr. 443 Taf. 35, 443.

242. MAINZ, aus dem Rhein. Oberständiges Lappenbeil, Gew. 295g. Wegner, Flußfunde 134 Nr. 340 Taf. 34, 1; Kibbert, Beile 98 Nr. 444 Taf. 35, 444.

243. MAINZ, aus dem Rhein. Oberständiges Lappenbeil, Gew. 335g. Wegner, Flußfunde 134 Nr. 341 Taf. 34, 2; Kibbert, Beile 98 Nr. 445 Taf. 35, 445.

244. MAINZ, aus dem Rhein. Oberständiges Lappenbeil, Gew. 373g. Kibbert, Beile 99 Nr. 459 Taf. 36, 459.

245. MAINZ, aus dem Rhein. Oberständiges Lappenbeil, Gew. 345g. Wegner, Flußfunde 152 Nr. 591 Taf. 34, 6.

246. MAINZ, aus dem Rhein. Wesselingtüllenbeil Gew. 262g. Wegner, Flußfunde 136 Nr. 374 Taf. 36, 5; Kibbert, Beile 129 Nr. 612 Taf. 47, 612.

247. MAINZ, aus dem Rhein. Wesselingtüllenbeil, Gew. 476g. Wegner, Flußfunde 149 Nr. 559 Taf. 37, 2; Kibbert, Beile 129 Nr. 614 Taf. 47, 614.

248. MAINZ, aus dem Rhein. Frouardtüllenbeil Gew. 151g. Kibbert, Beile 133 Nr. 633 Taf. 48, 633; Wegner, Flußfunde 170 Nr. 892 Taf. 36, 9.

249. MAINZ, aus dem Rhein. Frouardtüllenbeil, Gew. 165g. Wegner, Flußfunde 140 Nr. 421 Taf. 36, 8; Kibbert, Beile 133 Nr. 637 Taf. 49, 637.

250. MAINZ, aus dem Rhein. Frouardtüllenbeil, Gew. 135g Kibbert, Beile 134 Nr. 644 Taf. 49, 644.

251. MAINZ, aus dem Rhein. Tüllenbeil, Gew. 415g. Wegner, Flußfunde 134 Nr. 343 Taf. 36, 4; Kibbert, Beile 150 Nr. 721 Taf. 55, 721.

252. MAINZ, aus dem Rhein. Tüllenbeil mit vertikalen Rippen, Gew. 147g. Kibbert, Beile 155 Nr. 738 Taf. 56, 738; Wegner, Flußfunde 36 Nr. 377.

253. MAINZ, aus dem Rhein. Tüllenbeil mit vertikalen Rippen, Gew. 185g. Kibbert, Beile 155 Nr. 741 Taf. 56, 741; Wegner, Flußfunde 136 Nr. 376 Taf. 36, 6.

254. MAINZ, aus dem Rhein. Tüllenbeil mit inliegender Beilschneide und Pfriem. Gew. 350g. Kibbert, Beile 177 Nr. 876. 877 Taf. 65, 876. 877.-TAF. 12, 1-7.

255. MAINZ, wohl aus dem Rhein. Oberständiges Lappenbeil, Gew. 350g. Kibbert Beile 99 Nr. 462 Taf. 36, 462; Wegner, Flußfunde 169 Nr. 889 Taf. 35, 5.

256. MAINZ, wohl aus dem Rhein. Oberständiges Lappenbeil, Gew. 423g. Kibbert, Beile 100 Nr. 472 Taf. 37, 472. Wegner, Flußfunde 170 Nr. 891 Taf. 35, 3.

257. MAINZ, wohl aus dem Rhein. Oberständiges Lappenbeil, Gew. 476g. Wegner, Flußfunde 169 Nr. 888 Taf. 35, 4; Kibbert, Beile 87 Nr. 299 Taf. 23, 299.

258. MAINZ, wohl aus dem Rhein. Mittelständiges Lappenbeil, Gew. 467g. Wegner, Flußfunde 161 Nr. 732 Taf. 32, 2. ; Kibbert, Beile 51 Nr. 109 Taf. 8, 109.

259. MAINZ, aus dem Rhein. Lausitzer Tüllenbeil, Gew. 420g. Kibbert, Beile 751 Taf. 57, 751.

260. MAINZ, aus dem Rhein. Geistingen-Tüllenbeil, Gew. 143g. Kibbert, Beile 167 Nr. 801 Taf. 61, 801.

261. MAINZ, wohl aus dem Rhein. Mittelständiges Lappenbeil, Gew. 670g. Wegner, Flußfunde 161 Nr. 733 Taf. 32, 3; Kibbert, Beile 52 Nr. 116 Taf. 9, 116.

262. MAINZ (?), aus dem Rhein (?). Oberständiges Lappenbeil, Gew. 442g. Meier-Arendt, Fundber. Hessen 17-18, 1977-78, 71; Kibbert, Beile 92 Nr. 356 Taf. 27, 356.

263. BINGEN-BINGERBRÜCK, aus dem Rhein. Mittelständiges Lappenbeil. Kibbert, Beile 46 Nr. 74 Taf. 5, 74.

264. BINGEN-BINGERBRÜCK, aus dem Rhein. Oberständiges Lappenbeil. Kibbert, Beile 103 Nr. 532 (verschollen).

265. BINGEN, aus dem Rhein. Mittelständiges Lappenbeil, Gew. 245g. Kibbert, Beile 52 Nr. 114 Taf. 11, 114.

266. BINGEN, aus dem Rhein. Mittelständiges Lappenbeil, Gew. 267g. Kibbert, Beile 65 Nr. 197 Taf. 15, 197.

267. Umgebung BINGEN, aus dem Rhein ?Lappenbeil, Gew. 242g. Kibbert, Beile 70 Nr. 211 Taf. 16, 211.

268. BINGEN, aus dem Rhein. Oberständiges Lappenbeil, Gew. 234g. Kibbert, Beile 70 Nr. 214 Taf. 16, 214.

269. BINGEN, aus dem Rhein. Oberständiges Lappenbeil. Kibbert Beile 70, Nr. 214 A

270. BINGEN, aus dem Rhein. Oberständiges Lappenbeil mit Öse, Gew. 330g. Kibbert, Beile 80 Nr. 248 Taf. 19, 248.

271. BINGEN, aus dem Rhein. Oberständiges Lappenbeil, Gew. 523g. Kibbert, Beile 81 Nr. 265 Taf. 20, 265.

272. BINGEN, aus dem Rhein. Oberständiges Lappenbeil, Gew. 397g. Kibbert, Beile 82 Nr. 276 Taf. 21, 276.

273. BINGEN, aus dem Rhein. Oberständiges Lappenbeil, Gew. 409g. Kibbert, Beile 98 Nr. 446 Taf. 35, 446.

274. BINGEN, aus dem Rhein. Oberständiges Lappenbeil, Gew. 285g. Kibbert, Beile 100 Nr. 490 Taf. 39, 490.

275. TRECHTINGSHAUSEN, aus dem Rhein. Mittelständiges Lappenbeil, Gew. 250g. Kibbert, Beile 51 Nr. 101 Taf. 8, 101.

276. TRECHTINGSHAUSEN, aus dem Rhein. Oberständiges Lappenbeil, Gew. 365g. Kibbert, Beile 95 Nr. 397 Taf. 31, 397.

277. TRECHTINGSHAUSEN, aus dem Rhein. Wesselingtüllenbeil, Gew. 220g. Kibbert, Beile 128 Nr. 598 Taf. 46, 598.

278. TRECHTINGSHAUSEN, aus dem Rhein. Tüllenbeil, Gew. 305g, in der Tülle das Fragment eines weiteren Tüllenbeiles. Kibbert, Beile 169 Nr. 817. 818. Taf. 62, 817, 818.

279. BACHARACH, aus dem Rhein?Oberständiges Lappenbeil, Gew. 365g. Kibbert, Beile 81 Nr. 257 Taf. 20, 257.

280. BACHARACH, aus dem Rhein. Beil. Kibbert, Beile 82 Nr. 284 Taf. 22, 284.

281. BACHARACH, aus dem Rhein. Oberständiges Lappenbeil, Gew. 354g. Kibbert, Beile 114 Nr. 540 Taf. 41, 540.

282. BACHARACH, aus dem Rhein. Oberständiges Lappenbeil, Gew. 350g. Kibbert, Beile 100 Nr. 471 Taf. 37, 471.

283. BACHARACH, aus dem Rhein. Oberständiges Lappenbeil, Gew. 357g. Kibbert, Beile 114 Nr. 541 Taf. 41, 541.

284. BACHARACH, aus dem Rhein. Oberständiges Lappenbeil, Gew. 311g. Kibbert, Beile 114 Nr. 542 Taf. 41, 542.

285. BACHARCH, aus dem Rhein. Oberständiges Lappenbeil, Gew. 306g. Kibbert, Beile 114 Nr. 543 Taf. 41, 543.

286. BACHARACH, aus dem Rhein? Wesselingtüllenbeil. Kibbert, Beile 129 Nr. 605 Taf. 47, 605.

287. BACHARACH, aus dem Rhein. Tüllenbeil, Gew. 119g. Kibbert, Beile 176 Nr. 874 Taf. 65, 874.

288. NIEDERHEIMBACH, aus dem Rhein. Oberständiges Lappenbeil, Gew. 373g. Kibbert, Beile 101 Nr. 491 Taf. 39, 491.

289. NIEDERHEIMBACH, aus dem Rhein(?) Oberständiges Lappenbeil, Gew. 329g. Kibbert, Beile 114 Nr. 539 Taf. 41, 539.

290. ST. GOAR, aus dem Rhein. Oberständiges Lappenbeil, Gew. 381g. Kibbert, Beile 115 Nr. 544 Taf. 41, 544.

291. ST. GOAR, aus dem Rhein. Oberständiges Lappenbeil. Kibbert, Beile 115 Nr. 545.

292. OBERWESEL, Rhein-Hunsrück-Kreis, aus dem Rhein. Mittelständiges Lappenbeil. Kibbert, Beile 61 Nr. 161 Taf. 12, 161.

293. OBERWESEL, aus dem Rhein. Oberständiges Lappenbeil. Kibbert, Beile 115 Nr. 546 Taf. 41, 546.

294. OBERWESEL, aus dem Rhein. Tüllenbeil, Gew. 257g. Kibbert, Beile 176 Nr. 859 Taf. 64, 859.

295. BUDENHEIM, aus dem Rhein. Wesselingtüllenbeil, Gew. 298g. Kibbert, Beile 127 Nr. 590 Taf. 45, 590; Wegner, Flußfunde 171 Nr. 909 Taf. 37, 4.

296. NIERSTEIN, aus dem Rhein. Oberständiges Lappenbeil, Gew. 397g. Wegner, Flußfunde 130 Nr. 283; Kibbert, Beile 100 Nr. 481 Taf. 38, 481.

297. ELTVILLE, Rheingaukreis, aus dem Rhein. Tüllenbeil mit Lappenzier. Gew. 107g. Kibbert, Beile 211 II 1008 Taf. 77, II 1008.

298. ERFELDEN, Kr. Groß-Gerau, aus dem Altrhein. Mittelständiges Lappenbeil, Gew. 665g. Wegner, Flußfunde 131 Nr. 293; Kibbert, Beile 51 Nr. 104 Taf. 8, 104.

299. STOCKSTADT, Kr. Groß-Gerau, aus dem Altrhein. Oberständiges Lappenbeil mit sorgfältig facettierten Lappen. Ellermann, Heimatbuch Stockstadt (1982) 34 Abb. 12.- Taf. 11, 8 (nach Foto).

300. WALLERSTÄDTEN, Kr. Groß-Gerau, aus Altrhein oder Altneckar. Oberständiges Lappenbeil. Wegner, Flußfunde 131 Nr. 296; Kibbert, Beile 72 Nr. 222 Taf. 17, 222.

301. RHEINHESSEN, wohl aus dem Rhein. Lappenquerbeil, Gew. 143g. Kibbert, Beile 75 Nr. 236 Taf. 18, 236.

302.-305. RHEINHESSEN, aus dem Rhein? Vier Tüllenbeile Typ Tréhou. Gew. 261g, 247g, 218g, 185g. Kibbert, Beile 172 Nr. 831-834 Taf. 63, 831-833.

306. DORNHEIM, Kr. Groß-Gerau, aus dem Altneckar. Lindenstruthbeil, Gew. 433g. Kibbert, Beile 63 Nr. 170 Taf. 12, 170.

307. EDDERSHEIM, Main-Taunus-Kreis, aus dem Main. Mittelständiges Lappenbeil, Gew. 278g. Kibbert, Beile 56 Nr. 119 Taf. 9, 119.

308. DÖRNIGHEIM, Main-Kinzig-Kreis, aus dem Main. Tüllenbeil mit Lappenzier, Gew. 357g. Kibbert, Beile 147 Nr. 719 Taf. 55, 719.

309. FRANKFURT-SCHWANHEIM, aus dem Main (?). Oberständiges Lappenbeil, Gew. 403g. Kibbert, Beile 96 Nr. 412 Taf. 32, 412.

310. FRANKFURT-HÖCHST, aus dem Main. Geistingen-Tüllenbeil, Gew. 120g. Kibbert, Beile 167 Nr. 795 Taf. 60, 795.

311. FLÖRSHEIM, Main-Kinzig-Kreis, aus dem Main. Tüllenbeil mit Lappenzier, Gew. 173g. Kibbert, Beile 145 Nr. 701 Taf. 54, 701; Wegner, Flußfunde 127 Nr. 257 Taf. 37, 5.

312. KLEIN-WELZHEIM, aus dem Altmain. Lindenstruthbeil, Gew. 420g. Wegner, Flußfunde 122 Nr. 193 A; Kibbert, Beile 63f. Nr. 181 Taf. 13, 181.

313. KLEINOSTHEIM, Lkr. Aschaffenburg, aus dem Main. Mittelständiges Lappenbeil. Wegner, Flußfunde 119 Nr. 160 Taf. 60, 5; Wilbertz, Urnenfelderkultur 125 Nr. 34 Taf. 89, 7.

314. Bei DUTENHOFEN, Kr. Wetzlar, aus der Lahn. Mittelständiges Lappenbeil. Kibbert, Beile 50 Nr. 96 Taf. 7, 96.

315. Bei DUTENHOFEN, aus der Lahn. Oberständiges Lappenbeil, Gew. 351g. Kibbert, Beile 88 Nr. 306 Taf. 24, 306.

316. Bei DUTENHOFEN, aus der Lahn. Nacken- und Schneidenbruchstück. Kibbert, Beile 88 Nr. 306 A. B. Taf. 24, 306 A. B.

317. Bei DUTENHOFEN, aus der Lahn. Oberständiges Lappenbeil, Gew. 465g. Kibbert, Beile 91 Nr. 348 Taf. 27, 348.

318. Bei DUTENHOFEN, aus der Lahn. Tüllenbeil mit vertikalen Rippen, Gew. 169g. Kibbert, Beile 155 Nr. 735 Taf. 54, 735.

319. HEUCHELHEIM, Kr. Gießen, aus der Lahn. Mittelständiges Lappenbeil, Gew. 625g. Kibbert, Beile 61 Nr. 147 Taf. 10, 147.

320. Bei GIESSEN, aus der Wieseck. Oberständiges Lappenbeil, Gew. 332g. Kibbert, Beile 70 Nr. 207 Taf. 15, 207.

321. WETZLAR, im Bachbett. Oberständiges Lappenbeil, Gew. 424g. Kibbert, Beile 92 Nr. 357 Taf. 28, 357.

322. ESCHOLLBRÜCKEN/PFUNGSTADT, Kr. Darmstadt-Dieburg, aus dem Moor. Oberständiges Lappenbeil, Gew. 388g. Kibbert, Beile 81 Nr. 263 Taf. 20, 263.

323. ESCHOLLBRÜCKEN, aus dem Moor (?). Wesselingtüllenbeil. Kibbert, Beile 129 Nr. 608 Taf. 47, 608.

324. GODDELAU, Kr. Groß-Gerau, Moorfund (?). Tüllenbeil, Gew. 157g. Kibbert, Beile 177 Nr. 897 Taf. 66, 897.

325. NAUHEIM, Kr. Groß-Gerau, wohl Gewässer- oder Moorfund. Mittelständiges Lappenbeil, Gew. 655g. Kibbert, Beile 52 Nr. 111 Taf. 8, 111.

326. GROSSKROTZENBURG, Main-Kinzig-Kreis, wohl Moorfund. Mittelständiges Lappenbeil, Gew. 192g. Kibbert, Beile 56 Nr. 121 Taf. 9, 121.

327. MÜHLHEIM-DIETESHEIM, Kr. Offenbach, Moorfund. Oberständiges Lappenbeil, Gew. 307g. Kibbert, Beile 96 Nr. 414 Taf. 32, 414.

328. HANAU, Main-Kinzig-Kreis, Moorfund. Oberständiges Lappenbeil, Gew. 271g. Kibbert, Beile 100 Nr. 473 Taf. 37, 473.

329. GLASHÜTTEN, Wetteraukreis, bei Bachregulierung, Feuchtbodenfund? Oberständiges Lappenbeil, Gew. 210g. Kibbert, Beile 73 Nr. 230 Taf. 17, 230.

330. BAD HOMBURG, Hochtaunuskreis. Einzelfund in der Nähe der Quelle beim Mithras-Heiligtum. Mittelständiges Lappenbeil, Gew. 211g. Ebd. 32 Nr. 3 Taf. 1, 3.

331. HERBORNSEELBACH, Lahn-Dill-Kreis, an der linken Aarbachböschung. Oberständiges Lappenbeil, Gew. 448g. Kibbert, Beile 91 Nr. 349 Taf. 27, 349.

332. PETERSBERG, Kr. Fulda, Einzelfund "wohl Höhenfund". Mittelständiges Lappenbeil, Gew. 388g. Kibbert, Beile 32 Nr. 6 Taf. 1, 6.

333. PETERSBERG, Kr. Fulda. Tüllenbeil mit konkavem Tüllenrand. Kibbert, Beile 124 Nr. 567 Taf. 44, 567.

334. WIESBADEN-Sonnenberg, Einzelfund. Mittelständiges Lappenbeil mit facettierten Lappen. Kibbert, Beile 34 Nr. 8 Taf. 1, 8.

335. WIESBADEN. Mittelständiges Lappenbeil. Kibbert, Beile 61 Nr. 156 Taf. 11, 156.

336. WIESBADEN. Frouardtüllenbeil. Kibbert, Beile 132 Nr. 624 Taf. 48, 624.

337. BRUCHKÖBEL, Main-Kinzig-Kreis, Einzelfund. Mittelständiges Lappenbeilbrst., Gew. 392g. Kibbert, Beile 34 Nr. 13 Taf. 1, 13.

338. GROSSAUHEIM, Main-Kinzig-Kreis. Oberständiges Lappenbeil, Gew. 360g. Kibbert, Beile 95 Nr. 402 Taf. 31, 402.

339. OBERTSHAUSEN, Kr. Offenbach. Oberständiges Lappenbeil, Gew. 242g. Kibbert, Beile 100 Nr. 475 Taf. 37, 475.

340. NIEDER-BESSINGEN, Kr. Gießen, beim Pflügen. Mittelständiges Lappenbeil, Gew. 455g. Kibbert, Beile 61 Nr. 154 Taf. 11, 154.

341. BUTZBACH, Wetteraukreis. Oberständiges Lappenbeil, Gew. 382g. Kibbert, Beile 82 Nr. 280 Taf. 22, 280.

342. BUTZBACH, Wetteraukreis. Oberständiges Lappenbeil, Gew. 360g. Kibbert, Beile 93 Nr. 370 Taf. 29, 370.

343. FRIEDBERG, Wetteraukreis. Lappenbeil. Kibbert, Beile 103 Nr. 535.

344. NIDDA, Wetteraukreis. Oberständiges Lappenbeil, Gew. 310g. Kibbert, Beile 91 Nr. 335 Taf. 26, 335.

345. WOHNBACH, Wetteraukreis. Oberständiges Lappenbeil, Gew. 353g. Kibbert, Beile 95 Nr. 408 Taf. 32, 408.

346. Gegend von BRAUNFELS. Oberständiger Lappenbeilrohling, Gew. 372g. Kibbert, Beile 90 Nr. 325 Taf. 25, 325.

347. BRAUNFELS, Kr. Wetzlar. Oberständiges Lappenbeil (zum Hort von Gambach gehörig?), Gew. 300g. Kibbert, Beile 95 Nr. 399 Taf. 31, 399.

348. DORF-GÜLL, Kr. Gießen. Oberständiges Lappenbeil, Gew. 418g. Kibbert, Beile 90 Nr. 331 Taf. 25, 331.

349. WATZENBORN-STEINBERG, Kr. Gießen. Oberständiges Lappenbeil, Gew. 324g. Kibbert, Beile 91 Nr. 334 Taf. 26, 334.

350. Kreis WETZLAR (?). Oberständiges Lappenbeil, Gew. 340g. Kibbert, Beile 100 Nr. 469 Taf. 37, 469.

351. HERBORN, Dillkreis. Tüllenbeil (und weitere Bronzen?). Kibbert, Beile 178 Nr. 909.

352. GRÜNINGEN, Kr. Gießen. Tüllenbeil mit Lappenzier, Gew. 288g. Kibbert, Beile 146 Nr. 704 Taf. 54, 704.

353. STAUFENBERG, Kr. Gießen, in Steinbruch. Oberständiges Lappenbeil, Gew. 355g. Kibbert, Beile 100 Nr. 470 Taf. 37, 470.

354. "GIESSEN". Oberständiges Lappenbeil, Gew. 423g. Kibbert, Beile 100 Nr. 480 Taf. 38, 480.

355. MONSHEIM, Kr. Alzey-Worms, Einzelfund. Mittelständiges Lappenbeilfrg., Gew. 270g. Kibbert, Beile 34 Nr. 14 Taf. 1, 14.

356. BACHARACH, Kr. Mainz-Bingen. Tüllenbeil, Gew. 315g. Kibbert, Beile 177 Nr. 886 Taf. 66, 886.

357. TRECHTINGSHAUSEN, Kr. Mainz-Bingen. Mittelständiges Lappenbeil, Gew. 467g. Kibbert, Beile 61 Nr. 159 Taf. 11, 159.

358. TRECHTINGSHAUSEN, Kr. Mainz-Bingen. Oberständiges Lappenbeil, Gew. 471g. Kibbert, Beile 92 Nr. 367 Taf. 28, 367.

359. OPPENHEIM, Kr. Mainz-Bingen. Mittelständiges Lappenbeil, Gew. 370g. Kibbert, Beile 62 Nr. 164 Taf. 12, 164.

360. BINGEN, Kr. Mainz-Bingen. Mittelständiges Lappenbeil, Gew. 373g. Kibbert, Beile 61 Nr. 149 Taf. 11, 149.

361. BINGEN. Oberständiges Lappenbeil, Gew. 335g. Kibbert, Beile 91 Nr. 332 Taf. 25, 332.

362. Gegend BINGEN, Kr. Mainz-Bingen. Oberständiges Lappenbeil. Kibbert, Beile 99 Nr. 454 Taf. 36, 454

363. BINGEN, Kr. Mainz-Bingen. Tüllenbeil mit vertikalen Rippen, Gew. 453g. Kibbert, Beile 154 Nr. 733 Taf. 56, 733.

364. BINGEN, Kr. Mainz-Bingen. Tüllenbeil, Gew. 345g. Kibbert, Beile 160 Nr. 758 Taf. 58, 758.

365. FLONHEIM, Kr. Alzey-Worms. Facettiertes Tüllenbeil, Gew. 114g. Kibbert, Beile 165 Nr. 785 Taf. 59, 785.

366. BUDENHEIM, Kr. Mainz-Bingen, Einzelfund. Mittelständiges Lappenbeil, Gew. 469g. Kibbert, Beile 62 Nr. 166 Taf. 12, 166.

367. SPRENDLINGEN, Kr. Mainz-Bingen. Tüllenbeil mit konkavem Tüllenrand. Kibbert, Beile 124 Nr. 563 Taf. 43, 563.

368. WORMS. Südosteuropäisches Tüllenbeil, Gew. 376g. Kibbert, Beile 125 Nr. 571 Taf. 44, 571.

369. MICHELSBERG, Schwalm-Eder-Kreis, Wallburg. Oberständiges Lappenbeil, Gew. 440g. Kibbert, Beile 87 Nr. 296 Taf. 23, 296.

370. WERNGES (oder RIMLOS), Vogelsbergkreis, Lesefund im Wald. Oberständiges Lappenbeil, Gew. 407g. Kibbert, Beile 89 Nr. 312 Taf. 24, 312.

371. SCHLITZ, Vogelsbergkreis. Mittelständiges Lappenbeil, Gew. 490g. Kibbert, Beile 61 Nr. 151 Taf. 11, 151.

372. Gegend von STOCKHAUSEN, Vogelsbergkreis. Geseke-Biblis-Beil, Gew. 335g. Kibbert, Beile 81 Nr. 256 Taf. 20, 256.

373. LAUTERBACH, Vogelsbergkreis. Oberständiges Lappenbeil. Kibbert, Beile 103 Nr. 536.

374. EBSDORF, Kr. Marburg-Biedenkopf. Lindenstruthbeil. Kibbert, Beile 63 Nr. 172 Taf. 12, 172.

375. MELLNAU, Kr. Marburg-Biedenkopf. Geseke-Biblis-Beil, Gew. 263g. Kibbert, Beile 82 Nr. 279 Taf. 21, 279

376. MARBURG (?), Kr. Marburg-Biedenkopf. Facettiertes Tüllenbeil, Gew. 260g. Kibbert, Beile 164 Nr. 775 Taf. 59, 775.

377. "WIESBADEN", Einzelfund. Unterständiges Lappenbeil, facettierte Lappen, Gew. 776g. Kibbert, Beile 34 Nr. 10 Taf. 1, 10.

378. "WIESBADEN". Oberständiges Lappenbeil, Gew. 410g. Kibbert, Beile 92 Nr. 360 Taf. 28, 360.

379. Umgebung MAINZ. Oberständiges Lappenbeil, Gew. 494g. Kibbert, Beile 70 Nr. 209 Taf. 16, 209.

380. "MAINZ", Einzelfund. Mittelständiges Lappenbeil, Gew. 441g. Kibbert, Beile 34 Nr. 11 Taf. 1, 11.

381. Gegend von MAINZ. Oberständiger Lappenbeilrohling, Gew. 300g. Kibbert, Beile 90 Nr. 324 Taf. 25, 324.

382. Umgebung von MAINZ. Oberständiges Lappenbeil, Gew. 451g. Kibbert, Beile 96 Nr. 413 Taf. 32, 413.

383. MAINZ-KASTEL, Stkr. Wiesbaden. Mittelständiges Lappenbeil, Gew. 387g. Kibbert, Beile 65 Nr. 195 Taf. 14, 195.

384. ERBACH, Rheingaukreis. Tüllenbeil Typ Tréhou, Gew. 294g. Kibbert, Beile 172 Nr. 829, Taf. 72, 829.

385. GEISENHEIM, Rheingaukreis. Oberständiges Lappenbeil. Kibbert, Beile 103 Nr. 533.

386. WEHRHEIM, Hochtaunuskreis. Tüllenbeil, Gew. 89g. Kibbert, Beile 177 Nr. 882 Taf. 66, 882.

387. LANGENHAIN, Main-Taunus-Kreis. Mittelständiges Lappenbeil, Gew. 188g. Kibbert, Beile 39 Nr. 34 Taf. 3, 34.

388. FLÖRSHEIM, Main-Taunus-Kreis. Oberständiges Lappenbeil. Kibbert, Beile 103 Nr. 534.

389. GRIESHEIM, Kr. Darmstadt-Dieburg, Einzelfund. Mittelständiges Lappenbeil, Gew. 675g. Kibbert, Beile 39 Nr. 39 Taf. 3, 39.

390. NIEDER-RAMSTADT, Kr. Darmstadt. Mittelständiges Lappenbeil, Gew. 525g. Kibbert 62 Nr. 165 Taf. 12, 165.

391. ALTHEIM, Kr. Darmstadt-Dieburg. Mittelständiges Lappenbeil, Gew. 255g. Kibbert, Beile 65 Nr. 196 Taf. 14, 196.

392. GROSS-GERAU, Einzelfund. Oberständiges Lappenbeil, Gew. 306g. Kibbert, Beile 72 Nr. 226 Taf. 17, 226.

393. GODDELAU, Kr. Groß-Gerau. Tüllenbeil. Kibbert, Beile 178 Nr. 896.

394. HEPPENHEIM, Kr. Bergstraße. Oberständiges Lappenbeil, Gew. 415g. Kibbert, Beile 89 Nr. 319 Taf. 25, 319.

395. LAMPERTHEIM, Kr. Bergstraße. Oberständiges Lappenbeil, Gew. 485g. Kibberrt, Beile 92 Nr. 366 Taf. 28, 366.

396. BÜRSTADT, Kr. Bergstraße. Lesefund im Bereich hallstattzeitlichen Gräberfeldes. Frouardtüllenbeil, Gew. 163g. Kibbert, Beile 133 Nr. 636 Taf. 49, 636.

397. HEMSBACH, Rhein-Neckar-Kreis, Einzelfund. Mittelständiges Lappenbeil. Mus Weinheim o. Nr.-Taf. 12, 8.

398. BAD KREUZNACH. Mittelständiges Lappenbeil, Gew. 242g. Kibbert, Beile 43 Nr. 51 Taf. 4, 51.

399. BAD KREUZNACH. Mittelständiges Lappenbeil, Gew. 234g. Kibbert, Beile 43 Nr. 57 Taf. 4, 57.

400. BAD KREUZNACH. Siebenbürgisches Tüllenbeil, Gew. 265g. Kibbert, Beile 122 Nr. 560 Taf. 43, 560.

401. BAD KREUZNACH, auf dem Bergkopf Hungriger Wolf. "Pfahlbaubeil". Kibbert, Beile 103 Nr. 530.

402. "KREUZNACH", Kr. Bad Kreuznach. Geistingentüllenbeil. Kibbert, Beile 166 Nr. 790 Taf., 60, 790.

403. BAD KREUZNACH. Tüllenbeil, Gew. 302g. Kibbert, Beile 177 Nr. 878 Taf. 65, 878.

404. BAD KREUZNACH. Schneidenbrst. eines Tüllenbeils Gew. 192g. Kibbert, Beile 177 Nr. 888 Taf. 66, 888.

405. Umgebung MAINZ. Mittelständiges Lappenbeil. Kibbert, Beile 43 Nr. 54 Taf. 4, 54.

406. "MAINZ". Mittelständiges Lappenbeil, Gew. 205g. Kibbert, Beile 43 Nr. 58, Taf. 4, 58.

407. Umgebung MAINZ. Mittelständiges Lappenbeil. Kibbert, Beile 50 Nr. 95 Taf. 7, 95.

408. "MAINZ". Oberständiges Lappenbeil (verschollen). Kibbert, Beile 103 Nr. 531.

409. FRANKFURT-Preungesheim. Mittelständiges Lappenbeil, Gew. 339g. Kibbert, Beile 43 Nr. 56 Taf. 4, 56.

410. Gegend von FRANKFURT (?). Oberständiges Lappenbeil, Gew. 348g. Kibbert, Beile 92 Nr. 352 Taf. 27, 352.

411. Gegend von FRANKFURT. Oberständiges Lappenbeil, Gew. 317g. Kibbert, Beile 93 Nr. 382, Taf. 30, 382.

412. Gegend von FRANKFURT (?). Oberständiges Lappenbeil, Gew. 265g. Kibbert, Beile 101 Nr. 495 Taf. 39, 495.

413. Gegend von FRANKFURT. Schneidenbrst., Gew. 135g. Kibbert, Beile 102 Nr. 519 Taf. 41, 519.

414. Gegend von FRANKFURT. Tüllenbeil mit vertikalen Rippen, Gew. 378g. Kibbert, Beile 155 Nr. 742 Taf. 56, 742.

415. Gegend von FRANKFURT (?). Tüllenbeil, Gew. 227g. Kibbert, Beile 160 Nr. 757 Taf. 58, 757.

416. LICH, Kr. Gießen. Mittelständiges Lappenbeil, Gew. 531g. Kibbert, Beile 45f. Nr. 70 Taf. 5, 70.

417. HÖF u. HAID, Gem. Flieden, Kr. Fulda. Mittelständiges Lappenbeil, Gew. 440g. Kibbert Beile 50 Nr. 89 Taf. 7, 89.

418. FLIEDEN, Kr. Fulda. Mittelständiges Lappenbeil, Gew. 495g. Kibbert, Beile 61 Nr. 152 Taf. 11, 152.

419. VEITSTEINBACH, Kr. Fulda, am Kiliansberg. Oberständiges Lappenbeil, Gew. 151g. Kibbert, Beile 70 Nr. 213 Taf. 16, 213.

419A. KAHL, Kr. Aschaffenburg. Einzelfund. Tüllenbeil mit Lappenzier. Frankenland N.F. 34, 1982, 370 Abb. 43, 13.

420. ALZEY (?), Kr. Alzey-Worms. Mittelständiges Lappenbeil, Gew. 361g. Kibbert, Beile 60 Nr. 139 Taf. 10, 139.

421. WETTERAU. Mittelständiges Lappenbeil, Gew. 370g. Kibbert, Beile 61 Nr. 148 Taf. 11, 148.

422. RHEINHESSEN. Mittelständiges Lappenbeil, Gew. 421g. Kibbert, Beile 60 Nr. 141 Taf. 10, 141.

423. RHEINHESSEN. Mittelständiges Lappenbeil, Gew. 649g. Kibbert, Beile 60, Nr. 145 Taf. 10, 145.

424. RHEINHESSEN. Mittelständiges Lappenbeil, Gew. 277g. Kibbert, Beile 60 Nr. 146 Taf. 10, 146.

425. RHEINHESSEN. Oberständiges Lappenbeil ohne Öse, Gew. 506g. Kibbert, Beile 69 Nr. 202 Taf. 15, 202.

426. RHEINHESSEN. Geseke-Biblis-Beil, Gew. 476g. Kibbert Beile 81 Nr. 269 Taf. 21, 269.

427. RHEINHESSEN. Oberständiges Lappenbeil, Gew. 347g. Kibbert, Beile 93 Nr. 384 Taf. 30, 384.

428. RHEINHESSEN, Flußfund ?. Oberständiges Lappenbeil, Gew. 285g. Kibbert, Beile 95 Nr. 405 Taf. 32, 405.

429. RHEINHESSEN. Beilfrg., 83g. Kibbert, Beile 102 Nr. 522 Taf. 41, 522.

430. RHEINHESSEN. Tüllenbeil. Kibbert, Beil 126 Nr. 576A Taf. 44, 576A.

431. RHEINHESSEN. Frouardtüllenbeil, Gew. 203g. Kibbert, Beile 133 Nr. 639 Taf. 49, 639.

432. RHEINHESSEN ? Tüllenbeil, Gew. 391g. Kibbert, Beile 150 Nr. 720 Taf. 55, 720.

433. RHEINHESSEN. Tüllenbeil, Gew. 81g. Kibbert, Beile 160 Nr. 759 Taf. 58, 759.

434.-435. RHEINHESSEN. Zwei Tüllenbeile Typ Couville, Gew. 92g u. 78g. Kibbert, Beile 173 Nr. 846. 847 Taf. 64, 846. 847.

436. ALZEY, Kr. Alzey-Worms, Siedlungsfund? Mittelständiges Lappenbeil, Gew. 840g. Kibbert, Beile 49 Nr. 77 Taf. 6, 77.

437. BÜTTELBORN, Kr. Groß-Gerau, Lesefund. Schneidenbruchstück. Kibbert, Beile 57 Nr. 126 Taf. 9, 126.

438. GLAUBURG, Wetteraukreis, Ringwallanlage. Lindenstruthbeil. Kibbert, Beile 63 Nr. 173 Taf. 13, 173.

439. GLAUBERG-GLAUBURG, Wetteraukreis, Ringwallanlage. Oberständiges Lappenbeil. Kibbert, Beile 92 Nr. 355 Taf. 27, 355.

440. BAD-HOMBURG, Hochtaunsuskreis, Ringwallanlage Bleibeskopf. Geseke-Biblis-Beil, Gew. 382g. Kibbert, Beile 82 Nr. 283 Taf. 22, 283.

441. BAD HOMBURG, Hochtaunuskreis, Ringwallanlage Bleibeskopf. Oberständiges Lappenbeil, Gew. 399g. Kibbert, Beile 88 Nr. 301 Taf. 23, 301.

442. BAD HOMBURG, Hochtaunuskreis, Ringwallanlage Bleibeskopf. Oberständiges Lappenbeil, Gew. 352g. Kibbert, Beile 88 Nr. 305 Taf. 23, 305.

443. BAD HOMBURG, Hochtaunuskreis, Ringwallanlage Bleibeskopf. Oberständiges Lappenbeil, Gew. 381g. Kibbert, Beile 91 Nr. 345 Taf. 27, 345.

444. BAD HOMBURG, Hochtaunuskreis, Ringwallanlage Bleibeskopf. Oberständiges Lappenbeil, Gew. 310g. Kibbert, Beile 101 Nr. 502 Taf. 40, 502.

445. WIESBADEN-SCHIERSTEIN, Siedlungsgrube. Brst. einer Specksteingußform für mittelständige Lappenbeile. Kibbert, Beile 57 Nr. 126 Taf. 10, 126.

446. HEDDESHEIM, Kr. Bad Kreuznach. Geseke-Biblis-Beil, Gew. 446g. Kibbert, Beile 81 Nr. 259 Taf. 20, 259.

es fehlen: Hemsbach, Waldsee

LISTE 9A: LAPPENQUERBEILE

GROSSBRITANNIEN

- SHOEBURY, Essex.- Hort.- (Ohne Öse).- Antiqu. Journal 12, 1932, 74 Taf. 20,1.

- SHOEBURY, Essex.- Hort.- (Mit Öse).- M.A. Smith, Inv.Arch. (1957) GB 38,5.

DÄNEMARK

- LERSKOV, Åbenra Amt.- Depot.- (Ohne Öse).- H. Thrane, Aarbøger 1972, 92 Abb. 20c; Inv. Arch (1968) DK 35,8.

FRANKREICH

- "SÜDWESTFRANKREICH" ? (Mit Öse). M.B. Chardenoux u. J.-C. Courtois, Les haches dans la France méridionale. PBF IX,11 (1979) 102 Nr. 785 Taf. 47, 785.

- ABBEVILLE (Umgebung), Dép. Somme.- (Mit Öse).- Blanchet, Picardie 312 Abb. 17,4.

- ABBEVILLE, Dép. Somme.- A. Breuil, L'Anthropologie 16, 1905, 156ff. Abb. 5, 58.

- CHALLANS, Dép. Vendée.- Depot.- (Mit Öse).- F.Eygun, Gallia 15, 1957, 80, Taf.1, 15.

- GRAND VILLE, Bringolo, Dép. Côtes du Nord.- Einzelfund.- (Mit Öse).- J.Briard, G. Verron, Typologie des objets de l'âge du bronze en France. Fasc. 4, haches (2) (1976) 82 Abb. 2,2.

- JARD-SUR-MER, Dép. Loire- Atlantique.- Depot.- (Mit Öse).- G. Cordier, in: La préhistoire francaise (1976) 553 Abb. 5,1.

- KERTZFELD, Dép. Bas-Rhin.- Einzelfund (?).- (Ohne öse).- J. Briard, G. Verron, Typologie des objets de l'âge du Bronze en France. Fasc.4 haches (2) (1976) 82 Abb. 2,2.

- LE FOLGOET, Dép. Finistère.- Depot.- Briard, Les dépôts bretons 308 Nr. 154.

- LESTIALA-EN-PLOMEUR, Dép. Finistère.- C.T. Le Roux, J. Briard, Annales de Bretagne 73, 1970, 47 Abb. 3,1.

- MENEZ TOSTA-EN-GOUESNACH, Dép. Finistère.- Depot.- (Mit Öse).- Briard, Les dépôts bretons 210 Abb. 73,6.

- MORBIHAN (Département).- (Mit Öse).- G. u. A. Mortillet, Musée préhistorique (1903) Taf. 79, 920.

- PLOMEUR, Dép. Côtes-du-Nord.- Einzelfund.- Briard, Les depots bretons 213.

- PONFER-VILLE-EN-LOCMARIAQUER, Dép. Morbihan.- Depot.- (Mit Öse).- L. Marsille, Bull. Soc. Préhist. Morbihan 1936, 1ff. Abb.9.

- SAINT-GENOUPH, Dép. Indre-et-Loire.- Depot.- G. Cordier, J.-P. Milotte, R. Riquet, Gallia Préhist.3, 1960, 124 Abb. 9,2.

- SAINT-YRIEUX, Venat, Dép. Charente.- Depot.- (Mit Öse).- Coffyn et al., Venat 108f. Taf. 17, 5-6.

- TOUL, Dép. Meurthe-et-Moselle.- Aus der Mosel.- (Ohne Öse).- A. Liéger, R. Morguet, Revue. Arch. Est et Centre Est 25, 1974, 226 Abb. 5,3.

- XERAMENIL, Dép. Meurthe-et-Moselle.- Depot.- R. Reboul, J.-P. Milotte, Dépôts de l'âge du Bronze final en Lorraine et en Sarre. Inv. Arch. Fasc. IV (1975) F.35,3.

BELGIEN

- WICHELEN, Ostflandern.- J. Hamal-Nandrin, J. Servais, Bull. Soc. Préhist. France 25, 1928, 73 Abb. 14.

BR DEUTSCHLAND

- ALLMANNSWEILER b. Friedrichshafen.- (Ohne Öse).- E. v. Tröltsch, Die Pfahlbauten des Bodenseegebietes (1902) 156 Abb. 76.

- BELSENBERG, Kr. Künzelsau.- Einzelfund.- (Ohne Öse).- H. Zürn, Katalog Schwäbisch Hall (1965) 33, Taf. 28,15.

- BONN.- Einzelfund(?)- (Mit Öse).- Kibbert, Beile 75 Nr. 237 Taf. 18, 237.

- BULLENHEIMER BERG, Ldkr. Kitzingen.- (Ohne Öse).- L. Wamser, Frankenland N.F. 30, 1978, 328ff. Abb.16.

- ELLWANGEN, Württemberg.- (Ohne Öse).- G. Kraft, Die Kultur der Bronzezeit in Süddeutschland (1926) Taf. 7,4.

- ENGELTHAL b. Hersbruck.- Grabhügel 5 zusammen mit graphitierter Keramik.- Ohne Öse.- Henning, Grab und Hort 123 Nr. 115 Taf. 54,7.

- KIRCHENTELLINSFURT, Kr. Tübingen.- Aus altem Neckarlauf.- (Ohne Öse).- W. Müller, Fundber. Baden-Württemberg 9, 1984, 624 Taf. 40B1.

- LANDSHUT (auf dem Höglberg), Niederbayern.- "Gußstätte".- (Ohne Öse).- G.Behrens, Bronzezeit Süddeutschlands (1916) 27f. Nr. 90.

- MAINZ, aus dem Rhein (Liste 9 Nr. 217).

- MAINZ, aus dem Rhein (Liste 9 Nr. 218).

- MISTELBRUNN, Kr. Donaueschingen.- G. Kraft, Die Kultur der Bronzezeit in Süddeutschland (1926) 130 Nr. 2.

- ETTLINGEN, Kr. Karlsruhe.- Depot.- Ohne Öse.- Müller-Karpe, Chronologie Taf. 174 C7.

- "GUNZENHAUSENer Raum".- (Ohne Öse).- Henning, Grab und Hort 149 Nr. 184 Taf. 44,1.

- HANAU (Liste 9 Nr. 45).

- HILLESHEIM (Liste 9 Nr. 22).

- HOCHSTADT (Liste 9 Nr. 50).

- MÜHLANGER, Oberpfalz.- Aus Grabhügel.- (Mit Verzierung, ohne Öse). V.G. Childe, The Danube in Prehistory (1929) Taf. 3 B5a.

- REUPELSDORF, Ldkr. Kitzingen.- Depot.- (Ohne Öse).- Wilbertz, Urnenfelderkultur Taf. 96,4.

- REUTLINGEN-ALTENBURG.- Aus Kiesgrube.- (Ohne Öse).- Fundber. Baden-Württemberg 5, 1980, 68 Abb.43,2. (offenbar identisch mit Kirchtellinsfurt!).

- RHEINHESSEN, wohl aus dem Rhein (Liste 9 Nr. 301).

- RHEINLAND; Kibbert, Beile 74 Nr. 235 Taf. 18, 235.

- RODEN, Landkreis Main-Spessart.- Depot.- (Ohne Öse).- I. Kiel, Das arch. Jahr i. Bayern 1988, 62ff. Abb. 35, 3.

- ROHR, Württemberg.- (Ohne Öse).- G. Kraft, Die Kultur der Bronzezeit in Süddeutschland (1926) Taf. 7,4.

- RÖMSTEDT, Kr. Uelzen.- Einzelfund.- (Mit Öse).- Sprockhoff, Horte Per. V, I 99 Abb. 19,1.

- SCHÄFSTALL, Stadt Donauwörth, Lkr.Donau-Ries.- Aus altem Donaulauf.- (Ohne Öse).- Fundber. Bayer. Schwaben 1979, 20, Abb.3.

- STAAD am Bodensee, Pfahlbau. Schnarrenberger, Pfahlbauten des Bodensees IV, 37.

- UBSTADT, Amt Bruchsal.- Einzelfund.- (Ohne Öse).- E. Wagner, Fundstätten und Funde aus vorgeschichtlicher, römischer und alamannisch- fränkischer Zeit im Großherzogtum Baden II (1911) 180 Abb. 159.

- UNTERUHLDINGEN am Überlinger See.- Ohne Öse.- E.v. Tröltsch, Die Pfahlbauten des Bodenseegebietes (1902) 167 Abb. 303.

- GROSS-SCHWECHTEN, Kr. Stendal.- Einzelfund ?. Tackenberg, Jüngere Bronzezeit 23.

- RÖMHILD, Kleiner Gleichberg.- (Mit Öse).- G. Neumann, Das Gleichberggebiet (1963) 37 Abb. 9,27.

- WALDHAUSEN, Kr. Sangershausen, Sachsen.- Tackenberg, Jüngere Bronzezeit 23.

SCHWEIZ

- AUVERNIER, Kt. Neuchâtel.- Seerandsiedlung- (3 Exemplare ohne, 1 mit Öse).- Rychner, Auvernier Taf. 124, 8-11.

- BASEL-ELISABETHENSCHANZE.- Depot.- (Ohne Öse).- M. Primas, in: Festschrift W. Drack (1977) 44ff. Abb. 1, 3.

- CONCISE, Kt. Neuchâtel.- Seerandsiedlung.- (Mit Öse).- E. Desor, Die Pfahlbauten des Neuenburger Sees (1866) 41.

- CORCELETTES, Kt. Neuchâtel.- Bronzene Gußformhälfte für ein querschneidiges Lappenbeil mit Öse.- M.D. Viollier, in: Congr. Préhist. France 1931 (Nimes-Avignon) 242 Abb. 11.

- CORCELETTES, Kt. Neuchâtel.- Mus. Lausanne Inv. 1917.

- MONTLINGER BERG b. Oberriet.- Mus. St. Gallen.

- MORGES Kt. Vaud, Seeufersiedlung.- (Ohne öse).- V. Rychner, Jahrb. Schweiz. Ges. Urgesch. 69, 1986, 123 Abb. 2,14.

- MÖRIGEN, Bieler See.- J. Heierli, Urgeschichte der Schweiz (1901) 225 Abb. 208.

- MÖRIKEN-KESTENBERG, Kt. Aargau.- Höhensiedlung.- (Ohne Öse).- Ruoff, Kontinuität Taf. 32, 28.

- NEUCHATEL.- Revue Arch. 1866, 1 Taf.I Abb.G.

- ORPUND, Kt. Bern.- (Mit Öse).- Thrane, Europäiske forbindelser 100 Abb. 56 b.

- ZÜRICH-WOLLISHOFEN.- Seerandsiedlung.- (Ohne Öse).- Munro, Les station lacustres d'Europe (1908) 21 Taf. 4,16.

TSCHECHOSLOWAKEI

- HAZMBURK bei Klapy, okr. Litoměřice.- Einzelfund um Höhensiedlung.- M. Zápotocký, Arch. Rozhledy 15, 1963, 439 Abb. 145,3.

- HOSTOMICE, okr. Duchcov.- Depot.- (Ohne Öse). J. Böhm, Základy Hallstattské Periody V Čechách (1937) Abb. 69, 12.

- MOST, Böhmen.- Grabfund.- Müller-Karpe, Vollgriffschwerter 123 Taf. 68, 1-3.

- CERNOVICE, okr. Chomutov.- Einzelfund.- (Ohne Öse, verziert nach Art des Kleedorfer Stückes).- H.Preidel, Heimatkunde des Bezirkes Komotau (1935) Taf. 8,11.

ÖSTERREICH

- KLEEDORF, Niederösterreich.- Hort.- (Ohne Öse).- Mayer, Beile 180 Nr. 905 Taf. 67, 905.

- MUNDERFING, Oberösterreich.-Depot- (Ohne Öse).- Mayer, Beile 180 Nr. 906 Taf. 67, 906.

UNGARN

- SAGHEGY, Kom. Vas.- Streufund vom Burgberg.- (Ohne Öse).- E. Patek, Die Urnenfelderkultur in Transdanubien (1968) 36 Taf. 31,12.

- SZIKSZO bei Miskolc.- Depot.- H. Hencken, The earliest European Helmets (1971).

RUMÄNIEN

- ZAGON, Bez. Covasna, Siebenbürgen.- Depot.- (Ohne Öse). Petrescu-Dîmbovița, Sicheln 146. Nr. 243 Taf. 250, 14.

Liste 10 entfällt.

LISTE 11: NADELN

1-2. STEINHEIM, Main-Kinzig-Kreis, Körpergrab 27. Nadel mit umgekehrt konischem Kopf. Kubach, Nadeln 326f. Nr. 772 Taf. 56, 772. Urberachnadel. Ebd. 344 Nr. 827 Taf. 58, 827.

3. STEINHEIM, Main-Kinzig-Kreis, Grabfund. Urberachnadel. Ebd. 339 Nr. 788 Taf. 56, 788.

4.-5. STEINHEIM, Main-Kinzig-Kreis, (Brand)grab 30. Urberachnadel. Ebd. 344 Nr. 828 Taf. 58, 828. Spinnwirtelkopfnadel. Ebd. 361 Nr. 877 Taf. 60, 877.

6. STEINHEIM, Main-Kinzig-Kreis, (Brand)grab 10. Urberachnadel. Ebd. 344 Nr. 833 Taf. 58, 833.

7. STEINHEIM, Main-Kinzig-Kreis, (Urnenflach)grab 36. Spinnwirtelkopfnadel. Ebd. 366 Nr. 902 Taf. 61, 902.

8. STEINHEIM, Main-Kinzig-Kreis, Grab 53. Wollmesheimnadel. Ebd. 433 Nr. 1075 A Taf. 71, 1075 A.

9. STEINHEIM, Main-Kinzig-Kreis, Urnenflachgrab 46. Nadel mit Halsrippen. Ebd. 451 Nr. 1096 Taf. 72, 1096.

10. STEINHEIM, Main-Kinzig-Kreis, Grab 26. Plattenkopfnadel. Ebd. 461 Nr. 1138 Taf. 74, 1138.

11. STEINHEIM, Main-Kinzig-Kreis, Urnengrab 37. Rollennadel (Ha A). Ebd. 535 Nr. 1351 Taf. 82, 1351.

12. STEINHEIM, Main-Kinzig-Kreis, Körpergrab 1. Rollennadel (BzD?). Ebd. 535 Nr. 1366 Taf. 83, 1366.

13. BÜRSTADT, Kr. Bergstraße, aus Brandgräbern. Nadel mit umgekehrt konischem Kopf. Ebd. 327 Nr. 773 Taf. 56, 773.

14. BÜRSTADT, Kr. Bergstraße, Urnenflachgrab 10. Rollennadel (Ha A). Ebd. 535 Nr. 1353 Taf. 82, 1353.

15. BÜRSTADT, Kr. Bergstraße, Brandgrab 6. Nadelschaft (Ha A2-B1). Meier-Arendt, Bergstraße 42 Nr. 112 Taf. 22, 4.

16. WIESBADEN, Hügel t. Nadel mit geripptem Hals. Kubach, Nadeln 330, Nr. 774 Taf. 56, 774.

17. WIESBADEN-Bierstadt, Brandgrab (?). Mohnkopfnadel. Ebd. 382 Nr. 943 Taf. 63, 943.

18. WIESBADEN-Erbenheim, Körpergrab 1. Eikopfnadel. Ebd. 481f. Nr. 1225 Taf. 77, 1225.

19.-20. FRANKFURT-Rödelheim, Körpergrab. Zwei Urberachnadeln. Ebd. 345 Nr. 840-841 Taf. 58, 840-841; Kubach, Stufe Wölfersheim 34 Nr. 16 Taf. 18A.

21. FRANKFURT-Stadtwald, Hügel 1 Körpergrab 6. Nadel mit geripptem Hals. Kubach, Nadeln 330 Nr. 775 Taf. 56, 775; Kubach, Stufe Wölfersheim 34 Nr. 17 Taf. 19C.

22-23. FRANKFURT, Hügel 1. Plattenkopfnadel. Kubach, Nadeln 462 Nr. 1141 Taf. 74, 1141. Mit doppelkonischem Kopf. Ebd. 471 Nr. 1179 Taf. 75, 1179.

24-25. FRANKFURT-Nied, Grabfund (mehrere Gräber?). Zwei Wollmesheimnadeln. Ebd. 425 Nr. 1012.1013 Taf. 67, 1012. 1013.

26. FRANKFURT-Stadtwald, Grab 4. Wollmesheimnadel. Ebd. 433 Nr. 1079 Taf. 71, 1079.

27. FRANKFURT-Höchst, Urnengrab. Eddersheimnadel. Ebd. 456f. Nr. 1122 Taf. 73, 1122.

28. FRANKFURT-Eschersheim, Urnenflachgrab. Plattenkopfnadel. Ebd. 466 Nr. 1154 Taf. 74, 1154.

29. FRANKFURT-Zeilsheim, Urnenflachgrab. Landaunadel. Ebd. 467f. Nr. 1160 Taf. 75, 1160.

30. FRANKFURT-Nied, Brandgrab. Landaunadel. Ebd. 468 Nr. 1167 Taf. 75, 1167.

31. FRANKFURT-Schwanheim. Zerstörtes Grab. Mit doppelkonischem Kopf. Ebd. 471 Nr. 1171 Taf. 75, 1171.

32. FRANKFURT-Stadtwald, Flachbrandgrab. Mit doppelkonischem Kopf. Ebd. 471 Nr. 1172 Taf. 75, 1172.

33. FRANKFURT-Zeilsheim, Brandgrab 1. Rollennadel. Ebd. 526 Nr. 1372 Taf. 83, 1372.

34. FRANKFURT-Sindlingen, Brandgrab. Nadelschaftfrg. (Ha A2). Herrmann, Urnenfelderkultur 61f. Nr. 61 Taf. 74 B8.

35. FRANKFURT-Heddernheim, Körpergrab. Urberachnadel. Kubach, Nadeln 338 Nr. 787 Taf. 56, 787; Kubach, Stufe Wölfersheim 34 Nr. 14 Taf. 17D.

36. FRANKFURT-Griesheim, Brandgrab. Feudenheimnadel. Kubach, Nadeln 303 Nr. 700 Taf. 53, 700; Kubach, Stufe Wölfersheim 34 Nr. 13 Taf. 18B.

37. MÜHLHEIM-DIETESHEIM, Kr. Offenbach, Brandgrab 2. Gezackte Nadel, Nadelschaft. Kubach, Nadeln 334 Nr. 776 Taf. 56, 776.

38. MÜHLHEIM-DIETESHEIM, Kr. Offenbach, Grab 5. Urberachnadel. Ebd. 343 Nr. 826 Taf. 58, 826.

39. MÜHLHEIM-DIETESHEIM, Kr. Offenbach, Grab 34a. Büchelbergnadel. Ebd. Nr. 865 Taf. 59, 865.

40. MÜHLHEIM-DIETESHEIM, Kr. Offenbach, Grab 3. Mit verz. Kugelkopf. Ebd. 478 Nr. 1202A Taf. 76, 1202A.

41. DIRLAMMEN, Vogelsbergkreis, Hügel 2, Körpergrab. Mit eiförmigem Kopf. Ebd. 336 Nr. 782 Taf. 56, 782.

42. EBERSTADT, Kr. Gießen, Körpergrab. Urberachnadel. Ebd. 339 Nr. 789 Taf. 56, 789.

43. EBERSTADT, Kr. Gießen, aus Brandgräbern. Kugelkopfnadel. Ebd. 483 Nr. 1242 Taf. 77, 1242.

44. EBERSTADT, Kr. Gießen, Urnenflachgrab 2. Rollennadel. Ebd. 535 Nr. 1356 Taf. 82, 1356.

45. MAINZ-Kastel, Stdtkr. Wiesbaden, aus Grab. Urberachnadel. Ebd. 339 Nr. 790 Taf. 56, 790.

46. MAINZ-Kostheim, Stadtkr. Wiesbaden Urnenflachgrab 4. Eikopfnadel. Ebd. 481 Nr. 1220 Taf. 77, 1220.

47.-48. 51. URBERACH, Kr. Offenbach, Häsengebirge, Grab. Zwei Urberachnadeln. Ebd. 340 Nr. 796 Taf. 57, 796. Ebd. 344 Nr. 831 Taf. 58, 831. Mohnkopfnadel. Ebd. 382 Nr. 940 Taf. 63, 940.

49.-50. URBERACH, Kr. Offenbach, Grab. Zwei Urberachnadeln. Ebd. 343 Nr. 819 Taf. 57, 819. Ebd. 344 Nr. 837 Taf. 58, 837.

51. vgl. 47-48.

52. DARMSTADT-Arheilgen, Hügel 4, Körpergrab (1). Urberachnadel. Ebd. 340 Nr. 800 Taf. 57, 800; Kubach, Stufe Wölfersheim Taf. 28 D.

53.-54. DARMSTADT-Arheilgen, Hügel 11, Grab 3. Zwei Urberachnadeln. Kubach, Nadeln 341 Nr. 808 Taf. 57, 808. Ebd. 342 Nr. 814 Taf. 57, 814; Kubach, Stufe Wölfersheim Taf. 28 E.

55. DARMSTADT-Arheilgen, Hügel 10. Urberachnadel. Kubach, Nadeln 341f. Nr. 809 Taf. 57, 809.

56. DARMSTADT-Arheilgen, Hügel 4, Grab 3. Spinnwirtelnadel. Ebd. 360f. Nr. 873 Taf. 60, 873; Kubach, Stufe Wölfersheim Taf. 28 A.

57. DARMSTADT-Arheilgen. Hügel 21, Grab 4. Spinnwirtelnadel. Kubach, Nadeln 361 Nr. 878 Taf. 60, 878; Kubach, Stufe Wölfersheim Taf. 28 B.

58. DARMSTADT-Arheilgen, Hügel 2, Grab. Wollmesheimnadel. Kubach, Nadeln 434 Nr. 1084 Taf. 71, 1084a. b.

59. DARMSTADT, aus der Umgebung. Urberachnadel. Kubach, Stufe Wölfersheim 33 Nr. 6 Taf. 27 B2.

60. UNTERBIMBACH, Kr. Fulda, Hügel 7, Körpergrab 3. Urberachnadel. Kubach, Nadeln 340 Nr. 803 Taf. 57, 803.

61. UNTERBIMBACH, Kr. Fulda, Hügel 4, Grab 2. Urberachnadel. Ebd. 344 Nr. 829 Taf. 58, 829.

62. MOLZBACH, Kr. Fulda, Hügel, Körpergrab 16. Spinnwirtelkopfnadel. Ebd. 359 Nr. 870 Taf. 59, 870.

63. GROSS-BIEBERAU, Kr. Darmstadt-Dieburg, Hügel 3. Urberachnadel. Ebd. 341 Nr. 805 Taf. 57, 805.

64. WÖLFERSHEIM, Wetteraukreis, (Körper)grab 3. Urberachnadel. Ebd. 342f. Nr. 818 Taf. 57, 818.

65. WÖLFERSHEIM, Wetteraukreis, (Körpergrab) 2. Urberachnadel. Ebd. 343 Nr. 820 Taf. 57, 820.

66. WÖLFERSHEIM, Wetteraukreis, Einzelfund von Gräberfeld. Kloppenheimnadel. Ebd. 355 Nr. 861 Taf. 59, 861.

67.-68. WÖLFERSHEIM, Wetteraukreis, Grab. Spinnwirtelkopfnadel. Ebd. 360 Nr. 872 Taf. 60, 872. Nadel mit großer Kopfscheibe. Ebd. 396 Nr. 966 Taf. 65, 966.

69. DIETZENBACH, Kr. Offenbach, Brandgrab 23. Urberachnadel. Ebd. 343 Nr. 821 Taf. 58, 821; Kubach, Stufe Wölfersheim 33 Nr. 7 Taf. 25 D.

70. DIETZENBACH, Kr. Offenbach, Grab 35. Guntersblumnadel. Kubach, Nadeln 374 Nr. 923 Taf. 62, 923.

71.-73. DIETZENBACH, Kr. Offenbach, Steinkistengrab 1. Drei Wollmesheimnadeln. Ebd. 423 Nr. 1005 Taf. 67, 1005; 429 Nr. 1044 Taf. 69, 1044; 431 Nr. 1063 Taf. 70, 1063.

74. DIETZENBACH, Kr. Offenbach, Flachbrandgrab 1. Wollmesheimnadel. Ebd. 427 Nr. 1027 Taf. 68, 1027.

75. GAMBACH, Wetteraukreis, Körpergrab. Urberachnadel. Ebd. 343 Nr. 822 Taf. 58, 822.

76. GAMBACH, Wetteraukreis, Grab. Urberachnadel. Ebd. 345 Nr. 839 Taf. 548, 839.

77.-78. GAMBACH, Wetteraukreis, Glockenbrandgrab. Spinnwirtelkopfnadel. Ebd. 364 Nr. 898 Taf. 61, 898. Wollmesheimnadel. Ebd. 434 Nr. 1085 Taf. 71, 1085.

79. GAMBACH, Wetteraukreis, aus Brandgräbern. Mohnkopfnadel. Ebd. 382 Nr. 941 Taf. 63, 941.

80. GAMBACH, Wetteraukreis, aus Brandgräbern. Wollmesheimnadel. Ebd. 426 Nr. 1021 Taf. 68, 1021.

81. GAMBACH, Wetteraukreis, aus Brandgräbern. Wollmesheimnadel. Ebd. 427 Nr. 1025 Taf. 68, 1025.

82. GAMBACH, Wetteraukreis, aus Gräbern. Eddersheimnadel. Ebd. 456 Nr. 1116 Taf. 73, 1116.

83. MÜNZENBERG, Wetteraukreis, Urnengrab. Wollmesheimnadel. Ebd. 426f. Nr. 1024 Taf. 68, 1024.

84. GROSS-AUHEIM, Main-Kinzig-Kreis, Brandgrab. Urberachnadel. Ebd. 343 Nr. 823 Taf. 58, 823.

85. GROSS-AUHEIM, Main-Kinzig-Kreis, aus Grab. Wollmesheimnadel. Ebd. 432 Nr. 1070 Taf. 71, 1070.

86. KLEIN-AUHEIM, Main-Kinzig-Kreis, Flachbrandgrab. Spinnwirtelkopfnadel. Ebd. 358 Nr. 867 Taf. 59, 867.

87.-88. OSTHEIM, Wetteraukreis, Grab D. 2 Urberachnadeln (Ha A2!). Ebd. 344 Nr. 834 Taf. 58, 834; 345 Nr. 842 Taf. 58, 842.

89. OSTHEIM, Wetteraukreis, Urnenflachgrab B. Kugelkopfnadel. Ebd. 483 Nr. 1246 Taf. 77, 1246.

90.-91. FRANKFURT-Berkersheim, Doppelgrab. Urberachnadel. Ebd. 322 Nr. 838 Taf. 58, 838. Kloppenheimnadel. Ebd. 355 Nr. 859 Taf. 59, 859.

92.-92a. KELSTERBACH, Kr. Groß-Gerau, "Zerstörtes Hügelgrab". Urberachnadel. Ebd. 345 Nr. 843 Taf. 58, 843; Kubach, Stufe Wölfersheim 35 Nr. 29 Taf. 29A.

93.-93a. MAINFLINGEN, Kr. Offenbach, (Körper?)grab in Hügel. Zwei Urberachnadeln. Kubach, Nadeln 345f. Nr. 844, 846 Taf. 58, 844. 846.

94.-95. ERZHAUSEN, Kr. Darmstadt, Hügel 17, Grab 4. Zwei Urberachnadeln. Ebd. 346 Nr. 851 Taf. 59, 851. Ebd. 346 Nr. 852 Taf. 59, 852.

96. OFFENTHAL, Kr. Offenbach, Hügel 12 (zwischen hallstattzeitlichen (Nach(?)bestattungen). Urberachnadel. Ebd. 346 Nr. 854 Taf. 59, 854.

97.-98. NAUHEIM, Kr. Groß-Gerau, Grab. Zwei Spinnwirtelkopfnadeln. Ebd. 359 Nr. 868-869 Taf. 59, 868-869.

99. GROSS-GERAU, Grab. Spinnwirtelkopfnadel. Ebd. 360 Nr. 871 Taf. 60, 871.

100. TRAISA, Kr. Darmstadt-Dieburg, Körpergrab unter Hügel. Spinnwirtelkopfnadel. Ebd. 361 Nr. 875 Taf. 60, 875.

101.-102. TRAISA, Kr. Darmstadt-Dieburg, Körpergrab. Zwei Urberachnadeln. Kubach, Stufe Wölfersheim 37 Nr. 56 Taf. 26 A 1. 2.

103. DÖRNIGHEIM, Main-Kinzig-Kreis, aus Gräbern. Spinnwirtelkopfnadel. Kubach, Nadeln 361 Nr. 881 Taf. 60, 881; Kubach, Stufe Wölfersheim 33 Nr. 8 Taf. 23 A.

104. PFUNGSTADT, Kr. Darmstadt-Dieburg, Flachbrandgrab. Mohnkopfnadel. Kubach, Nadeln 382 Nr. 942 Taf. 63, 942.

105. PFUNGSTADT, Kr. Darmstadt-Dieburg, Körpergrab. Spinnwirtelkopfnadel. Ebd. 363 Nr. 883 Taf. 60, 888.

106.-107. PFUNGSTADT, Kr. Darmstadt-Dieburg, Urnenflachgrab. Zwei Wollmesheimnadeln. Ebd. 425 Nr. 1016. 1017 Taf. 68, 1016. 1017.

108. WISSELSHEIM, Wetteraukreis, aus Gräbern. Spinnwirtelkopfnadel. Ebd. 363f. Nr. 887 Taf. 60, 887.

109. WISSELSHEIM, Wetteraukreis, aus Brandgräbern. Wollmesheimnadel. Ebd. 425 Nr. 1010 Taf. 67, 1010.

110.-111. WISSELSHEIM, Wetteraukreis, aus Brandgräbern. 2 Rollennadeln. Ebd. 542 Nr. 1399-1400 Taf. 84, 1399-1400.

112.-113. STEINFURTH, Wetteraukreis, Brandgrab. Spinnwirtelkopfnadel. Ebd. 364 Nr. 888 Taf. 60, 888. Scheibenkopfnadel. Ebd. 395 Nr. 962 Taf. 65, 962.

114. GROSSKROTZENBURG, Main-Kinzig-Kreis, aus Gräbern. Spinnwirtelkopfnadel. Ebd. 364 Nr. 889 Taf. 60, 889

115.-116. GROSSKROTZENBURG, Main-Kinzig-Kreis, Grab in Hügel. Zwei Wollmesheimnadeln. Ebd. 427 Nr. 1026 Taf. 68, 1026. Ebd. 430 Nr. 1048 Taf. 69, 1048.

117.-118. GROSSKROTZENBURG, Main-Kinzig-Kreis, Grabhügelfund. Zwei Wollmesheimnadeln. Ebd. 428 Nr. 1038. 1039 Taf. 69, 1038. 1039.

119. GROSSKROTZENBURG, Main-Kinzig-Kreis, aus Gräbern. Eddersheimnadel. Ebd. 456 Nr. 1114 Taf. 73, 1114.

120. KLEIN-KROTZENBURG, Main-Kinzig-Kreis, Urnengrab. Wollmesheimnadel. Ebd. 434 Nr. 1088 Taf. 71, 1088.

121.-122. MOSBACH, Kr. Darmstadt-Dieburg, Brandbest. in Steinkiste. Zwei Wollmesheimnadeln. Ebd. 428 Nr. 1040. 1041 Taf. 69, 1040. 1041.

123. GÖTZENHAIN, Kr. Offenbach, Urnenflachgrab. Spinnwirtelkopfnadel. Ebd. 364 Nr. 890 Taf. 60, 890.

124. GÖTZENHAIN, Kr. Offenbach, Brandschüttungsgrab. Mit verziertem Kugelkopf (Übergangshorizont zu Ha C). Ebd. 478 Nr. 1206 Taf. 76, 1206.

125. EINHAUSEN, Kr. Bergstraße, aus Hügel. Spinnwirtelkopfnadel. Ebd. 364 Nr. 891 Taf. 60, 891.

126.-127. BEIENHEIM, Wetteraukreis, Brandgrab. Zwei Spinnwirtelkopfnadeln. Ebd. 364 Nr. 892. 893 Taf. 60, 892. 893.

128.-129. OBER-HÖRGEN, Wetteraukreis, Urnenflachgrab. Zwei gleiche Spinnwirtelkopfnadeln. Ebd. 364 Nr. 894. 895 Taf. 60, 894. 895.

130. Bei OBER-OLM, Kr. Mainz-Bingen, Körpergrab. Guntersblumnadel. Ebd. 372 Nr. 912 Taf. 61, 912.

131. GUNTERSBLUM, Kr. Mainz-Bingen, Urnenflachgrab. Guntersblumnadel. Ebd. 372 Nr. 913 Taf. 61, 913.

132. NIERSTEIN, Kr. Mainz-Bingen, Grab. Guntersblumnadel. Ebd. 372 Nr. 915 Taf. 61, 915.

133. NIERSTEIN, Kr. Mainz-Bingen, aus Brandgräbern. Mohnkopfnadel. Ebd. 382 Nr. 946 Taf. 64, 946.

134. NIERSTEIN, Kr. Mainz-Bingen, Brandgrab. Hirtenstabnadel. Ebd. 390 Nr. 957 Taf. 64, 957.

135. NIERSTEIN, Kr. Mainz-Bingen, Grab? Binninger Nadel. Ebd. 416 Nr. 988 Taf. 66, 988.

136. NIERSTEIN, Kr. Mainz-Bingen, Grab? Wollmesheimnadel. Ebd. 430 Nr. 1046 Taf. 69, 1046.

137. NIERSTEIN, Kr. Mainz-Bingen, aus Brandgräbern. Nadel mit Halsrippen. Ebd. 451 Nr. 1095 Taf. 72, 1095.

138. NIERSTEIN, Kr. Mainz-Bingen, aus Brandgräbern. Eddersheimnadel. Ebd. 456 Nr. 1115 Taf. 73, 1115.

139. WACHENBUCHEN, Main-Kinzig-Kreis, Körpergrab. Guntersblumer Nadel. Ebd. 373 Nr. 918 Taf. 62, 918; Kubach, Stufe Wölfersheim 37 Nr. 57 Taf. 22B.

140. WEINHEIM, Kr. Alzey-Worms, Grabfund. Guntersblumer Nadel. Kubach, Nadeln 375 Nr. 929 Taf. 63, 929.

141.-142. WEINHEIM, Kr. Alzey-Worms, Brandgrab. Zwei Wollmesheimnadeln. Ebd. 431 Nr. 1060. 1061 Taf. 70, 1060. 1061.

143. STADECKEN, Kr. Alzey-Worms, Brandgrab. Guntersblumer Nadel. Ebd. 376 Nr. 933 Taf. 63, 933.

143a. LIMBACH, Kr. Bad Kreuznach, aus Grab ? Nadel unbekannter Form. Mainzer Zeitschr. 77/78, 1982/83, 195.

144.-145. GROSS-ROHRHEIM, Kr. Bergstraße, Urnenflachgrab. Schaftknotennadel. Ebd. 376 Nr. 936 Taf. 63, 936. Spiralkopfnadel. Ebd. 488 Nr. 1270 Taf. 78, 1270.

146. WALLERSTÄDTEN, Kr. Groß-Gerau, Körpergrab. Mohnkopfnadel. Ebd. 382 Nr. 947 Taf. 64, 947.

147.-148. HANAU, Main-Kinzig-Kreis, Bebraer Bahnhofstr., Flachbrandgrab. Zwei großköpfige Vasenkopfnadeln. Ebd. 386 Nr. 954 Taf. 64, 954. Ebd. 386 Nr. 956 Taf. 64, 956.

149. HANAU, Main-Kinzig-Kreis, Urnenflachgrab 1. Wollmesheimnadel. Ebd. 431 Nr. 1062 Taf. 70, 1062.

150. HANAU, Main-Kinzig-Kreis, Beethovenplatz, Brandgrab 3. Eddersheimnadel. Ebd. 455 Nr. 1108 Taf. 73, 1108.

151. HANAU, Main-Kinzig-Kreis. Lehrhofer Heide, Brandgrab 12. Eddersheimnadel. Ebd. 456 Nr. 1119 Taf. 73, 1119.

152. HANAU, Main-Kinzig-Kreis, Lehrhofer Heide, Brandgrab 7. Scheibenkopfnadel. Ebd. 523 Nr. 1329 Taf. 81, 1329.

153.-154. HANAU, Main-Kinzig-Kreis, aus Brandgräbern. Zwei Rollennadeln. Ebd. 542 Nr. 1401. 1402 Taf. 84, 1401. 1402.

155. HANAU, Main-Kinzig-Kreis, Lehrhofer Heide, Urnenflachgrab 18. Rollennadel. Ebd. 541 Nr. 1386 Taf. 83, 1386.

156. HANAU, Main-Kinzig-Kreis, Lehrhofer Heide, Grab 10. Nadelfragment. Müller-Karpe, Urnenfelderkultur Taf. 15 D1.

157. EGELSBACH, Kr. Offenbach, Körpergrab. Scheibenkopfnadel. Kubach, Nadeln 396 Nr. 965 Taf. 65, 965; Kubach, Stufe Wölfersheim 33 Nr. 10 Taf. 30C.

158. RÜSSELSHEIM, Kr. Groß-Gerau, Körpergrab. Weitgendorfer Nadel. Kubach, Nadeln 399 Nr. 969 Taf. 65, 969.

159. RÜSSELSHEIM, Kr. Groß-Gerau, Urnenflachgrab 3. Eddersheimnadel. Ebd. 455 Nr. 1004 Taf. 73, 1004.

160. RÜSSELSHEIM, Kr. Groß-Gerau, Urnenflachgrab. Nadel mit doppelkonischem Kopf. Ebd. 471 Nr. 1177 Taf. 75, 1177.

161. TREBUR, Kr. Groß-Gerau, Urnenflachgrab. Wollmesheimnadel. Ebd. 423 Nr. 1004 Taf. 67, 1004.

162. LENGFELD, Kr. Darmstadt-Dieburg, Brandgrab. Wollmesheimnadel. Ebd. 425 Nr. 1014 Taf. 68, 1014.

163. HOCHHEIM, Main-Taunus-Kreis, Grab 1. Wollmesheimnadel. Ebd. 425 Nr. 1018 Taf. 68, 1018.

164. HOCHHEIM, Main-Taunus-Kreis, Zerstörtes Steinkistengrab. Eddersheimnadel. Ebd. 455 Nr. 1107 Taf. 73, 1107.

165. SCHRÖCK, Kr. Marburg-Biedenkopf, Urnenflachgrab 1. Wollmesheimnadel. Ebd. 426 Nr. 1020 Taf. 68, 1020.

166. MARBURG, Staatsforst Lichter Küppel, Hügel 12. Vasenkopfnadel (?). Nass, Nordgrenze 45f. Taf. 2, 3i.

167. BISCHOFSHEIM, Kr. Groß-Gerau, Brandgrab. Wollmesheimnadel. Kubach, Nadeln 427 Nr. 1028 Taf. 68, 1028.

168. BISCHOFSHEIM, Kr. Groß-Gerau, Urnenflachgrab. Verzierte Eikopfnadel. Ebd. 494 Nr. 1292 Taf. 79, 1292.

169.-170. PETTERWEIL, Wetteraukreis, aus zerstörten Gräbern. Zwei Wollmesheimnadeln. Ebd. 427 Nr. 1029. 1030 Taf. 68, 1029. 1030.

171. GUNDHEIM, Kr. Alzey-Worms, Grab. Wollmesheimnadel. Ebd. 427 Nr. 1031 Taf. 68, 1031.

172.-173. REICHELSHEIM, Wetteraukreis, Urnenflachgrab. Zwei Wollmesheimnadeln. Ebd. 427 Nr. 1032. 1033 Taf. 68, 1032. 1033.

174.-175. REICHELSHEIM, Wetteraukreis, aus Brandgräbern. Zwei Wollmesheimnadeln. Ebd. 432 Nr. 1068 Taf. 70, 1068. Ebd 434 Nr. 1081 Taf. 71, 1081.

176. REICHELSHEIM, Wetteraukreis, Brandgrab 2. Plattenkopfnadel. Ebd. 466 Nr. 1156 Taf. 74, 1156.

177.-180. SÖDEL, Wetteraukreis, wohl Brandgrab. Vier Wollmesheimnadeln. Ebd. 427 Nr. 1035 Taf. 68, 1035; ebd. 434 Nr. 1082(?). 1083(?); ebd. 434f. Nr. 1089 Taf. 71, 1089.

181. SÖDEL, Wetteraukreis, aus Brandgräbern. Rollennadel. Ebd. 542 Nr. 1396 Taf. 84, 1396.

182.-183. BRUCHKÖBEL, Main-Kinzig-Kreis. Brandgrab in Steinkiste. Zwei Wollmesheimnadeln. Ebd. 429 Nr. 1042. 1043 Taf. 69, 1042. 1043.

184. BRUCHKÖBEL (auch "HANAU"), Main-Kinzig-Kreis, Brandgrab. Wollmesheimnadel. Ebd. 435 Nr. 1093 Taf. 71, 1093.

185. LORSCH, Kr. Bergstraße, aus Grabhügel. Wollmesheimnadel. Ebd. 432 Nr. 1065 Taf. 70, 1065.

186.-187. OSTHOFEN, Kr. Alzey-Worms, Grab. Zwei Wollmesheimnadeln. Ebd. 432 Nr. 1066. 1067 Taf. 70, 1066. 1067.

188. WÖLLSTEIN, Kr. Alzey-Worms, aus Grab. Wollmesheimnadel. Ebd. 432 Nr. 1069 Taf. 70, 1069.

189. REINHEIM, Kr. Darmstadt-Dieburg, Urnenflachgrab. Wollmesheimnadel. Ebd. 434 Nr. 1086 Taf. 71, 1086.

190. REINHEIM, Kr. Darmstadt-Dieburg, Urnenflachgrab. Kugelkopfnadel. Ebd. 483 Nr. 1250 Taf. 77, 1250.

191. LAMPERTHEIM, Kr. Bergstraße, Urnengrab. Wollmesheimnadel. Ebd. 434 Nr. 1087 Taf. 71, 1087.

192.-193. LICH, Kr. Gießen, Brandgrab. Wollmesheimnadel Ebd. 435 Nr. 1090 Taf. 71, 1090. Nadel mit verziertem Kugelkopf. Ebd. 479 Nr. 1203 Taf. 76, 1203.

194.-195. ESCHBORN, Main-Taunus-Kreis. Steinkistengrab 2. Schwabsburgnadel. Ebd. 452f. Nr. 1100 Taf. 71, 1100. Nadel mit doppelkonischem Kopf. Ebd. 471f. Nr. 1182 Taf. 75, 1182.

196. OBERBIMBACH, Kr. Fulda, aus Hügel. Eddersheimnadel. Ebd. 455 Nr. 1102 Taf. 73, 1102.

197. OBERBIMBACH, Kr. Fulda, aus Hügel. Plattenkopfnadel. Ebd. 466 Nr. 1150 Taf. 74, 1150.

198. OBERBIMBACH, Kr. Fulda, Körpergrab. Plattenkopfnadel. Ebd. 466 Nr. 1155 Taf. 74, 1155.

199. OBERBIMBACH, Kr. Fulda, Körpergrab 14. Nadel mit doppelkonischem Kopf. Ebd. 471 Nr. 1174 Taf. 75, 1174.

200. OBERBIMBACH, Kr. Fulda, Körpergrab 18. Nadel mit profiliertem Kopf. Ebd. 474 Nr. 1186 Taf. 75, 1186.

201. OBERBIMBACH, Kr. Fulda, Grab 17. Kugelkopfnadel. Ebd. 481 Nr. 1218 Taf. 76, 1218.

202. OBERBIMBACH, Kr. Fulda, Körpergrab 13. Eikopfnadel. Ebd. 482 Nr. 1226 Taf. 77, 1226.

203. OBERBIMBACH, Kr. Fulda, Körpergrab 3. Kugelkopfnadel. Ebd. 483 Nr. 1241 Taf. 77, 1241.

204. LANGENDIEBACH, Main-Kinzig-Kreis, Brandgrab 3. Eddersheimnadel. Ebd. 455 Nr. 1106 Taf. 73, 1106.

205. LANGENDIEBACH, Main-Kinzig-Kreis, Brandgrab 7. Plattenkopfnadel. Ebd. Nr. 1148 Taf. 74, 1148.

206. LANGENDIEBACH, Main-Kinzig-Kreis, Grab 1. Eikopfnadel. Ebd. 481 Nr. 1224 Taf. 77, 1224.

207. EDDERSHEIM, Main-Taunus-Kreis, Brandgrab. Eddersheimnadel. Ebd. 456 Nr. 1112 Taf. 73, 1112.

208. OBERLIEDERBACH, Main-Taunus-Kreis, Brandgrab. Eddersheimnadel. Ebd. 456 Nr. 1113 Taf. 73, 1113.

209. OBER-WIDDERSHEIM, Wetteraukreis. Brandgrab. Eddersheimnadel. Ebd. 456 Nr. 1118 Taf. 73, 1118.

210. LANGENSELBOLD, Main-Kinzig-Kreis, Steinplattengrab 1. Eddersheimnadel. Ebd. 457f. Nr. 1127 Taf. 73, 1127.

211. LANGEN, Kr. Offenbach, Körpergrab 6. Urberachnadel. Kubach, Stufe Wölfersheim 35 Nr. 32 Taf. 27 C21.

212. VIERNHEIM, Kr. Bergstraße, Urnenflachgrab. Plattenkopfnadel. Kubach, Nadeln 461 Nr. 1134 Taf. 74, 1134.

213. VIERNHEIM, Kr. Bergstraße, Urnenflachgrab. Plattenkopfnadel. Ebd. 462 Nr. 1147 Taf. 74, 1147.

214. UFFHOFEN, Kr. Alzey-Worms, Grab. Plattenkopfnadel. Ebd. 461 Nr. 1136 Taf. 74, 1136.

215. NIEDER-FLÖRSHEIM, Kr. Alzey-Worms, Urnenflachgrab. Plattenkopfnadel. Ebd. 461 Nr. 1139 Taf. 74, 1139.

216. HELDENBERGEN, Main-Kinzig-Kreis, Steinkistengrab. Plattenkopfnadel). Ebd. 462 Nr. 1143 Taf. 74, 1143.

217. ALZEY, Kr. Alzey-Worms, Grab. Plattenkopfnadel. Ebd. 466 Nr. 1149 Taf. 74, 1149.

218. ALZEY, Kr. Alzey-Worms, vermutl. Brandgrab. Landaunadel. Ebd. 468 Nr. 1161 Taf. 75, 1161.

219. WORMS, Urnenflachgrab 8. Landaunadel. Ebd. 467 Nr. 1158 Taf. 75, 1158.

220. WORMS, Urnenflachgrab 9. Nadel mit profiliertem Kopf. Ebd. 475f. Nr. 1187 Taf. 75, 1187.

221. WORMS, Westendschule, Grab. Verzierte Eikopfnadel. Ebd. 491 Nr. 1278 Taf. 79, 1278.

222. WORMS-Westendstr. Brandgrab. Verzierte Eikopfnadel. Ebd. 492 Nr. 1282 Taf. 79, 1282.

223. WORMS-Pfeddersheim. Zerstörtes Brandgrab. Verzierte Kugelkopfnadel. Ebd. 493 Nr. 1289 Taf. 79, 1289.

224. WORMS, Grab 6. Vasenkopfnadel (Ha B1). Ebd. 512 Nr. 1301 Taf. 80, 1301.

225. MONSHEIM, Kr. Alzey-Worms, vielleicht aus Grab. Landaunadel. Ebd. 468 Nr. 1162 Taf. 75, 1162.

226. OBERWALLUF, Rheingau-Taunus-Kreis, Steinkistengrab B. Landaunadel. Ebd. 468 Nr. 1163 Taf. 75, 1163.

227. OBERWALLUF, Rheingau-Taunus-Kreis, Urnengrab. Verzierte Eikopfnadel. Ebd. 492 Nr. 1280 Taf. 79, 1280.

228. RÜDESHEIM, Rheingau-Taunus-Kreis, Urnenflachgrab. Landaunadel. Ebd. 468 Nr. 1164 Taf. 75, 1164.

229. LANGSDORF, Kr. Gießen, Körpergrab unter Hügel. Nadel mit doppelkonischem Kopf. Ebd. 471 Nr. 1170 Taf. 75, 1170.

230. PLANIG, Kr. Bad Kreuznach, Urnenflachgrab. Nadel mit profiliertem Kopf. Ebd. 475 Nr. 1190 Taf. 75, 1190.

230a. PLANIG, Kr. Bad Kreuznach, Brandgrab. Nadelschaftfrg. Eggert, Rheinhessen 330f. Nr. 627.

231. RAUNHEIM, Kr. Groß-Gerau, Urnenflachgrab. Mit unverziertem Kopf. Kubach, Nadeln 477 Nr. 1193 Taf. 76, 1193.

232. ATZBACH, Kr. Wetzlar, Brandgrab B in Hügel. Mit verziertem Kugelkopf. Ebd. 478 Nr. 1202 Taf. 76, 1202.

233. GROSSEN-LINDEN, Kr. Gießen, Hügel 1, Doliengrab (3). Mit verziertem Kugelkopf. Ebd. 1211 Taf. 76, 1211.

234. FRIEDBERG, Wetteraukreis, Urnenflachgrab 4. Kugelkopfnadel. Ebd. 482 Nr. 1234 Taf. 77, 1234.

235. CAPPEL, Kr. Marburg-Biedenkopf, Grabfund (aus Hügel?). Kugelkopfnadel. Ebd. 483f. Nr. 1239 Taf. 77, 1239.

236. CAPPEL, Kr. Marburg-Biedenkopf, Hügel 12 Urnengrab. Vasenkopfnadel (Ha B1). Ebd. 513 Nr. 1302 Taf. 80, 1302.

237. KLEINSEELHEIM, Kr. Marburg-Biedenkopf, Brandgrab 2. Nadelschaft (Ha A). Fundber. Hessen 4, 1964, 207f. Abb. 11, 9.

238. BIEBESHEIM, Kr. Groß-Gerau, Flachbrandgrab 1. Kugelkopfnadel. Kubach, Nadeln 483 Nr. 1245 Taf. 77, 1245.

239-240. BIEBESHEIM, Kr. Groß-Gerau, Körpergrab. Scheibenkopfnadel. Ebd. 395 Nr. 961 Taf. 64, 961. Nadel mit geripptem Kopf. Ebd. 314 Nr. 749 Taf. 55, 749.

241. RÖNSHAUSEN, Kr. Fulda, Brandgrab in Hügel (Nachbestattung). Kugelkopfnadel. Ebd. 483 Nr. 1247 Taf. 77, 1247.

242. FLÖRSHEIM, Main-Taunus-Kreis, Grab? Kugelkopfnadel. Ebd. 483f. Nr. 1252 Taf. 77, 1252; Kubach, Stufe Wölfersheim 33f. Nr. 11 Taf. 29C.

243. SCHIMSHEIM, Kr. Alzey-Worms, aus gestörtem Grab. Kugelkopfnadel. Kubach, Nadeln 484 Nr. 1261 Taf. 78, 1261.

244. NIEDERWETZ, Kr. Wetzlar, Hügel 3, mehrere Gräber. Kugelkopfnadel. Ebd. 484 Nr. 1264 Taf. 78, 1264.

245. WINDECKEN (Ostheim), Main-Kinzig-Kreis, aus Hügel. Kugelkopfnadel. Ebd. 484 Nr. 1266 Taf. 78, 1266.

246. STIERSTADT, Hochtaunuskreis, Urnenflachgrab. Spiralkopfnadel. Ebd. 487 Nr. 1268A. Taf. 78, 1268A.

247. SCHWALHEIM, Wetteraukreis, Brandgrab v. 1917. Spiralkopfnadel. Ebd. 487f. Nr. 1268B. Taf. 78, 1268B.

248. GROSS-WINTERNHEIM, Kr. Mainz-Bingen, Grabfund? Verzierte Eikopfnadel. Ebd. 491 Nr. 1274 Taf. 79, 1274.

249. LÖRZWEILER, Kr. Mainz-Bingen, Urnengrab. Nadelschaft. Eggert, Urnenfelderkultur 162 Nr. 89 Taf. 6, 9.

250. FULDA-Neuenberg, Urnenflachgrab. Verzierte Eikopfnadel. Ebd. 492 Nr. 1283 Taf. 79, 1283.

251. GRIESHEIM, Kr. Darmstadt-Dieburg, Brandgrab. Verzierte Eikopfnadel. Ebd. 493 Nr. 1287 Taf. 79, 1287.

252. NIEDER-RAMSTADT, Kr. Darmstadt-Dieburg, Brandgrab. Urberachnadel. Kubach, Stufe Wölfersheim 26 Nr. 42 A Taf. 27 A1.

253. GRÄFENHAUSEN, Kr. Darmstadt-Dieburg, Urnenflachgrab 4. Verzierte Kugelkopfnadel. Ebd. 493f. Nr. 1291 Taf. 79, 1291.

254. MAINZ-BRETZENHEIM, Brandgrab. "Bombenkopfnadel". Ebd. 503 Nr. 1295 Taf. 80, 1295.

255. MAINZ-Kostheim, Urnenflachgrab 3. Rollennadel. Ebd. 541 Nr. 1384 Taf. 83, 1384.

256. MAINZ-Bretzenheim, Brandgrab. Rollennadel. Ebd. 541 Nr. 1390 Taf. 83, 1390.

257. WALLERTHEIM, Kr. Alzey-Worms, Grab 1. Nadelschaft. Eggert, Urnenfelderkultur 291 Nr. 530 Taf. 23, 6.

258. KÜNZELL, Kr. Fulda, Lanneshof Grab 40. "Bombenkopfnadel". Ebd. 508 Nr. 1298 Taf. 80, 1298.

259. KÜNZELL, Kr. Fulda, Lanneshof Grab A. Vasenkopfnadel. Ebd. 514 Nr. 1305 Taf. 80, 1305.

260. NACKENHEIM, Kr. Mainz-Bingen, Grab. Einzelstück. Ebd. 523 Nr. 1333 Taf. 81, 1333.

261. BUTZBACH, Wetteraukreis, Körpergrab. Rollennadel. Ebd. 541 Nr. 1383 Taf. 83, 1383.

262. OFFENBACH-RUMPENHEIM, Körpergrab. Rollennadel. Ebd. 541 Nr. 1383 A. Taf. 83, 1383.

263. MITTELHEIM, Rheingau-Taunus-Kreis, Körpergrab. Rollennadel. Ebd. 541 Nr. 1393 Taf. 83, 1393.

264. ARMSHEIM, Kr. Alzey-Worms, Brandgrab. Rollennadel. Ebd. 541 Nr. 1385 Taf. 83, 1385.

265. GUNDERSHEIM, Kr. Alzey-Worms, Urnenflachgrab. Rollennadel. Ebd. 544 Nr. 1407 Taf. 84, 1407.

266. FREIMERSHEIM, Kr. Alzey-Worms, Körpergrab. Urberachnadel. Mainzer Zeitschr. 79/80, 1984/85, 257f. mit Abb.

267. NIEDER-SAULHEIM, Kr. Mainz-Bingen. Körpergrab. Urberachnadel. Mainzer Zeitschr. 71/72, 1976/77, 256f. Abb. 10, 4.

268. HEIDESHEIM, Kr. Mainz-Bingen, Urnenflachgrab. Nadelschaft (HaB). Richter, Arm-u. Beinschmuck 170 Nr. 1078 Taf. 91 B5.

269. DORNHOLZHAUSEN, Lahn-Dill-Kreis, Grab. Nadel mit doppelkonischem Kopf. Janke, Kreis Wetzlar 21 Taf. 3, 4.

270. HEIDELBERG, Körpergrab. Wollmesheimnadel. Kimmig, Urnenfelderkultur 146 Taf. 10, 4.

271. HEIDELBERG, Flachbrandgrab 1. Wollmesheimnadel. Ebd. 146f. Taf. 10 B2.

272. HUTTENHEIM, Rhein-Neckar-Kreis, Flachbrandgrab D. Nadel mit geripptem Schaft und doppelkonischem Kopf. Ebd. 148 Taf. 6 D3.

273. ILVESHEIM, Rhein-Neckar-Kreis, Flachbrandgrab von 1931. Wollmesheimnadel. Ebd. 149f. Taf. 12 B3.

274. ILVESHEIM, Rhein-Neckar-Kreis, Flachbrandgrab (14. 5. 1934). Verzierte Eikopfnadel. Ebd. 148ff. Taf. 15 B15.

275. ILVESHEIM, Rhein-Neckar-Kreis, Körperdoppelgrab. Urberachnadel. I. Jensen, Arch. Nachr. aus Baden 25, 1980, 20ff. Abb. 2.

275a. ILVESHEIM, Rhein-Neckar-Kreis, Grab(?). Spulennadel. Köster, Mittlere Bronzezeit 99 Taf. 35, 5.

276. MANNHEIM-Feudenheim, aus Flachbrandgräbern. Vasenkopfnadel. Kimmig, Urnenfelderkultur 151 Taf. 17 A10.

277a.-277c. MANNHEIM-Seckenheim, Steinkistengrab in Hügel. Urberachnadel. Nadel mit vierkantigem Schaft, Rollenkopfnadel. Kimmig, Urnenfelderkultur 151f. Taf. 2 A7. 6. 9.

278. MANNHEIM-Seckenheim, Flachbrandgrab von 1903. Rollennadel. Ebd. 151.

279a.-279b. MANNHEIM-Seckenheim, Flachbrandgrab vom 24. 4. 1934. Guntersblumnadel; Nadel mit Zylinderkopf. Ebd. 151 Taf. 11 C1. 2.

279c. MANNHEIM-Seckenheim, Grab. Wollmesheimnadel. Chr. Unz, Prähist. Zeitschr. 48, 1973, 1ff. Taf. 17, 19.

280. MANNHEIM-Wallstadt, Flachbrandgrab 1. Verzierte Eikopfnadel. Kimmig, Urnenfelderkultur 152f. Taf. 18 B2.

281. MANNHEIM-Wallstadt, Flachbrandgrab 2. Verzierte Eikopfnadel. Ebd. 152f Taf. 18 A1.

282. MANNHEIM-Wallstadt, Flachbrandgrab 3. Verzierte Eikopfnadel. Ebd. 152f Taf. 18 F1.

283.-284. MANNHEIM-Wallstadt, Grabfund. Guntersblumnadel mit einfacher Schaftknotung. Nadel mit Kopfplatte und gerillter Schaftknotung. Badische Fundber. 16/17, 1946-1947, 284 Taf. 68 C3-4.

285.-286. MANNHEIM-WALLSTADT, aus Flachbrandgräbern. Rollennadel, Vasenkopfnadel. Kimmig, Urnenfelderkultur 152f. Taf. 16, 7-8.

287.-293. ASCHAFFENBURG-STRIETWALD, Gräberfeld. Grab 1. Frg. eines Nadelschaftes. Rau, Aschaffenburg-Strietwald.
288. Grab 10 eiserne Rollenkopfnadel.
289. Grab 17 mit stehender ovaler Kopfscheibe.
290. Grab 20 Nadelschaft?
291. Grab 21 Nadelfrg.
292. außerhalb einer Steinsetzung Nadel mit linsenförmigem Kopf.
293. Grab 50 mit aufgeschobenem doppelkonischem Kopf.

294.-295. GOLDBACH, Kr. Aschaffenburg, Brandgräberfeld. Grab 13: 2 Mohnkopfnadeln. Wilbertz, Urnenfelderkultur 118.
296. Grab 14: Nagelkopfnadel. Ebd. 118 Taf. 30, 4.

297. GROSSOSTHEIM, Ldkr. Aschaffenburg, Brandgrab. Rollennadel. Ebd. 121 Nr. 19 Taf. 20, 9.

298-299. KAHL, Ldkr. Aschaffenburg, aus Gräbern? 2 Kugelkopfnadeln. Ebd. 122 Nr. 23 Taf. 23, 7. 8.

300. KAHL, Ldkr. Aschaffenburg, Grabfund. Zylinderkopfnadel. Ebd. 123 Nr. 29 Taf. 24, 4.

301. KAHL, Ldkr. Aschaffenburg, Körpergrab. Urberachnadel. Frankenland NF 32, 1980, 105f. Abb. 17, 6; Kubach, Stufe Wölfersheim 34f Nr. 28 Taf. 24 A.

302. OBERNAU, Ldkr. Aschaffenburg, Grab 10. Wollmesheimnadel. Wilbertz, Urnenfelderkultur 126 Nr. 39 Taf. 32, 12.

303. OBERNAU, Ldkr. Aschaffenburg, Streufund auf dem Gräberfeld. Nadel mit Scheibenkopf. Ebd. 127 Taf. 32, 1.

304.-306. PFLAUMHEIM, Ldkr. Aschaffenburg, Grabhügel. Trompetenkopfnadel. Ebd. 128 Nr. 41 Taf. 17, 1. Kugelkopfnadel. Ebd. Taf. 17, 2. Weiterer Nadelschaft. Taf. 17, 3

307.-308. STOCKSTADT, Ldkr. Aschaffenburg, Grabhügel. Kolbenkopfnadel. Ebd. 129 Nr. 44 Taf. 22, 8. Urberachnadel. Ebd. 129 Taf. 22, 9.

309. ELSENFELD, Ldkr. Miltenberg, Grab 1. Nadel mit doppelkonischem Kopf. Ebd. 161f. Nr. 131 Taf. 36, 9. Fragmente dreier weiterer Nadeln ?.

310. KLEINHEUBACH, Ldkr. Miltenberg, Grab 2. Vasenkopfnadel. Ebd. 169 Nr. 142.

311.-312. NIEDERNBERG, Ldkr. Miltenberg, Grab 1. Wollmesheimnadel. Ebd. 172 Nr. 153 Taf. 33, 10. Reste einer weiteren Nadel.

313. RÖLLFELD, Ldkr. Miltenberg, Urnengrab. Verzierte Eikopfnadel. Ebd. 173 Nr. 155 Taf. 38, 1.

314-317. LUDWIGSHÖHE, Kr. Mainz-Bingen, Hort. Kubach, Nadeln 361 Nr. 874 Taf. 60, 874; 369 Nr. 907 Taf. 61, 907; 371 Nr. 911 Taf. 61, 911; Nr. 919 Taf. 62, 919.

318. FRANKFURT-RÖDELHEIM, Hort. Ebd. 411 Nr. 981 Taf. 66, 981.

319.-325. MAINZ, aus dem Rhein, Hort. Guntersblumer Nadelfrg. Gew. 17, 5g. Ebd. 374 Nr. 925 Taf. 62, 925. Hirtenstabnadelfrg. Gew. 2, 5g. Ebd. 390 Nr. 958 Taf. 664, 958. Scheibenkopfnadelfrg. Gew. 14g. Ebd. 399 Nr. 971 Taf65, 971. Nadelfrg. mit doppelkonischem Kopf, Gew. 13g. Ebd. 399 Nr. 972 Taf. 66, 972. Rollenkopfnadelfrg., Gew. 14g. Ebd. 542 Nr. 1398 Taf. 84, 1398. Unverziertes Nadelschaftfrg. Gew. 9, 5g. Wegner, Flußfunde 150 Nr. 565m Taf. 3, 12. Verziertes Nadelschaftfrg. Gew. 6,3g. Ebd. 150 Nr. 565n Taf. 3, 13.

326. OCKSTADT, Wetteraukreis, Hort. "Bombenkopfnadel". Kubach, Nadeln 506 Nr. 1296 Taf. 80, 1296.

327.-328. HAIMBERG, Kr. Fulda, Hort? Kleinenglisnadel. Ebd. 509 Nr. 1300 Taf. 80, 1300. Vasenkopfnadel. Ebd. 519 Nr. 1320 Taf. 81, 1320.

329.-330. BAD HOMBURG, Hochtaunuskreis, Hort. Vasenkopfnadel. Ebd. 514 Nr. 1306 Taf. 80, 1306. Nagelkopfnadel. Ebd. 521 Nr. 1323. Taf. 81, 1323.

331.-333. UFFHOFEN, Kr. Alzey-Worms, in Ascheschicht (Hort?). Zwei Vasenkopfnadeln. Ebd. 515 Nr. 1308. 1309 Taf. 80, 1308. 1309. Nagelkopfnadel. Ebd. 521 Nr. 1327 Taf. 81, 1327.

334. WEINHEIM, Rhein-Neckar-Kreis, Hort. "Bombenkopfnadel", Gew. 12, 3g. Stemmermann, Bad. Fundber. 3, 1933 Taf. 4, 54.

335. MAINZ, aus dem Rhein. Nadel mit mehrfacher Halsschwellung. Kubach, Nadeln 335 Nr. 780 Taf. 56, 780; Wegner, Flußfunde 158 Nr. 687 Taf. 44, 20.

336. MAINZ, aus dem Rhein. Urberachnadel. Kubach, Nadeln 342 Nr. 811 Taf. 57, 811; Wegner, Flußfunde 158 Nr. 688 Taf. 45, 2.

337. MAINZ, aus dem Rhein. Urberachnadel. Kubach, Nadeln 342 Nr. 817 Taf. 57, 817; Wegner, Flußfunde 147 Nr. 520 Taf. 44, 8.

338. MAINZ, aus dem Rhein (?). Urberachnadel. Kubach, Nadeln 343 Nr. 825 Taf. 58, 825; Wegner Flußfunde 158 Nr. 690 ("Patina spricht gegen Flußfund").

339. MAINZ, aus dem Rhein. Urberachnadel. Kubach, Nadeln 344 Nr. 830 Taf. 58, 830; Wegner, Flußfunde 141 Nr. 439 Taf. 44, 15.

340. MAINZ, aus dem Rhein. Urberachnadel. Kubach, Nadeln 344 Nr. 832 Taf. 58, 832; Wegner, Flußfunde 133 Nr. 321 Taf. 44, 16.

341. MAINZ, aus dem Rhein. Urberachnadel. Kubach, Nadeln 346 Nr. 849 Taf. 58, 849; Wegner, Flußfunde 149 Nr. 558 Taf. 44, 18.

342. MAINZ, aus dem Rhein. Kloppenheimnadel. Kubach, Nadeln 355 Nr. 862 Taf. 59, 862; Wegner, Flußfunde 141 Nr. 438 Taf. 45, 3.

343. MAINZ, aus dem Rhein. Guntersblumnadel. Kubach, Nadeln 371 Nr. 910 Taf. 61, 910; Wegner, Flußfunde 133 Nr. 323 Taf. 44, 12.

344. MAINZ, aus dem Rhein. Guntersblumnadel. Kubach, Nadeln 373 Nr. 920 Taf. 62, 920; Wegner, Flußfunde 133 Nr. 324 Taf. 44, 11.

345. MAINZ, aus dem Rhein. Guntersblumnadel. Kubach, Nadeln 373 Nr. 922 Taf. 62, 922; Wegner, Flußfunde 133 Nr. 325 Taf. 44, 21.

346. MAINZ, aus dem Rhein. Guntersblumnadel. Kubach, Nadeln 374 Nr. 924 Taf. 62, 924; Wegner, Flußfunde 158 Nr. 691.

347. MAINZ, aus dem Rhein. Mohnkopfnadel. Kubach, Nadeln 382 Nr. 944 Taf. 63, 944; Wegner, Flußfunde 131 Nr. 302 Taf. 45, 25.

348. MAINZ, aus dem Rhein. Mohnkopfnadel. Kubach, Nadeln 382 Nr. 950 Taf. 64, 950; Wegner, Flußfunde 142 Nr. 458 Taf. 46, 6.

349. MAINZ, aus dem Rhein. Hirtenstabnadel. Kubach, Nadeln 390 Nr. 959 Taf. 64, 959; Wegner, Flußfunde 142 Nr. 463 Taf. 45, 7.

350. MAINZ, aus dem Rhein. Nadel mit geripptem doppelkonischem Kopf. Kubach, Nadeln 399 Nr. 979 Taf. 66, 979; Wegner, Flußfunde 158 Nr. 692 Taf. 44, 14.

351. MAINZ, aus dem Rhein. Dorndorfer Nadel. Kubach, Nadeln 412 Nr. 984 Taf. 66, 984; Wegner, Flußfunde 144 Nr. 482 Taf. 45, 16.

352. MAINZ, aus dem Rhein. Binninger Nadel. Kubach, Nadeln 418 Nr. 992 Taf. 66, 992; Wegner, Flußfunde 169 Nr. 875 Taf. 45, 15.

353. MAINZ, aus dem Rhein. Wollmesheimnadel. Kubach, Nadeln 422 Nr. 1001 Taf. 67, 1001; Wegner, Flußfunde 134 Nr. 333 Taf. 45, 18.

354. MAINZ, aus dem Rhein. Wollmesheimnadel. Kubach, Nadeln. 430 Nr. 1047 Taf. 69, 1047; Wegner, Flußfunde 163 Nr. 777.

355. MAINZ, aus dem Rhein. Wollmesheimnadel. Kubach, Nadeln 430 Nr. 1049 Taf. 69, 1049; Wegner, Flußfunde 134 Nr. 334 Taf. 45, 19.

356. MAINZ, aus dem Rhein. Wollmesheimnadel. Kubach, Nadeln 430 Nr. 1053 Taf. 69, 1053; Wegner, Flußfunde 163 Nr. 776 Taf. 45, 20.

357. MAINZ, aus dem Rhein. Wollmesheimnadel. Kubach, Nadeln 430 Nr. 1055 Taf. 69, 1055; Wegner, Flußfunde 133 Nr. 332 Taf. 45, 17.

358. MAINZ, aus dem Rhein. Wollmesheimnadel. Kubach, Nadeln 431 Nr. 1058 Taf. 70, 1058; Wegner, Flußfunde 151 Nr. 579 Taf. 45, 22.

359. MAINZ, aus dem Rhein. Eddersheimnadel. Kubach, Nadeln 455 Nr. 1103 Taf. 73, 1103; Wegner, Flußfunde 136 Nr. 370 Taf. 46, 1.

360. MAINZ, aus dem Rhein. Eddersheimnadel. Kubach, Nadeln 456 Nr. 1121 Taf. 73, 1121; Wegner, Flußfunde 163 Nr. 774 Taf. 46, 2.

361. Mainz, aus dem Rhein. Eddersheimnadel. Kubach, Nadeln 457 Nr. 1123 Taf. 73, 1123; Wegner, Flußfunde 134 Nr. 336 Taf. 45, 28.

362. MAINZ, aus dem Rhein. Plattenkopfnadel. Kubach, Nadeln 461 Nr. 1128 Taf. 74, 1128.

363. MAINZ, aus dem Rhein. Plattenkopfnadel. Kubach, Nadeln 461 Nr. 1129 Taf. 74, 1129; Wegner, Flußfunde 143 Nr. 460.

364. MAINZ, aus dem Rhein. Plattenkopfnadel. Kubach, Nadeln 461 Nr. 1132 Taf. 74, 1132; Wegner, Flußfunde 134 Nr. 335 Taf. 45, 27.

365. MAINZ, aus dem Rhein. Plattenkopfnadel. Kubach, Nadeln 462 Nr. 1142 Taf. 74, 1142; Wegner, Flußfunde 141 Nr. 429 Taf. 46, 3.

366. MAINZ, aus dem Rhein. Landaunadel. Kubach, Nadeln 467 Nr. 1157 Taf. 75, 1157; Wegner, Flußfunde 163 Nr. 775 Taf. 46, 13.

367. MAINZ, aus dem Rhein. Nadel mit doppelkonischem Kopf. Kubach, Nadeln 471 Nr. 1176 Taf. 75, 1176; Wegner, Flußfunde 163 Nr. 785.

368. MAINZ, aus dem Rhein. Nadel mit profiliertem Kopf. Kubach, Nadeln 475 Nr. 1189 Taf. 75, 1189; Wegner, Flußfunde 151 Nr. 578 Taf. 45, 13.

369. MAINZ, aus dem Rhein. Kugelkopfnadel. Kubach, Nadeln 481 Nr. 1213 Taf. 76, 1213; Wegner, Flußfunde 149 Nr. 554.

370. MAINZ, aus dem Rhein. Eikopfnadel. Kubach, Nadeln 482 Nr. 1227 Taf. 77, 1227; Wegner, Flußfunde 142 Nr. 456 Taf. 45, 21.

371. MAINZ, aus dem Rhein. Nadel mit doppelkonischem Kopf. Kubach, Nadeln 483 Nr. 1244 Taf. 77, 1244; Wegner, Flußfunde 163 Nr. 784.

372. MAINZ, aus dem Rhein. Kugelkopfnadel. Kubach, Nadeln 484 Nr. 1257 Taf. 78, 1257; Wegner, Flußfunde 153 Nr. 599 Taf. 45, 24.

373. MAINZ, aus dem Rhein. Spiralkopfnadel. Kubach, Nadeln 487 Nr. 1268 Taf. 78, 1268; Wegner, Flußfunde 141 Nr. 428.

374. MAINZ, aus dem Rhein. Verzierte Eikopfnadel. Kubach, Nadeln 491 Nr. 1273 Taf. 79, 1273; Wegner, Flußfunde 163 Nr. 782 Taf. 46, 10.

375. MAINZ, aus dem Rhein. Verzierte Eikopfnadel. Kubach, Nadeln 492f. Nr. 1285 Taf. 79, 1285; Wegner, Flußfunde 136 Nr. 371 Taf. 46, 11.

376. MAINZ, aus dem Rhein. Verzierte Kugelkopfnadel. Kubach, Nadeln 493 Nr. 1290 Taf. 79, 1290 ; Wegner 163 Nr. 781 Taf. 46, 25.

377. MAINZ, aus dem Rhein. Vasenkopfnadel. Kubach, Nadeln 519 Nr. 1316 Taf. 81, 1316; Wegner, Flußfunde 144 Nr. 484 Taf. 46, 14.

378. MAINZ, aus dem Rhein. Rollennadel. Kubach, Nadeln 536 Nr. 1363 Taf. 82, 1363; Wegner, Flußfunde 133 Nr. 330 Taf. 45, 9.

379. MAINZ, aus dem Rhein. Rollennadel. Kubach, Nadeln 541 Nr. 1380 Taf. 83, 1380; Wegner, Flußfunde 133 Nr. 331 Taf. 45, 11.

380. MAINZ, aus dem Rhein. Rollennadel. Kubach, Nadeln 541 Nr. 1391 Taf. 83, 1391; Wegner, Flußfunde 163 Nr. 780 Taf. 45, 12.

381. MAINZ, aus dem Rhein. Rollennadel. Kubach, Nadeln 541 Nr. 1394 Taf. 84, 1394; Wegner, Flußfunde 142 Nr. 457 Taf. 45, 10.

382. MAINZ, aus dem Rhein. Rollennadel. Kubach, Nadeln 545 Nr. 1410 Taf. 84, 1410; Wegner, Flußfunde 163 Nr. 779.

383. MAINZ, aus dem Rhein. Rollennadel. Kubach, Nadeln 545 Nr. 1411 Taf. 84, 1411; Wegner, Flußfunde 148 Nr. 544 Taf. 45, 8.

384. MAINZ, aus dem Rhein. Nadel mit kleinem gewölbtem Kopf und schwach geripptem Hals. Wegner, Flußfunde 147 Nr. 530 Taf. 46, 16 (V1973).

385. MAINZ, aus dem Rhein. Nadel mit kegelförmigem Kopf. Wegner, Flußfunde 148 Nr. 545.

386. MAINZ, aus dem Rhein. Urberachnadel. Ebd. 158 Nr. 689; Kubach, Nadeln 340 Nr. 799 Taf. 57, 799.

386a. MAINZ, aus dem Rhein (?). Wollmesheimnadel. Kubach, Nadeln 431 Nr. 1057 Taf. 70, 1057; Wegner, Flußfunde 163 Nr. 778.

387. MAINZ-KASTEL, Stadtkreis Wiesbaden, aus dem Rhein. Urberachnadel. Kubach, Nadeln 340 Nr. 795 Taf. 57, 795; Wegner, Flußfunde 140 Nr. 417 Taf. 44, 17.

388. MAINZ-KASTEL, Stadtkreis Wiesbaden, aus dem Rhein. Plattenkopfnadel. Ebd. 466 Nr. 1151 Taf. 74, 1151.

389. MAINZ-KASTEL, Stadtkreis Wiesbaden, aus dem Rhein. Kugelkopfnadel. Ebd. 483 Nr. 1243 Taf. 77, 1243.

390. GUSTAVSBURG, Kr. Groß-Gerau, aus dem Rhein. Urberachnadel. Ebd. 339 Nr. 791 Taf. 56, 791.

391. GUSTAVSBURG, Kr. Groß-Gerau, aus dem Rhein. Wollmesheimnadel. Kubach, Nadeln 422f. Nr. 1002 Taf. 67, 1002; Wegner, Flußfunde 137 Nr. 389 Taf. 45, 23.

392. BUDENHEIM, Kr. Mainz-Bingen, aus dem Rhein. Urberachnadel. Ebd. 343 Nr. 824 Taf. 58, 824; Wegner 171 Nr. 917 Taf. 45, 4.

393. BUDENHEIM, aus dem Rhein. Binninger Nadel. Kubach, Nadeln 416 Nr. 986 Taf. 66, 986; Wegner, Flußfunde 171 Nr. 908 Taf. 45, 15.

394. BINGEN, aus dem Rhein. Plattenkopfnadel. Ebd. 461f. Nr. 1140 Taf. 74, 1140.

395. BINGEN, aus dem Rhein. Kugelkopfnadel. Ebd. 482 Nr. 1235 Taf. 77, 1235.

396. BINGEN, aus dem Rhein. Eikopfnadel. Ebd. 483 Nr. 1249 Taf. 77, 1249.

397. BINGEN, aus dem Rhein. Vasenkopfnadel. Ebd. 515 Nr. 1311 Taf. 81, 1311.

398. BINGEN, aus dem Rhein. Vasenkopfnadel. Ebd. 515 Nr. 1312 Taf. 81, 1312.

399. BINGEN, aus dem Rhein. Nadelschaft L. noch 14, 1cm. (Mus. Worms).- Taf. 14, 1.

400. TRECHTINGHAUSEN, Kr. Mainz-Bingen, vermutlich aus dem Rhein. Nadelschaftfrg. L. noch 5, 5cm. Mus Bonn 15058. Bonner Jahrb. 113, 1905, 57.- Taf. 14, 2.

401. TRECHTINGHAUSEN, vermutlich aus dem Rhein. Unverzierte Kugelkopfnadel, L. noch 7, 3 cm. Mus. Bonn 15057. Bonner Jahrb. 113, 1905, 57.- Taf. 13, 12.

402. TRECHTINGHAUSEN, vermutlich aus dem Rhein. Rollennadel. L. 13, 5cm. Mus. Bonn 15054. Bonner Jahrb. 113, 1905, 57.- Taf. 14, 3.

403. TRECHTINGHAUSEN, vermutlich aus dem Rhein. Kugelkopfnadel L. 17, 3cm. Mus. Bonn 15047. Bonner Jahrb. 113, 1905, 57.- Taf. 13, 7.

404. TRECHTINGHAUSEN, vermutlich aus dem Rhein. Schaftknotennadel Typ Guntersblum L. 17, 8 cm. Mus. Bonn 13486.- Taf. 13, 4.

405. TRECHTINGHAUSEN, vermutlich aus dem Rhein. Wollmesheimnadel, L. 22, 4cm. Mus. Bonn 15044. Bonner Jahrb. 113, 1905, 57 Abb. 28, 4.- Taf. 13, 6.

406. TRECHTINGHAUSEN, vermutlich aus dem Rhein. Kugelkopfnadel, L. noch 12, 1cm. Mus. Bonn 15049. Bonner Jahrb. 113, 1905, 57.- Taf. 13, 11.

407. TRECHTINGHAUSEN, vermutlich aus dem Rhein. Kleinköpfige Vasenkopfnadel L. 16, 1 cm. Mus. Bonn 15051. Bonner Jahrb. 113, 1905, 57.- Taf. 14, 6.

408. TRECHTINGHAUSEN, vermutlich aus dem Rhein. Nadel mit großer horizontaler Kopfscheibe. L. 39, 9 cm. Mus. Bonn 15042. Bonner Jahrb. 113, 1905, 57 Abb. 28, 2.- Taf. 13, 2.

409. TRECHTINGHAUSEN, vermutlich aus dem Rhein. Nadel mit doppelkonischem abgetrepptem Kopf. Hellgrün-bläuliche Patina; am Schaft gereinigt. L. 10, 6cm. Gew. 3g. Mus. Bonn 15056.- Taf. 13, 5.

410. TRECHTINGHAUSEN, vermutlich aus dem Rhein. Eikopfnadel, L. 20, 1cm. Mus. Bonn 13447.- Taf. 13, 9.

411. BACHARACH, vermutlich aus dem Rhein. Eikopfnadel, L. 13, 3 cm Gew. 8g. Mus. Bonn 16391.- Taf. 13, 8.

412. BACHARACH, aus dem Rhein. Rollenkopfnadel. L. 9, 4 cm Gew. 6 g. Mus Bonn 16390.- Taf. 14, 5.

413. BACHARACH, aus dem Rhein. Rollennadel, L. 11, 4 cm, Gew. 3 g. Mus. Bonn A 1466i.- Taf. 14, 7.

414. BACHARACH, aus dem Rhein. Nadel mit linsenförmigem Kopf. L. noch 9, 6cm. Gew. 2g. Mus. Bonn A1466h.- Taf. 13, 10.

415. BACHARACH, aus dem Rhein. Rollennadel. L. 10, 5 g. Gew. 4 g. MRLM Bonn A 1466k.- Taf. 14, 4.

415a. BACHARACH, aus dem Rhein. Wollmesheimnadel. J. Driehaus, Archäologische Radiographie (1968) Taf. 20, 4.

415b. ST. GOAR, aus dem Rhein. Wollmesheimnadel. Ebd. Taf. 20, 5.

415d.-k. BACHARACH, aus dem Rhein.- 37 cm lange Bronzenadel mit dickem rundem Kopf. Mus Bonn 17284 (Westdeutsche Zeitschr. 25, 1906, 470);- 5 verzierte Nadeln (Westdeutsche Zeitschr. 19, 1900, 484).- 2 Nadeln, Mus Bonn 15376/7 (Westdeutsche Zeitschr. 22, 1903, 440).

416. "Aus dem RHEIN". Plattenkopfnadel. Kubach, Nadeln 462 Nr. 1145 Taf. 74, 1145.

417. "Aus dem RHEIN". Eikopfnadel. Ebd. 482 Nr. 1228 Taf. 77, 1228.

418. "Aus dem RHEIN". Urberachnadel. Ebd. 342 Nr. 812 Taf. 57, 812.

419. HOCHHEIM, Main-Taunus-Kreis, aus dem Main. Nadel mit verziertem Kugelkopf. Ebd. 479 Nr. 1208 Taf. 76, 1208; Wegner, Flußfunde 128 Nr. 262 Taf. 46, 7.

420. FLÖRSHEIM, Main-Taunus-Kreis, aus dem Main. Kloppenheimnadel. Kubach, Nadeln 355 Nr. 860 Taf. 59, 860; Wegner, Flußfunde 127 Nr. 253 Taf. 45, 6.

421. FLÖRSHEIM, Main-Taunus-Kreis, aus dem Main. Eddersheimnadel. Kubach, Nadeln 455 Nr. 1109 Taf. 73, 1109; Wegner, Flußfunde 127 Nr. 254.

422. FLÖRSHEIM, Main-Taunus-Kreis, aus dem Main. Verzierte Eikopfnadel. Kubach, Nadeln 493 Nr. 1288 Taf. 79, 1288; Wegner, Flußfunde 127 Nr. 255 Taf. 46, 9.

423. FRANKFURT, angeblich aus dem Main. Spinnwirtelkopfnadel. Kubach, Nadeln 369 Nr. 909 Taf. 61, 909; Wegner, Flußfunde 124 Nr. 220 Taf. 43, 14.

423a. FRANKFURT, aus dem Main(?). Rollennadel. Kubach, Nadeln 536 Nr. 1369 Taf. 83, 1369. Wegner, Flußfunde 124 Nr. 219.

424. ASCHAFFENBURG, aus dem Main. Kugelkopfnadel. Wilbertz, Urnenfelderkultur 104 Nr. 3 Taf. 87, 1.

425. STOCKSTADT, aus dem Main. Nagelkopfnadel "Ha A". Wegner, Flußfunde 119 Nr. 168.)

426. ESCHOLLBRÜCKEN, Kr. Darmstadt-Dieburg, aus dem Moor. Urberachnadel. Kubach, Nadeln 340 Nr. 802 Taf. 57, 802.

427. ESCHOLLBRÜCKEN, Kr. Darmstadt-Dieburg, aus dem Moor. Urberachnadel. Ebd. 340 Nr. 804 Taf. 57, 804.

428. ESCHOLLBRÜCKEN, Kr. Darmstadt-Dieburg, aus dem Moor. Großköpfige Vasenkopfnadel. Ebd. 386 Nr. 951 Taf. 64, 951.

429. ESCHOLLBRÜCKEN, Kr. Darmstadt-Dieburg, aus dem Moor. Nadel Form Courtavant. Ebd. 399 Nr. 970 Taf. 65, 970.

430. ESCHOLLBRÜCKEN, Kr. Darmstadt-Dieburg, aus dem Moor. Spindelkopfnadel. Ebd. 399 Nr. 976 Taf. 66, 976.

431. ESCHOLLBRÜCKEN, Kr. Darmstadt-Dieburg, aus dem Moor. Nadel mit Schaftverdickungen. Ebd. 399 Nr. 977 Taf. 66, 977.

432. ESCHOLLBRÜCKEN, Kr. Darmstadt-Dieburg, aus dem Moor. Binninger Nadel. Ebd. 416 Nr. 985 Taf. 66, 985.

433. ESCHOLLBRÜCKEN, Kr. Darmstadt-Dieburg, aus dem Moor. Binninger Nadel. Ebd. 418 Nr. 993 Taf. 66, 993.

434. ESCHOLLBRÜCKEN, Kr. Darmstadt-Dieburg, aus dem Moor. Wollmesheimnadel. Ebd. 422 Nr. 995 Taf. 67, 995.

435. ESCHOLLBRÜCKEN, Kr. Darmstadt-Dieburg, aus dem Moor. Wollmesheimnadel. Ebd. 422 Nr. 997 Taf. 67, 997.

436. ESCHOLLBRÜCKEN, Kr. Darmstadt-Dieburg, aus dem Moor. Wollmesheimnadel. Ebd. 422 Nr. 998 Taf. 67, 998.

437. ESCHOLLBRÜCKEN, Kr. Darmstadt-Dieburg, aus dem Moor. Wollmesheimnadel. Ebd. 424 Nr. 1006 Taf. 67, 1006.

438. ESCHOLLBRÜCKEN, Kr. Darmstadt-Dieburg, aus dem Moor. Wollmesheimnadel. Ebd. 433 Nr. 1073 Taf. 70, 1073.

439. ESCHOLLBRÜCKEN, Kr. Darmstadt-Dieburg, aus dem Moor. Wollmesheimnadel. Ebd. 435 Nr. 1092 Taf. 71, 1092.

440. ESCHOLLBRÜCKEN, Kr. Darmstadt-Dieburg, aus dem Moor. Eddersheimnadel. Ebd. 456 Nr. 1120 Taf. 73, 1120.

441. ESCHOLLBRÜCKEN, Kr. Darmstadt-Dieburg, aus dem Moor. Landaunadel. Ebd. 468 Nr. 1165 Taf. 75, 1165.

442. ESCHOLLBRÜCKEN, Kr. Darmstadt-Dieburg, aus dem Moor. Mit doppelkonischem Kopf. Ebd. 472 Nr. 1184 Taf. 75, 1184.

443. ESCHOLLBRÜCKEN, Kr. Darmstadt-Dieburg, aus dem Moor. Kugelkopfnadel. Ebd. 483 Nr. 1248 Taf. 77, 1248.

444. ESCHOLLBRÜCKEN, Kr. Darmstadt-Dieburg, aus dem Moor. Rollennadel. Ebd. 535 Nr. 1356 Taf. 82, 1356.

445. ESCHOLLBRÜCKEN, Kr. Darmstadt-Dieburg, aus dem Moor. Rollennadel. Ebd. 541 Nr. 1387 Taf. 83, 1387.

446. ESCHOLLBRÜCKEN, Kr. Darmstadt-Dieburg, aus dem Moor. Rollennadel. Ebd. 541f. Nr. 1395. Taf. 84, 1395.

447. PFUNGSTADT, Kr. Darmstadt-Dieburg, aus dem Moor. Kugelkopfnadel mit geripptem Schaft. Ebd. 399 Nr. 975 Taf. 66, 975.

448. PFUNGSTADT, Kr. Darmstadt-Dieburg, aus dem Moor. Nadel mit doppelkonischem Kopf. Ebd. 399 Nr. 978 Taf. 66, 978.

449. PFUNGSTADT, Kr. Darmstadt-Dieburg, aus dem Moor. Wollmesheimnadel. Ebd. 423 Nr. 1003 Taf. 67, 1003.

450. PFUNGSTADT, Kr. Darmstadt-Dieburg, aus dem Moor. Wollmesheimnadel. Ebd. 428 Nr. 1037 Taf. 69, 1037.

451. PFUNGSTADT, Kr. Darmstadt-Dieburg, aus dem Moor. Eddersheimnadel. Ebd. 455f. Nr. 1110 Taf. 73, 1110.

452. WOLFSKEHLEN, Kr. Groß-Gerau, aus dem Moor. Plattenkopfnadel. Ebd. 462 Nr. 1146 Taf. 74, 1146.

453. ERFELDEN, Kr. Groß-Gerau, aus verlandetem Wasserlauf? Nadel mit Halsschwellung. Ebd. 335 Nr. 779 Taf. 56, 779.

454. BÜTTELBORN, Kr. Groß-Gerau, im Letten. Spinnwirtelkopfnadel. Kubach, Nadeln 363 Nr. 886 Taf. 60. 886.

455. BÜTTELBORN, Kr. Groß-Gerau, im Letten. Wollmesheimnadel. Ebd. 425 Nr. 1015 Taf. 68, 1015.

456. EICH, Kr. Alzey-Worms, Baggerfund. Nadel mit runder Kopfscheibe. Ebd. 396 Nr. 964 Taf. 65, 964.

457. GETTENAU, Wetteraukreis, aus dem Moor. Nagelkopfnadel. Ebd. 521 Nr. 1328 Taf. 81, 1328.

458. GROSSKROTZENBURG, Main-Kinzig-Kreis, aus dem Moor. Wollmesheimnadel. Ebd. 424 Nr. 1009 Taf. 67, 1009.

459. GROSSKROTZENBURG, Main-Kinzig-Kreis, aus Kiesgrube. Nadel mit Halsschwellung. Ebd. 334 Nr. 777 Taf. 56, 777.

460. LAMPERTHEIM, Kr. Bergstraße, Feuchtbodenfund. Guntersblumnadel. Ebd. 375 Nr. 926 Taf. 62, 926.

461. HAHN, Kr. Darmstadt-Dieburg, Feuchtbodenfund. Spinnwirtelkopfnadel. Ebd. 364 Nr. 896 Taf. 61, 896.

462. HAHN, Kr. Darmstadt-Dieburg, Feuchtbodenfund. Wollmesheimnadel. Ebd. 433 Nr. 1071 Taf. 70, 1071.

463. OFFENBACH-BÜRGEL, aus Sandgrube. Urberachnadel. Ebd. 338 Nr. 786 Taf. 56, 786.

464. OFFENBACH-BÜRGEL, aus Sandgrube. Spinnwirtelkopfnadel. Ebd. 362 Nr. 879 Taf. 60, 879.

465. OFFENBACH-BÜRGEL, aus Sandgrube. Spinnwirtelkopfnadel. Ebd. 361 Nr. 880 Taf. 60, 880.

466. STEINFURTH, Wetteraukreis, aus Ziegeleigrube. Urberachnadel. Ebd. 340 Nr. 793 Taf. 56, 793.

467. URBERACH, Kr. Dieburg, Einzelfund. Urberachnadel. Ebd. 340 Nr. 792 Taf. 56, 792.

468. FRAMERSHEIM, Kr. Alzey-Worms, Einzelfund. Urberachnadel. Ebd. 342 Nr. 810 Taf. 57, 810.

469. WIESBADEN-SCHIERSTEIN, Einzelfund. Urberachnadel. Ebd. 342 Nr. 816 Taf. 57, 816.

470. KLOPPENHEIM, Wetteraukreis, Einzelfund. Kloppenheimnadel. Ebd. 345 Nr. 857 Taf. 59, 857.

471. WORMS-HERRNSHEIM, Einzelfund. Büchelbergnadel. Ebd. 356 Nr. 863 Taf. 59, 863.

472. TREBUR, Kr. Groß-Gerau, Einzelfund. Spinnwirtelkopfnadel. Ebd. 365 Nr. 899 Taf. 61, 899.

473. WOLFSHEIM, Kr. Alzey-Worms, Einzelfund. Spinnwirtelkopfnadel. Ebd. 366 Nr. 901 Taf. 61, 901.

474. NAUHEIM, Kr. Groß-Gerau, Einzelfund. Spinnwirtelkopfnadel. Ebd. 368 Nr. 904 Taf. 61, 904.

475. HOHENSÜLZEN, Kr. Alzey-Worms, Einzelfund. Guntersblumnadel. Ebd. 376 Nr. 932 Taf. 63, 932.

476. GROSS-BIEBERAU, Kr. Darmstadt-Dieburg, Einzelfund. Mohnkopfnadel. Ebd. 382 Nr. 939 Taf. 63, 939.

477. FRANKFURT, Einzelfund. Mohnkopfnadel. Ebd. 382 Nr. 949 Taf. 64, 949.

478. HANAU-KESSELSTADT, Einzelfund in röm. Kastell. Nadel mit verdicktem Schaft. Ebd. 399 Nr. 968 Taf. 65, 968.

479. MAINZ-GONSENHEIM, Einzelfund. Wollmesheimnadel. Ebd. 422 Nr. 999 Taf. 67, 999.

480. FRANKFURT-ESCHERSHEIM, Einzelfund. Wollmesheimnadel. Ebd. 425 Nr. 1011 Taf. 67, 1011.

481. MAINZ, Einzelfund. Wollmesheimnadel. Ebd. 430 Nr. 1051 Taf. 69, 1051.

482. MAINZ, Einzelfund. Nadel mit profiliertem Kopf. Ebd. 475 Nr. 1191 Taf. 75, 1191.

483. FRANKFURT-HEDDERNHEIM, Einzelfund. Mit unverziertem Kopf. Ebd. 477 Nr. 1192 Taf. 76, 1192.

484. MEICHES, Vogelsbergkreis, Einzelfund. "Bombenkopfnadel". Ebd. 506 Nr. 1297 Taf. 80, 1297.

485. PFUNGSTADT, Kr. Darmstadt-Dieburg, Einzelfund in Ziegeleigrube. Mit doppelkonischem Kopf. Ebd. 471 Nr. 1180 Taf. 75, 1180.

486. WALLERTHEIM, Kr. Alzey-Worms, Einzelfund. Eikopfnadel. Ebd. 481 Nr. 1221 Taf. 77, 1221.

487. WORMS, Einzelfund. Verzierte Eikopfnadel. Ebd. 491 Nr. 1275 Taf. 79, 1275.

488. ESSELBORN, Kr. Alzey-Worms. Einzelfund. Rollennadel. Ebd. 541 Nr. 1382 Taf. 883, 1382.

489. MAINZ, Fundumstände unbekannt. Rollennadel. Ebd. 541 Nr. 1388 Taf. 83, 1388.

490. MAINZ, Fundumstände unbekannt. Ehemals mit eingehängtem Ring. Rollennadel. Ebd. 541 Nr. 1392. Taf. 83, 1392.

491. LEEHEIM, Kr. Groß-Gerau, Fundumstände unbekannt. Nadel mit Halsschwellung. Ebd. 334f. Nr. 778 Taf. 56, 778.

492. SCHAAFHEIM, Kr. Darmstadt-Dieburg, Fundumstände unbekannt. Urberachnadel. Ebd. 340 Nr. 794 Taf. 56, 794.

493. WALLERSTÄDTEN, Kr. Groß-Gerau, Fundumstände unbekannt. Urberachnadel. Ebd. 340 Nr. 801 Taf. 57, 801.

494. FRANKFURT-STADTWALD, Fundumstände unbekannt. Urberachnadel. Ebd. 342 Nr. 813 Taf. 57. 813.

495. MÖRFELDEN, Kr. Groß-Gerau, Fundumstände unbekannt. Urberachnadel. Ebd. 344 Nr. 836 Taf. 58, 836.

496. MAINZ-KASTEL, Stadtkr. Wiesbaden, Fundumstände unbekannt. Guntersblumnadel. Ebd. 373 Nr. 921 Taf. 62, 921.

497. GABSHEIM, Kr. Alzey-Worms, Fundumstände unbekannt. Guntersblumnadel. Ebd. 375 Nr. 928 Taf. 62, 928.

498. BUDENHEIM, Kr. Mainz-Bingen, Fundumstände unbekannt. Guntersblumnadel. Ebd. 375 Nr. 930 Taf. 63, 930.

499. OPPENHEIM, Kr. Mainz-Bingen, Fundumstände unbekannt. Großköpfige Vasenkopfnadel. Ebd. 386 Nr. 952 Taf. 64, 952.

500. ANGERSBACH, Vogelsbergkreis, Fundumstände unbekannt. Nadel mit geripptem Schaft. Ebd. 399 Nr. 974 Taf. 66, 974.

501. BÜDINGEN, Wetteraukreis, Fundumstände unbekannt, vermutlich aus der Region. Dorndorfnadel. Ebd. 412 Nr. 982 Taf. 66, 982.

502. STADECKEN, Kr. Mainz-Bingen, Fundumstände unbekannt. Binninger Nadel. Ebd. 418 Nr. 994 Taf. 66, 994.

503. ELTVILLE (?), Rheingau-Taunus-Kreis. Fundumstände unbekannt. Wollmesheimnadel. Ebd. 424 Nr. 1008 Taf. 67, 1008.

504. FLONHEIM, Kr. Alzey-Worms, Fundumstände unbekannt. Wollmesheimnadel. Ebd. 426 Nr. 1019 Taf. 68, 1019.

505. GAU-ODERNHEIM, Kr. Alzey-Worms. Fundumstände unbekannt. Wollmesheimnadel. Ebd. 428 Nr. 1036 Taf. 69, 1036.

506. NACKENHEIM, Kr. Mainz-Bingen, Fundumstände unbekannt. Wollmesheimnadel. Ebd. 430 Nr. 1045 Taf. 69, 1045.

507. STADECKEN, Kr. Mainz-Bingen, Fundumstände unbekannt. Wollmesheimnadel. Ebd. 433 Nr. 1072 Taf. 70, 1072.

508. SCHWABSBURG, Kr. Mainz-Bingen, Fundumstände unbekannt. Wollmesheimnadel. Ebd. 433 Nr. 1075 Taf. 71, 1075.

509. DIENHEIM, Kr. Mainz-Bingen. Fundumstände unbekannt. Wollmesheimnadel. Ebd. 435 Nr. 1091. Taf. 71, 1091.

510. LEIHGESTERN, Kr. Gießen, Fundumstände unbekannt. Wollmesheimnadel. Ebd. 436 Nr. 1094 Taf. 71, 1094.

511. LUDWIGSHÖHE oder DIENHEIM, Kr. Mainz-Bingen. Fundumstände unbekannt. Nadel mit Halsrippen. Ebd. 451 Nr. 1098 Taf. 72, 1098.

512. SCHWABSBURG, Kr. Mainz-Bingen, Fundumstände unbekannt. Schwabsburgnadel. Ebd. 452 Nr. 1099 Taf. 72, 1099.

513. BÜTTELBORN, Kr. Groß-Gerau, Fundumstände unbekannt. Eddersheimnadel. Ebd. 457 Nr. 1125 Taf. 73, 1125.

514. BÜDINGEN, Wetteraukreis, Fundumstände unbekannt. Eddersheimnadel. Ebd. 457 Nr. 1126 Taf. 73, 1126.

515. GABSHEIM, Kr. Alzey-Worms, Fundumstände unbekannt. Plattenkopfnadel. Ebd. 461 Nr. 1130 Taf. 74, 1130.

516. WÖLLSTEIN, Kr. Alzey-Worms. Fundumstände unbekannt. Plattenkopfnadel. Ebd. 461 Nr. 1131 Taf. 74, 1131.

517. ESCHOLLBRÜCKEN, Kr. Darmstadt-Dieburg. Fundumstände unbekannt. Nadel mit doppelkonischem Kopf. Ebd. 471 Nr. 1181 Taf. 75, 1181.

518. MAINZ-ZAHLBACH, Fundumstände unbekannt. Nadel mit unverziertem Kopf. Ebd. 477 Nr. 1195 Taf. 76, 1195.

519. FRANKFURT-STADTWALD, Fundumstände unbekannt. Nadel mit profiliertem Kugelkopf. Ebd. 478 Nr. 1201 Taf. 76, 1201.

520. NIEDER-SAULHEIM, Kr. Alzey-Worms, Fundumstände unbekannt. Nadel mit profiliertem Kugelkopf. Ebd. 478 Nr. 1204 Taf. 76, 1204.

521. HEIDESHEIM, Kr. Mainz-Bingen, Fundumstände unbekannt. Nadel mit profiliertem Kugelkopf. Ebd. 478 Nr. 1205 Taf. 76, 1205.

522. ELSHEIM, Kr. Mainz-Bingen, Fundumstände unbekannt. Eikopfnadel. Ebd. 481 Nr. 1223 Taf. 77, 1223.

523. MOISCHT, Kr. Marburg-Biedenkopf, Fundumstände unbekannt. Kugelkopfnadel. Ebd. 482 Nr. 1237 Taf. 77, 1237.

524. DALSHEIM, Kr. Alzey-Worms, Fundumstände unbekannt. Kugelkopfnadel. Ebd. 483 Nr. 1251 Taf. 77, 1251.

525. WIESBADEN, Fundumstände unbekannt. Kugelkopfnadel. Ebd. 484 Nr. 1256 Taf. 77, 1256.

526. MAINZ-Bretzenheim, Fundumstände unbekannt. Kegelstumpfnadel. Ebd. 484 Nr. 1259 Taf. 78, 1259.

527. WÖLFERSHEIM, Wetteraukreis, Fundumstände unbekannt. Kegelstumpfnadel. Ebd. 484 Nr. 1260 Taf. 78, 1260.

528. WIESBADEN-SCHIERSTEIN, Fundumstände unbekannt. Kugelkopfnadel. Ebd. 484 Nr. 1263 Taf. 78, 1263.

529. MONSHEIM, Kr. Alzey-Worms, Fundumstände unbekannt. Verzierte Eikopfnadel. Ebd. 491 Nr. 1276 Taf. 79, 1276.

530. NIERSTEIN, Kr. Mainz-Bingen, Fundumstände unbekannt. Verzierte Eikopfnadel. Ebd. 491 Nr. 1277 Taf. 79, 1277.

531. SCHIMSHEIM, Kr. Alzey-Worms, Fundumstände unbekannt. Verzierte Eikopfnadel. Ebd. 491 Nr. 1279 Taf. 79, 1279.

532. WIESBADEN, Fundumstände unbekannt. Vasenkopfnadel. Ebd. 514 Nr. 1303 Taf. 80, 1303.

533. BÜDINGEN, Wetteraukreis, Fundumstände unbekannt. Vasenkopfnadel. Ebd. 514 Nr. 1304 Taf. 80, 1304.

534. WIESBADEN, Fundumstände unbekannt. Kugelkopfnadel mit pseudotordiertem Hals. Ebd. 523 Nr. 1330. Taf. 81, 1330.

535. ROMMERSHEIM, Kr. Alzey-Worms, Fundumstände unbekannt. Rollennadel. Ebd. 545 Nr. 1412 Taf. 84, 1412.

536. MAINZ, Fundumstände unbekannt. Rollennadel. Ebd. 545 Nr. 1413 Taf. 84, 1413.

537. "RHEINHESSEN". Eikopfnadel. Ebd. 492 Nr. 1281 Taf. 79, 1281.

538. Bei WORMS, "trouvée au Frankengrab près Worms". Mus. Genève (B1660). Beck, Beiträge 138 Taf. 41, 3.

539. MÜHLHEIM-DIETESHEIM, Kr. Offenbach, Grab 1F. "Bei einem frühgeschichtlichen Körpergrab lagen rechts oberhalb des Kopfes die Nadel, sowie Bernstein und Glasperlen." Urberachnadel. Kubach, Nadeln 346f. Nr. 855 Taf. 59, 855.

540. "RHEINHESSEN". Aus dem Rhein (?). Urberachnadel. Ebd. 340 Nr. 799 Taf. 57, 799.

541. "RHEINHESSEN". Wollmesheimnadel. Ebd. 430 Nr. 1050 Taf. 69, 1050.

542. "Großherzogtum HESSEN". Guntersblumnadel. Ebd. 375 Nr. 927 Taf. 62, 927.

543. Großherzogtum HESSEN. Nadel mit Halsrippen. Ebd. 451 Nr. 1097 Taf. 72, 1097.

544. OBERHESSEN. Nagelkopfnadel. Ebd. 521 Nr. 1324 Taf. 81, 1324.

545. "HESSEN". Kugelkopfnadel. Ebd. 481 Nr. 1215 Taf. 76, 1215.

546. "Großherzogtum HESSEN". Eikopfnadel. Ebd. 494 Nr. 1294 Taf. 79, 1294.

547.-548. WIESBADEN-BIEBRICH, Siedlungsreste. Eddersheimnadel. Ebd. 456 Nr. 1117 Taf. 73, 1117. Nadel mit Kugelkopf. Ebd. 478 Nr. 1198 Taf. 76, 1198.

549. WIESBADEN-SCHIERSTEIN, Siedlungsgrube. Eddersheimnadel. Ebd. 457 Nr. 1124 Taf. 73, 1124.

550. OFFENBACH-BIEBER, Siedlungsschicht. Plattenkopfnadel. Ebd. 465f Nr. 1148A Taf. 74, 1148A.

551. WIESBADEN-BIEBRICH, mit FLT-Keramik aus Grube. Landaunadel. Ebd. 468 Nr. 1166 Taf. 75, 1166.

552. BUTZBACH, Siedlungsgrube. Landaunadel. Ebd. 466 Nr. 1168 Taf. 75, 1168.

553. MARDORF, Kr. Marburg-Biedenkopf. Siedlungsgrube. Landaunadel. Ebd. 468 Nr. 1169 Taf. 75, 1169.

554. BAD HOMBURG-GONZENHEIM, Siedlungsreste. Nadel mit doppelkonischem Kopf. Ebd. 471 Nr. 1173 Taf. 75, 1173.

555.-556. BAD NAUHEIM "JOHANNISBERG", Siedlungsreste. Kugelkopfnadel. Ebd. 484 Nr. 1267 Taf. 78, 1267. Rollennadel. Ebd. 545 Taf. 84, 1409.

557. DAUTENHEIM, Kr. Alzey-Worms Siedlungsfund (?). Verzierte Kugelkopfnadel. Ebd. 494 Nr. 1294 Taf. 79, 1294.

558. BAD HOMBURG, Ringwallanlage Bleibeskopf. Hochtaunuskreis. Vasenkopfnadel. Ebd. 5151 Nr. 1313 Taf. 81, 1313.

559. GLAUBERG, Wetteraukreis. Rollennadel. Ebd. 542 Nr. 1406 Taf. 84, 1406.

560. NORDENSTADT, Main-Taunus-Kreis, Siedlungsgrube. Rollennadel. Ebd. 545 Nr. 1414 Taf. 84, 1414.

561. SPRENDLINGEN, Kr. Mainz-Bingen, Siedlungsgrube? Nadel mit linsenförmigem Kopf. Mainzer Zeitschr. 79/80, 1984/85, 257 Abb. 9, 1.

562.-569. BAD KREUZNACH, Martinsberg, Rechteckhaus. Drei Rollennadeln, zwei Plattenkopfnadeln, eine Wollmesheimnadel, zwei Nadelschaftfrg. Dehn, Katalog Kreuznach 63f.

570. MAINZ, Münsterstraße. Zusammen mit Siedlungsresten. Nadel mit doppelkonischem Kopf. Mainzer Zeitschr. 77/78, 1982/83, 195.

es fehlen: Heddesheim, Mannheim-Friedrichsfeld, Schriesheim

LISTE 11A: EIKOPFNADELN MIT KONZENTRISCHER HALBKREISZIER

Wiesloch

BR DEUTSCHLAND

- BAD BUCHAU, aus der "Wasserburg". W. Kimmig, RGA 4 (1982) 52 Abb 17h.

- BUBENHEIM, Brandgrab. Mitt. Hist. Ver. Pfalz 65, 1967 Abb. 57.

- EDINGEN, Kr. Mannheim, aus Flachbrandgräbern. Kimmig, Urnenfelderkultur Taf. 10 G

- EHRENBÜRG Ldkr. Forchheim, Einzelfund vom Hochplateau. Fundber. Oberfranken 2, 1979-80, 45 Abb. 13, 7.

- ERPFINGER Höhle. A. Rieth, Die Urgeschichte der Schwäbischen Alb (1938) 77 Abb. 29.

- GROSS-WINTERNHEIM, Kr. Mainz-Bingen, Grabfund. Kubach, Nadeln 491 Nr. 1274 Taf. 79, 1274.

- GROSSER KNETZBERG, Lkr. Haßberge, Depot. Frankenland N. F. 34, 1982, 371 Abb. 46 .

- GÜNZBURG, Brandgrab, 2 Nadeln. A. Stroh, Katalog Günzburg (1952) 14, Taf. 11, 3. 3a.

- HEIDESHEIM, Kr. Frankenthal, Grabfund. Kilian-Dirlmeier, Gürtel Taf. 61 E5.

- HEIMBUCH, Kr. Harburg, Einzelfund. F. Laux, Die Nadeln in Niedersachsen. PBF XIII, 4. 92 Nr. 492 Taf. 34, 492.

- ILVESHEIM (vgl. Liste 11 Nr. 274).

- KELHEIM, Grab 35. Müller-Karpe, Kelheim Taf. 7, 16.

- KORNWESTHEIM, Kr. Ludwigsburg, Urnengrab. Dehn, Urnenfelderkultur 90 Taf. 13, 2.

- MAINZ, aus dem Rhein. Kubach, Nadeln 491 Nr. 1273 Taf. 79, 1273.

- MANNHEIM WALLSTADT (vgl. Liste 11 Nr. 280).

- MONSHEIM, Kr. Alzey-Worms, Fundumstände unbekannt. Kubach, Nadeln 491 Nr. 1276 Taf. 79, 1276.

- NIERSTEIN, Kr. Mainz-Bingen Fundumstände unbekannt. Kubach, Nadeln 491 Nr. 1277 Taf. 79, 1277.

- NÖRDLINGEN, Depot. Müller Karpe, Bayer. Vorgeschbl. 23, 1958, 21 Abb. 10, 1. S. Ludwig-Lukanow, Hügelgräberbronzezeit und Urnenfelderkultur 44 Taf. 18 C2. 7.

- REGENSBURG, aus der Donau. A. Stroh, Germania 33, 1955, 408, Abb. 1, 10.

- ROSENINSEL im Starnberger See, Siedlungsfunde. Müller-Karpe Chronologie 303 Taf. 193, 2.4.

- SCHWANBERG, Gem. Rödelsee, Ldkr. Kitzingen, Depot. G. Diemer, Das arch. Jahr in Bayern 1984, 64ff. Abb. 34, 1.

- WORMS-TAFELACKER, Einzelfund. Kubach, Nadeln 491 Nr. 1275 Taf. 79, 1275.

- WORMS-Westendschule, Grab. Ebd. 491 Nr. 1278 Taf. 79, 1278.

ÖSTERREICH

- BRENNDORF, pol. Bez. Völkermarkt, Kärnten, Einzelfund. J. Říhovský, Die Nadeln in Mähren und Im Ostalpengebiet PBF XIII, 5 (1979) 185 Nr. 1468 Taf. 56, 1468.

- REIPERSDORF, Kärnten, Depot. Müller-Karpe, Chronologie Taf. 170 E.

SCHWEIZ

- AUVERNIER, Kt. Neuchâtel, Seerandstation. Rychner Auvernier Taf. 72, 4-21; 73, 1-11; J. Briard u. a., L'âge du Bronze au Musee de Bretagne (o. J.) 147 Nr. 509 Taf. 46, 509.

- CHABREY "Avenches" Kt. Vaud, Seeufersiedlung. Jahrb. Schweiz. Ges. Urgesch. 52, 1964, 98 Abb. 5.

- ESTAVAYER, Siedlung. Thrane, Europaeiske forbindelser 26 Abb. 6f.

- ORMONTS-DESSOUS, Kt. Vaud, Einzelfund. O.-J. Bocksberger, Age du Bronze en Valais et dans le Chablais Vaudois (1964) 90 Abb. 31, 12.

- ZUG-SUMPF, Seerandstation. Ruoff, Kontinuität, Abb. 21, 3.

- ZÜRICH-ALPENQUAI, Seerandstation. Ruoff, Kontinuität, Abb. 21, 1. 6.

FRANKREICH

- CHAMPIGNY-SUR-AUBE, Dép. Aube, Körpergrab. W. Kimmig, Revue Arch. Est et Centre Est 3, 1952, 152 Abb. 28, 1.

- LINGOLSHEIM, Dép. Haut-Rhin, Brandgrab. R. Forrer, Cahiers Arch et Hist Alsace 7, 1938, 115 Taf. 23, 728.

- SCEY-EN-VARAIS, Dép. Doubs, Höhlenfund. P. Petrequin, Revue Arch. Est. et Centre Est. 18, 1967, 121 Abb. 3, 4.

- LAC DU BOURGET, Dép. Savoie, aus einer Seerandstation. Mus. Berlin Va 86. L. 10, 2cm, Kopfdm. 1, 3cm, Gew. 11g.

BELGIEN

- Zwischen WICHELEN und Schellebelle, aus der Schelde (wohl zusammen mit zwei Nadeln mit unverziertem bikonischem Kopf). M. Desittere, M. Weissenborn, Catalogogus voorwerpen uit de metaaltiden Gent (1977) 49 Nr. 91; 80 Abb. 50.

TSCHECHOSLOWAKEI

- KLENTNICE, okr. Břeclav, Brandgräber. J. Říhovský, Die Nadeln in Mähren und dem Ostalpengebiet PBF XIII, 5 (1979) 184 Nr. 1443 Taf. 55, 1443; 185 Nr. 1463 Taf. 56, 1463.

UNGARN

- VELEM SZENTVID, Kom. Vas. Höhensiedlung, Spindelkopfnadel mit Wellenbandzier. J. Říhovský Die Nadeln in Westungarn I (1983), 41 Nr. 412 Taf. 17, 412.

JUGOSLAWIEN

- HAJDINA, Slowenien, aus Urnengräbern 2 Exemplare. Müller-Karpe, Chronologie 272 Taf. 116, 1-2.

- MARIBOR, Slowenien, aus Gräberfeld. Müller-Karpe, Chronologie 273 Taf. 118, 12-13.

- POBREŽJE bei Maribor, Slowenien, aus Gräbern. Arh. Vestnik 5, 1954, 274 Taf. 8, 37-38.

- RUŠE, Slowenien, Grab 169. Müller-Karpe Chronologie 271 Taf. 114 C2.

- VELICA GORICA, Kroatien, Grab 7/1908. Vinski-Gasparini, Urnenfelderkultur Taf. 102, 8. Grab 1/1910, Ebd. Taf. 102, 16. Grab 1/1911, Ebd. Taf. 103, 6.

POLEN

-"JÄGERNDORF, Kr. Brieg", (zusammen mit Dreiwulstschwert ?). H. Seger, Schlesische Vorzeit 6, 1896, 55 m. Abb.

LISTE 12: FIBELN

1. HELDENBERGEN, Wetteraukreis. Steinkistengrab. Zweiteilige Drahtbügelfibel. Betzler, Fibeln 33 Nr. 60 Taf. 3,60.

2. DIETZENBACH, Kr. Offenbach. Brandgrab 10. Zweiteilige Drahtbügelfibel. Ebd. 33 Nr. 64 Taf. 5,64.

3. DIETZENBACH, Kr. Offenbach. Brandgrab 36. Zweiteilige Drahtbügelfibel. Ebd. 39 Nr. 77 Taf. 5,77.

4. HANAU, Main-Kinzig-Kreis. Beethovenplatz, Brandgrab 1. Zweiteilige Drahtbügelfibel. Ebd. 38 Nr. 72 Taf. 5,72.

5. STEINHEIM, Kr.Offenbach, Grab 36. Zweiteilige Drahtbügelfibel. Ebd. 39 Nr. 73 Taf. 5,73.

6. GOLDBACH, Kr. Aschaffenburg. Brandgrab 15. Zweiteilige Drahtbügelfibel. Ebd. 39 Nr. 75 Taf. 5,75.

7. ROSSDORF, Kr. Darmstadt-Dieburg. Brandgrab. Zweiteilige Drahtbügelfibel. Ebd. 39 Nr. 76 Taf. 5,76.

8. WISSELSHEIM, Wetteraukreis. Brandgrab. Zweiteilige Drahtbügelfibel ? Ebd. 39 Nr. 79 Taf. 5,79.

9. GROSS-GERAU. Grabfund. Zweiteilige Drahtbügelfibel? Ebd. 39 Nr. 80 Taf. 5,80.

10. ASCHAFFENBURG-Strietwald, Grab 1. Zweiteilige Drahtbügelfibel. Ebd. 154 Nr. 81A Taf. 5,81A.

11. WEINHEIM, Kr. Alzey-Worms. Brandgrab. Zweiteilige Blattbügelfibel. Ebd. 51 Nr. 110 Taf. 7,110.

12. WEINHEIM-Nächstenbach. Hortfund. Plattenfibel. Ebd. 61 Nr. 129 Taf. 12, 129.

13. WEINHEIM-Nächstenbach. Hortfund. Plattenfibel. Ebd. 61 Nr. 131 Taf. 12, 131.

14. GAMBACH, Wetteraukreis. Hortfund. Frg. Plattenfibel, Gew. 154g. Ebd. 64 Nr. 133 Taf. 13, 133.

15. HAIMBACH, Kr. Fulda. Hortfund? Plattenfibel. Ebd. 63 Nr. 132 Taf. 13, 132.

16. HAIMBACH, Kr. Fulda. Hortfund? Plattenfibel. Ebd. 60 Nr. 127 Taf. 11, 127.

17. HAIMBACH, Kr. Fulda. Hortfund? Plattenfibel. Ebd. 60 Nr. 128 Taf. 11, 128.

18. MAINZ, aus dem Rhein, Hortfund. Einteilige Blattbügelfibel, Gew. 5g. Ebd. 44 Nr. 95 Taf. 6,95.

19. FRANKFURT, aus dem Main. Zweiteilige Drahtbügelfibel. Ebd. 32 Nr. 56 Taf. 4, 56.

20. ESCHOLLBRÜCKEN, aus dem Moor. Zweiteilige Drahtbügelfibel. Ebd. 32 Nr. 55 Taf. 4,55.

21. MANNHEIM-Straßenheim. Fundumstände unbekannt. Zweiteilige Drahtbügelfibel. Betzler, Fibeln 32 Nr. 54 Taf. 4,54.

22. WIESBADEN-Biebrich, Siedlung. Zweiteilige Drahtbügelfibel. Betzler, Fibeln 39 Nr. 78 Taf. 5,78.

23-26. BAD KREUZNACH, Martinsberg. 3 einteilige Blattbügelfibeln. Ebd. 42 Nr. 87 Taf. 6,87; Nr. 88 Taf. 6,88; 43 Nr. 89 Taf. 6,89. Zweiteilige Blattbügelfibel. Ebd. 50 Nr. 107 Taf. 7,107.

27. "UMGEBUNG BAD KREUZNACH". Zweiteilige Blattbügelfibel. Ebd. 50 Nr. 106 Taf. 7, 106.

28. "UMGEBUNG OPPENHEIM", Kr. Mainz-Bingen. Italische Fibel. Ebd. 152 Nr. 1107 Taf. 73, 1007.

LISTE 13: ARM- UND BEINSCHMUCK

1. NIEDER-MOCKSTADT, Wetteraukreis, Hügel 45, Körpergrab. Armberge Typ Mühlheim Dietesheim. Richter, Arm- und Beinschmuck 55 Nr. 307 Taf. 15, 307.

2. SÖDEL, Wetteraukreis, Zerstörtes Grab. Fragmente einer Bein- oder Armberege. Ebd. 58 Nr. 327 Taf. 18, 327.

3. SÖDEL, Wetteraukreis, Brandgräber. Armring Typ Hanau. Ebd. 138 Nr. 835 Taf. 45, 835.

4.-5. SÖDEL, Wetteraukreis, aus Brandgräbern. Zwei unverzierte Armringe mit D-förmigem Querschnitt. Ebd. 81 Nr. 468.469 Taf. 29, 468.469.

6. SÖDEL, Wetteraukreis, Brandgräber. Armring Typ Hanau. Ebd. 139 Nr. 847 Taf. 46, 847.

7. SÖDEL, Wetteraukreis, aus Brandgräbern. Drahtring. Ebd. 87 Nr. 526 Taf. 31, 526.

8.-9. SÖDEL, Wetteraukreis, Grab. Drahtring. Ebd. 87 Nr. 527 Taf. 31, 527. Drillingsringfrg. Ebd. 135 Nr. 814 Taf. 44, 814.

10. SÖDEL, Wetteraukreis, wohl Brandgrab. Fragment eines unverzierten Armrings mit rundem Querschnitt. Ebd.85 Nr. 508 Taf. 31, 508.

11. SÖDEL, Wetteraukreis, aus Brandgräbern. Schrägstrichverzierter Armring. Ebd. 114 Nr. 665 Taf. 38, 665.

12. BUTZBACH, Wetteraukreis, Körperflachgrab. Schrägstrichverzierter Armring. Ebd. 112 Nr. 650 Taf. 37, 650.

13. BAD NAUHEIM, Wetteraukreis, Brandbestattung in Steinkiste. Fragmente einer Arm- oder Beinberge mit endständigen Spiralen. Ebd. 58 Nr. 328 Taf. 18, 328.

14. ECHZELL, Wetteraukreis, Hügel 6. Unverzierter Armring. J. Klug, W. Struck, Fundber. Hessen 14, 1974, 106 Abb. 19 C2.

15. OBER-MÖRLEN, Wetteraukreis, ein oder mehrere Flachbrandgräber. Armring mit Querstrichgruppenzier. Ebd. 126 Nr. 764 Taf. 42, 764.

16. BEIENHEIM, Wetteraukreis, Brandgrab. Drillingsramring Typ Framersheim. Ebd. 133 Nr. 803 Taf. 44, 803.

17.-18. SCHWALHEIM, Wetteraukreis, Urnenflachgrab. Zwei Drillingsrmringe des Typs Framersheim. Ebd. 133 Nr. 804. 805 Taf. 44, 804.805.

19. ROCKENBERG, Wetteraukreis, Brandgrab. Bruchstücke eines Armringes mit Querstrichgruppenzier. Ebd. 126 Nr. 768 Taf. 42, 768.

20. OBER-HÖRGERN, Wetteraukreis, Urnenflachgrab. Drillingsarmringfrg. Ebd. 134 Nr. 813 Taf. 44, 813.

21.-22. GAMBACH, Wetteraukreis, Körperflachgrab. Armring Typ Allendorf. Ebd. 103 Nr. 605 Taf. 35, 605. Geripptes Armband. Ebd. 71 Nr. 380 Taf. 25, 380.

23.-24. GAMBACH, Wetteraukreis, Brandgräber. Zwei gleiche Drillingsarmringe. Ebd. 134 Nr. 809.810 Taf. 44, 809.

25. GAMBACH, Wetteraukreis, aus Brandgräbern. Linienverzierter Armring. Ebd. 93 Nr. 568 Taf. 33, 568.

26. GAMBACH, Wetteraukreis, Glockenbrandgrab. Armring mit Winkeldekor. Ebd. 93 Nr. 566 Taf. 33, 566.

27. OSTHEIM, Wetteraukreis, aus Grab. Unverzierter Armring mit rhombischem Querschnitt. Ebd. 78. Nr. 417 Taf. 27, 417.

28. OSTHEIM, Wetteraukreis, aus Gräbern. Armring mit Querstrichgruppenzier. Ebd. 126 Nr. 767 Taf. 42, 767.

29. OSTHEIM, Wetterkreis, aus Brangräbern. Armring Typ Hanau. Ebd. 140 Nr. 855 Taf. 46, 855.

30.-31. OSTHEIM, Wetteraukreis, Grab A. Unverzierter Armring mit rundem Querschnitt. Ebd. 84 Nr. 501 Taf. 30, 501. Verbogener Armring mit Tannenzweigdekor. Ebd. 121 Nr. 728 Taf. 40, 728.

32. OSTHEIM, Wetteraukreis, aus Brandgräbern. Sparrenverzierter Armring. Ebd. 114 Nr. 673 Taf. 38, 673.

33. OSTHEIM, Wetteraukreis, aus Brandgräbern. Armring mit Querstrich und Zick-Zack-Zier. Ebd. 123 Nr. 740 Taf. 41, 740.

34. REICHELSHEIM, Wetteraukreis, aus Brandgräbern Linienverzierter Armring. Ebd. 93 Nr. 563 Taf. 33, 562.

35. REICHELSHEIM, Wetteraukreis, aus Brandgräbern. Schrägstrichverzierter Armring. Ebd. 113f. Nr. 664 Taf. 38, 664.

36. REICHELSHEIM, Wetteraukreis, aus Brandgräbern. Schrägstrichverzierter Armring. Ebd. 114 Nr. 666. Taf. 38, 666.

37. WISSELSHEIM, Wetteraukreis, Brandgrab 1. Drillings(?)ringfrg. Ebd. 135 Nr. 822 Taf. 44, 822.

38. WISSELSHEIM, Wetteraukreis, aus Brandgräbern. Punktverzierter Armring. Ebd. 87 Nr. 530 Taf. 31, 530.

39.-40. WISSELSHEIM, Wetteraukreis, aus Brandgräbern. Zwei fast gleiche unverzierte Beinringe. Ebd. 163 Nr. 1014-1015. Taf. 56, 1014-1015.

41. WISSELSHEIM, Wetteraukreis, aus Brandgräbern. Steggruppenring Typ Pfeddersheim. Ebd. 146 Nr. 875 Taf. 47, 875.

42. WISSELSHEIM, Wetteraukreis, Brandgräber. Drillingsringfrg. Ebd. 135 Nr. 815 Taf. 44, 815.

43. WISSELSHEIM, Wetteraukreis, Urnenflachgrab. Armring Typ Hanau. Ebd. 139 Nr. 848 Taf. 46, 848.

44. WISSELSHEIM, Wetteraukreis, aus Brandgräbern. Armring mit Tannenzweigdekor. Ebd. 123 Nr. 738 Taf. 41, 738.

45. WISSELSHEIM, Wetteraukreis, Brandgrab. Armring Typ Hanau. Ebd. 140 Nr. 860 Taf. 46, 860.

46. WISSELSHEIM, Wetteraukreis aus Brandgräbern. Schrägstrichverzierter Armring. Ebd. 113 Nr. 663 Taf. 36, 663.

47.-48. WISSELSHEIM, Kr. Friedberg, aus Brandgräbern. Zwei Armringe dem Typ Wallertheim nahestehend. Ebd. 115 Nr. 682-683 Taf. 38, 682-683.

49.-51. WÖLFERSHEIM, Wetteraukreis, Breslauerstr. Körpergrab. Zwei reichverzierte Bergen. Brst. eines Armbandes mit Stollenenden. Kubach, Stufe Wölfersheim 37 Taf 16,6; 15 B

52.-53. WÖLFERSHEIM, Wetteraukreis, Körpergrab 3. Zwei Drahtspiralen. Kubach, Stufe Wölfersheim 37 Nr. 61 Taf. 15 A.

54. WÖLFERSHEIM, Wetteraukreis. Körpergrab 2. Zwei Bruchstücke eines Armring des Typs Nieder-Flörsheim. Ebd.107 Nr. 630 Taf. 36, 630.

55.-56. WÖLFERSHEIM, Wetteraukreis, Grabfund? Zwei Ringe des Typus Eich. Ebd. 118 Nr. 696-697 Taf. 39, 696-697.

57. SCHRÖCK, Kr. Marburg-Biedenkopf, Urnenflachgrab 1. Unverzierter Armring mit rundem Querschnitt. Ebd. 85 Nr. 509 Taf. 31, 509.

58. SCHRÖCK, Kr. Marburg-Biedenkopf, Urnenflachgrab 6. Armring mit Querstrichgruppenzier. Ebd. 126 Nr. 770 Taf. 42, 770.

59. CAPPEL, Kr. Marburg-Biedenkopf, Urnengrab F. Armring Typ Hanau. Ebd. 139 Nr. 849 Taf. 46, 849.

60. WETZLAR, Urnenflachgrab 1. Armring Typ Hanau. Ebd. 139 Nr. 850 Taf. 46, 850.

61. SCHWALBACH, Lahn-Dill-Kreis, Brandgrab. Fragment eines Steggruppenrings Typ Schwalbach. Ebd. 147 Nr. 883 Taf. 48, 883.

62.-63. KLEINRECHTENBACH, Kr. Wetzlar. Brandbestattung in Steinkiste. Unverzierter Ring mit rundem Qureschnitt. Ebd. 84 Nr. 498 Taf. 30, 498. Ring Typ Hanau. Ebd. 140 Nr. 854 Taf. 46, 854.

64. WEYER, Lahn-Dill-Kreis, Flachbrandgrab 1. Linienverzierter Armring. Ebd. 93 Nr. 569 Taf. 33, 569.

65. HOCHELHEIM, Lahn-Dill-Kreis, Urnenflachgrab. Ring Typ Hanau. Ebd. 137 Nr. 831 Taf. 45, 831.

66. HOLZHEIM, Lahn-Dill-Kreis, vermutlich Urnenflachgrab. Ring Typ Hanau. Ebd. 137 Nr. 828 Taf. 45, 828.

67.-68. GIESSEN, Hügel 17. Brandgrab. Zwei mit Zick-Zack-Mustern verzierte Armringe. Ebd. 93 Nr. 558-559. Taf. 33, 558.

69. EBERSTADT, Lahn-Dill-Kreis, Urnenflachgrab 3. Drillingsarmring Typ Framersheim. Ebd. 133 Nr. 802 Taf. 44, 802.

70.-71. EBERSTADT, Lahn-Dill-Kreis, Urnenflachgrab 2. Zwei Armringe mit Tannenzweigdekor. Ebd. 121 Nr. 725-726 Taf. 40, 725-726.

72. EBERSTADT, Lahn-Dill-Kreis, Flachbrandgrab 1. Armring mit Tannenzweigdekor. Ebd. 121 Nr. 727 Taf. 40, 727.

73. OBERBIMBACH, Kr. Fulda. Finkenberg Grab F. Unverzierter Armring mit D- förmigem Querschnitt. Ebd. 82 Nr.476 Taf.29, 476.

74. UNTERBIMBACH, Kr. Fulda Hügel 6. Armring Typ Mainflingen. Ebd. 117 Nr. 686 Taf. 39, 686.

75. UNTERBIMBACH, Kr. Fulda, Hügel 1. Armring Typ Eich. Ebd. 118 Nr. 695 Taf. 39, 695.

76. KÜNZELL, Kr. Fulda, Lanneshof Grab 19. Fragmente eines unverzierten Blechringes. Ebd. 168 Nr. 1061 Taf. 61, 1061.

77. DELKENHEIM, Main-Taunus-Kreis. Brandgrab. Frg. eines strichverzierten Armrings. Herrmann, Urnenfelderkultur 72 Nr. 11 Taf. 83,6.

78. FLÖRSHEIM, Main-Taunus-Kreis. Grab? Berge mit gegenständigen Endspiralen. Ebd. 57 Nr. 321 Taf. 17, 321.

79. ESCHBORN, Main-Taunus-Kreis, Steinkistengrab 2. Armring Typ Hanau. Ebd. 138 Nr. 839 Taf. 45, 839.

80. KELSTERBACH, Kr. Groß-Gerau, zerstörtes Hügelgrab. Bruchstücke zweier Arm- oder Beinbergen. Ebd. 58 Nr. 322-323 Taf. 17, 322-323.

81. NAUHEIM, Kr. Groß-Gerau, Grab. Armring Typ Leibersberg. Ebd. 105 Nr. 617 Taf. 35, 617.

82.-83. RÜSSELSHEIM, Kr. Groß-Gerau, Brandgrab. Zwei unverzierte Armringe mit spitzovalem Querschnitt. Ebd. 79 Nr. 434.449 Taf. 28, 434.449.

84.-85. RÜSSELSHEIM, Kr. Groß-Gerau. Grab 3. Unverzierter Armring mit D- förmigem Querschnitt. Ebd. 82 Nr. 478 Taf. 29, 478. Armring Typ Hanau. Ebd. 138 Nr. 833 Taf. 45, 833.

86. BIEBESHEIM, Kr. Groß-Gerau, Grab. Zwei Ringe des Typus Haitz. Ebd.98f. Nr. 589-590 Taf. 34, 589-590.

87.-89. TREBUR, Kr. Groß-Gerau, Körpergräber. Drei Armringe des Typs Nieder-Flörsheim. Ebd. 107 Nr. 627-629 Taf. 36, 627-629.

90.-91. BÜRSTADT, Kr. Bergstraße, Grab 1 und 2. Zwei Armringe mit Tannenzweigdekor. Ebd. 122 Nr. 730-731 Taf. 41, 730.

92. GROSS-ROHRHEIM, Kreis Bergstraße, Urnenflachgrab 1. Zwei Bergen des Typs Wollmesheim. Ebd. 65 Nr. 348-349 Taf. 22, 348-349.

93. LAMPERTHEIM, Kr. Bergstraße, Brandgrab. Drillingsringfrg. Ebd. 135 Nr. 821 Taf. 44, 821.

94. DARMSTADT-Erzhausen, Gruppe Baierseich Hügel 17, Körpergrab 1. Armring Typ Mainflingen. Ebd. 117 Nr. 686 Taf. 39, 686.

95. DARMSTADT-Eberstadt, Urnenflachgrab 2. Drillingsringfrg. Ebd. 135 Nr. 825 Taf. 44, 825.

96. DARMSTADT, Hügel 2 Urnengrab. Armring Typ Hanau. Ebd. 842 Taf. 45, 842.

97. ESCHOLLBRÜCKEN, Kr. Darmstadt-Dieburg, Brandgrab 1. Unverzierter Armring mit D-förmigem Querschnitt. Ebd. 82 Nr. 470 Taf. 29, 470.

98. PFUNGSTADT, Kr. Darmstadt-Dieburg, Urnenflachgrab. Armring Typ Hanau. Ebd. 138 Nr. 832 Taf. 45, 832.

99. PFUNGSTADT, Kr. Darmstadt-Dieburg, Urnenflachgrab 1. Armring mit Leiterbandzier. Ebd. 101f. Nr. 602 Taf. 34, 602.

100. PFUNGSTADT, Kr. Darmstadt-Dieburg, Urnenflachgrab 2. Ring Typ Hanau. Ebd. 139 Nr. 853 Taf. 46, 853.

101.-102. MOSBACH, Kr. Darmstadt-Dieburg, Urnenflachgrab. Zwei unverzierte Armringe mit rhombischem Querschnitt. Ebd. 78 Nr. 419-420 Taf. 27, 419.

103. REINHEIM, Kr. Darmstadt-Dieburg, Grab. Unverzierter Armring mit D- förmigem Querschnitt. Ebd. 73 Nr. 489 Taf. 30, 489.

104. REINHEIM, Kr. Darmstadt-Dieburg, Grab. Drillingsarmring Typ Framersheim. Ebd. 133 Nr. 799 Taf. 44, 799.

105. SPACHBRÜCKEN, Kr. Darmstadt-Dieburg, aus Brandgräbern. Sparrenverzierter Armring. Ebd. 114 Nr. 669 Taf. 38, 669.

106. BABENHAUSEN, Kr. Darmstadt-Dieburg, Brandgrab. Tannenzweigverzierter Armring. Ebd. 121 Nr. 721 Taf. 40, 721.

107. HANAU, Main-Kinzig-Kreis,Töngesfeld Urnenflachgrab 13. Unverzierter Armring mit rhombischem Querschnitt. Ebd. 78 Nr. 418 Taf. 27, 418.

108. HANAU, Main-Kinzig-Kreis,Töngesfeld Urnenflachgrab 18. Schrägstrichverzierter Armring. Ebd. 113 Nr. 659 Taf. 38, 659.

109. HANAU, Main-Kinzig-Kreis, Lehrhoferheide, Urnenflachgrab 5. Armring Typ Hanau. Ebd. 139 Nr. 843 Taf. 46, 843.

110. HANAU, Main-Kinzig-Kreis, Lehrhofer Heide Flachbrandgrab 7. Armring Typ Hanau. Ebd. 137 Nr. 827 Taf. 45, 827.

111.-112. HANAU, Main-Kinzig-Kreis, Lehrhofer Heide. Urnenflachgrab 18. Zwei tannenzweigverzierte Armringe. Ebd. 121 Nr. 719-720 Taf. 40, 719.

113. HANAU, Main-Kinzig-Kreis, Blücherstr., Flachbrandgrab 3. Drillingsringfrg. Ebd. 135 Nr. 826 Taf. 44, 826.

114. HANAU, Main-Kinzig-Kreis, Buchköbelerstr. Urnenflachgrab 2. Schrägstrichverzierter Armring. Ebd. 113 Nr. 660 Taf. 38, 660.

115.-116. HANAU, Main-Kinzig-Kreis, Bebraer Bahnhofstr. Flachbrandgrab 1. Bruchstücke zweier Drillingsarmringe des Typs Framersheim. Ebd. 133 Nr. 800-801 Taf. 44, 800-801.

117. BRUCHKÖBEL, Main-Kinzig-Kreis, Brandbestattung in Steinkiste. Armring mit Querstrichgruppen. Ebd. 125 Nr. 763 Taf. 42, 763.

118.-119. GROSSAUHEIM, Main-Kinzig-Kreis, aus Grab oder Gräbern. Unverzierter Armring mit rhombischem Querschnitt. Ebd. 78 Nr. 416 Taf. 27, 416. Unverzierter Armring mit D-förmigem Querschnitt. Ebd. 82 Nr. 472 Taf. 29, 472.

120. LANGENDIEBACH, Main-Kinzig-Kreis, Gräber. Drillingsringfrg. Ebd. 135 Nr. 823 Taf. 44, 823.

121. LANGENDIEBACH, Main-Kinzig-Kreis, Urnenflachgrab 2. Armring mit eingerollten Enden. Ebd. 169 Nr. 1067 Taf. 61, 1067.

122.-124. LANGENDIEBACH, Main-Kinzig-Kreis, Brandgrab 3. Drei Armringe des Typus Hanau. Ebd. 139 Nr. 846 Taf. 46, 846; 140 Nr. 858-859 Taf. 46. 858-859.

125. DIETZENBACH, Kr. Offenbach, Urnenflachgrab 4. Drillingsringfrg. Ebd. 135 Nr. 824 Taf. 44, 824.

126. DIETZENBACH, Kr. Offenbach, Flachbrandgrab 10. Bruchstücke einer Beinberge mit endständigen Spiralen. Ebd. 58 Nr. 329 Taf. 18, 329.

127. DIETZENBACH, Kr. Offenbach, Flachbrandgrab 1. Unverzierter Armring mit rundem Querschnitt. Ebd. 84 Nr. 499. Taf. 30, 499.

128. DIETZENBACH, Kr. Offenbach, Flachbrandgrab 18. Drillingsringfrg. Ebd. 135 Nr. 819 Taf. 44, 819.

129. DIETZENBACH, Kr. Offenbach, Doliengrab 3. Ring mit strichverzierten Enden. Fundber. Hessen 15, 1975 480f. Abb. 25,1.

130. DIETZENBACH, Kr. Offenbach, Doliengrab 4. Unverzierter Armring. Ebd. Abb. 26,1.

131. STEINHEIM, Kr. Offenbach, Flachbrandgrab 18. Drillingsringfrg. Richter, Arm- und Beinschmuck 135 Nr. 820 Taf. 44, 820.

132. STEINHEIM, Kr. Offenbach, Urnenflachgrab 21. Fragmentierter Armring mit Querstrichgruppenzier. Ebd. 93 Nr. 565 Taf. 33, 565.

133. STEINHEIM, Kr. Offenbach, Grab 30. Armring mit spitzen Enden. Ebd. 169 Nr. 1064 Taf. 61, 1064.

134. STEINHEIM, Kr. Offenbach, Urnenflachgrab 36. Schmales dreirippiges Armband mit eingerollten Enden. Ebd. 74 Nr. 386 Taf. 25, 386.

135.-136. STEINHEIM, Kr. Offenbach, Grab 16. Drahtarmring. Ebd. 86 Nr. 520 Taf. 31, 520. Armring des Typs Flörsheim. Ebd. 108 Nr. 638 Taf. 36, 638.

137.-138. STEINHEIM, Kr. Offenbach, Urnenflachgrab 46. Zwei tannenzweigverzierte Armringe. Ebd. 121 Nr. 723-724 Taf. 40, 723-724.

139. STEINHEIM, Kr. Offenbach, Körper(?)grab 27. Armring mit Querstrichgruppenzier. Ebd. 124 Nr. 747 Taf. 41, 747.

140. STEINHEIM, Kr. Offenbach, Körpergrab in Düne. Unverzierter Armring mit D-förmigem Querschnitt. Ebd. 82 Nr. 479 Taf. 30, 479.

141-143. MAINFLINGEN, Kr. Offenbach., Grab. Leiterbandverzierter Armring. Ebd. 99 Nr. 592 Taf. 34, 592. Zwei Armringe des Typus Mainflingen. Ebd. 117 Nr. 684-685 Taf. 39, 684-685.

144.-145. MÜHLHEIM-DIETESHEIM, Kr. Offenbach, Grab 6. Zwei unverzierte Armringe. Kubach, Stufe Wölfersheim 36 Nr. 40 Taf. 21 B 1-5.

146.-147. FRANKFURT-NIED, aus Gräbern. Bruchstück einer Berge des Typ Wollmesheim. Richter, Arm- und Beinschmuck 66 Nr. 351 Taf. 23, 351. Armring mit Tannenzweigdekor. Ebd. 121f Nr. 729 Taf. 41, 729.

148. FRANKFURT-SINDLINGEN. Flachbrandgrab Unverzierter Armring mit D-förmigem Querschnitt. Ebd. 83 Nr. 490 Taf. 30, 490.

149. FRANKFURT-STADTWALD, Hügel 2 Grab 2. Strichverzierter Armring. Ebd. 113 Nr. 656 Taf. 37, 656.

150.-151. FRANKFURT-STADTWALD, aus Hügelgrab. Zwei strichverzierte Armringe. Ebd. 127 Nr. 771-772 Taf. 42, 771-772.

152. FRANKFURT-STADTWALD, Flachbrandgrab. Tordierter Armring. Ebd. 128 Nr. 779 Taf. 43, 779.

153. FRANKFURT-STADTWALD, Hügel 1, Grab 6, Brandgrab. Drillingsringfrg. Ebd. 135 Nr. 816 Taf. 44, 816.

154. FRANKFURT-STADTWALD, Eichlehen, Hügel 1, Grab 6. Verbogener unverzierter Armring. Kubach, Stufe Wölfersheim 34 Nr. 17 Taf. 19 C3.

155. FRANKFURT-STADTWALD, Hügel 1 Grab 5. Unverzierter Armring. Ebd. 34 Nr. 17 Taf. 19 D1.

156. GEISENHEIM, Rheingau Taunus Kreis, vermutlich Brandgrab. Steggruppenring Typ Dienheim. Richter, Arm- und Beinschmuck 145 Nr. 874 Taf. 47, 874.

157. WIESBADEN-SCHIERSTEIN, Urnenflachgrab. Armring Typ Hanau. Ebd. 139 Nr. 852 Taf. 46, 852.

158. MAINZ-KOSTHEIM, Stadtkreis Wiesbaden. Körperflachgrab 7 (Infans). Unverzierter Armring mit D-förmigem Querschnitt. Ebd. 82 Nr. 473 Taf. 29, 473.

159.-160. Umgebung MAINZ, Körperflachgrab. Zwei Armringe des Typs Nieder Flörsheim. Ebd. 108 Nr. 634-635 Taf. 36, 634-635.

161. MAINZ-BRETZENHEIM, Brandgrab. Frg. eines hohlen Ringes. Ebd. 170 Nr. 1069 Taf. 61, 1069.

162. NACKENHEIM, Kr. Mainz-Bingen, Brandgrab. Armring Typ Hanau. Ebd. 140 Nr. 857 Taf. 46, 857.

163. NACKENHEIM, Kr. Mainz-Bingen, Brandgrab. Armring Typ Hanau. Ebd. 140 Nr. 857 Taf. 46, 857.

164. DROMERSHEIM, Kr. Mainz-Bingen, aus Gräber. Homburgring. Ebd. 156 Nr. 900 Taf. 51, 900.

165.-166. Bei OBER-OLM, Kr. Mainz-Bingen, angeblich Körpergrab. Zwei Armringe mit Querstrichgruppen. Ebd, 125 Nr. 759-760 Taf. 42, 759-760.

167. NIERSTEIN, Kr. Mainz-Bingen, Brandgräber. Armring Typ Hanau. Ebd. 137 Nr. 829 Taf. 45, 829.

168. NIERSTEIN, Kr. Mainz-Bingen, Flachbrandgräber. Fragmente eines Drillingsringes Typ. Framersheim. Ebd. 133 Nr. 806 Taf. 44, 806.

169. NIERSTEIN, Kr. Mainz-Bingen, Grabfund? Bruchstück einer Arm- oder Beinberge. Ebd. 58 Nr. 326 Taf. 18, 326.

170. NIERSTEIN, Kr. Mainz-Bingen, Brandgräber. Steggruppenring Typ Dienheim. Ebd. 144 Nr. 868 Taf. 47, 868.

171.-172. GUNTERSBLUM, Kr. Mainz-Bingen, Grab. Linienverzierter Armring. Ebd. 94 Nr.571 Taf. 33, 571. Leiterbandverzierter Armring. Ebd. 99 Nr. 591f. 34, 591.

173. NIERSTEIN, Kr. Mainz-Bingen. Grabfund(?) Linienverzierter Armring. Ebd. 94 Nr. 572 Taf. 33, 572.

174. NIERSTEIN, Kr. Mainz-Bingen, vielleicht Grab. Unverzierter Armring mit rundem Querschnitt. Ebd. 84 Nr. 500 Taf. 30, 500.

175. NIERSTEIN, Kr. Mainz-Bingen, Flachbrandgrab. Tordierter Armring. Ebd. 128 Nr. 780 Taf. 43, 780.

176. ASPISHEIM, Kr. Mainz-Bingen, Urnengrab. Armring Typ Hanau. Ebd. 138 Nr. 840 Taf. 45, 840.

177.-182. DIENHEIM, Kr. Mainz-Bingen. Grab. Vier Bergen des Typs Wollmesheim, jeweils zwei zu einem Paar gehörend. Ebd. 65 Nr. 344-347. Taf. 21, 344.346. Zwei Steggruppenringe Typ Dienheim. Ebd. 144 Nr. 869-870 Taf. 47, 869.

183. GROSS-WINTERNHEIM, Kr. Mainz-Bingen, Grabfund. Unverzierter Armring mit rundem Querschnitt. Ebd. 85 Nr. 511 Taf. 31, 511.

184. HEIDESHEIM, Kr. Mainz-Bingen, Grabfund. Armring Typ Eich. Ebd. 118 Nr. 694 Taf. 39, 694.

185. HEIDESHEIM, Kr. Mainz-Bingen, Urnenflachgrab. Armband. Ebd. 170 Nr. 1078 Taf. 62, 1078.

186. PFAFFEN-SCHWABENHEIM, Kr. Bad Kreuznach, Grab. Armring des Typs Nieder-Flörsheim. Ebd. 108 Nr. 633 Taf. 36, 633.

187. WORMS-Pfeddersheim, Flachbrandgrab. Steggruppenring Typ Pfeddersheim. Ebd. 146 Nr. 877 Taf. 48, 877.

188. SIEFERSHEIM, Kr. Alzey-Worms, aus Brandgräbern. Punktverzierter Armring. Ebd. 87 Nr. 531. Taf. 31, 531.

189. SIEFERSHEIM, Kr. Alzey-Worms, aus Brandgräbern. Armring Typ Hanau. Ebd. 138 Nr. 834 Taf.45, 834.

190. SIEFERSHEIM, Kr. Alzey-Worms, Brandgräber. Schrägstrichverzierter Armring. Ebd. 114 Nr. 667 Taf. 38, 667.

191.-193. OSTHOFEN, Kr. Alzey-Worms, Grab. Armring mit spitzovalem Querschnitt. Ebd. 79 Nr. 440 Taf. 28, 440. Zwei Armringe mit Tannenzweigdekor. Ebd. 122 Nr. 733-734 Taf. 41, 733-734.

194. GUNDHEIM, Kr. Alzey-Worms, wohl Grabfund. Armring mit eingerollten Enden. Ebd. 169 Nr. 1066 Taf. 61, 1066.

195. HOCHBORN (BLÖDESHEIM), Kr. Alzey-Worms, Grab. Armring Typ Hassloch. Ebd. 142 Nr. 861 Taf. 46, 861.

196. ARMSHEIM, Kr. Alzey-Worms, Flachbrandgrab 23. Unverzierter Armring mit rundem Querschnitt. Ebd. 84 Nr. 492 Taf. 30, 492.

197. WALLERTHEIM, Kr. Alzey-Worms, Körperflachgrab. Armring Typ Wallertheim. Ebd. 115 Nr. 675-676 Taf. 38, 675-676.

198. GUNDERSHEIM, Kr. Alzey-Worms, Grab. Tordierter Halsring zu Armring zusammengebogen. Ebd. 129 Nr. 793 Taf. 43, 793.

199. FRAMERSHEIM, Kr. Alzey-Worms, Grab. Zwei Drillingsarmringe Typ Framersheim. Ebd. 134 Nr. 807-808 Taf. 44, 807-808.

200.-201. WEINHEIM, Kr. Alzey-Worms, Flachbrandgrab. Zwei Zwillingsarmringe Typ Framersheim. Ebd. 134 Nr. 811-812 Taf. 44, 811-812.

202. BIRKENFELD, Lkr. Main-Spessart, Körpergrab. Leiterbandverzierter Armring Frankenland NF 34, 1982, Abb. 40,3.

203. MÖMLINGEN, Ldkr. Miltenberg, Grab?. Armring. Wilbertz, Urnenfelderkultur 171 Nr. 151 Taf. 35, 12.

204.-206. OSTHEIM, Lkr. Rhön-Grabfeld, aus Gräbern. Zwei Steigbügelringe Typ Hanau. Frankenland NF 34, 1982, 114 Abb.24, 1-2.

207.-210. PFLAUMHEIM, Lkr. Aschaffenburg, vermutl. aus verschiedenen Gräbern eines Hügels. Zwei Arm- oder Beinberge, zwei Armspiralen. Wilbertz, Urnenfelderkultur 128f. Nr. 41 Taf. 18, 8-11.

211.-222. ASCHAFFENBURG-STRIETWALD, Gräberfeld. Grab 16. Tordierter Armring. Rau, Aschaffenburg-Strietwald Taf. 10,3.- Grab 18. Armringfrg. Ebd. Taf. 10, 18.- Grab 21. Zwei strichgruppenverzierte Ringe. Ebd. Taf. 12, 11.12.- Grab 22. Leiterbandverzierter Ring, punktverzierter Ring. Ebd. Taf. 13, 7.8.- Grab 26 Querstrichverzierter und unverzierter Ring. Ebd. Taf. 14, 8.9.- Grab 28. Fragmente zweier Ringe. Ebd. Taf. 14, 13-14.- Grab 37. Zusammengebogener pseudotordierter Ring. Ebd. Taf. 19 ,2.- Grab 43. Armring mit schlecht erhaltener Strichverzierung. Ebd. Taf. 20, 9.

223. GOLDBACH, Lkr. Aschaffenburg. Grab 2 Zwei Brst. eines strichverzierten Rings. Wilbertz, Urnenfelderkultur 116 Nr. 12 Taf. 28, 11-12.

224. OBERNAU, Ldkr. Aschaffenburg, Grab 9. Unverzierter Ring. Ebd. 126 Nr. 39 Taf. 32,2.

225. NIEDERNBERG, Ldkr. Miltenberg, Grab. Strichverzierter Armring. Ebd. 172 Nr. 153 Taf. 33, 13.

226.-228. ESCHAU, Ldkr. Miltenberg, aus Grabhügeln. Drei strichverzierte Armringe. Ebd. 162f Nr. 134 Taf. 35, 9-11.

229. GROSSOSTHEIM, Lkr. Aschaffenburg, Brandgrab. Strichverzierter Ring. Ebd. 121 Nr. 19 Taf. 20.

230. KARLSTEIN, Ldkr. Miltenberg,Brandgrab. Unverzierter Armring mit Stollenenden. Ebd. 124 Nr. 33 Taf. 25,6.

231.-232. MANNHEIM-WALLSTADT, Grabfund. Zwei querstrichverzierte Armringe. Kimmig, Badische Fundber. 17, 1947, 284 Taf 68 C1.2.

232 A-B. ALLENDORF, Hügel 1 Körpergrab 2. Zwei Ringe des Typs Allendorf. Richter, Arm- und Beinschmuck 103 Nr. 603-604 Taf. 35, 603-604.

233.-245. HOCHBORN (BLÖDESHEIM), Kr. Alzey-Worms, Depot (?). Fünf Arm- oder Beinberge des Typs Blödesheim. Ebd. 62f. Nr. 332.335-336.339-340 Taf. 19, 332; 20,335.339. Drei tordierte Armringe. Ebd. 128 Nr. 786-788 Taf. 43, 786-788. Balingenarmring. Ebd. 159 Nr. 955, Taf. 54, 955. Gleichmäßig gerippter Ring. Ebd. 161 Nr. 984 Taf. 54, 984. Zwei Ringe Typ Gleichberg. Ebd. 164 Nr. 1019.1030 Taf. 57, 1019.1030. Sparrenverzierter Ring. Ebd. 165 Nr. 1034 Taf. 58, 1034.

246.-254. NIEDER-FLÖRSHEIM, Kr. Alzey-Worms, Depot. Sechs Armringe des Typs Nieder-Flörsheim. Ebd. 107 Nr. 620-626 Taf. 36, 620-626. Zwei dem Kerntyp angeschlossene Exemplare. Ebd. 108 Nr. 641-642 Taf. 37, 641-642. Schrägstrichverzierter Armring. Ebd. 112 Nr.649 Taf. 37, 649. Zwei Armringe des Typs Wallertheim. Ebd. 115 Nr. 677-678 Taf. 38, 677-678.

255.-256. NIEDERNBERG, Ldkr. Miltenberg, Depot. Zwei Drahtspiralen. Wilbertz, Urnenfelderkultur 171 Nr. 152 Taf. 89, 5-6.

257.-260. LUDWIGSHÖHE, Kr. Mainz-Bingen, Depot. Unverzierter Armring mit spitzovalem Querschnitt. Richter, Arm- und Beinschmuck 80 Nr. 446 Taf. 28, 446. Zwei Armringe des Typs Nieder-Flörsheim. Ebd. 108 Nr. 636-637. Taf. 36, 636-637. Armring mit Querstrichgruppenzier. Ebd. 125 Nr. 752 Taf. 42, 752.

261-262. ZORNHEIM, Kr. Mainz-Bingen, Depot? Zwei Armringe mit Zick-Zack-Zier. Ebd. 123 Nr. 742-743 Taf. 41, 742-743.

263.-270. MAAR, Vogelsbergkreis, Depot. Zwei Armringe mit Tannenzweigdekor. Ebd. 122 Nr. 735-736 Taf. 41, 735-736. Sechs weitere Armringe unbekannter Form.

271-280. GROSS-BIEBERAU, Kr. Darmstadt-Dieburg, Depot. Drei Steggruppenringe Typ Dienheim. Ebd. 145 Nr. 871-873 Taf. 47, 871-873. Fünf Steggruppenringe Typ Pfeddersheim. Ebd. 146f. Nr. 876.878-879.881-882 Taf. 47, 876; 48, 878-879. 881-882. Zwei Ringe verschollen.

281.-282. EBERSTADT, Kr. Gießen, Depot. Steggruppenring. Ebd. 149 Nr. 886 Taf. 49, 886. Geschlossener reichverzierter Ring. Ebd. 170 Nr. 1070 Taf. 62, 1070.

283. BAD KREUZNACH, Depot. Fragment einer Berge. Dehn, Katalog Kreuznach 40 Abb. 19,3.

284.-285. LINDENSTRUTH, Kr. Gießen, Depot. Zwei Steggruppenringe Typ Lindenstruth. Ebd. 151 Nr. 888-889 Taf. 49, 888-889.

286.-313. OCKSTADT, Wetteraukreis, Depot. Unverzierter Armring mit D-förmigem Querschnitt. Ebd. 81 Nr. 462 Taf. 29, 462. Sieben Homburgringe. Ebd. 157f. Nr. 935-937 Taf. 51, 935-937; 159 Nr. 949-952 Taf. 53, 949-952. Fünf Balingenarmringe. Ebd. 160 Nr. 965-967.980-981. Taf. 54, 965-967; 55,980-981. Gleichmäßig gerippter Ring Ebd. 161 Nr. 983 Taf. 55, 983. Drei querstrichverzierte Armringe. Ebd. 162 Nr. 991-992.1000. Taf. 55, 991-992; 56, 1000. Drei hohle querstrichverzierte Ringe. Ebd. 163 Nr. 1007-1008.1010 Taf. 56, 1007-1008.1010. Zwei unverzierte Ringe. Ebd. 163 Nr. 1011.1020 Taf. 56, 1011.1020. Ring Typ Gleichberg. Ebd. 165 Nr. 1033 Taf. 57, 1033. Fünf hohle Ringe unterschiedlicher Gestalt. Ebd. 166 Nr. 1040-1043. 1047 Taf. 58, 1040-1043; 59, 1047.

314.-317. NIEDER OLM, Kr. Mainz-Bingen, Depot. Unverzierter Ring mit rundem Querschnitt. Ebd. 84 Nr. 502 Taf. 30, 502. Unverzierter Ring. Ebd. 164 Nr. 1022 Taf. 57, 1022. Zwei gleiche Nierenringe. Ebd. 170 Nr. 1079-1080 Taf. 62, 1079.

318.-331. HOCHSTADT, Main-Kinzig-Kreis. Depot. Fünf Homburgringe. Ebd. 156 Nr. 906-910 Taf. 51, 906-910. Vier Balingenarmringe. Ebd. 160 Nr. 956-957.978-979. Taf. 54, 956-957; 55, 978-979. Strichgruppenverzierter Ring. Ebd. 161 Nr. 987 Taf. 55, 987. Zwei querstrichverzierte Ringe. Ebd. 162 Nr. 994.1006 Taf. 55, 994; 56, 1006. Sparrenverzierter Ring. Ebd. 165 Nr. 1037 Taf. 58, 1037. Zusammengedrückter Blechring mit reichem Dekor. Ebd. 167 Nr. 1053 Taf. 60, 1053.

332.-376. BAD HOMBURG, Hochtaunuskreis, Depot. 23 Homburgringe. Ebd. 156f. Nr. 911-931 Taf. 51, 911-52, 931; 159 Nr. 947-948. Taf. 53, 947-948. Bruchstück eines Homburgringes unpubliziert. Sechs Balingenarmringe. Ebd. 160 Nr. 958-964 Taf. 54, 958-964. Gleichmäßig gerippter Ring. Ebd. 161 Nr. 985 Taf. 55, 985. Strichgruppenverzierter Ring. Ebd. 161 Nr. 986 Taf. 55, 986. Vier querstrichverzierte Armringe. Ebd. 162 Nr. 995, 1001-1003 Taf. 55,995; 56, 1001-1003. Zwei Bruchstücke eines hohlen querstrichverzierten Ringes. Ebd. 163 Nr. 1009 Taf. 56, 1009. Fünf unverzierte Ringe. Ebd. 163f. 1012. 1013. 1019. 1024. 1025 Taf. 56, 1012.1013; 57, 1019. 1024. 1025. Zwei hohle Armringe. Ebd. 166 Nr. 1044-1045 Taf. 58, 1044-1045.

377.-382. BAD HOMBURG, Hochtaunuskreis, Ringwallanlage Bleibeskopf, Depot. Sechs Beinringe Typ Homburg. A. Müller-Karpe, Fundber. Hessen 14, 1974 204f Abb. 2A 1-6.

383.-384. BAD HOMBURG, Hochtaunuskreis, Ringwallanlage Bleibeskopf, Depot. Zwei Armringe mit Strichgruppenzier. Ebd. 207f. Abb. 2B 1-2.

385.-389. BAD HOMBURG, Hochtaunuskreis, Ringwallanlage Bleibeskopf, Depot. Fünf teilweise fragmentierte Homburgringe. Ebd. 207f. Abb. 4A 3-8.

390. BAD HOMBURG, Hochtaunuskreis, Ringwallanlage Bleibeskopf, Depot VII. Ring mit Strichgruppenzier, der über das Beil geschoben war. Kibbert, Beile Taf. 92 A2.

391. DOSSENHEIM, Rhein-Neckar Kreis, Depot. Fragment eines Homburgringes. Stein, Horte Taf. 79,1.

392.-402. WEINHEIM-NÄCHSTENBACH, Rhein-Neckar-Kreis, Depot. Homburgringe 114 g, 66 g, 91 g, 51 g, 55 g, 80 g, 33 g, 96 g. Stemmermann, Bad. Fundber. 2, 1933, 1ff. Taf. 3, 33. 31. 29. 32. 34. 30. 39. 40. Fragmentierter Homburgring 100 g Ebd. Taf. 3, 36. Unverziertes Ringfrg. 25 g. Ebd. Taf. 3, 37. Frg. eines unverzierten Blechringes mit C förmigem Querschnitt 12 g. Ebd. Taf. 3, 42. Unverzierter Ring 43 g. Ebd. Taf. 3, 35. Geschlossener Ring mit C-förmigem Querschnitt, 55 g. Ebd. Taf. 3, 43.

403.-416. MANNHEIM-WALLSTADT, Depot. Müller-Karpe, Urnenfelderkultur. Reichverzierter Ring mit C-förmigem Querschnitt, alt zerbrochen 52 g. Ebd Taf. 176, 11. Unverziertes Steggruppenringfrg. 68 g. Ebd. Taf. 176, 18. Homburgring mit nicht entferntem Tonkern 143 g. Ebd. Taf. 176, 15. Massiver Homburgring Fragmentiert 36 g. Ebd. Taf. 176, 5. Strichverziertes Ringfrg 16 g. Ebd. Taf. 176, 8. Großes Homburgringfrg. 53,3 g Ebd. Taf. 176, 14. Homburgringfrg. 74 g. Ebd. Taf. 176, 12. Unverziertes Ringfrg. 13 g. Ebd. Taf. 176,9. Unverziertes Ringfrg. 22,6 g. Ebd. Taf. 176, 13. Homburgring 110 g. Ebd. Taf. 176, 16. Homburgring 60 g. Ebd. Taf. 176, 21. Homburgring 61 g. Ebd. Taf. 176,6. Homburgring 56 g. Ebd. Taf. 176, 10. Homburgringfrg. 27 g. Ebd. Taf. 176,7.

417.-424. HANAU, Main-Kinzig-Kreis, Depot. Richter, Arm- und Beinschmuck. Zwei unverzierte Armringe mit rundem Querschnitt. Ebd. 85 Nr. 503-504. Taf. 30, 503-504. Balingenarmring. Unverzierter Ring. Ebd. 164 Nr. 1028 Taf. 57, 1028. Zwei Ringe Typ Gleichberg. Ebd. 165 Nr. 1031-1032 Taf. 57, 1031-1032. Sparrenverzierter Ring. Ebd. 165 Nr. 1036 Taf. 58, 1036. Zwei Brst. eines reichverzierten Blechringes. Ebd. 167 Nr. 1052 Taf. 60, 1052. Frg. eines Wallerfangenringes. Ebd. 169 Nr. 1063 Taf. 61, 1063.

425.-426. STADT-ALLENDORF, Kr. Marburg Biedenkopf, Depot. Homburggring. Ebd. 158 Nr. 939 Taf. 53, 939. Querstrichverzierter Armring. Ebd. 162 Nr. 1005 Taf. 56, 1005.

427. PLANIG, Kr. Bad Kreuznach, Depot. Homburgring. Ebd. 158 Nr. 938 Taf. 53, 938.

428.-430. WIESBADEN, Depot. Homburgring. Ebd. 158 Nr. 940 Taf. 53, 940. Unverzierter Ring. Ebd. 163 Nr. 1021 Taf. 57, 1021. Brst. eines hohlen Ringes. Ebd. 166 Nr. 1046 Taf. 58, 1046.

431.-444. HAIMBACH-HAIMBERG, Kr. Fulda, Depot (?) Zwei Steggruppenarmringe. Ebd. 152 Nr. 893-894 Taf. 50, 893-894. Drei Homburgringe. Ebd. 156 Nr. 903-905 Taf. 51, 903-905. Vier querstrichverzierte Armringe. Ebd. 162 Nr. 996-999. Taf. 55, 999; 56, 996-998. Zwei sparrenverzierte Ringe. Ebd. 165 Nr. 1035. 1038. Taf. 58, 1035.1038. Drei geschlossene Blechringe. Ebd. 168 Nr. 1057-1060. Taf. 61, 1057-1060.

445.-446. FRANKFURT-NIEDERRAD, Depot. Strichverzierter Armring. Ebd. 162 Nr. 988 Taf. 55, 988. Unverzierter Ring. Ebd. 164 Nr. 1023 Taf. 57, 1023.

447. FRANKFURT-GRINDBRUNNEN, Depot. Homburgring. Ebd. 156 Nr. 901 Taf. 51. 901.

448.-451. RÜDESHEIM-EIBINGEN, Rheingau-Taunus Kreis, Depot. Homburgring. Ebd. 156 Nr. 902 Taf. 51, 902. Drei reichverzierte Blechringe mit C-förmigem Querschnitt. Ebd. 167 Nr. 1049-1051 Taf. 59, 1049-1051.

452.-453. GAMBACH, Wetteraukreis, Depot. Unverzierter Ring. Ebd. 163 Nr. 1018 Taf. 57, 1018. Hohler Ring mit aneinader gegossenen Endscheiben. Ebd. 166 Nr. 1048 Taf. 59, 1048.

454. HANGEN-WEISHEIM, Kr. Alzey-Worms, Depot. Unverzierter Ring. Ebd. 164 Nr. 1027 Taf. 57, 1027.

455. ESCHWEGE, Werra-Meißner Kreis, Depot. Armringfragment unverziert. Ebd. 164 Nr. 1026 Taf. 57, 1026.

456. MAINZ, aus dem Rhein, Depot. Fragmentierter Armring des Typs Wallertheim. Ebd. 115 Nr. 679 Taf. 38, 679.

457. MAINZ, aus dem Rhein Unverzierter Armring mit spitzovalem Querschnitt. Ebd. 79 Nr. 429 Taf. 28, 429.

458. MAINZ, aus dem Rhein. Drahtarmring. Ebd. 86 Nr. 517 Taf. 31, 517.

459. MAINZ, aus dem Rhein. Armring des Typs Publy. Ebd. 105 Nr. 618 Taf. 35, 618.

460. MAINZ, aus dem Rhein. Armring des Typs Nieder-Flörsheim. Ebd. 109 Nr. 644 Taf. 37,644.

461. MAINZ, aus dem Rhein. Tordierter Armring. Ebd. 128 Nr. 781 Taf. 43, 781.

462. MAINZ, aus dem Rhein. Zwillingsring des Typus Speyer. Ebd. 131 Nr. 797 Taf. 43, 797.

463. MAINZ, aus dem Rhein. Homburgring. Ebd. 157 Nr. 932 Taf. 52, 932.

464. MAINZ, aus dem Rhein. Homburgring. Ebd. 157 Nr. 933 Taf. 52, 933.

465. MAINZ. aus dem Rhein. Homburgring. Ebd. 157 Nr. 934 Taf. 52, 934.

466. MAINZ, aus dem Rhein. Balingenarmring. Ebd. 160 Nr. 968 Taf. 54, 968.

467. MAINZ, aus dem Rhein. Querstrichverzierter Armring. Ebd. 162 Nr. 989 Taf. 55, 989.

468. MAINZ, aus dem Rhein. Querstrichverzierter Ring. Ebd. 162 Nr. 990 Taf. 55, 990.

469. MAINZ, aus dem Rhein. Reichverzierter Blechring. Ebd. 167 Nr. 1055 Taf. 60, 1055.

470. MAINZ, aus dem Rhein. Gegossenes Armband. Ebd.169 Nr. 1068 Taf. 61, 1068.

471. STOCKSTADT, aus dem Altrhein. Bruchstück eines Armring des Typs Allendorf. Ebd.103 Nr.607 Taf. 35, 607.

472. MAINZ-Kostheim, aus dem Main. Armring Typ Allendorf. Ebd. 103 Nr. 606 Taf. 35, 606.

473. FRANKFURT, aus dem Main. Unverzierter Armring mit spitzovalem Querschnitt. Ebd. 80 Nr. 443 Taf. 28, 443.

474. HECHTSHEIM, Kr. Mainz-Bingen, Baggerfund. Querstrichverzierter Ring. Ebd. 162 Nr. 1004 Taf. 56, 1004.

475. GAMBACH, Wetteraukreis, Siedlungsgrube. Zwillingsring Typ Kneiting. Ebd. 129 Nr. 796 Taf. 43, 796.

476. BAD NAUHEIM, Wetteraukreis, Johannisberg. Unverzierter rundstabiger Ring. Herrmann, Urnenfelderkultur 111 Nr. 297 Taf. 42A.

477. INGELHEIM, Kr. Mainz-Bingen, Fundumstände unbekannt. Armring mit Pfötchenenden. Ebd. 170 Nr. 1071 Taf. 62, 1071.

478. WIESBADEN, Einzelfund. Reichverzierter Blechring. Ebd. 167 Nr. 1054 Taf. 60, 1054.

479. Umgebung MAINZ. Bruchstücke einer Berge des Typs Wollmesheim. Ebd. 65 Nr. 350 Taf. 23, 350.

480. FRANKFURT-NIEDERURSEL, Fundumstände unbekannt. Kerbverzierter Armring. Ebd. 93 Nr. 562 Taf. 33, 562.

481. FRANKFURT-NIEDERURSEL, Fundumstände unbekannt. Kerbverzierter Armring. Ebd. 93f. Nr. 570 Taf. 33, 570.

482.-484. LANGEN, Kr. Offenbach, Lesefunde. Zwei Linienverzierte Armringe. Ebd. 94 Nr. 573-574 Taf. 33, 573-574. Armring des Typs Flörsheim. Ebd. 108 Nr. 643 Taf. 37,643.

485. MONSHEIM, Kr. Alzey-Worms, Fundumstände unbekannt. Schrägstrichverzierter Armring. Ebd. 112 Nr. 651 Taf. 37, 651.

486. NIERSTEIN, Kr. Mainz-Bingen, Fundumstände unbekannt. Ring des Typus Mainflingen. Ebd. 117 Nr. 692 Taf. 39, 692.

487. EICH, Kr. Darmstadt-Dieburg, Fundumstände unbekannt. Armring des Typus Eich. Ebd. 118 Nr. 693 Taf. 39, 693.

488. GABSHEIM, Kr. Alzey-Worms, Fundumstände unbekannt. Armring mit Querstrichzier. Ebd. 123 Nr. 739 Taf. 41, 739.

489. GABSHEIM, Kr. Alzey-Worms, Fundumstände unbekannt. Armring mit Strichverzierung. Ebd. 123 Nr. 737 Taf. 41, 737. Pachali , Kreis Alzey 149 Taf. 53 A,2

490. GROSSENLÜDER, Kr. Fulda, Einzelfund. Armring mit Querstrich und Zick-Zack-Zier. Richter, Arm- und Beinschmuck. Ebd. 123 Nr.741 Taf. 41, 741.

491. WOLFSHEIM(?), Kr. Alzey-Worms, Fundumstände unbekannt. Armring mit Querstrich und Zick-Zack-Zier. Ebd. 123 Nr. 744 Taf. 41, 744.

492. SELZEN, Kr. Mainz-Bingen, Fundumstände unbekannt. Armring mit Querstrichgruppenzier. Ebd. 125 Nr. 758 Taf. 42, 758.

493. DARMSTADT-EBERSTADT, Einzelfund. Strichverzierter Armring. Ebd. 127 Nr. 773 Taf. 42, 773.

494. MAINZ, Fundumstände unbekannt. Armring Typ Hanau. Ebd. 137 Nr. 830 Taf. 45, 830.

495. BUTZBACH, Wetteraukreis, Einzelfund. Armring Typ Hanau. Ebd. 138 Nr. 841 Taf. 45, 841.

496.-497. WOLFSHEIM, Kr. Alzey-Worms. Fundumstände unbekannt. Zwei Steggruppenringe Typ Dienheim. Ebd. 144 Nr. 864-865 Taf. 47, 864.

498.-499. WORMS, Fundumstände unbekannt. Zwei Steggruppenringe Typ Dienheim. Ebd.144 Nr. 866-867 Taf. 47, 866-867.

500. MUSCHENHEIM, Lahn-Dill-Kreis, Fundumstände unbekannt. Steggruppenring. Ebd. 149 Nr. 885 Taf. 49, 885.

501. BINGEN, Kr. Mainz-Bingen, Fundumstände unbekannt. Steggruppenring Typ Lindenstruth. Ebd. 150 Nr. 887 Taf. 49, 887.

502. STÖCKELS, Kr. Fulda, Einzelfund. Steggruppenarmring Typ Haimberg. Ebd. 153 Nr. 895 Taf. 50, 895.

503. OBERBIMBACH, Kr. Fulda, "aus Steinhaufen". Steggruppenarmring Typ Haimberg. Ebd. 153 Nr. 896 Taf. 50, 896.

504. BINGEN, Kr. Mainz-Bingen, Fundumstände unbekannt. Balingenarmring. Ebd. 159 Nr. 954 Taf. 54 954.

505. BINGEN, Kr. Mainz-Bingen, Einzelfund. Unverzierter Ring. Ebd. 163 Nr. 1017. Taf. 57, 1017.

506. Umgebung MAINZ, Fundumstände unbekannt. Frg. eines Wallerfangen Ringes. Ebd. 169 Nr. 1062 Taf. 61, 1062.

LISTE 14: HALSRINGE

1. GUNDHEIM, Kr. Alzey-Worms, Grab. Wels-Weyrauch, Anhänger 160 Nr. 876 Taf. 66, 876.

2. KAHL, Kr. Aschaffenburg, Brandgrab. Ebd. 160 Nr. 878 Taf. 67, 878.

3. GUNDERSHEIM, Kr. Alzey- Worms, Urnenflachgrab. Ebd. 161 Nr. 882 Taf. 67, 882.

4. REICHELSHEIM, Wetteraukreis, aus Urnengräbern. Ebd. 163 Nr. 889 Taf. 68, 889.

5. NIEDERNBERG, Kr. Miltenberg, Urnengrab. Ebd. 156 Nr. 866 Taf. 65, 866.

6. OSTHOFEN, Kr. Alzey-Worms, Grab. Ebd. 156 Nr. 867 Taf. 65, 867.

7. OFFENBACH-RUMPENHEIM, Körpergrab. Ebd. 164 Nr. 898 Taf. 69, 898.

8. ALZEY, Kr. Alzey-Worms, Brandgrab. Ebd. 164f. Nr. 902, Taf. 70, 902.

9. KAHL, Kr. Aschaffenburg, Hügelgrab. Wilbertz, Urnenfelderkultur 122 Nr. 24.

10. BAD HOMBURG, Hochtaunuskreis, Depot. Zusammengebogen; Gew. 45 g. Wels-Weyrauch, Anhänger 157 Nr. 870 Taf. 65, 870.

11. BAD HOMBURG, Hochtaunuskreis, Depot. Zusammengebogen; Gew. 76 g. Ebd. 157 Nr. 871 Taf. 65, 871.

12. BAD HOMBURG, Hochtaunuskreis, Depot. Zusammengebogen; Gew. 60 g. Ebd. 160 Nr. 880 Taf. 67, 880.

13. WIESBADEN, Depot. Ebd. 161 Nr. 883 Taf. 67, 883.

14. HAIMBACH, Kr. Fulda, vermutl. Depot. Ebd. 163 Nr. 885 Taf. 68, 885.

15. HAIMBACH, Kr. Fulda, vermutl. Depot. Ebd. 163 Nr. 886 Taf. 68, 886.

16. HOCHSTADT, Main-Kinzig-Kreis, Depot. Bruchstück 32 g. Ebd. 164 Nr. 896 Taf. 69, 896.

17. HOCHSTADT, Main-Kinzig-Kreis, Depot. Bruchstück 31 g. Beide Fragmente sind alt zerbrochen und weisen moderne Schleifspuren auf (zur Analysenentnahme?). Es ist nicht sicher, ob sie zu dem gleichen Halsring gehören. Ebd. 164 Nr. 896 Taf. 69, 896.

18. PLANIG, Stadt Bad Kreuznach, Depot. Bruchstück, 8,5 g. Ebd. 163 Nr. 895 Taf. 69, 895.

19. PLANIG, Stadt Bad Kreuznach, Depot. Bruchstück, 8,5 g. Die beiden Fragmente stammen nicht sicher von einem Ring. Ebd. 163 Nr. 895 Taf. 69, 895.

Listen 15-17 entfallen. Fundnachweise im Text.

LISTE 18: PFERDEGESCHIRR

1. NIEDERWALLUF, Rheingau-Taunus-Kreis, Steinkistengrab. a) 2 Eberhauer, Herrmann, Urnenfelderkultur Nr. 179 Taf. 89, 8-9. b) 2 Schlaufenbügel. Ebd. Taf. 89, 10-11.

2 a-b. NIEDERNBERG, Ldkr. Miltenberg, Hort. 2 glatte Trensenmittelstücke. Wilbertz, Urnenfelderkultur Nr. 152 Taf. 88, 7-8.

3 a-g. HANAU, Main-Kinzig-Kreis, Hort. Müller-Karpe, Urnenfelderkultur a) Tordiertes Trensenmittelstück, antik in zwei Teile zerbrochen; Gew. 23 u.35 g. Ebd. Taf. 36, 31 (Zeichnung falsch). b) Tordiertes Trensenmittelstück, antik in zwei Teile zerbrochen; Gew. 18 u.18 g. Ebd. Taf. 36, 30. c) Bruchstück eines tordierten Trensenmittelstücks; Gew. 12 g. Ebd. Taf. 36, 29. d) Ovale, gerippte Bronzehülse; Gew. 20 g. Ebd. Taf.37, 24. e) Ovale, gerippte Bronzehülse; Gew. 19 g. Ebd. Taf.37, 25. f) Zwinge mit eingehängtem Ring mit T-förmigem Querschnitt. Gew. 23 g. Ebd. Taf. 37, 6. g) Stangenförmiger Knebel mit eingehängten Ringen und Blechresten. Ebd. Taf. 36, 24.

4. HOCHSTADT, Main-Kinzig-Kreis, Hort. Bügelknebel, Gew. 86 g. H.-G. Hüttel, Bronzezeitliche Trensen in Mittel- und Südosteuropa. PBF XVI,2 (1981) 148 Nr.226 Taf. 21, 226.

5. OCKSTADT, Wetteraukreis, Hort. Brillenknebel, Gew. 107 g. H.-G. Hüttel, Bronzezeitliche Trensen in Mittel- und Südosteuropa. PBF XVI,2 (1981) 151 Nr. 230 Taf. 21, 230.

6. FRANKFURT, aus dem Main. Glattes Trensenmittelstück; Gew. 59 g. Herrmann, Urnenfelderkultur 51 Nr.8 Taf. 208C; Wegner, Flußfunde 123 Nr. 207 Taf. 72,2.

7. HOCHHEIM, Main-Taunus-Kreis, aus dem Main. Glattes Trensenmittelstück. Herrmann, Urnenfelderkultur 75 Nr. 128 Taf. 208 G; Wegner, Flußfunde 128 Nr. 263 Taf. 72,1.

8. MAINZ, aus dem Rhein. Dreiteilige Trense. Wegner, Flußfunde 164 Nr. 802 Taf. 72,3 (Urnenfelderzeitlich?).

9. MAINZ, aus dem Rhein. Glattes Trensenmittelstück. Wegner, Flußfunde 145 Nr. 501A und 79 Abb.2.

LISTE 19: WAGENTEILE

1. LORSCH, Kr. Bergstraße, Lorscher Wald, Hügelgrab. Winkeltülle. Herrmann, Urnenfelderkultur Taf. 141 E2.

2. WEINHEIM-NÄCHSTENBACH, Rhein-Neckar-Kreis, Depot. Nabenfragment, Gew. 205 g. C.F.E. Pare, in: Vierrädrige Wagen der Hallstattzeit (1987) 54 Abb. 22.1.

3. BAD HOMBURG, Hochtaunuskreis, Depot. Nabenfragment, Gew. 91 g. Ebd. 54 Abb. 22.4.

4. WEINHEIM-NÄCHSTENBACH, Rhein-Neckar-Kreis, Depot. Getreppte Hülse, Gew. 20 g. P. H. Stemmermann, Badische Fundber. 2, 1933, 1ff Taf. 4, 53.

5. BAD HOMBURG, Hochtaunuskreis, Depot. Getreppte Hülse, Gew. 4,4 g. Herrmann, Urnenfelderkultur Taf. 187,7.

6.-10. WEINHEIM-NÄCHSTENBACH, Rhein-Neckar-Kreis, Depot. Fünf Bronzescheiben, Gew. 21 g; 27 g; 13 g; 57 g. Stemmermann, a.a.O. (Nr.4) Taf. 4, 69-73.

11.-25. BAD HOMBURG, Hochtaunuskreis, Depot. 15 Bronzescheiben, Gew. 54 g; 58 g; 51 g; 50 g; 30 g; 32 g; 32 g; 30 g; 28 g; 31 g; 37 g; 31 g; 25 g; 55 g; 48 g. Herrmann, Urnenfelderkultur Taf. 188, 2-16.

LISTE 20: BRONZEGEFÄSSE

1. HELDENBERGEN, Wetteraukreis, Brandbestattung in Steinkiste. Fragment eines buckelverzierten Blechs. Vielleicht von einer Ciste. Herrmann, Urnenfelderkultur 120 Nr. 357 Taf. 111 B13.

2. LORSCH, Kr. Bergstraße, aus Grabhügel. Fragment eines buckelverzierten Blechs. Vielleicht von einer Ciste. Herrmann, Urnenfelderkultur 151f Nr. 524 Taf. 141 D2.

3. VIERNHEIM, Kr. Bergstraße, Brandgrab. Bronzetasse. Herrmann, Urnenfelderkultur 153 Nr. 535 Taf. 144 A1.

4. ESCHBORN, Main-Kinzig-Kreis, Steinkistengrab 2. Fragment einer Bronzetasse. Herrmann, Urnenfelderkultur 73f. Nr. 117 Taf. 84, 10.

5. ESCHBORN, Main-Kinzig-Kreis, Steinkistengrab 1. Bronzetasse. Herrmann, Urnenfelderkultur 73 Nr. 116 Taf. 83 B5.

6. NIERSTEIN, Kr. Mainz-Bingen, angeblich aus Grab. Bronzetasse. Eggert, Urnenfelderkultur 215 Nr. 320. H.Thrane, Acta Arch. 36, 1965, 159, Abb. 2b.

7. DEXHEIM, Kr. Mainz- Bingen, angeblich aus Grab. Bronzetasse. AuhV 2, 1870 H3, Taf. 5,3; Eggert, Urnenfelderkultur 144 Nr. 33.

8. MAINZ-KASTEL, in der Nähe der Mainmündung. Bronzetasse. Herrmann, Urnenfelderkultur 90, Nr. 207.

9. MARBURG, Kr. Marburg-Biedenkopf. Hügel U 14, Grab 1. Bronzetasse. W.Ebel, in: Studien zur Bronzezeit. Kleine Schriften aus dem vorgeschichtlichen Seminar der Philipps Universität Marburg 21 (1987) 15ff. Abb. 4.

10. MAINZ, aus dem Rhein. Kreuzattasche. Wegner, Flußfunde 164 Nr. 794 Taf. 74,2.

11. MAINZ, aus dem Rhein. Tordierter Henkel mit zwei Kreuzattaschen. Wegner, Flußfunde 164 Nr. 793 Taf. 71,1.

12.-20. WONSHEIM, Kr. Alzey-Worms. Hortfund; 9 Bronzebecher mit Omphalosboden und verziertem Hals. Alle Gefäße sind beschädigt. Vgl. Taf. 14,10. G. Behrens, Bodenurkunden aus Rheinhessen 1 (1927) 30 Abb. 108.

21. WONSHEIM, Kr. Alzey -Worms. Hortfund (?) Bronzebecher. Mus. Frankfurt alpha 18448. Nachweis. Diss. Chr. Jacob.

22. BAD HOMBURG, Hochtaunuskreis, Hortfund. Bronzebecher. Herrmann, Urnenfelderkultur 78ff. Nr. 149 Taf. 187,22.

23. HANAU, Main-Kinzig-Kreis, Hortfund. Zwei aneinanderpassende Fragmente eines Bronzebechers. Müller-Karpe, Urnenfelderkultur Taf. 73,1.

24. FRANKFURT-NIED. Einzelfund. Bronzetasse. Herrmann, Urnenfelderkultur 56 Nr. 40 Taf. 208F.

LISTE 21: BARREN

1.-7. MAINZ, aus dem Rhein, Hort. W. Kubach, Arch Korrbl 3, 1973, 299ff.- 1. Flaches Gußkuchenfrg. Gew. 147g. Ebd. Abb. 1, 38.- 2. Flaches Gußkuchenfrg. Gew. 72g. Ebd. Abb. 1, 40.- 3. Gußkuchenfrg. Gew. 71g. Ebd. Abb. 1, 39.- 4. Flaches Gußkuchenfrg. Gew. 49g. Ebd. Abb. 1, 43.- 5. Gußkuchenfrg. Gew. 176 g. Ebd. Abb. 1, 41.- 6. Gußkuchenfrg. Gew. 36g. Ebd. Abb. 1, 42.- 7. Gußkuchenfrg. Gew. 74g.

8. BAD HOMBURG, Bleibeskopf, Hort V. Flacher Gußkuchen, Gew. 57g. Kibbert, Beile Taf. 91 C4.

9. BAD HOMBURG, Bleibeskopf, Hort VI. Kleiner Gußkuchen. (Titzmann, Fundber Hessen, im Erscheinen).

10. BAD HOMBURG, Bleibeskopf, Hort III. Gußkuchen. A. Müller-Karpe, Fundber. Hessen 14, 1974, 207f. Abb. 4 A10.

11.-15. BAD-HOMBURG, Hort. Herrmann, Urnenfelderkultur.- 11. Gußkuchenfragment 190g. Ebd. Taf. 186, 13.- 12. Kleiner Gußkuchen Gew. 69 g. Ebd. Taf. 186, 12.- 13. Kleiner Gußkuchen Gew. 132g. Ebd. Taf. 186, 15.- 14. Kleiner Gußkuchen Gew. 135g. Ebd. Taf. 186, 14.- 15. Flaches Gußstück Gew. 116g. Ebd. Taf. 186, 11.

16.-20. DOSSENHEIM, Rhein-Neckar-Kreis, Hort. "5 Gußbrocken, davon 1 kleiner Gußkuchen und 3 Gußbrocken erhalten". Stein, Hortfunde 111.

21.-24. FRANKFURT-NIEDERRAD, Hort. Herrmann, Urnenfelderkultur.- 21. Gußkuchenfragment Gew. 903g. Ebd. Taf. 177, 11.- 22. Gußkuchenfrg. Gew. 302g. Ebd. Taf. 177, 13.- 23. Gußkuchenfrg. Gew. 148g. Ebd. Taf. 177, 12.- 24. Gußkuchenfrg. Gew. 20g. Ebd. Taf. 177, 10.

25.-26. FRANKFURT-GRINDBRUNNEN, Hort. "2 Erzstücke". Kibbert, Beile 82 Nr. 277-78.

27. GAMBACH, Wetteraukreis, Hort. "Unbestimmte Zahl von Gußklumpen und Schmelztiegeln. Herrmann, Wetterauer Geschichtsbl. 16, 1967, 1ff.

28.-33. HANAU, Main-Kinzig-Kreis, Hort. Stein, Hortfunde 173.- 28. Gußkuchenfrg. Gew. 1490g.- 29. Gußkuchenfrg. Gew. 1178g.- 30. Gußkuchenfrg. Gew. 242g.- 31. Gußkuchenfrg. Gew. 51g.- 32. Gußkuchenfrg. Gew. 21g.- 33. Kleiner Gußkuchen. Gew. 37g.

34.-35. HANGEN-WEISHEIM, Kr. Alzey-Worms, Hort. Richter, Arm und Beinschmuck 164.- 34. Gußkuchenfrg. Gew. 342g. Ebd. Taf. 93 C3.-35. Gußkuchenfrg. Gew. 314g. Ebd. Taf. 93 C4.

36.-37. HOCHSTADT, Main-Kinzig-Kreis, Hort. Kibbert, Beile.- 36. Gußkuchenfrg. 153g. Taf. 94, 41.- 37. Gußkuchenfrg. (sekundär als Amboß benützt) 233g. Taf. 94, 7.

38.-39. OCKSTADT, Wetteraukreis, Hort. Herrmann, Urnenfelderkultur.- 38. Kleiner Gußkuchen 218g. Taf. 196, 14.- 39. Kleiner Gußkuchen 146g. Taf. 196, 13.

40. ROCKENBERG, Wetteraukreis, Hort. Gußkuchenfrg. 320g. Herrmann, Urnenfelderkultur 130, Nr. 400, Taf. 200B3.

41.-43. MANNHEIM-WALLSTADT, Hort. Stein, Hortfunde 115.- 41. Kleiner Gußkuchen, Gew. 70g.- 42. Gußkuchenfrg., Gew. 62g.- 43. Gußkuchenfrg., Gew. 83g.

44.-46. WEINHEIM-NÄCHSTENBACH, Rhein-Neckar-Kreis, Hort. P. H. Stemmermann, Bad. Fundber. 2, 1933, 1ff.- 44. Kleiner Gußkuchen Gew. 384g. Ebd. Taf. 2, 25.- 45. Kleines Gußkuchenfrg. 50g. Ebd. Taf. 2, 24.- 46. amorphes Gußstück 106g. Ebd. Taf. 2, 23.

47.-48. MAINZ, aus dem Rhein.- 2 Gußkuchen 1 200g u. 580g. Wegner, Flußfunde 148 Nr. 538.

49. BAD HOMBURG, Bleibeskopf. Einzelfund in Ringwallanlage. Flaches Gußkuchenfrg. Titzmann, Fundber. Hessen (im Erscheinen) Abb. 4, 6.

LISTE 21A: BARREN IN GRÄBERN DER BRONZE- UND URNENFELDERZEIT

1. FELDMOCHING, Stkr. München I, aus Hügel (?).- Koschick, Bronzezeit 185 Nr. 111 C.

2. Fortsbezirk KÖNIGSWIESER FORST, Ldkr. Starnberg, Hügel 10.- Koschick, Bronzezeit 202 Nr. 173.

3. EDERHEIM, Ldkr. Donau-Ries, Hügel 8.- S. Ludwig-Lukanow, Hügelgräberbronzezeit und Urnenfelderkultur im Nördlinger Ries (1983) 25 Nr.15.

4. EDERHEIM, Ldkr. Donau-Ries, Hügel 30.- Ebd.26.

5. ILVESHEIM, Kr. Mannheim.- Köster, Mittlere Bronzezeit 100.

6. ROTHENSTEIN, Ldkr. Weißenburg-Gunzenhausen. Hügel 2.- Gußbrocken 20g.- Berger, Bronzezeit 149 Nr. 225.

7. Forstbezirk KÖNIGSWIESER FORST, Ldkr. Starnberg, Hügel 24.- Koschick, Bronzezeit 203.

8. WEISCHAU, Ldkr. Coburg. "Innerhalb eines weiten Steinkranzes".- Gußklumpen 345g.- Berger, Bronzezeit 100 Nr. 68.

9. VOLDERS, Pol. Bez. Solbad Hall, Grab 256.- Kasseroler, Volders 109f.

10. VOLDERS, Grab390. Ebd. 152f.

11. MARZOLL, Kr. Berchtesgaden, Urnengrab 2.- Gußkuchenfrgte. 17,5 g; 17 g; 14,8 g; 4 g; 0,45 g).- M. Hell, Bayer. Vorgeschbl. 17, 1948, 32 Abb. 6.

12. EBERFING, Ldkr. Weilheim, Hügel 14.- Koschick, Bronzezeit 220 Nr. 206.

13. KIPPENWANG, Ldkr. Roth.- Hügel 11.- Berger, Bronzezeit 132 Nr.182.

14. MÖCKMÜHL, Kr. Heilbronn.- Fundber. Schwaben 15, 1959, 147f.

15. UNTERHACHING, Kr. München, Brandgrab 30. Müller-Karpe, Münchner Urnenfelder 37.

16. MÜNCHINGEN, Kr. Leonberg.- Dehn, Urnenfelderkultur 91.

17. KOBERN, Kr. Koblenz.- A. Jockenhövel, Arch. Korrbl. 3, 1973, 23f. Abb. 1a.

18. KÖNIGSBRONN, Kr. Heidenheim/Brenz.- Ebd. 28 Abb. 3.

19. NEUSTADT/LACHEN-SPEYERDORF.- D. Zylmann, Bonner Jahrb. 178, 1978, 117 Abb. 1.

20. HADER, Ldkr. Griesbach.- "Schlacke".- J. Pätzold u. H.P. Uenze, Vorgeschichte im Landkreis Griesbach (1963) 65ff. Taf. 28-31.

21. STRAUBING, Grab 26. Hundt, Katalog Straubing II 62 Taf. 61, 3-9.

22. VÖLS, pol. Bez. Innsbruck.- Aus Gräberfeld.- A. Jockenhövel, Arch. Korrbl. 3, 1973, 24 Abb. 1 B, 2-3.

LISTE 22: GUSSFORMEN

1. LINDENSTRUTH, Kr. Gießen. Hort. Zweiteilige Bronze-Gußform für mittelständige Lappenbeile. Gew. 1030 u. 1165 g. Herrmann, Urnenfelderkultur 143 Nr. 470 Taf. 201 A 1; Kibbert, Beile 62f. Nr. 168-169 Taf. 12, 168.169.

2. HAIMBERG, Kr. Fulda. Vermutl. Hort. Zweiteilige Bronze-Gußform für oberständige Lappenbeile. Gew.802 u.822 g. Kibbert, Beile 89 Nr. 322 Taf. 25, 322.

3. SCHOTTEN, Vogelsbergkreis. Hort. Zweiteilige Bronze-Gußform für oberständige Lappenbeile. Gew. 900 u. 908 g. Herr-

mann, Urnenfelderkultur 109 Nr. 291 Taf. 202 A1; Kibbert, Beile 89 Nr. 321 Taf. 25, 321.

4. FRIEDBERG, Wetteraukreis. Hort. Vier Specksteingußformenbruchstücke, darunter eine für Tüllenmeißel. Herrmann, Urnenfelderkultur 117 Nr. 339 Taf. 201 B; 202B.

5. OFFENTHAL. Zwei zusammengehörige Gußformen für Tintinnabula. Herrmann, Urnenfelderkultur 191 Nr. 745 Taf 204, 1.2.

6. ESCHOLLBRÜCKEN, Kr. Darmstadt-Dieburg. Vermutlich aus dem Torfmoor. Fragment einer Granit-Gußform für kleine Ringe. Herrmann, Urnenfelderkultur 158 Nr. 557 Taf. 203 B.

7. RIEDRODE, Kr. Bergstraße. Zweiseitige Sandstein-Gußform für Zungensicheln. Herrmann, Urnenfelderkultur 152 Nr. 530 Taf. 205 A.

8. MÜNSTER, Kr. Darmstadt-Dieburg. Speckstein-Gußform für Tüllenhämmer. Herrmann, Urnenfelderkultur 169 Nr. 601 Taf. 203 C.

9. WIESBADEN-SCHIERSTEIN, Siedlung Freudenberg Grube B. Fragment einer Speckstein-Gußform für mittelständige Lappenbeile. Herrmann, Urnenfelderkultur 104 Nr. 257 Taf. 38,1.

10. WIESBADEN-BIEBRICH, Sandgrube Dormann und Dauer. Fragment einer Sandsteingußform für vierspeichigen Radanhänger mit Öse (oder Radnadel ?). Herrmann, Urnenfelderkultur 98 Nr. 239 Taf. 19,9.

11. ALTEN-BUSECK, Kr. Gießen, Eltersberg. Siedlung. Fragment einer Schiefer-Gußform für einteilige Rasiermesser. A. Rehbaum, Fundber. Hessen 15, 1975, 185 Abb. 8, 12.

12. ELTVILLE, Rheingaukreis, aus Grube. Steingußform für Lappenbeil (Fundber. Hessen in Vorb.).

LISTE 22 A: BRONZENE GUSSFORMEN

SPANIEN UND PORTUGAL

1. CASTRO DAIRE, Prov. Beira Alta, mittelständiges Lappenbeil: L. Monteagudo, Die Beile auf der Iberischen Halbinsel. PBF IX,6 (1977) 208 Nr. 1321 Taf.93, 1321 a-c; identisch mit Vila Boa, Dist. Viseu: P. Kalb, Germania 58, 1980, 44 Abb. 8,42.

2. COTA, Prov. Lugo. "Gefunden in einer kleinen Kiste aus Schieferplatten am Ufer des Flusses Narla: L. Monteagudo, Die Beile auf der Iberischen Halbinsel. PBF IX,6 (1977) 221 Nr. 1416 Taf. 102, 1416.

3. LINARES DE RIOFNO, Prov. Salamanca, Hort: L. Monteagudo, Die Beile auf der Iberischen Halbinsel. PBF IX,6 (1977) 197 Nr. 1246-7 Taf. 86, 1246-7

4. LOS OSCOS, Prov. Ovieda, Einzelfund ?: R.J. Harrison, Madrid. Mitt. 21, 1980, 131ff. Abb. 1-2.

5. BAIOES, D.Pedro do Sul; Castro da Senhora de Guia, Depot, Absatzbeil: A. Coelho Ferreira da Silva, A cultura Castreja no noroeste de Portugal 1986 194 Nr. 207 Taf. 84.

FRANKREICH

6. "ANJOU" (Angers?), Dép. Maine-et-Loire, Absatzbeil: G. Cordier u. M. Gruet, Gallia Préhist. 18, 1975, 235 Abb. 47, 14. [nicht kartiert].

7. PERET-BAUTARES, Dép. Hérault, unbest. Objekt: J.-P. Mohen, Antiqu. Nationales 10, 1978, 32.

8. MESCHERS, Dép. Charente-Maritime, oberständiges Lappenbeil: J. Gomez, Les cultures de l'âge du Bronze dans le bassin de la Charente (1980) Taf. 80,3 (ein zweites Ex. J.-P. Mohen, Antiqu. Nationales 10, 1978, 31).

9. ANGLES, Dép. Vendée, oberständiges Lappenbeil: J.-P. Mohen, Antiqu. Nationales 10, 1978, 32.

10. NOTRE-DAME-D'OR, Dép. Vienne, oberständiges Lappenbeil, Meißel: J.-P. Mohen, Antiqu. Nationales 10, 1978, 32.

11. SAINT-AIGNAN-DE-GRAND-LIEU, Dép. Loire-Atlantique, oberständiges Lappenbeil: J.-P. Mohen, Antiqu. Nationales 10, 1978, 31.

12. SAINT-PHILIBERT-DE-GRAND-LIEU, Dép. Loire-Atlantique, oberständiges Lappenbeil: J.-P. Mohen, Antiqu. Nationales 10, 1978, 31.

13. CLISSON, Dép. Loire-Atlantique, oberständiges Lappenbeil: J.-P. Mohen, Antiqu. Nationales 10, 1978, 31.

14. NANTES, Jardin des Plantes, Dép. Loire-Atlantique, Depot, Tüllenbeil u. unbestimmtes Objekt: J.-P. Mohen, Antiqu. Nationales 10, 1978, 31f.

15. SAINT-NAZAIRE, Dép. Loire-Atlantique, unbest.Objekt: J.-P. Mohen, Antiqu. Nationales 10, 1978, 32.

16. SAINT-DOLAY, Dép. Morbihan, Absatzbeil: J.-P. Mohen, Antiqu. Nationales 10, 1978, 31.

17. SAINT-GREGOIRE, Dép. Ille-et-Vilaine, Depot, oberst. Lappenbeilfrgt.: J. Briard u.a., L'âge du Bronze au Musée de Bretagne (1977) 48f. 54 Abb. 14, 101.

18. MEN-STANG-ROH, Ile de Groix, Dép. Morbihan, oberständiges Lappenbeil: L. Marsille, Bull. Soc. Préhist. Morbihan 1913, 59ff. Taf.3.

19. KERNAOUR-EN-MILLAC, Dép. Finistère, Tüllenbeil: J.-P. Mohen, Antiqu. Nationales 10, 1978, 32.

20. LESTIALA-EN-PLOMEUR, Dép. Finistère, Tüllenbeil Typ Plainseau: C.-T. LeRoux u. J. Briard, Ann. Bretagne 73, 1970, 47 Abb. 3,4.

21. DINARD, Dép. Ille-et-Vilaine, oberständiges Lappenbeil: J.-P. Mohen, Antiqu. Nationales 10, 1978, 31.

22. SAINT-MALO, Dép. Ille-et-Vilaine, oberständiges Lappenbeil: J.-P. Mohen, Antiqu. Nationales 10, 1978, 31.

23. SAINT-MARC-LE-BLANC, Dép. Ille-et-Vilaine, Tüllenbeil: J. Briard, in: Paléometallurgie de la France Atlantique. Age du Bronze 1 (1984) 147.

24. SAINT-GEORGES-DE-LIVOYE, Dép. Manche, oberständiges Lappenbeil: J.-P. Mohen, Antiqu. Nationales 10, 1978, 31.

25. BRIQUEBEC oder QUITTETOT, Dép. Manche, Tüllenbeil: J.-P. Mohen, Antiqu. Nationales 10, 1978, 32; G. Verron, in: Paleometallurgie de la France atlantique. Age du Bronze (2) (1985), 140.

26. CHERBOURG, Dép. Manche, Tüllenbeil: Musée de Troyes. Bronzes. Catalogue (1898) 34 Taf. 12, 101.

27. AUVERS, Dép. Manche, Depot, Beil: G. Germond u.a., Bull. Soc. Préhist. France 85, 1988, 21f. Abb. 4,8.

28. SAINTE-MARIE-LAUMONT, Dép. Calvados, Beil: G. Verron, in: Paleometallurgie de la France atlantique. Age du Bronze (2) (1985), 140.

29. SAINT-MARTIN-DON, Dép.Calvados, Tüllenbeil: J.-P. Mohen, Antiqu. Nationales 10, 1978, 32.

30. CONDE-SUR-NOIREAU, Dép. Calvados, unbest. Objekt: J.-P. Mohen, Antiqu. Nationales 10, 1978, 32.

31. GORRON, Dép. Mayenne, Tüllenbeil: H. Chapelet, L'Homme Préhist. 7, 1909, 354ff.

32. LESBOIS, Dép. Mayenne, Tüllenbeil: J.-P. Mohen, Antiqu. Nationales 10, 1978, 32.

33. GONFREVILLE, Dép. Saine-Maritime, Depot? Lanzenspitze, oberständiges Lappenbeil mit Öse: Dubus, Bull. Soc. Normande et préhist. 7, 1899, 32ff. Taf.1, 1-2.

34. LE HAVRE, Dép.Seine-Maritime, Tüllenbeil: J.-P. Mohen, Antiqu. Nationales 10, 1978, 32.

35. DEVILLE-LES-ROUEN, Dép. Seine-Maritime, Depot, Tüllenbeil Typ Plainseau: G. Verron, Antiquités préhistoriques et protohistoriques. Musée départemental des antiquités de la Seine-Maritime (1971) 62f. Abb. 40.

36. LA RUE SAINT-PIERRE, LA QUEUE DU RENARD, Dép. Seine-Maritime, Absatzbeil G. Verron, Antiquités préhistoriques et protohistoriques. Musée départemental des antiquités de la Seine-Maritime (1971) 48f. Abb.9.

37. GRAVILLE-SAINTE-HONORINE, Dép. Seine-Maritime, Depot, Tüllenbeil: O'Connor, Cross Channel Relations 398ff. Nr. 174.

38. AMIENS, Dép. Somme, oberständiges Lappenbeil, Tüllenbeil: J.-P. Mohen, Antiqu. Nationales 10, 1978, 32.

39. MARLERS-FOUILLOY, Dép. Somme, Tüllenbeil: J.-P. Mohen, Antiqu. Nationales 10, 1978, 32.

40. VRON, Dép. Somme, Absatzbeil: G. Gaucher, J.-P. Mohen, L'âge du Bronze dans le Nord de la France (1974) 96 Abb. 55. G. Cordier, Bull. Soc. Préhist. France 59, 1962, 838f. Abb.1.

41. COUCY-LES-EPPES, Dép. Aisne, Tüllenbeil: J.-P. Mohen, Antiqu. Nationales 10, 1978, 32.

42. VIEUX MOULIN, Saint-Pierre-en-Chastre, Dép. Oise, Höhensiedlung (?), Beil: Blanchet, Picardie 268 Abb. 147,4.

43. ROSIERES, Dép. Oise, Absatzbeil: R. Forrer, Reallexikon der prähistorischen, klassischen und frühchristlichen Altertümer (1908) 64 Abb.45; Blanchet, Picardie 189 Abb.2 [Im Mus. Mosheim, Dép. Bas-Rhin].

44. THIAIS, Dép. Val- de- Marne, Depot, Tüllenbeil Typ Plainseau: Mohen, l'âge du Bronze 155 Abb. 543-546.

45. MONTFORT L'AUMAURY, Dép. Yvelines, Depot, Absatzbeil: Mohen, l'âge du Bronze 73 Abb. 101-104.

46. PARIS, aus der Seine, oberständiges Lappenbeil: Mohen, l'âge du Bronze 137 Abb. 426.

47. LA LANDE-DE-GOULT, Dép. Orne, Tüllenbeil: J.-P. Mohen, Antiqu. Nationales 10, 1978, 32.

48. SAINT-DENIS-LES-PONTS, Dép. Eure-et-Loire, Depot, Absatzbeil: A. Nouel, Rev. Arch. Centre 1967, 55f. Abb. 4-5.

49. SAINT-AIGNAN, Dép. Loir-et-Cher, mittelständiges Lappenbeil: G. Cordier, Bull. Soc. Préhist. France 59, 1962, 843ff. Abb. 4.

50. AZAY-LE-RIDEAU, Dép. Indre-et-Loire, Depot, Tüllenbeil: A. Jockenhövel, Die Rasiermesser in Westeuropa PBF VIII,3 (1980) Taf. 87, 57.

51. SAINT-MARTIN-LE-BEAU, Dép. Indre-et-Loire, Depot, oberständiges Lappenbeil mit Öse: G. Cordier, Bull. Soc. Préhist. France 59, 1962, 840f. Abb.2.

52. BLERE (Umgebung), Dép. Indre-et-Loire, oberständiges Lappenbeil mit Öse: G. Cordier, Bull. Soc. Préhist. France 59, 1962, 842f. Abb.3.

53. NEUVY-SUR-BARANGEON, "Petit-Vilatte", Dép. Cher, Depot, oberständiges Lappenbeil mit Öse: P. de Goy, Mem. Soc. Ant. Centre 1885, 62 Taf. 15.

54. CHAMPBERTRAND bei Sens, Dép. Yonne, Depot, mittelständiges Lappenbeil: A. Nicolas et al., Revue Arch. Est et Centre Est 26, 1975, 178 Abb. 15, 100.

55. CHAMPIGNY, Dép.Aube, Lappenbeil mit Öse: Musée de Troyes. Bronzes. Catalogue (1898) 34 Taf. 12, 100.

56. TONNERRE, Dép. Yonne, Gürtel: J.-P. Mohen, Antiqu. Nationales 10, 1978, 32.

57. CHEVENON-JAUGENAY, Dép. Nièvre, Absatzbeil: J.-P. Mohen, Antiqu. Nationales 10, 1978, 31.

58. LARNAUD, Dép. Jura, Depot, Lanzenspitze: J.-P. Mohen, Antiqu. Nationales 10, 1978, 32.

59. MACON, Dép. Saône-et-Loire, oberständiges Lappenbeil: J.-P. Mohen, Antiqu. Nationales 10, 1978, 32.

60. COLLONGES-SUR-SAONE, Dép. Rhône, oberständiges Lappenbeil: J.-P. Mohen, Antiqu. Nationales 10, 1978, 32; vielleicht identisch mit "Lyon, aus der Rhône": E. Chantre, Études paléthnologiques dans le Bassin du Rhône - Recherches sur l'origine de la métallurgie en France (1875) Taf.1.

61. NANTES (Museum), Dép. Loire-Atlantique, Tüllenbeil: J. Briard, in: Paléometallurgie de la France Atlantique. Age du Bronze 1 (1984) 147.

62. "COUTENTIN", Normandie: Mem. Soc. Ant. Normande 1827-28 Taf.18. [Nicht kartiert].

63. Fundort unbekannt. Museum Le Havre , Lanzenspitze: J.-P. Mohen, Antiqu. Nationales 10, 1978, 32.

64. Aus der MARNE: Absatzbeil.- Hansen, in Gerloff/ Hansen/ Oehler, Druck in Vorbereitung.

SCHWEIZ
65. MORGES, Kt. Vaud (J. Evans, The Ancient Bronze Implements, Weapons and Ornaments (1881) 441; F. Troyon, Habitations Lacustres des Temps Anciens et Modernes (1860) Taf. 15.

66. ESTAVAYER, Kt. Fribourg, Seerandstation, mittelständiges Lappenbeil: R. Wyss, Bronzezeitliche Gußtechnik (1967) 10 Abb.7.

67. CORCELETTES, Kt. Neuchatel, Seerandstation, Lappenquerbeil: M. D. Viollier, in: Congr. Préhist. France. Nimes-Avignon (1931) 241 Abb. 11.

68. AUVERNIER, Kt. Neuchatel, Seerandstation, 2 Formen für oberständige Lappenbeile: R. Wyss, Bronzezeitliche Gußtechnik (1967) 10 Abb.6.67; V. Rychner, Auvernier 1968-75 (1987) Taf. 35.

69. CUNTER-CASCHLINS, Depot, mittelständiges Lappenbeil: S. Nauli, Helvetia Arch. 8, 1977, 33 m. Abb.

70. MONTLINGER BERG, Kettenzwischenglieder, Spätlatenezeitlich: H. Drescher, Der Überfangguß (1958) 114 Taf. 38 [nicht kartiert].

ITALIEN

71. BOLOGNA, San Francesco, Depot: J. Evans, The Ancient Bronze Implements, Weapons and Ornaments (1881) 448.

72. CASALECCHIO b. Rimini, Forli, Depot, Lappenbeil: O. Montelius, La Civilisation primitive en Italie (1895) Taf. 30,6.

73. S. PIETRO DI GORIZIA, Depot: L. Pigorini, Bull. Paletn. Ital. 22, 1896, 105ff.

74. VETTA MARINA, Prov.Ancona, Anhänger und Ringe, eisenzeitlich (?): L. Pigorini, Bull. Paletn. Ital. 22, 1896, 106f. Abb. 2-3. [Nicht kartiert].

75. SATURNIA NEL GROSSETO: L. Pigorini, Bull. Paletn. Ital. 22, 1896, 105ff.

76. COPPA NEVIGATA: R.F.Tylecote, A history of metallurgy (1976) 33; aber in Monumenti Ant. 19, 1908, 309ff. nicht erwähnt. [Nicht kartiert].

BR DEUTSCHLAND

77. ERLINGSHOFEN, Ldkr. Eichstätt, Depot, Schwertgriff: Müller-Karpe Vollgriffschwerter 121 Taf. 64,1.

78. GÖSSENHEIM, Ldkr. Gemünden, Depot, oberständiges Lappenbeil: Müller-Karpe, Chronologie 294 Taf. 173 B.

79. HAIMBACH: Liste 22 Nr. 2.

80. SCHOTTEN: Liste 22 Nr. 3.

81. LINDENSTRUTH: Liste 22 Nr. 1.

82. NEUWIED-GLADBACH, Kr. Neuwied: Kibbert, Beile 62 Nr. 167 Taf. 12, 167.

83. KONZ, Kr. Saarburg-Trier: Kolling, Späte Bronzezeit 176f. Taf. 43, 3-11.

84. WALLERFANGEN, Kr. Saarlouis: Kolling, Späte Bronzezeit 197 Taf. 44, 1-2; 45- 47).

85. BODENSEEGEBIET, Flachbeil: H. Drescher, Der Überfangguß (1958) 112. [Nicht kartiert].

86. ERKRATH, Kr. Düsseldorf-Mettmann, Tüllenbeil: Kibbert, Beile 128 Nr. 599 Taf. 46, 599.

87. WERNE, aus der Lippe: K. Brandt, Bilderbuch zur Ruhrländischen Urgeschichte Bd.2 (o.J.) 24f. Abb.12-13.

88. SCHINNA, Kr. Nienburg, 2 Formen für Tüllenbeile, 1 für Sicheln: K.-H. Jacob-Friesen, Die Kunde 1940, 108ff. Abb. 1-2.; H. Drescher, Die Kunde N.F. 8, 1957, 52ff.Taf.3.

89. HAASSEL, Kr. Uelzen, 2 Formen für Absatzbeile: H. Drescher, Die Kunde N.F. 8, 1957, 52ff.Taf.2.

90. LÜNEBURG, 2 Formen für Absatzbeile: H. Drescher, Die Kunde N.F. 8, 1957, 52ff. Taf.2.

NIEDERLANDE UND BELGIEN

91. HAVELTE: J.J. Butler, Nieuwe Drentse Volksalmanak 79, 1961, 204 Abb.11.

92. HEUSDEN, Gem. Destelbergen, Prov. Ostflandern, Einzelfund, Tüllenbeil: M. Desittere, Helinium 19, 1979, 128ff. m. Abb.

93. BUGGENUM, Ned Limburg, Baggerfund, Absatzbeil: J.J. Butler, Palaeohistoria 15, 1973, 322 Abb.1.

94. MAASTRICHT, Limburg, Tüllenbeil: J.J. Butler, Palaeohistoria 15, 1973, 338 Abb. 15.

GROSSBRITTANNIEN UND IRLAND

95. HOTHAM CARR, Yorkshire, mittelständiges Lappenbeil: J. Evans, The Ancient Bronze Implements, Weapons and Ornaments (1881) 439 Abb. 527.

96. HOO, Rochester, Kent. Absatzbeil.

97. WILTSHIRE, Absatzbeil: J. Evans, The Ancient Bronze Implements, Weapons and Ornaments (1881) 440 Abb. 528.

98. LONDON. Absatzbeil.

99. BANGOR (Umgebung), Caernarvonshire. Absatzbeil.

100. WILMINGTON, Sussex, Tüllenbeil.

101. CHARNWOOD FOREST, Nottinghamshire. Tüllenbeil.

102. LLYNMAWR, Merionshire. Absatzbeil.

103. HEATHERY BURN, Durham, Höhlenfund, Tüllenbeil.

103A. ROSEBERRY Topping, Yorkshire. Tüllenbeil [Nicht kartiert].

104. NORWICH, Norfolk, Tüllenbeil.

105. CAMBRIDGE. Tüllenbeil.

106. SOUTHALL, Middlesex, Hort, Tüllenbeil.

107. DONHEAD, Wiltshire.

108. QUANTOCK HILLS, Sommersetshire, Tüllenbeil.

109. ISLE OF HARTY, Tüllenbeile und -meißel: J. Evans, The Ancient Bronze Implements, Weapons and Ornaments (1881) 446 Abb. 532.

110. BEDINGTON, Surrey, Tüllenbeil.

111. WICKHAM PARK, Surrey, Tüllenbeil.

112. AKESDEN, Essex. Tüllenbeil.

113. WASHINGBOROUGH, Lincolnshire, Tüllenbeil: J. Evans, The Ancient Bronze Implements, Weapons and Ornaments (1881) 447.

114. CLEVELAND, Tüllenbeil: J. Evans, The Ancient Bronze Implements, Weapons and Ornaments (1881) 447.

115. BEESTON REGIS, Norfolk. Depot. Tüllenbeil: A.J. Lawson, Antiquity 54, 1980, 217ff. Taf. 28b.

116. IRLAND, Absatzbeil: J. Evans, The Ancient Bronze Implements, Weapons and Ornaments (1881) 440.

Nachweise für Nummer 95-114: H.W.M. Hodges, Sibrium 5, 1960, 161.

DÄNEMARK UND SCHWEDEN

117. DÄNEMARK, Absatzbeil: H.C. Broholm, Danske Oldsager Bd. 4 (1953) 94 Nr.432 Abb. 432.

118. HOLBAEK, Holbaek Amt, aus einem Moor: E. Aner, K. Kersten, Die Funde der älteren Bronzezeit des nordischen Kreises in Dänemark, Schleswig Holstein und Niedersachsen Bd.2 Holbaek, Soro und Praesto Amter (1976) 31 Nr. 700 Taf. 18, 700.

119. GOTLAND, Absatzbeil: J. Evans, The Ancient Bronze Implements, Weapons and Ornaments (1881) 448. [Nicht kartiert].

120. Birka, wikingerzeitliche Bronzeform für runde Anhänger: H. Drescher, Die Kunde N.F. 8, 1957, 62 Anm. 16. [Nicht Kartiert].

DDR

121. GRABOW, Kr. Ludwigslust: H. Keiling, Die Kulturen der mecklenburgischen Bronzezeit (1987) 48 Taf. 2 unten.

122. HOLZENDORF, Kr. Sternberg, Tüllenbeil: H. Keiling, Die Kulturen der mecklenburgischen Bronzezeit (1987) 48 Taf. 2 oben.

123. VORLAND, Kr. Grimmen, Depot, mittelständiges Lappenbeil: K. Kersten, Die Funde der älteren Bronzezeit in Pommern (1958) 30 Nr. 289 Taf. 23 C.

124. KARBOW, Kr. Lübz, Tüllenbeil: H. Keiling, Die Kulturen der mecklenburgischen Bronzezeit (1987), 47 Taf. 1.

125. NEUFAHRLAND, Kr. Potsdam, Depot, mittelständiges Lappenbeil: F. Horst, Inventaria Arch. DDR H.6 (1987) Abb. 54, 5.

126. Berlin-SPINDLERSFELD, Depot, Nadel: K. Goldmann, Arch. Korrbl. 11, 1981, 112 Abb. 3.

127. POLZEN, Kr. Schweinitz, Absatzbeil: A. Bastian, A. Voß, Die Bronzeschwerter des Königlichen Musueums zu Berlin (1878) Taf. 14,9; K. H. Jacob- Friesen in: Schumacher Festschrift (1930) 144 Abb. 3.

128. MERSEBURG, oberständiges Lappenbeil: W. Schulz, Vor- und Frühgeschichte Mitteldeutschlands (1939) 80, Abb. 95g.

129. WALTERSDORF, Kr. Zittau, Buchberg, Höhenfund?, mittelständiges Lappenbeil: W. Coblenz, Památky Arch. 1961, 367 Abb.3.

POLEN

130. KIELPINO, Woiw. Szcezcin (Kölpin), Depot, Tüllenbeil: E. Sprockhoff, Niedersächsische Depotfunde der jüngeren Bronzezeit (1932) Taf. 16, d-f.

131. BRZEG GLOGOWSKI, Woiw. Legnica, Tüllenbeil: T. Malinowski, Pamietnik Muz. Miedzi 1, 1982, 252 Abb.2.; B. Gediga, ebd. 117 Abb. 10.

132. PAWLOWICZKI (Gnadenfeld, Oberschlesien), Absatzbeil: J. Evans, The Ancient Bronze Implements, Weapons and Ornaments (1881) 448.

TSCHECHOSLOWAKEI

133. PRAHA-SUCHDOL 1, mittelständiges Lappenbeil: J. Böhm, Památky Arch. 36, 1928, 1ff.; O. Kytlicová, Arch. Polski 27, 1982, 389 Abb. 1, 11-12.

134. NOVA VES, Okr. Kolin , Depot, Absatzbeil: J. Schranil, Die Vorgeschichte Böhmens und Mährens (1928) 145 Taf. 28,2; A. Stocky, Čechy v dobe bronzové (1928) Taf. 40.

135. BOSOVICE, okr. Pisek, Depot: O. Kytlicová, Arch. Rozhledy 16, 1964 Abb. 161.

UDSSR

136. KASACHSTAN oder Südwestsibirien, aus einem Hort: A.M. Tallgren, Varia, Eurasia Septentrionalis Arch. 12, 1938, 217ff. bes. 233 u.227 Abb. 20-22.

CYPERN

137. NICOSIA, Enkomi, Gunnis Hoard, Pflugschar: H.W. Catling, Cypriot Bronzework in the Mycenean World (1964), 272 Taf. 50a.

138. NICOSIA, Mathiati Hoard: H.W. Catling, Cypriot Bronzework in the Mycenean World (1964) 272f. Taf. 50b.

139. ENKOMI, unpubliziert: H.W. Catling, Cypriot Bronzework in the Mycenean World (1964) 273.

GRIECHENLAND

140. VASSILIKI IERAPETRAS, Kreta: Doppelbeil: C. Mavriyannaki, Revue Arch. 1983, 200f. Abb. 7-8.

141. SAMOS, Pfeilspitzen (archaisch): Mus. Samos.

142. OLYNTH, Pfeilspitzen (klassisch): D.M. Robinson, Excavations at Olynth X. Metal and minor miscellaneous finds (1941) 411 Taf. 126, 2139.

VORDERER ORIENT

143. MOSUL, sechsteilig für Pfeilspitzen (7/6.Jh.): H. Maryon, Am. Journ. Arch. 65, 1961, 183 Taf. 72,17.

144. CARCHEMISH, Haus E (7./6.Jh): C.L.Wooley, Carchemish, Report on the Excavations at Jerablus on Behalf of the British Museum 2. The Town Defences (1921) 130f. Taf. 23b.

TAFELN

(Maßstab sofern nicht anders angegeben 1:2; für Taf. 6: 1:4; Taf. 13, 3-12 und 14, 1-7: 2:3; Taf. 16-22: 1:3; die in Klammern angegebenen Listennummern beziehen sich auf die jeweilige Objektliste [Schwerter etc.])

Tafel 1

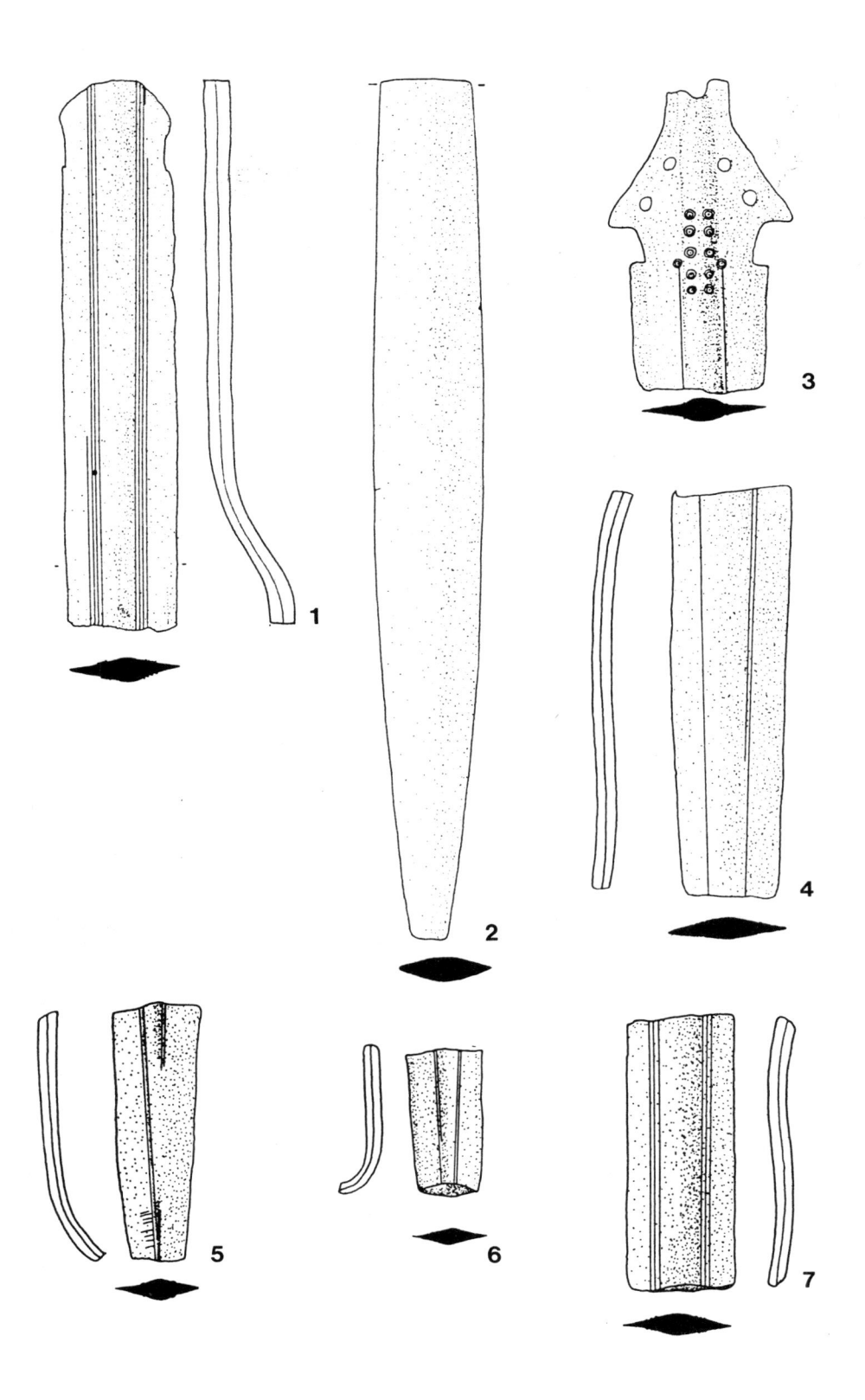

1.2 Gudensberg (117. 118).- 3 Butzbach (99).- 4 Planig (78).- 5 Gambach (80).- 6 Mannheim-Wallstadt (82).- 7 Bad Homburg (85).

Tafel 2

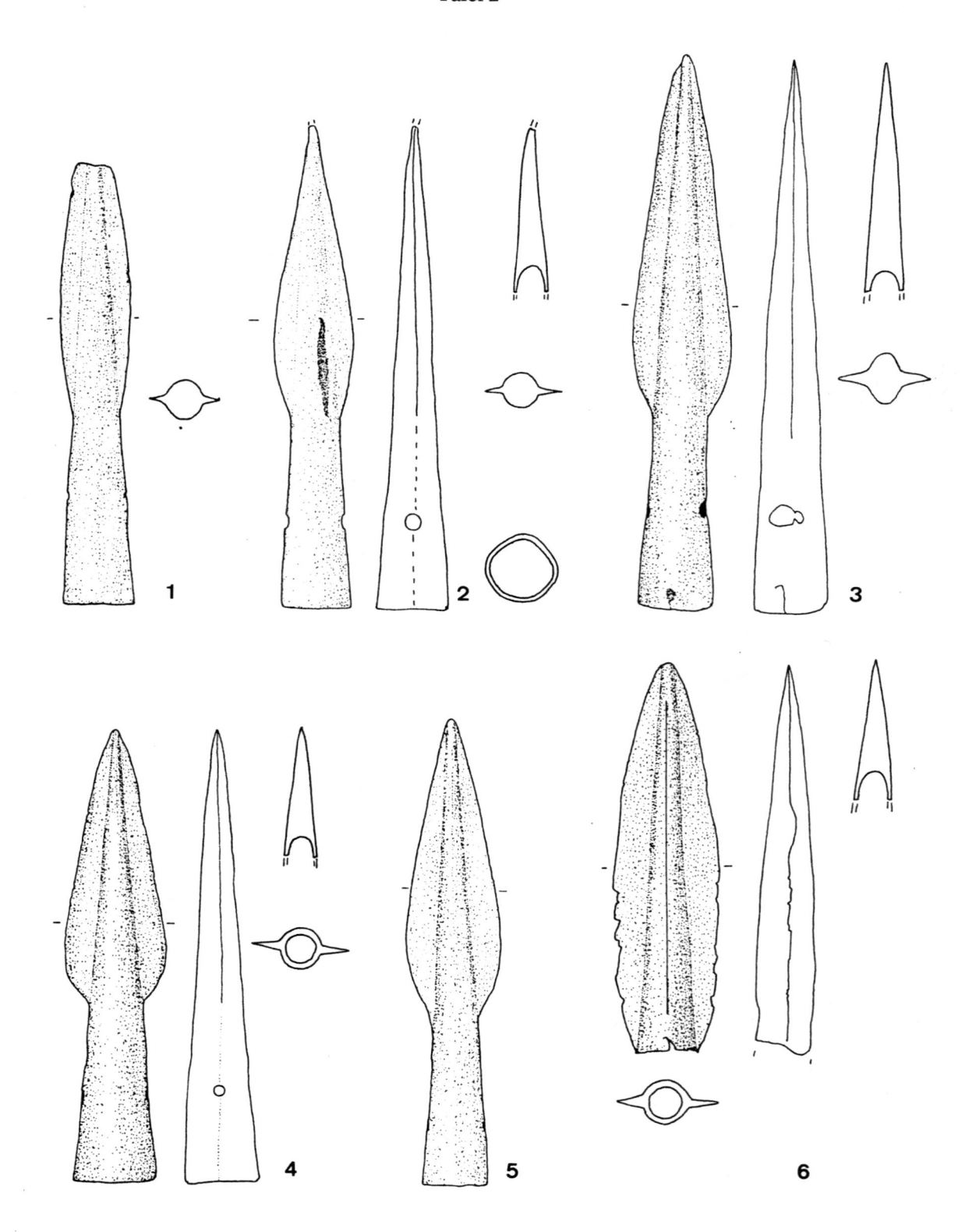

1 Fundort unbekannt (165).- 2 "Rheinpfalz" (169).- 3 Neckar bei Heidelberg (125).- 4 Aus dem Rhein (102).- 5 Hochborn (19).- 6 Rhein bei Mainz (93).

Tafel 3

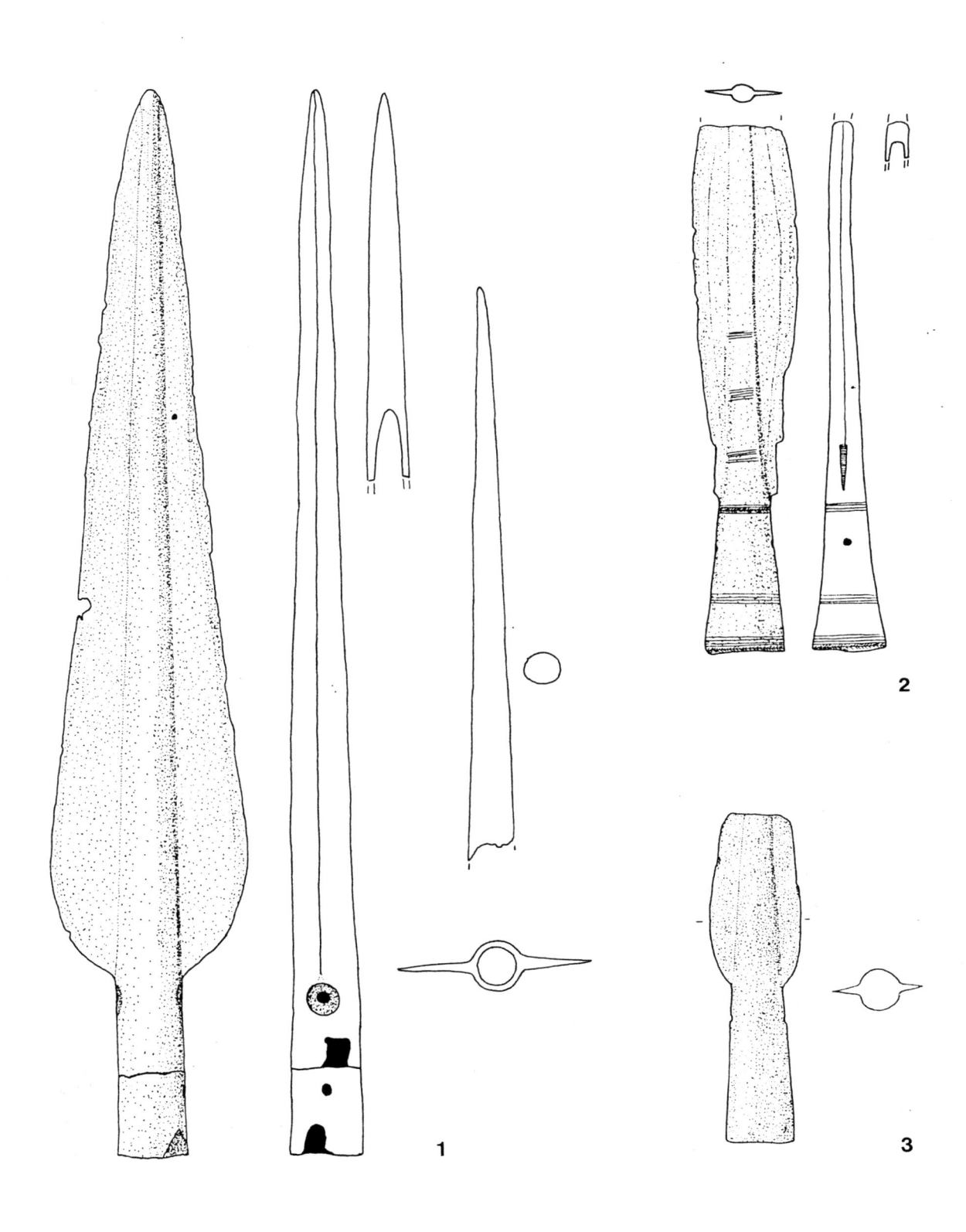

1 Rhein bei Oppenheim (101).- 2 Fundort unbekannt (168).- 3 Fundort unbekannt (166).

Tafel 4

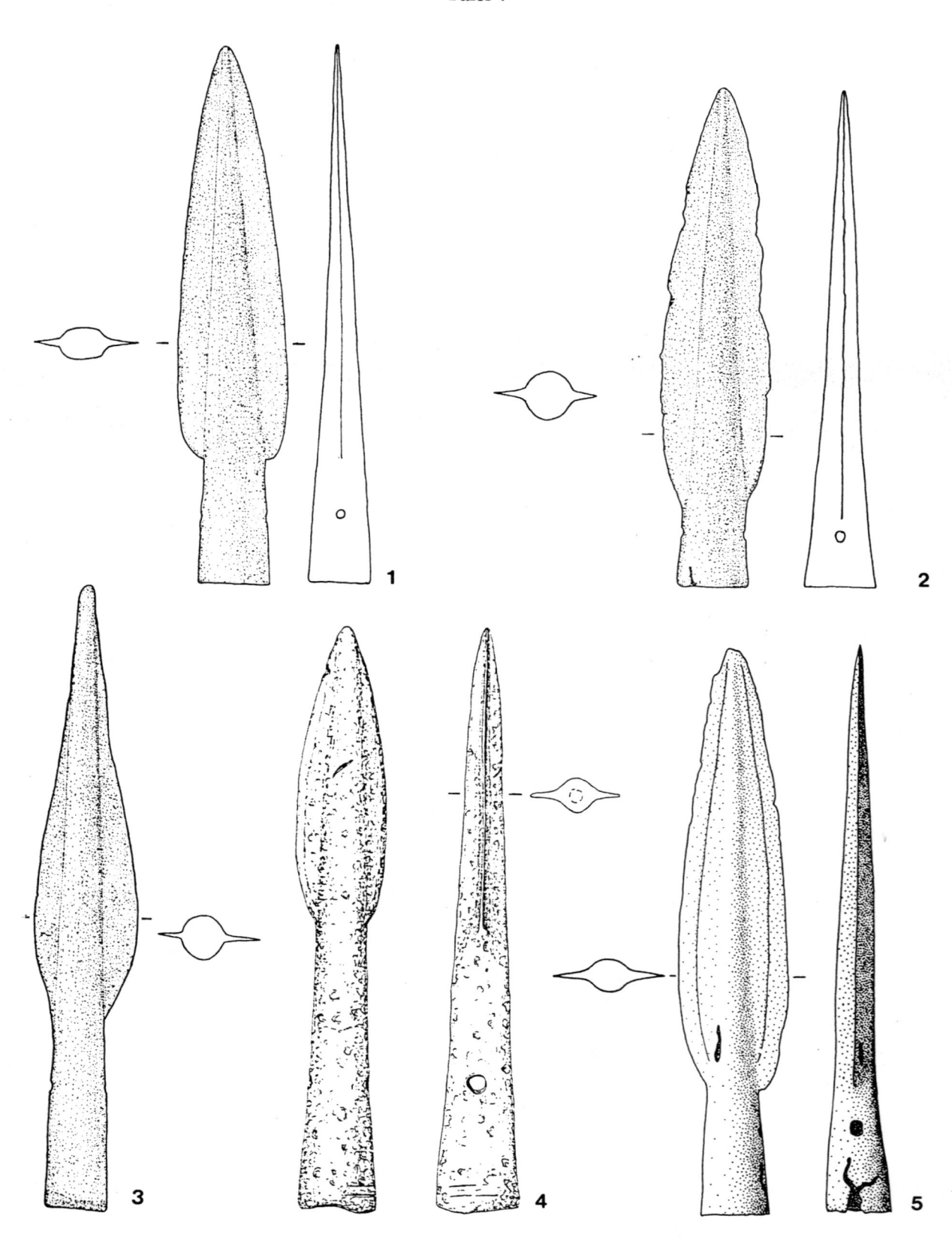

1 Rhein bei Mainz (65).- 2 Rhein (?) bei Ebersheim (107).- 3 Rhein bei Bacharach (97).- 4 Hünfeld (155).- 5 Großkrotzenburg (114 A) (4 nach Landesamt f. Denkmalpflege. 5 nach Hanauer Geschbl.).

Tafel 5

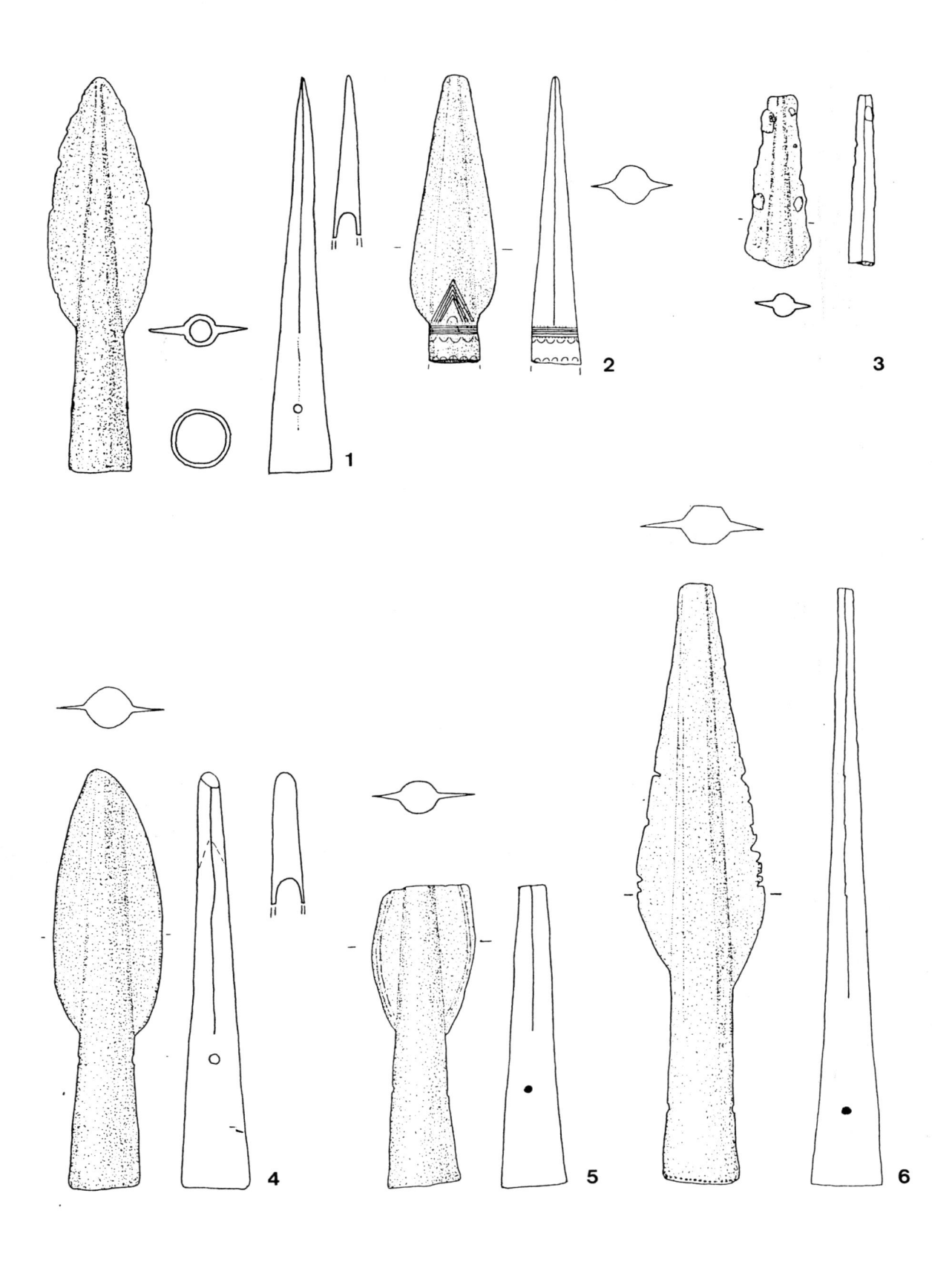

1 Osterburken (170).- 2 Rhein bei Mainz (94).- 3 Rhein bei Bingen (?) (103).- 4 Glauberg-Glauburg (158).- 5 Umgebung Worms (133).- 6 Rhein bei Bacharach (97).

Tafel 6

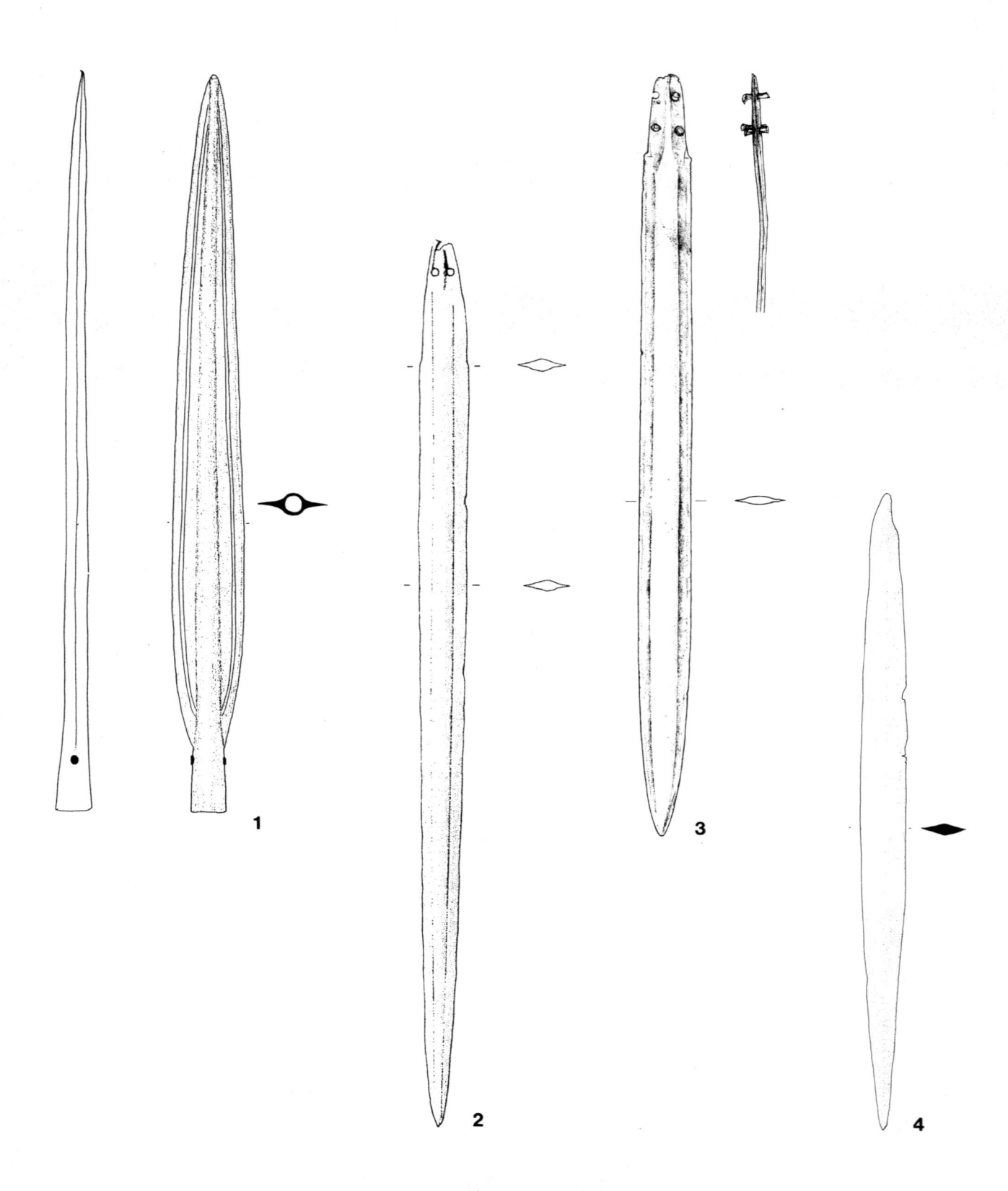

1 Rhein bei Mainz (90).- 2 Main bei Seligenstadt (65 A).- 3 Lahn bei Heuchelheim (67 A).- 4 Rhein bei Bingen (30). (2 nach Hanauer Geschbl. 3 nach Landesamt f. Denkmalpflege).

Tafel 7

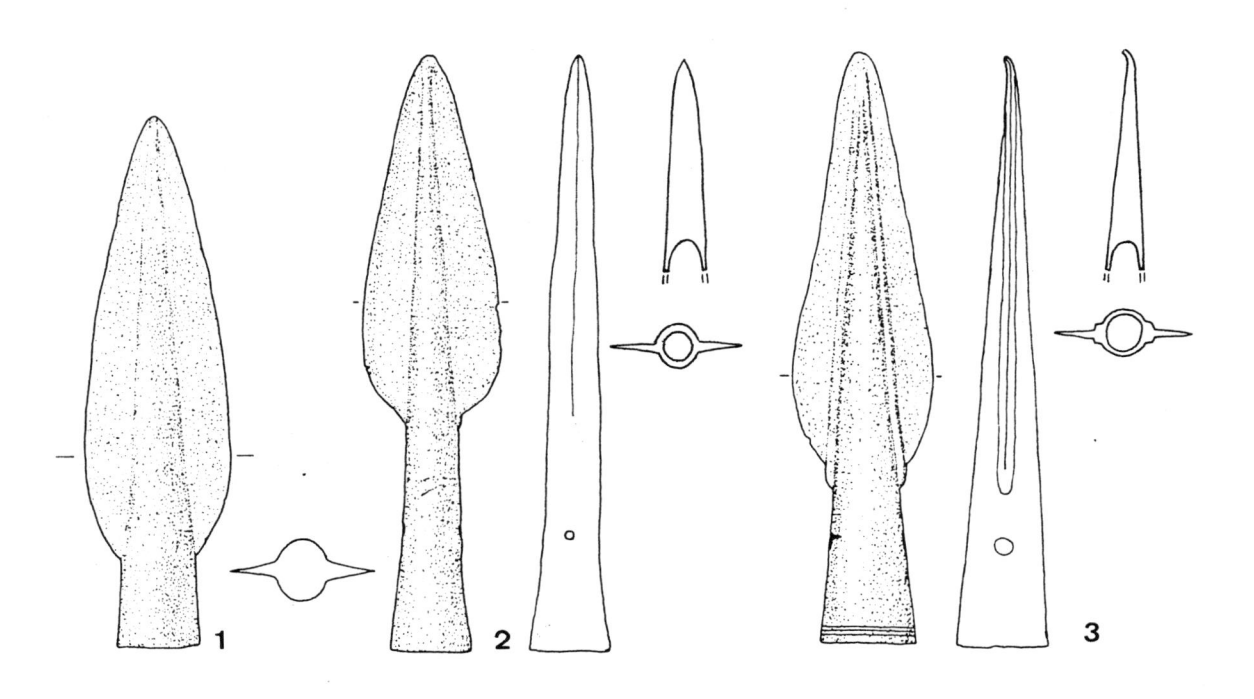

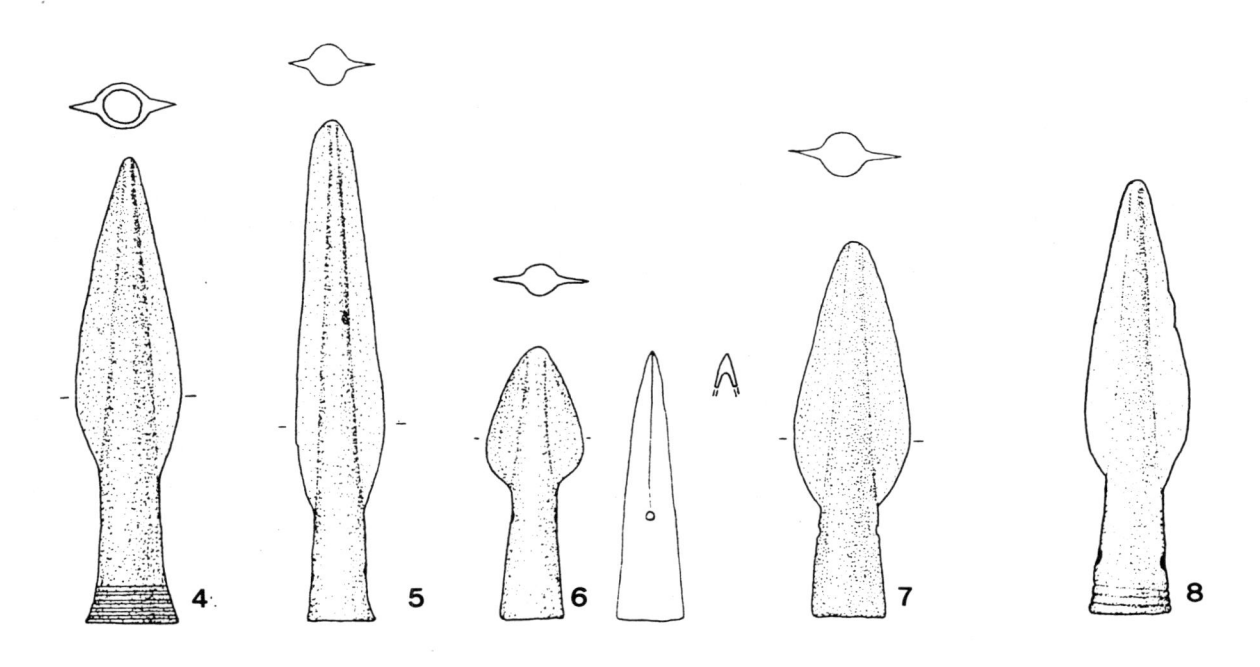

1 Fundort unbekannt (163).- 2 Dieburg (156).- 3 Neckar (?) bei Heidelberg (124).- 4 Neckar bei Ladenburg (126).- 5 Rhein b. Trechtinghausen (109).- 6 Umgebung Büdingen(?) (167).- 7 Fundort unbekannt (164).- 7 Wanfried (172). (3. 4. nach Zeichnung B. Heukemes. 7 nach Ortsakten LfD Marburg).

Tafel 8

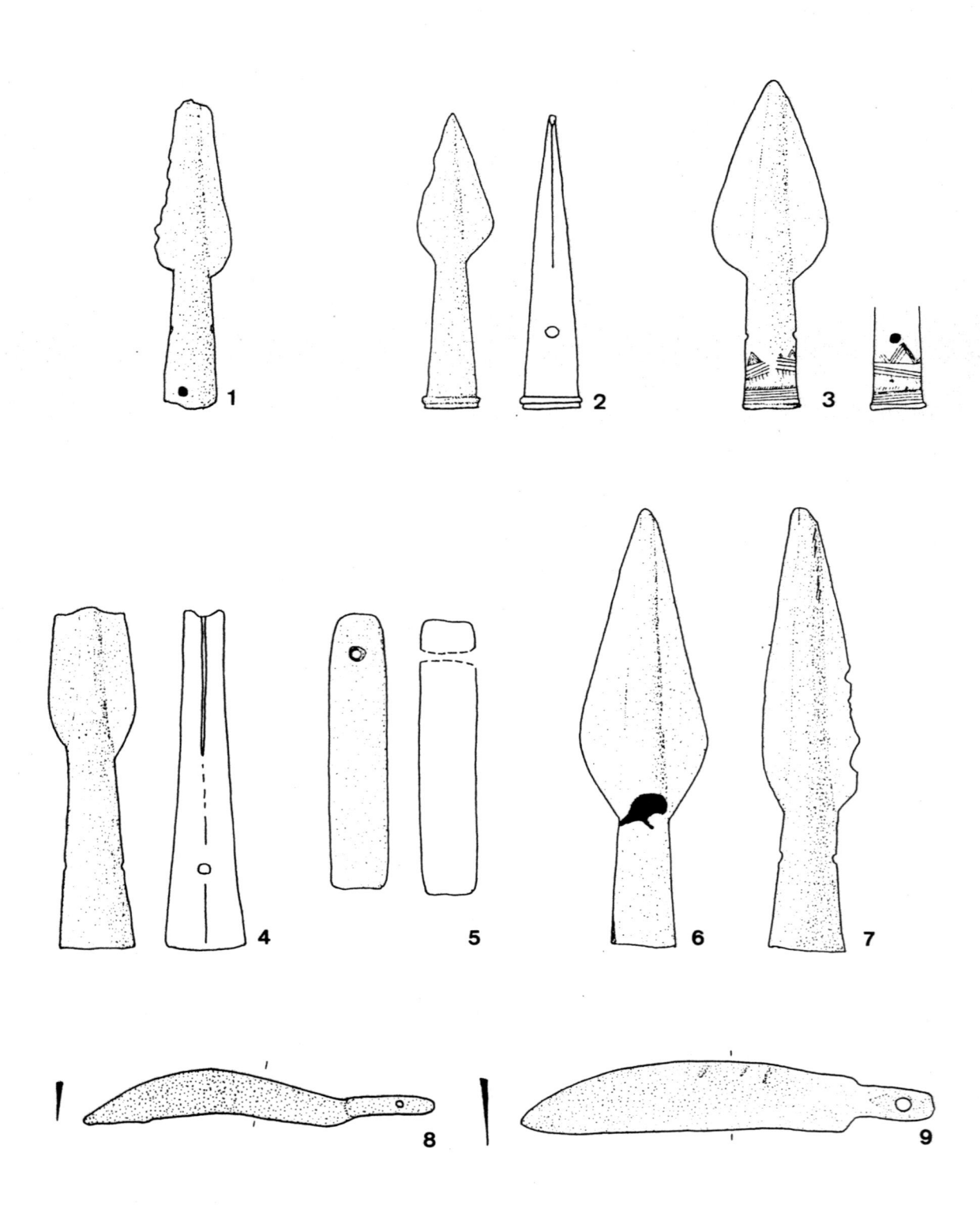

1 Stärklos (172).- 2 Bei Gittersdorf (173).- 3 Datterode (174).- 4-5 Alberode (175).- 6 Bilstein (176).- 7 Datterode (177).- 8 Bingen (208).- 9 Bingerbrück (179). (1- 7 nach Ortsakten Marburg)

Tafel 9

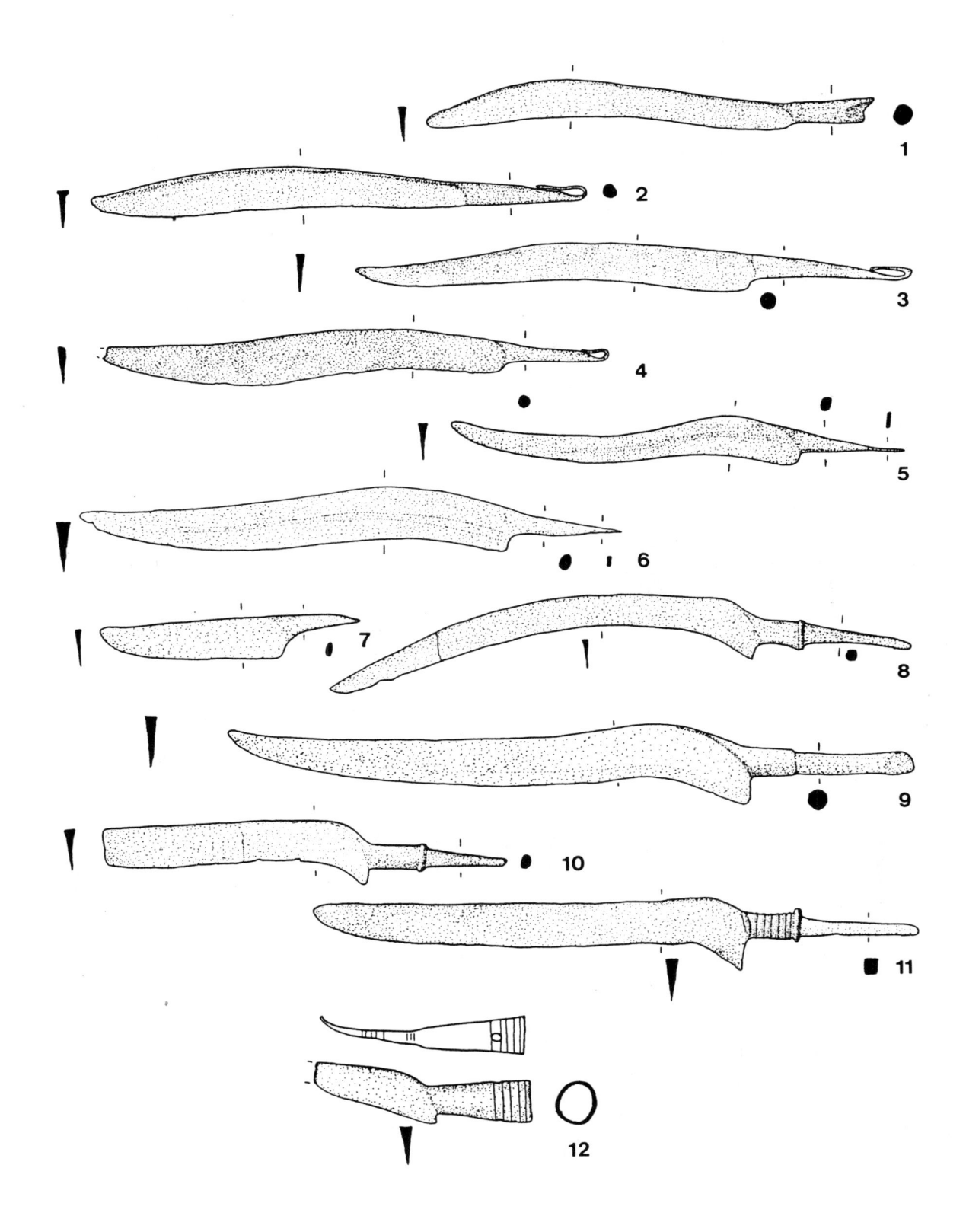

1-2. 5-6. 8 Bingerbrück, aus dem Rhein (186. 180. 182. 183. 184).- 3-4 Mainz, aus dem Rhein (168. 169).- 7 Wiesbaden, aus dem Rhein (178).- 9 Umgebung Bingen (?).- 10 Bacharach, aus dem Rhein (185).- 11 Ginsheim-Gustavsburg, aus dem Rhein (169).- 12 Hochstadt (147).

Tafel 10

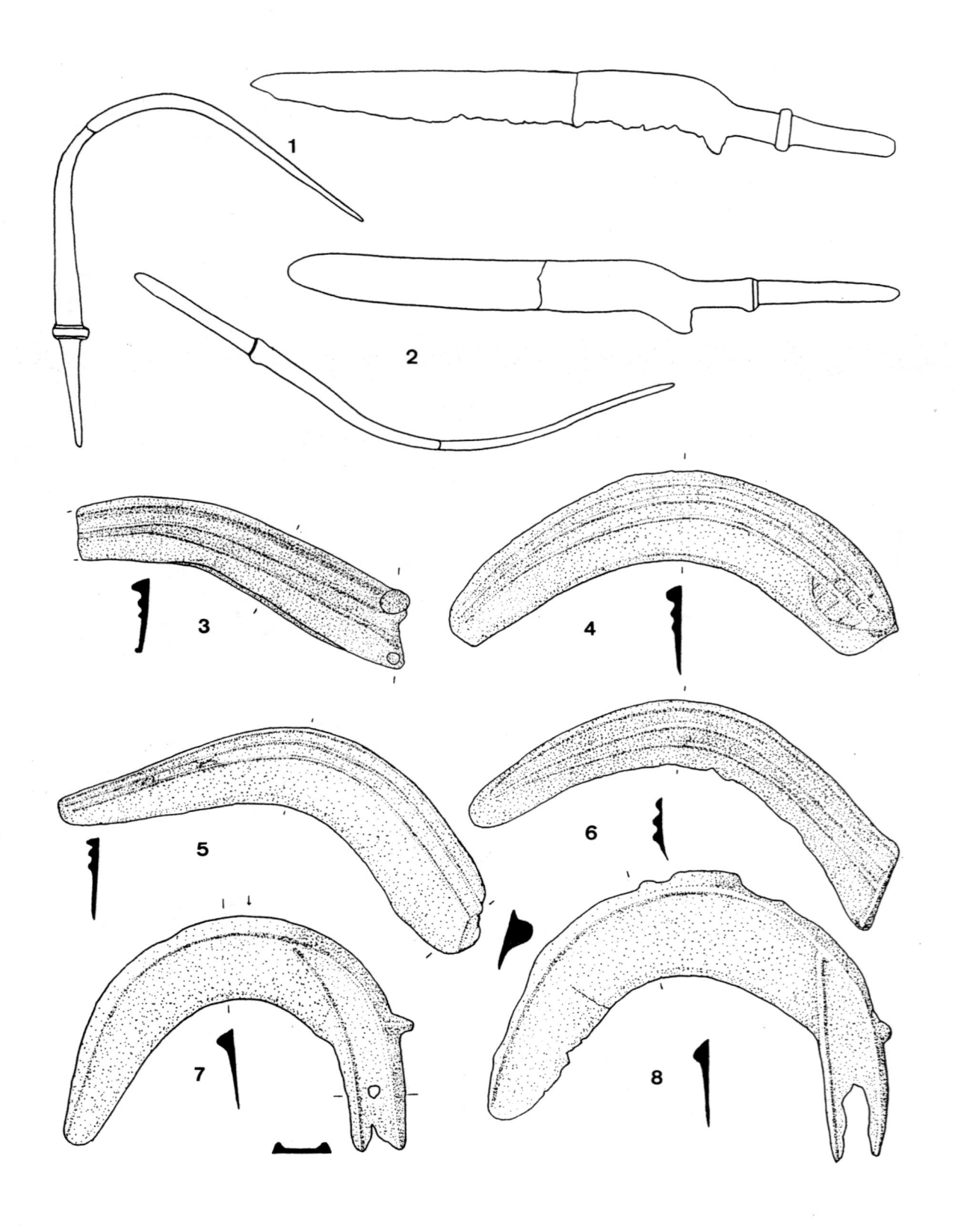

1-2 Bad Homburg (137. 138).- 3 Bad Kreuznach (9).- 4 bei Lauterbach (203).- 5 Umgebung Büdingen (206).- 6. 8 Trechtingshausen, aus dem Rhein (?) (196. 194).- 7 Groß-Bieberau (207).

Tafel 11

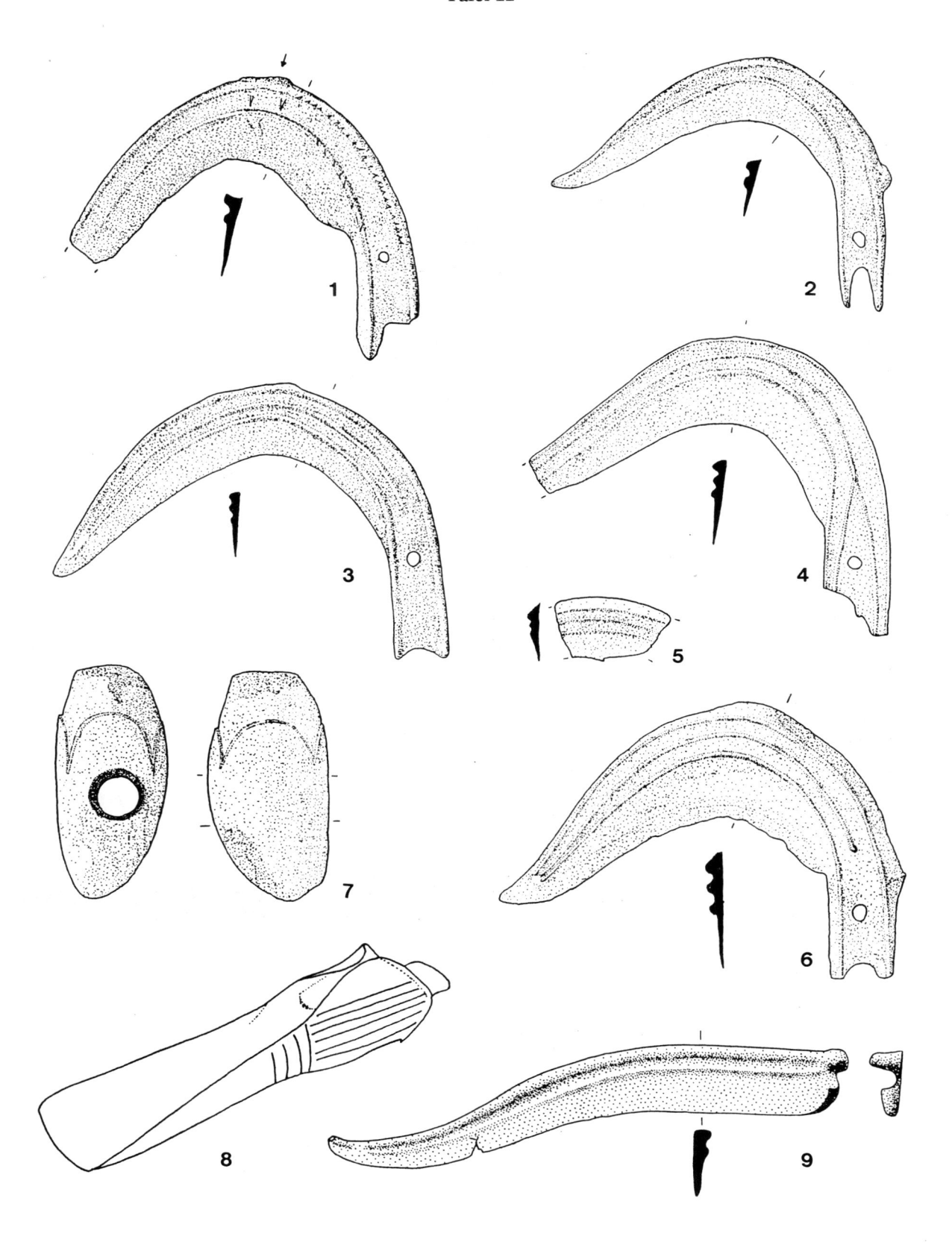

1 Mainz (?) (213a).- 2-3 Trechtingshausen, aus dem Rhein (?) (195. 197).- 4-5 Hochstadt (34. 37).- 6 Butzbach (30).- 7 Schotten.- 8 Stockstadt (299).- 9 Großkrotzenburg (202 C) (7. nach Ortsakten LfD Marburg. 8 nach Foto. 9 nach Hanauer Geschbl.).

Tafel 12

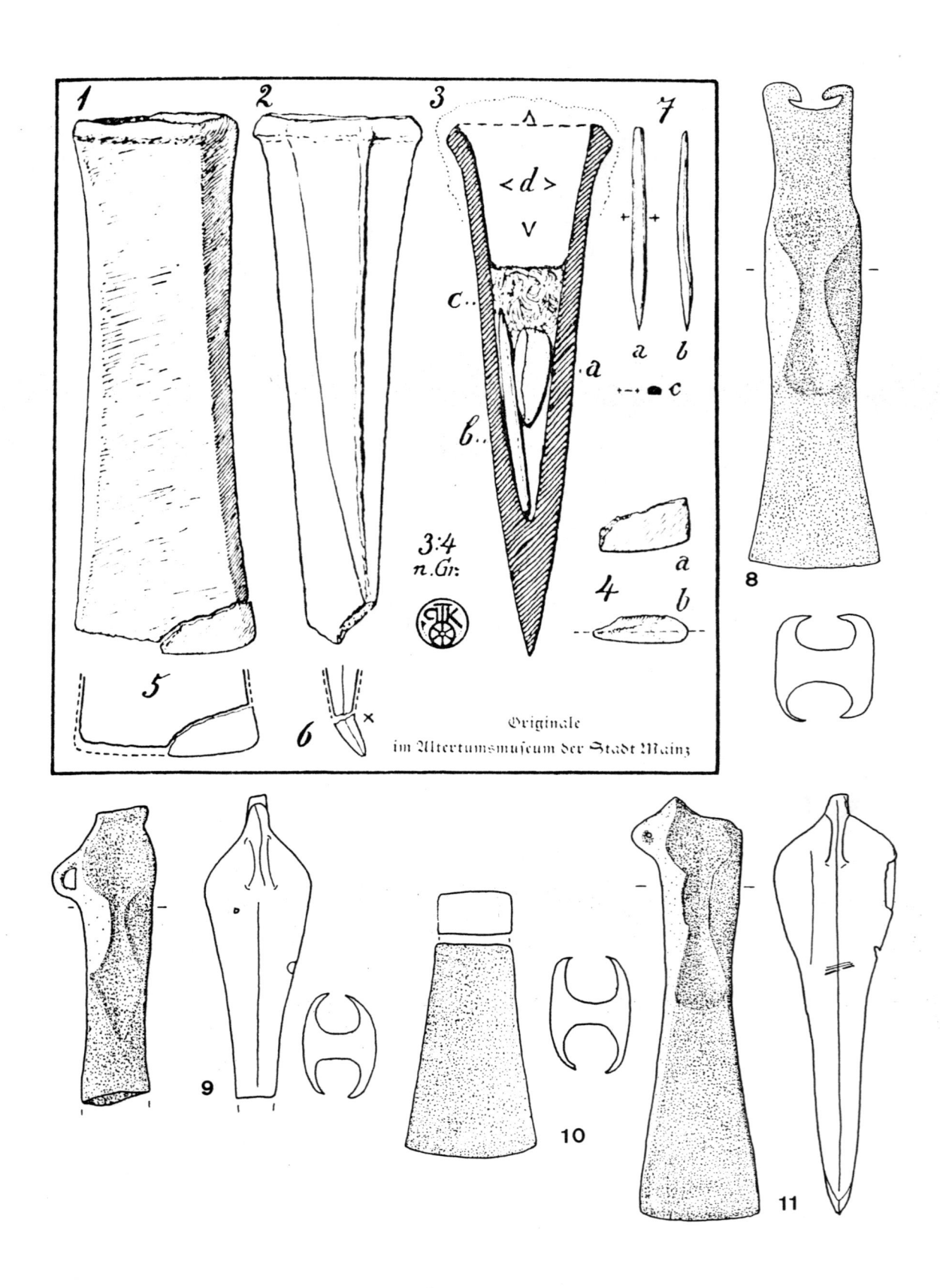

1-7 Mainz, aus dem Rhein (254).- 8 Hemsbach (397).- 9-11 Mannheim-Wallstadt (195-198). (1-7 nach Keßler).

Tafel 13

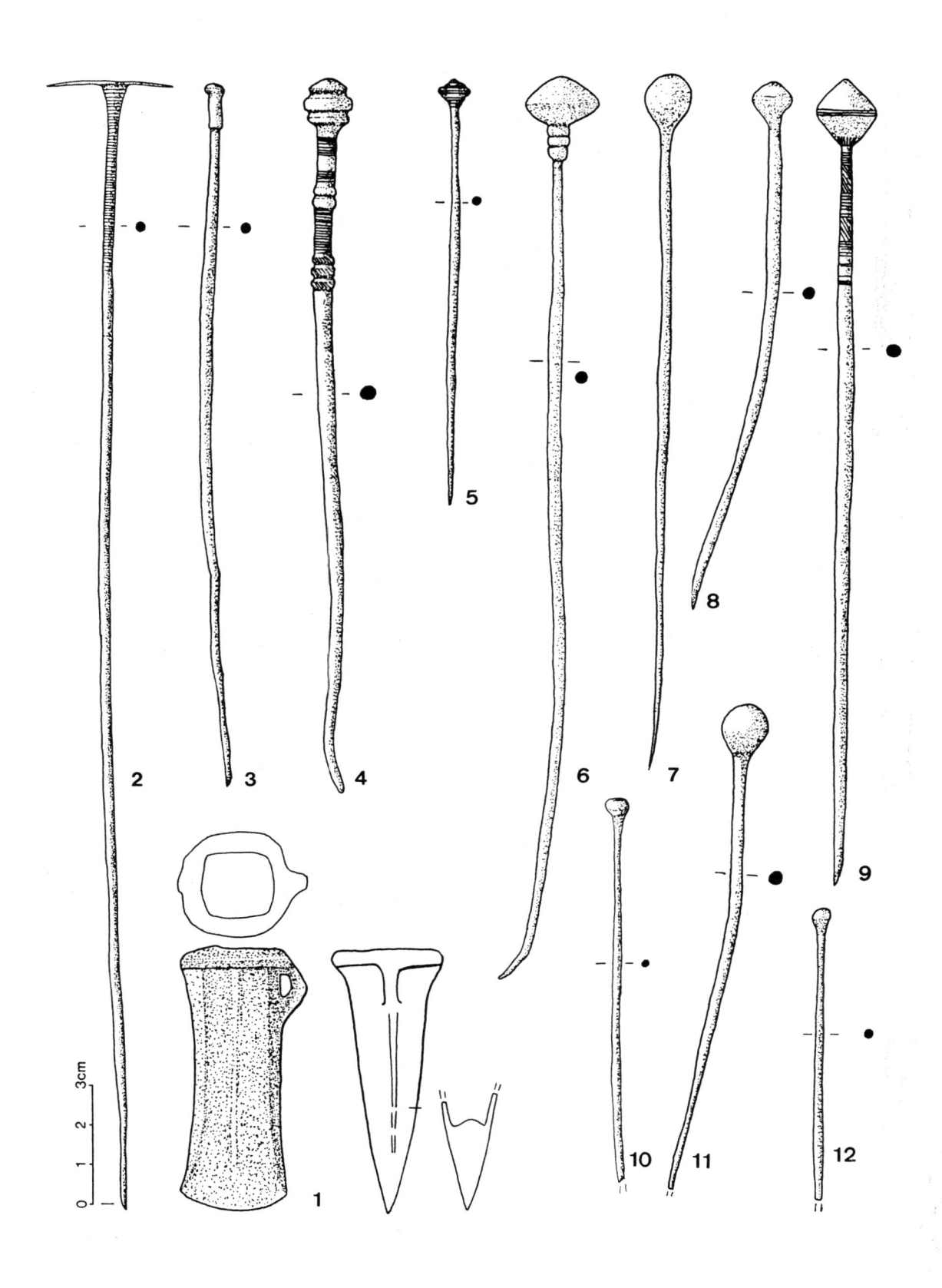

1 Hattendorf (194).- 2-9, 11-12 Trechtingshausen (408. o.Nr. 404. 409. 405. 403. 411. 410. 406. 401).- 10 Bacharach (414).

Tafel 14

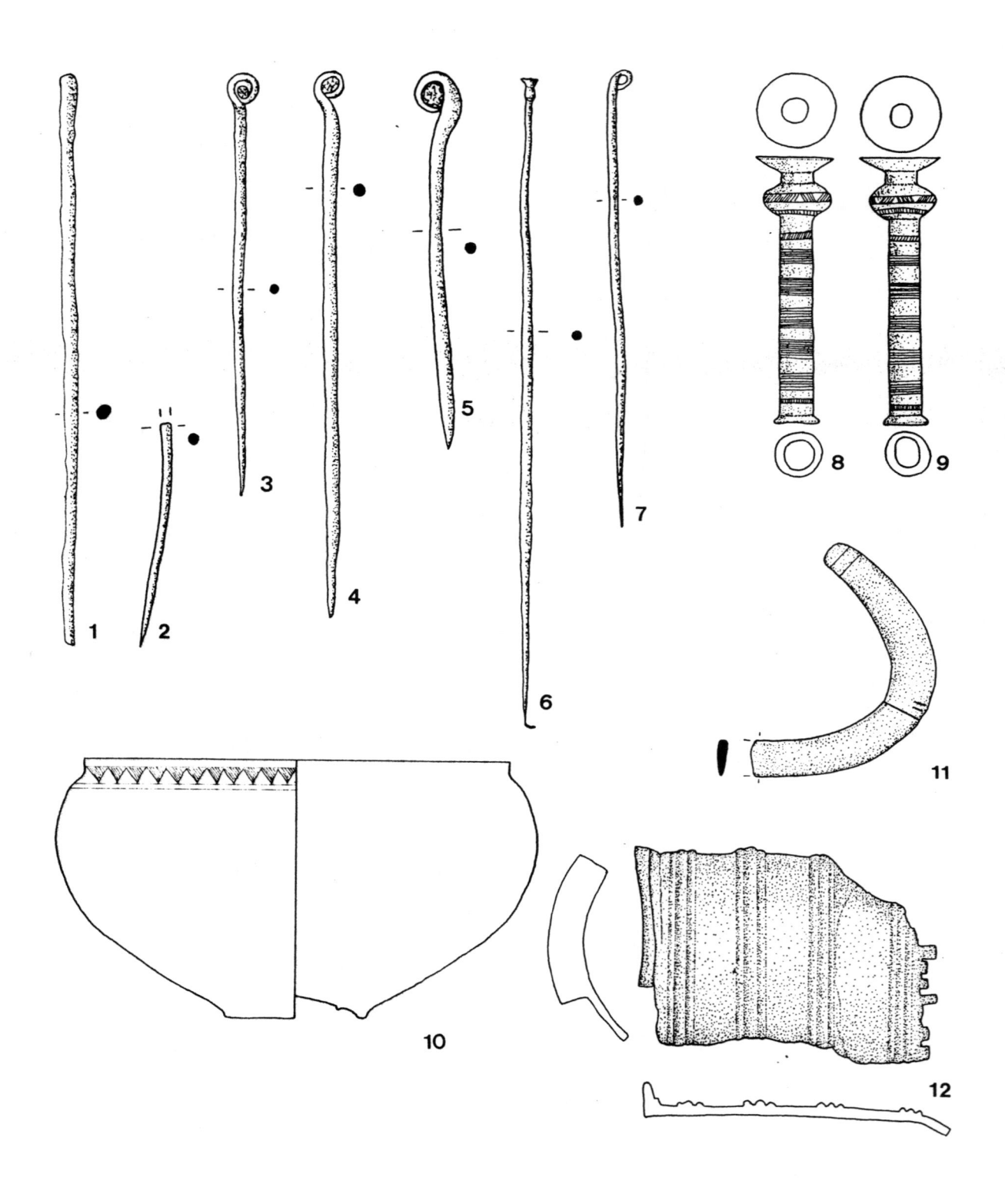

1 Bingen (399).- 2-3.6 Trechtingshausen (400. 402. 407).- 4-5.7 Bacharach (415. 412. 413).- 8-9 Mannheim-Wallstadt (Hortfund).- 10 Wonsheim (Hortfund).- 11 Hochstadt (Hortfund).- 12 Weinheim-Nächstenbach (Hortfund).

Tafel 15

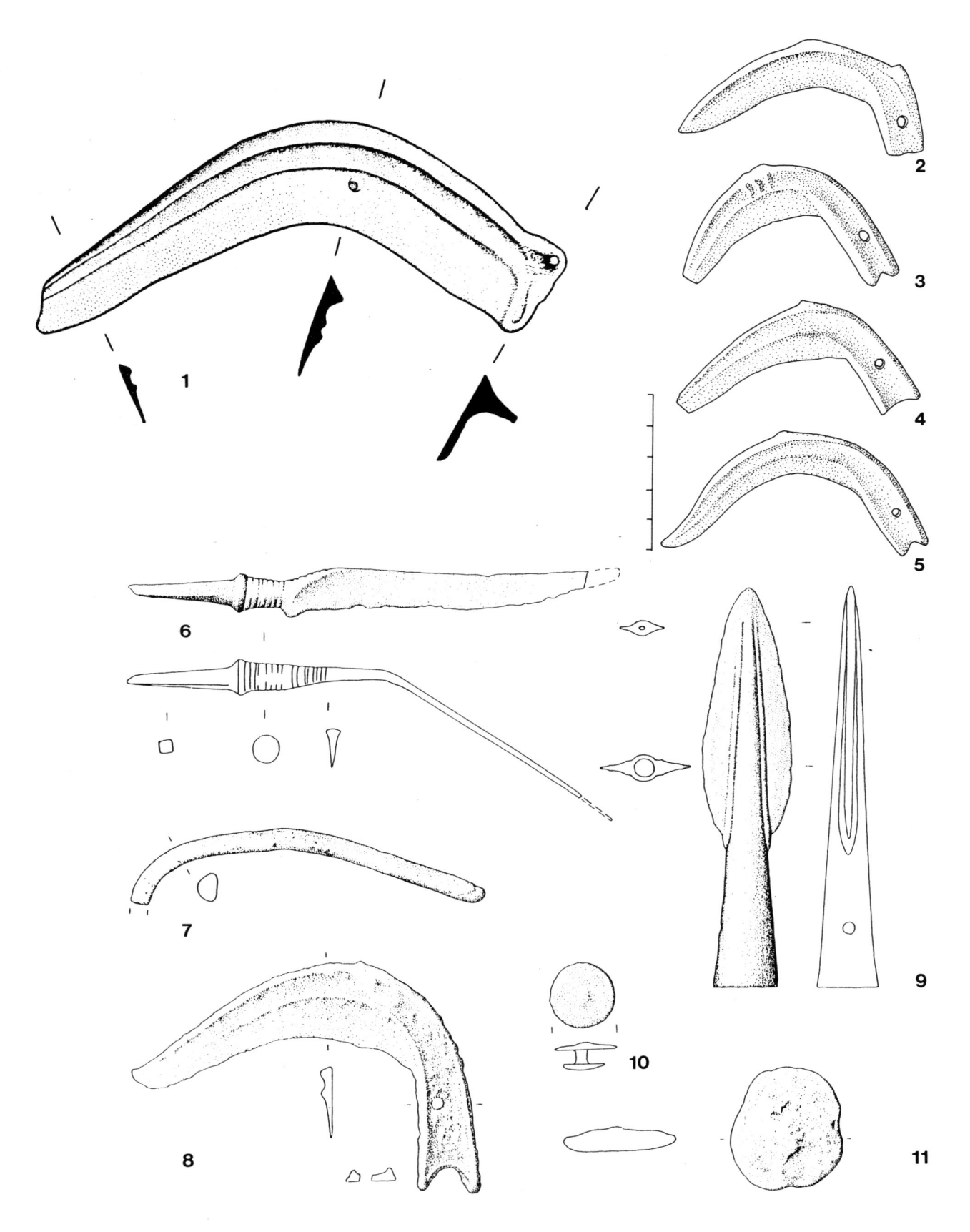

1 Biebesheim (199).- 2-5 Rümmelsheim (152 a-d).- 6-11 Bad Homburg, Bleibeskopf, Einzelfunde. (1.6-11. nach Zeichnungen LfD Hessen und Fundber. Hessen (in Vorb.). 2-5 nach Inventarbuch RGZM).

Tafel 16

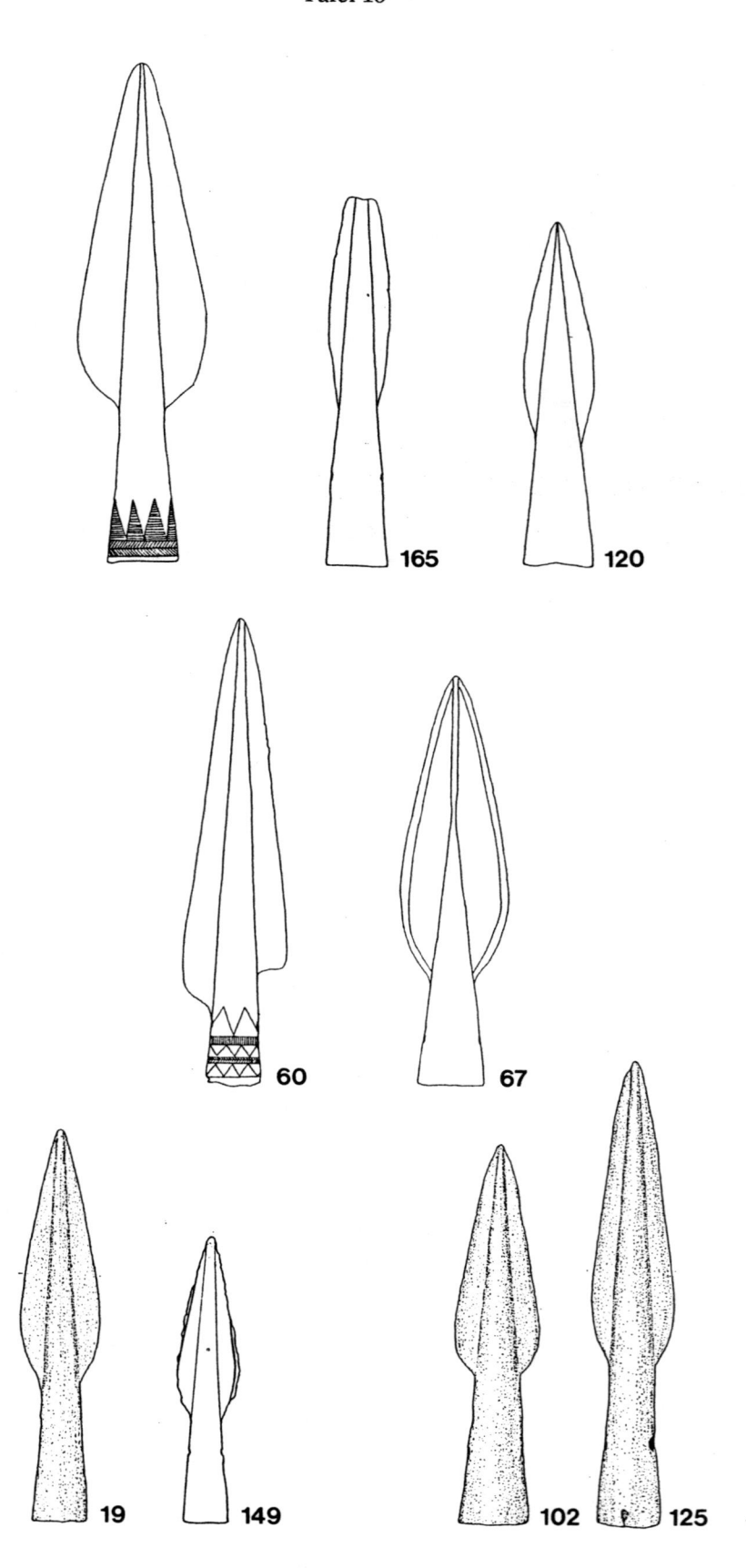

Entwicklung der Lanzenspitzen in Hessen und Rheinhessen

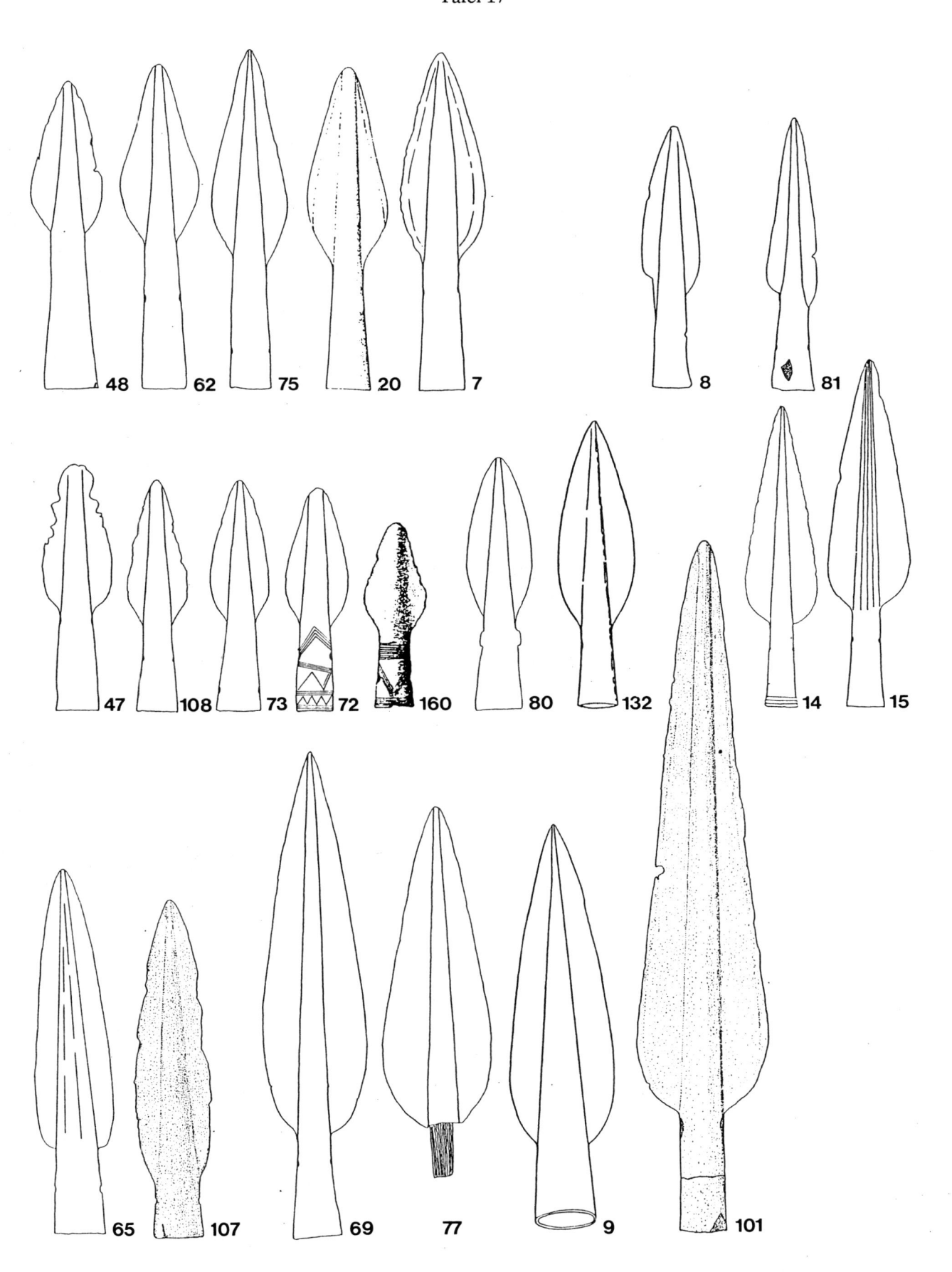

Tafel 17

Entwicklung der Lanzenspitzen in Hessen und Rheinhessen

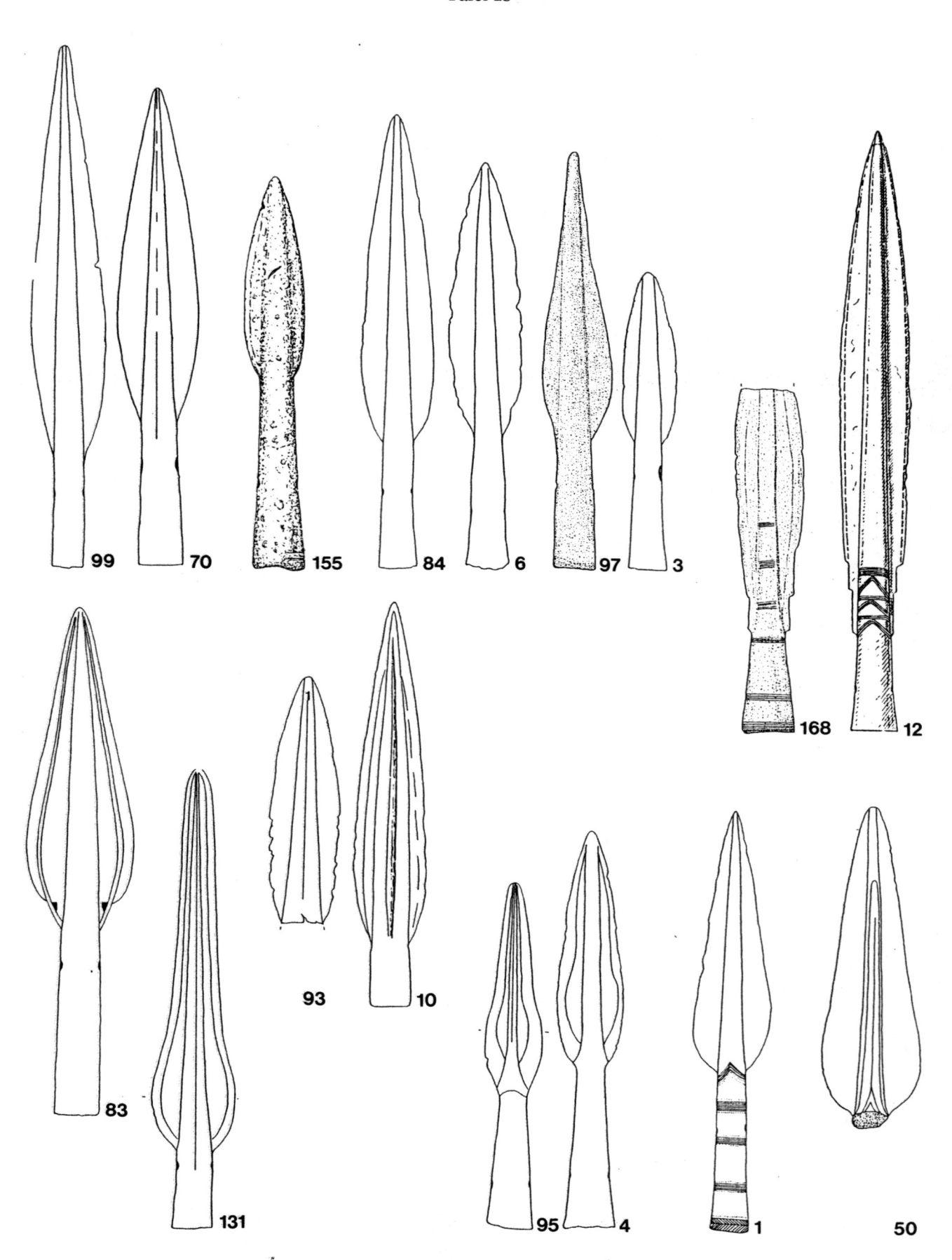

Tafel 18

Entwicklung der Lanzenspitzen in Hessen und Rheinhessen

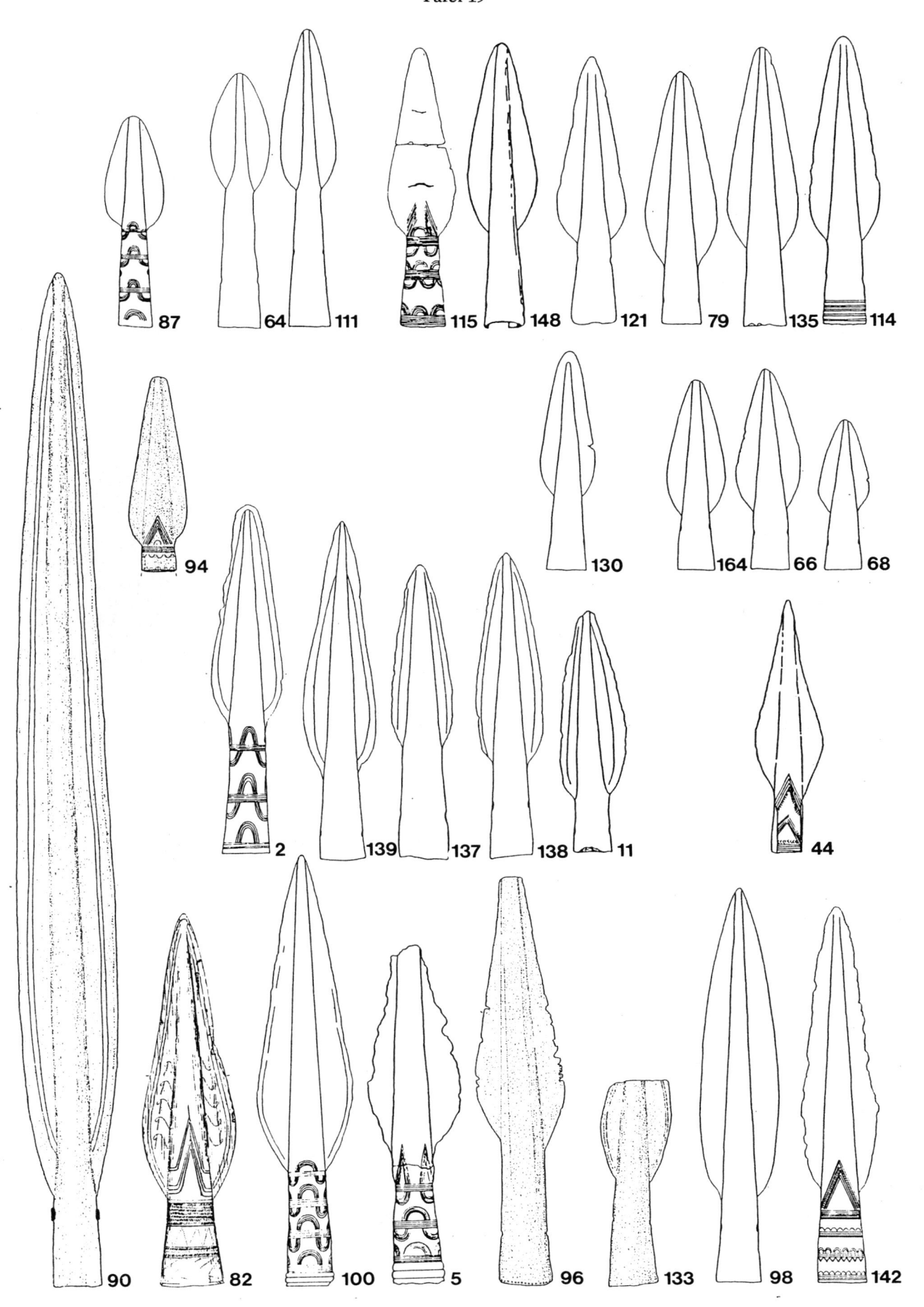

Tafel 19

Entwicklung der Lanzenspitzen in Hessen und Rheinhessen

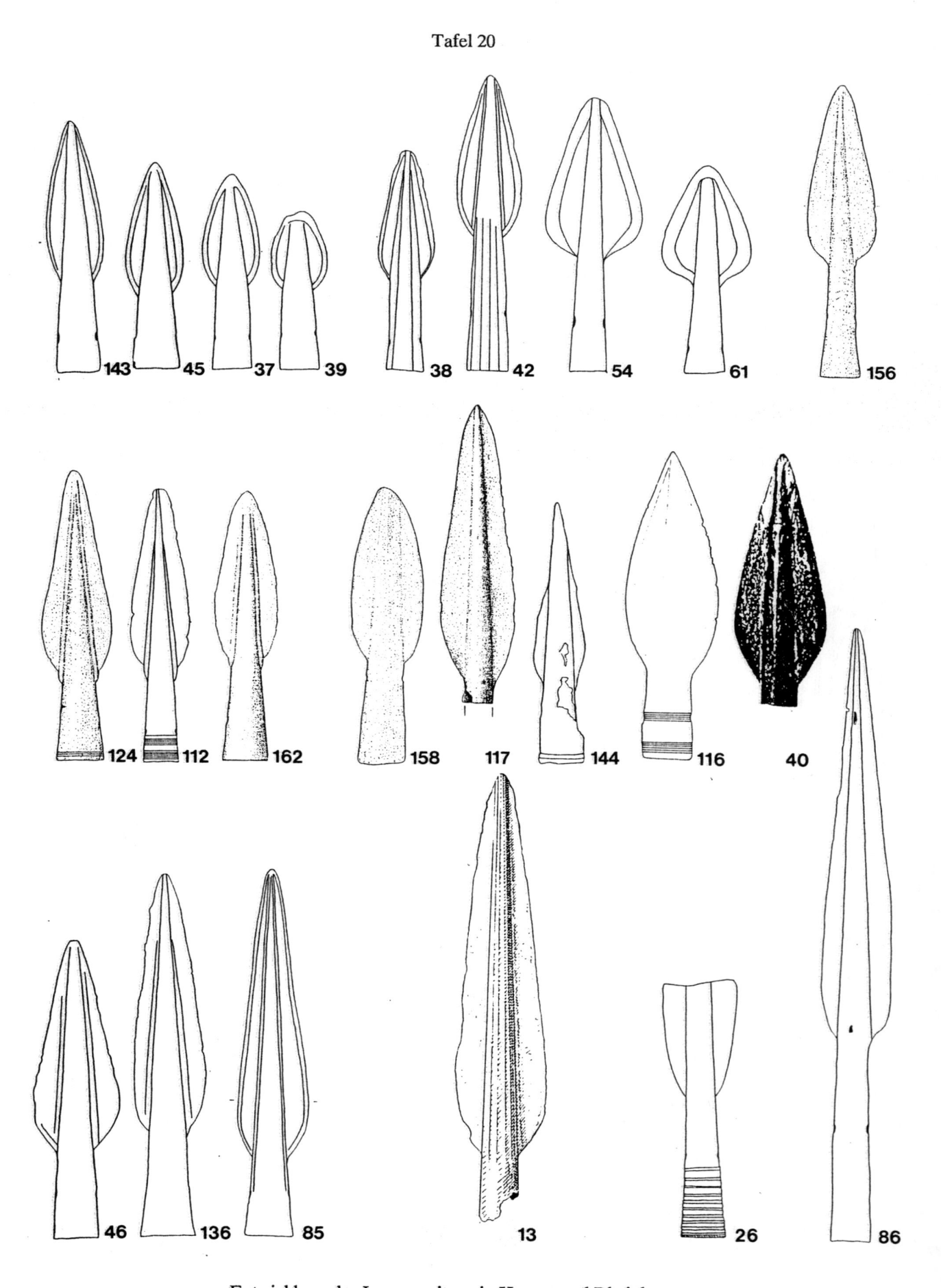

Tafel 20

Entwicklung der Lanzenspitzen in Hessen und Rheinhessen

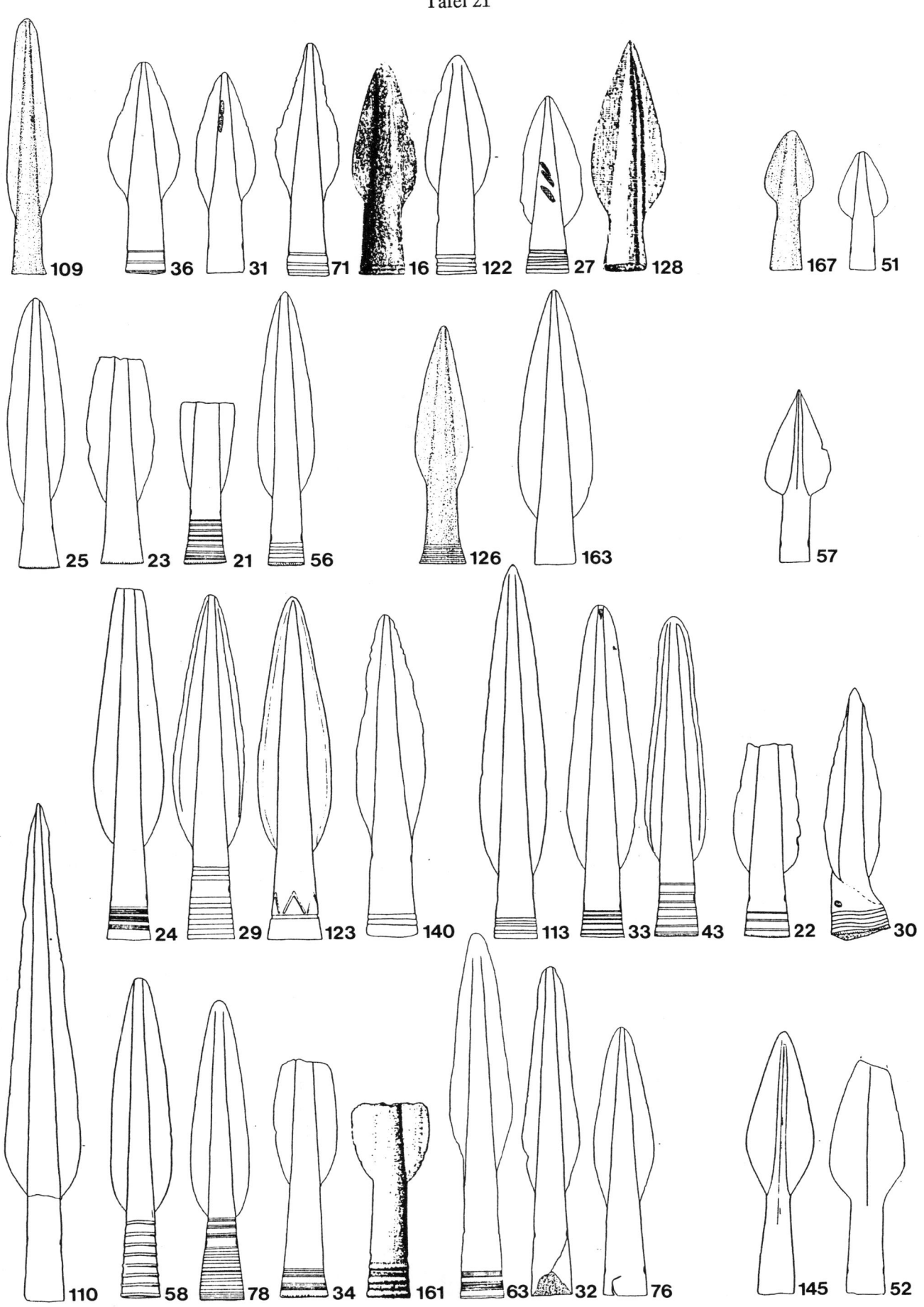

Tafel 21

Entwicklung der Lanzenspitzen in Hessen und Rheinhessen

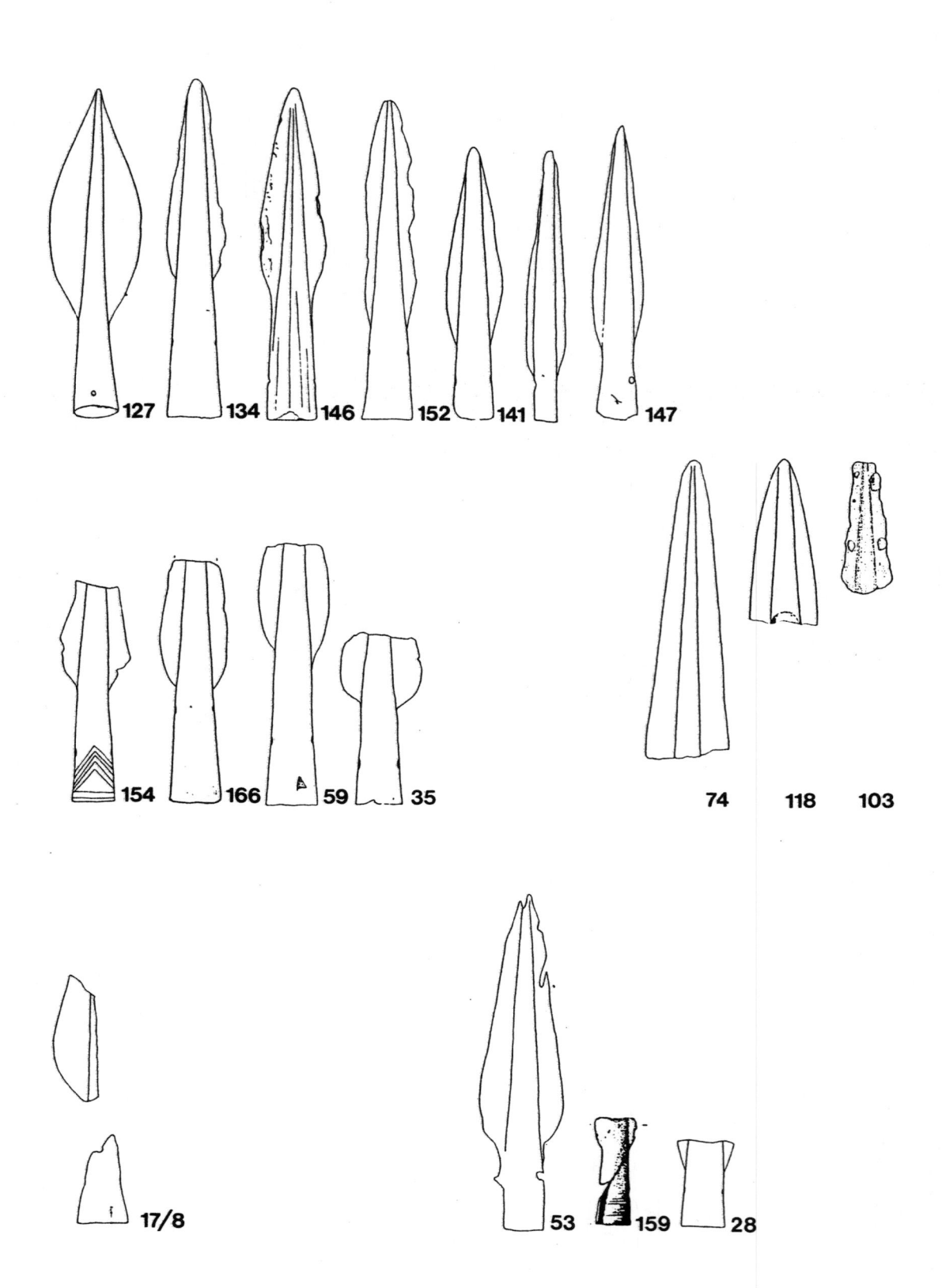

Tafel 22

Entwicklung der Lanzenspitzen in Hessen und Rheinhessen (unbestimmbare Stücke)

Tafel 23

- ● Depotfund
- ◆ Grabfund
- ▼ Gewässerfund
- ▲ Einzelfund

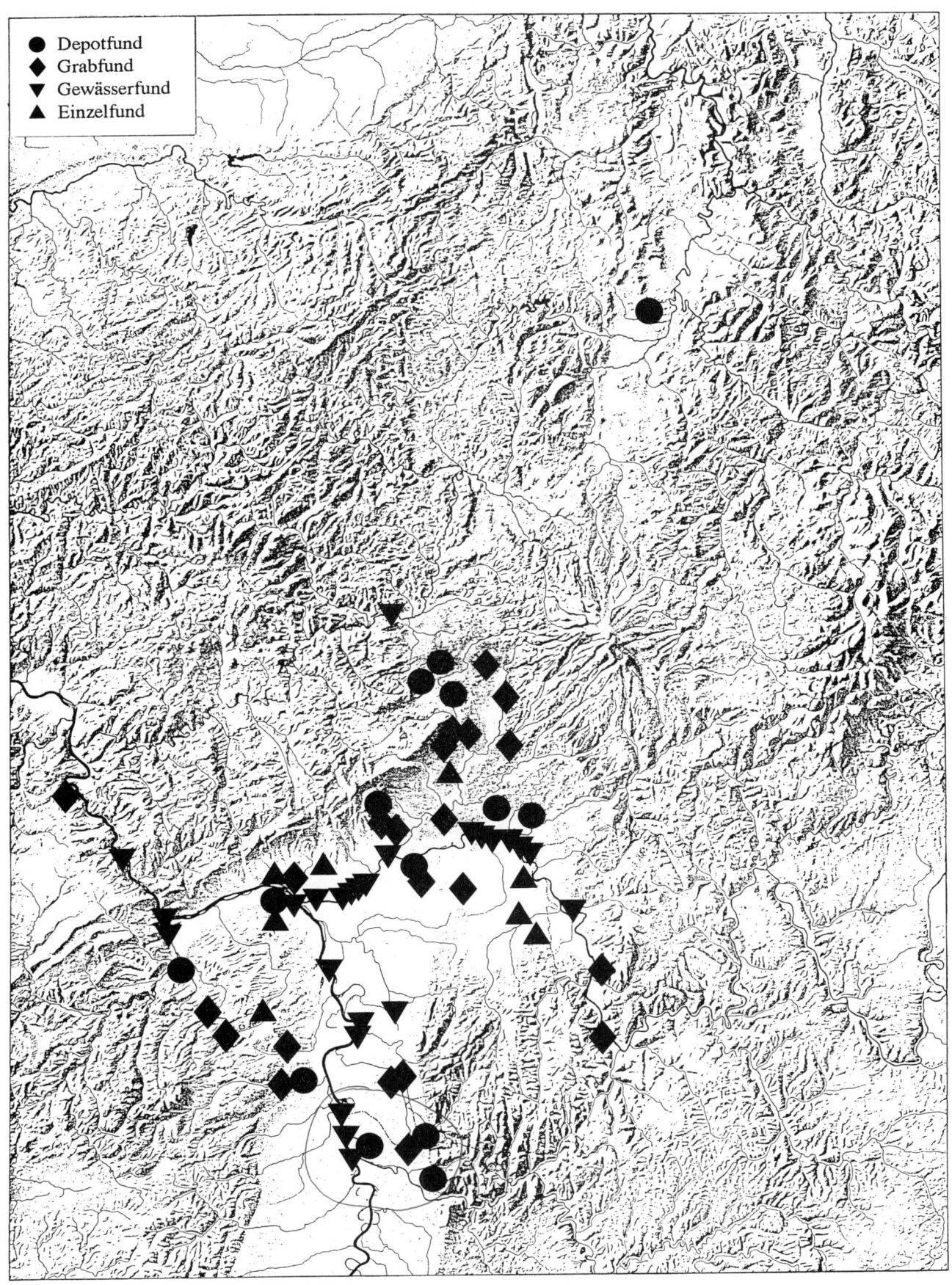

Verbreitung der Schwertfunde

Tafel 24

- ● Depotfund
- ◆ Grabfund
- ▼ Gewässerfund
- ▲ Einzelfund

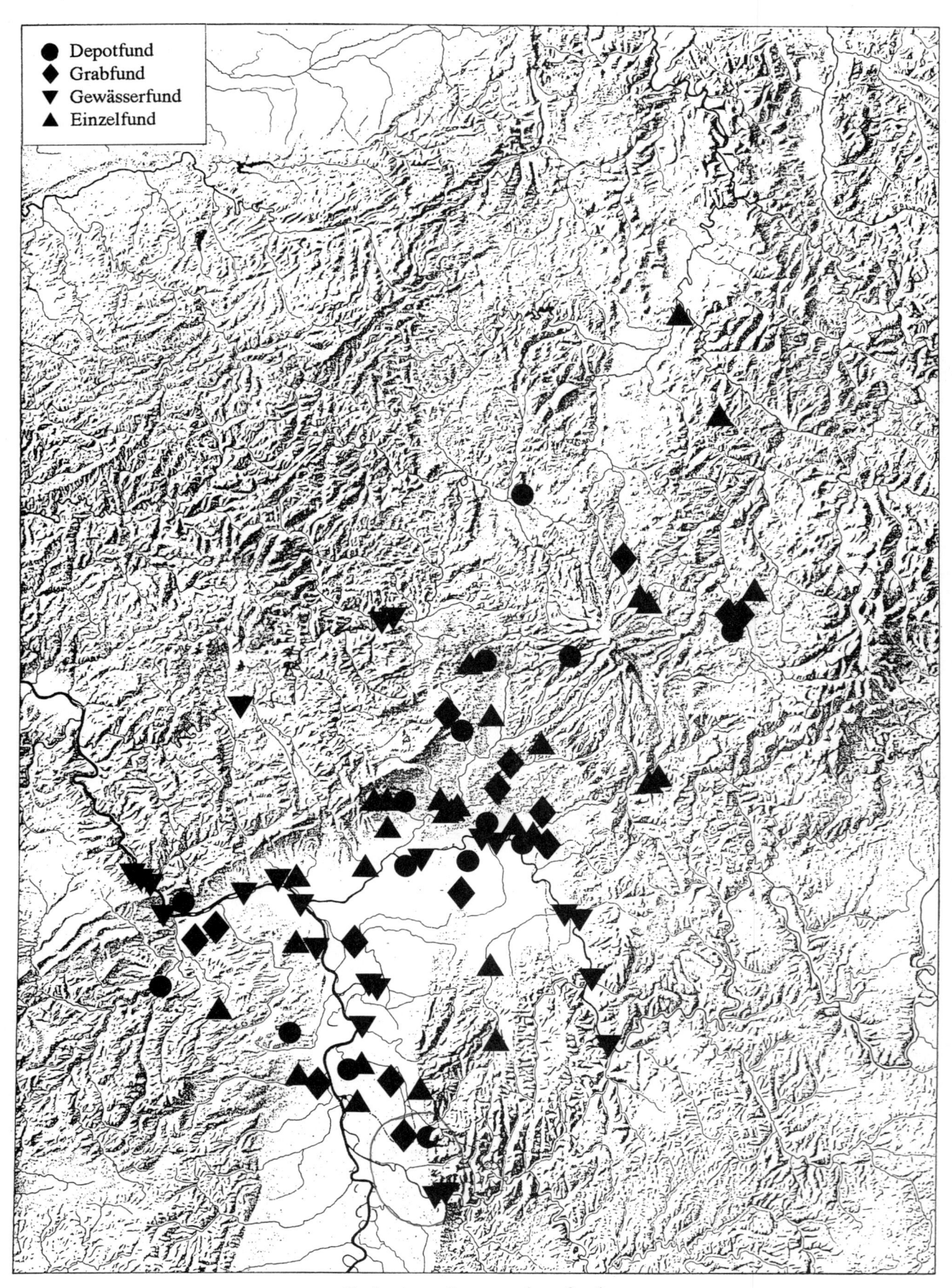

Verbreitung Lanzenspitzenfunde

Tafel 25

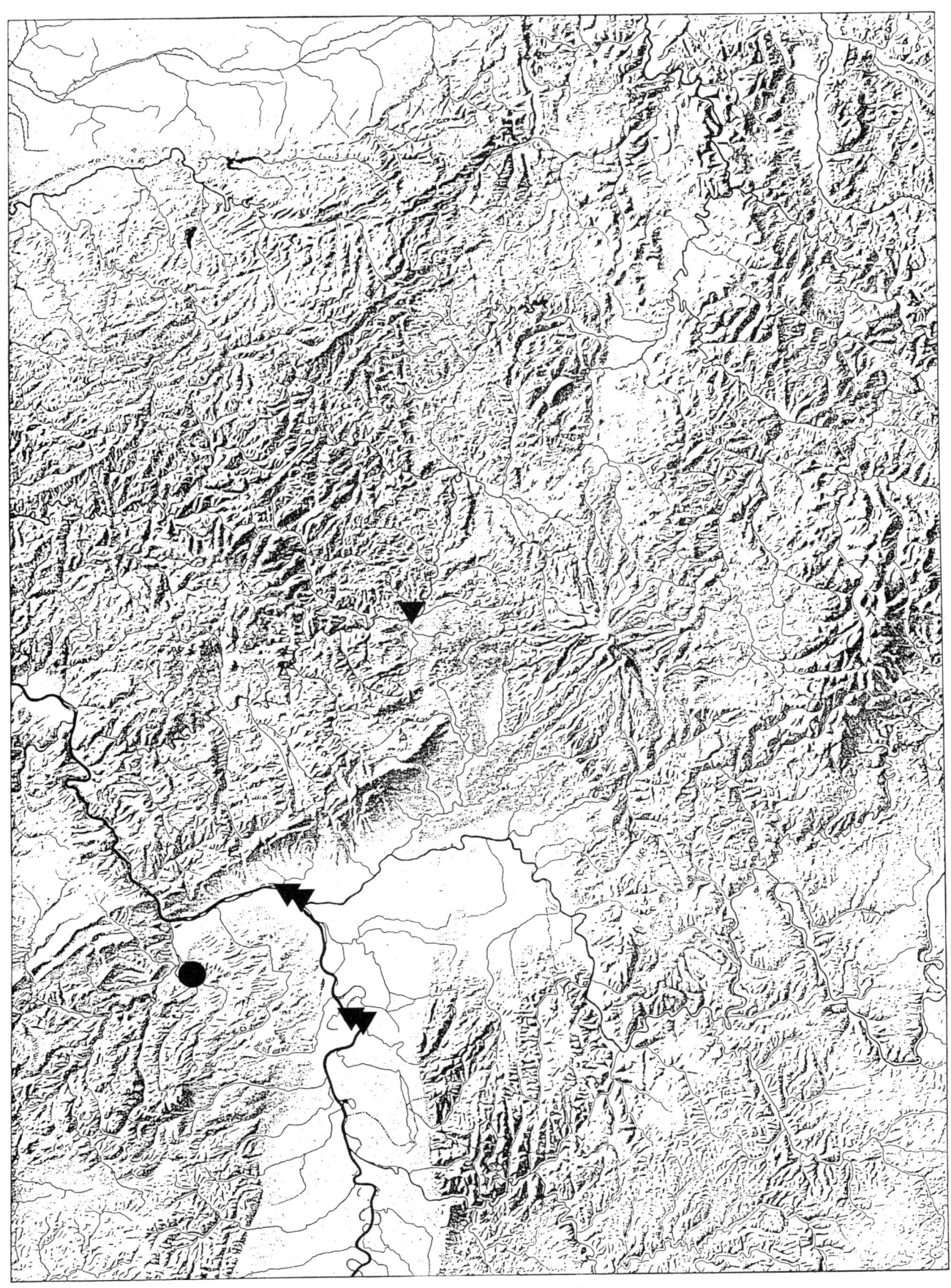

Verbreitung der Helmfunde (● Depotfund.- ▼ Gewässerfund)

Tafel 26

- ● Depotfund
- ◆ Grabfund
- ▼ Gewässerfund
- ▲ Einzelfund

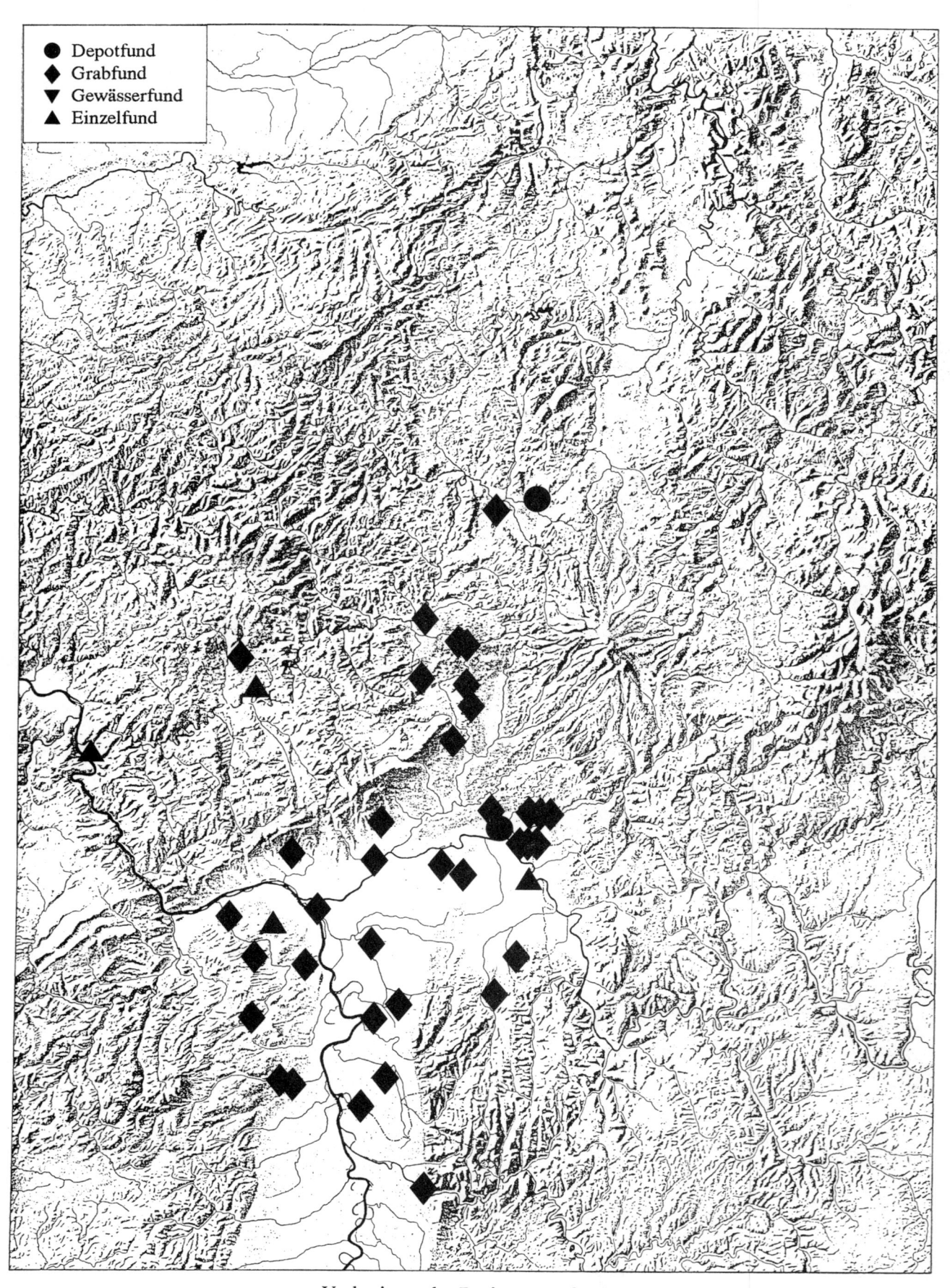

Verbreitung der Rasiermesserfunde

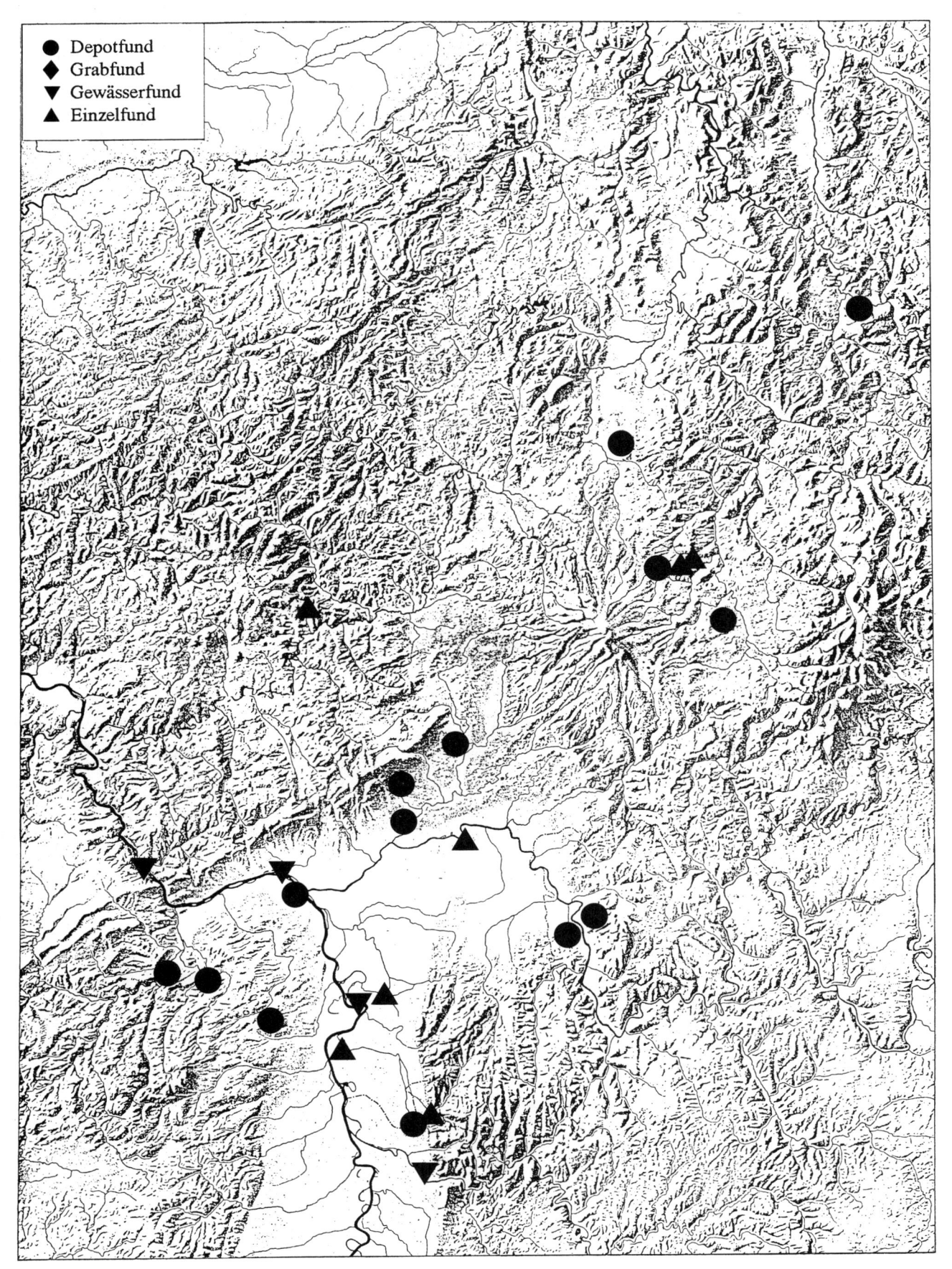

Tafel 27

- ● Depotfund
- ◆ Grabfund
- ▼ Gewässerfund
- ▲ Einzelfund

Verbreitung der Knopfsichelfunde

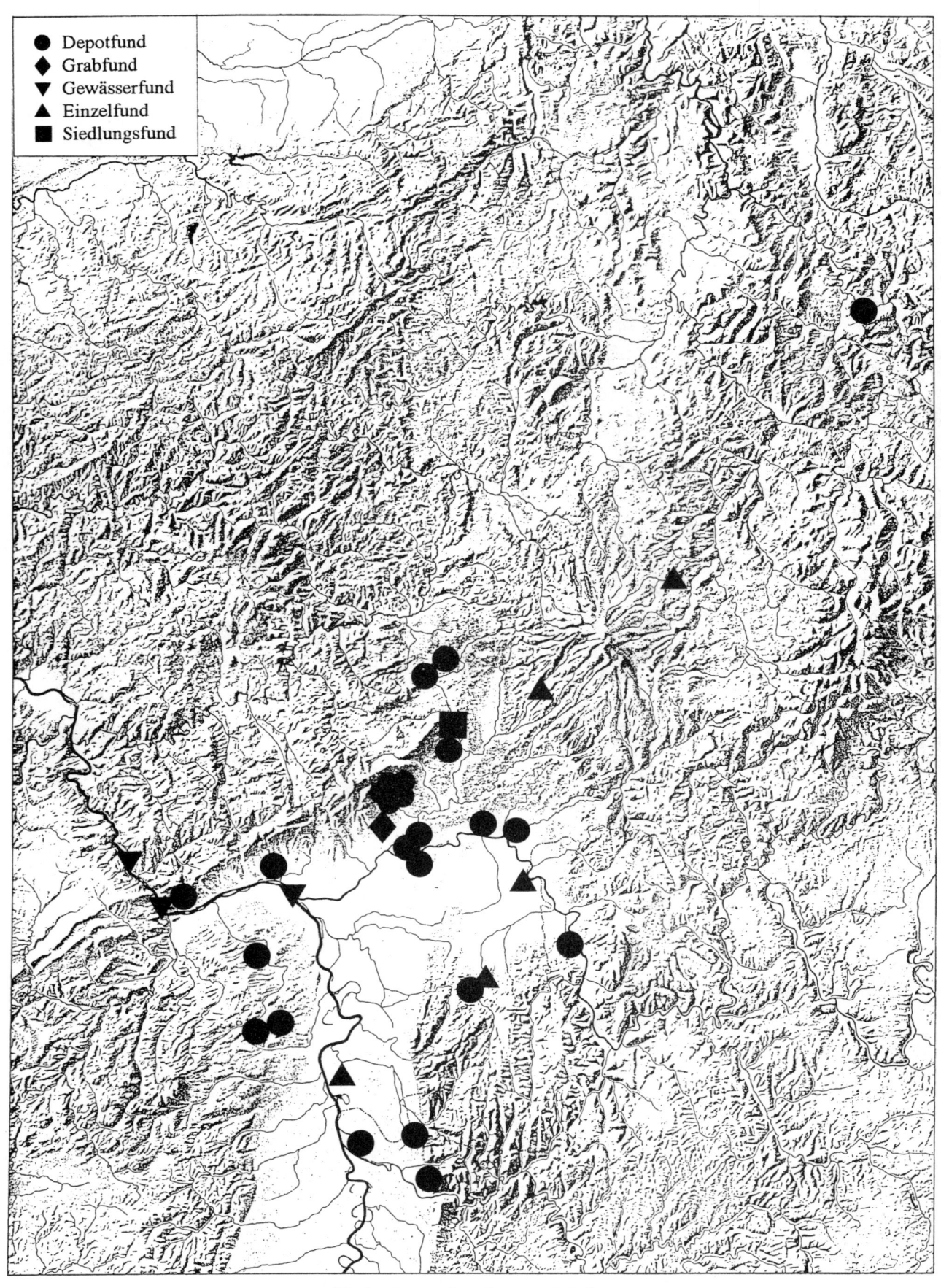

Tafel 28

- ● Depotfund
- ◆ Grabfund
- ▼ Gewässerfund
- ▲ Einzelfund
- ■ Siedlungsfund

Verbreitung der Zungensicheln

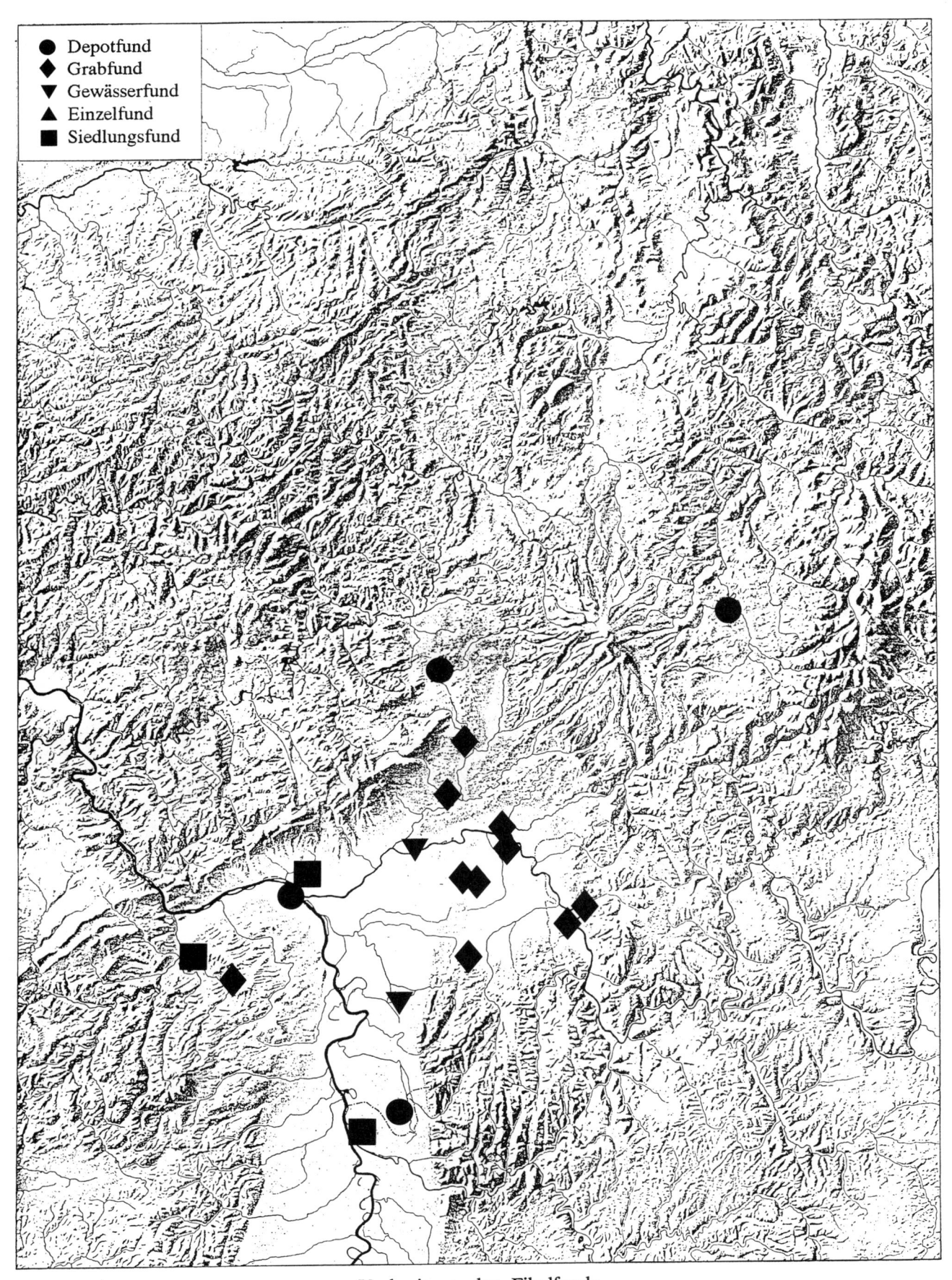

Tafel 29

- ● Depotfund
- ◆ Grabfund
- ▼ Gewässerfund
- ▲ Einzelfund
- ■ Siedlungsfund

Verbreitung der Fibelfunde

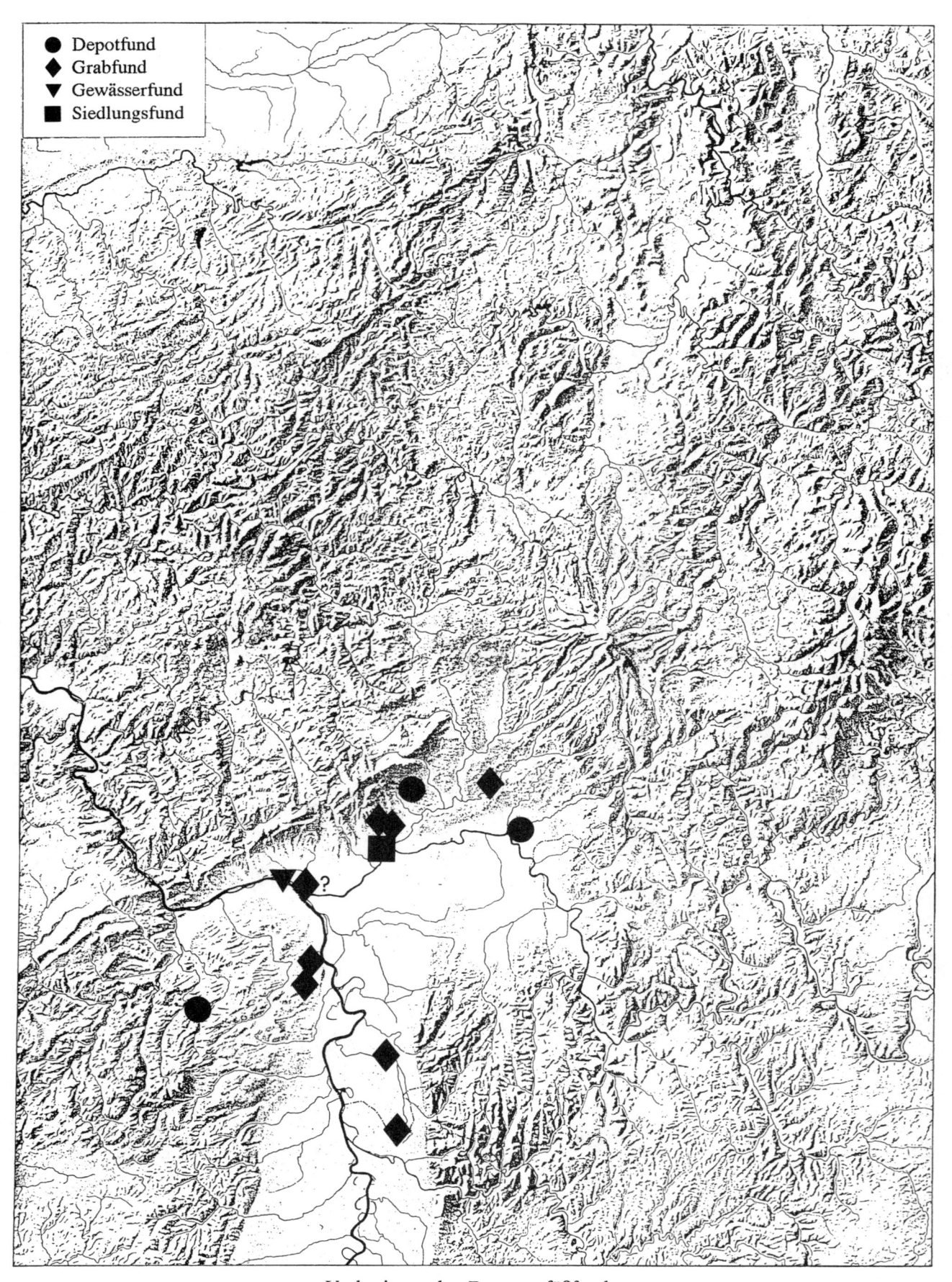

Tafel 30

- ● Depotfund
- ◆ Grabfund
- ▼ Gewässerfund
- ■ Siedlungsfund

Verbreitung der Bronzegefäßfunde

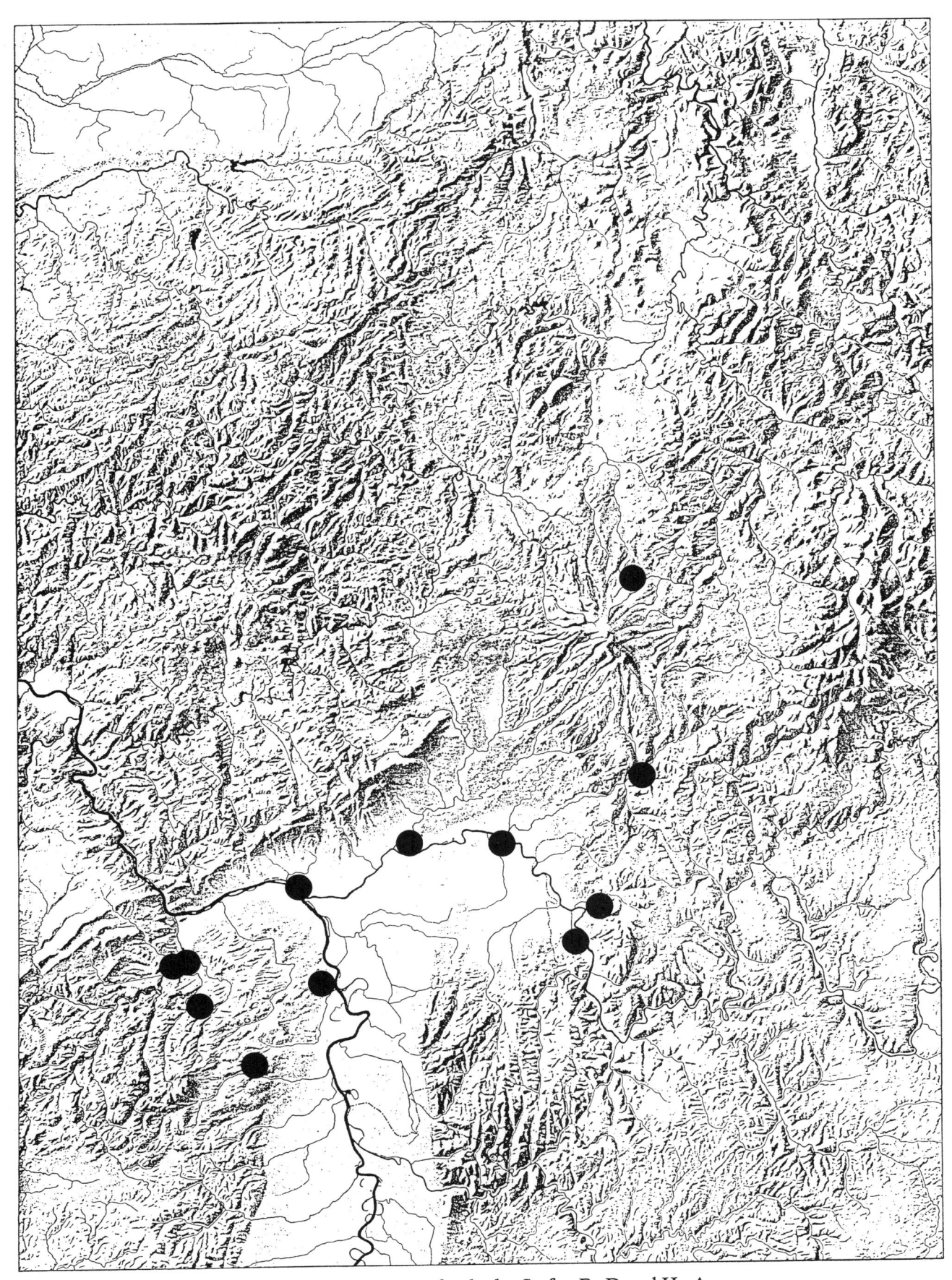

Tafel 31

Verbreitung der Hortfunde der Stufen Bz D und Ha A

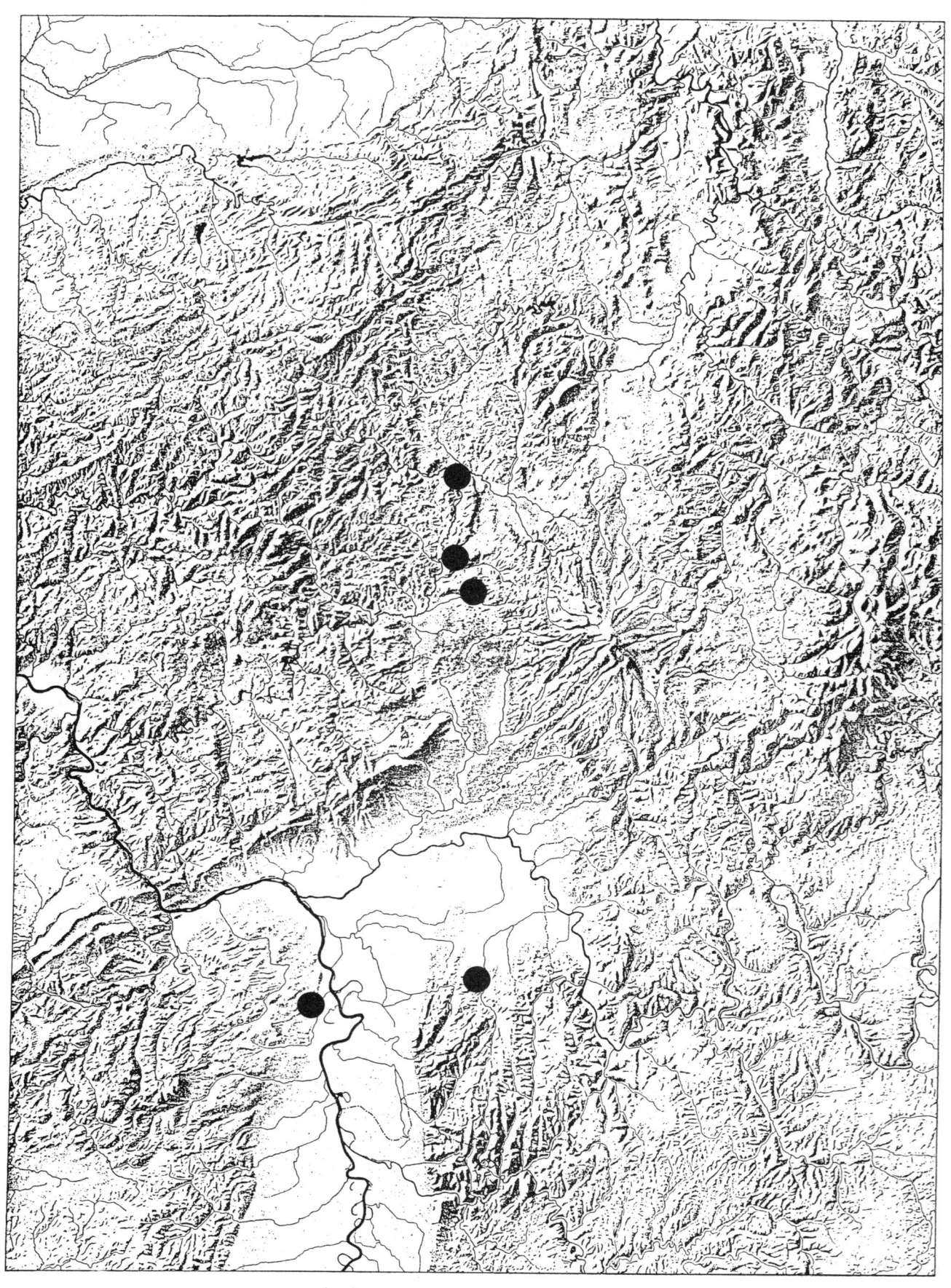

Tafel 32

Verbreitung der Hortfunde der Stufe Ha B1

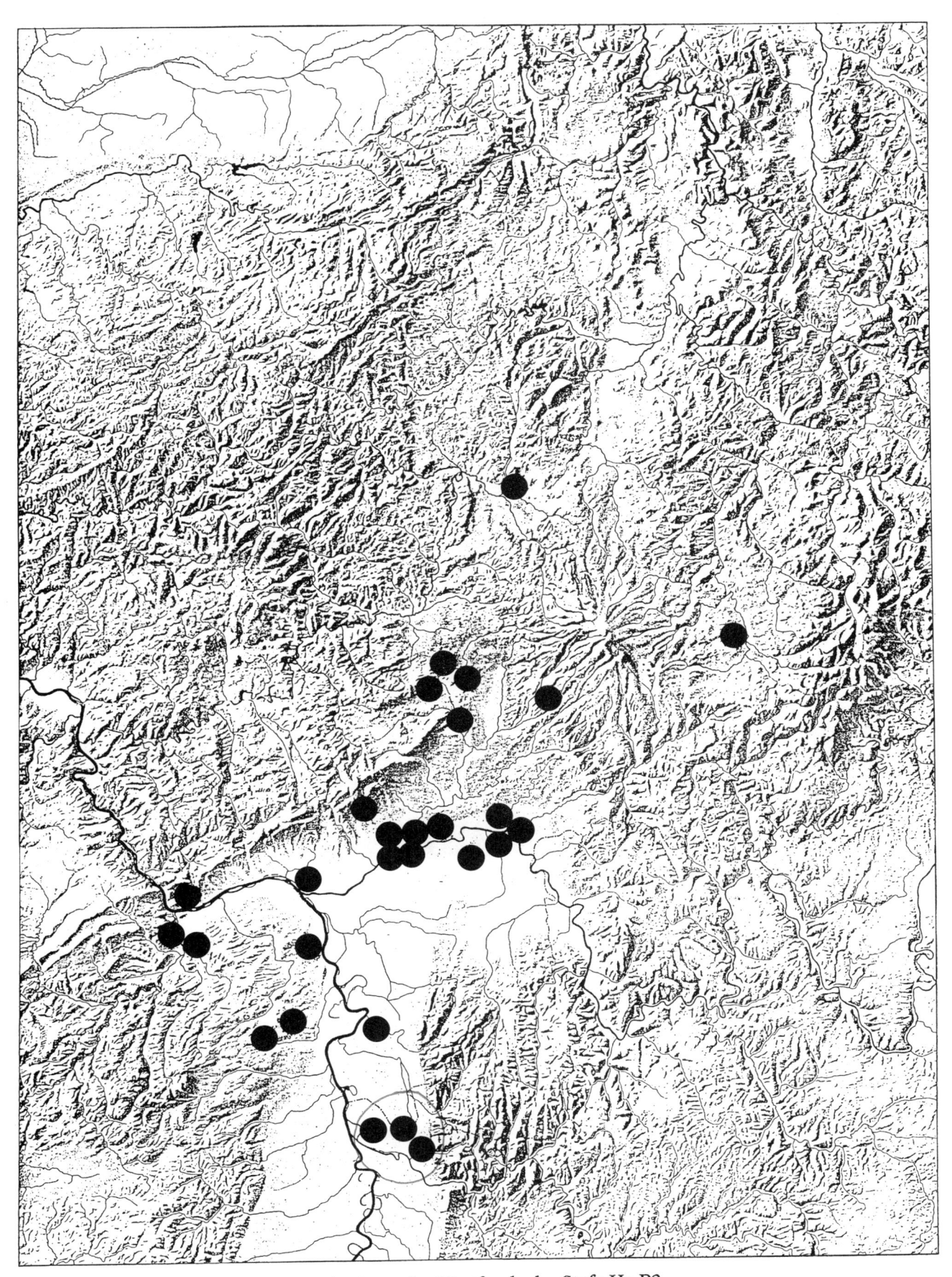

Tafel 33

Verbreitung der Hortfunde der Stufe Ha B3